위생공학

-고도처리시스템-

이규성·황상용·조웅현·우달식·김형선·이현동 공저

東明社

머리말

우리나라의 헌법(Constitution)에 모든 국민은 건강하고 쾌적한 환경에서 생활할 권리가 있다고 천명되어 있다. 환경권은 세계보건기구(WHO)도 인류 모두가 건강을 누려야 할 기본 권리의 하나라고 규정했다.

건강은 질병과 스트레스 등이 없이 신체적으로나 정신적으로 행복하게 삶을 영위하는 생활이다. 이러한 만족스런 생활을 하려면 인간이 환경위생적으로 관심을 갖고 건전한 생각 속에서 환경과 친화적으로 실천을 하는 행동이 꼭 필요하다. 인간은 누구나 건강한 삶을 살려면 환경오염이 없는 깨끗한 생활환경이 필요해 에너지 소비를 최소함과 동시에 동·식물을 보호해야 한다. 특히 나무는 지상에 솟아오른 물줄기로서도 기능을 하나 지구온난화를 일으키는 이산화탄소(CO_2) 정화와 산소(O_2)의 생산 공장이다. 그리고 건강하려면 적절한 음식물을 먹고 노동을 하면서 물을 마셔야 하며 공해가 없는 자연환경이 필요하다.

먹는 물의 수질기준을 60 kg의 건강한 20세 남녀가 하루에 1 L씩 70년 동안 물을 마실 경우에 인체에 영향을 미칠 수 있는 확률의 1/1000을 안전율로 적용하였다. 따라서 인간이 어떤 환경에 폭로시 얼마 정도로 인체에 유해한 물질을 흡입, 섭취 및 축적시 질병으로 나타나는 지에 대한 건강 위해성 평가(Risk Assessment)가 앞으로 필요하다.

이처럼 건강은 건강할 때 지켜야 하며, 위생공학을 공부해서 미리 오염예방과 건강관리를 할 수 있는 방법에 도움이 되길 바란다.

끝으로 본서를 출판하기 위해 물심양면으로 수고해 주신 동명사 여러분께 감사를 드리며, 서울시와 환경부, 동료, 제자들에게 항상 고맙게 생각한다. 언제나 선배제현님들의 계획하는 일들이 다 소원 성취되길 기원하며, 내용의 부족한 점은 해를 거듭하면서 고쳐 가겠다.

2007년 8월

저자

차 례

제1장 위생공학

제2장 지구환경보전

제4장 식품위생

제5장 산업위생

제6장 학교위생보건

제7장 고도처리공학

부 록

제 1 장 위생공학

1.1 환경위생
(Environmental Sanitation)

환경위생은 인간의 신체발육, 건강과 생존에 유해한 영향을 미치거나 미칠 가능성이 있는 분야에 대해 물리·화학적으로 건강한 삶의 추구와 쾌적한 생활환경 조성을 위하여 모든 요소를 위생관리하는 학문분야라고 세계보건기구(WHO)의 환경위생 전문위원회(ECES : Expert Committee on Environmental Sanitation)는 정의했다. 그러므로 환경위생은 인간의 신체발육, 건강과 생활에 있어서 부정적인 영향을 미치거나 미칠 환경 측면에 대해서 과학적인 분석과 검토를 실시해야 한다. 그래서 유해한 환경요인을 인위적으로 최소화함으로써 건강하고 아름다운 자연환경 속에서 건전하고 지속가능한 발전을 도모하려는 실천적인 학문이다.

1.1.1 환경위생의 역사

환경위생은 사회의 요청에 따라 발전해 왔으며, 인간은 자연과 밀접한 관계를 갖고 생활해왔다. 이러한 자연환경과 사회환경이 인간의 건강에 어떤 영향을 주었고 어떻게 대처하는 것이 좋은지는 매우 중요하다.

1. 고대시대

최초 인류가 지구상에 출현한 것은 약 250만 년 전으로 추정하고 있으며, 인간이 농경과 목축을 하면서 토지에 정착해 집락생활을 영위해왔다. 그러나 안전 및 청결한 생활을 할 수가 없어서 전염병이 크게 유행하게 되면서 많은 사람이 생명을 잃었다. 그래서 이웃과 동료들의 건강이나 주거하는 환경을 개선하려는 인식 자체가 환경위생의 시작이었다. 고대에는 신의 재앙을 받지 않는 생활방식의 집락을 이루는 원시시대였다.

(1) 우리나라

우리나라는 석기시대인 단군, 삼한시대의 환경위생은 자연숭배로 질병과 재난을 해결하는 주로 악령에 의한 문화였다. 그리고 삼국시대 이전은 지저분하고 더러운 곳을 피해서 옮겨 사는 결백숭상 풍습이 있어 질병에 의해 죽은 사람의 집을 버리고 딴 곳에 가서 살았다. 삼국시대는 전염병이 유행하면 왕의 정치 잘못에 대한 신의 견책이나 경고로 받아드렸다. 샤머니즘이 융성해 전염병도 귀신들의 행위라고 무속적 판단을 했다.

(2) 유럽

그리스는 인체 주요 성분을 혈액, 점액, 담즙, 체액으로 구분되었다. 이들 성분의 균형이 파괴되면 질병이 생기며, 이들을 잘 유지하면 건강한 상태로 살 수가 있다고 생각했다. 따라서 건강한 신체는 이들을 잘 조화시켜야 겉으로 아름답게 보인다고 결론을 내렸다.

고대의 환경위생은 B.C. 300~240년의 Mesopotamia 전성기 후반에 도시 계획할 때에 급수와 배수를 고려해 도시를 건설했다. B.C. 3세기경에 Greece의 의성(醫聖) Hippocrates는「건강과 질병을 자연의 현상이지만 과학적인 관찰의술의 경험이 매우 중요하다」고도 했다. 그리고「모든 질병은 오염된 공기(miasma)에 의해서 우리 몸에 질병이 발생한다」고 했다. 그리고 B.C. 2세기경의 Roma는 위생시설로 하수도, 급수, 공동목욕탕, 화장실 등의 보건시설을 갖추었다. 또한 로마시에 상수도관을 매설하여 티베트 강물을 공급해 80만 로마시민들에게 공급했다.

2. 중세시대

중세 환경위생은 질병이 인간의 죄에 의한 신의 벌로 간주하고, 나병환자는 부정하다고 하여 교회출입을 금지했으며, 기도와 회개만이 질병치료 및 해결이라고 보아 영적인 것을 중요시했다. 그리고 수도원, 교회와 학교가 환경위생 활동을 위한 요양소나 위생사업의 중추적인 조직으로 사용되었다. 도시환경개선으로 상수도 급수시설, 난방시설, 실내 환기와 청결한 화장실 등 환경위생시설에 관심을 두었다. 특히 14세기에 페스트가 유럽 모든 지역에 유행되어 전체 인구의 25%에 해당되는 약 2500만 명이 사망했었다. 페스트가 접촉에 의해 전염된다는 것으로 판단해서 페스트 유행지역에서 돌아온 사람은 2개월 동안 검역을 받도록 했다. 이러한 조치가 효과가 있어 1383년에 세계 최초로 검역소가 설치되었으며, 페스트 환자의 의복과 침상을 모두 소각시켰다.

(1) 문예부흥시대

르네상스(Renaissance)시대(1453～1600년)는 근대 과학기술로 환경위생을 해결하려 했기 때문에 Fracastro가 저술한 『전염병과 그 치료』란 책에서 유행병이 눈에 보이지 않는 종(seminary)으로 생긴다고 기록되어 있다. 한편, Leeuwen Hoek(1632～1723년)의 현미경 발명으로 유행병의 원인인 미생물들이 발견되었다. Ramazzini(1633～1714년)는 노동자의 건강문제와 산업보건에 대한 중요성을 강조했다. 이처럼 르네상스시대는 찬란한 문화뿐만 아니라 최초로 환경위생 측면에서 보면 위대한 발전시기로서 Vesalius(1514～1560년)의 인체 해부도와 Harvey(1578～1657년)의 혈액순환 발견, Petty(1623～1689년)의 사망통계작성으로 환경위생의 초석이 되었다. 유행전염병은 발진티푸스, 성홍열, 매독, 수두 등이었다. 주로 기상이나 물리적인 환경변화로 발생되며, 매독은 불결한 남녀 성관계로 감염됨을 알고 성병의 환자나 용의자를 격리 수용시켰다. 그리고 17세기부터 수돗물을 정수하기 위해서 모래여과기를 사용하여 처리했고, 18세기에는 프랑스의 각 가정마다 정수기를 사용하기도 했다.

(2) 산업혁명시대

계몽주의와 혁명시대(1750～1850년)는 현재 질서를 비판하고 옛 전통과 습관을 타파하고자 신비적인 불가침권위를 인정하지 않는 이성과 경험에 따른 과학정신만을 강조하는 부르주아 프랑스혁명으로 의료개혁이 되었다. 그래서 1789년 프랑스 혁명이 일어난 후 프랑스 사람들은 환경위생문제도 근본적으로 해결해야 하는 바 1790년 중앙보건위원회를 창설하고 환경위생행정을 점차 전국적인 조직으로 발전시켰다.

산업혁명(1760～1830년)은 영국에 근대 환경위생을 발전시키는 계기가 되었다. 산업화로 도시성장이 급격히 팽창되면서 환경이 비위생적이고 오염되어서 전염병이 런던(1837～1838년) 일대에 유행되어져서 노동력 손실을 가져왔다. Chadwick(1842년)은 「빈곤과 질병의 악순환이 계속되고, 비위생적인 생활환경으로 노동력이 떨어지는바 정부는 환경위생개선을 서둘러야 한다」고 정부에 제출했다. 그리고 영국 노동인구의 질병 유행은 가족이나 공장주변의 폐기물과 배수(排水)불량이라고 환경위생공학적으로 지적해 1848년 세계 최초로 공중보건법이 제정되기도 했다.

공중보건법 의거해 미국・독일・ 프랑스・러시아・벨기에 등이 콜레라, 천연두, 이질, 디프테리아 등의 유행성 전염병에 환경위생 및 보건상태 측면에서 방역활동을 강화했다. 미국은 환경위생과 검역의 단계에서 학교보건, 모자(母子)보건, 대인보건(對人保健)으로 발전했으며, Strauss (1848～1931년)는 뉴욕시에 우유 배급소를 설치해 매월 25만 개씩을 어린이 건강을 위해 공급했다. 그리고 1906년부터 매사추세츠주는 학교에서 매년 신체검사를 할 것을 법으로 최초 제정했고 1908년에는 학교급식사업을 실시했다.

(3) 우리나라

우리나라는 고려시대에 전염병이 약 20회 유행했으며, 고려사절요의 기록을 인용하면 전염병 발생은 임금의 부덕에서 비롯된 것으로 보았다. 전염병이 그릇된 임금의 정치에 대한 하늘의 징계라는 성격을 가져서 처방도 제사로 해결하였다. 그리고 조선시대는 장티푸스, 콜레라 등이 자주 유행하면서 피해가 컸는데 처방은 불교의식으로 굿을 해서 해결하는 풍습 외에도 풀뿌리, 꽃잎, 껍질, 나무, 과일 등으로 역질을 예방하기도 했다.

3. 근대시대

영국은 19세기 후반부터 환경위생은 개혁과 세균학적인 차원에서 크게 발전해 도시화와 공업화로 인한 빈곤, 질병, 노동자 직업병 등이 문제시 되었다. Philip(1857～1939년)는 결핵 대책사업과 Ballantyne(1861～1923년)은 모자보건의 조직적인 활동사업의 중요성을 강조했다. 그래서 영국은 1906년부터 학교급식법, 1907년 학교보건법 등이 제정되었다. 미국은 환경위생 차원에서 1910년부터 학교보건, 결핵예방, 환경위생교육을 1909년부터 Harvard 의과대학에서 실시했다. 이처럼 산업발달에 따라 생산이 활발히 증가되면서 빈곤이 타파되었으나 질병 및 오염은 날로 증가하여 공해문제가 사회적인 커다란 이슈로 등장하게 되었다. 그리고 어린이 보건에 대한 환경위생 문제가 크게 관심을 갖게 되면서 세계 각국은 무료진료소 설치, 학교급식운동, 구충운동과 구강보건사업 등이 확대 실시되었다.

(1) 환경위생행정

영국은 1911년부터 질병예방과 치료를 위해 의료보험제도가 실시되었고, 1919년부터 국민의 환경위생 행정을 위해서 보건행정부를 설치했다. 우리나라도 조선 말기(1894년)부터 서양의 환경위생 사업인 소독, 예방접종, 검역이 실시되면서 전염병 예방과 환경위생 차원에서 경무청에서 보건 및 위생업무를 담당했다. 그리고 일제시대(1910～1945년)에도 전염병 예방을 위한 예방접종, 검역, 발병자 색출 등을 실시했고, 환경위생을 보건사업의 중요한 영역으로 다루었다.

4. 현대시대

세계 2차대전 이후부터 영국은 국민 보건서비스제도를 발족해 1952년 12월 5일～9일까지 5일동안 런던 시내에 발생한 호흡기 질환을 일으킨 대기오염인 스모그(Smog) 때문에 4천여 명이 사망했다. 그 후 새로운 차원에서 환경오염문제의 중요성을 인식하고 1956년 세계 최초로 대기청정법(Clean Air Act)을 제정했다. 미국도 1948년 펜실베이니아주에서 도노라(Donora) 대기오염 사건 때문에 1955년 연방 대기오염 방지법과 1963년 대기청정법이 제정되었다.

(1) 국제연합(UN)

국제연합구제기관(UNRRA : United Nations Relief and Rehabilitation Administration)의 위생부는 국제위생조약에 따라 1945년 UN헌장에 환경위생 및 보건문제를 삽입하고 1948년 4월 7일에 25개국의 비준을 얻어 세계보건기구(WHO : World Health Organization)를 설립했다. 본부는 스위스의 제네바(Geneva)에 두고 전 세계 6개 지역으로 나누어 영양부문은 FAO(식량농업기구), 노동위생은 ILO(국제노동기구), 모자보건은 UNICEF에서 관여하고 있다.

1960년부터 개발도상국은 기아문제, 인구문제, 환경위생문제를 공업선진국은 인구도시집중화, 도시거대화, 환경오염문제, 인구노령화와 지구환경문제 등이 크게 사회문제화 되고 있다. 따라서 지구촌 전체가 환경오염문제가 심각하게 되면서 1972년 6월에 스톡홀름(Stockholm)에서 제1회 유엔환경회의를 개최해 "The Only Earth", 즉 하나뿐인 지구라는 슬로건으로 지구의 자원과 에너지의 유한성, 우주선인 지구와 인류의 관계성을 인식하여 중병을 앓고 있는 지구를 살리는 지름길은 환경부하를 줄여가는 행동실천임을 깨닫게 했다.

그리고 UN은 1970년대부터 사회개발시는 환경위생, 보건, 급수, 식량, 교육, 주거, 고용, 노동 등의 기본적인 인간욕구를 강조했다. WHO-UNICEF가 공동주최한 국제회의에서 「모든 사람에게 건강을 위해 의료보험제도를 실시해야 한다」고 했다. 특히 세계 모든 인류의 건강을 보호하고 증진하기 위해 모든 정부의 보건개발 종사자 및 전 세계 지역주민에 의한 신속한 행동이 필요함을 강조했다. 모든 질병이 이 지구에서 사라질 때까지 세계 모든 인류는 지혜와 협동으로 환경위생을 위해 환경친화적인 행동실천을 해야 한다. 이러한 실천을 위해 지구온난화방지, 오존층 파괴방지, 해양오염 방지 등을 위한 국제협약 및 회의가 개최되고 있다.

(2) 우리나라

우리나라는 해방 이후 환경위생적으로 전염병 관리사업이 실시되었다. 결핵과 유행성 질병방지를 중점적으로 관리를 하기 위해 1951년 국민의료법, 1962년 의료법이 제정되었고, 1976년에 법정 전염병이 재분류 되었다.

① 대한제국 및 일제시대

㉮ 위생분야의 경우

식품관련법은 1910년 9월에 상수도 보호규칙이 공포되었고, 1911년 11월에 환경위생상 청량음료수 및 빙설 영업 취재규칙을 공포했다.

㉯ 방역분야의 경우

천연두, 이질, 장티푸스, 성홍열, 디프테리아 등을 위해 1915년 6월 전염병 예방령과 청결방법 및 소독방법에 관한 규칙이 공포되었다. 1919년 4월 학교전염병 예방 및 소독방법에 관한 규칙도 공포되었다. 검역은 1911년 1월 해양검역에 관한 규칙도 공포되었고, 1915년 4월 수역예방령을 공포했다.

② 대한민국시대

㉮ 행정조직 분야의 경우

1948년 7월 17일 정부조직법에 의거해서 사회부로 조직되었고, 1948년 7월 25일에 보건부로 독립했다.

㉯ 위생분야의 경우

1961년 8월 국민영양개선령을 공포하고, 1962년 1월 식품위생법을 제정했다.

㉰ 환경오염분야의 경우

1971년 1월 22일 공해방지법을 최초로 제정했고, 1977년 12월 31일 환경보전법을 공포하고, 1977년 12월 31일 환경정책기본법 등 52개 환경관련법이 제정되었다.

인간은 누구나 노력하여 질병을 물리치고 환경을 개선하여 보다 더 위생학적으로 안전한 생활 속에서 자연환경과 친화적으로 활동하고 살아가길 바란다. 그리고 인간생활이 환경에 미치는 영향을 점진적으로 감소시키기 위해 환경 부하를 최대한 줄이는 무공해 식품생산과 청정생산 공정기술의 개발이 매우 중요하다.

(3) 미래 Health Service 시대

서양의 근대적인 의학교육제도나 의료제도를 도입한 우리나라는 커다란 사회구조에 변화를 일으켜서 근대 국가로 도약했다. 1900년대에는 당시 의료활동이 서양인들에 의한 양약이었고, 단순히 의학진보와 이에 따른 질병구조의 변화만이 아니라 정치 · 경제 · 문화에 밀접하게 연결된 국민의 생활이 배경으로 되었다.

이러한 건강 서비스 방향은 의학진보에 크게 기여했다. 인구의 고령화나 국민의 가치관 등이 다양해짐에 따른 인적 요소와 행정 · 경제 체제 등 사회적 요소는 물론이고 우리나라의 전체적인 사회 환경변화를 확인할 필요가 있었다. 그리고 국제화 시대인 21세기는 다른 국가들의 의료환경도 우리나라의 국민건강과 밀접한 관계가 있게 되었다. 지역에 따라서는 의료봉사 방향을 고려할 경우 국제적인 접근도 있었다.

1990년 이후 10년 동안 보건의료계획은 앞으로 지역보건에 대한 방향성을 고려해서 보건 · 의료 · 복지를 중요시 하면서 의료보험제도가 복수의 지방자치단체를 포함한 광역권으로 하는 지역의료로 체계화 되어가고 있었다. 행정단위가 시 · 도로 분리되면서 전문성 있는 의료 · 보건 · 복지 체계로 상호 협력하는 사업을 추진하는 시대가 되었다. 재택의료 서비스인 가정의학에 따른 인력(Man Power) 양성과 법적 정비가 과제로 되고 있다. 최근 인구의 고령화, 질병구조의 변화, 의학의 진보 등 의료를 둘러싼 환경변화를 배경으로 의료시설의 유형화와 기능 분리가 검토되고 있다. 특히 고령자에 대한 의료봉사는 곧바로 고령자 보건복지 촉진이 기본이며, 시 · 군 · 구를 중심으로 재택 서비스와 시설서비스가 조화를 이룰 때 실현 가능하다.

1.1.2 경제발전과 환경오염

우리나라는 1960년대 초부터 환경오염이 전 지역으로 확산되었으며, 고도경제성장시기는 대기오염 등으로 인해 공해가 사회문제로 되었다. 1963년 공해방지법이 최초로 제정된 이후 대기오염, 물오염, 토양오염, 소음 · 진동 공해, 폐기물 문제 등이 이슈화되었다. 1970년부터는 인구증가, 도시화, 공업화, 국토개발, 대량의 생산과 소비로 환경오염에 의해서 생활환경이 각종 화학물질로 오염되어 지구 규모로 광범위하게 확산되었다. 그래서 생활 활동에 의한 것만이 아니고 우리들의 일상생활이 가장 큰 오염원으로 되고 있다.

최근 지구환경문제는 오존층 파괴, 지구온난화, 외인성 내분비 장애물질(환경호르몬)에 의한 생태계 변화 등으로 인류의 미래에 대한 공포감이 생긴다. 따라서 환경은 현재와 미래에 태어날 후손들에게 혜택을 받을 수 있게 쾌적한 환경을 조성하고, 환경에 오염부담이 적은 지속적인 발전 가능한 사회를 구축하여 환경친화적인 환경보전을 적극적으로 추진해 나가야만 한다.

지구환경오염이 확대되면서 우리 주변의 생활환경이 각종 화학물질로 오염되어지고 있다. 그러므로 생활 활동에서 뿐만이 아니고 인류의 일상생활이 크게 오염됨을 알 수가 있다. 지구환경문제는 오존층 파괴, 지구온난화, 외인성 내분비 장애물질(환경호르몬)에 의한 생태계 변이 등으로 인류의 미래가 크게 사회문제화되게 되었다.

따라서 미래 환경은 현재나 미래의 세대에 태어날 후손들이 혜택을 받을 수 있게 쾌적한 환경을 조성하고, 환경에 오염 부담이 적은 건전하게 지속적 발전이 가능한 사회를 구축하며 환경친화적인 지구환경보전을 적극적으로 추진해 나가야 한다.

1. 공기오염과 대기오염

실내 공기오염에 특히 주의할 오염물질은 일산화탄소(CO)이다. CO는 핏속의 적혈구인 헤모글로빈(Hemoglobin)과 결합해서 화학적인 질식 및 사망을 일으킨다. 그리고 이산화탄소(CO_2)는 실내공기의 오염지표로 사용되며, 방이나 작업실의 환기산출시 CO_2 농도로 결정한다. 일반적으로 환기량은 1인당 1시간에 33 m^3의 깨끗한 공기가 필요하다.

한편 대기오염은 실외의 대기오염물질(SO_2, NO_2, 날림 입자성 물질, 광화학 옥시단트) 등의 농도가 매일 감시되어 생활에 불편을 주거나 줄 정도인 상태를 말한다. 우리나라는 1960년대부터 공장으로부터 배출된 이산화황(SO_2) 농도가 증가하다가 최근 청정연료의 사용으로 크게 감소되고 있다. 그러나 자동차의 배출가스 등에 의한 이산화질소(NO_2) 농도가 계속 증가해 커다란 사회문제가 되고 있다. 수도권은 환경여건으로 볼 때 광역적인 대기오염 특성상 지역적인 대기오염 관리가 어렵다.

표 1·1 ▶ 서울시의 대기오염 변화 추이

항목	단위	'96	'98	'99	'00	'03	'05
SO_2	ppm	0.017	0.008	0.007	0.006	0.005	0.005
PM−10	$\mu g/m^3$	78	59	60	65	52	58
NO_2	ppm	0.032	0.030	0.032	0.036	0.038	0.034
O_3	ppm	0.013	0.017	0.016	0.017	0.016	0.017

2. 생활배수처리

물오염의 원인은 공장 · 사업장의 점오염원(Point Source) 배수와 시가지 · 농지 등의 비점오염원(Non-Point Source)에 내린 강우에 의해서 유출된 배수뿐만 아니라 세탁 · 식사준비 · 목욕 등의 일상생활에서 발생된 오수가 대부분이다. 최근 주거위생상 수세식 변소가 증대되면서 하수의 보급률이 85.4%(2006년)이며, 나머지 18.6%가 재래식 변소에서 발생된 분뇨이다.

표 1·2 ▶ 환경기초 시설 현황 (2003년)

구 분	개 소	용량(만 m^3/day)	비 고
계	595	2,171.68	
하수처리장	268	2,153.6	처리율 85.4%
분뇨처리장	194	3.62	수거율 99%
시·도별 논공 단지 폐수종말처리시설	79	5.81	처리율 60.6%
축산폐수 공공시설	49	1.02	농공단지 80개소
산업단지 폐수종말처리시설	49	84.60	

하천 생태계에 의한 자정작용 향상 및 중수도(Reclamation) 설치에 의한 배수의 재이용 등으로 정부시책과 함께 환경을 배려한 생활 행동실천으로 하천수질이 크게 향상되고 있다.

환경기초시설의 건설은 상수원 보호구역 등에 설치된 기존 건물일 경우에는 오수처리 강화를 위해서, 상수원 보호구역, 특별대책지역, 공원구역 등 생활오수처리가 시급한 지역은 시·도지사가 오수처리 대책지역으로 지정한 후 공고하도록 했다. 그리고 이 지역 내의 식품 접객업이나 숙박업소 등의 건물 소유자는 오수처리대책지역 지정일로부터 2년 이내에 오수처리시설을 설치하되 설치비의 50%는 국고로, 30%는 지방비로 지원하도록 규정했다. 특히 이들 오수처리 시설이 방류수 수질기준을 초과할 경우 500만원 이하의 과태료 부가 등 점차 확대하도록 하였다.

3. 안전한 물확보

우리나라의 상수도 보급률은 2007년 현재(환경백서 인용) 7개 특·광역시가 98.5%이고, 농어촌 지역이 31.1% 수준이다. 이때 보급률은 총급수인구수에 대한 상수도 혜택 인구수로 나타낸다. 수돗물의 표준 정수처리는 응집·침전·여과·소독이며, 최근 들어 전염소·중간염소·후염소 또는 분말활성탄(PAC : Powder Activated Carbon), 입상활성탄(GAC : Granular Activated Carbon), 그리고 소독처리제는 차아염소산 나트륨(NaClO), 브롬산($HBrO_3$), 이산화염소(ClO_2), 오존(O_3), 자외선(UV) 등이 채택되고 있다.

최근 상수원수의 수질이 나빠지고 있으며, 물기준 항목이 확충 및 강화되고 있어 대응해야만 한다. 예를 들면 병원성 원충인 Cryptosporidium이 수돗물에 침입해 집단 감염을 일으키고 있어 이에 대한 대책으로 막분리(Membrane Filter) 등이 건설되어 있다.

4. 폐기물

폐기물 관리법상 폐기물을 생활폐기물(음식물류폐기물 포함), 사업장 폐기물(일반폐기물과 지정폐기물)로 구분한다. 생활폐기물과 일반폐기물은 대개 재활용, 소각처리 및 매립 처리하지만, 우선적으로 이것들을 발생시키는 국민들 각자가 폐기물의 감량화와 재활용을 추진하여 적정한 처리를 해서 안전하게 관리하여야 한다. 최근 대량 생산과 대량 소비의 생활문화여서 최적 생산과 최적 소비에 따른 최소 폐기물형태의 생활양식으로 변화시켜야만 환경개선이 이루어진다.

지정 폐기물은 사업활동시 발생되는 폐산, 폐알칼리, 폐유, 찌꺼기, 폐플라스틱 등이며, 이들을 자가처리 및 지정 폐기물 대행업자에게 위탁처리하고 있다. 그리고 폐기물 중 감염성, 폭발성, 독극물 등으로 건강이나 생활환경에 피해를 줄 위험이 있는 것은 특별관리 유해폐기물로 규정해 엄격히 취급하도록 관리하고 있다. 특히 병원에서 사용된 기구 등이나 원자력 발전소에서 사용된 기구 등은 사업자가 최종 처리시까지 안전하게 관리해야만 한다.

(1) 병원성 폐기물의 범위

① 혈액, 혈청, 혈장, 체액, 혈액제품이다.
② 수술 등에 따라 발생한 병리 폐기물이다.
③ 혈액 등이 부착된 예리한 주사바늘, 칼, 시험관, 샬레이다.
④ 병원 미생물에 관련된 시험, 검사 등에 사용된 기구이다.
⑤ 기타 혈액 등이 부착된 모든 사용품(가제, 면봉, 솜 등)이다.

(2) 병원성 폐기물 처리시 주의사항

① 병원성 폐기물 등은 별도 분리시킨다.
② 액상, 슬러지상태인 것과 고형상태인 것을 구별한다.
③ 시설 내에서 이동시는 도중에 내용물이 흩날림이나 유출될 위험이 없도록 밀폐하고 손상되지 않는 용기로 보관한다.
④ 포장은 주사기나 칼 등의 예리한 것은 내관통성인 단단한 용기를 사용한다.

⑤ 고체상태의 폐기물은 튼튼한 플라스틱 자루를 이중으로 사용해서 사용하거나 단단한 용기를 사용한다. 그리고 액체상태인 폐기물은 누설없는 밀폐용기를 사용하도록 한다.

⑥ 보관은 아주 단기간이어야 하고, 관계자 이외는 출입통제 하도록 하며, 별도 구분해 보관하되 취급시 주의사항을 표시한다.

⑦ 생물성 유해 표지판(Bio-hazard Mark)은 일본에서는 예리한 것이면 황색, 고형 폐기물은 분홍색, 액체 폐기물은 적색으로 색깔을 구분하고 있다.

⑧ 방사성 폐기물은 과학기술부 장관이 지정한 폐기물 업자에게 수집, 처리되어야만 한다.

5. 소음(Noise)

소리는 주파수가 서로 다르면 아주 다르게 귀에 들린다. 우리가 항상 듣는 소음에는 여러 가지 주파수(f : Frequency)의 음이 섞여져 있다. 소음계(Sound Level Meter)는 사람이 일반적으로 느끼고 있는 상태에 가까운 주파수 분포에서 측정하는 기기이다.

표 1·3 ▶ 도로에 접해 있지 않은 지역의 소음 환경기준

구 분	AM 06:00~PM 10:00	PM 10:00~AM 06:00
의료시설 등이 집합해 있는 정온필요지역	50 dB 이하	40 dB 이하
주거 소지역	55 dB 이하	45 dB 이하
주거와 상공업 존재지역	60 dB 이하	50 dB 이하

※ AM : 오전, PM : 오후

6. 환경리스크(Environmental Risk)

우리나라는 공업생산으로 화학물질이 10만 종이다. 화학물질에 의한 생활환경오염은 지구 규모적으로 확대 되어서 건강이나 생태계에 막대한 영향을 줄 위험을 갖고 있는데 이를 환경리스크라고 하며, 이에 대한 대책을 강구해야만 한다.

환경리스크의 평가순서는 유해성 확인(독성의 정량적인 평가), 양적 반응평가(건강영향의 평가), 폭로평가(환경경유에 따른 폭로량의 평가)와 리스크의 판정이다.

환경리스크 대책은 현재 기존 화학물질에 대한 독성이나 축적성의 시험을 순서대로 실시해야 한다. 그리고 신규 물질에 대해서는 사전 심사를 실시하여 지정된 화학물질만 유해성을 감시하는 사전 관리를 하여야 한다. 또는 유해성이 있는 화학물질은 배출시 이동 등록제도를 규정해야만 한다. 그러므로 보다 안전한 화학물질에 대처해야 하며, 날로 증가하는 화학물질의 종류에 대한 대책이 조속히 관리되어야 한다.

(1) 외인성 내분비 장애 화학물질(환경호르몬 물질)

환경호르몬 물질은 다이옥신류, 프탈산 에스테르류, 유기인계 살충제, 유기 주석 화합물 등의 외래성 물질로 내분비 계통의 기능을 변화시킨다. 그리고 자연계에서 조류(鳥類)의 암컷화, 악어의 성호르몬 이상 등이 발견되었기에 걱정과 염려가 크다. 최근 고동이 암컷이면서 수컷 성기와 수정관을 갖는 것이 발견되었다. 그래서 선박의 바닥이나 어망에 사용되는 방부제인 유기 주석화합물에 대해 깊이 연구되고 있다. 환경호르몬 물질은 주로 수지의 원료나 코팅제, 플라스틱 가소제, 농약 등으로 사용되는 제품에 함유되어 있다.

(2) 다이옥신류

다이옥신(Dioxin)류는 환경호르몬 물질이며, 폴리 염화 다이벤조 다이옥신과 그 유도체를 말한다. 특히 2, 3, 7, 8－사염화벤조 다이옥신의 독성이 아주 유독한 다이옥신류의 화학물질이다. 다이옥신 화학물질의 독성을 환산한 농도표시는 피코그램(Pg : Picogram)으로 나타내며, 구조식은 다음과 같다.

그림 1·1 2, 3, 7, 8－Tetra Chloro Benzo Dioxin 화학구조

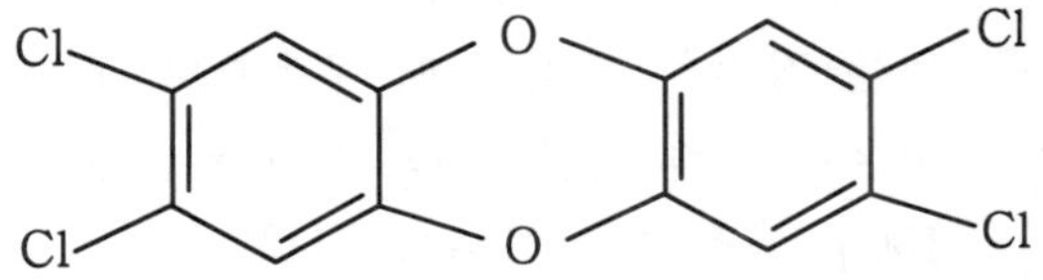

다이옥신의 섭취경로는 폐기물 소각장이나 제지공장이 주요 배출원이며, 주로 소각시설의 굴뚝에서 나온 연기나 폐기물 속의 다이옥신류가 빗물을 통해 강물 등으로 바다에 들어가면 해상생물의 먹이사슬을 통해 그림 1·2처럼 물고기류의 몸에 축적되었다가 사람이 섭취시 몸 안으로 들어오게 된다.

그림 1·2 먹이사슬에 의한 다이옥신 섭취경로

다이옥신이 몸속에 들어오면 지방에 잘 용해되어서 지방조직에 축적되었다가 갓난아이에게 젖을 먹일 때 모유를 통해서 전달된다.

다이옥신 피해는 많은 양으로 오염되면 염소좌창, 간 장해, 사지의 신경증상, 불임증, 유산, 기형아출산, 암 등을 일으키며, 미량으로 오염되면 만성적인 영향으로 자궁 속에 염증, 성기능 발달 저해 등을 일으킨다. 다이옥신의 섭취기준량은 몸무게 1 kg당 1일 4 pg(1 pg = 10^{-12} g) 이하이다.

일반적으로 모유에 의한 갓난아이의 다이옥신 섭취가 우려되어서 가능한 수유기간을 단축시켜야 한다. 그러나 면역효과 등을 모유를 통해 얻는 장점을 고려할 때 우유보다 모유를 주는 쪽이 훨씬 좋다. 그러나 모유에 의한 갓난아이의 다이옥신류 섭취량은 몸무게 1 kg당 1일 50~100 pg임을 참고하여야 한다.

1.1.3 수인성 전염병(Water Born Infection)

수인성 전염병은 주로 물을 매개로 해서 발생하는 전염병으로 소화기 계통이 대부분이지만, 이 외에도 음식물을 먹거나 보균자와의 접촉시에 전염되는 질병이다. 지금까지 알려진 소화기 계통의 전염병은 이질, 장티푸스, 파라티푸스, 콜레라, 아메바성 이질, 급성 소아마비, 유행성 간염, 성홍열, 전염성 설사와 병원성 대장균에 의한 대장염 등이다. 그리고 피부로 침입하는 전염병 중에서 물을 매체로 하여 발병하는 기생충 중 회충, 십이지장충과 음식물을 먹거나 식품 접촉시에 전염될 수도 있다.

우리나라는 경제발전에 따른 교육과 생활수준의 향상, 특히 보건의료체계의 확충으로 질병발생이 줄면서 전염병도 크게 감소했다. 또는 예방접종과 환경위생소독 등의 방역활동으로 전염병이 크게 줄었다. 그러나 방역위생활동이 미흡하면 레지오넬라증, 바이러스성 간염, 후천성 면역결핍증과 쓰쓰가무시병 등처럼 새로운 전염성 질환이나 면역체계가 떨어지면 병원 감염발생률이 크게 증가될 수도 있다.

감염병은 바이러스 등의 병원체가 숙주에 침입한 후 적정한 몸속의 간 등에서 증식하여 발생하는 질병이다. 주로 파리, 모기 등의 매개동물이나 감염된 자가 사용했던 음식물, 수건 등을 이용해 몸 속에 들어와 질환을 일으킨다.

1. 전염병

주로 감염력이 강해서 작은 병원체로도 쉽게 감염되고, 전염력이 강해 수많은 사람에게 쉽게 옮겨지는 콜레라, 이질, 홍역, 감기, 디프테리아, 말라리아, 일본뇌염, 성병과 아폴로 눈병 등을 전염병이라고 한다.

(1) 전염병의 분류

① 급성 전염병과 만성 전염병

급성 전염병은 시간이 지남에 따라 짧은 기간에 회복이나 사망으로 끝나는 질병(장티푸스, 독감, 파라티푸스)이고, 서서히 발생해서 3개월 이상이 소요(결핵, 성병, 나병)되면 만성 전염병으로 분류된다.

② 병원체의 종류에 따른 분류

이질, 결핵, 장티푸스 등과 같은 세균성 전염병, 발진티푸스, 쓰쓰가무시병 등과 같은 리케치아성 전염병과 독감, B형 간염, 일본뇌염 등 같은 바이러스성 전염병이 있다.

③ 전파경로에 따른 분류

공기(대기) 전파, 손 · 입 등에 따른 직접접촉에 의한 전파, 파리 · 모기 등에 의한 곤충매개체 전파와 수건 · 음식물 · 혈액 등에 의한 무생물 매개체 전파의 전염병이다.

④ 법률상 분류

전염병 예방법에 따른 제1종 · 제2종 · 제3종 법정 전염병이 있다.

(2) 전염병의 유행

① 전염원(Source of Infection)

전염병의 병원체를 갖고 있어서 감수성 숙주에게 병원체를 전파시킬 수 있는 환자, 보균자, 감염동물, 토양 등이고, 병원소(Reservoir of Infection)는 오염된 식품이나 물, 식기류, 운동 · 생활 기구 등이다.

② 전염경로(Route of Infection)

전염원으로부터 병원체가 감수성이 큰 보유자에게 옮겨가는 과정을 말한다. 주로 손이나 입맞춤, 성관계 등의 신체 접촉시에 옮겨지고 대기(공기)에 의한 비산전파, 개나 고양이 등의 동물에 의한 전파와 운동기구 등을 통해서 전파된다.

③ 감수성 숙주(Susceptible Host)

사람의 체질상 감수성이 아주 예민한 자가 전염병이 유행시 잘 나타나며, 면역성이 높은 집단에서는 전염병이 나타나지 않는다.

(3) 병원체의 전파

① 직접이나 간접적으로 접촉시 사람을 통해 병원체가 매개되며, 주로 손을 통해서나 컵 등의 매개물(Fomite)을 통해 전파되는데 위생상태, 인구밀도와 감수성에 비례하여 전염된다.

② 우유, 조개류, 물 등의 공동 매개물에 의해 소화기관에 전파되는 세균성 감염으로 A형 간염, E형 간염, 아메바성 이질, 연쇄상 구균 인후통의 질환이다. 주사기에 의해서 질병이 옮겨지기도 한다. 오염된 계란가루에 의한 살모넬라 식중독증, 상수오염에 의한 아메바성 이질, 생존에 의한 A형 간염 등이 발생되기도 한다.

⑷ 법정 전염병 특성

① 제1종 전염병(8종류)

㉮ 콜레라, 페스트, 발진티푸스, 장티푸스, 파라티푸스, 디프테리아, 세균성 이질, 황열이다.

㉯ 신고자는 진료의사, 가족, 기관장이다.

㉰ 신고 시기는 콜레라, 페스트, 황열은 즉시 신고해야 하고, 나머지는 주 1회이다.

㉱ 신고접수처는 보건소이다.

② 제2종 전염병(17종류)

㉮ 폴리오, 백일해, 홍역, 유행성 이하선염, 일본뇌염, 공수병, 말라리아, 발진열, 재귀열, 성홍열, 아메바성 이질, 수막구균성 수막염, 유행성 출혈열, 파상풍, 후천성 면역결핍증, 렙토스피라증, 쓰쓰가무시병이다.

㉯ 일본뇌염, 유행성 출혈열 환자는 즉시 보고하고, 나머지는 월 1회 보고한다.

③ 제3종 전염병(4종류)

㉮ 결핵, 성병, 나병, 만성 B형 간염이다.

㉯ 보건소에 등록하며, 매월 보고한다.

⑸ 전염병의 예방

① 검 역

전염병이 유행하는 지역에서 들어오는 사람들을 유행지역을 떠난 날로부터 병원체의 잠복기간까지 그들이 유숙한 곳을 신고하거나 일정한 장소에 머물게 하여 감염여부를 검사하는 예방방법이다.

② 격 리

환자나 보균자가 배설한 병원체가 감수성이 예민한 건강한 사람과 접촉하지 못하도록 예방하는 방법이다.

③ 면 역

병원체와 결합했을 때 사멸할 수 있는 특이 저항체를 갖도록 하는 방어수단 및 예방하는 방법이다.

2. 수인성 전염병

물을 매개체로 하여서 발생하는 소화기 계통 전염병을 말한다. 수돗물 및 음식물을 통해서나 보균자와의 접촉시 전염되는 질병으로써 이질, 장티푸스, 파라티푸스, 콜레라, 유행성 간염, 급성 소아마비, 성홍열, 전염성 설사, 병원성 대장균에 의한 대장염이다.

(1) 수인성 전염병의 특징

① 물에 의한 전염병은 바일씨병, 약도주혈흡충, 회충, 십이지장충 등이다.

② 물에 의한 전염속도는 빠르고, 발생지역이 대규모로 확산된다.

③ 원생동물에 의한 아메바성 이질은 병원충이 포자이기 때문에 염소 소독시 저항력이 커서 쉽게 제거가 안 된다.

④ 바이러스(Virus)는 크기가 20～50 nm로 아테노 바이러스, 에코 바이러스, 유행성 간염 바이러스, 급성 회백수막염 바이러스가 있으며, 아주 작고 염소소독에 저항력이 커서 잘 제거가 안 된다.

(2) 장티푸스(Typhoid Fever)

우리나라에서 1980년부터 인구 100만 명당 3～5명이 발생하는 유행성 전염병이며, A type, B_2 type, D_2 type과 M type이 있다. 병원체는 Salmonella Typhi(장티푸스균)이고 병원소는 환자나 보균자의 분뇨이며, 전파는 이들을 접촉시 감염되거나 쥐 및 곤충 등을 통해서 감염된다. 임상특성은 심하게 2주 동안 계속하여 열(40℃)이 나서 머리가 빠지며, 두통, 설사, 식욕감퇴, 마른기침, 변비 등을 일으킨다. 일반적으로 환자는 1～3주의 잠복기를 거쳐서 전신권태증상이 나타나며, 온몸에 붉은 발진이 생기고 두통이 심하다가 3주가 지나면 회복된다.

예방대책은 환자를 신속히 격리시키고 철저하게 환경 위생적으로 소독하며, 환자의 식기, 식품과 분변(糞便) 관리를 철저히 해야 한다.

(3) 콜레라(Cholera)

병원체는 Vibrio Cholera(콜레라균)이며, 병원소는 환자의 분변(糞便)이고, 잠복기는 5일 동안에 매일 20～30회의 심한 설사를 한다. 전파는 환자의 배설물이나 접촉과 오염된 바다에서 잡은 생선을 섭취시 감염된다. 임상특성은 갈증, 피부건조, 근육통, 눈이 쑥 들어간다.

예방대책은 외래전염병이어서 항만 및 공항의 검역을 철저히 하고 그릇, 기구 등을 끓여 소독하며 생선이나 음식을 날로 먹지 말고 가열하여 익혀 먹어야 한다.

⑷ 아메바성 이질(Amoebic Dysentery)

병원체는 이질 아메바의 감염이며, 영양형 · 포낭형 · 포낭전기형이 있다. 잠복기는 3～4주이며, 주로 간에 궤양을 일으켜서 아메바성 간염이라고도 한다.

잠복기는 2～7일이며, 세균성 이질(Bacillary Dysentery)은 병원체가 Shigella Dysenthriae이고, 궤양성을 일으켜서 발열 및 피 섞인 대변이나 설사를 일으킨다.

예방대책은 환자와 격리시키고, 오염우려가 있는 식품을 가열해서 섭취한다.

⑸ 유행성 간염(Infectious Hepatitis)

병원체는 A형 및 B형 간염 바이러스이며, A형은 분변(대변 · 오줌)오염에 의한 질병으로 회복되나 B형은 수혈 및 오염된 주사기 때문에 감염되어 혈청성 간염이라고 한다. 잠복기간은 15～35일(보통 25일)이며, 간세포의 변성과 염증을 일으킨다. 주로 두통, 전신권태, 구역질, 발열을 일으키다가 2～3일 지난 후 황달을 일으킨다.

예방대책은 환자의 주사기, 식품, 급식기구 등을 110℃에서 10분 이상 가열 소독해서 사용하고, 수혈을 금지시켜야 한다.

⑹ 폴리오(Polimyelitis)

병원체는 신경친화성 Poliovirus이며, 감염자의 분변이나 침 · 가래 등의 분비물로 감염된다. 잠복기는 7～21일(보통 12일)로 독감증상으로 시작해서 발열을 1～3일 지속하다가 근육마비가 생긴다고 해서 소아마비 또는 급성 회백수염이라고도 한다. 주로 1～2세의 어린이에게 걸리기 쉽다.

예방대책은 Sabin백신을 맞아 면역성을 길러야 한다.

1.1.4 감염증과 예방

1. 감염증

감염은 바이러스(Virus)와 세균(Bacteria) 등의 병원체가 사람이나 동물의 숙주(宿主)인 몸속에 침입하여서 장기나 조직 속에서 발육 및 증식해 질병을 일으킨다. 감염에 의해 숙주(사람, 동물)에게 발열, 설사, 기침 등의 증상이 나타나는 경우가 감염증이다. 감염증 중에 숙주로부터 숙주로 전파하는 것을 전염병이라고들 말하지만 좁은 의미로 보면 감염증이다. 그리고 병원체가 몸의 외부 표면이나 의복, 침구류, 기구 등에 부착해 있는 경우는 오염이라고 한다.

병원체가 몸속에 침입하고 나면 맨 처음의 증상이 나타날 때까지 기간을 잠복기라고 하며, 병원체에 따라 다르다. 감염은 숙주에 임상증상이 나타난 현성 감염과 증상이 나타나지 않는 불현성 감염이 있다. 불현성 감염일 경우 본인은 건강하나 병원체를 배출한 무증상 병원체 보균자가 된다. 한 사람의 발병자로부터 배출된 병원체가 주위에 감염을 일으킬 경우 2차 감염이 일어나게 된다. 최초의 감염에 의한 증상이 치료되지 않은 사이에 다른 사람에게 동일한 병원체의 감염을 받아 재감염된다. 그리고 다시 다른 병원체의 감염을 받게 되면 중복감염이 된다.

2. 감염증의 성립조건

감염증의 성립은 병원체, 감염경로 및 숙주의 감수성인 3가지 요인이 필요하다. 병원체는 바이러스, 박테리아, 원생동물 등이다. 이들의 병원체가 감염증을 일으킬 것인지, 또는 어떤지는 그 양이나 감염성, 병원성과 독성이 관계된다. 감염경로는 병원체가 숙주에 침입하는 경로의 전파과정이며, 숙주의 감수성은 면역성, 저항성 등의 숙주측 조건이 감염에 관여한다.

이들의 3가지 요인이 갖추어지지 않으면 감염증은 성립되지 않는다. 따라서 3가지 중 어느 한 가지 요인을 없애서 감염증을 예방하도록 해야 한다. 전파형식은 직·간접으로 전파되며, 감염증세에 관한 내용은 아래와 같다.

(1) 직접전파

① 비말감염

결핵, 인플루엔자, 균성 수막염 등이다.

② 접촉감염

매독, B형 간염, 에이즈(성감염증 : AIDS)이다.

③ 태반감염

선천성 매독, 선천성 풍진증후군이다.

④ 모유감염

성인 T세포 백혈병의 모자 감염이다.

(2) 간접전파

① 매개물 감염

음료수일 경우 세균성 적리, 장티푸스이며 음식물일 경우 소화기계 감염증, A형 간염이고 혈액일 경우 B, C형 간염과 에이즈(AIDS)이다.

② 매개동물 감염

접촉동물일 경우에 일본뇌염, 말라리아, 발진티푸스이고, 조개류일 경우에는 일본 주혈 흡충증이며, 포유동물일 경우에 페스트, 광견병 등이다.

3. 감염증 유행

유행은 한 가지 질병이 어떤 인구집단에 대한 어떠한 기간 동안 이상할 정도로 높은 빈도로 발생하는 질병이다. 감염증 유행은 발생 형태에 따라 분석을 다음과 같이 한다.

(1) 산발유행

시간적으로나 장소적으로 적은 환자가 산발적으로 발생하는 형태이다.

(2) 점유행

한정된 집단에 단기간 발생하는 형태로 오염된 우물물에 의한 세균성 설사나 공중목욕탕에서의 레지오넬라증 같은 집단발생 등이다.

(3) 지방유행

특정 지역에서 질병이 항상 유행하는 형태이어서 풍토성 유행이라고도 한다.

(4) 범용유행

범위가 세계적인 규모로서 전체 연령에 미치는 형태이며, 인플루엔자병이다.

4. 감염증의 종류

감염증은 병원체의 바이러스 및 세균 감염증, 병원체 활동부위와 호흡기 및 요도감염증, 방역상 관점의 상시 존재 및 검역 감염증, 법률입장의 1류 및 검역 감염증, 감염경로의 곤충매개 및 성감염증 등이 있다. 이밖에도 가축 공통감염증, 병원 감염증 등 숙주의 종류와 발병 상태, 발생 장소에 따라 분류되는 감염증도 있다.

5. 감염증의 동향

우리나라는 의학과 의료의 발달과 공중위생 수준이 크게 향상되어 대부분 감염증은 해결된 것처럼 생각되었다. 그러나 세계적으로 보면 감염증은 여전히 중요한 질병으로 전체 사망자 수의 25%를 차지하고 있다고 WHO(World Health Organization)는 발표했다.

최근 국제적으로 인적 및 물적인 교류가 활발해짐에 따라 외적으로부터 각종 감염증이 국내에 들어와 더욱이 AIDS 같은 성감염증에 의한 공포가 증가되고 있다. 그리고 에볼라 출혈증 등은 새로 출현한 감염증이며 말라리아나 결핵 등도 다시 증가해 공포에 떨게 하는 감염증도 큰 문제이다. 한편, 항생물질에 대한 효력 없는 약제내성 세균의 출현과 병원 내에서의 감염증도 자주 발생하는 등 감염증의 형태가 크게 변하고 있다.

6. 감염증 예방기초

감염증의 예방은 병원체, 감염경로와 감수성의 대책이다. 병원체 대책은 건강집단에 병원체가 침입하는 것을 저지하거나 감염원과 병원소에 존재한 병원체 자체를 사멸시키는 일이 가능하면 감염과 유행은 일어나지 않는다. 여기서 감염원은 병원체에 오염된 것과 생물을 말하며, 병원소는 다량으로 생활하고 있는 장소이다. 이들의 감염원과 병원소는 짧은 기간에 발견해 적절한 대응을 강구한다면 쉽게 멸균이 가능하다.

감염원에 의한 환자의 조기발견과 치료를 목적으로 할 경우의 감염증법에는 1류에서 4류의 감염증은 의사의 신고의무와 입원, 치료 등으로 대응하도록 규정되었다. 또한 환자 등의 입원시는 환자의 인권을 배려해서 입원권고제도와 감염증 진상조사협의회의 설치 등 각종 수속을 법률로 정해 놓고 있다. 그리고 검역은 병원체가 해외에서의 침입저지를 목적으로 검역법상 콜레라, 홍역, 1류 감염증이 검역감염증으로 지정되었다.

소독은 병원체의 증식력을 없게 하는 것이고 멸균(살균)은 모든 미생물을 죽일 목적인 물리·화학적인 방법이 사용되어야 한다. 소독과 멸균은 생물의 몸 밖에서 실시되며, 환자에 대한 화학요법인 항생물질 등의 사용도 2차 감염의 예방측면에서 보면 중요한 병원체의 대책이 된다.

(1) 감염경로 대책

병원체가 감수성 매개체인 사람에게 침입하면 감염경로에 대한 대책을 수립해야만 한다. 병원체를 사멸시키는 조치를 할 수 없는 경우는 전파경로나 감염경로를 차단시키면 2차 감염이나 유행을 저지할 수가 있다. 그리고 손 씻는 일을 철저히 실시하고 마스크나 콘돔을 사용해야 한다. 매개동물인 쥐, 곤충, 파리 등을 구제해 감염경로를 차단시키는 방법이 강구되어야 한다.

(2) 감수성 대책

병원체에 의한 감염을 받았을 경우에 발병되는지는 피감염자의 면역력과 감염상태에 의해 결정된다. 면역력은 감염증의 경험뿐만이 아니고, 유전·성별·연령과 건강상태에 따라 개인차가 있다. 면역력이 낮은 집단과 감염기회가 많은 집단에는 아주 감수성 대책이 효과가 높다.

건강대책, 예방접종과 면역 글로불린은 감수성 대책이다. 건강증진은 평소부터 운동·영양·휴양을 통해서 건강을 증진시키고 병원체에 이길 수 있도록 체력단련이 필요하다. 또한 예방접종은 부작용 등의 문제가 있으나 현재까지 볼 때 더 좋은 감염증 대책이 없다. 집단을 대상으로 한 의무접종에서 개별로 하는 권장접종으로 바꾸면서 부작용 대책도 큰 효과를 보고 있다. 대상질병과 표준 접종시기는 다음과 같다.

① 결 핵

생후 3개월에서 1세까지, 그리고 초등학교 1학년과 중학교 1학년에 3회 BCG 접종주사를 맞아야 한다.

② 일본뇌염

생후 2세에서 5세까지, 초등학교 3학년에서 4학년과 중학교 1학년에 3회 뇌염예방접종 주사를 맞아야 한다.

③ B형 간염

생후 2개월에서 4개월 사이에 임의 접종주사를 맞아야 한다.

④ DPT

디프테리아(D), 백일해(P)와 파상풍(T)이며, 생후 3개월에서 1세 사이에 접종주사를 맞아야 한다.

(3) 감염증 종류

감염증은 1류에서 4류까지 의사가 전부 감염증을 파악해서 신고해야 한다. 4류 감염증은 시장 · 구청장 · 군수가 관할지역의 몇 곳을 선정해 지정신고기관에 보고해서 환자발생의 정보수집과 해석을 경시적으로 실시한 감염증 정보를 공표하고 있다. 결핵에 대한 정보 시스템도 전국적으로 보건소에서 신고 받고 있다.

① 1류 감염증

원칙적으로 입원해야 하며, 제1종 감염증 지정 의료기관에서 의료보험 적용에 따라 치료 받는다. 참고로 알 수 없는 새로운 감염증은 측정 감염증 지정 의료기관인 병원에 입원을 원칙으로 한다(예 : 페스트).

② 2류 감염증

상황에 따라 입원하며, 제2종 감염증 지정 의료기관에서 치료 받는다(예 : 장 출혈성 대장균군 감염증).

③ 3류 감염증

특정한 의무로 취업이 제한되며, 일반 의료기관에서 자기부담과 의료보험적용으로 치료 받는다(예 : 장출혈성 대장균군 감염증).

④ 4류 감염증

발생동기를 파악해서 일반 의료기관에서 자기부담과 의료보험 적용으로 치료 받는다(예 : 급성 바이러스성 간염, 크립토스포리디움 병, 일본뇌염, 매독, 파상풍, 탄저병).

(4) 시설 내 감염대책

저항력이 약한 성인, 고령자, 장애자 등이 이용하는 의료기관과 복지시설에서는 집단감염이 발생하기가 쉬운 여건이므로 시설 내에서의 감염방지대책의 중요성을 더욱더 강조해도 지나치지 않다. 특히 병원 내에서는 약제 내성균에 의한 감염과 눈 깜짝할 사이에 감염이 일어나기 쉽다. 그래서 병원 내 감염대책위원회의 설치 및 감염방지매뉴얼을 작성해 비치하는 것이 바람직하다.

(5) 감염성 폐기물의 적정처리

의료기관에서 배출되는 병원 폐기물은 일단 감염증을 일으킬 가능성이 아주 높다. 그래서 병원 폐기물의 처리 및 처분에 대한 폐기물 관리법과 의료법에 대한 최적 처리방법이 포함되어야 한다.

1.1.5 병원성 감염 특성

1. 인플루엔자

인플루엔자는 매년 겨울철에 유행을 반복하며, 우리나라도 5～50만 명 정도의 환자가 발생한다. 환자수가 많거나 증상이 커서 국민의 건강에 막대한 영향을 주는 감염증이다. 특히 고령자의 폐렴, 어린이의 뇌염의 합병증에 의해 사망했다는 보도가 있었다. 고령자용 시설에서 집단감염도 문제화 될 수 있다.

인플루엔자 바이러스는 A형, B형, C형이 있으며, 이 중 사람에게 유행하는 바이러스는 A형과 B형이다. A형 바이러스는 10년에서 40년의 주기로 새로운 인플루엔자가 등장했다. 그리고 세계적으로 볼 때 대형 피해를 일으킨 1997년 싱가포르에서 맹독성 인플루엔자 AH5NI형이 사람으로부터 검출되어 공포에 빠지게 했다.

인플루엔자 예방은 손 씻기와 양치질, 충분한 영양, 휴양 등의 일반적인 예방과 왁친접종이다. 만성질환을 가진 인플루엔자로 발병할 경우에 중증화하기 쉬운 고령자 등에게 왁친에 의한 예방도 권유된다.

2. 성감염증과 AIDS

사람의 성행위에 의한 성기 등을 매개체로 하여 감염된 질환을 성감염증(STD)이라고 한다. 주로 매독, 임균감염증, 성기 클라미디아 감염증, B형 감염, 에이즈 등의 대표적인 질환이다.

성감염증은 단순히 국소적인 증상만이 아니고 몸 전체의 장기에 질병 변화가 파급되며, 유 · 사산, 불임과 장애아 출산의 원인이 된다. 성감염증은 4류 감염증에 속해 있다.

AIDS(후천성 면역부전 증후군)는 사람 면역 부전 바이러스(HIV)에 의한 감염증으로 우리나라는 초기에 혈액제품이 감염원으로 되어 전파되었다. 그러나 실제로는 성감염증이었다. AIDS 감염증은 감염 방지 측면에서 환자와 HIV 감염자는 1998년 UNAIDS(국제연합 에이즈 계획)에 따르면 3340만 명이며, 앞으로 증가할 가능성이 높다.

3. Virus성 간염

감염바이러스는 A, B, C, D, E, G형과 TTV로 모두 7종이 있다. 우리나라는 A, B, C형의 감염이 주로 유행하고 있으며, 급성 바이러스성 간염은 4류 감염증에 속해서 의사신고가 의무화 되었다. A형 간염은 음식물을 통해서 경구 감염되며, 우리나라는 해산물로 인하여 집단발생이 가끔 일어나고 있다. 최근 일본에서 젊은 청년층에 A형 간염 항체의 보유율이 낮기 때문에 A형 간염의 왁친 접종이 권장되고 있다.

B형 간염은 혈액이나 체액의 취급을 위생적으로 실시한다면 일상생활에서 감염이 일어날 수 없기에 철저한 교육이 필요하다. 의료관계자는 주사바늘에 의한 상처 방지와 사고 후 면역 글로불린 투여가 중요한 대책이 되며, 바이러스성 간염 감염대책이 마련되어야만 한다. B형 간염 모자 감염 방지대책은 모자 감염의 위험이 큰 HBe 항원 양성의 임산부 외에 모든 HBs 항원 양성 임산부에서 태어난 갓난아이에게 면역 글로불린의 투여와 HB 왁친의 투여가 실시되어야 한다. 이들 갓난아이의 90%는 HBs 항원 양성 임산부에 의해 방지가 가능하며, 앞으로 B형 간염을 10% 이하로 감소시킬 수도 있게 된다.

C형 간염은 B형 간염과 똑같이 혈액과 체액에 주의한다면 감염을 방지할 수가 있다. 따라서 모자 감염과 성행위에 의한 감염의 가능성은 아주 낮다. 그러나 왁친은 아직 개발 중이고 B형 간염에 비해 간암의 발생률도 높아서 바이러스성 간염 중에도 C형 간염의 감염방지가 아주 중요함을 알 수가 있다.

4. 장출형성 대장균 감염증

1996년 7월에 오사카에서 발생한 장출혈성 병원성 대장균인 O－157에 의한 집단 식중독은 학교 급식이 원인되어 지금까지 경험하지 못한 대규모적으로 발생했다. 그 후에도 전국적으로 산발적인 피해가 계속되었다는 보고도 있다.

장출혈성 대장균 감염증은 독소를 내는 대장균인 O－157, P－26, O－111 등이며, 감염증을 일으킨다. 피해증상은 용혈성 오줌독 증후군(HUS) 등에 의한 극심한 증상과 2차 감염은 많이 발생되며, 3류 감염증 환자와 보균자는 취업이 제한된다.

장출혈성 대장균은 경구감염이어서 기본적으로 손 씻기와 식품을 충분히 가열하면 예방이 가능하나 잠복기가 길어서 아주 적은 균으로도 감염되기 때문에 감염원과 감염경로의 차단은 곤란하다. 식품위생상 위해분석 중요관리기준(HACCP) 방식에 의한 식품이나 조리과정상 철저히 위생관리 된다면 최상의 감염방지대책이 된다.

5. 결 핵

결핵은 1935~1960년에 걸쳐 사망순위 1위를 차지했으나 1977년에는 10위 이하로 떨어졌다. 특히, 1940년에는 인구 10만 명당 212.9명의 결핵 사망률을 나타냈으며, 1998년에는 2.2명으로 크게 감소했다. 그러나 결핵은 지금도 4만 명 이상의 환자가 있으며, 인구 10만 명 당 34.8명의 발병률이 있다. 이 수치는 구미 선진국보다 높은 값이며, 결핵 발병률의 감소경향은 한계가 있다. 새로이 발생되는 결핵 환자수를 막기 위해 결핵은 과거처럼 불치의 병으로 생각하지 말고, 정기검진을 받아 약물치료 및 요양을 취하면 치료가 가능하다.

결핵환자의 특징은 고령자 및 극빈자이며, IMF에 의해 집을 나온 행려자들에게 많다. 결핵은 집단감염, 병원 내 감염 등에 의해서 많은 사람에게 발생되나 환자발견이 늦어, 진단 및 예방이 어렵다.

1.1.6 기생충(Parasite)

기생충은 간디스토마, 촌충 등 무척추 동물의 한 생명체가 사람과 동물 같은 생명체의 숙주(Host) 표면(외부 기생충)이나 몸 속(내부 기생충)에 일시적으로나 영구적으로 살면서 일정한 피해를 주며 기생 생활하는 기생체를 말한다. 기생충 종류는 단세포성의 기생원충과 기생연충이 있으며, 다세포성의 후생동물이 있다. 촌충류는 단세포성 편형동물이고, 선충은 단세포성 선형동물이다.

기생충학(Parasitology)은 기생충과 숙주와의 상관성을 연구하는 학문을 말한다. 일반적으로 인체를 숙주로 하여 기생하는 기생충만을 연구하는 학문을 인체 기생충학(Medical Parasitology)이라고 한다. 그리고 기생충에 의한 질병을 기생충병이라 하며, 기생충병의 진단은 임상증상, 검사실 진단으로 판정한다.

1. 우리나라의 기생충 행정

기생충 질환 예방법이 우리나라 최초로 1966년 제정되어서 기생충에 대한 집중적인 집단 관리사업이 실시되어 기생충 감염이 크게 줄었다. 그리고 5년마다 전국적으로 기생충 감염 실태조사를 실시했는데, 1971년 장 속의 기생충란 양성자가 84.3%, 누적 감염률이 147.1%이었다. 그러나 20년이 지난 2000년에는 총 기생충란 양성자수가 2.3%로 크게 감소되었다.

구체적으로 충란 양성률을 알아보면 간흡충이 제일 많은 1.4%, 요충이 0.6%, 요코가와흡충이 0.2%, 그 밖에 회충 · 편충 등의 토양매개선충이 약 0.1%로 나타났다. 기생충은 주로 충란(Ovum)의 경우만 입으로, 나머지는 피부를 통해서 침입하는 유충(Larva)에 의해 몸속에 침입된다.

2. 기생충과 숙주의 관계

기생충이 숙주의 몸속에서 발육하는 과정 중 유충이나 성충으로 되는데 성충(Adult)을 보유하는 동물을 종숙주(Final Host)라고 한다. 유충(Larva)을 보유하는 동물이 중간숙주(Intermediate Host)이다. 일반적으로 중간숙주동물은 사람을 비롯해서 포유동물(Mammalia), 연체동물(Mollusca), 새

(Bird), 곤충(Insect), 물고기(Fish), 갑각류(Crustacea) 등이다. 숙주는 기생충의 감염성(Infectivity)과 숙주의 감수성(Susceptibility)에 지배되며, 주로 숙주의 생리적인 변화, 습성과 환경에 따라 기생충에게 영향을 준다. 지금까지 알려진 인체의 몸속에 사는 내부기생충은 원충류(Protozoa)와 윤충류(Helminths)가 있으며, 윤충류는 선충류(Mematoda), 흡충류(Trematoda)와 조충류(Cestoda)로 구분된다.

기생충의 대사작용(Metabolism)은 산소가 없는 곳에서 기생할 경우에는 분자 상태의 산소(O_2) 활용이 곤란하여 효소작용에 의한 물질대사가 이루어진다. 주로 소화기관 · 쓸개 · 몸속에 기생하는 간흡충 및 선충류의 기생충은 피산소성 대사(Anaerobic Metabolism)를 하며, 인체의 조직과 밀접한 접촉을 하는 부위에 기생하는 기생충은 친산소성 대사(Aerobic Metabolism)를 한다. 기생충병(Parasitic Disease)은 기생충이 몸속에 살면서 직 · 간접적으로 인체에 황달 등 영향을 주는 것으로, 그 피해는 기질적 변화(Organic Change)와 기능적 변화(Functional Change)가 있다.

3. 기생충의 감염과 구충방법

감염(Infection)은 지역의 문화 · 사회적인 배경 중 주로 풍습에 따른 영향으로 입(회충), 피부(십이지장충), 여성 생리기의 질(트리코모나스), 혈액[말라리아, 사상충(Filaria)]으로 침입된다. 예방(Prevention)은 국가의 환경위생 차원에서 기생충에 대한 지식을 어떻게 교육 및 홍보를 하여 대처하느냐에 달려 있다. 기생충 감염은 대변, 가래(Sputum), 혈액 등에 의해서 전파된다.

기생충 감염의 주요 3대 발생원은 감염원(환자, 보충자, 보유숙주), 전파요인(중간숙주, 매개체, 흙, 물)과 감수성 숙주(유전적 요인, 집단 면역, 사회적 요인)이다. 따라서 감염원으로부터 기생충 감염을 방지하려면 하수도를 설치하고 분뇨퇴비 사용을 금지해야 한다. 그리고 전파요인으로부터의 방지는 구충제를 복용하거나 천적(Predator) 등을 개발해 환경 · 화학 · 생물학적으로 관리해야 한다. 감수성 숙주로부터의 예방관리는 −15℃ 이하로 냉동 처리하거나 환경위생 관리를 점진적으로 개선해 나가야 한다.

4. 가검물별 검출될 가능성 높은 미생물

(1) 혈액일 경우

원충류(말라리아 등)와 선충류(말레이 사상충, 최선 사상충, 로아 사상충, 밴크로프트 사상충 등)이다.

(2) 대변(Stool) 경우

① 충란 선충류는 회충, 편충, 필라리아, 동양모양선충, 구충 등이다.
② 흡충류는 간흡충, 폐흡충, 간질, 주혈흡충, 비대흡충, 이형흡충이다.
③ 포낭은 이질 아메바, 람불 편모충, 크립토스포리디움, 대장 발란디튬 등이다.
④ 편절은 유・무 구조충, 광절열두조충 등이다.

(3) 소변(Urine)일 경우

질 트리코모나스는 질 분비물에서 검출되며 거대선충의 충란, 빌라르쯔 주혈흡충이다.

(4) 가래일 경우

이질 아메바, 회충, 구충, 선충 등이 검출된다.

(5) 생체조직일 경우

① 간은 고양이 회충, 개 회충, 간 모충이다.
② 피부는 이질 아메바, 개 구충, 브라질 구충, 회선 사상충, 오자르드 사상충 등이다.
③ 근육은 유구낭미충, 주육 포자충, 선모충의 유충 등이다.
④ 대장은 이질 아메바, 주혈흡충의 충란 등이다.

5. 기생충병의 진단

(1) 검사실 진단(Laboratory Diagnosis)

대변, 소변, 혈액(Blood), 임파(Lymph), 가래, 조직(Tissue) 등을 수집해 충체, 충란, 유충, 포낭(Cyst)을 검사해서 동정(Identication)한다.

(2) 대변검사(Stool Test)

대변 속의 충체, 충란, 포낭을 찾아서 집란법(Concentration)으로 검사하며, 주로 구충(Hookworm)란은 부유법(Flotation), 회충과 간흡충은 침전법(Sedimentation)이 이용된다.

(3) 혈액검사(Blood Test) 및 임파검사(Lymph Test)

말초 혈액을 채취해 피 및 임파 속의 말라리아 원충(Plasmodium), 사상충 등의 검사를 도말표본을 작성해서 염색하여 검사한다. 임파는 트리파노소마증(Trypanosoma) 진단이 필요하다.

(4) 소변검사(Urine Test)

주로 여성의 생식기 속에 기생하는 질 트리코모나스(Trichomonas Vaginal), 빌 할쯔 주혈흡충(Schistosome Hematobium) 등의 성충과(Adult)과 충란(Ovum)을 검사해야 한다.

(5) 가래검사(Sputum Test)

허파에 기생하는 폐흡충의 충란을 검사해야 한다.

(6) 조직검사(Tissue Test)

조직 속의 선모충증(Trichinosis), 사상충증(Onchocercosis), 유충, 장내이행증(Visceral Larvamigrans)을 진단해야 한다.

1.2 환경위생과 인구문제

1789년에 맬서스(Malthus)는 “인구 증가로 인해서 국가에 피해를 주는 것이 아니라 이익을 가져다준다”고 주장했다. 그리고 식량은 인간의 생존에 필요한 것이고, 미래에도 변하지 않을 것이라고 했다. 또한 출산억제의 가족계획은 부도덕한 것이라면서 인구성장억제에 반대를 했었다. 그러나 최근 인구 증가는 식량과 자원의 근본적인 문제를 제기하고 빈민인구를 위해 인구 억제를 채택하고 있다. 아담 스미스(Adam Smith)는 인구의 계속적인 증가는 국가번영의 증가이며, 경제발전속도에 의존한다며 맬서스 이론을 주창했다.

1850년에 마르크스(Marx)는 “순수한 과잉인구는 존재할 수가 없다. 다만 잉여 인구인 실업자에 대해서 자본주의 경제체제하에서는 자본가들의 최대 이익을 올리기 위해서는 임금을 최저로 두는 인력이 있어야 한다”고 했다. 그리고 인구성장문제는 식량공급에만 문제가 있는 것이 아니다. 사회 · 경제적인 체제와 자원의 배분문제와도 관련이 있기에 인구문제 해결을 위해서 인구 억제정책을 강력히 시행해야 한다.

1982년 하비(Harvey)는 인구와 자원문제를 위해 생존, 자원과 희소성의 개념으로 설명하면서 인구 억제를 주창했다. 따라서 인구성장이 1% 증가되더라도 GNP 성장은 3%가 저하됨으로써 경제성장을 계속할지라도 경제성장은 마이너스로 되어 인구 증가는 국민복지 향상에 큰 장애가 되어 인구를 억제하는 것이 좋다. 인구억제는 인간 이성의 통제력으로 성도덕을 지키고, 이성적으로 피임 조절을 해야 한다.

1.2.1 우리나라의 인구추이

인구(Population)는 사람의 수 또는 인구의 집단을 말한다. 우리나라는 서기 원년에는 약 300만 명이 살았고, 삼국~고려시대까지는 약 1000만 명이었다. 조선시대에는 600~700만 명으로 감소하였으며 조세와 징병 때문에 신빙성 있는 인구조사가 안 되었으나, 출생률 3.5~4.0%와 사망률 3.0~3.5%라고 석남국 박사의 「한국 인구 증가분석」에 수록되어 있다.

우리나라의 인구추이는 1910년부터 한일합방 후 일본으로부터 전염병 예방주사를 실시하고, 병원이 설립되고 상수도 시설이 설치되면서 크게 증가했다. 매년 인구 증가율이 7.9%로 1930년까지 증가하다가 1940년에는 8.7%, 1950년에는 5.8%이었으며, 6.25 동란 때인 1950~1953년에는 6.5%, 1956~1959년에는 2.9%로 전년대보다 감소했었다. 경제개발이 시작된 1960년부터 정부의 산아제한 홍보정책으로 1970년대 1.9%, 1980년대 1.6%, 1990년대 1.36%와 2000년 1.24%로 인구 증가율이 크게 둔화됐다.

(1) 출 산 율

우리나라는 2003년 가임여성 1명이 낳는 평균 자녀수인 출산율이 통계청 자료에 따르면 1.28명(2000년 1.47명)으로 일본 1.33명, 영국 1.64명, 미국 2.13명의 선진국 여성보다 아이를 적게 낳고 있다. 그러나 체코 1.14명, 스페인 1.22명, 이탈리아 1.25명 등의 국가보다는 높으며, 첫 아이를 낳는 평균 연령은 28세로 1992년 26.1세보다 높아졌다. 그리고 결혼 후 2년 이내에 첫 아이를 출산하는 비율은 76.5%로 1992년 84.1% 보다 낮아졌다.

남 · 여 아이 출생비율은 1.09명(1993년 1.153)으로 남자아이가 약간 높으나 정상 수준에 가깝다. 흥미로운 것은 출생 신생아의 평균 몸무게가 3.27 kg으로 1993년 3.41 kg보다 낮아지고 있는데 산모의 나이가 높기 때문인 것으로 분석하고 있다. 이처럼 신생아의 출산율이 낮은 것은 결혼하지 않거나 하더라도 늦추는 여성이 약간씩 증가하고 있기 때문이며 자녀를 남녀구별하지 않고 하나만 낳아서 잘 기르거나 아예 낳지 않겠다는 것이다. 또한 맞벌이를 하면서 자식에 얽매이지 않고 즐기며 살고, 자녀를 키우는 데 필요한 과외비 등 교육비가 너무 많이 들어 아이 키우기가 힘들다는 이유만으로 야기되는 낮은 출산율은 결코 미래 국가 사회구성 및 국가 경영전략으로 볼 때 건전하지 못한 것으로 판단된다.

그리고 통계청의 인구 총 조사에 의하면 인구 증가는 2003년도 OECD 국가의 인구 1천 명 당 사망자수는 헝가리 13.3명, 포르투갈 10.3명, 노르웨이 9.8명, 오스트리아 9.1명, 일본 7.7명, 한국 5.1명, 멕시코 4.5명이다. 신생아, 노인인구의 변화 등을 알아보면 2013년에 5천만 명이 되고, 2023년에 5천 68만으로 된 후 2024년부터는 인구가 점차 줄게 될 것이라고 예측한다. 의료보험 실시와 연금 등의 복지혜택으로 노령인구수가 증가하게 되며, 현장에서 생산을 왕성히 할 생산가능인구인 15~64세는 급격히 감소되고 있다는 데에 출산율 감소의 큰 문제점이 있다.

표 1·4 인구 1천 명 당 출생자 수와 사망자 수의 각국 비교

국 가	한국	미국	일본	영국	프랑스	이탈리아	스페인
출생률	11.6	14.7	9.3	11.4	13.1	9.4	9.8
사망률	5.1	8.7	7.7	10.3	10.4	9.1	7.6

그림 1·3 연도별 출산율과 신생아수

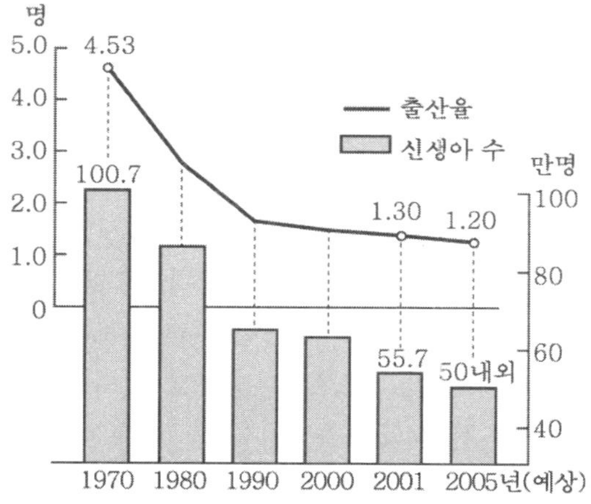

그림 1·4 인구 구조 변화

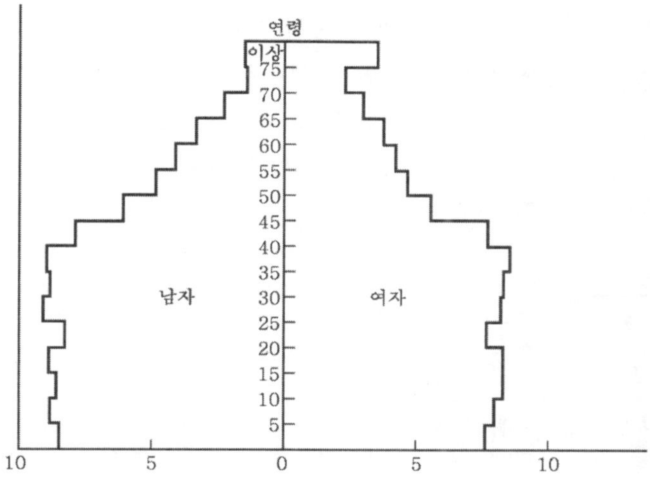

미국과 우리나라는 출생률이 높고 사망률은 낮아 인구수는 매년 증가 추세이며, 다른 국가들은 출생률과 사망률이 비슷함을 알 수가 있다.

우리나라의 수도권 인구집중률은 47%인데, 일본 32%, 프랑스 19%와 영국 12%이다. 특히 인구집중과 난개발, 자동차 증대는 대기오염으로 직결되어 쾌적해야 할 생활환경은 급격히 악화되어 가고 있다.

그림 1·5 인구 집중화

우리나라의 출산율이 1.3%로 저하되어 사람부족으로 인한 부양부담의 증가, 교육 및 국방인력의 부족 등 각종 부작용이 연쇄적으로 일어나고 있다. 특히 노동력 부족은 경제에 결정적인 타격을 줄 것이며, 농촌에서 일할 사람이 없어서 또한 큰 문제이다. 사회환경 여건에 따른 최적 출산율은 2.1%로 알려져 있다. 출산율 향상을 위해서 출산 가산점 부여, 출산 장려금, 세제혜택, 집 마련시 보조금 지급 등을 추진할 계획이다.

표 1·5 ▶ 취업률과 출산율 (단위 : %)

국 가	한국	일본	미국	이탈리아	영국	네델란드	독일
취업비율	47	62	76	59	72	75	74
출 산 율	1.3	1.3	2.0	1.2	1.6	1.7	1.3

최근 세계적으로 60세 이상을 노인이라고 하며, 2002년 6억 명에서 2050년 20억으로 증가할 것으로 UN 인구부는 예측하고 있다. 현재도 15세 이하의 인구보다 60세 이상의 인구수가 많아 노령화 사회에 대한 인프라 마련이 시급한 실정이다. 이와 함께 세계 각국이 고령화 현상에 대한 심각함을 인식하고, 대비하지 않는다면 값비싼 대가를 치르게 될 것이다. 특히 세계적으로 고령인구 대부분이 여성으로 40～59세 50%, 60～89세 55%, 90～99세 65%와 100세 이상은 83%로 알려지고 있다.

한편, 노령화로 노인 부양비가 2002년에는 11.1%로써 9명당 노인 1명을 부양해야 하지만 2019년에는 19.8%로 5명당 1명으로 1930년에는 3명이 1명을 책임져야 하므로 사회적 생산성이 감소된다.

$$\text{노인부양비} = \frac{\text{노인인구(65세 이상)}}{\text{생산연령인구(15～64세)}}$$

표 1·6 ▶ 고령인구의 비율 -UN 인구부 자료 (단위 : %)

구 분	0～14세	15～34세	35～64세	65세 이상
2000년	30	33.5	29.5	7
2050년	16	27	36	21

앞으로 인간의 수명은 점차 늘어가는 데 비해 출산율은 지속적으로 낮아지면 여성의 사회활동 참여가 많아지게 된다. 따라서 우리나라도 육아와 여성의 사회활동을 양립시킬 수 있는 복지정책을 통해 좀더 출산율을 높여나가야만 한다. 한 여성이 평생 낳는 자녀수가 인구를 현상태로 유지하는 데 필요한 인구대수값 수준은 2.1명이 되어야 한다.

1.2.2 생명표

생명표는 건강의 지표로서 중요한 자료이다. 출생수를 남녀 각 10만명으로 하고, 그 10만 명이 어떻게 죽어가는지를 남녀별로 표로 나타낸다. 성별 및 연령별 사망률은 각각 일정한 값, 예를 들면 2002년의 값으로 정해서 2002년에 태어난 아이들은 실제로는 2002년의 0살 갓난아이의 사망에 따라 사망률이고, 2003년이 되면 2003년의 1세 어린아이의 사망률이 된다. 그러나 2001년 생명표의 경우는 2001년에 관찰된 각 연령의 사망률에 따라 죽어가는 것으로 생명표를 작성한다. 바꾸어 말하면 200년의 건강수준이 그대로 장차 100년 이상에도 계속 작성되게 된다. 생명표의 가치는 연령조정 사망률처럼 기준인구를 가정할 필요가 없고 어떤 기간의 연령사망률에 의해서만이 계산해서 얻는다. 그래서 생명표는 그 기간의 건강수준을 잘 대표할 수 있는 판단을 할 수가 있게 된다.

지난 1995년에 관찰된 각 연령별 사망률에 따라 사망으로 된 일본 고베시의 대지진이나 2001년 미국테러의 비행기 사고로 무역센터 근무자, 2005년 인도네시아의 지진해일 사고로 관광객 등 많은 사람이 사망했다. 이 영향을 제거하면 평균수명이 남자일 경우 0.08년, 여자일 경우 0.11년이 연장된 셈이다. 생명표는 이처럼 돌발적인 사태의 영향을 받는 단점을 갖고 있다.

생명표는 어떤 연령인 사람이 평균적으로 몇 년이 남았는지를 추측할 수가 있는 자료일 수도 있다. 특히 0세의 평균수명을 표준 남은 나이로 예상한다. 이 남은 나이는 그 집단의 연령사망률에 영향을 주지만 집단의 연령구성의 영향은 전혀 없다. 또한 연령조정 사망률처럼 기준인구로 무엇을 사용했느냐가 중요하다. 평균수명은 이러한 경우에 이용되며,

국제적인 비교나 연령추이의 비교를 쉽게 할 수도 있다

우리나라는 식생활 개선과 공중위생 발전으로 1975년부터 사망률이 크게 감소했을 뿐만 아니라, 연령조정 사망률도 감소했다. 그러므로 사망률의 감소는 건강수준이 향상된 것으로 판단할 수가 있다. 그래서 최근 인구의 고령화가 되어 가고 있다.

인구통계에서 기준 인구로 환산한 사망률을 표준화 사망률 또는 정정 사망률이라고 하며, 연령조정 사망률이라고도 한다. 이제까지 기준인구는 국내의 연도별 비교로 1935년 우리나라 인구를 외국과 비교하는데 세계 인구를 인용해 왔으나 인구구성의 고령화 때문에 실태와 큰 차이를 나타내고 있다.

또한 지금까지 기준인구로 국내의 연차별 비교에 1935년 총인구를 국제적으로 비교하기 위해 세계 인구를 사용하여 왔다. 그러나 우리나라의 인구구성이 고령화되었기 때문에 수치가 실태와 동떨어져 있다. 그래서 1991년 국민위생의 동향 파악시 국내 연차비교에 1985년 모델인구를 사용하도록 변경되었다. 그리고 국제적인 비교는 유럽연합인구를 사용했다.

(1) 사망률

사망률은 출생 1천 명 당 유아 사망수인 유아사망률을 말한다. 출생 1년 미만의 사망인 유아사망은 의료 수준이나 생활수준에 크게 영향을 받으며, 유아사망률은 그 나라의 건강 수준의 민감한 지표가 되고 있다. 유아사망률 중 출생 1천 명 당 생후 7일 미만에 사망한 유아수를 조기신생아 사망률이라고 하며, 출생 1천 명 당 생후 28일 미만에 사망한 유아수를 신생아 사망률이라고 한다. 그리고 출산 전후의 상관성을 갖고 출생수와 임신 만 22주 이상의 사산(死産)수의 합계 1천 명 당 임신 만 22주 이후의 사산수와 생후 7일 미만의 사망수 합계를 주산기(周産期) 사망률이라고 한다. 이들의 사망률을 감소시키려면 산모의 건강관리를 더 한층 증진시키는 모자보건대책이 필요하다.

50세 이상의 사망률이 차지하는 비율을 PMI(Proportional Mortality Indicator) 또는 PMR(Proportional Mortality Ratio)이라고 한다. 인구 구성에 영향을 주는바 개발도상국의 연령별 사망수 계산 비교 등에 이용될 수가 있다. 이처럼 각국의 사망지수를 비교해 보면 서로 비슷함을 알 수가 있다. 사망원인별로 사망률을 알아본바 급속히 결핵이 감소했다. 일단 증가했다가 감소한 뇌혈관 질환, 그리고 증가를 계속한 악성 종양과 질환 등이 질병 구조변화의 특징을 나타내고 있다. 1994년 질환 중 급격히 감소한 것은 의사를 통해 사망진단서를 조사한 결과 심부전증이다.

질병과 사망의 통계는 세계보건기구(WHO : World Health Organization)의 권고에 의해 10년마다 수정되는 국제질병분류(ICD)의 자료에 따른다. 질환의 종말기 상태인 심부전증, 호흡부전증 등은 사망진단서에 기입하지 않는 것으로 권고되었다. 제9회 수정본인 ICD－9까지는 기본 분류코드에 해당되어 질병에 대한 기록이 남아 있다. 이처럼 의료통계자료 변경시는 신중을 고려해서 결정해야만 한다.

일본은 1899년부터 근대적인 제도로 행정자치부에서 인구동태조사가 시작되어 1998년에 100년을 맞이하게 되었다. 출생률과 사망률은 100년 동안 연차적으로 갑자기 1945년 이후 출생이 증가했다가 1950년 6.25 동란으로 크게 감소했다. 출생에서부터 사망에 이르기까지 자연증가에 의한 추이를 나타내고 있다. 복지국가 건설은 유아 사망률, 신생아 사망률, 사산율, 혼인율, 이혼율, 사인별 사망률에 대한 100년간 년차 추이를 알 수가 있다.

전형적인 평균수명 그래프는 남녀 모두 세계에서 장수국가에 속한 국가들이 평균수명 연장에 급속히 기여하게 될 것이다.

그림 1・6 장수국가의 평균수명 추이(Demographic Yearbook 참조)

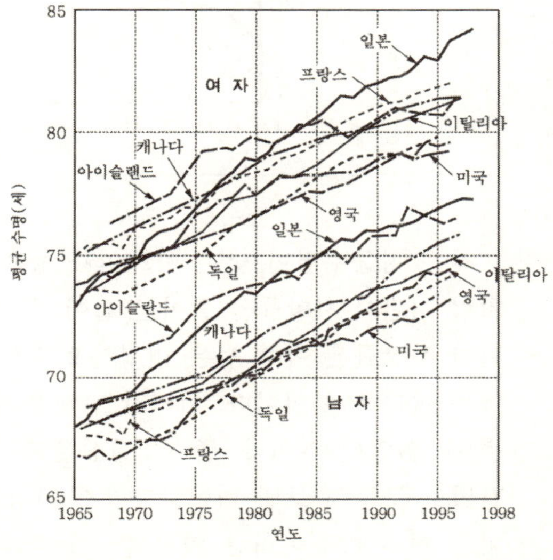

생명표 작성방법은 각 연령별로 평균 남은 수명을 예측하는 방법, 특정 연령까지 생존자의 비율을 보는 방법, 사망원인별 사망률을 보는 방법, 특정사망 원인을 제거한 경우의 평균수명 연장을 보는 방법, 지역별로 보는 방법 등이 있으며, 여러 가지 목적에 이용할 수가 있다.

특정 연령까지의 생존자 비율법은 40세까지 생존자 비율 동향을 보면 1975년경까지는 어린이 사망률의 개선과 청소년층의 결핵사망 등이 급격히 줄면서 증가했으며, 1975년 이후 크게 개선된 일이 없다. 한편 80세까지의 생존자 비율은 최근에도 증가 경향을 보이고 있으며, 최근 평균수명연장에 70세의 고령자 사망률이 개선되고 있다.

그림 1·7 생명표에 따른 특정연령별 생존비율

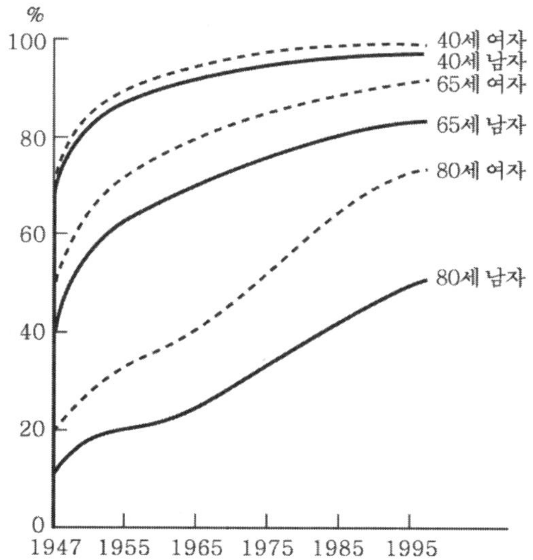

최근 평균수명이 낮은 아프리카 등의 개발도상국은 우리나라의 옛날처럼 어린이 사망률을 줄이는 일이 큰 과제로 되고 있다. 일반적으로 어린이 사망률은 아주 높은 연령분포가 0세보다 1세의 어린이 쪽이 더 높다는 놀라운 사실이다. 이러한 현상은 옛날 장수국가들의 생명표에서는 볼 수 없었던 일이다. 좀 더 관심을 갖게 하는 0세 아이의 사망률을 주간별로 구분해 보면 태어나자마자 사망하는 0주 아이, 1주 아이, 2주 아이의 경우에도 이러한 역전현상이 현재도 나타나고 있다.

1.3 식품위생과 건강문제

국민들의 건강수준은 의료기술 발달, 생활수준 향상과 의료보험제도 실시로 평균수명이 남자 74.8세, 여자 81.5세로 과거에 비해 크게 연장되었다. 그래서 우리나라도 인구의 고령화로 질병형태가 급성 전염성 질환에서 만성 난치성 질환으로 증가하는 경향을 나타내고 있다.

우리나라의 국민은 곡물류를 과잉섭취하기 때문에 습관상으로 짜게 먹는데 국가별 소금 섭취량이 미국 10 g, 일본 12 g과 한국 15～20 g으로 소금이 많이 함유된 음식물을 먹고 있다. 이는 바로 위암, 고혈압의 원인이 되며, 주 원인은 소금성분인 염화나트륨(NaCl)인데 이 중 Na^+의 과잉섭취시 고혈압이 된다. 고혈압은 동맥경화증과 심부전증 등 심장질환을 일으킨다. Na^+(나트륨이온) 과잉섭취는 임신중독증, 간 경색증을 일으키며, 소금에 절인 음식을 많이 먹으면 위암이 생긴다.

우리 몸의 5대 영양소는 탄수화물, 단백질, 지방, 비타민, 무기질이며, 이들 영양소가 풍부한 음식을 먹으면서 공급된다. 탄수화물 식품은 곡류와 감자류이며, 단백질 식품은 고기, 생선, 콩, 알(Egg)이고 지방 식품은 동·식물성 기름이다. 비타민과 무기질 식품은 채소, 과일이고 칼슘 식품은 우유, 홍어, 멸치처럼 뼈와 함께 먹는 생선이다.

1.3.1 필요 영양소

최적 건강한 남녀의 1일 필요 열량은 남자 2500 kcal, 여자 2000 kcal 이며, 단백질은 아무리 많이 먹어도 필요한 양 만큼만 아미노산 형태로 수시간 이용된다. 그러나 탄수화물은 13시간만 이용량이 글리코겐으로

되어서 간에 저장되며 지방은 20~40일, 수용성 비타민은 1~6개월 및 지용성 비타민, 무기물은 6개월 이상 지속된다. 여기서 꼭 건강관리상 중요한 점은 탄수화물과 단백질은 저녁을 먹고 아침 밥 먹기까지가 대개 11~14시간이어서 아침을 안 먹게 되면 몸 안의 탄수화물과 단백질이 고갈되어 뇌세포 조직과 적혈구의 에너지 공급이 떨어져서 생리적인 리듬이 깨진다. 그리고 아침밥을 안 먹으면 위속의 효소의 먹이공급이 없기 때문에 죽지 않으려고 위벽을 갉아먹어 위벽이 손상되어 아주 나쁘다.

무기영양소인 아연(Zn)은 강력한 항균 및 항염작용을 하며, 피부염 방지와 난치 질환인 만성 전립선염 치료에 효과적이다.

(1) 건강 식생활

밥은 보약이다. 우리나라는 시골에서 10월 중순이면 추수를 시작한다. 정말로 농부의 추수 마음은 그 동안 태풍으로 걱정했고, 병충해로 시달렸으며, 가뭄으로 밤새 동안 고통스럽게 되었던 일들을 뒤로 하고 마냥 기쁘기만 하다. 그런데 고기국도 아니고 생선반찬 없이 배추, 무, 김치, 쌀밥만 먹고도 중노동을 하면서 건강하게 지내온 것을 생각하면 재삼 밥이 얼마나 소중한 영양소인가를 느끼게 한다.

최근 우리의 식생활도 서구화 되어 피자, 햄·소시지 등의 인스턴트화 가공식품을 비롯한 패스트푸드(Fast Food)나 양식 등으로 변하고 있다. 그리고 개인의 식생활이 경제·문화·사회·지리적인 환경조건에 따라 1970년대 이후부터 크게 차이가 있다. 국민의 식품섭취량은 식물성 식품이 감소되고 동물성 식품이 매년 증가해 2002년은 1969년에 비해 약 2배로 증가했다. 특히 식품 중 보리, 콩 등의 곡물류와 감자·고구마가 줄고, 동물성류인 육류, 우유류 등이 증가 추세이다. 그리고 채소, 과일, 해조류도 증가했다. 건강에 최적 3대 영양소 구성비는 탄수화물 : 단백질 : 지방의 비가 60~65 : 15~20 : 20~25이어야 한다.

섭취 에너지원은 단백질, 지방과 탄수화물이며, 단백질이 14.6%~16.0%, 지방 22.3~26.6%와 탄수화물 57.4~63.1%이다. 연령 계급별로는 20~40세 범위가 지방 에너지 비율이 적정비율 25%를 넘었으며, 에너지는 2002~2226 kcal 범위이고, 칼슘 섭취량은 531~579 mg이다.

우리나라에서 새로운 건강유지계획은 운동을 동반한 식생활과 영양에 대한 해결이다. 일반적으로 국민건강의 3대 요소는 영양공급, 운동과 휴양이다.

깨끗한 물은 인체에 있어서 건강과 직결되기 때문에 대단히 중요하다. 물이 몸속에 들어오면 잠시도 쉬지 않고 몸 전체를 순환(입 → 위 → 장 → 간 · 심장 → 혈액 → 세포 → 혈액 → 콩팥 → 배설)한다. 특히 몸속에 들어 있은 활성산소가 만병의 근원물질로써 인체에 해로운 배출가스 또는 유해물질인데 이에 대해 물이 방어역할을 한다.

이처럼 질병의 원인이 될 수가 있는 활성산소는 주로 농약, 식품첨가물, 자외선, 대기오염, 스트레스 등으로 생성되어 노화현상, 뇌졸중, 심근경색, 동맥경화, 류머티즘, 아토피성 피부병, 스트레스성 위 십이지장 궤양 등을 일으킨다.

(2) 건강체질

비만은 한의학에서 태음인 비만, 소음인 비만과 소양인 비만으로 분리하며, 태음인 비만이 제일 많다. 태음인 비만은 주로 뱃살이 찌는 복부비만이고, 소음인 비만은 상체는 여윈 듯 하나 하체가 통통한 하체비만이며 소양인 비만은 하체는 날씬하나 어깨와 팔뚝이 뚱뚱해서 고민하는 상체비만이었다.

일반적으로 체질인 자는 태음인은 폐기능이 약하면 율무차, 칡차를 많이 마시고, 콩팥이 약한 소음인은 산수유차, 보리차, 구기자차를 마시며, 소화가 잘 안되는 소양인은 생강차, 인삼차, 계피차를 마시면 좋다.

사람의 체질은 선천적 및 후천적인 음양기혈의 편차에 따라서 생리적 및 병리적으로 반응을 한다. 그래서 한 사람의 체질에서도 여러 가지 아주 다른 체질의 성향이 나오기 때문에 편향된 음식보다는 골고루 음식을 먹는 것이 여러 가지 영양소를 골고루 섭취할 수가 있어서 아주 좋다.

특히 하루 세끼 식사 중 아침식사는 가장 빨리 에너지로 전환되게 되어서 뇌의 기능을 활발하게 해주기 때문에 큰 뇌의 자극과 각종 호르몬 분비의 촉진, 장의 운동을 활발하게 하여 몸에 좋다. 그리고 우유를 많이 마시면 핏속의 칼슘(Ca) 농도가 높아져서 지방세포에 지방이 축적되는 것을 중단하고 지방을 연소시키는 메시지가 전달되어 살이 빠진다고 미국의 지멜박사는 연구보고를 통해 발표한 바 있다.

한편, 과일과 채소에 여러 형태로 들어 있는 항 산화성 물질인 플라보노이드 성분이 만성질환인 암, 천식, 뇌졸중, 심장병, 성인 당뇨병 등을 예방하는 데 효과가 있다. 과일 중에서도 사과에 플라보노이드가 제일 많이 들어 있어 건강에 좋다.

1. 건강관리

우리나라의 평균수명은 남성 74.8세, 여성 81.5세이며, 남성이 여성보다 훨씬 요통, 위장병, 고혈압 등의 만성질환에 시달리고 있다. 그리고 위암 2배, 폐암 6배, 식도암이 10배나 많아 고통 속에 살다가 세상을 떠난다.

그러나 류머티즘성 관절염, 갑상선 질환 등 삶의 질을 저하시키는 만성질환은 여성이 남성보다 4.5배로 높고, 여성은 유방과 자궁에 대한 질환으로 고통을 받고 있다.

고혈압은 콩팥(신장)정맥이 좁아져서 혈압이 높아진 현상이고, 주로 뚱뚱한 사람에게 자주 나타난다. 비만은 고혈압 외에 당뇨, 심장병, 뇌졸중이 생긴다. 고혈압의 발병 원인은 콩팥, 혈관, 내분비계 및 중추신경계 질환이다. 스테로이드 등의 약물복용으로 발생된다. 고혈압은 신선한 야채, 과일을 많이 섭취하면서 소금을 1일 1 g 정도로 제한하며 아주 적은 음식 등으로 치료하지 않으면 심장병, 신장질환, 당뇨병, 뇌졸중 등의 합병증을 일으킬 수가 있다.

정상혈압은 출생 후 6세까지는 최고 95 / 최저 60 정도이다가 조금씩 증가해 사춘기 이후는 최고 130 / 최저 75가 된다. 그리고 하루에 30분 정도로 꾸준히 걷고 기름진 음식을 피하고 가급적 싱겁게 먹으면 좋다.

표 1·7 ▶ 어린이 고혈압의 기준

구분	높은 정상	현저한 고혈압	위험 고혈압
2세 미만	104～111 / 70～73	112～117 / 74～81	118 이상 / 82 이상
3～5세	108～115 / 70～75	116～123 / 76～83	124 이상 / 84 이상
6～9세	114～121 / 74～77	122～129 / 78～85	130 이상 / 86 이상
10～12세	122～125 / 78～81	126～133 / 82～89	134 이상 / 90 이상
13～15세	130～135 / 80～85	130～143 / 86～91	144 이상 / 92 이상
16～18세	136～141 / 84～91	142～149 / 92～97	150 이상 / 98 이상

자료 : 국민 고혈압 사업단, www.hypertension.or.kr

(1) 여성 고혈압 치료방법

① 규칙적인 운동을 한다.
② 염분(소금) 섭취를 제한한다.
③ 몸무게를 줄인다.
④ 생활요법으로 치료가 안 되면 고혈압 약을 복용한다.
⑤ 고혈압 약인 칼슘(Ca) 길항제를 복용한다.
⑥ 임신 중에 있으면 엔지오텐신의 전환효소억제제나 수용체 길항제 같은 고혈압 약을 먹으면 안 된다.
⑦ 젊은 여성은 2차성 고혈압으로 염증성 혈관질환, 호르몬 분비의 이상, 콩팥에 혈류를 공급해 주는 동맥이상 등을 일으킨다. 그래서 음식을 싱겁게 먹고 주로 채식을 하면서 몸무게를 줄이면서 운동을 하며, 적게 먹고 많이 움직이는 것이 좋다. WHO는 운동부족은 심장병과 뇌졸중의 사망률을 2배로 증대시킨다고 했다. 건강의 지름길은 금연, 스트레스 해소, 신체적인 운동, 건강식단이 최고이다.

2. 정맥류

사람의 다리에 혈관의 혈액을 위로 올려야 하는데 판막이 망가져서 생긴 마치 지렁이처럼 튀어나온 현상을 정맥류라고 하며, 생명과는 아무런 관계가 없다. 튀어나온 것은 판막이 막히면 혈액이 위로 올라가는 혈액과 맞부딪쳐서 소용돌이를 일으켜 혈관이 부풀어 오른다. 사람의 한쪽 다리에는 60여 개의 판막이 있다. 이 판막이 혈액을 위로 올려 보내지만 아래로 흘러내리지 않도록 하는 개폐 역할을 한다.

(1) 정맥류의 증상

① 1기 단계는 모세혈관 확장증으로 붉은색 혈관이 거미줄 모양이다.
② 2기 단계는 지름 1~2 mm인 푸른색의 가느다란 혈관이 산재한 모양이다.
③ 3기 단계는 지름 2~3 mm인 푸른색 혈관이 조금 튀어나오고 꾸불꾸불한 모양이며, 다리가 약간 무겁다.
④ 4기 단계는 지름 3~5 mm인 푸른색 혈관이 많이 튀어나와서 심하며, 다리가 무겁고 아프다.
⑤ 5기 단계는 심하게 푸른색 혈관이 많이 튀어나오고 피부가 변색하

며, 무릎과 허리에 통증이 온다.

⑥ 6기 단계는 다리의 피부가 썩고 궤양이 생겨서 몹시 다리가 아프다.

그림 1·8 정맥류 다리

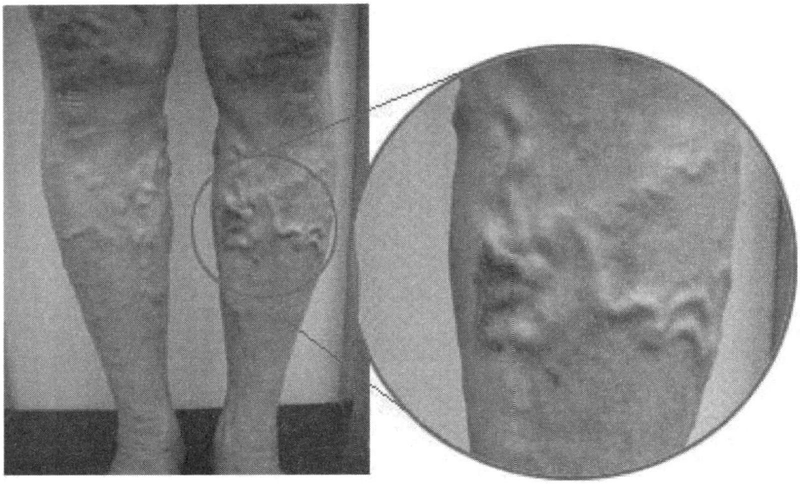

3. 희귀 혈액형

미텐버거(Mitenberger) 혈액형은 태국, 대만 등의 동남아 사람들에게서 비교적 자주 볼 수 있는 희귀 혈액형이다. 이 혈액형을 가진 신생아는 수혈 부작용으로 사망할 수도 있고, 유산 및 사산할 가능성이 아주 높다. 대개 희귀 미텐버거 혈액형은 전체 인구 중 태국이 9.7%로 제일 많고, 대만 7.3%, 홍콩 6.3%, 미국 · 일본 · 중국은 각각 0.1% 이하이며, 우리나라는 최초로 2002년 9월 16일에 발견되었다.

4. 성 병

우리나라의 전 국민 중 5%가 보균자인 B형 간염은 배우자에게 전염되거나 만일 임산부가 감염자라면 태아에게 수직 감염되므로 임신 전에 예방접종을 받아야 한다. 그리고 여성이 매독에 걸리면 아기도 선천성 매독을 갖고 태어나며, 자궁근종이 있으면 불임이나 유산의 위험이 높다.

에이즈(AIDS)는 암보다 더 무서운 병으로 HIV(에이즈 바이러스)에 의해 감염되며 혈액검사로 감염여부를 판단한다. 에이즈는 HIV에 감염된 보균자와의 성관계에 의한 비도덕적인 행위를 한 사람에게 걸린다. 2002년 6월 현재 우리나라의 HIV 감염자는 1,787명이며, 전 세계적으로 에이즈 사망자는 2500명 이상이다. 에이즈 바이러스가 몸 안에 들어오면 인간의 면역능력을 약화시켜서 쉽게 다른 질병에 걸리게 하는 질병이 에이즈이다.

5. 비 염

알레르기(Allergy)성 비염은 감기 및 코 질환으로부터 시작되며, 호흡곤란과 냄새를 전혀 감지하지 못한다. 그리고 코가 막히면서 콧물이 나오고 쉴 새 없이 킁킁대고 재채기가 나서 집중력과 기억력이 떨어지면서 주의력 감소와 어지럼, 두통을 유발한다. 알레르기성 비염을 오래 방치하면 만성 비염이 되고, 심하면 스트레스가 쌓이고 신경질적인 반응으로 정서불안 상태가 된다.

6. 폐 암

미국 국립 암 연구소(NCI : National Cancer Institute)는 사람유두종 바이러스(HPV)에 감염된 여성이 담배를 피우면 자궁경부암 전암증세가 있다고 경고했다. 일반적으로 자궁경부암의 전암 단계인 자궁경부 상피내신형성 제3급(CIN－3) 증상이 담배를 피운 여성에게 7%로 나타났지만 비흡연자는 3배 적은 2.5% 정도이었다.

2002년 9월 30일부터 유럽연합(EU)에서는 담배갑 표면적의 30% 이상을 "흡연은 목숨을 빼앗는다"라고 경고문을 표현해서 흡연의 위험성을 널리 알리기로 규정했다. 우리나라의 사망원인 중 암으로 인한 사망률은 인구 10만 명당 1991년 105.2명, 2001년 123.5명으로 증가했다. 2001년 동안 총 사망자 24.3만 명 중 24.4%, 5.9만 명이 암에 의해 사망했으며, 담배에 의한 폐암은 인구 10만 명당 25명, 뇌혈관 질환이나 심장질환, 당뇨병, 교통사고 등으로 매년 증가된 사망률을 나타냈다. 특히 간암, 대장암, 췌장암, 자궁암과 전립선암 등도 약간씩 증가추세이다.

7. 쓰쓰가무시증

가을철(9～11월) 전염병인 쓰쓰가무시증, 신증후군 출혈열, 렙토스피라증 등이 해마다 증가추세에 있다. 쓰쓰가무시증은 개, 들쥐, 족제비 등에게 기생한 병원균을 매개로 하는 가을 전염병이며, 주로 두통, 고열, 발진증상을 일으킨다. 발생현황은 쓰쓰가무시증은 1997년 277명, 1999년 1324명, 2000년 1656명과 2001년 2637명으로 매년 증가 추세이다. 새로운 증후군 출혈열도 1997년 104명, 1999년 196명, 2000년 221명과 2001년 323명이고 렙토스피라증도 역시 매년 증가추세이어서 추석 때나 들타작 등의 추수시에 유의해야 한다.

8. 눈 병

아폴로 눈병은 급성 출혈성 결막염이며, 병원체가 콕사키 바이러스 A24형으로 바이러스 감염에 의해서 눈이 붓고, 충혈, 분비물 증가, 발열, 두통 등의 증상을 일으킨다. 국립보건원은 2002년 9월 2일 아폴로 눈병 환자가 7만 5천여 명, 5일 9만 5천여 명, 6일 10만 8천여 명으로 증가하다가 점차 줄어 7～14일 후에는 휴행이 더 이상 없었다고 발표했다.

망막은 눈 속에 있는 얇은 막인데 영화관의 스크린 역할을 하며, 주로 눈 속에 들어간 햇빛이 망막에 초점을 맺는데 녹내장이 발생하면 망막박리가 일어날 가능성이 높다.

9. 신경통

오십견은 오십세가 되면 어깨가 잘 움직여지지 않고 뻣뻣해지면서 움직일 때마다 통증이 심한 유착성 관절낭염의 질환이다. 오십견은 어깨관절과 주위 근육의 움직임에 제한을 받아 발생하는 노화현상으로, 동결견(Frozen Shoulder)이라고도 한다. 주로 어깨관절의 노화로 나타나며, 연골부조직이 퇴화되면서 생기지만 주로 어깨 주위의 인대나 근육에 손상을 입어 동결견(어깨통증)을 앓는 사람이 많다. 특히 잠을 못 잘 정도로 아픈 통증을 느낄 정도이면 잠자리에 들기 전 더운 목욕을 10～15분 한 후 푹신한 이불이나 침대에서 자면 좋다. 최근 장시간 Computer 사용으로 통증이 생길 경우 Stretching(스트레칭)을 하여서 근육을 풀어주면 오십견 예방도 된다. 오십견이라고 해서 반드시 오는 질환만이 아니다. 일반적으로 오십견 외래환자 122명의 연령별 분포는 10대 1명, 20대 2명, 30대 11명, 40대 29명, 50대 30명, 60대 36명과 70대 13명이었다.

10. 치매증

치매는 노인에게만 있는 것으로 인식됐으나 최근 치매 유형이 노인성 치매인 알츠하이머가 51%, 혈관형 치매 34%와 나머지 15%는 수두증이나 감염성 질환 등으로 밝혀졌다. 연령별로는 70대가 44%, 60대가 30%, 80대가 15%, 50대가 8.5%, 40대가 0.9%, 30대가 0.8% 등이다. 노령화 사회를 맞아 적극적이고 체계적인 관리와 예방노력이 시급하다. 치매 예방을 위해 지속적인 활동으로 머리를 많이 쓰고 보다 긍정적으로 생각하는 것이 무엇보다 중요하다. 그리고 머리의 손상, 우울증, 고혈압, 심장병, 당뇨병, 고지혈증, 비만, 성병, 과음, 흡연 등은 삼가야 한다.

우리나라는 미래 인구 추계의 대표적 지표인 출산율이 세계 최저 수준으로 낮아져서 저 출산의 문제점을 개선할 필요가 있다.

1.3.2 식품의 안전성

식생활의 안전을 확보하기 위해 식중독 예방의 새로운 기술이나 지식을 비교함으로써 우리나라의 식품위생제도를 이행할 수가 있다. 최근 수입식품이 급증하면서 환경호르몬, Bio-technology 등의 신기술이 제품과 가공에 광범위하게 적용되는 등 식품의 안전성 평가는 새로운 과제로 남게 되었다. 영양에 관한 정확한 지식과 실천은 전 생애를 통한 건강의 기초가 되는 바 아무리 강조해도 지나치지 않는다.

1. 식중독

식중독은 급성 위장염 증상을 나타내는 일상적인 건강 장해이며, 사망자는 거의 없다. 1997년 감염증 대책의 하나로 식품 매개감염증의 원인으로 병원성 대장균과 함께 콜레라, 설사, 장티푸스, 파라티푸스가 발생했다. 그래서 2000년에는 병원성 대장균에 의한 식품 원인 역학조사를 실시했다.

최근 10년 동안의 식중독 발생은 약 1천 건으로 3만 명 정도의 환자를 나타냈고, 환자수 · 발생사건수 · 사망자수와 함께 감소추세이다. 그러나 발생 1건에 대한 환자수는 증가추세의 경향을 나타내 식중독 사건이 대규모화됨으로써 새로운 문제로 부각되었다.

검사기술 등의 진보로 80% 이상의 발생사건은 원인물질이 규명되었고, 판명된 발생사건이 세균에 의한 것이 90% 이상이라고 밝혀졌다. 식품은 주로 어패류에 의한 것이다. 계절적으로는 6월에서 10월 사이에 제일 많고, 1년간 사망자수는 1996년 O－157사건 외에는 약 10명 이내로 적다.

식중독을 일으키는 식품은 식육 및 계란 등의 축산물이다. 우리나라의 계란과 식육이 가장 식중독 빈도가 높은 감염원인 물질이다. 잠복기간은 6～48시간이며, 증상은 급성 위장염이고, 심하면 설사, 탈수증상을 나타내는 등 여러 가지 증상을 일으킨다. 가벼운 증상은 3～4일 동안의 발열, 두통이 계속되다가 1주일 정도가 되면 정상적으로 회복된다.

2. HACCP

HACCP(Hazard Analysis Critical Control Point)는 미국 항공우주국(NASA)에서 우주인 식사 개발시 고도 안전성을 보장하는 방식으로 위해요소에 의한 중점 관리기준(HACCP)방식이 채택되었다. 이 방식은 식품의 제조와 가공의 과정에서 발생할 염려가 있는 미생물 오염 등의 위해성을 분석하고, 이를 중점적으로 관리할 사항을 결정해 상시 감시하고 있다.

3. EHEC 특성

장출혈성 대장균(EHEC)은 세포에 대한 독소를 생성하는 대장균이며, O －157, H7이 대표적이다. 출혈성 대장염은 성인에게 나타나며, 어린이는 용혈성 요독증후군(HUS)을 일으킨다. 집단 발생을 일으키므로 주의해야 한다.

1985년 2월 미국의 오리건주에서 26명, 5월 미시간주에서 21명이 혈변과 복통을 일으키는 식중독이 발생했다.

4. 식중독 특징

감염형 세균에 의한 식중독은 장염 비브리오, 살모넬라, 장출혈성 대장균, 콜레라 등이다. 장염 비브리오는 1950년 일본의 오사카에서 시라스 식중독사건을 들 수가 있으며, 환자수 272명 중 사망자수는 20명 정도였다. 이때 새로 발견된 병원성 미생물이 장염 비브리오이며, Vibrio Parahaemolyticus이다.

식중독 원인균은 바다 속의 Plankton에 흡착해서 생식한 어패류를 오염시키며, 병원성 초염균의 대표로 증식 능력이 매우 높고, 20℃ 이상에서 활발하게 증식된다. 잠복기간은 10~20시간이며, 증상은 발열 및 급성 위장염으로 점액변이나 자주 오줌을 나오게 한다. 질병증상은 3일 정도 탈수증상 등을 나타낸다. 예방은 열에 약한바 반드시 삶아서 어패류를 먹거나 수돗물로 잘 씻어 먹되 도마 등에서 2차 오염이 발생될 우려가 있으므로 주의해야 한다.

표 1·8 ▶ 식중독 사건, 환자 및 사망자수(1999년)

구분	사건수	환자수	사망수
1	102	1,312	–
2	125	1,265	1
3	116	3,379	–
4	133	1,340	2
5	148	2,216	–
6	176	2,618	1
7	286	3,523	–
8	683	8,049	1
9	399	4,422	–
10	273	2,724	1
11	148	2,537	–
12	108	1,829	1
합계	2,697	35,214	7

살모넬라(Salmonella)는 동물의 장내 세균 중 하나로 2500종류의 혈청형으로 분류되고, 식중독을 일으키는바 병원성을 나타내지 않을 때까지 다양한 성질을 가진 병원성 세균이다. 세계적으로 살모넬라는 식품이나 음료수 매개 감염증에 제일 많이 기여하고 있다. 그 환자수는 표 1·8의 식중독자보다 수십 배 이상으로 많을 것으로 예상된다.

5. 식중독(Food Toxity)의 종류

식중독은 식품 및 물을 매개체로 하여서 세균, 동·식물 자연독, 독성 화합물에 의해 발생하는 급성 위장염이나 신경장애 등의 중독증상을 말한다. 세균에 의해 오염된 식품을 섭취하면 집단으로 식중독이 발생한다. 1885년에 Gaerter는 살모넬라균(Salmonella Enteritis)에 의해서 식중독이 일어났다. 식중독 원인균은 급성 위장염의 살모넬라균, 설사원성 대장균은 쉬겔라균, 콜레라균은 비브리오 콜레라균이 있다. 특히 바이러스는 증식시 살아 있는 세포나 조직이 필요하기 때문에 식품과는 상관성이 없어 바이러스성 설사증은 식중독에 포함되지 않는다.

(1) Campylobacter(캄필로 박터)

설사증 및 식중독을 일으키는 원인균으로 65~85%를 차지하며, 가축·개·고양이 등의 배설물을 통해서 감염된다.

(2) Salmonella(살모넬라)

설사증을 유발하는 원인균으로 각종 농산물과 가공식품에 의해 전파되어서 살모넬라는 패혈증을 일으킨 후에 골수염, 수막염을 일으킨다.

(3) Eschericlan Coliform O－157：H7(대장균 O－157：H7)

출혈성 설사와 비출혈성 설사증을 유발하는 원인균으로 햄버거, 상추, 살균하지 않은 우유 등을 먹고 전파되어 고혈압, 신경장애, 콩팥질환을 일으킨다.

(4) Vibrio Vulnificus(비브리오)

패혈증을 유발하는 원인균으로 생굴이나 회 등의 어패류를 먹고 여름철에 주로 피부에 수포성 장애를 일으킨다.

(5) Yersinia Entero Colitica(여시니아)

설사나 위장염을 유발하는 원인균으로 우유 및 돼지곱창요리를 매개로 감염되며 복통과 백혈구 증가증을 일으킨다.

(6) Listeria Mono Cytogenesis(리스테리아)

수막염이나 패혈증을 유발하는 원인균으로 양배추, 젤, 치즈 등을 매개로 감염되며, 임산부가 감염되면 죽은 아이, 즉 사산(死産)을 할 수도 있다.

(7) Giardia Lamblia(지아디아)

설사증을 유발하는 원생동물이며, 오염된 식품을 먹고 감염되어 십이지장이나 쓸개에서 기생하여 복통 및 설사증을 일으킨다.

(8) Cryptosporidium Parvum(크립토스포리디움)

설사증을 유발하는 원생동물이며, 오염된 물을 먹은 사람에게 전파되어 면역부전환자에 치명적이다.

(9) Rota Virus(로타 바이러스)

심한 설사증을 일으키는 바이러스이며, 2세 이하의 탁아소, 65세 이상의 양로원, 감염된 식품 섭취시 위장염을 일으킨다.

1.3.3 성인병(成人病)

20세기 후반부터 늘어난 암, 고혈압과 같은 성인병은 유전적인 요소와 후천적인 환경 및 습관에 의해서 발생된 비전염성의 질병이다.

1. 고혈압

유전적인 요인과 너무 짠 음식을 많이 먹어서 비만해지면 혈액 속의 지방량이 늘어나 동맥경화를 일으켜 고혈압이 되는 경우가 제일 많다. 이밖에도 환절기에 기온변화로 체온조절이 안 되면 추위에 자주 노출시 혈압이 높아져서 콩팥 위에 있는 부신을 자극해 동맥을 수축시켜 혈압이 높아지는 경우이다. 그러므로 고혈압과 신장(Kidney)병은 동시에 발생되며, 30대 이후에 호르몬 분비이상으로 고혈압이 생긴다. 술을 계속 많이 먹으면 간(肝)이 나빠져서 육체적인 스트레스(Stress)나 핏속의 중성지방 및 콜레스테롤을 증가해 동맥경화로 고혈압이 유발된다. 따라서 폭음, 폭식은 간과 위(胃)에 스트레스를 증가시켜서 고혈압의 치료에도 나쁘다.

고혈압의 예방법은 탄수화물이나 동물성 지방이 많은 음식을 삼가하면서 비타민과 무기질이 풍부한 채소와 과일을 먹는다. 너무 더운 사우나와 열탕은 피하고 40～42℃의 온탕에서 목욕해 정신적인 긴장과 육체적인 피로를 풀면서 충분한 휴식을 취하면 건강에 좋다.

2. 암(Cancer)

우리나라의 암 발생률은 남성일 경우에 위암, 폐암과 간암의 순서이며, 여성은 자궁암, 위암, 유방암이 제일 많다. 특히 위암이 백인에게는 적으나 동양인에게 많은데 주 원인은 위산(胃酸)이 많거나 적어 생긴 소화불량이다. 최근 들어서는 큰창자나 직장(直腸)에 염증이 생기는 대장암이 있는데, 설사와 변비가 반복되거나 오른쪽 아랫배에 덩어리가 만져지고 검은색 빛깔의 대변을 보게 된다. 폐암은 담배에 의해 발생되며, 가래침이 너무 끈적거리고 감기에 자주 걸리면서 손발이 차지면서 목소리가 변한다. 전립선암은 남성의 성기에 나타나며 소변을 보거나 성생활을 할 때 통증을 느끼게 된다. 자궁암은 여성의 성기에 나타나며 생리주기가 불규칙해지고 하혈을 한다.

그림 1·9 암발생과 사망자수

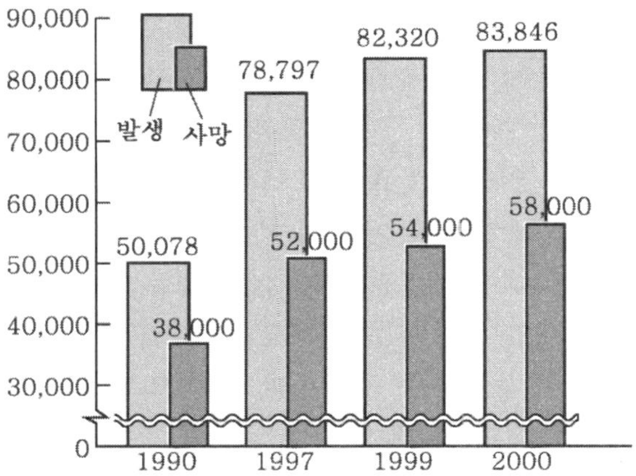

3. 동맥경화증

동맥이 굳어지고 혈압이 높아지는 질병이 동맥경화증이며, 동양인에게 짜고 맵게 많이 먹었을 때 많이 발생된다. 대개 동맥경화로 혈압이 높아지면 뇌졸중으로 중풍에 걸려 사망하게 된다. 그러므로 중년 이후에는 뇌졸중, 뇌출혈과 심장병에 조심해야 한다.

동맥경화증은 핏속에 지나치게 지방량이 많아지면서 혈관벽에 침착되었을 때, 계속 담배를 피울 때, 지나치게 커피를 마실 때와 설탕을 많이 먹었을 때에 발생된다. 그래서 격렬한 운동보다는 맨손체조, 등산, 경보 등 가벼운 전신운동으로 콩팥과 허파의 기능을 높여 혈액순환을 촉진시켜야 한다. 그리고 동물성 지방에 의한 피 속의 콜레스테롤 수치를 떨어뜨리기 위해 식물성 기름을 먹고 생선은 도미요리를 먹으며, 소고기 및 돼지고기의 붉은 빛깔 부분의 살코기를 먹도록 한다. 특히 탄수화물이 5% 이하의 배추, 무, 샐러리, 미역, 다시마 등의 해조류를 많이 섭취해야 좋다.

4. 콜레스테롤

스트레스가 많고 기름진 음식을 많이 먹는 사람은 피 속에 콜레스테롤이 많아져서 심장에 영양분을 공급해 주는 관상동맥이 막혀서 심장마비로 사망할 수도 있다. 그래서 콜레스테롤을 적당히 유지하려면 단백질과 지방을 15~20 대 20~25의 비율이 되게 섭취해야 하고, 커피와 담배를 끊고 배추 등의 채소류를 많이 먹어야 한다.

5. 비만증

인간이 섭취한 에너지량과 공부 · 일 · 운동을 하면서 소비한 에너지량이 같거나 작으면 문제가 안 되는데, 남으면 지방이 축적되어서 비만증이 생긴다. 따라서 비만증은 밥이나 국수를 많이 먹는 과식 때문에 일어나며, 동양인은 자기 몸무게의 20% 이상이 지방이면 비만으로 판정한다. 비만이 되면 가슴 및 배에 살이 찌고 호흡장애로 산소공급량이 떨어져서 숨이 차며, 동맥벽에 지방의 스케일(Scale)로 혈액 순환이 잘 안 되어 고혈압으로 심장병과 중풍의 합병증이 생긴다.

당뇨병은 이자 또는 췌장에서 배출되는 인슐린 분비가 잘 되지 않아 발생되는 병으로 지나친 비만으로 발생되며, 지방소화를 도와주는 쓸개 또는 담낭에 부담을 주어서 담석을 생성하기도 한다. 특히 인체 중 하체의 정맥이 늘어나서 정맥류를 만들어서 혈액순환의 이상증상이 나타난다. 그러므로 1주일에 4~5일 정도는 운동을 매일 30분 이상하면서 규칙적인 식생활을 하여 심장과 허파에 좋은 건강관리를 해야 한다.

6. 뇌졸중

뇌졸중은 뇌동맥의 혈관(血管) 또는 핏줄이 막혀서 생기는 뇌경색 증상이다. 뇌의 활동은 뇌동맥을 통해서 공급되는 핏속의 영양소와 산소에 의해서 지배되는데 만일 충분한 산소량이 공급되지 않아 뇌 활동이 정지되면 뇌사(Brain Death)하게 된다. 그리고 5분 이상 산소공급이 되지 않으면 뇌사상태의 식물인간이 되며, 뇌동맥의 혈관이 터지면 뇌출혈이 된다.

고혈압을 치료하지 않고 방치하면 뇌출혈이 되거나 심장의 기능을 저하시킨다. 뇌졸중은 지나친 폭음을 하거나 편식, 지나친 스트레스, 하루에 20개비 이상의 흡연자에게 많이 나타난다.

7. 당뇨병

우리 몸속의 장기능에 이상이 생겨서 인슐린을 생산하는 내분비선의 기능약화로 호르몬이 정상적으로 분비되지 않는 질병이 당뇨병이다. 특히 당뇨병은 선천성 유전 인자에 의해 자주 발생되며, 그밖에 후천적인 비만증, 지나친 스트레스에 의해 발생되어 아무리 치료해도 정상상태로 완전히 치료가 안 된다.

당뇨병 환자는 소변을 보면 오줌 속에 당이 섞여 나오고 소변 횟수가 많아지면서 피로가 자주 오고, 여성은 몸과 질 주위가 가려우며 성욕이 떨어진다. 핏속의 당분은 아침 식사하기 직전 공복(空腹)시에 제일 낮고, 식사 후 2시간까지 아주 높다가 서서히 인슐린에 의해 점점 감소된다.

당뇨병 환자는 잇몸에 염증이 생기고, 감기에 잘 걸리며, 혈액순환이 잘 안되어서 고혈압, 동맥경화와 안구(眼球)의 출혈, 시력이 급격히 저하된다.

8. 위궤양

세계에서 우리나라 국민 중 남성에게 가장 많이 발생하는 위암은 자극성 있는 커피나, 짜고 매운 음식을 폭식(暴食)하기 때문이다. 이밖에도 정신 및 육체적인 스트레스로 자율신경에 영향을 주어서 필요 이상으로 위액이 많이 분비되어 위벽까지 소화되면서 혈액순환의 악화로 생기는 질병이 위궤양 또는 십이지장 궤양이다.

위궤양 환자는 음식을 배부르게 먹지 말고 너무 뜨겁게 먹지 말며 잘 씹어 먹되 하루 세 끼 식사를 규칙적으로 해야 한다. 그리고 1일 8시간 이상의 숙면을 하여 피로를 풀면서 천천히 가벼운 운동으로 스트레스를 해소시켜야 한다.

9. 간(肝)질환

간은 핏속의 각종 영양분을 분해, 합성과 활성화시키는 기능을 갖고 있어 음식물의 단백질을 피에 필요한 혈장, 단백으로 합성해 공급한다. 그리고 몸속의 노폐물을 청결하게 해주며, 포도당을 합성해 글리코겐으로, 지방산을 분해해 지방으로 만들어서 콜레스테롤을 합성해서 몸 안에 있는 유독물질을 무독화(無毒化)시켜야 준다.

우리 몸 안에 있는 모든 장기 중 간만이 빨리 회복되기 때문에 간 질환자는 계란, 기름기 없는 붉은 살코기(소, 돼지), 동물의 간, 신선한 야채와 과일 등의 단백질이 풍부한 음식을 먹으면 회생(回生)이 된다.

황달은 소변이 진한 황갈색이며 구토와 함께 빨리 피로해지고 입맛이 떨어지는 간 질환이며, 간 기능을 떨어뜨리는 폭음, 폭주(暴酒)를 삼가하면서 소회되기가 쉬운 음식을 먹도록 한다.

10. 심장병

유럽에서는 설탕을 건강에 아주 나쁘다고 하여 잘 먹지 않고 있다. 왜냐 하면 당뇨병, 협심증, 심장병 등을 일으키기 때문이다. 그리고 설탕은 심장의 근육에 영양을 공급해 주는 관상동맥이 막혀서 일어나는 심근경색과 협심증을 일으킨다. 심장병은 40대 중반부터 나타난다. 그리고 팔 · 다리 끝부터 차가워지는 심근경색이나 왼쪽 앞가슴에 느끼는 통증으로 구토와 식은땀을 흘리게 된다. 그리고 협심증은 주로 추운 겨울철에 추운 곳이나 더운 사우나탕에 5~10분 동안 있을 경우 일어나므로 유의해야 한다.

심장병 환자는 술과 동물성 지방을 피하고 주로 생선을 많이 먹고 심한 운동으로 과로하지 않아야 한다.

11. 협심증

심장(Heart)에 영양분을 공급해 주기 위해서 널리 분포되어 있는 관상동맥 부위의 혈관벽에 지방분이 축적되어 아테롬성 경화를 일으켜 혈관이 좁아지거나 동맥경화로 작아져서 심근(心根)에 공급되는 산소와 영양소가 감소되어 일어나는 질병이 협심증이다. 관상동맥에 아테롬성 경화가 일어나는 원인은 고혈압이며, 그리고 동물성 지방을 많이 섭취하여 생기는 고지혈증, 비만증, 당뇨증, 스트레스 등이다.

협심증 증상은 왼쪽 가슴이 쥐어짜듯이 아픈 통증을 3~15분 정도로 느끼며, 길면 2~3시간도 걸리고 가슴 외에도 왼쪽 팔과 목으로도 통증이 옮겨가기도 한다.

치료는 소금 섭취량을 줄이고, 스트레스를 해소하면서 너무 뜨겁거나 찬 음식을 먹지 않고 변비가 되지 않도록 식사를 충분히 잘 씹어서 30분 이상 먹도록 해야 한다.

제 2 장 지구환경보전

2.1 지구와 환경문제

지구(Earth)는 지금으로부터 약 50억 년 전에 탄생된 혹성이며, 인간이 생존할 수 있는 유일한 삶의 생활터전이다. 그래서 인간이 250만 년 전부터 살아오면서 지금처럼 하나뿐인 병든 지구를 살리려고 국제적인 회의 때마다 논의가 계속 되고 있다. Weizbach 박사는 21세기는 환경세기로 규정하고, 지구환경을 복원시키려면 먼저 국가의 경쟁력도 환경수준으로 나타내자고 주장했다.

65억 인구가 생물계 · 비생물계와 조화를 이루면서 살아가기 위한 지구는 서로가 환경 친화력을 발휘해야 한다. 특히 가능한 한 환경오염부하를 최소화시켜 배출하려는 습관이 필요하다. 그리고 사용한 물건이나 제품 등은 버리기 전에 재이용 및 재활용할 수가 있는지를 검토해 보는 등 나부터 스스로 '아껴 쓰고 나눠 쓰고 바꿔 쓰는 에너지절약의 생활실천'이 절대적으로 요망된다.

2.1.1 지구의 구성

지구는 총 질량이 5.98×10^{24} ton으로 평균밀도가 5.52 g/cm^{3}이고, 주요 구성성분은 규소(Si)와 철(Fe)이다. 지구는 적도면에서 자전속도가 1600 km/hr이어서 1초 동안 450 m의 자전과 30 km의 공전을 한다. 지금으로부터 36억 년 전부터 식물이 살기 시작해서 3만 7천~4만여 종의 미생물, 35만 종의 식물과 135만 종의 동물이 살고 있는 안식처 및 보금자리이다.

1. 지구의 구성

지구는 대기, 물, 해양과 흙으로 구성되어 있으며, 이곳에 생물계, 비생물계와 인간이 지금까지 살아왔고 앞으로 살아갈 귀중한 삶의 터전이다. 대기는 지구상에 존재하는 기체로서 지구를 둘러싸고 있는데 대기량이 5×10^{15} ton이며, 주로 지상으로부터 20 km 이내의 성층권과 대류권에 약 95%가 존재하고 있다. 대기는 대류에 의해 순환작용을 하며, 각종 태풍, 허리케인, 토네이도 등의 기상현상을 일으킨다. 공기는 0℃, 1기압의 표준상태에서 질소(N_2)가 78.1%, 산소(O_2) 20.9%, 아르곤(Ar) 0.93%, 이산화탄소(CO_2) 0.034%와 기타 0.036%로 120여 개의 원소 성분이 혼합된 기체로 구성되고 있다.

(1) 공기와 대기

우리나라의 경우에 공기는 실내에 있는 Air를 말하며, 실외의 Air는 대기로 구분된다. 공기 및 대기 속에 있는 산소는 생명체인 인간을 비롯한 동·식물의 생명을 유지시키는 데 꼭 필요하다. 산소는 호흡을 할 때 대기 속에서 우리 몸 안으로 들어와 허파를 통해 핏속의 헤모글로빈(Hb)과 결합한 후 몸속을 순환하여 피를 정화한다. 그래서 생리적으로 필요한 영양소를 산화시켜서 에너지를 얻기 때문에 대단히 중요하다. 건강한 60 kg의 20세 남녀의 1일 호흡시 필요한 산소량은 2500~3000 L이며, 이러한 산소는 녹색식물이 햇빛 있는 낮에 탄소동화작용에 의해 생산해서 대기 속에 항상 존재하도록 하여 불편 없이 생활할 수가 있다.

(2) 물(Water)

지구촌에 살고 있는 3백만 종의 생물들은 물이 없으면 멸종되게 되며, 인류의 문명 발생지도 강 유역이었고, 인간의 건강에도 물이 대단히 중요하다. 인간은 생명을 유지하기 위해 60 kg의 건강한 남녀가 하루에 2~2.5 L의 물을 마셔야만 건강하게 지내게 된다. 동·식물의 생명체 속에는 60~90%가 물로 구성되어 있다. 인체 속에는 60~85%가 물이고, 이 중 1~3%가 부족하면 갈증을 느끼고 5~7%가 부족하면 쓰러진다. 특히 12% 이상 부족하면 생명을 잃게 된다.

이렇게 소중한 물은 음료수로 마셔 45%가 보충되고, 음식물을 먹어 40%를 보충하며, 나머지 15%는 음식물을 먹어 대사작용으로 충당된다. 이러한 물은 몸 안의 핏속에 47%, 근육에 42%와 뼈 등에 11% 정도로 함유되어 있어서 물은 음식물의 소화, 영양분과 산소의 운반, 체온을 조절하는 등의 건강에 중요한 역할을 한다.

지구상에 존재하는 물은 $1.36 \times 10^{15}\ m^3$이며, 이 물 중 바닷물이 97.2%가 되어 직접 먹을 수가 없고, 2.15%가 빙하와 나머지 0.65%만이 우리가 이용가능하나 실제 생활에 사용할 수 있는 깨끗한 물은 0.036%밖에 되지 않는다.

앞으로 인구는 증가해서 마실 물과 공업용수 등으로 사용할 물 수요량이 증대하여 우리나라도 2015년부터 물이 부족하다가 2050년에는 약 20억 m^3 정도가 부족하게 된다. 2001년에는 전 세계 인구의 24억 정도만 식수 부족으로 고통을 겪었지만, 2025년에는 30억 명의 물이 부족하게 될 것이라고 유엔 경제협력개발기구(UN OECD)는 발표했다. 참고로 물 부족 국가는 1인당 물 확보량이 1700 m^3 이하일 경우의 국가를 말한다.

2. 환경(Environment)

환경은 지표면, 지상과 지하를 둘러싸고 있는 생물과 비생물을 말한다. 특히 물리 및 사회적인 환경을 구성하는 유·무형의 요소를 말하며, 해양을 포함한 곳에 있는 모든 생물과 이를 둘러싸고 있는 비생물적인 개체를 포함한 자연상태이다. 생활환경은 대기·물·흙·소음·진동·폐기물·악취 등에 의해 사람의 일상생활과 관계가 깊은 개체이다.

다시 말하면 환경은 인간이 호흡시 마실 공기(산소), 먹어야 할 물과 음식물을 얻는 토양이며, 또한 건강한 삶을 위해 생활해야 할 터전이다. 특히 꽃, 나무, 강, 호수 등과 생활교통수단 등으로 환경은 우주를 형성하고 있는 모든 요소들을 말한다. 일반적으로 물리적인 환경 중 자연환경은 대기, 토양, 물과 자연상태의 지하자원, 생명체와 비생명체를 말하며, 인공환경은 자연환경을 개조해 만든 도로, 공원, 항만, 건물, 공업단지 등이다.

따라서 자연환경은 우주의 창조 과정에서 형성된 환경이고, 인공환경은 자연환경의 이용과 인간의 지혜로 발면 및 설계된 편의시설과 생활공간의 인위적인 환경이다. 그리고 사회환경은 인간의 생활문화 중 습관, 각종 규범, 윤리, 유행 등 여러 가지 개인과 사회의 질서 및 능력을 확보하기 위해서 형성된 환경이다.

(1) 환경보전

환경보전(Environmental Conservation)은 환경오염으로 인한 환경을 보호하고, 오염된 환경을 점진적으로 개선함과 동시에 쾌적한 생활환경상태로 유지나 조성하기 위한 모든 행위를 말한다. 그리고 환경보존(Environmental Preservation)은 자연환경을 모든 사업이나 활동의 목적으로 더 이상 훼손시키지 아니하고 본래의 그대로 보호하는 행위이다.

(2) 환경보호

환경보호(Environmental Protection)는 환경친화적인 사고의 토대 위에 인간이 환경에게 좋은 선입관을 갖고서 동·식물의 생태계 보전을 위해 자연을 사랑하는 행위이다. 그리고 환경영향(Environmental Impact)은 자연 환경 속에 있는 생물과 비생물이 외부적인 조건에 의한 자연순환계의 피해이다. 생태계(Ecological System)는 생물과 환경이 서로 친화적인 관계성을 갖고 생산자, 소비자와 분해자의 먹이사슬(Food Chain)을 이용해 이루어지는 에너지 흐름이다.

(3) 환경오염

자연환경 속에서 인간은 만물의 영장이 아닌 구성원으로 환경파괴 없이 삶의 터전을 아끼면서 살아가야만 한다. 환경오염(Environmental Pollution)은 인구 증가에 따른 사업 및 사람의 활동이 증대되면서 발생된 대기·물·토양·방사능·해양오염으로 사람의 건강과 생활환경에 직·간접적으로 피해를 일으킨 상태이다. 우리나라는 1960년부터 잘 살아보기 위한 압축경제성장으로 환경부하량의 증가와 자연의 환경용량에 따른 자정능력을 고려하지 않고 국토난개발, 공업화와 도시화로 환경오염이 크게 가속화 되었다.

그래서 산업사회의 기술문명은 원료와 부원료를 얻기 위해 자연환경을 훼손하고, 생산의 부산물 배출로 생활환경의 쾌적성이 크게 저하되어 인간의 건강에 피해를 일으키게 되었다.

최초의 수렵생활시는 다른 동물처럼 인간도 자연생태계의 구성원으로서 자연에 순종하며, 환경생태계의 기능을 유지해 가면서 농사를 짓고 자연 속에서 집단생활을 했다. 인간이 자연과 함께 조화 및 순응생활을 하다가 농경사회로 들어가면서 자연을 이용해서 농사 등 생활을 하면서 생산기반을 마련하기 위해 자연환경을 이용할 수밖에 없게 되어 환경은 훼손되기 시작했다.

3. 환경문제

삼국시대부터 우리 조상들은 화전민에 의한 산불로 숲이 파괴되고, 남쪽 연안해역의 적조출현으로 바다가 죽었으며 송충이로 소나무가 죽었다는 삼국사기의 기록이 있다. 이러한 자연훼손은 결국 지금도 비슷한 형태이지만 숲이 파괴되면 그 곳의 생태계가 붕괴되고, 토양의 표면층이 건조해지고 홍수로 기름진 흙이 씻겨 내려가서 주변의 자연재해가 크게 나타난다.

(1) 공해문제

인류문명은 농경사회에서 공업사회로 급속히 변화함으로써 모든 생산원료를 자연환경 속에서 낭비적으로 채취해 사용함으로 공해문제가 빨리 진행되었다. 특히 산업기술문명이 자연환경의 많은 부분을 훼손시키면서 환경오염문제가 심각하게 되었으며, 이제는 과거의 공해문제가 지역적이거나 국지적인 점에서 전지구촌의 지구환경문제로 변했다.

2002년 홍수로 6조의 재산피해를 일으킨 태풍 RUSA도 지구온난화에 따른 기상이변이며, 이외에도 지구환경문제는 산성비 강하, 생물다양성 감소, 오존층 파괴, 사막화로 식량부족에 따른 기아문제 등 다양한 형태로 나타나고 있다.

(2) 환경친화 생활

인간(Human)은 누구나 쾌적한 환경에서 건강하고 행복하게 살고자 한다. 그리고 환경학적으로 건전하고 지속가능한 발전을 위해 환경오염물질을 최소로 배출하려는 행동이 필요하다. 인간은 지구를 떠나서 살 수가 없다. 인간이 좀더 경제와 환경을 대등한 위치에 놓아야 한다는 생각을 갖고서 모든 사업을 계획할 때 미리 환경오염을 최소화시키려는 설계를 수립해야 한다. 그리고 에너지 절약, 사용물건의 재이용 및 재활용, 오염성 제품은 생산도 하지 말고 사주지도 않는 그러한 시대가 되었다. 모든 사업도 환경오염이 없는 환경친화성 제품으로 재설계(Redesign)하거나 환경친화성 및 환경적합성을 판단하기 위한 전 과정 평가(Life Cycle Assessment : LCA)를 실시해야 한다.

4. 인구 증가(Population Growth)

인구는 어떤 일정한 지역에 사는 어느 한 시점에서의 사람 수를 말하며, 반드시 지역성과 시간성을 필수적으로 갖고 있다. 인구가 증가하면 기본적인 의식주를 해결하기 위해 더 많은 재화와 서비스가 요구된다. 이러한 재화와 서비스를 생산하기 위해서는 더 많은 자원이 필요하며, 자연적으로 자원고갈과 환경문제를 일으키게 된다.

(1) 세계인구

지금으로부터 1만 년 전 농경시대에는 5백여 만 명이다가 서기 1년에 전 세계의 인구는 2억 5천만 정도였고, 서기 1700년경에는 인구가 배가 되어 5억 명에 이르렀고, 150년 후인 서기 1850년에는 10억으로 증가했다. 그로부터 80년 후인 서기 1935년에는 20억으로, 40년 후인 1975년에는 40억으로 증가하였으며, 1987년 세계 인구는 50억을 돌파하여 2005년 지구상에는 62억의 인구가 살고 있다. 국제유엔인구기금(UNFPA)의 1998년 세계 인구현황보고서에 의하면, 인구 증가 추세가 현 속도로 지속될 경우 2025년 80억, 그리고 2070년에는 100억 명을 돌파할 것이라고 전망했다. 이러한 인구 증가의 주된 원인은 의학 발달로 인해 사망률이 감소하고 농업생산의 증대로 인한 식량자원의 확보이자 전쟁의 감소이다. 특히 인구 증가는 식량문제뿐만 아니라 자원의 고갈, 주택지와 경작지의 확대로 인한 야생 동·식물의 서식처를 잃게 되는 등 여러 가지의 문제점을 일으키게 된다.

(2) 우리나라 인구

1960년에는 서울의 인구가 240만 명에 불과했으나, 2004년 말 현재 서울에 1035만 명, 수도권에 2350만 명이 살고 있다. 서울과 수도권에 거주하는 인구는 총인구의 1/2 정도를 차지할 정도로 대도시 인구집중 문제가 심각하다. 2003년 말 현재 우리나라(남한)의 인구는 49백만 명을 넘고 있으며 인구 증가율은 0.9% 수준이고 우리나라의 인구밀도는 454명/km^2로 방글라데시(836명), 대만(590명)에 이어 세계에서 세 번째로 인구가 조밀한 국가이다.

(3) 인구문제

따라서 인구문제는 식량 부족에 따른 빈곤문제, 교육과 주택문제, 공업화 문제, 자원과 환경오염문제 등의 사회문제로 인류생존 위험성이 있어서 세계적인 문제로 대두되었다. 또한 개발도상국의 인구수는 전 세계 인구의 70%를 차지하고 있으며, 인구 증가율도 선진국보다 높고 생산인구에 비해 부양인구의 비율이 훨씬 높다. 이러한 인구문제를 해결하기 위한 대책은 가족계획 실천, 농업식량 증산, 자원개발, 고용과 소득의 증대 등을 위한 경제개발이다. 그리고 환경, 경제, 사회와 문화적인 측면에서 출산은 단순 생물본능이면서 인류 생활여건을 염려하는 인간의 사고와 건전하고 올바른 인식의 인구교육도 필요하다.

5. 경제와 환경문제

소득이 증가하면 사람들의 소비 패턴이 달라지고, 식량의 경우 곡류 중심의 소비에서 육류와 가공식품의 소비가 늘어나고 있다. 육류 소비의 증가는 대규모 축산을 유도하게 된다. 대규모 축산은 많은 사료 곡류의 소비를 의미하고 축산 배설물의 증가로 환경오염의 원인을 제공하는 셈이다.

의복은 다양하고 고급화되며, 주거시설은 커지고 실내장식은 고급화되고 자동차 등 내구소비재의 소비가 증가한다. 자동차 등 내구소비재나 의복 등의 생산업자는 제품의 물리적인 수명에는 관심이 없어 이들은 다양한 형태의 모델을 제시하기 때문에 소비자로 하여금 신제품을 구입하도록 유도한다. 이러한 소비행태의 변화로 자원과 에너지가 더 빨리 낭비되고 각종 폐기물이 증가되어 환경오염은 악화된다. 따라서 경제규모가 팽창하면 그 경제시스템은 보다 많은 재화를 생산하고 소비하게 되며, 자연으로부터 보다 많은 것을 채취하여 쓰고 버리게 되므로 이에 따른 부작용으로 환경오염과 생태계 파괴 문제가 일어나게 되었다.

농업의 생산력이 증대하면 보다 적은 농업인구로 보다 많은 인구의 부양이 가능해지므로 농촌인구는 취업기회와 편리한 생활을 위해 도시로 집중되고, 한 지역에 인구가 집중하면 새로운 일자리, 주택, 학교, 도로 등의 시설이 적절하게 확장되어야 한다. 그러나 이러한 시설이 제때 뒷받침되지 않을 때는 교통 혼잡과 물오염, 대기오염, 쓰레기 등의 생활환경문제가 야기된다.

(1) 환경개선

환경문제를 일으키는 가장 중요한 원인은 인간의 사회, 경제적 활동이며, 봉건시대에는 가족의 생활물자 조달을 위해 제한된 규모에서만 자원의 개발이 가능하였다. 그러나 가내공업이 발달하고 제품의 교환경제가 뿌리를 내리면서 자원의 소모가 증대해 경제개발이 발달함에 따라 대규모 상품생산을 하게 되었고 그래서 도시에 인구가 과밀화 되었다.

그리고 산업기술이 발전됨에 따라 작업능률도 향상되어 경제성장에 따른 환경오염 물질들이 배출되어 환경의 위해나 변화를 줄 수가 있어 환경의 자정능력을 상실시켰다. 그리고 자연환경을 훼손시켜 생태계가 파괴되고 생물체는 지구촌에서 생존에 큰 영향을 받는 홍수, 가뭄, 기상이변 등의 환경문제가 생겼다. 과학기술은 우리 생활에 편리하고 풍요롭게 만들어졌을지는 모르지만 그로 인하여 환경의 질이 나빠져 자연생태계가 파괴되었다.

(2) 풍력에너지

최근 우리 경제사회와 일상생활에 필요한 물질이나 에너지의 수요가 급증했다. 따라서 석유, 석탄, 핵연료, 목재와 천연가스의 생산이 크게 증가되었지만 이러한 자원도 재사용할 수가 없고 한시적이어서 곧 고갈되기 마련이다. 그러므로 한정된 매장량의 단계를 뛰어넘어 환경친화적인 지열에너지, 태양광에너지나 풍력에너지 등의 지구온난화를 일으키지 않는 대체에너지 개발로 전환되어가고 있다. 바람이 많은 우리나라도 북제주군 행원 지역에 높이 45 m, 날개길이 27 m의 풍력발전소가 7기 가동되고 있으며, 2003년에 인천광역시 강화도에 750 kW 전력용 풍력발전기가 14기 설치되는 등 매년 태양광발전기, 조력발전기 등이 증가하고 있다.

그림 2·1 풍력 발전소

6. 생태계(Ecological System)

생태계는 우리 인간이 필요한 산소, 물, 음식물, 원료, 흙, 햇빛 등의 각종 필요한 환경 요소들과의 상호관계를 형성하기 위해서 비생물 과정인 대기·물의 순환과 생물 과정인 먹이의 사슬을 통해 제공한다. 그러나 인간은 생태계로부터 삶의 편리함을 얻기 위해 세워진 건물과 공장으로부터 오염물질을 배출시켜 자연을 파괴하면서 커다란 사회문제가 되고 있다. 그래서 에너지 측면에서 보면 우주 전체는 에너지 보존 법칙과 엔트로피(Entropy) 법칙으로 잘 설명이 된다. 다시 말하면 에너지 보존 법칙인 열역학 제1법칙은 우주전체의 에너지는 항상 일정하기 때문에 우리나라의 기후가 평년보다 덥다면 다른 어느 나라는 더 추워지기 마련이다. 엔트로피 법칙인 열역학 제2법칙은 끊임없이 환경의 자정능력을 고려하지 않고 오염물질을 배출시키면 쾌적하고 깨끗했던 자연·생활환경이 사용 가능한 상태에서 사용 불가능한 상태로 변환되게 된다.

따라서 경제활동은 낮은 엔트로피의 원료물질들을 이용해서 필요한 생산제품을 만들어 높은 엔트로피의 물질로 만들어 사회 환경에 공급해야 한다. 그래서 점차 그 횟수가 급증될수록, 소품종 소량생산이 많아질수록, 더 많은 에너지 소모가 필요한바 폐기물의 재활용 촉진 및 생활화가 증대되어야 한다. 점차 우리 지구촌 사람들이 선호하는 우월제품(Superior Goods)은 이제 재이용이 가능하게 디자인되어져서 수명(Life Time)이 길다. 그리고 원료를 채취할 때도 자연환경파괴가 적고 생산할 때도 에너지 소모와 환경공해물질 배출이 적으며, 사용 후에는 다시 재활용되어 원료로 사용가능할 때에 환경학적으로 청정제품이 된다.

오염된 환경을 복원시키는 데 가장 중요한 것은 어떤 경우일지라도 경제활동이 계획될 때부터 이러한 우월환경제품이 지구촌 사람 모두로부터 선호된다면 쉽게 복원 및 자연환경을 회생시키게 될 것이다. 특히 모든 경제정책도 자원 이용시 에너지 소비가 적은 사업구조로 전환되어 환경학적으로 건전하고 지속가능한 발전 위해서 유용한 환경개선이 달성될 것이다.

2.2 지구환경문제

지구온도는 해(Sun)로부터 비추어지는 에너지가 대기권 1 m^3당 342(W)다. 이 중 약 69%인 236(W)가 대기권과 지표면에 흡수되어서 대기를 덥혀 1950년에는 14℃였으나 온난화 가스 때문에 2000년에 14.5℃로 높아졌다. 그리고 지구를 덥히는 담요역할을 하는 CO_2, CH_4 등의 지구온난화 가스(GHG : Green House Gas)인 탄산가스(CO_2, CH_4) 70%, 메테인(CH_4) 24%, 아산화질소(N_2O) 3%, 프레온가스(HFCs : Hydro Fluoro Carbons) 1%와 SF_6과 PFCs가 2% 정도이다. 이처럼 지구온난화의 주원인인 이산화탄소(CO_2) 발생량은 2003년에 140억 m^3이었으며, 우리나라는 4.5억 m^3이어서 이에 대한 저감대책이 강구되어야 한다.

앞으로 2010년에는 CO_2 발생량이 19.8억 m^3가 되어서 지표면의 기온이 높아져 넓이 45.8 km^2의 빙하가 6% 녹아 4억 m^3의 물이 바다로 유입되면서 바닷물의 수위가 10∼15 cm 높아져 마셜 군도, 몰디브 섬 및 방글라데시, 네덜란드, 투발루의 습지가 물에 잠기는 재앙을 당하고 있다.

2.2.1 지구온난화(Global Warming)

우리나라도 장차 다가올 지구온난화에 대비해 2020년까지 3.4조 원을 투자해서 55만 석유환산 톤(ton)을 절약하고, CO_2 배출이 저감되어 40만 탄소톤(TC)이 감소되게 된다. 1997년 일본의 교토에서 세계 39개국의 외교통상부 장관들이 합의해 CO_2 감축을 자발적으로 실시해서 2012년까지 1990년의 CO_2 배출량 이하로 줄이기로 결의했다. 그러므로 화석연료의 사용을 금지하고 청정 전력인 태양광 및 풍력발전의 확대를 권장하게 되었다. UN의 정부간 기후변화위원회(IPCC : Intergovernmental Panel on Climate Change)의 2003년도 지구온난화보고서에 의하면 지난 150년 동안 지구 표면의 평균온도가 2.22℃ 상승하여 해수면 높이가 10～15 cm로 높아졌다고 발표했다. 이러한 추세라면 2050년에는 지구온도가 1.5～2.5℃ 상승해 지구상의 동・식물 중 20～30%가 멸종 위기에 처할 것이라고 예측했다. UNEP(유엔 환경계획)은 해수면이 1 m로 높아지면 투발루, 방글라데시 같은 저지대 국가는 바닷물에 잠기게 되며, 농사를 지을 수 있는 경작지의 30% 이상이 물에 잠기게 될 것으로 발표했다. 그리고 지구 온난화로 허리케인, 토네이도, 사이클론 등이 일어난다. 우리나라도 2082년 하루에 880 mm의 엄청난 홍수가 발생해서 인명과 농작물의 피해는 물론이고 경제적으로 모든 산업에 영향을 미치게 된다. 또한 2080년까지 기온 5℃상승해 벼 수확량이 15%줄고 홍수피해가 증가하며 콜레라, 이질, 말라리아 등의 전염병 및 질병이 크게 번지게 된다.

태평양의 9개 산호초 섬으로 이루어진 투발루(Tuvalu) 국가는 2001년 2월 18일 후나후티 섬이 50년 후 바닷물에 잠길 위험이 있어 점진적으로 10,991명의 주민 모두를 2002년부터 이웃 뉴질랜드로 이주하게 되는 환경난민이 될 위기에 처했다. 투발루는 남태평양의 적도부근에 위치하고 있는 해발 평균고도가 1.5 m인 넓이 26 km^{2}의 산호섬 나라인데 1998년부터 매년 6～8 cm로 바닷물 수위가 올라가고 있으며, 비단 투발루 외에도 남태평양의 피지, 키리바시 또는 인도양의 몰디브도 똑같은 상황에 있다.

(1) CO_2 저감대책

남극대륙과 그린란드에 존재하는 빙하가 지구온난화 가스 CO_2(55% 기여), HFCs, CH_4, N_2O, SF_6 등에 의해서 기온이 2.5℃씩 높아져 녹으므로 매년 500억 m^3 정도가 바다로 흘러들어와 수위가 높아지고 있다. 최근 산업문명의 발달로 1990년부터 화석연료 소모가 증가하면서 CO_2 배출량은 10년 동안 9% 증가했고, 평균 바닷물 높이는 20～30 cm로 높아졌다. CO_2를 줄이기 위한 행동실천은 가정에서 냉방온도를 1℃만 올리면 1년 동안 31 kg의 CO_2 양을 줄일 수가 있다. 식물의 광합성 작용으로 삼림 1 ha는 1일 동안 CO_2 16 ton을 흡수해 제거하며 우리에게 필요한 산소를 12 ton 생산해 주므로 나무 사랑과 식목하는 습관을 가져야 하겠다. 그리고 정부는 가능한 자동차 사용대신 자전거를 타거나 걷도록 유도하며, CO_2 배출이 없는 풍력발전, 태양력발전 등의 환경친화적인 에너지 개발을 서둘러야 한다.

2002년에 동북아시아의 이상고온으로 태풍 루사에 의한 홍수피해는 유사 이래 5조 4천억여 원의 재산손실을 일으켰다. 반대로 지구 물질수지에 의한 아프리카는 가뭄이 극심해 식량문제가 심각하며, 인도에는 3 km 두께의 갈색 오염구름층이 뒤덮여 있는 등 기상이변이 세계 여러 곳에서 일어나고 있다. 그래서 지구온난화 가스인 CO_2 배출량을 감축시키기 위해 CO_2 1 ton당 20달러를 주고 CO_2 배출권을 사서 사업행위를 하도록 하는 CO_2 배출권 제도가 도입되고 있다. 우리나라를 포함한 개발도상국들도 2008~2012년 사이에 CO_2 방출량을 줄이는 감축실적을 쌓아 세계적으로 인정받아야만 한다.

표 2·1 ▶ 교토의정서 이행의 종류 (부속서 Ⅰ)-CO_2 배출량 및 비준현황 (단위 : 백만ton)

국가명	1990 (부속서 Ⅰ 비중, %)	1999	2012년까지 감축목표	비준여부
미국	4957(36.1)	5584	90년 배출량의 −7%	×
러시아	2388(17.4)	1486	±0	추진 중
일본	1173(8.5)	1158	−6%	○
독일	1012(7.4)	821	−8%	○
영국	584(4.3)	535	−8%	○
캐나다	457(3.3)	489	−6%	×
이탈리아	428(3.1)	420	−8%	○
폴란드	414(3.0)	310	−6%	×
부속서 Ⅰ (총 39개국)	13,728(100)	13,383	−5.2%	2002. 9월 현재 37.1% 비준

자료 : 유엔기후변화협약 사무국(UNFCCC) · 국제에너지기구(IEA)

(2) 엘리뇨 현상

일반적으로 지구온난화를 엘니뇨 및 라니냐 현상이라고 한다. 엘니뇨(스페인어로 아기예수의 뜻)현상은 적도의 무역풍이 약해지면서 남미 페루 등의 해안지대로부터 적도 부근의 중태평양의 해수면 온도 23~

27℃보다 1~2℃ 높아지는 현상이다. 엘니뇨현상으로 가뭄과 사막화가 증대해서 1분마다 1.4 km^2로 진행되고 있다. 그리고 라니냐(스페인어로 여자아이의 뜻)현상은 엘니뇨현상의 반대개념으로 적도의 무역풍이 강해지면서 태평양의 수온이 23~27℃보다 낮아져서 폭설과 강추위가 몰아치게 된다. 그러므로 세계 각국 정상이 모여서 1997년 교토의 기후변화협약(Framework Convention on Climate Change)을 맺었다.

온실가스(GHG)로 인한 기후 변화위험을 방지하기 위해서 선진국은 GHG 배출을 2008~2010년까지 1990년 수준에서 미국 7%, 유럽공동체 8%, 스위스 8%, 일본 6%, 캐나다, 폴란드와 헝가리 6% 등 평균 5.2% 감축하기로 했다. CO_2 저감의 기술과 공정개발, CO_2 배출권의 거래제도와 청정기술개발 도입에 따라 화석연료(LPG, 석유, 경유, LNG, 휘발유 등)의 사용이 불가피하게 억제되면서 수소 · 수력 · 풍력 · 태양 · 조력 발전 등의 설치가 눈부시게 증가하게 되었다. 제주도는 총 전력소모량의 10%를 현재 풍력발전기로 충당하고 있으며, 앞으로 더 증설해 갈 계획이다. 네덜란드는 6100개 이상 설치해 전국 전력량의 13%를 대체하고 있다.

2.2.2 오존층 파괴(Ozone Layer Disruption)

오존(O_3)층은 지상으로부터 높이 12~50 km인 성층권 속에 두께 2~10 mm로 형성하고 있다. 태양(Sun)으로부터 내리쬐는 유해 화학선인 자외선 UV-C Type(파장 254 nm 정도)을 차단시킴으로 생물의 생태계를 보호하고 인간의 피부암과 면역체계의 악화를 방지하는 역할을 하고 있다. 그런데 이렇게 중요한 오존층을 인간이 생활의 편리함을 위해서 사용하는 냉매제인 Freon 가스(CFC : Chloro Fluoro Carbon) 중의 염소 1개에 의해서 오존층의 오존(O_3) 10만 개 정도가 파괴되어 3천만 km^2 정도의 오존층이 파괴되었거나 오존구멍(Ozone hole)이 생겼다. 이로 인한 지금까지의 피해는 농작물 성장저해, 먹이사슬이 깨져 생태계 파괴와 멸치 등이 5% 정도 죽게 되었다.

남미 아르헨티나의 우수아이아와 푼타아레나스 지역에는 자외선(UV : Ultra Violet)이 강렬해서 외출시에 반드시 모자와 안경을 쓰고, 긴 소매의 겉옷을 입어야만 한다. 성층권에 있는 오존층이 파괴되면 지표면에 쪼이는 자외선이나 유해광선이 증가해서 농작물과 해양생태계의 생육을 저해시킨다. 인체에는 피부암, 백내장과 녹내장의 눈질환이 발병하는데 오존층의 오존이 1% 감소되면 자외선량이 2% 증가해서 4%의 피부암과 0.6%의 백내장이 증가해 약 10만 명 이상이 시력을 잃게 된다.

이러한 오존층의 파괴물질인 냉매제 CFC와 Halon 등의 96종으로부터 오존층 파괴를 방지해 지구촌의 생태계와 생물계의 피해를 감소시키려고 국제협약인 몬트리올 의정서(Montreal Protocol)를 채택하였다. 공업선진국은 1994년부터 Halon과 1996년부터 CFC의 생산과 소비를 금지했고, 개발도상국은 2010년부터 모든 분야에서 전면 사용할 수가 없게 되었다. 일본은 서둘러 2001년부터 자동차의 에어컨이나 업무용의 냉동공조기에 냉매제인 CFC와 HFCs의 사용을 금지하는 법안을 마련했다.

2.2.3 산성비(Acid Rain)

산성비는 경유 및 중유의 연소시 배출된 SO_2, NO_2의 대기오염물질로 배출된 황산화물(SOx), 질소산화물(NOx) 등의 산성 화학물질이 여러 지역에 내린 빗물에 녹아서 산성화된 pH 5.6 미만 빗물이다. 원래 빗물은 이산화탄소(CO_2)가 녹아서 pH가 5.6인데 이보다 낮은 산도의 빗물이 산성비이다. 그리고 대도시와 공단 주변에 처음 내린 비나 눈의 산도가 pH 3～3.5이어서 동·식물의 성장 감소나 생육 저해를 일으킨다. 흙 속의 마그네슘(Mg)과 칼슘(Ca) 등의 미네랄이 용탈되어서 식물의 영양분 부족 때문에 황색화현상이 생기고, 산성비에 의해서 건물과 건축 구조물이 부식된다.

산성비가 내리면 호수와 하천의 산성화로 생태계를 파괴시키며, 식물의 수분흡수를 억제시켜서 과일의 맛·당도·껍질손상 등으로 상품가치를 떨어뜨릴 뿐만 아니라 수확량이 감소해 경제적인 손실을 준다.

산성비의 저감을 위해서 경유자동차보다 CNG(압축천연가스) 자동차 또는 전기자동차를 구입하는 것이 좋다. 대중버스도 천연가스버스(CNG)로 교체되고 있다. 그리고 연료 속에 황(S)성분이 없는 연료를 사용하고 절대 필요시만 자동차를 이용하여야 한다. 지구촌식구들 모두 될수록 가능한 걷거나 자전거를 타고 대중교통을 이용하는 행동실천이 바로 산성비를 줄일 수 있게 된다.

2.2.4 열대우림 감소

열대우림은 나무의 나이가 500~1000년 된 삼림(森林)이고 생태계의 보고(寶庫)이다. 그리고 산소공장이면서 대기오염을 정화하는 지구의 허파이다. 왜냐하면 CO_2를 저감할 수 있어 온난화를 방지할 수가 있는 그린벨트기능을 갖고 있을 뿐만 아니라 지상에 솟아오른 물줄기로서 기후를 조절하는 기능도 갖고 있기 때문이다. 또한 식물의 탄소동화작용에 의해서 햇빛이 있는 낮에 탄산가스(CO_2)를 흡수하고 산소(O_2)를 배출한다. 지구 표면적의 28%에 있는 열대우림 1 ha당 300~500톤의 CO_2를 낮추어 기온 3~4℃를 저하시킴으로 지구의 온실가스 저감의 자정능력도 갖추고 있다. 만일 열대우림이 없어지면 열대우림이 갖고 있는 물이 지상의 지표면에 고여 있어 그 증발량에 따른 구름이 생기면 그만큼의 햇빛이 적어져 동·식물의 성장저하 외에도 호흡질환 등의 건강에 피해를 받게 된다. 특히 건축재로 사용하는 등의 대규모 남벌로 인한 열대우림 파괴는 나무 1그루당 320여 종이 살고 있는 동·식물의 서식지를 잃게 되고, 생물 종류의 다양성이 감소되면서 먹이사슬에 따른 생태계가 파괴되는 심각한 환경문제로 이어진다. 그리고 연간 17만 km^2의 무분별한 열대우림의 감소로 녹색면적은 줄고 240억 ton의 표토가 유실되면서 630만 ha의 사막화가 진행되는 재앙이 뒤따르고 있다.

(1) 사막화 현상

최근 전지역의 65% 정도가 사막과 건조지역인 아프리카는 식량문제를 겪게 되었다. 중국 등 아시아 대륙에서도 사막화가 진행되고 라틴 아메리카 면적의 62% 정도가 사막화가 되어 가고 있다. 따라서 남벌을 억제하고 기후변화를 일으킬 화석연료 사용을 저감해야 하며, 토질을 저하시키는 농약살포나 화학비료 사용과 나왕의 건축자재 사용 등을 자제해야만 사막화 발생을 막을 수가 있다.

(2) 생물 다양성 감소

생물다양성 감소는 산성비 강하, 오존층 파괴, 지구온난화와 인구 증가에 따른 산업화 등에 의해 발생되었다. 이로 인해서 지구상의 1300만여 종의 생물 중 포유류 18%, 조류 11%, 어류 5%, 식물 11%인 동·식물의 서식지가 파괴되어져서 생존위기에 몰린 동물 수는 5400여 종, 식물은 26,000여 종이다. 그래서 생태계의 안정성과 자정능력을 크게 떨어뜨리고 있다. 유엔 환경개발회의(UNEP)는 생물 다양성의 보전과 지속가능한 이용을 목적으로 1990년에 생물다양성 협약(Convention on Biological Diversity)을 채택했다. 그리고 내수 생태계의 생물 다양성, 연안·해양 생물의 다양성과 관련된 환경보전 및 지속가능한 이용·협조 방안, 생명공학발전에 따라 유전적으로 변형된 생물체(LMOs : Living Modified Organisms)의 안전관리와 이익배분의 촉진 등을 논의했다.

2.2.5 기아문제

인간은 건강한 삶을 유지하려면 1일 한 사람당 1.5 kg 정도의 음식물을 섭취해서 영양분으로 얻어 행복한 생활을 하게 된다. 그러나 인구 증가에 따른 지구의 환경정화능력과 열에너지 법칙인 엔트로법칙을 무시한 채로 산업화와 국토개발 등의 난개발을 해왔다. 그래서 지구 온난화에 따른 기상이변으로서 1700년경에는 전 세계의 농경지 면적이 270만 km^2이었는데 2000년에는 1440만 km^2로 300년 동안 5.3배로 증가했다. 인구는 1700년에 5억에서 2000년에 60억으로 불과 50년 동안 12배로 인구가 팽창되었으며, 갈수록 절대 농경지가 사막화로 감소되고 있어 식량문제가 크게 우려되고 있다. 그리고 비옥한 토양은 산성비로 인해서 산성화 되어 가고 있으며, 오존층 파괴로 환경생태계가 파괴되어져 가고 있어 기아문제가 크게 증대되고 있다.

(1) 식량문제

현재 세계 인구 65억명 중 1일 1,000원 미만으로 생활하는 절대빈곤 인구가 12억명이고 2015년에는 19억명이다. 장차 전체적으로는 2%, 즉 50명 중 1명꼴로 지구온난화 영향 때문에 가뭄으로 인한 식량문제로 고통을 받게 될 것이라고 세계은행(IBRD)이 발표했다.

이는 미국의 곡창지대인 아이오아주가 가뭄 때문에 씨앗을 파종하지 못했고, 반대로 우리나라를 비롯한 여러 나라의 도시와 농경지가 폭우로 잠겨서 농산물 증산에 큰 타격을 받게 되었다.

2002년 8월 31일 하루 동안 강원도 강릉지역의 연간 강우량 1400 mm의 61%인 870.5 mm의 비가 태풍 루사(RUSA)에 의해서 내려 그 지역 전부가 물에 잠겼다. 이러한 큰 피해는 남해 위도의 온도가 평년보다 높아져서 비의 에너지원인 수증기를 많이 공급받아 강력한 위력을 태풍이 실어 강릉 상공에 많은 비, 즉 살인적인 폭우가 쏟아져 내렸다. 이로 인해 지구적 측면으로 보면 이스라엘에 있는 사해는 비가 오지 않아 가뭄으로 인해 바닷물 속에 소금성분이 2.5~4.0%인데 20%가 넘어서 생물이 살 수가 없게 되었다. 2050년에는 완전히 말라서 바닥에는 소금층만 남게 될 것이라고 BBC 방송은 전했다.

그림 2·1 빈곤문제

▶ **그림 2·2 비에 잠긴 강릉시**(2002년도)

이처럼 비가 많이 내려서 수확기의 농산물을 잃거나 물에 잠겨 썩게 되었다. 동부 아프리카 등은 기후온난화로 비가 안와서 파종도 못한 체 식량이 없어 케냐와 소말리아 등에서는 아프리카 인구 중 1천만 명 이상이 굶주리고 있으며 기아, 식수문제, 질병에 시달려 1분에 34명이 죽어가고 있는 실정이다.

기아(빈곤)는 인간의 몸에 필요한 물과 영양소가 결핍된 상태로서 인류의 가장 큰 환경문제 중 하나이다. 인간이 건강한 삶을 살아가기 위해서는 적당한 음식물을 섭취해서 에너지를 얻어야만 하는데 음식물을 섭취하지 못하면 결국은 사망하게 된다. 기아의 종류는 만성기아와 급성기아가 있는데 만성기아는 영양실조로 오랜 기간에 영양부족상태 증세를 말한다. 핏속의 단백질 함유량이 부족해 저 단백혈증으로 기아부종(飢餓浮腫)이 발생된다. 그리고 급성기아는 단식으로 일어나는 기아감(飢餓感)을 말하며, 물과 음식물을 안 먹고 3～7일동안 생존할 수 있다. 그러나 기독교의 금식처럼 음식을 먹지 않고 소금물을 마시면 건강한 사람은 50～365일 동안 생존할 수 있다고 한다.

(2) 구황식물

기아문제를 해결하려면 생존력이 강한 옥수수, 감자, 고구마, 채소, 토마토 등의 구황식물(救荒植物)을 재배하여서 굶주림으로부터 벗어나게 해야만 한다. 그리고 농업생산성을 높이기 위해서 수리시설과 경작방법을 개발하며, 종자의 품종개발을 하는 것도 필요하다. 더욱 중요한 것은 자원을 아껴 쓰고 낭비를 하지 않으며 에너지를 절약해서 지구의 온난화를 없애는 일이 가장 중요하다.

그림 2・3 국민 1인 과실류 섭취량 비교

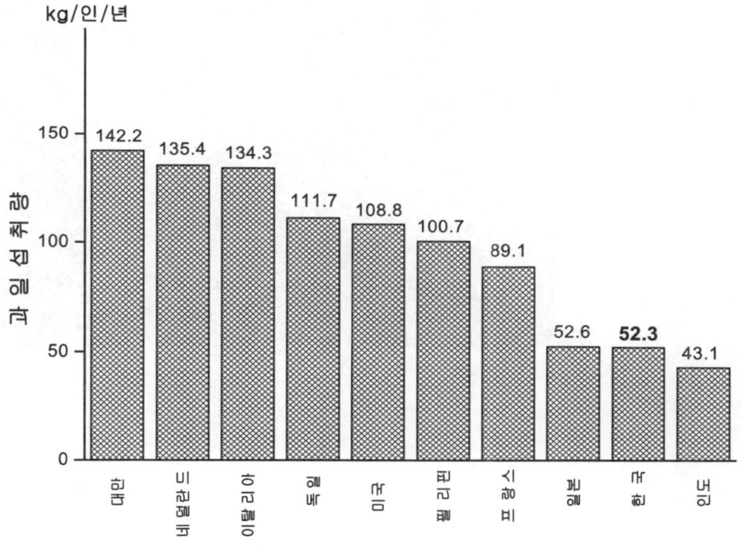

자료 : 농촌경제연구소

(3) 지구환경 정상회의

지구정상회의가 유엔의 주최로 기아에 시달리는 국가인 남아공 요하네스버그에서 2002년 8월 26일~9월 4일까지 열렸다. 이 회의는 인간・지구・번영의 주제로 189개 국가의 정상 1백여 명, 정부 및 NGO(비정부)대표 6만 5천 명이 모였다. 주로 식량・안보・건강관리・에너지・깨끗한 연료와 물, 동・서양 환경협력・위생・교육・기술에 대해 회의를 하였다. 이처럼 서로 국가간 버려지는 음식류폐기물을 최소로 줄여서 굶어 죽어가는 국민을 도울 수 있는 국제적인 협력정보가 속히 활성화되어야 한다. 우리 인간은 다양한 음식물을 먹지만 최근 건강관리를 위해 여러 가지 과일을 많이 먹는 추세이다. 참고로 세계 각국의 국민 1인당 연간 과실류 섭취량은 대만이 142.2 kg으로 제일 많고, 미국 108.8 kg, 일본 52.6 kg, 한국 52.3 kg과 인도 43.1 kg 정도이다.

그림 2·4 빈곤 · 환경 · 세계 경제포럼(WEF) 다보스회의

2.3 대기환경보전

우리나라에서는 대기(Air)를 옥외에 있는 대기와 옥내의 공기로 구분하고 있다. 중앙행정기관도 대기환경은 환경부, 공기는 지하공간은 환경부이지만 공중위생측면일 경우면 보건복지부와 산업위생일 경우에는 산업자원부가 관장하고 있다. 지구상에 존재하는 기체상태인 대기는 지구를 둘러싸고 있으며, 지표면으로부터 상공 20 km의 대류권에 전체 대기량은 5×10^{15} ton의 약 95%가 존재하고 있다. 건조대기 조성은 표준상태인 0℃, 1 atm일 때에 부피(Vol.) %로 질소(N_2)가 78.1Vol.%, 산소(O_2)가 20.9Vol.%, 아르곤(Ar) 0.93Vol.%와 이산하탄소(CO_2) 0.034Vol.% 등으로 구성되어 있다. 특히 대기 속에 함유된 산소(O_2)는 인간, 동·식물의 호흡작용에 꼭 필요한 물질이다. 산소는 식물이 낮에 아래 반응식과 같은 탄소동화작용으로 만들어진다. 사람은 호흡할 때 4~5%의 산소를 소비하고 탄산가스를 배출하지만 저 산소시는 호흡수, 맥박수와 적혈구수가 증가한다.

$$CO_2 + H_2O \rightarrow CH_2O + O_2$$

2.3.1 대기오염

옛날부터 우리나라는 전국의 하늘이 너무 맑고 아름다워서 금수강산이라고 했다. 그러나 산업화와 인구의 증가와 압축 경제성장을 위한 정부의 5개년 계획이 수립되어 자연환경의 자정능력 및 환경용량을 고려하지 않은 채 급진적으로 공업화, 도시화와 국토 난개발로 인해서 대기환경은 크게 악화되었다. 대기오염은 인공적으로 대기 속에 유입된 오염 물질의 양, 농도, 지속시간이 그 지역의 다수인에게 불쾌감 및 유해성을 주어서, 재산상 향유에 방해를 받게 하는 상태이다. 대도시는 생활에 편리함을 위해 운행되는 자동차의 배출가스로 인하여 대기질이 크게 악화되었다. 대기환경의 자정능력과 환경용량을 고려하지 않고서 산업이 발전됨에 따라 비산먼지에 의한 시정악화와 자동차 배출가스에 의한 오존(O_3)이 발생되어 호흡곤란 등 피해가 증가되었다. 그래서 정부는 여름철 오후의 오존농도가 0.12 ppm 이상으로 1시간 이상 지속되면 오존경보를 지방자치단체장인 시 · 도지사가 발령하고 있다.

1. 대기오염물질의 발생원

대기오염을 일으키는 오염물질은 입자상 물질과 가스상 물질이다. 먼지는 대기공간에 떠다니거나 흩날려 내려오는 입자상 물질이고, 매연은 연소시에 발생되는 유리탄소가 응결한 입자지름이 1 μm 이상의 검댕들의 미세한 입자상 물질이다. 가스상 물질은 물질의 연소, 합성, 분해시에 발생하거나 물리적인 성질에 의해서 발생하는 기체상 물질이다. 악취물질은 자극성 있는 냄새를 가진 물질이 사람의 코를 자극해서 불쾌감과 혐오감을 주는 가스상 물질이다.

대기오염물질의 배출량은 연간 CO_2 55억 ton, CH_4 4억 ton, SO_2 1.3억 ton, NOx 0.3억 ton, CFC(Freon Gas) 0.01억 ton이다. 대기오염물질을 배출하는 발생원은 건물, 공장, 소각로처럼 일정한 산업시설인 고정발생원과 자동차, 비행기, 선박, 열차, 산불, 사람처럼 움직이면서 오염물질을 배출하는 이동발생원이 있다. 그리고 대기오염물질이 발생되는 형태에 따라 건물의 굴뚝과 같은 점오염원(Point Source), 산불과 같은 면오염원(Area Source)과 도로 · 철로를 따라 배출하는 선오염원(Line Source)으로 분류하기도 한다. 도시의 대기오염의 80%는 자동차 공해이며 대기오염 물질은 HC, NOx, CO, SOx, Pb, 벤조피렌, 휘발성 유기화합물(VOC) 등이다.

2. 대기오염물질별 피해

(1) 아황산가스(SO_2 : 실외 대기오염지표 물질)

① 주로 경유나 벙커시유(Bunker-C Oil) 연소시 발생된다.

$S + O_2 \rightarrow SO_2$

② 피해는 인체의 호흡시 몸 안으로 들어오면서 호흡기 점막을 자극해서 기관지 천식을 일으키며, 자주개나리(Alfalfa), 보리, 사과 등 식물의 잎을 황갈색화(Chlorosis)하여 괴사시키고 말라 죽게 하며 건축물을 부식시킨다.

(2) 질소산화물(NOx : NO_2와 NO 등)

① 주로 비행기, 선박, 자동차 등의 배출가스 속에 함유되어 발생된다.

$N_2 + O_2 \rightarrow 2NO$

$2NO + O_2 \rightarrow 2NO_2$

② 피해는 인체의 호흡시 코를 통해 몸 안으로 들어오면서 SO_2처럼 호흡기 점막을 자극해 기관지염을 일으킨다. 허파를 통해서 혈액 속의 헤모글로빈(Hb)과 결합해 O_2(산소)의 결합을 방해하여 빈혈을 일으키기도 한다. 그리고 폐기능 저하와 눈을 충혈시키며, 식물과 건물에 피해를 일으킨다.

(3) 일산화탄소(CO)

① 주로 연료의 불완전 연소나 자동차의 감속, 아이들링(Idling) 및 정체시에 대량 발생된다.

$2C + O_2 \rightarrow 2CO$

② 식물에는 피해가 없으며, 핏속에 헤모글로빈(Hb)이 함유된 사람 및 동물에만 피해가 나타나고, O_2(산소)보다 CO(일산화탄소)의 친화력이 210～300배 정도로 강해 Carboxyhemoglobin(CO－Hb)형성되어 혈색소의 산소운반능력 저하로 두통, 피로감, 시력장애 등을 일으킨다. CO 농도가 혈액 속에 5% 이상 되면 정신 및 신경마비가 생긴다.

(4) 이산화탄소(CO_2 : 실내 공기오염지표 물질)

① 주로 연료완전연소나 호흡작용에 1일(12～20 L/인) 의해서 생성된다.

$C + O_2 \rightarrow CO_2$

② 피해는 주요 지구온난화 기여물질이며, 가로수인 플라타너스 한 그루당 약 6 kg의 CO_2를 정화한다. 특히 겨울철에 자동차 등의 실내에 CO_2 농도가 4% 이상이 되면 눈이 따갑고 혈압이 상승하며, 8% 이상시 호흡곤란이나 의식이 상실된다.

(5) 오존(O_3)

① 주로 자동차의 배출가스 중 NO_2(이산화질소)가 햇빛(hv)이 강렬한 여름철 오후에 자외선(UV : ultraviolet) 반응에 의해 분해된 발생기 산소가 대기 속의 산소와 반응해 생성된다.

$NO_2 + hv \rightarrow NO + (O)$

$(O) + O_2 \rightarrow O_3$

② 피해는 식물의 잎 면에 하얀 반점(necrosis)을 만들며, 사람에게는 충혈, 염색체(RNA, DNA) 이상이나 적혈구를 노화시킨다.

(6) 플루오르(F_2)

① 주로 유리제조, 복합비료와 알루미늄 제조시 발생된다.

② 피해는 식물에 SO_2보다 HF(플루오르산)가 80～100배로 강해서 식물의 대사작용이나 효소작용을 저해시킨다. 인체에는 피부・눈의 점막을 자극시키고 치아의 에나멜을 손상시키거나 잘라지게 하는 반상치(fluorosis)를 일으킨다.

2.3.2 광화학스모그(Photochemical Smog)

세계 최초로 Los Angeles에서 1953년 7월에 기온 24～32℃와 습도 70% 이하의 날씨였다. 그리고 풍속 5 m/sec 이하시 배출가스 등의 질소화합물(NOx)과 올레핀계 탄화수소($RCH=CH_2$: Olefinic Hydrocarbon) 등의 햇빛 에너지(hv)에 의해서 O_3, PAN 등의 산화물(Oxidants), 알데히드(HCHO) 등을 발생해 스모그(Smog : Smoke와 Fog의 합성어)를 형성하는 산화물이다. 주로 이와 유사한 광학스모그 현상을 L.A. Smog형이라고 한다. 우리나라는 여름철에 자주 나타나서 허파・눈・코의 자극으로 결막염을 일으키고 고무 균열, 값비싼 비단옷의 탈색과 시정을 악화시킨다. 광화학 Smog가 발생할 때의 시정거리는 1.6～1.8 km 이하이다.

1. 광화학 메카니즘

광화학 반응과정은 그림 2・3과 같다.

그림 2·3 PAN 등의 생성과정

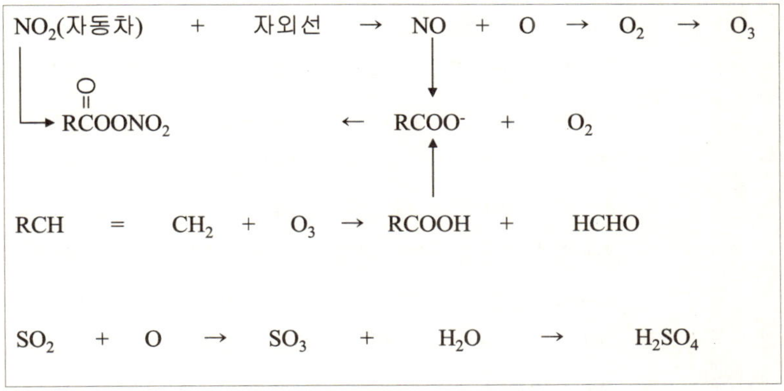

광화학반응에 의해 생성된 물질은 사업장, 자동차 배출물질(NOx, SO_2, $RCH=CH_2$)의 농도, 햇빛에너지, 기온, 기상학적 대기확산과 지형의 영향 등을 지배한다. 그리고 아크로레인($CH_2=CHCH_3$), H_2SO_4, HCHO와 O_3, PAN(Peroxy Acetyl Nitrate), PBN(Peroxy Butyl Nitrate), PBzN (Peroxy Benzoil Nitrate) 등의 옥시던트(Ox)가 생성된다.

그림 2·4 광화학스모그의 반응물질(NO_2 + C_3H_6)과 생성물질(CH_3CHO, O_3, NO, PAN) 관계

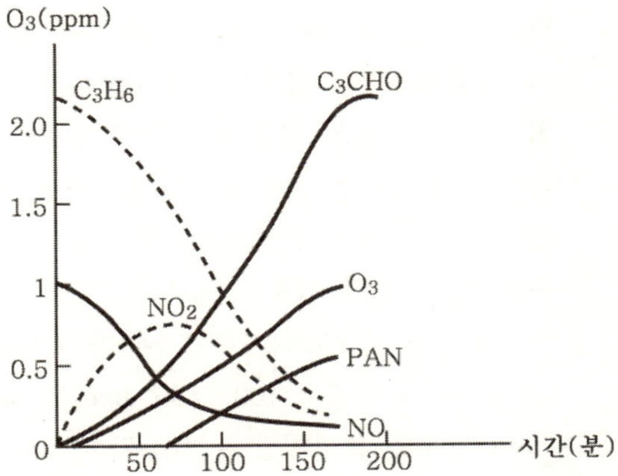

L.A. Smog 발생당시의 O_3농도는 1 ppm으로 매우 높았으나 현재 우리나라는 서울 0.017 ppm, 부산 0.023 ppm, 대전 0.021 ppm과 울산 0.022 ppm이다.

서울 등 대도시에서 매년 여름철에 나타나는 광화학스모그 물질의 기여는 탄소(C)입자가 53.8%이며, 특히 경유자동차로부터 이 탄소의 유기탄소가 30～59%로 배출하고 있다. 서울의 광화학스모그 원인물질은 유기탄소 39.2%, 원소탄소 14.6%, H_2SO_4 Mist 9.5%, 기체산란 3.6%와 기체흡수 3.5%이다. 광화학생성물질 중 알데하이드(HCHO)는 피부에 접촉시 비면역학적인 자극으로 어린이는 호흡기 감염을 증가시키고 피부 및 눈의 점막을 자극시킨다. 그리고 다환 방향성 탄화수소류(PAHs)인 벤조피렌(Benzopyrene)은 폐포에 침착해서 돌연변이 원인성 및 발암성을 나타낸다.

2. 자동차공해

최초의 자동차 용도는 물건을 운반하기 위해서 화물자동차만 개발되었으며, 그 후에 사람을 수송할 수가 있게 되었다. 자동차는 사용연료에 따라 휘발자동차, 경유자동차, 알코올자동차, 전기자동차, 엘피지(LPG)자동차, 천연가스(CNG)자동차 등이 있다. 우리나라는 경제발전으로 자동차 대수는 1997년에 1천만 대가 초과되었고, 매년 크게 증가하고 있다.

자동차에서 배출되는 대기오염물질은 CO, NOx, HC, 검댕, 매연, SO_2, VOC(Volatile Organic Compound : 휘발성 유기화합물) 등으로 지구온난화, 산성비, 오존층 파괴 및 오존을 생성하는 원인물질을 배출한다. 특히 배출가스 중 입자크기가 0.1～0.3 μm의 미세물질은 호흡시 폐포에 침착해서 폐암을 유발하기도 한다. 최근 매연을 발생시키지 않는 알코올이 85% 이상 함유된 연료를 사용하는 알코올자동차, 압축천연가스(CNG : Compressed Natural Gas) 혼소장치 설비한 시내버스, 전기승용자동차 등의 청정 사용 자동차가 운행 중에 있다.

배출가스 중 NOx는 주로 NO가 95%이고 그 외에 NO_2, N_2O이며, SO_2는 경유자동차에서 100～1000 ppm이 배출되고, 알데하이드(HCHO)는 20～200 ppm, 유연휘발유 자동차에서 납(Pb)은 20～50 ppm이 발생된다. 특히 자동차의 배출 가스량은 차종(車種), 주행거리, 주행상태, 사용연료와 도로면 상태 등에 지배된다. 가속시는 NOx, 감속시는 CO와 HC, 정속시는 CO_2, 아이들링(Idling)시는 매연과 CO가 배출되며, 경유자동차가 휘발유자동차보다 30∼100배 정도로 많은 매연을 발생시킨다.

그림 2·5 도로에 정체된 자동차 행렬

배출가스 속의 탄화수소(HC)는 공기와 산화해 퍼옥시 아세틸 나이트레이트(PAN), 벤조피렌(a)을 생성해 눈, 점막, 피부 등을 심하게 자극시킨다. 그리고 햇빛 중의 자외선과 반응해 HC와 NO_2가 오존(O_3) 발생하거나 광화학스모그를 생성시켜 시정상태(Visibility)를 방해하고, 사람의 눈 및 목 부분 등의 점막을 자극시킨다. 특히 아황산가스(SO_2)는 점막을 자극해 천식과 기관지염, 만성 폐기종을 일으킨다. 납(Pb) 화합물은 인체에 축적되면 빈혈, 신경장애를 일으킨다.

2.4 물 환경보전

물분자는 H_2O로 구성되었으며, H와 O의 결합거리는 99 pm(pico meter : 10^{-12} m)이고 물분자간 거리는 177 pm이다. 특히 물은 인체에 중요한 노화 억제, 생리능력을 높이는 향상작용과 효소작용을 활발하게 하며, 물의 온도가 4～12℃인 6각수가 몸에 아주 좋다. 몸 안에 있는 물은 피와 조직액의 순환을 쉽게 하면서 영양소를 분해시켜 세포에 계속 에너지를 공급해 주기도 한다. 물은 사용한 노폐물을 운반해 몸 밖으로 오줌이 되어 배설시키고 피의 농도를 조절 및 체온조절을 하기도 한다.

2.4.1 물 오염(Water Pollution)

건강한 사람은 2.5 L의 물을 매일 마셔야 건강한 삶을 유지할 수가 있는데 이러한 물은 음식물에 함유된 물로 1 L, 마시는 물로 1 L와 영양분의 신진대사 만들 때 생성되는 물로 0.5 L가 공급된다. 배설되는 물은 소변 1.5 L, 대변 0.1 L, 호흡 0.4 L와 피부(땀 등)로 0.5 L가 소모된다. 그러므로 이처럼 소중한 물은 생명을 유지하거나 각종 산업 및 생활에 꼭 필요한 물질이다.

물은 인간이 여러 가지 활동 및 생활을 하면서 각종 오염물질들이 하천, 호수를 비롯해 공공수역의 수질을 악화시켜 자연·생활·사회경제 환경에 직·간접적인 영향으로 자정능력을 상실한 채 오염 및 악화되어 가고 있다. 따라서 이러한 물 오염물질을 저감시키기 위해 물 환경오염 부하량의 배출을 최소화시키기 위한 폐수·오수·하수·축산폐수용 물 오염 방지시설을 운영하고 있다. 최근 물을 오염시키는 각종 사업장인 점오염원이나 농약살포, 화학비료 등 비점오염원으로부터 지속적으로 병원성 미생물, 유해성 중금속, 미량 유·무기물의 물 오염 물질이 상수원수로 유입되어 크게 문제가 되고 있다. 다시 말하면 물 오염은 물에 어떤 오염물질이 유입되면 물의 성분을 변화시켜서 그대로 이용할 수 없는 상태가 된다.

1. 물오염의 지표

(1) pH(수소이온농도지수 : Hydrogen Ion Exponent)

물 속의 산성도(Acidity)를 나타내는 지표로써 사람의 혈액 pH는 7.4이고, 활성오니의 활동시 최적 pH는 6.8～7.4이다. pH는 수소이온 농도($[H^+]$)의 역수에 상용대수 값으로서 나타낸다.

$$pH = \log \frac{1}{[H^+]}$$

여기서, $[H^+]$: 수소이온 농도(mole/L)

pH값이 7이면 중성, 0～7 범위이면 산성이고, 7～14 범위이면 알칼리성이다. 물이 일반적으로 산성에서는 금속을 부식시키며, 알칼리성이면 생물은 죽게 된다.

(2) DO(용존산소 : Dissolved Oxygen)

물 속에 녹아 있는 산소량을 DO라고 하며, 농도 단위표시는 mg/L로 나타낸다. DO는 물 속에 있는 천연 유기물질(NOMs : Natural Organic Matters)을 생물학적으로 분해하는 데 관여하는 중요한 수질인자이며, 친산소성 박테리아의 호흡대사를 하는 데 꼭 필요인자이다. 일반적으로 물 오염도가 클수록 DO 농도는 낮고, 낮에는 조류의 탄소동화작용으로 높으나 밤에는 호흡작용을 하기 때문에 낮다. 일반적으로 수심이 낮고 유속이 빠르게 파도 및 교란(turbulent) 흐름을 하는 하천일 때에는 DO 농도가 높다. 하수, 폐수, 오수 등을 생물학적으로 처리시 물 속의 DO 농도가 0.1 mg/L 이하이면 피산소성 상태라고 하며, 0.1 mg/L 초과이면 친산소성 상태라고 하는데, DO 농도가 6～8 mg/L일 때에 과포기 상태라고 한다.

(3) BOD(생물화학적 산소요구량 : Biological Oxygen Demand)

물 속에 들어 있은 분해 · 부패성 유기물질을 친산소성 박테리아가 분해 및 산화할 때 소비하는 산소량을 BOD라고 하며, BOD_5를 5일 BOD 또는 BOD라 표기한다. 그러므로 BOD_1과 BOD는 다르다. 농도단위표시는 mg/L이고 ppm(mg/kg)과는 다른바 혼동해서 사용하면 안 된다. BOD 농도값이 클수록 물 속에 유기물질의 함유량이 많으며, 친산소성 박테리아가 BO를 흡수해서 활동하기도 하고 물 속의 유기물질인 BOD를 분해 및 산화하여서 무기물질인 CO_2와 H_2O로 서서히 변화시키면서 물 처리가 진행된다.

(4) COD(화학적 산소요구량 : Chemical Oxygen Demand)

물 속에 들어 있는 유기물질을 화학적으로 산화제인 과망가니즈산칼륨($KMnO_4$) 또는 중크로뮴산칼륨($K_2Cr_2O_7$)을 사용해서 CO_2 및 H_2O로 분해 및 산화시키는 데 소요된 산소량을 말한다. 이때 산화제를 $KMnO_4$를 사용하면 COD_{Mn}(망가니즈 COD), $K_2Cr_2O_7$을 사용하면 COD_{Cr}(크로뮴 COD)가 되고 농도단위표시는 mg/L이다. 일반적으로 해수나 호수의 수질을 BOD가 아닌 COD로만 물 속의 유기물질 농도를 나타내는 이유는 해수 속에 염분농도가 많기 때문이다. 호소는 조류(Algae)가 많아서 실험기간 5일 동안에 BOD값에 오차가 커서 COD로만 나타낸다. 반드시 COD농도가 BOD농도보다 높아야 한다. BOD와 COD농도의 상관성은 다음과 같다.

① BOD > COD일 경우

BOD 농도는 1단계 BOD 산화시 DO 농도와 2단계 BOD(질소산화시 DO 농도)로 구분한다. 1단계 BOD가 5일 BOD(BOD_5)이나 1단계 BOD 시험중에 질산화가 일어나거나 COD 시험시 물 속에 산화성 물질이 있는 경우이다.

② COD > BOD일 경우

물 속에 생분해성 유기물질이 적게 구성되었거나 친산소성 박테리아에 독성을 일으킬 수 있는 물질이 들어 있은 경우이다.

③ 실제 COD > 이론 COD일 경우

물 속에 산화 가능한 유기물질 외에 무기물질인 염소이온(Cl^-), 아질산염(NO_2^-), 제1철염(Fe^{2+}), 황화물(S^{2-}) 등이 들어 있은 경우이다.

④ 이론 COD > 실제 COD일 경우

물 속에 산화 가능한 유기물질 외에도 산화성 물질인 크롬 산화물이나 마그네슘(Mg) 등이 들어 있은 경우이다.

⑤ BOD와 COD 상관식

BOD = IBOD + SBOD

COD = ICOD + SCOD

COD = NBDCOD + BDCOD

BDCOD = BODu = K · BOD_5

∴ NBDCOD = COD − BODu = COD − K · BOD

여기서, IBOD : 비용해성 BOD(Insoluble BOD)

SBOD : 용해성 BOD(Soluble BOD)

NBDCOD : 생물분해불가능 COD(Non-Biodegradable COD)

BDCOD : 생물분해가능 COD(Biodegradable COD)

BODu : 총 BOD(Ultimate BOD)

K : 분해상수(도시하수 = 1.5)

⑥ TOC, TOD, ThOD와 DOC의 관계

㉮ ThOD(Theoretical Oxygen Demand : 이론적 산소요구량)는 물 속의 유기물질을 화학 양론적으로 산화 및 분해할 때에 이론적으로 요구되는 산소량을 말한다.

$$C_2H_5OH + 3O_2 \rightarrow 3H_2O + 2CO_2$$

그러므로 상기 식처럼 에탄올 1몰(46 g)을 H_2O와 CO_2로 완전 산화시키는 데 필요한 산소요구량(ThOD)은 3×32=96 kg이다.

㉯ TOD(Total Oxygen Demand : 총 산소요구량)는 물 속에 함유된 유기물질과 무기물질(SO_3^{2-}, S^{2-}, N^{3-}, H^+)을 백금(Pt) 촉매하에 900℃ 이상에서 완전 산화시키는 데 필요한 산소량이다.

㉰ TOC(Total Organic Carbon : 총 유기탄소량)는 유기물 속에 함유된 총 탄소량을 말한다. TOC 시험은 물 속에 들어 있은 용존 탄소를 950℃ 이상에서 완전연소로 발생되는 CO_2 가스를 적외선 분석 장치로 정량해서 측정한다. 이때 시료수를 공극 0.43 μm의 Micro filter를 통과해서 얻은 시료를 TOC 분석기로 측정해 얻으면 DOC(Dissolved Organic Carbon : 용존 유기탄소량)이다.

(5) SS(Suspended Solids : 부유고형물질)

물 속에 들어 있는 고형물질은 입자크기가 0.1 μm(Micrometer : 10^{-6} m) 이상의 탁질 상태의 부유고형물질(SS), 1 nm ~ 1 μm범위의 현탁 상태 콜로이드(Colloid)와 분자나 이온상태 용존 고형물질(DS : Dissolved Solids)이 있다. 물 속의 고형물질에 대한 상호관계는 다음과 같다.

① TS = VS + FS
② VS = VDS + VSS
③ FS = FDS + VDS
④ TS = TDS + VDS
⑤ TDS = VDS + FDS
⑥ TSS = VSS + FSS

여기서, TS : 총 고형물[Total Solids : 총 증발(105℃) 잔류물]
VS : 휘발성고형물(Volatile Solids)
FS : 강열잔류고형물(Fixed Solids)
VDS : 휘발성 용존 고형물(Volatile Dissolved Solids, TDS를 550℃에서 15분 동안 연소시 휘산된 물질)
VSS : 휘발성 부유고형물(Volatile Suspended Solids, TSS를 550℃에서 15분 동안 연소시 휘산된 물질)
TDS : 총 용존 고형물(Total Dissolved Solids, 표준여과지 통과한 시료수를 접시에 받아 105℃에서 1시간 이상 건조해 증발 후 잔류고형물질)
FDS : 강열 잔류고형물(Fixed Dissolved Solids, TDS를 550℃에서 15분 동안 연소시켰을 때 잔류한 고형물질)
FSS : 강열 잔류부유고형물(Fixed Suspended Solids, TSS를 550℃에서 15분 동안 연소시켰을 때 잔류한 고형물질)

(6) 대장균군(Coliform Group Bacteria)

대장균군은 사람과 가축의 대장(大腸) 속에 생존하고 있어서 물 속에 가축이나 사람의 배설물에 의한 오염여부를 판정하는 지표로 사용된다. 따라서 물 속에 대장균군이 있다면 병원성 세균(Bacteria)오염을 의미하며, 주로 소화기계 병원균(적리균, 살모넬라, 티푸스균 등)의 존재가능성이 있기 때문에 공중보건 및 환경 위생상 문제가 된다. 단위는 100 mL당 MPN(Most of Probable Number : 최적확수)으로 나타낸다. 주로 대장균수, 총 대장균수, 일반세균수 등은 물의 수인성 전염병으로부터 안전성 평가에 널리 이용되는 지표이다.

(7) 중금속(Heavy Metal)

각종 산업장이나 생활용품으로부터 배출된 중금속이 어떤 경로를 통해서 몸속에 들어오면 축적되어 각종 장애를 일으키다가 결국은 사망에 이르게 된다. 카드뮴은 소량이라도 몸속에 0.1 mg 이상 축적되면 골연화증(Itai－Itai병)을 일으키고 심하면 이질, 구역질, 위장염, 허리통증과 단백오줌 등으로 신장(Kidney)장애를 일으킨다. 알킬수은이 몸속에 0.3 mg 이상 축적되면 수후병으로 인한 중추신경장애, 그 밖에도 언어장애, 시야협착, 청력장애와 정서불안을 일으킨다.

납은 몸속에 1 mg 이상 축적되면 뼈 속의 헤모글로빈(Hb) 생성을 방해하여서 안면창백, 빈혈, 혈액장애, 경련, 두통, 식욕부진, 전신권태, 관절통, 맥박증가 등을 일으킨다. 6가 크로뮴은 0.1 mg/L 이상 몸속에 축적되면 피부염, 비중격천공, 피부종양, 구토, 복통, 경련, 혼수, 오줌량 감소 등을 일으킨다. 비소(As)는 5 mg 이상 몸 안에 축적시 구토, 설사, 탈수증, 복통, 혈압 저하, 지각장애, 간경화, 혈변 등을 일으킨다.

(8) THMs(Tri-Halo-Methanes)

주로 수돗물을 생산하는 정수처리공정에서 병원성미생물의 불활성위해 염소(Cl_2) 소독할 때 발생되는 소독 부산물이 총 트라이할로메테인($CHCl_3$, CH_2Cl_2, CH_3Cl, $CHBr_3$, Ch_3Br 등)이며, 발암성 물질이어서 먹는 물 기준은 0.1mg/L 이하로 규제하고 있다. 그리고 염소 소독 대신에 자외선(UV : Ultra Violet) 소독, 오존(O_3) 소독, 차아염소산 나트륨(NaClO) 소독, 이산화염소(ClO_2) 소독, 막여과 등으로 교체하고 있다.

2.4.2 하천오염

우리나라는 한강, 낙동강, 금강과 영산강이 주요 하천이다. 하천의 길이가 짧고 1년동안 유량변동이 심해 자정능력의 변화가 크다. 한강은 팔당댐을 경계로 해서 상류가 북한강, 남한강이고 하류가 한강본류이며, 남한강은 연평균 BOD 3.9 mg/L로 3급 수역의 수질이며, 북한강은 1급수역으로 연평균 BOD 0.8～1.1 mg/L로 가장 수질이 좋다.

낙동강의 수질은 가장 물오염이 심한 금호강 상류구간이 연평균 BOD 2 mg/L 이하이나 황강과 남강이 합류하는 지점 이후는 연평균 BOD 3～4 mg/L이다. 그리고 부산시 상수취수지점인 물금지역은 연평균 BOD 3.7 mg/L로 3급 수질이어서 수질개선이 필요하다. 금강의 수질은 금강지류 중 갑천 합류지점 상류구간은 연평균 1～2 mg/L로 양호하나 하류구간은 BOD 2～4 mg/L로 나빠졌고 논산천 합류지점인 하류지역은 BOD 4.7 mg/L로 3급 수질이다. 영산강의 수질은 광주천이 유입되는 지점은 연평균 BOD 19.9 mg/L로 가장 오염이 극심한 하천이고, 광주천 하류구간은 BOD 5 mg/L 정도로 수질개선이 시급한 상태이다.

환경부는 물 환경기준의 유지 및 달성의 실효성을 확보하고 하천수질의 보호와 개선을 위해서 체계적으로 전국 하천별 물의 이용목적에 상응하는 목표수질을 등급별 환경기준을 설정해야 한다.

1991년 낙동강 페놀오염사고가 발생한 후에 우리 사회에 물 오염문제와 먹는 물의 안전성에 대한 중요성이 더욱 강조되었다. 1999년 낙동강의 유기용제 오염사고는 국민에게 큰 충격을 주면서 하천 물 관리의 중요성에 대한 경각심을 일깨워 주었다. 물 환경정책은 헌법(Constitution) 제35조 제1항에 있는 환경권을 물 환경측면에서 구현할 목표로 정했다. 국민건강 보호와 하천수 생태계가 유지되도록 상수원을 보전하여 주변지역 주민들이 쾌적한 생활환경과 아름다운 자연경관을 느낄 수 있도록 하는데 있다.

표 2·2 ▶ 주요 하천별 연간 BOD 변화 추이

구 분	'86	'88	'90	'92	'94	'96	'98	'00	'02	'05
영산강	5.2	7.0	6.7	5.6	7.3	5.6	5.9	6.5	5.6	5.3
낙동강	3.6	3.9	3.0	3.3	4.6	4.8	3.0	2.7	2.6	2.6
금 강	3.0	3.2	3.1	3.2	3.7	3.7	2.4	2.7	3.3	2.9
한 강	1.4	1.1	1.0	1.1	1.2	1.4	1.5	1.4	1.4	1.1

2.5 폐기물 환경관리

일반적으로 폐기물(Solid Waste)은 사람의 생활이나 사업활동시 발생되는 쓰레기, 연소재, 찌꺼기(sludge), 폐유, 폐산, 폐알칼리, 동물의 사체(死体) 등으로 필요하지 않은 물질이다. 폐기물은 공장 등의 사업장에서 배출되는 사업장 폐기물과 가정 · 상가 · 학교 · 사무실 등에서 배출되는 생활폐기물로 구분한다. 특히 사업폐기물 중 폐유 · 폐산 등의 유해성 폐기물을 지정 폐기물이라고 하고, 병원에서 배출된 주사바늘 · 환자용품 등을 병원폐기물, 각종 공사장에서 배출되는 건축폐기물, 원자력 발전소에서 배출된 방사성 폐기물이 있다.

2.5.1 재활용문화

최근 종이 위생용품이 크게 생활화 되면서 엄청난 자연이 훼손되어 가고 있는데 종이 1 ton을 생산하려면 30년 된 나무 172그루가 필요하다. 국민 1인당 연간 종이소비량은 원목 22그루 분량의 90 kg이고, 두루마리 화장지(35 m)는 17그루를 사용한다. 그래서 산소공장이자 지구 온난화 가스인 CO_2의 처리공장인 나무의 남벌을 막으려면 사용한 폐 종이를 잘 수거해 재활용할 수 있도록 하여야 한다. 우리나라도 환경오염을 좀더 줄이기 위한 환경마크제도는 동일 제품 중 생산 · 사용 · 폐기과정에서 재활용 원료로 제작되어 자원절약, 에너지 절약과 환경오염이 적은 저공해상품을 인정하여 환경마크를 부착해서 다른 상품과 구별하고 있다. 이러한 환경마크제도를 통해서 기업체는 환경보전형 기술개발을 촉진하고, 소비자는 지구환경 보전형의 소비생활문화로 개선해 나감으로써 환경파괴를 최소화하는 계기가 될 것이다.

폐기물의 감량 및 재활용을 위한 외국의 3R(Reduction, Recycling, Reuse)운동과 Zero 폐기물 발생운동은 우리도 잘 음미해 볼 만 하다. 감량(Reduction)은 가급적 적게 사용하고 적게 소비하자는 것이고, 재활용(Recycling)은 사용한 것을 폐기하기 전에 퇴비화, 에너지화하기 위해 원료로 재회수하도록 하자는 것이다. 재사용(Reuse)은 콜라병처럼 세척 및 재생하여 다시 이용하자는 것이다. 제로운동은 폐기물을 발생시키지 않기 위해서 폐기물로 될 만한 상품을 사업자는 만들지도 말고, 사지도 말며, 백화점, 상가 등에서는 팔지도 않겠다는 가장 유용한 제도이다.

1. 폐기물 관리

오늘날 인구 증가와 국민의 대량생산, 대량소비의 경제구조로 폐기물 발생량이 급증하고 있다. 또한 제품에 포장과 일회용품 등으로 합성수지가 사용되면서 많은 부피(60~70%)를 차지해 이에 대한 개발이 요망되고 있다. 그리고 우리 주변에 생활의 편리함 때문에 수은형광등, 카드뮴 건전지, 납축전지 등에 유해물질이 폭넓게 이용되고 있어서 다음과 같은 더욱 안전한 폐기물 관리정책이 필요하다.

① 유해성 폐기물은 생산자가 다 사용 후 회수해 가는 책무를 부여해야 한다. 왜냐하면, 오염원인자 부담원칙(Pollutors Principle)에 의해서 사업자가 폐기물을 관리해야 하기 때문이다.
② 환경친화적인 국민생활정서 유지와 경제적인 효율성을 달성하는 성과 및 충족시킬 수 있는 폐기물 감량화 정책이 수립되어야 한다.
③ 폐기물의 사전 발생 억제를 위한 교육을 우선적으로 실시해서 환경학적으로 건전하고 지속가능한 감량화 및 감용화를 국민에게 홍보해야 한다.

세계 각국은 폐기제품의 재자원화 의무를 확대하고, 시장원리에 의한 폐기물 처리사업장 사업자의 우대, 순환형 사회형성 추진에 대한 기술개발과 보급에 대해서 깊은 관심을 갖고 있다. 그리고 에너지와 유독성 화학물질의 사용량, 폐기물의 배출량을 생산라인이나 장치별로 관리하는 환경대책을 수립해서 환경투자비용과 제조비용 삭감을 효율적으로 관리해가야 한다.

(1) 폐기물제로배출

일본은 방출 폐기물을 제로(Zero)화하기 위해 폐기물을 다양하게 분리해서 다시 자원화 하여 매립폐기물을 제로화하는 데 성공했다. 그리고 사회생활과 산업활동에서 폐기물로 배출되는 다양한 플라스틱(Plastics)을 깨끗하고 안전하게 처리해 연소에너지로 발전한 전기에너지를 유효하게 변환해 사용하고 있다. 그리고 일본 등은 차세대 자원으로 재이용하기 위해서 최종 매립하지 않고 해양지하터널 속에 잘 보관하고 있다.

음식물류폐기물의 퇴비화는 폐기물 속에 질소(N)와 같은 비료성분이 함유되어 있어서 톱밥 같은 수분조절제를 넣어 통기성을 확보하기 때문에 토양을 개량하므로 비료효과를 높여준다. 그래서 퇴비화는 미생물 활동에 필요한 유기물이 다량 함유되고 있어야 하는데, 영양분비(C / N)가 20～50 정도와 함수율은 70～80%가 알맞다. 퇴비 속에 중금속인 수은(Hg), 구리(Cu), 납(Pb), 카드뮴(Cd) 등이 혼입되면 뿌리를 통해 흙 속에서 흡수해 식물이나 과일 속에 이들이 축적되어 몸속으로 들어올 위험성이 있다. 그래서 농산물용 퇴비 속에는 중금속 등의 유해물질이 혼입되지 않도록 해야 한다.

(2) 소각처리

소각처리는 타는 폐기물까지 매립하면 매립지 확보가 어려워 폐기물을 소각시켜 90～99%까지 감용화 한 후 처리하거나 전염병 예방을 위해서 안정화 및 감량화하여 매립시키기 위해 실시한다. 소각시설은 연소실의 형상, 공기의 주입방법과 폐기물의 혼입상태에 따라서 다르며, 최근 소각대상 폐기물에 따라서도 소각형식이 다르다. 소각로의 소각상태는 3T, 즉 소각시간(Time), 소각온도(Temperature)와 소각폐기물, 산소와 불길의 혼합도(Turbulence)에 지배한다. 소각온도는 소각시 제일 중요한 폐기물의 발화온도, 수분함량, 사용공기량과 연소장치에 따라 약간씩 차이가 있다.

소각로의 종류는 화격자 소각로, 고정상 소각로, 회전 소각로, 다단 소각로, 로타리 킬른(Rotary Kiln) 소각로와 유동상 소각로 등이 있다.

2.5.2 토양오염(Soil Pollution)

사업장이나 광산에서 배출된 각종 폐기물이나 산성비 강하, 화학비료와 농약살포 등으로 사람, 동·식물에 유해한 물질들이 토양 속에 높은 농도로 함유되어 있어서 농작물의 발육장애 및 비옥한 토양이 산성화로 황폐화되어 가고 있다.

(1) 농약오염

토양 속에 구리(Cu), 망가니즈(Mn), 비소(As)와 같은 원소들이 들어 있으면 식물 생육이 안 된다. 크로뮴(Cr), 니켈(Ni), 아연(Zn), 납(Pb), 스트론튬(Sr) 등이 있으면 식물의 세포에 피해를 준다. 농약오염(Pesticides Pollution)은 수목이나 농산물을 포함한 모든 농작물을 해치는 병균, 곤충, 응애, 바이러스, 선충 등에 의한 식물의 방충제로 사용된다. 살균제, 살충제, 제초제와 농작물의 생리기능 증진 및 억제에 사용된 생장조절제와 약효를 증진시키는 약재이다. 주로 사용되는 농약의 종류는 카바메이트계 농약, 유기염소계 유제, 액제, 수화제, 액상 수화제, 분제, 입상제와 도포제가 있다. 농약이 농작물에 살포되면 작물의 잎, 열매에 부착한 후 증발, 분해와 비에 세척 등으로 점차 감소하다가 잔류 및 화학변화에 의해 다른 물질로 변화한 후 잔류되기도 한다.

채소나 과일에 잔류된 농약은 식품을 통해서 몸 안으로 들어와 축적되어 중독을 일으킨다. 농약에 의한 동물실험은 2년 투여해 2세대 이상에 아무런 영향이 없는 양의 0.01 값을 1일 섭취 허용량(ADI : Acceptable Daily Intake)으로 한다. 식품계수(Food Factor)는 어떤 농약이 잔류할 우려가 있는 식품군의 총 식사량 중에서 차지하는 평균비율로 50 kg의 건강한 사람이 1일 1인당 식품 섭취량인 식품계수는 0.88 kg이다.

2.6 소음 · 진동관리

소리는 사람이 귀로 감지할 수 있는 공기압력의 변화이다. 소음은 일상생활에서 피할 수 없는 대기나 공기의 전달 자극에 의해 생성된 음파에서 사람이 감각적으로 들을 수 있는 주파수 범위 중 원하지 않는 강한 소리이다.

▶ **그림 2·6 귀의 구조**

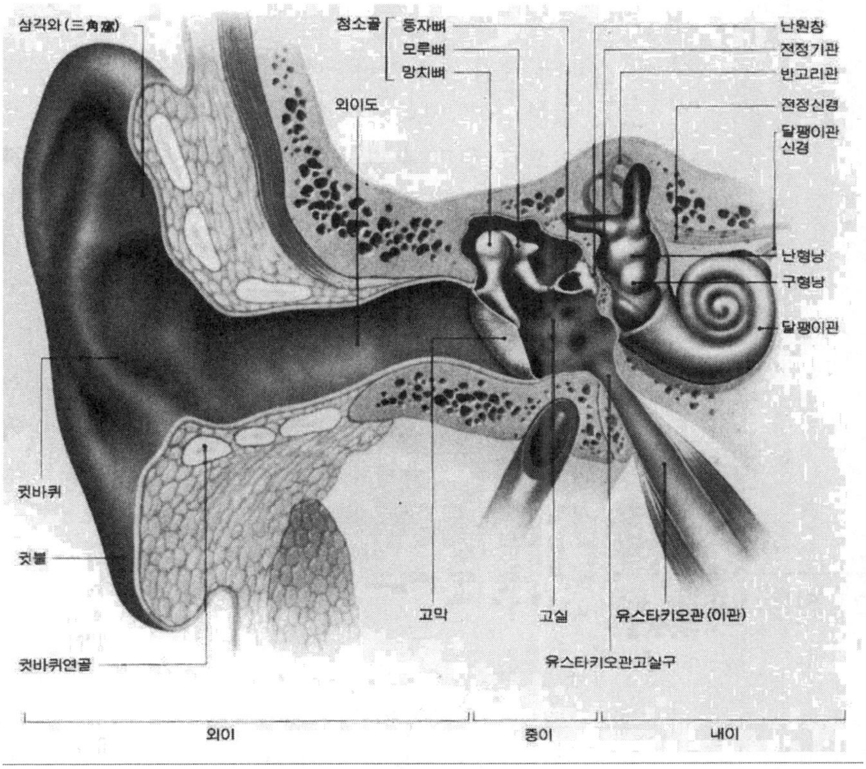

사람의 귀로 들을 수 있는 가청 주파수 범위는 16~20,000 Hz이며, 소음단위표시는 dB(deciBel)이고, 주로 소리의 감각세기로서 dB(A)로 나타낸다. 건강한 사람은 귀바퀴에서 모인 소리가 2.7 cm의 외이도(外耳道)와 고막(0.3~0.5 cm^2)에 도착한 후 기체음이 이소골에서 고체음으로 증폭된 다음 달팽이관 안에서 림프액에 의해 액체음으로 되어 수만 개의 털세포가 진동을 감지하는 과정을 통해 전기신호로 청신경을 경유한 후 큰 골로 전달되어서 비로소 뇌(Brain)가 소리를 인식하게 된다. 그러므로 소음은 귀에서 뇌로 전달하는 미세한 청신경세포를 퇴화시켜서 난청 등의 소음피해를 일으킨다.

2.6.1 소음과 진동

1. 소음(Noise)

소리의 세기는 고막진동에 의한 자극으로 구별한다. 소음공해는 오염물질 없이 소리 에너지의 크기로 생기는 피해로 심리적, 정신적, 신체적인 불안으로 생긴 수면방해, 생리영향, 대화방해, 피로와 스트레스이다. 식물은 생장저해, 동물은 닭의 산란율 저하, 젖소의 우유 생산량 감소, 가축의 유산율 증가와 농산물의 수확량 감소 등을 일으킨다. 특히 직업성 난청은 소음에 폭로된 상태에서 8~10년 이상 근무하면 달팽이관의 신경세포가 손상되어 3000~6000 Hz의 소리가 안 들리는 소음피해이다. 이명(귀울림)은 쉴 새 없이 각종 소리를 내며 주로 소리주파수를 전기신호로 바뀌는 달팽이관에 소음이 심하면 손상되어 귀울림(이명)이 생긴다. 일반적으로 소음피해는 동맥수축, 심장병, 위궤양, 알레르기, 소화불량, 시력감퇴, 무의식 방뇨, 척수뇌막염을 일으킨다.

2. 진동(Vibration)

진동은 작업시에 착암기나 절단기인 기계, 기구, 시설, 기타 물체의 사용으로 인하여 발생하는 강한 흔들림이다. 진동단위표시는 수직진동시 dB(V)와 수평진동시 dB(H)이다. 고체음은 물체의 진동에 의한 기계적인 원인으로 발생하는 에너지이다. 특히 인위적인 건설작업, 생산공정, 교통기관 통행시 지반진동이 발생되어 건물에 균열이 생기거나 진동으로 인한 흔들림으로 개인생활에 피해를 일으키고 있다. 레이노드(Raynaud) 현상은 손끝에 있는 말초 기능장애로 손가락 안쪽이 창백화되는 현상이다. 그리고 강한 진동작업 후는 손이 저리고 통증이 있다. 진동이 심한 곳에 있으면 중추신경계통의 기능장애, 뼈와 관절계통의 장애, 소화기계통의 장애를 일으킨다.

2.6.2 소음공해

1. 철도 소음일 경우

열차가 주행시 엔진음, 차체음과 차바퀴의 철로 마찰음, 경적음과 철교통행음 등에 의한 소음으로 역이나 철로 인근주민들에게 수면방해, 대화방해 등을 일으킨다. 그래서 기차의 엔진, 경적소음과 주행시 궤도의 마찰음이 주요 발생원이어서 도심지 통과시 철도변 소음피해가 심하다.

2. 자동차 소음일 경우

주로 주행음, 배기음, 경적음, 차체음, 연소기관음, 아이들링음 등으로 자동차의 종류, 작동상태, 노후상태에 따라 소음이 다르다. 차종에 관계없이 출발시, 가속과 노후차량일수록 소음이 높다. 도로변 주거지나 학교, 병원 등이 있는 곳에서는 경적을 사용해서는 안 되며, 피해는 수면방해, 정신 · 신체적인 장애를 일으킨다. 그래서 소음저감을 위해 방음벽을 세워 3～10 dB(A)의 효과를 보고 있다. 자동차 소음은 차량 대수의 증가 외에도 자동차의 엔진 및 구조 자체에도 문제가 많아서 과속, 정비불량, 과적재, 타이어의 공기압력, 도로구조 등에 지배된다.

3. 항공기 소음일 경우

주로 항공기는 이·착륙시에 동력이 많이 소요되어 소음이 심하고, 헬리콥터가 시가지를 통과시 창문이 흔들리며 공부를 할 수 없을 정도로 소리가 안 들린다. 피해는 대화방해, 정서불안 등이고 가축과 식물에 생육저해 등의 장애를 일으킨다. 특히 항공기는 이·착륙시에 음향파워가 커서 실제로 아주 넓게 확산되어 공항의 주변 주민들과 학생들에게 피해가 크다.

4. 건설소음일 경우

주로 도로공사, 건축공사 등으로 항타기, 착암기, 발파기 등의 기계류에서 발생하는 타격음, 충격음, 굴착음, 항타음이며, 야간작업을 피해야 한다. 피해는 간헐음이어서 연속음보다 영향이 크며, 정서불안, 스트레스, 신체적인 피로를 일으킨다.

2.6.3 진동공해

진동(Vibration)은 기계·기구 등의 사용시 발생하는 강한 흔들림을 말한다. 공기, 지반 등의 진동을 매개로 하여서 전달되는데 인간이 느낄 수 있는 주파수 범위는 0.1~500 Hz이지만 진동공해를 일으킬 주파수는 1~90 Hz이다. 진동피해는 인체의 전체 및 국부적으로 피해를 일으킨다. 주로 감각적 및 심리적인 영향에 의해서 시력저하, 위(胃)하수, 장(腸)내 압력 증가, 척추이상 압력, 자율신경 마비, 불안감, 내분비계 이상 등이다. 그리고 건물균열, 가구파손, 동·식물계 피해 등으로 경제적인 손실을 일으킨다.

제 3 장 환경위생과 환경오염

3.1 환경과 환경위생

환경은 삶의 보금자리이며, 삶의 터전이다. 그리고 모든 국민은 쾌적한 환경에서 건강하게 생활하고 싶어 하며, 환경학적으로 건전하고 지속가능한 발전을 갈망하고 있다. 그래서 국가와 국민은 환경보전을 위해 노력해야 한다. 환경오염과 환경훼손으로부터 환경을 보호하고 오염되거나 훼손된 환경을 복원함과 동시에 쾌적한 환경상태를 유지 및 조성하기 위해서 인간과 환경이 조화를 이루어야 한다. 환경오염은 사업활동이나 사람의 활동에 따라 발생되는 대기오염, 물오염, 토양오염, 해양오염, 방사성오염, 소음, 진동, 악취 등에 의한 신체에 건강이나 환경에 피해를 주는 상태이다. 그리고 환경훼손은 야생 동·식물의 남획 및 그 서식지의 파괴, 생태계 질서의 교란, 자연환경의 훼손 등으로 인한 자연환경의 본래적인 기능에 중대한 손상을 주는 상태이다. 지구상의 자연환경은 대기, 물, 흙과 생태계 사이를 물질이 순환하면서 생태계가 스스로 조화와 균형을 유지하면서 존재해 왔다.

3.1.1 환경관련법상 환경오염물질

1. 토양오염물질

사업 활동과 삶의 활동에 따라 토양이 오염되어 사람의 건강이나 환경에 피해를 주는 상태의 토양오염 원인이 되는 물질이 토양오염물질이다.

(1) 토양오염물질

1	카드뮴(Cd) 및 그 화합물	2	구리(Cu) 및 그 화합물
3	비소(As) 및 그 화합물	4	수은(Hg) 및 그 화합물
5	납(Pb) 및 그 화합물	6	6가 크로뮴화합물(Cr^{6+})
7	유기인(P) 화합물	8	폴리 염화 바이페닐(PCB)
9	사이아나이드화물	10	페놀류
11	동·식물을 제외한 유류(oil)		

2. 대기오염물질

대기오염의 원인이 되는 가스상이나 입자상 물질, 악취물질과 기후온난화 등으로 생태계 변화를 가져올 수 있는 기체상 물질이 대기오염 물질이다.

(1) 기후 및 생태계 변화의 유발물질

1	이산화탄소(CO_2)	2	메테인(CH_4)
3	아산화질소(N_2O)	4	수소플루오르화 탄소(HFC)
5	과플루오르화 탄소(PFCs)	6	6플루오르화 황(SF_6)
7	수소화염화플루오르화 탄소(HCFC)		

(2) 대기오염물질

1	입자상 물질(PM)	2	브롬(Br) 및 그 화합물
3	알루미늄(Al) 및 그 화합물	4	바나듐(V) 및 그 화합물
5	망가니즈(Mn) 화합물	6	철(Fe) 및 그 화합물
7	아연(Zn) 및 그 화합물	8	셀렌(Se) 및 그 화합물
9	안티몬(Sb) 및 그 화합물	10	주석(Sn) 및 그 화합물
11	텔루륨(Te) 및 그 화합물	12	바륨(Ba) 및 그 화합물

13	일산화탄소(CO)	14	암모니아(NH_3)
15	질소산화물(NOx)	16	황산화물(SOx)
17	황화수소(H_2S)	18	황화메틸
19	이황화메틸(CH_2S_2)	20	메르캅탄류(CH_3SH)
21	아민류($-NH_2$)	22	사염화탄소(CCl_4)
23	이황화탄소(CS_2)	24	탄화수소(HC)
25	인(P) 및 그 화합물	26	붕소(B) 화합물
27	아닐린(Aniline)	28	벤젠(Benzene)
29	스타일렌(Styrene)	30	아크로레인(Acrolein)
31	카드뮴(Cd) 및 그 화합물	32	사이아나이드(CN) 및 그 화합물
33	납(Pb) 및 그 화합물	34	크로뮴(Cr) 및 그 화합물
35	비소(As) 및 그 화합물	36	수은(Hg) 및 그 화합물
37	구리(Cu) 및 그 화합물	38	염소(Cl_2) 및 그 화합물
39	플루오린(F)화물	40	석면(Asbestos)
41	니켈(Ni) 및 그 화합물	42	염화비닐(Vinyl Chloride)
43	다이옥신(Dioxin)	44	페놀(Phenol) 및 그 화합물
45	베릴륨(Be) 및 그 화합물	46	프로필렌 옥사이드 (Propylene Oxide)
47	폴리 염화 바이페닐 (Poly Chlorinated Biphenyl)	48	클로로폼(Chloroform)
49	폼알데하이드(Formaldehyde)	50	벤지딘(Benzidine)
51	1, 3-뷰타다이엔(1, 3-Butadiene)	52	트라이 클로로 에틸렌

(3) 특정대기유해물질

1	카드뮴(Cd) 및 그 화합물	2	사이아나이드화수소(HCN)
3	납(Pb) 및 그 화합물	4	폴리 염화 바이페닐(PCB)
5	크로뮴(Cr) 화합물	6	비소(As) 및 그 화합물

7	수은(Hg) 및 그 화합물	8	프로필렌 옥사이드 (Propylene Oxide)
9	염소(Cl_2) 및 염화수소(HCl)	10	플루오린(F)화물
11	석면	12	니켈
13	염화비닐	14	다이옥신
15	페놀(C_6H_5OH) 및 그 화합물	16	벤젠(C_6H_6)
17	사염화탄소(CCl_4)	18	이황화메틸(CH_2S_2)
19	아닐린(Aniline)	20	클로로폼($CHCl_3$)
21	폼알데하이드(HCHO)	22	아세트알데하이드(CH_3CHO)
23	벤지딘(Benzidiene)	24	1, 3−뷰타다이엔 ($CH_2 = CHCH = CH_2$)
25	트라이 클로로에틸렌		

(4) 악취물질

1	암모니아(NH_3)	2	메틸메르캅탄(CH_3SH)
3	황화수소(H_2S)	4	황화이메틸$(CH_3)_2S$
5	이황화이메틸($(CH_3)_2S_2$)	6	트트라메틸아민($(CH_3)_3N$)
7	아세트알데하이드(CH_3CHO)	8	스타일렌($C_6H_5CHCH_2$)
9	프로피온알데하이드	10	뷰틸알데하이드
11	n−발레르알데하이드	12	I-발레르알데하이드

3. 물 오염물질

물 오염의 원인이 되는 물질로써 물에 액체성이나 고체성의 영향을 미치거나 미칠 수 있는 물질을 말한다. 그리고 측정 유해물질을 사람의 건강, 재산이나 동·식물의 생육에 직·간접으로 위해를 줄 우려가 있는 물 오염물질이다.

(1) 물 오염물질

1	구리 및 그 화합물	2	납 및 그 화합물
3	니켈 및 그 화합물	4	대장균군
5	망가니즈 및 그 화합물	6	바륨화합물
7	부유 고형 물질(SS)	8	브롬(Br) 화합물
9	비소(As) 및 그 화합물	10	산 및 알칼리류
11	색소(Coloring matter)	12	세제(Detergent)류
13	수은 및 그 화합물	14	셀레늄(Se) 및 그 화합물
15	사이아나이드(CN) 화합물	16	아연 및 그 화합물
17	염소 화합물	18	유기물질(BOD 또는 COD)
19	유기용제류	20	동·식물성 포함한 유류 (n-Hexane 추출물질)
21	인(P) 화합물	22	철(Fe) 및 그 화합물
23	카드뮴(Cd) 및 그 화합물	24	크로뮴(Cr) 및 그 화합물
25	플루오린(F) 화합물	26	페놀(C_6H_5OH)
27	황(S) 및 그 화합물	28	트라이클로로에틸렌
29	테트라클로로에틸렌		

(2) 특정 물 유해물질

1	구리 및 그 화합물	2	납 및 그 화합물
3	비소 및 그 화합물	4	수은 및 그 화합물
5	사이아나이드화물	6	유기인 화합물
7	6가 크로뮴화합물	8	카드뮴 및 그 화합물
9	테트라클로로에틸렌(PCE)	10	트라이클로로에틸렌(TCE)
11	페놀(Phenol)류	12	폴리 염화 바이페닐(PCB)
13	셀레늄(Se) 및 그 화합물	14	벤젠(C_6H_6)

15	사염화탄소(CCl_4)	16	다이 클로로에탄(DCE)
17	1, 1－다이클로로 에틸렌($CH_2 = CCl_2$)		

4. 폐기물

쓰레기, 연소 재, 찌꺼기, 폐유, 폐산, 폐 알칼리, 동물의 사체(死體) 등으로써 사람이 생활이나 생활환경에 필요하지 아니하게 된 물질이 폐기물이다. 생활폐기물은 사업장 폐기물 외의 폐기물을 말하며, 사업장 폐기물은 사업장에서 발생되는 폐기물이다, 그리고 사업장폐기물은 지정폐기물과 일반폐기물로 구분되고 지정폐기물은 폐유, 폐산 등과 같이 주변 환경을 오염시킬 수 있거나 병원성 폐기물 등으로써 인체에 위해를 줄 수 있는 유해한 물질이다. 일반폐기물은 사업장 폐기물 중 지정폐기물을 제외한 폐기물이다. 병원성 폐기물은 지정폐기물 중 인체 조직물 등 적출물(摘出物), 탈지면, 실험동물의 사체 등 의료기관이나 시험·검사기관 등에서 배출되는 인체에 위해를 줄 수 있는 물질이다.

(1) 병원성 폐기물의 종류

① 조직물류

인체나 동물로부터 적출되거나 절단된 물체, 죽은 동물의 사체, 실험동물 사체와 인체·동물의 피, 고름, 분비물이다. 참고로 임신 4개월 이상의 사체는 매장 및 묘지 등에 관한 법률 제2조 제1항의 규정에 의하여 병원성폐기물이 아니다.

② 탈지면류

인체나 동물의 피, 고름, 배설물, 분비물 및 소독약이 묻은 탈지면, 붕대, 거즈, 일회용 기저귀와 생리대이다.

③ 폐합성수지류

일회용 주사기, 수액세트, 혈액 백 및 혈액 투석시 사용된 폐기물이다.

④ 병리계 폐기물

시험, 검사 등에 사용된 배양용기, 폐 시험관, 슬라이드, 커버글라스, 혈액병, 폐 장갑, 폐 배지와 폐 혈액이다.

⑤ 손상성 폐기물

주사바늘, 수술용 칼날, 한방 침과 치과용 침이다.

⑥ 혼합 감염성 폐기물

상기 조직물, 탈지면, 폐합성수지, 병리 폐기물, 손상 폐기물인 감염성 폐기물과 혼합되거나 접촉된 폐기물로서 다른 병원성 폐기물로 분류되지 아니한 폐기물이다.

(2) 지정폐기물의 종류

① 특정 시설에서 발생되는 폐기물

폐 합성고분자 화합물, 함수율 95% 미만의 찌꺼기류, 폐 농약이다.

② 부식성 폐기물

pH 2.0 이하의 폐산과 pH 12.5 이상의 KOH 용액, NaOH 용액인 폐 알칼리이다.

③ 유해물질 함유 폐기물

광재, 대기집진 및 소각 먼지, 폐 주물사 및 샌드 블라스트 폐사, 폐 내화물 및 재벌구이 전에 유약을 바른 도자기 조각, 소각재, 안정화 및 고형화 처리물, 폐 촉매, 폐 흡착제 및 폐 흡수제이다.

④ 폐 유기용제

할로겐족 및 할로겐족 외의 폐 유기용제이다.

⑤ 폐 페인트, 폐 래커

폐 페인트, 폐 래커와 래커와 유기용제가 혼합된 것을 제조하는 제조업, 부피 5 m^3 이상이나 동력 3마력 이상의 도장시설, 폐기물을 재활용하는 시설에서 발생되는 래커와 잔존 페인트 제거 위해 혼합된 것이다.

⑥ 기름성분 5% 이상 함유한 폐유

단, PCB함유 폐기물, 폐 흡착제, 폐식용유, 폐 흡수제는 제외한다.

⑦ 폐 석면

석면의 제조 · 가공, 건축물의 제거시 발생된 것과 슬레이트의 제조 · 가공 · 절단 · 연마시 집진된 먼지, 비닐시트, 작업복과 방진 마스크이다.

⑧ PCB 함유 폐기물

1 mg/L 이상 함유된 액상의 PCB 함유 폐기물과 용출액에 PCB가 0.003 mg/L 이상 함유한 액상 외의 고형물이다.

⑨ 폐유 독물

유해화학물질 관리법상 폐유 및 독성물질이다.

⑩ 병원성 폐기물

의료기관이나 시험·검사기관에서 발생된 병원성 폐기물이다.

⑪ 환경부장관이 고시하는 물질

환경부장관이 주변 환경을 오염시킬 수 있는 유해물질로 정해서 고시하는 물질이다.

(2) 중금속과 공해병

중금속(Heavy Metal)은 금속 중에서도 비중이 4, 5 이상인 미량의 원소이다. 땅 속에 0.1% 정도가 함유되어 있는 구리(Cu), 수은(Hg), 아연(Zn), 카드뮴(Cd), 크로뮴(Cr), 납(Pb), 니켈(Ni) 등이다. 이들 중 Zn, Cu, Ni은 생명체에 꼭 필요한 원소이나 Cd, Pb, Hg, Cr 등은 몸속에 들어오면 공해병을 일으킨다.

중금속은 몸속에 들어오는 경로가 먹는 물, 호흡, 접촉이나 음식물을 먹을 경우이다. 중금속은 몸 밖으로 배출되지 않고 몸속 단백질(Protein)에 축적되어서 단백질의 효소작용 및 항체를 만드는 기능을 떨어뜨린다. 중금속이 단백질 구조에 붙어 있으면 고유한 구조를 깨뜨리기 때문에 단백질의 고유기능을 할 수가 없어서 공해병을 일으킨다.

1. 수은(Hg : Mercury)

총 수은(Total Mercury)은 무기수은과 유기수은으로 구분된다. 수은 공해병은 유기수은인 메틸수은(CH_3Hg)이며, 무기수은(Hg)은 주로 온도계, 형광등, 건전지 제조에 사용된다. 수은이 공기 속에는 2.4 ppt(Part Per Trillion) 정도이고, 산업지역의 대기 속에는 1.8 ppb(Part Per Billion) 정도이고, 물 속에는 25 pg/L 정도이다.

오염된 물이나 음식물을 통해서 우리 몸속에 들어온 무기 수은은 약 1개월 내에 소변과 대변으로 배설된다. 그러나 몸속에 축적되면 산모와 콩팥, 뇌에 나쁜 영향을 주고 중추신경을 마비시킨다. 산모가 유기수은에 노출되면 태아(胎兒)의 뇌손상으로 손가락, 사지 등이 구부러진 기형아를 출산하게 된다. 그러므로 빨간색인 수은건전지, 인주, 수은 온도계, 수은 형광등, 립스틱, 빨간 장난감 등의 사용을 억제하고 접촉시는 손을 깨끗이 비누로 씻어내야 한다.

2. 카드뮴(Cd : Cadmium)

카드뮴은 부드러운 은색의 금속으로 주로 축전지, 건전지, 플라스틱 촉매, 금속도금 등에 널리 사용된다. 특히 인산(H_3PO_4)비료, 하수 찌꺼기를 비료로 사용해서 거름을 주게 되면 카드뮴이 흙 속에 많이 들어있게 된다. 이때 식물은 흙 속의 카드뮴을 흡수하며, 오염된 흙에서 자란 음식물을 섭취하거나 담배를 피우면 몸속에 쌓여서 골연화증의 공해병을 일으킨다.

위(胃)에 카드뮴이 들어오면 구토와 설사를 유발하고, 카드뮴이 함유된 공기를 흡입하면 폐(肺)에 심각한 손상을 준다. 그리고 콩팥에 신장결석이 생기고 배가 아프고 약해지며, 혈관, 신경계, 면역계, 간 등에 피해를 준다.

3. 납(Pb : Lead)

납은 푸르스름한 회색의 금속으로 주로 페인트, 축전지, 휘발유, 옥탄가 향상제, 납땜, 납 파이프, 총알제조 등에 사용된다. 특히 호흡시나 식수, 음식물을 통해서 직·간접적으로 우리 몸 안에 들어오면 뼈와 이(Tooth) 등에 축적되었다가 일부만 소변과 대변으로 배설된다. 임산부가 납에 노출되면 유산, 조산 및 저체중 아이가 태어나고, 아이의 지능이 낮아 성장이 늦으며 청각장애를 일으킨다. 납은 뇌와 콩팥에 악영향을 주어서 빈혈 및 지능 저하를 일으킨다.

4. 크로뮴(Cr : Chrome)

총 크로뮴은 크로뮴(Cr), 3가 크로뮴(Cr^{3+})과 6가 크로뮴(Cr^{6+})이며, Cr^{3+}은 자연상태로 존재하고 Cr과 Cr^{6+}은 공업용으로 사용된다. 크로뮴은 도금, 색소 제조, 가죽 가공, 목재 처리 등에 널리 이용되며, 철 합금으로 스테인리스 관을 만든다. 이 외에도 잉크, 페인트, 종이, 고무, 녹음테이프, 토너 파우더(복사기용), 시계줄 도금제품 등이다. 3가 크로뮴(Cr^{3+})은 우리 몸속에 들어 있어 포도당, 지방과 콜레스테롤의 대사를 도와주는 필수 영양소이며, 결핍시는 몸무게가 감소된다. 따라서 크로뮴 필요량은 몸무게 1 kg당 0.7～3 μg이며, 많으면 피부암, 폐암을 일으킨다. 특히 Cr^{6+}는 코중격 천공을 일으키며, 피부염, 피부궤양을 비롯해서 코와 위 점막을 자극시키고 콩팥과 간에 피해를 일으킨다.

3.1.2 공해(Pollution)병

1. 미나마타병

일본 규슈의 남서쪽에 위치한 미나마타 만에 염화비닐(PVC)과 아세트알데히드(CH_3CHO)를 생산하는 신일본짓소(주)가 있었다. 이 공장에서 1932~1968년까지 37년 동안 무기수은이 함유된 폐수를 바다로 방류해서 무기수은(Hg)이 메틸수은(CH_3Hg)으로 변화되었다. 이 CH_3Hg이 생태계의 먹이사슬(Food Chain)을 통해 농축된 어패류를 잡아 섭취하여 미나마타 인근 주민들에게 수은 중독을 걸리게 했다. 중독된 환자는 1953~1982년까지 2266명이었다. 이 중 사망자는 938명, 나머지는 신경마비, 근육이완, 전신마비, 뇌기능 손상, 시력상실, 혼수상태 등을 일으켰다.

2. 이타이이타이병

일본 도야마현의 진슈강 하류에 위치한 작은 마을주민 100여 명 모두가 1947~1965년까지 모두 사망한 병이다. 일반적으로 환자가 "아프다 아프다"라고 호소하는 이유는 물렁뼈 속의 칼슘(Ca)이 카드뮴에 의해서 빠져나올 때의 고통 때문에 아프다라고 신음하면서 죽게 된다.

3.2 사회경제시스템과 자연환경순환

현대사회 경제체계는 자연환경으로부터 혜택을 받고 살면서 자연을 이용한 생산과정에서 불필요한 물질을 다시 자연으로 배출해야만 하도록 되어 있다. 그래서 대량생산, 대량소비, 대량폐기형의 사회경제 시스템에 있어서의 경제활동 확대는 아주 빠르게 환경부하를 증가시켜 인류의 생존기반인 자연환경의 파괴를 초래했다. 그래서 지구 전체적으로 환경문제가 되고 있다. 사회경제활동은 그 기반이 되는 자원, 에너지를 자연계에서 채취해서 의존하고 있다. 인구 증가만큼 그 채취량이나 배출량이 증대되기 때문에 환경 부하량이 증가해져 자연환경의 자립적인 항상성(恒常性)과 생태계 안정성이 영향을 받고 있다.

3.2.1 사회경제 활동과 환경부하 저감

지구상의 자연환경은 대기권, 수권(水圈), 토양권과 생태계의 사이를 물질이 순환하여 생태계가 아주 잘 균형을 유지하면서 조화를 이루고 있다. 그런데 우리 지구촌 인구 72억 명의 대량생산, 대량소비, 대량폐기의 사회경제체계는 생산, 유통, 소비, 폐기 등 서로 관련해서 자원과 에너지의 채취, 오염물질의 배출 등으로 자연환경 부하를 증가시켜서 자연환경은 중병에 걸려 있다. 다시 말하면 자연환경은 사회경제활동에서 필발(必發)적으로 발생되기 때문에 오염부하를 정화 및 저감해 나갈 수가 있는 자정능력(Self Purification)을 갖고 있다. 그러나 이 자정능력이 한계에 있거나 점차 사회경제활동의 확대 등으로 자연환경 파괴나 적정한 관리소홀로인한 삼림(森林) 파괴 증대로 자연이 환경오염을 흡수해 경감시켜야 할 기능을 상실하고 있다.

이런 결과는 사회경제활동에 미치는 환경부하 총량이 자연환경순환에 따른 흡수 및 감소기능의 한계를 넘어 환경오염이나 자연파괴를 일으켜서 큰 문제가 되고 있다. 그래서 우리에게 혜택을 주는 주변의 하찮은 풀 한 포기까지라도 잘 보호해서 자연환경의 오염물질 정화능력을 향상시켜야 한다. 우리들은 오염물질량, 즉 오염 부하량을 덜 배출시키기 위해 쓰레기로 버리기 직전에 모든 물질을 재활용하는 생활구조로 바꾸어 나가야만 CO_2에 의한 지구온난화를 막아 건강하고 쾌적한 환경에서 건강문제 없이 잘 살 수가 있게 된다. 이처럼 삼림은 우리에게 목재를 공급해 줄 뿐만 아니라 바람을 막아 주고 토양침식을 방지해 삶의 터전을 유지하게 한다. 특히 광합성으로 CO_2를 흡수해 지구 온난화를 막아준다.

(1) 자연환경과 생태계

자연환경은 사회경제활동에 필요한 자원이나 에너지를 공급하며, 우리가 사회경제활동을 하면서 발생시키는 오염물질을 분해와 흡수하는 것뿐만 아니라 물을 정화하고, 기후를 조정한다. 토양을 유지해 주기 때문에 그 곳에 삶의 보금자리를 마련하고 생활하는 인간에게 유용한 가치를 갖고 있다.

자연환경은 생태계에 의한 기능적 혜택으로 인간에게 유용한 가치를 준다. 주로 농작물이나 물고기, 조개류 등의 식품뿐만이 아니고 공업재료, 의약품, 연료 등 다양한 생물을 자원으로 이용한다. 또는 과학이나 예술을 창출할 경우나 오락 및 관광의 대상도 된다. 앞으로 최첨단 기술의 진전으로 인류가 생명을 연장시키기 위해서 반드시 필요한 의약품이나 식품의 개발에도 잠재적인 가치를 갖고 있다. 지구상 생물은 약 40억 년의 역사를 거치면서 환경에 적응하여 왔기 때문에 현재는 생물의 다양성을 갖고 있다. 이들 생물은 하나 또는 여러 개의 개체로서 다양한 생물과 대기 · 물 · 흙 등의 요소로 구성된 생태계는 먹이사슬(food chain)을 이루면서 상생(相生 : Win－Win)하고 있다.

3.2.2 지속가능한 환경효율성

인류는 산업혁명을 하나의 계기로 하여 광물, 화석 연료를 중심으로 여러 가지 자원을 대량으로 소비함과 동시에 사회경제활동에 따라 생긴 오염물질을 환경 속에 방출해 왔다. 이처럼 사회경제활동은 서서히 지구상의 자원을 감소시켜 자연의 자정능력을 초과하여 환경오염에 의한 영향을 일으켰다. 그러므로 인류가 지구상에서 생존하기 위해서는 항상 지구의 유한성을 고려해 행동해야만 하는 것이 기본 원칙이다. 지구환경문제의 해결은 환경과 개발에 관한 세계위원회 보고서인 「Our Common Future」에서 장차 지향해야 할 목표는 지속가능한 개발 및 미래세대의 욕구를 만족시키는 개발이어야 한다고 했다.

사회경제활동은 가능한 재생가능 자원을 장기적으로 재생산이 가능한 범위로 이용되어야 한다. 재생 불가능한 자원과 대체 불가능한 자원은 다른 자원과 대체가능한 용도로 이용하도록 재생자원으로 대체해야 한다. 그리고 환경부하 배출을 환경의 자정능력 범위에 맞추어야 한다. 인간의 활동도 생태계 기능을 유지할 수 있는 범위이어야 하고 생물의 다양성 감소를 위해 꼭 필요할 때 필요한 양만큼만 자원을 사용하고 나머지는 폐자원을 재사용하는 생활철학을 갖고 실천해야 한다.

1. 지속가능한 사회

일상생활에 있어서 사회 전체적으로 환경을 배려해 환경부하를 저감시킬 필요가 있다. 현재의 사회활동과 환경부하를 조화 있게 환경 친화적인 지속가능한 사회를 실현하기 위한 노력을 해야 한다. 지속가능한 발전에 관한 세계경제인회의(WBCSD : the World Business Council for Sustainable Development)는 지속 가능한 발전을 실현하기 위해 앞으로 50년 동안 자원이용을 현재 수준의 절반으로 줄여 나가야 한다. 인류의 20% 인구를 차지하는 선진국이 자원을 주로 사용하고 있기 때문에 될 수 있다면 자원 재생성을 10배로 높이기 위해 단열성 높은 건축자재의 설계 개선, 자원효율성의 개선 등으로 변경해야 한다. 다시 말하면 자원은 절반만 사용하고 환경부하 절감효과는 두 배로 높여 나가야 한다. 그러므로 중・장기적으로 막 이용한 물처리, 자동차의 경량화(輕量化), 건축물의 조립화, 빗물이용 등에 의한 절수, 자동차엔진 대체기술인 전기자동차 개발로 자원의 생산성을 높여 나가야 한다. 그리고 생활의 삶 향상에 따른 환경영향과 자원사용량을 지구가 정화시킬 수 있는 한도로 점차 낮추어 나가기 위해 노력하여야 한다.

지속가능한 사회를 실현하기 위해서는 가능한 자원과 에너지의 사용을 효율화 하거나 경제활동 단위마다 환경부하를 저감할 필요가 있으며 환경효율성(Eco-Efficiency)이 고려되어야 한다. 그리고 지속가능한 사회를 실현하기 위한 에너지 소비량과 환경부하량 단위만큼 경제활동량(GDP)을 환경 효율성 측면으로 보아 향상시키기 위해 기술은 환경친화적이어야 한다. 에너지 효율성이 높은 오염부하 저감기술이나 에너지 절약형 기술의 개선이 중요하다. 모든 산업분야에서 환경부하 요인의 저감은 기술상 실현가능한 경제적인 기술혁신만이 필요하다. 최근 시내버스를 압축천연가스(CNG)자동차로 교체하면서 대도시의 스모그(Smog)가 크게 감소해서 쾌적해졌다.

(3) 환경부하가 적은 사회경제 시스템

오늘날의 환경문제가 대부분 시민의 일상생활이나 사업 활동에 의해서 불특정 다수인에게 영향을 미친다. 지속가능한 사회를 실현하기 위해 국민, 기업, 정부 등의 각 주체가 사회 여러 분야에서 자발적, 적극적으로 환경부하를 저감시킬 필요가 있다.

최근 들어 일상생활에서 국민들의 관심은 식품 안전성 등에 관심이 모아지고 있다. 국민들의 의식변화인 환경성 제품에 대한 구매행동에 대한 기업은 민감한 반응을 나타내고 있다. 과거에는 소비자가 상품 구입시에 의사결정은 주로 품질과 가격에 따라 지배해 왔다. 그러나 현재는 품질과 가격 외에 환경을 더 중요시한다. 환경보전을 배려한 상품을 구입하는 외에도 친환경녹색제품 식품안정성 등을 고려해서 소비자가 상품을 고르고 있다. 갈수록 시민들이 적극적으로 이렇게 그린 상품 구입을 증대하게 되면 지구환경오염은 크게 개선될 수 있게 된다.

이처럼 국민의 관심은 기업이 환경을 고려한 경영을 하도록 유도해가고 있다. 따라서 기업이 소비자를 위해 무공해인 그린상품의 생산 및 개선을 위해 노력하게 되면 기업의 환경보전에 대한 사회적 역할도 아주 크게 변화되어질 것이다. 최근에 기업 등의 사업자가 최고경영자의 선언, 지구환경보전에 관한 방침, 자발적 에너지 절약, 행동계획, 환경경영회계, 친환경적합설계 등으로 환경부하를 저감시키기 위한 추진사항인 환경보고서를 작성해 투명하게 공표하고 있다.

1. 환경보고서

기업은 투자가, 금융기관, 지역사회, 소비자, 종업원 등의 이해관계자로부터 평가받길 원한다. 기업은 사회의 지지를 받아야 하는 특성이 있어 환경면에서 기업을 평가받기 위해 환경 의사소통에 중요성을 갖고 있어야 한다. 환경보고서, 환경회계 등에 의한 정보는 기업 내·외에서도 강점(Strong)으로 작용한다. 따라서 환경보고서를 작성해 공개하는 기업이나 단체는 급증할 것이다. 환경보고서가 단순히 기업의 환경활동을 총괄하는 데에 그치는 성격뿐만 아니고 보다 적극적으로 활용해 나가면서 기업이미지를 향상시킬 수가 있게 되어야 한다.

환경보고서나 환경회계 등에 의한 정보는 기업 내·외부에도 기여하게 된다. 환경보고서를 작성하는 삼성, 엘지 등의 기업이나 단체가 급증하는 것은 환경보고서가 단순히 기업의 환경활동을 총괄하는 성격의 차원을 뛰어넘어서 보다 적극적으로 활용되기 때문이다. 적극적으로 국민들에게 환경정보를 제공하면 기업의 이미지가 상승된다. 특히 기업 설명시 정보지 및 사내환경교육에 이용할 수도 있다. 기업의 환경 대응자체가 시장경쟁요소로 되어지고 있어 환경설명에도 크게 기여할 것이다.

소비자는 지금까지 품질로써 가격을 상품구입시에 의사결정 인자로 사용하였으나 앞으로는 소비자의 의사결정 의식이 변화됨에 따라 기업은 환경을 배려한 상품을 개발하여 소비자의 구입에 충족해 나갈 수 있는 회사 브랜드를 크게 홍보해야 한다.

2. 기업경영

지구온난화 등의 지구환경 문제개선을 위한 환경관리를 하여야 한다. 기업은 에너지 절약을 위한 설비개선에 최선을 다해야만 한다. 그리고 환경을 배려한 제품을 새로 개발하여 자발적으로 저에너지 소비제품생산에 박차를 가해야 한다. 이처럼 기업이 지구환경보전에 관한 의식을 향상시키는 일은 환경을 경영에 반영해 실제로 제품과 서비스에 제공되어야 한다. 기업이 환경을 각 업종의 상품·고객·지역 특성상 등을 고려해야 한다. 업계가 직면한 상황, 소비자의 부정적인 면과 복잡한 사회

경제시스템과 연결시켜서 가능하게 하여 최종적으로 소비자의 욕구, 행동이 기업조직을 변하게 할 것이다.

앞으로 국민의 환경에 대한 관심은 높아져가고, 시장의 무공해화, 정부의 환경시책의 적극적인 추진을 요구하고 있다. 따라서 기업도 단순히 환경에 대한 법적인 규제에 적합한 대책을 강구할 뿐만 아니라, 자발적으로 환경개선을 위한 에너지절약 및 대체에너지 이용을 강구해 나가야만 한다. 단순히 사회적인 배려만이 아니고, 기업의 경영전략으로 지구환경보호위해 온실가스배출감소와 오염자 부담원칙(Polluter Pays Principle)에서 오염예방투자(Pollution Prevention Pays)로 기업의 이익을 가져다 줄 수가 있어야 한다.

3. 정부환경정책

지구온난화는 인간활동에 따라 배출된 온실효과가스(GHG), 즉 이산화탄소(CO_2), 메테인(CH_4), 아산화질소(N_2O), 프레온(HFC) 등의 배출량 증가와 이산화탄소 흡수량 감소에 따른 대기 속의 온실효과 가스농도가 높아져서 지구 기후체계에 큰 변동을 일으키고 있다. 2001년 국제기후협의회(IPCC) 제3차 평가보고서에서 지구는 1990년 보다 평균 지상기온이 21세기 말까지 1.4～5.8℃로 높아져 바닷물의 수위가 9～88 cm로 높아지기 때문에 자연생태계의 영향이 크다. 즉 홍수와 태풍이 자주 세계 여러 곳에서 발생하며, 다른 곳에서는 가뭄이 심해서 식량난으로 생겼다고 발표했다.

지구 온난화의 기여 가스는 90%가 CO_2인데 대부분이 에너지 사용으로 발생된다. 그래서 CO_2 저감을 위해 각종 공정의 에너지 효율 개선이나 태양광발전, 풍력발전 등의 자연에너지 전환을 추진해야 한다. 최근 물산업의 생산 증가와 혁신적인 기술개발 등의 투자가 증가되고 있다.

전체적으로 에너지량의 삭감은 폐기물 재활용이어서 최종처리, 즉 쓰레기화하기 전에 재이용할 수 있는 방법을 모색하여 대량의 자원 소비에 따른 자원고갈을 막아야 한다. 순환형 사회구축으로 자원채취량을 억제하거나 환경부하저감 등을 모색해 나가야 한다. 우리나라처럼 석유 등의 천연자원에 크게 의존하는 나라일수록 대량생산과 대량폐기물 발생은 환경부하를 크게 증대하는 사회경제시스템이어서 폐기물 재활용을 적극 촉진해 나가는 전환이 필요하다.

(1) 자원순환형 시스템

순환형 사회구조는 국민 한사람마다 환경의 가치를 인식하고, 환경을 배려한 경제활동이 적절히 평가된 조직이어야 한다. 그래서 자원의 순환적인 이용이나 환경부하 저감을 원활히 시장에 의존해서 폐기물 발생 억제를 시도하는 일이 필요하다. 재활용구조인 정맥산업의 추진을 활성화함과 동시에 분리와 선별이 쉬운 제품설계나 폐기물의 발생을 억제하는 생산공정이어야 한다. 특히 다양한 장수상품의 생산이나 경영의 제공 등으로 무공해 청정산업을 추진해서 자원 생산성을 도모하는 일이 중요하다. 따라서 천연자원에 크게 의존하면 천연자원소비가 증대되기 때문에 이를 억제하기 위해서는 환경훼손 폐기물 발생을 감량(Reduce)하기 위해 제품과 부품을 재사용(Reuse)하거나 폐 제품을 원재료로 재생 이용하는 회수(Recycle)가 필요하다.

자원 순환형 시스템 구축은 천연자원 소비를 억제하고 환경부하를 가능한 저감시키는 순환형 사회형성을 위하여 앞으로는 폐기물을 리사이클해야 한다. 그리고 폐기물 발생을 억제하기 위해서도 제품, 상품으로 재사용하거나 재생 이용할 수 없는 것은 열회수 가능하도록 하되, 불가능한 것은 최종적으로 적정 처분하는 것이 기본원칙이다. 점진적으로 물질변환의 구조에 따른 합리적인 사회로 정착시켜 나가야 한다. 순환형 사회형성추진은 순환자원의 이용 및 처분원칙에 따라 환경부하를 저감 하는데 유효하다고 인정하는 경우에 필요하다.

(2) LCA(전과정평가)

재생 이용을 열회수보다 항상 먼저 실시해야 한다. 폐기물의 배출자가 그 처리에 필요한 비용을 정확히 부담하게 하거나 유해물질의 위해도가 큰 폐기물 처리시는 안전성을 중시해야 한다. 그리고 관계자와의 합의 하에서 역할분담을 하는 적절한 처리체계를 선택하는 것이 중요하다. 폐기물을 순환자원으로 최대한 활용하기 위해서 제품별 및 산업별로 분해와 해체과정에서 발생한 소재마다 효율적인 이용을 하는 체계가 필요하다. 이러한 구축을 위해서는 다른 분야의 산업간 각종 제품수명에 따른 발생 정도나 소재별 경제적인 가치와 수급구조 등에 대한 순환자원 전체가 중요하다. 그래서 정맥산업의 고도화와 함께 매립, 소각 등의 동맥산업도 제품설계나 생산공정에 따라 소비한 후에 다시 자원화가 아주 쉽게 하는 생산구조전환이 필요하다. 이들의 구체적인 체제가

LCA(Life Cycle Assessment : 전 과정 평가)이다. 원료 및 재료채취부터 생산, 유통, 사용, 폐기에 이르기까지 환경에 주는 영향을 분석하여 종합평가하는 기법이 LCA이다. DfE(Design for Environment : 환경배려형 설계)는 환경보전을 위한 기술개발이나 환경을 배려한 제품, 서비스의 개발, 설계이다. 이러한 LCA와 DfE 등을 기업에 반영하여서 산업 그린화가 추진되어져야 한다.

특히 기업은 인구분포나 산업입지, 토지이용상황 등에 따라 지역마다 다양성을 고려해야 한다.

(3) 에너지절약위한 자발적 협약

정부, 지방자치단체와 사업장은 에너지의 절약과 이용효율향상, 대체에너지 이용을 실시해서 에너지사용으로 발생하는 온실가스 배출을 감소해 지구온난화현상을 방지하는 자발적인 협약체결을 한 당사자가 되었다. 특히 국제적으로 지구환경보호위해 기후변화에 관한 국제연합(UN)기본협약인 기후변화협약이 발효되었다. 그리고 선진국의 온실가스배출감소목표설정 등의 에너지소비에 적극대응하고 있어 국가경쟁력 제고를 도모위해 자발적으로 온실가스배출의 감소달성위해 협약하여서 이행하고 있다.

3.3 농약오염
(Pesticide Pollution)

3.3.1 농약의 종류

농약은 최근 농산물의 증진을 위한 맹독성을 가진 살충제나 제초제가 살포되면서 식품에 잔류하고 있어, 이러한 식품을 먹게 되면 건강에 피해를 일으킨다. 그리고 농약은 농작물에 피해를 일으키는 곤충방제나 풀을 고사시키기 위해서 사용되는 제초제 외에도 살충제, 살균제, 살서제, 촉진제, 보조제 등이 있다.

1. 살충제(Insecticide)

⑴ 훈증제(Fumigation)

가스 상태로 만든 살충제를 벌레의 호흡기관을 통해 흡수시켜서 죽게 하는 Methylbromide, Chlorpicrin 등이 있다.

⑵ 접촉독제(Contact Poison)

벌레의 피부에 살충제를 접촉시켜서 흡수해 죽게 하는 DDT, BHC, 제충국이다.

⑶ 침투성 살균제(Systematic Insecticide)

식물의 잎, 줄기와 뿌리로부터 살충제가 침투해서 식물 전체가 살충 효과를 나타내는 Schradan, Pestox－3, Metasytox 등이다.

(4) 식독제(Stomach Poison)

벌레의 입으로 농약을 섭취해 위에서 살충제를 흡수시켜 중독을 일으켜서 죽게 하는 납·석회의 분무액, Cryolite 등이다.

(5) 기피제(Repellent)와 유인제(Attractant)

벌레의 근접을 방지시킬 목적으로 사용되는 기피제와 애벌레를 유인해서 죽이는 유인제가 있다.

2. 살균제(Fungicide)

(1) 살포용 살균제(Spraying Fungicide)

피해가 나타나기 전에 잎, 줄기에 살균제를 뿌려서 예방 및 보호효과를 가져올 수 있는 치료제이다.

(2) 종자 소독제(Seed Disinfectant)

벼농사에 사용되는 못자리용 볍씨를 소독제가 녹아있는 물에 담가 피해를 예방한다.

(3) 토양 살균제(Soil Disinfectant)

토양에 살균제를 뿌려서 소독한 후 파종하여 토양 세균의 피해를 예방한다.

(4) 농업용 살균제(Agricultural Disinfectant)

각종 논·밭농사에 살균제를 뿌려서 피해의 예방 및 치료를 한다.

3. 제초제(Weedkiller)

농작물이나 잡초의 구별 없이 모든 식물을 죽이는 데 사용되는 비선택성 제초제 및 선택해 죽이는 선택성 제초제가 있다.

4. 식물생장조정제(Plant Growth Regular)

식물의 성장을 인위적으로 조절시키는 데 사용되는 약제이다.

5. 농약의 독성

농약의 독성이 대상 벌레 및 식물에게는 독성이 있어 피해를 일으키나 사람과 가축에게는 독성이 없는 약제일수록 바람직하다. 일반적으로 벌레에게 독성효과를 나타내는 농약이 유기인(P)제, 유기염소(Cl_2)제, 유기수은(Hg)제, 유기비소(As)제이다.

농약의 잔류성은 살포된 장소의 농약잔류분이 75~100% 사라지는데 걸리는 기간은 2~5년이어서 이를 잔류농약이라고 한다.

(1) 유기인제

유기인제 농약은 파라티온(Parathion)처럼 급성독성과 선택적인 효력이 강한 약제이다. 농약은 신경세포 속에 들어 있는 콜린에스테라아제(Cholinesterase)의 작용을 억제하고 Acetylcholine(아세틸콜린)이 축적되어 혈액 및 조직 속에 존재해서 부교감, 교감, 및 중추신경계에 피해증상을 나타낸다.

(2) 유기염소제

유기염소제 농약은 살충제나 제초제로서 유기인제보다 독성이 적기 때문에 급성 중독은 적다. 그러나 잔류성 및 지용성이어서 사람의 지방조직에 축적되어 중추신경 기능장해를 일으켜 수족마비 및 경련을 일으키므로 DDT, BHC는 사용금지 되었다.

(3) 유기플루오린(F)제

유기플루오린제 농약은 쥐약, 살충제로 사용되는 약제이다. 몸속에서 아코니타아제(Aconitase)의 강력한 전해제인 Mono-Fluorocitric Acid를 생성해서 구연산이 Cis-Aconitric Acid로 변하는 것을 차단한다. 그래서 구연산이 몸속에 축적되어져서 독성을 일으켜 심장장애와 중추신경 장애로 두통, 복통, 구토, 보행 · 언어장애, 간질과 같은 경련, 현기증을 일으킨다.

(4) 금속화합물제

금속화합물은 유기수은, 유기구리, 유기비소나 무기물이 화합물 약제로서 독성이 있는 농약이다. 특히 비소(As)제 및 구리(Cu)제는 몸속에서 단백질 변성을 일으켜 세포의 활동기능을 상실 또는 효소 단백질의 SH 라디칼과 결합해 생리조절기능을 저해시켜 독성을 일으킨다. 수은(Hg)

제나 납(Pb)제는 몸 속에 축적성이 강해 운동 및 뇌(brain) 신경 등에 작용해 언어장해, 정신착란, 시야축소 등의 중독증상을 일으킨다.

(5) 침투성제

침투성제 농약은 약제를 살포하거나 줄기에 분무해 두면 세포조직 몸 속에 침투되어서 식물 전체에 확산되어 병충해를 효과적으로 방제할 수 있다. 이때 농작물에 농약이 침투해 있는 바 잔류성일 경우에 독성을 일으킬 수가 있다.

3.3.2 농약의 용도별 분류

농약은 식량생산에 불가피하게 사용되는 경제적인 독약(Economic Poison)이어서 환경오염에 의한 자연생태계 파괴와 식품오염에 의한 위험(Risk)을 초래하고 있어 크게 사회문제가 되고 있다. 그리고 환경오염의 우려가 되고 있는 것은 유기비료 속 벤조피렌(Benzopyrene), 인산비료 속의 카드뮴(Cd) 및 우라늄(U)이다. 이들이 자연환경 속에 지속적으로 사용시 잔류되어 축적되면 생태계를 통해 순환되어 인체에 영향을 준다. 주로 농약은 간암·대장암, 백혈병, 간질환, 심장질환, 신진대사 기능장애, 자율신경 장애 등의 피해를 일으킨다. 이뿐만 아니라 무분별한 농약의 남용으로 토양오염은 물론이고 생태계를 파괴시켜서 농약의 잔류허용기준을 엄격히 지킬 수 있는 홍보가 필요하다. 가능한 농약에 의존한 농업기술을 탈피한 유기 및 천적 농업기술개발이 더욱 필요하다.

1. 제초제의 용도별 분류

(1) 논 잡초제일 경우

1	못자리 제초제	2	초기 제초제
3	중기 제초제	4	후기 제초제

(2) 밭 잡초제일 경우

1	광역 제초제	2	1년생 제초제
3	1년생 광역 제초제	4	화본과 제초제
5	광역 잡초 및 아카시아 제초제		

(3) 과수원 잡초제일 경우

1	비 선택성 제초제	2	1년생 잡초제
3	크로바 제초제		

(4) 비 농경지 잡초제일 경우

1	비 선택성 제초제		

2. 살충제의 용도별 분류

(1) 나방제일 경우

1	감꼭지 나방약	2	담배 나방약
3	배추 좀 나방약	4	배추 흰 나비약
5	이화명 나방약	6	잎말이 나방약
7	혹 나방약	8	회불 나방약
9	굴 나방약	10	굴 나방약
11	심식 나방약	12	파밤 나방약

(2) 벌레약제일 경우

1	깍지 벌레약	2	벼잎 벌레약
3	솔껍질 깍지 벌레약	4	달팽이약

5	물바구미약	6	멸구약
7	밤 바구미약	8	산림 해충약
9	선충약	10	응애약
11	진딧물약	12	토양 해충약

(3) 기타 해충약일 경우

1	검은 별 무늬병약	2	겹둥근 무늬병약
3	겹무늬 썩음병약	4	궤양병약
5	노균병약	6	더뎅이병약
7	덩굴 마름병약	8	도열병약
9	둥근 무늬 낙엽병약	10	뜸묘약
11	라자벳취병약	12	무 사마귀병약
13	반점 세균병약	14	부란병약
15	붉은 별 무늬병약	16	브라운 벳취병약
17	백녹병약	18	뿌리 마름병약
19	역병약	20	잎 마름병약
21	잎집무늬 마름병약	22	월동병해약
23	줄기마름병약	24	잘록병약
25	점무늬 낙엽병약	26	잿빛 곰팡이병약
27	탄저병약	28	흰가루병약
29	흰 잎마름병약		

3.3.3 농약중독

우리나라는 농사일이 집약적이어서 좁은 면적에 여러 품종을 재배하고 있다. 그러므로 병충해 피해를 막기 위해서나 살충 차원에서 살포되면 인접 채소밭 및 수확기 농산물에 농약이 묻어 있어 이를 먹는 사람에게 중독 증세를 일으킨다. 그리고 농약 살포시 농부에게는 당일이나 3일 이내에 심한 구토, 두통, 허약감 등을 호소하고 있다. 농약에 의한 만성 중독증상은 유기인계 농약일 경우 다발성 신경염으로 팔·다리에 이상한 감각이나 저린 증상이 나타난다. 비소(Arsenic)계 농약은 피부염, 폐암, 다발성 신경염 증상을, 염소화 탄화수소계 농약은 몸무게 감소, 관절통, 피부발진, 간 기능 감소 등을 일으킨다.

1. 독성작용

독극물은 일반적으로 인체 조직에 강산이나 알칼리, 페놀, 할로겐, 중금속 이온들이 어떤 농도 이상으로 몸 속에 들어 있으면 비특이적인 작용에 의해서 단백질을 변성시켜서 화학적으로 화상이나 괴사를 일으킨다. 그리고 약물도 열역학적인 활성과 화학적인 잠재력으로 비특이적인 작용으로 조직이 손상되고, 몸에 독성작용을 나타낸다.

효소반응은 약물에 의한 특이적인 작용을 일으킨다. 특히 유기인제 농약이나 카바메이트제 농약은 콜린에스테라아제(Cholinesterase)를 억제시키며 세포막을 손상시켜서 세포막의 기능을 떨어뜨린다. 이 외에도 독극물은 전자 흡인력이 강해서 세포를 파괴시키거나 세포분열을 억제해 DNA의 구조를 변화시켜 암의 원인이나 기형을 유발한다.

농약이 피부나 호흡기관처럼 직접 독극물에 노출되면 점막세포가 손상되거나 위벽에 노출된 수용체와 결합해서 위(胃)운동을 감소시킨다. 점막이 괴사해 정상으로 회복되는 데는 수개월이 소요된다.

2. 농약중독시 치료방법

(1) 피부를 세척할 경우

피부 속으로 아직 흡수되지 않은 독극물을 제거하기 위해서 의심되는 부위를 깨끗한 물이나 비눗물로 빨리 씻어내야 한다.

(2) 구토시킬 경우

독극물을 실수로 음료수인 것으로 알고 먹었을 때는 즉시 토해내야 한다. 불가능하면 강제로 구토시키기 위해서 소금을 한 숟가락 정도 먹여 위벽을 자극하면 효과적이다.

(3) 눈을 세척할 경우

독극물 취급시 실수에 의해 눈 속으로 농약이 들어오면 눈 각막을 자극해 염증이 생긴다. 농약이 흡수되면 눈물이 많이 날 경우는 주사용 식염수로 깨끗이 계속 씻어내고, 흐르는 수돗물로 눈과 얼굴을 씻어낸다.

(4) 위를 세척할 경우

독극물이 위에 섭취되는 사고가 발생되면 머무는 시간에 따라 약간씩 차이가 있으나 대개 2시간이 지나면 위세척 효과는 크게 떨어진다.

(5) 장(腸)을 세척할 경우

독극물이 위에서 장으로 내려가 흡수되면 일부는 대변 속에 함유되어 있으므로 빨리 설사약을 먹여서 배설시켜 내야 한다.

(6) 응급 치료할 경우

기도(Air Way)를 확보해 독극물을 토출시키기 위해서 환자를 눕히고 고개를 뒤로 젖힌 후에 입을 벌려서 손가락이나 숟가락을 입에 넣어 토해내도록 한다.

(7) 인공호흡할 경우

인공호흡(Artificial Respiration)은 독극물에 의한 환자의 입에 공기를 불어 넣어서 기관지 수축이나 위(胃)의 운동을 증가시킨 후 위세척을 실시하면 효과적이다. 독극물에 의한 환자의 산소압(Pa, CO_2)이 60 mmHg 이하이거나 탄산가스압(Pa, CO_2)이 50 mmHg 이상이면 산소 주입기로 입을 통해 100% 산소를 공급할 때 1일 4회로 1회에 1시간 정도 실내공기로 대체하여야 한다. 그리고 가습기(Humidifier)를 사용해 기도의 점막이 마르지 않도록 하여야 한다.

3. 농약살포로 생물 다양성 감소

우리나라 어디서든지 볼 수가 있었던 참새가 최근 농약살포 등으로 먹이가 줄어들고 있어 도시에서는 “짹짹”소리를 들을 수가 없다. 그리고 대기오염 등으로 서식지가 감소되어 가고 있는 등 여러 가지 요인이 복합작용해서 급격히 제비, 매 등의 새 종류가 사라졌다.

그림 3·1 먹이를 얻은 참새

3.4 내분비계 장애물질

내분비(Endocrine)계 장애물질은 1996년 영국의 Weybridge회의에서 처음으로 사람의 지방 및 조직에 농축되는 성질이 있다고 밝혔다. 플라스틱 제품의 가소제인 프탈레이트, 페놀류, 농약 중에 베노밀 성분 등의 합성화학물질이 인간의 내분비계에 작용해서 남성의 정자수 감소와 비정상적인 생식기의 영향 및 여성의 유방암을 일으켜서 큰 사회문제가 되고 있다. 내분비계 장애물질이 자연계의 에스트로제닉 효과가 있는 식물성인 마늘, 밀, 당근, 사과, 커피에 함유된 광합성 에스트로겐(Phyto estrogen)과 합성물질인 플라스틱, 세정제, 농약에 함유된 환경성 에스트로겐(Environmental Estrogen)이 있다. 그리고 살충제로 사용되는 DDT, Kepone 등 같은 유기염소계 농약은 인체의 내분비계를 교란시키는 물질이다. 미국은 DDT를 1972년, 우리나라는 1991년에 생산 및 판매를 중단시켰다. 살충제인 DDT는 해충퇴치로 농작물 증진과 질병방지의 기여로 1948년 노벨상을 수상한 적이 있다.

또한 미국 스탠포드 대학의 Feldman박사 등은 1990년에 몸속의 효모균이 플라스틱 용기(Poly Carbonate)에서 용출된 물질인 Bisphenol A를 분해하지 않음을 알아냈다. 그리고 에스트로제닉 효과는 플라스틱 공장에 근무하는 남성근로자의 가슴이 커져가는 증상이라고 밝혀냈다. 특히 터프트 대학의 Sota박사 등은 1992년에 여성의 유방암 세포 속에서 플라스틱 용기에서 용출된 Nonylphenol이 영향력을 준다고 밝혀냈다.

3.4.1 내분비계 장애물질의 개요

1. 환경호르몬(내분비계 장애물질)의 분류

세계자연보호기금(WWF)은 내분비계 장애물질을 농약 41종, 산업용 화학물질 17종, 부산물 및 대사산물 9종으로 모두 67종을 선정했다. 미국 환경보호청은 69종을, 미국 일리노이주는 모두 73종(알려진 물질 19종, 가능성 있는 물질 38종, 의심되는 물질 26종)이고 한국, 일본 등은 WWF와 동일한 67종을 선정하고 있는데 다음과 같다.

(1) 18종의 산업용 화학 물질류

1	2, 4－다이클로 페놀(원료 중간체)
2	다이－n－다이클로 페놀(가소제)
3	다이 사이클로 헥실(가소제)
4	다이 셀실프탈레이트(가소제)
5	다이 에틸 헥실 아디페이트(가소제)
6	다이 에틸 헥실 프탈레이트(가소제)
7	다이 에틸 프탈레이트(가소제)
8	다이 프로필 프탈레이트(가소제)
9	다이－n－펜틸 프탈레이트(가소제)
10	벤조페논(도료 · 잉크첨가제 · 중간체)
11	뷰틸벤질 프탈레이트(가소제)
12	비스페놀－A(합성수지)
13	펜타－노닐페놀(합성중간체, 안료 · 도료 · 잉크첨가제)
14	트라이 부틸 산화주석(선박 방오제)
15	폴리 브롬화 바이페닐류(난연제)
16	폴리염화 바이페닐류(변압기 절연류)

17	4－나이트로 톨루엔(합성 중간체)
18	n－뷰틸벤젠(합성 중간체)

(2) 40종의 농약류

1	나이트로펜(제초제)
2	2, 4－다이 클로로 페녹시 아세트산(2, 4－Di 제초제)
3	다이 클로로 다이페닐 트라이클로로 에탄(DDT : 살충제)
4	1, 2－다이 브로모－3－클로로 프로판(DBCP : 밭작물 살충제)
5	다이엘드린(채소 살충제)
6	다이코폴(과일 살충제)
7	린단(과일 살충제)
8	만크젭(과일 살충제)
9	마네브(과수, 채소 살충제)
10	말라티온(유기인계 살충제 : 1990년 사용금지)
11	메소밀(벼, 양배추 살충제)
12	메톡시 클로로(과일, 채소 살충제)
13	메트리브진(감자, 토마토 제초제)
14	메티람(감자, 토마토 살균제)
15	미렉스(유기염소계 살충제)
16	베노밀(사과, 포도용 살균제)
17	반 글로졸론(채소류, 사과의 살충제)
18	시퍼메트린(나방, 진딧물의 살충제)
19	아미트롤(광엽 제초제)
20	아트라진(옥수수 등 밭작물의 제초제)
21	알디캅(진드기를 제거하기 위한 딸기 등의 살충제)
22	알라클로르(밭작물의 선택용 제초제)
23	에스펜 발러레이트(매미, 메뚜기, 나방 제거용 살충제)

24	헥사 클로로 벤젠(HCB : 살균제)
25	베타 에이치시에취(β－HCH : 종자소독 살충제)
26	에틸 파라티온(이화명충 나방의 살충제 : 1982년부터 논에 사용금지)
27	엔도설판(토양 해충제거용 살충제)
28	지네브(보리, 감자, 복숭아용 살균제)
29	지람(배, 사과용 살균제, 안료 · 도료의 첨가제)
30	카바릴(과수 · 벼 · 채소 해충제거용 살충제)
31	케폰(과일, 콩, 채소용 살충제)
32	클로르단(토양 · 가축위생 · 나무보존용 살충제)
33	2, 4, 5－티(활엽수용 제초제)
34	톡사펜(비닐하우스 내 화훼용 살충제)
35	트랜스 노나 클로르(살충제)
36	트라이 플루탈린(딸기, 당근 등 1년생 채소류의 제초제)
37	페머트린(담배, 목화의 살충제)
38	페발러레이트(토마토, 땅콩, 콩의 살충제)
39	펜타클로르 페놀(방부제 및 살충제)
40	헵타클로그(토양 해충 방제 및 살충제 : 1979년부터 사용금지)

(3) 9종의 부산물 및 대사물

1	DDE(DDT의 대사물 및 부산물)
2	옥시 클로르단(대사물 및 부산물)
3	헵타 클로르 에폭사이드(유기 염소계 대사물 및 부산물)
4	옥타 클로르 스티렌(대사물 및 부산물)
5	다이옥신(소각시설의 부산물)
6	퓨란(소각시설의 부산물)
7	벤조(a)피렌(PAHs의 불순물 및 부산물)

8	스타이렌 다이머(불순물 및 부산물)
9	스타이렌 트리머(불순물 및 부산물)

2. 주요 환경 호르몬 물질의 특성

(1) DES(Diethylstilbestrol)

DES는 여성호르몬인 에스트로겐처럼 작용하는 합성화학물질로 유산방지제로 복용되어 왔다. 임신 중에 DES를 복용하면 DES가 임신부의 탯줄을 통해서 태아에 옮겨가 사춘기에 호르몬균형 변화로써 여성에게 질암 및 자궁암을 일으킨다.

그림 3·2 DES의 구조

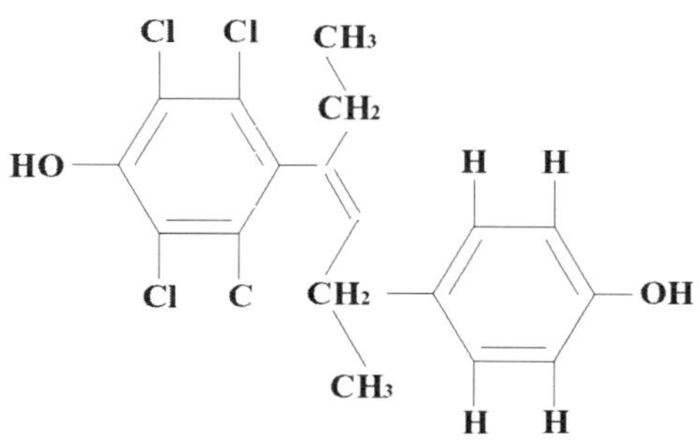

(2) DDT(DichloroDiphenyl Trichloroethane)

DDT는 유기염소계 화합물로 합성된 물질이며, 1939년 스위스 Paul Müller 박사에 의해서 살충제 효과 발견으로 1948년 노벨 의학생리학상을 받았다. 그러나 인체에 무서운 암이나 생식이상을 일으킨다는 연구결과로 세계 각국이 생산 및 판매를 금지시켰다.

▶ 그림 3・3 DDT의 구조

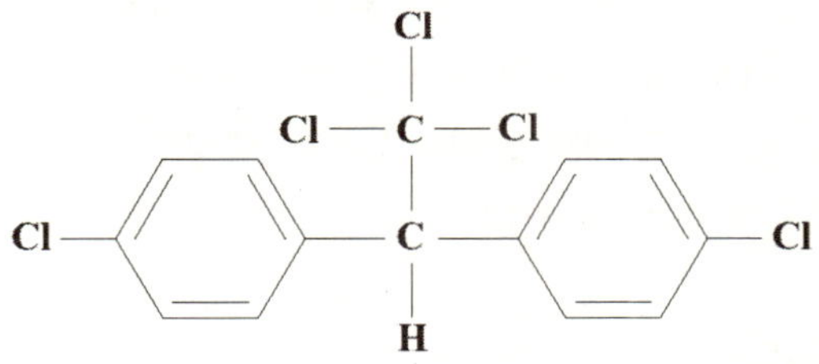

1957년 Richard Wallchi박사 등의 "DDT가 성 호르몬 신진대사를 변화시켜서 생식기능에 영향을 준다"는 발표로 큰 충격을 받았다. DDT의 제조금지를 일본은 1969년, 미국은 1972년에, 한국은 1991년에 하였다.

DDT와 비슷한 에스트로겐 등의 성 호르몬(sexual hormone)에게 장애를 주는 DDT도 지방에 축적되어 수컷의 생식기 발육과 정자수 감소, 암컷의 불임을 일으킨다.

(3) PCBs(Polychlorinated Biphenyls)

PCB는 비페닐과 결합한 합성화합물질이며, 209종의 PCB류가 있다. PCB가 에스트로겐과 작용해 분해하여서 성 호르몬 균형을 변화시키는데 DDT보다 강력하다. 인체의 간에 흡수된 PCB는 효소생성량을 증가시켜 Gilbert 증후군(Syndrome)을 일으켜서 사람의 생식기관에 영향을 미쳐서 행동의 방해 및 뇌 기능에 영향을 주어 정신질환, 신경장애, 각종 암을 일으킨다. 이러한 피해는 어른보다는 임신부나 젖을 먹는 갓난아이에게 모유(母乳)를 통해 피해를 일으킨다.

▶ 그림 3・4 PCB의 구조

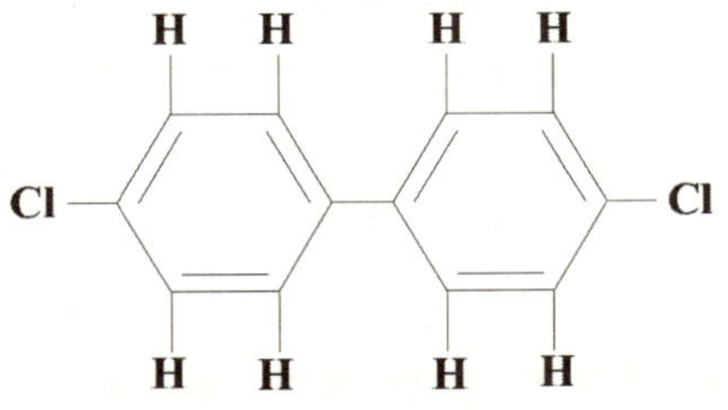

(4) 다이옥신(Dioxin)

다이옥신은 유기염소계 화학물질이다. 주로 Polychlorinated Dibenzo Dioxin으로써 몸속에 축적되면 간 및 콩팥을 손상시키고, 면역성 저하, 피부병, 암 발생, 유전자 이상증상, 정서불안, 성격이상증상을 일으켜서 기형아가 된다.

그림 3·5 Dioxin의 구조

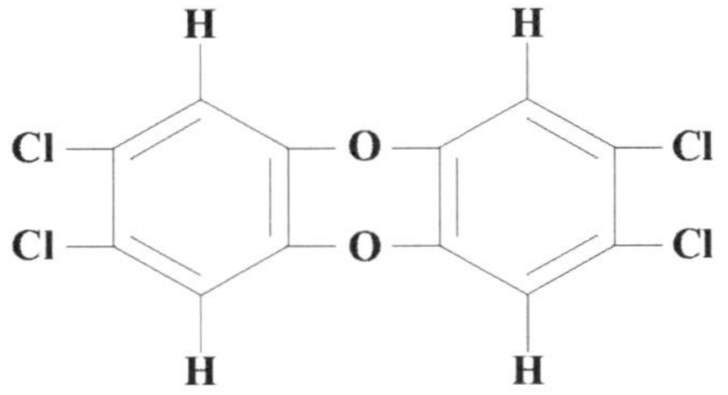

특히 TCDD(Tetra Chloro Dibenzo Dioxin)는 다이옥신 중에서 가장 맹독성 물질인 2, 3, 7, 8-TCDD로써 주로 담배, PVC소각, 음식물류쓰레기가 섞여진 생활폐기물 소각시 생성되어 몸 안에 들어오면 발암성, 최기성, 유전독성 등을 일으켜 큰 사회적 문제가 되고 있다.

월남전쟁(1962~1970년)에서는 고엽제인 Orange Agent를 5만 ton 살포했다. 이 오렌지제에 다이옥신이 2 mg/kg 함유되어 있어 100 kg이 살포되었다. 다이옥신피해는 성 호르몬인 에스트로겐과 프로게스테론의 변화로 여성의 자궁내막증(Endometriosis), 유산, 사산, 기형아 출산, 돌연변이, 불임과 호킨스병, 남성의 정자수 감소, 남성호르몬 감소, 피부포르말린증 등을 일으킨다. 남성의 정자수는 정액 1 mL 중 2천만 마리 이하가 되면 불임하게 되는데 1922년도에는 1억 마리였으나 점점 줄어 1973년 8900만 마리, 2004년 6천만 마리로 매년 2.1%가 감소했다. 1922년보다 40%, 1973년보다 33%로 준 이유는 다이옥신 등의 환경 호르몬 물질 때문이다. 그리고 1940년에 태어난 사람보다 1960년도에 태어난 사람의 정자수가 약 41% 더 적었다는 자료로 보아 내분비계 장애물질에 의해 약 50년 동안 정자수가 크게 감소되었을 것이라고 했다.

3.4.2 내분비계 장애물질(EDCs) 피해

내분비계 장애물질인 EDCs(Endocrine Disrupting Chemicals)는 DNA 및 세포를 죽이거나 손상시키지도 않고 사람의 몸속이나 생태계에 유입되어 지방에 축적되면 마치 호르몬(Hormone)처럼 작용해 생식기 이상, 정자수 감소, 면역기능 감소, 암·수컷 동체화(♂♀同體化), 여성 음경 왜소화 등을 일으킨다. 환경 호르몬(Environmental Hormone) 물질은 EDCs(Endocrine Disrupting Chemicals), EEDs(Environmental Endocrine Disrupters)와 EDs(Endocrine Disrupters) 등이다. 주로 이들 화학물질은 몸의 호르몬 분비기능에 변화를 일으키는 물질인데 물론 후손들의 건강에도 영향을 줄 수 있는 외인성(外因性) 물질이다.

1. 호르몬(Hormone) 기능

호르몬은 모든 어류에서 포유류까지 척추동물의 내분비계인 여성의 난소, 남성의 정소, 갑상선, 부갑상선, 부신, 췌장, 흉선 등의 내분비샘 기관에서 분비 및 생산된다. 특히 내분비계(호르몬계)는 몸의 항상성, 생식, 행동, 발생 등에 관여하는 호르몬을 생산 및 분비하는 기관으로 선(Gland), 호르몬(Hormone)과 표적세포(Target Cell)로 나누어 혈액을 통해서 순환되어 표적세포에 도달해 호르몬은 내분비선에 의해 신호를 전달한다. 다시 말하면 내분비계는 호르몬을 통해서 몸속의 각 세포 및 조직에 정보를 전달하며, 만일 고장시 호르몬의 과잉이나 결핍으로 몸에 질병을 일으킨다.

그리고 호르몬은 남녀 성의 분화, 생식기 형성, 뇌의 형성의 중요한 발육뿐만 아니라 직접 세포 속에 들어가 수용체와 결합도 한다. 최근 내분비 장애물질이 세포의 호르몬 수용체와 결합해 호르몬처럼 작용 및 결합을 방해한다. 그렇게 되면 몸속에서 천연 호르몬 대신 환경 호르몬이 수용체와 결합하면 세포의 유전자는 비정상적인 활동인 유사작용, 봉쇄작용, 촉발작용을 하여 암과 같은 비정상적인 생장, 대사작용의 이상, 불필요하거나 해로운 물질의 합성 등이 일어난다. 그래서 환경 호르몬이 호르몬과 비슷한 작용을 하여서 임산부의 태아(胎兒)와 갓난 신생아에게 매우 위험한 화학물질이다. 또한 기형과 생식이상 등의 장애를 일으키기도 한다.

2. 호르몬의 대사작용

(1) 성장 호르몬

성장 호르몬은 19개의 아미노산으로 구성된다. 호르몬은 뇌(Brain)하수체 전엽에서 생성되며, 과다 분비시는 거인증, 말단 비대증을 일으키고 분비가 부족하면 소인증을 일으킨다. 뇌의 하수체에서 나오는 호르몬은 성장 호르몬 방출 호르몬과 소마토스타틴으로 분류된다. 성장 호르몬 방출 호르몬은 뇌하수체의 전엽에서 일어난다. 소마토스타틴은 성장 호르몬의 방출 억제 호르몬이어서 성장 호르몬 분비를 억제시킨다. 가스트린, 갑상선 호르몬의 분비억제작용을 하여서 호르몬에 의한 성장, 분화, 위산분비, 소화관 운동, 기초 신진대사, 혈류, 신경전달 등의 기능을 담당한다.

(2) 인슐린

인슐린은 식사에 의해 섭취된 당분이 몸 안에서 분해되어 만들어진 포도당을 클리코겐으로 변화시킬 때 사용되는 호르몬이다. 일반적으로 포도당은 장(腸)에서 흡수되어 혈액 속으로 들어간다. 몸은 에너지원으로 쓰고 남은 포도당을 다시 글리코겐으로 변화시켜서 간(肝)이나 근육 등에 저장시 인슐린에 의해서 글리코겐으로 바꾸어진다. 그러나 당뇨병은 쓸개에서 생성된 51개의 아미노산 종합체가 몸속에서 인슐린의 충분한 작용없이는 글리코겐이 합성될 수가 없어 쓰고 남은 포도당이 오줌과 함께 몸 밖으로 배설된다.

그리고 글루카곤의 역할은 간과 근육에 저장된 글리코겐을 에너지로 사용할 때 작용하는 호르몬으로 글리코겐을 분해하여 핏속의 포도당을 증가시켜서 혈당값을 상승시키는 작용을 한다.

(3) 황체형성 호르몬(Estrogen)

여성의 생리는 뇌하수체 전엽에 궁상핵(GnRH)의 호르몬이 도달해서 난포 자극 호르몬이 분비된다. 이 호르몬이 월경 직후 여성의 난소에 도달하면 미량의 황체형성 호르몬과 합동해서 난포를 성숙시켜 난포에서 에스트로겐인 난포 호르몬이 분비된다.

호르몬은 단백질 호르몬과 스테로이드 호르몬이 있다. 단백질 호르몬은 수용성이어서 세포막의 수용체와 결합해 신호를 전달하고 스테로이드 호르몬은 직접 세포 속에 들어가 수용체와 결합해 작용을 한다. 일반적으로 호르몬이 몸속에서 작용하기 위해서는 합성 및 방출하고, 세포에 수송, 수용체 결합, 신호전달과 유전적인 발현 활성화 등의 과정을 거쳐야 한다.

그런데 환경 호르몬 물질인 DES, DDT 등은 호르몬인 에스트로겐과 유사한 화학물질이다. 이 환경 호르몬 물질이 수용체와 결합하면 세포 조직을 망가뜨려서 기형이나 생식이상증상 등을 일으킨다.

3.4.3 환경호르몬 물질이 미치는 영향

환경 호르몬이 미치는 영향은 암 유발, 정자수 감소, 생식기관 기형, 생장 저해, 생식능력 저하, 호르몬분비 불균형, 면역기능 저해를 일으킨다.

1. 주요 피해 사건

(1) 1966년 미국 매사추세츠 주

매사추세츠 주의 의사가 질암에 걸린 10대 소녀의 암 원인을 연구하다가 어머니가 임신 중 합성 호르몬인 낙태방지제 DES(Diethyl stylbestrol)를 복용한 사실을 알아냈다.

(2) 1992년 미국 인디애나 대학

태아기에 DES에 노출된 소년들의 뇌기능에 이상이 생겼다는 연구를 발표했다.

(3) 1992년 덴마크 코펜하겐 대학병원

50년 동안 성인 남성의 정자수와 정액량이 크게 감소했다는 연구를 발표했다.

(4) 1994년 영국 브루넬 대학

런던 시내주변 강에서 노닐페놀의 오염으로 송어의 암컷화 조사결과를 워싱턴 국제회의에서 발표했다.

⑸ 1995년 한국 경남 양산 LG전자

부품공장에서 근무한 남여 33명 중 여성 17명에게 난소기능정지, 남성 6명에게서 정자수가 감소함을 발견했다.

⑹ 1998년 일본

음식포장용기에서 환경 호르몬이 검출되어 컵라면이나 일회용 도시락 포장재가 바뀌고, 비닐랩 및 플라스틱 컵 등의 사용을 자제했다.

⑺ 1998년 한국 해양연구소와 서울대

남해안에서 항구와 어항 주변의 소라, 고둥 등에서 암컷과 수컷의 생식기가 생겨 불임이 되는 임포섹스현상을 발견했다.

2. 인체에 미치는 영향

유산방지제인 합성 에스트로겐 물질인 DES를 임산부들이 복용함으로써 자녀들의 생식능력이 감소되고, 자궁의 기형 및 불임, 면역기능의 이상증상을 나타냈다. 내분비계 장애물질은 20대 남성의 급격한 정자수 감소와 고환암(정소종양), 전립선 질환, 기형정자 생성, 생식기 기형을 유발하며, 여성의 자궁섬유종, 골반염증성 질환, 유방암을 증가시킨다.

유방암의 발생원인은 미혼이거나 출산경험이 없는 경우, 초경 연령이 11세 이하이거나 폐경이 55세 이상일 경우와 30세가 넘어서 늦게 초산을 한 경우이다. 그리고 폐경이나 출산 뒤에 비만, 여성호르몬 복용, 어릴 때 피임약 복용 등으로 여성호르몬의 과다 노출시와 지방이 많은 음식을 먹는 경우이다.

몸 안의 주요기관에 영향을 주는 환경 호르몬 종류로는 다음과 같다.

① 뇌에는 농약, 솔벤트(Solvent), 납, 수은 카드뮴이다.
② 허파에는 석면, 암모니아, 일산화탄소, 질소산화물이다.
③ 간에는 다이옥신, 염화탄화수소이다.
④ 모유(母乳)에는 유기 염소계, 폴리 염화 바이페닐(PCB), 카드뮴이다.
⑤ 골수와 심장에는 솔벤트(TCE와 PCE)이다.
⑥ 콩팥에는 수은(Hg), 카드뮴(Cd), 염화탄화수소이다.
⑦ 피부에는 윤활유, 합성세제, 농약, 염화탄화수소이다.
⑧ 생식기에는 납(Pb), 솔벤트, 폼알데하이드(HCHO), 유기염소계이다.

⑨ 신경계에는 수은, 유기인산계, 카바메이트이다.

⑩ 태아에는 납, 수은, 카드뮴, 솔벤트, 유기인산계, 카바메이트이다.

3. 동물에 미치는 영향

(1) 포유동물일 경우

PCB(Poly Chlorinated Biphenyl)는 생식성 호르몬인 스테로이드 합성에 장애와 갑상선 기능을 저하시키며, 발육과 생식기의 이상을 일으킨다.

(2) 파충류일 경우

DDT(Dichloro Diphenyl Trichloro Ethane)는 Tower 화학(주) 사고로 미국 플로리다 주의 아포프카 호수에 살고 있는 파충류(Alligator) 악어 알의 부화율을 평소 90%에 비해 18%로 감소시켰고, 부화된 새끼도 10일 이내에 절반이 죽었다. 그리고 암·수의 악어 성기 크기가 정상에 비해 35～50% 정도로 왜소화 되었다.

(3) 조류일 경우

DDT는 독수리, 왜가리, 가마우지, 갈매기, 매 등의 생식능력을 변화시켜서 부리의 기형(부리가 어긋남), 발톱의 기형(발톱이 구부러짐), 알 부화의 장애와 산란장애 등을 일으켰다.

(4) 어류일 경우

합성세제와 비이온성 계면활성제의 분해생성물질인 알킬페놀(Alkyl Phenol)에 의해 수컷 생식능력의 저하, 수컷의 암컷화, 스테로이드의 감소 등을 일으킨다.

(5) 조개류일 경우

선박의 생물부착 방지를 위해 사용되는 부착방지제인 유기주석 화합물의 TBT(Tri-Butyl Tin)와 TDT(Tri-Phenol Tin)에 의해서 암컷 고동에 수컷의 페니스와 수정관이 함께 있는 기형을 나타내다가 난소가 정소로 되어서 정자를 만들어낸다. 그리고 임포섹스는 소라, 고둥 등의 암컷(뮐러)에 수컷(울프관)의 생식기가 생겨서 자웅동체 상태의 불임이 되는 성전환 현상을 말한다.

제 4 장 식품위생

4.1 식품과 건강

식품은 자연환경에서 자란 생물로부터 얻기 때문에 인체의 필수적인 무기물과 유기물을 함유하고 있다. 식품 속에 들어 있는 유·무기성분이 인간의 영양소이며, 많은 양이 되면 건강에 영향을 주는 나쁜 물질로 된다. 그러므로 건강에 해로운 독성 물질이나 몸 안에 섭취량 이상으로 독성 물질이 축적되면 나쁜 영향이 나타난다. 따라서 식품공해물질은 식품 속에 함유되어 있어 사람의 건강에 해로운 독성성분이다.

만일 토양이 환경오염물질로 오염되어 있으면 그 곳에서 재배된 식품은 오염될 수밖에 없다. 따라서 농약살포, 대기오염물질 착지, 산성비 강하 등에 의해 토양오염이 진행된다. 그리고 식품 속에는 제품의 성분 외에도 곰팡이 및 세균, 독성물질 등이나 식품제조공정에서 사용되는 식품첨가물인 화학물질 등이 식품을 오염시킬 수도 있다. 그리고 이 물질 중 작업이나 관리의 부주의로 파리, 바퀴벌레 등 벌레들에 의해 옮겨진 오물에 의해서도 오염될 경우도 있다. 한편 식품은 생산, 수확, 가공, 저장할 때에 식품위생관리법 등에서 검정 및 허가된 화학물질만을 사용해야하며 품질 향상 및 상품경제 가치성을 높이기 위한 허용되지 않은 원료나 첨가물을 사용해서는 절대로 안 된다. 이러한 식품을 부정식품(不正食品)이라고 한다.

4.1.1 식품오염(Food Pollution)

FAO와 WHO의 합동식품오염위원회는 식품오염의 정의를 식품 속에 어느 일정한 수준 이상으로 존재한 불필요한 물질이라고 했다. 그리고 보통 상태에서 동·식물 몸속으로부터 합성되거나 어떤 목적을 갖고서 첨가하는 화학물질 외의 물질이라고 했다. 그러므로 식품 속에 남아 있는 잔류물질이 아니라 일단 환경에 폐수로 배출되거나 오염된 물 속에 들어 있다가 다시 동·식물의 몸속에 들어가 있는 환경오염물질을 말한다.

우리가 먹는 음식을 조리 및 가공할 때도 식품 속의 단백질과 아미노산이 열분해하여 새로운 화학물질인 돌연변이 유발물질이 생성되기도 한다. 조리의 방법, 온도와 시간에 따라 달라지며 조리시 사용된 설탕은 캐러멜화를 일으킨다. 아미노산과 반응해서 갈색으로 변하게 되는데 이때 갈색으로 변한 물질 속에는 DNA 손상을 유발하는 화학물질이 된다. 우리가 잘 알고 있는 설탕처럼 소금도 적절하게 사용하면 참 좋으나 너무 많이 섭취하면 건강에 나쁘다. 이처럼 인간의 식생활과 관련된 식품오염은 농약오염, 식품첨가물, 식품잔류오염, 환경오염 등에 의해서 생긴다.

1. 식품오염물질

식품오염물질은 식품 속에 함유된 비영양물질이다. 사람이 오염물질을 섭취해서 몸에 피해를 주거나 정상적인 건강상태를 유지하는 데에 있어서 지장을 주는 독성 물질로서 종류는 다음과 같다.

① 자연식품에 함유되어 있는 식품의 정상적인 구성 성분 외의 독성물질, 발암물질과 알레르기 유발물질이다.
② 농작물의 재배과정에서 사용되는 살충제, 제초제, 살균제 등의 농약이 잔류해 있다가 몸속으로 들어오는 독성물질이다.
③ 식품에 의도적으로 첨가하는 식품 첨가물이다.
④ 식품의 가공처리나 포장하는 과정에서 의도적으로나 우발적으로 혼입 및 오염된 독성물질이다.
⑤ 식품저장기간 동안에 식품에 기생 및 번식한 곰팡이류가 만든 유독성 신진대사 물질이다.
⑥ 식품 생산 공정에서 발생된 대기오염, 물 오염, 폐수, 악취, 폐기물의 소각 및 폐액, 토양오염물질 등이다.

4.1.2 식품독성물질

인간이 식품을 섭취하는 목적은 영양에너지를 얻어서 생명을 유지함과 동시에 건강증진에 이바지하는 데 있기 때문에 언제나 생명이 있는 한 먹어야만 한다. 식품 속에 들어 있는 급성독성물질, 발암물질, 돌연변이성 및 최기형 물질에 대한 독성 작용의 안전성 평가가 실시되어야 한다. 또한 표적기관으로 간, 콩팥과 허파에 미치는 독성 물질의 독성 작용도 밝혀져야만 한다. 식품 속에 첨가되는 물질도 사용목적에 따라 재배, 생산 및 가공시 발생하는 물질에 대한 영향도 위해도평가를 실시해야 한다. 특히 천연독성 물질에 대한 불분명한 오염물질은 다음과 같다.

1. 천연독성 물질

(1) 착색제(着色製)

천연식품의 기호성과 품질 향상을 위한 인위적인 착색을 위해 사용하는 첨가물인 착색제는 천연색소와 인공색소를 사용하며, 천연색소가 조금 비싸다. 일반적으로 불법유해는 염기성 색소가 많고, 현재 합성 착색료는 사용이 금지되었는데 다음과 같다.

① 아조색소의 독성

㉮ 식용적색 1호(Ponceau 3R) : 간의 장애와 암을 유발시킨다.

㉯ 식용적색 4호(Ponceau SX) : 방광염, 콩팥을 위축시킨다.

㉰ 식용적색 5호(Oil red XO) : 간과 쓸개에 장애를 일으킨다.

㉱ 식용적색 101호(Ponceau MX) : 간암과 콩팥을 변성시킨다.

㉲ 식용오렌지색 1호(Orange 1) : 콩팥의 출혈이나 확대시킨다.

㉳ 식용오렌지색 2호(Orange SS) : 간과 심장에 장애를 일으킨다.

㉴ 식용황색 2호(Yellow AB) : 빈혈, 간 장애와 복수증을 일으킨다.

㉵ 식용황색 3호(Yellow OB) : 발암성, 빈혈, 간 장애를 일으킨다.

② 트라이 페닐메탄색소의 독성

㉮ 식용녹색 7호(Guinea Green B) : 빈혈과 간 장애를 일으킨다.

㉯ 식용녹색 2호(Light Green SF) : 암을 유발시킨다.

㉰ 식용자색 1호(Violet 6B) : 암을 유발시킨다.

㉣ 식용황색 1호(Naphthol Yellow S) : 장암과 콩팥의 장애를 일으킨다.

③ 아우라민(Auramine)의 독성

㉮ 황색의 착색제로써 다량 섭취시 두통, 사지마비, 흑자색 반점, 맥박 감소, 의식불명이 나타난다.

㉯ 단무지, 카레, 빈대떡, 완구류에 많이 들어 있으며, 쥐의 치사량은 480 mg/kg이다.

④ 로다민(Rhodamine)의 독성

㉮ 적자색(Pink)의 착색제로서 몸무게 60 kg인 건강한 사람의 몸속에 6 g 정도로 들어 있으면 온몸이 착색되고 착색된 오줌을 배설한다.

㉯ 구토, 설사, 복통을 일으키며, 쥐의 LD_{50}은 0.1～0.2 mg/kg이다.

㉰ 기업은 제품의 원료 채취에서 생산, 소비 단계까지 전 과정을 하기 위해 식품, 첨가물, 기구, 용기, 포장에 대한 안전성, 완전성, 건전성과 영향(악화) 방지 등의 위생적인 안전성과 환경오염관리 측면에 중점을 두어야 한다. 또한 공정마다 병원균의 위험성을 점검 및 측정해 위험방지에 필요한 조치를 하고 있다.

㉱ 식품취급업소는 유해요인을 점검 및 측정하여 알려진 유해성을 예방 및 관리하는 데 필요한 관리상의 중요점을 알아내서 효율적인 예방과 제어 방법을 수립해야 한다.

㉲ HACCP(위해요소중점관리기준)의 7가지 수행절차는 다음과 같다.

식품의 유해요소를 분석
↓
중점관리 항목을 규명
↓
관리기준을 설정
↓
중점관리항목의 감시 및 측정법의 설정
↓
시정조치방법을 결정
↓
기록유지방법의 설정
↓
유해분석 중점관리기준의 적합성 확인

㉶ HACCP(hazard analysis and critical control point)의 도입 필요성
- 식품의 안전성을 보장하기 위한 제도 도입
- 지속적인 품질관리를 위한 표준화
- 식품위생에 대한 철저한 관리
- 새로운 상품 및 품목 메뉴 개발
- 소비자 중심의 경영과 가격경쟁

2. 세계보건기구(WHO)

WHO(World health Organization)의 환경위생전문위원회(ECES : Expert Committee on Environmental Sanitation)는 식품위생의 정의를 "식품의 안전성, 건전성 및 안전 무결점을 위해서 필요한 모든 수단"이라고 했다. 우리나라의 식품위생법에서는 식품위생 정의를 "식품, 첨가물, 기구 및 용기, 포장을 대상으로 하는 음식에 관한 위생"으로 정의했다.

(1) PCB에 의한 식품오염

Poly Chlorinated Biphenyl(PCB)는 지용성이며, 화학적으로 안정해서 광범위하게 많은 산업에서 이용되고 있기 때문에 몸속의 지방조직에 축적된다. 그러면 두통, 식욕부진, 구역질, 관절통, 여성 생리이상, 몸무게 감소, 피부에 검은 반점 착색, 여드름 발생 등의 현상이 나타난다. 미국 FDA의 PCB 규제내용은 다음과 같다.

① 동물사료와 식품포장에 PCB가 함유되지 않은 재질을 사용하고 사용시는 30일 이내에 무공해 물질로 교체해야 한다.
② PCB가 함유된 종이류 포장재는 잠정 허용량을 몸무게 1 kg마다 5 mg/day 이다.
③ 우유와 유제품의 PCB 허용기준값은 2.5 mg/kg, 어린이 식품은 0.1 mg/kg과 동물사료 및 식품포장 재료는 5 mg/kg이다.

(2) 환경호르몬 물질에 의한 식품오염

덴마크에서 1992년 보고된 자료에 의하면 남성의 정자수는 1940년에 정액 1mL당 1억 개 였는데, 최근 남성정자수가 60% 감소된 6천만개였다는 연구논문이 1998년 6월에 국내에 소개되면서 컵라면을 갑자기 먹지 않게 되었다. 이는 컵라면 용기 속에 환경 호르몬 물질인 스티렌 다이머(Styrene Dimer), 스티렌 트라이머(Styrene Trimer)가 함유되었기 때

문이라는 보도에 전국적으로 충격을 받았기 때문이다. 일본 등은 식품 스티로폼 용기를 전부 종이컵 용기로 대체했던 것처럼 식품의약품 안전청은 내분비 장애물질인 환경 호르몬에 대한 위해성을 지속적으로 홍보하여서 인체에 미칠 영향이 없도록 했다. 지금까지 알려진 인체에 대한 영향은 다음과 같다.

① DDT(Dichloro Diphenyl Trichloroethane)

곤충, 벌레 등의 박멸로 농산물 증진과 보건 향상에 기여해 1948년 노벨상도 받았을 정도로 인류의 농산물 증대와 해충 박멸에 기여했지만, 신경마비 등을 일으켜 1991년에 제조 및 사용을 금지시켰다.

② 메틸수은(CH_3Hg, Methyl Mercury)

1953년 일본 구마모토현 미나마타시의 어민들에게 중추신경 마비 증상을 일으켜서 메틸수은 공해병으로 1968년에 인정했다.

③ 카드뮴(Cd)

먹이사슬을 통해 오염된 어패류(魚貝類)를 섭취하여 발생한 내분비 변화, 노화(老化), 골연화증(骨軟化症) 등을 일으켜 1968년 공해병으로 일본 후생성은 인정했다.

④ DES(Di-Ethyl Stylbestrol)

유산방지용 합성 에스트로겐인데 이로 인한 유방암 발생, 2세 여자 어린이에게 자궁암 발생, 남자 어린이 성기의 기형 발생이 있어 1972년에 생산 중단되었다.

⑤ 2, 4－D(2, 4－Dichlorophenoxy Acetic Acid)와 2, 4, 5－T(2, 4, 5－Tri Chlorophenoxy Acetic Acid)

월남전쟁시 사용된 고엽제이며, 유산, 사산, 기형아 출산 등을 일으켜 1969년에 사용이 금지되었다.

⑥ 유기화합물인 PCBs, PAHs, Dioxine

발암성 물질이고, 돌연변이성 물질이다.

(3) 위해도 평가

① 식품의 유해도 평가

위해특성(Hazard Characterization), 복용 · 응답평가(Dose-Response Assessment), 폭로평가(Exposure Assessment)와 위험특성(Risk Characterization)이 있다.

② 위해특성 단계

악영향에 대한 정성평가 단계로서 인식단계이다.

③ 복용·응답 단계

용량과 악영향의 빈도 및 정도의 상관관계로써 도출단계이다.

④ 폭로단계

폭로의 강도 · 빈도 · 기간을 측정하는 시도로 정확한 폭로평가를 위해서 유해도 평가 중 제일 중요한 단계로써 복잡한 임상방법에 의한 실험단계이다.

⑤ 위험특성단계

사람 및 생태계에 대한 평가단계이다.

(4) 내분비계 장애물질 연구협의회

우리나라는 내분비 장애물질(환경 호르몬)에 대한 국가적인 연구계획과 대책수립을 위해 1998년 6월에 국립환경연구원에서 연구협의회로 발족되었다. 내분비 장애물질의 특성은 다음과 같다.

① 인위적 화학합성물질

플라스틱류

② 지용성이 높은 몸속의 잔류가능 화학물질

PCB, Dioxine

③ 몸 속 각 기관에 축적 화학물질

농약류

4.1.3 식품전염병

주로 전염성을 가진 병원성 미생물이 사람의 입 · 피부 · 호흡기 등에 침입해서 감염되는 질병을 전염병이라고 한다. 감염원은 병원체, 병원소와 병원체 탈출이고, 감염경로는 전파와 병원체 침입이며, 숙주집단은 감수성 숙주감염과 병원체 탈출이다. 이러한 3개 과정의 6개 항목이 연쇄적으로 일어남으로써 하나라도 빠지면 전염병은 생기지 않는다. 그러므로 식품위생상 전염병은 음식물을 매개로 한 경구전염병과 인수공통전염병으로 구분된다. 경구전염병은 대개 소화기계통 전염병으로 병원체가 식품을 비롯한 먹는 물, 수저, 식기, 완구 등을 매개로 해서 입 속에 들어와 발병한다. 인수공통 전염병은 사람을 비롯한 척추동물에게 자연적으로 전염된 질병으로 식품위생상 감염된 동물의 고기나 우유를 먹었을 때 발병된다.

1. 경구전염병

식품이나 손가락 · 식기구 · 완구 등을 통해서 입으로 감염되는 전염병을 경구전염병이라고 하며, 소화기계통 전염병이라고도 한다. 경구전염병은 병원균이 소화기계통인 입으로 들어와서 소화기계통에서만 발병하는 것이 아니다. 그리고 소아마비를 일으키는 폴리오바이러스는 병원균이 입으로 침입해 소화기계통을 통과한 후 감염해서 발병한다.

(1) 경구전염병의 종류

① 세균성 감염전염병

장티푸스, 파라티푸스, 콜레라, 세균성 이질

② 기생충성 감염전염병

아메바성 이질

③ 바이러스 감염전염병

폴리오

(2) 경구전염병의 특징

① 이질(Dysentery)

이질의 종류는 세균성 이질과 아메바성 이질로 구분되며, 대개 세균성 이질을 이질이라고 한다. 주로 세균성 이질이 식품위생상 문제가 되고 있다.

② 세균성 이질(Shigellosis)

이질은 1262년부터 유럽에서 발견된 질병으로 중세 유럽에서 발생해 수많은 고통을 준 바 있는 질병이다. 우리나라에서는 19세 이하의 어린이와 여름철에만 발병하며, 겨울철에는 세균성 이질의 병원균이 추위에 생장을 못해서 발병한 사례가 거의 없다.

2. 세균성 질병

세균은 단세포 생물이며, 세균 크기에 따라 0.5～1 μm의 구형과 길이

50 μm일 때 구균(Coccus), 길이가 1~5 μm의 긴 막대모양인 간균(Bacilli)이 있다. 세균이 사람과 동물에게 질병을 일으키는 경로는 생체조직 속으로 침투하는 방식과 독소를 생성하는 방식이 있다. 일반적으로 질병을 일으키는 병원성 세균은 탄저병(Bacillus Anthracis), 콜레라균(Vibrio Cholera), 페스트균(Yersinia Pestis), 야토병균(Francisella Tularensis), Q-열병균(Coxiella Burnetii) 등이 있다.

(1) 탄저병(Anthrax)

1~6일의 잠복기를 거친 후에 발열, 피로, 불쾌감과 가벼운 흉부통증을 나타낸 후에 호흡곤란, 기침, 청색증 등과 함께 심한 호흡기 증상을 일으킨다.

(2) 콜레라(Cholera)

0.5~5일의 잠복기를 거친 후에 갑자기 두통, 구토, 장경련이 일어나고 약간의 열이 나며 많은 양의 쌀뜨물 같은 설사가 발생한다. 콜레라균은 먹는 음료수에 의해 감염되며, 사람에게 콜레라를 일으키는 혈청형은 O-1(통성 형기성균)과 O-139이고 그람음성균으로서 포자를 형성하지 않는 간균이다.

(3) 페스트(Plague)

잠복기는 2~3일 거친 후 두통, 호흡곤란, 호흡부전, 오한, 고열, 객혈, 독혈증, 순환허탈 등을 일으키고 곤봉모양의 포자를 형성하지 않는 그람음성 통성 피산소성 세균이다. 페스트는 벼룩, 쥐 또는 다람쥐에 의해 감염되며, 병원체는 물, 축축이 젖은 곡물 속에서 생존한다.

(4) 야토병(Tularemia)

잠복기는 2~10일을 거친 후 두통, 오한, 발열, 몸무게 감소, 마른기침, 불쾌감을 일으킨다. 모기나 진드기에 물리면 야토병이 생기고, 병원체는 물, 흙, 짐승 생가죽과 시체에서 생존한다.

(5) 큐열(Q Fever)

잠복기는 10일 이내이며, 열과 기침을 일으키고 합병증으로 심내막염(心內膜炎)을 발생한다. 병원체는 동물의 우유, 배설물인 오줌과 똥을 통해 배출되어 대기 속에 존재하다가 흡입시 발병한다.

4.2 식생활과 건강관리

의식주 중의 하나가 먹는 것으로 인간이 생존하기 위해서는 음식물을 섭취해 영양분을 공급받아야 한다. 식품은 영양을 섭취하기 위한 음식물이고, 식품의 5대 영양소는 탄수화물, 지방, 단백질, 비타민과 무기질이다. 그리고 식생활은 인간이 생존하는 데 필요한 음식물을 섭취해야 하는 생활이고, 특히 음식에 관련된 인간의 생활을 식생활 또는 음식문화라고 한다.

250만 년 전부터 인류는 지구상에서 살면서 나무열매, 물고기, 짐승 등을 잡아먹으며 살아왔다. 최근 50년 전부터 경제성장으로 인해 건강해지려고 영양상태, 조리방식, 경제 측면, 무공해식품, 사회심리면 등을 고려해 식품을 선정하였다. 그러므로 식품은 인간의 건강과 밀접한 관계가 있어서 영양의 균형을 유지하고, 공해성이 없는 천연식품을 가공식품보다 선호하고 있다. 그러므로 식품은 5대 영양소(Nutrient)가 풍부하며, 인체에 유해성이 없어야 한다.

식생활은 사람들이 생활하는 지역의 기후, 풍토, 문화와 경제사정에 따라 각국의 식생활 습관, 종교의식과 식생활 방법에 약간씩 차이가 있다. 그래서 질병예방과 건강유지 차원에서 충분히 고려되어야 한다. 일반적으로 소금(NaCl)을 많이 섭취하면 고혈압 등의 합병증에 많이 걸리고, 기름진 육류를 많이 먹으면 대장암과 직장암이 발생할 수 있다.

4.2.1 식생활 변화

우리나라는 1960년부터 낙농업 발달과 1980년대부터 지방의 섭취량이 과다 소비, 인스턴트식품의 다량 개발로 국민의 기호성에 맞는 식생활이 변화되어 점차 서구화 및 양식, 피자 같은 외래식품에 의해 새로운 식생활 문화를 즐기고 있다.

음식물은 보약이며, 건강한 삶을 유지하려면 영양소의 균형과 적당한 식생활을 과학화하여 식단을 잘 준비해야 한다. 참고로 육류는 훌륭한 단백질의 공급원이고, 계란은 비타민 C를 빼고는 풍부하며 멸치에는 칼슘이 풍부하다. 생선과 가금류는 철분이 풍부하다. 따라서 영양소가 풍부한 균형 있는 음식물 식단은 육류, 곡식류, 채소류, 과일류와 우유제품이다.

과일에는 각종 비타민이 풍부하며, 복숭아는 비타민 A, 귤과 딸기에는 비타민 C, 그리고 토마토, 수박과 사과는 철분이 다량 함유되어 있다. 그러나 커피, 설탕, 소금과 기름진 지방은 가급적 피하고 균형 있는 다양한 음식물 식품군을 적당량 섭취하는 일이 가장 중요하다. 그리고 고열량 음식을 적게 먹고 에너지 대사가 균형 있게 식단을 준비해 즐겁고 조금씩 자주 먹는 것이 필요하다.

1. 기초식품군

균형 잡힌 건강한 식생활 계획을 하려면 기초식품군 5가지를 알아두어야 한다.

① 단백질이 풍부한 식품은 어육류, 계란류, 콩제품과 두유제품이다.
② 칼슘이 풍부한 식품은 우유, 우유제품, 뼈까지 먹는 멸치 등의 생선류이다.
③ 무기질과 비타민이 풍부한 식품은 채소류, 과일류이다.
④ 탄수화물이 풍부한 식품은 곡류, 감자류이다.
⑤ 지방이 풍부한 식품은 육류, 유지류이다.

2. 바람직한 식단

건강한 생활을 하려면 다음과 같은 다양한 식품섭취와 식단을 준비해서 삶의 질을 향상시켜야 한다.

① 정상 몸무게를 유지해야 한다.
② 단백질은 성장기의 어린이나 성인에게 조직의 발달을 위해 매우

필요한 영양소인 육류, 어류, 달걀, 우유 등을 섭취해야 한다.

③ 총 열량섭취의 20%만을 지방(콩과 생선)으로 섭취한다.

④ 우유 200 mL에는 칼슘(Ca) 0.25 g, 리보플라빈 0.36 mg 외에도 비타민 B, 비타민 D가 풍부해 매일 마시면 좋다. 우유는 위궤양, 위염, 골다공증, 간질환, 당뇨병을 예방하기 때문에 우유, 요구르트, 치즈, 아이스크림 등을 먹도록 한다.

⑤ 소금(NaCl) 중 나트륨(Na)은 몸 안의 대사에 필요한 무기 영양소이며, 너무 많이 섭취하면 고혈압이 발생한다. 그래서 요리시 간장, 된장, 고추장, 절임음식 등의 섭취량을 줄여 짜게 먹지 않도록 해야 한다. 그리고 미원 등의 화학조미료의 사용을 금지하여야 한다.

⑥ 사탕류, 과자류, 아이스크림, 과일 가공식품, 간식 등을 줄여야 한다. 설탕이 많은 음식(엿, 꿀, 초콜릿 등)은 이(Teeth)에 부착되어 충치가 발생할 수 있으므로 설탕대신에 신선한 과일로 입 안을 깨끗이 하거나 단맛을 섭취한다.

⑦ 술은 열량을 갖고 있으나 영양소가 거의 없으며, 식욕을 떨어뜨리고 필수 영양소의 흡수를 방해시켜서 비타민과 무기질의 결핍을 초래한다. 특히 계속 술을 마시면 간경변, 지방간 등의 간질환을 일으키고, 임신부가 술을 마시면 기형아를 낳을 수도 있으므로 술을 절제해야 한다.

⑧ 담배는 폐(Lung, 허파)포 세포에 과산화수소(H_2O_2) 발생을 증가시켜서 폐기종을 유발하며, 항 단백질 분해효소의 부족으로 폐 기능을 떨어뜨린다. 그리고 핏속 혈청의 중성지방을 상승시켜서 심장병과 말초혈관을 막히게 하며, 타르, 니코틴, 다이옥신 등의 20여 A급 발암물질을 포함한 4백여 종의 유해화학물질이 담배연기 속에 들어 있어 금연해야 한다. 특히 이러한 건강에 나쁜 유해한 오염물질을 자기 입으로 발생시켜서 옆에 있는 다른 사람의 코로 흡입해 폐암을 일으키는 실수를 하지 말아야 한다.

⑨ 카페인은 중추신경을 자극해 혈압을 상승시키고 철분흡수를 방해하며 불면증을 유발한다. 카페인은 술, 커피, 콜라 속에 많이 함유되어 있으며 과량을 마시면 두통, 무기력, 초조, 불안 등의 부작용 증세가 나타나므로 차(tea)를 마시도록 한다.

⑩ 식사량은 개인의 활동에 알맞게 균형 있는 열량으로 양을 조절해 준비하는 것도 중요하지만 즐겁게 먹어야 한다. 우리나라의 국민

1인당 에너지(열량) 섭취량은 1,985.4 kcal이고, 3대 영양소의 열량 구성비는 탄수화물 66%, 단백질 15%, 지방 19%이다. 특히 13～19세의 청소년 중에는 칼슘과 철 섭취량이 부족한바 편식을 말고 영양소를 골고루 맛있게 먹고 담배피우지 않는 등의 건전한 생활 및 환경친화적인 활동을 하고 편히 쉬는 것이 건강에 제일 좋다.

3. 건전한 생활습관

건강을 악화시키는 제일 나쁜 습관을 바꾸거나 환경 위생적으로 부패한 음식을 먹으며, 오염된 환경에서 생활 및 재배된 음식물을 섭취할 때에 일어난다. 포화지방산이 많은 지방함량 육류를 피하고, 알콜 · 설탕 · 화학조미료 · 소금의 섭취량을 줄여가는 생활습관 및 식생활을 유지하면서 좀 더 운동량을 늘리면서, 흡연과 과음을 하지 않고 스트레스를 해소해 간다면 건강할 수가 있다.

최근 들어 잘못된 식사, 생활습관, 스트레스 등으로 인해 발생되는 비만, 당뇨병, 고혈압, 골다공증과 암 발생 등 만성 퇴행성 질환 및 공해병이 증가하고 있다. 국민의 건전한 건강, 즉 웰빙(wellbeing)하기 위한 생활습관은 다음과 같다.

① 항상 몸과 마음을 위생학적으로 깨끗하게 유지하는 생활을 습관화해야 한다.

② 건강한 생활을 하기 위해서 음식을 싱겁게 먹고 적절한 열량을 갖추면서 골고루 영양소가 있는 다양한 식품을 먹는 습관을 갖는다.

③ 전염병의 원인이 되는 세균 및 바이러스 등에 대한 예방접종과 건강진단을 정기적으로 실시하거나 생활화 한다.

④ 간접흡연으로 주변의 가족, 동료와 이웃들에게 폐암위험이 있기 때문에 건강에 해로운 담배를 피우지 말아야 한다. 차량사고, 간질환 및 고혈압의 원인이 되는 지나친 술을 마시지 않는 습관을 갖는다.

⑤ 적당한 규칙적인 운동으로 신체적으로나 정신적으로 활력을 주는 유산소 운동인 1일 30분 이상 계속적으로 걷는 습관을 갖는다.

⑥ 즐거운 마음으로 일을 하면서 보람을 찾고 긍정 및 적극적으로 열심히 노력해 성취감을 느끼면서 살아가도록 생활화한다.

⑦ 환경위생학적으로 건전하고 지속가능한 발전을 위해서 공공질서를 잘 지키며, 교통 · 생활 · 산업 · 가정의 안전사고 등을 예방하려는 습관을 생활화한다.

⑧ 물건을 아껴 쓰고, 이웃 및 형제들과 돌려 사용해 쓰레기를 적게 버려 자원낭비를 줄이고 에너지를 절약한다. 그리고 지구환경 오염부하를 삭감해 나감으로써 건강한 자연환경을 복원시키는 데 환경친화적인 행동실천을 습관화해야 한다.

4. 단체급식

단체급식은 학교, 공장, 사업장, 병원, 군대, 직장 등에서 특정한 사람을 대상으로 계속적인 음식을 제공하는 제도이다. 단체급식은 풍부한 영양관리도 중요하지만 환경위생 관리면에서 식중독 등을 유의해야만 한다. 특히 가정에서는 사회생활을 하는 데 필요한 정신 및 육체적인 건강을 고려하면서 정성들여 식단을 준비하지만 단체급식은 선택의 여지가 없이 일방적인 식사를 제공하는바 맛있는 음식이라고 생각하지 않는 선입견을 버려야 한다. 물론 많은 사람이 식사문화가 다르고 개개인의 기호성이 있는데 모두 만족할 수 없다. 그러나 영양이 풍부한 식단을 마련하고, 소홀해서 식중독 등의 환경위생사고가 발생되지 않도록 조리관계자들은 주의하여야 한다.

① 학교급식은 학생들의 왕성한 성장, 발육과 건강증진을 위해서 충분한 열량을 고려해야 한다.

② 병원급식은 환자의 영양상태를 충분히 반영해서 건강을 개선하고 회복하여야 한다.

③ 산업체 급식은 생산의 증대와 작업능률을 향상시켜서 건강과 행복을 보장할 수 있는 급식체제이어야 한다.

④ 군대급식은 힘을 저장하고 보충하기 위해서 최대한 간편하고 편리한 고농축 에너지의 식품으로써 소화가 잘 되는 음식을 준비해야 한다.

⑤ 사회복지시설 급식은 노약자, 실직자, 빈곤자 등에게 경제적으로 부족해 골고루 영양과 기호를 고려하지 않은 채로 자선단체 등에서 제공하고 있다.

4.2.2 건강과 영양

인간은 누구나 질병없이 필요할 때 적당량의 원하는 음식을 맛있게 먹고 편안히 쉬면서 고통없는 삶을 살고들 싶어 한다. 그러한 건강생활을 유지하려면 우리 몸에 필요한 에너지를 공급하고 성장 발육과 다양한 생리기능을 도모해서 건강을 유지하기 위한 영양을 음식물을 섭취해서 소화·흡수시킨 후 각 영양소를 이용해야 한다. 건강과 영양은 밀접한 관계가 있다. 최근 경제 수준의 향상으로 청소년들의 칼슘(Ca)과 철(Fe) 섭취가 권장량에 크게 부족하고 전체 초·중·고교생의 비만이 10% 이상으로 이러한 영양 부족과 영양 과다로 성인이 되면 성인병으로 고통을 받게 된다. 노인기에는 고혈압과 동맥경화 등으로 심각한 고통을 받게 된다. 그러므로 연령별 최적 영양에 대해서 알아보기로 한다.

우리 주변에서 관심을 갖기만 하면 흔히 볼 수가 있는 질병과 비만, 여자 청소년기에 발생되는 칼슘과 철분 부족은 모두 잘못된 식생활의 영양 불균형과 평소 식생활의 편식 때문이다.

1. 생후 1~6세의 영·유아 영양

모유(母乳)는 인간이 선물로 받은 가장 좋은 갓난아이의 영양제이다. 태아(胎兒)가 소화하기 아주 좋은 형태의 단백질, 지방, 유당, 철분, 비타민 D 등이 함유되어 있다. 임신모가 출산을 하면 유방으로부터 분비되는 모유를 초유(初乳)라고 한다. 갓난아이의 질병에 대한 면역성을 길러 주고 태변(胎便)이 잘 나오게 도와주며 장(腸)을 튼튼하게 해주는 것 외에도 알레르기 반응도 감소시켜 면역기능을 한다.

(1) 모유(mother milk)

분유(粉乳)는 무기질 등은 많지만 장에서 흡수율이 낮아 면역체가 없어 모유보다 나쁘다. 모유의 단백질은 카제인과 락토알부민, 락토페린 등의 유청 단백질이다. 아미노산은 갓난아이의 성장과 발달에 필수적인 시스테인이 풍부하고 타우린은 담(쓸개)즙산의 합성에 주요한데 모유에 많이 함유하고 있다.

모유의 지방은 90%가 중성 지방이고, 모유는 분유에 비해서 리놀레산과 콜레스테롤의 함량이 높으며 지방분해효소인 카르니틴이 있다. 모유의 탄수화물은 유당 7%이며, 산성환경을 유당이 몸속에 만들어서 병원성 미생물이 번식하지 못하게 한다. Ca, P(인), Mg(마그네슘)의 흡수를 촉진해 주는 것 외에도 전분과 포도당을 분해하는 아밀라제가 모유에 들어 있어 탄수화물의 흡수를 도와준다. 특히 모유에는 주요 무기질인 P, K, Ca, Cl, Na, Fe, Cu, Mn, Zn, Mg, Al, Fe이 함유되어 있는데 이들은 콩팥에서 흡수되는데 모유가 분유보다 훨씬 잘 흡수된다.

일반적으로 모유 속의 철분은 50% 흡수되지만 분유 속의 철분은 10% 정도이다. 비타민(Vitamin)은 모유 속에 풍부하게 함유되어 있어서 건강에 좋은 영양 공급원이 될지라도 성장하면서 계절마다 생산되는 과일이나 채소를 먹으면 좋다. 갓난아이의 이유(移乳)는 일반적으로 태어난 지 5～12개월이 지나고 몸무게 7 kg 이상일 때가 가장 좋다. 채소, 고기와 과일을 갈아서 6개월 이후에 먹이면서 하나씩 아이에게 증가하되 새로운 식품은 3일 정도 지속적으로 먹게 하면 이유식 공급에 좋다.

(2) 신생아 건강

태어난 지 16～25주가 지난 건강한 신생아는 균형잡힌 자세를 갖게 되고, 24～28주 지난 신생아는 음식을 씹기 시작하기 때문에 적당한 공복시간과 운동, 간식을 하여서 건강과 발육의 장애가 없도록 해야 한다. 유아기의 간식은 영양보충과 기분전환으로 자주 먹이되 총 열량의 10～15%가 되게 오전과 오후에 각 1회씩 먹게 한다. 오후 간식은 점심 이후 2시간 간격으로 떡, 비스킷, 쌀과자, 감자가 좋으나 사탕류와 과식은 나쁘다. 6세부터 먹는 식생활 습관이 형성되기 때문에 가공식품보다는 천연식품을 먹이며, 싱겁게 먹고 골고루 식사하도록 한다.

2. 6~12세의 유 · 초 · 중학생 영양

학교에 다니면 상대 친구가 있고 선생님의 교육과 지시를 받아야 하기 때문에 생리 및 성장의 변화가 심해 영양이 많이 필요하다. 그리고 소화기능과 저항력이 발달해 심리 및 정신적으로 발달하는 시기이다. 그래서 골고루 음식을 섭취하되 양질의 단백질, 칼슘, 철분이 필요하고 적당한 휴식과 운동이 조화를 이루어야 비만 및 영양실조가 없게 된다. 학생시절은 심리적인 열등감, 학업성적 부진과 운동능력 저하 등으로 스트레스를 받아 충분한 영양을 섭취하지 못해 단백질, 비타민 B_{12}, 철분 등이 부족해서 성장장애를 일으키기도 한다. 최근 학교에서 학교급식을 통해 충분한 영양공급으로 심신건강 발달을 돕기 위한 급식종류는 완전급식(주식, 반찬과 우유 제공), 보충급식(반찬과 우유 제공)과 우유급식(우유만 제공)으로 구분된다.

비만증은 음식의 소화불량으로 발생되며, 주로 체지방이 과잉으로 몸에 침착된 상태이고, 비만은 정상 몸무게의 120% 이상인 경우를 말한다. 주로 몸무게 증가는 비지방조직 발달과 체지방 증가로 일어나며, 유전이나 환경적인 변화로 생긴다. 특히 환경변화는 음식물을 과식하거나 소비에너지보다 훨씬 많은 에너지를 계속적으로 섭취시 과잉 에너지가 체지방에 축적되어져서 몸무게가 증가된다. 학생 때 비만이 되면 당뇨, 고혈압과 콜레스테롤 혈증을 일으킨다.

3. 13~19세의 청소년 영양

인생의 청소년기는 여러 가지 측면에서 대단히 중요하다. 청소년시기에 성장은 성인키의 15%, 성인 몸무게의 50%, 성인 골격의 40%이어서 골고루 충분한 영양분을 섭취해야 한다. 일반적으로 철분은 적혈구 수를 증가시키고, 칼슘은 뼈 증가에 필요하다. 단백질과 탄수화물, 지방은 에너지를 공급하여 키와 몸무게의 성장에 소모된다. 특히 여성 청소년은 생리현상으로 인한 철분 손실을 막기 위해서 토마토, 사과, 당근, 양배추 등을 충분히 섭취해 1일 18 mg 이상을 보충해야 빈혈이 없게 된다.

아침을 먹지 않으면 위에 공복(空腹)이 생겨서 위염증이 생길 수 있기 때문에 위에서 13시간동안 사용할 글리코겐이 간에 저장되는바 공복을 시키지 말고 아침밥을 꼭 먹어야 생체리듬의 조화, 위기능의 증대, 뇌세포 조직과 적혈구의 유지로 학습효과도 상승된다.

4. 20~25세의 성인영양

성인은 가정, 직장과 사회생활을 하기 때문에 충분한 영양을 골고루 섭취하기가 어렵지만 성인병을 줄이기 위해서 몸에 필요한 40여 종류의 영양소를 가진 음식물을 위(stomach) 크기의 80%정도만 먹되 열량을 성인남자는 2500 kcal, 여자는 2000 kcal를 유지해야 한다.

임산부의 영양상태는 태아의 발육을 지배하므로 주의를 하여야 한다. 일반적으로 임신시기에 단백질 섭취량이 부족하면 임신중독증이 나타난다. 그러므로 필수 아미노산, 지방, 칼슘, 철분, 지용성 비타민 등이 충분한 당근쥬스 등을 먹으면 좋다. 만일 임신부가 술을 마시면 태아 알코올 증후군(FAS : Fetal Alcohol Syndrome)이 나타나 성장부진, 정신장애, 심장 · 중추신경 장애를 일으킨다. 임신 중에는 철분을 매일 30 mg 정도씩 섭취해야 하는데 결핍시는 핏속의 혈색소인 헤모글로빈 농도가 떨어져서 임신 빈혈로 난산이 되거나 영아 빈혈을 일으킨다. 그래서 시금치국, 미역국, 간(소 · 돼지), 콩조림, 다시마, 김, 당근 등의 식품을 먹도록 해야 한다.

임신부 및 수유부 엄마는 가능한 담배, 알코올과 카페인이 들어 있는 커피, 쵸콜릿 등을 먹는 일을 삼가해야 한다. 될수록 신선한 채소나 필수 영양소가 풍부한 음식과 깨끗한 산소와 물을 마시면 태아와 갓난아이 등 모두가 건강에 좋다. 그리고 항생제, 수면제, 마취제, 해열제, 흥분제와 같은 약물은 태아의 발육을 지연시키거나 기형아를 낳는 바 복용하지 말아야 한다. 특히 피부질환과 젖분비량을 감소시키는 녹색채소, 인삼, 식혜, 율무, 닭, 개, 오리, 토끼를 먹지 않아야 한다. 그리고 영양칼로리가 없는 담배, 얼음 등은 칼슘과 철분의 흡수를 방해하므로 먹으면 나쁘다.

표 4·1 ▶ 아동기 및 청소년기의 영양소별 영양권장량에 대한 평균 섭취비율 (단위 : %)

연령(세) / 영양소	7~12세		13~19세		20~29세	
	남자	여자	남자	여자	남자	여자
에너지	105.6	97.6	100.6	93.4	97.0	93.6
단백질	136.5	116.8	114.9	103.2	122.2	112.5
칼 슘	75.0	66.3	61.8	55.8	80.3	68.1
인	152.8	131.5	143.9	123.2	185.5	143.8
철	95.5	66.7	74.4	60.2	120.5	65.4
비타민 A	107.4	96.6	92.0	75.4	110.5	89.0
티아민	146.3	126.0	131.3	117.3	131.6	131.3
리보플라빈	104.9	93.3	91.7	82.3	86.0	92.7
나이아신	111.2	98.8	102.7	102.0	115.9	116.3
비타민 C	238.0	232.8	225.0	213.5	237.2	239.1

자료 : 보건복지부 · 한국보건산업진흥원

5. 노인의 영양

일반적으로 80세 이상이 되면 노인이라고 하며, 노인이 되면 생리적인 변화를 일으켜서 몸의 모든 기관들이 기능 감퇴를 한다. 또한 내 · 외적인 환경변화에 적응력의 감소 및 면역기능력도 저하를 한다. 또한 질병에 걸리면 회복능력이 떨어진다. 노인은 혈압이 높아져서 동맥경화나 고혈압에 걸릴 위험이 크면서 소화 운동력도 저하하여 근력이 떨어져 활동량이 크게 줄게 된다. 점차 나이가 들면서 심리적인 압박감, 소외감과 우울증 등으로 시달린다. 특히 씹는 능력도 떨어져 필요 열량이 공급되지 못하면서 허약해져 무기질과 비타민이 절대적으로 부족하게 되어 영양결핍에 의한 감염증가로 병에 걸리거나, 뇌쇠하여 죽게 된다. 그러므로 노인의 식욕을 증가시키려면 몸이 허락할 경우 최대한 운동을 하면서 매일 식사메뉴를 바꾸어 가면서 소화하기 쉬운 부드러운 농축된 식사를 하는 것이 바람직하다. 건강한 식사생활은 다음과 같다.

① 식사하기 전에 30분 동안 지속적으로 걷거나 운동을 하여서 식욕을 증진한 후 소금, 간장 등을 쓰지 않은 식사를 한다.

② 식사를 거르지 말고 규칙적으로 세끼(아침, 점심, 저녁)를 먹되 간식을 적당한 양만 먹는다.

③ 칼슘이 많은 우유와 요구르트, 비타민이 많은 쥬스 등을 마신다.

④ 비타민과 무기질이 많은 계절에 따라 익은 싱싱한 사과, 귤, 포도, 감, 복숭아 등을 먹는다.

⑤ 토마토, 오이, 채소를 매일 먹고, 음식을 골고루 즐겁게 먹는다.

4.2.3 건강관리

사람은 건강과 생명을 유지하기 위해서 살아 있는 동안에 규칙적으로 잘 먹고 배설하며 자야 한다. 따라서 사람이 활동과 성장을 위해 외부로부터 계속 공급되어지는 음식물 속에는 여러 가지 영양소가 함유되어 있다. 이때 영양소는 몸 세포 속에서 합성되지 않는 영양소를 필수영양소라고 하며, 주로 식품을 통해 공급되어진다. 인체에 필요한 5대 영양소는 탄수화물, 지방, 단백질, 무기물과 비타민이다. 5대 영양소 이 외에도 생명을 유지하고 건강한 웰빙(Wellbeing) 생활을 하는데 필요한 영양소는 45종이 있다. 영양소는 기능에 따라 크게 열량 영양소, 구성 영양소와 조절 영양소로 구분된다.

1. 영양소의 기능별 분류

(1) 열량 영양소

인간이 활동할 수 있는 힘과 체온 유지를 위한 열을 공급해 주는 영양소는 탄수화물, 지방과 단백질이다.

(2) 구성 영양소

몸의 근육, 골격, 기관, 혈관 등 몸의 조직을 구성하는 영양소는 단백질, 무기질, 물, 비타민 A, 인지질과 당지질 등이다.

(3) 조절 영양소

몸속의 대사과정, 수분 균형, 체온, 몸의 pH 등에 대한 생리기능을 조절하는 영양소는 무기질, 비타민, 물 등이다.

2. 몸의 필수영양소

6대 필수영양소는 열량영양소인 탄수화물, 지방, 단백질 외에 무기질, 비타민, 물이다.

① 탄수화물은 포도당이고, 지방은 리놀레인이다.

② 단백질은 루신, 리진, 발린, 메티오닌, 이소루신, 트레오닌, 히스타민, 페닐알라닌이다.

③ 무기질은 칼슘, 염소, 코발트, 크롬, 구리, 아연, 플루오르, 철, 칼륨, 인, 요오드, 망간, 마그네슘, 나트륨, 니켈, 주석, 바나듐, 실리콘, 셀레늄, 몰리브덴이다.

④ 비타민은 비타민 A, 비타민 B_6, 비타민 B_{12}, 비타민 C, 비타민 D, 비타민 E, 비타민 K, 티아민, 리보플라빈, 나이아신, 판토텐산, 비오틴이다.

3. 6대 영양소의 기초대사

(1) 탄수화물

곡물류에 많이 함유되어 있으며, 주로 전분, 단당류, 이당류, 올리고당류와 다당류이다. 탄수화물의 주된 역할은 몸속의 수억 개 세포에게 지속적으로 에너지를 공급하는 데 사용된다. 따라서 탄수화물은 근육운동, 호흡작용, 심장박동, 혈액순환, 음식물 소화와 흡수, 호르몬 분비, 신경기능과 조직을 합성하는 데 필요한 에너지 생산에 소요된다. 주요 에너지원은 포도당이 사용되며, 다당류는 소화시 단당류로 분해되어 혈관에서 흡수된다. 단당류 중 과당과 갈락토오스는 간(肝)에서 포도당으로 전환되어 에너지원이 되기도 한다.

(2) 지방

지방은 농축된 에너지 공급원이며, 지방 1 g이 몸속에서 발생된 열량 9 kcal을 담당하는 역할을 하고 탄수화물이나 단백질의 두 배 정도로 많다. 이는 지방 속에 수소(H)가 많기 때문이며, 지방은 지용성 비타민의 흡수와 운반을 하는 데 돕기도 한다. 피부 밑에 축적된 체지방은 체온조절과 열손실을 막는다. 콩팥이나 심장의 주위에 있는 지방은 외부의 충격으로부터 보호하는 역할을 한다.

(3) 단백질

20여 가지 다양한 아미노산이 풍부한 식사를 하면, 아미노산이 에너지원으로 될 뿐만 아니라 몸의 근육, 피부, 머리카락, 손톱, 치아, 골격, 혈관벽 등 모든 조직을 구성한다. 그리고 호르몬, 효소, 면역체들이 단백질이며, 혈액 응고 등의 주요 생리물질의 구성성분도 단백질의 기능이다.

(4) 비타민

세포 속에서 특수 대사기능을 하는 유기물로서 몸 안에서 합성하지 못하기 때문에 반드시 음식물이나 비타민 제제를 복용해 공급되어야만 한다. 비타민은 몸 안에서 일어나는 수많은 생화학 반응을 돕는 효소역할을 하며, 탄수화물 · 지방 · 단백질이 에너지를 생성하는 데 중요한 기능을 하고 세포분열 · 시력 향상 · 성장 촉진 · 상처 치료 · 혈액 응고 등에 관여한다. 그러므로 비타민이 부족하면 음식물의 소화능력이 떨어지면서 식욕이 저하되고 건강이 나빠지면서 성장도 제대로 안 되는 비타민 결핍증을 나타낸다. 식물은 광합성 작용에 의해서 생성되기 때문에 식물의 잎, 뿌리, 열매에 들어 있어 이들을 먹으면 비타민을 얻게 된다.

(5) 무기질

무기질은 몸의 조직을 구성하고 생리기능을 조절하며 몸무게의 4% 정도이다. 식물은 뿌리를 통해 삼투압으로 흙 속의 무기질을 흡수해 존재하여서, 음식물을 먹거나 물을 마시면 무기질을 얻게 된다. 무기질의 종류는 Ca, P, Na, K, Mg, S, Cl이 몸속에 충분히 함유되어 있으나 Fe, Mn, I, Cu, Zn, Co, F는 아주 적은 미량이 들어 있다. 무기물은 뼈, 이, 호르몬, 효소 등에 들어 있어 생리기능 조절, 몸의 대사과정 조절, 수분 균형 조절, 근육의 수축과 이완을 조절한다.

(6) 물

생명을 유지하는 데 중요하며, 몸무게의 60~70%가 물이고 몸속의 물은 12% 이상이 부족하면 사망에 이르게 된다. 물은 영양소를 녹이고, 식품의 소화, 영양소의 흡수·운반·대사·배설 등을 하는데 이용된다. 그리고 물은 피부를 통해 수분발산 하도록 하여서 체온을 조절하기도 한다.

4. 영양소의 기능

(1) 탄수화물

탄수화물은 소화할 때에 흡수가 잘 되어서 에너지원으로 소모되고 남은 에너지를 글리코겐으로 간과 근육에 저장한다. 열량은 몸속에서 1 g당 약 4 kcal이고 주로 곡물류, 콩과류, 감자류, 당근, 사과와 바나나에 많이 함유되어 있다. 단당류는 포도당과 과당, 이당류는 설탕과 젖산, 다당류는 녹말, 섬유소, 글리코겐에 함유되어 있다.

(2) 지방

지방은 에너지의 원천으로 1 g당 9 kcal로 제일 높고, 추운 환경에서 성장, 피부건강 보호에 이용된다. 버터, 돼지고기, 땅콩, 치즈, 쇠고기에 지방이 많이 함유되고 있다.

(3) 단백질

단백질은 몸 조직의 성장 유지, 산・알칼리의 균형 조절, 혈액의 응고, 체액 조절, 효소와 호르몬의 구성, 면역기능 발휘를 하며, 1 g당 약 4 kcal의 열량을 발생한다. 필수 아미노산은 몸속에서 합성되지 않으며 우유, 생선, 두부, 된장, 계란, 돼지고기, 쇠고기를 먹어서 공급된다.

(4) 무기질

무기질은 몸속의 에너지원은 아니지만 에너지 대사를 돕는다. 무기질은 몸의 골격, 이(teeth)의 구성, 생리조절 작용, 체액중성 유지, 혈액 응고, 자극전달 역할 등을 한다. 그리고 운동하면서 발생된 땀 속에는 Na, Ca, Cl 등이 함유되어 배출됨으로 피로와 생리기능 유지를 한다. 무기질은 Ca, P, K, S, Na, P, Cl, Mg, Fe, I, Cu, Zn 등이다.

(5) 비타민

비타민은 몸속의 화학반응을 원활하게 해주는 촉매작용을 하며, 지용성 비타민과 수용성 비타민이 있다. 지용성 비타민은 지방에 녹아서 과량 섭취시 몸속에 축적되어 부작용을 유발하나 수용성 비타민은 물에 녹아 불필요한 양은 오줌으로 배설된다.

① 지용성 비타민

비타민 A, 비타민 D, 비타민 E, 비타민 K이다.

㉮ Vitamin A : 토마토, 인삼, 간유에 많이 함유되어 있으며, 세균 저항력을 증가시키지만 부족시는 야맹증, 피부염을 일으킨다.

㉯ Vitamin D : 우유, 달걀노른자위, 정어리에 많이 함유되어 있으며, 인(P)과 칼슘(Ca)량을 조절하지만 부족시는 골다공증과 구루병을 일으킨다.

㉰ Vitamin E : 녹색채소, 쌀눈에 많이 함유되어 있으며, 정충을 형성하지만 부족시는 불임증과 근육 무력증을 일으킨다.

㉱ Vitamin K : 인삼, 간, 토마토에 많이 함유되어 있으며, 혈액 응고를 촉진하고, 부족시는 혈액 응고가 안 된다.

② 수용성 비타민

비타민 B_1, 비타민 B_2, 비타민 B_6, 비타민 B_{12}와 비타민 C이다.

㉮ Vitamin B_1 : 콩과류, 쌀눈, 효모에 함유되어 있으며, 탄수화물의 대사를 촉진시키고 부족시는 각기병을 일으킨다.

㉯ Vitamin B_2 : 우유, 쇠고기, 돼지고기, 녹색채소에 함유되어 있으며, 성장 촉진을 하나 부족시는 피부염과 입술이 튼다.

㉰ Vitamin B_6 : 우유, 간, 쌀눈, 효모에 함유되어 있으며, 아미노산의 대사를 촉진하나 부족시는 피부염과 입 안에 염증이 생긴다.

㉱ Vitamin B_{12} : 우유, 생선, 간에 함유되어 있으며, 조혈작용을 하나 부족시는 악성 빈혈을 일으킨다.

㉲ Vitamin C : 귤, 딸기, 녹황색 채소에 함유되어 있으며, 물질대사에 관여하나 부족시는 괴혈병과 온 몸에 출혈이 생긴다.

(6) 물

물은 체액 형성, 삼투압 조절, 체온 유지, 영양소 운반, 노폐물 이송, 배설, 유・무기물질의 용해, 화학반응의 촉매작용을 한다. 1일 성인일 경우에 물 섭취량은 1.8～2.5 L이다.

5. 건강관리

인간은 적당하게 영양이 분포한 음식물을 먹고 적절한 운동을 하며 질병없이 편안한 휴식을 갖는 것이 행복한 생활이다. 영양은 몸이 활동할 수 있는 힘과 체온 유지를 위한 열(Energy)을 공급하게 된다.

(1) 기초 대사량

생명을 유지해 가는 데 필요한 최소 에너지를 기초 대사량이라고 하며, 1일 건강한 남성은 1500 kcal이고, 여성은 1300 kcal이다. 특히 신체활동이 많을 경우의 활동대사량은 평균 2500 kcal이고 심한 운동을 하는 운동선수의 활동대사량은 4500 kcal 이상이다.

$$\text{에너지 대사율} = \frac{\text{활동시 대사량} - \text{안정시 대사량}}{\text{기초 대사량}}$$

(2) 영양의 부족

영양이 부족하면 쉽게 피로해지고 무기력하여져서 일 및 학습의욕이 떨어지며, 심하면 질병을 유발하거나 소화기 장애로 성장발육이 안 된다.

(3) 영양의 과다섭취

영양(탄수화물과 지방)을 과다섭취하면 열량이 몸속에 축적되어서 비만으로 동맥경화, 간경화를 일으킨다.

(4) 체액의 중성 유지

체액을 중성으로 유지하려면 산성 및 알칼리성 식품을 골고루 섭취해야 한다. 산성식품은 쌀, 보리, 옥수수, 밀가루, 빵, 콩과류, 버터, 치즈, 달걀, 쇠고기, 돼지고기, 닭고기, 양고기, 비스킷, 아스파라거스, 물고기류이다. 그리고 알칼리성 식품은 감자, 고구마, 채소류, 무, 토마토, 호박, 오이, 사과, 포도, 파인애플, 바나나, 아이스크림, 우유, 모유이다.

6. 건강한 몸무게

건강한 사람의 표준 몸무게는 신장(키)에서 105～110을 뺀 값이다. 과소 몸무게는 표준 몸무게보다 20～25% 범위의 몸무게가 감소된 상태이고, 과다 몸무게는 표준 몸무게보다 25% 이상 증가된 비만상태를 말한다.

비만형 몸무게를 줄이려면 동·식물 식품의 섭취량을 줄이고, 열량이 낮은 식품을 섭취하여야 한다. 또한 운동을 하여 섭취한 열량을 완전히 소모시켜서 몸 안에 체지방이 축적되지 않도록 해야 한다.

7. 역학에 의한 건강이해

건강은 내·외적인 원인과 생활습관에 지배된다. 내적인 요인은 면역, 영양상태이고 외적인 요인은 병원균, 물, 공기, 온도 등의 환경조건이고 생활습관은 보건지식 등이다. 그러므로 건강한 삶은 충분한 영양상태, 쾌적한 환경과 환경 위생적으로 안전한 생활습관을 갖추면 된다.

(1) 건강에 영향을 미치는 환경

사람도 지구상의 생태계 중 하나이다. 유해물질이 공장폐수에서 공공수역으로 방류되면 이곳에서 생장하는 플랑크톤이 유해물질을 섭취하게 된다. 이 플랑크톤을 먹고 자란 어패류의 먹이사슬을 거치면서 농축된 조개, 물고기를 먹은 사람들에게 수은 공해병인 미나마타병을 일으켰다. 그리고 지구온난화로 인한 모기생식지가 증가되면서 세계 각처에서는 말라리아 환자가 급증하게 될 것이다.

최근 SO_2(아황산가스)에 의한 대기오염이 국민의 만성기관지염 등의 건강에 심각한 악영향을 일으키고 있다. 쓰레기 소각로에서 배출된 다이옥신(Dioxin)에 의한 암, 환경 호르몬 등의 피해가 전 지구촌을 공포의 분위기로 만들었다. 환경 호르몬물질은 매우 위험해 물리적인 영향이나 화학적인 영향은 질적인 리스크(Risk)의 강도와 양적인 오염물질의 폭로량으로 건강의 피해를 평가해야 한다. 그리고 사회적인 영향은 직업이나 경제적인 사정, 그 밖의 생활습관이 건강에 중요한 영향을 미친다.

환경위생은 대상이 신체적인 분야만이 아니고 현대사회에서는 정신 및 심리적인 영향의 배려가 더욱더 필요해지고 있다. 따라서 환경위생은 집단을 대상으로 하고 있기 때문에 집단은 개인의 경우와 달리 집단 특유의 정신 및 심리적인 반응이 있다. 집단은 상호 친근감을 갖고 돕는 장점이 있으나 때로는 폭발적인 감정욕구가 나와서 단점이 될 때도 있다.

(2) 역학적인 건강이해

역학(疫學)은 집단에 대해서 건강상태의 확산, 거동을 관찰하거나 원인을 조사해 미래를 예측하며 대책을 검토하는 학문이다. 역학에서는 대상이 어떤 집단인지를 분명히 하여야 하며, 성별・연령별로 구성하고 필요에 따라서는 주소지별, 직업별 등으로 구분하기도 한다. 특정한 원인물질의 영향을 관찰할 경우는 그 물질에 폭로될 가능성이나 폭로인구를 조사에 포함시키고 있다.

이때 폭로인구는 위험폭로인구이며, 주로 위험원인물질에 피폭된 인구로서 위험물질에 피해 받을 가능성이 있는 집단 전체를 말한다. 다시 말하면, 인플루엔자 유행시 지역주민 전체가 감염될 위험에 놓여 있다면 유해지역의 주민 모두는 폭로인구로 본다. 집단의 건강상태표현에서 통계적 지표로 사망률은 인구 1천명당 연간 사망자수를 말한다. 양-반응관계(Dose-Response Relationship)는 어떤 집단에 대해서뿐만 아니고, 개인에 대해서는 폭로량과 작용량의 관계를 말한다. 반응 또는 영향은 일정한 시간을 통해 폭로량과의 반응관계가 반드시 직선이 아니고 S자형의 경향성을 나타낼 때가 많다. 역학관계는 주민의 생활환경이나 행동과 개연성이 있고, 건강은 집단과 개인의 관계성이 있다.

$$\text{위험강도} = \frac{\text{폭로인구 중 환자발생비율}}{\text{비폭로 인구 중 환자발생비율}}$$

사람의 생활환경이나 행동은 복잡하여서 실험실과 같은 조건을 완전하게 비교할 수는 없다. 역학에 의한 인과관계의 증명은 어느 정도의 개연성이 있어야 한다. 그리고 개인의 건강에 영향을 주게 되는 요인을 결정하는데도 개인에 특별한 사정이 없는 한 집단으로 보면 인과관계가 개인에 반영되고 있다.

(3) 건강의 10가지 행동요령

현대는 건강을 지키기 위해서 먹는 식생활방법이 매우 중요하기 때문에 현대인의 웰빙을 위해서 식사할 때 필요한 행동요령을 지키면 보다 더 건강해질 수가 있게 된다.

① 소염다초(小鹽多酢)
소금을 적게 먹고 식초를 많이 먹는다.

② 소육다채(小肉多菜)
고기를 적게 먹고 채소를 많이 먹는다.

③ 소당다과(小糖多果)
설탕을 적게 먹고 과일을 많이 먹는다.

④ 소식다작(小糖多嚼)
달콤한 음식을 적게 먹고 쓴 음식물을 많이 씹는다.

⑤ 소번다면(小煩多眠)
고민을 적게 하고 잠을 많이 잔다.

⑥ 소언다행(小言多行)
말을 적게 하고 운동을 많이 한다.

⑦ 소노다소(小怒多笑)
화를 적게 내고 웃음을 많이 웃는다.

⑧ 소욕다시(小慾多施)
욕심을 적게 하고 베풀기를 많이 한다.

⑨ 소의다욕(小衣多浴)
옷을 적게 입고 목욕을 많이 한다.

⑩ 소차다보(小車多步)
차를 적게 타고 걷기를 많이 한다.

제 5 장 산업위생

5.1 산업보건
(Industry Health)

산업보건의 목적은 노동에 의해 생긴 질병 및 건강장해를 예방하는 데 있다. 노동위생이나 산업위생은 비슷한 의미이고, 노동에 의해 생긴 질병을 직업병이라고 한다. 화학물질 안전 Data Sheet(MSDS) 또는 노동안전위생 Management System(OHSMS)은 직장에서의 안전이나 건강을 확보하기 위해서 사업자의 책임도 크지만 노동자도 필요한 사항을 준수해야 한다. 그리고 사업자가 실시한 조치를 이용해서 건강유지나 증진에 노력해야 한다다고 했다.

5.1.1 작업환경관리

작업환경 속에 있으면 유해가스, 증기, 먼지, 소음, 방사선, 고열, 환경호르몬 물질 등의 유해물질에 노출되어 노동자의 건강에 악영향을 일으킨다. 이 유해물질은 방지시설을 설치해서 제거하거나 노동자들에게 영향을 미치지 않도록 쾌적한 환경을 유지해야 한다. 지금까지는 건강진단만으로 건강장해가 있는지를 발견했는데 잠재적인 영향에 대해서는 알 수가 없다. 그래서 유해인자의 폭로를 저감하는 작업환경관리가 대단히 중요하며, 작업환경관리는 예방적 차원에서 이루어져야 한다.

작업환경관리는 작업환경의 유해인자 레벨을 정기적으로 측정해서 환경실태를 파악해 필요한 개선조치를 실시하여 유해인자 레벨을 낮추는 일이 중요하다. 이때의 측정을 작업환경측정이라고 하며 산업안전보전법에 의하면 먼지, 고열, 한랭, 소음, 방사선, 납(Pb), 유해용제, 산소결핍 위험장소 등을 측정하고 있다. 그리고 측정평가는 현재의 환경관리의 계속적인 유지관리에 노력하고, 설비 등을 점검해서 작업환경개선에 노력하거나 작업환경개선을 실시하고 있다. 작업자는 유효한 안전보호구를 착용해야 하며 필요시 건강진단을 받도록 하여야 한다.

작업환경개선은 유해물질 발생원의 제조 및 사용을 중지, 유해성이 낮은 물질로 전환해야 한다. 특히 생산공정은 작업방법을 개선하거나 발생을 최소화하고 취급작업장을 밀폐화 및 자동화 하여 국소배기장치 및 방지시설을 설치해 처리하여야 한다.

1. 작업관리

노동에 의한 건강을 해치지 않도록 하려면 유해요인의 작업장에 폭로되지 않거나 작업방법 개선 및 부담을 저감시키는 작업관리가 필요하다. 작업관리시 제일 중요한 과제는 산업피로이다, 그리고 작업강도 및 작업밀도, 작업시간의 연장, 연속 작업시간, 작업 자세, 주의력의 집중 정도, 판단의 필요성, 단독작업이나 공동작업, 휴식, 휴일, 통근, 자유시간이나 수면 등의 광범위한 요소들이 관련되고 있다. 그러나 과거의 노동 강도가 큰 시대에서는 전신피로가 문제이었다. 현재는 직장의 컴퓨터화, 자동화 등으로 단독작업이 증가되어 감시 작업이나 정확도가 요구되는 작업이 증가했다. 이 때문에 불안이나 정신적인 피로, 일부의 근육이나 감각기능을 혹사해 다른 근육이나 감각을 사용하지 않기 때문에 생긴 국소피로가 증대하고 있다.

예를 한 가지 들면 전자제품, VDT 작업은 눈을 자주 사용하기 때문에 눈의 피로가 빨리 생긴다. 그러므로 작업시간이나 연속작업시간의 규제 등으로 작업관리를 도모해야하며, 진동공구작업이나 중량이 무거운 물건을 취급 및 서서 하는 작업에 대해서는 인간공학적으로 작업방법 개선대책을 수립해야 한다.

각종 보호구의 사용은 환경개선대책이 곤란한 경우에 한정된다. 보호구 종류는 먼지나 증기, 가스상 화학물질에 대한 호흡용 보호구, 유해물이 피부에 접촉하는 것을 막는 보호 의류를 입여야 한다. 똑같은 목적으로 피부 노출부에 사용하는 보호 크림 및 화학약품을 바른다. 날림먼지는 보호 안경을 착용하거나, 레이저 및 자외선 등의 유해광선을 방지하기 위한 차광보호구를 착용해야 한다. 또한 소음에 의한 청력방해를 방지할 목적의 귀마개나 귀덮개(Ear Puff) 등이 사업장에서 사용된다.

(1) 산업안전 보건법상 54종의 유기용제

① 제1종의 종류(7종)

1, 2 다이클로로에테인(이염화에틸렌), 1, 2－다이클로로에틸렌(이염화아세틸렌), 사염화탄소, 이황화탄소, 1, 1, 2, 2－테트라클로로에테인(사염화아세틸렌), 클로로폼, 트라이클로로에틸렌(TCE)

② 제2종의 종류(40종)

노말헥산, 1, 4－다이옥산, 다이클로로메테인(이염화메틸렌), 메탄올, 메틸사이클로헥사논, 메틸사이클로헥사놀, 메틸뷰틸케톤, 메틸에틸케톤, 메틸이소부틸케톤, 1－뷰탄올, 2－뷰탄올, 사이클로헥사논, 시클로삭사놀, 스타일렌, 아세톤, 에틸렌글리콜모노메틸에테르(메틸셀로솔브), 에틸렌글리콜모노에틸에테르(셀로솔브), 에틸렌글리콜모노에틸에테르아세텟(셀로소브아세텟), 에틸렌글리콜모노뷰틸에테르(뷰틸셀로솔브), 에틸에테르, N, N－디메틸포름아미드, 오르소－다이클로르벤졸, 이소뷰틸알코올, 이소펜틸알코올(이소아밀알코올), 이소프로필알코올, 초산메틸, 초산부틸, 초산이소부틸, 초산이소펜틸(초산이소아밀), 초산이소프로필, 초산펜틸(초산아밀), 초산프로필, 크레졸, 클로로벤젠, 크실렌, 테트라이클로로에틸렌(파－클로로에틸렌), 톨루엔, 테트라하이드로퓨란, 1, 1, 1－트라이클로로에탄

③ 제3종의 종류(7종류)

가솔린, 미네랄스피릿(미네랄신나, 페트롤리움스피릿, 화이트스피릿 및 미네랄타이펜 포함), 석유납사, 석유벤진, 석유에테르, 코올타르납사(솔벤트납사 포함), 테레핀유

(2) 53종의 특정 화학물질

① 제1류의 종류(9종)

다이클로로벤지딘과 그 화합물, 알파－나프틸아민과 그 화합물, 염소화바이페닐(PCB), 오르토 톨리딘과 그 화합물, 디아니시딘과 그 염, 베릴륨, 벤지딘염산염, 벤조트라이클로리드, 석면

② 제2류의 종류(44종)

벤젠, 황화수소, 브롬화메틸, 3, 3′－다이클로로－4, 4′－다이아미노디페닐메테인, 베타프로 피오락톤, 사이아나이드화수소, 아크릴로나이트릴, 아크릴아미드, 에틸린이민, 염소, 염화비닐, 카르보닐니켈, 클로로메틸에틸에테르, 파라다이메틸아미노아조벤젠, 파라나이트로클로

로벤젠, 황산다이메틸, 요드화메틸, 플루오린화수소, 사이아나이드화 나트륨, 콜타르, 나이트로글리콜, 마젠타, 오라민, 망가니즈와 그 화합물(염기성 산화망가니즈 제외), 삼산화비소, 수은 및 그 무기화합물(황화수은 제외), 알킬수은화합물(알킬기가 메틸기 또는 에틸기인 것에 한함), 오르소 프탈로다이니트릴, 오산화바나듐, 중크로뮴산과 그 화합물, 카드뮴과 그 화합물, 크로뮴산과 그 화합물, 펜타 클로로페놀과 그 나트륨염, 톨루엔, 2, 4－다이 이소시아네이트

5.1.2 직업병과 대책

1. 직업병

직업병은 재해와는 달리 부적절한 작업환경 및 작업조건에서 오랜 기간 동안에 작업을 함으로써 발생하는 질병이나, 퇴직 후에 발생하기도 한다.

직업병이 업무에 기인하여 발생되었음을 인정하려면 일반적으로 다음과 같은 사항을 조사하여 종합적으로 판정하게 된다.

작업내용과 그 작업에 종사한 기간, 유해작업의 정도, 작업환경, 취급원료, 중간 생성물, 부산물 및 제품 자체 등의 유해성 유무와 그 농도 또는 공기중의 유해물의 농도이다. 그리고 유해물에 의한 중독증 또는 그 밖의 질병에서 특유하게 볼 수 있는 증상, 의학적으로 발생하리라고 예상되는 특징적인 임상검사 소견의 유무, 유해물에 노출된 때로부터 발병할 때까지의 시간적 간격 및 증상의 경과이다. 그리고 발병하기 전의 신체적 이상 또는 기왕증(이미 전부터 갖고 있던 질환)의 유무, 비슷한 증상을 나타내면서도 업무에 기인하지 않는 다른 질환과의 구별되는 작업자에서도 비슷한 증상을 나타내는 환자의 발생여부이다.

이와 같은 점에 유의하여 직업성 질환을 판정하게 되지만 업무의 유해성이 입증되면 반증이 없는 한 업무상으로 인정하게 되어 있다. 의학적으로는 확실한 진단을 내리기 위하여 여러 가지 임상검사를 충분히 할 필요가 있다. 직업병에 따라 신체해부를 하여 사망원인을 규명해야 하는 경우도 있다.

노동이 원인이 되어 발생되는 직업병의 발생 원인은 다음과 같다.

(1) 물리적인 원인

① 소음에 의한 소음성 난청
② 고열에 의한 열중증
③ 진동에 의한 진동장애
④ 방사선에 의한 방사선 피해
⑤ 고압작업실 내 공기 부족에 의한 피해

(2) 화학적 요인

① 먼지에 의한 진폐증
② 유기용제에 의한 유기용제 중독
③ 발암물질에 의한 직업 암
④ 중금속에 의한 중금속 중독

(3) 생물학적 요인

의료활동에 있어 세균 및 바이러스의 감염, 결핵

(4) 작업환경요인

① 작업시 생긴 자세와 무거운 물건을 들어올리면서 생기는 허리병
② 컴퓨터 작업에 의한 어깨통증과 눈 피로

2. 직업병의 대책방법

(1) 발생원일 경우

각종 직업병 원인이 되는 인자를 감소하기 위해서는 설비의 개선, 화학물질의 용기밀봉, 화학물질의 독성 저감을 위한 대체기술 등이 필요하다.

(2) 환경대책일 경우

작업장의 환경개선, 후드(Hood) 등의 국소배기장치 설치로 먼지나 가스 속에 있는 금속 퓸(Fume)을 포집해 제거한다. 먼지, 화학물질을 특정 작업일 경우에는 작업환경측정을 의무화하고 있다.

(3) 개인대책수립일 경우

수분을 섭취하게 하고, 귀마개, 귀덮개, 방독 마스크 등을 착용한다.

(4) 부담경감일 경우

잔업, 휴일 출근을 제한하거나 하여서 근무시간을 단축 및 휴식시간을 적절하게 조절한다.

(5) 건강진단일 경우

건강에 문제가 되는 작업에 대해서는 일반적으로 정기건강진단 이 외에도 특수 건강진단(진폐 건강진단, 특정 화학물질 건강진단, 전리 방사선 건강진단 등)을 의무화하고 있다.

3. 직업병 및 그 대책

직업병 중 고열병, 소음성 난청, 진동장애, 방사선 장애, 진폐증, 유기용제 중독, 금속중독, 직업 암, 유해가스 중독, 어깨 결림증, 요통증, VDT(visual display terminal)작업으로 생긴 시력의 장애에 대해 알아보기로 한다.

(1) 열중증(熱中症)

① 열사병(Heat Stroke)

유리공업, 도자기, 금속압연, 소각로 작업, 여름철 옥외 작업 등의 고온작업장에 의한 장해는 열사병, 열피로, 열경련, 열허탈이다. 그리고 고온작업의 부적합자는 비만자, 피부질환자, 45세 이상자, 심장혈관 이상자, 발열성 질환자이다. 열사병은 몸속의 열을 발산한 만큼 몸의 온도와 함께 뇌(Brain)의 온도를 상승시켜서 의식장애를 일으킨다. 땀이 나오는 것을 멈추면 피부는 더워진 채로 식혀져 몸의 온도가 높아져 자주 40℃ 이상으로 된다. 그래서 혈액순환의 장해로 죽게 되는 경우도 있어 아주 치명적이다. 육체적인 생산작업시 온도가 42℃ 이상으로 계속 상승하면 헛소리, 혼수상태, 의식혼란, 허탈감, 두통 등을 일으키며, 몸을 즉각 식히지 않으면 사망할 수도 있다.

② 열 피로(Heat Exhaustion)

장기적으로 42℃ 이상의 고온 작업장에서 일하면 많은 양의 땀을 흘려서 탈수로 혈액이 농축되면 심장의 부담이 증대해져 권태감, 안면 창백, 피로, 입안 건조와 현기증을 일으켜 보행곤란 등이 일어난다. 또한 맥박이 빨라질 뿐만 아니라 혈압에 이상이 오고 피부는 땀을 흘리지만 냉습해진다. 열 피로는 말초혈관 확장에 따른 혈관운동 저하와 심장 박출력이 저하해서 탈수로 혈당량이 감소해 졸도한다.

③ 열 경련(Heat Cramps)

많은 양의 땀에 의해 염분농도가 낮아져서 고통 외에도 복부와 사지근육에 경련을 일으키나 몸의 온도는 정상이다. 그러나 혈압은 떨어지는 일이 많고 일시적으로 단백뇨가 배설된다.

④ 열 허탈감과 열 쇠약(Heat Prostration)

몸의 온도가 떨어지기 때문에 혈관이 확장해서 혈압이 저하하고, 뇌의 혈류(血流)가 저하하게 되어서 탈력감, 현기증, 의식장애를 일으킨다. 그러므로 맥박은 빨라지나 몸의 온도 상승은 없다. 높은 온도에 의한 만성체력 소모로 전신권태, 불면증, 빈혈, 식욕부진 등으로 몸이 수척해진다.

⑤ 고열병의 대책

통풍냉방, 노동시간 단축, 소금과 물 섭취, 격리조작 작업, 열 차단, 몸을 냉방실에서 식힘 등이다.

(2) 소음성 난청

사람이 건강하게 살아가기 위해서는 주변 상황을 올바로 판단하게 하는 인체의 감각기능, 즉 보거나 듣고, 냄새를 맡고, 맛을 보고, 감촉을 느끼는 감정이 필요하다. 이 오감 중에서도 청력은 매우 중요하며, 만약 갓난아기때부터 귀 기능이 나빠 잘 듣지 못하면 말을 배울 수가 없다. 아이는 들리는 소리를 그대로 흉내내면서 말을 배우기 때문이다. 또한 다급한 소리나 자동차 경적 등을 들을 수 없기 때문에 위험한 상황을 빨리 알아차리지 못하므로 교통사고 및 신체 손상의 위험도 높다.

소음은 불쾌감이나 고통을 줄 정도의 원하지 않는 큰 소리를 말하는데, 이러한 소음에 오랫동안 노출되면 그 충격에 의해 내이(內耳)의 감각세포와 청신경이 점차 파괴된다. 손상 정도가 심해지면 청력은 회복되기 힘들 정도로 악화되어 젊은 나이에서도 귀가 잘 안 들리는 경우가 많다. 이와 같이 소음에 의해 청력이 나빠진 것을 소음성 난청이라고 하고 한 번 생긴 소음성 난청은 거의 회복이 불가능하다.

시끄러운 소리가 청력을 나쁘게 만드는 정도는 그 소리의 세기, 즉 얼마나 큰 소리인가 구분하며, 소리의 주파수에 따라 고음이냐 저음이냐를 알 수가 있다. 소음에 노출된 시간 등에 따라 영향을 받는데, 소리가 크고 주파수가 높고, 오래 들을수록 청력은 나빠진다. 데시벨(dB)이라는 단위로 측정하는 소리의 세기가 크면 클수록(즉, 더 시끄러울수록) 노출시간이 짧더라도 청력이 쉽게 나빠진다. 공장의 기계음은 약 85 dB 정도인데, 이 정도의 소음은 하루 8시간씩 들어도 대부분의 사람에게 청력이 저하될 가능성은 적다. 그러나 꽝꽝대는 기계망치소리(대량 100 dB 정도), 스테레오 헤드폰을 끼고 듣는 큰 음악소리(110 dB), 락 음악 공연을 가까이에서 듣는 것(120 dB)은 단지 몇 분 정도만 들어도 청신경이 손상을 받기 때문에 소음성 난청을 일으킬 수도 있다.

청력감각기관인 귀의 구조는 외이, 중이와 내이의 3개 부분으로 나뉘어져 있다. 그 중에서도 내이(內耳)가 가장 복잡하고 중요하기 때문에 이 부분은 머리(두개골) 안쪽에 위치한다. 내이 속에는 바깥에서 들어오는 소리를 감지하는 감각세포와 청신경이 자리 잡고 있다.

그러나 청각을 담당하는 이 내이의 감각세포는 노화(노인성 난청), 여러 가지 약물(특히 스트렙토마이신, 카나마이신, 겐타마이신 등의 아미노글리코사이드계 항생제에 의한 약물성 난청), 머리의 충격, 소음(소음성 난청) 등에 의해 손상을 당하게 되고, 그에 따라 청력이 나빠지는 경우가 자주 있다. 그 중에서도 현대사회에 접어들면서 청력을 나쁘게 만드는 가장 큰 원인이 각종 소음이다.

① 소음이 인체에 주는 영향

일시적 청력손실은 강력한 소음에 폭로된 후 2시간 후부터 나타나며, 청각신경의 일시적 피로현상으로 소음환경을 떠나 대부분 하루 정도가 지나면 회복된다. 그러나 영구적 난청은 오랜 기간 소음에 노출되면 영구적 청력손실, 즉 난청이 생기게 된다. 영구적 난청은 결국 소리를 느끼게 하는 신경말단이 손상을 받아 청력장애가 생긴 상태로서 회복이나 치료가 아주 어렵다. 이러한 청력장애는 소음의 세기가 클수록, 폭로시간과 기간이 길수록 심하며 주파수가 높은 고음(高音)일수록 잘 일어난다. 또한 소음성 난청이 잘 일어나는 민감한 사람도 있다. 난청현상은 처음에는 고음을 잘 못 듣게 되지만 오랫동안 소음성 난청이 진행되면 대화하는 소리까지도 못 듣게 된다.

㉮ 신체기능장애는 소음에 급작스럽게 노출되면 위(胃) 운동이 억제되고 위액분비가 감소하여 소화장애를 일으킨다. 혈압, 맥박, 호흡이 증가하고 전신근육이 긴장되는 등의 이러한 변화는 자율신경계와 관련된 것으로 흔히 놀랐을 때 나타나는 신체의 긴급반응과 같은 것이다. 그러나 이러한 반응은 소음폭로가 반복되면 감소한다.

㉯ 작업능률 저하는 소음 때문에 작업집중력이 떨어지기 때문이다. 조용한 작업조건하에서 같은 일을 할 때보다 소음환경에서는 불필요한 노력을 하여야 하므로 인체의 에너지 소비가 많아지고 스트레스가 증가한다.

② 청력보호구

근로자의 건강을 담당하는 관계자는 호흡보호구 착용의 필요성을 반드시 준수해야 한다. 소음성 난청이 감소하지 않는 사실은 사업주가 청력보호구를 근로자에게 지급하지 않을 경우와 근로자가 지급 받은 청력보호구를 착용하지 않아 청력보호구가 완전하게 청력을 보호하지 못하기 때문일 것이다.

일반적으로 소음에 대한 대책으로 소음원, 경로, 개인보호 측면 대책으로 나뉘어진다. 이 중 기존 설비와 장비를 변경하거나 저소음 장비로 대체하는 등 소음원에서의 소음 감소대책이 가장 바람직하다. 이 외에도 소음 전파 경로에서의 대책은 소음원 차단 및 밀폐, 소음원과 근로자간의 거리 증가, 소음원과 근로자 사이에 차단벽 설치, 반사음을 감소시키기 위한 흡음재 시공 등을 들 수 있다. 이와 같은 공학적인 대책이 가장 바람직하나 어쩔 수 없는 경우, 즉 경제적인 문제, 기술 및 공정 특성상 공학적 개선이 실행되기 어려운 경우에는 소음에 대한 근본적인 관리는 어려우므로 불가피하기 때문에 청력보호구 착용에만 의존하고 있다.

㉮ 귀마개(ear plug)

청력보호구의 올바른 선정과 착용을 위한 귀마개, 귀덮개 등과 같은 청력보호구의 선정시 고려되어야 할 다양한 요소 중 가장 중요한 것은 편안감과 차음률이다. 보호구가 불편하다면 근로자는 귀마개의 착용을 기피하거나 착용하더라도 정확하게 착용하지 않는 경우가 발생할 것이다. 또한 귀마개를 착용 후 불편한 경우에는 귀에서 귀마개를 수시로 제거할 것이며, 이런 경우 청력보호 효과는 급격하게 감소하게 된다.

예를 들면 25 dB의 차음효과가 있는 보호구인 경우 8시간 작업시간 동안 15분 정도 착용하지 않는다면 20 dB의 차음효과 밖에 얻지 못한다. 또한 착용하지 않는 시간이 30분, 1시간, 2시간인 경우 차음효과는 각각 17 dB, 15 dB, 10 dB로 감소한다. 따라서 차음률이 높고 편안감을 줄 수 있는 보호구를 선정하여 보호구 제거로 인한 차음효과의 감소를 방지하여야 할 것이다. 청력보호구는 여러 종류가 있으므로 개별 근로자에게 적합한 보호구를 선택하여 착용하는 것이 바람직하다.

한편, 귀마개는 시간이 지남에 따라 느슨해지므로 수시로 귀마개의 삽입상태를 점검하여야 하고 다시 단단히 끼우도록 한다. 귀마개를 착용하고 있다고 해서 소음으로부터 청력을 완전히 보호할 수 없다는 사실을 명심해야 한다. 충분한 차음효과가 있는 귀마개를 올바르게 착용할 때 청력보호 효과가 증대될 것이다. 근로자는 귀찮더라도 작업시간 동안 계속해서 귀마개를 착용하고 있어야 한다.

③ 소음성 난청예방

소음성 난청은 초기에는 아무런 증상이 없기 때문에 위험한 것을 잘 모르는 것이 문제가 된다. 청력이 감소하고 있는데도 통증 같은 것이 전혀 없고, 일상생활을 하는데 별로 불편함을 느끼지 못한다. 증상으로는 귀 속에 뭐가 들어찬 것처럼 약간 멍멍하다는 느낌이 제일 많고, 말소리가 약간 멀리서 들리는 느낌을 받게 된다. 그리고 조용한 곳이 있으면 귀에서 윙－하는 소리(이명)가 들리는 경우가 많다. 이런 증상이 생기더라도 시끄러운 소리를 듣고 난 뒤에 몇 분, 길어야 몇 시간 내에 없어지기 때문에 별 문제가 없는 것처럼 지내는 경우가 많다.

사람들은 대부분 이런 귀울림이 잠시 생겼다가 없어지면 귀가 다시 정상으로 돌아왔다고 생각한다. 그러나 실제로는 청신경이 정상으로 회복된 것이 아니다. 증상이 없어졌더라도 귀 속의 감각신경 세포의 일부는 소음에 의해 이미 파괴가 된 것이다. 물론 단지 한 두 번만 이런 소음에 노출되었다면 건강한 청신경 세포가 많이 있기 때문에 청력은 정상을 유지한다. 그러나 계속해서 반복적으로 같은 소음에 노출되면 청신경 세포의 파괴가 계속 진행되어 회복할 수 없는 청력장애를 일으킨다.

청력검사를 통하여 확인하는 방법은 소음성 난청의 초기 징후는 고음영역(4,000 Hz 전후)의 소리를 잘 듣지 못한다는 것이다. 예를 들면 새소리, 여성이나 아이들의 소리 같은 것이 고음의 소리이다. 그러나 소음에 의한 청신경의 파괴가 계속되면 결국에는 굵은 남자 목소리 같은 낮은 음 소리도 잘 듣지 못하게 된다.

시끄러운 소리를 가급적 적게 듣는 것이 최선의 방법이다. 특히 시끄러운 작업장에서 일하는 근로자, 대도시에 살면서 복잡하고 시끄러운 교통지옥을 뚫고 출퇴근을 해야 하는 사람들은 반드시 새겨들어야 할 주의사항이다. 평소 취미생활이나 오락에서도 시끄러운 음악보다는 조용한 음악을 즐겨야 한다.

만약 장시간 소음에 시달려야 한다면 반드시 귀마개를 끼는 습관을 갖도록 해야 한다. 요즘은 부드러운 일회용 귀마개를 시중에서 쉽게 구할 수 있어 편리하다. 이러한 귀마개를 끼면 시끄러운 소리를 듣더라도 약 25 dB 정도는 줄일 수 있기 때문에 소음이 있는 환경이라도 청신경이 손상되는 것은 예방할 수가 있다. 평소에 오토바이를 주로 타고 다니거나 공사장에서 기계망치를 사용하는 사람들과 풀깎는 기계를 사용하거나 시끄러운 소리를 내는 기계 또는 전동차 등을 다루는 사람들은 미리 귀마개를 항시 착용하여야 한다.

평소 소음이 많은 환경에서 지낸다면 집이나 작업실은 소리를 흡수하는 흡음처리를 하는 것이 좋다. 집 안에서 시끄러운 기계를 동시에 사용하지 말아야 한다. 텔레비전이나 오디오를 들을 때, 헤드폰을 끼고 음악을 들을 때도 가급적 볼륨을 낮추어 듣는 습관을 갖도록 하여야 한다.

주변이 시끄럽다고 다른 소리를 키워서 서로 상쇄시키려고 해서는 안 된다. 예를 들면 차를 타고 가다가 주변이 시끄럽다고 자기 차의 라디오나 음악의 볼륨을 높인다든지, 진공청소기의 소리가 시끄럽다고 텔레비전의 소리를 높이는 것은 청력을 더 나쁘게 하는 행위이다.

항상 주변에 소음이 많은 장소에서 생활하는 현대인들은 별다른 증상이 없더라도 청력을 이비인후과에 가서 측정해 보는 습관을 들이는 것이 좋다. 특히 소음이 많은 곳에서 일하는 사람이거나 음악을 크게 자주 듣는 사람들은 반드시 해마다 청력검사를 받아보아야 한다. 요즘 젊은이들에게 강력히 권고하고 싶은 것은 헤드폰을 끼고 시끄럽게 음악을 듣는 습관만큼은 청력보호를 위해 반드시 명심해야 한다.

④ 소음성 난청대책

기계금속 공업, 건설 토목업, 조선(造船)공업 등 광범위한 업종에서 소음 85 dB(A) 이상에서 장기간 폭로되면 소음성 난청으로 남의 얘기를 들을 수 없게 된다. 청력검사는 청력도(Audiogram)를 측정하는데 주로 고음주파수(4,000 Hz)에서 청력손실이 자주 나타나며, 이러한 현상을 C_5 dip이라고 한다.

소음대책은 소음원의 기계 개선, 차단, 흡음, 방음 보호구 착용, 작업시간 단축, 난청 건강진단으로 정기적인 청력 검사에 의해서 조기 발견 등을 해야 한다.

그림 5・1 남・여 나이별 주파수에 대한 청력손실

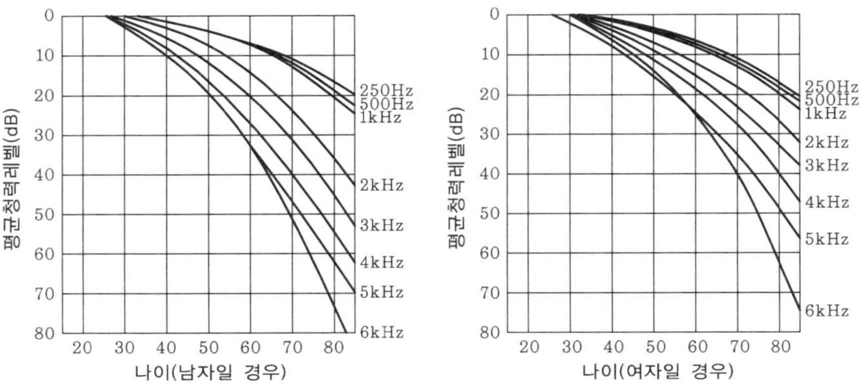

(3) 진동장애

기계금속, 건설토목, 채광석, 임업 등에서 착암기나 굴착기 등의 진동으로 발생되는 공구를 손으로 잡고 작업하는 경우에 손가락에 레이노(Raynaud's phenomenon)현상이 나타난다. 이 현상은 혈관의 이상 수축으로 창백 및 감각의 둔화, 백화증을 일으킨다. 그리고 신경장애, 뼈나 관절의 변형, 손가락 마비 등을 일으키며, 추운 곳에 있으면 더욱 심하다.

진동대책은 방진장갑 착용, 방진장치, 저 진동공구 사용, 작업시간의 제한, 진동장애 건강진단 등이다.

(4) 방사선 장해

전리 방사선은 α선(He 원자핵), β선(전자), γ선(전자파), x선(전자파), 중성자선 등이다. 핵연료 취급시나 비파괴 검사, 건강진단치료, 실험실 등에 폭로되면 장애가 생긴다. 주로 인체의 표적 장기는 눈, 피부, 생식기, 조혈기이며 조기장애는 백내장, 피부염, 피부궤양, 탈모, 백혈구수의 감소, 불임, 급성 방사선증에 따라 사망할 수도 있다. 그리고 만성적인 영향은 백혈병의 악성으로 새로운 질환, 백내장, 수명단축과 차세대 영향으로 태아장해, 기형 발생, 유전적인 장해이다.

방사선 대책은 전리방사선이 발생하는 곳의 격리, 차폐, 오염방지, 관리구역의 설정이나 측정(Monitoring)분석 등을 철저히 하고, 정기적인 전리방사선 건강진단과 교육 등을 실시한다.

(5) 진폐증(Pneumoconiosis)

공기 속에 떠있는 입자상의 날림 고체상 물질을 미세먼지라고 한다. 대개 기계적인 작용에 의해서 절단, 이송, 야적, 폭발, 해체작업시에 발생하고 자연계에서도 산성비, 지구온난화, 화산 폭발, 바람, 암석 파괴, 풍화, 운석 등의 작용에 의해서 먼지가 발생된다. 진폐증을 일으키는 먼지는 호흡기 계통을 통해 코, 기관지, 허파에 침착해 0.5～5 μm 먼지가 폐염, 알레르기성, 전신중독성, 자극성, 불활성, 발암성 먼지를 일으킨다.

① 진폐증을 일으키는 먼지

유리규산, 석면, 활석, 산화베릴륨 등으로 폐 속에 들어가 섬유 증식 또는 결절 형성 등의 증상을 나타낸다. 그리고 폐에서 산소섭취 능력을 방해하며 흔히 폐 결핵증을 일으킨다.

② 알레르기성 먼지

꽃가루, 털, 나무가루 등의 유기성 먼지로 알레르기성 천식, 피부병, 눈병 등을 일으킨다.

③ 전신중독성 먼지

수은, 납, 카드뮴, 망가니즈, 안티몬, 베릴륨 등의 금속과 비소, 인, 셀레늄, 황 등의 화합물로 구성된 먼지이다. 전신중독성 먼지는 중추신경계, 콩팥, 조혈장기 등 특정한 장기에 급성 또는 만성장애를 일으킨다.

④ 자극성 먼지

산, 알칼리, 플루오린화물, 크로뮴산 등으로 구성된 먼지로 눈, 호출기 및 소화기 점막과 피부를 자극하여 염증이나 궤양을 형성하고 치아를 부식시킨다.

⑤ 불활성 먼지

석탄, 석회석, 시멘트 먼지 등으로 많은 양을 출입하지 않는 한 유해한 작용이 없다고 믿고 있다.

⑥ 발암성 먼지

인, 석면, 니켈과 보닐, 아민계 색소 등의 먼지는 인체에 암을 일으킬 수 있다.

먼지피해는 상기도(上氣道)에 침착하면 작업성 항원물질에 의한 기관지 천식, 면(綿)폐증, 아마폐증 등의 알레르기 질환, 크롬 · 오산화바나듐(V_2O_5) 등에 의한 기관지염과 직업기인성의 만성기관지염과 폐기종 등이다. 그리고 흉막장애는 말초기도, 폐포, 임파계에 침착해서 장애를 일으킨다.

㉮ 진폐증

진폐증은 직업적으로 불용성 및 난용성의 먼지를 흡입시 폐섬유증상이며 진폐증, 석면폐증, 베릴륨폐증, 탄폐증, 알루미늄폐증, 용접공폐증, 면폐증, 활성폐증이 있다. 요업, 채석작업, 곡물 작업, 시멘트 작업, 분말활성탄 작업, 밀가루 작업, 사료 작업, 건물헤체작업 등은 각종 먼지에 의해 폭로시 허파의 선유(線維) 증식성 변화로 진폐증을 일으킨다. 이 외에도 유리규산에 의한 규폐증, 철(Fe)화합물에 의한 용접공폐증, 흑연을 포함한 탄소(C)에 의한 탄소폐증, 석면에 의한 석면폐증 등이 있다. 진폐증은 기침, 가래, 호흡곤란 등의 증상조사, 폐기능 검사를 실시해야 한다. 확정 진단은 흉부 X－ray를 찍어서 판단하고 석면일 경우는 폐암이나 흉막 · 복막의 악성 중피종양이 생길 때도 있다.

㉯ 규폐증

규폐증은 암석을 폭파, 분쇄, 천공시 공기 속에 날리는 유리규산먼지를 흡입해 발생되는 진폐증이다. 규폐증의 급성피해는 2～3주 이내에 호흡곤란 및 기침을 일으키고 수개월이 지나면, 호흡곤란을 일으킬 수도 있다. 석면폐증은 석면 먼지에 폭로되면 일반적으로 20～40년 후에 폐암, 소화기계통에 암을 일으킨다. 특히 직업성 폐질환을 일으키는 물질은 수백 종이며, 호흡기 반응형태는 진폐증, 폐질환, 폐종양, 감염증 등이다.

진폐증을 일으키는 허파에 침착하는 먼지 종류는 규소, 석면, 철, 주석, 바륨(Ba) 등이다. 천식 · 과민성 폐염의 폐질환을 일으키는 먼지종류는 동물의 털, 곰팡이류, 최루가스 등이다. 기관지염 · 폐부종을 일으키는 폐질환 먼지는 염소가스, 카드뮴, 석탄가루, 곡물가루 등이다. 그리고 폐암을 일으키는 발암 먼지는 크롬, 니켈,

라돈(Ra), 염화비닐, 클로로 메틸에테르 등이다.

진폐증 대책은 먼지의 발생이나 비산을 방지하고, 국소배기 장치와 집진기, 방진마스크를 착용하며, 진폐 건강진단을 받도록 해야 한다.

(6) 유기용제 중독

화학제조, 도장, 접착, 세탁(Dry-cleaning) 등의 작업시 사용되는 유기용제에 의해 폭로되면 각종 장애가 일어난다. 시너(Thinner)에 다량으로 포함된 톨루엔(Toluene)이나 세탁소에서 사용되는 솔벤트(Solvent)인 테트라 클로로 에틸렌(PCE) 등이 유기용제이다. 유기용제에 많이 폭로되면 중추신경의 마취작용이나 점막피부의 자극작용을 나타낸다. 똑같은 시너로 사용되어지는 노말헥산(n-Hexane)은 말초신경장애를 일으키며, 그리고 PCE는 간(肝)장애를 일으킨다. 그 밖에도 유기용제, 중금속 등으로 지정된 화학물질은 물질의 성상, 유해위험성, 구급대책 등을 기재한 화학물질 안전자료(MSDS)를 참고하여서 취급 근로자는 미리 재해방지가 될 수 있도록 해야 한다.

특히 Toluene은 호흡기를 통해서 몸속에 흡입되면 20%는 다시 호흡에 의해 배출되고 80%에 의해 암 유발, 눈 손상, 폐렴 등을 일으킨다. 유기용제의 대책은 유기용제의 용기나 사용기계 등의 발생원을 밀폐화하고 국소배기장치나 방독마스크, 보호장갑을 사용하여야 한다. 특히 유기용제 중독의 건강진단 등을 받도록 해야 한다.

(7) 금속 중독

광산, 정련, 합금작업, 전지제조, 용접 등에 의한 납(Pb), 수은(Hg), 망가니즈(Mn), 카드뮴(Cd), 비소(As) 등의 각종 금속 퓸(fume)에 폭로될 경우 금속에 의한 각종 장애가 생긴다. 납퓸(Lead fume)은 대사저해작용으로 빈혈, 무기수은에 의한 운동실조, 망가니즈에 의한 파킨슨 증후군, 카드뮴에 의한 신장염, 비소에 의한 피부의 각질화와 피부암 등이 잘 알려져 있다.

중금속 대책은 공정의 자동화, 국소배기장치와 집진기 설치, 호흡 보호구 및 보호의류 등의 착용이다.

(8) 직업 암

석면, 방사선, 비소 등의 각종 화학물질을 장기간에 걸쳐 폭로하고 있으면 암이 발생한다. 염료 중간물질인 벤조딘－β－나프틸아민에 의한 요로계 종양(尿路系 腫瘍), 크롬·타르·비소에 의한 폐암이 발생된다.

암 대책은 설비의 자동화와 밀폐, 호흡보호구의 사용 외에 계속적인 특정 화학물질에 대한 건강진단과 이직 후의 건강기록서 교부 등이 필요하다.

⑼ 유해가스에 의한 중독

일산화탄소(CO)는 혈액 속의 적혈구인 헤모글로빈(Hb)과 결합하여 조직호흡을 저해하며, 고농도시는 의식을 잃고 질식해 사망한다. 플루오린화수소(HF), 황화수소(H_2S)와 같은 가스는 호흡기 점막을 자극 및 손상해 고농도에서는 폐수종을 일으키다가 질식해 사망한다. 황화수소도 고농도시 뇌신경 세포장애를 일으켜서 의식불명이나 호흡마비를 일으킨다. 사이안화수소(HCN)도 세포 속의 호흡을 저해하여 의식실명이나 호흡마비를 일으킨다.

유해가스 대책은 환기, 방독마스크, 신선한 외부의 깨끗한 공기를 공급하는 마스크를 착용해야 한다.

⑽ 어깨통증

Key Puncher와 같은 컴퓨터 작업, 탁구·야구선수, 조립, 전화교환, 보육 등의 상체를 많이 반복 사용하는 작업에 의해서 근육이나 피로를 일으켜서 목이나 어깨의 결림증상이 나타난다. 그래서 작업방법이나 작업자세의 개선, 설비의 개선, 어깨통증 장애의 건강진단 실시로 필요시 작업배치를 조정해야 한다.

⑾ 허리통증

무거운 물건을 다루는 근로자에게 생기는 재해 질병이 허리병과 장기간 고정된 자세 등으로 허리에 부담을 주는 작업을 계속하면 서서히 허리병이 생긴다. 일반적으로 심하게 부담을 주면 요추(腰椎), 근육 등에 장애를 주어서 통증을 일으킨다. 따라서 무거운 물건을 운반하거나 기계체조, 건설, 장거리 이동, 보모(保母), 간병인 등에게 허리병이 자주 생긴다.

허리병의 대책은 55 kg 이상 무게의 물건을 운반시는 자동차로 작업방법을 변경하고, 작업 자세의 개선·작업시간 조정, 준비체조를 하며 허리병 건강진단을 실시해야 한다.

⑫ VDT 작업시 장애

VDT(Visual Display Terminal : 컴퓨터 화면)를 사용해서 장시간 작업할 경우에 발생하는 눈 피로, 손가락 저림, 어깨 결림, 피로감, 초조감 등이다. 대책은 책상이나 의자의 높이를 조정, 조명의 조정, 연속작업시간을 1시간 초과하지 않도록 하고, 10~15분 동안 휴식을 취한 후 작업하도록 해야 한다. 그리고 악화시는 VDT 건강진단을 실시해야 한다.

표 5·1 ▶ 유해인자별 직업병의 특성

의뢰 연도	의뢰인			생물학적 유해인자	질병명	판정 결과	감염경로
	성	연령	직업				
1992	남		종이제조업체 운전원		뇌막염	불인정	스트레스
1995	남	33	택시운전기사		폐렴	불인정	에어컨
1999	여	37	간호사	C형 간염 바이러스	C형 간염	인정	C형 간염에 감염된 혈액투석 환자의 주사바늘에 찔림
	남	36	토목기사	효모균	뇌수막염	판정 불가	지하작업 중 곰팡이균에 감염(추정)
	여	24	방직공	렙토스피라	폐렴	불인정	기숙사 주변 쥐에 의해 감염되었다고 주장
2000	여	23	임상병리사	결핵균	결핵	인정	결핵균 도말 및 배양 중 감염
	남	63	아파트 경비원	쯔쯔가무시	쯔쯔가무시병	인정	아파트 제초작업 중 진드기에 물려 감염
	여	26	간호조무사	원인균 못 밝힘	무균성 뇌수막염	인정	뇌수막염 환자 진료보조중 환자로부터 감염
	여	27	간호사	결핵균	폐결핵	인정	중환자실 근무 중 결핵환자와 접촉하여 감염
	여	36	병원 원무과 직원	결핵균	폐결핵	인정	원무과 업무 중 결핵환자와 접촉하여 감염
	남	45	플라스틱 제조업 운전기사	한탄 바이러스	유행성 출혈열	불인정	사료 저장탱크 설치작업 중 한탄바이러스에 감염되었다고 주장
	남	34	자동차 제조업체 연구원	녹농균	패혈증	인정	과로(스트레스, 벤젠)에 의해 면역이 억제되어 감염이 패혈증으로 진행되었다고 주장

의뢰 연도	의뢰인			생물학적 유해인자	질병명	판정 결과	감염경로
	성	연령	직업				
2000	남	35	조선업 용접공	연쇄구균	패혈증	인정	과로(용접품)에 의해 단순감염이 패혈증으로 진행하였다고 주장
	남	53	기계 제조업 주조공	결핵균	결핵성 뇌수막염	불인정	과로에 의해 결핵성 뇌수막염이 발현되었다고 주장
2001	남	60	주차관리원	연쇄구균	폐농양, 노흉	불인정	지하주차장 자동차 배기가스 및 오염된 급기에 의해 발병되었다고 주장
	남	41	세탁담당 직원	결핵균	폐결핵	불인정	세탁물 분진에 의해 폐결핵이 발현되었다고 주장

⒀ 한랭중증

추운 곳에 노출시 신체적인 영향은 −40℃ 이하의 찬 공기를 흡입하면 이 찬 공기 때문에 상기도(上氣道)에서 온도가 올라가 허파에는 피해가 없으나 간과 기관지염이 일어나 폐색성 부종이 나타난다. 아주 추운 곳에서 견딜 수 있는 한계시간은 −12.2℃일 때 6시간, −40℃일 때 1.5시간, −56.7℃일 때 25분이다. 견딜 수 있는 수온은 15.6℃일 때 2~5시간, 4.4℃일 때 1시간 이내에 사망한다. 16.7℃ 이상이면 8시간 생존할 수가 있고 기온이 7.8℃에서 나체로 8시간 생존 가능하다. 그리고 우리 몸의 체온이 26.7℃가 되면 혼수상태가 되고, 21~25℃이면 사망한다.

① 피해증상은 찬 곳에 있으면 두드러기, 부종 등의 국소반응을 가진 알레르기 현상으로 특히 −40℃ 이하의 찬 공기를 들이 마시면 폐쇄성 부종이 일어난다.

② 몸 조직이 추워지면 정교한 작업의 능률이 떨어지고 근육운동 등에 피로증상이 빨리 온다. 특히 발이 찬 물에 잠겨 있으면 침수족(Immersion Foot)증상이 일어난다.

③ 10℃ 이하인 곳에 계속 노출되면 손, 다리, 귀의 혈액순환에 장애를 받아서 국소장애 및 피부에 부종(15% 정도)을 일으킨다.

④ 기온이 0~16℃, 바람이 부는 곳에 있으면 동창(Chilblain)이 생기

고, 0℃ 이하일 때는 피부 조직에 동상(Frost-bite)이 생긴다. 발가락은 12℃ 이하이면 추워서 시리고, 6℃면 아프다.

표 5·2 ▶ 동상의 종류별 피해

구 분	피해증상
1도 동상	붉은 색으로 부어오른다.
2도 동상	물집이 생긴 삼출성 염증이 생긴다.
3도 동상	−15~20℃의 혹한에서 피부조직이 죽는다.

⑤ 예방대책은 가능한 작업환경 온도를 10℃ 이상으로 유지하여야 한다. 적당한 휴식 및 운동, 방한복 착용, 작업시간 제한, 습하거나 꼭 끼는 신발 및 장갑보다는 넉넉한 것을 사용하고 고지방의 식사, 비타민(A, B, C, D)을 충분히 섭취해야 한다.

⒁ 항공기 이용자의 피해증상

젯트 항공기는 순항시 지상으로부터 높이는 10 km 정도까지 비행한다. 이 때 객실은 가압되어서 압력이 560~600 mmHg 범위로 건강한 정상인은 생리적으로 피해가 없지만 호흡기 · 순환기의 질환이나 빈혈을 가진 환자에게는 산소호흡장치가 필요하다. 따라서 비행 항공높이에 관계없이 객실 속의 압력은 반드시 560 mmHg 이하로 내려가서는 안 된다.

⒂ 산소분압 감소시 주의해야 할 환자

① 결핵, 기관지 천식, 폐암, 폐기종 등의 만성 폐질환자는 폐기능이 저하되면 저산소증 상태가 되어 산소분압이 감소되면 피해가 크다.

② 고혈압, 관상동맥부진, 심장질환을 가진 순환계 질환자는 저산소에 의해서 심박수와 심박출량이 증가하고, 혈압 상승, 순환혈액의 혈색소량이 증가해 심장이 받는 고통이 크다. 그리고 산소 부족으로 불안감에 따른 협심증을 일으킨다.

③ 저색소성 빈혈환자는 산소운반 기능감소로써 혈액질환을 일으킨다.

④ 고도 3 km 이상인 곳에서 기압이 낮아 흔히 일어나는 저산소시는 눈의 망막혈관 확장, 안압 상승, 야간시력 감퇴, 안(眼) 질환을 일으킨다. 특히 안압(眼壓)은 고도 1.2 km인 곳부터 일어난다. 녹내장 환자는 저산소시에 출혈할 수도 있으므로 더욱 주의해야 한다.

⑤ 항공기 탑승으로 인한 현기증, 구토, 호흡 증가자는 동맥의 핏속에 CO_2 저하와 pH 상승 때문에 호흡성 및 알칼리성 증상이 나타나서 시력장애, 실신, 피부이상감각, 손·발가락 경련 등이 일어난다.

⑥ 당뇨병 환자에게는 경련이 자주 일어난다.

⑦ 항공기 속에 기체가 밀폐된 상태로 기압이 떨어지면 이관(耳管)을 통해 외기압과 중이(中耳)의 내압이 평형상태를 유지하기 위해 하품이나 압력조절 운동을 하게 된다. 감기에 걸린 환자나 이관이 좁은 사람은 고막이 압박을 받아서 심하면 중이염을 일으킨다.

⑧ 항공기 탑승자의 피해를 줄이기 위해서 국제민간항공기구(ICAO)는 심장질환, 폐질환, 빈혈, 정신실환, 전염병 환자, 천식, 임신 9개월 이상, 생후 2주 이내의 신생아, 알코올 중독자, 마약사용자, 복부·장기 수술받은 후 10일 이내인 자는 항공기 여객의 탑승을 제한시키도록 하고 있다.

그림 5·2 고지의 산악지대

5.2 유해광선

인간은 생활을 하면서 자연 및 각종 인공 방사선에 폭로되면서 살고 있다. 특히 인간에게 유해한 영향을 미치는 방사선에는 저에너지 자외선(UV), X－ray 방사선, 비전리 방사선이 있다. 그리고 적외선, 레이저, 라디오파, 가정 전기용품과 송선전으로부터의 전기 및 자기장에 따른 스펙트럼으로부터 저에너지 광자들의 비전리 방사선 등도 있다. 이 비전리 방사선은 거의 전리능력이 약하거나 없어 저에너지라고 하지만 인체에 미치는 영향을 갖고 있다. 또한 태양광선인 자외선(UV : Ultra Violet), 가시광선, 적외선 외에도 레이저(Laser), 마이크로파(Micro-Wave), 라디오파(Radio-Wave)는 자외선보다 저에너지를 갖는 전자파이다.

5.2.1 유해광선의 특성

1. 자외선(Ultra Violet : UV)

자외선은 파장의 범위가 100～400 nm인 전자파이다. 태양으로부터 공기층을 통과해서 지구에 도달할 때 대기에 의해 흡수되고 대기오염에 의해 입자상 물질이 많이 부유하고 있으면 더 많은 양이 반사 및 흡수된다. 특히 구름이 낀 날이나 눈이 많이 내리면 자외선이 반사되어 많은 자외선 양이 대기공간에 존재해 인체에 나쁘다. 자외선은 금속의 용접이나 절단작업시, 불활성 가스 속에 많이 발생된다. 주로 수은등, 수은아크등, 탄소아크등, 헬륨방전관, 수소방전관 등에서 발생되는데 파장이 짧은 순서대로 진공 자외선 100～200 nm, 자외선 C형 200～300 nm, 자외선 B형 300~350 nm, 자외선 A형 350~400 nm로 구분한다. 파장이 290~310 nm 범위의 자외선을 도노(Dono)선이라고 하며 인체에 매우 유익한 작용을 한다.

자외선은 사람 몸의 피부와 눈에 흡수되어서 높은 에너지로 인한 광화학 반응으로써 단백질과 핵산분자가 파괴 및 변성작용을 한다. 이때 피부의 표피세포가 장애를 받으면 각질부 세포 속에서 광화학 작용으로 생성된 히스타민(Histamine)이 피부 밑에 있는 모세혈관을 자극시켜 혈관확장으로 붉은 반점을 일으킨다. 이러한 반점은 297 nm 파장 부근에서 제일 많이 나타나며, 말피기(Malpighi)층의 멜라닌은 각질층으로 이동하여 피부에 붉은 점의 피부암이 생긴다. 그리고 전기용접시 자외선을 여러 시간 쪼이면 시각장애 및 급성각막염이 생기고 적혈구, 백혈구와 혈소판이 증가한다.

이 외에도 자외선 B형의 파장 290~320 nm 범위에서는 식물계 속의 에르고스테롤(Ergosterol)이나 동물 몸속에 존재한 7-Dehydrocholesterol 등 비타민 D의 전구물질이 자외선을 쪼이면 Vitamin D_2 또는 Vitamin D_3로 되기도 한다.

2. 적외선(Infra Red : IR)

적외선은 가시광선과 라디오파(Radio Wave)의 중간에 있는 전자파이다. 파장범위는 0.7~1000 μm로써 물질에 흡수되어 따뜻하게 하는 열작용을 일으켜 열선이나 열복사라고도 한다. 일반적으로 파장이 1.4 μm 이상의 적외선은 몸의 피부에 흡수되면서 온도를 상승시키고, 0.75~1.4 μm의 적외선은 적외선을 받는 부분만 피부가 흡수 및 방열작용까지 동반하지만 온도 증가는 없다.

일반적으로 파장 1.4 μm 이하의 적외선은 피부의 투과력이 강하며, 1.5~4 μm가 모세혈관을 자극해서 눈에 오랜 시간 쪼이면 백내장을 일으킨다. 피부장애로는 혈관 확장 및 충혈이 나타나다가 습진, 화상 및 암을 유발한다. 파장 1.4 μm 이상은 눈의 각막을 손상시키며, 1.4 μm 이하의 짧은 적외선이기에 화상은 없지만 10~15년 동안 계속 노출시 적외선 백내장을 일으킨다.

3. 가시광선

가시광선은 파장범위가 400～760 nm의 전자파이며, 눈의 망막을 자극해 시력장애를 일으켜서 눈 피로, 능률 저하와 운전시 교통사고를 일으킬 수가 있다. 특히 조명이 과잉이거나 부족시에 강렬한 광선으로 눈의 망막을 자극하여서 잔상(殘像)을 동반해 시력장애 및 시야협착을 일으켜서 심하면 두통, 어지러움이 생긴다.

햇빛에 의한 자연조명과 인공조명이 있는데 인공조명은 종류, 밝기와 방향을 조절할 수가 있지만 자연조명은 불가능하다. 작업환경에 알맞은 조명기준은 조작작업 300 Lux, 정밀작업 1000 Lux, 일반작업 400 Lux이고 적정조명이라도 눈이 피로하면 전체 조명의 조도를 국부조명에 의한 조도의 10～20% 정도로 조절해야 한다. 건강한 사람이라도 조명이 부적절한 작업환경에서 계속 있으면 시력 저하와 눈의 피로도 증가한다.

4. 레이저 광선(Laser Light)

레이저 광선은 Ar(아르곤 : 458～515 nm)과 Ru(루테늄 : 694.3 nm) 등이 순수한 광선을 방출하는 물리적인 특성을 이용해서 주로 물질의 구조연구, 재료의 가공, 우주선의 추적, 지하철의 공사조준기용, 지질 탐사시 융기상황 조사, 다이아몬드의 절단 등에 이용된다. 레이저 광선은 눈과 피부에 피해가 나타나며, 파장 400 nm 이하시 눈의 각막에 흡수되어 각막염을 일으키고, 300～400 nm에서는 눈의 홍체와 수정체에 흡수되면 백내장이 발생된다.

그리고 레이저의 광선, 열, 압력과 전자장 등은 세포의 응고, 괴사, 연소, 증발, 탄화작용을 일으키는 피해 그 밖에도 레이저 광선 피해는 눈에 부종, 실명, 기포 발생, 망막 손상을 일으킨다.

5. 라디오파(Radio Wave)

라디오파는 파장범위가 10～300,000 Hz이며, 마이크로파(Micro Wave)라고도 한다. 주로 라디오파는 Radio, TV에 이용되는 주파수이어서 붙여진 전자파이고, 일반 · 군용 레이더, 열접착, 전자레인지, 전기투열 의료치료기 등에 이용되어서 마이크로파라고도 한다.

라디오파가 몸의 피부에 흡수되면 따뜻한 느낌을 받으나 파장 100~110,000 MHz는 눈에 백내장을 일으키며, 300~1300 MHz는 중추신경에 장애를 일으킨다. 그리고 두통, 피로감, 기억력 감퇴, 정서불안, 호흡곤란, 조건반사 둔화, 성적 흥분 감퇴, 저혈압, 심장질환 장애 등을 유발한다. 특히 혈액의 단백질 분해 변동, 혈소판 증가, 망상 적혈구 출현, 히스타민 함량 변화 등을 일으킨다.

5.2.2 전리 방사선(Ionizing Radiation)의 특성

1. 방사선

방사선은 방사능(Radio Activity)을 가진 원자나 원자핵으로부터 방출되는 에너지 흐름을 말하며, 전리방사선이라고도 한다.

방사선은 원자핵이 불안정해서 방출하는 α -ray, β -ray, γ -ray이며, 물질을 통과시킬 때 직·간접적으로 그 물질의 원자를 전리시키는 능력을 갖고 있다. 그래서 α -ray, β -ray와 양성자선은 전하를 띠고 있어서 물질을 통과할 때 그 물질의 원자를 직접 전리시킬 수가 있고 γ -ray과 χ -ray는 전하 없는 중성자선과 전자기파이어서 전리능력 보유가 없어 간접 전리된다. 그래서 방사선은 에너지에 따라 α -ray, β -ray, γ -ray, χ -ray와 같은 전리방사선과 적외선, 가시광선과 자외선 같은 비전리 방사선으로 구분된다.

2. 방사선의 특징

Curie는 1898년 세계 최초로 방사능을 발견했다. 1932년 Chadwick에 의해서 중성자가 발견되었으며, 1903년에 W. Remsay와 F. Soddy에 의해서 α -ray가 발견되었다.

알파입자는 핵 속에 중성자 2개와 양성자 2개로 구성된 전하량 +2, 원자질량단위(a.m.u) 4의 핵성질을 갖고 있는데 단일에너지는 3~8 Mev이다. 베타입자는 불안정한 원자핵으로부터 방출되는 전자로 전하가 -1, +1을 갖는 음전자(β^-)와 양전자(β^+)가 있다. Enrico Fermi 박사는 중성자(n : Neutron)가 양성자(p : Proton)로 변화시 β^-가 방출되고, 양성자가 중성자로 변환할 때 β^+가 방출된다고 했다. 이 때 양전자(β^+)는 음전자(β^-)와 쉽게 작용해 2개의 γ－ray를 방출하는 전자소멸현상이 일어난다. γ－ray(감마선)은 입자가 아니고, 불안정한 방사성핵이 α와 β로 붕괴시 핵 내부에서 방출되는 전자파의 방사선 방출속도는 광속도인 3×10^{10} cm/sec(참고로 α－ray 입자속도 : $1.4\sim2\times10^9$ cm/sec)와 같다. 그리고 γ－ray의 에너지는 0.2～0.5 Mev이며, 파장 · 진동수 · 에너지에 관계없이 속도는 일정하다.

방사성 물질의 하전입자가 공기층을 통과시 원자와 탄성 · 비탄성 물질과 충돌하기 마련인데 이때 탄성충돌로는 하전입자의 방향을 변화시킨다. 비탄성 충돌에 의해서는 전자, 양이온과 음이온의 이온쌍을 형성한다. 따라서 알파입자는 공기 속에서 모든 에너지를 소모하고 정지할 때까지 쿨롱(Coulomb)작용으로 105개의 이온쌍을 생성한다. 알파입자의 진로는 직선으로 움직이나 베타입자는 꾸불꾸불하게 진행한다.

3. 방사선의 피해

방사선이나 방사성 물질은 백혈병, 암을 유발한다. 1945년 일본의 히로시마, 나가사키에 투하된 핵폭탄은 피부암(Skin Cancer), 피부괴사(Dermal Necrosis), 피부의 표피탈락(Desquamation), 홍반(Erythema), 탈모(Epilation) 등을 일으켰다. 그리고 유전적인 영향은 돌연변이 발생에 의한 질병, 염색체 이상에 의한 질병과 복수 유전자에 의한 질병이 일어난다. 주로 본태성 고혈압, 구개열, 다우너증, 선천성 심장기형, 헌팅턴 무도증, 혈우병, D형 근위축증, 페닐케톤뇨증, 전식 백자 다운증, 클라인펠터증의 질병은 방사선에 장기간 노출시 발생한다.

5.3 유해물질

직업병의 발생은 작업환경과 작업자의 건강상태 등에 지배된다. 일반적으로 작업환경의 물리적인 작업방법이나 유해물질의 취급, 작업국소 배출시설 등이 불량할 때와 관련성이 있다.

따라서 생산제조과정에서 부산물로 생성되는 유해물질에 작업자가 폭로되어 있으면 호흡시 몸속에 들어와 작업자의 연령, 성별, 체질 등의 생리적인 감수성에 따라 진폐증, 과로사, 납중독, 백랍병, 중금속 중독, 직업 암, 가스색전증 등을 일으킨다.

5.3.1 유해가스의 특성

1. 암모니아(Ammonia : NH_3)

NH_3는 무색 기체로 톡 쏘는 자극성 냄새를 가진 부식성 독성물질이며 알칼리성 유해가스이다. 눈에 접촉시 심한 자극을 시켜서 시력 상실과 녹내장과 흡입시는 구토, 언어장애, 호흡곤란, 맛감각 상실, 소화장애 등을 일으킨다. 독성은 1540 ppm농도의 NH_3 노출시는 사람 눈에 가벼운 자극만 일으키나 700 ppm에서는 즉각 자극을 주며, 2500 ppm에서는 눈물을 흘리면서 심하면 일시적인 시력상실을 유발한다.

2. 일산화탄소(Carbon Monoxide : CO)

CO는 무색의 기체로 유독성 기체이며, 연탄중독 가스라고도 한다. 유해성은 혈액세포에 영향을 미치며, 눈에 접촉되면 시력을 흐리게 만든다. 피부 접촉시에 물집 등을 일으키며, 흡입시는 구토, 두통, 졸음, 현기증, 실신, 동맥경화증, 당뇨, 난청, 실명, 질식, 혼수상태, 혈액장애, 기억력 감소 등을 유발한다.

CO_2가 공기 속에 1200 ppm일 때 노출되면 즉각적으로 생명과 건강에 위험성을 나타낸다. 혈액 속에서 형성되는 CO－Hb의 양에 따라 급성피해 증상은 10～40%일 경우에 심한 두통과 호흡곤란 등을 일으키고, 40～60%일 경우에 실신, 환각과 맥박 증가 등과 70～80%이면 호흡정지로 곧 사망한다.

3. 염화수소(Hydrogen Chloride : HCl)

HCl는 무색의 자극성 냄새를 가진 유해가스로써 부식성 및 독성 물질이다. HCl 가스를 흡입시 코와 호흡기에 자극이나 손상을 일으키다가 심하면 사망한다. HCl 300 ppm 농도의 작업장에 6시간 이상 노출시 눈의 각막이 영향을 받아 충혈이 되며, 피부에 접촉되면 통증과 피부 손상을 일으킨다.

4. 염소(Chloride : Cl_2)

Cl_2는 황록색의 기체로써 독성·자극성·부식성 물질이다. 1 ppm 정도에서도 자극적인 냄새를 유발하며, 수돗물의 소독효과는 다음과 같다.

$$Cl_2 + H_2O \rightarrow HCl + HOCl$$

$$HOCl(a) \rightarrow H^+(a) + OCl^-(a)$$

5. 질소산화물(Nitrogen Oxides : NOx)

NOx는 NO, NO_2, N_2O, N_2O_3, NO_3, N_2O_4, N_2O_5 등이 있으며, 주로 NO와 NO_2를 말한다. NO는 무색의 기체이나 NO_2는 적갈색의 기체로서 NO보다 독성이 5～7배 정도로 강한 부식성·자극성·독성 가스이다.

6. 유기용제(Solvent)

유기용제는 끓는점이 200℃ 이하이면 휘발성 유기물질(VOC : Volatile Organic Compound)이고, 200℃ 이상이면 비휘발성 유기물질이다. 그리고 활성기에 따라 할로겐족과 비할로겐족 화합물로 구분하며, 유기염소계 용제는 TCE(Trichloroethylene), PCE(Tetra Chloroethylene), Trichloro Ethane 등이 있다.

유기용제는 친유성이며, 주로 살충제 및 세척제 등으로 많이 사용되고 반감기는 10~90일 정도이다.

제 6 장 학교위생보건

6.1 학교보건

(School Health)

학교보건은 학생과 교직원의 건강뿐만 아니라 질병으로부터 환경위생적인 예방과 보전을 유지해서 학습효과를 증진시키기 위한 교육적인 활동이다. 그러므로 학교보건의 효율적인 향상을 위해 학생과 교직원 스스로가 보건봉사, 환경위생과 보건교육에 의해 각자의 건강문제를 해결할 수 있는 능력을 갖도록 해야 한다. 일반적으로 학교 보건사업은 환경위생, 보건교육, 급식관리, 정신보건, 안전사고예방과 응급처치이다.

6.1.1 환경위생사업

학교보건사업 및 환경위생은 학교장, 양호교사, 담임교사, 체육교사, 영양사, 학교 의사 및 약사 등이 효율적으로 보건교육을 통해 실시해야 한다. 양호교사는 건강진단, 학교위생관리, 전염병관리를 위해서 학교보건법상 초 · 중 · 고교의 규모와 관계없이 1명씩 근무하도록 규정하고 있다. 18학급 이상의 초등학교에는 학교 의사 및 약사를 비상임으로 두어야 하고 중 · 고등학교는 9학급 이상으로 되어 있다. 그리고 18학급 미만의 초등학교와 9학급 미만의 중 · 고등학교는 학교 의사나 학교약사를 둘 중에 1명을 두도록 규정하고 있다.

1. 교실의 조명

학생의 시력보호와 수업효과를 높이기 위해서 알맞은 조명이 필요하다. 주변 환경상태(온도, 조명, 소음 등)를 알아보면 온도감각은 기온, 기류, 습도와 복사열에 의해 지배되며 이들을 온도환경과의 4요소라 한다.

온도의 체감성도 이들의 조합에 지배되며, 사람이 춥다거나 덥다고 하는 감각은 몸의 생산열량 및 방출열량에 따라서 나타난다.

공부방의 채광은 밝음, 눈부심, 광원방향과 색깔에 지배된다. 병실은 조명등이 있는 침대에 환자가 누워 있는 방향에 따라 크게 차이가 있는바 눈부심 등이 없게 배려해야 한다.

표 6·1 ▶ 학업용도별 조명(Lux)

구분	교실 · 실험실 · 도서실 · 사무실	미술실 · 제도실 · 전산실	복도	화장실 · 계단
조명	300	600	60	120

2. 식중독과 위생관리

성장기 학생들에게 필요한 영양을 공급하여 심신(心身)의 건전한 발달과 올바른 공동체의식, 건전한 협동정신 등 민주시민으로서 자질과 덕성을 함양하기 위해 단체급식을 실시한다.

(1) 식중독

음식물 속에 유해물질이나 자연독(自然毒)이 함유된 것을 섭취함으로써 생기는 급 · 만성적인 건강장애를 식중독이라고 한다. 식중독의 원인물질은 세균, 화학물질, 자연독에 의해서 발열, 구역질, 설사, 복통 등을 일으킨다. 식중독을 일으키는 독성 물질에 따라서 만성 중독, 발암성, 돌연변이 유발성, 기형 유발성 및 알레르기성 반응을 유발한다.

① 세균성 식중독

살모넬라, 장비브리오, 병원성 대장균, 포도상구균, 보틀리누스균, 웰치균의 독소에 의해서 생성된다. 일반적으로 독소형 식중독은 끓여 먹으면 세균(Bacteria)은 죽으나 그 독소는 그대로 남아 있어 중독을 일으킨다.

② 화학성 식중독

식품가공과정에서 사용된 잔류 농약, 불법 식품첨가물, 용기 · 기구 · 포장 등에서 용출되는 독성 물질에 의해 중독을 일으킨다.

③ 자연독 식중독

동 · 식물성 자연식품 속에 함유된 고유한 독성 물질로 생긴 중독으로 복어, 모시조개, 섭조개의 동물성 자연독과 독버섯, 옻나무 등의 식물성 자연독에 의한 식중독이 있다.

④ 살모넬라증

세균인 살모넬라균에 오염된 음식물을 섭취한 후 12~24시간 후에 복통, 설사, 구토를 갑자기 일으키면서 두통과 오한을 일으키다가 2~3일이 지나면 회복된다. 살모넬라균은 보균자의 대변, 쥐·개·고양이 등의 분변을 통해 감염되며 집안에서 동물을 기르지 말아야 한다. 식품은 냉장고에 보관 후 이용하며 가열해서 음식물을 먹도록 한다.

⑤ 보툴리누스 식중독

보툴리누스균이 통조림 등의 식품에 오염될 경우에 생성한 독소를 모르고 섭취시 위(胃) 및 장(腸)에서 12~24시간 이내에 흡수되면 뇌조직을 침해시켜서 언어장애, 호흡곤란 등으로 죽게 된다.

⑥ 포도상구균 식중독

세균성 포도상구균이 식품에 오염시 생성된 독소가 원인으로 되어서 일으키는 중독으로 독소가 몸속에 들어와서 2~3시간 지나면 구토, 구역질, 복통, 설사 등을 일으키다가 1~2일이 경과하면 회복된다.

⑦ 비브리오 패혈증

비브리오 패혈증에 감염된 사람 중 60.5% 정도가 사망하므로 음식을 익혀 먹도록 홍보해야 한다.

(2) 쓰쓰가무시병

쓰쓰가무시병은 가을철의 전염병으로 관목 숲이나 들쥐·집쥐·족제비 등에 기생하는 진드기 유충에게 물리거나 들쥐 등의 바이러스가 호흡기를 통해서 몸속에 들어와 발병한다. 감염되 두통, 복통, 오한, 근육통, 눈의 출혈 등을 일으키다가 심하면 죽게 되는데 치사율은 20%이다.

(3) 말라리아 병원균

말라리아 병원균을 옮기는 모기는 사람의 살 냄새를 맡고 피를 빨아먹으면서, 말라리아 병원균에 의해 말라리아, 웨스트나일 바이러스, 뎅기열, 황달병의 질병을 일으킨다.

(4) 알레르기성 질환

알레르기(Allergy)성 질환은 아침에 심하고 낮에는 오히려 가벼워지거나 주로 봄과 가을철에만 나타나고 겨울과 여름철에는 나타나지 않는 특징을 갖고 있다. 주로 알레르기성 질환은 우리 몸에 면역력이 저하되면 침투하여 알레르기성 비염, 축농증 등 코질환으로 고생하는 사람들이 많이 발생한다. 따라서 코질환은 콧물, 재채기, 코막힘 등의 증상과 함께 목, 눈주위, 코의 가려움 외에도 눈이 충혈되고 현기증, 피로 등이 일어난다. 일반적으로 알레르기성 비염은 자동차의 배출가스, 스트레스, 진드기 등에 의해서 발생되며, 심하면 축농증이 생겨 얼굴의 감각이상과 두통이 온다.

(5) 학교건물 보건

Shock house 증후군은 신축교실 건물로 이사하거나 실내를 개축할 때면 잠시 동안 두통이 있거나 눈이 뻐근하고 빡빡해지는 현상을 말한다. 건축이나 커튼 등에서 Formalin(HCHO) 등이 휘발하여서 실내 공기 오염을 일으킨 화학물질 과민증이다. 최근 에너지 절약을 위해서 주택의 기밀성을 향상시킴에 따라 창문에 결로가 생겨서 진드기, 곰팡이가 증가하고 실내먼지(House Dust)가 알레르기의 원인이 되어 알레르기성 질환이 증가하고 있다. 여러 사람이 이용하는 학교, 운동장, 점포, 사무소, 체육관, 여관, 교회 등의 건축물은 위생환경에 관한 법률이 규정한 공기환기, 실내공기오염, 급수, 배수관리, 청소, 곤충, 쥐 등의 구제에 관련된 건축물 환경위생 관리기준에 적합하여야 한다.

① 빌딩증후군

빌딩증후군(Sick Building Syndrome)은 대형 건물이나 아파트, 지하 시설물 등 밀폐된 실내공간에서 장기적인 일을 하거나 거주하는 사람들에게서 공통적으로 나타난다. 증상은 눈·코·목 등의 점막이 따갑거나 시큰거리는 느낌, 두통, 현기증, 매스꺼움, 비염, 천식 등 각종 알레르기·전신피로감 같은 신체적인 증상에서부터 무기력감, 불쾌감, 기억력 감퇴 등 정신적인 피해를 나타낸다.

특히 여름철에 자주 발생하는 냉방병이나 레지오넬라균도 빌딩증후군의 하나이다. 이러한 빌딩증후군의 원인은 환기가 잘 안되어서 오염된 실내공기가 제일 큰 원인이다. 이 외에도 담배연기, 모기, 레지오넬라균, 곰팡이 같은 세균과 미생물, 휘발성 오염물질, 건축자재에서 발생된 라돈가스 등의 화학물질과 전자파, 소음, 실내온도와 습도, 조명, 작업장의 분위기, 개인적인 스트레스와 작업 만족도 등이다.

겨울철에는 날씨가 추워 환기(Ventilation)를 자주 하지 않으므로 실내공기가 탁해지고 건조하여서 눈의 안구건조나 코막힘, 후두염, 알레르기증상 등이 나타난다. 예방은 1~2시간마다 창문을 열어서 바깥의 신선한 공기로 환기를 시키고, 실내에서는 금연, 복사, 매니큐어칠, 구두닦음 등을 금지해야 한다. 그리고 실내온도는 10~20℃와 습도는 40~60%로 유지하며 가능한 5~10분 정도로 바깥 공기를 마시고 오면 매우 좋다.

3. 학교환경

학교는 학생들의 하루 생활 중 70~80%를 차지하므로 건전하고 쾌적한 환경에서 심신을 연마하고 인성을 함양해 나가는 곳이어야 한다. 또한 청소년기는 환경위생적으로 모든 영역에서 필요한 지식, 가치관과 태도를 형성하는 중요한 시기이기도 하며, 체계적으로 생활하는 습관과 교육이 필요하다.

(1) 소음공해(Noise Pollution)

소음은 시끄러운 소리나 원하지 않는 소리를 말하며, 소음·진동 규제법상 소음은 기계, 기구 등에서 발생하는 강한 소리이다. 우리나라는 학교가 도로변이나 공장 주변에 위치하고 있어서 자동차의 주행소음, 항공기의 엔진소음, 건설현장의 기계소음, 공장의 작업소음, 확성기소음, 피아노소음 등이 학교교육에 심리 및 정서적으로 문제가 되고 있다. 소음에 의한 피해는 수업방해, 수면방해, 대화방해, 인체에 생리적인 혈압 상승, 식욕부진 등을 일으킨다.

(2) 진동공해(Vibration Pollution)

진동은 강한 흔들림에 의한 움직임을 말하며, 소음·진동 규제법상 진동은 기계, 기구 등에서 발생하는 강한 흔들림이다. 우리나라는 고층빌딩 건설공사, 지하철 공사 등을 할 때 일반적으로 기계, 기구 사용에 따른 강한 흔들림이나 발파 및 폭파시에 진동이 발생된다. 특히 학교건물의 창문이 흔들려서 불안감, 혈압 상승, 불쾌감, 혈관이상, 뼈·근육 손상 등을 일으킨다.

(3) 외국의 소음단속

미국의 뉴욕시에서는 2002년 10월 4일부터 시민들에게 삶의 질을 높이기 위해 소음처럼 지속적으로 생활에 불편을 주는 유흥업소로부터 발생되는 악기연주음, 자동차 및 오토바이의 배기음, 가정집의 오디오 장비소음, 상점 앞 스피커 등의 모든 소음원에 대해 수시로 소음을 측정해 단속하기로 결정했다. 우리나라도 지속적으로 단속하고 있다.

(4) 화학물질 과민증

새로 건축한 집에 이사했거나 실내장식을 리모델링하면 얼마 동안은 머리가 아프고 눈이 따가운 증상을 Shock House증후군이라고 한다. 건축재질이나 커튼 등에서 포르말린 등이 휘발해서 실내공기 오염이 생긴 화학물질 과민증이다.

(5) 알레르기성 환자의 증가

최근 주택의 소음 및 에너지 절약상 기밀성의 향상으로 결로가 생겨서 진드기와 곰팡이의 증가 및 실내먼지(House Dust)가 알레르기(Allergie)의 원인이 되고 있다.

(6) 건축물의 위생관리

많은 사람들이 이용하는 백화점, 여관, 극장, 사무소, 학교, 지하철 등에서는 위생환경에 대해 법률로 규정하고 있다. 실내공기, 급수, 배수관리, 청소, 쥐, 곤충 등의 구제에 대해 환경위생관리도 엄격히 관리하고 있다.

6.2 학생들의 질병

건강은 인간이 육체적으로 질병이 없거나 허약하지 않을 뿐만 아니라 정신적 및 사회적으로 완전한 안녕상태를 말하며, 모든 인간의 기본권리 중 하나이다. 1957년 세계보건기구(WHO : World Health Organization)는 건강의 정의를 유전적으로나 환경위생적으로 주어진 조건하에서 적절한 생체기능을 나타내고 있는 상태라고 했다. 이처럼 건강은 인종, 종교, 정치이념, 경제와 사회적인 배경과 상관없이 지구촌 인구 72억 명 모두가 건강하게 살려면 환경위생학적으로 건전하고 지속가능한 발전을 위해 노력해야 한다.

건강은 질병없이 몸과 마음의 평안, 심신의 조화, 자연환경의 경관을 보면서 먹고 즐기며 삶을 만족스럽게 살아가는 생활이다.

6.2.1 질병(Disease)의 특성

질병은 정신적으로나 육체적으로 장애 없이 정상적인 기능을 발휘할 수 없는 상태이며, 감염성 질환과 비감염성 질환으로 구분한다.

1. 감염성 질환

병원체는 바이러스, 세균, 곰팡이, 기생충에 의해서 우리 몸에 들어와 질환을 일으킨다. 대개 세균성 질환은 항바이러스제를 먹으면 치료된다.

감염성 질환(Infectionous Disease)은 미생물학적인 병리학 관점에서 병원성 세균에 의한 인간의 몸을 숙주로 하여 기생하며, 인간의 몸속에 저항력이 떨어졌을 때 나타나는 질병이다. 주로 결핵, 바이러스간염, 세균성 질환, 성행위 전파감염, 장관계 감염질환 등이 있다.

(1) 결핵(TB : Tuberculosis)

결핵균에 의해 감염되어 발병하는 만성 전염병이며, 폐결핵이 대부분이나 결핵균이 있는 가래를 삼키면 장에도 침범해 장(腸)결핵도 발병할 수 있다. 폐결핵 증세는 몸무게 감소, 감기 비슷하게 기침, 가래, 호흡 곤란, 식욕부진, 권태감을 나타낸다. 그리고 늑막염 증세는 발열, 기침, 호흡곤란 등을 일으키고 장결핵 증세는 설사, 복통, 헛배부름을 일으킨다.

치료는 항결핵제에 의한 화학요법으로 가나마이신, 사이클로세린, 지팜피신, 에탐부톨, 피라지니마이트, 에티오나미드 등을 3～6개월 복용하면 완치될 수 있다.

(2) 암(Cancer)

암은 우리 몸의 조직 속에서 개체의 필요에 따라 규칙적이고 질서 있는 증식과 억제를 하는 정상세포가 아니라 무제한으로 증식하는 미분화 세포로 구성되어 종양을 형성한다. 병리학적으로 암은 발생 조직 세포에 따라 상피성(上皮性) 세포에서 발생하는 악성 종양인 암종(Carcinoma)과 비상피성 세포에서 발생하는 악성 종양인 육종(Sarcoma)이 있다.

암의 발생원인은 주로 내적 요인의 유전적인 요소와 외적인 요인이 있다. 암은 발암성 화학물질, 방사선, 자외선, 우주선, 암 유발 바이러스 감염 등에 의해 발생된다고 알려지고 있다.

최근 담배연기의 벤조[a]피렌이 폐암의 원인이 되고 있어 청소년들의 건강을 크게 해치고 있다. 특히 다이옥신, 벤젠(C_6H_6) 등의 방향성 탄수화물이 크게 영향을 준다. 위암을 일으키는 아질산염 아민을 포함한 방향성 아민 등 발암물질은 22종이며, 주로 방향족 탄화수소(벤조[a]피렌) 및 방향족 아민류 등이다.

암세포는 정상세포에서 발육해서 1 m^3마다 10^6～10^8의 세포수로 조직액으로부터 산소와 영양을 공급받아 생존하다 암세포군이 돌연변이를 일으켜서 정상세포의 성질을 떠나 마음대로 몸 안에서 자라고 퍼져 결국은 생명까지도 잃게 된다. 우리나라의 암 발생빈도는 폐암, 위암, 간암, 자궁경부암 등이 잘 발생하지만 서양은 폐암, 대장암과 유방암 등이다.

암 증세는 빨리 피로해지고 안색이 나빠지며, 식욕감퇴, 소화불량, 설사와 변비, 피가 섞인 소변 배설, 사마귀가 변색되고 커지는 등의 증상을 일으킨다. 그리고 아픈 부위가 눈으로 보일 정도이거나 누르면 압박

증세로 통증을 느낄 정도이지만 암 증세가 다양해서 의사의 검진을 받아야 하며, 조기에 발견되면 치료가 가능하다. 왜냐하면 암세포는 정상 세포보다 쉽게 부서져서 죽기 때문이다.

일반적으로 의사진단은 특별한 이유 없이 계속해 소화불량과 피로가 쉽게 올 경우는 연1회 정규검진을 받아서 조기진단 후 항암제 투여로 치료를 받으면 완치될 수 있다.

표 6·2 ▶ 발암성 물질의 종류

구 분	종 류
방향족 탄화수소	Benzo[a]Pyrene, DMBA(7, 12－Dimethylbenz[a]anthracene)
방향족 아민류	4－Aminobiphenyl, Benzydine, 2－Naphthylamine
방향족 아조화합물	DAB(4－Dimethylaminoazobenzene), 4－Aminozaobenzene
아민과 아조화합물	Coumarin, Benz[c]acrydine, 4－Nitroquindlin－1－oxyde
노말 나이트로소 화합물	DMN(n－Nitrosodimethylamine), NMU((Nitrosomethylurea)
지방족 화합물	CCl4, Ethylcarbamate, 1, 4－Butanediol dimethanesul fonate
무기화합물	Cr, Cd, Ni, Pb, Be, Fe, 석면
유기 할로겐화합물	BHC, DDT, Poly Chlorinate Biphenyl, Aldrin
방사성 동위원소	X－선, Ra, Co, At, I, Ca
천연물질	고사리, 탄닌산, 사카린, 아플라톤신류, 도노마이신
물리적 발암물질	UV(자외선), 플라스틱, 열화상, 우주선

(3) 흡연(Smoking)

담배는 옛날에 치약과 칫솔이 없어서 건강하게 살려면 이(Teeth)가 튼튼하게 유지해서 음식을 충분히 씹어야만 영양소를 얻을 수 있기에 충치예방 목적으로 개발해 사용되어 왔다. 충치예방을 위해서 식사 후 3초 이내에 담배를 피워야 장수할 수가 있다는 유래로 보아 그 시대는 치아위생면으로 볼 때 크게 기여했음을 알 수가 있다. 그러나 최근에는 충치를 예방할 수 있는 방법인 수돗물에 플루오린(F : 불소) 투입, 껌, 치약 등이 생산되고 있어 DDT와 머큐로크롬은 크게 국민 건강에 기여했으나 유해성 때문에 생산과 판매를 중단하였다. 이처럼 담배도 폐암 등을 일으키는바 서둘러 판매 및 생산을 중단시켜야 한다. 흡연은 각종 암과 간, 심장, 혈관 및 호흡기 질환의 원인이 되고 있다.

① 담배(Tobaco)

담배는 900℃ 이상의 온도에서 담배 잎과 종이가 타면서 320여 종의 유해화학물질이 발생되는데 이 중에서도 다이옥신, 벤조[a]피렌, 타르, 니코틴, 티바큠, 일산화탄소, 질소산화물 등의 인체에 유해한 40여 종의 발암물질이 발생된다.

담배 한 개비에 약 0.1～2 mg의 니코틴(Nicotine)이 들어 있어서 담배연기를 흡입하면 몸속의 신경전달물질인 도파민의 분해가 억제된다. 그래서 순환계, 신경계, 소화계, 내분비 계통과 시력을 약화시키며, 신경계의 마비현상으로 저혈관, 혈관 확장, 심장박출량 감소, 호흡곤란, 손 떨림 현상을 일으킨다. 소화기계통의 영향은 장(腸)의 운동을 항진시켜서 구토, 설사와 소화액 분비를 증가시켜 위 및 십이지장의 소화성 궤양을 일으킨다. 특히 혈관 속 세포의 산화질소 발생능력을 억제하여 피 흐름을 방해하여서 혈소판 응집을 유발한다.

② 직·간접 흡연피해

타르(Tar) 성분은 담배 1갑씩 매일 흡연하면 커피잔 정도가 되며, 흡연으로 흑갈색의 타르 성분이 미세기관지나 허파에 흡착 및 축적되면 만성 기관지염, 폐기종, 폐암을 일으킨다. 그리고 허파를 통해서 흡수된 니코틴이 피 흐름을 따라 7～8초 후면 뇌에 도달하여 뇌세포의 신경전달 물질 도파민의 분해에 장애를 일으키면서 중독증상을 나타낸다. 임신한 여성이 담배를 피우면 기형아를 낳을 확률이 비흡연 여성보다 2배가 높고 신생아의 몸무게도 300 g이고, 심장크기도 1.3 cm 정도가 작으며 호흡기능 저하와 저산소증을 유발한다.

담배를 피우거나 간접흡연에 1일 1시간 이상 노출된 여성은 안 피운 여성보다 유방암 발생률이 60%가 높으며, 과거에 담배를 피운 경험이 있는 여성은 20%로 높아 아주 위험하다.

그림 6·1 금연표지판

(4) 후천성 면역결핍증(AIDS)

AIDS(Acquired Immune Deficiency Syndrome)는 몸속에서 세포의 면역기능이 급속히 떨어져서 희귀한 감염증이 온몸에 퍼진 질환이다. 대개 에이즈에 감염된 사람과 성관계(Sex)를 하면 전염되는 HIV－1(Human Immunodeficiency－1) 바이러스 감염증이다. AIDS 증세는 설사, 발열, 심한 피로감, 급성폐렴, 악성종양 등을 나타낸다. 2001년 AIDS 보균자는 전 세계적으로 4000만 명이며, 1년 동안 500만 명에게 AIDS가 발생하고 300만 명이 사망했다.

국내 에이즈(AIDS) 발생이 '91년 42명, '93년 76명, '95년 91명, '97년 111명, '99년 160명과 2001년 242명으로 증가했다. 우리나라 최초로 에이즈 감염환자가 확인된 이후 매년 증가하고 있다. 에이즈 감염경로는 성 접촉을 통해서 전염되며, 국내 이성간 성 접촉 49.6%, 동성연애 35.5%와 국외 이성간 성 접촉 15.9%이다.

AIDS 감염은 주로 성 접촉으로 전염되나 동성(同性)연애자의 문란한 성 접촉, 병원에서 수혈 및 주사바늘의 공동 사용이나 장기이식 등으로도 감염이 된다. 그리고 HIV－1 바이러스는 혈액이나 남성의 정액, 여성의 질액 속에 주로 들어 있다가 성관계시 감염될 위험이 제일 높다.

치료는 HIV－1 바이러스 증식 억제 약물요법으로 Zalcitabine과 Didanosine을 함께 복용해야 치료된다.

(5) 아폴로 눈병

아폴로 눈병은 치료 받으면 치유되나 3~4일 경과로 자연치유하겠다고 방치시키면 시력 저하, 충혈, 발열, 두통 등이 뒤따른다. 병원체는 콕사키 바이러스 A24형이며, 감시대상 지정전염병이다. 우리나라에서 2002년 9월 13일까지 3주 동안 120만 명의 아폴로 눈병 환자가 발생했다. 이 중 105만 명이 초·중·고등학생으로 면역성이 약해 발생했으며, 전국 학생 중 13%가 자연발생으로 눈병이 전염되었기에 일제히 휴교령을 내렸다. 예방대책은 외출했다가 집에 돌아오면 손을 깨끗이 씻고 학교는 방역을 하며, 공공장소에 있다가 손 씻지 않고 그냥 갓난아이를 만지는 일을 하면 환경위생적으로 안전하지 못하다.

그림 6·2 방역활동

(6) 풍 진

풍진은 3일 정도 열이 나고 눈이 충혈되며, 기침을 하다가 없어지는데 임신 중에 풍진에 감염되면 임신 1개월 이내는 50%, 3개월은 30%의 기형아를 출산하는 바 주의해야 한다. 그러나 임신 6개월 이후에는 거의 영향이 없고, 특히 풍진 예방접종을 맞고 3개월 이내에는 위험하니 절대로 임신되지 않도록 해야 한다. 또한 Rh 음성 혈액형 임산부는 둘째부터 용혈성 빈혈이 생길 위험이 있다. 방광염이 있는 상태에서 임신하면 콩팥에 염증이 생기며 당뇨병이 있으면 기형아를 낳는다.

2. 화학물질의 위험

공업생산에 의한 화학물질은 10만 여종이다. 화학물질에 의한 생활환경오염이 지구규모로 확대하고 있어 건강이나 생태계에 영향을 줄 우려가 있는 바 환경리스크(Environment Risk)에 대한 대책이 필요하다. 환경리스크 평가순서는 유해성의 확인, 건강영향의 평가, 화학물질의 폭로량 평가와 위험(Risk) 판단이다.

(1) 외인성(外因性) 내분비 장애 화학물질일 경우

환경호르몬 물질은 다이옥신류, 프탈산 에스테르류, 유기인계 살충제, 유기주석화합물 등의 내분비 장애 화학물질이다. 이들이 외부로부터 몸안에 들어와 내분비계통의 기능을 변화시켜서 태어날 자손(子孫)들의 건강에 영향을 준다. 환경 호르몬 물질은 수지(Resin)의 원료, 코팅제, 플라스틱 가소제, 농약 등의 일상생활에 사용되고 있는 제품 속에 함유되어 있다. 이 물질은 바다에서 자란 고둥의 자웅(♀♂)을 변화시키며 원인물질은 배 바닥이나 어망의 방부제로 사용되고 있는 유기주석(Sn)화합물 때문이다.

(2) 다이옥신일 경우

다이옥신(Dioxin)은 환경 호르몬의 대표적인 화학물질이다. 폴리염화다이벤조 다이옥신(Poly Chlorinated Dibenzo Dioxin) 중 가장 맹독성을 갖고 있는 2, 3, 7, 8－Tetra Chloro Dibenzo Dioxin이 소각시나 담배를 피울 때, 소금에 절인 음식을 숯불 등에 구울 때에 250～400℃ 범위에서 주로 생성된다.

그림 6·3 2, 3, 7, 8－Tetra Chloro Dibenzo dioxin의 화학구조

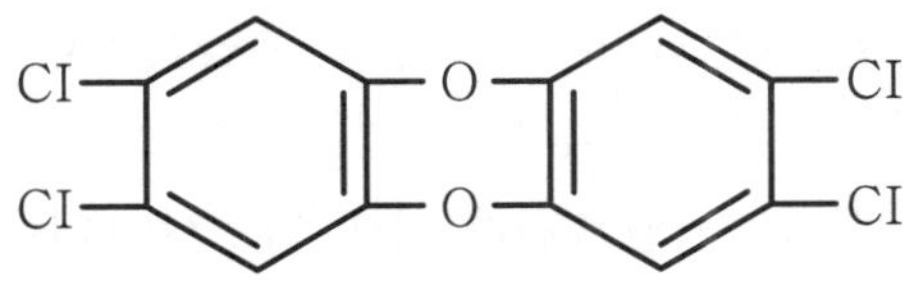

다이옥신은 쓰레기 소각장이나 제지공장 등이 주요 배출원이다. 담배의 연기 및 PVC의 연기가 비나 눈에 녹아서 하천으로나 바다로 유입되면 그곳에 있는 생물의 먹이사슬을 거쳐서 물고기류에 농축되어 있다가 이 고기를 사람이 먹으므로 다이옥신이 몸속에 들어와 지방에 용해되어 축적된다. 피해 증상은 간의 장애, 사지(四肢) 신경마비증상, 불임증, 기형 출산, 발암 및 유산 등을 일으킨다. 그리고 아주 작은 양에 의한 만성영향은 여성의 자궁내막염, 성적(性的) 발달의 지연 등을 일으켜서 1일 섭취량은 몸무게 1 kg당 4 pg이다. 최근 모유(母乳) 속에 다이옥신이 50～100 pg/day · kg 정도로 함유되어 있다는 발표를 보면서 큰 걱정이다.

6.2.2 습관성 중독

건강은 누구나 질병 없이 생리적인 항상성(Homeostasis)을 유지해야 하는데 마약, 약물 등에 의한 습관성 중독으로 건강을 해칠 수도 있다.

1. 마약중독(Hiropone Addiction)

마약은 여러 번 반복 투약하면 중독증상을 나타내는데 중독되면 중단하기가 어렵다. 마약은 천연마약(아편, 모르핀, 코데인, 코카인, 헤로인)과 합성마약(메타돈, 페치딘 등)이 있으며, 헤로인 외에는 모두 진통, 진해, 국부마취에 뛰어난 효력을 나타내는 의약품이다.

(1) 아편

아편은 양귀비의 대국에 상처를 입혀서 액즙을 채집해 즙을 끓인 아편과 이를 가공한 아편이 있는데 모두 마약이다. 주로 모르핀, 코데인, 스키빈, 바바베린 등의 알칼로이드성이다. 아편중독증상은 중추신경을 마비시키고 두통, 구토, 변비, 현기증, 피부병, 호흡 장애, 혼수, 배뇨 장애 등을 일으킨다. 일반적으로 1회에 아편 사용량이 30 mg 이상이어서 1일 100 mg 이상 사용하면 아편중독이 된다.

(2) 모르핀과 헤로인

모르핀은 내성(耐性)이 강해 계속 혈관주사, 흡연, 피하주사 등으로 투약하면 정신 및 신체적인 의존성이 생겨서 중단시 고통과 실의에 빠진다. 모르핀 중독은 2～3회 투약하거나 1일 15 mg을 2주 동안 투약하면 중독이 일어나고 중독되면 몸이 점차로 쇠약해진다.

헤로인은 천연마약인 모르핀, 코데인, 데바인 등을 합성해 제조된 디아세칠 모르핀으로 백색분말을 물에 용해시켜서 정맥주사(Injection)액으로 사용한다. 헤로인의 약리작용은 마취효과는 모르핀보다 4～8배로 높고, 호흡장애를 일으켜서 사망할 수 있다. 1회 주사 헤로인의 투여량은 50～200 mg이며, 헤로인에 중독되면 정신적인 착란도 유발한다. 마약이 그랬듯이 초기는 쾌락을 얻는다고 시작했다가 점진적으로 반복되어 심하면 자기 자신을 자해(自害)하기도 한다.

(3) 코카인 등

코카인은 안과와 이비인후과에서 수술을 위해 마취제로 사용된다. 중독증상은 불면증, 구토증 등의 환각이나 불쾌감을 유발하다가 심하면 호흡곤란, 실신과 온몸이 차가와지다가 사망한다. 그리고 LSD는 분만촉진제로 사용되다가 지혈・진통・정신병 치료약으로 이용되며, 과량 사용하면 혈관수축작용으로 혈압 강하 및 호흡억제작용을 유발한다. 또한 심리적인 불안, 긴장감과 정서불안을 일으키고, 임신부가 복용하면 염색체의 교란으로 기형아를 출산한다. 환각증상은 LSD를 25～70 ug 정도로 투약하면 30분 후에 환각을 일으키며 4～12시간 정도로 지속된다.

합성마약인 페치딘은 진통제로서 호흡 저하를 일으키지 않는 진정제이고 메타돈은 헤로인 중독자의 치료제로 사용한다.

대마는 섬유재료로 사용되는 식물이고 담배처럼 피우면 환각, 쾌락, 흥취감을 일으킨다. 본드(bond)는 신나(thinner)와 뷰탄가스(buthane)를 흡입하면 뇌를 손상시켜서 몽롱해지게 하여 정신착란을 일으킨다.

2. 약물중독(Drug Addiction)

약물은 환자의 통증과 건강한 사람의 질병을 예방할 때나 진단시에 사용된다. 약물은 정신안정제, 마취제, 항생제, 이뇨제 등이 있다. 따라서 이들 약물을 과다 사용하면 약물중독으로 내성, 금단증상과 습관화가 된다. 내성은 해당 약물의 복용량을 증가시켜야 하는 신체의 욕구이고, 금단증상은 특정한 약물사용이 여의치 않아서 예측 가능한 신체적인 반응을 말하며 습관화는 심리적인 욕구를 말한다.

(1) 약물중독증상

약물중독으로 건강이 나빠져서 자신의 정신적인 쾌락을 추구하기가 어렵게 된다. 따라서 음주와 흡연, 본드와 뷰탄가스 흡입 등에 의해 소외감, 고립감 등을 도피하려고 사용하지만 위험하다.

(2) 약물종류

① 자극제

중추신경계의 활동을 증가시키고 흥분되어져 심박동수 증가, 혈압 상승과 뇌의 기능을 증대시킨다. 자극제는 커피 속에 들어 있는 카페인, 담배 속의 니코틴, 히로뽕 속의 암페타민과 코카인 등이다.

② 억제제

억제제는 아편, 코데인, 수면제, 진정제, 신경안정제, 알코올, 본드, 부탄가스 등이다. 주로 뇌와 간에 크게 손상을 준다. 알코올 중독은 혈액 1 L 속에 알코올이 150 mL 이상으로 함유되었을 때를 말한다.

③ 환각제

신체보다는 심리적인 영향을 나타내며, LSD와 메스칼린실로시빈은 환각현상을 일으킨다.

④ 마취제

의학적으로 환자의 수술시 통증을 줄이기 위해 수면을 유도하는데 사용된다. 최근에는 본드, 신나, 뷰탄가스, 대마초, 히로뽕, 카페인, 기침약과 진통제를 오용 및 남용해 큰 문제가 되고 있다.

(3) 약물남용대책

최근 청소년의 음주, 흡연, 본드 및 뷰탄가스의 흡입으로 환각을 일으킨다. 66.9%가 술 · 담배 · 대마초 · 히로뽕 · 가스 중에서 한 가지 이상의 약물을 경험했다는 보고가 있다. 1995년에 고등학생을 대상으로 한 연구는 음주가 78.7%로 아주 높았고, 흡연 29.9%, 각성제 복용 14.7%, 수면제 3.3%, 대마초 0.7%, 본드와 시너 흡입이 1.6%로 나타났다.

특히 중학교 3학년과 고등학교 1학년 학생들이 본드와 뷰탄가스를 흡입해 기억상실, 집중력 저하, 운동실조증, 간질 발작 등 정신적인 활성 작용을 일으킨다. 약물남용은 신체적으로 간, 심장, 콩팥, 골수에 치명적인 손상을 주어서 결국은 사망하게 되는 바 긍정적이고 도전적인 생활이 필요하다.

청소년기는 한 인간이 생리학적·심리적·사회적으로 볼 때 인격을 완성해 나가는 데 중요한 시기인 만큼 정신 및 신체적으로 좀 힘들지라도 건강에 나쁜 충동적인 행동을 삼가야 한다. 특히 불안해소를 위해 열심히 집중력을 증진시켜 나아가야 한다. 현재보다 더 좋은 환경은 지구촌 식구들 모두가 노력해서 건강한 삶을 영위하기 위해서뿐만 아니라 환경위생학적으로 건전하고 지속가능한 발전을 위하여 지구환경 오염부하를 줄여나가는 행동을 실천해 나가야만 한다.

제 7 장 고도처리공학

7.1 하수의 고도처리

7.1.1 개요

국내 · 외적으로 하수처리장의 대부분이 유기물 제거에 목적을 둔 활성오니공법으로 설계, 운전 중에 있다. 활성오니법은 BOD, SS 등을 90% 이상 제거하나 질소(N)와 인(P)은 미생물에 필요한 영양소로 증식시 제거되어 질소는 20～30%, 인 10～30% 정도 제거된다. 이러한 질소와 인이 처리되지 않고 방류되면 하천 및 호소에서의 부영양화가 심화되어 상수원 오염으로 정수처리시의 비용 증가뿐만 아니라 보건상의 위해성을 증가시킬 수 있다. 따라서 질소와 인을 처리하기 위한 하수의 고도처리시설의 설치가 필수적이며, 1996년부터 하수처리장 방류수 수질기준 항목에 질소와 인을 추가하여 규제를 강화하고 있다. 그러나 현재의 수질기준은 항목 추가뿐만 아니라 외국의 경우처럼 항목 추가 후 5년 단위로 규제 값을 강화하고 있다.

그래서 고도처리시설의 도입으로 먼저 국내 하수성상에 적합한 공정을 선정하는 것이 무엇보다 중요하다. 기존의 활성오니공법들이 BOD 200 mg/L 정도의 하수성상에 적합하게 개발된 공정이므로 이들 공법을 국내 하수처리시설에 적용하기 위해서는 먼저 Pilot plant 운전 등을 통하여 국내 하수의 성상에 맞는 최적 설계인자 및 운전인자를 결정하여야 한다.

1. 2차(본)처리와 3차(고도)처리

하수처리시설의 2차처리에 의하여 제거되지 않는 잔류 오염물질의 처리를 위하여 설치하는 최종시설을 3차처리라 한다. 다시 말하면, 2차처리의 후속공정에 BOD, SS, N, P 등의 처리를 위한 시설을 말한다. 고도처리는 2차처리에서 목표수질유지할 수가 없이 이들의 수질을 확보하기 위한 처리공정을 말한다. 즉, 고도처리는 반드시 2차처리 후의 시설을 설치할 필요는 있으나 기존의 2차 처리시설을 변경 및 개량하여 고도처리시설화 할 수도 있다. 신선처리장의 경우는 2차시설로 고도처리의 수질을 얻을 수 있도록 시설을 설치할 수도 있다. 그러나 고도처리와 2차처리를 혼용하여 조합시스템(hybrid system)을 사용되고 있다.

그림 7·1 본처리와 고도처리공정

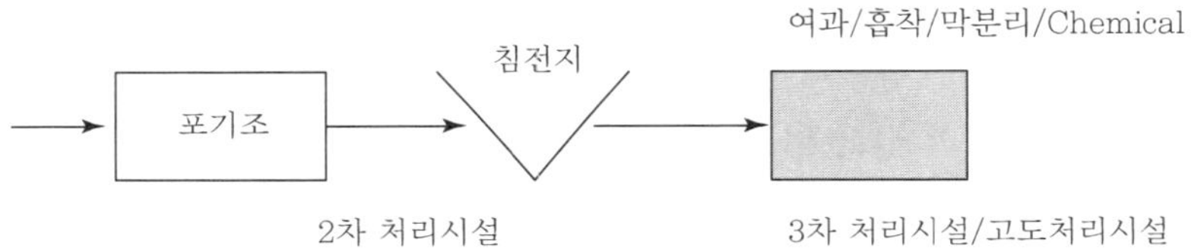

3차처리시설은 처리대상물질에 따라 분류할 수 있는데, 잔류 SS제거를 위해서 막분리 및 마이크로스트레이너(microstrainer) 등의 설치를 고려할 수 있으며, 용존 유기물 제거를 위해서는 활성탄, 막분리, 오존산화 시설 등을 설치할 수 있다. 그리고 질소 및 인제거를 위해서는 암모니아 스트립핑(Stripping), 파과점(break point) 염소주입, 이온교환, 화학적 인제거, 생물학적 질소와 인 제거시설을 설치할 수 있다.

그림 7·2 고도처리공정

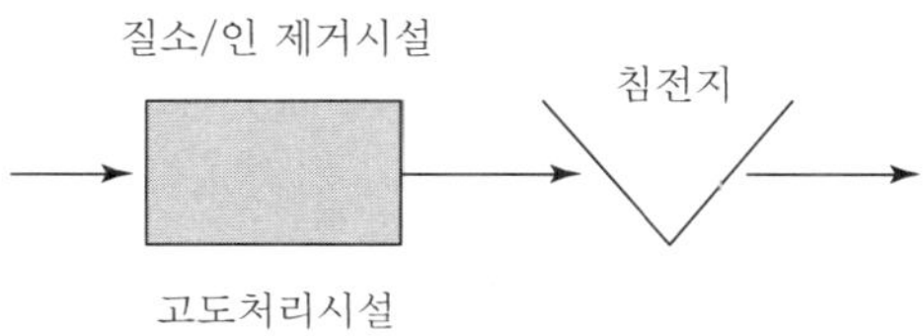

고도처리시설은 2차처리 뒤에 설치할 수도 있고, 2차처리시설을 개량하여 설치할 수도 있다. 주로 질소와 인을 제거하기 위한 시설일 경우이다. 고도처리 공정의 선정 및 조합은 처리수 이용계획, 하수의 성상, 건설비 및 유지관리비, 처리효율 등에 따라 달라지며 특히 방류수에 대한 법적 규제(처리수준 요구도)에 의하여 처리공정의 채택여부가 결정된다.

2. 고도처리의 도입배경

하수 속의 질소와인이 미처리되어 하천과 호소로 방류되면 조류(Algae)의 성장으로 잠재적인 COD유발원인이 되고 질소에 의한 산소소모량이 매우 커 물생태계 교란이 일어나 이의 처리가 반드시 필요하다.

(1) 부영양화 원인물질별 오염부하도

부영양화의 원인물질은 탄소, 질소와 인 같은 영양물질이다. 이들 영양물질이 미처리되어 방류되는 경우에 녹조류를 생산시켜 유발되는 CODcr의 잠재력을 산출하여 보면 다음과 같다.

질소 1 kg → CODcr 16 kg ∴ 질소 1 kg은 CODcr 16 kg을 생성함

인 1 kg → CODcr 120 kg ∴ 인 1 kg은 CODcr 120 kg을 생성함

① 국내 유입 하수 농도환산(BOD 100 mg/L, CODcr 200 mg/L, 질소 30 mg/L, 인 4 mg/L)

㉮ 질소에 의한 COD 유발 가능성 : $30 \times 16 = 480$ kg－CODcr
인에 의한 COD 유발 가능성 : $4 \times 120 = 480$ kg－CODcr

㉯ COD 90% 제거, 인 처리 후 방류 농도 1 mg/L 가정
인에 의한 COD 유발 가능성 : $1 \times 120 = 120$ kg－CODcr

㉰ 인을 처리하여 1 mg/L로 방류시킬 경우에도 약 120 kg－CODcr의 유발가능성이 있다. 따라서 질소와 인 등의 영양물질 제거가 필요하다. 이런 질소와 인에 의한 잠재적인 COD 유발 가능성을 무시하면 투자에 비하여 실제적인 호소수의 수질 개선은 어렵게 된다.

(2) 질소의 영향

① 질소는 다음 과정을 통하여 질산화된다.

$NH_4 + 2O_2 \rightarrow 2H + H_2O + NO_3$

이 때 질소 1 g의 질산화를 위해서는 약 4.6 g의 산소가 필요하며 알칼리도 7.1 g이 소모된다. 방류수에 BOD 20 mg/L, NH_4 20 mg/L이

배출될 때 이를 제거하기 위한 산소소모량은 다음처럼 산출된다.

BOD 제거를 위한 산소량 : $20 \times 1.72 = 34$ mg $- O_2$/L

NH_4 제거를 위한 산소량 : $20 \times 4.6 = 92$ mg $- O_2$/L

그러므로 총산소소요량은 126 mg $- O_2$/L이며, 질소제거를 위한 산소소요량이 BOD제거를 위한 산소소요량의 약 3배 정도이다. 따라서 질소의 제거는 방류 하천의 갑작스런 산소소모를 막기 위하여 반드시 고려되어야 한다.

② 질산성 질소($NO_3 - N$)는 Blue－baby(청색아이) 출산 문제를 유발시키며 발암확률이 높은 것으로 알려져 있다. 따라서 질소의 질산화를 통해 생성된 질산성질소의 제거를 위해서 탈질소화 공정의 도입이 필요하며 이 과정에서 질산화에 의하여 소모된 알칼리도의 절반 정도가 회복된다.

③ 먹는 물 수질기준은 NH_4^+농도 0.5 mg/L, NO_3농도 10 mg/L로 규정하고 있다. 폐수의 오염물질 배출허용기준으로 청정지역은 질소 30 mg/L 이하로 "가", "나"와 "특례"지역은 60 mg/L 이내로 규정하고 있다.

(3) 인에 의한 영향

우리나라의 호소는 N/P비가 16이하인 경우에는 P(인)와 함께 N(질소)를 제거시키도록 환경정책기본법의 수질환경기준에 명시되어 있다. 그러나 대부분의 호소가 N/P비가 16 이상이므로 사실상 제어하기 쉬운 인을 먼저 제한요소로 삼고 있다. 따라서 부영양화 방지를 위해서는 인을 제거하여야 한다. 인에 대한 폐하수의 배출허용기준은 청정지역은 6 mg/L 이하로 "가", "나"지역과 "특례"지역은 8 mg/L 이하로 제한하고 있다.

3. 고도처리방식

우리나라 하수처리장은 1976년 최초의 도시 하수처리장인 청계하수처리장(현 중랑물재생센터)이 건설된 이래 2008년 현재 전국적으로 268개가 가동되고 있다. 최근 상수원의 수질보전을 위해 부영양화의 원인물질인 질소와 인을 강력히 규제하고 오염총량제를 추진하는 과정에서 유기물(BOD) 및 부유고형물질(SS)에 대한 법적 방류수질 역시 점점 강화되는 추세이다. 또한 '높은 삶의 질'을 추구하는 과정에서 향후 병원성 미생물(Giardia와 Cryptosporidium), 내분비계 장애물질(Endocrine Disrupting

Substances) 및 미량 유해물질 등에 대한 규제도 차츰 강화되어간다. 한편, 물자원 보전 및 효율적 이용의 차원에서 물재생센타의 방류수를 지역사회에 재순환시켜 하천유지용수, 청소수, 건천의 생태복원용수, 조경용수, 화장실 잡배수, 도로 세척수 등으로 재이용하고 있다. 그리고 신규 하수처리장의 경우는 이러한 재이용 계획을 반드시 설계에 반영하도록 하고 있다. 이처럼 하수처리장 방류수를 재이용하기 위해서는 기존의 방류수 질보다는 한 단계 높은 수준의 고도처리가 필요하다.

(1) 물재생센터

하수처리장을 물재생센터로 이름을 바꾸면서까지 보다 우수한 수질의 처리수를 생산하고 있는 두 가지 방법을 알아보자.

① 기존 하수처리장의 적정 운영

최적화된 운전을 통하여 최대한의 재이용효과를 내도록 하는 것으로써 미국의 경우를 보면 EPA(미 환경보호청)에서 CCP(Composite Correction Program : 하수처리장 최적화 프로그램)를 적용하여 기존 처리장의 방류수 수질을 개선하고 처리 비용을 크게 절감하는 등의 사례를 찾아 볼 수 있다.

② 기존 하수처리 공정을 개선하여 보다 높은 수준의 처리수 생산

소프트웨어적인 문제 해결 방식과 하드웨어적인 방식으로써 기존 공정의 고효율 고집적화의 개선 및 신 공정의 신설을 의미하며 넓은 의미에서는 하수관거의 정비 및 증설까지도 포함하고 있다.

그림 7·3 기존의 표준활성오니법의 하수처리계통도

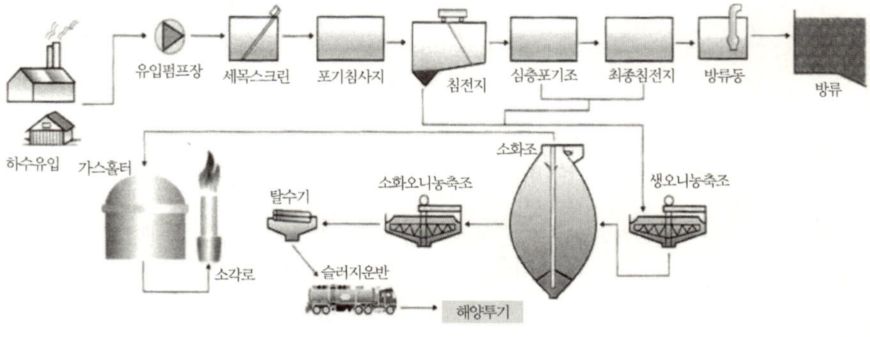

③ 서울시일 경우

우리나라는 지난 2007년 11월 5일에 서울시에서 물재생센터(하수처리장) 방류수 수질개선을 위하여 중량물재생센터의 하수 고도처리(일 46만m^3)를 포함한 1단계 하수고도처리사업을 2007년 10월 완료하여, 중랑천 하류 수질이 개선되었다고 밝혔다.

서울시는 4개(중랑, 난지, 탄천, 서남) 물재생센터에서 일 581만m^3의 하수를 처리할 수 있는 시설을 운영 중에 있으며, 현재 물재생센터에서 처리 후 방류되는 수질을 BOD(생물화학적산소요구량) 20 mg/L 이하에서 10 mg/L 이하로 개선하기 위하여 하수 고도처리 사업을 단계적으로 공사중에 있다. 이번에 1단계로 1,480억원의 투자하여 2001년 사업착수 후 6년만인 2007년 10월에 사용을 완료하였다.

중량물재생센터에 도입된 고도처리공법(일 46만m^3)은 A^2/O공법으로, 현재 하수처리 과정(표준활성오니법)에서 잘 제거되지 않는 부영향화(녹조류 발생)의 원인 물질인 질소와 인 성분을 추가제거(유입하수의 약 70%)하게 되고, BOD와 SS(부유고형물질)를 추가 제거하게 되어, 하수 처리 방류수 수질이 크게 개선되었다. 이로 인해 중랑천 하류 수질도 개선된 것으로 나타났다.

중랑물재생센터는 국내에서 가장 오래된 처리장으로, 서울시 최초로 고도처리공정을 도입하여, 하루 최대 46만 m^3의 생활하수와 분뇨를 2급수(3 mg/L 이하) 정도의 수질(2.9 mg/L)로 처리하여 2007년 7월부터 중랑천을 경유해 한강으로 방류하고 있다.

㉮ 고도처리 전 BOD 14 mg/L → 고도처리 후 BOD 2.9 mg/L
고도처리수가 방류된 기간동안(2007년 7~9월) 중랑천 수질은 고도처리수가 방류되지 않은 2006년 같은 기간 수질과 비교한 결과, 1 mg/L 정도 개선된 것으로 나타났고, 이로 인해 한강 수질도 개선 효과가 있을 것으로 보고 있다.

㉯ 중랑천 하류수질 : 2006년 BOD 8 mg/L, 2007년 BOD 7 mg/L
하수처리 과정에서 발생되는 냄새는 미생물처리방식으로 제거토록 하였고, 수목식재와 소공원을 조성하는 등 중랑물재생센터를 보다 더 주민 친화적인 시설이 되도록 하였다.

(2) 고도처리기술

하수고도처리 기술은 여과설비, 약품 응집, 오존분해, 자외선 소독 등의 물리화학적인 방법과 주로 활성오니가 저류된 생물반응조 속에서 미생물의 대사과정을 극대화하여 각종 오염물질을 제거하는 생물학적 처리방법이 있다. 물리화학적인 방법은 기존 처리시설 설비에 큰 변화를 주지 않고 부가적으로 설치하여 사용할 수 있다.

안정적이고 높은 효율의 처리효과를 얻을 수 있다는 장점이 있으나 경제적 측면과 기술적인 측면에서 대규모 처리설비를 설치운영 하기에는 무리가 있으며 경우에 따라 다량의 처리부산물이 발생한다는 단점이 있다. 생물학적 처리방법은 비용대비 처리효율측면에서 물리화학적 방법보다 유리하며 대규모의 하수를 처리하는 A^2/O 변법이 주 처리 공정으로 국내 대부분의 하수처리장에 적용되고 있다.

① 기존 고도처리기술

기존의 생물학적 고도처리기술은 기본적으로 표준활성오니 공법을 개조해 이용한 것으로써 유기물, 질소 및 인을 제거하기 위한 생물반응조 및 고액분리를 통해 맑은 처리수를 얻기 위한 침전설비로 이루어져 있다. 각 공정의 특징은 일반적으로 생물반응조의 배치 및 소요 수, 침전조로부터의 슬러지 반송 위치, 2～5개의 각 반응조에 내부반송 위치, 생물학적 처리능력을 극대화하기 위한 메디아(Media)의 적용 여부 등에 따라 달라진다.

그러나 과거의 생물학적 고도처리 공법은 미생물과 처리수의 고액분리가 중력침강에 의하여 침전조에서 이루어지기 때문에 미생물의 농도를 높게 유지하기가 어렵다. 하수의 유입부하 변동과 독성물질의 유입과 같은 충격부하에 의하여 미생물의 팽화현상이 발생하여 처리수질을 떨어뜨리거나 활성미생물이 유실되어 효율적인 처리에 많은 문제를 일으키기도 한다. 또한 공정에 따라 2～5개 이상의 독립적인 반응조들과 말단의 침전조를 설치해야 하므로 넓은 부지를 필요로 하게 되어 중소규모의 고도처리에는 적합하지 않다는 단점이 있다. 또한 유기탄소원의 농도가 낮고 계절별로 오염물질 부하량의 변화폭(hunting)이 크다. 그래서 국내 하폐수 혼합 처리시 질적, 양적 특성으로 인해 그 성능이 제대로 발휘되지 못하는 경우가 많다. 특히 맛, 냄새 유발물질, 내분비계 장애물질, 미량 유해물질 등 용존 유기물의 처리를 위해서는 생물학적처리에 부가하여 물리화학적 고도산화처리가 필요하다.

② 현재 고도처리기술

대부분의 하수처리장은 포기조(활성오니조)를 사용하는 활성오니 공법을 채택하고 있으므로 이를 개량하여 생물학적으로 질소 · 인을 동시에 제거하는 생물반응조를 만드는 변경이 가장 경제적이고 효과적인 고도처리방법 중의 하나가 된다. 생물학적 처리후 처리수의 수질이 방류수 수질기준을 충족시킬 수 없을 때는 잔류 오염물질 제거를 위한 MBR 같은 막분리 공정을 생물반응조 후단에 추가하여 방류수 수질기준을 만족시킬 수 있도록 해야 한다.

(3) 생물학적 고도처리공정

생물학적 영양염류 제거공정(Biological Nutrient Removal : BNR)들은 질소 · 인의 제거를 위해 여러 가지로 개발되어 왔다.

① 일반적으로 이들 공정은 다음과 같은 공통점

㉮ 친산소조와 질산성 질소의 순환에 따라 피산소조와 무산소조로 구분

ⓐ 인을 방출하는 조가 있다. 용존산소와 질산성 질소가 존재하기 않는 피산소조로서 유입수나 탄소원 또는 아세트산 등의 휘발성 지방산(Volatile Fatty Acid)이 존재해야 한다.

ⓑ 질산화 및 탈질소가 있다. 여러 가지 방법으로 질산화 하수를 반송시킨다.

ⓒ 이 공정들을 최적화하는 핵심은 내 · 외부 탄소원의 공급과 피산소성 상태를 조성하여 인방출을 안정화시키는 것이다. 이들 공정의 흐름도는 서로 차이가 있으나, 모두 생물학적 공정에서 요구되는 조건을 갖추고 있어서 질소 · 인의 생물학적 제거 위한 대표적인 공정을 소개한다.

표 7・1 ▶ 고도처리대상물오염물질

제거대상	처리법	처리방법개요
현탁물질	여과	금속제 micro stainer을 이용한 스크린여과와 진동여과, 활성탄여과, 안트라사이트여과, 규조토여과 들이 있음
	응집 · 침전	석회, 황산반토, 철염 등을 투입해 용존 유기물 및 콜로이드성 물질 등을 제거
유기물	흡착	주로 활성탄 흡착으로 입상탄이 재생에 편리
	산화	O_3(오존), NaClO(차아염산소다), ClO_2(이산화염소) 산화

제거대상	처리법	처리방법개요
무기물	증류	휘발성이 적은 무기물 함유시 적용
	전기투석	전압을 가하고 격막을 이용, 이온 분리
	이온교환	이온교환수지(ionic exchanger)를 이용
	막분리	미세한 공극가진 막으로 무기물여과
	냉동	얼음(빙점) 이용

㉯ 물 속에 들어있는 N과 P의 종류

ⓐ N(질소)일 경우

자연계의 질소의 형태는 유기질소, 무기질소, 그리고 질소가스이다. 유기질소화합물은 생물학적 분해에 의하여 암모니아 형태로 전환되며 암모니아는 질산화 과정에 의하여 질산성질소로 전환된다. 무산소 조건에서 질산성질소는 질소가스로 환원된다. 이러한 과정을 생물학적 질산화－탈질화과정이라 한다. 수용성 무기질소인 NH_4, NO_3, NO_2들은 광합성 시 식물의 영양소로 사용되며 암모니아는 pH가 높은 상태에서 기체 상태로 탈기된다. 지표수에 존재하는 질소의 대부분은 토양 배출수와 희석된 폐·하수로부터 발생된다.

ⓑ P(인)일 경우

인은 탄소, 질소와 함께 부영양화를 유발하는 주요 영양소이며 탄소나 질소는 대기 속에 많은 양을 차지하고 있을 뿐만 아니라 질소의 발생원이 다양하여 제어가 어렵기 때문에 인은 부영양화를 방지할 수 있는 주영양소가 된다. 인의 발생원은 생활하수나 산업폐수 및 분뇨 등이며 그밖에 농경지 유출수, 축산폐수와 같은 비점원 오염원에서도 발생된다. 도시하수는 3가지 형태의 인을 포함하고 있다. 즉, 유기인, 정인산(orthophosporus, PO_4)과 응축인(condensed phosporus, P_2O_7, P_3O_{10}) 등이다. 생물학적으로 하수를 처리할 때 미생물은 성장하면서 PO_4형태로 전환된다. 하수에 존재하는 응축 인의 80% 정도는 생물학적 처리과정에서 가수분해된다.

㉰ 질소제거시 영향인자

유입하수의 질소 구성을 보면 NH_4^+가 60~70% 정도이고 유기질소가 30~40% 정도이다. 일반적인 활성오니법에 의해 약 10~30% 정도가 제거되며 생물학적 질소제거공정에서는 약 70~80% 정도 제거된다. SRT가 5일 이상이고 산소가 충분히 공급되는 포기조에서는 약 90% 정도의 질산화가 발생되며 무산소조에서 탈질은 70~90% 정도 발생된다. 따라서 유출되는 질소의 형태는 대부분 질산성질소 형태로 존재한다. 다음 질산화 반응은 Nitrosomonas에 의하여 NH_4를 NO_2로 전환하는 반응과 Nitrobacter에 의하여 NO_2를 NO_3로 전환하는 반응이다.

질산화 반응에서 생성되는 에너지는 질산화 세균이 CO_2, HCO_3^-, CO_3^{2-} 등과 같은 무기탄소원으로부터 세균에게 필요한 유기물질을 합성하는데 사용된다. 이어서 탈질반응은 용존산소가 충분한 친산소성 조건(aerobic condition)에서는 세균이 용존산소를 전자수용체로 사용하여 에너지를 얻게 되지만, 용존산소가 거의 없는 경우($DO < 0.5$ mg/L)에는 NO_3, NO_2 같은 형태의 산소를 이용하여 에너지를 얻게 된다. 즉, 탈질반응이 발생하기 위해서는 용존산소가 거의 없고 동시에 질산성 질소(NO_3-N), 아질산성 질소(NO_2-N) 같은 무기질소(N_2)가 존재하여야 한다.

$$NO_3 \Rightarrow NO_2 \Rightarrow N_2$$

ⓐ 용존산소(DO : dissolved oxygen)

생물학적 탈질을 이용해 질소제거위한 용존산소농도는 가장 중요한 영향인자이다. 일반적으로 반응조의 용존산소농도와 미생물 내부의 실질적인 용존산소농도는 차이가 발생하는데 이는 미생물 플록(floc) 안으로의 용존산소 전달이 제한을 받기 때문이다. 결론적으로 용존산소농도가 클수록 탈질이 방해를 받으므로 무산소조의 DO 농도는 0.02~0.05 mg/L 이하로 유지하여야 한다.

ⓑ 유기물질(organic matter)

탈질반응은 heterotrophic bacteria(종속영양세균)에 의하여 발생하므로 전자공여체로 유기탄소원이 필요하다. 유기탄소원은 아세트산, 아세톤, 메탄올 등을 이용한다. 특히 하수 원수 자체는 가장 경제적이고 확실한 유기탄소원이다. 하수를 이용한 탈질반응은 약간의 암모니아(NH_3)로 재합성되면서 상당량의 용해성 BOD가 제거된다. 이차 잉여오니(excess sludge) 속의 탄소도 유기탄소원으로 이용될 수 있으나 반응속도가 늦어지며 잉여오니에 의한 탄소 공급 내생 호흡이라 한다. 이때 유기물이 제한되면 탈질반응이 제한되므로 적절한 유기탄소원이 공급되어야 한다.

ⓒ 온도(temperature)

온도는 미생물 성장속도와 질산성 질소(NO_3-N)의 제거속도에 영향을 미치며, 생물학적 처리의 일반적으로 운전범위는 5～30℃에서 Arrhenius의 반응속도 법칙을 따른다.

ⓓ pH(수소이온농도지수)

탈질반응의 최적 pH는 존재하는 미생물과 하수 속의 성분에 따라 달라지나 보통 7～8 사이이며, 탈질반응이 알칼리 생성반응이므로 특별한 조정은 필요 없다. 참고로 NO_3-N 1 g 제거 시 알칼리가 3.6 g 생성된다.

㉣ 인 제거 시 영향인자

인은 생물학적 처리 시 미생물의 세포합성을 통하여 유기물과 함께 제거가 가능하다. 미생물의 성장에 필요한 영양소 구성성분비 BOD : N : P＝100 : 5 : 1에서 미생물 속의 인 함량은 1～2% 정도인데, 표준 활성오니법에서 인을 제거하는 경우의 효율은 BOD/P비, SRT 등에 따라 달라지나 보통 10～30% 정도로 알려져 있다. 활성오니가 신진대사에 필요한 양 이상으로 인이 섭취되어 제거되는 현상을 과잉섭취(luxury up－take)라 한다. 피산소성 상태와 친산소성 상태를 반복하면 피산소성 상태에서 인이 방출되고 친산소성 상태에서 인이 과잉섭취된다. 일반적으로 인 제거 미생물이 피산소조건에서 유기물을 흡수할 수 있다는 점 때문에 다른 미생물에 비하여 경쟁 우위에 있어 피산소성 조건이 인 제거 미생물을 선택적으로 증식시킬 수 있는 결정적 단계가 된다. 또한 인 제거를 위해서는 유입수 속에 쉽게 분해 가능한 유기물이 인 제거 미생물의 성장에 반드시 필요하다.

ⓐ 부유고형물질(SS : Suspended Solid)

처리수의 총인 농도를 1 mg/L 이하로 유지하려면, 처리수속의 용해성 인(S－P)이 0.5 mg/L이고 SS속의 인 함유량이 4%일 때 처리수의 SS 농도는 15 mg/L 이하로 유지하여야 한다.

ⓑ pH의 영향

피산소－친산소 반응조의 생물반응조에서 pH에 따른 인 섭취율을 측정한 결과 pH 6.5～7.0 사이에서는 별 차이가 없으며, pH가 6.5 이하에서는 인 흡수율이 지속적으로 감소한다. pH 5.2 이하에서는 모든 활성도가 없어졌으나 pH를 다시 상승시키면 인 흡수율이 정상으로 회복된다.

ⓒ 친산소조에서의 DO 농도

친산소조건에서는 질산화, 유기물의 산화 및 인의 섭취 반응이 발생하며, 보통 DO 농도는 2.0 mg/L 정도 유지한다. DO 농도가 너무 낮으면 인의 흡수율이 저하되어 인 제거율이 감소하며, 침전성이 낮은 슬러지가 생성된다. 반대로 DO 농도가 너무 높으면 생물반응조에서 무산소조로 내부순환되는 반송수 속의 DO 농도가 높아 탈질반응에 영향을 주게 되어 결국 피산소조에 질산성질소 농도를 높게 하여 인 방출률을 감소시킬 수도 있다. 따라서 친산소조건에서 DO 농도는 전반부는 2.0 mg/L 정도로 유지하고 무산소조로 내부순환하는 부분은 1.0 mg/L 정도로 낮게 유지하는 것이 바람직하다.

그림 7·4 기존 포기조와 표면 에어레터

② 질소(N) 제거공정

㉮ 개요

물리 및 화학적 처리는 파괴점(break point) 염소 주입법, 암모니아 탈기법, 이온교화법 등이 있고, 생물학적 처리는 1단 오니공정, 3단 오니공정과 산화구법이 있다.

㉯ 물리 및 화학적 처리

ⓐ 파괴점 염소(Cl_2) 주입법의 특징

- 암모니아성 질소(NH_3-N)가 염소와 반응해서 질소가스로 제거된다.
- 유기성 질소와 질산성 질소(NO_3-N)가 물 속에 함유되면 제거율이 크게 떨어진다.
- 운전비용이 너무 많이 소요된다.

ⓑ 암모니아 탈기(air stripping)법의 특징

- 처리수의 pH를 10～11 이상으로 높여서 암모늄이온(NH_4^+)을 암모니아(NH_3)로 변형시켜서 공기접촉해 탈기제거 한다.
- 암모니아에 의해 악취가 발생된다.

ⓒ 이온교환법의 특징

- 암모늄이온을 선택적으로 치환하는 양이온교환 수지탑을 통과시킨다.

ⓓ 기타 공법

- 전기투석법(ED : electronic dialysis)과 나노막분리법(NF : nano filtration), 역삼투법(RO : reverse osmosis) 등이 있다.

㉰ 생물학적 처리

ⓐ 1단 오니공정(single sludge process)의 특징

- 침전조가 1개이나 질화균과 탈질화균들이 공종해서 탈질반응에 필요한 탄소원인 메탄올(CH_3OH)을 주입해 박테리아(Bacteria)의 분해영향원으로 이용한다.

ⓑ 3단 오니공정(triple sludge process)의 특징

- 유기물, 암모니아, 질소 산화물을 각각 3개의 생물반응조에서 제거된다.

ⓒ 산화구공정(oxidation ditch process)의 특징

- 산화구는 한 반응조 속에서 질산화(nitrification)와 탈질산화(denitrification)가 진행되어 유기물(BOD)와 질소(N)원이 제거된다.

③ 인(P) 제거공정

㉮ 개요

화학적 처리는 금속염에 의한 응집침전법과 생물학적 처리는 A/O process, Phostrip process가 있다.

ⓐ A/O 공정의 특징

- 1차 처리수와 반송오니가 1차 생물반응조인 피산소성조에 유입되어서 인(P) 과잉섭취 미생물들이 발효생성물을 섭취해 인을 방출한다.
- 3차 생물반응조인 친산소성조에서 인을 미생물이 과잉 섭취한다.

ⓑ Phostrip 공정의 특징

- 생물학적 공법과 화학적 공법을 조합(hybrid)한 공정이다.
- 생물반응조에서 인을 과잉섭취한 미생물이 8～12시간의 피산소상태에서 인을 다시 방출시킨다.
- 이 처리수를 다시 생물반응조로 반송시켜서 미생물 섭취시키고 나머지 인은 생석회(CaO) 투입해 응집 침전시켜 제거한다.

④ N과 P의 동시제거공정

㉮생물학적 처리를 A^2/O 공정의 특성

ⓐ A/O 공정의 피산소성조와 친산소성조의 사이에 무산소조인 anoxic조를 설비한 공정이다.

ⓑ 인제거는 A/O 공정보다 떨어지나 질소제거는 40～70%로 높다.

7.1.2 하수의 고도처리공법

1. 고도처기공법의 종류

(1) A^2/O(Anaerobic/Anoxic/Aerobic) 공법

구 분	A^2/O(Anaerobic/Anoxic/Aerobic) 공법
처리공정 개요	• A/O 공법을 개량하여 질소 및 인을 제거하기 위한 공법으로 반응조는 피산소성조(Anaerobic Tank), 무산소조(Anoxic Tack), 친산소성조(Aerobic Tank)로 구성되며 질산성 질소를 제거하기 위한 내부반송(Nitrifier Recycle)과 침전지 슬러지 반송으로 구성되어 있음

<table>
<tr><th>구 분</th><th>A^2/O(Anaerobic/Anoxic/Aerobic) 공법</th></tr>
<tr><td>처리공정 개요</td><td>• 피산소성조에서는 피산소성조건에서 인을 방출시켜 친산소성조에서 미생물이 과잉 섭취할 수 있도록 하며, 무산소조는 친산소성조의 내부반송수의 Nitrate를 탈질 시키는 역할을 함</td></tr>
<tr><td>공정구분</td><td>• 피산소 · 무산소 · 친산소성 부유성장 처리공법</td></tr>
<tr><td>처리효율</td><td>• 유기물질 : BOD : 90% 이상, SS : 90% 이상
• 영양염류 : T−N : 40～70%, T−P : 60%</td></tr>
<tr><td>설계인자</td><td>• HRT : 5～8시간(피산소성조 : 0.5～1.0시간, 무산소조 : 0.5～1.0시간, 친산소성조 : 3.5～6.0시간)
• SRT : 4～27일
• F/M비 : 0.1～0.3 kg−BOD/kg−MLVSS · day
• MLSS : 3,000～5,000 mg/L
• BOD/TN비 : 12 이상
• 슬러지반송률(RAS) : 25～50%
• 내부반송(Nifrifier 반송)률 : 100～200%</td></tr>
<tr><td>장단점</td><td>• 기존하수처리장의 고도처리공정으로 변경시 적용이 용이함
• 건설비는 표준활성오니법과 유사하거나 약간 높은(5～10% 이상) 수준임
• 반송슬러지내 질산성질소(Nitrate)로 인하여 피산소성 조건에서 인방출이 억제됨으로서 인 제거효율이 낮음
• BOD/TN비가 12 이상 요구되므로 유입수속의 BOD/TN비가 낮은 국내 하수의 처리에 부적절하며 처리시에는 외부탄소원(carbon Source)를 주입하여야 함
• 수온이 14℃ 이하로 저하하는 겨울철에 질소 · 인 제거효율이 다소 저하함
• 대규모 하수처리시설(50,000～100,000 m^3/일)의 국내 적용실적이 없음</td></tr>
<tr><td>처리공정 모식도</td><td>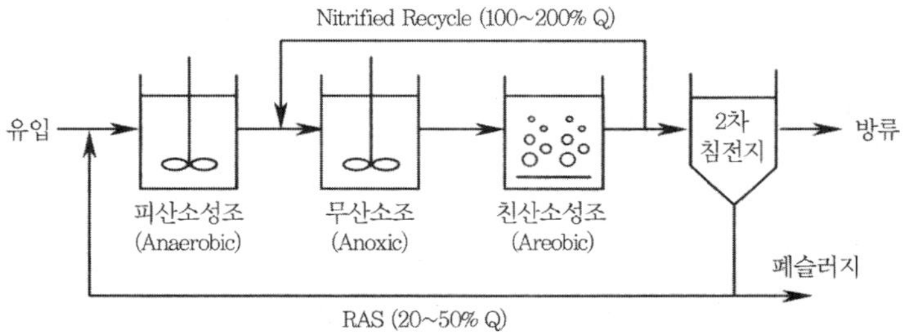
</td></tr>
</table>

(2) CNR(Cilium Nutrient Removal) 공법

구 분	CNR(Cilium Nutrient Removal) 공법
처리공정 개요	• A^2/O 공법을 개량하여 질소 및 인을 제거하기 위한 공법으로 반응조는 A^2/O 공법과 마찬가지로 혐기성조(Anaerobic Tank), 무산소조(Anoxic Tank), 호기성조(Aerobic Tank)로 구성되며 질산성 질소를 제거하기 위한 내부반송(Nitrifier Recycle)과 침전지 슬러지 반송으로 구성되어 있음 • 생물반응조에 섬모상 여재를 설치하여 미생물을 안정시키고 이로 인해 인의 섭취와 질산화를 촉진함
공정구분	• 피산소 · 무산소 · 친산소성 부착성장 처리공법
처리효율	• 유기물질 : BOD : 85～90%, SS : 85～90% • 영양염류 : T－N : 40～70%, T－P : 60%
설계인자	• HRT : 4～8시간(피산소성조 : 0.5～1.0시간, 무산소조 : 0.5～2.0시간, 친산소성조 : 3.0～5.0시간) • SRT : 부유미생물 8～10일, 부착성미생물 15일 이상 • F/M비 : 0.1～0.3 kg－BOD/kg－MLVSS · day • MLSS : 1,000～5,000 mg/L • 슬러지반송률(RAS) : 30～50% • 내부반송(Nifrifier 반송)률 : 100～200%
장단점	• 생물반응조에 섬모상 생물막을 설치한 점 이외에는 A^2/O 공법과 동일한 공정으로 볼 수 있으며, 내부반송과 슬러지 반송을 친산소조로 유입시킴 • 건설비는 A^2/O 공법에 섬모상 여재를 설치하는 비용만큼 추가됨 • 반송슬러지내 질산성질소(Nitrate)로 인하여 피산소성 조건에서 인방출이 억제됨으로서 인 제거효율이 낮음 • 섬모상 여재에 미생물이 부착하여 운전되므로 고농도 하수에 적용 가능성이 높은 장점이 있으나, 여재에 미생물 부착효율이 저하하거나 탈리현상이 심하게 발생하면 오히려 처리수질을 악화시킬 우려가 있어 침전조 개량 필요함 • CNR 공정을 개별 공정으로 해석하기보다는 섬모상 여재와 MBR을 생물반응조 효율향상을 위한 보조장치로 보는 것이 필요함
처리공정 모식도	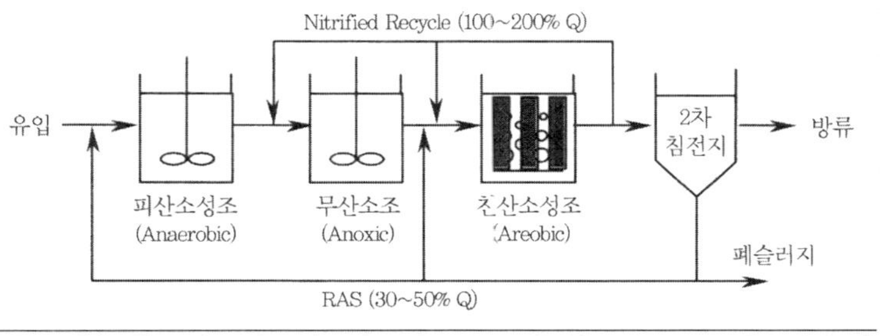

(3) DNR(Daewoo Nutrient Removal) 공법

구 분	DNR(Daewoo Nutrient Removal) 공법	비 고
처리공정 개요	• 표준활성오니 공법을 변형한 공법으로 슬러지 탈질조(Pre-Anoxic Tank), 피산소성조(Anaerobic Tank), 무산소조(Anoxic Tank), 친산소성조(Aerobic Tank)로 구성되며 질산성 질소를 제거하기 위한 내부반송(Nitrifier Recycle)과 침전지 슬러지 반송으로 구성되어 있음 • VIP와 A^2/O 공법과 유사하나 슬러지 탈질조(슬러지 저장조)가 설치되어 있어 내생탈질에 의한 Nitrate(NO_3-N)를 제거함으로서 혐기성조에서 Nitrate에 의한 인 방출 저해작용을 억제할 수 있는 특징이 있음	
공정구분	• 피산소 · 무산소 · 친산소성 부유성장 처리공법	
처리효율	• 유기물질 : BOD : 90% 이상, SS : 90% 이상 • 영양염류 : T-N : 75%, T-P : 85%	
설계인자	• HRT : 6~8시간(슬러지 저장조 : 0.5시간, 피산소성조 : 1.5~2.0시간, 무산소조 : 1.5~2.0시간, 친산소성조 : 3.0~4.0시간) • SRT : 5~12일 • F/M비 : 0.1~0.3 kg-BOD/kg-MLVSS · day • MLSS : 2,000~4,000 mg/L • BOD/TN비 : 3~4 이상 • 슬러지반송률(RAS) : 20~50% • 내부반송률 : 100%	
장단점	• BOD/TN비가 낮은 유입하수에서 처리 가능하도록 개발되어 유입수내의 유기물농도가 낮은 국내 하수의 처리에 적합함 • VIP, MUCT 공법에 비하여 간단하며(내부반송펌프 Line이 1개 적음), 내부 반송율이 낮아 경제적이며 운전이 용이하며 기존하수처리시설의 고도처리 공정으로 변경시 적용이 용이함 • 건설비 및 유지관리비가 표준활성오니법과 유사한 수준임 • 유입원수내의 RBD COD의 농도가 낮거나 수온이 저하하는 겨울철에 질소 · 인 제거효율이 다소 저하함	국내 개발 기술임
처리공정 모식도	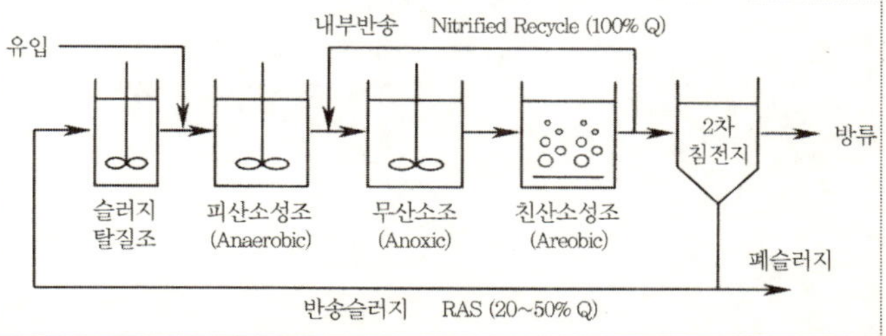	

(4) P/L－II 공법

구 분	P/L-II 공법	비 고
처리공정 개요	• P/L－II 공법은 Main Steam에서 질소를 제거하고 Side Stream에서 인일 제거하는 공정으로 • Main Stream은 MLE 공정과 같이 무산소조, 친산소조로 구성되며 유입된 원수는 무산소조에서 미생물 성장에 필요한 탄소원으로 이용되고 내부반송에 의해 탈질, 질화가 반복되어 질소가 제거된다. • Side Stream에서는 반송슬러지의 일부가 탈인조(피산소성 인용출 조)로 유입된 후 피산소성 조건에서 용출된 인은 상등수로서 배출되고, 인이 거의 없어진 활성오니는 친산소조로 반송되어 인을 과잉섭취(Luxury Uptake)한다. 인 농도가 높은 상징액은 응집제로 처리되어 일차 침전지로 이송되어 고액 분리됨	
공정구분	• 친산소성 부유성장 처리공법＋반류수(Sidestream) 처리공법	약품 사용
처리효율	• 유기물질 : BOD : 85~90%, SS : 85~90% • 영양염류 : T－N : 60~80%, T－P : 90% 이상	
설계인자	• HRT : 6～8시간(무산소 : 1～2시간, 호기 : 4～8시간) • SRT : 10～20일 • F/M비 : 0.05～0.2 kg－BOD/kg－MLVSS · day • MLSS : 2,000～4,000 mg/L • 반송률(RAS) : 40～60% • 내부반송률 : 100～300% • 탈인조 : SDT 10～15시간 • 슬러지 반송률 : 10～20%	
장단점	• 년중 안정적인 방류수 수질유지가 가능함(수온저하로 질소제거효율 저하시에도 인 제거는 안정적으로 이루어짐) • 건설비는 표준활성오니법 보다 약간 높음 • 필요시에만 소량의 응집제를 사용함 • 표준활성오니법의 개조가 용이함 • 유입하수가 무산소조로 바로 유입되고, 탈인조는 내생호흡에 의해 운전되므로 유입하수의 수질이 낮아 미생물의 생장에 필요한 탄소원이 부족한 경우에 유리함	

구 분	P/L-II 공법	비 고
처리공정 모식도	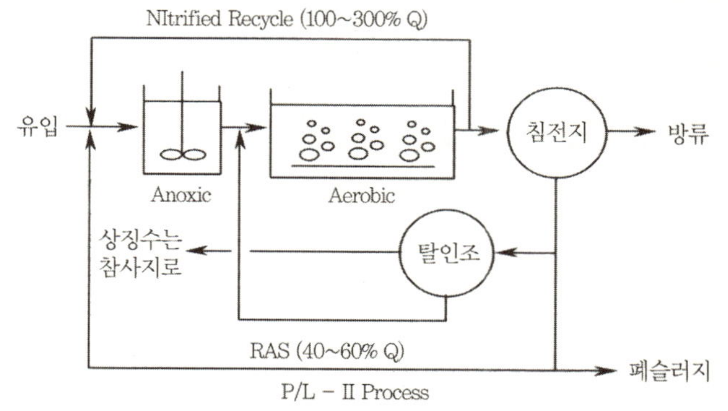	

2. 생물학적 고도처리 기술

(1) 개요

국내외에서 개발된 생물학적 고도처리들은 반응조의 개수 및 배치, 내부반송 구성방식, 미디어의 적용여부 등에 따라 기술적 특징을 달리한다. 그러나 기본적으로 활성오니에 의한 생물학적 처리를 기본으로 한다는 점에서는 모두 동일하며 그 기본적인 제거 메커니즘도 비슷하다. 즉, 국내 대부분의 하수처리장의 경우에서 나타나듯이 질산화, 탈질에 의한 질소 제거, 인 방출 및 과잉섭취 후 슬러지 처분에 의한 인 제거를 목표로 얼마나 그 효율을 높이며 안정적으로 처리할 수 있는지에 대한 차이가 있다. 이에 따라 수리학적 체류시간, 총 고형물체류시간, 유입 부하율 등이 달라지는 것이다. 상기 기술 중 어떠한 것이 최적의 기술이라 결론지을 수는 없다. 유입수 부하량, 유입수 성상, 기후 및 부지 등 입지조건, 목표수질, 경제성 등 여러 조건을 고려하여 적용해야 할 것이다.

그러나 모든 공법들은 생물학적 처리기술의 기본적인 한계, 즉, 유입수 중 탄소원이 부족한 경우 탈질 및 인 방출이 저해되는 점, 동절기 시 수온이 저하되는 경우 질소세균의 생물학적인 활성이 떨어진다는 점, 최종적으로는 처리수질이 침전조의 성능에 크게 좌우되며, 순간적인 고부하에 적응이 어렵다. 특히 우기나 집중 호우 시 다량의 우수가 순간적으로 유입되어 SS제거가 효율이 급격히 떨어지는 등의 문제점을 가지고 있다.

이는 최적화된 운전기술 만으로 해결하기 힘든 기술적 한계로써 생물반응조와 중력식 침전조의 결합이라는 기존의 하수처리 기본 공정 흐름을 채택하고 있는 한 벗어나기 힘든 문제이다. 즉, 단순한 질소 및 인의 처리라는 개념을 넘어서 BOD, SS의 고효율 처리, 병원성 미생물 제거, 계절에 관계없이 안정적인 질소 및 인의 처리, 미량 유해물질의 처리 등 한 단계 높은 차원의 하수 고도처리를 가능하게 한다. 특히 최소의 비용으로 최적의 처리수를 생산함으로써 수질, 수량, 경제적인 측면 모두에서 진정한 의미의 방류수 재이용이 가능한 수준의 하수처리가 가능하게 하기 위해서는 새로운 패러다임의 기술개발이 필요하다.

(2) Membrane Bioreactor(MBR)

일반적인 활성오니변법을 이용한 기존의 하수처리공정은 최종 유출수질을 얻기 위한 침전과정을 필요로 한다. 이때 슬러지의 침전은 전적으로 중력에 의한 공법이어서 슬러지의 침전성에 따라 이전 공정의 성과와는 관계없이 유출수의 수질이 결정된다.

인, 질소제거 등 하수의 고도처리 측면에 있어서도 역시 슬러지의 침전성은 최종적인 유출수 수질에 결정적인 영향을 미치며 고도처리를 위한 처리장의 개보수에 있어서 추가적인 부지를 필요한 경우가 발생할 수 있고 일단 시공이 완료된 후에는 처리공정의 변화가 어렵다. 따라서 기존 처리시스템의 단점을 보완함과 동시에 하수관거가 부족한 상수원 지역의 오수처리를 위해서는 지역단위의 소규모 오수처리 시설의 도입이 필요한데 이러한 시설의 경우는 compact하고 처리공정의 전환이 용이하며 자동화 및 무인운전이 가능한 시스템이어야 한다.

1969년 Smith 박사는 일반 활성오니공법에 있어서 최초로 한외여과(Ultrafiltration)를 이용하여 고액분리를 시도함으로써 기존의 침전조 기능을 분리막으로 대체하였다. 이후 완벽한 고액분리 및 시스템의 단순화가 가능하다는 장점으로 인해 분리막을 이용한 상수 및 하수처리시스템이 개발되어 왔다. 특히 하수처리에 있어서 분리막의 도입은 1990년대 일본의 물환경 개발계획(Aqua Renaissance programme '90)에 의해 가속화되었고 그 과정에서 초기의 계외여과(Side stream filtration)방식에서 침지형 막 생물반응조(Submerged membrace bioreactor, 이하 MBR)방식으로 발전해왔다.

① MBR 기능

계외여과 방식은 가압에 의한 여과가 이루어지기 때문에 압력에 견디는 모듈 제작에 비용이 많이 소요된다. 그리고 순환펌프에 의한 슬러지 용액의 이송량이 처리수의 10~20배 가량 되어 펌프의 운전비용이 높은 단점이 있다.

침지형 방식은 일반 활성오니공법의 포기조 속에 분리막을 도입시킴으로써 반응조 속에서 십자여과(Cross flow filtration)를 통해 처리수를 바로 생산함과 동시에 계외여과를 위해 처리수를 순환시키는데 필요한 펌프 및 부대설비와 동력비를 없애고 생물반응조 속에서 흐름의해 막 표면이 전단력을 받도록 함으로써 막의 오염을 줄이는 방식이다. 이 경우 고액분리가 중력식 침강이 아닌 물리적인 여과에 의해 이루어지므로 슬러지의 팽화현상이 문제되지 않으며 SRT의 조절이 용이하다. 따라서 긴 SRT를 유지함으로써 반응조 내 미생물농도를 높게 하여 슬러지 배출량을 줄이고 유기물부하에 대한 완충력을 확보하며 Nitrobactor나 Nitrosomonas와 같은 질산성 미생물의 성장을 높게 유지할 수 있다.

그림 7 • 5 MBR 공법

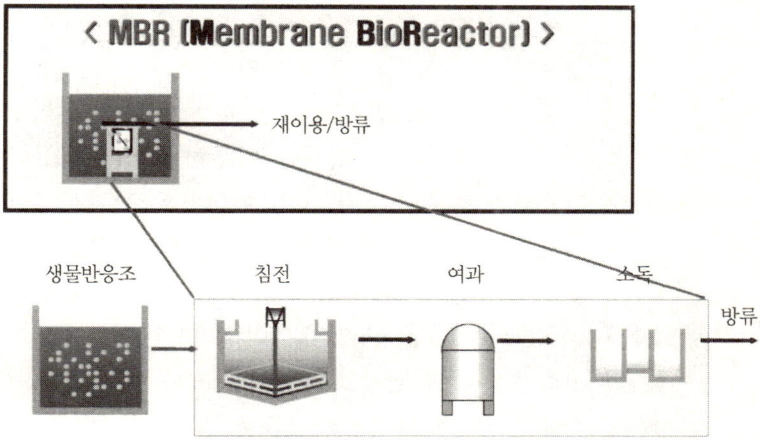

② MBR Process

MBR 공정은 특히 작은 규모에서도 충분히 경제성을 확보할 수 있고 자동화가 용이하며 운전이 간편하면서도 높은 처리효율을 나타내기 때문에 소규모 하수처리장에 적합한 공정이다. 이러한 장점에도 불구하고 그 적용이 활발히 이루어지지 않는 가장 큰 원인은 분리막의 오염에 따른 막의 세정 및 교체 비용에 있다.

막분리 공정의 경제성을 결정짓는 중요한 요인은 막오염의 제어를 통한 안정적인 처리성능의 확보이다. 분리막의 운전 과정에서 나타나는 막오염은 분리막의 성능 저하를 가져오며 시스템의 성능 회복을 위해서는 주기적인 세척이나 분리막의 교체를 필요로 한다. 그런데 분리막 모듈은 공정의 초기 투자비용의 30% 이상을 차지하기 때문에 막오염 제어기술은 MBR공정의 기술 및 경제성 확보에 결정적인 영향을 미치게 된다. 외국의 상업화된 분리막 시스템의 경우 대부분 분리막의 오염현상의 규명 및 제어방식에 대한 연구를 활발히 진행하여 독자적인 know-how를 확보해 왔다. 국내의 막오염 제어기술은 아직 기술개발이 활발한 단계이며 기술개발을 위한 기초연구가 진행되고 있는 수준이다.

Yamamoto 박사는 1989년 중공사막을 생물반응조에 침지시켜 cross flow 방식으로 고액분리를 수행함으로써 기존의 계외여과에서 발생하는 여러 문제점을 보완하고자 하는 시도를 하였다. 이러한 형태의 하수처리공정은 특히 일본과 유럽에서 많이 연구되었는데 유입수 성상, HRT 및 SRT 등의 운전조건에 따른 막 오염거동과 처리수질의 관찰 등의 공정사례 보고가 주로 이루어졌다.

유기물(COD) 제거율은 부하율에 관계없이 60~90% 이상이며 질산화의 경우 SRT가 10일 이상으로 길어질 경우 질산화율이 99%로 거의 완벽하게 이루어진다. 이는 막에 의한 미생물군집의 완벽한 차단 등의 환경이 Nitrobactor나 Nitrosomonas와 같은 질산성 미생물의 다수를 확보할 수 있기 때문이다. 또한 총 질소의 제거를 위해서 무산소조건을 가진 반응조를 추가하거나 연속회분식(SBR)형태로 MBR을 운전함으로써 탈질메카니즘을 알게 되었다.

인 제거의 경우는 최소 11.9%에서 최대 75%까지 제거가 가능했다는 사례가 있으며 이는 미생물의 대사과정에 필요한 소비량을 훨씬 넘는 것으로 인 축적미생물(PAOs)의 활동 가능성, 분리막 표면에서의 인산성 인($PO_4^{3-}-P$)의 흡착 등을 그 원인으로 꼽고 있으나 정확한 설명은 이루어지지 못하고 있다. SRT가 슬러지 발생량은 0.2~0.3 범위로 알려진 것으로 보아 일반적인 활성오니공법의 경우가 0.45임을 감안할 때 슬러지 배출량을 크게 줄일 수 있음을 알 수 있다.

표 7·2 ▶ MBR과 AST 비교

	MBR	일반 활성오니법	MBR 차이점
생물학적 분해	• 미생물에 의한 유기물 분해제거 • 고농도 미생물농도 유지가능(MLSS 8,000~15,000 mg/L)	• 미생물에 의한 유기물 분해 • MLSS 3,000 mg/L 내외	• 분해속도 증가 • 반응조 크기 감소 → 부지저감
고액 분리 정정	• 막분리에 의한 고액분리 • 0.1~0.4 μm 이상 물질 완벽제거 • 막오염 최소화 과제	• 침전조에서 고액분리 → 처리수질은 침강성 의존 • 슬러지 벌킹, 스컴 등 취약	• 침전지 불필요 → 부지저감 • 처리수질 우수 • 먹패색 억제장치 → cross flow
고도 처리	• 여과공정 불필요(SS 완벽제거) • 소독공정 불필요(대장균 99.9% 제거)	• 모래여과 및 활성탄여과 • 대장균 제거 위한 소독공정 필수	• 부지저감 • 소독 부산물 문제 관계없음
기타 측면	• 고농도 Biomass 유지로 슬러지 발생량 저감 • 1차 침전지 불필요 • 과다 포기 필요	• 1, 2차 슬러지 다량 발생 • 1차 침전지 필요(일반적인 경우)	• 슬러지발생량 저감 • 부지저감 • 포기비용증가

7.2 정수의 고도처리

7.2.1 개념

국내의 고도정수처리 시설은 수돗물 속의 맛 · 냄새물질의 제거 위한 설비이다. 1988년 부산시 화명정수장에 오존처리시설만 설치하여 가동하여 왔으나, 1994년 1월 낙동강 물오염사고 이전에는 물오염에 대한 일부 전문가들의 우려 섞인 목소리만 있었을 뿐 물오염에 따른 고도정수처리 시설의 도입은 전무한 상태였다. 1994년 정부는 낙동강 하류 등 물오염이 심화된 상수원을 이용하는 국내 18개 정수장에 대해 고도정수처리 시설의 도입 계획을 발표하였으며, 이들 정수장에서는 주로 오존처리, 입상 활성탄(GAC) 처리 또는 생물활성탄(BAC) 처리, 이산화염소(ClO_2)에 의한 대체 살균 처리 등의 처리공정 도입을 추진하였다.

특히 이들 고도정수처리 시설은 사전 연구가 면밀히 수행되지 못한 상태에서 시설이 도입되었기 때문에 설계에서도 해당 정수장의 수질 특성을 충분히 반영하지 못하거나 운영요원의 전문성 부족으로 당초에 기대한 효과를 발휘하지 못하는 등의 어려움이 있는 것으로 알려지고 있다. 즉 상수원수의 수질특성에 따른 최적 공정의 선정과 설계 및 운전인자의 최적화 검토가 늦어질 경우에는 기대하는 먹는 물의 수질향상 기대성과를 얻는 데에는 어려움이 있을 것으로 여겨진다.

1. 고도정수처리 연구

기존 정수시설의 문제점을 해결하기 위한 기술로써 정부에서는 G7 project의 일환으로 추진한 연구에서 국내외의 기술현황 분석을 하여 고도정수처리 신기술에 대한 아이디어를 창출했다. 단위공정별 특성 및 효과를 분석함으로써 상수원수의 특성에 따른 처리대상물질별 개발가능 시스템을 제안하였다. 그리고 선정된 개발 가능한 고도정수처리의 단위공정 및 시스템들 중에서 지표수와 지하수에 대해 우선적으로 실용화가 가능한 공정과 보완 연구가 필요한 신 단위 공정개발로 분류하여 추진하였다.

특히 국내 적용 가능성이 높은 활성탄 및 오존 공정 시스템을 개발하기 위해 여러 종류의 모형시스템을 설치하여 4대강 수계의 적용성 및 타당성 검토를 시도하였다. 이를 통하여 적용 가능한 시스템을 도출하고 최적화를 도모함으로써 계절별 특징이 뚜렷한 기후조건과 대상 원수의 지역적 특성 및 다른 지역에 대한 범용성을 감안하여 한국 실정에 적합한 고도상수처리시스템을 제시하였다. 또한, 3년차에는 Scale－up 실험연구를 목표로 기존에 수행된 Pilot Scale 실험의 결과로 검토된 10종의 시스템 중에서 최적 시스템을 선정하여 실증플랜트(Demo Plant)를 설치하고 운영함으로써, 국내에 적합한 고도상수처리시스템의 실규모(Full Scale) 적용을 위한 설계, 시공 및 유지관리기술을 개발하고자 하였고, 고도정수기술의 실용화를 위한 기반을 구축하였다.

(1) 고도정수처리기술

우리나라도 고도정수처리기술개발은 1995년 말부터 2단계 3년 동안의 연구를 추진하였다. 고도정수 실용화 기술개발을 목표로 고도정수기술을 현장에 적용할 때 기술적 문제점을 해결하고 수질의 안전성과 안전성평가를 시도함으로써 실질적 실용화를 위한 기술의 검증과 개선을 도모하여 고도정수기술의 국내 정착화를 이루고자 추진되었다. 2단계 1차년도에는 고도정수기술의 현장 적용 및 실용화를 위한 핵심요소기술의 개발을 목표로 상수원 수질정밀조사에 의한 수질 특성별 적합공정 선정, 기존 정수공정과의 연계 및 활용방안, 실용화에 필요한 장치 및 소재개발 기초조사를 실시해 중점 연구대상을 선정하는 등 실용화 기초연구가 수행되었다. 1단계에서 연구 개발된 한국 실정에 적합한 고도정수처리시스템 중에서 2가지 시스템을 실용화 공정을 선정하였다. 그리고 실용화 공정의 최적설계 및 운영인자를 도출하였으며, 지역적 · 계절적 특성에 따른 수계별 다양한 상수원 수질특성을 가진 우리나라의 실정에 적절히 대응할 수 있으면서 유지관리가 쉬운 공정기술을 확보하기 위하여 고도정수 실용화 공정의 표준화 기초를 마련하고 자동화 시설을 구축하였다. 또한 실용화가 가능한 신 단위공정 개발을 위하여 용존 공기 가압부상공정(DAF), 광촉매 산화공정(TiO_2) 등과 함께 실용화 핵심 요소기술인 활성탄 경제적 신 재생기술개발, 오존/AOP 공정의 실용화 기술개발을 시도하였다. 2차 년도에서는 고도정수 실용화 기술의 효율 평가 및 자동화 기술의 도입을 위해 단위 공정별로 자동화 시설을 구축하여 성능 향상을 도모하고, 고도정수처리 대상물질로서 조류, 맛 · 냄새 물질을 제거할 수 있는 기술개발에 역점을 두었으며, 기존에 설치된 고도정수시설에 대한 실용성과 경제성의 비교평가를 시도하여 고도정수처리 시스템의 운영기반을 확립하고자 하였다.

① 고도정수처리시설의 도입

1908년부터 시작된 우리나라의 근대 상수처리의 역사는 뚝도 수원지에 완속 여과지의 도입부터이다. 상수원의 수질 문제가 탁도와 대장균, 일반세균 등 미생물에 한정되었던 상황에서는 거의 모든 정수장이 응집 · 침전 및 급속 여과를 기본으로 한 재래식 정수처리 기법에 의존하여 정수를 생산하여 왔다. 상수원의 물오염에 따라 일부 분말활성탄(PAC) 투입 설비 및 이산화염소(ClO_2) 투입 설비 등을 설치하여 물오염에 대처하여왔다.

정부에서는 1994년 초 낙동강 물오염 사고를 계기로 정부 기구를 재정비하여 수질관리를 환경부로 일원화하였다. 1996년 6월 1일부터 오염이 심한 지역을 우선하여 국내 18개 정수장에 고도정수처리시설 도입 계획을 추진하였으나, 당초와는 달리 사업계획, 기간 등이 다소 변경되어, 2008년 20개소가 있다.

② 최적 고도정수처리의 최적 공정

고도정수처리공정에서 가장 중요한 점은 단위공정별 최대의 효과를 발휘할 수 있는 최적의 공정을 선정하고 설계인자의 도출이 필요한데, 우리나라의 4대강 수계별 최적공정 및 설계인자를 표 7 · 3에 제시했다.

표 7·3 ▶ 4대 강의 고도정수처리공정

수 계	최적공정	적용공정	설계인자
한강	원수−응집침전−여과−활성탄	활성탄	선 속 도 : 10∼15 m/hr 공탑체류시간 : 2∼10분 활성탄층깊이 : 0.82∼2.5 m
	원주−전오존−응집침전−여과−활성탄	전오존	오존주입농도 : 0.5∼1.0 mg/L 오존접촉시간 : 5∼10분
		활성탄	선 속 도 : 10∼15 m/hr 공탑체류시간 : 5∼10분 활성탄층깊이 : 0.82∼2.5 m
	원수−응집침전−여과−후오존	후오존	오존주입농도 : 2.0∼3.0 mg/L 오존접촉시간 : 10∼20분
		생물활성탄	선 속 도 : 7.5∼12.5 m/hr 공탑체류시간 : 10∼15분 활성탄층깊이 : 1.25∼3.12 m
낙동강	원수−전오존−응집침전−여과−후오존−활성탄	전오존	오존주입농도 : 0.5∼1.0 mg/L 오존접촉시간 : 5∼10분
		후오존	오존주입농도 : 2.0∼3.0 m/hr 오존접촉시간 : 10∼20분
		활성탄	선 속 도 : 7.5∼12.5 m/hr 공탑체류시간 : 7.5∼12.5분 활성탄층깊이 : 0.9∼2.6 m
	원수−전AOP−응집침전−여과−활성탄	전AOP	오존주입농도 : 0.5∼1.0 mg/L AOP접촉시간 : 2.8∼7.5분 O_3/H_2O_2비 : 1 : 0.3∼0.5
		활성탄	선 속 도 : 10∼15 m/hr 공탑체류시간 : 5∼10분 활성탄층깊이 : 0.82∼2.5 m
	원수−응집침전−여과−후AOP−생물활성탄	후AOP	오존주입농도 : 1.5∼2.0 mg/L AOP접촉시간 : 5∼10분 O_3/H_2O_2비 : 1 : 0.3∼0.5
		생물활성탄	선 속 도 : 7.5∼12.5 m/hr 공탑체류시간 : 10∼15분 활성탄층깊이 : 1.25∼3.12 m
	원수−응집침전−여과−후AOP−생물활성탄	전오존	오존주입농도 : 0.5∼1.0 mg/L 오존접촉시간 : 5∼10분
		후AOP	오존주입농도 : 1.5∼2.0 mg/L AOP접촉시간 : 5∼10분 O_3/H_2O_2비 : 1 : 0.3∼0.5
		활성탄	선 속 도 : 7.5∼12.5 m/hr 공탑체류시간 : 7.5∼12.5분 활성탄층깊이 : 0.9∼2.6 m

수 계	최적공정	적용공정	설계인자
금강	원수−전오존−응집침전−여과−후오존−활성탄	전오존	오존주입농도 : 0.5∼1.0 mg/L 오존접촉시간 : 5∼10분
		후오존	오존주입농도 : 2.0∼3.0 mg/L 오존접촉시간 : 10∼20분
		활성탄	선 속 도 : 7.5∼12.5 m/hr 공탑체류시간 : 7.5∼12.5분 활성탄층깊이 : 0.9∼2.6 m
	원수−응집침전−여과−후오존−생물활성탄	후오존	오존주입농도 : 2.0∼3.0 mg/L 오존접촉시간 : 10∼20분
		활성탄	선 속 도 : 7.5∼12.5 m/hr 공탑체류시간 : 10∼15분 활성탄층깊이 : 1.25∼3.12 m
	원수−응집침전−중오존−여과−생물활성탄	중오존	오존주입농도 : 2.0∼2.5 mg/L 오존접촉시간 : 10∼15분
		생물활성탄	선 속 도 : 7.5∼12.5 m/hr 공탑체류시간 : 7.5∼12.5분 활성탄층깊이 : 0.9∼2.6 m
남한강	원수−전AOP−응집침전−여과−활성탄	전AOP	오존주입농도 : 0.5∼1.0 mg/L AOP접촉시간 : 2.5∼7.5분 O_3/H_2O_2비 : 1 : 0.3∼0.5
		활성탄	선 속 도 : 10∼15 m/hr 공탑체류시간 : 5∼10분 활성탄층깊이 : 0.83∼2.5 m
	원주−응집침전−여과−후AOP−활성탄	후AOP	오존주입농도 : 1.5∼2.0 mg/L AOP접촉시간 : 5∼10분 O_3/H_2O_2비 : 1 : 0.3∼0.5
		활성탄	선 속 도 : 7.5∼12.5 m/hr 공탑체류시간 : 10∼15분 활성탄층깊이 : 1.25∼3.12 m
영산강	원수−전염소처리(BPC)−응집침전−여과−활성탄	BPC	염소주입량 : 10mgCl_2/mg NH_3−N
		활성탄	선 속 도 : 10∼15 m/hr 공탑체류시간 : 5∼10분 활성탄층깊이 : 0.83∼2.5 m
	원수−응집침전−여과−후오존−활성탄	후오존	오존주입농도 : 2.0 mg/L 오존접촉시간 : 10분
		활성탄	선 속 도 : 7.5∼12.5 m/hr 공탑체류시간 : 10∼15분 활성탄층깊이 : 1.25∼3.12 m

수 계	최적공정	적용공정	설계인자
영산강	원수－전오존－응집침전－여과－후AOP－활성탄	전오존	오존주입농도 : 0.5～1.0 mg/L 오존접촉시간 : 5～10분
		후AOP	오존주입농도 : 1.5～2.0 mg/L AOP접촉시간 : 5.0～10분 O_3/H_2O_2비 : 1 : 0.3～0.5
		활성탄	선 속 도 : 7.5～12.5 m/hr 공탑체류시간 : 7.5～12.6분 활성탄층깊이 : 0.9～2.6 m

③ 오존(O_3)과 입상활성탄(GAC)의 특성

㉮ 오존일 경우

ⓐ 생물활성탄층에의 부하저감

ⓑ 고분자성분(부식질)의 저분자화로 생물분해

ⓒ 소수성물질의 친수성화로 생물분해

ⓓ 용존산소의 공급원

㉯ 활성탄일 경우

ⓐ 난분해성(난생물분해, 난오존분해)물질의 흡착

ⓑ 분해(생물분해, 오존분해)생성물의 흡착

ⓒ 잔류 오존의 분해 및 용존산소의 공급

㉰ 미생물일 경우

ⓐ 동화성유기물(오존분해생성물포함)의 분해

ⓑ 암모니아성질소의 질산화

ⓒ 동화성흡착질의 생물분해 및 폐활성탄의 재생

(2) 4대 강의 수계별 고도정수처리도입

① 한강 수계일 경우

한강 수계에서 고도정수공정이 도입된 정수장은 최근 인천 부평정수장이며, 원주 제2 및 동두천 정수장이 가동 중이다. 각 정수장의 설계 및 제원은 인천 부평 정수장의 경우는 현재 총 시설용량의 500,000 m^3/일 중 130,000 m^3/일의 용량을 오존＋활성탄공정을 이용하고 있다. 그리고 최근 영등포정수장은 250,000 m^3/일의 용량을 추가공사할 계획이 있으며, 총 800,000 m^3/일이 고도정추로 처리될 계획이다.

그리고 원주 제2정수장의 경우는 총 95,000 m^3/일을 생산하고

85,000 m^3/일은 생활용수로 10,000 m^3/일은 공업용수로 급수하고 있다. 이 85,000 m^3/일의 생활용수를 후오존+활성탄 공정의 고도정수처리하여 급수할 계획이다. 동두천 정수장의 경우 유입 원수의 암모니아성 질소 농도가 높아 전염소 처리시설을 두고 있고, 후 오존과 생물활성탄(BAC) 공정을 연계토록 하였다. 전염소 처리는 동절기 BAC의 효율이 저하되는 것을 보완한 처리공정이다. 총 38,500 m^3/일의 기존 시설에 장래 수요량을 고려하여 증설하는 21,500 m^3/일과 함께 고도정수공정으로 처리한다.

표 7·3 ▶ 한강 수계 고도정수처리운전

구 분		원주 제2정수장	인천 부평정수장	동두천정수장
시설용량		85,000 m^3/일	130,000 m^3/일	60,000 m^3/일
후오존 접촉지	접촉시간	10분		3.5~10분
	체류시간	5분		
	오존주입농도(mg/L)	3		평균 1.5
	수심(m)	6		
	형식	다단향류식(3단)		2지(3단향류식)
	오존발생기	6kgO_3/hr(3대1대예비)		3.8kgO_3/hr(3대)
활성탄 접촉지	LV	15 m/hr	5.64 m/hr	9.7 m/hr
	충고	2.5 m	1.3 m	2.5 m
	EBCT	10분	13.8분	15.6분
	형식	중력식고정상	중력고정상	
	하부집수장치	스트레이나방식	스트레이나방식	

주) 1. 부평정수장의 경우 현재 운전되고 있는 활성탄공정의 제원이며, 산소주입은 액체산소를 이용하고 2지로 운영됨
2. 원주 제2정수장의 경우는 기본 및 실시 보고서의 내용임

② 낙동강 수계일 경우

낙동강 수계는 낙동강의 상수원수 수질의 악화로 인해 우선적으로 고도정수시설이 도입된 곳으로 국내에서 가장 많다. 1988년 부산 화명정수장에 오존공정을 도입한 것을 비록하여 부산 덕산 정수장, 경산 하양정수장, 마산 칠서정수장, 대구 매곡 및 두류정수장 등이 있다. 현재 운전되고 있는 정수장의 운전현황 및 설계 제원은 표 7·4와 같다.

표 7·4 ▶ 낙동강수계의 고도정수처리 정수장의 운전 및 설계조건

구 분		부산 덕산	부산 화영	대구 매곡	대구 두류	울산 회야	진해 석동
전오존	제원 및 지수	7.4×16.7×7.5m, 2지	5.1×5.1×9.3m, 4지	10.0×4.5×6m, 2단 4지	6.0×3.0×6m, 2단 4지		*터어빈식, 리디알터어빈식
	주입농도 및 접촉시간	최대 1.5mg/L 4분 30초	0.1～1mg/L	1.0mg/L 3.8분	1.0mg/L 4분	3단향류식 2지×2	
후오존 접촉지	제원 및 지수	7.1×18.1×6.7m, 4지 11.5×11.8×6.7m, 4지	4×28.9×8.3m, 4지	10×7.9m+1.5×6m 3단 4지 향류식	6×6.8×7.3m, 3단 4계열	3mg/L, 6.5분	2.5mg/L, 15분
	주입농도 및 접촉시간	최대 1.5mg/L	0.2～2mg/L, 6분	3mg/L(최대), 10분	1～3mg/L, 10분		$6kgO_3/hr$×3대 (1대예비)
	오존발생기용량 및 제조회사	$22.5kgO_3/hr$, 9대 (1대예비) 미국 PCI	$25kgO_3/hr$, 4대	$20kgO_3/hr$, 6대, TRAILGAZ	$13kgO_3/hr$, 4대 프랑스 TRAILGAZ	주입농도제어방식	주입농도제어방식 류오존제어방식
	배오존농도 및 처리방식	pre－heater＋촉매	0.1～0.25Wt%, 1차 열파괴식, 2차 입상활성탄 흡착식	0.05ppm 이하, 열분해방식	0.1ppm 이하, 열분해방식	열분해법	
활성탄 접촉지	제원 및 지수		6×14.2m, 18지	4×4×12.5m, 24지	5.5×11.5×8m, 16지	8×13m, 10지	
	활성탄 충전높이		2.35m	2.5m	2.5m	2.5m	2.5m
	EBCT(min)		8.17분	10분	10분	14분	16분
	활성탄 종류		야자계 14지, 석탄계 4지	coconut 계열	coconut 계열	석탄계	자계
	GAC, BAC 여부		BAC	GAC	GAC→BAC	GAC	BAC
	하부집수장치 종류		스트레이나 방식	Prous Concrete 방식	스트레이너	스트레이너	스트레이너
	역세주기		6일	72시간(수질변동에 따라 변동)	6～7일	5일에 1회	
	역세척 방법		물세척	공세+수세	공기+물	공기+물	공기+물
	역세시간		10분	공세(4분)+수세(15분)	공기(4분)+물(19분)	공기+물 : 5분 물 10분	공기+물 : 5분 물 10분
	활성탄 교체주기 및 교체시기 결정 방법		DOC, $KMnO_4$ 소비량 제거율 각각 20%, 10% 이하일 경우, 연구중			문헌에 의해 3년 계속 연구중	

주) 음영처리된 부분은 도입계획이며, 설계보고서 자료임

7.2.2 고도정수처리방식

1. 활성탄처리(Activated carbon treatment)

활성탄처리에는 분말활성탄(입경 10～100 μm)과 입상활성탄(입경 1～2 mm)으로 구분할 수 있으며, 서울시에서도 갈수기에 일시적이긴 하지만 수돗물의 맛 · 냄새 발생이 문제가 됨으로써 1998년도 하반기부터 분말활성탄을 상시 투입하고 있다.

(1) 활성탄별 수질개선효과

공 정	처리조건	수질개선효과
분말활성탄 (PAC)	• 재질 : 석탄계 • 주입률 : 30 mg/L	• 기존공정에 비하여 TOC 처리효율 10% 상승 • 원수의 Geosmin과 MIB의 초기농도 : 50 ng/L Geosmin 70%제거, MIB 58% 제거 • 주입률 30 mg/L 이상에서는 여과지 누출 우려됨
입상활성탄 (GAC)	• 재질 : 석탄계 • 접촉시간 : 15 min	• 기존공정에 비하여 TOC 처리효율 30% 상승 • 기존공정에 비하여 THM 처리효율 40% 상승 • 기존공정에 비하여 색도 처리효율 20% 상승

① 현장적용방안

공 정	처리조건	수질개선효과
분말 활성탄 (PA)	• 재질 : 석탄계	• 주입률 : 5～10 mg/L ※ 맛 · 냄새 발생시 : 30 mg/L
입상 활성탄 (GAC)	• 재질 : 석탄계 • 접촉시간 : 15 min	• 역세척주기 : 5일 • 역세척방식 : 공기－물 동시세척 후 물세척 ※ 공기－물세척은 4분, 물세척은 충팽창 20～30%로 배출수 탁도 2～5NTU될 때까지

② 안트라사이트(Anthracite)

㉮ 개요

무연탄(無煙炭) 일종으로 여과모래대체 재료로 쓰인다. 안트라사이트(Anthracite)는 석탄을 원료로 한 탁도 제거용 여과재로서 석탄중 탄화도가 높은 탄종으로 고정탄소가 많이 함유되어 있어 물과 화학약품의 부식에 대한 저항성이 크고 불순물에 속하는 회분(Ash)이 적게 함유하고 있다. 모래보다는 크나 가벼워서 한 여과지에 모래와 같이 충전하면 심층여과를 위한 이중여재로 사용할 수 있다.

㉯ 특성

유효경은 0.9～1.4 mm이며, 비중은 1.4～1.6이다.

㉰ 사용목적

봄, 가을철에 조류가 발생할 때는 모래여과지의 여과지속시간이 수시간에 불과하여 매우 비효율적이므로, 굵은 모래(유효경 1.0 mm)를 사용하거나 안트라시이트(anthracite : 석탄류)와 모래를 조합한 여중여재 시스템을 이용한 심층여과가 효율적이다.

㉱ 조류제거 효과

봄, 가을철에 조류가 발생할 때는 모래여과지의 여과지속시간이 수시간에 불과하여 매우 비효율적이므로, 조립모래(유효경 1.0 mm)를 사용하거나 안트라시이트와 모래를 조합한 여중여재 시스템을 이용한 심층여과가 효율적이다.

③ 이층여과(복층여과) 적용방안

㉮ 층분리현상 방지

복층 여과재는 입경분포가 넓게 분포되어 있어 역세척을 하게 되면 여과재의 입경과 비중에 의해 작은 여과재는 상부에 모이고, 거친 여과재는 하부로 분리되는 경향을 나타낸다. 이러한 경향을 층분리라고 하며 층분리가 발생한 여과지에서는 물속에 있는 머드볼 floc의 대부분이 표층부근에서 제거되고 억류된다. 그러므로 여과지 내부의 억류 용량을 충분히 이용하지 못하고 역세척을 실시해야 한다. 이에 대한 방지방안으로 조립여재사용이나 다층여과공정을 설치해야 한다.

㉯ 조립여재사용

모래를 단일여과재로 사용하는 경우 여과재의 균등계수를 낮추고, 동시에 평균경을 크게 함으로써 표층에서의 억류량을 줄인다. 대신 모래층을 깊게 하여 탁질의 누출을 방지한다. 서울시의 경우 대체로 최근에 지어진 암사. 강북정수장 등은 굵은 여재(유효경 1.0 mm)를 사용하고 있다.

㉰ 다층여과

여과재의 구성을 복층화한다. 즉 상부에는 조립재인 Anthracite (비중 1.4～1.6)을 충전하고, 하부에는 미립자인 모래(비중 2.55～2.65)를 사용하여 여층을 구성하며, 여과층 전체를 효과적으로 이용하는 방법이다.

(2) 수독물의 냄새유발 물질 및 제거

① 자연상태에서 발생되는 대표적인 냄새유발 물질

흙냄새의 2－MIB(Methylisovoroneol)와 곰팡이 냄새의 Geosmin이다.

② 냄새유발 원인

방선균(Actinomycetes), 남조류(Blue－green Algae) 그리고 청록조류(cyanobacteria)와 같은 미생물과 조류의 분비물에 의해 2－MIB와 Geosmin이 발생된다.

③ 한강수계에서의 고도정수처리 제거대상물질

㉮ 이취미(맛 · 냄새) 물질

과거에는 곰팡이 냄새를 유발시키는 조류의 발생시점(6월말)에 장마가 적절히 발생하여 곰팡이 냄새에 의한 문제가 거의 없었으나 최근 기상이변으로 장마가 늦어져 곰팡이 냄새를 유발하는 남조류가 대량 증식하여 수돗물에서 일시 냄새가 유발된 사례가 있다.

㉯ 소독부산물

향후 소독부산물에 대한 기준이 강화되고 현재규제중인 THMs 외에 HAAs(Halo Acetic Acids), HANs(Halo Acetic Nitriles) 등 염소계 소독부산물의 규제항목이 다변화될 경우 기존정수처리로 대처하기 어렵다.

(3) PAC 의한 제거

① 분말활성탄(PAC : Powder type activated carbon)

㉮ 분말활성탄 투입시 효과

ⓐ 수돗물 속에 맛과 냄새를 유발하는 조류 분비물질 제거

ⓑ 염소처리에 의해 발생되는 THMs 등 소독부산물질 제거

ⓒ 농약 등 합성 유해유기물질 등 제거

㉯ 분말활성탄 처리효율 연구결과

ⓐ 현재 사용중인 톱밥재질의 활성탄을 석탄재질로 교체시 오염물질 제거율은 동일하면서 탁도제거율 향상 및 활성탄누출

예방

ⓑ 적정주입량은 곰팡이냄새 발생시에 15 mg/L 이상, 비린내 발생시에 5～10 mg/L

ⓒ 적정주입지점은 알칼리제를 분말활성탄 주입지점보다 후단에서 주입, 여과지에서의 활성탄 누출을 막기 위하여 급속혼화 후에 주입해서는 안 되고, 소독부산물 전구물질의 제거 목적으로 주입시에는 접촉시간이 가장 긴 지점에 주입

표 7•5 ▶ 분말활성탄 재질간 비교

구 분		톱밥재질	석탄재질
종류		톱밥	이탄, 갈탄, 역청탄
처리효과	연구소 실험결과	물속의 총유기물질 및 맛·냄새 유발물질에 대한 국내 공급 활성탄의 재질간 차이는 거의 없었음	
	국외논문	석탄재질이 톱밥재질보다 맛·냄새 유발물질의 제거효율이 20% 정도 높음	
문제점		겉보기 밀도가 낮고 물과 친화력이 높아 석탄재질보다 침강성이 떨어져 탁도 제거율 저하 가능성 및 높은 주입량에서 누출 우려	• 일부 제품의 경우 중금속 함유량이 높아 수중으로 용출가능성이 있으므로 철저한 품질시험 필요 • 갈탄의 경우 환경부에서 정한 분말활성탄 품질 기준인 요오드값(950 mg/g)를 만족시키는 것이 곤란

② 제거방법

㉮ 산화제에 의한 화학적 처리방법

정수처리용 산화제는 염소(Cl_2), 오존(O_3), 과망가니즈산칼륨($KMnO_4$), 이산화염소(ClO_2) 등으로 약품주입의해 산화제거 된다.

㉯ 활성탄에 의한 제거 방법

활성탄은 분말활성탄(목탄계, 석탄계)과 입상활성탄이 있으며 냄새유발물질을 흡착 제거

㉰ 포기법(Aeration)

휘발성유기물질인 냄새유발물질을 공기의 포기에 의해 산화제거 하나 소규모 시스템에만 적합하고 유지관리비용이 높다.

③ 현행 우리시의 냄새유발물질 제거

산화제 중 가장 비용이 저렴한 파과점 전 염소처리와 분말활성탄(야자계)에 의한 방법으로 냄새유발 물질을 제거하고 있다.

④ 향후 추진계획

㉮ 파과점 염소주입방법 외에 오존(O_3), 과망가니즈산칼륨($KMnO_4$), 이산화염소(ClO_2) 등에 관한 효과 및 현장 적용성 평가 추진한다.

㉯ 냄새물질 제거 효율을 높이기 위하여 광물계(석탄, 갈탄, 이탄) 분말활성탄에 대한 재질 및 성분규격 기준강화를 위한 냄새물질 제거율을 평가 추진한다.

㉰ 고농도의 냄새물질 유입시 분말활성탄 주입량은 30 ~ 50 mg/L로 알려져 있으나, 목탄계는 무게가 가볍고, 물과 친화력이 높아 침강성이 떨어져 10 ~ 15 mg/L 이상 주입시 정수에 활성탄 누출 우려가 있다. 무게가 무거운 광물계 분말활성탄과 적정 주입량 이상 투입을 위해 여과 보조제 사용에 의한 맛 · 냄새물질 제거율 및 누출성에 대한 평가해야 한다.

⑤ 곰팡이(Mold) 냄새제거효과

㉮ 조류는 모든 수생동물의 먹이사슬의 기초를 이루고 있는 생산자로서 한강에 과다 증식시에는 정수처리에 있어 많은 장애를 유발하게 되는데 주요 조류별 발생시기 및 장애형태로는 다음과 같다.

ⓐ 겨울철에 여과지에서 누출되어 여과탁질을 유발하는 싸이클로텔라이다.

ⓑ 봄철에 냄새, 응집과 침전공정 장애, 생산량의 감소를 유발하는 정수 처리장애성 규조류이다.

ⓒ 여름철에 곰팡이냄새를 유발하는 남조류 등이다.

㉯ 여름철 남조류에 의한 곰팡이냄새의 민원 내용

ⓐ 최근에는 전 세계적인 기상이변에 따라 장마가 늦어져 남조류의 증식으로 수돗물에 심한 곰팡이냄새가 발생하여 시민들이 불편을 초래한다.

ⓑ 이를 제어하기 위해 서울시 정수장에서는 염소주입량 강화, 응집제주입량 강화, 분말활성탄 주입, 오일펜스(oil fence)설치 등으로 대처한 바 있으나 제어가 곤란하다.

ⓒ 이들 원인은 분말활성탄을 30 mg/L 이상 주입하게 되면 냄새를 억제할 수 있으나, 주입량이 과다하게 되면 정수로 활성

탄이 누출되어 흑수(black water)를 유발할 수 있어 분말활성탄 사용에 제한된다.

ⓓ 이러한 분말활성탄의 한계로 일본과 미국에서는 곰팡이 냄새제어를 위해 오존과 입상활성탄을 도입하고 있으며 우리시에서도 곰팡이냄새 제어를 위해 연구소에서 오존과 입상활성탄에 의한 곰팡이냄새 제어에 대해서 현재 적용되고 있다.

2. 오존(O_3)처리(Ozone treatment)

오존(ozone)은 초기에 소독제로써 정수처리에 적용되었으나 강력한 산화력이 입증되면서 그 활용범위가 넓어지고 있다.

(1) 오존처리효과

① 강력한 소독

오존은 바이러스 및 장내세균에 대하여 염소의 가장 유효한 형태인 차아염소산(HClO)의 5~25배, 아메바성아포에 대하여 10배, 세포아포에 대해서는 4배의 소독효과가 있다.

② 기타효과

THMs 저감, 유기물질의 산화, 맛·냄새의 제거, 철·망가니즈(Mn)의 산화, 색도 성분의 제거, 응집 및 침전·여과효율 증대 등이다.

③ 오존처리의 분류

오존처리는 주입 위치에 따라 효과가 다양하게 나타나며, 전오존(Pre－ozone : 혼화지전 주입), 중간오존(intermediate－ozone : 침전지말에 주입), 후오존(Post－ozone : 여과지말에 주입)으로 구분한다.

④ 수질개선효과

㉮ 기존공정에 전오존공정만을 적용할 경우

탁도 2~11.2%, 철(Fe) 0.4~20%, 망가니즈(Mn) 1.1~6.8%, TOC 3.6~5.5% 처리효율 상승한다.

㉯ 기존공정에 중오존공정만을 적용할 경우

탁도 4~5.8%, 철 1.5~3.3%, 망가니즈 6.2~8.0%, TOC 2.6~5.0% 처리효율 향상된다.

표 7·6 ▶ 현장적용 설계인자 및 운영

공 정	설계인자	운영인자
전오존	• 설계용량 : 2 mg/L • 접촉시간 : 5 min	• 주입률 : 1~1.5 mg/L
중오존	• 설계용량 : 3 mg/L • 접촉시간 : 8 min	• 주입률 : 2 mg/L
후오존	• 설계용량 : 2 mg/L • 접촉시간 : 10 min	• 주입률 : 1.5 mg/L

⑤ 전형적인 고도정수처리의 조합공정종류

㉮ A공정

혼화 · 응집 · 침전＋모래여과/입상활성탄

㉯ B공정

혼화 · 응집 · 침전＋모래여과＋입상활성탄

㉰ C공정

혼화 · 응집 · 침전＋모래여과＋후오존＋입상활성탄

㉱ D공정

혼화 · 응집 · 침전＋중오존＋모래여과＋입상활성탄

㉲ E공정

전오존＋혼화 · 응집 · 침점＋모래여과＋후오존＋입상활성탄

표 7·7 ▶ 오존 및 활성탄 처리 설계 운영인자 도출

공 정	설계인자	운영인자
입상 활성탄	• 재질 : 석탄계 • 접촉시간 : 15 min	• 역세척주기 : 5일 • 역세척방식 : 공기－물 동시세척 후 물세척 ※공기－물세척은 4븐, 물세척은 층팽창 20~30%로 배출수 탁도 2~5NTU될 때까지 실시
불말 활성탄	• 재질 : 석탄계	• 주입률 : 5~10 mg/L ※이취미발생시 : 30 mg/L
전오존	• 설계용량 : 2 mg/L • 접촉시간 : 5 min	• 주입률 : 1~1.5 mg/L ※주입농도는 원수의 TOC 농도에 0.6~0.7을 곱한 값으로 계산
중오존	• 설계용량 : 3 mg/L • 접촉시간 : 8 min	• 주입률 : 2 mg/L ※주입농도는 침전수의 DOC 농도에 1.0~3.0을 곱한 값으로 계산

표 7·8 ▶ 우리나아의 고도정수처리공정

구분	시설용량 (천m^3/일)	사업예산 (백만원)	공사기간	주요공정	지역별 특성
인천 부평	50	–	86	GAC	상수원수수질오염
파주 문산	96	–	00~03	후오존+BAC	상수원수수질오염
동주천	60	6,701	94~98	GAC	한탄강부영양화
원주 제2	85	9,247	94~00	GAC	섬강 생활오수
대구 두류	310	27,400	93~97	후오존+BAC	구미, 김천공단
대구 매곡	800	63,800	94~98	후오존+BAC	구미, 김천공단
대구 문산	400		00~05	오존+활성탄	
경산 하양	10	980	94~96	GAC	상수원수수질오염
마산 칠서	400	33,520	94~98	전,후오존+BAC	상수원수수질오염
진해 석동	70	10,274	94~99	전,후오존+BAC	상수원수수질오염
김해 삼계	105	12,400	94~00	전,후오존+BAC	상수원수수질오염
김해 명동	210		99~02	오존+활성탄	상수원수수질오염
양산 웅상	55	11,400	98~01	후오존+BAC	상수원수수질오염
울산 회야	270	23,780	94~02	후오존+BAC	회야댐오염
울산 선암	60	4,028	94~02	후오존+BAC	대암댐오염
부산 덕산	1,555	114,500	92~02	전,후오존+BAC	대암댐오염
부산 화명	600	–	89~94	전,후오존+BAC	대암댐오염
부산 명장	277	22,166	94~99	전,후오존+BAC	회동저수지오염
공주 옥룡	28	8,904	94~98	전,후오존+BAC	상수원수수질오염
군산 제2	38	6,028	94~99	GAC	대아저수지오염

(2) 소독(disinfection)

① 소독처리기준

필요소독능 개념을 도입한 소독과 여과에 대한 처리기준(TT)제정 및 정기 안전진단을 실시가 요구된다. 바이러스(Virus) 등의 미생물 검사는 분석방법이 복잡하고, 낮은 농도의 검출이 어려우며, 결과를 보는데 장시간이 소요되므로 이들 미생물의 제거를 위한 각 소독제의 처리 규정을 만들었다. 미국 EPA(미국환경보호청)에서는 Giardia cysts와 Virus의 제거가 가능한 소독제의 잔류농도(C : mg/L)과 접촉시간(T min)의 곱한 값을 살균소독 처리기준인 소독요구사항(C · T 값)으로 설정하고 정수처리시 이를 준수하도록 하고 있다.

② 소독요구사항

㉮ C · T 값(CT Value)

측정된 잔류소독제의 농도(C : mg/L)의 소독제의 실접촉시간(T min)의 곱한 값이다.

㉯ C · T reg 값

Giadia cysts 99.9%(3 log), Virus 99.99%(4 log)를 제거하는데 요구되는 C · T값이다.

㉰ 불활성화비

C · T/C · T reg로 처리공정별로 측정한 불활성화비의 합이 1 이상이 될 때 소독규정을 만족한다.

③ C · T의 적용

㉮ C · T값은 하루에 한번 최악의 조건(최저 잔류염소, 높은 pH, 저수온)에서 측정한다.

㉯ 전염소처리에 의한 C · T값의 가산은 미국에서도 주에 따라 다르나, 국내에서는 침전지말단의 잔류염소를 0.1～0.2 mg/L으로 조절하고 있으며, 후염소만으로는 C · T값이 만족되기 어려운 경우가 많으므로 전염소처리에 의한 후염소공정 이전의 공정에 대한 C · T값은 가산이 바람직하다.

㉰ 잘 설계되고 운전되는 급속여과에서는 Giardia cysts 2.5log, Virus 2.0log가 제거된다고 가정하고, 나머지 모자라는 log 제거값에 대해서는 소독(uv, O_3, ClO_2, NaClO, Cl_2 등)에 의한 불활성화를 통하여 달성하도록 되어 있다.

7.3 폐수 고도처리

7.3.1 개념

고도처리는 재래식 2차 처리 후 방류수 속에 남아 있는 부유고형물질과 용존고형물질 제거에 필요한 후속처리이다. 이러한 물질들은 유기물, 부유고형물질 또는 칼슘, 칼륨, 황산염, 질산염, 인산염과 같은 단순한 무기이온들이나, 끊임없이 그 수가 증가되고 있는 아주 복잡한 합성 유기물들을 포함한다. 이들 중 질소와 인은 부영양화의 원인이 되는 주요 영양염류이다. 이들은 얕은 하천에서 조류와 수초의 성장을 촉진시킴으로써 수자원 사용에 악영향을 끼친다. 많은 양의 질소는 하천수의 용존산소를 고갈시키고 수중생물에 독성을 유발한다. 또한, 염소소독 효율에 영향을 주고 인간의 건강을 위협하며 폐수 재사용의 적정성에 영향을 주는 등 악영향을 끼친다. 따라서 물관리와 폐수처리장 설계 시 질소와 인의 제거는 날로 중요해지고 있으며 고도처리는 이들의 제거에 초점을 맞추어 진행된다.

또한, 21세기에 들어와 물의 부족문제는 인류의 장래를 위협할 수 있는 중요한 요인 중의 하나로 부각되고 있다. 이 물부족은 고도처리기술, 자연자원을 최대한 이용하여 물 재순환을 극대화시키는 방향으로 이루어질 것이다.

1. 폐수처리분류

폐수처리공정은 1차처리(전처리), 2차처리(본처리)와 3차처리 및 고도처리로 구분된다.

(1) 폐수처리공정

① 1차처리(promary treatment) 공정

예비처리는 다음 본처리 단계의 효과를 높이고, 조작을 원활히 하기 위해 폐수의 조건을 조정하는 것이 주목적이다. 복잡한 기술을 이용하는 공정이 아니므로 큰 문제점은 없지만 계절별 · 기간별로 수질 및 수량의 변동이 크면 스크린 양상이 복잡하다.

예비처리의 스크리닝과 침전조작은 폐수 속의 큰 부유고형물질, 협잡물 등 비교적 비중이 큰 무기물질을 제거해서 본처리시 각종 고장을 미연에 방지하기 위해서이다. 각종 스크린, 침사지, 구형 침전조의 퇴적물은 부패로 가용성물질이 변화해 악취의 원인이 되는바 될 수 있는 한 신속히 제거해야 하므로 1일 1회 이상 청소해야 한다.

유분(oil)을 함유한 물처리시에는 예비처리공정 중 부상분리를 해야 한다. 대개 API방식인 유수분리조가 많이 이용된다.

② 2차처리(secondary treatment) 공정

용해성 유기물질, 즉 BOD의 제거공정인 생물학적 처리(활성오니법 등)와 불용성 유기물질, 유해성 중금속 등을 제어하는 화학적 처리법(응집침전법 등)이 단위공정이다.

③ 3차처리(advanced treatment) ⇒ 고도처리 공정

중금속, NBDCOD 함유된 폐수를 활성탄(GAC, BAC), 이온교환수지, 킬레이트 수지(chealate resin), 막(membrane) 등으로 처리하는 단위공정이다.

(2) 폐수의 고도처리공정

그림 7 • 6처럼 폐수는 1차처리공정에서 주로 협잡물(grit)과 SS(부유고형물) 제거이고, 2차처리공정은 유기물(BOD) 제거이며, 3차처리 및 고도처리는 그림 7 • 7처럼 주로 질소와 인, 미세한 고형물, 병원성 미생물 등의 처리이다.

그림 7·6 폐수처리공정 분류

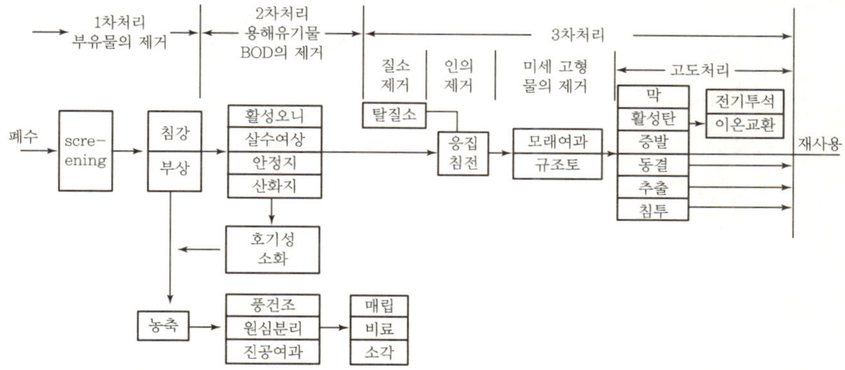

그림 7·7 BOD와 질소제 위한 A/O 공정

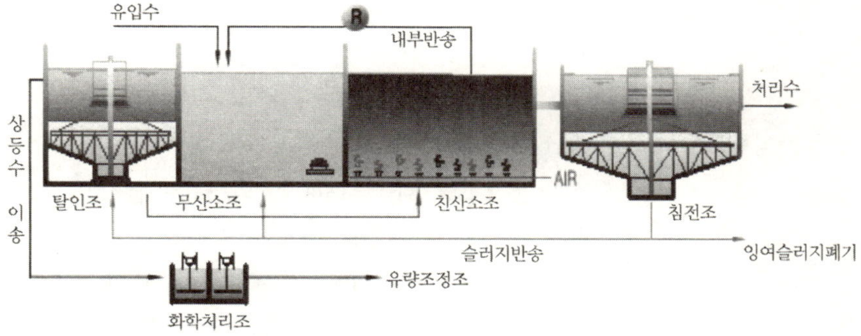

7.3.2 폐수의 고도처리방식

1. 폐수고도처리공정

폐수의 고도처리공정은 막, 활성탄, 이온교환수지 등이 있다. 일반적으로 고도처리는 궁극적으로 질소, 인 제거와 물의 재이용이 목적이다.

그림 7·8 기존과 고도처리공정

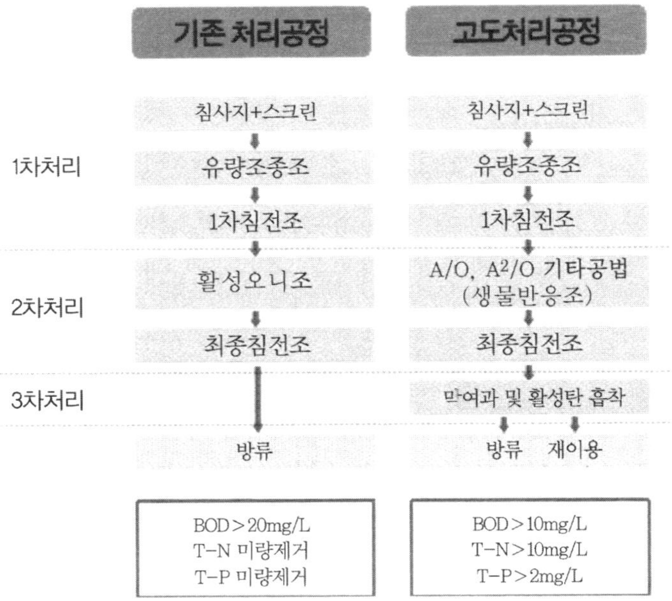

(1) 활성탄(Activated Carbon) 공정

활성탄은 1 g당 812～1840 m^2의 넓은 흡착면적을 보유하고 있어 물리 및 화학적으로 난분해성유기물, 악취물질과 중금속을 제거할 수 있다. 특히, 맛·냄새 처리 위해 정수설비에 널리 적용되고 있다.

활성탄을 탑에 충전시켜 고도처리공정에 적용되는 위치에 따라 크게 입상활성탄(GAC) 탑과 생물활성탄(BAC) 탑으로 구분되고 있다.

① 입상활성탄(Granular Activated Carbon : GAC) 공정

입상활성탄은 상수처리공정 및 생물학적 폐·하수처리수의 고도처리에 많이 이용되고 있고, 통수방식으로는 하향류 고정상, 상향류 유동상 등이 주로 채택되고 있다. 주요 공정의 설계 및 운전요소는 공탑체류시간(Empty Bed Contact Time, EBCT), 선 유속(Linear Velocity), 상용적(Bed Volume), 처리용량, 활성탄층 두께(Bed Depth) 등이 있다. 원수수질과 처리수 수질목표를 고려하여 처리목표물질을 선정하고, 최적활성탄 선정을 위한 처리목표물질의 흡착능 및 파과곡선(Breakthrough) 등에 대한 데이터를 실험실 규모 및 파이롯트 시험(pilot test)을 통하여

축적한 후 주요 설계요소를 결정한다.

② 생물활성탄(Biological Activated Carbon : BAC) 공정

생물활성탄은 입상활성탄에 의한 정수처리공정의 변형된 시스템으로 입상활성탄 입자표면에 생분해능을 가진 미생물들이 잘 성장 유지되도록 하여 유기물 흡착능력을 증대시키는 방식이다. AOP공정은 입상활성탄 전단계에 오존처리시설을 추가한 공정으로 생물학적 유기물제거와 활성탄의 고유의 흡착능을 이용한 시스템으로 고도정수처리 및 폐・하수 처리수의 재이용시설로 사용되고 있다. 생물활성탄은 재생없이 장시간 운전함으로써 건설 및 운전비용 절감이 설계에 있어 가장 중요하므로 장시간 재생없이 처리목표물질의 제거를 달성할 수 있는지가 가장 중요한 설계요소이다.

그림 7・9 활성탄 탑

(2) 이온교환(Ion Exchange) 공정

이온교환법은 이온교환 수지이용해서 보일러용수의 경도제거, 또는 공정 용수의 탈염, 정제를 목적으로 개발되었다. 최근에는 정수처리나 폐수의 고도처리, 크로뮴(Cr) 및 니켈(Ni)도 금(Au)용액의 정제, 금속표

면처리 공정 등에서 배출되는 수세수 속에 함유된 중금속을 흡착 회수하여 처리수를 수세수로서 재사용하기위한 폐수처리 시설로서도 채용된다.

① 이온교환수지(ion exchange resin : IER)

일반적으로 이온교환수지는 고분자지지체에 물 속에 전리되는 수소이온이나 수산이론기 등의 해리하는 이온교환기 즉, $-SO_3H$(슬폰산기), $-N^+(R')_3OH^-$(제4급암모늄기), $\equiv N^+$(아민기)$+OH^-$(수산기) 등을 결합시킨 물질이다. 이처럼 수지를 충전시킨 탑에 폐수를 통과시키면 다음식에 표시하는 것과 같이 이온교환반응이 일어나 폐수 속의 양이온이 이온교환수지에 포집된다.

㉮ IER 반응식

$R-SO_3\ H+NaOH \rightarrow R-SO_3\ Na+H_2O$

$R\equiv N^+OH^- +HCl \rightarrow R\equiv N^+Cl^- +H_2O$

여기서, R : 이온교환수지의 고분자 지지체

㉯ 이온교환수지(IER)의 치환 및 재생반응

폐수 속의 이온에 의해 이온교환기가 치환되면 교환능력은 저하되어 제거하고자 하는 이온이 처리수 속에 누출되게 된다. 이온이 누출하였을 때는 폐수를 유입시키는 것을 중지하고 염산(양이온교환수지)이나 가성소다(음이온교환수지) 등의 재생화곡약품을 사용하여 이온교환수지를 재생시키면 이온교환수지도 반복하여 사용할 수 있다. 이때 재생 폐액 속에는 이온교환수지에 포집되었던 이온이 용출분리(용리)되어 있으므로 별도로 화학적 처리를 실시하여야 한다.

$R-SO_3\ Na+NCl \rightarrow R-SO_3\ H+NaCl$

$R\equiv NCl+NaOH \rightarrow R\equiv NOH+NaCl$

ⓐ 강산성 CER(ex : Amberite IR 124) ($R-SO_3H$)

- H^+형은 HCl, $H_2\ SO_4$로 재생할 경우

  $2R-SO_3\ H+Ca^{2+} \rightarrow (R-SO_3)_2\ Ca+2H^+$

- Ha^+형은 NaCl로 재생할 경우

  $2R-SO_3\ Na+Ca^{2+} \rightarrow (R-SO_3)_2\ Ca+2Na$

ⓑ 약산성 CER(ex : Amberite IRC 50) ($R-COOH$)

- H^+형은 HCl, $H_2\ SO_4$로 재생할 경우

  $2R-COOH+Ca^{2+} \rightarrow (R-COO)_2\ Ca+2H^+$

⑶ 킬레이트수지(Chealate Resin) 공정

폐수의 2차처리수 속에 함유된 유해성 중금속을 값비싼 킬레이수지가 충전된 탑을 통과시켜서 제거하는 공정이다. 제거원리는 이온교환수지와 비슷하며, 이온교환수지는 물 속의 양, 음이온제거로 킬레이트는 제거 안된다. 킬레이트 중금속 제거가 가능하다.

⑷ 막(Membrane)여과 공정

최근 막여재(Membrane filter)의 눈부신 개발성공으로 물 속의 미세한 콜로이드성 고형물을 아주 컴팩트(compact)하고 자동처리운전으로 제거 가능해 폐수고도처리에 널리 적용되고 있다.

① 맥의 구조

㉮ 균질 조밀막은 실리콘(Silicon) 등 여러 종류의 고분자 재료로 균질한 막이며, 중합과 신장(Kidney)으로 제조된 막이어서 기체분리 및 투석에 응용된다.

㉯ 소결고분자막은 테프론(teflon) 등의 재료로 1～2 ㎛ 다공성막이며, 고분자 분말성형 및 소결로 제조해서 여과 및 공기여과에 응용된다.

㉰ 신장 고분자막은 폴리프로필렌, 테프론 등의 재료로 0.1～0.5 ㎛ 다공성막이며, 부분적 결정성 고분자필름의 신장(Kidney)으로 제조해서 여과 및 공기여과에 응용된다.

㉱ 고에너지 α－ray 비대칭막을 폴리에틸렌, 폴리비닐클로라이드 등의 재료로 0.02～20 ㎛ 균일공극구조막이며, 고분자필름에 알파선(α－ray)을 쪼여 제조해서 정밀여과에 응용된다.

㉲ 대칭 가동성막은 셀룰로즈, 에스테르 등의 재료로 0.1～10 ㎛ 다공성막이며, 난증발 용매로 겔화시켜서 제조해서 정밀여과, 투석과 한외여과에 응용된다.

㉳ 복합막은 아세틸셀룰로즈, 폴리비닐플로리틴(RVDF), 폴리아미드(PA)와 폴리술폰(PS)의 재료로 다공성막이며, 복합구조로 제조해서 역삼투와 한외여과에 응용된다.

㉴ 이온교환막은 술폰화, 4급 암모니아와 가교 폴리스틸렌재료로 고정전하를 가진 균질막이며 가교 폴리스틸렌의 술폰화와 4급 암모니아화의 제조로서 전기투석 및 전해질막에 응용된다.

㉵ 유리막은 10～100 μm의 다공성 유리재료막으로 두 가지 성분이 유리되어서 산, 용해성분의 용출로 제조했으며, 여과에 응용된다.

㉶ 세라믹금속막은 알루미나, 알루미나－실리케이트, 흑연 등의 재료로 제조된 0.05～20 μm의 다공성막으로 세라믹과 금속가루를 성형 및 소결시켜서 제조했으며, 고온여과와 기체분리에 응용된다.

② 막의 종류 : MF막, UF막, NF막, RO막

㉮ 정밀여과(micro filtration : MF)는 0.03～10 μm의 다공성막을 이용해서 2기압 이하로 운전해 콜로이드, 분산된 입자, 효모, 곰팡이, 세균 등을 분리시킨다.

㉯ 한외여과(ultra filtration : UF)는 1 μm 이하의 비대칭 다공성막을 이용해서 1～10기압으로 운전해 고분자 물질의 여과, 고분자량(2000～30만)을 회수한다.

㉰ 나노여과(nano filtration : NF)는 표면활성층과 다공성 지지체층으로 이루어진 비대칭 막, 복합물을 이용해서 15～20기압으로 운전해 전해염 등 저분자량 용질의 분리 및 저분자량(300～1000)을 여과한다.

㉱ RO(reverse osmosis)는 NF막과 동일한 막을 이용해 정압차 20～100기압으로 염 등 저분자량 용질의 분리, 담수화, 초순수제조, 식품농축, 처리수 및 방류수를 재처리(중수)해 재이용하는데 응용된다.

그림 7・10 막의 여과특성

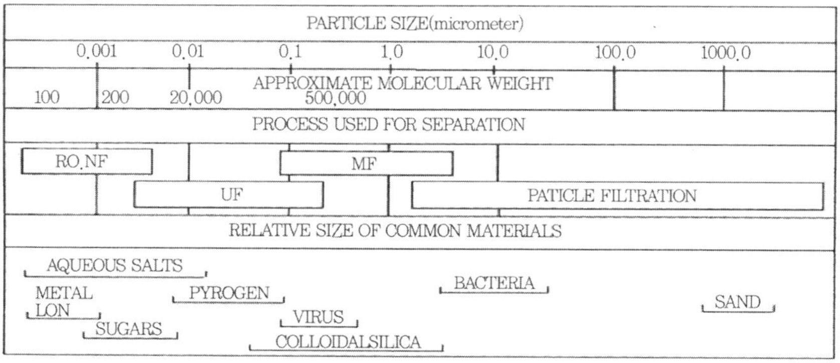

7.4 막분리 의한 고도처리

7.4.1 개념

분리막을 특정 성분을 선택적으로 통과시킴으로써 혼합물을 분리시킬 수 있는 액체 및 고체막으로 막의 물리화학적 성질에 의해 물질과 에너지의 교환속도가 결정된다. 분리막의 체계적인 연구의 시작은 1748년 Nollet씨가 동물세포막의 삼투압현상에 관한 보고였다. 1886년 Vant Hoff씨는 다공성 도자기 표면에 Copper ferrocyanide를 침전시켜 제조한 삼투막을 이용하여 삼투압이론을 발표하였다. Gibbss의 열역학 이론이 발전하면서 삼투압현상의 이론적 근거를 제공하였고, 삼투압과 다른 열역학의 변수들과의 상관관계가 1920년까지 대부분 알려졌다. 최근 지속적인 연구와 개발이 이루어져 해수담수화에 실용화가 성공되었고, 급속하게 막의 성능향상과 경제성을 개선해가고 있다.

1. 국내 막분리시설

우리나라에서 분리막이 가장 먼저 사용된 분야는 반도체의 초순수 제조분야이며 서해안 지역의 공업용수 확보를 위한 대형 물처리시설이 건설되었다. 그리고 의료 및 제약업계에서 무균수의 제조에 응용되기 시작되었다.

현재 이 분리막을 이용한 폐수처리가 활발히 연구되고 있으나 폐수의 종류와 형태가 매우 다양하고 기존의 분리막이 해결해야할 문제점 등으로 인해 아직 해결해야 할 부분은 많다. 그러나 우리의 수자원 문제를 고려할 때 가장 적절한 대안으로 각광받고 있다.

특히 우리나라의 정수처리에 막공정도입은 서울시 이규성 박사가 최초로 2001년에 도입되어 500 m^3/day씩 세계적인 가압식막 3개사와 침지식막 2개사가 운영 성공해 2009년부터 영등포정수장에 가압식막은 H_2L(주) 25,000 m^3/d와 침지식막은 코오롱(주) 25,000 m^3/d를 국삭막으로 설치운영하게 된다.

(1) 분리막의 종류

① 분리막의 분리특성에 의한 분류

분리막의 구분은 막의 재료, 운전형태 및 모듈의 형태에 따라 구분하고 있다. 일반적으로 물에 함유되어 있는 것은 크기가 큰 부유고형물질과 물에 용존되어 있는 무기, 유기물질들이다. 전자의 부유고형물질은 콜로이드성 입자나 미생물 등이며, 후자는 칼슘, 나트륨, 망가니즈처럼 이온성 물질에서부터 크로뮴, 구리와 같은 중금속류와 다양한 유기물질들이다. 분리막은 분리하고자 하는 대상크기에 따라 그 종류가 달라지게 된다. 현재 개발된 막분리 기술로는 정밀여과(micro filtration), 한외여과(ultra filtration), 나노여과(nano filtration), 역삼투여과(reverse filtration), 기체분리(gas seperation) 및 전기투석 등이 있다. 막의 공경의 크기(pore size) 및 흡착, 막표면에서의 용해 및 확산 등의 분리 원리를 응용하여 물질을 분리한다. 상기 그림 7•10에 각 분리막 공경의 크기 및 분리 가능 범위에 대하여 나타내었다.

따라서 각각의 분리특성을 고려하여 처리하고자 하는 수질 또는 요구하는 수질에 따라 막을 선정하여야 하며 이를 단독 또는 혼합하여 Hybrid공정을 설정하여야 한다.

② 분리막의 형식에 의한 분류

㉮ Spiral Wound(나선형) Modules

원래 인공신장용으로 사용된 것이지만 R/O System용으로 완전한 개발이 되었는데 이것은 UOP에 의하여 실증화되었다. 간단한 실험실적 Module은 전형적으로 12inch length와 2inch diameter의 Collection Tube로 이루어져 있다. 이러한 module은 보통 20ft^2의 막면적을 가지고 있다. Spiral Wound module은 가장 compact하고 가격이 싸 많이 사용되고 있다.

RO나선형 module은 두 장의 평막사이에 통수가 가능한 지지체를 넣고 막의 외면에는 그물형태의 Spacer를 적층시킨 후 Roll

Cake 형태처럼 말아서 만든다.

ⓐ 장점

- Module당 막면적이 넓고 투과 유소기 크며 장치가 compact 하다.
- 농도분극 현상 억제는 Space가 난류촉진 역할을 하는 기능을 가지고 있어서 막에 대한 공급유량이 적어도 막면에서의 유속이 크다.

ⓑ 단점

- 유로지름이 700 ㎛ 이하로 작기 때문에 적절한 전처리가 필요하다.
- 사용된 Space가 난류를 촉진시키지만 고농도의 슬러리물질을 product로 얻고자 할 때는 입자가 가로막는 수가 있어 막의 세정에 의한 성능회복이 문제이다.

㉯ Hollow Fiber(중공사형) modules

Closed-end design 형태이며, Pressure vessel 속에 장치된다. System은 Sheel side에서 가압되어 fiber wall을 통해 유출되어 배출된다. 이것은 제작이 쉽고 경제적으로 매우 큰 fiber 막면적을 갖는다. PVDF Fiber의 지름(직경)은 보통 0.7 mm ID, 1.3 mm OD이다.

Clean application에 RO나 UF가 적용되며, UF module은 flow channel이 RO module보다 더 규칙적이기 때문에 fouling(오염)에 대하여는 덜 민감하다. 일반적으로 Romicon과 Amicon 제품이 많이 사용된다.

국내 Industrial Scale에 적용되는 막 size는 ID 0.7 mm와 OD 1.3 mm가 사용되고 있다. Module들은 각각 8,500개의 fiber까지 보유하게 되며 막면적은 75 m^2이다. 아주 높은 점도의 유체에 적용하는 module의 길이는 2.3 m이다. 또한 fiber structure에 손상을 주지 않고 back-flush될 수 있는 Max. operating temperature는 75℃이다.

Fiber 모듈의 양쪽은 Poly epoxy로 접착하여 사용하므로 다른 module과는 달리 막지지체가 없는 것이 특징이다. 따라서 고압에서의 사용은 곤란하다. 그러나 단위 부피당 막면적이 넓어 처리액의 점도가 그다지 높지 않거나 sludge 형성이 적은 물질을 분리하는 데는 좋은 성능을 나타낸다.

일반적으로 대형 module인 6 inch 지름×7.5 inch 길이이며, 압력은 1～2 kgf/cm^2이며, flow rate와 무관한 정수의 처리나 fouling이 잘 일어나지 않는 액의 처리에 적합하다. 중형 module인 7 inch 길이 ×12.6 inch 지름은 고점도액의 처리나 최종 생산수의 농도가 중수인 경우에 사용한다.

㉰ Plate and Frame(평판형) modules

이 module은 막분리 system 중에 가장 먼저 개발된 type으로 design은 conventional filter－process에 기초하고 있다. 수많은 Plate and Frame module 이 small－scale 적용을 위하여 개발되어 왔지만, 값이 상대적으로 비싸고 특히 많은 gasket seal로 인한 leak가 문제되고 있다. 현재는 일반적으로 electrodealysis, pervaporation system 또는 small ultra filtation과 R/O system에 제한되어 사용하고 있다. R/O에 적용되는 것은 보통 수평형 배열식을 쓰며, UF에서는 수직형 배열로 설계한다.

㉱ Tubular(관형) modules

Tubular module은 good hydrodynamics로 인한 fouling의 지향성이 크다는 장점이 있어서 비용이 높다는 문제를 극복하고 있으며 현재는 UF에만 적용되고 있다. 표면의 fouling을 저감하기 위하여 cross flow 속도는 5 m/sec 이상을 사용하고 있으며, 제작상의 가장 큰 어려움은 모듈 끝의 포팅이다.

Tubular module은 다른 module에 비해 공급액의 유로 입구가 크고 공급액의 유속을 크게 할 수 있는 구조로 되어 있으므로 다음과 같은 장점을 갖고 있다.

ⓐ 큰 입자만을 제거할 수가 있는 단순한 전처리 공정만으로 막의 운전이 가능하다.

ⓑ 유속을 빠르게 할 수 있으므로 막표면상의 Scale 형성이 적다.

ⓒ 여러 가지 세정법의 적용이 가능하므로 세정이 용이하다.(Sponge Ball 세정 등)

ⓓ module 구조가 간단하므로 막교환이 용이해서 교체 비용이 저렴하다. 한편 다음과 같은 단점을 가지고 있다.

- 막면적 대비 장치 용량이 크기 때문에 설치공간이 많이 필요하다.
- 높은 유속과 압력으로 운전하기 때문에 에너지 소비가 많다.

2. 막분리공정

(1) 막분리공정의 중요사항

① 자극제 막이 가져야할 조건

㉮ 높은 생산수량(water flux), 높은 염 제거율을 가질 것

㉯ 높은 강도를 가지는 엷은 barrier를 형성하는 능력을 가질 것

㉰ 넓은 pH 범위에서 화학적으로 안정할 것

㉱ 막의 수명이 길 것

㉲ 물리적으로 미생물에 견디는 힘이 클 것

㉳ 다른 형태에서도 사용될 수 있는 다양성을 가질 것

㉴ 압력, 온도 등의 운전 조작범위가 넓을 것

㉵ 가격이 저렴할 것

② 막의 장단점

㉮ 장점(merit)

ⓐ 상 변화를 수반하지 않는 분리공정으로 에너지 절약형이며 분리 대상물질의 변질이 없다.

ⓑ 막 소재의 물리, 화학적 기능에 의해 입자 크기별, 화학적 친화성에 분리되는 특정 물질 만을 분리하는 기능을 가지며 설비가 간단하다.

ⓒ 응용범위가 넓고 온도 변화가 적은 공정에 적용이 가능하며 설계 및 증설이 간단하고 운전 및 장치가 단순하여 자동화가 용이하다.

ⓓ 과부하가 걸릴 때 처리수의 수질에는 큰 영향이 없다.

㉯ 단점(fault)

ⓐ 유입수의 온도, pH 등의 성질에 따라 운전이 제한된다.

ⓑ 농축수의 최종처리가 필요하고, 새로운 공정에 적용할 경우 실험이 우선시 된다.

ⓒ 초기 투자비가 높다.

ⓓ fouling 및 scale에 다른 세척이 어렵다.

(2) 맥분리공정의 운영

① 적용수처리 분야

막분리 공정은 기존의 분리 및 농축 공정과 비교하여 여러 가지

특징을 갖고 있다. 분리막은 상의 변화 없이 물질을 선별적으로 분리시키는 공정이 단순하고 다른 분리공정에 비해 에너지 소모량이 많으며 높은 열 등에 의한 물질의 특성 변화가 일어난다. 그러나 막분리는 기계적인 압력에 의한 분리가 일어나므로 특정 성분의 분리와 정제, 농축 공정에서 새로운 대안으로 많이 응용되는 추세이며 그 범위는 점차 넓어질 것이다. 현재 식품산업의 원료 분리 및 농축, 반도체 세척공정의 초순수 제조에 응용되고 있으며, 전자폐수 속의 유효물질 회수 및 재활용 등 다양한 적용에 대한 개발이 진행 중이다.

② 막분리 시스템

막분리 공정은 전체적인 시스템이 다른 공정에 비해 간단하여 파일럿 실험에 의한 설계인자가 확보되면 공정설계 및 시설 확장이 편리하다. 시설자체의 부피가 작아지므로 설치면적을 최소로 유도할 수 있다.

특히 막분리 공정을 이용하여 전자폐수를 처리하는 경우 약품 사용을 줄일 수 있어 슬러지 발생량을 최소화할 수 있다. 또한 분리막 공정에서 얻어진 처리수는 초순수로 사용되거나 수질에 따라 직접 제조 공정에 사용될 수 있다.

7.4.2 막운영 및 유지관리

1. 막오염 및 세척

(1) 막오염(Fouling)

분리막은 물속의 고형물을 적은 에너지로 선별적인 분리를 할 수 있는 최첨단 청정기술이다. 막의 성능을 저하시키는 분리막의 오염(souling) 문제로 인해 그 보급이 늦추어지고 있다. 분리막의 오염에 의한 문제점 중 하나는 투과율의 감소되는데 그 원인은 크게 두 가지로 나뉘어 진다. 첫째는 막의 오염으로 인한 기능의 저하이며, 둘째는 농도분극현상으로 인한 기능 저하이다. 전자의 경우 원수의 특성에 따라 막 표면에 오염물질이 강하게 결합, 축적되어 막의 투과율을 감소시키거나 성질을 변하게 하여 분리능을 변화시키는 현상이다. 후자의 경우는 분리막을 경계로 고농도의 용질이 용액 속에 체류하고 투과수 흐름에는 상대적으로 낮은 농도의 용질층이 존재하여 용질이 막 표면에 농축될 경우는 고농도의 용질층에 의한 삼투압 증가로 투과율이 감소하는 현상이다.

① 운전조건

높은 압력으로 운전되며 물의 투과율이 증가하나 막 내부에 오염물질이 강하게 결합되어 오염을 가속화 시킨다.

② 분리막의 소재

막의 친수성 및 소수성, 막표면의 코팅전하의 분포, 표면의 거칠기, 공극률 및 입경분포에 따라 물의 투과율 및 배제율이 변한다.

③ 분리막 설계

공정설계는 전처리 부분과 분리막 운전 부분과 후처리 부분으로 크게 나눌 수 있다. 가장 핵심적인 부분은 고압펌프와 막을 지지하는 압력 용기 및 분리막 모듈이며 핵심역할을 담당한다.

전처리 부분은 막의 성능을 장기간 유지하기 위하여 막에 영향을 주는 물질 및 투과율을 감소시키는 오염원을 제거하는 것이 주목적이다. 막의 화학적 분해, 스케일, 기계적 열화 및 투과율 감소 등의 문제를 해결하여야 한다. 특히 물처리 및 재활용에 분리막 공정을 응용 시에는 적용 폐수에 대한 전처리가 필수적이다. 일반적으로 사용되는 전처리 공법은 화학적 응집처리 및 물리적 스크린처리로 크게 나눌 수 있다. 화학적 전처리로는 pH 조정과 응집제 투여를 실시해 침전제거 또는 이온의 용해도 상승속도, 스케일을 억제 및 제거하기 위한 약품 투여, 생물학적인 오염을 사전에 제거할 수 있는 약품 투여, 생물학적인 오염을 사전에 제거할 수 있는 처리 및 탈염소제 첨가 등이 있다. 물리적인 전처리로는 투과율을 감소시키는 SS물질을 제거하기 위한 공정이 대부분을 차지하며 미세스크린여과나 카트라지 휠터(catridge filter) 등을 주로 사용하며 원수의 농도를 적절한 수준으로 맞추어 주는 것도 분리막의 수명을 연장시키는 방법이다. 또한 원수에 함유되어 있는 유분이나 막표면에 부착하는 막코팅물질 등은 사전에 적절히 처리되어야 한다.

후처리 공정은 투과수의 수질에 의해 좌우되며 분리막의 종류에 따른 투과수의 수질과 쓰이는 용도에 따라 후처리 수준이 결정된다. RO 계열의 막으로 전자폐수를 처리할 경우 일반적인 재활용 부분에 초점을 두면 투과수 자체는 양호한 수질을 나타내지만 냄새가 있거나 pH 등이 높거나 낮아서 원하는 수준으로 조정할 필요가 있다. 또한 담수나 해수를 먹는 물로 재이용할 경우 더욱 세심한 후처리가 필요하며 고 순도의 공장용수로 사용할 경우에는 탈기 공정 후 이온교환법과 같은 효과적인 후처리 공정이 결합된다.

(2) 막의 세척(Rinsing)

① 세척과정

세척과정은 막의 오염물을 제거하고 분리막의 분리특성과 투과율을 회복하는 과정이며, 세척에 사용되는 물질은 오염을 늦추고 오염물질을 용해, 계속적인 막의 오염을 막는 역할을 한다. 이 때 세척으로 인한 막의 손상을 최대한 줄여야 하며 세척의 효율을 증가시키기 위해 펌프압력의 증가, 투과 수량의 변화 등을 측정하고 적정한 세척시기를 선정하여 주기적으로 실시 해 주어야 한다.

② 세척방법

세척 방법은 물리적, 화학적, 물리화학적인 방법이 있으며 물리적 방법에는 포워드 플러싱(Foward Flushing), 중공사막에 쓰이는 압축기 의한 공기주입, 관형모듈에 쓰이는 스폰지 볼(sponge ball) 등의 방법이 있으나 널리 보급되지는 않고 있다. 화학적 세척은 상수원수 따른 막제조자의 운전지침에 따라 실시해야 한다. 무기 오염물 제거를 위해 산세척을, 유기오염물질은 NaOH 의한 염기세척이나 계면활성제를 사용하며 부가적으로 효소나 소독제를 사용하기도 한다. 이 때 막의 특성을 정확히 파악하여 약품 등으로 인한 막표면의 훼손이 발생하지 않도록 유의하여야 한다.

③ 막분리 공정의 설계

분리막을 폐수처리에 적용하는 과정은 시험실 규모의 벤치테스트를 실시해 최적의 막 선택과 이렇게 선택된 막모듈을 이용한 파일럿 실험을 수행하여 얻은 설계인자를 사용하여 막분리 공정의 기술적, 경제적 타당성을 조사해야 한다. 특히 폐수처리에 파일럿 테스트가 중요한 이유는 발생되는 전자폐수의 특성이 다르고 특히 분리막의 오염을 유발시키는 유기물질의 복합적 현상 규명이 이론적으로 어렵기 때문이다. 분리막 공정에서 막의 특성을 변화시키는 요인은 아래와 같이 요약할 수 있다.

㉮ 원수농도

농도가 올라갈수록 투과율이 감소하지만 용질 배제율은 크게 변하지 않는다. 그러나 농도에 따라 용액의 성질변화가 있을 경우 막의 배제능이 변할 수 있다.

㉯ pH

용질의 특성을 변화시켜 막과 용질간의 상호 친화도 및 흡수도를 변화시킨다.

㉰ 전처리

전처리를 통하여 막의 투과흐름을 개선시킬 수 있다.

7.4.3 막분리 이용한 중수처리

1. PVDF 중공사막이용한 중수처리

중수도(Reclamation Water system)는 수돗물을 생활용수, 공업용수 등으로 재활용할 수 있도록 오수방류수를 처리하는 막분리공정 등의 시설이다.

최근 멤브레인(Membrane)은 세계적으로 물 부족에 대비한 중수 및 먹는 물 산업설비에 크게 클로즈업(Closeup)되고 있는 실정이다.

환경보건학적으로 마시기에 안전하고 깨끗한 물의 생산은 대단히 중요한 이슈이다. 뉴욕타임스는 "미국 서부지역의 심각한 물 부족 현상에 따라 절대적으로 부족한 물의 소유와 활용을 둘러싸고 개인과 정부, 심지어는 미국과 외국과도 소송 및 물 분쟁이 발생될 수가 있다. 그리고 원유처럼 국제상품으로 먹는 물이 거래될 날이 임박했음을 볼 때 과거는 Black Gold(석유)시대에서 이제 Blue Gold(물)시대로 전환했다.

참고로 아주 심각한 가뭄 때문에 물 부족현상을 겪고 있는 호주 등에서는 물을 거래하고 있음을 볼 때 곧 전 세계적으로 먹는 물을 사고팔게 될 날이 임박했음을 알 수가 있다.

(1) 중수도 관련 법적규정

먹는 물은 생명을 유지하기 위해 마시는 자연상태의 물을 비롯한 정수장에서 정수처리된 수돗물, 그리고 먹는 샘물, 먹는 해양심층수, 해수를 담수화한 물 등이다. 특히 중수는 사람의 몸에 닿지 않는 수세식변소용수, 살수용수, 조경용수와 세차 · 청소용수로 사용되고 있다. 이 밖에 에어컨 · 냉각용, 보급수, 소방용수 등의 용도로도 이용되고 있다.

그리고 물을 효율적으로 이용하기 위한 해당 시설물을 신축, 증축, 개축이나 재건축하려는 경우에 해당되며, 이때에 중수도를 설치해야 하는 자는 단독이나 공동으로 사용수량의 10% 이상을 재이용할 수 있는 중수도 설치결과를 수도법규정에 따라 해당 시장, 군수나 구청장에게 알려야 한다.

① 중수도설치 해당 시설물

㉮ 공중위생법에 따른 숙박업이나 목욕장업에 사용되는 시설물로서 건축연면적이 6만 m^2 이상인 시설

㉯ 산업집적활성화 및 공장설립에 관한 법률에 따른 1일 공장폐수 발생량이 1,500 m^3 이상인 시설

㉰ 유통산업발전법에 따른 대규모 점포

㉱ 건축법 시행령에 따른 운수시설 중 여객자동차터미널 및 화물터미널, 공항시설, 철도시설, 항만시설, 종합여객시설, 업무시설, 교정 · 군사시설 중 교도소, 방송통신시설 중 방송국과 전신전화국

② 중수도시설

㉮ 사용된 수돗물을 생활용수, 공업용수 등의 용도에 적합한 수질로 재처리할 수 있는 침전지, 모래여과지, 소독설비 등의 재이용수 처리시설

㉯ 필요한 양의 물을 보낼 수 있는 펌프, 송수관 등의 송수시설

㉰ 필요한 양의물을 배수할 수 있는 배수관 등의 배수시설

③ 중수도시설 설치관리자의 중수도 수질기준

㉮ 대장균군수일 경우

수세식 변소용수, 살수용수, 조경용수와 세차 · 청소용수의 각 100 mL에서 대장균군수가 불검출될 것

㉯ 수소이온농도지수(pH)일 경우

수세식변소용수, 살수용수, 조경용수와 세차 · 청소용수는 모두 pH 5.8～8.5 범위일 것

㉰ 색도일 경우

수세식 변소용소와 세차 · 청소용수에서는 색도 20도를 넘지

않을 것

㉣ 탁도일 경우

수세식 변소용수, 살수용수, 조경용수와 세차·청소용수는 모두 탁도 2NTU(nephrometric turbidity unit)를 넘지 않을 것

㉤ 냄새일 경우

수세식 변소용수, 살수용수, 조경용수와 세차·청소용수는 모두 불쾌한 냄새가 나지 아니할 것

㉥ 외관일 경우

수세식 변소용수, 살수용수, 조경용수와 세차·청소용수는 모두 이용자가 불쾌함을 느끼지 아니할 것

㉦ 잔류염소(결합)일 경우

수세식 변소용수, 살수용수, 조경용수와 세차·청소용수는 잔류염소농도가 0.2 mg/L 이상일 것

㉧ BOD 및 COD일 경우

수세식 변소용수, 살수용수, 조경용수와 세차·청소용수는 각각 BOD가 10 mg/L과 COD는 20 mg/L를 넘지 않아야 한다.

(2) 중수도 현황

① 물산업시장 전망

일반적으로 물산업은 상하수도, 해수담수화, 생수사업 및 이와 연관된 건설 컨설팅설비생산 운영관리, 기술개발 등을 말한다. 미국은 19C에 금을 찾아 서부로 떠나는 사람들의 Gold rush로 경제와 사회적인 변화를 일으켰으며, 20C는 Black Gold(석유시대)였고 21C는 Blue Gold(물시대)를 맞이했다.

세계물시장의 규모는 2004년 867조원에서 2015년에는 1.8배정도의 1,576조원으로 예상되며, 물산업이 단시간에 수익을 창출할 수 있어 유망산업으로 성장성도가 높아 세계적인 글로벌기업 중 GE, DOW Chemical, Zimens, 3M 등이 참여하고 있다.

특히 General Electrics(GE)는 2005년부터 물산업을 본격화하여 현재까지 상하수설비, 산업용수설비, 기기 및 화학약품 등의 물처리제조업 전부분에 포트폴리오(Port Polio)를 구축하고 있어 앞으로 물산업 경쟁이 활발해 질 것으로 본다.

한편 100여년의 상하수도 서비스사업 포트폴리오를 갖고 있는 선

도적인 물산업 다국적 기업인 Veolia, Suez 등의 해외사업은 Veolia 회사가 90개국, Suez 회사가 130개국, RWE 회사가 80개국과 SACUR 회사가 17개국에 진출하고 있다.

우리나라도 Veolia의 하수도 및 공업용 폐수처리서비스의 공급을 받는 인구(경북 칠곡군, 하이닉스, 인천송도 등)는 255만명이고 그리고 Suez의 하수도서비스인구(부산과 양주)는 90만명으로 알려져 있다.

한편 국내 물산업 예산규모는 2003년도기준 11.4조원으로 이 중 84%인 9.8조원이 상하수도 시장이며, 상수도는 50.1%(5.8조원)로서 운영관리 1.9조원과 시공 3.9조원이고 하수도는 35%(4.0조원)으로 운영관리 9천억원과 시공 3.1조원이다. 나머지는 폐수 8.4%(9천억원), 생수 1.9%(2천억원), 정수기 3.5%(4천억원) 그리고 물산업 기술개발비 1%(1천억원)이다.

그리고 국내중수도 시장규모는 200만 m^3/day로서 약 3조원정도이며, 기존 중수도시설 설치현환은 표 7・9와 같다.

표 7・9 ▶ 국내 중수도 시설 설치현황

구분	전체	서울	부산	인천	광주	울산	경기	대구
업체수 (개수)	240	40	13	9	7	10	42	2
총용량 (m^3/d)	1,883,086	14,110	5,451	26,320	6,850	121,304	89,747	4,160

구분	대전	강원	충북	충남	전북	전남	경북	경남	제주
업체수 (개수)	5	7	1	9	7	7	35	7	3
총용량 (m^3/d)	1,525	19,550	165	23,773	100,410	149,960	1,305,386	12,080	295

(3) 중수처리방식

① 수질항목

인구증가 및 지구온난화에 따른 가뭄으로 한정된 깨끗한 물사용량의 증가가 닥쳐오면 물자원부족은 아주 심각해진다. 따라서 하수방류수를 막이용해서 처리된 재이용수(또는 중수)량이 크게 증대될 전망이다.

따라서 중수처리방식을 선정시에는 제일 먼저 수질기준과 처리시설의 경제성 등이며, 수질항목별 특징은 다음과 같다.

㉮ 대장균군수일 경우

중수가 환경위생학적으로 안전하는지를 평가하기 위해서 수질지표를 일반세균과 대장균군수가 널리 사용되고 있다.

특히 재이용수의 사용자는 어린이에서 노인에 이르기까지 불특정 다수인이 사용하게 되기 때문에 보다 더 전염병균의 감염이 없어야 하기 때문에 아주 엄격한 기준인 대장균군이 검출되지 않아야만 한다.

㉯ 잔류염소일 경우

중수가 화학적으로 환경위생적인지를 판별하기 위한 수질지표이다. 그러나 너무나 잔디에 중수를 살수하면 말라죽기 때문에 잔류염소가 없어야 한다.

그러므로 조경용수 외에는 반드시 0.2 mg/L 이상의 잔류염소가 확보되고 있어야만 수인성 전염병으로부터 안전성을 확보하게 된다.

㉰ 외관일 경우

중수의 살수 · 조경 · 세차 · 청소용수 외에도 수세식 변소용수를 재이용시는 이용자의 기호도가 높아야 하며, 외관상으로도 심미적인 불쾌감을 느끼지 않아야 한다.

㉱ 탁도일 경우

중수를 각종 용수로 재사용시는 이용자의 심미적인 배려가 필요하기 때문에 2NTU를 넘지 않도록 하고 있다. 탁도의 지배인자는 유무기성 콜로이드성 입자이어서 멤브레인의 공극을 막거나 파울링(fouling)을 일으켜서 막여과 성능에 크게 영향을 주게 된다.

㉲ 냄새일 경우

중수는 이용자에게 불쾌한 냄새가 나지 않아야만 한다. 그러므로 냄새는 관능적인 지표이어서 정량적으로 파악하기가 곤란하지만 불쾌감을 일으키지 않아야 한다.

㉳ BOD 및 COD일 경우

생물학적 산소요구량(BOD)이나 화학적 산소요구량(COD)은 중수속의 유기성 물질량을 나타내는 유기물 지표이다. 그래서 재이용수로 사용하려면 BOD는 10 mg/L 이하이고, COD는 20 mg/L 이하이어야만 한다.

㉳ pH일 경우

pH는 중수 속의 수소이온농도 지수로서 산성 쪽에서 부식 및 알칼리성 쪽에서는 생물을 사멸시키는 기능장해의 수질지표이다.

② 중수처리시스템

중수처리공정은 중수도의 용수량, 유입원수의 종류나 수질에 따라서 약간씩 차이가 있으며, 주로 전처리공정, 본처리공정과 후처리공정으로 구분된다.

㉮ 전처리 공정일 경우

유입원수 속의 협잡물을 제거하기 위한 스크린(Screen) 및 프리필터(Pre－filter)와 수처리학적 부하를 균등하게 하기 위한 유량을 조절하기 위한 유량조정조를 전처리단계이다.

㉯ 본처리 공정일 경우

전치된 유입원수 속에는 유기물질(Organic matter)과 부유고형물질(Suspended solid)을 제거하기 위한 공정을 본처리단계이다.

유기물질은 MBR(Membrane bio－reactor)이나 활성오니법 등이고, 부유고형물질은 멤브레인(Membrane) 등이 가장 유요한 최적공정(BACT : Best Availablt Clean Technology)이다.

㉰ 후처리 공정일 경우

본처리된 처리수 속의 색도, 냄새와 유기물 등을 제거해 중수도의 목표수질기준에 적합하도록 최종고도처리하는 단계이다.

이러한 미량물질을 제거하기에 가장 적합한 후처리공정은 자외선(UV), 차아염소산 나트륨(NaClO), 오존(O_3) 등의 화학적공정과 활성탄흡착공정 등이 있다.

(4) 막분리중수처리공법

① 막분리공정

본 중수시스템은 가압형 멤브레인을 이용하여 하수를 여과, 막분리 처리하여 부족한 물을 재이용하는 막분리 일체형설비이다.

막분리공정에서 0.1 μm 이하의 Pore로 투과된 물은 조경수, 쿨링타워 냉각수, 화장실용수, 조경수 등 많은 분야에서 수돗물을 대체하여 재이용되고 있다.

본 중수설비는 하수 측면(side in)에서 유입되고 모듈 내부 멤브레인 Fiber를 통과하여 상부로 이동해 여과수가 되며 모듈의 수명 및 성능을 유지 및 복원하기 위하여 일정주기(약 42～45분)로 자동화시스템에 의해서 여과수로 역세(Backwashing)를 실시한다.

그리고 6개월～1년에 1회씩 주기적으로 화학세정(CIP)과 1주일에 1회씩 유지세정(EFM)을 시행하여 막성능효율을 유지한다.

중수용 멤브레인은 단일 모듈 1개가 1일 $50m^3$을 기본으로 최대 $150\,m^3$까지 가능하며, 설비비 저감 및 효율적 운영을 위하여 여러개의 모듈을 skid의 프레임으로 제작하여 계열(line)의 시스템을 구성할 수 있다.

무인가동제어시스템은 원격지감시 및 중앙제어가 가능하도록 구성되어 실시간 기술지원 및 비상시 긴급대처로 최적의 인공지능 MMI (man－machine information)성능을 유지하고 관리효율을 극대화한다.

② 특징

㉮ 중수를 재이용함으로써 생산가대비 유지관리비가 저렴하여 단기간내 설비 투자비 회수 및 운영비 저감 가능하다.

㉯ 정수용 멤브레인과 비슷한 성능으로 처리수의 탁도 및 수질이 양호하다.

㉰ 다른 회사 중수시스템과 비교하여 설비용적이 컴팩트(compact)하고, 미관상 청결하며, 유지관리가 자동화 및 유지관리비가 매우 저렴하다.

㉱ 유입수 및 탁도의 부하 변동에 대응이 빠르다.

㉲ 원수 수질에 따라 다양한 모듈을 적용하기 때문에 최적의 효율을 유지할 수 있다.

그림 7·11 설비 구성도

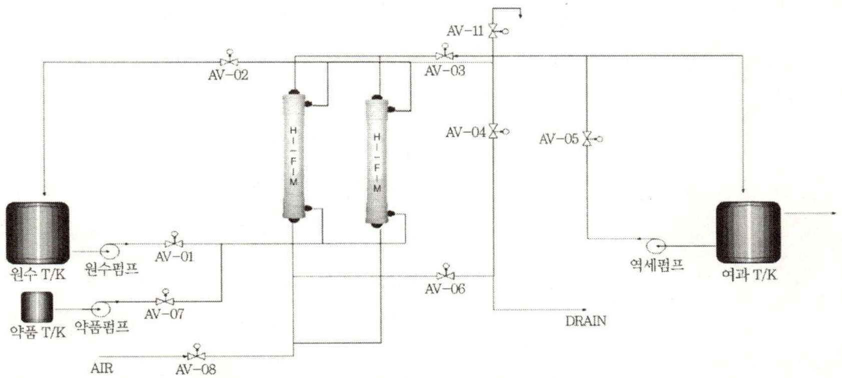

2. 중수의 막분리처리방식

(1) 경제적인 효과

① 막분리공정

막은 공경이 0.01～0.1 μm 범위이어서 물 속에 함유된 콜로이드성 유기물(0.2～10 μm)이나 이온성 용존물질(1～0 μm)을 막여과기능에 의해 분리제거한다.

막분리시 물질적인 절대여과법이어서 상(Phase)변화가 없으며 단순한 압력차와 압력차의 구동력으로 표준중수처리기술로 제거 불가능한 저분자량 물질의 크기와 성상한계가 명확한 분리효과를 나타낸다.

특히 막분리공법 특성은 설치면적이 적게 소요되며, 상수원수의 수질조건이 크게 구애받지 않고 자동운전이어서 환경보건학적으로 안정한 수질을 생산한다.

현재 중수용막으로 적용되고 있는 막은 막의 재료와 분자구조, 제막조건, 미세공경크기, 다공성과 분리유체 화학적성질에 따라 막을 분류하고 있다.

막의 재료에 따라 셀룸로오스계, 합성수지계와 세라믹계로 분류하며, 분리막의 특징에 따라 정밀여과막(MF), 한외여과막(UF), 나노여과막(NF), 역삼투막(RO), 전기투석(ED)으로 분류하고 있다.

② 중수용 막분리공정(미국중심)

미국은 1986년에 안전음용수법을 의회가 통과시켰으며 1989년에는 지표수처리법 제정하면서 소독기준을 포함했는데 원생동물인 Giardia는 3 log(99.9%)와 Virus는 4 log(99.99%)제거 또는 불활성화하도록 규정했다. 따라서 미국은 중수처리핵심기술인 탁질물질, 콜로이드성입자와 병원성미생물을 제거할 수 있는 막분리공정이 중수에 적용되게 되었다.

왜냐하면 정밀여과막(MF)을 이용하면 Bacteria를 제거하고, 한외여과막(UF)을 이용하면 Virus와 일부의 고분자유기물까지 제거할 수 있기 때문이다.

③ 인터콘티넨탈(COEX)중수처리장 경제분석

서울특별시 강남구 삼성동에 위치한 인터콘티넨탈호텔은 1일 200 m^3의 중수를 처리해 호텔객실의 화장실용수 등으로 사용됨에 따라 수돗물 값을 절약해 연간 6,179만원의 이익금을 올리고 있다.

그림 7·12 인터콘티넨탈에 설치된 에치투엘 중수막

㉮ 처리계통도

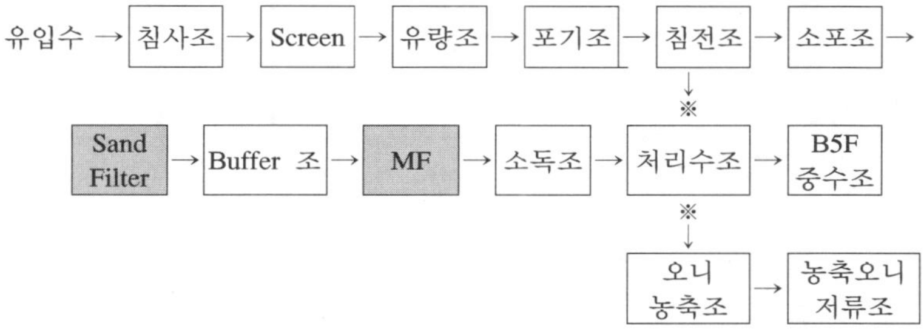

ⓐ 유입수는 호텔의 객실 샤워룸 및 사우나 배수이며, BOD농도는 60∼100 mg/L이고 탁도는 2∼2.6 NTU이다.

ⓑ 중수막의 유입수인 1차 처리 후 수질은 BOD 10∼20 mg/L이다.

ⓒ 막모듈을 통과한 수질은 BOD 1∼3 mg/L와 탁도는 0.06∼0.08 NTU이다.

ⓓ 막여과 처리된 중수의 사용처는 객실과 퍼블릭(Public)지역의 화장실용 세정수, 냉각탑의 보충수, 조경수와 청소용수이다.

㉯ 경제적 효과분석

ⓐ 중수의 생산단가는 1 m^3당 약 600원이며 1년 동안 중수 생산량은 3700 m^3이다.

ⓑ 수돗물 값은 1 m^3당 물이용부담금 150원을 포함해 2,270원이다.

ⓒ 인터콘테넨탈의 호텔에서 제공한 2007년동안 수돗물 절감액을 계산하면(2,270원/m^3 ~ 600원/m^3)×3700m^3 = 61,793,000원이다. 따라서 1년 동안 6,179만원이 절감됨을 알 수 있었다.

ⓓ 참고로 2007년도 월별 중수생산량은 그림 7·14와 같다.

그림 7·13 월별 중수 생산량

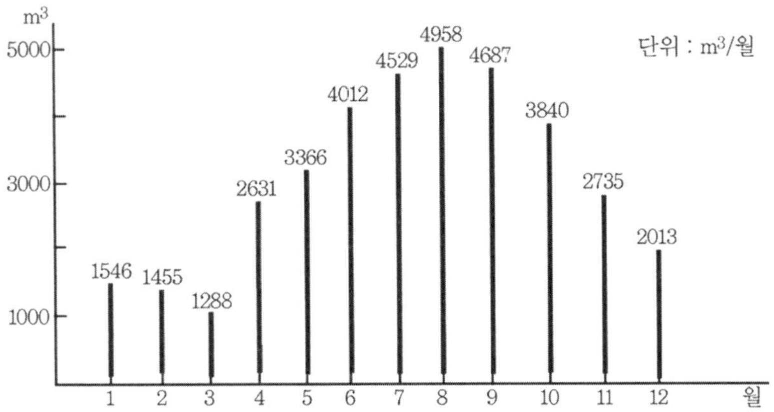

④ 막분리공정의 제어방식

막여과설비의 운전제어방식은 정유량 및 정압이 있다.

㉮ 정유량 제어방식일 경우 막의 여과유량을 일정하게 유지해서 여과하며, 일반적으로 정량펌프와 정유량계를 이용해 일정한 여과수량을 유지하게 된다.

표 7·10 ▶ 정유량 제어운전방식

조정방식	운전방식
정유량 밸브 방식	여과수 라인에 정유량 밸브를 설치
용적식 펌프 방식	용적식 펌프에 의한 정량 공급
조절밸브 제어 방식	원수 또는 여과수 유량을 계측하여 펌프 토출측 조절 밸브 제어
펌프 회전수 제어 방식	원수 또는 여과수 유량을 계측하여 펌프회전수 조절

㉯ 정압제어방식일 경우

막의 공급수 차압을 일정하게 유지해서 여과하며 일반적으로 정양정펌프, 진공펌프, 수두(Water head) 등을 이용해 압력을 일정하게 유지관리한다.

표 7·11 ▶ 정압제어 운전방식

조정방식	운전방식
조절압 탱크 방식	조절압 탱크에 압력 스위치 설치하여 펌프 ON－OFF 제어
수위차 이용 방식	고가수조나 사이폰 등의 수위차를 일정하게 유지하여 정압을 확보
펌프 회전수 제어 방식	펌프 토출측에 압력 스위치를 설치하여 펌프회전수 제어
감압 밸브 방식	펌프 토출측에 감압밸브 설치하여 정압 확보

(2) 막분리공정의 유지관리

① 막 수명일 경우

일반적으로 막 수명은 막의 기계적인 강도에 지배되거나 막이 오염되어 압력차가 증가 및 플럭스(Flux)가 저하되면 세정만으로도 막의 공경(proe)이 완전히 회복되어 여과가 정상화 되었는지의 회복여부로 결정한다.

② 막 오염일 경우

상수원수 속에는 무기물이나 저 · 고분자 유기물질에 의한 용존성 물질이나 콜로이드성, 점도성물질 현탁성의 조류세포(Algal cell) 등으로 막의 공경(Pore size)에 흡착 과 축적으로 막투과 플러스거동에 악영향을 있을 때를 막오염이라 한다. 일반적으로 친수성 막이 소수성 막보다 Flux를 적게 감소시킨다.

막오염 억제 대책은 물리 및 화학적 세정법이 있는데 현장에서 화학적인 세정법으로 막에 오염된 물질(foulant)을 가용화, 분해와 저분자화시킨다.

특히 막오염물질 중에 역삼투로 막표면에서 박리되어 잘 침전되기 때문에 탄산칼슘($CaCO_3$)에 의한 침전방지 위해 탄산이온(CO_3^{2-})을 제거하기 위한 화공약품을 주입해 접촉반응시켜야 한다.

일반적으로 MF막 등의 약품세정과정에서 발생된 세정폐액 속에는 금속성분, 가용성 규산과 용존유기화합물(DOC)을 분석해 막표면의 오염물질박리량을 산출한다.

③ 중수운전모드

중수처리공정의 운전시 시작은 자동운전이며, 정지는 반자동이다. 운전모드(mode)는 공급 50초→여과 1800초(30분)→수세(1차 처리수) 30초→공기세척(공세) 10초→공세와 역세척(backwashing) 50초→세척 30초→배출 30초로 인공지능(MMI)에 의해 다음 그림처럼 운전하고 있다.

그림 7·14 설비 구성도

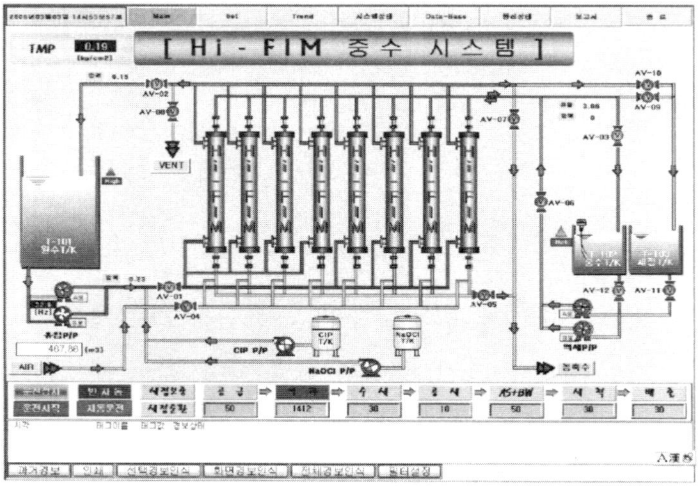

(3) 국산 막설계

① 가압식 막(pressured membrane)

막여과(Membrane Filtration)는 막분리 기술의 한 종류로서 대부분 다공성 비대칭 구조막을 갖고 있어 용매에서 고분자 물질을 분리하는데 사용된다.

막여과는 미세 스크린 메커니즘에 기초를 둔 공정이어서 압력으로 운전되는 가압식 정수 공법이다. 일반적으로 약 2.0 bar(2 kgf/cm^2) 이하의 유효압력으로 0.4～0.02 μm의 크기의 입자를 미세 스크린하여 탁질 및 미생물 등을 제거하는데 효과적이다.

일반적인 여과와 미세 여과(Mricro Filtration)의 차이점은 다음과 같다.

첫째, 공극크기(pore size)가 보다 작으므로 용액속의 거의 모든 박테리아. 원생동물, 바이러스, 콜로이드 입자, 프로테인(protein) 그리고 고분자 미생물을 분리할 수 있다.

둘째, 막의 고형물 분리능력이 공극 크기, 막모듈의 사이즈 및 형태에 따라 크게 영향을 받지만 용해성 미립자의 탄성 능력, 용액의 화학적 특성(pH, 전기특성) 그리고 막자체의 밀도층에 대한 물리적 구성(공존 현상), 구조적, 전기적 또한 화학적 특성(소수성 또는 친수성) 등은 동시에 정수 능력에 많은 영향을 받는다.

셋째, 신기술의 여과 공법(외압형, Outside to Inside)은 케이크층 생성을 억제하고 막표면의 오염물질의 흡착을 줄여준다. 그래서 Flux의 점진적 감소보다는 균형된 Flux을 이루게 한다.

넷째, 고분자량 물질의 분리는 막의 공극 특성 즉 흡착, 배제, 반발력 그리고 미세 스크린 효과에 영향을 받는다. 일반적으로 높은 압력차일수록 고분자 용질에 대한 배제율(rejecting rate)이 낮다.

② 중공사막 모듈(module)

중공사막(Hollow Fiber Membrane)은 중요한 여과막 중의 하나로서 스폰지(sponge) 구조를 갖고 있다. 안쪽 또는 바깥쪽 벽은 밀도층으로서 두 표면의 사이는 다공성이 있다.

표면을 덮고 있는 빽빽한 미세공극 구조이므로 물오염물질의 어떤 성분은 이 공극 사이를 통해 막을 통과한다. 수천개의 중공사를 다발로 하여 케이스 내에 장착된 모듈은 pipe plate, end－cap, distributing plate로 구분되어 폴리우레탄(poly urethane)으로 포팅(potting)고화해 제작된다.

막모듈 속에는 유입수, 처리수 및 배출수 등의 배관접속용 포트가 플랜지 접속 가능하기 쉽게 Pipe Main Line과 연결할 수 있게 고안되었다.

③ 중공사 막에 적용된 특징

㉮ 섬유사는 지지없이 에폭시 수지 파이프 plate에 직접 고정되어 높은 조밀도 그리고 컴팩트한 구조이다. 이는 박테리아에 의한 오염을 줄이고, 모듈 세척을 간소화할 수 있다.

㉯ 누수 체크 및 수선이 용이하여, 안정된 제거효율과 오랜 수명이 가능하다.

④ 해수탐수화용 막

최근 개발된 PVDF 중공사 정밀여과 막은 물의 전처리용, 특히 RO 및 중수도의 재사용 전에 전처리를 위해 응용되었다. 중공사막 구조가 고품질, 고유량의 외압형 공법을 채택하고 있다. 장점은 고탁도 유입에 대한 높은 내구성을 갖고 있으며 미생물 및 지아디아, 크립토스포르디움 등의 원생동물 제거에도 안정한 효과가 있다.

㉮ Module의 개요

모듈은 병렬로 배열하여 스키드(skid) 모듈로 구성하고, 그 배열은 아주 다양하다. 그림 7・15는 생산 공정의 개략도이다.

그림 7・15 생산 공정의 개략도

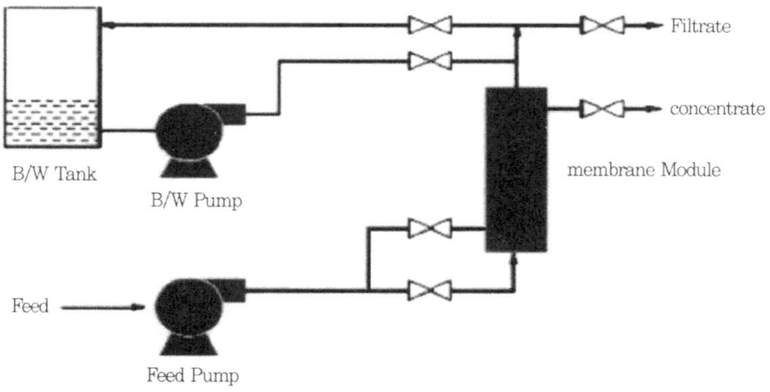

㉯ 일반적인 시스템 요구사항

항 목	파라메타 인자
최대 유입 탁도	≤50 NTU
pH 범위	1~10 or <12(in chemical cleaning)
온도	≤1~40℃
최대 유입 압력	3 bar or 3 KPa
막을 통해 생성되는 평균 압력	≤3 bar(<35℃) ≤2.5 bar(≥35℃)
Flux	40~80 L/m^2 · h · bar(25℃)
유리 잔류 염소	≤200 mg/L(Cl_2)
최대 약품세척 유리 잔류 염소	≤5000 mg/L(Cl_2)

⑤ 막 여과시설 운전

㉮ 역세척(Back washing)

Item		Parameters
역세척 주기		20~60분마다
역세척 소요 시간		30~60초
Element당 물 투과율		100~150 L/m^2 · h
역세척수		MF 처리수 또는 RO 처리수 및 동일수질
Air Scouring	최대압력	≤250 KPa
	공기량	5~12 Sm^3/h
	소요시간	30~80초
	공기 질	건조 및 여과처리된 Oil Free Air

※ 상기 자료는 단지 참고용으로 최적의 조건은 시운전을 거쳐 사용자 환경조건에 적합하도록 해당 엔지니어회사에 의하여 결정되어야 한다.

㉯ Unit 구성

- Module Number : 8 pcs.
- Module Type : 가압식
- Operating Weight : 25 kg

㉰ 작동 요소

- Max. product flow : 16.7 m^3/h
- Max. concentrate flow : 13.3 m^3/h
- Min. concentrate flow : 0 m^3/h
- Recovery rate : 85～95%

㉱ 밸브(Valve) 구성

- 공압자동밸브(Pneumatic valve) : Open/Close actions in auto mode
- 공압자동밸브의 수량 : 8 EA
- 제어방식 : 유량제어

⑥ Module 반입설치

㉮ 일반사항

모듈이 운송되는 동안에 MF 시스템 주변온도는 모듈의 손상을 막기 위하여 0～40℃ 범위를 유지되도록 보호되어야 한다. 그리고 자외선(UV－ray)에 매우 민감한 부분이 있어 손상을 받을 수 있으므로, 직사광선은 피해야 한다.

반드시 막모듈은 현장내 설치가 용이하도록 skid－Mounted로 구성되어야 한다. skid 장착이 아닌 모듈의 개별 운송시에는 충격 및 진동에 의한 손상이 없도록 포장되어야 하며 직사광선 및 비를 피하고 모듈이 얼지 않도록 주의하여야 한다. 참고로 모듈의 중량은 25～40 kg이며 wet 상태에서의 중량은 50～80 kg이다.

㉯ 기초공사(Foundation)

MF시스템 기초공사는 MF skid의 무게를 지탱할 수 있어야 한다.

㉰ 설치 안내

ⓐ 장비 배치도에 따라 장치를 설치하고 고정시켜야 한다.

ⓑ 운송 중 과도한 진동으로 인하여 움직이기 쉬운 밸브와 파이프는 해체하여 운송하는 것이 바람직하다.

ⓒ 모듈의 별도 운송시, 장비 배치도에 따라 skid에 모듈을 장착조립하고, 관련 배관과 연결한다.

ⓓ 모듈의 유입구와 배출구 배관라인을 연결한다.

ⓔ 수출시는 ISO(국제표준화기구)규격에 맞는 배관기준에 따라 외부 배관라인을 적절하게 설비한다.

ⓕ 전기 케이블의 모든 Fastener가 확실하게 고정되었는지 확인해야 한다.

ⓖ 모든 모듈이 적절한 규격부품을 사용하고 프레임에 지지되어야 한다.

㉣ 모듈의 보관

모든 모듈은 직사광선을 피해 실내에 보관되어야하고, 모듈은 동결되어서는 안되며, 5~40℃ 범위의 온도에서 보관되는 것이 바람직하다. 예비용 모듈은 내부에 보존액으로 채워져야 하며, 밀봉되어야하고 보관장소는 청결 및 불순물이 없는 장소를 선택한다. 그리고 예비용 모듈의 장시간 보존시 보존액의 pH test를 매달 한번씩 시행하며, 만약 pH≤3일 경우 새로운 액으로 교체시켜야 한다.

ⓐ 일반적으로 모듈 보관시 준수사항

- 단기간(2~3일) 보관하는 동안, 박테리아 침전을 막기 위하여 하루에 30~60분정도 외부 햇볕에 노출시켜야 한다.
- 장기간(7일 이상) 보관시 모듈 내부에 들어 있는 기존 기준액(Standing－water)은 세척(flush)하고 배수(drain)시켜야 하며 그 후 새로운 보존액을 채우고, pH값을 적어도 한 달에 한번 측정해야 한다.

ⓑ 보존액(Preservative Liquid) 종류

- 1% weight proportion Sodium hydrogen sulfite solute
- 1% weight proportion Sodium hydrogen sulfite solute＋10% weight proportion glycerol
- 10% weight proportion glycerol

㉤ 계기와 밸브

ⓐ 구성요소를 보호하고, 건조와 습기로부터 오염 발생을 막아야 한다.

ⓑ 5℃ 이상의 온도의 실내에 보관해야 한다.

㉥ 원심펌프

ⓐ 실내에 보관해야 하고 적어도 한 달에 한번 shaft를 회전시킨다.

ⓑ 계기와 펌프에 관한 기술자료는 건설사가 생산하지 않는 부분으로는 SUB－VENDER의 DATA SHEET를 참고하면 된다.

부 록

부 록

부록 Ⅰ. 먹는 물 수질 기준

1. 미생물일 경우

① 미생물은 크기가 20 nm～20 μm의 아주 작은 일반세균과 대장균을 말하며, 물에서 검출되면 바로 병에 걸리는 것은 아니나, 물이 오염되어 있을 가능성이 높다는 것을 알 수 있는 물오염지표이다.

② 미생물은 우리나라 법적 검사항목 4항목 외에도 수돗물의 안전성을 확인하고자 생수, 약수에서 검사하고 있는 살모넬라, 쉬겔라, 비브리오 콜레라, 녹농균까지를 포함하여 관리하고 있다.

③ 바이러스는 한강 등 상수원수에서도 선진외국 기준에 비해 낮은 농도였고, 수돗물에서는 검사한 결과 한 차례도 검출되지 않아 안전하다.

④ 일본, 미국에서 문제시되었던 크립토스포리디움과 지아디아도 불검출되어 수돗물은 미생물로부터 안전함이 입증되었다.

⑤ 재향균인병(일명 : 냉방병)의 원인균으로 알려진 레지오넬라균의 경우도 수돗물에서 불검출되었다.

항 목	수질기준	항 목	수질기준
일반세균	100CFU / mL 이하	쉬겔라	TT
분원성대장균군	불검출 / 100 mL	비브리오 콜레라	TT
대 장 균	불검출 / 100 mL	크립토스포리디움	TT
총대장균군	음성 / 50 mL	지아디아	TT
분원성연쇄상구균	불검출 / 100 mL	저온일반세균	500CFU / mL 이하
녹 농 균	TT	바이러스	TT
살모넬라	TT	레지오넬라	TT

※ TT : treatment technique

2. 심미적 영향 물질일 경우

항 목	수질기준 (mg/L 이하)	항 목	수질기준 (mg/L 이하)
경 도	300	아연(Zn)	1
과망가니즈산칼륨소비량	10	염소이온	250
냄 새	무취	증발잔류물	500
맛	무미	철(Fe)	0.3
구리(Cu)	1	망가니즈(Mn)	0.3
색 도	5도	탁도(NTU)	0.5
세 제	0.5	황산이온(SO_4^{2-})	200
수소이온농도지수(pH)	5.8～8.5	알루미늄(Al)	0.5

① 수돗물은 물의 세기를 알려 주는 경도가 59 mg/L이어서, 이 농도는 물맛이 좋은 연수(연수 : 0～75, 경수 : 150 mg/L 이상)에 해당된다.

② 소독제로 사용된 염소냄새 이외의 맛, 냄새는 불검출되어 먹는 물로서 적합하다.

③ 물의 맑기를 나타내는 척도인 탁도는 검사결과 0.07NTU(NTU : 탁도를 나타내는 단위)로 계곡수나 약수와 비교해도 손색없을 정도로 깨끗하다.

④ 미네랄 성분인 철, 망가니즈, 아연이 미량 함유되어 있어 정수기를 사용하지 않고 그냥 마셔도 좋다.

⑤ 노인성 치매를 일으키는 알츠하이머병의 원인인 알루미늄(Al)은 자연상태의 물 0.08 mg/L 보다도 소량이 함유되어 있으면 안심하고 마셔도 된다.

3. 유해 영향 유기물질

항 목	수질기준 (mg/L 이하)	항 목	수질기준 (mg/L 이하)
페놀	0.005	MTBE	0.005
다이아지논	0.02	MCPB	0.0001
파라티온	0.06	메톨라클로	0.01
페니트로티온	0.04	2, 4－DB	0.09
카바릴	0.07	벤타존	0.3
1, 1, 1－트라이클로로에테인	0.1	페노브카브	0.03
테트라클로로에틸렌	0.01	1, 2－다이브로모에탄	0.0004～0.015
트라이클로로에틸렌	0.03	린덴	0.002
디클로로메탄	0.02	카보푸란	0.007
벤젠	0.01	시마진	0.002
틀루엔	0.7	2, 4－D	0.03
에틸벤젠	0.3	알라클러	0.02
자일렌	0.5	클로로탈로닐	0.05
사염화탄소	0.002	펜타클로로페놀	0.009
1, 1－디클로로에틸렌	0.03	엔도설판	5×10^{-5}
1, 2－디브로모－3－클로로프로판	0.003	알드린	3×10^{-5}

벤조(a)피렌	0.0007	다이엘드린	3×10^{-5}
1, 2－다이클로로에테인	0.03	엔드린	0.002
염화비닐	0.005	헵타클로	3×10^{-5}
스타일렌	0.02	헵타클로 에폭사이드	3×10^{-5}
1, 2－디브로모－3－클로로프로판	0.003	1, 2－다이클로로프로판	0.04
마이크로시스틴	0.001	이프로벤포스	0.008
클로로에탄	기준 미정	EPN	0.006
다이(2－에틸헥실)아디페이트	0.08	펜토에이트	0.0001
다이(2－에틸헥실)프탈레이트	0.008	메틸디메톤	0.0001
1, 4－다이클로로벤젠	0.3	다이클로르보스	0.008
모노클로로벤젠	0.3	다이뷰틸아진	0.007

4. 유해 영향 무기물질

항 목	수질기준(mg/L 이하)	항 목	수질기준(mg/L 이하)
납(Pb)	0.05	니켈(Ni)	0.02
플루오린(F)	1.5	바륨(Ba)	0.7
비소(As)	0.05	칼륨(K)	12
세레늄(Se)	0.01	나트륨(Na)	200
수은(Hg)	0.001	안티몬(Sb)	0.005
사이아나이드(CN)	0.01	아질산성질소	1
6가크롬(Cr^{6+})	0.05	베릴륨(Be)	0.004
암모니아성 질소	0.5	몰리브덴(Mo)	0.07
질산성질소	10	탈륨(TI)	0.002

카드뮴(Cd)	0.005	우라늄(U)	0.002
보론(B)	0.3		

5. 유해 영향 소독 부산물

① 잔류염소로 소독하기 위하여 사용된 염소의 부산물로 트라이할로메탄(THM)이 생성된다.

② 클로로폼, 할로아세트산이 대표적이며 발암성이 있어 엄격하게 관리된다.

③ 먹는 물은 기준값의 3분의 1 이하로 함유되어 있어 안전한 수준이다.

항 목	수질기준 (mg/L 이하)	항 목	수질기준 (mg/L 이하)
잔류 염소	4.0	트라이클로로아세트산	0.1
총트라이할로메테인	0.1	브로모클로로아세토니트릴	기준미정
클로로폼	0.08	클로로페놀	0.3
클로랄하이드레이트	0.03	2, 4−다이클로로페놀	0.2
다이브로모아세토나이트릴	0.1	2, 4, 6−트라이클로로페놀	0.2
다이클로로아세토나이트릴	0.09	다이브로모클로로메테인	0.1
트라이클로로아세토나이트릴	0.004	브로모다이클로로메테인	0.06
다이클로로아세트산	0.1	브로모포름	0.1

부록 Ⅱ. 하천 물 환경 기준

구분	등급	이용목적별 적용대상	기준				
			수소이온 농도지수 (pH)	생물화학적 산소요구량 (BOD) (mg/L)	부유고형물 질량 (SS) (mg/L)	용존 산소량 (DO) (mg/L)	대장균균수 (MPN/ 100mL)
생활환경	1	상수원수 1급 자연환경보존	6.5～8.5	1 이하	25 이하	7.5 이상	50 이하
	2	상수원수 2급 수영용수	6.5～8.5	3 이하	25 이하	5 이상	1,000 이하
	3	상수원수 3급 수산용수 2급 공업용수 1급	6.5～8.5	6 이하	25 이하	5 이상	5,000 이하
	4	공업용수 2급 농업용수	6.0～8.5	8 이하	100 이하	2 이상	－
	5	공업용수 3급 생활환경보전	6.0～8.5	10 이하	쓰레기 등이 떠 있지 아니할 것	2 이상	－

구 분	등 급	기 준	
사람의 건강 보호	전 수 역	카드륨(Cd)	0.01 mg/L 이하
		비소(As)	0.05 mg/L 이하
		사이아나이드(CN)	검출되어서는 안 됨
		수은(Hg)	검출되어서는 안 됨
		유기인	검출되어서는 안 됨
		납(Pb)	0.1 mg/L 이하
		6가크로뮴(Cr^{6+})	0.05 mg/L 이하
		폴리 염화 비페닐(PCB)	검출되어서는 안 됨
		음이온 계면활성제(ABS)	0.5 mg/L 이하

비 고 : 1. 수산용수 1급 : 빈부수성수역의 수산생물용
2. 수산용수 2급 : 중부수성수역의 수산생물용
3. 자연 환경 보존 : 자연환경 등의 환경보존
4. 상수원수 1급 : 여과 등에 의한 간이 정수 처리 후 사용
5. 상수원수 2급 : 침전, 여과 등에 의한 일반적 정수 처리 후 사용
6. 상수원수 3급 : 전처리 등을 거친 고도의 정수 처리 후 사용
7. 공업용수 1급 : 침전 등에 의한 통상의 정수 처리 후 사용
8. 공업용수 2급 : 약품처리 등 고도의 정수 처리 후 사용
9. 공업용수 3급 : 특수한 정수 처리 후 사용
10. 생활 환경 보전 : 국민의 일상생활에 불쾌감을 주지 아니할 정도
※ 출 처 : 환경정책기본법시행령 [별표 1] 환경기준(제2조 관련)

부록 Ⅲ. 대기 환경 기준

구 분		WHO 권고값	EC 권고값	영국	한국	미국	캐나다	이탈리아	스위스	태국	싱가포르	대만
SO_2 (ppm)	연평균	0.015 ~ 0.023	0.015 ~ 0.023	0.015 ~ 0.023	0.02	0.03	0.02	0.03	0.01	0.04	0.03	0.03
	24시간 평균	0.04 ~ 0.06	0.04 ~ 0.06	0.04 ~ 0.06	0.05	0.14	0.11	0.10	0.01	0.11	0.14	0.13
	1시간 평균	0.13	–	–	0.15	–	0.34	–	–	–	–	0.25
NO_2 (ppm)	연평균	–	–	–	0.05	0.053	0.05	–	0.02	–	0.05	0.04
	24시간 평균	0.08	–	–	0.08	–	0.11	–	0.04	–	–	0.08
	1시간 평균	0.21	0.07	0.07	0.15	–	0.21	0.11	0.05 (30분)	0.17	0.10 ~ 0.17	0.16
CO (ppm)	1개월 평균	–	–	–	–	–	–	–	–	–	–	–
	24시간 평균	–	–	–	–	–	–	–	7	–	–	–

구 분		WHO 권고값	EC 권고값	영국	한국	미국	캐나다	이탈리아	스위스	태국	싱가포르	대만
CO (ppm)	8시간 평균	9	–	9	9	9	13	9	–	17	9	9
	1시간 평균	26	–	26	25	35	31	35	–	44	35	35
O_3 (ppm)	연평균	–	–	–	–	–	0.015	–	–	–	–	–
	8시간 평균	0.05 ~ 0.06	0.06	0.05 ~ 0.06	0.06	–	0.025	–	–	–	0.03	0.06
	1시간 평균	0.08 ~ 0.10	–	0.08 ~ 0.10	0.10	0.12	0.08	0.10	0.06	0.10	0.12	0.12
PM–10 ($\mu g/m^3$)	연평균	60 ~90	–	60 ~90	70	(50)	(70)	150	(70)	100	75 (50)	130 (65)
	24시간 평균	150 ~230	–	150 ~230	150	(150)	(120)	300	(150)	330	260 (150)	250 (125)
	1시간 평균	–	–	–	–	–	–	–	–	–	–	–
Pb ($\mu g/m^3$)	연평균	0.5 ~1.0	–	–	0.5	–	–	2.0	1.0	–	–	–
	3개월 평균	–	–	–	–	1.5	–	–	–	–	1.5	–
	1개월 평균	–	–	–	–	–	–	–	–	–	–	1.0
	24시간 평균	–	–	–	–	–	–	–	–	10	–	–

※ PM–10(미세먼지)는 입경크기가 10 μm 이하인 먼지를 말한다.
(단, 스위스는 침강속도가 10 cm/sec 이하인 미세 부유먼지를 대상한 기준값이다.)

부록 Ⅳ. 물환경보전법, 대기환경보전법, 소음진동규제법, 토양환경법상의 오염물질

구 분			항 목		
수질 환경 보존법	물오염물질		1. 구리(동) 및 화합물 2. 납(연) 및 화합물 3. 니켈 및 화합물 4. 대장균군 5. 망가니즈 및 화합물 6. 바륨화합물 7. 부유고형물질 8. 브롬화합물 9. 비소 및 화합물 10. 산 및 알칼리류	11. 색소 12. 세제류 13. 셀레늄 및 화합물 14. 수은 및 화합물 15. 시안화물 16. 아연 및 화합물 17. 염소화합물 18. 유기물질 19. 유기용제류 20. 유류 (동식물성 포함)	21. 인화합물 22. 주석 및 화합물 23. 질소화합물 24. 철 및 화합물 25. 카드뮴 및 화합물 26. 크롬 및 화합물 27. 플루오린화합물 28. 페놀류 29. 황 및 화합물
	특정 물 유해 물질		1. 구리(동) 및 화합물 2. 납(연) 및 화합물 3. 비소 및 화합물 4. 수은 및 화합물	5. 사이아나이드화물 6. 유기인화합물 7. 6가크롬화합물 8. 카드뮴 및 화합물 9. 테드라클로로에틸렌	10. 트라이 클로로에틸렌 11. 페놀류 12. PCBs
대기 환경 보존법	일 반 오 염 물 질	대기 오염 물질	1. 입자상물질 2. 브롬 및 화합물 3. 알루미늄 및 화합물 4. 바나듐 및 화합물 5. 망가니즈화합물 6. 철 및 화합물 7. 아연 및 화합물 8. 셀렌 및 화합물 9. 안티몬 및 화합물 10. 주석 및 화합물 11. 텔루륨 및 화합물 12. 바륨 및 화합물 13. 일산화탄소 14. 암모니아 15. 질소산화물 16. 황산화물	17. 황화수소 18. 황화메틸 19. 이황화메틸 20. 메프캅탄류 21. 아민류 22. 사염화탄소 23. 이황화탄소 24. 탄화수소 25. 인 및 화합물 26. 붕소화합물 27. 알데하이드 28. 벤젠 29. 스타이렌 30. 아크롤레인 31. 카드뮴 및 화합물 32. 시안화물	33. 납 및 화합물 34. 크롬 및 화합물 35. 비소 및 화합물 36. 수은 및 화합물 37. 구리 및 화합물 38. 염소 및 화합물 39. 플루오린화합물 40. 석면 41. 니켈 및 화합물 42. 염화비닐 43. 디옥신 44. 페놀 및 화합물 45. 베릴륨 및 화합물 46. 휘발성유기화합물 47. PCBs

대기환경 보존법	일반오염물질	기후, 생태계 변화 유발물질	1. 이산화탄소 2. 메테인 3. 아산화질소	4. HFC 5. PFC 6. SF_6	7. HCFC
	특정대기 유해물질		1. 카드륨 및 화합물 2. 사이암화수소 3. 납 및 화합물 4. PCBs 5. 크로뮴화합물 6. 비소 및 화합물 7. 수은 및 화합물	8. 구리 및 화합물 9. 염소 및 염화수소 10. 플루오린 화합물 11. 석면 12. 니켈 및 화합물	13. 염화비닐 14. 다이옥신 15. 페놀 및 화합물 16. 베릴륨 및 화합물
소음진동 규제법	감각공해		1. 소 음	2. 진 동	
토양환경 보존법	토양 오염물질		1. 카드륨 및 화합물 2. 구리 및 화합물 3. 비소 및 화합물 4. 수은 및 화합물	5. 납 및 화합물 6. 6가크로뮴 및 화합물 7. 유기인화합물 8. PCBs	9. 사이안화합물 10. 페놀류 11. 유류 (동식물성 除) 12. 기타
악취 방지법	지정 악취물질		1. 암모니아 2. 황화수소 3. 메르캅탄 4. 아세트알데하이드	5. 디메틸설파이드 6. 디메칠디설파이드 7. 트라이메칠아민 8. 프로피온알데히드	9. 뷰틸알데히드 10. 이황화탄소 11. 노말발레르알데하이드 12. 이소발레르알데하이드

부록 V. 환경부하 항목의 분류

환경부하를 발생시키는 행위의 범주	대 기	• 건강피해를 초래하는 대기오염물질의 배출 • 온실효과 가스의 배출 • 오존층 파괴물질의 배출 • 산성화 영향 물질의 배출
	수 역	• 건강 피해를 일으키는 수질오염물질의 배출 • 생활환경 피해를 일으키는 수질오염물질의 배출

<table>
<tr><td rowspan="7">환경부하를 발생시키는 행위의 범주</td><td>토 양</td><td>• 토양오염물질의 배출
• 토지의 형질 변경</td></tr>
<tr><td>악 취</td><td>• 악취 물질의 배출</td></tr>
<tr><td>소음 및 진동</td><td>• 소음의 발생
• 진동의 발생</td></tr>
<tr><td>지반침하</td><td>• 지하수의 채취</td></tr>
<tr><td>자연물 경관</td><td>• 야생 생물 및 기타 자연물의 손상
• 자연 경관의 변경</td></tr>
<tr><td>공간소비</td><td>• 폐기물의 투기, 최종처분</td></tr>
<tr><td colspan="2">환경부하의 원인이 되는 행위의 범주</td><td>• 폐기물의 배출
• 에너지의 소비
• 광물자원의 소비
• 희소 생물자원의 소비</td></tr>
</table>

부록 Ⅵ. 국내 토양오염기준(중금속 기준)

(단위 : mg/kg.wt)

구 분	토양오염 우려기준		토양오염 대책기준	
	농경지	공장·산업지역	농경지	공장·산업지역
카드뮴(Cd)	1.5	12	4	30
구리(Cu)	50	200	125	500
비소(As)	6	20	15	50
수은(Hg)	4	16	10	40
납(Pb)	100	400	300	1000
6가크로뮴(Cr^{+6})	4	12	10	30

부록 Ⅶ. 폐기물관리법상의 오염물질

<table>
<tr><th colspan="2">구 분</th><th>항 목</th></tr>
<tr><td rowspan="2">폐기물
관리법上</td><td>폐기물</td><td>(일반폐기물)</td></tr>
<tr><td>지정
폐기물</td><td>1. 폐산(pH ≤ 2.0)
2. 폐알칼리(pH ≥ 12.5)
3. 폐유(기름함량 ≥ 5%)
4. 폐유기용제(할로겐족, 비할로겐족)
5. 폐합성고분자화합물(폐합성수지, 폐합성고무, 폐페인트 및 폐락카)
6. 폐석면
7. 광재
8. 분진(먼지)
9. 폐주물사 및 샌드블라스트폐사
10. 폐내화물 및 재벌구이 전에 시유된 도자기편류
11. 소각잔재물
12. 안정화 또는 고형화처리물
13. 폐촉매
14. 폐흡착제 및 폐흡수제
15. 폐농약
16. PCBs 함유 폐기물
17. 찌꺼기(폐수처리오니, 공정오니)
18. 기타</td></tr>
</table>

부록 Ⅷ. 바젤협약 부속서(유해특성목록)

국제연합분류	코드	특 성	
1	H1	폭발성	폭발성 물질 또는 폭발성 폐기물은 자체적으로 가스를 생성하는 화학반응을 일으키며, 그때의 온도·압력 및 반응 속도가 주위에 피해를 유발할 수 있는 고형상 또는 액상의 물질 또는 폐기물이다.
3	H3	인화성 액상물질	인화성은 가연성과 동일한 의미를 가지고 있다. 인화성 액상물질은 밀폐컵 시험으로 60.5℃ 이하 또는 개방컵 시험으로 65.5℃ 이하의 온도에서 인화성 증기를 방출하는 액체 및 액체의 혼합물이다. 그리고 용액 및 현탁액상으로 고형물을 함유한 액체
4.1	H4.1	인화성 고형물	폭발성으로 분류되지 않는 것으로서 운반중에 쉽게 연소되거나 마찰로 인하여 화재를 유발할 수 있는 고체 및 폐고형물
4.2	H4.2	자연발생적으로 연소되기 쉬운 물질 및 폐기물	운반 중 정상 상태하에서 자연적으로 열을 발생하거나 공기와의 접촉으로 열이 발생하여 화재를 유발하기 쉬운 물질 및 폐기물
4.3	H4.3	물과 접촉하여 인화성 가스를 방출하는 물질 및 폐기물	물과의 상호작용에 의하여 자연적으로 인화되기 쉽거나 인화성 가스를 위험할 정도로 방출하는 물질 및 폐기물
5.1	H5.1	산화성	자체적으로 반드시 연소되지 않지만 일반적으로 산소를 생성시켜 다른 물질의 연소를 유발하거나 이에 기여하는 물질 및 폐기물
5.2	H5.2	유기성 과산화물	2가의 −0−0− 구조를 가진 유기성 물질 및 폐기물로 발열성 자기가속분해를 할 수 있는 열적으로 불안정한 물질

6.1	H6.1	유독성 (급성)	마시거나 흡입, 피부접촉에 의해 사망 또는 중상을 입히거나 인간의 건강을 해칠 수 있는 물질 및 폐기물
6.2	H6.2	감염성 물질	동물 또는 인간에게 발병의 원인이 되는 것으로 알려져 있거나 우려가 있는 살아있는 미생물 및 그들의 독소를 함유한 물질 및 폐기물
8	H8	부식성	생체조직과 접촉했을 때 화학반응에 의하여 심한 피해를 유발하거나 누출되는 경우에 다른 물품 또는 수송수단에 물질적인 피해를 주거나 심지어 이들을 파괴하는 물질 및 폐기물
9	H10	공기 또는 물과 접촉 시에 유독 가스 방출	공기 또는 물과의 상호작용에 의하여 위험한 정도의 유독가스를 방출하는 물질 및 폐기물
9	H11	독성 (지연성 또는 만성)	흡입, 마시거나 피부에 침투되었을 때 발암성 · 지연성 또는 만성적 영향을 일으키는 물질 및 폐기물
9	H12	생태독성	방출되어 생물축적 및 생물독성 효과에 의하여 환경에 즉시 또는 일정시간이 지난 후 부정적 영향을 미치는 물질 및 폐기물
9	H12	처리한 후에 위에서 열거한 특성 중 어느 하나를 가지거나 다른 물질을 어떤 방법으로든 생성할 수 있는 물질 및 폐기물	

주 : 국제연합분류는 위험상품의 운송에 관한 국제연합 권고(ST / SG / AC. 10 / 1.Rev.5, 국제연합, 뉴욕, 1988)에 포함된 유해성 분류체계에 따른 것임.

부록 Ⅸ. 환경 호르몬물질

(여성 호르몬 작용이 증명되고, 독성이 확인된 것)

알킬페놀 (Alkyl phenol)	비이온계면활성제 등에 이용 노닐페놀(Nonyl phenol), 옥틸페놀(Octyl phenol) 등
프탈산에스테르 (Phthalic acid ester)	플라스틱(Plastic)의 가소제 등
비스페놀A(Bisphenol A)	에폭시수지 등의 원료
폴리 염화 바이페닐	전기절연체 등(1972년 생산 중지)
2, 4-D	제초제
Hexachlorocylohexane	유기염소계살충제(HCH, BHC) 등(1971년 사용금지)
클로르덴(Chlordane)	유기염소계살충제(1986년 흰개미구제제 사용금지)
DDT와 그 대사물	유기염소계살충제(1981년 사용금지)

부록 X. 내분비교란 의심되는 합성 화학물질

<table>
<tr><th colspan="2">종 별</th><th>화 학 물 질</th></tr>
<tr><td rowspan="2">농약
약 40종</td><td>일본에서 사용되고 있는 것 20종</td><td>chrysene, 벨메트린, 벤조에핀, zineb, vinclozolin, 베노빌, atrazine 등</td></tr>
<tr><td>일본에서는 모두 금지되어 있는 것, 또는 이전부터 사용하지 않았던 것</td><td>DDT, BHC, chlordane, methoxychlor, kepone, dieldrin, aldicarb 등</td></tr>
<tr><td rowspan="2">Plastic 성분
약15종</td><td>monomer(원료)와 그 원인 물질</td><td>styrene 이량체, 삼량체(polystyrene, ABS 수지, AS 수지, 불포화 polyester 수지)
bisphenol A(polycarbonate, epoxy 수지)</td></tr>
<tr><td>첨가물과 그 원인 물질</td><td>프탈1산 디(2−ethylhexyl)(dehp) 등의 프탈산 ester 8종, 아지비산 ester 1종(폴리염화비닐과 폴리염화비닐리덴의 가소제)
p−nonylphenol 등의 alkylphenol 5종(여러 플라스틱의 산화방지제와 합성세제의 분해생성분)</td></tr>
<tr><td colspan="2">그 밖의 유기화합물 약15종</td><td>dioxin, PCB, 산화 tributy l 주석, diethylstilbesterol (DES), PBB, benzo(a)pyrene, benzophenon 등</td></tr>
<tr><td colspan="2">중금속 3종</td><td>Pb, Cd, Hg</td></tr>
</table>

부록 XI. 오존층 보호를 위한 특정물질의 제조규제 등에 관한 법률상의 오염물질

		항 목		
특정물질	I 군	1. CFC－11 4. CFC－114	2. CFC－12 5. CFC－115	3. CFC－113
	II 군	6. Halon－1301	7. Halon－1211	8. Halon－2402
	III군	9. CFC－13 12. CFC－21 15. CFC－214 18. CFC－217	10. CFC－111 13. CFC－212 16. CFC－215	11. CFC－112 14. CFC－213 17. CFC－216
	IV군	19. 사염화탄소(CCl_4)		
	V군	20. 1, 1, 1－트리클로로에탄(메틸클로로포름)		
	VI군	21. HCFC－21 24. HCFC－121 27. HCFC－123 30. HCFC－131 33. HCFC－141 36. HCFC－142b 39. HCFC－222 42. HCFC－225 45. HCFC－226 48. HCFC－233 51. HCFC－241 54. HCFC－244 57. HCFC－253 60. HCFC－271	22. HCFC－22 25. HCFC－122 28. HCFC－124 31. HCFC－132 34. HCFC－141b 37. HCFC－151 40. HCFC－223 43. HCFC－225ca 46. HCFC－231 49. HCFC－234 52. HCFC－242 55. HCFC－251 58. HCFC－261	23. HCFC－31 26. HCFC－123 29. HCFC－124 32. HCFC－133 35. HCFC－142 38. HCFC－221 41. HCFC－224 44. HCFC－225cd 47. HCFC－232 50. HCFC－235 53. HCFC－243 56. HCFC－252 59. HCFC－262
	VII군	61. $CHFBr_2$ 64. C_2HFBr_4 67. C_2HF_4Br 70. $C_2H_2F_3Br$ 73. C_2H_4FBr 76. $C_3HF_3Br_4$ 79. C_3HF_6Br	62. CHF_2Br 65. $C_2HF_2Br_2$ 68. $C_2H_2FBr_3$ 71. $C_2H_3FBr_2$ 74. C_3HFBr_6 77. $C_3HF_4Br_3$ 80. $C_3H_2FBr_5$	63. CH_2FBr 66. $C_2HF_3Br_2$ 69. $C_2H_2F_2Br_2$ 72. $C_2H_3F_2Br$ 75. $C_3HF_2Br_5$ 78. $C_3HF_5Br_2$ 81. $C_3H_2F_2Br_2$

특정 물질	Ⅶ군	82. $C_3H_2F_3Br_4$	83. $C_3H_2F_4Br_2$	84. $C_3H_2F_5Br$
		85. $C_3H_3FBr_4$	86. $C_3H_3F_2Br_3$	87. $C_3H_3F_2Br_2$
		88. $C_3H_3F_4Br$	89. $C_3H_4FBr_3$	90. $C_3H_4F_2Br_2$
		91. $C_3H_4F_3Br$	92. $C_3H_5FBr_5$	93. $C_3H_5F_2Br$
		94. C_3H_6FBr		
	Ⅷ군	95. CH_3Br		

부록 Ⅻ. OECD 환경지표

분류	환 경 지 표		OECD국가와 비교한 한국의 환경 상태
기후변화	이산화탄소 배출량	1인마다 이산화탄소 배출량 (t/cap)	• 한국－7.8 t(29개국 중 18번째로 대체로 양호) • 최소 배출국가－터키(2.6 t) • 최대 배출국가－룩셈부르크(21.6 t) • OECD국가 평균－10.9 t
		GDP단위로 측정한 이산화탄소 배출량 (t/1000US$)	• 한국－0.680 t(29개국 중 9번째로 다소 많음) • 최소 배출국가－일본(0.284 t) • 최대 배출국가－호주(1.736 t) • OECD국가 평균－0.650 t
대기분야	황산화물 (SOx) 배출량	1인마다 황산화물 배출량 (kg/cap)	• 한국－34 kg(29개국 중 12번째로 평균 수준) • 최소 배출국가－스위스(5 kg) • 최대 배출국가－호주(119 kg) • OECD국가 평균－40 kg
		GDP단위로 측정한 황산화물 배출량 (kg/1000US$)	• 한국－3.2 kg(29개국 중 10번째로 다소 많음) • 최소 배출국가－스위스(0.2 kg) • 최대 배출국가－폴란드(12.9 kg) • OECD국가 평균－2.5 kg
	질산화물 (NOx) 배출량	1인마다 질산화물 배출량 (kg/cap)	• 한국－26 kg(29개국 중 21번째로 대체로 양호) • 최소 배출국가－일본(12 kg) • 최대 배출국가－호주(120 kg) • OECD국가 평균－40 kg
		GDP단위로 측정한 질산화물 배출량 (kg/1000US$)	• 한국－2 kg(29개국 중 15번째로 평균 수준) • 최소 배출국가－일본(1 kg) • 최대 배출국가－호주(7 kg) • OECD국가 평균－2 kg

수질분야	용존산소량 (mg/L)	한강(팔당댐)	일본의 이시까리 수준
		낙동강(남강댐)	독일의 라인강 수준
	총질소 (mg/L)	한강(팔당댐)	프랑스 센 강보다는 낮은 수준이나 증가 추세
		낙동강(남강댐)	독일의 도나우 강 수준
폐기물분야	1인마다 도시쓰레기 발생량(kg)		• 한국－390 kg(29개국 중 22번째로 아주 양호) • 최소 배출국가－체코(230 kg) • 최대 배출국가－미국(720 kg) • OECD국가 평균－530 kg
	도시쓰레기 처리형태	재활용 / 소각 / 매립 비율	• 한국－24 : 4 : 72 • 일본－4 : 69 : 27 • 미국－27 : 16 : 57 • 영국－7 : 9 : 83 ※재활용 비율 양호, 소각보다는 매립비율이 높음.

찾아보기

위생공학 -고도처리시스템-

2007년 8월 31일 초판발행

• 편저자 이규성 · 황상용 · 조웅현 · 우달식 · 김형선 · 이현동

• 발행인 최 국 주

• 발행처 동 명 사

경기도 파주시 교하읍 문발리 535-10 파주출판단지 30블록 4롯트

전　　화 : 031) 955-7200(代), 955-7201~4, 7203 (편집부)

팩시밀리 : 031) 955-7205

출판등록 : 1950년 11월 1일(제1-76호)

E-mail : dms723@chol.com

홈페이지 : www.dmsbook.com

정가 14,000원

ISBN 978-89-411-1787-2 93530

한국사회와 범죄

김상균·이승철 공저

청목출판사

머리말

인류의 역사는 범죄의 역사라고 해도 과언이 아니다. 범죄는 인간의 본성에 그 영향을 많이 받는 관계로 시대적 환경에 따라 약간의 차이는 있을지언정 여전히 풀어야 할 사회적 과제가 아닐 수 없다. 범죄학은 범죄문제의 원인을 밝혀내는 학문이다. 교양과목으로서의 범죄학인 『한국사회와 범죄』는 범죄학을 접한 경험이 부족한 독자들에게 먼저 범죄의 전반적인 내용을 이해하기 위해 만들어진 교재이다.

일반적으로 범죄학의 원인은 생물학적 원인, 사회학적 원인, 심리학적 원인 등 세 가지로 대별해 볼 수 있다. 범죄의 생물학적 원인이란 범죄자의 생물학적 기제나 특징 등을 다루는 것이고, 사회학적 원인은 범죄자를 둘러싸고 있는 사회환경적 요인이 범죄에 얼마나 영향을 미치는가를 따진다. 마지막으로 심리학적 원인은 범죄자의 성격이나 정신심리상태 등 범죄자의 내적 원인을 다룬다.

교양교재인 한국사회와 범죄는 범죄학을 본격적으로 배우기 전에 범죄의 원인에 대한 거시적 관점의 여러 가지 원인론과 개별범죄의 특징과 원인 등을 중심으로 구성되어 있다. 특히 범죄의 거시적 원인인 사회문제, 즉, 여성, 장애인, 노인, 빈곤이나 실업 등 다양한 사회문제를 다룸으로써 범죄의 거시적 안목을 넓히고자 하였다. 특히 범죄학의 이론부분에서는 독자들의 이해를 돕기 위해 만화와 같은 그림을 삽입하여 흥미를 돋우고자 시도해 보았다.

아무쪼록 이 책이 우리 인류의 영원한 주제인 범죄문제에 효과적으로 대응하는데 조금이나마 도움이 되었으면 한다. 물론 이 한권의 책으로 교양 범죄학으로서 전반적인 내용을 다루었다고 볼 수 없다. 다른 교양범죄학과의 차별성을 부각시키기 위해 나름대로 노력해 보았다. 첫술에 배부를 수 없듯이 우리의 이 같은 시도들이 학문적 업적의 축적과 동시에 관련학계와 독자 여러분들의 관심어린 조언과 질책을 통하여 더욱 발전되리라고 생각한다.

본서의 집필을 계획하고 수행하는 과정에서 많은 조언을 해주신 동료학자 여러분에게 감사의 말을 전하고 싶다. 특히 이 책이 나오기까지 많은 노력을 아끼지 않은 청목출판사 관계자 여러분께 지면을 빌어 감사를 드린다.

저자 씀

차 례

제 3 편 범죄대책과 미래전망

제 1 편

범죄학의 기초

1
chapter

한국사회의 범죄동향

제 1 절 한국의 사회문제

1. 소득불균형

사회적 불평등을 나타내는 사회학적 개념으로 가장 대표적인 것이 계급(class)과 사회계층(social stratification)이다. 사회구조를 사회계층으로 파악하는 입장에서는 사회를 다양하게 성층화된 직업적 이해집단의 구성체로 간주하며, 그 속에 존재하는 사람들의 위치와 지위가 기능적으로 연관되어 있는 체계로 파악한다. 이런 입장에서 불평등이란 사회의 정상적 유지를 위해 불가피하고 또한 필요한 것이다. 유기체와 같은 사회를 유지·발전시키기 위해서는 선택된 소수에게 그 사회의 주요 기능을 맡겨야 하며, 사회적 불평등은 이런 유능한 사람들을 중요한 위치에 배치시키기 위한 효율적인 장치, 즉 사회적 동기부여 체계이다(한국산업사회연구회, 1992: 226-227).

이러한 동기부여를 고취시키기 위한 사회계층에서 중요한 것은 서열(hierarchy)이다. 개개인이 계층구조 내에서 차지하는 위치를 사회구성원들이 서열별로 평가한 것을 사회경제적 지위(socioeconomic status)라고 한다. 사회경제적 지위는 직업, 교육, 소득, 주거형태, 주거지역 등 다양한 변수로 측정되어진다.

이에 반해 계급론적 입장에서는 사회를 이해가 대립되는 계급들로 구성되어 있으며, 사회적 불평등이란 한 계급이 다른 계급에 대한 착취를 기반을 둔 것으로 본다. 여기에서 계급은 유산계급인 부르주아지와 무산계급인 프롤레타리아 간의 갈등관계로 설명하고 있다.

한편 불평등에는 세 가지 유형으로 구분할 수 있다. 첫째, 결과의 불평등(부의 불평등), 둘째, 소득의 불평등, 셋째, 생활양식의 불평등(또는 문화적 불평등)이다(원석조, 2003: 210). 자본주의에서 나타나는 불평등은 자본주의의 중요한 원리인 경쟁에서 시작된다. 이 경쟁은 개개인의 능력과 환경의 차이로 인해 차이를 낳지 않을 수 없다. 이러한 결과가 불평등인 것이다. 그러나 이러한 불평등은 제도와 의식을 개선함으로써 상당부분을 개선할 수 있다. 예를 들어 고교평준화, 누진세, 국민기초생활보호대상자 등은 불평등을 개선하기 위한 정책인 것이다. 또한 그 사회의 의식을 개선하여 많은 부를 가진 사람들이 활발한 사회사업 및 자선사업을 하는 것은 좋은 예라고 할 수 있다.[1]

불평등이 자본주의 사회의 구조적인 부분이기 하지만 대부분 사회는 평등한 사회를 지향한다. 불평등한 사회는 사회의 유대감이 약화됨으로써 사회해체, 불신감의 증대, 적대감의 증대, 살인 및 폭력 범죄율은 모두 소득 불평등의 정도와 연관성이 크다. 특히 살인과 폭력이 그러하다(윌킨스, 1999: 205).

소득불평등[2]을 측정하는 방법으로 많이 사용하는 것은 10분위 분배율과 지니계수이다. 십분위 분배율(decile distribution ratio)은 한 나라의 모든 가구를 소득의 크기 순으로 배열하고 이를 10등급으로 분류하여, 소득이 낮은 1등급에서 4등급까지의 소득 합계를 소득이 가장 높은 9,10등급의 소득 합계로 나눈 비율을 말한다. 즉 상위 소득 20%의 소득 합계에 대한 하위 소득 40%의 비율을 말한다. 이 비율이 높으면 소득격차가 작고, 반대로 낮으면 소득격차가 큰 것을 의미한다. 〈그림 1-1〉에서 한국의 10분위 분배율을 살펴보면, 1995년부터 1998년 동안은 비교적 소

1) Noblesse oblige(높은 신분에 따르는 도덕적 의무와 책임).

2) 버냉키 미연방준비이사회(FRB)의 의장은 저소득층과 고소득층간 격차를 줄이기 위해서는 교육과 기술훈련에 주력해야 한다고 주장 그는 교육과 훈련에서 불평등이 "장기적 관점에서 경제불평등을 초래하는 단일의 가장 큰 요인일 것"이라고 말했다(http://bolog.daum.net/naru-kang/2419148).

하는데 필요한 의식주를 가지지 못한 수준을 의미한다. 보통 최소한 일일 칼로리 섭취량, 식품비가 가계지출비에서 차지하는 비율(엥겔지수), 최소한의 생필품을 구입하는 데 필요한 소득 등으로 정해진다(Dixon & Macrov ed., 1988: 4). 한 사회에서 최소한의 생계를 유지하기 위해 필요한 재화나 서비스를 구입하는데 소득수준이 미치지 못한 경우를 말한다.

한국에서는 가구총소득이 국민기초생활보호제도에서 사용하는 최저생계비에 미치지 못하는 계층을 '절대빈곤층' 극빈층이라고 한다.

둘째, 상대적 빈곤(relative poverty)이다. 상대적 빈곤이란 한사회의 평균적인 생활수준에 비교하여 빈곤을 규정하는 것이다. 상대적 빈곤을 주장하는 대표적인 학자인 P. Townsend는 상대적 빈곤을 "일상식품을 획득하고 사회활동에 참여하며, 그들이 속한 사회에서는 관례적인 생활조건과 편의시설을 갖기에 필요한 자원을 결여하고 있는 사람"이라고 정의했다(김영모, 1992: 37). 또는 그 사회의 평균소득과 대비하여 상대적으로 소득이 낮은 계층 보통 가구총소득이 중위층 평균소득의 40-50% 이하에 속하는 계층을 뜻하기도 한다. 한편 선진국에서는 금전적인 결핍여부를 넘어서 주거·환경·교육·문화 등 다양한 영역에서의 결핍 및 이의 동태적인 변화를 포착하기 위해 사회적 배제(social exclusion)의 개념이 중요하게 부각되고 있다.

셋째, 주관적 빈곤으로서 자신이 충분히 갖고 있지 않다고 느끼는 것을 말하는데, 이는 제3자의 판단에 의해 어떤 객관적인 수준이 정해지는 것이 아니라 개인의 주관적인 판단수준에서 결정된다.

이러한 빈곤은 그 자체로서 사회의 중요한 문제가 되기도 하지만 건강문제, 교육문제, 주택문제와 노숙자 문제, 빈곤의 세습, 전쟁과 사회갈등, 범죄 등과 같은 다른 사회문제를 야기한다(Mooney, Knox, & Schacht, 2002: 297-302).

2006년 12월 기준으로 〈표 1-2〉 한국의 기초생활보장수급자수과 구성비율을 살펴보면 약 153만5천명(83만2천가구)으로 총 인구수 대비 기초생활보장수급자의 비율인 수급률은 3.2%임. 수급자의 종류별로 보면, 일반수급자가 대부분(94.5%)이며, 시설수급자는 5.5%로 나타났다.

〈표 1-2〉 수급자수와 구성비율(2006년)

(단위: 명, %)

	계	일반수급자	시설수급자
수급자수	1,534,950	1,449,832	85,118
구성비	100.0	94.5	5.5

자료: 보건복지부, 통계자료(http://www.mohw.go.kr/)

〈그림 1-3〉에서 광역지방자치단체 지역별 국민기초생활보장 수급률을 보면, 전남이 6.9%, 전북 6.6%, 경북 4.9%, 강원 4.4%의 순이며, 울산이 가장 낮은 1.8%로 나타났다.

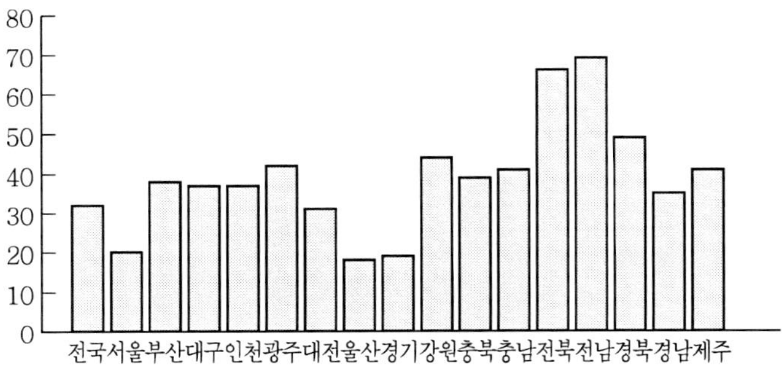

자료: 보건복지부, 통계자료(http://www.mohw.go.kr/)
주 : 수급률 = 지역의 수급자수/지역의 전체인구 × 100
* 지역의 수급자수 : 시설수급자 포함
* 지역의 전체인구 : 통계청, 연령별(시도) 추계인구

〈그림 1-3〉 지역별 국민기초생활보장 수급률

〈표 1-3〉에서 수급자의 경제활동 유무 및 고용형태인 수급자의 취업특성은 5명중 3.9명이 비경제활동인구이며 1.1명만 경제활동인구이다. 경제활동인구의 특성을 보면 고용이 불안정한 임시와 일일고용, 실직 및 미취업자가 대부분(전체의 18.1%, 경제활동인구의 82.1%)이다. 한편 임시고용 등에 비해 상대적으로 안정된 상시고용이나 자영업 및 농수축산업은 일부(전체의 4.0%, 경제활동인구의 17.9%) 상대적으로 불안전한 고용상태를 유지하고 있어 빈곤의 악순환을 벗어나기 힘든 구조로 판단된다.

〈표 1-3〉 수급자의 경제활동 유무 및 고용형태

(단위: %)

계	15세 이상 인구			
	경제활동인구			비경제활동인구[3]
	소계	고용안정[1]	고용 불안정[2]	
100.0	22.1	4.0	18.1	77.9

자료: 보건복지부, 통계자료(http://www.mohw.go.kr/)

주: 1) 상시고용, 자영업 및 농수축산업

2) 임시·일일고용, 실직 및 미취업자

3) 만 15세 이상 세대원 중 가사종사자, 학생, 노령, 장애, 사고·질병 등으로 취업도 실업도 아닌 상태에 있는 자

3. 성차별

성차별(sexual discrimination)이란 일반적으로 인간을 생리적·신체적 특징으로 성을 구분하여 특정 성에 대해 사회적으로 부과된 편견이나 차별을 의미한다. 또는 편견이나 차별 외에 특정 성에 대한 고정관념, 신념 등도 포함될 수 있다. 여기서 특정 성이라 함은 남성이 될 수도 있지만 일반적으로 여성에 대한 차별이 지배적이기 때문에 성차별이란 생물학적 성과 사회적 성에 기반하여 여성을 차별하는 태도, 신념, 정책, 법, 행동으로 사회적 관습에 의해 강화되고 있는 신념으로 전통적 관념에 기반하여 주로 여성이기 때문에 겪는 독특한 억압형태라고 정의되어진다.

또한 성차별이란 남녀 간의 불평등한 제도를 정당화하고 지지하는 이데올로기 체제라고 규정지을 수 있고 성차별은 이론과 주장을 갖춘 하나의 이데올로기로서, 남성과 여성의 사회적 행동과 정치적 활동을 조정하는 동시에 방향을 제시해 주는 기능을 한다.

프리만(J. Freeman)은 여성이기 때문에 겪게 되는 독특한 억압을 설명하기 위한 용어로, 데카드(B. Deckard)는 남성과 여성이 각 성에 적합한 사회적 역할을 담당해야 한다는 믿음(고정관념)으로 성차별을 정의하였다.

심리학 사전에서는 남성과 여성이라고 하는 성의 차이를 기초로 하여 개개인을

차별적으로 또는 다르게 대하는 행위로 정의되고 있다. 즉 개개인의 특질과 능력에 의한 차이를 남여의 성의 차이에서 찾는다는 것을 의미한다고 할 수 있다.

이러한 성차별은 근본적으로는 생물학적 차이에서 출발하여 사회적·문화적 차이로 발전한다. 이와 같은 결과는 성역할에 대한 인식을 어떻게 가지느냐에 따라 큰 차이를 나타낼 수 있다.

1) 경제

〈표 1-4〉 경제활동인구, 취업자 및 실업자[1] : 1980~2006년

(단위: 천명, %, %p)

연 도	15세이상 인 구	경제활동 인 구	참가율	남자	여자	취업자	여자취업자 구성비	실업자	실업률
1980	24,463	14,431	59.0	76.4	42.8	13,683	38.2	748	5.2
1990	30,887	18,539	60.0	74.0	47.0	18,085	40.8	454	2.4
2000	36,186	22,134	61.2	74.4	48.8	21,156	41.4	979	4.4
2001	36,579	22,471	61.4	74.3	49.3	21,572	41.7	899	4.0
2002	36,963	22,921	62.0	75.0	49.8	22,169	41.6	752	3.3
2003	37,340	22,957	61.5	74.7	49.0	22,139	41.1	818	3.6
2004	37,717	23,417	62.1	75.0	49.9	22,557	41.5	860	3.7
2005	38,300	23,743	62.0	74.6	50.1	22,856	41.7	887	3.7
2006	38,762	23,978	61.9	74.1	50.3	23,151	41.9	827	3.5
증감(률) (2006/2005)	1.2	1.0	-0.1	-0.5	0.2	1.3	0.2	-6.8	-0.2

자료 : 통계청, 「경제활동인구연보」 각년도
주 : 1) 1980, 1990년은 '구직기간 1주' 기준, 2000년부터는 '구직기간 4주' 기준 적용함

2) 교육

〈표 1-5〉 취학률[1] : 1980~2006년

(단위 : %)

연도	초등학교		중학교		고등학교		고등교육기관[2]	
	계	여자	계	여자	계	여자	계	여자
1980	97.7	98.2	73.3	70.9	48.8	44.3	11.1	6.5
1996	97.7	98.2	93.0	93.6	83.0	82.4	41.1	36.8
2000	97.2	97.8	95.0	95.8	89.4	89.4	50.2	46.1
2005	98.8	99.2	94.3	95.0	92.2	92.7	62.3	59.4
2006	98.8	98.9	96.2	96.6	93.1	93.3	63.5	60.5

자료 : 교육인적자원부 · 한국교육개발원, 「교육통계연보」 각 년도

주 : 1) 취학률 = (취학 적령학생수/ 취학 적령인구수) × 100

2) 전문대학, 교육대학, 대학교, 각종학교(전문대학, 대학과정)가 포함됨

4. 가족해체

가족해체의 개념을 살펴보면 Elliott와 Merrill는 가족해체를 "핵가족을 포함하는 소집단의 약화, 또는 붕괴, 광의로는 가족집단의 성원을 하나로 만드는 결속력의 해체 또는 부적응이며, 일차 집단의 붕괴라는 점에서 가족해체는 사회해체다"고 정의했다.

가족해체의 과정은 가족 내에서의 공동체적 태도(We Attitude)와 개인주의적 태도(I Attitude)간의 갈등과 충돌이다. 가족외부에서 새로이 생기는 가치(배금주의, 개인주의, 쾌락주의 등)는 개인주의적이고 자기중심적인 태도를 낳게 하고, 이것은 전통적인 가족의 가치의 중심인 '우리'라는 태도에 영향을 주며 이러한 갈등의 결과는 개인은 가족생활과의 불화를 낳게 되고 가족외부에서 행위의 기준이나 만족을 찾게 되어 가족공동체는 붕괴된다.

1) 혼인 · 이혼 및 재혼건수

〈표 1-6〉에서 혼인, 이혼 및 재혼건수 : 1990~2005년 연간 혼인건수는 2005년

31만6천4백건(쌍)으로 2004년 31만9백건(쌍)보다 약 5천4백건(쌍) 증가하였다. 한편, 연간 이혼[3]건수는 2005년 12만8천5백건(쌍)으로 2004년에 비해 약 1만1천건(쌍) 감소하였다. 연간 재혼건수는 2005년 4만6천4백건(쌍)으로 10년 전인 1995년 재혼건수 2만5천7백건(쌍)의 1.8배로 계속 증가하고 있다.

〈표 1-6〉 혼인, 이혼 및 재혼건수 : 1990~2005년

(단위 : 건, 인구 천명당)

연도	총 혼인건수	조혼인율[1]	총 이혼건수	조이혼율[2]	총 재혼건수[3]
1990	399,312	9.3	45,694	1.1	18,838
1995	398,484	8.7	68,279	1.5	25,682
2000	334,030	7.0	119,982	2.5	32,015
2001	320,063	6.7	135,014	2.8	34,618
2002	306,573	6.4	145,324	3.0	35,380
2003	304,932	6.3	167,096	3.5	38,198
2004	310,944	6.4	139,365	2.9	44,355
2005	316,375	6.5	128,468	2.6	46,351
증감(률) (2005/2004)	1.7	0.1	-7.8	-0.3	4.5

자료 : 통계청 「인구동태통계연보(혼인·이혼편)」 각년도

주 : 1) 조혼인율은 인구 천명당 혼인건수임

2) 조 이혼율은 인구 천명당 이혼건수임

3) 총 재혼건수에는 양쪽 모두 재혼인 경우만 포함

2) 노인학대

보건복지부와 중앙노인보호전문기관은 전국 18개 노인학대예방센터에 접수된 노인학대사례에 대한 분석결과를 발표에 의하면, 2006년 한 해 동안 노인학대로 신고

3) 여성가족부 "이혼 후 자년양육실태조사"에서 이혼 후 여성의 취업자 비율은 크게 증가하고 있으나 절반 이상이 임시일용직에 종사하고 월 평균근로소득은 100만원 이하이며, 비양육부모와 자녀들이 정기적으로 만나는 경우는 9.8%에 불과, 47.8%는 전혀 연락이 없으며 친밀도도 이혼 전 51.6%에서 27.4%로 감소하였다. 또한, 양육부모의 59.6%가 이혼으로 인한 스트레스를 자녀에게 표출하고 있어 이혼과정이 자녀에게 심리적 상처나 스트레스를 줄 수가 있다(여성가족부, 보도자료: 2006 12.13).

접수된 사례는 2,274건으로 2005년에 비해 11.6% 증가하였고, 학대사례에 대한 상담서비스는 총 19,092건이 제공되었다.

학대행위를 유형별로 분석하면 언어·정서적 학대가 42.3%로 가장 높고, 방임(22.2%), 신체적 학대(20.9%), 재정적 학대(11.3%) 순으로 나타났다.

전체 피해노인 중 여성노인은 1,540명으로 전체 피해노인의 2/3(67.7%)를 차지하였다. 이는 65세 이상 전체 노인인구 중 여성노인의 비율이 60%인 점과 비교할 때 여성노인에 대한 학대가 다소 많았다.

전체 피해노인 2,274명중 85세 이상 초고령 피해노인 수는 359명으로 17.8%인데 65세 이상 전체 노인인구 중 85세 이상 노인의 비율이 5.7%인 점과 비교하면 초고령노인에 대한 학대비율이 상당히 높게 나타났다.

특히, 초고령 피해노인의 52%(187건)가 고령의 성인자녀(70세 내외)에 의한 방임학대를 당하고 있는 것으로 나타나 노인에 의한 노인부양이 노인학대의 또 다른 원인이 되고 있음을 알 수 있다.

학대행위자는 아들이 55.5%로 가장 많았고, 다음으로 며느리(11.8%), 딸(10.4%), 배우자(7.3%)순으로 나타나 친족에 의한 학대가 89.6%로 대부분을 차지하였다. 아들·며느리에 의한 학대비율이 67.3%이며, 이는 아직까지 노인의 주된 부양자가 아들·며느리인 것과 관련이 있는 것으로 보여진다.[4)]

학대의 주된 원인은 가족-환경요인, 그 중 가족갈등이 가장 큰 원인으로 지적되고 있으며, 피해자와 학대행위자 사이의 개인적인 갈등을 포함한 가족갈등이 49.4%로 분석되었다.

3) 아동학대

보건복지부 2006년 전국아동학대현황보고서에 의하면 2006년 전국아동보호전문기관에 신고접수는 8,903건이며 이중 아동학대 의심사례는 5,203건이다.

아동학대의 유형별 건수를 살펴보면, 방임 2,035건(39.1%), 중복학대 1,799건(34.6%), 정서학대 604건(11.6%), 신체학대 439건(8.4%), 성학대 249(4.8%), 유기

4) 65세 이상 동거노인인구 중 주부양자가 아들·며느리인 경우는 78.6%(2000년 기준)이다(보건복지부, 보도자료 2007.6.8 가족내 갈등이 노인학대로 이어져).

76건(1.5%) 순으로 나타났다. 한국의 아동인구 천명당 학대아동보호율이 2006년 0.40명이며 미국은 2004년 11.9명, 일본은 2006년 1.6명으로 나타나 미국과 일본에 크게 부족한 것으로 나타났다.5)

5. 인구

1) 출산현황

〈표 1-7〉에서 모의 연령별 출산율 및 출생아수 추이는 혼인 출산의 기피현상으로 인하여 출산율은 점차 낮아지고 있다. 출산현황을 살펴보면, 합계출산율은 1970년 4.53명 수준에서 1983년 2.08명, 2000년 1.47명, 2002년 1.17명, 2005년 1.08명으로 지속적으로 감소하고 있다. 출생아수는 1970년 1,007천명, 1983년 778천명, 2000년 637천명, 2002년 495천명, 2005년 438천명으로 1970년의 절반 수준이하로 나타났다. 출생아수는 지속적으로 감소하여 2010년 434천명, 2030년 348천명, 2050년에는 226천명으로 2005년 438천명의 절반 수준으로 감소할 전망이다.

〈표 1-7〉 모의 연령별 출산율 및 출생아수 추이

(단위 : 천명)

	1970	1980	1990	2000	2005	2010	2020	2030	2050
합계출산율	4.53	2.83	1.59	1.47	1.08	1.15	1.20	1.28	1.28
20~24	193.1	135.9	83.2	39.0	17.9	15.9	14.7	14.7	14.7
25~29	320.6	242.7	169.4	150.6	92.3	85.4	64.6	64.6	64.6
30~34	205.7	114.0	50.5	84.2	82.4	97.0	99.4	101.4	101.4
35~39	105.9	40.2	9.6	17.4	19.0	26.6	47.5	54.8	54.8
총출생아수	1,007	865	659	637	438	434	377	348	226

자료: 통계청(http//www.nso.go.kr)
*합계출산율: 한 여자가 가임기간(15~49세) 동안 낳을 것으로 예상되는 평균 출생아수

2) 총인구 및 인구성장률

〈그림 1-4〉에서 총인구 및 인구성장률 추이에 의하면 2005년 현재 우리나라 총

5) http://napaj.tistory.com/31

인구는 48,138천명으로 이는 1970년 32,241천명에 비해 약 1.5배 증가하였으며 2018년 49,340천명으로 정점(Peak)에 도달한 후 감소세를 보일 것으로 전망된다. 인구 성장률은 2005년 현재 0.21%, 2010년 0.26%에서 점차 둔화하여 2018년 0.02%에 도달한 후 2019년(-0.00%)에 마이너스 성장으로 전환되어 2030년에는 -0.25%, 2050년 -1.07%로 전망된다.

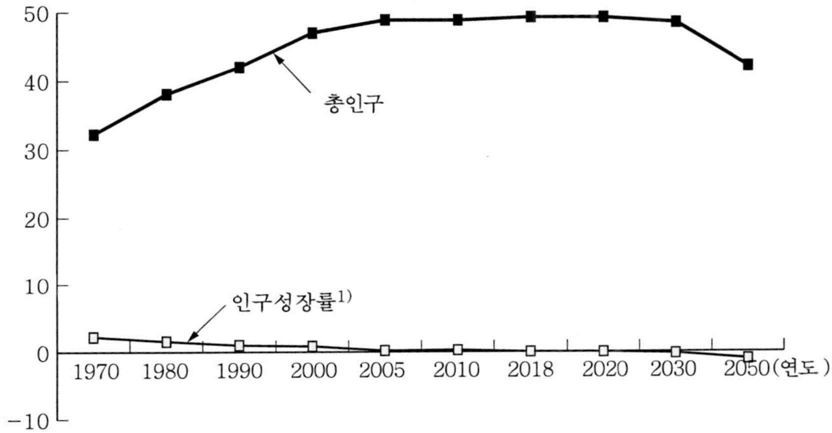

자료: 통계청(http//www.nso.go.kr)
주: 1) 인구성장률은 전년대비 인구증가율임

〈그림 1-4〉 총인구 및 인구성장률 추이

3) 인구구조

〈그림 1-5〉에서 남녀별 인구 및 성비 추이를 살펴보면, 2005년 총인구 48,138천명 중 남자는 24,191천명(50.3%), 여자는 23,947천명(49.7%)이다. 총인구 성비는 2005년 현재 101.0이나 출생성비 안정 및 노령화 진전에 따라 2022년 99.9를 기점으로 여자가 남자보다 많아질 전망이다.

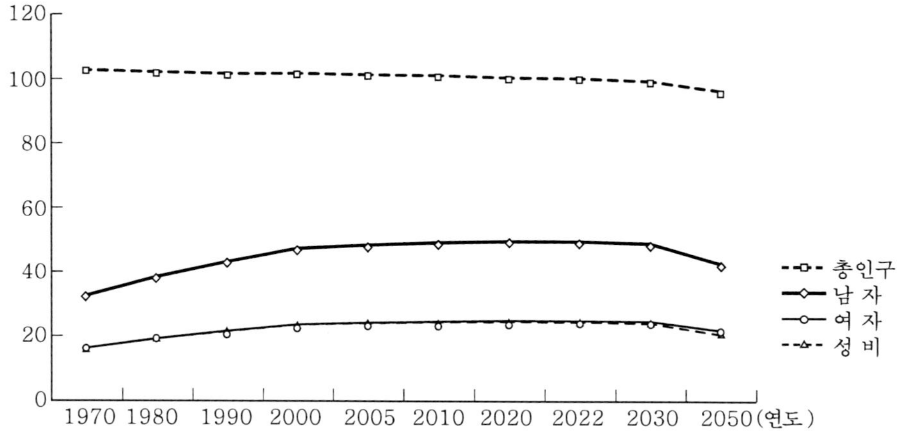

자료: 통계청(http//www.nso.go.kr)

〈그림 1-5〉 남녀별 인구 및 성비 추이

〈그림 1-6〉에서 연령계층별 구성비 추이를 살펴보면, 0~14세 유소년인구는 2005년 현재 총인구 중 19.2%를 차지하고 있으며 지속적인 출산율 감소로 인하여 2030년 11.4%, 2050년 8.9% 수준으로 낮아질 전망된다. 15~64세 생산가능인구는 2005년 현재 총인구중 71.7%에서 2016년 73.4%를 정점으로 점차 감소하여 2030년 64.4%, 2050년 53.0% 수준으로 계속 낮아질 전망이다.

또한, 65세 이상 고령인구는 기대수명 연장 및 출산율 감소로 2005년 현재 9.1%에서 2018년 14.3%로 고령사회에 진입하고 2026년 20.8%로 본격적인 초(超)고령사회에 도달할 것으로 전망이다.[6)]

6) 고령사회: 총인구중 고령인구 구성비가 14%, 초고령사회: 20% 이상이다.

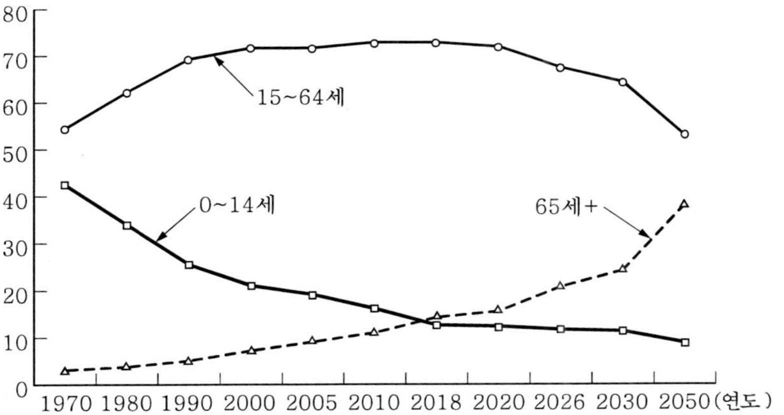

자료: 통계청(http//www.nso.go.kr)

〈그림 1-6〉 연령계층별 구성비 추이

〈그림 1-7〉에서 연령계층별 고령인구 추이 2005년 65세 이상 고령인구는 4,367천명으로 70년 991천명에 비해 4.4배 늘어났으며, 2050년에는 2005년의 3.7배인 16,156천명이 될 것으로 전망된다. 또한, 80세 이상 인구도 2005년 현재 676천명에서 2050년에는 2005년의 9.1배인 6,130천명에 이를 것으로 전망된다.

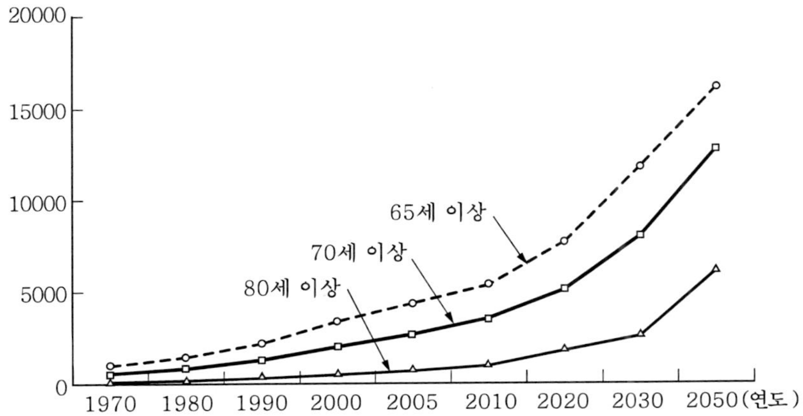

자료: 통계청(http//www.nso.go.kr)

〈그림 1-7〉 연령계층별 고령인구 추이

4) 부양비 및 노령화 지수

〈표 1-8〉에서 부양비 및 노령화지수 추이에 의하면 15~64세 생산가능인구가 부양해야 할 유소년부양비와 노년부양비 합인 총부양비는 2005년 39.4%에서 2016년 36.3%로 가장 낮아진 후 고령인구가 크게 늘어남에 따라 2030년 55.4%, 2050년 88.8%로 계속 높아질 전망이다.

유소년부양비(0~14세 인구/15~64세 인구)는 2005년 현재 26.8%에서 출산력 감소로 인하여 2030년 17.7%, 2050년 16.8%로 계속 낮아질 전망이다. 노년부양비(65세 이상인구/15~64세 인구)는 2005년 현재 12.6%이나 기대수명 증가로 인하여 2030년 37.7%, 2050년 72.0%로 크게 높아진다. 이는 2005년 생산가능인구 7.9명당 노인 1명을 부양했지만, 2030년 2.7명당 노인 1명, 2050년에는 1.4명당 노인 1명을 부양하게 된다는 것을 의미한다.

〈표 1-8〉 부양비 및 노령화지수 추이

(단위 : %)

	1970	1980	1990	2000	2005	2010	2020	2030	2050
총 부양비	83.8	60.7	44.3	39.5	39.4	37.2	38.9	55.4	88.8
유소년부양비	78.2	54.6	36.9	29.4	26.8	22.2	17.2	17.7	16.8
노년부양비	5.7	6.1	7.4	10.1	12.6	15.0	21.7	37.7	72.0
노령화지수	7.2	11.2	20.0	34.3	47.3	67.7	125.9	213.8	429.3

출처: 통계청(http//www.nso.go.kr)

※ 노령화지수=(65세 이상인구/0~14세인구)×100

제 2 절 범죄동향

1. 범죄의 일반적 추세

한국에서 공식적인 범죄통계자료가 발표된 1964년부터 현재에 이르기까지 우리

사회의 범죄발생 양상을 살펴보는 것은 범죄학 연구에 중요한 의미가 있다. 우리사회의 전체 범죄발생률은 1964년부터 1970년대 초반까지 감소하였으나 1970년대 중반부터 지속적으로 증가하다가 1980년대 이후에는 현저하게 증가하고 있는 것으로 나타났다. 그러나 형법범죄의 경우에는 다소의 증감은 있었지만 뚜렷한 변동을 보이지 않고 일정수준을 유지하고 있는 특징을 보인다. 하지만 특별법범죄의 경우에는 1970년대 초반까지 감소하다가 1970년대 중반부터 점차 증가하다가 1980년대 이후에는 뚜렷한 증가세를 보이고 있다.

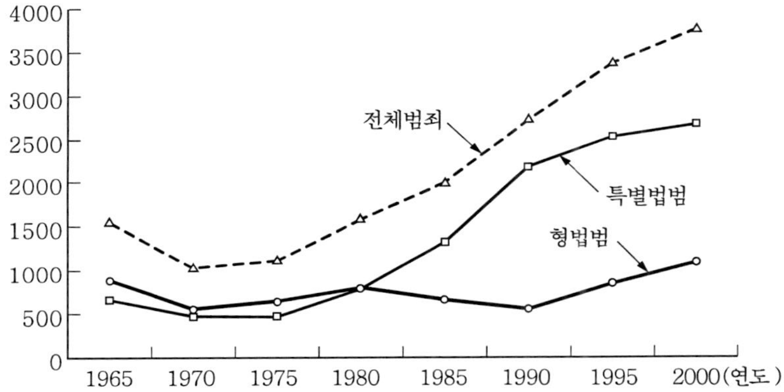

〈그림 1-8〉 전체범죄동향(꺾은선그래프로 이용하여 표시)

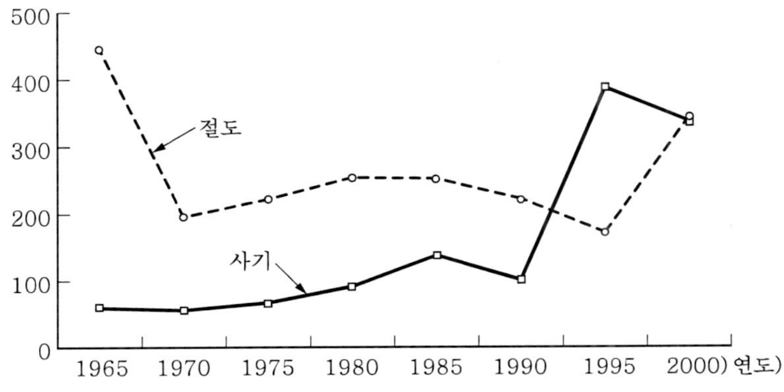

〈그림 1-9〉 재산범죄동향(꺾은선그래프로 이용하여 표시)

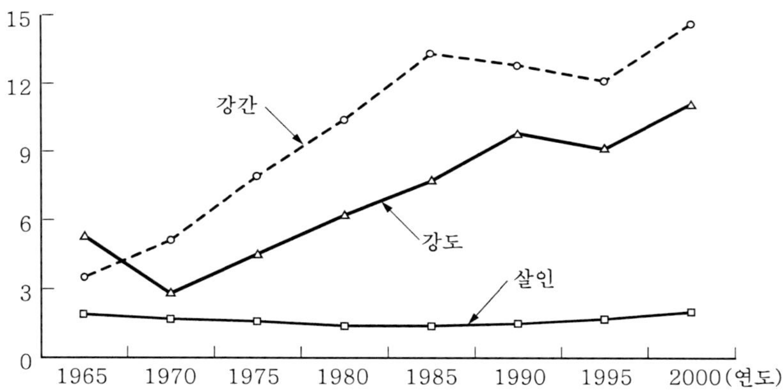

〈그림 1-10〉 강력범죄동향(꺾은선그래프로 이용하여 표시)

한국의 범죄추계 및 현황을 〈표 1-9〉에서 1975년부터 5년 단위로 구분하여 2005년까지 30년 동안의 범죄추계에 대해서 거시적으로 살펴보았다.

연도별 범죄추계를 살펴보면 1975년 범죄총발생건수는 393,595건이 발생하였으며 형법범계 227,627건(54.9%), 특별범계 159,580건(42.2%)로 점유하고 있는 것으로 나타났다. 또한 형법범계에서는 재산범죄 125,051건(54.9%), 과실범죄 48,695건(21.4%), 강력범죄 28,754건(12.6%), 기타형법계 10,074건(4.5%), 풍속범죄 9,289건(4.1%), 위조범죄 4,127건(1,8%), 공무원범죄 1,637건(0.7%) 순으로 나타났다.

1980년 범죄총발생건수는 595,277건으로 1975년 대비 범죄건수는 51.2%가 증가하였으며 형법범계 305,162건(51.3%), 특별범계 290,115건(48.7%)로 특별범계의 비중이 높아졌다. 또한 형법법계에서는 재산범죄 154,575건(50.7%), 과실범죄 91,814건(30.0%), 강력범죄 31,218건(10.2%), 풍속범죄 13,761건(4.5%), 기타형법계 9,277건(3.1%), 위조범죄 3,843건(1.3%), 공무원범죄 674건(0.2%)순으로 나타났다. 과실범죄가 1975년 대비 88.5%의 높은 증가를 공무원범죄가 -58.8%의 감소를 나타냈다.

1985년 범죄총발생건수는 810,416건으로 1980년 대비 36.1%가 증가하였으며 형법범계는 217,621건(33.5%), 특별범계 538,795건(63.9%)로 특별범계의 비중이 높아졌다. 또한 형법법계에서는 재산범죄 190,065건(70.0%), 강력범죄 37,911건(14.0%), 기타형법계 14,466건(5.3%), 풍속범죄 14,431건(5.3%), 과실범죄 8,029건(3.0%), 위조범죄 6,357건(2.3%), 공무원범죄 362건(0.1%) 순으로 나타났다. 위조범죄 1980년

대비 65.4% 증가 과실범죄 -91.3%의 감소를 나타냈다.

〈표 1-9〉 범죄추계(1975–2005년)

(단위: 건, %)

구분	총범죄 발생건수	형법 범계	재산 범죄	강력 범죄	위조 범죄	공무원 범죄	풍속 범죄	과실 범죄	기타형 법범죄	특별 범계
1975	393,595 A (100)	277,627 (57.8)	125,051 (54.9)	28,754 (12.6)	4,127 (1.8)	1,637 (0.7)	9,289 (4.1)	48,695 (21.4)	10,074 (4.5)	159,580 (42.2)
1980	595,277 A (100)	305,162 (51.3)	154,575 (50.7)	31,218 (10.2)	3,843 (1.3)	674 (0.2)	13,761 (4.5)	91,814 (30.0)	9,277 (3.1)	290,115 (48.7)
	B 51.2	-11.0	23.6	14.4	-6.9	−58.8	13.7	88.5	-7.9	81.8
1985	810,416 A (100)	271,621 (33.5)	190,065 (70.0)	37,911 (14.0)	6,357 (2.3)	362 (0.1)	14,431 (5.3)	8,029 (3.0)	14,466 (5.3)	538,795 (63.9)
	B 36.1	-11.0	23.0	21.4	65.4	-46.3	4.9	−91.3	55.9	85.7
1990	1,171,380 A (100)	240,145 (20.5)	158,413 (66.0)	39,252 (16.3)	5,845 (2.4)	493 (0.2)	12,543 (5.2)	7,668 (3.2)	15,931 (6.7)	931,235 (79.5)
	B 44.6	-11.6	−16.7	3.5	-8.1	36.2	-13.1	-4.5	10.1	72.8
1995	1,399,085 A (100)	361,175 (25.8)	264,914 (73.3)	40,250 (11.1)	10,318 (2.9)	1,291 (0.4)	16,489 (4.6)	6,823 (1.9)	21,090 (5.8)	1,037,910 (74.2)
	B 19.4	50.4	67.2	2.5	76.5	161.9	31.5	−11.0	32.4	11.5
2000	1,867,882 A (100)	523,609 (28.0)	368,404 (70.4)	68,475 (13.1)	19,684 (3.8)	2,648 (0.5)	20,334 (3.9)	7,481 (1.4)	36,583 (6.9)	1,344,273 (72.0)
	B 33.5	45.0	39.1	70.1	90.8	105.1	23.3	9.6	73.5	29.5
2005	1,893,896 A (100)	825,840 (43.6)	442,015 (53.5)	299,615 (36.3)	24,012 (2.9)	1,662 (0.2)	12,173 (1.5)	6,253 (0.8)	44,110 (4.8)	1,068,056 (56.4)
	B 1.4	57.7	20.0	337.6	22.0	-37.2	−40.1	-16.4	9.6	-20.5
총계	C 381.2	262.8	253.5	942.0	481.8	-1.5	31.0	−87.2	298.2	569.3
	D	−14.2	-1.4	23.7	1.1	-0.5	-2.6	-20.6	0.3	14.2

자료: http://www.kosis.kr 재구성(대검찰청, 범죄분석).

※ A: 총범죄발생건수에서 형법범계와 특별범계의 빈도와 형법범계 중 각 개별범죄들이 차지하는 비중.

B: 전년대비 증감

C: 1975-2005년 총 증감률

D: 1975년 형법범계, 특별범계의 비중 및 형법범계 중 각 개별범죄에서 차지하는 비중을 2005년과 대비하여 비교

1990년 범죄총발생건수는 1,171,380건으로 1985년 대비 44.6%가 증가하였으며 형법범계는 240,145건(20.5%), 특별범계 931,235건(79.5%)로 특별범계의 비중이 더욱 높아졌다. 형법범계에서는 재산범죄 158,413건(66.0%), 강력범죄 39,252건(16.3%),

기타형법계 15,931건(6.7%), 풍속범죄 12,543건(5.2%), 과실범죄 7,668건(3.2%), 위조범죄 5,845건(2.4%), 공무원범죄 493건(0.2%) 순으로 나타났다. 공무원범죄는 1985년 대비 36.2%가 증가 재산범죄 -16.7% 감소를 나타냈다.

1995년 범죄총발생건수는 1,399,985건으로 1990년 대비 19.4%의 증가하였으며 형법범계는 361,175건(25.8%), 특별범계 1,037,910건(74.2%)로 형법범계의 비중이 높아졌다. 형법범계에서는 재산범죄 264,914건(73.3%), 강력범죄 40,250건(11.1%), 기타형법계 21,090건(5.8%), 풍속범죄 16,489건(4.6%), 위조범죄 10,318건(2.9%), 과실범죄 6,823건(1.9%), 공무원범죄 1,291건(0.4%)순으로 나타났다. 1990년 대비 공무원범죄 161.9% 증가 과실범죄가 -11.0%의 감소를 나타났다.

2000년 범죄총발생건수는 1,867,882건으로 1995년 대비 33.5%가 증가하였고 형법범계는 523,609건(28.0%), 특별법계 1,344,273건(72.0%)로 형법범계의 비중이 높아졌다. 형법범계에서는 재산범죄 368,404건(70.4%), 강력범죄 68,475건(13.1%), 기타형법계 36,583건(6.9%), 풍속범죄 20,334건(3.9%), 위조범죄 19,684건(3.8%), 과실범죄 7,481건(1.4%), 공무원범죄 2,648건(0.5%) 순으로 나타났다. 1995년 대비 전체범죄에서 증가를 나타냈다.

2005년 범죄총발생건수는 1,893,896건으로 2000년 대비 1.4%가 증가하였고 형법범계 825,840건(43.6%), 특별범계(56.4%)로 형법범계의 비중이 높아졌다. 형법범계에서는 재산범죄 442,015건(43.6%), 강력범죄 299,615건(36.3%), 기타형법계 40,110건(4.8%), 위조범죄 24,012건(2.9%), 풍속범죄 12,173건(1.5%), 과실범죄 6,253건(0.8%), 공무원범죄 1,662건(0.2%) 순으로 나타났다. 2000년 대비 강력범죄는 337.6%가 증가 풍속범죄는 -40.1%가 감소하였다.

30년 전체를 살펴보면 범죄총발생건수는 계속하여 증가하였으며 1975년 대비 2005년은 381.2%가 증가하였다. 형법범계는 1975-1980년은 50%이상의 비중을 보이고 있으나 1980-2000년까지 비교적 낮은 비중을 차지하고 있는 것으로 나타났다. 형법범계에서 재산범죄는 가장 많은 비중을 차지하고 있으며 강력범죄는 1975년부터 점진적으로 증감을 하다가 2000년 이후 급증하고 있어 범죄의 양상이 점차 흉폭화되고 있는 것으로 판단된다. 위조범죄는 점유율에 있어서는 소폭의 증가를 나타내고 있으나 1975-2005년간 범죄증가율을 살펴보면 강력범죄 다음으로 증가하고 있다. 과실범죄는 1980년 이후로는 큰 폭으로 감소하고 있는 것으로 나타나는 것은 과거에 불명확한 영역이 더욱 세분화되어 개별범죄 현황으로 분류되어진 것으로 판단된다. 특별범계는 1975년 대비 2005년의 점유율은 감소하고 있으나 범죄증가율은 569.3%를 나타내고 있어 높은 증가를 나타내고 있다. 재산범죄와 강력범죄는 형법범계에서 차지하는 비중이 1985년 이후 80%를 차지하고 있어 형법범계의 대부분의 범죄는 재산범죄와 강력범죄라고 할 수 있다.

2. 한국의 범죄시계

〈그림 1-11〉은 대검찰청에서 매년 발간하는 「범죄분석」 통계를 활용하여 한국에서 발생하는 주요범죄에 대한 범죄시계를 작성한 자료이다.

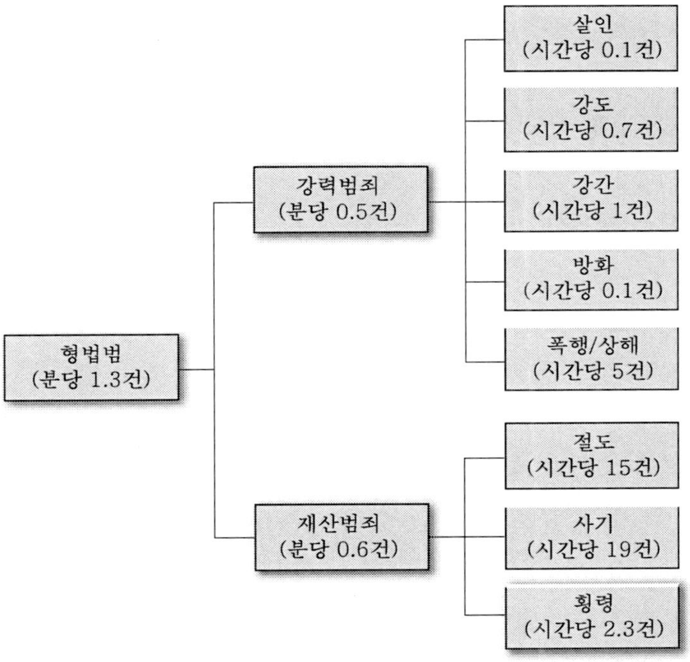

〈그림 1-11〉 범죄발생시계

위의 자료에서 보듯이 형법범은 2002년도 총 68만 여건이 발생하여 매 분당 약 1.3건이 발생하는 것으로 범죄시계를 나타내었다. 살인, 강도 등 강력범죄는 분당 0.5건이 발생하고 있는바 살인은 시간당 0.1건이 발생하여 하루에 약 2.7건의 살인사건이 우리 주변에서 발생하고 있었으며, 강도사건은 시간당 0.7건, 강간은 시간당 1건, 방화는 시간당 0.1건이 각각 발생하였으며, 폭행과 상해는 시간당 5건의 범죄시계를 기록하였다. 재산범죄는 분당 0.6건으로 강력범죄와 비슷한 시계를 기록하였으며, 재산범죄 중 절도사건은 매 시간 15건이 발생하였으며 사기는 시간당 19건으로 재산범죄 중 많은 비율을 차지하였고, 횡령은 시간당 2.3건이 발생하는 경향을 나타내었다.

한편 한국의 범죄시계를 미국, 일본 등 다른 외국과 비교하면(각 국의 범죄통계방식이 상이하여 직접적으로 비교하기는 곤란하지만) 우리보다 인구가 3배 정도 많은 일본의 경우 1999년 기준으로 살인 6시간 56분, 강도 2시간 4분, 강간 4시간 43분 등으로 나타나 살인은 우리보다 발생빈도가 높았지만 나머지는 현저히 낮았다. 또 우리보다 인구가 5배 이상 많은 미국은 99년 기준 살인 34분, 강도 1분, 강간 6분 등으로 범죄발생 빈도가 전반적으로 높았다

3. 최근의 범죄동향

최근 범죄의 동향을 양적인 면과 질적인 면으로 구분하여 살펴보면 대강 다음과 같이 기술할 수 있다. 첫째, 범죄의 양적인 면에서 보면, 형법범죄의 전체적인 건수는 점차 감소하고 있으나 그 중 살인, 강간 등 강력범죄가 감소한 반면에 강도범죄가 점차 증가하고 있는 경향을 보이고 있다. 재산범죄 중에는 절도범죄는 2000년대 진입하면서 90년대에 비해 거의 두 배 이상 증가하고 있고, 사기, 횡령은 증감의 변화가 둔한 편이고 배임범죄는 2000년대 들어서 약간 감소하고 있는 추세를 보이고 있다. 최근의 범죄양상 중에 가장 두드러진 특징은 여성의 사회진출기회의 증가 등의 영향으로 여성범죄가 꾸준한 증가세를 보이고 있다는 점이다. 한편 인터넷사용인구의 급속한 확산에 편승하여 사이버범죄의 급증이 21세기 범죄양상 중에 가장 두드러진 특징이다.

또 1990년대 말 이후 세계화, 국제화 시대를 맞이하여 국내 외국인범죄가 기하급수적으로 증가하고 있어 외사사범에 대한 대책도 중요한 경찰활동 중에 하나로 자리잡아 가고 있다.

다음은 범죄의 질적인 면에서 살펴보면, 최근의 범죄동향이 저연령화, 광역화, 지능화, 흉악화, 국제화로 요약할 수 있을 것이다. 이제 범죄문제는 성인만의 문제가 아니라 청소년까지 확산되고 있으며, 청소년범죄가 성인 범죄화되어 가고 있다는 점을 지적할 수 있다. 그리고 차량 등의 소유자가 급증하면서 차량을 이용한 범죄가 점차 증가하고 있고 따라서 범죄의 발생지역이 더욱 광역화되고 있으며, 컴퓨터 등 과학기술을 이용한 범죄가 증가하여 범죄수법의 지능화경향이 더욱 뚜렷하게 나타나고 있다. 한편, 전통적인 강력범죄라고 할 수 있는 살인, 강도, 강간 등이 더욱 대담해지고 피해자를 잔혹하게 살해하는 경향을 보이고 범행의 동기를 뚜렷이 알 수 없는 동기 없는 살인, 방화 등의 범죄가 증가하고 있다는 점도 중요한 특징이라 할 수 있다. 마지막으로 국제화시대를 맞이하여 국제교류가 활발해지면서 국제성범죄가 날로 증가하고 있다는 점도 현대사회의 범죄동향으로 꼽을 수 있다.

2
chapter

범죄학의 기초

제 1 절 범죄학의 개념

1. 범죄의 의미

1) 일상대화 속에서의 범죄

범죄 — 그 원인과 통제 — 는 정치적 논의, 선술집, 학교의 연구실, 신문의 사설, 지역사회 모임, 이웃간의 모임 등에서 끝없이 이야기되어지는 주제이다. 이렇게 다양한 모임에서 동일한 주제로 이야기되어지지만 많은 차이점을 보이고 있다. 이것은 많은 차이가 있으며 사람에 따라서 위험하게 생각하는 범죄는 다르다. 어떤 사람에게 있어서는 재산의 탈취가 가장 큰 범죄가 될 수 있으며 다른 사람에게는 사생활에의 간섭이 큰 위협이 될 수 있다.

사람들은 범죄의 원인에 대해서 각기 다른 견해를 가지고 있다. 몇몇 사람들은 범죄인은 염색체라든가 다른 의학적 이상에 의하여 '생래적'으로 범죄성향이 결정되어진다고 하며 또 다른 사람들은 이러한 견해에 동의하지 아니하며 범죄인들은 청소년기나 성인이 되어가면서 그들의 특이성향을 발전시켜 범죄성을 갖추게 된다고 한다. 또 다른 견해로는 범죄는 '빈곤' 등 경제적 박탈감에서 비롯되어진다고 한다. 이러한 것들은 명백히 범죄의 원인에 대한 차이점을 설명하는 것이 아니라 인간행동의 근원을 설명한 것이다.

2) 개인의 범죄적 경험

범죄에 관한 논의는 범죄에 관한 정보에 의존한다. 범죄에 관한 정보는 다양한 곳으로부터 얻어진다. 어떠한 사람은 범죄는 사람의 내면에 자리잡고 있는 개인적 경험에서 기인한다고 한다. 많은 수의 책과 논문은 경찰관, 보호관찰관과 교도소장의 관점에서 씌어졌다. 다른 책들은 범죄의 경험자의 관점에서 씌어졌다.

내부적 관점을 가지고 있는 사람의 시각은 유용성에 있어서 제한되어진다. 이와 같이 외부에 있는 사람의 시각은 범죄인의 생각이 아닌 경찰관이 이야기하는 경찰의 이야기가 되며 범죄인의 이야기는 피해자의 이야기가 아닌 범죄자의 이야기가 되는 식이다. 따라서 개인적인 경험은 사실상 제한적인 경험인 것이다.

범죄학을 배우기 위하여 범죄를 저지른다거나 범죄통제 요원으로 참여할 필요는 없다. 필요한 것은 마음을 열고 범죄에 대하여 추상적으로 생각하는 능력을 갖는 것이다. 만약 당신이 범죄에 대해 알고 있는 모든 것이 몇 년 전에 "삼촌"이 길에서 강도행위를 한 것이 전부라면 그 삼촌의 입장에서 그 상황을 생각해 보는 것이다. 삼촌은 전형적인 강도가 될 수도 있으며 그렇지 않을 수도 있는 것이다. 그리고 이와 같은 강도에 대해서 아는 것으로 약탈, 강간, 방화, 소매치기 등의 범죄에 대한 이해가 충분해지는 것은 아니다.

개인적 경험은 전문가로서 훈련되어지는 것은 아니다. 예를 들면 맹장염에 걸려본 사람은 맹장염의 고통을 안다. 하지만 그렇다고 해서 그가 맹장염의 전문가가 되는 것은 아닌 것과 같다. 단지 그들이 그러한 상태에 있을 때 기분이 어떠하다는 정보를 제공할 수 있을 뿐인 것이다.

이와 마찬가지로 범죄에 있어서의 피해자는 그 방면에 있어서 전문가로서의 의견을 제시할 수는 없는 것이며 단지 범죄의 피해자로서 느꼈던 기분만을 표현할 수 있을 뿐이다. 부도덕하게 남의 돈을 떼어먹는 자동차 수리공은 "화이트 칼라범죄"의 전문가가 될 수 없는 것과 마찬가지로 노상강도도 그 방면의 전문가가 될 수는 없는 것이다.

어떠한 범죄를 저지른다는 것은 범죄자의 기분이 어떻다는 것은 알 수 있지만 '범죄의 원인이 어떠한 것이며, 어떻게 범죄를 통제하여야 할 것인가?'에 대한 전문가가 되는 것은 아니다. 개인의 범죄적 경험은 범죄학의 공부에 있어서 도움이 되는 요소이기는 하지만 개인적 경험이 그 자체로서 범죄자, 희생자, 범죄통제의 과정의 이해에 도움이 되지는 않는다. 범죄학자들은 범죄자와 피해자의 감정이 어떠한가보다는 범죄적 경험이 답할 수 없는 것이 어떤 것인가에 연구의 초점을 맞춘다.

2. 범죄의 개념 및 성립요건

1) 범죄의 법률적 정의

법적으로 범죄라 함은 그 행위의 성격이나 결과를 알 수 있음에도 불구하고 악의적으로 그러한 행위를 하여 다른 사람에게 해를 끼친 것이다. 그러므로 범죄란 행위와 의사를 요구한다. 행위가 법을 위반할 뿐만 아니라 행위자 자신이 자유의사에 따라 그러한 행위를 하는 특정한 정신상태에 있어야 하는 것이다. 1981년에 레이건 대통령을 저격한 존 힝클리의 경우 그의 행위가 법을 위반한 것은 분명한 사실이지만 그의 정신상태가 정상적이 아닌 것으로 판명되었으므로 그는 유죄판결을 받지 않고 대신 연방정신병원에 수용되어 있는 것이 좋은 설명이 될 것이다.

2) 범죄의 사회학적 정의

행위규범의 침해로 인식하는 것이다. '행위규범을 연구하는 것이 범죄를 제대로 연구하는 것이다'라는 T. Sellin의 이 말은 범죄학은 사람들이 무엇을 바람직하지 못한 행위로 간주하는지를 연구하여야 하며 법의 자의적인 변화를 쫓아가는 연구에 한정하는 것은 바람직하지 않다는 것을 의미한다.

인권의 침해로 인식하는 것이다. Herman과 Schwendingers는 Sellin과는 달리 범죄학은 기본인권의 침해에 초점을 맞추어야 한다고 주장했다. 즉 범죄행위란 그 행위의 법적인 성격과는 상관없이 인간의 잠재력과 발전, 성장을 방해하는 행위를 일컫는 것으로 설명한다.

사회특정계급에 한정된 행위로서의 범죄로서 인식하는 것이다. W. Chambliss는 범죄를 어떤 사람의 사회적 신분과 연결시키고 있다. 그는 법이란 정치적 도구이며, 따라서 빈민층, 소수민족, 기타 사회적 약자의 이익에 반하는 수단으로 사용될 수 있다고 주장했다. 강력한 사회세력이 자기의 이익을 관철시키기 위해 법을 제정하여 사회지도층의 행위는 범죄행위가 되지 않도록 함으로써 주로 범죄란 비지도층 사람들에게 적용되도록 한다는 것이다.

여러 가지 사회학적인 개념은 범죄를 다양한 시각에서 볼 수 있도록 한다는 점에서 유용성을 인정받으면서도 또한 각각의 약점들을 가지고 있다. Sellin은 범죄를 사회적 일탈(정시이상, 자살, 약물중독 등)과 혼동하였고, Schwendingers는 무엇이 인권이며 무엇이 인권과 관계없는 것인지를 결정할 수 있는 무슨 특별한 방법이 있는 것처럼 주장했으며, Chambliss는 어떻게 법이 만들어지는가에 대한 설명에는 설득력이 있지만 범죄의 개념에서는 조금 지나쳤다는 비판을 받고 있다.

3) 범죄의 개념

사전적으로 범죄란 '저지른 죄' 혹은 '법률에 의해 형벌을 받아야 할 행위'를 지칭하는 말이다. 그러나 범죄라는 용어는 그 의미가 매우 가변적으로 사용되고 있다. 살인, 강도, 강간, 절도, 사기, 회령 등과 같이 동서고금을 막론하고 범죄로 간주되는 이른바 '자연범죄'가 있는가 하면, 시대와 지역에 따라서 금지된 행동과 허용되는 행동이 뒤바뀌는 경우도 얼마든지 있다.

특정의 행위가 범죄에 속하는지 여부가 명백한 경우도 많지만, 범죄에 해당하는지 여부가 분명하지 않을 때도 많이 있다. 범죄자로 체포되었던 사람이 무혐의로 석방되거나 재판과정에서 치열한 법정공방전이 벌어지는 사례가 많다는 사실은 범죄의 정의를 한마디로 말하기가 매우 어려움을 나타내 주는 것이다.

일반적으로 사회적 질서를 파괴하고 남에게 육체적 혹은 정신적 고통을 주거나 다른 사람의 재산 또는 명예에 손상을 입히는 일체의 행위를 범죄로 지칭하는 것이 보통이다. 적어도 이론상으로 다양한 규범들 가운데 '법규'에 위배되는 행위가 범죄에 속한다고 이해하는 것이 가장 합리적일 것이다.

법학자들은 형식적 의미의 범죄와 실질적 의미의 범죄를 구분하여 정의하고 있다. 즉, 형식적 의미란 '형벌법규에 의하여 형벌을 과하는 행위'라고 정의하며, 실질적 의미의 범죄란 '사회적 유해성' 내지 '법익을 침해하는 반사회적 행위'라고 정의한다.

4) 범죄의 성립요건

어떤 행위가 범죄로 간주되기 위해서는 기본적으로 다음과 같은 3가지 요건이 충족되어야 한다. 우선, 그러한 행위를 금지하거나 의무로 규정한 법 조항이 존재해야 하고, 법을 위반한 사실이 인정되어야 하며, 행위자가 자신의 행동에 대하여 책임을 질 수 있는 입장에서 있어야 비로소 범죄가 성립하여 처벌이 가능한 것이다. 범죄의 성립요건을 이루는 3가지 기본요소를 구성요건해당성, 위법성, 책임성이라고 한다. 그런데 이론상으로 위의 3가지 요건만 충족되면 범죄가 성립하지만, 실제로 특정의 행위가 범죄인지 아닌지 여부를 단정적으로 말하기가 곤란할 때가 오히려 더 많다.

그 이유는 첫째, 국가와 어떤 조직에 따라 법률에 정한 구성요건이 각기 다른 경우가 많기 때문이다. 한국에서는 음주를 하더라도 그 자체는 범죄가 되지 않는다. 그러나 이슬람교도가 다수를 차지하는 중동지역의 국가들은 음주자를 엄하게 처벌하고 있다. 또 일반사회에서 가출은 범죄가 아니지만 군인이 군무이탈을 하는 것은 죄가 성립된다.

둘째, 행위의 동기나 목적에 따라서 같은 행위라도 적법한 경우나 위법한 경우가 있다. 일상생활에서 다른 사람의 생명, 신체, 재산, 명예에 약간의 손상만 입혀도 범죄가 되지만 전쟁 상황에서는 적군을 많이 살상하고 중요한 물건을 많이 노획한 군인은 오히려 영웅의 대접을 받게 된다. 또 태권도 시합에서 상대방을 발로 차거나 권투에서 상대방의 얼굴을 가격하는 것은 정당한 행위로 처벌의 대상이 되지 않지만, 길거리에서 상대방을 때리는 행위는 폭행 또는 상해죄에 해당하여 처벌을 받게 된다.

셋째, 행위자의 자격이나 직업에 따라서 동일한 행위가 적법으로 되기도 하고 위법으로 되기도 한다. 일반인이 다른 사람을 부상을 입히면 상해죄가 성립하지만 의

사가 수술을 위해서 신체에 상처를 입히는 행위는 면죄가 된다.

넷째, 같은 국가의 국민이면서도 특정행위의 위법성에 대한 인식이 판이한 경우가 많다. 정부와 대다수국민들은 반체제운동들을 국법질서를 어지럽히는 중대한 범죄자로 간주되는 반면에 국민 가운데 이들을 민주주의를 위해 투쟁한 지식인으로 추앙하는 사람도 있다.

다섯째, 범법행위를 하였더라도 행위자의 연령이나 정신상태, 신체적 조건 등에 따라서 형사책임을 물을 수 없거나 책임을 경감해 주어야 하는 경우도 있다. 강력사건을 범한 범인의 연령이 14세 미만이면 형사미성년자에 해당되어 형사책임을 물을 수 없거나 책임을 감경해 주어야 하는 경우도 있다.

마지막으로 국민의 한사람으로 당연히 이행해야 할 의무를 이행하지 않거나, 위급한 상황에서 마땅히 취해야 할 조치를 취하지 않음으로써 처벌의 대상이 되는 경우도 있다. 예컨대 산모가 배가 고파 울고 있는 아이에게 수유를 하지 않아 아이가 사망하는 결과를 초래하였다면 법적 책임을 면할 수 없으며, 사고를 당하여 구조를 기다리는 사람을 보고 신고 등 필요한 조치를 취하지 않아도 책임을 면하기 어렵게 되어 있다.

3. 범죄학

1) 형식적인 정의

범죄학은 입법과 법률위반, 그리고 위법에 대한 응징에 관한 학문이라고 정의할 수 있다. 이러한 정의는 범죄학자의 활동과 사회과학 분야로서의 범죄학의 범위에 대한 정의하고 할 수 있다. 범죄학자들은 이러한 분야에 대하여 연구한다.

(1) 입법(Law-making)

입법학은 법사회학의 분야로서 법구조의 형성과정에 관여한다. 그러나 모든 규칙이 법률구조의 부분은 아니다. 가정, 직장, 취미그룹, 자원봉사기구 등에서 발견되는 규칙이 모두 법적규정은 아니다. 이렇게 규칙에 관하여 결정된 사항은 법적기구로서의 중요성을 갖추기에 충분하다. 이러한 것은 전적으로 자동적 또는 자연적 과정이 아니다.

입법학분야에 있어서 자주 질문되어지는 것은 '어째서 특정한 행위가 법에 위배되는가?'이다. 예를 들면 마리화나, 헤로인, 코카인 등 마약의 복용 등이다. 마리화나법의 기원에 관련한 연구에 따르면 마리화나는 '우리사회에 있어서의 하층계급, 흑인, 실업자 등 특별한 생활양식의 사람들에게 사용되어지는 것'이라고 한다.

마리화나입법의 기원은 이러한 부류의 사람들을 목표로 한 것이었다. 1960년대의 마리화나 통제법은 "hippies"를 대상으로 한 것이었다.

코카인의 사용은 한 세기 이전까지는 합법이었다. 백인, 중류사회, 기혼여성들이 긴장완화와 사회생활에 있어서의 윤활유로서 사용하였다. 코카인은 아스피린과 마찬가지로 "wonder drug"이 없이 와인과 식품에 사용되었으며 아직도 명성을 누리고 있는 'Coca Cola'의 첨가제로도 사용되었다.

(2) 법률위반(Law-Breaking)

법률위반의 연구분야에서는 범죄에 대한 설명을 위하여 다양한 종류와의 범죄이론과 그에 대한 설명을 필요로 한다. 살인, 강도, 절도, 방화와 많은 종류의 '화이트 칼라 범죄'를 설명하기 위해서는 그 범죄유형에 대한 기술적인 설명을 필요로 한다. 범죄학자들은 이러한 범죄가 언제, 누구에 의해서, 어떤 환경에서 발생하는가 및 범죄자와 피해자와의 관계, 범죄에 있어서 연령, 성별, 주거지역, 인종 등 다양한 종류의 통계수치에 대해서 관심을 갖는다.

'화이트 칼라범죄'와 '조직범죄'에 있어서의 한 특징은 매우 다양한 복잡성이다. 이러한 범죄의 본질을 알기 위해서는 그 범죄의 배경을 알아야만 한다. 왜냐하면 그들에 의해서 위반되어지는 이러한 법과 규정 등은 그들에게는 성가시고 기술적인 것이기 때문이다. 이러한 범죄의 본질에 관한 연구기록은 이러한 범죄행위를 연구하는 사람들에게 매우 유용하다. 이러한 연구는 또한 이러한 '화이트 범죄'와 '조직범죄'에 대한 가능한 통제방법의 방향을 제시하여 준다.

범죄에 관련된 기록은 법률위반분야의 연구에 있어서 매우 중요한 요소이다. 어떻든 범죄에 대한 행위와 설명에 대한 기록방법에 대해서는 두 가지 다른 방법이 있다. 범죄학자들은 범죄를 설명하기 위한 원리를 고안하는데 대하여 많은 흥미를 가지고 있다. 따라서 어떤 이론들은 그 형식, 범죄자, 여건 및 다른 범죄와의 관련성에도 불구하고 모든 범죄를 한 가지 이론으로 설명하려고 하고 있다.

(3) 위법에 대한 응징

형사사법이라고 불리는 정형적인 양식은 범죄에 대한 응징을 위하여 창시되었다. 이러한 정형적인 구조는 경찰, 법원, 그리고 각 주의 교정체계 등으로 구성되어 있다. 지난 20여년 동안 대학에서는 형사사법체계의 연구를 위하여 개별적인 학문체계를 발전시켜 왔다. 이러한 형사사법정책에 대한 연구는 입법과 위법에 대한 연구를 게을리하지 않았지만 형사사법체계에 있어서의 조직과 관리의 측면에 더 관심을 기울여 왔다.

범죄학자들은 특정한 분야에 있어서의 경찰행정 즉, 경찰자유재량, 범죄혐의자에 대한 체포의 실패, 시민에 대한 불법적인 강제력 행사, 거리에 순찰중인 경찰관의 의사결정에 영향을 미치는 경찰조직의 행정적 구조 등에 대하여 연구를 하였다. 범죄학자들은 예를 들어, 경찰관들이 조금만 관심을 가졌으면 체포할 수 있었을 사항 등에 대하여 연구를 한다. 이러한 체포유기행위는 경찰의 자유재량을 연구하는데 많은 도움이 된다. 교정계획에 대한 연구는 교도행정조직, 효율적인 교도행정계획, 교도소에 있어서의 교도관의 역할 등에 대하여 연구한다.

제 2 절 범죄학 연구의 필요성

범죄학이란 범죄와 범죄자의 행동과 심리를 종합적으로 연구하는 학문이다. 범죄와 범죄자란 무엇인지를 알고 이해하기 위해 존재하는 범죄학은 범죄자의 행동을 설명하고 예측하고자 한다. 더 나아가 범죄자의 심리와 행동을 설명하고 예측함으로써 얻어진 결론을 통해 범죄자의 행동과 심리를 통제하려고 한다. 이러한 과정을 통해 범죄학은 인간과 사회의 복리를 증진시키고, 궁극적으로는 인간과 사회의 진리와 선을 달성하고자 한다. 범죄학은 결국 두 가지 목적을 가지고 있는 셈이다. 그 하나는 범죄자의 심리와 행동을 설명, 예측, 통제하려는 학문적 목적이다. 다른 하나는 학문적 목적의 달성을 통해 인간과 사회의 복지를 증진시키고 인간과 사회의 진리와 선을 달성하려는 궁극적인 목적이다.

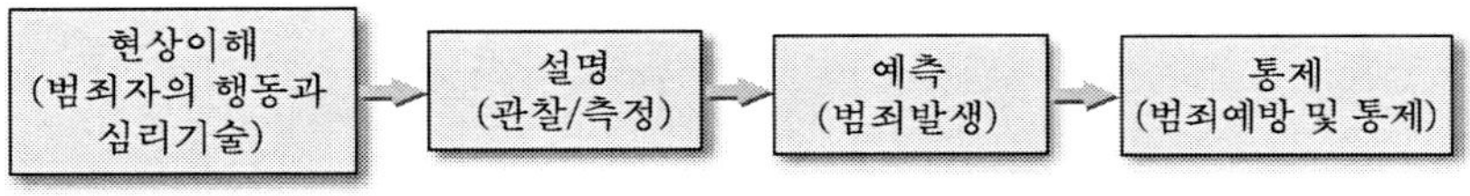

〈그림 2-1〉 범죄학의 목적

범죄학은 범죄와 범죄자의 심리와 행동을 정확히 측정(기술)하고 설명한 것을 바탕으로 궁극적으로는 범죄와 범죄자의 심리와 행동을 예측하고자 한다. 따라서 정확한 설명을 바탕으로 범죄와 범죄자의 심리와 행동을 설명하고 예측하려는 목적 이외에도 범죄와 범죄자의 행동을 통제하려는 목적이 있다. 여기서 통제라는 말은 부정적인 의미가 아니라 어떤 현상을 설명하고 예측함으로써 얻어진 정보를 인간과 지역사회의 안녕과 질서를 위해 사용하려는 의도를 말한다. 즉 경찰이 범죄예방활동과 다른 형사사법기관의 범죄통제활동이 여기에 속한다.

제 3 절 범죄학의 범위

1. 협의의 범죄학

협의의 범죄학이라 함은 범죄원인론을 지칭하는 것이며, 법률적, 사회적 사실로서의 범죄와 범죄자를 연구하여 그 사실관계를 정확하게 파악하고 기술하여 설명, 통제하려는 학문이다. 즉 협의의 범죄학은 범죄원인론만을 뜻한다.

2. 광의의 범죄학

광의의 범죄학이라고 함은 범죄에 관한 법률사회적 현상일반을 연구하는 학문 즉 범죄에 관한 입법, 사법(검찰, 재판) 및 행정(주로 행형, 보호관찰, 방범경찰)을 연구하는 형사정책까지 포함하는 의미로 사용된다. 범죄학을 광의로 사용하여 소위 형사기술학, 예를 들어 법의학, 수사감식, 채증심리 등까지 포함시키기도 한다. 물론 이런 과학은 형사재판을 위한 보조과학이기는 하나 그 대부분은 자연과학의 영역에 속할 성질의 것이며, 범죄학의 영역에 포함하는 데는 다소 무리가 있다. 범죄학의 대표적 학자라고 할 수 있는 서덜랜드는 "범죄학은 사회현상으로서의 범죄에 관한 지식의 일체이다. 이것은 법의 형성, 법의 위반 및 법 위반에 대한 반작용의 제 과정을 연구영역으로 포함된다."고 말하고 일본의 길익(吉益)은 "범죄학은 현실적인 범죄현상과 그 규명의 과학"이라고 말하였다. 한국의 범죄학발전에 지대한 영향을 끼친 신진규는 "범죄학은 범죄라 불리우는 인간행위의 현실적 현상에 관한 과학으로서 현상론, 원인론, 대책론을 연구과제로 하는 학문이다"라고 정의한 바 있다.

3 chapter

범죄학의 전개

제 1 절 고전주의 범죄학[1)]

1. 범죄학 탄생이전의 범죄학

인류역사에 있어 범죄 없는 사회는 존재하지 않는다. 고로 '우리 인류는 항상 왜 인간은 범죄를 일으키는가?라는 문제에 직면하여 그 설명을 위해 여러 가지 가설을 세워 왔다. 범죄를 이론적으로 고찰하고자 하는 노력은 18세기 후반 고전주의 범죄학(Classical Criminology)에서 시작되었다. 하지만 범죄를 과학적으로 분석하려는 근대적인 범죄학 접근은 19세기 후반의 실증주의 범죄학(Positivist Criminology)의 탄생에서부터 시작되었다.

그럼 이들의 연구가 출현하기 이전에는 범죄, 그 중에서도 범죄의 원인에 대해 어떠한 견해가 생겨났을 것인가? 이 점에 대해 크게 2가지의 견해로 분류할 수 있다. 하나는 마신론(Demonology)이고 하나는 자연주의적 경험론이다.

---

1) 김상균, (2004), 『범죄학원론』, pp. 41-56.

1) 마신론과 자연주의적 경험론

(1) 마신론

마신론(魔神論)은 원시사회에서의 애니미즘에 기원을 둔 것으로 범죄는 악마의 소행이라 생각하고 있다. 고대에 있어서는 범죄자의 두개골에 구멍을 내어 악마의 혼을 빼내는 천두술(穿頭術, trephing) 등 여러 가지 악마 퇴치의 의식이 행해졌다. 또 편형(鞭刑)을 시작으로 한 신체형도 악마를 쫓는 하나의 수단이었다. 중세기 중엽에서 근대에 걸친 마녀재판(Hexenprozeß)은 악마론의 극단을 보여주고 있다. 또 19세기에 들어와도 영국의 형사재판에서는 범죄행위만이 아닌 악마에 의해 유발되고 선동되어 신의 구원을 저버리는 것도 추궁의 대상이 되었다. 이와 같은 마신론은 비합리적인 것이나 현실에는 역사상 지울 수 없다.

마녀재판

마녀재판은 13세기 말에서 17세기에 걸쳐 유럽 각지에서 일어나 악마와 관계가 있다는 여성(때론 남성)이 재판을 받아 처형되었다. 마녀재판에서 처형된 수는 몇 간인지 몇 십만인지 정확치 않다. 마녀재판의 목적으로 ① 악마 퇴치 ② 이교도 탄압 ③ 정신 장해자 배제 등이 거론되나 마녀재판이 절정이던 11세기~17세기의 유럽은 페스트 유행, 농작물 흉작 등으로 민중의 불만도 절정이었다.

그 불만을 위정자가 마녀에게 향하게 한 시대 배경이 그 근저에 깔려 있다고 생각한다. 또 한 마녀재판은 18세기 후반 급속히 그리고 조용히 종결되었다. 그 이유는 명확하지 않지만 일반적으로 교회세력의 쇠퇴가 지적되고 있다. 또한 산업혁명의 시대를 맞이해 사회·경제 등이 안정화된 것도 있을 것이다.

(2) 자연주의적 경험론

자연주의적 경험론(自然主義的 經驗論)은 신비주의나 종교적 드라마를 배제하고 경험적으로 관찰된 견해를 기본으로 범죄의 소질·환경적 원인을 찾으려는 노력은 기원전 고대 그리스로 거슬러 올라간다. 예를 들어 아리스토텔레스는 관찰을 하지 않은 이론은 공허하다고 하면서 일탈자들의 행동을 주의깊게 관찰했다.

아리스토텔레스는 범죄성의 유전에 주목하여 신체적 특징(두개골이나 인상)과

정신상태와의 상관관계를 주장하는 한편 나쁜 습관이 악성을 조장한다는 의견을 제기하였다. 이런 견해에 대하여 직감적인 견해에 지나지 않다고 하는 설도 있지만 오늘날의 과학수준에서 불충분한 것일 뿐 당시에는 상당한 수준인 생물학적 깨달음에 기초하고 있다.

중세에는 봉건사회의 성립과 함께 교회의 지배와 신권 정치의 시대로 들어가 아리스토텔레스와 같은 과학적인 자연주의적 견해는 후퇴하고 오히려 마신론을 기본으로 한 주장들이 주류를 이루었다. 하지만 근대에는 다시 근대 과학의 발달에 의해 이른바 「과학혁명」의 시대(17세기)에 들어감에 따라 경험주의적인 견해가 지배적이 되어 실증주의 범죄학의 탄생으로 이어지게 된다.

2. 고전주의 범죄학

중세에서 근대 초기에 걸쳐 유럽의 형사재판은 국왕을 정점으로 한 당시 지배세력(승려, 귀족 등)에 의해 자신들의 이익이나 입장에 맞게 운영되었다. 이런 앙시앵레짐(구제도)에 의해 형사재판이나 형벌제도의 특색으로서는 다음 3가지를 들 수 있다.

첫째는 형사재판의 자의적 운용이다. 형사재판에서 범죄나 형벌의 내용이 확실하지 않고 재판관에게 지나친 재량권을 주었다.

둘째는 형법의 불평등한 적용이다. 형법이 승려, 귀족, 시민, 농민 등의 신분에 따라 불평등하게 적용되었다.

셋째는 가혹한 형벌의 부과이다. 당시의 형벌은 사형 혹은 신체형이 중심이 되어 일반 사감들에게 본보기를 보이기 위한 목적으로 이루어졌다. 이와 같은 형사사조를 통렬히 비판하고 개혁의 봉기를 든 이론가가 베까리아와 벤담이다. 이 두 사람의 주장은 합리주의를 표방하는 계몽사상을 보강한 것으로 범죄학상 고전파 범죄학이라 불리운다.

1) 베까리아

고전주의 범죄학의 선구적 업적의 하나로서 이탈리아의 베까리아(Ceasare Bonesana Beccaria : 1738-1794)가 1964년에 쓴 『범죄와 형벌(*Dei Delitti e delle Pene*)』을 들 수 있다. 베까리아가 경제학자이기 때문에 법률학에 정통한 것은 아니나 계몽사상의 영향을 받아 범죄와 형벌에서 당시의 형사 정책에 날카로운 문제제기를 했다.

그의 주장의 요점은 다음과 같다.

(a) 국가가 개인을 처벌할 수 있는 근거는 오직 사회계약에 있다. (b) 범죄와 형벌을 정하는 법률을 창설하는 권한은 입법자에게 있다. (c) 재판관은 입법자가 아니기 때문에 법률을 해석하는 권한은 없다. (d) 형벌의 무거움은 범죄에 의해 생긴 사회적 손해에 비례하여야 한다(범죄와 형벌의 양은 균등하지 않으면 안 된다). (e) 신분에 따른 차별적 형법 적용은 폐지되어야 한다(동일 범죄에는 동일 형벌). (f) 범죄를 처벌하는 것보다는 예방하는 것이 바람직하다. (g) 범죄의 예방은 엄격한 처벌에 의한 것이 아닌 신속하고 확실한 처벌에 의해 이루어져야 한다. (h) 형사 재판에서 피고인의 권리는 보호되어야 한다(특히 고문은 금지되어야 한다). (i) 사회 계약시 사람은 생명에 대한 권리까지 국가에 양도하지는 않기 때문에 사형은 폐지되어야 한다.

베까리아의 저서 『범죄와 형벌』은 당시로서는 급진적인 내용을 갖고 있었기 때문에 익명으로 출판되었지만 유럽 각지와 미국의 수정헌법에 큰 반향을 일으켰다. 이 책은 이탈리아, 프랑스의 카톨릭교회의 금서 리스트에 지정돼 격렬한 비난을 받는 한편, 형사법 개혁의 바이블로서 그 후 각 국의 입법 과정에 영향을 주었다.

그의 주장을 하나씩 보면 형벌의 기초론은 1762년에 루소(Jean Jacques Reusseau : 1712-1778)가 쓴 『사회계약론』을 기초로 둔 한편, 그 외의 제도 개혁의 제안은 주로 1748년에 몽테스키외(montesqueu : 1689-1755)가 쓴 『신의 정신』에 의거하고 있어 특별히 창조적인 제안은 아닌 것이다. 그러나 책에 일관되게 흐르는 정열과 패기 넘친 휴머니즘은 많은 이의 마음을 움직여 당시의 봉건 체제에 대한 레지스탕스

운동의 도화선이 되었다.

베까리아는 형벌의 경우 신속하게 이루어져야 하며(신속성<celerity>: 즉각적인 처벌), 필요한 만큼만 부과(엄격성<severity>: 수감기간이나 벌금액의 정도와 같은 정도의 처벌)하고, 확실해야 한다(확실성<certainty>: 체포, 기소, 선고 및 판결을 받을 가능성)고 주장하였다.

또한 형벌은 행위의 결과가 사회에 끼친 해악에 따라 결정되어야 하며, 범죄의 결과로부터 얻는 이익보다 형벌로 인한 고통이 더 크다는 것을 행위자에게 확실히 인식할 수 있어야 한다고 하였다.

2) 벤담

고전주의 범죄학의 다른 한 명의 대표적인 사람은 영국의 벤담(Jeremy Bentham : 1748-1832)이 있다. 벤담은 계몽사상을 구체화한 법률학자로서 최대 다수의 최대 행복이라는 공리주의 원리를 전면에 두고 법 개정과 법전화를 적극적으로 장려하였다.

벤담은 법 개정, 그 중에서도 형법 개정에 중점을 두고 다음과 같이 주장했다. (a) 범죄는 형법의 불비에서 생겨나며 범죄 없는 사회를 실현시키기 위해서는 형법 개정이 필요하다. (b) 형벌의 목적은 ① 본보기, ② 개선, ③ 격리, ④ 피해자 보호, ⑤ 경제성이 있다. (c) 형벌은 인위적인 고통이고 따라서 보다 큰 해악의 여지가 보증될 때에 한해서 정당화된다.

이런 관점에서 이끌어 가는 부당한 형벌로는 이하 4가지의 사례가 지적될 수 있다. ① 근거 없는 형벌(범죄행위 자체에 해악성이 없는 케이스), ② 유효성 없는 형벌(형벌에 의한 범죄 행위 저지가 불가능한 케이스), ③ 고가의 형벌(범죄의 해악보다 형벌이 상회하는 케이스) ④ 불필요한 형벌(다른 방법으로 범죄를 방지할 수 있는 케이스)

파놉티콘(Panopticon, 원형교도소)
벤담은, 죠·하워드의 감옥사정에 영향을 받아, 감옥 개혁에도 힘을 기울여 1791년에 「페노프티콘」을 제안하였다. 파놉티콘이란 벤담이 만든 말로 벤담이 구상한 정다각형(또는 원형)의 건축양식을 가리킨다. 벤담은 이 건축 양식이 감옥 설계에 있어서도 적용된다고 말하고 있다. 구체적으로 효율성과 경제성을 중시한 형무소 운영의 관점에서 두 지점의 배치를 주장했다. ⓐ 형무소 중앙에 감시소를 두고 그 주위에 독방을 배치해 효율적인 감시를 가능케 한다. ⓑ 독방의 안과 바깥에 창을 두어 빛의 각도를 이용해 감시자는 수형자를 볼 수 있으나 수형자는 감시자가 보이지 않도록 한다. 이런 벤담의 파놉티콘 계획은 재정적 지원을 얻지 못하여 중단되나 이후 유럽 각지 형무소 운용에 큰 영향을 주었다. 또 파노티콘은 민간인에게 형무소 운영을 위탁하는 것을 원칙으로 하고 있어 요즘의 형무소 민영화의 선구라고 할 수 있다.

벤담의 주장은 베까리아의 견해에 큰 영향을 주고 있지만, 한편으로는 형사 입법을 통해 계몽주의적 사회개혁을 실천적으로 장려한 특징이 있다. 「벤담시대 이후의 법 개혁에서 그의 영향을 받지 않은 것은 한 가지도 없다.」라고 불리우고, 특히 1825년부터 1827년경까지 법 개혁을 「벤담주의의 시대」라 부를 정도이다. 또 형벌론에 한정시키면 벤담의 주장은 포이에르바하의 심리강제설(Psychologische Zwangstheorie, 형벌의 위협만이 행위자가 범행을 저지르지 않게 단념시킬 수 있다는 설)에 기인한 일반예방을 본받지 않고 범죄자의 개선과 갱생이라는 특별예방을 주장하고 있다. 또 한편으로 범죄피해자의 구제나 비용·편익론(Cost-Benefit theory)도 포함하여 「피해가 없다면 형벌도 없다」는 원칙을 관철한 탁월한 기능주의적 형벌사상이라 말할 수 있다.

3) 고전주의 범죄학의 평가

고전주의 범죄학은 18세기 후반에서 19세기 초의 유럽에 있어 왕권신탁설을 기본으로 한 절대 왕정이 무너지고 근대사회가 성립되는 시기에 등장했다. 이 학파는 형법학에 있어 고전학파(혹은 구파, 특히 전기 구파)라고 불린다. 베까리아와 벤담의 많은 제안은 그 후 유럽 여러 나라의 입법작업에 영향을 미치게 되었다.

구체적인 형사 입법으로서는 ① 1789년 프랑스 형법전, ② 1791년 프랑스 형법전, ③ 1810년 나폴레옹 형법전을 들 수 있다. 그들의 주장 중 근대 형법의 기본 원칙으로 구체화된 것은 ① 죄형법정주의, ② 죄형균등, ③ 신분 형법 폐지, ④ 형벌의 인도주의화, ⑤ 형사절차의 정당화 등이 있다. 이렇게 보면 베까리아와 벤담은 「범죄대책이라는 실천적 문제는 무관심하여 형사정책논의에 적극적인 공헌을 하지 않았다」는 주장은 사실과 다르다는 것을 알 수 있다.

고전주의 범죄학의 제안은 형이상학적인 사고에서 생긴 것이 아닌 당시의 형사재판이나 형벌에 대한 날카로운 비판 정신을 기본으로 실제적인 제도 개혁을 목적으로 하고 있었다. 또 고전파 범죄학의 일반예방론의 기본인 쾌락·고통설은 오늘날 과거의 유물이라는 견해가 있으나 이는 잘못이라고 생각한다.

첫째로 1960년대 이후 미국의 경제학자가 사형의 억지력에 대한 대규모 연구를 행했는데 그 기본 모델은 쾌락·고통설이었다. 둘째로 최근 주목되는 합리적 선택이론이 그리는 인간상도 쾌락·고통설이 그것과 같고, 이 이론은 고전파 범죄학의 재사용에 불과하다.

베까리아와 벤담
지금까지 본 것처럼 벤담과 베까리아는 사상적으로 지극히 유사하다. 이것은 양자가 공리주의를 사상의 기초로 하고 있기 때문이다. 단, 구체적인 주장을 개별적으로 보면 벤담은 고문을 꼭 부정하지 않은 것과 묵비권에 소극적 입장을 취하는 것에서 베까리아와 다른 입장에 선 것은 주의해 볼 필요가 있다. 이것은 베까리아가 예를 들어 공리주의적 관점에서는 유효해도 사회제약의 취지에서는 고문이나 묵비권의 제한에 의한 무고한 사람이 형벌을 받게 되는 마이너스 요소보다 많은 범죄자에게 형벌을 부과하는 것이 가능한 플러스면이 상회한다면 이런 가능성을 인정하는 것도 좋다는 입장에 선 것과 같다.

제 2 절 실증주의 범죄학

근대 계몽사상의 대두로 고전학파의 범죄학과 형벌론은 많은 지지를 얻었고 실제 여러 나라의 형사정책에도 적지 않은 영향을 끼쳤다. 하지만 19세기 후반에는 실증주의 범죄학(Positivist Criminology)이 등장해 고전주의 범죄학의 등장과 형벌의 사고방식을 정면으로 비판하기 시작했다.

19세기 중부터 유럽 각국에는 범죄(특히 재산범)가 급증하면서 누범자와 소년범죄자의 출현이 주목되어 그때까지의 형사정책의 방법에 의문이 제기되었다. 이와 같은 범죄증가 현상은 자본주의 경제가 초기단계를 탈피하는 과정에서 공업화나 도시화가 진행되면서 대량실업자와 빈곤자가 발생한 것이 그 배경으로 작용하였다.

범죄의 "큰 파도"라 불리는 이 현상을 두고 고전학파 범죄학이 주장한 죄형균등을 원칙으로 한 형법으로는 형이 가볍고, 또 일반예방에도 범죄자의 개선 갱생에 도움이 되지 않은 것인가?라는 의문이 실증주의 범죄학이 탄생하게 된 배경이다.

또 교도소를 출소한 후 범죄를 다시 저지르는 경우가 많아지면서 벤담이나 베까리아가 구상한 감옥으로는 재범 방지가 어렵다는 회의론도 고개를 들기 시작하였다. 이런 고전학파 범죄학에 대한 회의를 재빨리 그리고 강하게 주장한 이가 실증주의 범죄학의 할아버지라 불리는 롬브로조이다(Cesare Lombroso : 1896-1909).

1. 롬브로조의 생래성범죄자설

롬브로조는 감옥이나 정신병원에서 의사로서 풍부한 경험을 갖은 법의학자이며 1876년에 『범죄인』을 출판해 범죄인류학의 기초를 만들은 인물이다. 이 책에서 그는 고전파 범죄학의 추상적인 범죄자론을 벗어나 당시 유행했던 『인체측정학』의 방법을 이용해 개별적으로 범죄자를 조사하고 구체적인 사실을 기본으로 생래성범죄자의 존재를 실증하려고 시도하였다.

롬브로조가 제안하고 있는 생래성범죄자설(生來性犯罪者說)은 3가지 가설로 이루어져 있다. ⓐ 범죄자는 태어날 때부터 범죄를 저지르도록 운명되어졌고 인류학상의 돌연변이(범죄인류)이다. ⓑ 범죄자라는 신체적 혹은 정신적 특징을 갖고 있어 이것으로 일반인과 식별할 수 있다. ⓒ 범죄자는 야만인으로 되돌아간다. 혹은 퇴화된 자이다.

생래성범죄자설은 당시로서는 선진적인 임상방법을 이용해 도출된 것이었다. 롬브로조는 ① 66인의 남자 범죄자의 해부학적 조사, ② 832명의 현재 범죄자의 신체

측정, ③ 868명의 군인 및 90명의 정신질환자의 신체적 · 정신적 특징에 관한 조사를 진행하는 한편, 전기고통 측정기에 의한 고통의 정도, 맥박계에 의학 감정의 상황을 측정했다.

이런 조사의 결과 롬브로조는 범죄자는 선천적으로 신체적 · 정신적 특징이 존재한다는 결론을 지었다. 롬브로조에 의하면 생래성범죄자의 신체적 특징으로서 ① 작은 뇌, ② 두꺼운 두개골, ③ 큰 턱, ④ 좁은 이마, ⑤ 큰 귀, ⑥ 비정상적인 치아 배열, ⑦ 매부리 코, ⑧ 긴 팔 등을 제시하였다.

이러한 범죄자의 신체적 특징을 들면서 롬브로조는 오랜 기간의 동물연구 성과를 덧붙여 원숭이, 다람쥐, 쥐, 뱀 등의 동물의 형상적 특징을 상기시켰다. 또 범죄자의 정신적 특징으로서 ① 도덕감각 결여, ② 잔인성, ③ 충동성, ④ 태만, ⑤ 낮은 지능, ⑥ 고통의 둔감 등을 지적하였다. 이렇게 롬브로조가 그린 생래성범죄자의 이미지는 크로마뇽인의 모습을 하고 유사 이전의 인류의 뇌를 가진 「반인반수(半人半獸)의 괴물」이고 구체적으로 미개민족, 어린아이, 간질환자, 정신장애자라고 할 수 있다.

또 롬브로조는 이런 생래성범죄자설을 근거로 해 미국 나일강 상류에 사는 몇 개의 부족을 조사했다. 그 결과, 그들에게 생래성범죄자의 특징이 많이 존재함에 따라 그들 부족은 범죄가 일상적인 행동일 것이라고 추리하기도 하였다. 또 롬브로조는 확실히 「자연이 범죄를 만든다」, 「사회는 범죄를 저지르기 위한 도전을 주는데 불과하다」 등의 운명적 범죄관을 기초로 하나, 모든 범죄자를 태어날 때부터 범죄자라고는 생각하지 않았다는 것에 주의할 필요가 있다.

그의 생래성범죄자는 전체 범죄자의 60%에서 70% 정도라고 생각했다(후에 35~40%로 수정했다). 또 이외의 범죄자 유형에 대해서는 ① 정신장해 범죄자, ② 간질성 범죄자, ③ 후퇴성 범죄자, ④ 격정성 범죄자로 나누었다. 여기서 말하는 후퇴성 범죄자는 생래성범죄자와 일반인의 중간 범주에 속하는 형으로서 오늘날의 정신질환자에 가까운 개념으로 이해할 수 있다.

그 외에 롬브로조의 형벌관은 철저한 사회방위와 범죄자 개선을 목적으로 한 것이다. 생래성범죄자에 대해서 사형이나 종신 구금제를 주는 한편, 다른 범죄자에 대해서는 부정기형, 벌금형 및 정신 병원 수송을 주어야 한다고 주장하기도 하였다.

이외에도 보다 가벼운 처분으로는 ① 질책, 단식, ② 냉수욕, ③ 신체형, ④ 자택구금을 주장했다.

1) 생래성범죄자설의 원류

생래성범죄자설은 범죄 증가에 고민 중이던 유럽 각 국에 큰 기대를 가지게 해 범죄 인류학파를 형성하여 범죄학 사상 「코페르니쿠스적 발전」이라고까지 평가되었다. 오늘날에는 이 설은 기상천외한 학설로 보고 있지만 19세기 후반의 여러 과학적 발전을 감안하고 보면 돌연변이적으로 나타난 것이 아님을 알 수 있다.

범죄학적인 관점에서 보면 생래성범죄자설은 범죄 통계학과 골상학의 두 가지 연구 성과를 집대성한 것이라 볼 수 있기 때문이다. 또 자연과학 측면에서 보면 범죄자가 진화 이전의 유인원으로 돌아가거나 퇴화된 존재라는 발상은 다윈의 「종의 기원」의 진화론을 기본으로 하고 있다. 또한 생래적범죄자설의 심리학적인 측면은 다음 장에서 다룰 「부분적 망상론」에서 강한 영향을 받았다.

2. 범죄통계학

롬브로조가 범죄자의 개별 데이터를 집계해, 통계적인 수치에 의해 스스로의 가설을 세운 것은 범죄통계학의 영향에 많은 영향을 끼쳤다. 범죄통계학은 통계학적 수법을 사용해 범죄 현상을 해명하려는 학파이고, 대표적 학자로서 프랑스의 게리(Andre-Michel Guerry : 1804-1866)와 벨기에의 게뜨레(Adolphe Quetelet : 1796-1874)를 들 수 있다. 유럽에서 통계적인 기록이 정비되기 시작된 것은 16세기로 초기의 통계는 출생과 사망을 중심으로 한 것이었다.

범죄에 관한 최초의 공식통계가 발간된 것은 1827년의 프랑스로 이후 범죄에 관해 통계분석이 본격화되었다. 게리는 사법대신을 지낸 법률가로 프랑스의 도덕 통계(1883)에서 1825년에서 1830년의 통계를 이용해 범죄율에 의한 농도를 분류한 범죄 생태지도를 작성해 특히 사회적 여러 현상과 범죄의 관계를 분석했다. 이 책은 범죄 통계를 사용하고 지표를 충분하게 사용한 대작으로 범죄사회학의 최초의 업적이라 불리고 있을 뿐 아니라 그 후 범죄 통계의 발전에 많은 기여를 했다.

게뜨레는 천문학자면서 수학자로 「인간과 그 능력의 발달-사회 물리학시론(1833년)」에서 게리의 통계적 수법을 정밀화해 연령·성별·계절·빈곤·교육 및 인종 등의 여러 조건과 범죄와의 관계를 고찰하여 다음과 같은 결론을 얻었다.

첫째, 범죄항상설의 제창이다. 그는 범죄의 반복이 놀라울 정도로 일관적인 현상임을 착안하여 「범죄는 일정사회에서 항상적 법칙성을 갖고 반복된다」고 하고 감옥이나 처형장의 비용은 정확히 산정할 수 있다고 주장했다.

둘째, 범죄의 사회적 요인에 대한 강조이다. 「범죄를 준비하는 것은 사회이다. 범죄자는 그것을 실행하는 도구에 불과하다」는 게뜨레의 유명한 말이다.

셋째, 온도법칙설의 제창이다. 대인 범죄는 유럽의 남부에 더 많고 절도죄 등 재산범은 북부(특히 추운 계절)에 많다고 지적되었다. 게리와 게뜨레는 범죄통계를 사용해 과학적으로 범죄의 원인을 찾으려 한 것이기 때문에 범죄 현상에 관한 최초의 실증적 연구라고 평가받고 있다.

〈표 3-1〉 연도별 범죄율의 차이: 범죄자항상설

연도	기소건수	범죄 종류		유죄건수	유죄율(%)
		인신범	재산범		
1826	6,988	1,907	5,081	4,348	62
1827	6,929	1,911	5,018	4,236	61
1828	7,396	1,844	5,552	4,551	61
1829	7,373	1,791	4,475	4,475	61
합계	28,686	7,453	21,233	17,610	61

자료: P. Beirne & J. Messerschmidt, Criminology(1991), p. 300. 재인용

범죄 통계학은 실증주의 범죄학 탄생의 하나의 기초가 되면서 나중에 설명할 시카고학파에 큰 영향을 주었다. 또 게뜨레는 범죄가 사회의 필연적 산물임을 강조하는 한편 범죄의 생물학적 요인(예를 들면, 범죄성의 유전)을 중시하고 있었음을 유념할 필요가 있다.

1) 두개학, 인상학, 골상학

범죄자가 생물학적 이상을 가리키는 신체적 특징을 가지고 있다는 발상은 오래된 고대까지 거슬러 갈 수 있지만 학문적 체계로 나타난 것은 18세기 전반의 두개

학에서 찾을 수 있다. 그리고 두개학은 18세기 후반에 인상학, 19세기 초에 골상학으로 발전되었다.

(1) 두개학(頭蓋學)

두개학은 두개골의 형상적 특징에 의해 동물과 인간의 지능 정도를 측정할 수 있다고 생각했다. 이것을 「안면각이론(顏面角理論)」이라 부른다. 초기의 「안면각 이론」을 간단히 설명하면 다음과 같다. 우선 두개골을 측면에서 관찰해 ① 코 밑동에서 귓불까지의 사이와 ② 이마 돌출부에서 턱 앞까지의 간격에 선을 긋는다. 2개의 선이 교차해 만든 각도가 지능의 정도를 표시하는 지표가 된다. 바꾸어 말하면 이마가 높은 사람은 두뇌가 보다 더 발달되어 있으나 이마가 뒤쪽으로 발달된 사람은 뇌가 압박되어 발달에 방해가 된다고 보았다.

안면각 이론의 주창자인 칸퍼에 의하면 유럽 사람의 얼굴 각도는 80도, 원숭이는 42도에서 50도라고 한다. 또 흑인의 얼굴 각도는 70도로서 인간과 원숭이의 중간적 존재라고 생각할 수 있다. 두개학파의 사람들은 두개 용적이 크고 작음에 따라 지능을 측정하려 했다.

(2) 인상학(人相學)

인상학은 인간의 얼굴 각 부분의 특징을 찾아 성격이나 지능정도를 분명히 하려한 것이다. 사바트(J. K. Lavater ; 1741-1801)가 쓴 『인상학시론(1775년)』은 전4권으로 된 대작으로 당시의 인상학의 성과를 체계적으로 담고 있다. 이 책에서는 반사회적 행동을 취하는 자의 특징으로 (a) 남성은 턱수염이 없다. (b) 여성에게 턱수염이 있다. (c) 눈매가 교활한 것 같다. (d) 턱이 가냘프다. (e) 오만하다 등을 제시하고 있다.

(3) 골상학(骨相學)

골상학은 두개골의 각 부분에 성격의 표출이 있다고 생각했다. 골상학은 해부학자 F · 갈(Franz Joseph Gall ; 1758-1828)과 그 제자 J · 슈플스하임(Johann K. Spurzheim ; 1776-1832)에 의해 비약적으로 발전했다. 갈(Gall)은 아동시절 성적이 좋은 친구가 눈이 크고 튀어나온 점에서 이것은 뇌의 어느 부분이 이상하게 발달되어 눈을 누르고 있는 것이라 생각하고, 뇌의 발달과 지적 기능이 밀접한 관련이 있다고 주장하였다. 골상학의 가설은 3가지이다. (a) 뇌는 사고와 감정의 중추이다 (b) 두개골의 형태는 뇌의 형태 따라 결정된다. (c) 두개골 전체를 손으로 만져보면 그 돌기 부분에 따라서 성격을 알 수 있다.

갈(Gall)은 두개골을 27로 구분해 그 중 어디가 돌기되었나에 따라 성격을 알 수 있다고 생각했다. 예를 들면 눈 위에 색감이 있어 그 부분이 돌기되어 있으면 뛰어난 색감을 갖고 있다고 했다. 동일한 구분은 슈플스하임에 의해서도 주장되었는데 그는 35로 구분했다. 그에 의하면 파괴성을 가리키는 것은 오른쪽 귀 후면에 있어 여러 가지 돌기부가 있으면 폭력성향을 보인다고 하였다.

갈과 슈플스하임은 인간의 정신작용은 대뇌피질에서 야기된다고 생각했다. 이런 생각은 정신을 신비한 힘으로 본 중세 크리스트교 사회에서는 받아들일 수 없어 당시 오스트리아 정부가 골상학의 금지를 명했다. 때문에 그들은 파리로 이주해 골상학의 보급에 노력하였다. 그들의 노력에 힘입어 19세기 전반 미국을 중심으로 연구가 활발해졌다.

(4) 생래성범죄자설에 미친 영향

두개학 → 인상학 → 골상학의 흐름은 롬브로조의 생래성범죄자설이 주장하고 있는 신체적 특징에 큰 영향을 미쳤다. 이들 학문은 당시에 일정 과학성이 인정돼 사회적으로 인지되었다라고 할 수 있다. 아리스토텔레스 이후 「정신작용의 중심은 심장에 있다」는 생각에 지배적이었으나 18세기에서 19세기 초에 걸쳐 이들 학문이 등장함에 따라 「정신작용의 중심은 대뇌 피질에 있다」는 생각이 일반화되었다. 골상학은 「추상적 사고의 과학」의 전형적이며 오늘날 대뇌생리학의 발달에 많은 영향을 미쳤음을 간과할 수 없다.

3. 다윈의 진화론

1) 자연선택설(自然選擇說)

다윈은 『종의 기원』에서 자연선택설을 제창하여 인간을 포함한 생물이 진화의 과정을 거쳐 오늘날의 모습에 이르렀다고 주장했다. 다윈 이전에도 진화론은 존재했으나 당시는 크리스트교의 영향이 강한 창조설(이 세계 만물은 신에 의해 만들어졌다는 설)이 일반적으로 믿고 있었기 때문에 다윈의 자연선택설은 사회적으로 큰 반향을 불렀다.

다윈의 자연선택설은 생물의 진화과정을 다음과 같이 설명한다. (a) 생물은 일반적으로 높은 번식력을 갖고 있으나, 자손을 남기는 것은 혹독한 자연 환경에 적응하여 생존 경쟁에서 살아남은 일부 개체에 불과하다. (b) 통상 같은 종에 속해 있는 생물 간의 적응력에는 큰 차이가 없으나 무언가의 이유로 돌연변이가 발생한 개체는 다른 개체보다 적응력이 높을 수 있다. (c) 변이가 일어나 적응력이 높은 개체는 자손을 남길 가능성이 약간 높아지기 때문에 수백 세대, 수천 세대 후에는 변이종 중에서 다수를 점하게 된다. (d) 그 결과 새로운 종이 탄생한다.

이런 다윈의 견해는 마르크스의 『인구론』(빈곤과 범죄의 원인은 인구 증가의 비율과 식량증산 비율에 큰 괴리가 존재한다)의 주장에 힌트를 주었다고 하나, 빅토리아 시대의 영국에서 전성기를 맞이한 자유방임 자본주의의 『강자생존』이나 『적자생존』의 가치관과 일치해 강한 지지를 받게 되었다.

2) 자연선택설의 영향

다윈 자연선택설은 진화론에서 그치지 않고 그 후의 유럽문화에 지대한 영향을 주었다. 첫째, 기독교적 가치관의 붕괴를 촉진시키는 역할을 했다. 둘째, 자유방임 자본주의 경제 하에서의 경쟁을 정당화하는 근거가 되었다. 셋째, 강자생존의 사고를 사회활동의 모든 작용에 적용하여 사회적 약자를 버리는 것을 주장하는 「사회다위니즘」이나 인류의 생존력의 유지를 위해 우수한 자가 자손을 남겨야 한다는 「우생학사상」을 낳는 계기가 되었다. 넷째, 미국 원주민을 백인보다 진화가 늦은 인종이라 파악하여 인종차별을 긍정하는 근거를 주었다. 이런 여러 가지 영역으로의 영향과 더불어 다윈의 자연선택설은 롬브로조에게도 강한 시사를 주었다. 롬브로조는 인류의 진화를 전제로 생래성범죄자를 퇴화된 존재라고 파악하였다.

제 3 절 환경범죄학

환경범죄학이란 건물이나 지역 등의 환경이 가진 범죄유발 요인을 분석해 범죄기회의 감소를 목적으로 예방환경의 설계·관리를 제기한 새로운 범죄학을 말한다. 한국과 일본에서는 「환경범죄」란 용어는 공해나 환경파괴 등의 범죄를 가르치기 때문에 오해하기 쉬워 주의가 필요하다.

1. 환경범죄학의 대두

환경범죄학은 영·미를 중심으로 1980년대 후반 큰 주목을 받아 1990년대에는 범죄예방론의 대두를 배경으로 세력을 넓혀 왔다.

1) 환경범죄학의 역사와 발전

환경범죄학의 원류는 1920년대의 시카고학파에서 찾을 수 있다. 범죄발생의 지리적 요인을 찾는 발상 자체는 멀리 19세기 중반의 게리나 게뜨레의 범죄통계학파에 있으나 근대의 생태학적 기법을 사용해 범죄의 지리적 분포를 분석해 범죄나 환경에 대한 연구의 원형을 만든 것은 시카고학파였다. 하지만 전술한 것처럼 시카고학파는 주장의 기초가 된 사회생태학이론이나 연구방법에 대한 비판이 계속되어 1940년대 이후 급속히 자리를 잃었다.

범죄와 환경의 관계가 다시 각광받은 것은 1970년대 중반이다. 이 직접적인 계기를 만든 것은 범죄학자가 아닌 제이콥스나 뉴만 등의 건축학이나 도시설계의 전문가였다. 그 후 1970년대 후반에서 1980년대에 걸쳐 미국에는 「환경설계에 의한 범죄예방(crime prevention through environment design=CPTED」이 연방 법무성을 중심으로 영국에는 「상황적 범죄예방(situational crime prevention)」이 내무성을 중심으로 범죄학, 건축학, 도시공학 전문가들에 의해 연구가 진행되어 현실정책으로 구체화되기 시작했다.

또 「환경범죄학」이란 용어는 캐나다의 범죄학자인 브랭팅햄(Brantingham) 부부가 편집한 1981년의 동명의 저서에서 명명된 것이다. 단, 오늘날에는 환경설계에 의한 범죄예방, 상황적 범죄예방도 포괄하는 하나의 학파를 가리키는 말로 쓰인다. 그 후 1980년대에는 환경범죄학에 관한 많은 논문이 발표되는 한편 실태조사의 결과도 보고되어 이론과 실천의 양면에서 폭을 넓혀갔다.

국제적 학회에서도 범죄예방을 테마로 한 보고나 세미나가 급속히 증가했다. 또 1990년대에 들어가면 환경범죄학의 국제연구그룹이 조직화되어 세미나가 매년 한번 개최되게 되었다. 또 1993년부터는 전문지 「범죄예방연구」가 출간되었다. 환경범죄학은 이런 경이적 발전을 거듭해 「시카고학파의 재편」이라고 평가되기도 한다. 이러한 평가들은 한편으로는 맞는 말이다.

하지만 영국의 환경범죄학의 제일인자인 캠브리지대학 범죄학 연구소장 보톰스(A. E. Bottoms)는 환경범죄학은 시카고 학파가 비행소년의 거주율과 비행발생률을 구별하지 않은 점에서 치명적인 잘못이 있다고 생각, 환경범죄학파가 이런 잘못된 것을 고치는 이론을 전개한 점에서 양자는 구체적으로 다르다 지적했다. 영국 환경범죄학에서는 이런 관점에 서서 보톰스 외에 윌스나 베넷트 등에 의해 실증적인 연구가 확실히 쌓여갔다.

2. 범죄예방론의 대두배경

환경범죄학의 1980년대 후반부터 주목받게 된 것은 형사사조로서 범죄예방론이 대두된 1980년대 후반부터이다. 그럼 이 시기에 범죄예방론이 대두된 배경은 무엇인가? 이 점에 대해 3가지가 설명이 가능하다.

1) 형사사법시스템에 대한 실망

1970년대 이후 사회복귀모델이 후퇴하고 정의모델이 대두하게 되었다. 하지만 이 정의모델에서도 범죄는 계속 증가해 1980년대 이후 형사사법제도가 범죄의 증감에 차지하는 역할은 현실적으로 한정적인 것이 아닌가? 혹은 전혀 없는 것이 아닌가? 하는 주장이 강해지기 시작했다. 이런 상황 속에서 1980년 중반에 「범죄실행 후에 형사사법기관이 범죄를 사후 처리하는 시스템」에서 「커뮤니티(community)를 기반으로 범죄실행 자체를 사전에 저지하는 시스템」으로의 전환을 주장하는 범죄예방론이 대두됐다. 따라서 영미의 형사정책이 1970년대에서 1980년대 전반의 「사회복귀사상의 후퇴→정의모델의 대두시대」에서 많은 변혁을 가져와 21세기에 걸쳐서 「커뮤니티를 기반으로 한 범죄예방론의 시대」로 전환하려는 시도를 하고 있다.

2) 범죄원인론에 대한 실망과 합리적 선택이론의 대두

종래의 범죄원인론은 범죄요인을 생물학적·심리학적 접근 및 사회학적 접근방법에서 분석했다. 하지만 1980년대 전후부터 이들 접근방법에서는 범죄요인 탐구가 곤란할 뿐 아니라 요인을 안다 해도 쉽게 대책을 세울 수 없다는 비관론이 높아져 범죄의 원인탐구에서 범죄예방의 기대가 높아졌다. 한편 영미의 범죄학에 있어 합리적 선택이론이 강한 지지를 받는 것을 주시할 필요가 있다.

전술한 합리적 선택이론이 대두한 결과로서 두 개의 형사정책적 결론이 도출된다. 하나는 저지형 이론이고 하나는 범죄예방론이다. 즉 합리적 선택이론은 합리적 인간상을 전제로 하나, 합리적 인간은 형벌의 저지효과를 이해하는 측면이다. 범죄가 예방된다면(범죄성공률이 낮다면) 실행으로 옮기지 않는 측면을 가지고 있는 것이 전제된다. 하지만 억제이론에 대해서 효과가 실증되지 않았다든가, 사형이나 장기구금형의 증가를 부르는 역기능이 우려된다.

3. 환경범죄학의 기초이론

환경범죄학은 구체적으로 어떤 이론을 기초로 하고 있는가. 여기서는 주요이론에 대해 그 내용을 간단히 소개하면 다음과 같다.

1) 방어공간이론

방어공간이론(defensible space theory)은 제이콥스(J. Jacobs)와 뉴만(O. Newman)이 주장해 후술할 환경설계론의 선구가 된 이론이다. 미국의 건축저널리스트인 제이콥스는 1950년대 후반 뉴욕의 한 도시에 대한 구체적인 조사를 기초로 1961년에

「미국 대도시의 생과 사」를 출판했다. 이 책은 환경이 시민의 안전성에 주는 영향을 논한 최초의 저서로 평가받고 있다. 그녀는 당시 급격히 증가하는 주택의 고층화가 범죄를 유발한다고 지적해 다음과 같은 범죄예방을 위한 기본원리를 제안했다. ① 공적공간과 사적공간을 명확히 구별한다. ② 가로의 시야가 확보되게 건물 방향을 연구한다. ③ 가로가 보색에 이용되게 한다 등을 주장하면서 그는 거리에 익숙한 사람이 범죄예방에 기여한다고 하였다. 이로부터 유명한 거리의 감시자(eyes on the street)개념이 제시되기도 하였다.

한편, 뉴만은 1972년에 『지키기 쉬운 주공간』이란 책을 썼다. 이 책은 제이콥스의 문제제기를 계승하여 주거환경에 대한 실태조사를 행한 것이다. 1950년대부터 1960년대에 걸쳐 미국에 고층공공단지가 세워졌으나 뉴만은 이들 공공주택이 범죄의 온상이 된다고 지적했다. 그리고 뉴만은 경찰력에 의한 것이 아닌 지역사회통제(community control)에 의한 범죄예방을 해야 한다는 입장에서 새로운 환경설계방법을 제안했다.

그에 의하면 지키기 쉬운 주공간의 4원칙은 다음과 같다. ① 영역성(territory)의 설정: 이것은 외부에서의 침입을 막기 위해 거주지를 블록화해 각 블록마다 영역성을 강하게 한다. ② 자연적 감시(natural surveillance): 이것은 건물배치 등의 환경설계에 의해 거주자가 구역을 일상적으로 감시할 수 있도록 하는 것이다. ③ 거주지의 이미지형성: 이것은 치안이 나쁜 거리라는 낙인이 붙지 않도록 거리를 가꾸는 것이다. 즉 범죄에 취약하게 보이지 않고 주변 지역사회로부터 고립되지 않도록 이웃과 지역사회를 조성하는 것을 의미한다. ④ 입지조건(milieu)의 정비: 이것은 주택지를 안전지대에 인접시켜 배치하는 것이다. 주거단지의 입지조건은 범죄의 발생과 관계가 깊기 때문에 이를 배제하기 위해 건물군의 형태나 배치에 유의하고 주거단지를 안정성이 높은 지역에 배치하도록 배려한다. 랩(Lab)은 범죄가 적고 감시가 많은 지역 안에 거주지가 위치하는 것이 범죄예방에 유리하다고 설명하였다.

2) 방범환경설계론

제이콥스나 뉴만의 문제제기를 받아 환경설계의 테마에 최초로 손을 댄 이는 제퍼리(Jeffery)이다. 제퍼리는 1971년에 「환경설계에 의한 범죄예방」을 발간하여, 범죄실행 후에 범죄자를 처벌하는 종래의 형사사법 방법을 격렬하게 비판하고 범죄실행 전에 환경을 직접 통제하여 범죄예방을 해야 할 필요성을 주장했다. 그는 종래의 사회복귀모델이나 억제형론을 철저히 비판해 환경공학에 기반을 둔 방범환경설계론(=CPTED)은 뉴만의 「지키기 쉬운 주공간」이 주택지를 대상으로 한 것에 비해 주택지 이외의 학교나 상업지에도 시야를 넓힌 종합적인 환경설계를 목표로 한 것으로 그 후 많은 연구 프로젝트가 조직되고 이 개념의 체계화가 시도되었다.

단, 최근에는 제퍼리가 생물학적 관점도 혼합한 독자적 방범환경설계론을 전개하고 있어 실제로 추진되고 있는 CPTED에는 그의 영향은 미미하다. 또 최근의 방범환경설계론의 실용메뉴얼에 의하면 방범환경설계론은 4가지 전략에 기본을 두고 있다. ① 감시의 강화(예: 가로조명의 개선, 전자감시장비 이용), ② 외부인의 행동규제(예: 출입구축소, 열쇠나 철책담장설치), ③ 주민에 의한 방범활동 원조(예: 활동을 위한 장소제공, 가두활동 지원), ④ 방범의식 계몽(예: 방범캠페인, 경찰과의 연계 강화).

3) 상황적 범죄예방론

상황적 범죄예방론은 1970년대 중반부터 영국 내무성 조사본부를 중심으로 조사연구가 진행되어 서서히 구체적 정책이 실시되었다. 주요 보고서는 1980년대의 크라크(Ronald Clark)와 메이휴(Pat Mayhew)가 공동으로 쓴 『설계에 의한 방범』, 1981년 힐(Kevin Heal)과 레이콕(Glaria Laycock)이 쓴 『상황적 범죄예방』, 1992년 크라크가 쓴 『상황적 범죄예방-성공사례의 case study』가 있다.

이 이론이 만들어진 직접적 계기는 비행소년을 수용하는 중간처우 등의 처분효과를 조사한 결과 「소년의 도주나 일탈행위의 가능성은 소년들의 발달과정이나 성격에 의존하는 것이 아니고 시설에서 그때그때의 상황(특히 도주, 일탈행위가 가능한가 아닌가)에 의존한다」는 결론을 얻었다.

상황적 범죄예방론은 이 조사결과를 기본으로 「범죄기회를 주는 상황」을 없애는 것이 범죄예방의 핵심이라고 주장하였다. 상황적 범죄예방은 4가지 기본원칙에서 이루어진다. (a) 범죄예방의 목적은 범죄의 기회를 감소시키는 것이다(기회감소이론). (b) 범죄예방의 대상은 구체적인 특정의 범죄형태이다. (c) 범죄예방의 방법은

에서도 다툼이 있다.

또 이 이론은 연구의 결과를 일반화시키기 어렵다는 비판도 면하기 힘들다. 이런 비판이 높아져 최근에는 사회갈등접근방법의 존재 자체를 인정하지 않는 경향을 보이고 있다. 하지만 무언가의 사회적 갈등이 범죄의 하나의 요인이 된다는 기본개념 자체는 부정할 수 없다.

또 퀴니는 페핀스키와 함께 투쟁이론을 발전시켜 근년에는 평화범죄학(Peace Making Criminology)을 제창했다. 여기에는 이때까지의 형사사법제도가 범죄와 투쟁해 온 자세가 비판되고 평화나 사회정의를 목표로 한 형사사법제도의 수립을 주장하고 있다. 단, 구체적인 내용들은 종래의 급진범죄학과 비슷하고 신선미가 부족하다는 지적을 받고 있다.

제 5 절 급진주의 범죄학

전통적인 범죄학에 대해 「자본주의 체제에 봉사하는 보수적 학문」이라고 비판, 사회변혁을 위한 이론의 수립을 주장한 급진주의 범죄학은 특히 영 · 미에서 1970년대에 각광을 받았다. 이 범죄학은 영국에서 「신 범죄학(New Criminology)」이라 불리는 한편 미국에서는 「비판 범죄학(Critical Criminology」등의 이름으로 사용되고 있다. 이런 급진주의 범죄학은 오늘날에는 변모를 거듭, 레프트 · 리얼리즘을 표방해 관념론에서 현실주의로의 전환을 주장하고 있다.

1. 초기의 급진주의 범죄학

새로운 범죄학의 움직임인 레프트 · 리얼리즘을 상세히 검토하기 전에 그런 전신인 초기 급진주의 범죄학의 동향에 대해 개관하는 것도 의미 있는 작업이라고 생각한다.

급진주의 범죄학의 탄생은 1986년 영국의 젊은 범죄학자들이 전통적인 범죄학에 대응할 목적으로 「NDC(National Deviancy Conference=전국일탈회의)」를 설립한데서 기원을 찾을 수 있다. 그들은 전통적인 범죄학이 이른바 「실증주의 범죄학」에 그쳐 과학성을 표방하는 체제옹호의 학문에 불과하다고 비판하면서, 새로운 세대에 의한 새로운 범죄학의 수립을 주장하였다. 당시 그들의 방법론상의 기초이론은 주로 낙인이론이었다. 하지만 그 후 낙인이론은 변혁의 이론에 맞지 않다는 인식이 강해져 영국에서 테일러(Ian Taylor), 왈턴(Paul Walton), 영(Jock Young)의 『신범죄학(*The New Criminology*)』이 출간되었다. 혜성처럼 나타난 이 책은 급진주의 범죄학의 바이블이라 불리는 책으로 영국의 젊은 범죄학자들의 지지를 얻었다.

또한, 본서는 미국에 건너가 전통적인 범죄학에 답답함을 느끼고 있던 범죄학자들에게 강한 자극을 주게 되었다. 미국의 급진주의 범죄학자로서는 캘리포니아대학교 범죄학부의 타카기(Paul Takagi), 플렛(Anthony Platt), 스웨딩거 부부(Herman Schwedinger & Julia Schwedinger) 등 버클리 학파에 속한 이들과 투쟁이론의 퀴니(R. Quinney) 등을 들 수 있다. 미국에서 급진주의 범죄학이 큰 발전을 이룬 것은 ① 마르크스주의 연구의 역사가 짧기 때문에 급진주의관점(예를 들면 법의 계급제에 대한 비판)이 신선하게 비친 것, ② 1960년대부터 1970년대에 걸쳐 당시의 급변한 국내정세(베트남전에 대한 반전운동의 격화, 도시폭동, 공민권운동의 고조 등)가 지적될 수 있다. 미국의 급진주의 범죄학은 영국의 그것에 비해 전투적, 정치적 모습을 갖게 된 것은 이런 시대적 배경이 밑바탕에 있었기 때문이다.

1) 초기의 급진주의 범죄학의 주장

초기의 급진주의 범죄학의 내용을 요약하면 5가지로 설명할 수 있다. (a) 형법 및 형사법은 자본가 계급이 근로자 계급을 억압하는 도구이다. (b) 범죄는 사회적 약자의 왕국에 대한 레지스탕스이다. (c) 비난받는 진짜 범죄는 전쟁, 인종차별, 공해(환경파괴), 대기업의 범죄(카르텔이나 탈세), 고급관료의 부정부패이다. (d) 범죄의 증가는 모럴-패닉(Moral-Panic)에 의한 환상이며 「법과 질서」정책을 정당화하기 위한 수작이다. (e) 범죄학의 최후 목적은 「국가나 형벌 없는 사회」의 달성이다.

2) 초기급진주의자 범죄학의 평가

초기급진주의자의 평가에 있어서 전통적인 범죄학은 「하나의 패턴에 불과하다」

든가 「현실의 형사정책에 거의 영향이 없다」 등 냉혹한 평가를 내리고 있었다. 또 급진주의 범죄학자를 둘러싼 연구환경도 반드시 풍요로운 것은 아니었다. 예로 영국에선 전통적 범죄학의 아성이라 할 캠브리지대학 범죄학 연구소는 당시 「신범죄학자」에 대해 일관되게 무시하는 태도를 바꾸지 않았고, 또 신범죄학자들은 내무성과의 연결이 약해 연구자금이 궁핍했기 때문에 충분한 조사연구가 불가능한 상황이 계속되었다.

또한 미국에서도 급진주의 범죄학자에 대해 정치적 압력이 격해져 1976년에는 버클리대학의 범죄학부는 없어지게 되었다. 이른바 「버클리 사건」이다. 한편으로 1970년대부터 1980년대에 걸쳐 급진주의 범죄학은 다음과 같은 격렬한 비판을 받았다.

첫째, 급진주의 범죄학이란 아무래도 그 이론적 기초는 낙인이론 혹은 마르크스주의 등 여러 가지이기 때문에 체계화가 곤란하고, 사상적인 혼란이 보인다는 점이다. 즉 급진주의 범죄학이 단일학파를 형성하는 것은 어렵고 신범죄학(New Criminologies)은 있어도 신범죄학자(New Criminologist)는 존재하지 않는다는 것이다.

둘째, 급진주의 범죄학이 지금까지 오직 이데올로기 분석이나 역사분석에 치우쳐 현실상의 범죄문제나 범죄대책에 대해 구체적인 해결책을 제시하지 않았다는 점이다. 즉 급진주의 범죄학은 제국주의, 독점자본주의, 계급착취 등 마르크스주의의 이념적 성향을 사용한 것 뿐이고 문제해결을 위한 실제적 대안이 부족하다.

또한 1980년대 중반이후에 행해진 범죄실태조사가 급진주의 범죄학의 기초를 뿌리까지 흔들었다.

첫째, 급진주의 범죄학자는 전술했던 것처럼 범죄의 증가는 정신적 공황(moral-panic)에 의한 것으로 「법과 질서」정책을 정당화하기 위한 트릭이라고 주장했다. 하지만 실태조사가 밝힌 것은 암수범죄를 포함하면 실제범죄 건수는 높아서 많은 시민은 범죄자의 피해를 입는 한편 불안감을 갖고 생활한다는 사실이었다. 그 때문에 모랄-패닉론을 계속 고집하는 건 범죄학자로서 무책임한 것이 아닌가라는 반성이 급진주의 범죄학자들 사이에 넓게 인식하기 시작하였다.

둘째, 「범죄는 사회적 약자의 국가에 대한 레지스탕스」라는 급진주의 범죄학의 제안도 실제는 빈곤한 이들 사이에서도 훔치고 상처 입힌다는 사실도 많다는 조사결과 앞에 수정이 불가피했다.

셋째, 형사사법이 자본가 계급이 노동자계급을 탄압하는 수단이란 주장은 실증적인 근거를 증명하지 못했다.

2. 레프트 - 리얼리즘

급진주의 범죄학 중에는 1980년대 초 관념적인 신 범죄학은 「법과 질서」정책에 대항 못하고 굳어져 간다고 예측하고 빨리 현실적인 정책 논의에 참가해야 할 것이라고 주장하기도 했으나 소수에 그쳤다. 하지만 1980년대 중반 이후 일련의 범죄 실태조사를 직접 계기로 「혁명이 필요한 것은 급진주의 범죄학이다」란 주장이 급진주의 범죄학 자체에서 많은 동조를 받게 되어, 레프트 · 리얼리스트 범죄학이 등장하게 되었다. 그리고 종래의 급진주의 범죄학을 「좌익 관념주의」라 비판, 현실주의로서의 전환을 주장하는 자도 나타났다. 대표적 주장자로 영(J. Young), 마듀(Roger Mathews), 리(John Lea)를 들 수 있다.

1980년대 후반 레프트 · 리얼리즘이 탄생한 배경은 무엇인가? 여기에선 일반적인 배경에 주목할 필요가 있다. 세계적으로 사회주의 국가의 붕괴를 들 수 있다. 즉 독일의 베를린 장벽 붕괴, 소련의 해체, 또 일련의 동구제국의 탈사회주의화를 볼 때 급진주의 범죄학의 목표인 「국가와 형벌 없는 사회」의 건설 자체가 환상이란 주장이 높아졌다. 영국에서 급진주의 범죄학을 중심으로 연구환경에 변화가 보였다. 즉 지방자치단체에 개혁적인 단체장이 많이 등장해 그들의 조사연구에 예산을 지원하여 주었다. 미국에선 종래 급진주의 범죄학과는 다르게 젊은 연구자들이 보수적 정치사조에 대항해 급진주의적인 관점에서 조사연구를 시작했다. 특히 페미니즘운동이나 인종차별 반대운동 등 시민운동의 고조에 종래 급진주의 범죄학이 충분히 대응치 못하는 것이 분명해졌다.

1) 레프트 · 리얼리즘의 주장

그럼 새롭게 대두된 레프트 · 리얼리즘 범죄학의 주장은 어떤 것인가? 이에 대한 설명을 ① 연구방법, ② 연구대상, ③ 범죄자관, ④ 범죄대책론 등 네 가지로 나누어 설명해 보고자 한다.

(1) 연구방법

추상적 용어의 나열에 불과하다는 비판이 강했던 관념적 논의에서 탈피를 꾀해 「도그마(이론)에서 리서치(조사)로의 전환」이 진행되었다. 범죄통계에 대한 급진주의 범죄학자의 종래 인식은 권력자가 지배하기 위해 조작한다는 부정적인 인식이 팽배하였으나 통계에 의한 사회학적 조사를 자신들도 해보기로 하였다. 구체적 테마로서 소년비행, 약물범죄, 여성범죄 등의 범죄문제 또 경찰이나 형무소의 개혁문제 등에 주로 사회학적 방법을 이용하면서 접근하여 연구결과를 기반으로 전통적인 범죄학에 도전하였다.

(2) 연구대상

권력형 범죄에 멈추지 않고, 전통적 범죄에 대해서도 연구가 진행되었다. 종래 급진주의 범죄학은 국가, 관료, 기업, 경찰의 범죄에 초점을 맞추었다. 하지만 범죄실태조사를 통해 일반범죄도 무시할 수 없다는 의식이 강해졌다. 즉 「약자가 약자를 상처 입힌다」란 범죄실태가 명확해져 범죄를 사회적 약자에 의한 레지스탕스라고 평가하는 것은 힘들게 되었다. 또 이런 일반적 범죄가 노동자 계급의 단결력을 약화시키고 시민생활을 위협하는 것이 아닌가란 걱정도 가지게 되었다. 그 결과로서 시민간의 일상적 범죄에 대한 연구필요성이 강하게 인식되게 되었다.

(3) 범죄자론

종래의 급진주의 범죄학은 범죄자는 국가에 대한 대항자로 로빈훗 같은 영웅 혹은 레미제라블의 주인공 같은 사회의 희생자로서 이해했다. 하지만 범죄실태조사를 해볼 때 이러한 이해는 「패배한 이상화(理想化)」가 아닌가란 반성이 일었다. 그리고 범죄자는 「사회적 약자를 양식(糧食)으로 하는 이기적 인간」이고, 모든 사회적 비판을 받아야 할 존재로 생각하게 되었다. 예를 들어 가정폭력이나 아동학대에 대한 연구에서 근로자계급에서 일어날 발생확률이 높음이 분명해졌으나 이것을 급진주의 범죄학자 자신들의 손으로 밝힌 것은 좌익주의 터부와의 결별을 의미하였다.

(4) 범죄대책론

종래, 관념주의론자는 국가를 악으로 보고 형사사법제도 전체의 폐지를 주장했다.

하지만 경찰은 자본가만이 아닌 시민도 지킨다는 사실을 경시하는 것은 비현실적이란 인식이 대두돼 경찰의 민주화나 교도소개혁을 목표로 주장의 전환을 시도했다.

2) 레프트 · 리얼리스트 범죄학의 평가

현대범죄학은 「신구범죄학 상호대립의 시대」에서 「전통적 범죄학에 대해 레프트 · 리얼리스트 범죄학이 논쟁을 도전하는 시대」로 바뀌었다. 또 최근의 영미의 보수화흐름 등에는 급진주의적 주장이 레프트 · 리얼리즘과는 관계없으나 젊은 연구자 간에는 지지자를 확대하고 있다. 하지만 레프트 · 리얼리스트 범죄학자의 주장과 전통적 범죄학의 주장과를 비교해 보면 많은 점에서 큰 차이가 없어졌다는 것도 사실이다.

특히 레프트 · 리얼리스트 범죄학이 모랄-패닉론을 방치한 것은 급진주의 범죄학의 기본적 입장을 방치한 것과 같다고 생각된다. 이렇게 전통적 범죄학과의 차이가 불분명한 레프트 · 리얼리즘에 대해 상대적 결핍론에 가깝다는 평가도 있다. 또 범죄대책 면에서도 레프트 · 리얼리스트 범죄학과 같은 구체적인 대책이 나오지 않았다. 특히 레프트 · 리얼리스트 범죄학 대두에 의해 실증연구가 증가한 반면 종래의 이론연구가 희미해진 인상을 주고 있는 것도 사실이다. 따라서 레프트 · 리얼리스트 범죄학이 종래 급진주의 범죄학의 문제점을 극복하고 전통적 범죄학에 도전을 계속하는 것은 긍정적인 평가를 할 수 있으나 그 성과를 평가하는 것은 좀더 관망할 필요가 있고 생각한다.

제6절 페미니스트 범죄학

앞에서 설명한 것처럼 1970년대 이후 영 · 미의 범죄학은 전통적 범죄학과 새로운 범죄학이 대립하는 구도 속에서 발전을 거듭하였다. 하지만 그러면서도 최근의 영 · 미에서는 이런 종래의 - 신구범죄학 모두 - 범죄학의 방법 그 자체에 의문을 갖는 움직임이 대두되었다. 이것이 바로 페미니스트 범죄학이다. 페미니스트 범죄학도 여러 입장이 있으나 공통분모로 뽑아볼 수 있는 문제의식은 3가지로 요약할 수 있다.

(a) 지금까지 여성범죄연구는 여성에 대한 편견에 기초를 한 것이 아닌가? (b) 종래 범죄학이론에는 여성이 무시된 것이 아닌가? (c) 형사사법과정에서 여성은 부당하게 차별받는 것은 아닌가?

1. 페미니스트 범죄학 대두의 배경

페미니스트의 주장이 범죄학에서 주목을 받게 된 배경에는 사회적 페미니즘 운동의 증가이다. 페미니즘에 관한 통일된 정의는 없으나 일반으로는 남녀평등권이나 여성해방을 지향하는 사상을 의미하는 것이라 이해된다. 이런 사상은 프레-페미니즘(pre-feminism)이라 불리는 시대까지 거슬러 가면 유럽에서 200년이 넘는 긴 역사를 갖추고 있다.

현대적 의미의 페미니즘은 1960년대 이후 급속한 발전을 이루었다. 페미니즘 범죄학은 이런 페미니즘의 문제제기를 기반으로 1970년대에 주장되기 시작해 1980년대에 주목을 받기 시작했다. 페미니스트 범죄학의 선구자적인 업적은 크라민의 논문 「여성범죄의 원인론-관련문헌의 해부」와 스마트의 저서 「여성·범죄 및 범죄학」이다.

2. 여성범죄연구에 대한 비판

여성범죄연구에 대해서는 그 숫자는 적으나 범죄학사상은 긴 역사를 가지고 있다. 여기서는 우선 이제까지의 대표적인 여성범죄연구에 있어서 여성범죄학자는 어떻게 이해하나를 정리해서 그것에 대한 페미니스트 범죄학의 비판을 알아보기로 한다.

1) 롬브로조의 여성범죄 연구

롬브로조는 당시 유행했던 「인체측정학」의 방법을 이용, 범죄자를 구별해 조사하여 구체적인 예를 기초로 생래적범죄자의 존재를 실증하려고 시도했다. 전술과 같이 그 후 생래적범죄자설 자체는 부정되었으나 롬브로조는 현재도 실증주의 범죄학의 원조라 평가받고 있다. 그는 인체측정학적 조사방법을 여성범죄자에 대해서도 실시해 페레로(Ferrero)와의 함께 「여성범죄자와 매춘부」에서 그 조사결과를 다음과 같이 설명하였다.

(a) 여성은 신체적·정신적으로 수동적이나 한편으론 냉혹하고 계산이 빠른 부도덕한 생물이다.

(b) 여성범죄자는 진화론으로 보면 퇴화된 존재로 동물에 가까운 존재이다. 또 형태학적으로 보면 보통 여성에 비해 남성에 가까운 특징을 가지고 있다. 예를 들어 여성범죄자는 체모가 엷다. 이것은 여성범죄자가 일반여성보다 진화된 것이 아닌 이상함을 나타낸 것이다.

(c) 여성범죄자는 범죄인류학상 신체적 특징을 가지고 있는 경우가 남성범죄자보다 높다(생래적범죄자의 경우가 많다.). 그리고 롬브로조는 여섬범죄자는 이처럼 정상인과 다른 것만이 아니라 일반여성과도 다른 이중의 의미로 특이한 존재인 「괴물(monster)」이라고 결론지었다.

2) 토마스의 여성범죄 연구

시카고학파의 토마스(Thomas)의 여성범죄자에 관한 언급을 보면 토마스는 「성과 사회」에서 여성은 진화에서 남성보다 느리고 하층인류이고 백인남자와 비교하여 현명함이 부족하다고 하였다. 또 토마스는 사례연구의 선구적인 업적인 「부적응 소녀」에서 여자소년의 성 비행을 조사한 바, 여성은 남성에 비해 수동적으로 사회적 변화에 적응하는 능력이 부족해 비행을 벌이기 쉽다고 결론을 이끌어냈다.

3) 폴락의 여성범죄연구

폴락(Pollack)은 제2차 세계대전 후에 여성범죄자에 대해 다각적으로 검증한 연구자로 알려져 있으나 그 검증의 결과를 1950년에 쓴 『여성범죄』에서 기술하였다.

(a) 여성범죄는 발견하기 어렵다. 즉 은닉성이 강한 편이다. 더구나 형사사법 중에서 「기사도 정신」에 의해 관대하게 처리되었기 때문에 범죄수가 적은 것같이 보인다.

(b) 여성은 생래적으로 교활하고 영리하고 감정적으로 복수심도 강해 그 범죄성

에 있어 남성에게 뒤지지 않는다. 즉 여성은 생물학적으로 사기성이 강하다.

(c) 여성범죄의 피해자는 서로 아는 사이이거나 한정되어 있다. 여성범죄자의 피해자는 주로 자신의 주변사람들, 예를 들어 남편, 자녀, 가족, 연인과 같은 사람을 대상으로 하여 범행을 한다.

(d) 여성범죄자의 범죄수법은 비폭력적인 방법에 의한 경우가 많다. 여성에 의해 이루어지는 살인은 주로 독극물 등을 이용하는 경우가 많다.

(e) 여성범죄자는 주로 범죄에 직접 가담하지 않고 그 배후에 있는 경우가 많다.

4) 그 외의 여성범죄연구

이런 롬브로조 이래 일련의 여성범죄연구에 대해서 페미니스트 범죄학은 여성에 대한 편견을 기초로 한 것으로서 여성을 차별한 것이라고 격렬하게 비판했다. 우선 일련의 연구기초는 「여성범죄자는 보통사람(혹은 여성)과 동떨어진 인종이다」란 발상으로 이 점에 관한 정확한 실증연구는 없다. 또 종래 연구에선 여성범죄의 원인을 주로 생물학적·심리학적 요인에서 구해 환경적인 요인에서의 성별을 무시하였기 때문에 납득하기 어렵다.

이 점에서 미국 범죄사회학의 원류라 할 수 있는 시카고학파에 소속된 토마스가 여성범죄자가 이상한 생물학적 요소를 갖고 있다는 주장을 한 것으로 알려져 있다. 또 사회학적 방법이 지배한 1950년대 미국에서 폴락도 범죄생물학적 발상에서 벗어나지 못하고 이데올로기적, 경험적인 연구에 그쳤다. 더구나 이들의 연구에는 매춘이나 성 비행을 여성범죄의 원형으로 보고 있어 이 점에서도 여성에 대한 편견이 보인다.

이 때문에 하이딘슨은 이들의 연구에서 밝혀지지 않은 것은 여성범죄의 원인이 아니고 당시에 여성의 사회학적 지위가 낮았다는 사실과 여성에 대한 도덕적 기준이 남성과 다른 이중의 기준에 기초를 둔 사실이라고 주장하였다. 또 페미니스트 범죄학은 그 외의 범죄학에 의한 여성범죄 연구에도 비판을 하였다.

예를 들어 프로이트는 여성범죄자에 대해 다음과 같이 말하였다. 일반적으로 여성은 남자의 성기를 갖고 있지 않은 것에 항상 열등감을 갖고 있다. 더구나 여성범죄자는 엄마로서나 아내로서의 역할에 만족하지 못하고 신경증, 부적응 혹은 성적

부적응의 상태를 보인다. 그들의 행동원인은 건전한 여성적 태도를 갖추지 못하고 남성이 되기를 바란다. 페미니스트 범죄학은 이런 프로이트의 견해는 심리학의 관점에서 범죄원인론에 접근한 점에서 전술의 세 학자의 견해와 관점이 다르다고 할 수 있다. 그러나 결국 그 밑에는 근거 없는 여성편견의 관념이 존재하는 것은 변하지 않았다고 지적하였다. 또한 아들러는 「신여성 범죄자의 출현」에 있어 여성해방과 범죄와의 관계를 분석해 1970년대 중반에 여성해방·여성의 사회진출에 의해 여성이 남성화한 결과, 여성범죄가 폭력화되고 양적으로도 증가했다고 결론지었다. 하지만 페미니스트 범죄학의 입장에서는 아들러의 기초가 된 데이터의 출처가 확실치 않고 또 여성사회진출의 의미가 불명확한 것을 근거로 그녀의 주장이 추론에서 나온 것이 아닌가란 비판을 나타냈다.

3. 범죄학이론에 대한 비판

이제까지의 범죄학 중에서 여성은 어떻게 다루어졌는가? 이 문제에 대해서도 페미니스트 범죄학은 종래의 범죄학이론이 남성을 주로 연구대상으로 하여 여성의 존재를 무시한 것을 비판해 전 인구의 반수를 차지하는 여성을 사려(思慮)하지 않는 범죄학이론은 넌센스라고 주장하였다. 또 페미니스트 범죄학은 종래의 범죄학이론이 남자의 비행소년을 영웅화해 비행을 남성다움의 표현으로 이해한 반면, 여성비행에 대해서는 고정관념적인 여성스러움을 전제로 한 것이 아닌가 의문을 가지고 있었다.

그리고 페미니스트 범죄학은 여성을 포함하여 설명할 경우에 거의 모든 범죄학이론이 이론적으로도 체계적으로도 붕괴하였다고 주장하였다. 전통적인 범죄학이론의 여성취급에 대하여 페미니스트 범죄학의 비판을 제시하면 다음과 같다.

1) 시카고학파에 대한 비판

시카고학파는 생태학을 응용한 조사연구에 의해 미국 범죄사회학의 기반을 쌓았다고 평가를 받고 있다. 그러나 페미니스트 범죄학은 시카고학파의 연구를 비판하였다. 즉 쇼우와 맥케이는 「소년비행과 비행지역」에서 비행소년의 거주지들을 조사했을 때 여자소녀의 비행은 거의 다루지 않았다. 실제 같은 책에서 여자소녀에 다룬 페이지 수는 전부 합쳐 수 페이지에 불과하다. 또 조사결과에서 여자비행의 특징으로 ① 여자소녀의 비행은 남자의 비행에 비해 특정지역에 집중된다. ② 여자비행의 대부분이 성 비행이라는 두 가지를 지적하였으나 남자비행과 여자비행이 왜 다른가에 대한 고찰은 더 이상 설명하지 않았다.

2) 분화적 접촉이론에 대한 비판

서덜랜드는 「범죄학의 원리」에서 분화적 접촉이론을 명확한 형태로 제창하였다. 이 이론은 모든 범죄에 대해 적용 가능한 일반이론으로서 구성된 점에서 높은 평가를 받아 그 후 범죄학이론에 큰 영향을 주었다. 페미니스트 범죄학의 주장에 의하면 서덜랜드도 여성을 고려하지 않고 범죄원인론을 전개하였다라고 주장한다. 예를 들어 「범죄학의 원리」에서 여성은 갱 활동에 참가치 않는 것을 전제로 해 여성을 전혀 관심영역에 포함시키지 않았다. 또 스스로 제창한 분화적 접촉이론에 대해 서덜랜드 남성범죄가 여성보다 높은 이유를 제시하였다고 한다. 하지만 그 문제를 구체적으로는 논하지 않았다. 분화적 접촉이론을 주장하려면 서덜랜드는 여성이 남성과 다른 행동패턴을 학습하고 있는 이류를 분석할 필요가 있었으나 이 점에 대한 구체적인 기술이 없다.

3) 아노미론에 대한 비판

머튼은 아노미론을 「사회적 이론과 구조」에서 주장하여 범죄학상 높은 평가를 얻었다. 이 아노미론에 대해 페미니스트 범죄학은 아노미론이 여성범죄에 적용가능한가를 검증치 않은 점을 비판하였다. 즉 머튼의 이론은 남성과 같이 아노미적 긴장 속에서 생활하면서도 불구하고 여성에 의한 범죄가 남성에 의한 범죄와 비교할 때 상대적으로 적은 점을 설명치 않고 공통의 목표를 「경제적 성공」이라 한 것은 남성에게는 적합해도 여성에게도 적합한가는 별도로 검토할 여지가 있다고 지적하였다.

4) 비행하위문화론에 대한 비판

비행하위문화론은 코헨이 머튼의 아노미론을 발전시킨 이론이다. 이 비행하위문화론은 이론 자체가 높은 평가를 받았을 뿐만 아니라 그 후 밀러의 하류계급층문화론, 스탁의 상대적 빈곤론, 크로워드와 오린의 분화적 기회구조론 등에 계승되어 범죄학이론의 발전계기를 만들었다라는 점에서 높이 평가받고 있다. 하지만 페미니스트 범죄학은 비행하위문화론에 대해 남자소년에 초점을 맞추어 이론이 구성된 점을 비판하였다. 또 코헨의 저서 중『여성에 의해 최대의 관심은 이성과의 관계이다』라든가「여성의 성 비행은 이성관계가 막힐 때의 해결책이다」등 여성편견적인 설명이 엿보인다. 결론적으로 코헨의 하위문화론도 왜 여성범죄가 남성범죄보다 적은가, 여성이 범죄를 저지를 때 그것이 어떻게 이성관계에 연관되어 있는가란 의문에 대한 언급이 없고, 많지 않은 여성에 대한 언급도 고정관념적인 여성관에서 벗어나지 못하고 있다고 비판하였다.

5) 마르크스주의 범죄학 · 신 범죄학에 대한 비판

페미니스트 범죄학의 비판은 마르크스주의 범죄학이나 신 범죄학에도 향하였다. 첫째, 맑스 엥겔스는 범죄원인을 자본주의사회의 구조에서 찾았다. 하지만 그들은 자본주의사회에서 여성과 범죄의 관계를 충분히 검토하지 않았다. 그래서 여성에 관한 설명이 거의 없다. 그 때문에 페미니스트 범죄학은 그들이 목표로 한 사회구조의 변혁은 남성사회를 전제로 한 것에 불과하다고 지적했다.

둘째, 백커는「Outsiders」에서 낙인이론을 제창했다. 낙인이론은 종래 범죄학이 오직 범죄자 개인에 초점을 맞춰져 범죄자에 대한 형사사법기관이나 사회의 대응을 경시한 점에 반성하고 범죄는 본래 있는 것이 아닌 누군가 그것을 비난해 꼬리표가 붙었기 때문에 범죄가 된다고 생각했다. 그리고 형사사법기관이나 사회가 범죄자에 꼬리표를 붙이는 과정에 착안해 낙인찍기(Stigma)의 방법을 재검토할 것을 주장했다.

셋째, 신 범죄학이 많은 전통적 범죄는 시민의「체제에 대한 저항」인 한편 진짜 범죄는 전쟁이나 인종차별이고 이것이야말로 진짜 문제로 보아야 한다고 하면서 종래 범죄학의 문제의식을 비판했다. 하지만 테일러, 월튼 및 영이 쓴「새로운 범죄학」

에는 여성에 관한 기술은 한마디도 없다는 사실이다.

4. 형사사법과정에 대한 비판

형사사법절차에서 여성은 평등하게 다루어지고 있는가? 이 점에 대해 페미니스트 범죄학은 입법·행정·사법의 삼권이 이제까지 남성에 의해 지배되었기 때문에 법의 제정, 법의 집행 및 법의 적용의 모든 단계에 있어 여성의 입장이 경시되어 여성권리가 적절하게 보호되지 않았다고 지적한다. 즉 형사사법의 모든 과정에 있어 남성의 편견이 존재하고 있다. 그들은 형사사법이 「남성에 의한 남성을 위한 남성의 형사사법」이라 주장하였다. 또한 여성범죄자나 여성피해자를 보호하자는 주장도 남성지배를 위한 트릭에 불과하다고 혹평하였다. 형사사법과정에 대한 페미니스트범죄학의 비판을 정리하면 이하와 같다.

1) 입법에 대한 비판

입법에 대해선 동성애가 범죄라는 시대에는 그 주체가 남성에 한정되어 강간죄도 종래는 남성이 실행 가능하고 여성은 이제까지 피해자적 위치라고 생각하였다. 이런 입법 예로는 남성이 규제대상이 되었다. 또 역으로 매춘은 여성이 행한다고 하였다. 이런 여성에 대한 대응실태를 보면 입법기관은 여성에 대해 「성모로서의 이미지」(예로 강간의 피해자)나 마녀로서의 이미지(예로 매춘부)를 구분하여 사용해 후자에 대해 엄격히 대응하는 것이 아닐까? 예를 들어 입법의 시점에서 여성편견이 전제되어 있는 것이 확실한 것이다.

2) 수사와 재판에 대한 비판

폴락은 공식적인 통계에 있어서 여성범죄의 수가 적은 근거로 조사기관이나 재판소가 여성을 관대하게 다룬 다는 점을 지적했다. 하지만 폴락의 이런 주장은 명확한 근거가 제시되어 있지 않고 추측에 불과하다. 오히려 여성이 남성보다 엄격히 다루어지는 것만이 아닌가하는 의문마저 생긴다. 즉 여성은 범죄를 저지를 경우 법률에 위반한 것만이 아닌 수사기관이나 법원이 기대하는 여성상에 반한 것에 대해서도 비난받는다.

그 결과로서 예를 들어 성적으로 불순한 이성교제나 가출 등에 대해서는 여자가 남자소년보다 엄격한 조치를 받는다. 또 성인여성이 범죄를 저지를 때에도 「아내나 엄마로서의 고장관념인 역할기대」에 반한 것으로 보아 똑같이 엄격한 조치를 받은 경우가 많다. 또 하이덴론은 법원에 대해 다음과 같은 네 가지를 비판하였다.

(a) 법원은 성적행위에 대해 「이중의 기준」을 사용한다. 예컨대, 미성년자의 성교나 난잡한 성교에 대하여 여자에게는 과도하고 엄격한 태도를 보인 반면 남자에겐 관대한 태도를 보이는 경우가 많다.

(b) 법원은 여성의 범죄비행을 특히 성적 의미를 부여하는 경우가 많다.

(c) 여자소년은 반항적인 태도만으로도 형량면에서 나쁜 영향을 미치고 꼬리표를 붙이는 대상이 된다.

(d) 법원은 일반적으로 인정된 일부일처제나 동성애금지의 규범을 받아들이지 않는 여성을 형량 면에서 엄격히 처벌하는 경향이 있다.

3) 처우에 대한 비판

범죄자 처우에 있어 페미니스트 범죄학의 대상은 이제까지 주로 여자형무소에 향해졌다. 영미에서는 형무소 인구가 증가했으나 그 중에도 여자 수형자의 증가율이 남자 수형자의 증가율에 비해 극히 높았다. 이런 사실을 배경으로 1960년대 이후 여자 수형자에 대한 처우에 의하면 여성이 특히 남성보다도 자유형을 받게 되면 아버지와의 관계악화, 자식에게 나쁜 영향을 미칠 가능성이 너무 크다.

하지만 이런 비판은 가사(家事)나 양육(養育)을 여성의 역할이란 낡은 고정관념을 전제로 해 여성에 대한 편견을 제시하는 것으로 인정할 수밖에 없다. 물론 실질적인 문제점은 여자 수형자 처우 중에서 이런 고정관념적인 여성상이 강화된 점에 있다. 예를 들어 여자수형자에게는 수감 중에 가정내의 일을 배울 기회가 주어졌다. 하지만 출소 후에 취업과 직결되는 작업을 배울 기회는 남자수형자에 비해 적기 때문에 사회진출 가능성이 한정되어져 있다. 또 하나는 여자수형자에 대하여 편견을 가지고 다음과 같이 취급하고 있다는 점이다. 즉 여자 수형자를 사회에 대한 위험한 존재로 생각하기보다는 교육이나 지도가 필요한 「미성숙한 여성」으로 간주하려는 경향이 있다. 하지만 또 다른 한편 무거운 죄를 지은 여성을 「여성 고유의 악의나 부도덕성이 노출된 전형」을 보며 남자수형자와 등급상의 엄격한 처우를 받게 된다.

5. 형사법제(刑事法制)에 미친 영향

최근에는 페미니스트 범죄학은 종래의 범죄학의 방법을 비판하는 것만이 아닌 실제 형사사법제도에 적지 않은 영향을 주었다. 그 중에서 유럽에서는 강간죄, 낙태죄 및 매춘부의 규제에 관한 법률개정을 위한 페미니스트 범죄학의 주장에 대하여 눈여겨볼 필요가 있다.

1) 강간죄의 경우

페미니스트는 강간죄를 남성지배와 성적 불평등의 현실을 가장 상징적으로 제시한 범죄로 이해한다. 종래 미국에는 강간죄의 성립에는 피해자인 여성의 동의의 부존재가 요건이었다. 하지만 종래 실무에는 여성이 싫어하면서 동의한 경우와 일정시간 저항한 후 저항을 그만둔 경우에도 동의의 존재로 보았다. 하지만 이것은 가해자인 남성을 부당하게 보호하는 요건이라는 비판이 제기되었다.

또 종래 부부간의 강간의 경우에는 다음 3가지 이유에서 면책이 인정되었다. (a) 혼인자체가 성교를 동의하는 의사표시이다. (b) 강간사실의 입증이 곤란하다. (c) 가정내의 문제에 형법을 개입하지 않는다. 하지만 이런 면책은 결혼여성의 성적 자기결정권이나 프라이버시권을 불합리하게 좁게 해석한 것으로 부부간의 강간죄 성립도 인정해야 한다고 주장했다. 또 강간죄의 가해자를 남성에게, 피해자를 여성에 한정한 점이 성차별이라고 비판되었다. 여성에 의한 남성에 대한 강간도 고려해 범죄주체와 객체에 대한 규정이나 정의를 중성(中性)적인 것으로 고려해야 할 것이라 주장하였다.

미국에서는 1970년대 후반부터 이들 페미니스트 범죄학자들의 주장을 고려해, 강간죄에 대해 (a) 진정한 동의 외에는 동의존재를 인정치 않는다. (b) 부부간에도 강간죄가 성립한다. (c) 법률상 문헌을 중성화(中性化)하는 등의 법개정이 진행되었다. 이런 강간죄의 규정을 개정하려는 움직임은 유럽에도 보여져 영국에서도

1994년에 강간법의 개정이 이루어졌다. 또한 영미에서는 1970년대 초기부터 페미니스트 범죄학자들이 강간위기센터(Rape Crisis Center)의 설립이나 운영에도 적극적으로 이루어졌다. 여기서 강간의 피해자에 대한 카운셀링이나 전화를 이용한 정보제공 등의 원조가 실시되었다.

2) 낙태죄

1970년대 이후 미국에서 인공임신중절을 규제하는 법률의 합법성에 대한 논쟁을 통하여 낙태죄의 개정에 대하여 논의가 있었다. 페미니스트의 주장은 많으나 실제 법규제의 개정과 관계된 두 가지 제언이 주목되었다.

(a) 여성의 중절결정권을 확대한다.

(b) 결혼여성의 경우 인공임신중절의 요건으로 되어 있던 「부의 동의」를 배제했다. 그 중 (a)에 대해서는 인공임신중절을 원칙적으로 허용하는 한편, 인공임신중절이 금지된 기간(태아가 생존 가능한 시기)의 단축이 제창되어 임신에 의해 행동의 자유가 제한된 여성에 인공임신중절의 결정권을 가능한 한 주어야 한다. 또 (b)에 대해 인공임신중절의 요건인 「부의 동의」는 여성의 자기결정권이 연결된 것으로 이것을 배제해야 할 것이다. 단, 인공임신중절의 허용문제는 미국에서 극히 종교적·정치적 색채가 강해서 그러한 동향을 하나의 요인으로 설명하는 것은 곤란하다. 하지만 그런 상황 속에서 페미니스트의 주장이 이 문제에 대해 어느 정도 영향력을 행사한 사실에 대하여 부정할 수 없다.

3) 매춘부의 규제

매춘부의 문제는 페미니스트의 내부에서도 그 대응방법이 나누어진다. 즉 매춘부에 대한 형법적인 규제는 여성의 행동자유를 제한하는 것으로 반대하는 견해가 존재하는 한편 여성을 경시, 성을 상품화하는 용서받지 못할 행위이므로 엄격한 규제가 필요하다는 주장도 있다. 단 형법상의 규제에 반대하는 논자들은 매춘여성을 처벌하는 것은 매춘문제의 근본적인 해결책이 되지 않고 약자를 침해할 뿐 아니라고 주장한다.

반면에 형법상의 규제를 지지하는 논자는 여성은 피해자로서 가해자인 매춘의

포주나 이용남성을 처벌하는 것을 주장하는 사실에는 주의를 요한다. 즉 매춘부의 규제에 반대하는 입장은 주로 여성에 대한 제재(制裁)를 중심으로 논하고 있는 것에 비해 이를 지지하는 입장은 남성에 대한 제재를 중심으로 논하고 있다. 따라서 따지고 보면 양자의 입장 차이는 큰 차이가 없다. 형사법상의 규제에 의한 것인가 아닌가를 나누면 페미니스트는 매춘부를 일방적으로 여성을 상품화한 면과 다른 한편으로 여성을 경시하는 남성의 성적태도가 여실히 나타나는 「이중의 잣대」의 좋은 본보기로 보인다.

6. 페미니스트 범죄학의 평가

이제까지 페미니스트 범죄학의 주장을 개관했다. 그럼 현 시점에서 이런 주장에 대해 어떠한 평가를 내리는 것이 적절한 것일까?

1) 페미니스트 범죄학의 의의

페미니스트 범죄학에 주목할 때 우리는 종래의 범죄학이나 형사사법을 통렬히 비판하는 급진주의적인 측면에 현혹될 수 있다. 하지만 이것을 근거로 페미니스트 범죄학의 주장을 폄하하여 평가하는 것은 경솔하다고 생각한다. 오히려 페미니스트 범죄학의 취지는 범죄(특히 여성의 범죄)의 원인을 안이하게 생물학적 요인에서 구하거나 혹은 사회학적 요인에서 찾던 종래의 범죄학의 태도에 경종을 울린 점에 있다. 또 이제까지 형사사법이 고정관념적인 여성상을 전제로 해 「남성과 여성, 혹은 보통의 여성과 여성범죄자를 나누는 기준」에서 평가하던 지적도 중요한 문제를 제기한 것으로 받아들이면 안 된다.

페미니스트 범죄학에 대해서는 종래의 범죄학파로서 성립을 얻지 못했다고 비판도 받았다. 하지만 페미니스트 범죄학의 주장은 전술한 것처럼 실제 형사사법에도 일정영향을 주어 경시할 수 없다. 또 1980년대 후반에는 형사사법기관 등의 배려 부족으로 인한 피해자의 범죄피해도 심각하게 본 「제2차 피해자화」의 문제가 주목되나 여기에는 강간죄의 피해자에 대한 형사사법기관의 부당한 취급을 비판한 페미니스트 범죄학의 공헌이 있는 것도 잊어서는 안 된다.

2) 페미니스트 범죄학의 과제

단 이제까지 범죄학이 여성의 존재를 완전히 무시하였다는 페미니스트 범죄학의 주장은 사실과 다르다. 또 모든 범죄자 중에 차지하는 여성의 역할이 낮은 현실에서는 남성을 중심으로 한 조사연구가 실시되는 것도 어느 정도 이해가 된다. 또 종래 범죄학이 여성을 비하해서 바라본 것만은 아니라는 주장에도 귀를 기울일 필요가 있다. 즉 차별이나 편견을 말한다면 노인이나 소수민족 등도 포함해서 설명하지 않는다면 설득력이 부족하다.

다른 한편 형사사법에 대한 페미니스트 범죄학의 비판도 검증된 것이 아닌 것도 주의를 요한다. 형사사법에 대한 차별적인 취급이 성별에 의한 것이라는 명확히 실증한 자료는 이제까지 제시되지 않았다. 오히려 차별적 취급의 원인은 인종, 사회학적 지위, 범죄의 종류, 전과관계, 가정환경 등 다양한 요소가 복잡하게 포함되어 있다는 것을 염두에 두어야 할 것이 현대 범죄학의 통일된 의견일 것이다.

오늘날, 유럽 뿐만 아니라 일본, 한국에서도 여성범죄의 패턴이 변화되어 가고 있음은 주목할 필요가 있다. 또 이에 맞춰 「여성범죄가 상대적으로 소수에 그치고 있는 원인은 생물학적 요인에 의한 것인가? 아니면 사회학적 요인인가?」란 논의도 재연될 움직임을 보이고 있다.

또한 페미니스트 범죄학에 대해 「이론이라기보다 하나의 관점을 제시하는데 불과한 것이 아닌가?」란 비판도 강하다는 사실을 염두에 둘 필요가 있다. 페미니스트 범죄학에 대해 재차 밝혀진 문제점이나 한계를 극복하는 것이 이후의 과제로서 남아 있다. 페미니스트 범죄학은 「아직 완전히 개화되지 않았다」 페미니스트 범죄학의 도전이 우리에게 새로운 그림을 제시할 수 있는 결실이 보일 것인가는 앞으로 관심 있게 지켜보아야 할 문제라고 생각한다.

4
chapter

범죄원인론

제 1 절 범죄생물학

범죄원인으로서 유전적 요소를 중시하는 주장은 오래 전부터 있어 왔다. 단 생물학적 요인에 대한 실증주의적 연구에 대해서는 롬브로조 등의 범죄인류학의 출현을 빼 놓을 수 없다. 전술한 것처럼 롬브로조가 제창한 생래적범죄자설은 그 후 부정되었다. 그러나 범죄의 생물학적 요인의 존재 자체가 역사상 완전히 부정된 것은 아니다. 20세기에 접어들면서 범죄생물학파로서 계승된 생물학적 요인은 실증주의적·이학적인 장비를 구비하면서 여러 가지 형태로 지속적으로 발전되어 왔다.

하지만 범죄의 생물학적 요인을 중시하는 주장은 1980년경을 기점으로 크게 발전하였다. 여기에는 1980년경까지의 연구를 들 수 있다. 1980년경 연구의 생물학적 요인에 대한 연구의 특색으로 주목하지 않은 이유는 진화론이나 유전학이 강한 영향을 보였기 때문이다. 또 사람이 태어난다면 질적 차이가 인간 간에 존재한다는 우생학의 사상도 약간의 영향을 끼치고 있다. 범죄의 생물학적 요인에 대한 종래의 연구는 ① 가계연구, ② 쌍생아 연구, ③ 양자연구, ④ 염색체 이상의 연구를 통해 발전을 이루었다.

1. 범죄자의 가계연구

범죄자의 가계연구란 범죄자나 그 외의 사회적 일탈자가 많이 나오는 가계를 조사해 가계도(家系圖)에 의한 유전과 범죄의 관계를 밝히려 하는 연구를 가리킨다. 가계연구는 과거부터 유전학, 정신의학, 심리학 등의 영역에도 활발히 이루어져 왔으며 범죄자만이 아닌 천재, 정신장애자 등도 연구대상에 포함해 가계연구 혹은 계보연구라 불리어 왔다.

1) 가계연구의 전개

(1) 쥬크가(家)의 연구

범죄가계의 연구로 대표적인 것은 덕데일(Richard Dugdale) 쓴 『쥬크가(*The Jukes*)』에 수록된 쥬크가(家)에 관한 것이다. 덕데일은 1870년대에 뉴욕주의 형무소를 시찰해 거기에 6명의 같은 혈연자가 복역하고 있는 사실을 알게 된 것을 계기로 가계조사를 시작했다. 그는 7대손 위의 막스・쥬크란 남성과 아드・야루크스란 여성을 기원으로 쥬크가의 자손 700인을 조사했다. 그 중 범죄자는 140인(19.7%)이고, 그 내용을 보면 살인범 6인, 절도범 140인 등이다. 이 조사결과는 당시 학회에서 반향을 불러일으켜 범죄인류학의 신봉자들에게 많은 힘을 실어 주었다. 또 에스타브룩(Arther Estabrook)은 그 후 쥬크가를 추적 조사해 『1915년의 쥬크가』를 출간했다. 여기엔 9대에 걸친 쥬크가 자손 282인을 조사한 결과 171인의 범죄자가 존재하는 것이 밝혀졌다.

(2) 카리카크가(家)의 연구

쥬크가와 함께 가계연구로 유명한 카리카크가(The Kallikak Family)의 연구는 주로 정신박약자에 관한 가계연구이다. H・고다드(Goddard)는 1927년에 「카리카크가의 사람들」을 집필했다. 그가 정신박약시설의 관리자일 때 수용자중 8살 소녀 데보라에 관심을 갖고 그 가계조사를 행해 5대 전의 카리카크란 남성에 주목하였다. 이 카리카크의 자손은 그 혈족이었는데 가계의 흐름을 보면 한 부류는 정신박약자나 알코올 중독자가 많은 계통 「카라카크 주니어 계통」이고 다른 쪽은 거의 정상인 계통(프레데릭 계통)이다.

이 중 카리카크 주니어는 독립전쟁시 전장에서 알게 된 정신박약 여성과의 사이에서 태어난 서자(庶子)이다. 여기에 비해 프레데릭·카리카크는 정상여성과의 사이에서 태어난 적출자이다. 전자의 계통 480명의 자손을 조사한 바 정상인은 단지 46명뿐이고, 정신박약자가 148명, 나머지 291명은 명확하지 않았다. 이들도 대부분 정신박약의 의혹이 있는 자들이다. 후자의 계통은 490명의 자손을 찾았으나 정신박약자는 한 명도 없었고(단, 알코올중독자 2인, 성적일탈자 1인 발견), 거의 모든 자손이 정상이고 실업가, 변호사, 대학교수 등의 사회적 지위가 높은 자도 다수 있었다.

2) 가계연구의 한계

이런 일련의 가계의 연구에 대해선 다음과 같은 비판이 제기되었다.

(a) 18세기 당시의 신분등록이나 법원의 기록이 그렇게 정비되어 있지 않은 상황을 고려하면 자손이나 「범죄자」를 어떻게 밝혀내었는가? 자손임을 규명한 사실에 의문이 있다.

(b) 쥬크가의 자손과 대조해 식민지대의 전도사 에드워드의 자손(범죄자 없이 다수의 유명정치가나 재판관이 나왔다)에 관해 설명하고 있으나, 그 후 연구에서 에드워드 가계에도 범죄자가 존재함이 판명됐다.

(c) 에스타브룩의 추적조사에서는 쥬크가의 자손범죄자 출현율이 감소되고 있다.

(d) 이들의 연구에는 환경요인이 무시되었다.

(e) 하나의 특징이 수 세대에 걸쳐 나타나도 범죄성의 유전을 설명할 수 없다. 서덜랜드도 지적한 것처럼 「식사시 포크사용은 여러 세대간 다수의 가정의 특징이 되었으나 포크사용이 유전적 요인이란 것은 증명할 수 없다.」 특히 (d)와 (e)는 범죄사회학이 대두하면서 강하게 주장되었다.

이런 비판을 받아 범죄자 가계연구는 지지를 잃어갔다. 19세기 말부터 20세기 초반에 걸쳐 절정기를 맞이한 가계연구도 제2차 대전 후에는 거의 뚜렷한 업적은 남기지 못하였다. 이런 가계연구의 쇠퇴배경에는 우생학사상에 대한 비판도 한몫을 하였다고 생각된다. 또 최근 연구에는 전술한 것처럼 고다드가 집필한 저서에서 카리카크가의 정신박약자손의 사진을 변조하여 포악한 표정으로 보이게 수정한 것이 밝혀지기도 하였다. 이런 생물학적인 범죄원인론의 움직임 중에서 가계조사의 결점을 보완한 것이 다음에 있는 쌍생아연구이다.

2. 쌍생아 연구

범죄자 가계연구에는 "범죄자의 범죄성이 유전의 영향인가" 아니면 "공유하는 생활환경을 반영한 것인가"를 확인할 수 있다. 여기서 유전학 성과를 합쳐 일란성과 이란성의 쌍생아의 비교에 의해 범죄와 유전의 관계를 밝힌 것이 쌍생아 연구이다.

1) 쌍생아 연구의 기초

쌍생아는 하나의 수정란이 둘로 나누어진 일란성 쌍생아와 2개의 수정란이 각각 발육한 이란성 쌍생아가 있다. 쌍생아가 태어날 확률은 국제적으로 85번의 출산에 1회이고 일란성과 이란성 쌍생아의 출생비율은 비슷하다. 쌍생아 연구는 다음 두 가설을 기본으로 한다. (a) 일란성 쌍생아는 각각 개체의 유전자가 같은 소질을 갖고 있는 것에 비해 이란성 쌍생아의 유전자는 서로 달라 형제자매 정도의 다른 소질을 갖고 있다. (b) 범죄는 유전자적인 소질에 강한 영향을 받는 것으로 범죄일치율은 이란성보다 일란성 쌍생아 쪽이 높다.

2) 쌍생아 연구의 전개

(1) 쌍생아 연구(제1기)

가. 연구의 성과

쌍생아 연구는 2기로 나눌 수 있다. 제1기(1920년대 후반부터 1940년대)에는 독일의 생리학자 랑게(Johannes Lange)의 「운명으로서의 범죄」의 출간을 시작으로 쌍생아 연구의 막이 열렸다. 특히 1930년대에는 쌍생아 연구의 황금시대라 불렸다. 랑게는 쌍생아 중에서 그 한쪽이 형무소에 수용된 자(일란성 13조, 이란성 17조)를 대상으로 다른 쪽의 쌍생아의 범죄상황을 조사했다. 여기서 일란성은 이란성 쌍생아에 비해 범죄의 일치율이 높고 범죄의 횟수나 형태 그리고 형무소내의 행태 등이

상당히 닮은 것이 확인되어 유전소질이 범죄성에 결정적인 영향을 갖고 있다고 주장했다.

이 저서는 당시 유전우위설을 증명한 것으로서 그 후 유럽 각 국의 쌍생아연구를 활발하게 하는데 선구적인 역할을 하였다. 즉 네덜란드의 루그라, 미국의 로자노프, 독일의 슈트운돌과 크라츠, 핀란드의 볼그스톰 등이 쌍생아 연구의 성과를 차례로 발표하게 된 것이다. 이들은 연구에서 국제적으로 범죄일치율을 계산해 보면 일란성 쌍생아가 60%, 이란성 쌍생아에서 30%이다.

일본에서도 길익(吉益)박사가 「쌍생아 연구는 범죄연구의 탐구에서 등불과 같은 역할을 한다」라고 하면서 이 연구에 참가해 25세 이하의 조발성(早發性) 범죄자와 25세 이상의 후발성(後發性) 범죄로 나누어 검토했다. 일본 쌍생아의 범죄일치율은 다른 국가에 비해 낮고 조발성 범죄자에 있어 유전소질이 중요한 역할을 한다라는 의견을 제시해 이것을 지지하는 견해를 나타냈다. 그 후도 길익 박사는 쌍생아 연구는 범죄학에 있어 「마르지 않는 지식의 샘」이라 하고 추가조사를 시행하는 등 많은 연구를 진행하였다.

나. 연구의 문제점

제1기 연구는 범죄원인론에 있어 유전인가 환경인가란 논쟁의 가운데서 「범죄는 유전에 기초한 불가피한 현상이고 범죄소질에 관한 단일의 악성유전성이 존재한다.」란 기본적 전제를 세웠다. 이전 제1기 쌍생아 연구는 많은 비판을 받았다. 첫 번째는 방법론적 문제이다. 어느 한 쪽이 범죄자인 쌍생아만을 조사대상으로 한 것은 표본으로서 불충분하고 편향적인 결과를 낳기 쉽다. 두 번째는 이론적인 문제이다. 쌍생아 연구의 가설원리 그것이 유전우위설에 편든 것은 아닌가라는 등의 비판으로 인하여 쌍생아 연구는 서서히 힘을 잃어갔다.

(2) 쌍생아 연구(제2기)

이처럼 쇠퇴한 쌍생아 연구가 다시 국제적으로 각광을 받기 시작한 것은 1960년대 중반부터이다. 이 성과는 제1기 연구를 극복해 이루어진 것이다. 이 연구의 표본은 1881년부터 1910년 사이 태어난 일란성 쌍둥이로 적어도 15세기까지 양쪽 다 생존한 전원(6,000조)으로 비교적 신뢰성이 높은 난성진단(卵性診斷)을 이용해 공유환경에 주목하면서 연구가 진행되었다. 여기에서 쌍생아 중 어느 쪽 한 쪽에 범죄사실이 있는 것은 일란성 67조, 이란성 쌍생아 114조였다. 그리고 이들 중 다른 쪽도 범죄사실이 있는 것은 일란성에는 24조(35.8%) 이란성에는 14조였다.

또한 크리스찬센은 1974년에 범죄성이 미약한 자보다 범죄성이 강한 자 사이에서 일치율이 높다고 지적했다. 1976년에는 달가도와 크린그렌이 일란성에서 25.8%, 이란성에서 14.9%의 범죄일치율이 있는 것을 밝혔다. 단, 그들은 일란성 쌍생아의 범죄일치율이 높은 것은 주로 양육방법(養育方法)의 공통성에 의한 것이라고 결론지어 유전우위설을 지지하지 않았다.

제2기 연구의 특징

제2기 쌍생아 연구는 범죄원인을 놓고 「유전인가 환경인가」의 논쟁이 끝난 후 나왔다. 그래서 제2기에선 범죄가 환경과의 상호작용이란 전제로 연구가 이루어졌다. 현대의 행동유전학에는 유전이 사람의 성격이나 행동에 미치는 영향에 대해 그 기본구조는 전체적으로는 유전에 의해 형성되나 그것은 세부적인 것까지 영향을 미치는 것은 아니고 환경적인 영향에 대해 유연하게 대처하면서 기본구조는 유지된다고 생각하고 있다.

즉 「성격이나 지적능력의 범죄율은 20%부터 50%이다」라고 생각하고 있는 것이다(중정도이론(中程度理論)). 또 범죄소질에 관련하는 단일의 악성유전자는 존재하지 않고 다수의 유전자가 포함되어 범죄를 일으킨다는 기본전제를 세운 것도 유의해 두고 싶다.

(3) 쌍생아 연구의 평가

가. 쌍생아 연구의 한계

쌍생아 연구는 오늘날에도 유전학이나 심리학의 영역에서 관심을 두고 활발하게 조사가 이루어졌으나 범죄학 영역에서는 이루어지고 있지 않은 상태이다. 그 이유는 쌍생아 연구에 본질적인 한계가 있기 때문이다. 자궁 내 환경에서 시작해 성장과정에서 가정환경이나 사회환경이 유사하고(등환경가설(等環境假說)), 이른바 「긴밀한 쌍생아공동체」가 창설되기 쉬워 직접적으로 범죄의 유전규정성(遺傳規定性)을 실증하는 것은 극히 곤란하다. 또 제2기 연구에는 제1기의 연구에 비해 범죄일치율이 상당히 낮은 점도 빼놓을 수 없다. 이것은 제1기 유전우위설에 중대한 의문을 제기하였다고 할 수 있다.

나. 쌍생아 연구의 평가

제1기의 연구만이 아닌 제2기 연구에서도 일란성 쌍생아의 일치율을 강조하면서 불일치의 사례가 나오는 것에 대한 비판을 면하기 힘들다. 불일치의 사례는 쌍생아를 두고 환경역할의 중요성을 추측할 수 있는 것이다. 즉, 일란성 쌍생아에서도 태내에 있는 시점부터 환경의 다름에 의한 영향을 계속 받아왔다. 이런 쌍생아를 둔 환경조건을 연구에 적합하게 통제한다는 것은 과학적으로 불가능하다.

또 최근 쌍생아 연구에는 일란성 쌍생아의 심리·행동면에 있어 왜 이렇게까지 다른 점이 많은가에 의구심을 가지기 시작하였다. 그렇다고 하면 쌍생아 연구의 전제로 하는 가설(일란성 쌍생아-유전요소의 동일성→범죄의 일치)은 그 뿌리부터 흔들리는 것이다. 더 이상 연구가 진행되지 않았던 범죄학 영역의 쌍생아 연구가 다음의 양자연구로 진행되는 한편 유전학 발전에서 염색체의 이상에 착안한 연구도 주목을 받기 시작하였다.

3. 양자연구

양자연구(養子硏究)에는 비교적 성장한 양자를 들인 자를 대상으로 해 그 양자의 범죄성이 실(實)부모의 영향을 받는가, 아니면 양(養)부모의 영향을 받는가를(특히 부와의 관계를 중심으로) 비교·검토한다. 이 검토에 의해 실부모와 양자의 범죄성에 인간관계가 존재하는 것이 증명된다면, 범죄와 유전과의 상관관계도 인정될 수 있다고 생각하였다.

1) 양자 연구의 기원

(1) 슐싱거의 연구

최초의 양자연구는 1970년대 초반에 이루어졌다. 우선 슐싱거(Fini Schulsinger)는 정신병자 연구를 통해서 이 연구를 행했다. 그는 정신병자라는 병명을 가진 양자 57명을 뽑아 양자 정신병자 집단과 연령, 성별, 양자로 들어간 연령, 양부모의 사회적 지위가 같은 57명의 비정신병자 집단을 비교했다. 그 결과, 정신병자의 혈연존재자 중 14.4%가 정신병과 관련이 있는 이상(알코올중독, 약물남용, 범죄 등)이 밝혀진 것에 비해 비 정신병자의 혈연관계 사이에서 동일한 이상을 보인 것은 6.7%였다.

(2) 크로우의 연구

크로우(Raymond Crowe)는 아이오와주에서 범죄사실이 있는 모친에서 태어나 양자가 된 자를 표본으로 뽑아 범죄사실이 없는 모친에서 태어나 양자가 된 같은 수의 양자를 상호 비교했다. 그 결과 전자의 약 50%는 18세까지 범죄사실이 생기는 반면 후자에는 18세까지 범죄사실이 있는 자는 5%에 그쳤다.

2) 양자 연구의 전개

(1) 허칭스와 메드닉의 연구

비교적 소규모 양자연구 후 본격적 양자연구가 덴마크의 허칭스(Barry Hutchings)와 메드닉(Sarnoff Mednick)에 의해 실시되었다. 그들의 양자연구는 예비연구(pilot study)와 추수연구(follow study) 2가지로 나누어져 있다. 양쪽 연구를 비교해 보면 다음과 같다.

예비연구는 1927년부터 1941년 간 코펜하겐 부근에서 태어나 친족 이외의 자와 양자관계를 맺은 남자 1,145명에 대해 실시하였고, 추수연구는 1924년부터 1947년 덴마크의 14,427명의 양자였다. 조사목적은 예비연구에서는 양자와 실부・양부의 범죄성을 검증해 범죄의 유전요소의 영향을 확인하는 것으로 되어 있는 것에 비해 추수연구는 대상을 넓혀 예비연구의 결론을 추후에 다시 조사하였다.

조사결과는 예비연구와 추수연구의 쌍방에 있어 환경적 요소와 유전적 요소 모두 범죄에 영향을 준다는 결론지었으나 전자의 연구에서 유전적 요소 쪽이 보다 강한 영향을 준다고 하였다. 허칭스와 메드닉의 검증결과를 보면 예비연구에서는 다음 3가지의 결론이 주목을 끈다.

(a) 양부(養父)에 범죄성이 있는 경우보다 실부(實父)에 범죄성이 있는 경우가 양자(養子)의 범죄율에 더 많은 영향을 준다.

(b) 범죄사실이 있는 양자 143명과 범죄사실이 없는 양자를 양부의 사회적 계급 등의 요인을 비교하면 양부가 범죄사실을 가진 경우는 23% : 9.8%의 비율로 전자가 더 많고, 실부가 범죄사실을 가진 경우는 49% : 28%이었고, 실모(實母)가 범죄

사실을 가진 경우는 18% : 7%이었다. 즉 범죄사실이 있는 양자가 범죄사실이 없는 양자보다 더 높았다.

(c) 연령이나 부모의 직업 등의 요인을 본 결과 실부모 밑에서 자란 자를 양자와 같은 수를 놓고 비교한 결과 양자(養子)집단의 범죄율이 실자(實子)집단의 범죄율보다 높고, 양자집단의 양부와 실자집단의 실부의 범죄율은 같은 정도나 양자집단의 실부 범죄율은 그들의 3배 높았다고 나왔다.

여기에 비해 추수연구는 메드닉은 다음과 같은 결론을 내렸다.

(ⅰ) 양친(養親)에 범죄사실이 있는 경우보다 실친(實親)에 범죄사실이 있는 경우 쪽이 양자의 범죄사실이 높다(18.7% : 20.5%).

(ⅱ) 단, 양친과 실친의 어느 한 쪽이 범죄사실이 있는 경우보다 양쪽 다 범죄사실이 있는 쪽이 양자의 범죄사실은 높아진다(실친 쪽 20%, 양친 쪽 14.7% : 양쪽 25.5%).

(ⅲ) 실친에 범죄사실이 있는 양자는 재산범죄의 범죄율이 현저히 높아진 것에 비해 폭력범죄에는 강한 영향은 보이지 않았다.

허칭스와 매드닉은 이상의 검증을 기초로 환경요인과 같이 유전요소가 범죄에 일정한 영향을 미친다는 결론에는 부합하지 않음을 유의할 필요가 있다.

(2) 그 외의 양자연구

이 외에도 주요 양자연구로는 다음과 같이 여러 학자들이 연구결과를 발표한 바 있다.

첫째, 가도렛은 1978년에 아이오와주의 246명의 양자를 대상으로 검증을 시도, 반사회적 행위에 대해 실친과의 사이에 상관관계가 있다는 결론을 내렸다.

둘째, 보먼은 1978년 스웨덴에서 실시한 양자연구의 결과, 알코올중독에 걸리기 쉬운 유전적 소질이 존재한다고 주장해 알코올 중독과 범죄간에 일정한 관련성이 존재하며 범죄와 유전과의 사이에도 연관성이 있다고 주장하였다.

셋째, 보먼 등은 1982년 재산범의 범죄사실이 있는 양자(養子)와 실친(實親)간에 강한 연관성이 보인다는 보고서를 출간했다.

넷째, 가도렛 등은 1983년 유전요인과 환경요인의 양자(兩者)가 개인의 범죄성에 모두 영향을 준다는 결론을 이끌어냈다.

다섯째, 크로닝거 외에 고네스만은 1987년 스웨덴에서 양자연구를 실시해 전에 실시했던 양자연구와는 다른 환경적인 요인 면이 양자(養子)의 범죄성에 강한 영향을 준다고 결론지었다.

3) 양자연구의 평가

양자연구가 활발하게 진행된 동시에 양자연구에도 일정한계가 있음이 밝혀졌다. 첫째, 양자결연을 알선하는 기관은 실친과 비슷한 환경의 양친가정과 결연을 맺어주는 경우가 많으므로 유전적 요인의 중요성을 강조하는 것은 문제가 있다는 점이다. 둘째, 양친이 범죄자면 양자에 전해지는 것은 일종의 낙인과 같은 「자기충족적 예언」이 되는 것이 아닌가 의문이 남는다는 점이다. 셋째, 양자연구는 표본의 수가 한정되어 있기 때문에 도출한 결론을 이끌어내는 것이 곤란한 상황이다. 바꿔 말하면, 대규모 연구의 필요성과 그것의 곤란함과의 딜레마가 이 연구의 한계이다. 양자연구는 유전과 환경의 상호작용을 쌍생아 연구 이상으로 실증한 것이 아니다. 또 유전요소와 환경요소를 인정해도 범죄에 관해 무엇이 유전되는가는 양자연구에서 밝힐 수 없는 한계를 가지고 있다.

4. 염색체이상 연구

종래 범죄생물학적 연구가 그 한계를 노출하면서 예전의 연구방법 대신 범죄유전자를 규명하려 하는 시도가 주목을 받았다. 염색체이상의 연구가 그것이다. 이런 염색체의 측면에서 범죄와 유전의 관계를 규명하려 하는 접근은 1960년대 중반에 등장해, 당시로서는 선구적인 과학적 의견을 범죄원인론에 응용한 것으로 받아들여져 일시적이나마 붐을 불러일으켰다.

1) 염색체와 염색체이상

(1) 염색체

염색체는 다수의 유전자(DNA)를 배열한 구조체로 2중 나선형의 형태를 하고 있다. 인간은 통상 23조 46개의 염색체를 갖고, 그 중 44개의 염색체가 몸과 몸 안의 구조를 결정하고 2개가 성별을 결정한다. 전자는 상염색체(常染色體)라 불리고, 후자는 성염색체(性染色體)라 불린다. 여성의 성염색체는 통상 2개가 동시에 크기 때문에 XX염색체라 불린다. 이에 비해 남성의 성염색체는 통상 2개중 1개가 적기 때문에 XY염색체라 불리고 있다.

(2) 염색체 이상이란?

염색체는 19세기 말에 발견되었으나 그 연구가 활발하게 진행된 것은 20세기 중반 이후이다. 그리고 염색체에 대해 연구가 진행되어 어떤 사람은 염색체에 이상이 보이는 자가 존재하는 것이 밝혀졌다. 현재 밝혀진 염색체의 이상에는 상염색체의 이상과 성염색체의 이상의 경우가 있는 각각 숫자상의 이상과 구조상의 이상이다. 이 중 범죄학상 문제가 된 것은 주로 성염색체의 수의 이상인 XXY형 및 XYY형이다.

가. XXY염색체

XXY형의 성염색체 이상(크라인펠터 증후군, Kleinfelter's syndrome)은 남성에 보이는 염색체의 이상으로, 정상 남성보다 X염색체가 하나 더 많이 가지고 있다. XXY형의 성염색체 보유자의 신체적 특징으로는 여성적인 유방을 갖고 있는 외에 고환의 발육부진이나 무정자증 등 생식기능에 이상이 생기는 경우가 있다. 또 정신적인 면에서도 여러 가지 장애징후를 보인다. XXY형 염색체와 범죄와의 관계는 절도, 성범죄, 조직폭력범죄 및 방화범죄와 관련성이 있다는 연구결과가 많다. 크라인펠터 증후군은 특유의 신체적 특징을 갖고 있기 때문에 성적 이상 행동이나 성범죄와의 관련성에 관심을 두고 있으나 실제로 양자의 관련성에 대하여 지금까지 실증적인 명확한 연구결과가 보고되고 있지 않았다. 그래서 크라인펠터 증후군과 범죄의 연관성에 대해서 확증된 바 없다. 크라인펠터 증후군이 정신박약 범죄자 중에 그 빈도가 높다는 점이 보고되고 있으나 정신박약의 개념 자체가 모호하기 때문에 단언하기 곤란하다.

나. XYY 염색체

XYY형의 성염색체 이상도 남성에 보이는 염색체 이상으로 정상남자보다 Y염색체가 하나 더 많다. XYY형 염색체는 1960년대에 그 존재가 밝혀진 이후 범죄와의 관련성에 대한 높은 관심으로 인하여 많은 연구결과가 보고되었다. XYY 염색체를 가진 사람의 신체적 특징으로 종전에는 신장이 큰 것, 팔이 긴 것, 얼굴에 주근깨가 많은 것, 뼈나 관절에 이상이 보이는 것 등이 지적되어 왔다.

하지만 현재는 신장이 큰 것을 두고 XYY 염색체를 가진 사람만의 공동된 특징이라 말하기 어렵다. 또 정신적인 면에는 공격적인 이상성격을 보이는 자가 많다고 한다. 하지만 그 점도 정상남자보다 Y염색체가 많아서 남성적 특징이 강하다란 선입관(이 때문에 XYY염색체 보유자는 슈퍼남성이라 불렸다)이나 귀가 커서 생긴 오해란 지적도 있다. XYY염색체와 범죄와의 관계는 범죄자 중에 XYY염색체를 가진 자가 많다. 예컨대 정신병자와 수형자 중에서 XYY염색체 보유자의 비율은 일반인구비율보다도 높다는 조사결과가 있다. 또 일반범죄자보다도 연령적으로 빠른 단계에서 범죄를 저지른다는 지적도 보인다.

2) XYY염색체 연구의 전개

앞에서 설명한 것처럼 1960년대 이후의 범죄생물학적 연구는 사회적으로 높은 관심을 불러일으켜 XYY염색체의 연구를 중심으로 활발하게 진행되었다. 그 때문에 이제까지의 보고된 염색체 이상에 관한 연구성과는 국내·외를 포함하면 200~300건 정도이다. 단, 초기연구와 70년대 이후 연구는 뉘앙스가 약간 다름을 주의해야 한다. 여기에는 염색체이상과 범죄와의 관련성의 연구를 1960년대의 연구와 1970년대 이후의 연구로 나누어 개관해 갈 생각이다.

(1) 초기의 연구

1961년에 XYY염색체의 병적 사례를 최초로 보고한 사람은 샌드버그(A. A. Sandberg) 등이었다. 단 샌드버그 등의 보고 후 수년간은 이 염색체 이상이 주목을 받지 못하였다. 하지만 1965년에 P·제이콥스 등이 스코틀랜드의 보안병원(保安病院)에서 위험하고 공격성을 지닌 범죄지향적인 남성정신박약자 197명 중에서 7명의 이상자를 발견함으로써 범죄와의 관련성이 일약 주목을 받았다. 이후 1960년대 XYY 연구에 있어서 중심적인 역할을 한 사람은 제이코브스, 케시, 티퍼, 무어 등 4인의 여성연구자들이었다.

예컨대, 케시는 신장 180cm 이상의 수형자를 대상으로 범죄사실을 조사한 결과, 대상자 중에서 성 범죄자가 차지하는 비율이 18%를 넘었다. 단, 이 조사에는 그 중 어느 정도가 실제로 XYY염색체를 가지고 있는가는 조사치 않아 염색치와 범죄와의 관련을 조사한 것이라 할 수 없다. 1968년에는 티퍼는 정신박약자 중에서 일정 수의 범죄자를 표본추출해 성염색체를 조사했다. 그 결과 대상자의 11%에서 XYY형 염색체임이 밝혀졌다. 또 같은 해에 프랑스 심리학자 무어는 XYY염색체를 가진 피험자 남성의 46%가 행동장애를 보였다고 보고했다.

(2) 1970년대 이후의 연구

1970년대 이후 XYY염색체 연구에는 초기의 연구에 대한 비판이 이어졌다. 1970년에 서빈과 밀러는 대중매체가 떠드는 것처럼 XYY염색체를 가진 남성이 공격적이라는 결론을 내릴 수 없고 반대로 이런 염색체이상을 가진 사람들은 보통의 남성보다 공격성이 부족하다고까지 말했다. 다음은 주요 학자들의 연구성과와 주장내용을 간략히 요약한 자료이다.

① 헌터는 XYY염색체 보유자가 형무소 등의 시설에의 수용률이 높은 점도 다른 관점에서 설명 가능하다고 하였다. 즉 XYY염색체 보유자의 시설수용률이 높은 것은 그들이 키가 크고, 체격이 좋기 때문에 재판관은 사회적으로 위험한 존재란 선입관을 갖고 시설수용 판결을 내린다고 지적하였다.

② 케스타와 무스는 염색체 이상이 생활환경의 불량 때문에 하류층 가정에서 나오기 쉽다고 지적했다. 즉 구금시설에 이상염색체 보유자가 많은 것도 그것은 생물학적 요인이 아닌 환경적인 요인에 의해 설명 가능하다고 하였다.

③ 오웬은 1972년에 이제까지 제시된 증거를 재분석하여 XYY염색체를 확인하기 위한 염색체 분석의 곤란함(예로 초기연구에는 XYY와 XXY가 혼동되어 취급되었다.) 등을 지적하여 XYY염색체 연구의 방법론상의 불충분함을 지적하였다. 또 범죄자 중 XYY염색체 보유자 비율과 일반인 중의 XYY염색체 보유자 비율에 유의미한 차이가 존재치 않는 점, 폭력범보다 성범죄자에서 XYY염색체 보유자가 나오기 쉬운 점을 지적하여 기존 연구결과의 신뢰성에 의문을 제기하였다.

④ 윈트킨 등은 1944년부터 1947년 사이에 코펜하겐에서 태어난 신장 184cm 이상의 남성 약 4,000명의 혈액을 채집하여 조사한 결과, XXY염색체 보유자 16명과 XYY염색체 보유자가 12명을 발견되었다. XXY염색체 보유자 중 유죄판결을 받은 적 있는 자는 3명(18.8%)인 것에 비해 XYY염색체 보유자는 5명(41.7%)이었다. 단

XYY염색체 보유자가 행한 범죄도 경미한 재산범이 중심으로 XYY염색체 보유자와 폭력범죄와의 연관성은 찾지 못했다. 또 윈트킨 등은 사회계층이나 신장의 크기와 수용자 중 이상염색체 보유자의 관련성도 없다고 설명하였다. 윈트킨 등은 XYY염색체 보유자는 지능이 평균보다 낮기 때문에 체포나 구금을 피하는 방법이 미숙하다고 판단, 지능과 수용률에서 관련이 있다고 주장했다. 이처럼 1970년대 XYY염색체 연구는 초기의 연구성과에 비해 소극적임을 알 수 있다. 또 초기연구에 비해 1970년대 이후 연구에는 XYY염색체 보유자의 출현율이 낮아지고 있음에 주목할 필요가 있다. 따라서 XYY염색체가 범죄와의 관련성에서 그 가능성이 남아 있는 것은 신장이 크다는 점 외에 지능지수 요인뿐이다. 하지만 키가 큰 것도 현실적으로 보면 반드시 그렇다고는 말할 수 없고 지능지수에 대해서도 이제까지의 표본이 너무 적어 일반인과의 비교가 불충분하다.

(3) 일본의 XYY염색체 연구

XYY염색체와 범죄와의 관련성은 일본에서도 주목을 모아 오사카대학의 연구팀에 의해 실태조사가 시도되었다. 여기에는 장기수형자를 수용하는 7개의 형무소에서 전체 수용자 중에서 무작위로 추출한 표본(10%)과 정신병질 특성을 가진 자 중에서 ① 키가 크고, ② 지능이 평균보도 낮고, ③ 조직폭력적인 경향이 강해 사회생활이 곤란한 자 약 50명을 뽑아 채혈검사를 통해 염색체 이상을 조사하였다. 그 결과, 2명이 XYY염색체의 보유자였다. 또 이들과 다른 연구팀에 의해 1971년 비행소년집단 중에 염색체 이상이 조사되었다. 여기서는 소년감별소의 입소자 1,833명 중에서 신장이 큰 156명과 조사 시에 소년원과 교호원(教護院)에 각각 입소한 37명과 76명 전원이 조사대상이었다. 그 결과 소년감별소에는 XYY염색체 보유자 1인과 XXY염색체 보유자 1인이 각각 발견되었다. 이 조사결과에서 시설에 수용된 비행청소년 집단 중 XYY염색체 보유자의 비율과 일반인구 중의 비율에서 유의한 차이는 밝히지 못했다는 결론을 내렸다.

3) 염색체이상 연구의 평가

이제까지의 연구가 밝힌 것처럼 XYY염색체 보유자중 전부가 범죄자가 아닌 것과 마찬가지로 범죄자의 대부분이 XYY염색체의 보유자도 아니다. 또 XYY염색체를 가진 범죄자와 정상적인 성염색체 가진 범죄자를 비교해도 큰 차이는 없다. 오히려 오늘날에는 Y염색체를 하나 더 많은 것이 범죄와 이상성격과 관련이 있다는 과거의 연구결과에 대해 대부분의 학자들이 강한 의구심을 가지고 있다.

그럼 왜 일시적이긴 하나 XYY염색체와 범죄의 친화성에 대해 높은 관심을 가졌는가? 그 요인으로서 실제 살인사건에서 범죄자가 XYY형 염색체를 보유하고 있다고 하는 사실이 언론에 크게 보도된 것을 들 수 있다. 예를 들어 1966년에 미국 시카고에서 간호사 8명을 살해한 혐의로 25세의 남성이 기소된 스팩사건에서는 피고인인 스팩이 XYY염색체를 지닌 자라는 것이 매스컴에 보도되었다. 또 프랑스에서도 배우 쟌・갸반의 마부로 65세의 매춘부를 살해한 혐의로 기소된 제곤이 스스로 XYY염색체 보유자란 이유로 책임 무능력을 주장. 매스컴에 크게 다루어졌다. 이런 보도에 의해 XYY염색체는 「사람 죽이는 염색체」로 회자되어 주목을 받았다.

하지만 그 후 스팩사건에서 스팩은 실제로는 XYY염색체를 갖고 있지 않았던 것이 판명되었다. 또 XYY염색체를 갖고 있는 자가 범죄자 중에도 반드시 많은 것도 아니란 조사결과가 발표되기 시작하면서 범죄의 관련성 자체에도 의문을 품게 되었다. 그 때문에 1970년대 후반부터 XYY염색체 연구는 급속히 식어갔다. 물론 오늘날 유전학이나 DNA연구의 급속한 발전을 보면 앞으로 유전과 범죄의 관련성이 다시 주목을 받을 가능성은 충분히 있다. 하지만 조금이라도 XYY염색체가 범죄와 관련성이 있음을 언급하는 것은 무리가 있음을 지적하지 않을 수 없다.

5. 생화학과 범죄(1) -성호르몬과 범죄

생화학(生化學)이란 생물을 형성하는 물질이나 생물의 생명현상을 화학적으로 연구하는 학문분야를 말한다. 생화학 대상은 크게 나누어 ① 신경계, ② 순환기, ③ 내분비계로 분류되나 범죄와 관련지어 주목받는 것은 내분비계에 관한 연구이다.

1) 과거의 「호르몬과 범죄」연구

범죄원인에 대한 생화학적인 연구는 호르몬의 불균형적인 분비에 의해 나오는 무언가의 생화학적인 이상이 범죄와 관련성이 있다고 주장한다. 이런 생화학요소를 범죄원인으로 중시하는 것 자체는 결코 새로운 것은 아니다. 20세기를 맞이한 무렵에는 갑상선이나 부신(副腎) 등 내분비선의 이상이 폭력적인 범죄자와 같은 이상(異常)을 낳는다는 견해가 제창되었다. 특히 주목을 받은 것은 1926년에 발간된 슈랍과 스미스 「신범죄학」이었다. 여기에는 내분비선의 이상이 정서방해를 일으켜 범죄로 연결된다고 주장하였다.

또 버만은 1930년대에 뉴욕주의 형무소에서 실증적 연구를 실시해 250명의 수형자 집단과 일반시민 집단을 비교해 호르몬의 불균형 출현율을 비교했다. 그 결과 전자는 후자에 비해 호르몬 불균형 출현율이 2.3배 높은 것을 나타났다. 이런 실험에서 버만은 두 가지 결론을 도출했다. (a) 범죄는 내분비선의 불균형 등을 원인으로 한 본능적 행동의 이상에 의해 이루어진다. (b) 일정의 범죄유형은 일정 내분비선의 기능부전(機能不全)과 상관관계가 있다. 하지만 이런 주장에 대해 당시의 생화학의 수준으론 구체적인 체계를 충분히 해명할 수 없었다. 그 때문에 생화학적 요소와 범죄의 연관성은 추측의 수준을 벗어나지 못하였다. 이후 많은 한 동조를 얻지 못한 채 범죄학에서 잊혀져 갔다.

그러던 것이 20세기 중반부터의 비약적인 과학기술의 진보에 의해 생화학은 급속히 발전, 여러 물질의 체내에서의 작용을 해명했다. 또 동시에 그런 작용이 인간의 심리나 외부적인 행동에 어떻게 영향을 주는가에 대해서도 연구가 진행되었다. 이런 연유로 범죄와의 관련에는 성호르몬의 영향이 주목받고 있다.

2) 성호르몬

성호르몬과 범죄의 연관성에 대해서도 옛날에는 주지하고 있는 바와 같이 「월경과 범죄」란 테마를 중심으로 이루어졌다. 여기에는 「호르몬 일반이상이 정신면에서 장해를 일으켜서 범죄원인이 된다」고 한 가설을 규명하는 방식으로 논의되었다. 이에 대해서 오늘날의 연구는 여러 호르몬의 구체적 작용에 관심을 두고 있다.

(1) 남성호르몬

인간은 태아기와 신생아기에 남성호르몬의 영향을 받고 성별의 차이가 생긴다. 즉 성별에 관계없이 모든 태아기는 수정 후 잠시 동안은 여성의 특질만을 보유한다. 하지만 4.5개월이 경과하면 Y염색체를 갖는 태아에 고환이 형성된다. 그리고 여기에서 안드로겐이라 불리는 남성호르몬이 분비되기 시작해 급속히 남성으로 성분화가 진행하는 것이다. 안드로겐에는 테스토스테론, 안드로스테론, 레히드로에피 안드로스테론 등이 있다. 이중 테스토스테론이 자강 작용이 강한 남성호르몬으로 공격성과의 관련성이 지적되었다.

가. 테스토스테론

테스토스테론은 남성의 2차 성장(음부의 성장, 수염발육, 변성 등)을 발현시키고 뼈나 근육의 발육을 돕는다. 최근의 연구에는 이 테스토스테론의 수준과 공격성, 충동성 및 반사회성의 사이에 밀접한 관련이 있다는 견해가 대두하고 있다. 미국에는 「강간범의 테스토스테론은 일반인보다 많다」라고 보고된 적도 있다.

나. 테스토스테론의 실증적 연구

테스토스테론에 관한 연구에는 동물을 대상으로 한 것과 인간을 대상으로 한 것이 있다.

동물에 관한 연구에는 원숭이에 대한 실험이 많다. 케이반이 1982년 발표한 연구에는 독신으로 사육되는 수컷 원숭이들에서 같은 양의 테스토스테론이 검출되고, 암컷원숭이를 한 마리씩 데려다 주어도 테스토스테론의 증가량의 개체차는 거의 보이지 않았다. 하지만 혼합집단에 수컷원숭이를 넣으면 테스토스테론에 개체차가 생기는 것이 발견되었다. 또 원숭이 사회내의 지위 변동은 테스토스테론의 수치변화에 밀접한 관련이 있다고 말할 수 있다. 즉 두목 원숭이는 다른 원숭이보다 테스토스테론의 수치가 높은 것이다. 또 암컷 원숭이에 탄생 전 혹은 탄생 직후에 테스토스테론을 투입하면 공격성이 높아진다는 보고도 있다. 그 외 호르몬 균형과 환경간에 밀접한 관계가 있다는 견해가 있으나 이 관계에 대해서는 연구 진행 중이다.

그럼 인간의 공격성에 대한 테스토스테론의 영향은 어떠한가? 이 점에 대해 다음과 같이 연구성과가 보고되었다.

첫째, 폭력범 수형자와 재산범 수형자를 비교한 결과 폭력범수형자 집단이 가진 테스토스테론의 수치가 높다.

둘째, 소년의 폭력행위와 테스토스테론의 관련성을 조사해 폭력행위 도발의 유무로 나눈 경우 도발이 있는 폭력행위에 테스토스테론의 영향이 더 많았다.

셋째, 신체적인 공격과 테스토스테론의 수준과는 관련성은 없으나 언어에 의한 공격하는 밀접한 관련이 있다.

넷째 테스토스테론이 높은 경우 폭력에 의존하기 쉽고 자극에 민감하게 반응하기 쉽다. 단, 테스토스테론과 공격성의 관련성은 인간의 경우 동물실험 시 기대된 것처럼 강한 것은 아니라는 지적도 있다.

또 1991년에 미국의 에리드와 쿤츠는 테스토스테론을 포함한 안드로겐의 뇌기능에 대한 영향이 인간의 반사회적 행동과 관련된다고 주장했다. 즉 에리스와 쿤츠는 안드로겐의 뇌기능에 미치는 영향에 의해 사람에 따라 더 많은 환경적 자극을 원하고 처벌에 대한 내성이 강해져 충동적인 정서불안정이나 반사회적인 정서상태에 빠져들기 때문에 폭력범 등 중대한 범죄를 촉진시킨다고 설명하였다.

3) 「성호르몬과 범죄」 연구의 평가

(1) 연구의 평가

이처럼 오늘날에는 테스토스테론을 시작으로 한 성호르몬과 인간의 공격성간에 무언가 연관성이 있다는 견해가 강하다. 하지만 그러면서도 이제까지 성호르몬이 범죄에 영향을 미치는 메커니즘은 충분히 밝혀져 있지 않다. 또 성호르몬의 이상이 범죄를 직접 야기시키는지도 증명되지 않았다. 연구방법 면에서도 아직까지 범죄자와 일반시민을 비교한 테스토스테론 연구가 충분히 이루어져 있지 않다. 또 1987년 루빈은 이제까지의 성호르몬과 범죄의 관련성에 대한 연구를 검증한 결과 테스토스테론과 폭력범죄의 관련성을 제시하는 결정적인 증거를 찾지 못하였다고 주장해 종래의 연구결과 자체를 의문시하였다. 지금까지의 평가를 요약하면 성호르몬과 범죄와의 관련성에 대해 많은 과제를 안고 있고 앞으로 보다 구체적인 연구결과를 기대할 형편이다.

(2) 처우(處遇)에의 응용

한편 성호르몬과 범죄의 관련성에 대해서는 해명되지 않은 부분이 많이 남아 있음에도 불구하고 현재 미국에는 성범죄자에 대한 의료적 처우 중에 체내·외 테스토스테론을 감소시키는 약품이 사용되고 있다. 또 성범죄자의 거세를 위해 에스트로겐이나 프리게스테론 등의 여성호르몬의 투여(약물거세(藥物去勢))가 이루어지고 있다. 하지만 이런 의료적인 처우에 대해 장기간 약물을 투여한 경우의 부작용이나 잠재적 위험성에 대한 우려도 생각해야 할 것이다.

6. 생화학과 범죄(2) -영양과 범죄

체내의 생화학적인 균형은 부적절한 영양의 섭취에 의해서도 일어난다. 그리고 새로운 범죄생물학에서는 범죄의 내인(內因)적 연구로서 호르몬에 주목하는 동시에 외인(外因)적 요소로서 영양에 주목하고 있다. 영양과 범죄의 관련성에 대해서는 19세기 말부터 지적되어 금세기 중반에도 혈당이나 칼슘의 부족이 범죄에 영향을 준다고 지적된 적이 있다. 저혈당증이 공격성을 높이고 칼슘부족이 정서를 불안정하게 한다고 생각되어졌다. 단 당시의 연구는 극히 조잡하고 양적으로도 적었다. 이에 비해 오늘날 논해지는 영양과 범죄의 연구는 생화학의 눈부신 발전을 배경으로 부적절한 영양의 섭취가 범죄에 주는 영향을 실증적으로 연구한 것이다.

1) 영양과 범죄연구발전의 배경

1980년대를 맞이할 무렵부터 범죄에 미치는 영양(榮養)의 영향이 주목을 받은 배경에는 다음 두 가지이다.

(1) 특별위원회의 보고

미국상원의 「식사, 건강 및 정신질환에 관한 특별위원회」에서 1979년에 저혈당증과 충동적인 범죄와의 관련성이 있다고 보고되었다. 저혈당증이란 혈당치가 이상하게 저하하는 병으로 당분의 과다섭취나 비타민, 미네랄 등 특정영양소가 부족한 일상 식생활이 원인으로 발병된다고 생각되어지고 있다. 동위원회는 저혈당증에 의해 신체만이 아닌 뇌나 정신에까지 영향을 미치고 그 결과 범죄에 영향을 미친다고 생각했다. 또 동위원회에는 오하이오주의 보호감찰관 리드에 의해 100명 이상의 보호관찰중의 범죄자에 대해 혈당치를 조사한 결과 그 대부분이 저혈당증이란 조사결과도 보고되었다.

(2) 트윙키 항변

1978년 미국 캘리포니아주의 화이트케스에서 피고인은 당분이 많은 음식의 과다

섭취 때문에 심신허약 상태가 되었다는 「트윙키 항변(Twinky defence)」이 인정되어 피고인의 형이 감경되었다. 본 사건의 개요는 경찰관 출신인 전 샌프란시스코 시평의원인 화이트가 시장과 시의원을 살해했다 하여 제1급 살인죄로 기소된 것이다.

본 건에 대해 변호인 측은 피고인이 스낵과자를 비롯해 컵케익, 캔디 등을 과다섭취했기 때문에 당분과다로 뇌의 화학적인 균형이 무너져 정신에 장애를 준다고 주장해 심신허약에 의한 책임의 경감을 요구했다. 재판은 변호인 측의 주장을 인정 모살죄(謀殺罪)보다 약한 고살죄(故殺罪)를 적용해 7년 8개월의 구금형을 선고했다. 이 항변은 당시 미국에서 인기였던 스낵과자 이름을 따 「트윙키 항변」이라 불리었고 사건의 사회성이나 의외의 소송전개 때문에 큰 화제가 되었던 사건이었다.

2) 「영양과 범죄」의 실증적 연구

1980년경부터 정해진 영양에 관한 연구도 대상은 동물과 인간으로 나누어진다.

동물에 관해서는 고양이나 생쥐의 연구가 있다. 우선 조리된 식품을 먹은 고양이는 어떤 병이 생기기 쉽고 학습능력과 사회적 상호작용의 저하가 나타났다. 이런 증세는 식사요법에 의해서는 개선되지 않고 3대에 걸쳐 남는다고 보고되었다. 또 정제된 식품을 먹은 쥐는 대부분 폭력적 수단에 의존하게 되는 것이 밝혀졌다. 이런 동물을 대상으로 한 실험에서는 인간도 같은 식품에서 같은 영향을 받는다고 추측되었다.

1982년 미국의 순세일러는 6개의 시설에 수용되어 있는 비행소년 1,271명을 대상으로 섭식(攝食)과 반사회적 행동의 상관관계에 대해 실험을 했다. 실험에는 종래 시설에서 소년에게 주던 음료수를 주스에 캔디나 야채, 도넛, 팝콘 등으로 대체해서 배급하고, 또 조식에 쓰던 당분이 많은 시리얼을 제공하자 소년의 행동에 변화가 보이는 것이 관찰된다. 그 결과 순세일러는 일상생활의 정제당(精製糖)의 섭취량을 내리는 것에 의해 소년의 반사회적 행동을 감소시킬 수 있다고 보고했다.

이 실험결과에는 정제당의 섭취량 저하는 특히 폭력행위의 감소에 영향을 주어 50%이상의 감소율이 보였다. 또 1986년 순세일러는 시설에 수용된 비행소년 3,399명을 대상으로 같은 실험을 실시하였다. 여기에서 인공식품첨가물이나 정제당의 함유량이 많은 식품의 섭취량을 실험기간의 12개월 간 감소시켜 그 효과가 관찰되었다. 그 결과 식사 개선 후는 식사개선 전 12월간에 비교해 반사회적 행동이 21% 감소하였다. 또 자살 기도가 대폭 감소한 것도 보고되었다.

3) 영양과 범죄의 관련성

이런 일련의 연구를 포함해 최근에는 각각의 영양소나 그 작용이 범죄에 주는 영향이 지적되었다. 아래에서 범죄와의 관련성이 지적된 주요한 것에 대해 간략히 설명하고자 한다.

(1) 비타민

체내 비타민양과 범죄의 관련성이 지적되었다. 일반적으로 비타민 B의 결핍증이 범죄성을 높인다는 추측하고 있다. 첫째, 치아민(thiamine, 비타민 B_1)결핍증은 집중력저하, 신경기능저하, 현기증, 불안, 초조, 두통, 피로 등을 유발하여 사람의 공격성, 적개심, 비판에 대한 감수성을 높여 초조감을 낳는다. 이런 심리적 상태는 많은 일탈행위에 공통된 것이다. 또 알코올중독 때문에 적절한 식사를 할 수 없는 사람에게 치아민결핍증세가 나타날 수 있다. 또 치아민결핍증은 이상안구운동, 협응장애, 정신착란, 기억장애 또는 학습기능장애 등을 일으킬 수 있다.

둘째, 나이아신(niacin, 비타민 B_3)결핍증은 우울증, 불면, 두통, 노이로제 등을 유발하여 선악의 식별능력을 잃어 반윤리적인 행동을 할 가능성이 많다.

셋째, 피리독신(pyridoxine, 비타민 B_6) 결핍증은 집중력 결여나 강한 피로감을 생기게 해 사람을 흥분하기 쉬운 상태로 하는 점이 범죄성을 높인다고 생각되어지고 있다.

(2) 미네랄

미네랄(mineral)도 인간에 있어 중요한 영양소이나 어떤 미네랄의 부족이나 과다에 의한 중독증은 범죄에 강한 관련성이 있다.

(3) 납(鉛)

최근 납의 체내 함유량과 범죄성의 관계성이 지적되게 되었다. 예컨대 납중독증에 의한 학습능력저하는 널리 인정되어 있고, 또 체내 납의 함유량이 높을 때 자립심, 끈기, 집중력의 결여, 강한 충동 등과의 관련성이 지적되고 있다.

(4) 코발트(cobalt)

코발트도 일탈행위와의 상관성이 지적되고 있다. 최근 연구에는 특히 코발트와 폭력행위의 관련성이 주장되어 체내의 코발트가 부족한 만큼 행동이 폭력화한다고 생각하고 있다. 하지만 그러면서도 코발트가 체내에 어떤 역할을 하고 있는가? 혹은 행위의 폭력성에 어느 정도 영향을 주는가를 충분히 해명하고 있지 않다.

(5) 마그네슘

마그네슘의 부족도 코발트와 같이 폭력적 성향을 생기게 한다고 한다. 이건 인체의 마그네슘 부족은 마그네슘의 섭취량이 적은 경우만이 아닌 식사에서 섭취된 산(酸)이 체내 마그네슘 농도를 저하시키는 경우에도 생긴다. 산을 많이 포함한 식품으로는 탄산음료가 알려져 있다.

(6) 구리(銅)와 아연(亞鉛)

구리와 아연의 체내비율 이상이 폭력성을 높인다. 통상 혈액 중에는 구리와 아연이 1 대 8~12의 비율로 섞여 있다. 하지만 구리의 길항인자(拮抗因子)인 아연의 부족이나 구리의 과다에 의해 양자의 균형이 무너지면서 뇌기능이 저하되거나 공격성이 높아진다고 지적되었다. 이외에도 나트륨, 칼륨, 칼슘, 아노미산, 모노아민 등의 미네랄이 조급함, 인식력, 기억력의 저하 혹은 이상 성행동(異常 性行動)을 한다는 보고가 있다. 또 공격성이 높은 자에서는 카드늄, 알루미늄, 수은 등이 높은 수치로 검출된다는 연구결과도 있다.

가. 저혈당증

전술한 것처럼 범죄와의 관련에 가장 주목되는 것이 저혈당증이다. 저혈당증이란 혈액 중의 포도당의 양이 통상 뇌가 기능하는 필요한 것보다 낮아지는 증세를 말한다. 저혈당증의 증세로는 불안, 착란, 과민, 우울 등의 증상을 일으키거나 발작이나 두통이 생긴다. 또 중간정도의 저혈당증은 기억상실이나 무의식행동을 발생시킬 수 있다. 저혈당증에서도 특히 반응성 저혈당증(反應性低血糖症)(포도당 대량 섭취의 반응으로 혈당치가 큰 폭으로 낮아지는 증세)과 폭력행위와의 관련성이 제기되었다. 반응성저혈당증은 폭력적이고 반사회적인 인격에 많은 영향을 미친다는 결론의 도출이 가능하다. 또 저혈당증은 알코올과의 관련성도 지적되었다. 여기에는 정기적으로 대량의 알코올을 섭취한 경우 에타놀이 저혈당증을 유발해 공격성을 높인다고 한다.

나. 알레르기

영양소 작용으로 생기는 알레르기에 대해서도 범죄에 미치는 영향이 연구되었다. 알레르기란 체내에 들어간 이물질(異物質)에 대해 신체에 생기는 이상 또는 과도한 반응이다. 범죄와의 관련에서 특히 주목되는 것이 뇌 알레르기와 신경 알레르기다. 이중 뇌 알레르기는 뇌가 과잉반응을 견디는 것을 말하고, 신경 알레르기는 신경계에 강한 영향을 주는 것을 말한다. 이들 알레르기는 인간의 뇌를 팽창시키는 한편, 공격성이나 정서성이 높아져 폭력을 휘두르는 등 정신·정서 및 행동의 여러 측면에서 문제를 발생시킨다. 또 뇌 알레르기와 신경알레르기는 비행의 전조라 불리는 아이들의 과잉행동(hyperactive)과의 관련성이 지적되었다. 이런 알레르기 원인이 되는 식료품은 우유, 계란, 소맥 등 300종을 넘는다. 미국에선 뇌 알레르기의 원인이라 생각되는 옥수수의 소비량의 증가와 전국의 살인사건수의 관련성을 지적하기까지 한다.

4) 영양과 범죄 연구의 평가

「영양과 범죄」 연구의 의견은 시설에 수용된 비행소년에 대한 처우프로그램에 반영되는 등 미국에서는 상당한 평가를 받고 있다. 하지만 이런 일련의 연구는 또 많은 규명되지 않은 부분을 안고 있는 것도 사실이다.

첫째, 영양과 범죄의 관련성을 체계적으로 설명하는 것은 가능하지 않다. 이제까지 연구 성과에선 영양과 일정의 반사회적 행동에 관련성이 있는 것이 지적되나 영양불량이 범죄나 비행에 어느 정도 영향을 주는가란 점은 오늘까지 명확치 않다. 또 영양의 개선이 범죄방지나 재범방지에 미치는 영향도 불명확하다.

둘째, 영양과 범죄의 관련성에 대해 세밀한 연구가 실시되어 있지 않다. 이제까지 연구에서 사용된 분석은 통계학적으로 정밀함이 부족해 결론을 내는 것이 곤란하다. 영양과 범죄의 연구는 이제 막 시작했기 때문에 그 평가는 속단할 수 없다. 이처럼 영양과 범죄의 관련성이 아직 미 규명된 연구영역임에도 불구하고 왜 1980

년대 이후 급속히 주목을 받게 되었을까? 그 원인은 3가지를 지적할 수 있다.

첫째, 영양학의 급속한 발전에 의해 여러 문제에 영양학의 의견이 적용하고자 하는 시도가 있었고 그런 시도가 범죄와 비행문제까지 파급되었다.

둘째, 전술한 차이트케스와 같은 특수한 사건이 매스컴을 통해 흥미를 불러일으키면서 관심이 모아졌다.

셋째, 1980년대에 일어난 세계적인 건강식품 붐에 편승해 영양학에 대한 관심이 급속히 높아졌다. 따라서 영양과 범죄의 연구가 오늘날 일시적인 유행현상으로 끝나는가 아니면 보다 정밀한 체계화가 이루어질 것인지는 앞으로의 연구노력에 여하에 달려 있다.

7. 신경 생리학과 범죄(1)-이상뇌파와 범죄

신경생리학이란 뇌 또는 척추 등의 중추신경과 신체 각 부위에 분포한 미세신경의 움직임을 생리학적으로 연구하는 학문분야이다. 종래 살아 있는 인간의 뇌나 신경을 연구하는 것은 한계가 있었다. 하지만 최근 신경생리학은 과학기술의 진보로 급속한 발전을 이루었다. 신경생리학 중 범죄와의 관련으로 주목되는 것은 이상뇌파의 연구와 뇌장해의 연구이다.

1) 뇌파와 이상뇌파

우선 뇌파연구에 있어 이상뇌파가 범죄와 어떤 관련이 있는지에 대한 활발한 연구가 이루어졌다.

(1) 뇌파(腦波)

뇌파란 뇌가 그 활동 중에 발생하는 100만 분의 1~5볼트, 매초당 8~12사이클 정도의 미약한 전파로 1924년에 벨거에 의해 처음 계측되었다. 뇌파 측정은 임상검사의 하나의 수단으로 널리 활용되었다. 구체적으로 뇌파는 다음의 순서로 측정된다. (a) 두피에 은 등의 전도율이 높은 금속을 얹혀 두개골에 뇌가 발생한 미량의 전류를 수집해 그것을 증폭기를 거쳐 확대한다. (b) 증폭기를 거친 전류를 일정속도로 회전하는 지표면상에 정파의 교류전류로서 자동적으로 기록한다. (c) 기록된 정파가 1초에 몇 번이며 그 높이(전위)는 몇 마이크로 볼트인가를 측정한다.

(2) 이상뇌파

이렇게 측정된 뇌파는 파장에 의해 α파, β파, Θ파 등으로 나뉜다. α파는 평균 30-50마이크로볼트, 매초당 12사이클 정도의 뇌파로 통상 눈을 감고 안정될 때 발생한다. β파는 13사이클 매초이상 30마이크로볼트 이하의 뇌파로 긴장할 때나 운동할 때 나타난다. Θ파는 α파보다 부드러운 4-7사이클의 뇌파로 심호흡할 때 보인다. 측정결과 뇌파는 어떤 종류의 이상이 발견되는 경우가 있다. 이런 이상뇌파의 측정은 천식이나 뇌증상 등의 진단에 유효하고 1970년대 중반에 CT촬영장비가 등장할 때까지 중요한 역할을 하였다.

2) 이상뇌파의 연구

(1) 이상뇌파 연구의 전개

이상뇌파의 연구는 1930년대 후반에 이상행동(異常行動)을 대상으로 솔로몬, 레스퍼, 브랜드리에 의해 행해진 이래, 많은 성과가 축적되었다. 예를 들어, 크라크는 1949년에 살인범의 뇌파를 조사해 통상의 살인범은 뇌파에 통계상 의미 있는 차이를 찾지 못했으나 동기가 분명한 살인범의 경우 높은 확률로 이상뇌파가 측정되었다고 한다. 같은 지적은 힐과 폰드가 1952년 발표한 영국 수형자 105명을 대상으로 한 뇌파측정에서도 나타났다.

또 1952년에 힐과 워터슨은 정신병이 있는 범죄자를 통제집단과 비교한 결과 공격성 정신병자에 이상뇌파가 많은 비율로 검출된다고 보고했다. 또 오스토로우는 여러 범주에 속한 자의 이상뇌파의 경우를 조사한 결과 정신병자와 동성애자에 비해 천식이나 정신분열증의 환자에 이상뇌파의 경우가 많이 보인다고 하였다. 이제까지의 뇌파연구에서 일반인은 뇌파에 이상이 검출되는 경우는 5%에서 25%이나 범죄자의 경우 그 비율이 25%에서 50%가 된다는 것이 인정되고 있다.

이상뇌파와 범죄의 관련성을 연구한 것 중에서 가장 중요한 것의 하나가 윌리암스에 의해 1969년에 보고되었다. 윌리암스는 이 보고에서 355명의 폭력적 비행자의 뇌파를 조사한 결과 상습적 비행자의 65%에서 이상이 보인 것에 비해 초회비행자는 24%였다고 발표했다. 또 표본중 뇌장해, 뇌성숙지체, 천식의 증상을 갖고 있는 자를 빼면 초회비행자의 이상뇌파는 일반인의 이상뇌파 평균치와 같은 12%인 것에 비해 상습비행자는 57%이라는 연구결과를 발표하였다.

(2) 이상뇌파연구의 성과

이런 일련의 조사결과 이상뇌파와 상관관계가 있는 심리적 현상으로 다음 5가지가 지적되었다. (a) 충동제어력이 낮다. (b) 사회적응성이 결여되어 있다. (c) 호전적이다. (d) 발작을 일으킨다. (e) 파괴적이다. 또 성인의 이상뇌파와의 상관성이 지적되는 심리적 현상으로 5가지가 있다. (a) 호전적이다. (b) 과도하게 비판적이다. (c) 자극에 대해 과민하다. (d) 순응성이 결여되었다. (e) 충동적이다.

가. 이상뇌파와 범죄

그럼 이전의 연구에서 범죄와 관련이 있는 뇌파로서 구체적으로 어떤 것을 들 수 있을까? 일반적으로 여파(餘波)라 불리는 2.5~5cycle/sec의 큰 파가 많이 나타나는 경우에 반사회적인 행동을 취한다고 하나 보다 특수한 형태를 제시하면 다음과 같다. ① 전두부(前頭部) 여파(전두부에 여파가 측정되는 것으로 내향성 무기력, 미숙 등의 성격과 관련되어 절도범이나 방화범 등에 많다) ② 측두부(側頭部) 여파(측두엽에 초점을 갖는 발작 파로 반사회적이나 다양성 등에 관련성이 지적된다) ③ 후두부(後頭部) 여파(후두부에서 여파가 측정되는 것으로 내향선, 무기력, 미숙 등의 성격과 관련되어 절도범이나 방화범 등에 많다. ④ 14~6cycle/sec 양성자파(1초간 6사이클과 14사이클의 파형이 일시에 나타나는 것으로 자율신경증세, 행동이상, 분노발작 공격성 등과 관련성이 높아 충동적인 살인이나 방화를 저지를 자에 높은 비율로 검출되었다)

이상뇌파, 여파의 원인으로 ① 대뇌 기능의 발육부전 또는 미성숙, ② 대뇌피질의 자극수준 저하, ③ 천식, ④ 뇌장애 등이 주장되고 있지만 이제까지 어느 것이 원인인가 충분히 밝혀지지 않았다.

3) 「이상뇌파와 범죄」 연구성과의 결과

전술같이 이상뇌파와 범죄와의 일정한 상관관계가 존재하는 것은 널리 인정되었다. 하지만 그런 연구에도 많은 문제점이 발견된다. 여기서는 4가지를 제시할 수 있다.

첫째, 이상성의 판단기준이 주관적이고 데이터 기록, 정리방법도 통일되어 있지 않기 때문에 과학적인 검증이 되어 있는가에 의문이 남는다.

둘째, 피험자가 형무소 등의 특수환경에 있기 때문에 이상뇌파의 원인이 명확하지 않다.

셋째, 장기간에 걸쳐 피험자를 과학적으로 조사한 것으로 볼 수 없다.

넷째, 이상뇌파가 범죄원인이라면 이상뇌파가 검증되었어도 범죄를 저지르지 않는 자에 대한 구체적인 설명이 불가능하다는 점이다. 또 예전에는 이상뇌파를 유발하기 위해 섬광자극, 과호흡, 약물투여 등의 부활법(賦活法)을 사용한 검사가 실시되었으나 오늘날에는 행하고 있지 않다.

뇌파는 1920년대에 그 존재가 밝혀진 이래 정신병이나 천식의 치료에 활용되었다. 그리고 그와 동시에 뇌파와 범죄와의 관련성을 증명하기 위한 연구도 장기간 시도되어 왔다. 그 결과 양자간의 일정 상관관계가 확인되었다. 하지만 전술한 많은 문제점도 해결치 못한 채로 남아 있다. 또 근년에는 과학기술진보에 의해 뇌의 상태를 관찰하는 수단이 뇌파 이외에도 개발되었다. 이미 잘 알려져 있는 MRI(자기공명영상법), CT(컴퓨터 단층촬영) 등으로 뇌의 구조나 활동을 파악할 수 있다. 신경생리학에서 범죄와의 관련을 연구하는 사이에 뇌파이외 연구방법은 없을까 하는 인식이 높아졌다.

8. 신경생리학과 범죄(2)-뇌장애와 범죄

범죄와의 관련성으로 이상뇌파 대신 주목을 받고 있는 것이 뇌장애(腦障碍)이다. 이전부터 일정 뇌장애가 중추신경에 지장을 주어 범죄에 이어진다는 견해는 있었으나, 추측의 범주를 벗어나지 못한 수준이었다. 하지만 최근에는 대뇌생리학 및 신경학의 급속한 발전으로 범죄나 비행과의 관련에서 여러 견해가 제시되었다. 일정한 뇌장애와 범죄의 관련성을 지적하는 연구는 크게 나누어 기질성(器質性) 뇌장애와 유년기(幼年期)의 뇌장애가 있다.

1) 기질성 뇌장애와 범죄

우선 뇌의 기질적 이상이 뇌기능에 장해를 일으켜 그것이 범죄로 이어진다는 지적이 있다. 이런 뇌기능의 장해원인으로 뇌의 외상·부적절한 영양섭취, 공해, 알코올이나 약물의 남용의 영향 등을 지적하고 있다. 이들 요인에 의해 생기는 기절적 이상과 범죄의 관련성의 연구는 ① 뇌종양, ② 뇌손상, ③ 그 외 중추신경계의 질환, ④ 전두엽의 장애, ⑤ 뇌반구기능장해 등 5가지에 중점을 두고 시행되고 있다.

(1) 뇌종양

뇌종양(腦腫瘍)에는 성격의 변화, 환상 및 정신병의 증세 출현 등을 포함한 여러 가지 정신적인 증상이 문제되었다. 오늘날에는 뇌종양 환자는 가사(假死)생태에 빠지거나 흥분·폭발증상을 보이거나 또는 공격행위를 할 가능성이 있다고 밝혀졌다. 뇌종양과 범죄의 관련성은 미국에서 1966년에 일어난 「화이트맨 사건」을 계기로 주목을 받기 시작하였다.

(2) 뇌손상

뇌손상(腦損傷)은 높은 장소에서의 추락이나 교통사고 등에 의해 두부에 강한 충격을 받을 시 생긴다. 이런 종류의 뇌장애도 반사회적 행위나 폭력행위를 할 가능성이 있는 성격변화와 관련성이 있다.

(3) 중추신경계의 질환

그 외 대뇌동맥경화증, 천식, 노인성치매 등 중추신경계의 질환은 분노나 흥분을 동반하고 기억장애, 추리력장애, 정서장애와 관련성이 지적되고 있다.

(4) 전두엽의 장애

전두엽(前頭葉)은 행동의 규율에 중요한 역할을 하는 것으로 알려져 있다. 즉 전두엽은 행동을 통제하는 것과 함께 그 결과를 평가해 필요하면 변경을 하는 역할을 하고 있다. 따라서 이 부분의 손상은 다음 같은 증세를 발생시킬 수 있다. (a) 행위의 결과를 이해하는 능력에 중대한 영향을 미친다. (b) 경험에 의한 학습능력을 손상시킨다. (c) 집중력을 감퇴시킨다. (d) 자기통제력을 결여시킨다. (e) 충동적 행동을 증가시킨다. (f) 타인의 감정에 대해 생각하는 능력의 저하를 일으킨다. (g) 수치심, 죄악감, 자책감을 모른다. 또 전두엽의 손상은 공격적 행동이나 성적 일탈을 막는 제어력을 저하시킨다. 또 알코올에 대한 반응도 과민해지는 것으로 알려져 있다.

(5) 뇌반구기능장애

대뇌는 좌우반구와 반구 연결하는 뇌로 구성되어 있다. 우반구(우뇌)와 좌반구(좌뇌)는 그 기능을 분담하고 있다. 특히 정보처리에 있어 좌반구가 분석적 시차처리를 행하는 것에 비해 좌반구는 전체적 동시처리를 행한다. 따라서 좌반구에 기능장애가 존재하는 경우, 환경적인 자극에 대해 꼼꼼한 대응이 곤란하고, 범죄 등의 반사회적 행동에 이른다고 생각되어진다. 또 좌반구에는 공격행동을 제어하는 기능이 있어 그 장해는 폭력행위를 쉽게 하게 된다는 주장도 있다. 범죄와 좌반구의 장해 관련성은 범죄자 중 다수가 언어기능장해를 보이는 것에서 알 수 있다는 주장도 있다. 하지만 역으로 우반구의 장해가 범죄와 관련성을 갖고 있다는 견해도 있다. 단 우반구와 좌반구는 완전히 독립한 존재가 아니기 때문에 앞에서 지적한 것처럼 명확히 한쪽의 반구 뇌장애만으로 범죄와 연결짓는 것은 적절한 것인가 의문이 남는다.

2) 유년기의 뇌장애와 범죄

출산 전후나 유아기에 어떤 요인에 의해 뇌에 장애가 생겨 뒤에 범죄·비행의 원인이 된다는 가설이 있다. 이 유형의 연구에서 다음 2가지의 뇌장애와 범죄와의 상관관계가 주목되었다.

(1) 주의결핍장애·과잉활동장애

주의결핍장애·과잉활동장애는 미국의 정신의학회 공식분석분류인 DSM-IV에서 처음 사용된 명칭으로 과거 미세뇌기능장애(minimal brain disfunction:MBD)라 불리던 개념과 거의 유사하다. 또 세계보건기구(WHO)의 정신건강 프로그램의 진단기준 ICD-10에서는 「과잉활동장애」란 명칭의 분류가 명시되어 있다. 이 장해는 뇌조직의 이상과 관련된다고 생각되었으나 그 원인으로 뇌손상, 태아기의 스트레스, 식품첨가물의 알레르기, 유전 등 여러 가지 견해가 주장되고 있어 정설은 없다.

주의결핍장애·과잉활동장애의 전형적인 증상으로는 이하의 것을 들 수 있다. (a) 주의력이 결핍되어 있다. (b) 학업성적이 변화가 없다. (c) 침착하지 못하다.

(d) 인내력이 결여되어 있다. 과잉활동장애의 증상으로서 폭발성도 언급된다. 그리고 이 증세가 가정내 폭력, 아동학대, 자살, 폭행, 충동살인 등의 요인이 된다고 제기되었다. 이런 장애와 범죄의 관련성은 비교적 오래 전부터 지적되었다.

예를 들어, 독일의 렘프는 주의결핍장애·과잉활동장애와 매우 유사한 사례를 「조유아기뇌장애(早幼兒期腦障碍)」라 명명하였으며, 이 장애와 범죄의 관련성을 연구했다. 임신 6개월부터 신경돌기의 수초가 만들어져 그 기능이 분화되는 중요한 시기가 있다. 이 시기에 모태의 영양장애, 중독, 외상, 출산시의 타박, 산소결핍, 유아기(乳兒期)의 고열질환, 영양장해, 감염증, 뇌외상 등이 생기면 뇌에 운동장해를 주어 뇌성마비나 지적 발달의 지체가 생긴다. 렘프는 이들 장해 중 병례를 「조유아기뇌장애」라 불렀다. 렘프는 조유아기뇌장애의 증상을 다음과 같이 설명하였다. (a) 지능은 평균적이나 상(像)과 배경(背景)의 식별기능에 장해가 있다. (b) 주의력이 산만해 쉽게 질린다. (c) 감정의 기복이 심하다. (d) 충동적이다. (e) 외부자극에 대한 반응이 과민하다. (f) 대인거리감이 마비되어 아는 사람과 모르는 사람을 구별하지 못한다. (g) 위험에 대한 공포심이 결여되어 있다. (h) 지능에 비해서 학업성적이 나쁘고 글씨는 서투르고 침착치 못하다.

렘프는 이런 특징을 가진 아이가 사회에 적응 못해 열등감이나 공격성 등의 성질을 갖게 되어 신경증이나 범죄 등의 문제행동에 도달한다고 생각했다. 또 렘프에 의하면 14세 미만의 형법범의 절반 이상이 이 종류의 뇌장애 현상을 보인다고 하였다.

(2) 학습장애

범죄 및 비행과 학습장애의 관계가 주목되고 있다. 학습장애는 예전부터 학습능력장해라 불려 범죄학만이 아닌 교육학에서도 높은 관심을 모았다. 학습장애원인은 충분히 규명되어 있지 않으나 뇌장애를 중심으로 여러 가지 견해가 주장되고 있다. 그 증상으로서 언어장애, 실어증, 과잉활동 등이 알려져 있다. 학습장애아는 학교에서 학습활동에 적응할 수 없다. 비행소년의 다수가 학습에 대해 거부반응을 보인 점에서 비행과 학습장애의 관련성이 있지 않은가 생각되어졌다.

하지만 조사결과는 학습장애소년의 범죄·비행률은 일반 범죄·비행률과 통계적으로 유의한 차이는 보이지 않았다. 이 때문에 현재에는 학습장애는 소년법원 등의 통계에서 과도하게 다루어지는 것에 불과하다는 지적도 보인다. 또 이제까지 조사에서는 학습장애의 정의가 통일되어 있지 않으므로 어떤 장애의 원인인가란 점도 규명되어 있지 않기 때문에 범죄성의 원인을 설명하는 것 외에도 이런 조사가 유효한가에도 의문이 남아 있다.

3) 「뇌장애와 범죄」 연구의 평가

뇌의 구조와 기능에 관한 연구는 과학기술의 발달로 비약적인 진보를 이루었다. 특히 뇌의 형태학적 검사 방법으로 CT나 MRI를 활용하여 뇌연구가 정력적으로 이루어지고 있다. 오늘날 「뇌의 이상 소견과 범죄」의 문제가 다시 주목을 모으는 것은 부정할 수 없다. 단 이제까지 연구에서 뇌장애와 범죄간의 상관관계를 갖고 있는가는 충분히 알려져 있지 않고 현재까지도 가설의 범주를 벗어나지 않고 있다. 또 종래의 연구는 뇌장애를 가진 범죄자의 환경요인에 대한 배려를 고려하지 않은 것 같다. 따라서 오늘날에는 뇌장애와 사회적 부적응 간에 어느 정도의 관련성이 존재하는 것에 대해서는 의견일치를 얻었으나 범죄와의 관련성에 관해서는 추가 연구가 필요한 상황이다.

제 2 절 범죄심리학

최근의 범죄심리학적 요인에 관한 연구동향은 크게 나누어 ① 심층심리와 범죄연구, ② 성격과 범죄연구, ③ 지능과 범죄연구, ④ 정신장애와 범죄연구 등 4가지로 나눌 수 있다. 이외에도 오늘날의 심리학에서 구조주의심리학이나 인지심리학적 측면에서 활성화되어 있다. 이제까지 범죄학의 영역에서 현저한 실적은 없지만 앞으로의 연구동향이 주목을 받고 있다.

1. 심층심리와 범죄

심층심리(深層心理)와 범죄 연구에는 많은 임상경험에서 얻은 지식을 바탕으로 사람의 마음구석에 범죄의 근원적인 에너지가 존재한다고 생각해 많은 임상경험에서 그 에너지의 정체를 도출시키려 하였다. 이런 관점에서 범죄의 원인을 설명하려는 수많은 시도가 이제까지 시도되었으며 범죄의 심리학적 요인에 대한 탐구가 활발히 이루어지고 있다.

1) 프로이트와 그 계승자들

(1) 프로이트

현대적인 의미에서 심리학의 관점에서 범죄의 원인에 대한 설명을 최초로 시도한 것은 정신분석학의 시조라 불리는 프로이트(Sigmund Freud)였다. 단, 프로이트는 장기간 동안 연구의 관심을 변경하여 자신의 이론을 몇 번이고 수정·변경해 어떤 시점에서 보는가에 따라 견해를 달리하였다. 프로이트의 연구는 관심이 어디에 있는가에 따라 세 시기로 나눌 수 있다.

제1기는 「꿈의 해석」이 출간된 1900년까지의 시기로 히스테리나 신경증의 임상적인 관찰에서 정신분석학의 기본적인 구상이 구축되었다. 성에 관한 문제나 무의식의 문제는 이 시기에 제기된 것이다.

제2기는 1900년부터 1914년까지의 기간으로 신경증 환자의 심층심리를 파악하는 방법으로 자유연상법이 확립된 이외에 유아기체험, 리비도의 발달과정, 오이디프스 콤플렉스 등이 중심적으로 연구되었다.

제3기는 1914년부터 1939년까지의 기간으로 정신구조론에 중점을 두고 이드(id)·자아(ego)·초자아(superego)의 기능이 연구되었다. 프로이트가 제시한 정신분석에 의한 범죄원인의 설명은 범죄학에도 강한 충격을 주어 그 후 정신분석학적 접근은 범죄학에서 일정한 영역을 확보하게 되었다. 단, 프로이트가 범죄와 심리의 관련에 관심을 제시한 것은 심리학자로서의 긴 여정에서 아주 작은 부분에 지나지 않는다. 오히려 프로이트의 문제의식을 계승하여 정신분석학적 기법에 의한 범죄원인의 설명을 진행한 것은 프로이트의 후계자들이었다.

(2) 융

스위스의 심리학자 융(C. G. Jung)은 프로이트의 정신분석학을 기초로 하면서도 성욕설(性慾說)이나 무의식설(無意識說)에 관한 지식을 기초로 하여 프로이트와 달리 분석심리학(分析心理學)이란 새로운 체계를 정립하였다. 즉 융은 리비도(libido)

를 프로이트처럼 성적인 욕구의 문제에 한정시키지 않고 모든 행동의 기초인 심적 에너지로 파악했다. 융은 이런 심적 에너지의 방향에 의해 인간의 태도를 「외향성」과 「내향성」으로 분류했다.

외향적인 사람은 자신의 관심이 외부세계에 있는 것에 비해 내향적인 사람은 그 관심이 내적인 세계를 지향하고 있는 점에서 양자가 다르다. 이 때문에 외향적인 사람은 사교적, 협조적, 순응적, 단결적인 성향이 강한 것에 비해 내향적인 자는 내성적, 소극적, 순응적, 회의적인 성향이 강하다. 또 폭력적인 충동 등도 외향성의 특징으로 설명하였다. 이 때문에 융의 분류에는 외향적인 사람과 범죄와의 친화성이 지적되었다.

(3) 아들러

융과 마찬가지로 프로이트의 성욕설을 비판하고 개인심리학(個人心理學)이란 자신의 체계를 정립한 심리학자는 오스트리아의 아들러(Alfred Adler)이다. 아들러는 정신현상을 프로이트처럼 성적 욕구와 과도하게 연결하는 것을 부정하고 「열등감과 그 극복」이란 범주 안에서 설명하려 했다. 즉 사람은 사회와 접촉했을 때 스스로 열등하다는 감정과 이것을 보상받으려는 의지를 가진다. 특히 가정환경이 좋지 못한 자나 신체적인 핸디캡을 갖고 있는 자는 강한 열등감을 갖게 되는 경우가 있다. 그 중에는 그것을 과도하게 보상받으려는 자가 있다. 이 과잉보상이 사람을 여러 가지 내적·외적 갈등에 빠지게 해 범죄나 비행을 야기하게 한다고 주장하였다.

(4) 호른

오스트리아 정신과의사인 아이히 호른(August Aichhorn)은 정신분석학을 범죄·비행의 설명에 가장 밀접하게 연결된다고 평가하였다. 아이히 호른은 1925년에 「돈에 책임지지 않는 아이」 중에서 많은 소년비행을 검증한 결과 사회적 스트레스는 소년에게 유해한 영향을 주고 있지만 그것만으로 소년들이 비행에 도달하는 것은 아니라는 결론에 내렸다. 아이히 호른에 의하면 비행에 도달하는 것은 사회적 스트레스에 추가하여 소년들의 반사회적 행위를 준비시키는 심리학적인 소질이 필요로 한다.

아이히 호른은 소년이 이처럼 심리적인 소질을 가지게 되는 상태를 「비행의 잠복」이라 불렀다. 이런 비행의 잠복은 소년이 다음 3가지의 성격 중 어떤 것을 갖추게 될 때 나타나게 된다. (a) 눈앞의 욕구를 채우기를 원한다.(충동적이다) (b) 자신의 개인적 욕구를 채우는 것이 타인과의 관계보다도 중요하다고 생각한다.(자기중심적이다) (c) 선악을 생각하지 않고 본능적으로 행동한다(죄의식이 없다).

이들 비행소년의 성격은 부모에게서 애정을 받지 않고 초자아를 형성하지 못하였기 때문에 이들은 자신의 본능에 대한 통제력이 부족하다는 특징을 지니고 있다. 따라서 비행소년의 처우에 있어서 권위나 통제에 의한 것이 아닌 애정에 의한 수정이 필요하다고 아이히 호른은 주장하였다.

2) 심층심리학과 범죄연구의 평가

이처럼 범죄원인에 대한 심리학적 접근에는 프로이트를 시작으로 한 정신분석학이 기여해 오늘날에도 영향력을 가지고 있다. 확실히 정신분석학의 접근방법은 일반적인 범죄와 비행의 설명으로는 많은 사람에 설득력을 부분적으로 지니고 있다. 하지만 정신분석학에 의해 제시된 개념이나 이론은 추상적인 것이 많다. 프로이트의 「이드」나 「초자아」, 융의 「내향성」이나 「외향성」, 아들러의 「과잉보상」 또는 호른이 말하는 「비행의 잠복」등은 모두 애매함을 남겨 검증되어야 할 부분이 많이 남아 있다. 또 일본에서도 정신분석요법은 널리 보급되어 많은 성공사례도 보고되고 있어 어느 정도의 유효성을 인정할 수 있다. 하지만 범죄자나 비행소녀에 어느 정도의 효과가 기대가능한가는 충분히 설명되어 있지 않다.

2. 성격과 범죄

일반적으로 성격이란 지정의(知情意) 중에서 지를 제외한 의사(意思)나 감정(感情)을 가리키는 말이다. 심리학에서는 인격이란 개념도 사용되고 있다. 양자의 차이를 보면 인격개념에는 적응(適應)이란 관점이 들어가는 점에서 다르다. 단 범죄심리학에 관해서는 양자에 큰 차이는 없고 거의 같은 의미로 사용되고 있다. 그럼 성격은 범죄의 요인으로 보아도 좋은가? 이 문제에 대해 범죄심리학에는 이제까지 ① 유형론적(類型論的) 접근, ② 특성론적(特性論的) 접근의 두 가지로 나누어 설명되고 있다.

1) 유형적론 접근

유형론적 접근은 성격을 몇 가지 타입으로 분류해 이해하려 한다. 이런 접근을 시도한 대표적인 학자로는 크래취마, 셀던, 제릿히를 들 수 있다.

(1) 크래취마

크래취마(Ernest Kretschmer)는 인간의 기질과 체형의 관계를 조사해 그 결과를 1921년의 「체격과 성격」에서 발표했다. 크래취마의 설명에 의하면 인간의 기질은 ① 순환기질(循環氣質), ② 분열기질(分裂氣質), ③ 점액기질(粘液氣質) 등 세 가지로 나누는 것이 가능해 각각의 기질이 특정의 체격에 연결될 가능성이 높다. 이 중 순환기질의 구체적 특징으로는 사교적, 개방적, 명랑 쾌활하고 한편으로 조용하고 침착한 점이 있는 것 등이 특징이다. 이런 특징을 가진 자는 비만형(肥滿型)의 체격을 가지고 있다고 주장이 많다. 분열기질(分裂氣質)의 구체적 특징으로는 비사교적, 내폐적(內閉的), 변덕, 민감한 부분과 둔감한 부분을 동시에 가지고 있는 것을 들 수 있다. 이런 특징을 가진 자는 세장형(細長型)에서 많이 보인다. 점액기질(粘液氣質)의 구체적 특징으로는 사물에 집착하고 착실하고 신중한 반면 급하고 발작을 일으키기 쉬운 것 특징이 있다. 이런 특징을 가진 자는 투사형(鬪士型)이 많다.

종전에 크래취마의 성격분류를 이용하여 슈바프, 피른슈타인, 리들 등이 범죄자에 응용을 시도했다. 예로 슈바프는 3,052명의 범죄자를 대상으로 체격을 조사해 크래취마의 3가지 유형에 맞추었다. 그 조사결과에 의하면 범죄자의 체격은 비만형이 10%, 세장형이 34%, 투사형이 13%였다(그 외 2가지 이상 체격의 특징을 갖고 있는 혼합형이 36%, 발육이상이 7%였다). 여기에서 슈바프는 범죄자에는 '비만형이 적다'란 명제를 도출했다. 그 외에도 슈바프의 조사에서는 세장형의 범죄자는 비교적 젊은 나이로 범죄를 저지르는 경향이 많다는 결론도 이끌어 내었다.

또 이들은 800명의 상습범죄자를 조사한 결과 비만형이 15%, 세방형이 33%, 투사형이 25%였다. 여기서 리들은 세장형과 상습범죄자의 관련성을 주장했다. 같은 결론은 독일 바이에른의 슈트라빈 형무소에서 중형자 150명을 조사한 피른슈타인에 의해서도 보고되었다. 또 특정범죄 유형과 체격의 관련성을 보면 슈바프는 세장형과 절도, 투사형과 강도, 비만형과 사기간의 친화성을 인정하였다.

또 크래취마가 성격유형을 범죄자에 맞춘 조사는 일본에서도 실시되었다. 우선 길익(吉益)박사가 1948년에 흉악범 62명을 대상으로 조사를 실시한 결과, 세장형이 12명, 비만형이 4명, 투사형이 28명이었다. 또 중전(中田)박사가 1965년에 지발형 단기수형자 89명을 대상으로 조사를 실시한 결과 세장형 19명, 비만형 7명, 투사형 13명이었다. 이런 결과는 종래 연구와 어느 정도 일치하는 것으로 볼 수 있다.

(3) 셀던

미국의 셀던(William Sheldon)이 대학생 200명을 대상으로 크래취마의 체격유형에 맞추어 조사를 실시한 결과 어떤 유형에도 속하지 않는 대상자가 다수 발생하였다. 여기서 셀던은 독자적 신체측정법을 바탕으로 체형과 성격의 관련성을 다시 조사하였다. 즉 생명발생원인 배(胚)는 내배엽, 중배엽, 외배엽으로 구성되어 있다. 그 중 내배엽은 주로 소화기계에, 중배엽은 골격이나 근육조직에, 외배엽은 피부나 세포조직에 발달 분화한다. 여기서 셀던은 배의 3요소 중 어느 부분이 가장 발달되어 있는가에 따라 사람을 ① 내배엽형, ② 중배엽형, ③ 외배엽형의 3가지 체형으로 분류할 수 있다고 생각하였다.

이 중 내배엽형(內胚葉形)은 소화기계통이 발달해 외견은 뚱뚱하고 팔다리가 짧은 자가 많다. 중배엽형(中胚葉形)은 근육이나 골격이 발달해 흉곽이 넓고 팔다리가 긴 자가 많다. 외배엽형(外胚葉形)은 피부나 세포조직의 발달이 중심이 되기 때문에 외견상은 마른 형에 부드러운 어깨형인 자가 많다. 또 셀던은 기질의 특징을 가리키는 650개를 분석해 50개의 특성으로 추출했다.

그리고 이들 특성을 기준으로 해 ① 내장긴장형, ② 신체긴장형, ③ 두뇌긴장형 3가지로 분류했다. 이중 내장긴장형(endomorphs)은 온화, 부드럽고, 사교적인 특징을 가지고 있다. 신체긴장형(mesomorphs)은 자신감이 있고 위험이나 권력을 좋아하는 성향을 가지고 있다. 두뇌긴장형(ectomorphs)은 감수성이 예민하고 내향적인 것이 특징이다 또 셀던은 ① 내배엽형과 내장긴장형, ② 중배엽형과 신체긴장형, ③ 외배엽형과 두뇌긴장형 사이에 각각 비교적 높은 상관관계가 보인다고 생각했다.

이처럼 셀던에 의한 체형과 기절의 유형화도 범죄학에 응용되어, 범죄자에 대한 적용이 시도되었다. 우선 셀던은 200명의 남학생과 같은 수의 비행소년을 비교해

"비행소년 중에는 중배엽형의 경우가 많다"고 보고했다. 또 미국의 글룩부부(Sheldon Glueck & Eleanor Glueck)가 500명의 비행소년과 동수의 비행사실이 없는 통제집단을 비교한 결과 비행소년집단에서 중배엽형이 60.1%, 외배엽형이 14.4%인 것에 비해 통제집단에서는 중배엽형이 30.7%, 외배엽형이 39.6%였다. 여기서 글룩부부는 비형소년에는 중배엽형이 높은 수를 점하고 있음에 비해 외배엽형은 적다고 주장했다.

(4) 제릿히

이제까지 검토된 2가지 유형은 일반인을 대상으로 한 유형화의 시도를 범죄자에게 응용한 것이다. 이에 비해 제릿히는 와인들러와 함께 1949년에 쓴 「범죄자의 유형」에서 범죄자의 특질은 체형과 관계없고 법적으로 도출된 공통점을 토대로 행동양식의 특질과 성격경향에 따라 범죄자를 8가지로 유형화했다.

① 노동기피에 의한 직업적 범죄자.(일하는 것을 싫어하고 범죄는 일상적인 생계를 꾸리기 위한 범죄자를 일컫는다. 주로 절도범과 사기범이 많다)

② 저항력 박약에 의한 재산범.(통상적으로 근면하고 법을 잘 준수하며 주로 횡령범이 많다)

③ 공격성의 폭력 범죄자(상습성의 공격벽(攻擊癖)을 가지고 있고 폭력을 주로 행사하는 자로서 가정폭력을 하는 자가 많다)

④ 성적억제결여에 의한 성범죄자.(성적으로 억제력이 약하여 성범죄를 저지르는 범죄자이다)

⑤ 위기범죄자.(갈등상황을 슬기롭게 해결하는 능력이 부족하여 갈등회피의 수단으로 범죄를 행하는 자, 주로 살인범이나 방화범이 많다)

⑥ 원시반응(原始反應)범죄자.(정동성 흥분을 일으키는 자극에 대하여 직접 반응을 한다. 살인, 방화와 같은 격정범이 많다)

⑦ 확신범.(범죄를 자신의 책임감이나 의무감으로 행하는 자를 말한다. 주로 정치범이 이에 속한다)

⑧ 사회훈련 부족에 의한 범죄자.(사회적 훈련이 잘 되어 있지 않아 사회규범을 위반하는 범죄자이다. 주로 과실범이 많다)

(5) 유형론적 접근의 문제점

유형론적 접근에서는 개인의 성격은 전체적·통합적으로 파악하는 것을 목표로 했다. 즉 다양한 성격 중에서 공통점을 찾아 분류하는 것에 의해 성격의 본질을 이해하는 것이었다. 하지만 이런 유형론적 접근에 대해 몇 가지 문제점이 지적되었다.

첫째, 유형론적 접근은 다양한 성격을 제한된 수의 유형으로 분류하기 때문에 중간적인 것이나 혼합적인 것이 무시되기 쉽다. 이 때문 유형론적 접근에는 여러 가지 예외가 존재해 현실과의 사이에 큰 괴리가 생길 수 있다.

둘째, 유형화하는 것에 의해 구체적인 개인이 갖고 있지 않은 성격까지도 부여하는 위험성이 있다.

셋째, 종래의 유형론에 서는 성격을 고정화하는 것이라고 파악한다. 그래서 환경적 요인이 성격의 형성이나 변화에 미치는 영향을 충분히 고려하지 않았다. 이런 유형론적 접근의 문제점이 발견되어 성격연구는 특성론적 접근으로 이동하게 되었다.

2) 특성론적 접근

유형론적 접근이 성격의 공통점에 주목해 세부적인 면에서 상이한 점을 무시한 것에 비해 특성론적 접근(特性論的 接近)에서는 인간의 성격을 다양한 성격특성의 집합으로 파악해 각각의 성격특성을 검토하는 것에 의해 그 자의 성격을 이해하려 한다. 여기서 말하는 「성격특성」은 시간이나 장소가 변해도 일관된 행동이 나타나는 개인의 특징을 말한다. 특성론적 접근과 유사한 생각은 옛날에도 있었으나 미국의 그릭크(Gleuck)부부, 영국의 아이젠크에 의해 금세기 중반에 이것을 범죄심리학의 이론으로 구축되었다.

(1) 그릭크 부부

특성론적 접근을 범죄와 비행의 연구에 적용한 고전적 연구로 그릭크 부부가 행한 비행소년연구가 있다. 그릭크 부부는 비행소년 500명과 통제집단(전과가 없는 소년 500명)에 대한 로샤하 검사와 정신의학적 면접을 실시, 양자를 비교해 비행소년에 공통되는 성격특성을 찾는 시도를 했다. 그릭크 부부는 조사를 거쳐 반사회적 성격을 가진 소년의 성격특성으로 다음 16가지를 지적했다. ① 강한 자기주장, ②

반항적, ③ 외향적, ④ 양가적(兩價的), ⑤ 충동적, ⑥ 나르시스트적, ⑦ 강한 시의심(猜疑心), ⑧ 파괴적, ⑨ 가학적(sadistic), ⑩ 타인에 대한 배려결여, ⑪ 낮은 자신의 사회적 가치에 대한 불만, ⑫ 권위에 대한 불신, ⑬ 인격적 역량의 결여, ⑭ 정신적 불안정, ⑮ 강한 적개심, ⑯ 화를 잘 냄 등 이런 그럭크 부부의 주장 이후 범죄자의 성격특성을 식별하는 많은 시도가 실시되었다.

(2) 아이젠크

아이젠크(Hans J. Eysenck)는 특성론적 접근을 심리학적 이론으로 구축하는데 기여한 학자이다. 아이젠크는 1964년에 「범죄와 성격(personality)」를 저술하여 범죄자의 성격특성에 대해 논하였다. 여기서 인간의 태도나 성격을 가리키는 것은 융의 외향성・내향성의 개념이 기초가 되었다. 다른 한편 아이젠크는 파브로프의 고전적 조건형성이론을 응용했다. 아이젠그에 의하면 반사회적 행동과 관련성이 있는 특성은 외향성과 신경증적 경향성 두 가지가 있다.

이중 외향성은 사교적, 낙관적, 충동적, 공격적인 특성으로 특징지을 수 있다. 또 외향성이 높은 자는 조건형성이 곤란하다고 생각했다. 이에 비해 신경증적 경향성은 자율신경계가 강하고 빠르게 활동해 정서과민 때문에 불안정한 행동을 하기 쉽고 걱정이나 긴장을 많이 한다. 따라서 외향성과 신경증적 경향 양쪽이 모두 높은 자는 효과적인 조건형성이 행해지지 않았기 때문에 양심을 키울 수 없고 충분히 사회화되어 있지 않다.

다른 한편으로 그들은 부적응된 정동반응을 강하게 획득해 범죄에 대한 저항감이 없다고 생각했다. 또 아이젠크는 범죄자 개인의 특성에 맞추어 유아기부터 적절한 교육을 통해 범죄를 예방할 것을 강조했다. 아이젠크는 범죄가 발생한 경우에도 범죄자의 특성에 적합한 개별적 처우가 필요하다고 주장했다.

(3) 성격검사

20세기 중반부터 심리학에서는 성격검사 융성의 시대를 맞이하였다. 이들 검사는 피험자의 성격특성을 객관적으로 측정하기 위해 개발되었으나 결과적으로 특성론적 접근을 더욱 발전하는 계기가 되었다. 성격검사는 질문지법과 투사법 등이 있다. 이중 질문지법은 질문이 기재된 용지에 해답을 써 그 해답을 분석하는 방법을 말한다. 구체적으로 MMPI, MBTI 등이 있다. 이에 비해 투사법은 추상적인 그림, 모양, 문장, 소리 등을 자극재료로 활용하여 피험자에게서 각각의 과제에 대한 자연스런 반응을 얻어 그 반응을 분석하는 것을 말한다. 구체적으로 로샤하검사, TAT 등이 있다.

한국에서 MBTI 성격검사도 비행소년감별에 사용되고 있다. 성격검사 중 과거 범죄와의 관련성에 많이 사용된 것은 MMPI이다. MMPI는 1940년대 미국 미네소타 대학의 심리학자인 Stark Hathaway와 정신과 의사인 Jovian Mckinley에 의하여 비정상적인 행동을 객관적으로 측정하기 위한 수단으로 만들어졌다. 이들 질문의 해답은 타당성척도(① 의문, ②허구, ③ 타당, ④ 수정)와 임상척도(① 심기증, ② 우울증, ③ 히스테리, ④ 정신병적 편집, ⑤ 성도(性度), ⑥ 편집, ⑦ 정신쇠약, ⑧ 정신분열, ⑨ 경조, ⑩ 시회적 향성(向性)으로 분석된다.

MMPI 등의 질문지법의 성격검사는 많은 사람을 동시에 실시할 수 있고 채점도 메뉴얼화가 가능해 쉽게 할 수 있다는 이점이 있다. 이런 편리함 때문에 질문지법 성격검사는 1940년대 이후 급속히 보급되어 성격과 범죄·비행의 관련성을 검토하기 위해 많이 이용되었다. 하지만 이런 성격검사가 널리 이용되면서 그 문제점도 지적되었다. 1960년대 후반이후 성격검사로 범죄자의 성격특성을 추출하는 것에 부정적 시각이 강하게 대두되어 범죄자의 성격특성을 발견하기 위한 성격검사는 지지를 잃었다. 성격검사가 지지를 잃은 이유로는 성격검사에 대한 세 가지의 비판을 제시할 수 있다.

첫째, 성격검사에 의한 범죄자의 성격특성연구에는 피험자의 환경요인이 무시되어 있다.

둘째, 종래 연구대상은 노상범죄(路上犯罪)를 저지른 자에 한정되었다. 예를 들어, 화이트칼라 범죄자 등이 성격검사의 대상에서 제외되어 있는 것은 연구결과에 편의(偏倚, bias)가 생길 수 있다. 즉 성격검사에 의한 범죄자 특유의 성격특성을 찾는 것이 아니라 공통의 성격특성을 가진 범죄자에게 성격검사를 하는 것이 아닌가란 의구심을 가진 목소리가 높아졌다.

셋째, 성격특성과 범죄를 직접 관련시키는 것은 발상의 비약이다. 예를 들어, 성격검사에서 공격성이 높다 해도 범죄와 직접 연결되지 않는 것은 스포츠 선수의 예에서 쉽게 알 수 있다. 따라서 범죄자와 같은 성격특성을 갖고 있으면서 범죄를 저지르지 않은 자, 혹은 타 범죄자와 공통의 성격특성을 갖지 않았으나 범죄를 저지른 자에 대한 설명이 불가능하다고 지적되었다.

넷째, 성격검사의 기본이 되는 형사사조가 지지를 잃었다. 1970년대 미국을 시작으로 유럽의 형사사조는 의료모델에서 정의 모델로 전환하는 중 성격검사 의료모델적 발상에 기초로 한 것으로 인식되어 차츰 지지를 잃었다.

(4) 범죄자 특성연구의 재연

이런 범죄자 고유의 성격을 도출한 연구는 한번 주춤하였지만, 1970년대 중반 다시 주목을 받았다. 이런 계기를 만든 것은 미국 워싱턴 DC에 있는 정신장애 범죄자 전용병원의 정신과의사인 요첼슨(S. Yochelson)과 임상심리학자 세임노우(S. Samenow)였다. 두 사람은 지금까지 자유주의파 심리학자로 알려져 「범죄자는 사회의 희생자이고 심각한 심리적 문제를 안고 있는 사람들이다」란 입장을 표명하였다. 두 사람은 이런 신념을 바탕으로 14년 간 255명의 범죄자를 치료하고 그 경험을 기초로 「범죄성격」을 집필하여 범죄심리학 접근방법의 부흥을 시도하였다.

그들이 도출한 결론은 이하 4가지로 요약하여 제시할 수 있다. 첫째, 개인의 범죄성에 사회환경의 영향은 전혀 없다. 둘째, 「범죄성격」이란 것이 존재한다. 셋째, 범죄성격을 가진 자가 범죄를 저지르는 것은 자유의지에 의한 선택결과이다. 넷째, 이런 범죄성격은 화이트칼라범죄자에서 강간범까지 모든 범죄에 공통적이다. 또 그들은 범죄자의 치료에 있어 중요한 포인트로 이하 6가지를 강조했다.

(a) 범죄성격은 출생시에 이미 가지고 있어서 이후 가족에 의한 영향은 비교적 적다.

(b) 범죄성격은 범죄의 자극을 원한다.

(c) 범죄성격을 가진 자는 자세히 돌봄을 받는 것을 좋아하고 대인관계에서는 이기적이다.

(d) 범죄성격을 가진 자는 도덕관념이 결여되어 있어 타인에 대해 편협하고 계산적이고 어떤 일에도 감정이입이 안 되고 화를 잘 낸다.

(e) 범죄성격을 가진 자는 신뢰감이 결여되어 있어서 타인에게 의지하는 것을 싫어한다.

(f) 범죄자에게서 52의 사고패턴(만성적 거짓말, 타인 것과 자신의 것의 구별이 없다, 강한 낙관주의자이다, 상처 입거나 모욕당하는 것을 무서워한다 등)이 발견되었다.

이런 점을 기초로 요첼슨과 세임노우는 범죄자에 대한 치료방법으로 범죄자 자신의 반사회적인 사고와 정면으로 대응의 중요성을 역설하였다. 이 행동요법은 상당한 효과를 주었다. 하지만 그들의 시도는 과거 범죄심리학의 재연에 불과하다는 평가를 받고 많은 지지를 얻지 못했다. 또 그들이 사용한 용어의 정의가 불명확한 것과 함께 환경요인이 범죄자에게 거의 영향을 주지 않는다는 주장근거가 희박한 것은 결정적인 논리의 약점으로 작용하였다. 또 그들의 행동요법이 성공했다는 임상경험상의 증거가 거의 제시되지 않았다.

3) 성격과 범죄연구의 평가

이처럼 현재에는 성격과 범죄의 연구에 유형론적 접근과 특성론적 접근 모두 한계를 가지고 있음이 지적되어 있다. 그러나 범죄자 성격연구가 의미 없다는 것은 아니다. 오늘날에도 다음 두 가지 영역에서 성격과 범죄의 연구 성과가 활용되고 있다. 첫째, 특수유형 범죄자 조사에 널리 응용되고 있다는 점이다. 구체적으로 설명하면 과거 범죄자의 성격특성, 행동 특성을 데이터로 수집·분석하여 범죄자 특성을 유형화해 범죄수사에 응용하는 것이다. 이런 데이터 수집·분석은 프로파일링(profiling)이라 이름으로 불려지고 최근 미국에서 연쇄살인 수사 등에 상당한 효과를 발휘하고 있다. 둘째, 교정단계에서 감별이나 처우분류의 결정에 이용된다. 여기서는 각각 범죄자의 성격특성을 부각시켜 적절한 처우방법이 고안된다.

3. 지능과 범죄

범죄자는 지능이 낮은 것이 아닌가, 혹은 지능이 낮은 것이 범죄의 원인인 것은 아닌가란 지적이 오래 전부터 있어 왔다. 이런 지적은 20세기를 맞이해 지능지수(IQ)의 개념이나 그 측정법이 보급됨에 따라 실증적으로 연구되게 되어 20세기 초에는 정신측정학파가 주목을 받았다. 이 연구는 20세기 중반에 일시적 종식되었다가 1980년대에 재연되어 활발하게 논의되고 있다.

1) 지능지수의 차이와 범죄

지능에 관한 통일된 정의는 없으나 일반적으로 지각, 인식, 기억, 사고, 개념형식 등이 기능에 의해 새롭게 직면한 문제에 적절히 대처하기 위한 능력으로 설명될 수 있다. 지능은 IQ테스트에 의해 얻은 데이터를 기초하여 지능지수(IQ)로 객관적으로 수량화되었다. 당초 지능지수는 독일의 슈테른에 의해 고안되어 미국의 터만(L. M. Terman)에 의해 공식화된 것으로 정신연령/생활연령×100으로 계산된다.

지능의 측정을 최초로 시도한 사람은 프랑스의 비네(A. Binet)와 시몽(T. Simon)이다. 그들은 1904년에 일상적인 과제 중에서 추리력을 필요로 하는 것을 추출해 난이도 순으로 배열하여 과제를 다루는 자의 지능을 측정하는 지능측정 방법을 고안했다(비네-시몽 지능척도). 이 측정방법은 1908년에 개정되어 그 사이에 정신연령의 개념이 도입되었다. 그 후 여러 가지 수정이나 변경을 거치면서 비네-시몽지능척도를 기반으로 한 지능측정은 평가를 받아 세계 각 국에서 채용되었다.

또 최근에는 지능지수 대신 지능 편차값의 개념이 사용되는 것이 늘어나고 있다. 비네시몽식 지능척도는 성장과 함께 지능이 발달을 계속하는 것을 전제로 측정대상 어린이를 선정했다. 하지만 실제로는 생활연령 쪽이 지능연령보다 더 크게 된다. 이 때문에 성인의 지능지수를 측정할 때에는 수정이 필요하다. 정확한 지능측정이 곤란함이 밝혀졌다. 여기에서 이것 대신 같은 세대 중에서 피험자의 지능수준을 측정해 평균값을 100으로 표시하는 웩슬러식 지능 편차값 검사가 사용되는 것이 늘었다. 이런 지능 측정이 보급됨에 따라 지능과 범죄간의 관련성을 지적하는 소리가 들리게 되었다. 지능과 범죄에 관한 20세기 전반 초기연구와 1980년대 이후 최근연구로 나누어 설명한다.

2) 초기(20세기 전반)의 연구

(1) 초기의 실증적 연구

지능과 범죄의 관련성을 연구하는 것을 두 가지를 전제로 한다. (a) 범죄자는 일반인보다 지능이 낮다 (b) 지능이 낮은 것(정신박약)은 범죄의 원인이 된다. 이런 전제 아래에서 지능과 범죄연구는 우선 미국정신측정학파의 제1인자인 고다드(H. Goddard)에 의해 1914년 보고되었다. 고다드는 16개소의 교정시설에서 수형자의 지능을 측정한 결과 각 시설 수형자의 28%에서 89%, 평균 약 50%가 정신박약자라고 보고하였다. 이런 조사결과에서 고다드는 "모든 범죄자는 정신박약이고 모든 정신박약자는 잠재적인 범죄자이다"라는 결론을 내렸다. 그리고 지능은 유전되고 범죄방지를 위해 단종(斷種)을 제도화할 것을 제창했다.

하지만 이후의 조사에서 범죄자 중의 정신박약자의 비율이 낮고, 지능과 범죄의 관련성 자체가 부정되게 되었다. 예를 들어 1925년에 보고된 바트의 연구에서 비행소년 중 정신박약자는 8%였고 1926년에 보고된 히리와 프론나에 의한 같은 연구에서 13.5%, 1934년의 그릭크 부부의 연구에서는 13.1%, 1947년 메릴의 연구에선 11.6%였다. 또 서덜랜드에 의하면 1925년부터 1928년 사이에 보고된 범죄자나 비행소년을 대상으로 실시된 지능검사 350건의 연구를 종합하면 정신박약의 비율은 20%이라고 보고한 바 있다.

세계 제1차 대전 중 미 육군은 정신장애자는 군복무에 적합하지 않다고 판단하여 징집장병에 대해 지능검사를 실시했다. 그런데 검사결과는 예상과 반대로 징집장병의 반수가 정신박약이었다. 이 때문에 육군은 정신박약과 지능수준을 낮추어, 정신박약 해당자를 줄여서 채용자를 확보했다. 이러한 연구결과를 토대로 지능과 범죄의 관련성은 낮다는 인식이 다시 높아졌다. 당초 지능과 범죄의 관련성을 강조한 고다드도 나중에 자신의 조사가 정확성이 부족함을 인정했다. 또한 고다드는 지능이 순수하게 유전적인 것만이 아니고 약간은 교육에 의한 개선이 가능한 것으로 자신의 주장을 수정하였다.

또 제2차 세계대전 후에는 지능과 범죄연구의 수도 감소했다. 예전엔 일반적으로 지능수준이 낮은 자는 범죄·비행을 하기 쉽다고 생각했다. 하지만 1960년부터 1970년에 걸쳐 일본에서 실시된 조사에서 정신박약자와 보통학생의 비행률에 유의한 차이가 밝혀지지 않았다. 오늘날 지능수준과 범죄 비행과의 직접 관련된다는 견해는 소수에 불과하다.

3) 최근의 연구–「지능과 범죄」연구의 부활

(1)「지능과 범죄연구」의 부활

「지능과 범죄」연구가 다시 부활의 계기를 맞이하게 된 것은 1980년대에 들어와서다. 「지능과 범죄」간의 상관관계가 인정되어, 지능이 낮은 것은 유색인종과 하류계층에 속한 백인임이 전제되었다. 그런 「지능과 범죄」연구의 부활은 허쉬(T. Hirschi)와 힌데랑(M. J. Hindelang)의 논문 「지능과 범죄 : 수정론자의 데뷰」이다. 그들은 여기서 지능과 범죄에 관한 기존 연구자료를 재검토한 후 범죄나 비행을 예측할 때는 지능지수나 인종, 사회계층보다 중요한 근거가 된다는 결론을 이끌어 냈다.

또 허쉬와 힌데랑은 그때까지의 지능검사가 인종과 계급의 편의(偏倚)가 있다는 의견을 부정하고 같은 인종이나 계급에 속한 범죄자와 비범죄자간에도 명확한 지능 차이가 존재한다고 하였다. 그들은 지능이 낮은 자는 소년기에 학교생활에 잘 적응 못해 낙제나 퇴학의 가능성이 높고 학교생활에 대한 부적응과 비행이나 성인 후의 범죄와 높은 관련성을 보인다고 주장했다.

1980년대를 맞이하면서 이와 같은 허쉬와 힌데랑의 주장은 후속된 많은 연구 성과에 의해 지지를 얻게 되었다. 우선 1982년에 유덜 등은 비행청소년과 통제집단에 대해 웨슬러 지능검사를 실시했다. 그 결과 전자는 후자에 비해 평균 20포인트 낮은 것이 밝혀졌다. 또 고던은 1986년에 인종과 지능이 범죄에 미치는 영향을 연구해 지능 차이가 범죄를 예측하는데 중요한 준거가 되며, 인종에 의한 범죄율에 차이를 야기하는 근거가 된다고 보고했다. 같은 해 테노는 상습적인 폭력소년 범죄자를 연구해 그들이 초범의 폭력소년 범죄자에 비해 언어지능검사와 지능검사 양쪽에서 점수가 낮다는 점을 발견했다.

또 모핀트, 가브리엘, 메도닉, 슐싱거는 1989년 덴마크의 비행소년들의 지능을 검사해 지능이 낮은 것과 비행 간에 중요한 상관관계가 있다고 지적했다. 그들에 의하면 지능이 낮은 소년은 언어능력도 낮고 그 때문에 학교생활에 있어 핸디캡을 가지게 되어 비행을 저지르기 쉽다고 생각했다. 이런 일련의 연구 중 가장 주목을 모은 것이 윌슨과 헤른스타인의 「범죄와 인간의 본성」이다. 그들은 책에서 지능이 낮은 것과 범죄의 관련성을 지적했다. 단 그들은 지능이 낮은 것만으로 사람이 반사회적인 행동을 일으키는 원인을 설명하는데 불충분하다는 점을 제기하였다. 즉 지능이 낮은 것은 범죄에 간접적 원인 중 하나에 불과 하다고 주장하였고, 오히려 양자를 관련짓는 것은 학교에서의 부적응이라는 다른 요인이 더 설명력이 많다고 하였다.

1980년대 「지능과 범죄」연구의 성과는 금세기 전반의 「지능과 범죄」연구와 다른 결론을 도출한 점이 주목된다. 이처럼 지능과 범죄의 관련성을 보다 명확히 규명하기 위해서 영국 캠브리지대학 범죄학연구소에 의해 실시된 종단적 연구(縱斷的 硏究)에 주목할 필요성이 있다. 종단적 연구란 다수의 피험자를 장기간에 걸쳐 관찰해 범죄나 비행의 요인을 밝히려 하는 것을 말한다. 패링턴(Farrington) 등의 연구에서는 런던 북동지역에 사는 소년들을 대상으로 8세부터 32세까지 관찰이 계속되었다. 장기에 걸친 연구결과 패링턴 등은 범죄에 영향을 미치는 요인으로 양친의 불화, 양친의 별거, 부적절한 예절, 비행소년과의 교우관계, 저소득, 양친의 전과 등과 지능이 낮은 것을 제시했다. 패링턴의 연구에서 25세까지 비행사실이 있는 자의 지능지수 평균이 95인데 비해 비행사실이 없는 자의 평균은 105이었다. 단, 그들은 비행과 빈곤과는 상관관계가 있음을 지적했다. 즉 지능이 낮은 것과 범죄와의 관련성은 있으나 이것은 유전적 영향보다 가정이 빈곤해 적절한 교육을 받지 못한 환경면의 영향이 더 강하다는 점을 강조하였다. 그 외 연구에서도 지능을 유전적인 연구와 관련짓는 사례는 극히 적다. 이런 점이 지능과 범죄의 초기연구와 최근연구의 중요한 차이이다.

(2) IQ 논쟁

단 이처럼 지능과 범죄의 관련성이 1980년대에 들어가 다시 주목받게 된 계기는 지능을 유전적인 요인에 연결한 주장이 대두된 것도 하나의 이유이다. 즉, 새롭게 「지능과 범죄」연구의 배경에는 미국에서 펴진 IQ논쟁이다. IQ논쟁이란 「지능은 유전 되는가?」란 문제를 두고 벌어진 뜨거운 논쟁을 말한다. 예를 들면 젠센은 지능은 유전에 의해 거의 결정되고 흑인의 지적 수준이 낮은 것은 유전적이 요인에 의한 것이다라고 주장하였다. 고던도 비슷한 연구결과를 보고한 바 있다.

또 트랜지스트의 개발로 노벨물리학상을 수상한 바 있는 쇼클리(William Bradford Shockley)는 유전자는 지능에 관련되어 있고, 이 유전자가 많아지면 지능이 높아진다고 생각했다. 여기서 그는 우수한 자손을 많이 남기기 위해 정자은행에 정자를 제공해야 한다고 주장했다. 과거 쇼클리의 주장은 그가 노벨상을 수상한 미국을 대표하는 과학자란 점 때문에 큰 파문을 일으켜 「쇼클리 쇼크」라고 불리는 사회현상을 낳았다. 이에 대해 지능의 유전성을 부정하는 학자들은 젠센(A. Jesen)이나 쇼클리의 주장의 근거가 되는 데이터의 정확성에 의문을 제기하고 인종차별적인 요소가 있음을 제기했다. 그리고 그들을 우생주의자, 인종차별주의자로 격렬하게 비판했다.

「지능은 유전이 되는가?」라는 문제는 미국에서 오늘날에도 계속되고 있다. 특히 1994년에 헤른스타인(R. J. Herrnstein)과 머레이(C. Murray)가 쓴 『벨 곡선(*Bell Curb*)』에 의해 최근에는 지능의 유전성을 지지하는 견해가 세력을 떨친다고 하고 있다. 이 책에서 헤른스타인과 머레이는 이제까지 실시된 156명의 지능과 유전에 관한 연구를 검증했다. 두 사람에 의하면 이들 자료를 통계처리하여 도표화로 나타내면 종과 같은 모양이 된다고 하였다. 이 그래프 중에 지능이 낮은 자는 왼쪽으로 기울어진 선에 위치한다.

헤른스타인과 머레이는 그래프의 벨형을 5가지로 분할해 이 중 좌사면은 제4계층(둔하다)과 제5계층(굉장히 둔하다) 2가지로 분류했다. 미국에서 이 두 계층에 포함되는 인구는 약 25%(6,250만)이고, 범죄, 노숙자, 미혼모 등 많은 사회문제를 일으키는 사람은 지능지수가 낮은 25%에 의해서 일어난다고 주장했다. 또 그들은 백인과 흑인의 지능지수는 평균 16포인트의 차이가 있다고 했다. 그리고 종래 이런 차이가 경제적인 격차에 기원할 것이란 지적이 있었으나 사회적, 경제적으로 높은 지위에 있는 흑인과 백인 사이에서도 지능지수 차이가 존재하고 있음을 볼 때 양 집단의 지능차는 유전에 기초한 것이다. 미국에서 일어나는 대부분의 사회문제가 흑인집단에서 발생하는 것은 지능의 차이로 설명이 가능하다고 이들은 주장한다. 즉 그들의 주장을 「저능화」가설이라고 한다. 즉 지능에 따라서 양극화현상이 일어난다는 주장이다.

헤른스타인과 머레이는 지능의 유전성이나 인종간의 격차를 근거하여 사회적 약자보호를 위해 복리정책이나 차별제도의 폐지를 호소했다. 이런 주장은 미국에서 항상 야기되는 우생학적인 사조에 기인한 것이며, 이러한 주장들은 인종차별적 사상을 배경으로 한 것임이 틀림없다. 따라서 이후에도 이와 유사한 주장이 전개 될 가능성을 부정할 수 없다. 그들의 주장은 1980년대 후반부터 보수주의 물결이 강해진 미국의 정치, 사회정세 등에서 많은 지지와 반향을 얻기도 하였다.

헤른스타인과 머레이의 「저능화」가설을 검증하기 위해 미국심리학협회는 특별팀을 구성하였다. 연구결과 그들의 주장에 문제가 있다는 결론을 내렸다. 즉, 그들의 주장이 옳으려면 시간이 지남에 따라 사회전체의 IQ 수치가 낮아지고(즉, 저능화가설), 인종 및 계급간 IQ 점수차가 높아져야(즉, 양극화가설)한다. 그러나 미국의 평균 IQ 점수는 1930년대 이래 조금씩 높아지고 있으며, 이는 헤른스테이노과 머레이의 "저능화"가설과 상반된다. 이러한 IQ 차이가 현저히 줄어들고 있는 이유는 학교교육과 흑인의 대학진학의 증가와 관련된 교육상의 변화를 반영하고 있는 것으로 보인다.

(4) 「지능과 범죄」연구의 평가

이처럼 지능과 범죄의 관련성은 현재에도 강하게 주장되고 있다. 하지만 이런 주장에는 많은 의문점도 지적되었다.

첫째, 이제까지의 「지능과 범죄」 연구에는 조사대상 자체에 편향(bias)이 있는 것은 아닌가?

둘째, 지능이 낮은 자는 체포되기 쉽기 때문에 범죄자 중에 지능이 낮은 자가 눈에 많이 띄는 것은 아닌가?

셋째, 지능과 범죄의 관련성을 사회계급이나 인종의 문제를 배제하고 논할 수 없는가? 특히 미국에서 하류계급에 속한 사람이나 유색인종은 학교나 직장에서 적응하기 곤란하기 때문에 비행이나 범죄로 빠지는 측면은 무시할 수 없지 않은가?

넷째, 지능검사가 지능을 어떤 기준으로 측정되는지가 불명확한 것이 아닌가?

이전부터 지능검사는 문화적인 편향이 생기기 쉽다고 지적되어 왔다. 따라서 지능검사는 피험자의 지능을 측정하는 것만이 아닌 피험자가 처한 환경을 포함해 수량화가 되는 것이라고 보는 쪽이 적절하지 않은가? 지능검사는 많은 이점을 함께 가지고 있는 것은 사실이다. 예를 들어, 비행청소년이나 범죄자의 치료에 지능검사의 데이터가 이용되고 있다. 또 정신지체아의 조기발견에도 도움이 된다. 단, 「지능과 범죄」 연구는 오늘날에도 우생학사상이 배후에 깔려 있는 것을 부정할 수 없다.

이런 현 상황에서 범죄와 지능의 관련성을 직접 긍정하는 것은 크게 지지를 받을 수 없다.

4. 정신장애와 범죄

정신장해가 범죄의 하나의 요인이란 생각은 범죄학사상 일관되게 주장되어 왔다. 단, 정신장해의 정의나 분류는 시대나 나라에 따라 약간씩 다르게 정의되어 왔다. 여기서 범죄와 관련되는 것은 5가지 유형이다. ① 3대 정신병, ② 기질성 정신병-중독성 정신병, ③ 정신지체(정신박약), ④ 반사회적 성격장해(정신병질), ⑤ 신경증이다.

1) 정신장해의 진단기준의 변화

이제까지 정신장해의 분류는 주로 독일정신의학의 의견을 기초로 하였다. 또 이런 종래의 정신병 진단은 현실적으로 의사의 주관에 따를 가능성이 크고 또 국가와 시대 혹은 학파나 입장에 따라 다른 판단이 내려진다. 하지만 이런 상태에서 정보의 교환이나 의료적인 대응을 효과적으로 행할 수 없기 때문에 객관적인 진단기준의 필요성이 국제적으로 요구되었다. 이런 관점에서 세계보건기구(WHO)는 정신보건프로그램의 일환으로 정신장해의 진단과 분류의 개선을 시도하였다.

그 성과로 「질병과 관련된 보건문제에 대해 국제통계분류(ICD)가 있다. 또 같은 문제의식에서 미국 정신의학회에서 진행되고 있는 정신질환의 진단, 통계매뉴얼」의 개발도 큰 주목을 모으고 있다. DSM의 작성은 1950년대에 착수되어 ICD를 포함하면서 다수의 전문가에 의한 연구나 과거 데이터의 집적, 검토 등 여러 노력이 행해졌다. 그리고 1980년 출간된 제 3판 DSM-Ⅲ에선 새로운 진단 시스템이 채용되어 전문가 이 외에도 사용 가능한 매뉴얼 체제가 갖춰져 미국에 국한하지 않고 유럽이나 일본, 한국에도 급속히 보급되었다. 현재에는 1994년에 출간된 제4판 DSM-Ⅳ가 널리 이용되고 있다.

2) 3대 정신병

신장애에는 정신병성 장해와 비정신병성 장해가 포함된다. 전자는 일반적으로 내인성(內因性)인 것과 외인성(外因性)인 것이 있다. 내인성 정신병이란 밝혀진 외적 요인을 인정치 않고 그의 발병에 무언가의 신체적 · 생물학적인 요인에 의한 정신장해를 가리키며, 정신분열병, 비정형 정신병 등이 포함된다. 이에 대해 외인성 정신병이란 뇌의 외상, 종양, 감염증, 중독 등 외적요인에 의해 발병한 정신장해를 가리키며 기질성(뇌에 주병변을 가지고 있고 기본 증상은 의식장애) 중독성(알코올이나 다른 약물남용 또는 의존), 중독성(신체질환에 의해 일어나는 대사이상이나 분비이상)등이 포함된다. 실제 정신병환자의 대부분은 3대 정신병 즉, ① 정신분열병, ② 조울병, ③ 천식환자이다.

(1) 정신분열병

정신분열병은 아래와 같은 증상을 특징으로 한다. ① 환상이나 망상 등의 인지장해와 그에 기초로 한 이상행동(예로 흥분이나 혼동), ② 특유의 사고장해, ③ 자아의식의 장해, ④ 경과와 함께 진행되는 인격의 황폐 등이 중요한 특징이다. 우리나라에서는 정신병원 입원환자의 약 60%가 정신분열병이다. 정신분열병의 주요 병적 유형은 다음 3가지로 분류된다. ① 망상형 정신분열병.(망상, 환상증상을 가지며 비교적 늦은 연령기에 발병하는 등의 특징이 보인다) ② 긴장형 정신분열병.(의지발동의 장해가 주 증상이고 격한 흥분상태에서 의리발동이 거의 정지하는 혼미상태까지 여러 정도의 증세가 보인다. 급격히 발병해 오해받기 쉽다) ③ 파괴형 정신 분열병.(감정과 의지의 둔감이 증상이며 비교적 젊은 연령에서 발병해 만성화하기 쉽다)

정신분열병에 대해 앞서 제시한 세 가지 유형이 오랜 기간동안 사용되어 왔다. 하지만 최근에는 너무 단순해 현실적으로 의미를 갖고 있지 않은 것이 아닌가란 인식이 팽배한 것도 사실이다. ICD-10이나 DSM-Ⅳ에서 파괴형 정신분열병 등은 해체형 정신분열병이라 불리고 있으나, 이 유형 외에 감별(鑑別)불능형(환상, 망상, 횡설수설하는 대화 등 정신분열병의 기본적 증세는 보이나 감정둔감의 음성증세를 보이는 병형)을 추가하여 정신분열병을 다섯 가지로 분류하기도 한다.

정신분열병과 범죄의 관련에 대해 이제까지의 연구결과 확립된 특징은 없다는 견해가 있는 한편, 돌발적이고 공격성이 강하다는 지적도 있다. 범죄유형별로는 살인, 상해, 방화 등의 범죄를 행하는 비율이 다른 정신병의 경우보다 비교적 높다. 또 일반적으로 재산범을 저지른 자는 적다고 하나 파괴형 정신분열병처럼 감정, 의리의 둔감한 결함상태에 있는 경우에는 경미한 재산범죄를 저지르는 경우가 있다고 할 수 있다.

확실히 범죄통계상에 이런 지적이 가능할지 모르나 정신분열병의 발병원인에 대해 「빌스설」을 포함해 이제까지 많은 견해가 있음에도 불구해도 완전히 규명되었다고 말하기 힘들다. 또 정신분열병과 범죄의 인과관계에 대해 다시 검토해 볼 여지가 있다. 또 정신 「분열(分裂)」이란 용어를 사용하는 것 자체가 적절한지에 대해서도 논의의 여지가 있다고 부언하고 싶다.

(2) 조울병

조울증은 조(操)상태와 울(鬱)상태와 같은 기분의 장해를 기초로 하는 병세가 주기적으로 반복하는 질환이다. 조증은 고양된 기분, 의욕의 항진, 다동(多動), 다변(多辯), 수면단축, 통제결여 등이 특징으로 나타난다. 한편 울병은 기븐, 의욕이나 흥미의 감퇴, 피로감, 동작완만 등이 그 특징이다. 실제로 조상태와 울상태는 「단극성 울증」이 주로 있고 조상태에서는 「단극성 조병」은 극히 드물다고 한다. 또 「단극성 조증」이라 생각되는 것은 거의가 조상태와 울상태를 반복하는 「쌍극성 기분장해」의 아형이라 생각하고 있다.

ICD-10이나 DSM-Ⅳ에서는 이런 점도 고려해 종래 조울병이라 불리는 질환은 기분장해의 카테고리로 분류했다. 때로 DSM-Ⅳ는 기분장해를 4가지로 세분화하여 진단기준을 분류했다. ① 우울병성 장해, ② 쌍극성 장해(조병과 울병이 교대로 나타나는 기분장해), ③ 증상성 또는 중독성 기분장해(일반적인 신체질환이나 약물 등의 영향에 의한 기분 장해), ④ 특정불능의 기분장해가 그것이다.

조울병과 범죄의 친화성에 대해 부정적으로 보는 시각도 있는 반면 의외로 높다는 지적도 있다. 친화성을 긍정하는 견해는 조상태에서 고양된 기분이나 자기통제 결여로 무전취식, 무임승차, 절도, 공갈, 상해를 할 가능성이 있다고 하였다. 이에 대해 울상태는 강한 죄책감 등에서 자살염려가 있어 무리하게 동반자살을 기도할 가능성이 많다고 하였다.

(3) 간질

간질(癎疾)은 발작적으로 의식상실이나 경련을 일으키는 만성 중추신경성 질환으로 3대 정신병에 하나로 불리고 있다. 간질은 롬브로조에 의해 생래성범죄의 요인이라고 지적한 이래 오랜 기간 동안 범죄의 친화성이 주장되어 왔다. 이처럼 간질이 범죄의 원인이라 생각되어진 이유에는 다음과 같은 두 가지가 제기되고 있다.

첫째, 간질환자의 발작이 표면상, 폭발적, 공격적인 인상을 주었다. 둘째, 간질에 의한 의식장해가 간질성의 성격변화(폭발성과 점착성)를 가져와 살인이나 방화 등의 중대범죄를 일으킨다고 생각되어졌다. 간질의 중요 발작형은 크게 4가지로 나눠어진다.

① **대발작(大發作)**. 이 타입은 처음 10초 전후에 전신의 근육이 경직, 그 후 20초에서 50초 사이에 부들부들 크게 흔들리는 경련이 끝나면 호흡은 돌아오나 수 분간 의식상실 상태에 빠진다.

② **소발작(小發作)**. 이 타입은 10초 정도 짧은 기간의 의식상실 발작을 하나 경련은 없다.

③ **정신운동발작(精神運動發作)**. 이 타입은 발작이 정신면(의식장해)이나 행동면(자동증 등)에서 발현하고 발작기간에 발생했던 일에 대해 기억은 없다. 통상은 수 분간 짧은 기간에 의식을 회복하나 수 시간에 걸쳐 무의식의 상태가 계속되는 케이스도 있다.

④ **단순부분발작(單純部分發作)**. 이 타입은 사지의 일부에 경련이 있으나 의식을 잃지는 않는다.

이 중 ①②④는 현실적으로 범죄를 할 가능성이 거의 없다고 생각되나 ③이 범죄학에서 가장 문제가 된다. 또 간질성 상격변화도 문제가 된다. 간질성 성격변화에는 점착성 또는 폭발성의 특징을 가지고 있다. 그리고 전자에는 재산범이 후자에는 폭력범이 많다고 한다. 첫째, 예전에 조금씩 보도되던 간질 발작시 범죄는 현실에 극히 희미하다고밖에 할 수 없다. 둘째, 현재에는 뇌파검사에 의한 조기 간질발견이 가능하고 또 약물치료가 비약적으로 발전해 간질환자 스스로 행동을 제어해 통상 사회생활을 더욱 용이하게 할 수 있게 되었음을 알 수 있다. 이 때문에 최근에는 간질로 입원하는 이의 수가 격감하고 있다.

단, 간질성 성격변화에 대해서는 범죄와의 관련성이 문제된다. 또 가장 중요한 점은 오늘날에는 간질이 정신질환이라 생각되지 않는다는 점이다. 그 때문에 오늘날에는 간질은 3대 정신병의 하나로 보는 주장을 지지할 수 없다. 물론 간질이 요인이 되어 어떤 정신장해를 초래할 수 있다. 하지만 오늘날 의학적 지식으로 보면 간질은 정신질환이 아니고 신경질환으로 보아야 한다. 이 때문에 ICD-10이나 DMS-Ⅳ에도 간질은 정신질환으로 기재되어 있지 않다.

(4) 기질성 정신병 · 중독성 정신병

가. 기질성정신병

기질성정신병(器質性精神病)은 두부외상, 종양, 뇌출혈, 뇌염 등 기질적 뇌병변으로 인하여 정신상태에 영향을 미치는 병을 말한다. 그 정신증상은 기억력, 기명력, 판단력의 저하를 중심으로 하여 치매, 성격의 변화, 환상, 망상 등이 있다. 기질성 정신병은 ICD-10에는 「증상성을 포함한 기질성 정신장해」라는 카테고리도 기재되어 있다. 이에 대해 DSM-Ⅳ에서는 이 유형에 속한 정신병을 「기질성」이란 말을 써 「치매증상, 건망장해 및 그 외 인지장해」나 「일반적인 신체질환에 의한 정신장해」라 부른다. 전자의 범주에는 노인성 치매나 건망 외에 ① 두부외상에 의한 치매, ② 뇌진탕 후 장해, ③ 가벼운 신경 인지장해 등도 포함된다. 기질성 정신병과 범죄의 관련성은 과민, 기분이변성(氣分易變性) 등의 증세가 보이는 경우에 급격한 정동(精動)이나 기분변화에 의한 폭행, 상해의 가능성은 충분히 있다고 생각한다.

나. 중독성 정신병

중독성정신병(中毒性精神病)은 알코올이나 마약, 유기용제 등의 약물중독에 빠진 결과 발생하는 정신병을 말한다. 이중 알코올중독은 오늘날 알코올증이라 하여 의존증(依存症)이나 정신병으로 분류한다. 알코올의존증은 알코올남용과 의존을 포함하는 말인데, 전자는 발작적 혹은 충동적으로 단기간 음주를 행하는 행동패턴이고 후자는 내성(耐性)의 상승(즉 음주량 증가)이나 이탈증상에 의해 특정할 수 있다. 알코올정신병에는 음주에 기인한 망상이나 환상이 생긴다. 이에 대해 약물중독은 각성제, 마약 등의 섭취에 의한 중독증세를 말한다. 남용되는 약물은 환각이나 망상을 유발하는 작용을 하는 것을 말한다.

또 지속적인 약물남용은 정신분열병과 유사한 증세가 출현할 수 있다. 이런 증세는 ICD-10에서 「정신작용 물질 사용에 의한 정신 및 행동장해」란 카테고리로 또 DSM-Ⅳ에는 「기질관련 장해」란 카테고리에 포함되어 있다. 여기서는 알코올이나 대마, 코카인 등의 니코틴, 카페인, 진정제, 수면제 등의 남용 부작용 등에 의해 발생한 정신장해의 진단기준이 상세히 기술되어 있다.

종래 중독성 정신병과 범죄의 관련은 「알코올과 폭력범죄」, 「약물과 재산범죄」에 관련성이 있다고 하였다. 예를 들어, 알코올정신병에는 망상이 나타나게 되고 망상상의 가해자에 대한 살인 등의 가능성이 지적되었다. 또 약물중독에는 유기용제 중독자에 의한 절도가 많은 것이 지적되고 있다. 하지만 최근에는 약물사용자에 의한 폭력범죄가 주목을 받고 있는 한편 알코올의 재산범죄에의 영향을 지적하는 연구도 증가하고 있는 추세이다.

(4) 반사회성 성격장애(정신병질)

성격장애란 병은 아니다. 행동, 태도, 사고양식 등이 보통사람과 달라서 스스로 괴롭던가 주위사람을 괴롭게 하는 증상을 말한다.

반사회적 성격장애(antisocial personality disorder)는 감정의 미성숙과 책임감과 판단의 결여를 보이며, 사회 규율을 어기고 경험을 통해 배우지 못하고 타인의 권익을 침해하는 반사회적 행동이 만성적으로 반복되는 이상성격을 일컫는 말이다.

이런 인격의 장애는 예로부터 여러 이름으로 불렀다. 전술한 영국의 프리챠드의 「도덕적 정신장애」개념이나 프랑스의 모델의 「정신병질」의 개념이 여기에 속한다. 또 영·미를 중심으로 한 연구에서는 「사회병질」이란 개념으로 사용되었다. 정신병질에 대해 종래 특히 발양형(發揚型), 정서결여형(情緖缺如型), 의지결여형(意志缺如型)의 3가지에 대해 범죄와의 관련성이 지적되었다. 예를 들어 발양형은 가끔 집단적으로 강간, 강도 등을 행할 수 있다고 한다. 또 정서결여형은 흉악한 범죄를 반복한다. 그리고 의지결여형은 생존경쟁에 밀려 재산범죄를 상습적으로 저지르는 경우가 많다고 하였다.

하지만 오늘날 한국의 정신의료 현장에서 진단명으로서 「정신병질」이란 용어를 사용하는 것은 급격히 감소하고 있는 것이 현실이다. 이처럼 정신병질이란 용어가 쓰이지 않게 된 요인은 ① 정신병질의 진단 기준이 애매한 것, ② 정신병질자에 대한 치료방법이 확립되어 있지 않는 것, ③ 과학적인 정신의학의 방법을 비판한 반

정신의학의 주장이 일정 영향을 준 것, ④ 정신병질의 용어가 보안처분 문제와 연결되는 관계로 반대시민들의 표적이 되는 것을 들 수 있다. 최근에는 정신병질이라는 용어 대신에 「반사회성 성격장애」란 개념이 널리 쓰이고 있다. 이것은 ICD-10이나 DSM-Ⅳ의 영향을 받은 것이다.

반사회성성격장애의 내용은 이전의 정신질환과 거의 변하지 않았으나 종래보다 정신병질의 정의의 불명확성이 비판을 받음에 따라 최근에는 반사회성성격장애의 범위를 확정하기 위해 여러 노력을 하고 있다. 하지만 의학적 개념 중에 「반사회성」이란 가치개념이 과연 친화성을 갖고 있는가도 의문으로 남고 극단적으로 말하면 범죄자의 대부분은 「반사회적」이라 할 수 있다. 또 「정신병질」개념을 넓게 파악해 그 외의 성격장해(예로 연기성 성격장애나 경계성성격장애 등)도 포함된다.

(5) 신경증

신경증(神經症)은 심인성(心因性)에 의해 생기는 심신의 기능장애로, 본인의 신체에 기본적 기반이 없는 것을 가리킨다. 단, 신경증의 범위는 입장이나 이론에 의해 다르거나 정상(正常), 심신증, 정신병, 인격장애 등과의 경계가 애매하다. 일반적으로 증상에 따라서 불안 신경증, 심기증, 신경쇠약, 히스테리, 우울신경증, 강박신경증, 공포증, 이인(離人)신경증 등으로 분류된다. 신경증과 범죄의 관련성은 적다고 생각되었다. 이제까지 신경증의 개념은 극히 불명확하다고 비판을 받아 왔으나, ICD-10에서 「신경증 장애, 스트레스 관련장애 및 신체 표현성장애」란 카테고리를 설치. 여러 증상을 이 유형에 포함시켰다. 여기에 대해 DSM에서는 DSM-Ⅲ부터 신경증의 개념을 쓰지 않는다. 이것은 신경증적 장애를 DSM에서 배제한 것이 아닌 감정장애, 불안장애, 신체 표현성장애, 해리장애, 성심리장애 등의 범주에 분류한 결과이다. DSM-Ⅳ도 신경증이란 개념을 사용하지 않고 있다.

제 3 절 범죄사회학

범죄의 생물학적 요인과 심리학적 요인에 대한 연구가 범죄자의 개별적인 특성을 대상으로 하는 것에 비해 사회학적 요인연구는 범죄자를 둘러싼 환경 전체에 주목한다. 범죄의 사회학적 요인에 대해서는 여러 가지 분류가 가능하나 정설은 없다. 여기에서는 설명의 편의상 사회집단과 사회환경 두 가지로 나누었다. 이중 사회집단은 개인에 직접 영향을 미치는 미시적 도덕환경을 말하고 구체적으로 가정, 학교, 직장, 사회, 계층 등이 있다. 이외 인종이나 연령에 대해서도 개인의 사고나 행동의 결정에 영향을 주는 사회집단으로 이해할 수 있다. 이에 비해 사회환경은 사회 전체에 거시적으로 영향을 미치는 환경을 말한다. 구체적으로 도시화, 경제상황, 매스미디어가 있다.

1. 사회집단과 범죄

1) 가정과 범죄

가정은 「인류최소의 사회집단」으로서 본래 범죄를 제어하는 역할을 맡고 있다. 하지만 동시에 가정은 범죄의 원인이 되기도 한다. 이 때문에 「가정은 범죄의 원인이다」라 할 수 있다. 이제까지 가정환경의 문제는 특히 소년비행과의 관련이 지적되어 많은 조사연구가 이루어졌다. 제2차 세계대전 후에 한정해 보면 가정과 범죄·비행의 연구는 2기로 나눌 수 있다.

제1기의 연구(전후~1960년대)는 가정의 구조에 초점을 맞춰, 범죄·비행의 원인을 찾았다. 그 대표적인 연구로는 범죄·비행원인이 되는 가정을 4가지로 나누었다. ① 결손가정.(사망, 이혼, 실종 때문에 실부모가 있지 않은 가정) ② 갈등가정.(심리적인 갈등 때문에 가족 내의 인간관계에 갈등과 불화가 생기는 가정) ③ 범죄가정.(범죄에 대한 생각이나 행동이 긍정적인 가정) ④ 빈곤가정.(경제적 생활수준이 낮은 가정). 이런 네 가지 유형론은 간단명료한 설명이 되어 있어 범죄요인 탐구의 기본적 전제가 되었다.

하지만 이런 접근에 대해서는 두 가지 비판이 있다. 첫째, 일정한 가정상황이 범죄에 연결된다는 전례는 도덕적 가정을 이상으로 하는 과도한 도덕주의(moralism)에 기초로 한 것은 아닌가? 둘째, 네 가지 유형화는 가정환경을 과잉단순화를 통해 비행의 실태를 파악한 것이 아닌가? 최근에는 한국에서도 「비행소년의 대부분이 양친이 있고 경제적으로 중산층에 속한다.」는 사실(비행의 일반화)이 보고되고 있다. 위에서 제기한 유형론은 시대의 흐름에 적합하지 않은 것이라고 할 수 있다. 또 4유형의 명칭 자체도 재검토를 요하는 것이다.

범죄자가 일인 가정에 있다고 일가 전체를 범죄가정이라 부르는 것은 옳지 못한 낙인의 전형적인 사례이다. 또 일가 전체가 범죄를 할 가능성이 많은 집단이라는 발상은 과잉단순화되어 가계연구의 축적결과를 통해 부정되었다. 또 결손가정이란 용어는 영어의 "broken home"을 번역한 것으로 일반적으로 사용되나, 차별적인 뉘앙스가 포함되어 있어 사용을 자제하고 있는 경향이 있다. 최근 친부모가 없어 가정기능이 발휘되지 않는 경우 기능적 결손가정이라 부르는 예가 있으나 이것도 같은 예이다. 이처럼 제1기의 연구는 정태(형태)적 연구였다.

제2기(1970년대~)는 연구의 중점을 「가정구조」에서 「가정의 상호작용」으로 보는 동태(기능)적인 연구로 변화되었다. 가정에는 여러 기능이 있으나 이 연구가 가장 중시하는 것은 아이를 교육·보호하는 가정의 사회화 기능이다. 콘크린(J. Conklin)에 의하면, 가정의 사회기능에는 4가지 중요한 요소가 있다고 한다. ① 부모의 감독, ② 애정의 끈, ③ 가정전체의 조화, ④ 친자의 커뮤니케이션 그리고 가정의 형태가 어떠하고 이들 요소의 결여로 가정의 사회화기능이 제대로 움직이지 못한 경우 가정이 범죄(비행)원인이 된다고 생각하였다.

허쉬(T. Hirsch)가 유대이론(bonding theory)에서 「애착(愛着)의 끈이 비행(非行)을 억제한다.」라는 지적한 것도 같은 점을 주목한 면이 있다. 허쉬에 의하면 소년이 비행에 대한 유혹에 직면한 때 결정적인 역할을 한 것은 양친의 물리적 존재가 아닌 심리적 존재라고 한다. 학생을 대상으로 범죄를 저지르지 않는 이유를 묻는 조사를 행한 로샤(J. Roscha)도 비슷하게 법을 준수하는 이유로서 「형벌을 무서워하는 것이 아닌 양친의 마음을 생각해서」라는 이유를 든 자가 많았다는 조사결과를 보고하고 있다.

또 1991년 미국의 맞코드는 가정환경과 남자소년을 비행에서 끊게 하는 것은 특히 「모친이 중요한 역할을 하고 있다」라는 것이 확실하다고 보고했다. 그에 의하면 모친이 자식의 행동에 자신감을 갖고 처벌적 행동을 취하지 않고 애정이 넘치는 지도력을 겸한 경우 그 자식은 비행을 할 가능성이 감소한다. 이에 비해 부친의 가정 내의 역할이 소년비행에 주는 영향이 크지 않다. 하지만 성인범죄에 주는 아버지의 영향은 크다.

맛코드는 아이의 유소년기에 부친이 모친의 자존심에 상처를 입히거나 극히 공격적이고 가정 내 다툼이 끊이지 않을 경우에 그 자식이 성인이 되어서 범죄를 저지를 가능성이 높다고 지적했다. 단, 이처럼 가정의 사회화기능에 초점을 맞춰 빈곤이나 가정의 붕괴를 무시할 수 없고 이들도 사회화에 영향을 미치는 범위를 사실적으로 판단할 수 없다. 또 가정의 사회화를 저해하는 요인은 시대에 따라 변해서 최근에는 점점 다양화되고 있다. 핵가족화, 맞벌이 가정의 증가가 가정의 사회화를 저해하는 요인으로 지적되고 있고 독신, 이혼, 미혼모 등도 사회화를 방해하는 요인으로 등장하였다.

2) 학교와 범죄

종래의 범죄·비행 연구를 보면 학력과 학교생활의 부적응에 초점이 맞추어져 있었다. 하지만 이제까지의 통설은 오늘날의 교육의 실태를 보면 시대착오적인 것도 포함하고 있어 재검토를 필요로 한다. 또 학교와 범죄·비행의 관계를 보는 경우에는 학교가 갖는 어떤 요인이 작용해 「학교 외에서 이루어지는 범죄·비행의 문제」와 「학교 내에 있어 이루어지는 범죄·비행」의 양쪽을 다룰 필요가 있다. 이 중 후자에는 학교폭력이 문제가 되었으나 오늘날에는 「집단 따돌림」의 문제도 주목되고 있다.

우선 학력에 대해서는 이제까지 「범죄자나 비행소년의 학력은 일반인의 학력에 비해 낮다」고 여겨져 왔다. 그리고 그 이유로 학교에 있어 충분한 교육을 받지 못함으로 인한 사회성·도덕성의 발달지체나 낮은 글자해독능력에 의한 도시생활에 대한 부적응이 지적되었다. 다른 한편, 저학력자의 다수는 빈곤가정출신으로 또 그 지능이나 성격의 결여가 있는 경우가 많아 이 요인들이 범죄의 원인으로 작용한다고 설명해 왔다. 이들 견해는 저학력이 범죄의 원인은 아니고 빈곤이나 지능·성격의 결여 등 저학력자의 공통되는 다른 요인이 범죄에 영향을 미친다고 생각하였다.

예를 들어, 밀러는 학력이 높은 자는 지적능력이 높아 저학력자보다 은밀히 비행의 발각을 숨기는 방법을 아는 것이 아닌가 지적했다. 또 현대사회는 학력중시 경향이 강해서 저학력자는 사회적 성공을 얻을 기회가 엄격히 제한되어 있다. 따라서 사회적 성공에 대한 원망과 그것을 방해하는 현실과의 긴장이 저학력자를 범죄로 이끈다는 측면도 부정할 수 없다고 생각한다.

조사결과를 보면 저학력을 범죄원인으로 보는 것을 긍정하는 경향이 많이 있다. 하지만 종래의 연구는 노상범죄(路上犯罪)를 중심으로 한 것을 잊어선 안 된다. 즉 거의 모든 연구는 화이트칼라범죄, 기업범죄, 고급관료의 범죄, 정치가의 범죄 등에 대한 연구는 거의 없는 실정이다. 그 많은 암수범죄를 고려하면 통계상의 수치만을 주목해 학력과 범죄문제를 다루어 범죄학의 일반원칙으로 정립하는 것은 넌센스에 불과하다. 현실적으로 학력과 범죄의 종류를 보면 많은 범죄에 대해서는 저학력자가 많은 것에 비해 탈세나 횡령은 학력이 높은 자가 비교적 많은 비율을 차지하고 있음을 간과해서는 안 될 것이다.

일반적으로 「학교부적응(구체적으로 퇴학, 학업성적부진, 결석)학생은 비행률이 높다」는 설명이 종래의 정설이다. 예로, 글룩(Gleuck)부부가 퇴학과 비행과의 상관관계를 조사한 결과 비행소년의 퇴학경험은 95%인 것에 비해 통제집단인의 비행사실 없는 소년에서는 11%였다. 또 종래 이전 학교 부적응에는 개인적 요인과 환경적 요인이 영향을 미친다고 생각해 왔다. 이 중 개인적 요소에는 학력의 낮음이나 집단생활에 익숙해지기 어려운 심신의 장해 등이 있다.

이에 비해 환경적 요인으로는 가정의 빈곤이나 가정불화 등 가정요인과 학력편중에 의한 획일적인 교육시스템 등 학교요인이 여기에 속한다. 이런 견해는 한편으로는 맞는 면도 있으나 인과관계는 명확하지 않다. 또 최근 한국에서 무단결석자 수가 많아 그 원인도 다양한 것이 특징이므로 학교부적응과 범죄·비행의 관계가 명확하지 않다.

학교 내의 학생폭력을 「학교내폭력」이라 부르며 사회적으로 주목을 모으게 된 것은 1990년대 후반이었다. 교내폭력에는 크게 나누어 ① 대교사 폭력, ② 학생간 폭력, ③ 기물파괴폭력이다. 교내폭력은 1990년대 후반과 최근까지 심각한 문제로 대두되고 있다. 학교내 폭력의 경향으로서 다음 7가지가 지적되었다. (a) 수업시간 중에 교실 내에서도 발생하고 있다. (b) 악질화되고 있다. (c) 충동형과 계획형이 있다. (d) 모두 외부 불량배와 관계되어 있다. (e) 전국적으로 발생하고 있다. (f) 연중 지속적으로 발생하고 있다. (g) 여러 명의 교사가 집단폭력을 당했다.

이런 폭력에 대한 대책으로 학교 방침에서 교사의 태도까지 여러 지적이 있었으나 최근에 약간씩 감소되었다. 이런 감소요인으로는 교내폭력의 원인이 개선되었다기보다 오히려 학교 내의 관리체제의 강화와 경찰의 적극적 개입에 의한 것이 크다고 봐야 할 것이다. 간단히 학교교육문제로 치부하고 학교에 그 대응을 전면적으로 위임하는 것이 아닌 가정이나 지역사회를 포함한 포괄적인 대책을 강구할 필요가 있다. 특히 교사에 대한 폭력은 심각한 교권침해로 엄격하게 다루어져야 할 것으로 생각한다.

학교와 범죄·비행과의 관계에서 교내폭력과 함께 진지한 검토가 필요한 것이 「왕따」이다. 본래 왕따는 인간관계의 문제로 범죄·비행과는 무관계였다. 하지만 실제 왕따는 형법상 구성요건에 해당하는 경우도 적지 않다. 이 때문에 최근에는 범죄학의 영역에서 왕따가 논의되는 횟수가 늘어나고 있다. 왕따가 「인권을 침해하는 위법행위로 범죄이다」란 사실을 정면으로 이해하지 않으면 안 된다. 또 최근 왕따가 원인이라 생각되는 자살이 몇 차례 방송을 통해 보도되면서 사회적인 관심이 높아졌다.

또 왕따문제는 한국특유의 현상이 아닌 일본을 비롯한 세계 여러 나라에서도 문제시되고 있다. 우선 오늘날 한국에서 왕따로 보고되는 건수는 많지 않으나 초등학교 학생부터 대학생, 심지어는 직장까지 널리 분포되어 있다는 것이 하나의 사회적 문제가 아닐 수 없다. 또 질적인 특징으로 「왕따의 잠재화」가 지적되었다. 각각 왕따의 사실이 실제 존재하는가 없는가는 가해자, 피해자의 쌍방에 「왕따하고 있다」와 「왕따 당하고 있다」란 인식이 있는가 없는가란 양자의 관점에 따라야 하겠지만, 최근에는 가해자측이 왕따를 짓궂은 장난이나 게임으로 위장해 정당화하는 악질적 방법이 동원되는 경우도 적지 않다.

또 교사에게 왕따 사실이 발각되지 않게 하기 위하여 피해자와 주변친구들이 발설하지 못하도록 정보를 단절시키는 경우도 있다. 그 때문에 왕따가 발각 된 때에 학교측이 그 사실을 몰랐던 것도 적지 않다. 이들 사정을 고려하면 보고되지 않는 암수(暗數)도 상당히 많을 것이라는 사실을 추정할 수 있다. 최근 왕따는 그 수단이 교묘화되어 가고 있다. 본래 왕따란 것은 교묘한 성질을 가지고 있다. 하지만 최근 왕따에서는 「집단따돌림」 등의 방법이 집요하게 반복돼 피해자가 정신적으로 강한 상처를 받아 PTSD(외상후스트레스장애)에 빠지는 사례도 많이 발생한다.

그 외의 왕따의 오늘날의 특징으로는 다음 4가지를 지적할 수 있다. (a) 왕따는 가해자와 피해자와 함께 그들의 주위의 아이들에 의해 만들어진다. 또 그 주변 아이들은 왕따를 즐겁게 보는 자(관객)와 봐도 모른 척 하는 자(방관자)로 나누어져 있다(왕따의 4중구조). (b) 왕따에 어떤 형태로든 관계되는 아이들이 증가추세이다. (c) 왕따의 가해자가 다른 자와의 관계에서는 피해자가 될 수 있다. (d) 왕따의 피해가 학업성적이 우수한 자에까지 확산되어 있다.

이외에도 학교와 관련에서 다음의 4가지 비행원인이 지적되었다. ① 학력편중 교육을 배경으로 한 저학력 학생들의 욕구불만이다. 저학력 학생은 「성적」이란 가치기준에서 높은 평가를 받지 못한다. 그 때문에 그들은 학교에 강한 욕구불만을 가지고 있다. 여기서 이를 해소하기 위한 가치기준을 「폭력」이나 「불량스러움」으로 변경한다. ② 학교를 무대로 한 영화 등의 영향이다. 비행소년은 비행내용이나 수단을 무슨 방법으로 학습하는가? 텔레비전 등의 메스미디어에 의해 대량의 정보가 여과 없이 비행소년에게 전달되고, 이를 통해 학생들은 폭력 및 비행을 학습하게 된다. ③ 교사의 학생지도력 저하에 의한 통제의 누수와 부모의 무관심 내지 관리부족이 비행발생을 억제하지 못하고 있다. 어떤 이유로 인해 교사에 대한 존경이나 애착이 희미해지면 교사에 의한 통제는 흔들려 학교에서의 비행발생을 통제할 수 없게 된다. ④ 학교교사에 의한 일탈 낙인 붙임도 중요한 원인이다. 비행소년은 학교나 교사에 의해 받은 「공부 못하는 학생」 「불량학생」 등의 낙인찍기에 의해 비행소년이 된다. 이런 낙인을 붙이는 것에 의해 비행소년은 고정관념적인 역할기대를 바라기 때문에 비행을 반복하고 있다.

한국처럼 취학, 진학률이 높고 소년인구 대부분이 학교에 귀속되어 있는 상황에서는 소년비행의 원인을 학교에서 구하는 지적은 설득력이 있다. 특히 이제까지 계속 지적돼 온 학력편중의 교육정책과 성적지상주의 교육시스템에 대한 비판도 있어 비행소년을 이런 일그러진 교육시스템의 희생자로 이해하는 주장도 있다. 확실히 이런 주장은 오늘날 소년문제의 핵심이라고 할 수 있다. 하지만 이런 주장이 학교에 대한 맹목적인 비판이나 교사에 대한 비판으로 이어지는 것도 결코 바람직하지 못하다.

본래 학교만이 교육의 장소는 아니다. 오늘날 가정환경의 급속한 변화(이혼 · 맞벌이로 인한 자식과의 대화부족)나 지역사회의 연대가 약화되어 부모나 인근주민이 아이의 생활이나 인격형성 면에서의 교육을 받지 않고 그 역할을 전부 학교에 미루는 경향이 없다고는 할 수 없다. 오히려 학교는 사회전체에서 부담해야 할 교육문제를 일방적으로 떠안고 있는 측면이 있다. 따라서 「학교와 범죄 · 비행」의 문제를 다룰 때에는 그 배후에 있는 여러 사회문제를 고려해야 한다.

한편 학교의 범죄 · 비행 통제기능에 주목하는 면도 있음을 잊어서는 안 된다. 예컨대 허쉬(Hirschi)의 유대이론이나 펠슨(M. Felson)의 일상활동이론에서 학교에서 있는 시간이 길면 길수록 소년들이 비행을 할 시간이 없어진다고 이야기하였다. 다음에는 「학교와 범죄 · 비행」연구에는 학교의 이런 기능에도 유의해서 다양한 각도에서 검증이 이루어질 필요가 있다.

3) 직장과 범죄

많은 사람이 생활의 대부분을 직장이란 사회환경에서 보낸다. 이 때문에 사회환경과 범죄의 관련성을 검토할 때도 직장은 뺄 수 없는 중요한 검토 대상이다.

종래 직장이나 범죄 간에 일정한 연관성이 있다고 하는 주장들이 자주 제기되어 왔다.

첫째, 직종(職種)과 범죄 관련에서 「단순노동자의 범죄율이 높고 전문직 · 기술직 · 관리직에 종사하는 자의 범죄율은 낮다」고 보고되었다. 이 설명은 직업의 성격이 범죄경향성을 갖고 있다는 뉘앙스를 풍기고 있지만 화이트칼라 범죄를 고려해보면 사실에 맞지 않다. 또 직종이 다양화된 오늘날의 현실을 고려하면 직종과 범죄의 관계는 설득력이 떨어진다.

둘째, 실업과 범죄의 관련에서 절도를 중심으로 양자의 상관관계가 지적되었다. 확실히 실업과 범죄의 관련성은 있는 것으로 추측된다. 하지만 실업자가 증가하는 시기는 경제상황의 악화시기와 겹치는 경우가 많은 것도 사실이다. 실업이 범죄증가를 충분히 설명하지 못하는 중요한 이유이다. 또 고령화사회에 있어 고령실업자의 역할이 증가하여 실업내용에 질적 변화가 생겨 실업과 범죄의 관련성을 너무 강조하는 것은 적절치 않다고 생각된다.

셋째, 전직(轉職)과 범죄의 관련에는 전직경험자의 범죄와의 관련성이 지적되었다. 오늘날에는 종신직은 급격히 감소하였고 전직은 자연스러운 현상으로 받아들여지고 있다. 전직자의 역할이 급속히 증가하는 오늘날에는 전직과 범죄의 관련성 자체가 희박하다고 생각된다. 또 전직은 취업조건이나 인간관계가 강한 영향을 주는 경우도 있어 전직과 범죄의 상관관계를 안이하게 인정하는 것은 피해야 한다. 현재까지 이들의 상관관계에 대해 실증적인 연구는 충분히 이루어져 있지 않고 원론적인 규명도 진행되어 있지 않다.

범죄학상 직장과의 관련에서 오늘날 주목할 점은 오히려 직장범죄이다. 직장범죄란 개인이 자신의 이익을 위해 직무 중에 저지르는 범죄를 말한다. 1973년에 미국 범죄학자 크리나드와 퀴니에 의해 주장되었다. 그들의 관심은 이제까지 사용된 「화이트칼라 범죄」의 정의가 매우 애매하기 때문에 이를 직장범죄와 기업범죄(기업의 관리자에 의해 기업을 위해 이루어지는 범죄 혹은 기업가에 의해 이루어지는 범죄)로 나눠 범죄의 성질을 명확히 하는 것이었다. 두 사람의 이런 견해는 그 후 범죄학에서 많은 지지를 받아 오늘날에는 직장범죄와 기업범죄에 대해 각각 개별적 연구가 이루어지고 있다.

직장범죄의 특징으로는 5가지가 지적된다. (a) 한번에 발생하는 범죄에 의한 피해는 적으나 그것이 반복된다. (b) 통상 직무 중에 이루어지므로 발견하기 어렵다. (c) 통상의 업무중에 실행되고 피해규모도 적어 범죄자의 죄의식이 적다. (d) 직장범죄 전체 피해는 크다. (e) 경제적인 영향은 매우 크다. 이런 표시나지 않는 범죄적 경제활동을 「숨은경제(hidden economy)」라 부른다. 이제까지 직장범죄 방지를 위해 기업내부의 감시활동 강화 등이 지적되었으나 어느 정도 효과가 있는지는 더 연구가 필요하다.

직장범죄에 관한 연구 중에 가장 중요한 테마의 하나로 직장환경이 범죄촉진의 요소를 갖고 있지 않은가란 점이다. 이 점에 대해 이제까지의 연구에서 직장범죄 발생을 촉진하는 요소로서 5가지가 지적되었다.

첫째, 상거래에서 신뢰관계가 없는 경우이다. 상거래에는 판매자와 구매자 사이에 지속적인 신뢰관계를 쌓아 가면서 계속 이루어지는 것과 기계적으로 단번에 완료되는 것이 있다. 이중 전자는 범죄의 이익과 신뢰 양쪽을 잃는 것이 되어 범죄에 의한 리스크(risk, 위험부담)가 크다. 이에 비해 후자는 범죄를 저질러 발각되어도 손해는 적고 신뢰는 처음부터 존재하지 않아 큰 문제가 되지 않는다. 이 때문에 직장범죄는 후자 같은 상거래에서 발생하기 쉽다.

둘째, 직무상 전문지식을 필요로 하는 경우에 쉽게 발생한다. 직무수행에 고도의 전문지식이 요구되는 경우, 거래상대나 주변에서는 거래나 직무가 적정하게 이루어지는가를 판단하기가 곤란하다. 이 때문에 직무상 고도의 전문지식이 필요로 하는 경우에 범죄가 발생하기 쉽다.

셋째, 직무수행에 있어서 넓은 재량이 주어질 때도 위험하다. 어떤 지위에는 직무수행에 경험이나 높은 지식이 요구될 때가 있다. 또 그런 지위에 맞는 재량이 인정된다. 이런 재량의 범위 내에서 범죄가 일어나는 경우 이에 관계없는 사람은 방지하거나 발견하는 것이 곤란하다. 이 때문에 직무수행에 맞춰 넓은 재량이 주어지는 것이 범죄발생의 요소가 되고 있다.

넷째, 범죄방지 시스템이 완비되어 있지 않은 경우이다. 기업은 내부에서 범죄가 일어날 수 있음을 알아도 방지시스템을 도입하는 것이 많은 비용이 필요한 경우 시스템도입을 하지 않는다. 그런 기업의 내부환경에서 범죄를 유발할 수 있으며 어느 정도의 범죄는 예상할 수 있다.

다섯째, 취급상품의 질이나 양이 애매한 경우에도 그렇다. 상거래에서 상품의 질, 양 또는 종류가 명확하지 않은 것이 있다. 이런 상품을 다룰 경우 품질을 저하시키거나 양을 교묘하게 줄이는 등의 부정행위가 발생하기 쉽다. 이 때문에 이런 상품의 거래를 다루는 것은 범죄의 가능성을 높이는 요인으로 작용한다.

4) 인종과 범죄

인종은 종래 범죄생물학적 요인의 하나로 논의되었다. 하지만 오늘날에는 인종은 하위문화(sub-culture)를 형성하는 경우가 많아 일반적으로 사회학적 관점에서 논의되고 있다.

예전에는 미국의 흑인범죄율, 유럽의 유대인범죄율 등이 주로 연구되었다. 그리고 그런 연구 중에는 인종에 의한 범죄율 차이를 지적하는 예도 적지 않았다. 예를 들어, 19세기 후반에 실시된 유럽에서의 유대인의 범죄율이 다른 인종에 비해 낮은 것이 지적되었다. 또 1940년대 미국의 흑인범죄율 연구에서 흑인의 범죄율은 백인에 의해 3배 이상 높았다.

단 이런 연구에 의해 특정인종의 범죄율이 높은 것이 밝혀졌다 그렇다고 인종 자체가 직접적으로 소질적 요인이 되었다고는 할 수 없다. 오히려 빈곤이나 높은 실업률 등 인종을 둘러싼 사회적인 요인이 문제일 수 있다. 또 동일 인종이 집단으로 거주해 하위문화를 형성하는 경우 이런 하위문화의 영향도 고려해야 한다. 이런 관점으로 보면 「인종과 범죄」문제도 사회집단의 문제로 파악하는 것이 가능하다.

지금까지의 「인종과 범죄」연구가 인종차별적인 관점을 가지고 있는 것은 사실이다. 이 때문에 1960년대 이후 인종운동이 거세짐에 따라 「인종과 범죄」연구는 감소하였다. 하지만 이렇게 한번 가라앉은 것 같은 「인종과 범죄」문제가 최근에 재연 조짐이 보인다. 예컨대 미국에서 흑인·멕시코계 미국인·그 외의 소수민족의 범죄율이 높은 것이나 그 원인이 소질적인 요인의 차원을 넘어선 설명도 제기되고 있다. 이런 주장의 배경으로 신보수주의의 대두를 들 수 있다.

이제까지 조사에는 인종 간에 있어 범죄 발생률에서 차이가 있다고 전제하였다. 하지만 이제까지의 「인종과 범죄」연구의 기초가 된 자료들은 가두범죄를 대상으로 하는 것으로 화이트칼라 범죄를 고려하지 않았음을 간과할 수 없다. 그 때문에 과거 조사를 전제로 한 「인종의 범죄성」은 논할 가치가 별로 없다. 미국에서 최근 실시된 대규모 자기보고식 조사에서는 인종간의 범죄율 차이가 밝혀지지 않았다. 또 범죄 중 다수가 다른 인종간이 아닌 같은 인종에서 발생하는 현실도 주목해야 한다. 확실히 미국의 경우 실질적으로 중대범죄에서 흑인이 체포되는 비율은 백인에 비해 극히 높으나 인종차별이나 도시문제가 흑인의 범죄율을 높이는 요인 중에 하나임을 간과해선 안 된다.

5) 사회계층과 범죄

사회계층은 생활수준에 의해 분류된 사회집단으로 상류계층·중류계층·하류계층 등 3가지로 분류된다. 종래 이 사회계층과 범죄의 관련성으로 하류계층과 범죄의 연관이 지적되었다. 또 하류계층과 범죄의 친화성을 지적하는 다음과 같이 두 가지 관점이 존재한다. ① 하류계층의 경제상황, 특히 빈곤이 미치는 영향, ② 하류계층의 독자적인 문화가 미치는 영향이 그것이다.

빈곤을 범죄원인이라고 보는 견해는 과거부터 유력하게 거론되었다. 예컨대 한국에서도 과거에는 「수형자의 대부분이 빈곤계층 출신자이다」란 지적이 있었다. 또 전술한 「가정과 범죄」나 「학교와 범죄」에서 「빈곤가정이 범죄와의 친화성을 가짐」 혹은 「저학력자의 범죄율이 높은 것은 그들의 다수가 빈곤가정 출신이기 때문」등의 견해가 나온 것도 비슷한 사실을 지적한 것이라 할 수 있다. 단 오늘날에는 사회복지 정책의 향상으로 빈곤에도 질적 변화가 보인다. 또 실증적 연구에서도 하류계층에 속하지 않은 자에 의해서 재산 범죄가 발생하고 있는 것도 확실해졌다. 이 때문에 빈곤의 관점이 경제적 불평등 또는 상대적 빈곤으로 옮겨졌다.

하류계층 고유의 문화가 범죄원인이라는 주장은 코헨의 비행하위문화론이었다. 코헨은 하류계층소년은 지위를 상승시키는 시도가 단절되어 있어 전통적 문화에 적대감정을 품고 그 반동형성(反動形成)으로 특유의 하위문화를 형성하여 비행에 이른다고 주장했다. 또 밀러는 하류계층의 소년이 비행을 하는 이유는 코헨이 말하는 것처럼 중·상류계층 문화에 대한 적대감정이 아닌 싸움이나 스릴을 강하게 바라는 가치개념에 바탕을 둔 하류계층 문화의 적응의 소산이라고 하류계층문화론을 주장하였다.

과거 범죄학에는 범죄의 대부분이 하류계층에 속한 자에 의해 발생한다는 주장에 대해 의견이 일치하였다. 이 때문에 사회계층과 범죄간에 상관관계가 인정되어 왔다. 이런 인식은 현재도 뿌리깊은 지지를 받고 있다. 예컨대, 오스트레일리아의 범죄학자 브레이스웨이트(J. Braithwaite)는 1970년대 이후에 발표된 90건이 넘는 「사회계층과 범죄」 연구를 재검증하고, 「사회계층과 범죄의 관련성에 대해 많은 실증적인 연구결과를 통해서 확인되었다」라고 평가하였다. 단 오늘날 범죄가 하류계층에 속한 자에 의해서만 이루어지는 것은 아니란 점이 제기되고 있다.

왜냐하면 「하류계층과 범죄」 연구에서 조사대상을 주로 가두범죄로 한정하여 화이트칼라 범죄가 그다지 고려되고 있지 않았기 때문이다. 예를 들어 래클레스(Reckless)는 화이트칼라 범죄를 포함하여 「사회계층과 범죄」에 관한 통계를 산출하면 상류계층과 하류계층에 범죄분포율이 높아지고 중류계층에서 낮아지는 곡선이 된다고 주장했다. 따라서 지금까지의 연구를 종합해서 재해석하면 하류계층과 범죄의 관계는 수정되어야 할 것이다. 대신에 사회계층의 범죄에 있어서 질적 차이가 있을 뿐이다. 앞으로의 연구에서는 계층 간에 범죄의 질적 차이에 대한 연구가 진행되어야 할 것이다.

6) 연령과 범죄

통상 연령은 개인의 소질적인 요소로 이해된다. 여기선 일정 연령층을 사회집단으로 파악. 그 집단의 특징을 검토해 보는 것도 재미있는 작업일 것이다.

미국에서 연령과 범죄의 관련성을 보면 일반적으로 체포되는 자가 많은 연령층은 15세에서 16세이다. 또 범죄별로 보면 가장 체포자가 많은 것은 재산범이 15세에서 17세, 폭력범이 18세에서 19세, 화이트칼라 범죄가 30세에서 55세, 정치범죄가 30세에서 55세로 되어 있다. 이에 비해 한국에서의 형법범의 연령별 분포를 보면 20세에서 14세의 범죄율이 가장 높다. 또 형법범의 검거인원의 인구비를 보면 소년의 인구비는 12%대로 추리된 것에 비해 성인 인구비는 8%대였다. 소년의 연령과 범죄관계를 보면 양적으로 연소소년(14・15세)이 가장 많다. 연소소년은 절도 중간소년(16・17세)은 횡령・강도, 연장소년(18・19세)은 살인・강간의 경우가 높았다. 이처럼 미국과 비슷하게 한국에서도 연령과 범죄간의 일정한 관련성이 나타난다. 특히 성인과 소년간에 범죄율에서의 차이를 보이는 것과 마찬가지로 청소년도 각 연령층으로 차이나 나타난다는 점이다.

이처럼 일정한 관련성을 낳는 요인은 어디에 있는가? 일반적으로 연령에 의한 범죄의 변화에 대해 ① 신체적 정신적인 변화와 ② 사회적 관계의 변화가 영향을 미친다고 생각된다. 이 중 전자에 중점을 둔 견해에는 범죄 발생률이 청소년기에 높은 요인을 「정신의 미성숙」에 의해 설명하는 한편 성인기 이후에 범죄율이 저하하는 경향을 보이는 근거를 「신체적・정신적 성숙」에서 찾는다.

이에 비해 후자에 중점을 둔 견해에는 사회와의 상호관계의 차이에 주목해 청소년기와 성인기 이후의 범죄 발생률의 차이를 각각의 시기에 받는 「비공식적 사회통제의 차이」에서 구했다. 즉 청년기 이후의 범죄 발생률의 저하를 직업이나 가정 등에 의한 구속으로 설명하였다. 또 사회적 관계변화에 대해서는 소년비행이 경제성장, 도시화, 사회의 고학력화 등 사회의 구조적 병리에 강한 영향을 받은 결과로 생각된다.

연령과 범죄의 관련성을 보다 상세히 설명하는 이론으로 「위기(危機)이론」이 주목된다. 이 이론에 의하면 인간은 어느 시기마다 발달과제(사춘기 등)를 가지고 있다. 많은 사람들은 이 문제를 극복하면서 성장하나 그 중에는 개인의 적응처리능력을 넘는 발달과제에 봉착하는 사람도 있을 수 있다. 이런 「위기」에 조우하여 이를 극복하지 못한 사람은 기본적인 사회적응 기능이 형성되지 않고 각종 문제행동을 일으킨다. 예를 들어 유아기에는 애착이나 기본적인 신뢰는 기본적인 사회적응 기능을 익히는 것에 의해 「특정의 사랑대상을 갖는 것」이 발달과제로 요구된다.

하지만 모친의 애정을 충분히 받지 못한 자는 「위기」에 빠져 종래 반사회적 행동을 일으킬 가능성이 생긴다. 또 청년기에는 정신적 자립이나 가치관 등의 형성에 의해 「제대로 된 성인이 되는 것」이 발달 과제가 된다. 하지만 부친이나 모친에 대한 콤플렉스 등에 의해 어른이 되는 것에 반항심을 가진 자는 「위기」에 빠져 정서가 불안정한 가운데 범죄나 비행을 저지른다.

위기이론은 생활경로(life course)의 각 장면마다 다른 범죄촉진요인에 직면하게 된다는 점을 지적한다. 이런 지적은 각각의 범죄케이스에 의해 설득력이 있는 내용을 갖추고 있다. 하지만 위기이론도 약간의 문제점이 지적되고 있다. 우선 정신분석학파의 범죄심리학이론과 유사하게 실증이 쉽지 않다는 점이다. 또 「위기」 때문에 범죄를 저지른 자와 「위기」 상황에 있으면서 범죄를 저지르지 않은 자의 차이에 대한 충분한 설명이 미흡하다는 점이다. 또한 위기이론은 범죄자를 고찰하는 관점에서 유익하지만 범죄대책론에 어떻게 연결시킬 것인가는 이후의 과제로 남아 있다.

또 최근에는 고령화사회의 도래에 따라 연령과 범죄 관계에 「노년기와 범죄」란 새로운 측면이 지적되게 되었다. 교통법규를 어긴 형법범 검거인원에서 60세 이상 노령자의 경우도 1966년 1.9%에서 1991년에는 4.5%에 이르렀다. 이런 노령자의 범죄다수는 절도, 횡령 등 경미한 재산범죄를 범하게 되는 배경에 경제적 문제가 존재한다. 「연령과 범죄」 연구 중에서도 「노년기와 범죄」는 이제까지 별 주목을 받지 못한 테마였다. 하지만 급속히 노령화되어 가고 있는 오늘날의 현실에서 이 주제에 대하여 주목할 필요가 있다. 따라서 이후는 이런 타 연령층과 다른 특징을 갖는 「노년기와 범죄」의 문제에 대해서도 다룰 필요가 있다고 생각한다.

연령과 범죄에 일정한 관련성이 존재한다는 것은 확실하다. 오히려 다른 요인들보다 연령이 범죄와의 관련에 가장 확실한 요인이라고 생각한다. 전체적으로 보면 연령에 부합하여 범죄의 질이나 양이 변화하는 것은 범죄학상 「영원한 진실」이다. 또한 연령과 범죄문제는 이제까지 지적된 것처럼 신체적·정신적 변화와 사회적 변화 모두 다 영향을 미친다고 할 수 있다. 단 그런 영향의 세부적인 메커니즘은 불분명하다. 또 같은 연령에서도 범죄를 저지르는 자와 저지르지 않는 자가 있는 것은 당연하다. 즉 연령 외에 또 다른 요인 들이 범죄발생에 영향을 미치게 된다. 따라서 연령과 범죄의 상관관계에 대한 보다 구체적인 연구가 요구되는 한편, 앞서 설명한 위기이론을 포함해 그 외 다른 요인과의 상호작용을 설명하는가도 하나의 과제로 남아 있다.

2. 사회환경과 범죄

1) 도시화와 범죄

사람들을 둘러싼 사회환경 중에서 범죄와 관련하여 범죄학사상 최초로 주목받은 것이 「도시화」이다. 도시와 범죄의 관계에 대해서 종래는 지역사회와 범죄란 형태로 진행되었다. 이것은 시카고학파의 문제의식에 영향을 받는 바가 크다.

예를 들어, 쇼우와 멕케이는 시카고 시내의 비행발생지역을 지도 위에 하나씩 점으로 표시하고, 또 시가지역을 1마일마다 구분해 지역별 비행자수를 같은 지역에 거주하는 동성·동연령 집단의 인구에서 뺀 비행률을 산출해 비행률이 같은 도시에서도 지역마다 다른 것을 밝혔다. 쇼우와 멕케이의 일련의 연구를 계기로 그 후 같은 관점에서 많은 범죄조사가 실시되어 미국의 범죄사회학 기초가 정립되었다. 하지만 그 후 시카고학파의 연구방법이나 기초 자료 등에 문제점이 지적되어, 도시를 둘러싼 범죄동향에 변화가 보여 시카고학파는 지지를 잃었다.

한편, 지역 간 범죄율의 격차에 대한 조사·연구한 것으로 도시와 농촌의 비교가 많이 있었다. 예를 들어, 1965년에 일본에서 농촌과 도시 범죄의 질적 차이로서 농촌에서는 폭행·상해 등 신체범이나 강간 등 성범죄 발생률이 높고 도시에서는 절도·강도·공갈 등의 재산범이나 사기행위의 발생률이 높다고 보고되었다. 또 양자의 양적인 차이점으로 도시의 범죄발생률이 상대적으로 높다.

그 이유로서 블루히알트는 1936년에 8가지를 지적했다. (a) 경제활동이 활발하기 때문에 이익의 상극·마찰이 크다. (b) 도시는 익명성이 높다. (c) 청소년 및 성인의 도시유입이 많다. (d) 도시생활은 경제적으로 불안정한 자가 많다. (e) 도시에는 환락가나 상업적 오락이 발달되어 있어 도덕에 혼란을 준다. (f) 도시는 법 규제가 많아 위반기회도 늘어난다. (g) 도시에는 빈부 차가 크다 (h) 도시는 지역전체의 종교적 연결이 희박하고 풍속, 습관, 도덕관의 변화도 심하다.

단 오늘날에는 고속교통망, 통신망의 발달이나 매스미디어의 발전에 의해 농촌과 도시의 격차는 여러 측면에서 축소되고 있다. 이 때문에 이제까지와 같이 이원적인 파악이 현재에도 그대로 적용 가능한가에는 의문이 남는다. 오히려 최근에는 ① 도시에 가까운 농촌(농촌의 도시화)과, ② 점점 발전하는 도시(도시의 도시화)의 2가지 측면에서 지역사회와 범죄의 문제를 파악하는 쪽이 의의가 있을 것으로 생각된다.

이런 문제의식에서 과거부터 범죄학상 논의된 것이 「도시화와 범죄」이다. 도시화란 일반적으로 교통수단의 발달이나 매스미디어의 보급 등에 의한 사회구조의 변화를 가리킨다. 종래의 「도시화와 범죄」연구에서는 이것을 ① 지역의 도시화, ② 개인의 도시화 등 2가지로 나누어 고찰하였다. 이 중 지역의 도시화란 도시 자체가 확장해 도시주변 지역에 도시권을 형성해 나가는 것을 말하는 것에 비해 개인의 도시화는 시골인구를 도시가 흡수 그 개인을 도시화해 나가는 것을 말한다.

전자에는 사회구조의 변화에 의해 도시화된 지역의 범죄현상에 변화가 보인다는 점에 중점을 두고 있고 후자는 지방출신이 도시에 유입되어 고향의 전통이나 관습과 다른 문화와 접촉, 심리적 갈등에 빠져 범죄를 저지르는 경우가 있다고 하였다. 하지만 개인의 도시화에서는 도시화의 문제라 말하기보다는 다른 문화에 대한 접촉으로 인한 갈등의 문제로 파악하는 쪽이 적절할 것이다. 따라서 여기서는 지역의 도시화에 대해서 중점적으로 알아보는 것이 유익할 것이라 생각한다. 이 「지역의 도시화」와 범죄 문제는 다른 2가지 측면을 갖고 있다. 하나는 농촌의 도시화, 하나는 도시의 도시화이다.

농촌의 도시화란 교통·통신망의 발달이나 메스미디어의 발전 등을 배경으로 농촌지역의 생활양식이나 사회구조 등이 도시와 크게 다르지 않은 것을 말한다. 이런 농촌의 도시화는 범죄증가를 야기하게 된다는 주장이 많이 제기되었다. 이것은 도시화에 의해 발생하는 사회병리현상에 적절하게 대응하기 위한 방책이 도시화를 부른 것이다.

도시화와 범죄의 관련성에 관한 일본의 실증적 연구로서 법무총합연구소가 실시한 「범죄현상과 그 대책」을 들 수 있다. 1962년 정부는 지역의 개발이나 정비 등에 의한 그 지역의 경제적, 사회적 문화적 발전을 꾸미는 것이 목적으로 「전국종합개발계획」을 실시했다. 같은 계획으로 임해공업지역을 건설해 그 배후지에 주택지나 도시근교형 농업지대를 만드는 것이 구상돼 1963년부터 1975년에 걸쳐 개발이 진행되었다. 그 결과, 1975년에는 연구지역 3곳의 인구는 계획실시전의 약 2배인 10만을 넘었다. 또 산업화도 차례로 진행돼 도로, 하수도, 교육설비 등도 급속히 이루어졌다.

이처럼 도시화가 급속히 지역의 범죄발생률에 변화를 보이는가? 법무총합연구소의 조사에 의하면 개발 이전에는 이 지역의 범죄발생률은 항상 전국 평균이었으나 개발시작 후 급격히 상승해 개발절정기인 1971년에는 1962년의 약 4배란 수치를 기록하였다. 이런 결과에서 「개발의 진전은 범죄현상과 밀접한 상관이 있다는 것과 개발이 된 지역사회에 대한 영향의 크기, 혹은 그 영향이 개발에 직접 관련된 지역, 그리고 주변지역 순으로 크게 나타난다」는 것이 판명되었다. 그런데 당시 일본에선 다른 지역에도 도시화가 진행되었으나 이들 지역에선 범죄의 증가는 확실히 실증되지 않았다. 이 때문에 도시화와 범죄의 관계에 대해서는 일반원칙을 정립하는 것은 제한이 많이 따르고, 앞으로 조사의 축적이 필요하다 할 수 있다.

「도시의 도시화」는 도시사회 혹은 도시의 물리적 환경·공간이 재차 확장되어 다양화, 고차원화해 가는 상황 혹은 과정을 말한다. 미국에서 1920년대 경부터 도시의 도시화가 급속히 진행되기 시작했다. 또 한국에서도 1980년 전후부터 인구나 산업의 도시에 대한 집중이 이루어져 산업경제구조나 사회구조도 큰 변화를 이루었다. 이런 도시의 도시화는 ① 공간적 측면, ② 사회심리학적측면, ③ 경제적 사회적 측면의 3가지 측면에서 파악이 가능하다. 즉 도시화의 진전에 따라서 다음과 같은 움직임이 보인다.

첫째, 도시의 공간적 측면에는 도시화의 진전에 따른 토지의 부족이 심화되어 건축물의 고층화가 진행된 한편 하나의 건축물을 다종다양한 형태로 이용하는 것이 증가하였다. 또 경제의 급속한 발전에 맞춰 건축물의 이용자가 변했다.

둘째, 도시의 사회 심리적 측면에는 인구의 증가와 1개 도의 거주기간의 단축에 따라 시민상호의 관계가 희박해지고 개인의 프라이버시가 우선된 개인주의적인 경향이 강하다. 또 도시유입인구의 증가에 의해 상호부조의식이 희박하게 되었다.

셋째, 도시의 경제적·사회적 측면에서는 노동인구가 도시에 집중되었다. 이 때문에 생산과 소비가 필연적으로 도시에 집중되기 마련이다.

이런 도시환경이나 공간의 확대는 범죄촉진요소의 증대를 야기하게 된다. (a) 도시에 있어 책임의 분담과 책임소재가 모호하여 건축물에 대한 감시가 약해진다. (b) 도시에서는 집단이나 개인의 익명성이 높아 주민의 지역사회에 대한 귀속의식이 약해진다. (c) 범죄 유인물질이 도시에 집적되어 잠재적 범죄자가 증가한다. 도시의 도시화에서는 공간의 여유가 없기 때문에 교통망의 발달에 따라 그 이용은 입체적·복합적이다. 예컨대, 지하철이나 입체 교차도로 등이 만들어진다. 또 건축물도 토지의 고이용, 지역환경정비와 방재(防災) 등을 목적으로 현대식 빌딩 숲으로 변모했다. 이런 도시화의 귀결은 다수의 시민의 눈에 띄지 않는 공간을 만들어 범죄자의 행동범위를 넓히는 등의 문제를 만들고 있다.

도시화에 의한 범죄의 질적·양적 변화에 대한 대응책으로서는 이제까지 공동체 조직화(community organization)가 제기되었다. 공동체 형성은 지역사회의 조직화이고 각 지역이 가진 범죄적 하위문화를 개선하기 위해 지역사회가 하나의 단위가 되 추진하는 비행방지대책을 말한다. 이런 대책에 의해 경찰 등의 사법기관이나 교육기관에 의한 공적인 통제와 함께 지역사회가 비공식적인 사회통제가 가능해진다. 이런 비공식적인 사회통제의 중요성은 통제이론에서도 강조된 바 있다. 또 최근 영미에서 유력시되고 있는 환경범죄학의 주장은 많은 경우 도시화에 의한 범죄대책으로 유효한 주장이라고 생각되어진다.

2) 경제현상과 범죄

종래 「경제정세와 범죄」 연구에는 경제적인 발전이나 변동이 범죄에 영향을 주는가 주지 않는가가 문제되었다. 본가 이래 오늘날에 이르기까지 양자의 관계를 부정하는 자는 거의 없다. 하지만 이제까지 경제상황이 범죄를 낳는 메커니즘에 대해서 상세히 해명되어 있지 않다. 확실히 예전에는 범죄자의 다수가 빈곤해 조악한 경제상태여서 「빈곤주인설(貧困主因說)」이 흔들리지 않았다. 하지만 오늘날에는 경제정세와 범죄의 관련성은 무시할 수 없으나 사회복지정책의 발전에서 빈곤에 질적인 변화가 보여 오히려 부가 범죄에 이어진단 지적도 있다.

오늘날의 빈곤은 과거에 생각한 것처럼 절대적인 개념이 아니고 부유한 자와의 상호관계에서 생기는 상대적 개념으로 인식되었다. 여기에서 중요한 것은 「경제적 불평등」이라 생각되어진다. 예를 들어, 오스트레일리아의 범죄학자 브레이스웨이트는 「불평등·범죄 및 공공정책」에서 소득의 불평등과 범죄의 상관관계를 국제 비교 데이터와 미국의 데이터를 사용 조사해 범죄와 경제적 불평등간에 일정 상관관계가 보인다고 보고했다. 같은 취지의 보고는 다수 있다. 그리고 그 중에는 재산 범과의 관련성만이 아닌 살인죄와의 관련성을 취지하는 것도 있다. 단 이런 보고에 대해 데이터의 수집방법 등에 대해 문제점을 지적해 관련성을 부정하는 견해도 있다.

또 이런 경제적인 불평등에 대한 불평등감·차별감과 범죄와의 관계에서 재차 중요성이 인정되고 있는 이론은 상대적 결핍론이다. 상대적 결핍론은 스토우퍼(S. A. Stouffer)등에 의해 사용된 개념으로서 이것을 최초로 체계적으로 논의한 학자는 런시만(W. G. Runciman)이었다. 단 그들은 상대적 결핍론을 범죄원인의 설명을 위한 적용이 아닌 정치학에서의 논의과제로 일관되게 사용했다.

런시만에 의하면 「X에 대한 상대적 빈곤」이라 부르는 것은 다음과 같다. (a) 어떤 사람이 X를 가지고 있지 않다. (b) 그는 많은 사람이 X를 가지고 있다고 생각한다. (c) 그는 X가 필요하다 생각한다. (d) 그는 자기가 X를 갖는 것이 불가능하다 생각한다. 이런 상황에서 상대적 빈곤이 존재하는 경우 부러움이나 불공평감이란 감정이 강해진다. 이 상대적 결핍론은 급진적인 범죄학자들에 의해 범죄원인론에 적용되었다.

예를 들어, 스탁은 상대적 결핍이 범죄의 원인이 된다고 주장했다. 단, 스탁은 상대적 빈곤만으로 범죄를 하는 것은 아니라고 진술했다. 즉 상대적 결핍상태인 자는 일반적으로 이런 불공평을 시정하기 위한 정치투쟁 등 합법적인 방법에 의해 스스로의 요구를 이루려 한다. 따라서 상대적 빈곤상태인 자가 스스로의 고된 환경은 그런 정치적 수단으로 달성되지 않는다고 생각하거나 부적절하다고 생각할 경우, 불평등의 시정을 범죄를 포함한 다른 방법으로 달성하려 한다.

또 스탁은 그래서 실행된 범죄는 이미 불공정을 시정하기 위한 정치적인 행위가 아니고 다른 자를 희생양으로 삼아 자기지위의 개선을 시도하는 이기적 행동이라고 주장했다. 또 영국의 북크는 상대적 결핍론이 경기후퇴(불경기)시의 높은 범죄율의 설명에 유효하다고 주장했다. 북크에 의하면 경기침체기는 부의 분배가 합리적으로 이루어지기 어렵기 때문에 범죄로 향하는 힘이 강해진다. 현대사회에는 부나 재산이 중요하지만 미디어가 사람들의 부에 대한 욕구를 부채질한다. 그런 사회에서 불경기가 심하게 되면 부러움이나 불공평감이 증폭될 뿐이고, 불경기에 소수민족, 여성, 실직청년 등 일정 그룹에 범죄에 대한 힘이 특히 강화된다.

3) 매스미디어와 범죄

영화, 텔레비전, 신문, 잡지 등은 범죄의 질적·양적 변화에 영향을 주는가? 이 문제에 대해 한국만이 아닌 유럽에서도 활발한 논의가 있어왔다. 특히 범죄보도나 드라마 등과의 연관성이 의문시되는 잔혹한 범죄가 발생할 때에 열띤 논쟁에 휩싸이게 된다.

매스미디어(특히 폭력에 관한 것)와 범죄의 관련성에 대해서는 한 가지 상반된 가설이 주장되고 있다. 하나는 자기정화설(카트르시스)이고, 다른 하나는 범죄성촉진설이다. 이중 전자는 미디어에 의해 보도된 폭력에 접하는 것으로 스트레스가 해소된다고 생각한다. 따라서 자기정화설을 미디어에는 범죄를 진정시키는 효과가 있다고 주장했다. 이에 비해 후자는 미디어에 의해 보도된 폭력을 접하는 것으로 그것이 진실인가 아닌가에 관계없이 시청자의 공격성이나 폭력성이 높아졌다고 생각한다. 이 때문에 촉진설은 매스미디어는 범죄증가에 영향을 준다고 주장하였다. 예를 들어 필립스는 미국의 복싱 헤비급 타이틀 매치가 일어난 후에 살인사건이 현저히 증가한다고 보고했다. 그럼 양쪽의 주장중에 어떤 것이 맞는 말인가? 총론을 말하면 양설의 한쪽만이 맞는 것이 아닌 양쪽이 함께 「메스미디어와 범죄」의 관계에 대하여 설명이 가능하다고 할 수 있다.

예컨대, 반두라는 텔레비전이 소년에 주는 영향으로도 네 가지를 지적했다. (a) 공격적인 행위를 가르친다. (b) 공격행동의 억제를 가르친다. (c) 폭력에 대한 감각을 마비시켜 습관화한다. (d) 소년의 행위에 대해 사람들이 감싸주는 이미지가 구체화된다. 반두라는 이런 영향에 의해 텔레비전이 현실의 세계에 대한 사람의 인식을 혼란스럽게 하여 텔레비전의 시청을 통하여 사회를 실제보다 더 위험한 것으로 생각한다고 주장했다.

자기정화설과 촉진설의 두 가지 가설은 미디어에서 얻은 자극이 즉각 행동으로 연결된다고 생각하여 주사침이론(注射針理論)이라 불리고 있다. 이에 대해 미디어에 의한 자극과 그 반응으로서의 행동 간에 몇 개의 심리과정을 가정해 자극이 그 단계를 통과하는 중에 범죄행동이 일어난다는 주장도 있다. 이 주장은 다단계이론이라 불려 현재 많은 심리학자에 의해 지지를 받고 있다.

종래 「매스미디어와 범죄」 연구에는 주로 폭력에 관한 매스미디어와 범죄의 관련성이 논의되어 왔다. 하지만 최근의 미국에서는 더 나아가 포르노그라피와 범죄의 연관성이 주목되고 있다. 이런 문제에 대한 관심이 높아진 것은 「번디사건」의 영향이다. 번디는 워싱턴주, 오리온주, 플로리다주 등 5개 주에서 23건의 강간살인을 일으켜 기소돼 1979년 유죄가 확정돼 사형이 선고되었다. 이처럼 성범죄를 계속 반복하는 원인에 대해 번디 스스로 포르노그라피의 영향이라 진술해 양자의 관련성이 주목되게 되었다. 단 포르노그라피와 범죄의 관련성은 이처럼 주목을 받기 전부터 포르노의 규제문제 등 항상 논의되어 왔다.

예를 들어, 1968년에 발간된 「미법무성포르노그라피에 관한 위원회」의 최종보고서는 일정한 공격행동과 포르노그라피간의 인과관계를 인정했다. 최근에는 슈렛츠가 「미디어, 범죄 및 형사사법」에서 숫자적으로 정해진 것이 아니고 여성에 대한 성적 폭행의 묘사가 사회적으로 악영향을 준다는 증거는 증가하고 있다고 진술했다. 하지만 포르노그라피와 범죄의 관련성을 긍정하는 이런 견해에 대해 반대론도 강하게 주장되고 있다. 예컨대 연방법무성의 보고서 내용에는 데이터의 분석방법에 문제가 있는 것이다. 1970년에 대통령직속 위원회가 낸 결론에 반대해 위원회 내부에도 반대론이 있었다.

또 덴마크에선 1967년과 1969년에 포르노그라피의 규제가 대폭 완화되었으나 그 후에도 성범죄에 관한 대폭적인 변화는 보이지 않았다. 포르노그라피와 범죄의 관련성을 긍정하는 의견은 포르노그라피를 구제해야 한다는 보수주의의 대두와 그 시기가 일치되나 포르노그라피의 음란성은 시대에 따라 변화한다. 오늘날에도 포르노그라피에 대한 해석이 분분한 측면이 있음을 고려하면 포괄적인 규제론에는 근거가 부족하다고 말할 수 있다.

이제까지 「매스미디어와 범죄」 연구에서 양자간에 일정한 상관관계가 존재함은 인정되고 있다. 단 그런 관계를 인정해도 매스미디어가 범죄의 원인이 된다는 것은 별개이다. 예를 들어, 리드는 미국에서 남성보다 여성 쪽이 텔레비전의 시청시간이 길어도 여성범죄가 남성범죄보다 적은 것과 성인보다 소년 쪽이 텔레비전 시청 기간이 적은데도 재산범의 태반이 소년에 의해 실행되는 것을 설명할 수 없는 것이 아닌가 지적했다.

또 마크베스는 폭력적인 텔레비전 프로를 본 모든 자가 범죄를 저지르지 않는다는 것에서 텔레비전에서 학습한 공격행동을 실제 행동으로 옮기는가 아닌가는 다른 요인에 의한 것이라 주장하고 있다. 이런 견해를 지지하는 형태도 1988년 발간된 연방사법협회의 조사결과에도 양자의 인과관계는 불분명하다가 결론지었다. 또 윌슨과 한스테인도 텔레비전과 범죄의 인과관계를 증명할 수 없다고 지적하고 있다.

범죄와 매스미디어의 관계를 논하는 데는 범죄원인으로서의 매스미디어란 관점 이외에 범죄보도의 범죄의 문제에 대해서도 논의할 필요가 있다. 오늘날 일본에선 매스미디어의 사회적 영향은 극히 강해 「제4의 권력」이라 불린다. 이 때문에 전달된 보도는 보도된 사람의 인권을 침해할 위험성이 크다. 하지만 한국의 범죄보도에는 범죄가 확정될 때까지 피고인은 무죄라는 전제가 무시되고 선정적이고 흥미중심의 보도가 적지 않다. 이런 문제의식은 유럽에도 많이 있고 보도의 방법이나 규제방법이 활발하게 논의되었다. 매스미디어의 규제는 언론보도의 자유나 국민의 알권리 등 기본적 인권의 제한과 연결되는 문제지만 안이한 규제는 삼가 되어야 한다. 하지만 「제4의 권력」」이라고까지 불리는 강력한 매스미디어의 권력남용을 두둔할 필요는 없으며 보다 구체적인 대응이 필요하다.

3. 자연환경과 범죄

자연환경이란 사람들의 인위적인 조작에 의해 영향을 거의 받지 않으며, 우리 인간에게 직·간접적으로 영향을 주는 제반환경을 말하며, 기상, 기후, 지세, 경관, 그리고 낮과 밤의 움직임이 여기에 포함된다. 이러한 자연환경이 사람들의 의식구조, 심리상태와 행동양식에 직접적으로 또는 간접적으로 영향을 미친다는 것은 다 아는 사실이다. 더운 여름철에 기상예보에 불쾌지수를 발표하는 것은 이러한 영향의 단적인 예라고 할 수 있다. 자연환경이 범죄행동에 미치는 영향은 활발한 연구가 이루어지고 있는 것은 아니지만 자연환경과 범죄의 관계는 다음과 같은 두 가지 방향으로 고찰될 수 있다.

자연환경이 범죄에 미치는 직접적인 영향에 관한 것이고, 또 하나는 자연환경의 간접적 영향에 관한 것이다. 다음은 자연관경과 범죄의 관계에 대한 다양한 연구결과를 살펴보고자 한다. 낮과 밤은 사람들의 일상생활에 가장 보편적으로 영향을 미치는 자연환경으로서 낮과 밤의 어느 시각에 범죄발생률이 높은가가 고찰될 수 있을 것이다. 일반적으로 대인범죄는 저녁 늦은 시간부터 밤사이에 많이 발생하는데 그 이유는 하루의 일과를 마치고 사적인 대인관계가 이루어지는 시기이며, 타인의 눈을 피할 수 있는 익명성이 보장되고, 합리적이고 이성적인 판단력이 흐려지기 쉬운 시간으로 범죄은닉과 도주의 기회에서 유리한 것도 한 가지 이유가 될 것이다.

무엇보다도 야간이 인간의 심리적 특징에 영향을 미치는 것은 경계심이라는 집단무의식을 가지고 있기 때문이라고 할 것이다. 이렇게 외부의 침입에 민감하게 하는 경계심은 원시적인 인간을 상상해 보면 쉽게 이해가 갈 것이다. 수렵을 주로 했던 원시시대는 방어공간이 되는 곳이 없고 주로 동굴이 야지에서 움막의 형태로 생활을 하였을 것이다. 그러므로 밤에는 다른 맹수의 침입을 받아 신체적 상해나 심하면 죽임을 당하였을 수도 있었을 것이다. 또 맹수뿐만 아니라 다른 인간들의 약탈행동도 주로 야음을 틈타서 이루어졌을 것이라는 것을 쉽게 짐작이 가는 일이다.

다른 동물들이 어둠이 깔리는 야간에는 극도의 경계를 하는 것과 마찬가지로 인간도 밤은 경계를 하게 되는 집단무의식이 생겨났을 것으로 진화심리학자들은 주장하고 있다. 따라서 맑은 대낮이라면 쉽게 넘어갈 수 있는 문제도 야간에는 쉽게 흥분하고 갈등을 야기하여 폭행이나 살인 등의 대인범죄가 발생할 가능성이 많은 것이다.

다음은 계절적 요인과 범죄와의 관계를 보면 다음과 같다. 우리나라는 봄, 여름, 가을, 겨울의 4계가 가장 뚜렷한 나라 중에 하나다. 우리의 사계절은 그 만큼 일상생활방식을 크게 구분하는 요인이 되기도 한다. 그리하여 4계절과 범죄와의 관계에 관한 고찰은 범죄학상 가장 널리 행해져 왔는데 이에 관한 그간의 연구결과는 대체로 다음과 같다. 즉 대인범죄는 여름철에 높은 편이고 대물범죄는 겨울철에 높은 편이다. 이처럼 범죄율에 일정한 리듬이 발견되는데 이것을 범죄의 계절적 리듬이라고 한다. 이러한 계절적 현상의 원인에 대해서 여러 가지로 설명이 된다.

그러나 계절이라는 단일적 요인보다는 다른 사회학적 요인과 생물학적 요인을 동시에 고려하는 것이 타당할 것이다. 즉, 겨울에 재산범죄율이 높은 것은 겨울은 사람들의 경제적 활동에 많은 영향을 미치므로 수입률이 그 만큼 낮아지고 대신에 생활비는 증가하기 때문일 것이다. 또 여름철에 대인범죄가 더 높은 이유는 사람들의 외부활동의 시간과 빈도가 증가하고, 동시에 더위와 습도 등으로 불쾌지수가 높아 신경질적이고 화를 잘 내며, 외부자극에 민감하며, 공격적 충동의 발산가능성이 증가하기 때문인 것으로 설명될 수 있을 것이다.

그리고 여름철에 성 관련 범죄가 증가하는 이유는 봄부터 시작되는 성적 활력이 증대됨에 따른 계절적 위기라는 것이 크게 작용한 결과라고 할 것이다. 이러한 계절적 요인과 범죄는 기회성 범죄를 잘 설명할 수 있으나 전문적이고 상습적인 범죄의 경우는 별로 적용되지 않는다는 것이고, 최근 경제발전의 영향으로 자연환경적 영향이 점차 감소하고 있다고 할 것이다.

다음은 기후와 범죄의 관계를 알아보고자 한다. 기후, 즉 기온의 온·냉에 따라 범죄양상이 달라지는가의 문제로 일반적으로 더운 지방에서는 대인범죄의 비율이 높고, 추운 지방은 재산범죄의 비율이 높다고 한다. 이것은 일찍이 게뜨레가 범죄의 기온법칙(thermatic law of crime)이라고 불렀으며, 드게리는 프랑스에서 추운 북부지방은 대인범죄와 재산범죄의 비율이 100:181.5이고, 더운 남부지방은 100:48.8의 비율로 큰 차이가 있음을 발견하였다. 이것은 다른 국가에서도 비슷한 결과들이 보인다. 기후 중 고온과 저기압은 특히 범죄성과 관련이 있다.

이른바 불쾌지수라는 것은 건조도로 계산하는데 여름철은 불쾌지수의 상승으로 각종 범죄가 많이 발생하는 것으로 보이는데 이것을 「짜증범죄」라고도 불린다. 기후의 이상으로 특이한 정신적 반응을 나타내는 예로 열대성정신반응이상과 퇜의 영향이다. 전자의 증상은 두통, 피로증, 불면, 억울성 기분을 나타내는 현상을 말하며 다른 사람들과 사소한 문제로 충돌하는 경우가 많아 살인과 같은 범죄를 저지를 가능성이 많으며, 퇸은 일종의 열대성 기압을 말하는데 이것의 영향은 무관심, 감정의 흥분성, 작업량감퇴, 식욕부진, 수면장애, 권태, 두통의 증상을 나타내는데, 이때 자살, 교통사고, 강간, 노출증 등의 범죄현상에 영향을 미치게 된다.

한편 날씨와 범죄의 관계란 날씨의 흐림과 맑음, 눈과 비, 바람의 상태가 범죄에 미치는 영향을 말한다. 대체적으로 범죄는 맑은 날에 더 발생하고 만월의 밤보다는 칠흑 같은 어두운 밤에 더 많이 발생하는 것으로 보인다. 그러나 맑은 날, 흐린 날, 비나 눈이 내린 날의 평상일수와 비교한 구체적인 연구결과가 없기 때문에 분명한 관련성은 없다.

지리적 요인과 범죄의 관련성은 옛날부터 지적되어 왔다. 예컨대, 게리는 프랑스의 범죄통계를 기초로 적도에서 떨어지면 떨어질수록 재산범이 증가하고 가까울수록 인신범죄가 증가한다고 했다. 또 독일의 아산펜플그나 미국의 서덜랜드의 연구에서도 범죄의 발생률에는 지역격차가 존재한다고 보도되었다. 단 이들 보고는 게리와 같은 결론을 이끌어낸 것은 아니었다.

시간적 요인과 범죄에선 계절적 변동에 의한 범죄감소의 변화추세가 주목을 끌었다. 예전에 재산범죄는 겨울에 많고 인신범죄와 성범죄는 여름에 많다고 보고되어 왔다. 또 이런 경향의 요인으로 연말에 경제적으로 궁핍한 사람이 재산범죄를 저지르는 빈곤자가 많은 반면 여름에는 야외활동이 늘어나 개방적 기분과 노출이 많은 복장이 상해 등의 인신범죄나 강간 등의 성범죄를 유발한다고 생각하였다. 다른 한편 시각과 범죄의 관계에는 공갈이나 협박이 많은 경우 낮에 이루어지는 반면 그 외 폭력범죄는 밤에 많이 발생한다고 말한다. 또 성범죄에는 강제외설이 낮에 발생하는 경우가 많고 강간은 초저녁부터 심야에 걸쳐 발생하는 경우가 높다.

기후와 범죄의 관련성에선 인신범죄·재산범죄는 맑은 날에 가장 많이 발생하고 흐린 날에 적다. 이에 비해 비 오는 날에는 범죄는 적다. 또 푄현상과 범죄의 관련성을 지적해 이 현상이 사람의 생리적, 심리적 상태에 변화(감정의 흥분, 환상, 알코올에 의한 저항력의 저하 등)를 불러일으켜 경우에 따라서 범죄에 영향을 미친다고 하였다. 자연환경이 주민의 생활양식, 경제, 풍속, 관습 등을 제약하는 것은 당연하나 오늘날 자연환경과 범죄를 직접 연결하는 것은 곤란하다.

그보다 지리적 기후적 조건에서 제한된 경제형태나 그 외 사회적 모든 요인이 범죄현상에 일정한 역할을 이루고 있음을 이해해야 한다. 또 시간적 요인에 대해서도 자연환경보다도 현대사회의 시간계획이 오히려 더 영향을 준다고 생각한다. 자연환경과 범죄를 조사하면 일정한 연관성이 보일지도 모른다. 하지만 그런 자연환경론이 어떻게 범죄에 영향을 주는가에 대한 원인론적 규명은 확실치 않다. 또 앞으로도 이런 문제가 실증되리라는 기대는 할 수 없다. 이 때문에 오늘날 범죄학에선 「자연환경과 범죄」 연구에 관심을 가지고 있는 학자는 적다. 오히려 「자연환경과 범죄」의 관계는 자연환경이 인간의 정신구조에 주는 영향에 대해 검토해야 할 것으로 생각된다.

제 4 절 피해자학

종래의 범죄학은 오직 범죄자에 초점을 맞춰 범죄현상이나 범죄원인을 고찰했다. 하지만 이런 고찰방법은 단편적인 것이고 이것만으로 범죄실태를 규명할 수 없어 범죄의 피해자에 주목해야 할 필요가 있다는 주장이 있다. 그것이 바로 피해자학(vicimology)이다.

1. 피해자학의 시발점

피해자학은 비교적 최근에 생긴 새로운 학문이다. 그 단서는 서구에선 1950년대에 찾을 수 있고, 일본에선 1960년대, 한국에선 1990년대부터 관심을 모으기 시작했다. 한국에선 당초 피해자학은 형법학자를 중심으로 범죄피해자구조제도에 관한 연구가 주류를 이루었으나 차츰 범죄학자를 중심으로 범죄촉발의 원인으로서 피해자에 중점을 둔 연구가 이루어지고 있다. 특히 검찰청이 중심이 되어 피해자지원센터가 경북김천과 구미, 대전광역시에 설치되는 등 범죄피해자에 대한 관심이 차츰 늘어나고 있다.

1) 범죄 피해자학과 일반피해자학

이제까지 피해자학의 성격을 두고 크게 2가지 입장이 있다. 하나는 피해자학을 범죄학의 한 분야로 보고 오직 범죄의 피해를 연구대상으로 하는 입장(범죄피해자학)이고, 다른 것은 피해자학의 독립성을 강조하는 것으로 범죄 이외에도 연구대상으로 포괄적인 입장(일반피해자학)이다. 범죄원인의 새로운 접근방법적이라는 색채가 강했던 피해자학 초창기에는 전자의 입장이 주류였다. 하지만 근년에는 후자의 입장이 우세해져 관심영역이 늘어나고 있다. 또 최근에는 다양화되어 가는 피해에 대한 조사결과를 포함한 피해자학 그 자체의 체계화가 목적이 되어 있다. 따라서 현재에는 피해자학(被害者學)이란 「범죄 불법행위를 원인으로 하는 피해의 연구」를 가리키는 것으로 이해할 수 있다. 1992년에 설립된 한국피해자학회도 설립에서도 비슷한 개념의 통용되고 있다. 단 이하에서의 기술은 범죄학에 대응하는 범죄피해자학을 중심으로 고찰을 진행해 간다.

2) 현대 피해자학의 3유형

오늘날 피해자학은 카멘에 의하면 연구대상이나 사상기반에 의해 3가지 입장으로 나눌 수 있다. ① 보수파 피해자학, ② 자유주의 피해자학, ③ 급진주의 피해자학이 그것이다.

(1) 보수파 피해자학

보수파 피해자학은 주로 가두범죄를 연구대상으로 한다. 또 보수파의 사상기반은 자기책임의 철저화이다. 따라서 범죄의 방지나 범죄에 대한 구제는 기본적으로 개인부담으로 이루어져야 한다고 하였다. 세금에 의해 피해자의 피해를 보완해 피해자에게 서비스를 공급하는 프로그램은 「큰 정부」에서의 고복지(高福祉) 고부담(高

負擔)의 생각이고 그러한 정책도입을 반대한다. 보수파는 형사사법시스템을 피해자의 응보감정을 채워주기 위한 응보주의를 보증하는 시스템으로 보고 있다.

(2) 자유주의 피해자학

자유주의 피해자학은 피해자학의 연구대상을 가두범죄 한정치 않고 기업의 간부나 고급관료에 의한 위법행위로 생기는 범죄피해에까지 확대한다. 자유주의파의 사상기반은 「법 앞에 평등한 보호」이다. 따라서 이 피해자학은 피해자는 어떤 종류의 피해에 관계없이 공평한 원조를 받을 자격이 있다고 생각한다. 자유주의파는 피해자 구제를 위한 정부의 원조프로그램의 결함부분을 채우기 위한 복지적 관점에서 피해자 구제의 안전망을 확장해야 한다 주장했다.

따라서 피해자를 피해를 입기 전 상태로 돌리기 위해 손해배상기금의 공적인 조성에 기초를 둔 범죄피해보험 rape crisis center 혹은 학대받은 여성의 피난장소 등이 준비되어야 한다. 이런 자유주의적 이념의 배경에는 페미니즘 운동의 융성이 존재하고 있다.

(3) 급진주의 피해자학

급진주의 피해자학은 피해자학의 연구대상을 범죄의 피해자에 한정치 않는다. 즉 공해, 근로재해, 허위광고, 경찰이나 그 외 공공기관에 의한 권력남용 등에 의한 피해자도 연구대상으로 해야 한다고 주장한다. 이런 입장에선 피해자는 특정의 개인이 아니고 노동자, 소수민족, 소비자, 주민 또는 영세기업 등 자연인이 아닌 경우도 상정되어 있다. 급진주의적 피해자학에 의하면 이제까지 피해자학이 문제화한 것은 폭력, 절도, 성적착취 등이나 이것들은 그 유해성에 다른 논의의 여지가 없는 것뿐이다. 오히려 피해자학이 문제화할 것은 빈곤, 영양실조, 혹은 불평등한 부의 배분 등이다. 급진주의 피해자학은 형사사법시스템은 권력자의 이익을 지키기 위한 것으로 부정의 근원은 사회구조 자체라고 이야기하고 있다.

2. 초기 피해자학이론

종래의 범죄학이 범죄자의 범죄현상에 주목해 범죄이론을 내세운 것처럼 피해자학도 피해자와 피해현상에 주목해 피해자학이론을 구축했다. 피해자학이론은 피해자학 초창기에 피해자학의 주창자들과 그 계승자에 의해 제창된 초기(1960-1970년대)의 이론과 현재(1980년대 이후)의 이론으로 그 성질을 달리한다. 여기서는 피해자학이론을 초기와 현재로 나눠 고찰해 보고 싶다. 피해자학의 초창기에 그 기초를 세운 것은 헨티히(Hans. von Hentig), 멘델손(B. Mendelsohn), 엘렌버거(H, Ellenberger), 올프강(M. Wolfgang), 세퍼(Stepen. Schafer) 및 스파크스(Richard Sparks)등이었다. 그들은 그때까지 논의된 적이 거의 없던 피해자문제에 정면으로 들어가 그 후 피해자학 발전에 크게 기여했다.

1) 헨티히의 「범죄이중주」설

미국에 망명한 독일인 범죄학자 헨티히는 『범죄자와 그 피해자』를 써 피해자에 관한 과학적인 연구의 필요성을 주장했다. 이 책은 범죄학에 관한 저서였으나 제4장(전체의 약 6분의 1을 차지함)에서 범죄발생의 요인으로 피해자의 역할에 대해 설명했다. 이 책에서 헨티히는 우선 「범죄이중주(犯罪二重奏, The Duet Frame of Crime)」란 가설을 제창했다. 이것은 범죄를 행위자(doer)와 수인자(suffer)의 상호관계로 파악하였다. 여기에는 범죄의 실태를 알기 위해 범죄자만이 아닌 피해자에도 주목해 그 특성을 추출해 유형화를 모색할 필요성이 지적되었다. 「피해자는 어떤 의미에서 범죄자를 촉발한다」는 헨티히의 유명한 말이다.

또 헨티히는 일반적 특성(연령, 성별, 정신장애 등)이나 정신·심리적 특성(성격, 심리상태 등)에 의해 피해를 입을 가능성이 다르다고 주장했다. 여기에는 피해를 당하기 쉬운 일반적 특성으로 약자, 여성, 정신장애자, 이민자, 소수민족이 있고 정신·심리적 특징으로 조울성, 강한 욕구, 고독감, 폭군, 궁핍 등을 들 수 있다. 헨티히는 이런 특성 중에서 피해자가 선천적으로 갖추고 있는 것으로 「생래성피해자설(born victim)」의 존재를 강하게 주장했다.

또 헨티히는 「침묵하는 피해자와 싸우는 피해자」란 가설을 세웠다. 이 중 전자의 예로 사기로 피해를 입은 자는 사회적 평가가 내려가는 것을 염려해 피해를 공개하지 않는 자를 말한다. 이런 피해자는 범죄자의 좋은 표적이 되기 쉽다. 이에 비해 후자는 예컨대 범죄자에 대해 방어할 목적으로 반격을 하여 역으로 부상당하거나 사망하는 피해자이다. 이 「투쟁하는 피해자」는 저항하기 때문에 한층 심각한 피해를 입을 가능성이 있다.

2) 멘델손의 「피해자유책성」설

이스라엘의 변호사였던 멘델손은 피해자의 문제에 생물학, 심리학, 혹은 사회학 등 다각적으로 연구할 필요성을 제기하였다. 멘델손은 이처럼 피해자를 다각적으로 연구하는 학문을 「피해자학」이라 부를 것을 제창했다. 멘델손의 피해자학에 관한 업적은 상당히 많으나 각 국의 법제도나 사회정세 등에 의해 다른 피해화현상을 실증적으로 연구하기 위한 다음과 같이 3가지를 제창했다. ① 피해자학의 문헌을 수집하는 도서관창설, ② 피해자의 심리적 또는 신체적 피해를 치료하기 위한 클리닉센터의 개설, ③ 세계적 수준에서 피해자에 관한 문제를 토의하기 위한 국제회의의 실현 등이다. 또 멘델손은 이외에도 「피해성」, 「피해자의 유책성」이란 가설을 주장한 것으로 널리 알려져 있다.

피해(수용)성의 이론은 피해자에는 피해 입기 쉬운 소질이나 환경이 갖추어져 있다고 주장하였다. 또 멘델손은 가해자와 피해자간의 생물학적, 심리학적 혹은 사회학적 우열을 「피해수용의 잠재성」이라 불러 성차, 체격차, 심리적 부담이나 사회적 지위 차이 등이 범죄를 용이하게 한다고 하였다.

피해자의 유책성의 이론에는 범죄의 책임을 가해자만이 아닌 피해자에도 돌아가는 경우가 있다고 하였다. 멘델손은 피해자의 책임을 5가지 유형으로 분류했다. ① 전혀 책임 없는 피해자(이상적인 피해자) : 예로 지나가던 살인마의 피해자 등이 그 예이다. ② 유책성이 적은 피해자(무지에 의한 피해자) : 일반적으로 범죄다발 지역의 장소에서 범죄자와 조우하는 피해자 등이다. ③ 가해자와 비슷한 정도에 유책한 피해자 (자발적 피해자) : 예를 들어 동반자살이나 안락사의 피해자 등이다. ④ 가해자보다도 책임 있는(유책한) 피해자(도발적 혹은 부주의에 의한 피해자) : 예컨대 가해자를 도발해 상해를 받은 피해자나 교통법규를 무시해 교통사고를 당한 피해자 등이다. ⑤ 가장 유책한 피해자 (공격적인 피해자) : 예를 들어 정당방위의 목적으로 상대방을 공격하는 자 등이 그 예이다.

맨델손은 이런 분류에 의한 형사재판에서 피해자의 신청 등을 인정해 오판할 가능성을 감소시켜 적절한 형량이 가능하다고 이야기하였다.

이외에도 멘델손은 형사상의 대립자이론을 주장했다. 여기선 범죄현상에서 가해자와 피해자를 대립하는 존재로 파악해 양자의 상관관계에 의해 적절히 범죄현상을 설명하였다. 종래의 범죄원인론이나 범죄대책이 가해자인 범죄자에 초점을 맞춰 피해자를 제외한 범죄현상을 파악하는 점을 비판하였다. 멘델손은 가해자와 피해자의 상관관계를 4가지로 분류했다. ① 피해자가 가해행위의 원인인 경우(자초위기에 의한 상해 등), ② 피해자가 가해행위의 구실이 된 경우(협박 등), ③ 피해자가 가해행위에 동의한 경우(동의살인 등), ④ 피해자가 가해행위를 입는 것이 우연일 경우(지나가던 살인마에 의한 피해 등)

3) 엘렌버거의 잠재적 피해자설

정신의학자 엘렌버거는 그의 논문 「범죄자와 피해자의 심리학적 관계」에서 범죄학자가 범죄원인을 탐구하는 것과 같이 피해원인에 대해 연구할 필요가 있다고 주장을 전개했다.

엘렌버거는 범죄자와 피해자의 관계에 대해 다음과 같이 3가지를 지적했다. ① 범죄자는 다른 쪽의 피해자가 될 수 있다. ② 범죄자가 동시에 피해자이기도 하다. ③ 범죄자의 심층심리가 범죄를 유발해 피해를 발생시키는 것이 있다. 이들 지적은 전술의 헨티히가 제창한 행위자와 수인자의 관계를 심리학적 관점에서 접근해 수정한 것이다. 이런 접근방법을 기초하여 「잠재적 피해자」설이 제창되었다.

이것은 헨티히와 같이 연령, 직업, 정신상태, 사회적 · 신체적 상태에 의해 피해를 입을 가능성이 다르다 주장한 것이다. 특히 엘렌버거의 학설에서 피해자 중에는 무의식적으로 피해를 유발함으로 인해 다시 피해자가 될 가능성이 높은 「누적(累積) 피해자」라 불리는 자가 존재한다는 것에 주목할 수 있다. 또 엘렌버거에 의하면 가해자와 피해자간에는 다음 3가지 특수관계가 존재하는 경우가 있다고 지적되었다. ① 신경증적 관계(프로이트의 오이디푸스콤플렉스 개념을 응용한 것으로 이성의 부모에 대해 굴절된 애정을 기초로 한 심리적인 관계를 가리킨다. 예컨대 존속살인 등), ② 심리학적 관계(체질적 · 기질적으로 상반된 자가 연결돼 있는 관계이다. 예컨대, 과잉살인), ③ 유전학 · 생물학적 관계(유전 · 생물학적으로 유사한자끼리 연결된 관계로 예로 알코올중독, 부부 사이에 발생한 학대 등이 좋은 예이다.)

4) 울프강의 「피해자유발」설

미국의 범죄학자 울프강은 「살인죄의 패턴」에서 피해자유발의 이론을 정교하게 공식화했다. 피해자유발이란 피해자가 직접적이고 적극적으로 범죄를 유발시키는 것을 말한다. 울프강에 의하면 피해자유발의 구체적 사례로 피해자가 먼저 살상능력이 있는 무기를 보이거나 사용하거나 하고 대화 중 상대를 치는 폭력을 써 상대방의 반격을 받아 사망하는 경우를 들 수 있다. 울프강은 경찰통계를 이용해 조사한 결과 표본추출한 588건의 살인사건 중 150(26%)건이 피해자유발의 사례였다고 보고했다. 이런 조사결과에서 울프강은 헨티히의 주장을 지지, 피해자가 범죄결정요인의 하나라는 결론을 이끌었다.

5) 세퍼의 「기능적 책임」설

멘델손의 피해자학 이론을 계승한 것이 미국의 범죄학자 세퍼였다. 세퍼는 미국에서 한발 빨리 피해자학을 다루어 「기능적 책임」설을 제창했다. 이 이론은 멘델손의 「피해자 유책성」설을 발전시킨 것으로 범죄발생에 주어진 책임을 기준으로 피해자를 7가지로 분류했다. ① 무관계한 피해자, ② 도발적 피해자, ③ 유발적 피해자, ④ 생물학적으로 결여된 피해자, ⑤ 사회학적으로 결여된 피해자, ⑥ 스스로 피해를 초래하는 피해자, ⑦ 정치적 피해자 등이 그것이다. 세퍼에 의한 이런 피해자의 유형화는 멘델손과 같이 범죄의 발생에 대해 피해자측에 책임을 돌리는 경우를 지적한 것이다.

6) 스파크스의 「피해자화」설

스파크스는 피해자학의 이론으로 중요하게 생각하는 피해자화과정의 특징으로 다음과 같이 6가지를 들었다. ① 유발(precipitation), ② 촉진화(facilitation), ③ 취약성(vulnerability), ④ 기회(opportunity), ⑤ 매력(attractiveness), ⑥ 무벌성(impunity)이 그것이다.

첫째, 유발이다. 대인폭력범죄에는 피해자 측이 유발하는 경우가 있다. 특히 가해자와 피해자가 면식이 있는 경우나 친한 경우에는 피해자 측에 범죄를 유발하는 원인이 존재하는 가능성이 높다(예로 아내가 남편의 폭력으로 남편을 살해하는 경우).

둘째, 촉진화이다. 피해자 자신은 범죄의 일부를 적극적으로 행하지 않아도 집 열쇠를 분실하는 등 부주의 혹은 무의식중에 스스로 위험한 상황에 빠져 범죄 발생을 부르는 경우가 있다.

셋째, 취약성이다. 피해자는 스스로를 위험에 빠지게 하는 행동은 하지 않는다. 해도 신체적 혹은 정신적으로 허약한 등 스스로 갖고 있는 취약성 때문에 결과적으로 스스로 위험에 빠지게 하는 경우이다.

넷째, 기회로서 범죄가 발생하는가 하지 않는가는 범죄가 생길 기회가 있는가 없는가에 크게 좌우된다. 야간외출 등 특정행동 양식 등을 취하는 여부에 따라 범죄 피해가능성이 크게 변한다.

다섯째, 매력이다. 예컨대 범죄자에 의해 접근하기 쉬운가 아닌가 혹은 감시가 미치지 않는 곳 등 범죄자에 있어 범죄를 행하기 쉬운 경우가 있다.

마지막으로 무별성이다. 피해를 경찰에 넘기거나 공식화할 가능성이 적은 자는 범죄의 피해를 입기 쉽다.

7) 지명성이론

이제까지는 초기 피해자학이론과 같은 관점에서 일본에서 제창된 것으로 「지명성(指名性)이론」이 있다. 지명성의 이론이란 범죄자가 범죄를 실행하는데 착실히 대상을 결정하는 이론을 말한다. 이제까지 조사에는 피해자의 복장이나 언행에서 범죄자의 눈에 띈 자가 피해를 입기 쉽다고 지적이 있다. 또 범죄의 실행이 가능한 장소에 있는 자를 지명할 가능성이 높다는 이론이다.

8) 초기의 피해자학 이론에 대한 비판

이처럼 유럽에는 1940년대 후반에서 1970년대에 걸쳐 피해자학이론은 여러 이론이 제기되어 피해자학의 기초를 세웠다. 하지만 이들 이론에 대한 비판도 있다. 첫째, 초기 피해자학이론은 그 의도는 제쳐두고 결과적으로 범죄원인을 피해자에서 구해 피해자의 책임을 가혹하게 추구한 것은 아닌가? 전술한 것처럼 초기 피해자학이론은 범죄의 원인을 피해자에 구해 그 책임을 피해자에 귀속시키는 일면을 가지고 있다. 형식적으로 「범죄자와 피해자의 상호관계가 범죄를 낳는다.」라고 주장된 경우도 실질적으론 피해자를 비판하는 경향이 보인다. 즉 범죄의 발생에는 피해자가 일정한 역할을 한다고 생각한 것이다.

하지만 이런 생각은 「피해자반성」으로 이어질 위험이 있음을 부정할 수 없다. 또 일부 피해자학이론이 전제로 한 「범죄에 적극적인 역할을 하는 피해자」란 존재는 관념적으로 도출한 것에 불과한 것이 아닌가? 1980년대에 피해조사가 활발하게 이루어짐에 따라 범죄발생에는 피해자가 적극적인 역할을 한다는 전제는 현실과 일치하지 않음이 차례로 밝혀지고 있다. 이 때문에 실증적 근거 없이 피해자를 궁지에 밀어 넣은 초기 피해자학이론은 비난을 받게 되었다. 또 범죄의 원인을 피해자에서 구해 이것을 비난하는 것은 범죄자의 책임을 경감하거나 범죄행위를 합리화하는 것으로 이어질 가능성조차 있다는 비판이 높다.

둘째, 초기 피해자학이론은 피해자의 유전적 혹은 생물학적 요소를 중시하는 한편, 피해자에 대한 편견과 경시가 보이는 것은 아닌가? 우선 초기 피해자학이론은 피해자에 유전적 · 생물학적으로 피해자가 될 소질이 겸비되어 있다는 주장이 많다. 특히 「생래성피해자」란 개념 자체가 범죄생물학의 원류인 롬브로조의 「생래성범죄자설」에 영향을 받은 것일 것이다. 이런 주장은 범죄생물학과 수평적인 관계에 세운 「생물학적 피해자학」이라 할 수 있으나 가계연구나 쌍생아 연구와 같이 실증적 근거를 가진 것이 없다. 또 초기 피해자학이론에는 여성경시가 보인다는 지적이 있다. 예컨대 강간의 피해자에 대해 피해자 측에도 문제가 있다는 주장이 간간이 제기되었다. 이런 주장에 대해 페미니스트를 중심으로 「남성사회의 중심에 기초한 주장이다」, 「여성에 대한 차별이나 편견을 기초로 하고 있어 또 새로운 차별이나 편견을 조장한다」 등의 비판이 이어졌다.

셋째, 초기 피해자학이론은 피해자와 범죄자의 대립관계란 단순한 구조로 범죄현상을 파악하려 한 것이 아닌가? 범죄가 발생한 경우에 그 책임을 누구에게 돌리는가는 극히 어려운 문제이다. 그럼에도 불구하고 「범죄자」와 「피해자」란 단순한 꼬리표를 붙여 양자를 완전히 분리해 범죄란 사상(事象)을 이해하려 한 시도는 무리한 시도가 아닐 수 없다. 이 때문에 이제까지의 범죄자와 피해자의 「흑 대 백」이란 고정관념적인 절대적·형식적 구별이 부정되고 이른바 「회색 대 회색」이란 상대적인 구분이 오히려 설득력이 있기에 초기의 피해자이론은 비판을 받고 있다.

3. 최근의 피해자학 이론

초기의 피해자학 이론에 대한 비판이나 피해조사에 있어 확실해진 피해자의 실태를 포함해 1980년대 중반 이후 새로운 피해자학이론이 전개되었다. 여기선 ① 생활양식이론, ② 일상활동이론, ③ 동일집단이론, ④ 제2차피해자화·제3차피해자화 이론에 대해 개관해 보기로 한다.

1) 생활양식이론

생활양식이론(life style theory)이란 범죄와 접촉할 가능성이 높은 성활양식을 취하고 있는 자가 범죄피해를 입기 쉽다는 이론이다. 여기서 말하는 라이프스타일은 일상생활 중에 관습화된 활동을 말한다. 구체적으로 ① 자신의 직업적 업무와 관련된 활동(통근·노동 등), ② 학교생활에 관한 활동(통학·수업·그룹활동 등), ③ 가정생활에 관한 활동(가사·육아 등), ④ 레저활동이 포함된다. 이런 라이프스타일은 사람마다 각기 다르나 이런 생활양식의 차이가 범죄의 피해자가 될 가능성의 차이가 되어 나타나는 경우가 있다고 생각한 것이다. 종래 범죄이론이 벙죄자에 주목해 범죄현상을 설명한 것에 비해 이 이론은 피해자 자체의 분석에 중점을 두었다고 평할 수 있다.

생활양식이론은 힌데랑(M. Hindelang), 갇프레드슨(M. Gottfredson) 및 가로팔로(J. Garofalo)가 1978에 쓴 『인신범죄의 피해자』에서 보다 명확한 형태로 제창되어 1980년대에 지지가 확산되었다. 생활양식이론은 범죄가 그 피해자의 행동과 무관계, 무질서하게 발생하지 않는다는 것을 강조한다. 바꿔 말하면 피해자의 라이프스타일이 잠재적인 범죄자와의 접촉의 양과 질을 결정하는데 큰 역할을 해 피해를 입을 가능성을 좌우한다는 것이다.

특히, 야간에 인적이 드문 공간을 지나는 경우가 많은 자, 또 가족이외의 자와 지내는 시간이 많은 자는 피해를 입을 가능성이 크다. 이런 생활양식이론의 주장은 공식적인 범죄통계를 기초로 한 조사에서 일반적으로 지지된다. 즉 이들 통계자료는 피해자가 될 위험이 혼자 살고, 소년과의 교제, 심야외출, 도시의 생활 등에 의해 증가하는 것을 지적하고 있다. 즉 외부활동을 줄이고 야간외출을 삼가고 농촌으로 이사하는 것만으로 범죄의 피해자가 될 위험을 감소할 수 있다 한다.

2) 일상활동이론

일상활동이론은 피해자의 라이프스타일 외에 범죄자의 라이프스타일도 포함해서 범죄가 발생한 원인을 파악한다. 이 이론은 펠슨(M. Felson)과 코엔(L. Cohen)의 「사회변화와 범죄발생률의 경향 : 일상활동적 접근」이라는 논문에서 제기했다. 여기서는 범죄는 ① 잠재적인 범죄자의 존재, ② 적당한 범죄표적의 존재, ③ 감시자의 부재 등 3요소가 겹친 경우에 발생한다고 하고 있다. 펠슨 등은 범죄가 실행된 기회는 일상생활에 다수 존재하고 있어 그중 범죄표적인 피해자나 재물이 무방비상태로 방치된 경우에 범죄가 발생하는 것이 아닌가라는 문제의식에서 연구가 행해졌다.

구체적으로 펠슨 등은 미국의 범죄통계에서 1947년부터 1974년까지의 범죄율의 변화와 이런 변화와 라이프스타일의 변화관계를 검토한 것이다. 검토결과 그들은 1960년대 이후 라이프스타일의 변화로 ① 청소년 인구증가, ② 휴대하기 쉬운 소형가전제품의 보급, ③ 맞벌이 가정의 증가와 전통적 사회연대의 약화 등이 1960년대 이후 범죄증가에 기여했다고 결론지었다. 즉 라이프스타일이론이 주로 피해자의 라이프스타일에 주목한 것에 비해 일상활동이론은 범죄자와 피해자 양자의 일상적인 라이프스타일이 공통된 것을 지적하고 그 변화가 범죄증가로 이어진다고 설명하였다.

따라서 이 이론은 범죄발생을 범죄자와 피해자의 상호관계에서 찾는 경향이 강하나 피해자화의 관점에서는 다음과 같은 것이 범죄발생요인으로 중요시된다. ① 가족에서 떨어져 야간에 외출한다. ② 고가 장신구를 부착하고 다닌다. ③ 상점 등의 감시체제가 취약하다. 펠슨 등은 범죄예방책으로 범죄기회의 감소를 위해서 라이프스타일의 개선을 주장하였다.

3) 동일집단이론

라이프스타일 이론에서 파생한 또 다른 하나의 이론으로 동일집단이론이 있다. 이 이론은 가해자인 범죄자와 피해자는 비슷한 가치관을 가진 그룹에 속해 있어 같은 특성을 가지고 있다고 지적한다. 전술한 것처럼 이 이론은 실증적인 조사에서도 확인되었다. 예를 들어, 싱거는 미국의 필라델피아에서 행해진 코호트 연구에서 폭행피해자의 다수가 다른 사건에서 가해자인 것이 확인되었다고 보고되었다. 또 로릿센, 샘프슨 및 라우브는 자기보고식 연구 에서 비행소년과 피해자간에 상관관계가 존재한다고 지적했다. 이런 동일집단이론은 범죄자와 피해자를 다른 범주로 나눈 것은 무의미하고 범죄자가 될 수 있는 환경은 모든 사람의 인생에 있어 존재한다고 설명한다.

4) 제2차 피해자화 · 제3차 피해자화론

초기 피해자학의 대상으로서의 피해자는 범죄에 있어 직접적으로 피해를 입은 자에 한정되었다. 하지만 피해자학이 문제가 되는 피해자화는 이런 직접적인 피해에 그치지 않고 간접적인 것도 포함되지 않는 가란 주장이 1980년대 중반부터 높아졌다. 이러한 문제의식에서 제기된 것이 바로 「제2차 피해자화」, 「제3차 피해자화」이다.

제2차 피해자화는 형사사법기관 등의 배려가 부족한 대응에 의해 피해자의 범죄피해를 재차 유발하게 한다고 지적했다. 범죄조사나 형사재판에는 사실의 추구를 중시하고 피해자에 대한 배려가 부족하다, 특히 성범죄에는 그 피해자의 이성관계 등 사생활이 노출되어 피해자의 인권이 침해될 가능성이 농후하다. 최근 일본, 유럽, 미국 뿐 아니라 한국에서도 형사절차에 있어 피해자와 인권보호문제가 화두에 오르고 있는 배경도 이런 이유에서이다.

제1차와 제2차 피해자화보다 더 심리적으로나 정신적으로 힘든 피해자에 대한 적절한 대응이 되지 않고 방치하면 피해자는 재차 자기 파멸적인 길로 가는 경우가 적지 않다. 이런 현상이 「제3차 피해자화」라 부르는 것이다. 재판에서 유죄판결이 확정된 것에 의해 사건은 하나의 해결이라고 생각하는 경우가 많다. 하지만 그런 일반적인 인식과는 달리 피해자의 마음의 상처는 치료되지 않고 계속 남는다. 강간 피해자의 경우 이런 제3차 피해자화를 「second rape」라 부른다. 미국에선 이런 강간 피해자에 대한 치료를 목적으로 한 crisis center에서 카운셀링이나 전화에 의한 정보제공 등 적극적인 활동을 하고 있다.

5) 범죄자와 피해자의 상호작용이론

범죄란 일반적으로 범죄자와 피해자 사이에 일어나는 상대적인 개념을 전제로 하는 이론이다. 그러므로 어떤 의미에서는 피해자의 완전한 무책과 유책이란 개념은 있을 수 없을 것이다. 오히려 범죄자와 피해자의 상호작용과정에서 발생하는 것이라고 할 것이다. 이러한 상호작용이라는 개념을 도입한 셍스탁(Sengstock)은 사회적 상호작용이론에서 지금까지의 범죄이론에서 간과했던 피해자요인을 부각시키고자 하였다. 지금까지의 전통적 범죄이론은 범죄발생에 있어서 가해자 요인에만 주목하였지만 이 관점은 범죄자와 피해자의 상호작용적 요인을 고려하고 있다는 것이 중요한 특징이다.

그러므로 범죄란 일반적으로 피해자와 가해자간의 상호작용의 형태를 포함하고 있기 때문에 피해자의 과장된 행동이나 위축된 행동이 범죄피해의 가능성을 증가 혹은 감소시키기도 하며, 이러한 관점에서 피해자학자들은 범죄란 가해자와 피해자의 상호작용의 결과임을 강조한다. 예컨대 가정폭력의 경우에 가정에서 반복되는 폭행은 가해자가 피해자의 행동을 통제하기 위한 것으로 이해될 수 있다. 가정폭력의 발생과정은 다음과 같이 4가지의 단계, 즉 자극, 인지, 조작, 완료로 나누어 볼 수 있다. 가정폭력은 최초에 부부 또는 부모와 자식간의 상호자극이 원인이 되어 발생하며, 이때 가해자가 피해자의 행동을 권위에 대한 도전으로 인지하고, 피해자에 대하여 폭력적인 방법을 동원하여 통제하고 권위에 대한 도전을 파괴시키므로 사건을 종결한다.

특히, 셍스탁은 사회적 상호작용에 관한 세 가지 모형을 제시하였다.

첫 번째 모형은 피해자가 가해자로 하여금 범죄를 저지르도록 유도하는 전통적인 피해자 촉진형이다. 피해자는 가해자에 대하여 고의적으로 도발행위를 함으로써 가해자로 하여금 공격을 시도하도록 유혹하는 계산된 행동을 하게 되어 피해를 자발적으로 초래한다. 이러한 과정은 상대적으로 짧은 기간동안이나 비교적 긴 시간동안 이루어질 수도 있다. 이 모형에서는 피해자가 범죄발생에 있어서 책임이 분명히 존재하는 경우이다.

두 번째 모형은 갈등모형이라고 할 수 있는데 가해자와 피해자는 보다 긴 기간동안에 걸쳐 사회적 상호작용을 하다가 범죄발생과정 중에 서로에게 피해를 입힘으로써 양자가 가해자와 피해자의 역할을 번갈아 담당하는 경우에 해당되는 경우이다.

세 번째 모형은 범죄인과관계에 있어서 피해가능성이 있는 모형으로써 이러한 경우 피해자가 범죄발생에 있어서 비중 있는 역할을 하지 않은 경우를 말한다. 이러한 관점에서 피해자는 자신이 알지 못하는 가운데 가해자가 고무되는 일련의 행동과 관련되어 피해를 당할 수 있다. 세 번째 모형과 나머지 두 모형과의 차이점은 피해자가 유발상황을 의도하지 않았거나 그러한 사실 자체를 인식하지 못하는 가운데 범죄가 이루어진다는 것이다.

4. 범죄피해의 실태

범죄학이 범죄자의 특징을 규명한 것처럼 피해자학은 피해자의 특징을 찾으려 했다. 종래 일반적으로 「피해자」의 이미지는 「고령」, 「여성」 및 「사회적 약자」가 떠오른다. 하지만 영미에서 범죄피해의 실태조사에 의하면 이러한 과거 이미지가 현실의 범죄피해자와 일치되지 않는다는 것이 밝혀졌다.

1) 범죄피해조사

과거 범죄실태를 파악하기 위한 범죄통계가 있어왔다. 하지만 공식 범죄통계에 잡히지 않는 「암수(暗數)」가 존재한다는 것은 예전부터 주지의 사실이었다. 공식통계만으로 정확한 범죄실태를 파악할 수 없다는 한계가 지적되어 왔다. 이런 상황을 타개하기 위해 미국에서 1970년대부터 영국에선 1980년대부터 범죄피해조사가 실시되게 되었다. 이 일련의 대규모 피해조사는 암수조사가 주목적이었으나 점차 피해실태의 해명에 중점이 옮겨졌다. 바꿔 말하면 피해조사는 양적 조사에서 질적 조사로 발전했다고 할 수 있다.

(1) 미국의 피해조사

미국에서 범죄피해조사가 실시된 계기가 된 것은 1967년에 공표된 대통령자문위원회에 의한 범죄피해의 전국조사 보고였다. 이 조사는 전미의 일반인을 대상으로 범죄피해 경험을 조사한 것이다. 조사보고에선 피해자가 경찰에 신고하지 않는 경우가 많아 미국의 범죄피해자수는 예상보다 훨씬 많다는 사실이 밝혀졌다. 이런 보고를 받고 범죄피해실태를 보다 정확히 파악하기 위한 조사의 필요성을 인식하게 되었다. 1973년부터 연방국세조사부가 연방사법성 사법통계국과 협력하여 「전미범죄조사(NCVS)」를 매년 실시하게 되었다. 이 통계는 피해조사의 내용으로 명확히 하기 위하여 1990년에 명칭이 「전미범죄피해조사」로 변경되었다. 최근엔 조사규모를 확대해 전미의 약 4만 8,000세대의 12세 이상의 약 9만 7,000명을 대상으로 피해실태가 조사되었다.

(2) 영국의 피해조사

영국에선 1980년대를 거치면서 대처수상이 이끄는 보수당정권이 범죄증가를 우려하여 「법과 질서」 캠페인을 전개해 경찰력강화, 엄벌화 등의 정책을 실시했다. 하지만 이런 정도의 범죄대책에 대해 「범죄증가는 시민에게 정신적 쇼크(moral panic)를 주는데 지나지 않는다」란 비판이 급진주의 범죄학자 등에 의해서 제창되었다. 이런 상황 하에서 범죄실태를 정확히 파악하기 위해 영국 내무성은 1983년에 「전영국 범죄조사」를 실시했다. 조사는 16세 이상의 약 1만 명을 대상으로 범죄피해경험을 면접조사 형식으로 이루어졌다. 그 결과 공식통계에 나타나지 않은 많은 범죄가 존재한다는 사실이 밝혀졌다. 그 후 전영국범죄피해조사(BCS)는 오늘날까지 수차에 걸쳐 실시되어 범죄피해 실태파악에 중요한 역할을 하고 있으며 영국의 형사사조에 강한 영향을 미쳤다.

(3) 일본의 피해조사

미국의 NCVS나 영국의 BCS는 일반시민이 많은 범죄에 둘러싸여 있는 실태를 밝혀 피해자의 입장에서의 관점이 범죄학 연구에서도 필요함을 인식시켜 피해자학이 비약적으로 발전하는 계기가 되었다. NCVS나 BCS처럼 대규모 조사는 쉽게 실시할 수 없지만 일본에서는 「도시방범연구센터」에 의한 범죄피해자 발생실태에 관한 조사와 1992년부터 약 3년에 걸쳐 「범죄피해자 실태조사연구회」에 의한 전국규모의 범죄피해자 실태조사가 행해져 1996년에 「범죄피해자연구」로 발간되었다.

(4) 한국의 피해조사

한국에서 범죄피해자조사를 실시한 것은 1990년 한국형사정책연구원에서 서울지역의 범죄피해 실태에 대한 조사를 것이 그 시초이다. 이를 계기로 우리나라의 범죄피해실태 및 범죄문제와 관련된 여러 가지 정보를 얻기 위하여 매 3년마다 범죄피해조사를 실시해 오고 있다. 범죄피해조사는 형사사법기관에서 발행하는 통계에서 얻을 수 없는 범죄관련 정보를 일반인을 대상으로 한 피해실태에 대한 조사를 통하여 얻으려는 의도에서 출발하였으며, 공식통계의 가장 큰 문제인 '숨은 범죄(hidden crime)'의 문제를 해결하기 위한 노력의 일환으로 실시되고 있다. 이런 조사의 결과를 「한국의 범죄피해에 대한 조사연구」로 발간하고 있다.

2) 범죄피해자의 특징

일련의 피해조사에 의해 이제까지 밝혀지지 않은 피해자의 특징이 밝혀졌다. 밝혀진 구체적 피해자 특징으로는 성별, 연령, 사회적 지위 및 인종이 주독할 만하다.

(1) 성별

피해조사의 데이터에 의하면 성별은 범죄피해자를 특정짓는 중요한 요소 중에 하나이다. 예를 들어 미국 NCVS에 의하면 강도나 폭행피해자의 경우 남성이 여성의 약 2배였다. 단 과거 15년 간 폭행범죄의 피해자가 될 위험성은 남성의 경우 20% 감소했으나 여성은 거의 같은 수준이 유지되고 있다. 이것은 여성에 대한 무기를 사용치 않는 형태의 강도가 증가한 것이 주원인으로 생각된다. 또 강간에 대해서는 피해자의 대부분이 여성이나 매년 약 7.500명의 남성이 강간 피해자가 되는 경우가 있다고 추산된다.

한국의 경우 절도는 남자 38.6%, 여자 61.4%로 약 1.7배가량 여자가 많았고, 강도피해는 남자 52.2%, 여자 47.8%로 남자가 약간 많았으며, 폭행피해는 남자가 82.2%, 여자가 17.9%로 남자가 여자보다 약 4.8배 높았다.

(2) 연령

피해조사에 의하면 피해자가 될 위험성은 고령자보다 저연령층이 높다. 미국 NCVS의 데이터에 의하면 피해자가 될 위험성은 10대 후반부터 높아져 25세 경에 급격히 감소한다. 연령과 피해자화의 상관관계는 소년들이 가지고 있는 라이프스타일과의 관련에서 나온다. 예컨대 심야시간까지 외출이나 비행소년과의 교제는 소년들의 비행가능성을 높일 뿐 아니라 피해를 입을 위험도 그 만큼 높아지게 된다. 범죄피해자중 전체 75% 이상은 20세 이상의 범죄자에 의해 위해(危害)를 입는데 비해 12세부터 19세까지의 소년피해자의 경우 64%가 또래나이의 범죄자에 의해 피해를 받았다. 또 미국에서는 학교 내 범죄가 많이 발생하는데 이러한 상황이 소년들의 피해위험성을 한층 높이고 있다. 예를 들어 미국에서는 매년 전 폭력범죄의 9%가 학교 내에서 발생한다. 여기에는 약 6만 건의 강도, 4만 건의 폭행, 2,000건의 강간이 포함되어 있다.

한국의 경우를 보면, 절도피해는 20대와 30대가 각각 31.7%, 22.1%로 반 이상을 차지하였으며, 강도피해는 10대가 52.2%로 반 이상을 차지하였고 나머지 20대와 30대가 각각 17.4%로 같았다. 한편, 폭행피해의 경우에도 10대와 20대가 각각 25.6%, 30대 20.5%로 젊은 연령층일수록 피해를 입을 가능성이 훨씬 높았다. 또 성폭력피해자의 연령은 20대가 60.7%로 절반이상을 차지하였고 다음으로 10대 19.7%를 차지하여 역시 젊은 여성일수록 피해가능성이 높았다.

(3) 사회적 지위

피해조사결과 빈곤층에 피해자의 역할이 높음이 밝혀졌다. 예컨대 미국 NCVS는 연간소득 7,500달러 이하의 자가 범죄피해를 입을 가능성이 극히 높다는 것을 시사한다. 이 원인은 미국의 경우 빈곤층이 범죄다발지역에 거주하고 있기 때문인 것으로 생각된다. 단 여기서 문제가 되는 것은 강도, 폭행, 강간 등 폭력범죄의 피해자에 대해서이다. 또 같은 연령대 혹은 같은 인종간의 경우 경제적으로 빈곤한자 쪽이 피해를 입기 쉽다. 여기에서 재산범의 경우 고소득층이 피해자가 될 위험성이 높다. 이점에서 절도범은 범죄실행 시 대상을 주의 깊게 선택하기 때문인 것으로 추측된다. 사회적 지위나 피해자의 관련성에서는 결혼이 주는 영향이 주목된다. 미국 NCVS에 의하면 기혼자는 미혼자에 비해 피해자가 될 위험성이 낮다. 단 이 결과는 결혼에 의한 영향보다도 성별이나 연령에서 설명해야 할 문제이기도 하다.

한국의 경우를 보면, 대인절도는 기혼, 고졸, 판매서비스직에서, 강도의 경우, 미혼, 학생, 고졸이상의 학력군에서 폭행의 경우 미혼, 고졸, 판매서비스직에서, 성폭행피해는 미혼, 고졸, 학생군에서 피해를 많이 당하는 것으로 조사되었다.

(4) 인종

피해조사에서는 인종에 따라 피해자가 될 위험성이 다르다는 사실이 밝혀졌다. 미국의 NCVS에 의하면 타 인종과 비교하여 흑인은 폭력범죄의 피해자가 될 위험성이 높다. 예컨대 흑인이 강도 피해자가 될 위험성은 백인에 비해 약 두 배가 높다. 또 1987년의 미국질병관리센터의 조사에 의하면 흑인남성이 살인의 피해자가 될 위험성은 흑인여성과 비교해 4.8배, 백인남성과는 7.7배, 백인여성과는 21.9배 높았다. 최근분석에서는 흑인에 대한 범죄는 백인에 대한 범죄에 비해 범죄의 형태나 무기의 사용 등의 점에서 흉악화되는 특징을 가지고 있다는 지적도 있다.

3) 피해자의 사회생태학

피해조사 결과로 피해자의 생태학적 특징에 대해 많은 사실들이 밝혀지고 있음을 주목할 필요가 있다.

(1) 시간

예를 들어 미국에서는 NCVS의 자료에 의하면 범죄의 대부분이 오후 6시부터 오전 6시 사이에 발생하는 것으로 밝혀졌다. 낮 시간대에 발생할 확률이 높은 범죄는 날치기나 소매치기 등의 피해자에게 직접 접촉하는 절도범에 한정되어 있다. 폭력범죄에 대해서도 야간에 발생하는 경우가 높았다. 또 폭력범죄에 대해서는 오후6시 이전에 발생하는 것보다 오후 6시 이후에 발생하는 쪽이 보다 포악한 양상을 띠고 있었다. 예컨대 중대한 폭행·상해는 야간에 많으나 무기를 사용치 않는 형태의 강도는 낮 시간대에 많았다.

(2) 장소

많은 범죄에 대해 도로, 공원 혹은 평지 등 공공장소에서 많이 일어난다. 비교적 가택 내에서 일어나는 범죄는 무기를 사용치 않고 발생하는 폭행이나 강간이었다. 단 이런 범죄의 대다수도 공공장소에서 발생하고 있다. 또 거주지역도 피해자가 될 위험성에 많은 영향을 주는 요소이다. 도시의 중심부에 거주하는 자는 교외에 거주하는 자에 비해 강도나 폭행의 피해를 입을 위험성이 높다. 전자가 범죄의 피해자가 될 위험성은 후자에 비교해 약 2배가량 높았다.

(3) 가족

미국 NCVS에 의하면 전미 9,500만 세대 중 약 25%가 가족 중에 적어도 1명이 과거 1년 간 범죄피해를 입었다. 이것은 1970년대의 31%란 수치와 비교하면 감소하였다. 1980년대 이후는 거의 같은 수준이다. NCVS에 의하면 가장 피해를 입기 쉬운 것은 서부도시에 거주하는 고소득의 흑인이었다. 여기에 비해 가장 피해를 입기 어려운 것은 북동부의 농촌에 거주하는 빈곤층 백인이었으며, 이들은 재산범죄의 피해자가 될 위험성이 가장 낮았다. 또 미국의 최근 인구이동이나 가족구성의 변화가 피해자가 되는 가정의 패턴을 바꾸고 있다. 예컨대 급속한 현대화의 결과 교외나 농촌의 인구가 증가하고 도시인구가 감소하고 있다. 또 핵가족화나 독신자의 증가에 의해 가정구성원의 인구가 감소하고 있다.

4) 피해조사의 영향

미국 연방통계국의 계산에 의하면 현재 미국에서 일생에 한번 이상 폭력범죄의 피해자가 될 가능성은 83%(3번 이상은 25%)에 달한다. 또 절도 등 재산범의 피해자가 될 가능성은 99%(3번 이상은 87%)라 추정되었다. 범죄학이 범죄자의 특징을 찾는 것처럼 피해자학은 피해자의 특징을 찾으려 하였다. 일련의 피해조사가 종래의 피해자상에 큰 수정을 가하게 했다. 종래 일반적으로 「피해자」」의 이미지로서 신체적, 사회적인 약자가 상정된다. 그 구체적인 예로 「고령」, 「여성」 및 「사회적 약자」를 들 수 있다.

하지만 영미에 범죄피해 실태조사가 활발하게 진행됨에 따라 이런 이미지가 실제 피해조사와 일치하지 않는다는 것이 밝혀졌다. 영미의 피해조사에서는 일반적으로 피해자가 되기 쉬운 요소는 ① 남성, ② 30대미만, ③ 독신, ④ 야간, ⑤ 다량의 음주 등을 들 수 있다. 또 범죄피해자의 대부분은 동시에 가장 범죄자가 되기 쉽다고 지적 받는 요소(남성, 저연령, 빈곤, 유색인종 등)를 함께 가지고 있다.

5. 피해자학의 전망

이제까지 살펴본 것처럼 1950년대에 유행한 피해자학은 또 피해자유책론으로서의 색채를 가지고 있는 면이 있다. 그러므로 피해자학은 피해자구제와 직결되지 않는가 비판을 받고 있으나 오늘날에는 피해자·가해자 상호작용론으로 변화하고 있다. 또 1970년대 이후는 피해자구제의 측면이 급속히 발전한 시대라면 1980년대는 형사절차상 피해자 지위의 문제, 1990년대의 경우 범죄자처우에 있어서 피해자의 관점의 문제에 대한 논의가 활발하였다. 피해자학은 국제적으로나 국내적으로 착실히 발전하고 있다는 평가를 받고 있다. 최근 피해자학을 연구하고 있는 학자들은 새로운 관점에서 피해자의 문제를 다루고 있다.

1) 범죄에 대한 불안감

현실의 범죄피해는 한정된 수를 경험하나 실제로는 더 많은 사람이 범죄의 피해를 입을 것이라는 불안감을 가지고 생활하고 있다. 유럽의 범죄학이나 피해자학에서는 이런 실제의 피해경험에 그치지 않고 많은 학자들이 범죄의 발생에 대한 공포심을 「범죄에 대한 불안감(fear of crime)」이라 부르고 높은 관심을 보이고 있다.

(1) 범죄에 대한 불안감의 의미

미국에서는 범죄에 대한 불안감은 범죄의 증가와 함께 과거 30년 간 급격히 높아졌다. 하지만 이 범죄에 대한 불안감은 실제의 범죄통계나 피해자 실태조사의 결과 이상으로 확산되어 있다. 예를 들어, 스코간(W. Skogan)과 맥스필(M. Maxpil)은 「범죄에 대한 대응」에서 미국인의 약 반수가 범죄불안감을 품고 있으나 실제 범죄피해를 입는 것은 6% 전후에 지나지 않는다고 지적했다. 일반적으로 범죄에 대한 불안감은 여성 쪽이 더 높다. 여기에 비해 실제 피해는 남성이 높다. 또 연령별로 보면 실제 범죄의 피해가능성은 고령층이 가장 낮다. 그러나 그들은 범죄불안감을 강하게 품고 있는 경우가 많다.

(2) 범죄에 대한 불안감의 원인

그러면 실제 피해를 입을 가능성과 주관적인 면에서의 불안감 사이에 큰 차이가 생기는 원인은 어디에 있는가? 이 점에 대해 2가지가 지적될 수 있다. 하나는 매스미디어의 범죄보도의 영향으로 생각된다. 오늘날 범죄피해를 직접 입지 않아도 그 실태를 매스미디어를 통해 간접적으로 알 수 있다. 때문에 범죄증가와 흉악화를 선정적으로 보도하는 매스미디어의 태도가 범죄피해에 대한 불안감을 심어주게 된다. 또 하나는 이런 범죄증가와 흉악화에 대한 보도는 정신적인 쇼크를 일으켜 「법과 질서」정책을 정당화되는 근거로 이용되는 측면도 지적할 수 있다.

(3) 범죄에 대한 불안감의 대책

범죄에 대한 불안감은 시민생활에 여러 영향을 미친다. 예를 들어, 현실에서 범죄피해에 대한 불안감을 가진 사람들은 여행이나 외출을 줄이거나 혼자 외출하는 것을 삼가는 등의 행동을 하게 된다. 또 불안감이 깊으면 경찰을 비롯하여 형사법기관에 대한 신뢰가 약해진다. 따라서 이런 현상을 막기 위해 ① 정확한 범죄피해 실태를 파악하기 위해 범죄피해조사를 활성화해야 한다. ② 범죄정보를 정확히 전달하여 특이한 범죄사건 등에 대한 과도한 보도를 자제하도록 한다. ③ 범죄예방책을 마련하여 실제 범죄피해의 가능성을 감소시키는 활동이 필요하다.

2) 새로운 범죄유형의 피해자

오늘날 사회현상의 혼란과 더불어 범죄현상도 새로운 움직임이 보이고 있음을 주목할 필요가 있다. 피해자학을 연구하는 학자들은 이런 새로운 범죄현상을 피해자학적인 관점에서 다시 고찰할 필요가 있다. 새로운 범죄의 피해자는 구체적으로 다음과 같은 것을 들 수 있다.

(1) 기업범죄 피해자

기업범죄는 통상기업활동에 부수되어 행하여지는 경우가 많고 그 실태를 파악하는 것이 곤란해 「적발할 수 없는 범죄」의 전형이 되어왔다. 하지만 오늘날에는 기업범죄가 광범위하게 많은 피해를 발생시키고 있음이 지적되었다. 구체적으로 기업범죄의 피해자로는 소비자와 노동자만이 아니라 일반시민이 포함된다. 이외 공공사업의 입찰의 경우 담합에 가담하지 않은 기업이나 사업의 발주처인 중앙정부나 지방자치제 등의 공공단체도 피해자가 된다. 또 기업범죄의 피해는 재산상의 피해에 그치지 않고 생명과 신체에 대한 중대한 위험을 가져와 자유주의 시장경제제도나 증권제도에의 신뢰에도 치명적인 영향을 입힌다. 이처럼 기업범죄는 광범위하고 중대한 피해를 주기 때문에 최근 기업범죄의 중요성이 인정되어 기업에 대한 엄격한 형법의 적용 등을 포함한 적절한 대책이 모색될 필요가 있다.

(2) 아동학대 피해자

유럽에서 「가정 내 폭력」의 경우 주로 남편이 처자에 대한 폭력을 휘두르는 것을 말한다. 특히, 미국에서 가정 내 폭력은 큰 사회문제로 받아들여져 높은 관심을 모으고 있다. 미국에서 매년 약 150만 명의 아이가 양친에게 폭력 등의 학대를 받고 있는 지적이 있다. 특히 오늘날 부모가 자식을 성적으로 학대하는 것이 중대한 문제로 지적되고 있다. 미국에서 양친에게 성적학대를 받는 아이의 수는 1976년에는 만명 중 한명 꼴이었다. 그러나 오늘날은 약 만명에 100명의 아이가 부모에게 성적학대를 받고 있다. 이런 학대경험은 아이가 성장 한 후에도 마음의 상처로 계속남아 정신장애 등을 일으킬 수도 있다. 이 때문에 아동학대를 금하는 법률의 제정이나 캠페인활동, 부모에 대한 상담 등 여러 가지 아동학대방지활동이 이루어지고 있다. 또 피해를 입은 아이의 치료도 필요하다. 한국의 경우에도 가정폭력의 문제가 최근 이슈로 등장하고 있다.

(3) 음주운전 피해자

음주운전의 피해자는 음주운전이 원인으로 발생한 교통사고의 피해자를 말한다. 여기서 「교통사고」란 단어를 사용한 것처럼 많은 경우 음주운전에 의한 보행자 등이 장해를 입고, 혹은 생명을 잃는 것도 「사고」로 취급되어 사회적으로 강한 비난을 받지 않는 경우가 많다. 또 법률적으로도 도로교통법위반으로 취급하여 살인죄가 되는 경우는 극히 드물다. 하지만 음주운전의 피해자는 많은 경우 가해자와 관계없이 실질적으로는 살인마의 피해자와 다를 바 없다. 때문에 미국에서 음주운전의 피해자나 그 유족들은 「일상적으로 가장 빈번히 일어나는 폭력적 범죄」라 하며 음주운전자에 대한 엄중한 제재와 엄벌을 요구한다. 일본에선 자동차 손해 배상제도가 실시되어 음주운전의 피해자가 아무런 보상도 못하는 경우는 거의 없다. 하지만 유족이 충분히 납득할 수 있는 대응이 법적으로 되어 있지 않고 피해자 감정이 풀리지 않는 경우는 많다. 따라서 일본에서 음주운전 피해자에 대한 보상과 함께 음주운전의 엄중한 제재와 적절한 법적 대응이 이루어지고 있는 추세이다. 음주운전자에 대한 강력한 처벌은 전세계적인 현상으로 한국의 경우에도 경찰에 의한 음주운전단속과 음주운전자에 대한 강력한 처벌을 통해 음주운전을 예방하고자 노력하고 있다.

(4) 강간 피해자

강간죄에 대해 이제까지 가해자는 남성, 피해자는 여성으로 한정된다고 생각되어 왔다. 하지만 페미니스트운동이 높아지는 등의 배경으로 여성이 남성에 행하는 강간이나 동성간의 강간도 있을 수 있다라는 주장이 차츰 증가하고 있다. 유럽의 형법의 규정에도 새로운 강간형태와 규제형태를 개정하는 작업이 진행되고 있다. 또 종래의 유럽의 판례는 부부간에는 강간은 성립되지 않고 따라서 남편은 처에 대해 강간 가해자가 되지 않는다고 생각되었다. 하지만 종례의 판례도 남성을 불합리하게 보호하는 것이란 비판이 있어 변경되었다. 즉 영국이나 미국의 많은 주는 부부간의 강간죄 성립을 면제하는 규정이 차례로 폐지되고 있는 추세이다.

(5) 매스미디어의 피해자

범죄보도에 대한 사회관심이 매우 높다 이 때문에 신문이다 TV를 시작으로 매스미디어의 범죄보도는 증가하고 있다. 이런 매스미디어에 대해 유죄판결을 받기 전 피의자나 피고인을 범죄자로 취급하고 있음에도 비판 없이 일정한 배려도 없이 피해자에 대해서 실명이나 사진을 크게 보도하는 경우가 비일비재하다. 또 피해자의 프라이버시를 침해하는 내용의 보도도 적지 않다. 이 때문에 피해자의 인권을 보호하려는 필요성이 주장되어 미국에서 전미피해자원조기구(NOVA)가 보도윤리조항을 작성, 매스미디어에 대해 한계를 지키는 보도를 요구하고 있다. 일본에선 1989년 일어난 「여고생 콘크리트 매장 살인사건」에서 피해자의 실명과 사진이 보도되어 피해자나 가족의 사생활의 침해를 최소화하는 보도방법을 둘러싸고 매스미디어의 피해자 문제가 클로즈업되었다. 이런 문제는 오늘날에도 근본적 개선책은 없이 자행되고 있다. 언론기관의 자체적인 노력이나 근본적인 개선책은 부족한 실정이다. 한국의 경우에도 범죄보도의 선정성과 경쟁적인 보도로 인하여 범죄피의자 및 범죄피해자의 개인정보와 얼굴사진이 여과 없이 보도되는 경우가 많이 있다.

(6) 기타 피해자

이 외에도 ① 정신장애 범죄자의 피해자, ② 고령자학대의 피해자, ③ 집단따돌림의 피해자, ④ 환경범죄의 피해자 등에 대한 실태파악과 적절한 대응의 필요성이 주장되고 있다. 이처럼 새로운 피해자를 연구대상으로 확대하는 경우 요구되는 것은 피해자학의 연구영역이 확대되는 것이 아닌 사회구조의 변화에 새로운 범죄현상이 탄생되는 것이 그 원인이다. 따라서 피해자학의 연구대상은 사회의 변화에 병행하여 이후에도 확대를 계속할 필요가 있다고 생각한다. 더구나 대구지하철 방화사건의 범죄자는 정신장애형 범죄의 대표적인 예라고 할 수 있다. 정신장애 범죄자의 피해자는 범죄자와 개인적 원한이나 특별한 동기없이 피해를 입는 경우가 많고, 방화, 살인의 경우 선량한 많은 시민들이 범죄피해자가 될 수 있다는 점에서 많은 관심과 형사정책적인 연구가 필요하다고 생각한다.

3) 비판피해자학

지금까지 피해자학은 이론과 실천의 양면에서 착실한 발전을 이뤄왔다. 하지만 이후에도 피해자학이 비판 없이 전개되지는 않을 것이다. 1970년대 이후 범죄학이 새로운 범죄학이나 급진주의 범죄학에 의한 비판에 대응해 가면서 발전을 해온 것처럼 피해자학도 항상 논의와 논쟁이 이루어지는 중에 발전되어야 할 것이다. 이 점에서 1990년대를 맞이할 즈음에 활성화된 「비판 피해자학」의 제언에도 경청할 가치가 있다.

(1) 비판피해자학의 주장

비판피해자학의 이론에는 얼마간의 변동이 있지만 여기에서는 특히 패탄(Ezzat A. Fattan)의 견해에 주목하고 싶다. 패탄은 피해자학의 발전은 필요하나 구속해서는 안 된다라고 설파하였다. 최근 특히 피해자구제라든가 피해자권리보호가 주장되나 이 주장은 정당하여도 본질적으로는 사회의 응보감정 및 「법과 질서」캠페인의 고조와 호응한 면이 많다. 특히 근래의 아동학대방지캠페인은 이런 요소를 가지고 있지 않은가? 즉 아동학대자란 새로운 「악마」를 만들어 엄한 처벌을 요구하고 있는 것은 아닌가? 패탄은 북미 피해자학의 제일인자이고 본질적으로 피해자학의 발전을 바라고 있다.

(2) 비판피해자학의 평가

물론 이런 비판피해자학의 주장은 한국의 상황에 정확히 적용되는 것은 아니다. 하지만 피해자학에 있어 피해자구제나 피해자의 권리확보 주장을 전개하는 틈 사이에 응보사상과 과도하게 연결하는 위험성을 가지고 있음을 항상 경계해야 할 것이다. 피해자학의 확실한 발전을 위해서는 이후 비판피해자학이 의도하지 않은 피해를 없애려는 노력이 필요하다.

5
chapter

범죄기초이론

제 1 절 문화갈등론

1. 문화갈등론의 태동

문화갈등론의 주창자인 세린(Thorsten Sellin, 1938)은 범죄의 원인을 문화갈등에서 찾았다. 이 문화갈등에는 제1차적 문화갈등과 제2차적 문화갈등으로 나누어 볼 수 있다. 제1차적 문화갈등은 이질적인 문화와의 충돌(예를 들면 이민이나 원주민 문화의 충돌)에서 생긴 갈등인 것에 대해 제2차적 문화갈등에는 문화적 격차(가령 상류계층과 하류계층과의 생활양식이 다르다)에서 생기는 갈등이다. 세린에 의하면 이 문화갈등이 행위규범의 갈등을 낳고 개인의 규범의식이 불안정해 범죄에 연결된다고 생각했다.

세린은 이민이나 하류계층의 범죄율의 높은 이유는 이런〈문화갈등→행위규범의 갈등〉에서 설명이 가능하다고 하였다. 세린은 스웨덴에서 미국으로 이민을 하였던 자신의 경험을 토대로 이 이론을 만들었다. 시대배경으로도 당시 미국에는 이민자가 대량으로 유입되어 복합적 문화가 형성되었다는 것에서 범죄학자의 공감을 불러

일으켰고 서덜랜드의 분화적 접촉이론과 함께 1930년대를 대표하는 범죄학이론이 되었다.

2. 문화갈등론의 전개

세린의 문화갈등론은 그 후 2가지 형태로 발전했다. 하나는 볼드(George B. Vold, 1890-1907)의 집단갈등이론이 그것이다. 이것은 1958년의 『이론범죄학』에 근하여 제창한 이론으로 집단 간의 이해관계의 대립이 범죄의 요인이 된다는 설이다. 집단갈등이론은 사회학자 짐멜의 갈등사회학의 영향을 받은 것이라 한다. 볼드는 범죄를 「충분한 권력을 갖지 못한 사회집단이 그들의 이익을 취득하기 위해 투쟁하는 것」이라고 정의하였다. 그런 만큼 범죄행위는 열등한 세력집단의 행위라고 할 수 있다. 이들 집단이 입법과정에서 자신의 이익과 목적을 촉진시키고 방어할 만한 충분한 권력을 가지고 있지 않다는 점에서 그러하다. 집단갈등이론은 조직화된 정치사회에서 삶의 기본조건 중의 하나에 주목하는 것이며 그 주장은 상당한 양의 범죄가 집단갈등 상황과 밀접하게 연관되어 있다는 것이다. 이러한 상황에서 개인의 범죄행위란 집단이 다른 집단과의 투쟁에서 자신의 지위를 유지하기 위하여 필요로 하는 행위과정이라는 맥락에서 가장 잘 조명된다.

또 하나는 코브린(Solomon Kobrin)의 가치갈등이론이다. 이 이론은 범죄적인 가치체계와 합법적인 가치관계의 대립이 범죄의 요인이라고 설명하고 있다. 코브린은 비행 발생률이 높은 지역을 조사한 결과, 이들 지역도 가치관계가 합법적 가치관계를 상치하는 경우에 그에 비례하여 비행에 이른다고 하였다.

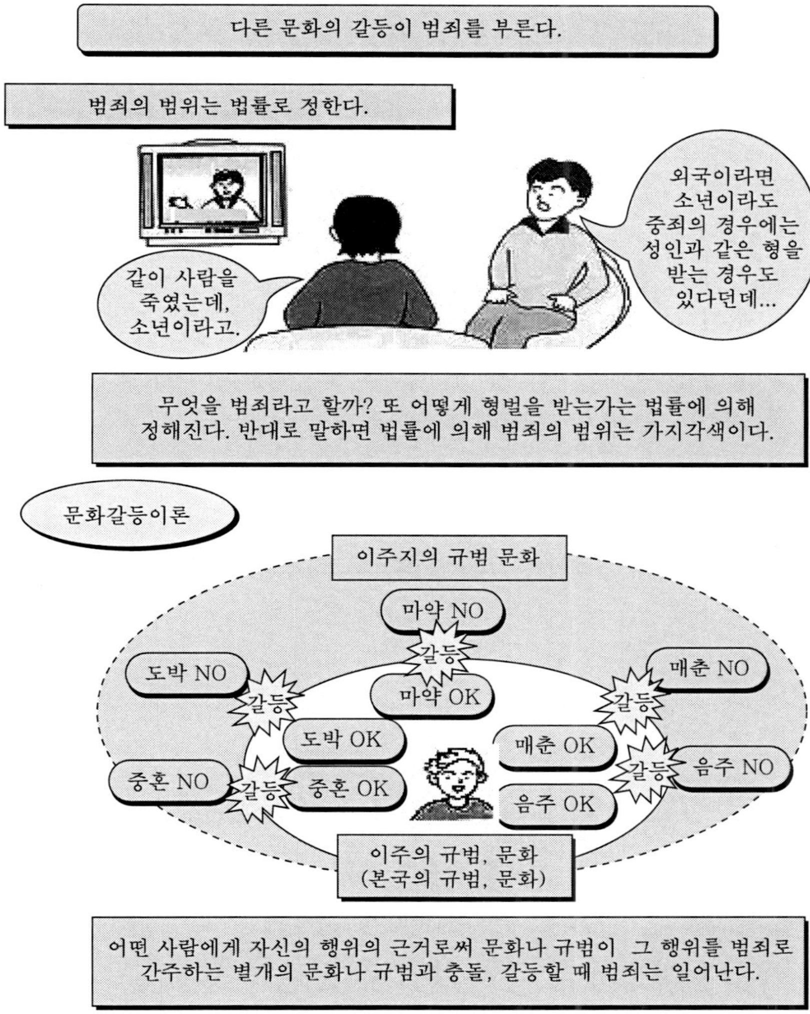
다른 문화의 갈등이 범죄를 부른다.
범죄의 범위는 법률로 정한다.
같이 사람을 죽였는데, 소년이라고.
외국이라면 소년이라도 중죄의 경우에는 성인과 같은 형을 받는 경우도 있다던데...
무엇을 범죄라고 할까? 또 어떻게 형벌을 받는가는 법률에 의해 정해진다. 반대로 말하면 법률에 의해 범죄의 범위는 가지각색이다.
문화갈등이론
이주지의 규범 문화
마약 NO
갈등
마약 OK
도박 NO
갈등
도박 OK
매춘 NO
갈등
매춘 OK
중혼 NO
갈등
중혼 OK
음주 NO
갈등
음주 OK
이주의 규범, 문화
(본국의 규범, 문화)
어떤 사람에게 자신의 행위의 근거로써 문화나 규범이 그 행위를 범죄로 간주하는 별개의 문화나 규범과 충돌, 갈등할 때 범죄는 일어난다.

〈그림 5-1〉 문화갈등이론

제 2 절 아노미론

1. 머튼의 아노미론

뒤르켐은 아노미를 사회가 개인의 자연발생적인 욕망을 통제하는 능력을 잃어버림에 따라 발생하는 것이라고 분석하였다. 머튼은 「사회적 이론과 구조(1938년)」라는 저서에서 사회의 인간들에 공통하는 목표(=「문화적 목표」 예를 들면 부를 얻고자 하는 욕구)가 그것을 달성시키려는 수단 사이에서 불협화음을 발생시키는 것을 아노미론이라 불렀다.[1] 현대사회에 있어서 「경제적 성공」이 만인에게 목표로서 강조되었으나 다른 한편 모든 이가 부를 얻으려는 합법적인 수단을 사용할 수 없고 많은 제한이 따르게 된다. 이 때문에 합법적인 수단으로 목표를 달성할 수 없는 자는 목표를 달성시킬 수 없다는 아노미적인 긴장상태에 도달하게 되고, 그 긴장상태에서 벗어나기 위해 범죄행위를 통하여 목표를 달성하려 한다. 즉 머튼에 의하면 준법의식을 상실한 사회구조에서 범죄가 발생한다고 주장하였다.

2. 아노미하의 행동

머튼은 모든 사람이 문화의 목표를 달성할 수 없기 때문에 문화가 제도화된 수단과 그 고유한 가치에 따라 그것을 준수할 필요성을 매우 강조하는 것이 중요하다고 머튼은 주장했다. 이와 같은 수단은 문화가 참여하는 모든 사람들에게 본질적인 만족을 주어야만 한다. 그러나 어떤 경우(예를 들어, 스포츠에서)에 승리의 목표가 부당하게 강조될 수 있으며, 그 결과 거기에 상응하여 스포츠 자체가 제공하는 보

1) 머튼은 개개인의 무수한 욕망들은 "자연발생적인" 것이라기보다는 오히려 미국사회의 "문화"에서 기원하는 것이라고 주장하였다. 동시에 미국사회의 "사회구조"는 그러한 욕망을 만족시키는 특정단체가 있을 경우에 그 능력을 제한하는 기능을 한다. 그 결과 "사회의 특정인에 대한 일정한 압박은 체제 동조적인 행동이라기보다는 체제 반동적인 행동"인 것이다.

상이 덜 강조된다. 사회적 보상 즉 문화적 목표가 만족스럽지 못할 때 제도화된 수단에 대한 상당한 긴장을 가져온다. 이러한 긴장은 하층사회의 사람들 사이에 보다 집중되는 경향이 있다. 이처럼 사회내의 문화와 사회구조와의 모순을 머튼은 아노미라고 정의한다. 따라서 머튼은 미국사회에서 전체적으로 높은 범죄율을 설명하기 위해 문화적 논거를(문화적 목표), 하위계층에 범죄의 집중을 설명하기 위해 구조적 논거(제도화된 수단)를 이용하였다.

머튼은 문화의 불균형과 제도화된 수단의 불균형의 상황, 즉 이런 아노미 상황에 처했을 때의 사람의 대처방법(적응 형태)을 ① 동조(문화적 목표를 제도적 수단을 이용해 달성) ② 혁신(문화적 목표를 합법적 수단을 사용치 않고 달성) ③ 의례주의(문화적 목표를 방치, 합법적 수단을 지킴) ④ 회피(문화적 목표 방치, 합법적 수단에도 따르지 않음) ⑤ 반항(문화적 목표를 새로운 것으로 바꾸는 것)의 5가지로 유형화했으나 그 중에서 혁신의 형태가 거의 범죄를 유발한다고 했다. 그 외 회피의 형태에는 약물범죄 반항의 형태는 정치 범죄가 생기기 쉽다고 주장했다.

머튼은 이 아노미론에 의한 전통적인 범죄의 대부분이 하류계층에 속하는 자에 의해 실행되는 사실을 설명하려 했다. 이 이론은 범죄학상 높은 평가를 얻어 과거 25년간의 일탈 범죄학에 가장 영향력을 많이 끼친 이론으로 평가받게 되었다.

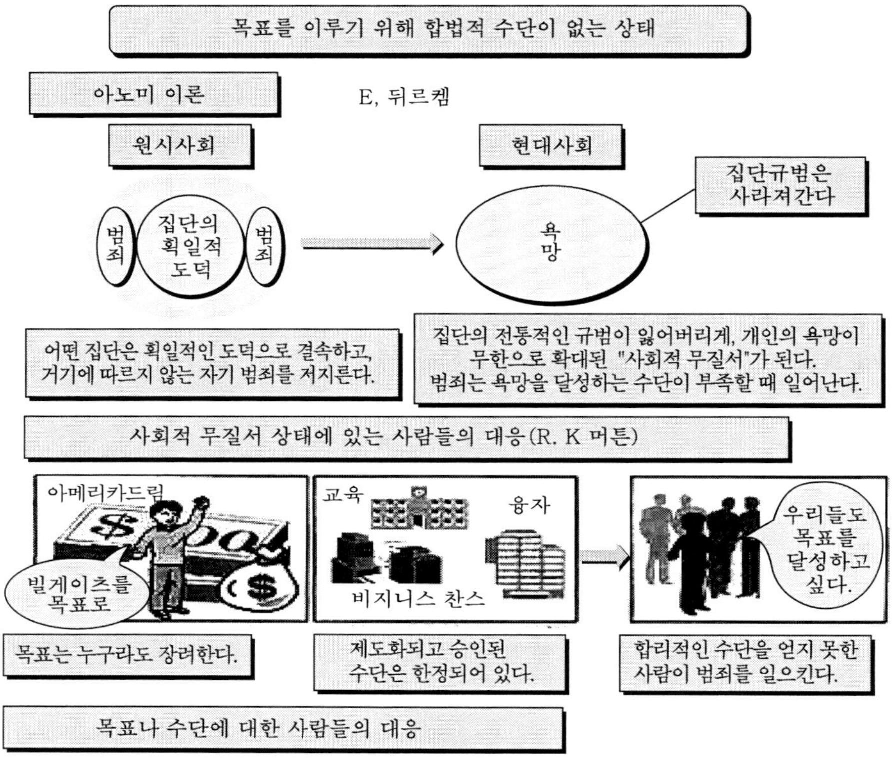

유형	문화적 목표	제한적 수단	내용
동조	+	+	많은 사람의 타입
혁신	+	−	목표를 달성하기 위해 비합법적인 수단을 한다
예의주시	−	+	수단에 지나치게 연연해 목표를 잃거나 포기한다
퇴행	−	−	목표도 수단도 포기하기 때문에 약물사용이나 자살 등의 범죄가 발생한다
반항	+−	+−	새로운 사회제도를 만드는 혁명활동을 한다

〈그림 5-2〉 아노미이론

제 3 절 낙인이론

낙인이론은 1960년 중반에 벡커(Howard Becker)의 『아웃사이더』가 발간된 이래 각광을 받았다. 이 이론의 기초인 아이디어 자체는 프랑스 사회학자인 뒤르켐에 의해 영향을 받았다고 할 수 있다. 그러나 일반적으로 낙인이론은 역사학자 타넨바움(Frank Tannenbaum)이 『범죄와 커뮤니티』에서 처음 주장하였고 그 후에 레머트(Ediwin Lemert)의 저서 『사회병리학』에 의해 체계화가 시도되었다.

낙인이론이 주목을 모은 1960년대 중반 미국에서는 기성의 전통적 가치관이 흔들리기 시작해 범죄가 급속히 증대했다. 이런 가운데 벡커 등이 제창한 낙인이론은 극히 신선한 것으로 받아들여졌다.

1. 기본 개념

1) 낙인이론의 문제인식

중세의 범죄학이 거의 범죄자 개인에 초점을 두고 범죄자에 대한 형사사법기관이나 사회의 대응을 경시한 것을 반성하는 내용을 담고 있는 이론이 바로 낙인이론이다. 이 이론은 범죄는 본래적으로 존재하는 것이 아니고 누군가가 그것을 비난해 낙인을 찍기 때문에 범죄가 된다고 생각하여 형사사법기관이나 사회가 범죄자에게 낙인을 붙이는 과정에 착안하여 낙인(stigma) 찍는 것을 재검토해야 한다고 하였다.

형사사법기관이 행하는 낙인찍기는 2가지 관점에서 문제가 된다. 우선 통제의 측에서 보면 「사회통제의 강화가 오히려 일탈행위를 조장한다」는 것이 아닌가가 문제가 된다. 또 하나는 범죄자 측에서 보면 사회통제의 강화가 일탈적 아이덴티티(identity)를 형성해 거기에 어울리는 생활 스타일을 취하는 것이 아닌가도 문제이다.

2) 낙인이론의 기본개념

낙인이론을 형성하는 기본개념으로 ① 사회적 상호작용론, ② 이차적 일탈, ③ 악의 극화, ④ 충족적 자기예언의 성취, ⑤ 싸움에 진개의 이데올로기 등 5가지를 들 수 있다.

(1) 사회적 상호작용론

범죄는 소질적 요인이나 환경적 요인에 기본을 둔 것이 아닌 범죄자로서 낙인찍힌 자(범죄자)와 낙인을 찍는 자(형사사법 기관이나 사회 등)와의 상호작용 과정에서 나타난다.

(2) 이차적 일탈(일탈의 증폭)

최초의 범행(일차적 일탈)에 의해 생긴 범죄자 혹은 형무소출신이라고 낙인찍힌 개인이 사회적 핸디캡을 갖게 되어 낙인을 받은 자는 스스로도 부정적 자기관념을 굳혀 재범(이차적 일탈)을 벌인다.

(3) 악의 극화

범죄자가 주인공이고 형사사법기관이나 사회가 연출가나 관객이 되어 악의 드라마가 상영된다. 비행소년 대책의 요점은 이 악의 드라마화의 회피이다.

(4) 자기충족적 예언

개인에 대한 부정적 예언(예를 들면 교사가 어느 학생에게 비행소년이 된다고 지적)이 당사자에 대해 주위의 거부반응을 불러일으키고 당사자라도 일탈적 정체성을 굳혀 예언대로 일탈의 결과를 낳게 된다.

(5) 싸움에 진 개의 이데올로기

백커는 「누구의 편에 서는가?」를 논하는 논문 중에서 전통적인 범죄학자가 국가권력 측의 이긴 개(overdog)의 이데올로기에 기초를 둔 것을 비판, 범죄자는 싸움에 진 개(underdog)의 이데올로기 측에 서야 한다고 주장하였다.

2. 낙인이론의 영향

낙인이론은 범죄학의 이론면에 그치지 않고 범죄대책 면에 큰 공헌을 남겼다. 우선 이론면에서는 낙인이론은 자기보고식 연구의 활성화를 촉구해 범죄는 특이한 소질이나 환경을 가진 이들에 의해 일어나는 것이 아니라는 것을 밝혀 「우리는 모두 범죄자인가」라는 관점을 제시했다(범죄는 인종, 계층을 넘어 보편적으로 보이는 현상이다). 또 범죄의 현실이나 통계간의 상관관계 조사를 촉구해 정신적 공황(Moral-Panic)론을 제기했다.

즉, 통계상에서는 범죄증가가 보여도 그것은 경찰이나 메스미디어에 의해 만들어진 국민의 정신적 공황에 의한 것이고, 범죄증가의 사실은 환상 내지는 신화에 불과한 것이 아닌가라는 의문을 나타낸 것이다. 또 이 이론은 이와 같이 경찰이나 매스미디어가 범죄에 관한 특정의 정보를 선택해 국민에 제공하여 일정 형태의 일탈행위를 부각시켜 사회적 반향을 과도하게 높인 것이 통제강화의 목적으로 이어진다고 비판하였다. 또, 낙인이론은 재량권을 많이 가진 형사사법기관이 범죄자 처리과정에 있어서 임의적으로 범죄자와 비범죄자를 선별하는 것이 아닌가라는 선택문제(selective section)의 관점도 제시했다. 특히 미국의 경우는 체포, 기소, 평결, 형량의 각 단계에 있어 인종이나 사회 계층에 관한 편견이 있는 것이 아닌가의 문제가 되었다.

범죄대책면으로는 〈사회통제의 강화-일탈〉이란 명제에서 형사사법기관은 「불개입주의원칙」을 취해야 할 것이라는 주장이 제기되었다. 여기서 구체화된 정책은 4D 정책이라 불린다.

여기서 4D는 ① 비범죄화(Decriminalization), ② 비시설화(Deinstitutionalization), ③ 다이버전(Diversion), ④ 적정절차(Due process)를 의미한다. 이 4D 정책은 미국만이 아닌 유럽 각 국에 1970년대의 주도적인 형사사조가 되었다.

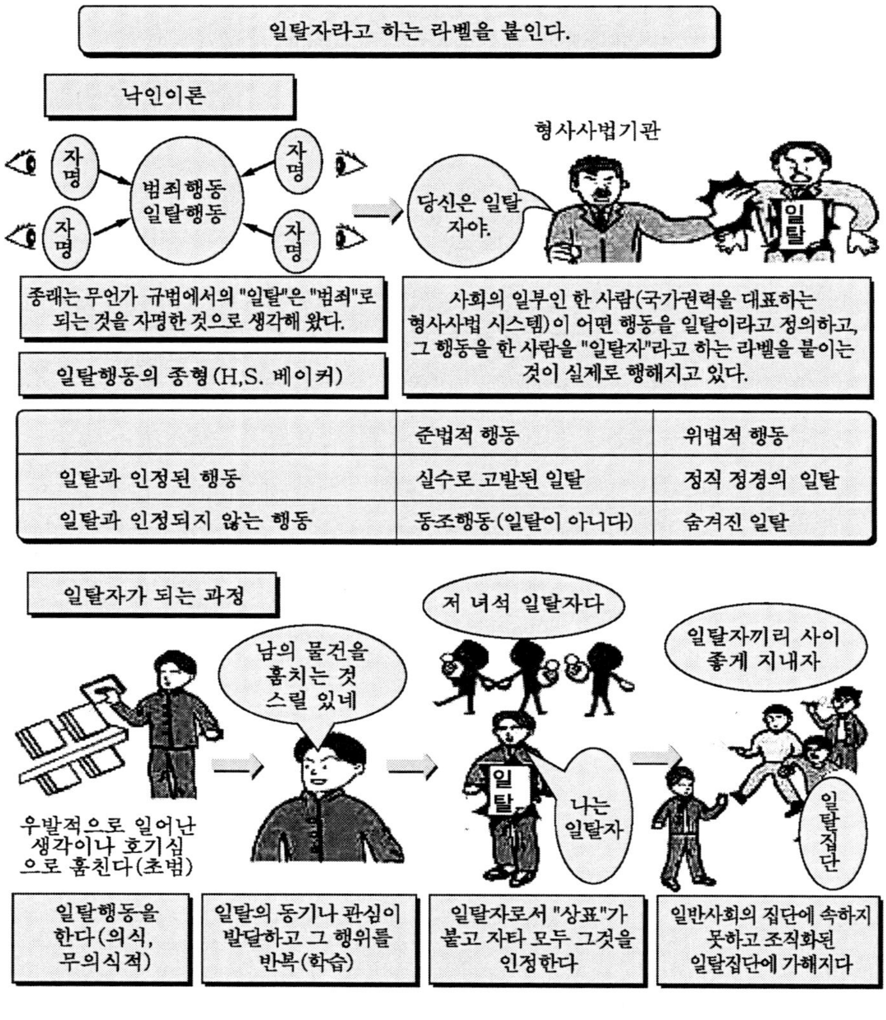
일탈자라고 하는 라벨을 붙인다.
낙인이론
자명
자명
범죄행동
일탈행동
자명
자명
형사사법기관
당신은 일탈자야.
일탈
종래는 무언가 규범에서의 "일탈"은 "범죄"로 되는 것을 자명한 것으로 생각해 왔다.
사회의 일부인 한 사람(국가권력을 대표하는 형사사법 시스템)이 어떤 행동을 일탈이라고 정의하고, 그 행동을 한 사람을 "일탈자"라고 하는 라벨을 붙이는 것이 실제로 행해지고 있다.
일탈행동의 종형(H,S. 베이커)
준법적 행동 / 위법적 행동
일탈과 인정된 행동 / 실수로 고발된 일탈 / 정직 정경의 일탈
일탈과 인정되지 않는 행동 / 동조행동(일탈이 아니다) / 숨겨진 일탈
일탈자가 되는 과정
남의 물건을 훔치는 것 스릴 있네
저 녀석 일탈자다
일탈자끼리 사이 좋게 지내자
일탈
나는 일탈자
일탈집단
우발적으로 일어난 생각이나 호기심으로 훔친다(초범)
일탈행동을 한다(의식, 무의식적)
일탈의 동기나 관심이 발달하고 그 행위를 반복(학습)
일탈자로서 "상표"가 붙고 자타 모두 그것을 인정한다
일반사회의 집단에 속하지 못하고 조직화된 일탈집단에 가해지다

〈그림 5-3〉 낙인이론

제 4 절 비행하위문화론

1. 비행하위문화론

비행하위문화론이란 전통적 문화에 반항하는 비행집단에 고유한 생각이나 행동양식을 총칭하는 것이다. 코헨의 문제의식은 「왜 비행소년의 다수가 하류계층의 소년에 집중되어 있는가?」였다. 코헨은 실제 소년비행이 ① 하류 계층의 소년에 의해 집단적으로 이루어진다는 점, ② 경제적 이익과는 연결되어 있지 않은 점을 지적하면서 하류계층의 소년비행은 중류계층과 달리 「경제적 성공」이란 사회 전체의 공통목표를 위한 것이 아닌 「비행집단 내의 지위향상」이란 개별 목표를 위해 실행된다고 설명했다.

그리고 이 목표는 「전통적인 문화에의 적대감정에서 생긴 그들 자체의 하위문화」로 통용된다고 지적했다. 하류 계층의 소년은 지배적인 중류계층의 문화 중에서 불리한 입장에 놓여 있기 때문에 지위를 상승시키기 위한 시도가 점점 감소함에 따라 전통적 문화에 대하여 적대적인 감정을 품고 그 반동형성으로서 고유의 하위문화(Subculture)를 낳고 비행에 이르게 된다. 코헨은 비행문화의 특징으로 ① 비공리성, ② 파괴지향, ③ 부정주의, ④ 변덕, ⑤ 단기적 쾌락, ⑥ 집단으로서의 독자성을 들었다.

2. 하위문화이론

또한 이런 코헨의 견해에 새로운 두개의 흐름이 생겨났다. 하나는 밀러(Walter. B. Miller)의 하위문화이론이다. 밀러는 하류계층의 비행소년이 비행에 도달하는 것은 코헨이 말하는 중류문화계층에 의한 적대감정이 아니라 하류계층 문화의 적응에 따른 소산이라 생각했다. 또 밀러는 하류계층민의 주된 관심사(forcal concern)로 ① 말썽거리(Trouble, 말썽거리를 만들고 또 그 말썽거리에서 벗어나는 것) ② 거칠게 보임(Toughness, 남성다움, 인내력, 강함, 육체적, 정신적인 강인 등을 하류계층은 높이 평가하고 이러한 것에 관심을 가진다) ③ 영악함(다른 녀석을 능가하는 기술, 즉, 높은 지능보다는 꼼수에 능하다) ④ 스릴(위험을 피하지 않고 끊임없이 스릴을 추구한다) ⑤ 운명(자신의 힘으로는 어떻게도 할 수 없다는 것) ⑥ 통제에 반발(권위. 규칙에 대해 적대심을 갖고 있음)을 제시하였다. 밀러는 이러한 하위문화를 비행집단의 "비행유발환경"이라고 설명하였다.

3. 상대적 결핍론

코헨의 견해에서 나온 또 하나의 이론은 스탁 등의 상대적 결핍론(relative reprivation)이다. 상대적 결핍론은 정치사회학의 이론으로 W. 란시만에 의해 제창된 것이나, 라디칼 같은 범죄학자에 의해 범죄원인론에 적용되었다. 여기서 말하는 상대적 결핍론은 자신을 다른 사람과 비교해서 불만이나 실망이 생기는 것을 말한다. 이런 상태는 하류계층의 사람만이 아닌 중·상류계층의 사람들에게도 생긴다. 스탁은 이 상대적 결핍이 범죄의 원인이 되는 것이라 주장하였다.

즉 상대적 결핍 상태에 있는 이가 자신의 나쁜 상황을 정치적 수단으로 극복할 수 없다고 생각하거나 그런 수단을 쓰는 것에 대해 불만을 가지게 되는 경우 불평등의 관점을 범죄행위를 이용하여 달성하려 한다고 주장했다. 확실히 물질적으로 풍족한 사회에서도 불만이나 실망은 생긴다. 이것은 「풍요로운 사회에서의 긴장이론」이라고 불릴 수도 있는 것으로 예를 들면 이 이론의 기본은 국민의 경제적 불평등감이 높은 국가에서는 범죄율은 높고 작은 나라는 범죄율이 낮은 것이라고 생각된다.

4. 분화적 기회구조론

아노미론의 세 번째 계열은 아노미론과 비행하위문화론의 통합시도였다. 대표적 이론은 클로워드(Richard Andrew Cloward)나 오린(Lloyd E. Ohlin)의 분화적 기회구조(differential opportunity)이론이다. 클로워드나 오린은 후술하는 서덜랜드의 분화적 접촉이론을 모방하면서 아노미론과 비행하위문화론의 장점을 살리려는 시도를 했다. 그들은 개인이 목표를 달성할 시에 합법적 수단을 사용하는가 않는가는 그 사람이 어느 정도 비행하위 문화에 접촉해 비행을 학습하는 기회를 갖고 있는가에 결정된다고 생각했다.

사회의 하위계층이 갖는 문화와 범죄

비행하위문화이론

(A.K. 코헨, W.B. 밀러)

도시의 일반적인 중류문화

사회적인 하위집단의 특유한 사상과 행동양식을 하위문화(부차적 문화, subculture)라고 부른다.

코헨의 주장

하위문화는 사회에 일반적으로 넓은 중류계층의 문화에 반발해서 발생한다.

밀러의 주장

하위문화는 타 계층문화와는 전통적으로 다른 독자적인 문화이다.

↓

하위문화를 근거로 해서 그들의 행동에 범죄를 창출한다.

지위욕, 금전욕과 하위문화의 관계

소년의 타입	사회적 지위로의 지향	금전적 상승으로의 지향
I	있다	있다
II	있다	없다
III	없다	있다
IV	없다	없다

I 과 II 타입의 소년은 코헨의 이론을 III의 타입은 밀러의 이론으로 설명할 수 있다.

(R.A. 글로워드, L.E. 오린)
III타입 소년의 범죄

(절도형)하위문화
비합법적인 수입수단을 한다.

↓ 할 수 없을 때

(폭력형) 하위문화
불만을 폭력이나 파괴로 표현

↓ 할 수 없을 때

(퇴행형) 하위문화
술이나 약물에 빠진다.

〈그림 5-4〉 비행하위문화이론

또 클로워드나 오린은 비행하위문화를 3가지로 분류했다. ① 범죄적 하위문화(목표달성을 위해 비합법적 수단을 취하는 것이 일상화된 사회구조 중에서 형성된 문화) ② 갈등적 하위문화(목표달성을 위해 합법적 수단을 취할 수 없는 사회구조

중에 형성된 문화) ③ 퇴행적 하위문화(합법적 수단도 비합법적 수단도 할 수 없는 사회구조 중에 형성된 문화) 그리고 그들은 ①에서는 재산범죄가 ②에서는 가벼운 정도의 폭력범죄가 ③에서는 약물범죄가 생기기 쉽다고 설명하였다.

제 5 절 분화적 접촉이론

1. 기본개념

분화적 접촉이론(differential association)은 기본개념은 9가지 명제로 되어 있다.

① 범죄 행동은 학습된다.

② 범죄행동의 타인과의 상호작용으로 의사소통과정에서 학습된다.

③ 범죄행동 학습의 중요한 핵심은 친밀한 사적 집단에서 발생한다.

④ 학습된 내용은 범죄수행의 기술 외에도 특수한 동기, 충동, 합리화 및 태도가 포함된다.

⑤ 동기나 충동 등은 법률을 호의적으로 또는 비호의적으로 보는가와 같은 다양한 관점으로부터 학습된다. 즉 법률에 대한 관념에 따라 학습의 형태는 다양하다.

⑥ 법률위반을 즐기는 정의가 즐기지 않는 정의를 압도할 때 범죄자가 생긴다.

⑦ 분화적 접촉은 빈도, 기간, 우선순위 및 강도 등에 있어서 다양할 수 있다.

⑧ 범죄행동의 학습과정에는 다른 모든 학문에 포함되어 있는 메커니즘과 같이 모든 학습기제를 포함한다.

⑨ 범죄행동과 비슷하게 비범죄행동도 욕구나 가치관의 표현에 있는 것이기 때문에 욕구나 가치관에 의해 범죄 행동을 설명할 수 없다. 서덜랜드의 이론에서 핵심적인 내용은 두 가지라고 할 수 있다. 하나는 무엇이 학습되느냐 하는 학습의 내용에 관한 것이다. 학습의 내용은 명제(d)에 상세하고 설명하고 있다. 또 하나는 학습이 발생하는 과정에 대한 설명이다. 이에 대해 명제(c)에서 설명하고 있듯이 친밀한 사적 집단사이에서 발생한다고 하였다.[2]

---

2) 서덜랜드의 분화적 접촉이론은 미드의 상징적 상호작용론에서 영향을 많이 받았다.

이들 9가지 명제 중 (f)가 가장 중요한 의미를 가지고 있다. 서덜랜드의 주장은 「붉은 색과 어울리면 붉게 된다.」는 말과 같이 많은 사람들의 일상활동과정에서 이루어진다. 서덜랜드의 이론이 사회구조적 이론과 구별하여 다음과 같이 세 가지 면에서 기여를 하였다. 첫째, 모든 범죄형태에 공통되는 범죄원인의 일반이론을 정립하였다. 둘째, 범죄의 소질요인(인격결함이나 정신장애)을 중시하는 견해를 배제하고 범죄학의 중점을 사회학적 환경요소에 옮겼다. 셋째, 사회해체론이 남긴 의문점(사회해체된 지역에서도 왜 범죄가 일어나는가)을 범죄행동의 학습이란 사회심리학적 개념으로 설명하고 있다는 점이다.

2. 분화적 접촉이론의 수정

분화적 접촉이론은 당시의 범죄학에 큰 영향을 주었으나 동시에 해명하지 못한 문제를 남겼다. 그것은 범죄행동(범죄문화)에 접촉해도 '어떤 이는 범죄를 행하고 어떤 이는 범죄를 행하지 않는 이유는 무엇인가?'이다. 분화적 접촉이론에 대한 이런 의문점에 답하기 위해 이 이론에 대한 여러 가지 수정이 시도되었다.

분화적 접촉이론 수정의 대표적인 시도는 그래저 (Daniel Glaser)에 의해 이루어졌다. 그래저는 「개인이 범죄행위에 접촉해 그것에 동화될 때 범죄를 일으킨다」라는 분화적 동일화(differential identification)이론을 제창했다. 여기서 말하는 동일화는 타인의 가치관에 공감해 그 가치관에 따라 자신의 행동을 결정하는 것이다. 또 동일화는 사람과 사람과의 직접적인 접촉에 그치지 않고 매스미디어 등의 간접적 접촉도 포함시켰다. 또한 그 후 그래저는 자신의 이론을 수정하여 분화적 기대이론을 전개했다. 이 이론은 「기대가 행동을 결정한다.」는 가설을 세워 범죄로 얻어지는 플러스 기대가 마이너스 예상을 초과할 때 범죄가 이루어진다고 보았다.

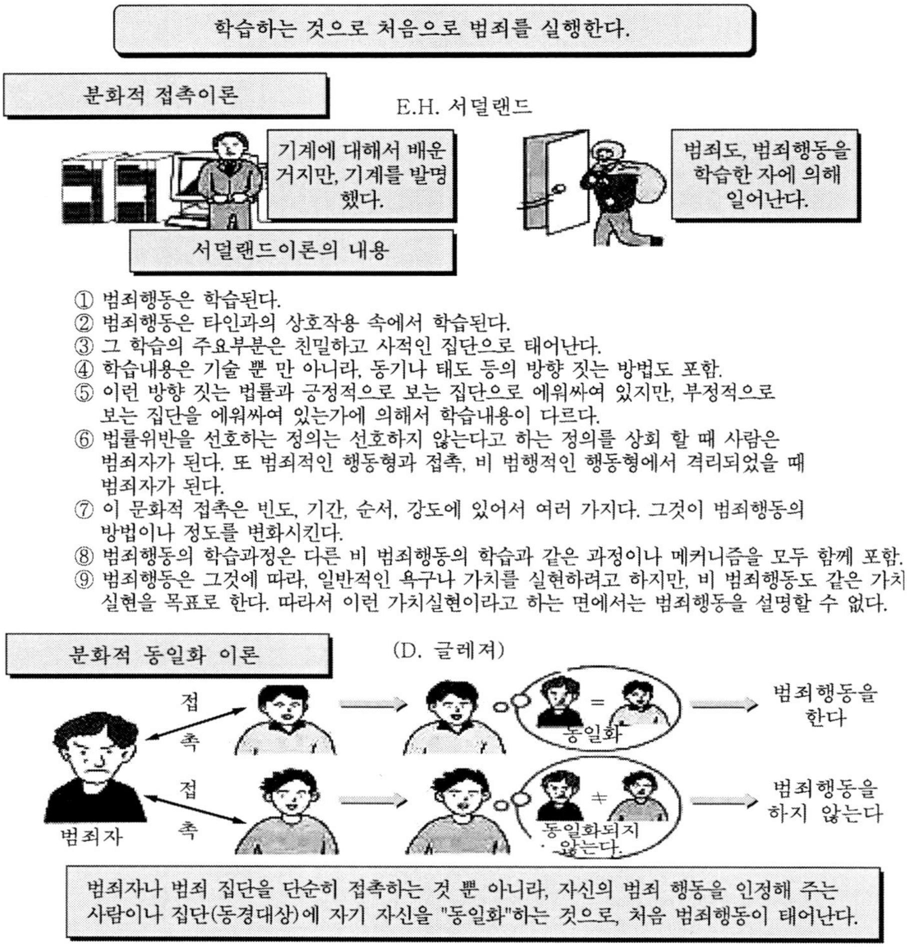

〈그림 5-5〉 분화적 접촉이론

제 6 절 표류이론

1960년대를 맞이한 무렵까지 주류였던 사회학 결정론에 반기를 든 것은 맛샤(David Matza)의 표류이론(drift theory)이었다. 맛샤에 의하면 비행은 외재적인 환경요인이나 사회적 압력에 의해 필연적으로 일어나는 것이 아니라 비행자의 자유의지에 근거하여 일어나는 것이다. 물론 표류이론도 완전히 환경적 요인을 무시한 것은 아니다 즉, 맛샤는 「(유전, 환경에 의해) 결정되기보다(자신의 의지에 의해)결정한다」라고 한 바 있다.

1. 두 가지의 「부드러운 결정론」

일본의 형법학에서 부드러운 결정론이라 하면 「사회적인 비난에 의해 의지가 결정될 가능성이 있다.」는 자유의지에 관한 헤이노 박사의 견해를 상기할 수 있다. 하지만 이것은 맛샤에 의해 제창된 부드러운 결정론에 일치하지는 않는다. 맛샤의 주장은 인간의 행동은 환경적 제약을 받아도 최종적으로는 자신의 자유의지로 결정하는 것이고 상대적 의사자유론에 가깝다.

2. 기본개념

맛샤에 의하면 비행소년은 지배적인 합법적 가치체계를 완전히 부정한 것은 아니다. 즉, 비행소년은 때로는 합법적 가치체계에 따르고, 때로는 반항한다. 바꿔 말하면 비행소년은 합법적 가치체계와 비합법적 가치체계 사이를 왔다갔다 하는 이른바 표류하는 것이다. 또 소년은 어느 시기에 범죄를 저질러도 생애범죄를 계속하는 것이 아닌 거의 일과성에 그친다.

맛샤는 이런 현실을 설명가능한 이론은 표류이론뿐이라고 역설하였다. 즉, 거의 모든 비행소년은 성인이 된 후 비합법적 가치체계 사회에서 합법적 가치체계의 사회에 도달하여 법을 준수하는 생활을 보내는 사실은 비행이 많은 소년에게 있어 표류중인 일시적 현상이란 점을 대변하는 것이다.

3. 중화의 기술

맛샤는 사이크스(Gresham sykes)와 함께 비행소년이 위법행위를 저지를 때 스스로의 행위를 정당화한다고 생각해 이것을 중화(neutraliztion)의 기술이라 불렀다. 이 중화기술은 5가지로 유형화된다. ① 자기책임이 부정(스스로 하는 것이 아닌 어쩔 수 없이 범죄를 저지름) ② 가해의 부정(누구에게도 피해를 주지 않는다) ③ 피해자의 부정(나쁜 쪽은 오히려 피해자 쪽이다) ④ 비난자에 대한 비난(자신을 비난하는 자는 위선자이다) ⑤ 과도한 충성심에의 호소(동료 간의 충성 때문에 범죄를 저질렀을 뿐이다)

〈그림 5-6〉 표류이론

즉, 소년들은 비행에 도달한 경우에 이런 중화기술을 이용, 스스로의 비행을 정당화시킨다. 반면, 이런 것에 의해 소녀들은 비합법적 가치체계의 사회에 그치지 않고 합법적 가치체계의 사회에 돌아갈 수 있다.

제 7 절 통제이론

1. 사회적 통제이론

전통적인 범죄학이 오직 범죄자 고유의 범죄요인에 초점을 맞춰, 범죄에 대한 통제 메커니즘을 관심 밖에 둔 것을 반성하는 것이 통제이론이다. 이 이론은 「왜 범죄가 일어나는가?」가 아닌 「왜 범죄는 일어나지 않는가?」에 관심을 가지고 범죄에 도달치 않는 통제의 메커니즘을 탐구하려 했다.

즉, 이 이론은 인간은 누구나 범죄를 저지르는 가능성이 있다는 전제를 세워(성악설에 가깝다) 사람들이 법률에 따르는 이유를 찾으려 한 것이다. 낙인이론이 「통제의 강화가 일탈을 낳는다」라고 생각한 것에 비해서 통제이론은 「통제의 헤이함이 일탈」라 생각하였다. 통제이론은 예전 1950년대에 후술할 리즈(Albert J. Reiss)나 나이(F. Ivan Nye)에 의해 주장되었다. 특히 1970년대에 들어와 낙인이론이 후퇴함에 따라 급속히 지지자를 얻어 1980년대 미국에서는 지배적인 범죄학이론이 되었다.

1) 허쉬의 유대이론

사회통제의 약화가 일탈을 낳는다는 발상자체는 뒤르켐에서 시작되어 시카고학파, 아노미론으로 이어져 왔으나 현대의 통제이론의 주창자는 허쉬(Traris Hirshi)이다. 허쉬에 의하면 비행을 저지하는 4가지 사회적 끈(본드)이 있다고 한다(bonding theory). ① 애착(attachment)의 끈. 애착은 양친이나 교사에 대한 애정, 존경을 가리킨다. 예를 들면 그들에게 폐를 끼치고 싶지 않다는 기분이 비행을 저지르게 한다. ② 몰입(commitment)의 끈. 노력은 범죄로 이어지는 이익득실을 비교형량해서 합법적으로 목표를 향해 노력하는 것을 가리킨다. 가령 진학이나 취직을 위해 노력할 때 비행이 저지된다. ③ 관여(involvement)의 끈. 합법적 활동에 관련되어 비행을 할 시간이 없는 것으로 예를 들면 시험공부나 동아리활동에 열심히 활동할 때 비행이 억제된다. ④ 신뢰(belief)의 끈. 사회적 규칙에 따르지 않으면 안 된다는 의식이고, 예를 들면 당초 비행행위에 대한 회의의식이 강한 경우 비행이 억제된다.

2) 통제이론의 기원

통제이론의 역사를 보면, 전술한 사회적 통제이론에 대해 리스(Albert Reiss)의 「자기통제능력」, 나이(Nye)의 「가족적 통제」를 들 수 있다. 또 레클레스(walter. C. Reckless) 등은 「범죄나 비행의 새로운 이론」과 「범죄의 문제」에서 제지이론을 제창하였다. 여기서는 범죄촉진요소와 통제요소가 나뉘어 고려된다.

범죄촉진요소로는 ① 사회적 압력(생활의 빈궁, 가정불화, 기회의 결여 등)이나 ② 사회적 유인력(친구, 비행하위문화, 매스미디어 등)이 있다. 이에 대해서 범죄의 제지요소로는 외적 통제력과 내적 통제력이 있다. 이에 전자는 가족을 시작으로 인간관계 등에서 자라나는 윤리관이나 소속의식, 주위의 기대, 끈기 등이 있다.

후자는 자기통제, 자아, 책임감, 목적의식, 상승지향 등을 가리킨다. 범죄의 촉진요소에 착안한 경우 자기관념이 「비행절연체」가 되어 스스로를 준법적이라 평가하는 자는 비행을 일으키지 않는다. 반면, 범죄통제요소에 착안하면 자기개념이란 내적 억제력이 늘어나 환경 같은 외부적 통제력을 겸해 준비한 자가 비행에 도달하기 어렵다.

3) 사회적 통제이론의 한계

사회적 통제이론의 가설을 절충하기 위한 조사연구는 꽤 있으나 긍정적 결론에 도달한 연구가 많다. 또 이 이론은 일반인에게도 받아들이기 쉬운 측면이 있는 것도 사실이다. 반면, 실증적 연구가 진행된 최근에는 통제이론은 스스로 표방한 바와 같이 일반이론(대이론, Grand theory)으로서의 역할을 하는 이론이 아니라 일부의 범죄영역을 설명하는 특수이론이 아닌가란 말도 있다. 이를 자세히 설명하면 다음과 같은 세 가지 지적이 있다.

첫째, 사회적 통제이론은 경미한 범죄는 설명가능해도 중대 범죄는 설명이 안 되는 것 아닌가? 둘째, 남성범죄보다 여성범죄를 설명하기 쉬운 게 아닌가? 셋째, 주요 적용 대상은 소년범죄이고 성인범죄는 설명이 안 되는 것은 아닌가? 또 허쉬의 유대이론에 대해서는 유대가 약해지면 일탈이 생기는 견해는 단편적인 것에 불과하고 범죄의 발생이 끈을 약하게 하는가 하는 점도 무시할 수 없어 「유대감과 범죄의 상호작용」론이 중요하지 않은가란 비판이 있다.

4) 자기통제이론

허쉬는 1990년대에 들어와 「사회적 통제이론에서 자기통제이론으로」란 슬로건을 내세워 갇프레드슨과 함께 자기통제이론을 주창했다. 그들은 1990년에 「범죄의 일반이론」에서 범죄의 요인을 「자기통제력(자기억제력)의 결여, 약화」에서 찾았다. 여기서 자기통제력이 약한 자란 누구인가? 그들에 의하면 자기통제력이 약한 자는 「충동적이고 무감각하고, 신체적 위험을 갖고 있고 또 근시안적, 비언어적인 성향을 가진 자」를 의미한다. 허쉬와 갇프레드슨은 범죄를 저지르는 것은 이런 특징을 가진 자라 생각했다.

(1) 자기통제이론의 개요

그들의 이론을 정리하면 그 내용은 9가지로 요약할 수 있다.

ⓐ 범죄는 순간의 욕망을 만족시키는 것이다(자기통제력이 약한 자는 순간적인 욕망을 만족시키려 한다.

ⓑ 범죄는 안이하고 단순한 욕망을 채우는 것이다(자기통제력이 약한 자는 근면성이나 인내심이 부족하다).

ⓒ 범죄는 자극적이고 스릴을 즐기는 것이다(자기통제력이 약한 자는 모험을 좋아한다).

ⓓ 범죄는 총체적으로 보면 이익이 적다(자기통제력이 약한 자는 결혼이나 일 및 대인관계 면에서 불안정하다).

ⓔ 범죄는 기술이나 계획성을 필요로 하지 않는다(자기통제력이 약한 자는 기술을 쉽게 포기한다).

ⓕ 범죄는 피해자에 고통을 준다(자기통제력이 약한 자는 자기중심적이고 피해

자의 고통을 생각하지 않는다).

ⓖ 범죄는 즉시적인 쾌락을 추구한다(자기통제력이 약한 자는 범죄 이외에도 흡연, 음주, 도박의 중독 또는 습관성을 가지고 있다).

ⓗ 범죄는 범죄자나 제물간의 상호작용의 결과이다(자기통제력이 약한 자는 사회성이 없다).

ⓘ 범죄는 초조함에 대한 해방이다(자기통제력이 약한 자는 인내력이 없고 갈등을 야기하고 말보다 폭력을 잘 사용한다).

(2) 자기통제이론의 진로

허쉬나 갇프레드슨은 자기통제이론이어야 말로 모든 범죄에 적용 가능한 일반이론이고 이때까지 전통적인 범죄학이 범죄율의 차이를 인종차이, 환경의 차이, 성의 차이 등에 의해 설명했으나 이것은 잘못된 것으로 인종간, 지역간 또 남녀간의 범죄율의 차이는 각각의 자기통제의 차이에 귀착시켰다. 또 그들은 범죄나 범죄성을 구별할 것을 제안했다.

자기통제가 결여된 자(범죄성이 있는 자)도 범죄기회와 주어지지 않는 한 범죄를 저지르지 않는다. 반면 범죄성 없는 자도 범죄기회가 주어지면 범죄를 저지른다. 이 자기통제이론은 제창 당시부터 주목을 모았으나 아주 일관적인 평가는 나 있지 않다. 하지만 이 이론을 모든 범죄자에 적용하기엔 무리이다. 왜냐하면 화이트칼라 범죄를 두고 생각해 보아도 고급관료나 기업경영자가 자기통제가 약한 자라고 일반적으로 볼 수 없을 것이다.

2. 통제이론의 평가

가정이나 학교교육의 실패가 범죄의 주요원인이라고 생각하는 사회통제이론과 자기통제이론측의 정책제언은 가정의 예의범절이나 학교교육을 엄격히 해 지역 간의 범죄대책을 추진하자는 주장으로 이어진다. 이런 주장이 1980년대 이후 미국에서 지지층이 늘어난 배경은 공화당의 레이건과 부시 대통령 밑에서의 정치 보수화나 「법과 질서」 캠페인을 들 수 있다. 「형사사법기관은 범죄의 감소에 효과적이 못하기 때문에 범죄방지는 공식적인 공동체 등에 의하여 통제되어야 한다」라는 근년의 범죄예방론의 주장도 사회적 통제론과 부분적으로 연관이 있다.

사회적 통제이론을 수정한 자기통제이론에서는 범죄자의 인격이나 성격에 주된 관심이 모여 있어 그 의미에서는 범죄심리학적인 색채가 짙다는 사실을 부정할 수 없다. 또 이 이론은 범죄를 통제하는 책임을 국가에서 일반시민으로 바꿔 놓을 가능성을 가진 점도 간과할 수 없다고 생각된다.

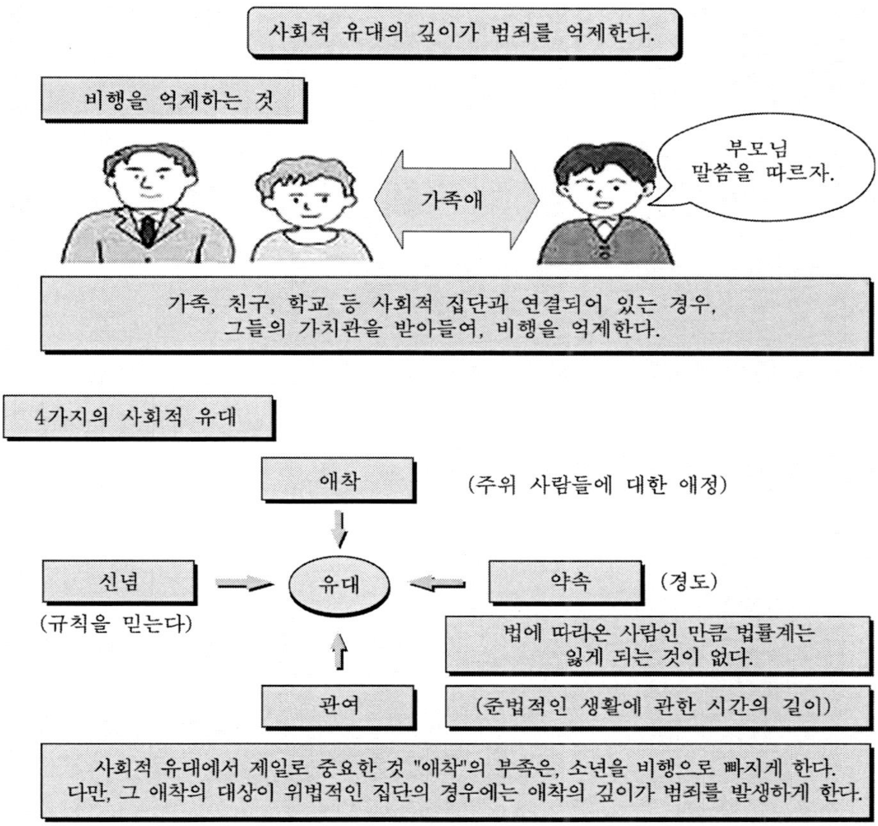

〈그림 5-7〉 사회유대이론

제2편

개별범죄 현황 및 특징

6
chapter

전통적인 범죄현황 및 특징

제1절 살 인

1. 살인의 정의

살인은 생명을 영원히 제거한다는 점에서 다른 모든 범죄와 구별되는 범죄로서 그 결과는 생명의 단절이다. 살인범죄는 그 피해를 전혀 복구할 수 없고 범죄에 대한 두려움 확산이 가장 큰 범죄유형이다. 또한 형벌에 의한 일반예방효과가 미미한 우발범이 많기 때문에 사전예방이 더욱 중요하다.[1] Osterburg & Ward(2000: 377)에 의하면 "살인은 타인에 의해 사람의 생명을 죽이는 행위이다"고 정의하고 있으며, 법률적 의미를 통해 살펴보면 형법 제250조 1항에서는 고의적으로 살해할 의도를 가지고 사람을 해하는 것이며 형량은 사형, 또는 5년 이상의 징역으로 규정되어 있다. 이것은 살인죄에 대한 기본적인 살인이며 그 외 존속살인, 영아살해, 촉탁·승낙살인 등으로 구분할 수 있다.

1) 김진혁(2002: 36)의 연구에 의하면 1996-2000년도의 살인사건 목적조사에서 우발적, 보복, 가정불화, 현실불만의 순으로 나타났으나 경찰통계연보(2005: 152-153)에서는 우발적, 가정불화, 보복, 현실불만 순으로 나타나 가정적 원인이 더욱 심각해진 것으로 나타나고 있다.

미국에서는 살인은 "살의를 품은 사람에 의해 행하여지거나 암시되는 한 인간의 불법적인 죽음"(Black, 1990 : 1090)을 뜻한다. 미국의 대부분의 주에서 살인은 법정이 다른 살인보다 더 엄한 형벌을 부과하는 법적조항을 통해 2가지 등급으로 나누고 있으며, 어떤 주들은 살인을 3등급으로 분류하기도 한다. 1급살인은 계획적이고 고의적인 의도로 저질러진 살인이다. 2급살인은 의도적이고 불법적이나 계획적이지 않은 살인으로 특징지어진다(이수정, 2006: 262). 또한 프랑스, 독일의 형법에서는 악의의 유무에 의하여 모살(muder)과 고살(manslaughter)로 구분하여 전자를 중하게 벌하거나,[2] 또는 그 방법에 의하여 살인죄를 구별하여 형의 경중을 인정하고 있다.

2. 살인범죄 현황

〈그림 6-1〉의 살인범죄 발생건수에 의하면 살인은 지속적으로 증가하고 있는 것으로 나타나고 있으며 2004년의 발생률은 1974년도의 약 2배 정도 증가하였다. 2000년 이후는 살인이 1,000건을 유지하고 있으며 강력범죄의 추세가 점차 흉폭화되어 가며 가정해체, 사회해체 등과의 문제가 심화됨으로 해서 더욱 증가할 것으로 예상된다.[3]

2) 프랑스 형법 제295조 및 296조, 독일형법 제211조 및 212조를 들 수 있다.

3) 범죄분석(2006: 225)에 따르면 2005년 살인범죄의 범행도구에서 칼(566), 소지무(139), 공구(58), 줄(44), 독극물(36) 순으로 나타났다.

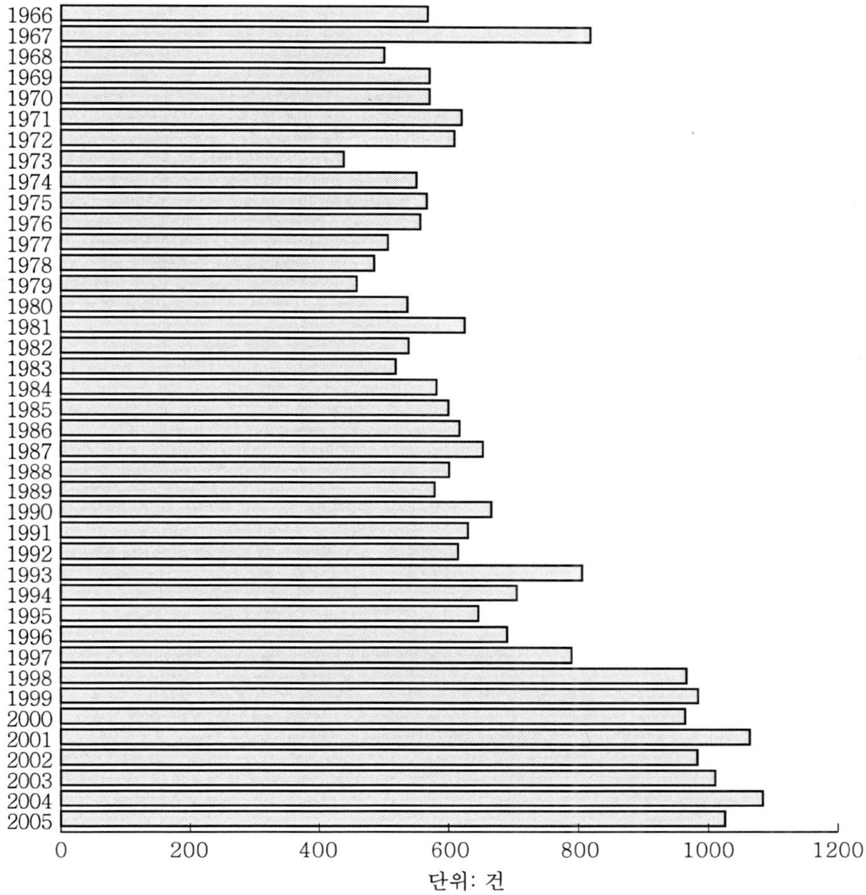

자료: 대검찰청 범죄분석 각 년도 재구성

〈그림 6-1〉 살인범죄 발생건수(1966-2006년)

〈표 6-1〉에서 살인범죄 발생시간대별 현황을 살펴보면, 심야가 21.2%로 가장 많았으며, 밤이 19.6%, 오후 19.2%의 순서로 나타나고 있다. 따라서 살인은 주로 오후, 밤, 심야 등에서 집중적으로 발생한다고 할 수 있다. 또한 1996년보다 2005년에는 밤에 발생하는 비율이 점차 증가하고 있는 것으로 나타났다.

〈표 6-1〉 살인범죄 발생시간대별 현황(1996-2005)

(단위: 건, %)

시간대	1996	2000	2005	평균
심야 00-04시	133(19.6)	185(19.7)	258(24.3)	192(21.2)
새벽 04-07	35(5.2)	70(7.4)	101(9.5)	68.7(7.4)
오전 07-12	94(13.8)	144(15.3)	147(13.9)	128.3(14.3)
오후 12-18	135(19.9)	169(18.0)	208(19.6)	170.7(19.2)
저녁 18-20	56(8.2)	56(6.0)	93(8.8)	68.3(7.7)
밤 20-24	122(18.0)	158(16.8)	254(23.9)	178(19.6)
미 상	104(15.3)	159(16.8)		87.7
총 계	679	941	1,061	893.7

자료: 경찰청, 경찰통계연보, 각 년도 재구성

〈그림 6-2〉에서 살인범죄자 지역별 현황을 살펴보면 살인은 시골지역보다 도시지역 많이 발생하고 있다. 전남과 충북의 경우 광주와 대전을 분리하지 않아 비교적 높게 나타나는 것으로 판단된다. 시간이 경과함에 따라(1996년 37.4%에서 2005년 41.8%) 광역시 이상의 도시 즉 인구밀집지역인 대도시 생활권에서 발생하는 살인의 발생은 높아지고 있다.

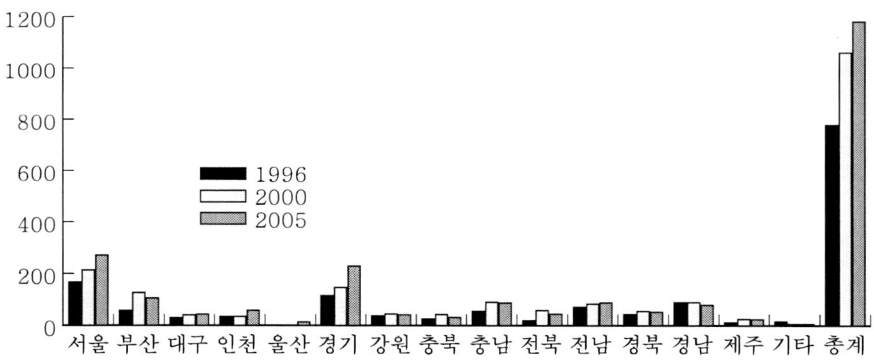

자료: 경찰청, 경찰통계연보, 각 년도 재구성

〈그림 6-2〉 살인범죄자 지역별 현황

미국의 경우도 살인의 위험이 중소도시 지역이나 농촌지역보다 대도시 지역이 높음을 지적하고 있다(Karmen, 1990: 67-69). 이는 도시의 특성상 젊은 연령층의 사람들이 많이 모여 살고 있고 있으며 이들의 사고는 중·장년층과는 다른 인식을 가지고 있어 문화적 갈등이 심화되었다고 볼 수 있다. 또한 도시는 농촌과 달리 익명성이 강하고 환경적 요소(공해, 스트레스 등)가 좋지 못하며 인간적 유대관계가 약하기 때문에 우발적 행위에 대한 억제가 그만큼 약하다고 판단되기 때문이다.

3. 살인범죄 원인론

1) 생물학적 원인론

신경계이상설은 뇌에서 정서를 담당하는 편도체 손상설과 전두협 기능저하설이 폭력범죄를 설명하는 근거로 제시되기도 하였다. Raine(1997)은 살인범들이 동일성별과 연령의 정상집단에 비하여 왼쪽 편도체는 낮은 활동을 보인 반면에 오른쪽 편도체는 높은 활동을 보여주고 있어 편도체가 공격적인 행위를 조절하는 주요한 역할을 한다고 제시하였다. 일부살인범들에게 있어 전두엽과 측두엽 기능 이상이 존재 하는 사실은 최근 뇌기능 연구들에서 자주 확인되고 있다.

2) 심리학적 원인론

진화심리학에서는 인간의 마음에는 진화의 심리기제가 모듈로서 저장되어 있다고 가정한다. 진화의 과정은 본질적으로 번식의 경쟁을 통해 생명체는 생존을 영위해 간다고 가정한다. 진화심리학에서 살인을 일종의 경쟁적 갈등의 산물로 보고 살인은 경쟁적 관계에서 적응도를 향상시키는 방향으로 발생한다고 보았다. 남성간 살인이 여성간 살인보다 더 빈번하며, 유전적으로 가까운 관계보다는 먼 관계에서 살인이 더 많이 발생한다는 사실은 이 같은 가정의 간접적인 증거라는 점을 지적하였다(Daly & Wilson, 1998). 유전적 연관도가 전혀 없는 자식에 대한 살해율이 친자에 대한 살해율보다 더 높은 현상을 신데렐라 효과라고 지칭하기도 하였다(이수정, 2006: 271-272).

3) 사회학적 원인론

사회해체설에서는 주민들이 공동이익을 달성할 지역사회의 구조가 와해되므로 효과적인 사회통제력을 행사할 수 없게 되는 현상을 지칭한다. Park(1936)와 Burgess(1966) 시카고의 도시화과정을 통해 확인하였다. 도심의 인접지역이 급속히 산업화되어 감에 따라 밖으로부터 유입인구가 급증하고, 이들은 기존의 사회질서와 다른 규범에 따라 행동하기에, 해체된 도심지역에서는 비행과 범죄가 발생한다고 하였다. 이 같은 사회해체 요인은 인구 수 혹은 인구밀도나 이혼가정의 수들로 살인율과의 연관성이 탐색되었으며 일부연구들(Messner & Golden, 1992; Williams & Flewelling, 1988; Sampson, 1986)에서는 인구밀집도와 같은 사회해체요인과 살인율 간의 유관한 관련성이 존재한다는 사실이 확인되기도 하였다.

4. 연쇄살인의 정의

연쇄살인범(serial killer)이라는 용어를 최초로 사용한 사람은 Ressler이다.[4] 연쇄살인에 대한 개념을 정확히 정의하기는 쉽지 않다. Douglas 등(1992)은 세 건 이상의 각각의 사건과 두 명 또는 그 이상을 살해한 범죄로 정의하고 있다.[5] 즉 연쇄살인범이란 반복적이고 연속적으로 살해를 하는 자로 정의하고 있다(Dietz, 1986; Lane & Gregg, 1995; Pallone & Hennessy, 1994).

FBI의 NCAVC(The National Centre for the Analysis of Violent Crime)는 연쇄살인을 "spree"와 "classic"으로 구분하여 개념을 설명하고 있다. 일반적으로 연속(spree serial)살인과 연쇄(classic serial)살인의 가장 큰 차이점은 개별 살인행위 사이의 "심리적 냉각기(cooling off period)"의 유무이다.

시간적으로 보면, 연속살인도 며칠이 걸리고 아주 먼 거리를 옮겨 다니며 살인을 저지르기도 하지만 살인에 이르게 된 흥분이 계속되고 있는 상태인데 반해서 연쇄살인은 각 살인 사이에 충분한 시간간격이 있어서 살인범의 마음이 차분히 가라앉은 후에 다시 살인을 저지른다는 분명한 차이점이 있다(Hickey, 2002). 그래서 대개의 연쇄살인범은 살인사건을 저지를 때마다 자신의 범행을 연구하고 분석해서 다음

4) serial killer이라는 용어는 stranger killer를 대신하여 사용되었다. 이 용어는 살인행위가 반복적으로 발생하고 있음을 강조하기 위하여 사용되었다.
5) 이것은 동일범이 각각의 다른 시간대에 범행을 하는 것이라는 것을 강조하고 있다.

범행 때는 한 단계 발전한 수법을 사용하여 수사를 어렵게 만드는 치밀함을 보인다.

"spree serial murder"의 범행동기는 보통 경제적인 이유나 모험추구(thrill-seeking)인 경우가 대부분이나 "classic serial murder"는 전형적으로 약탈적/스토킹의 방법을 사용하고 성적/가학적인 동기를 보이게 된다. FBI 행동과학부를 비롯한 대부분의 범죄심리학적 조사결과에 의하면 연쇄살인의 직접적인 동기는 sex가 대부분이다. 연쇄살인범들은 sex 그 자체가 목적이 아니라 sex를 통한 '힘(power)의 과시', '손상당한 자존심의 회복'에 목적을 둔다.

어떤 연쇄살인범은 검거된 후 수사관에게 "내 범행 중 강간할 때가 가장 지루하고 재미없어요."라고 이야기하며 치밀한 계획을 세워 법을 우롱한다는 그 사실 자체가 흥분감과 기쁨을 주었다고 한다. 다시 말하면, 성적인 학대를 통해 '권력욕, 분노의 표출, 지배욕' 같은 것을 채운다고 할 수 있다.

연쇄살인범들은 살인행위 그 자체가 자신의 심리적 생존을 확인시켜 주는 의식(儀式)을 치루는 것으로 생각한다. 연쇄살인을 저지른다는 것은 마약이나 알코올 중독처럼 살인행위에 중독(addiction)된다는 것을 뜻하며 이는 곧 자신의 삶의 일부분이 되어버린 특정형태의 폭력행위에 중독된다는 것을 의미한다. 마약이나 알코올 중독자가 술이나 마약 없이는 살 수 없을 것처럼 연쇄살인범들에게는 살인행위 그 자체가 자신의 "심리적 생존(psychological survival)"을 확인시켜 주는 "의식(ritual)"이다.

그렇기 때문에 희생자를 선택하고, 납치를 준비하고, 고문하고, 죽이고, 사체를 처리하는 모든 과정이 연쇄살인범에게는 중요한 의미를 지니고 있다. 이러한 "의식(ritual)"에의 집착은 동서양을 막론하고 연쇄살인범들에게서 공통적으로 나타나는 현상이며, 연쇄살인범이 다른 보통 살인범과 구별되는 요소이다.

이러한 의식의 순서와 독특한 형태는 바로 연쇄살인범이 살인하는 순간에 "살인희열(murder high)", "성적오르가즘(orgasm)" 또는 "힘의 분출(explosion of power)" 등 이른바 "절정"에 도달하기 위한 자신만의 독특한 방법이라고 할 수 있다. 보통 연쇄살인범은 폭력행위, 성적인 가학행위, 살인행위 등에 관하여 자신만의 비밀스러운 환상(Ressler, 1988)의 세계를 구축해 놓고 있으며 주된 동기는 자신의 권위와 힘을 실패 없이 계속하여 표출하고 싶은 욕구를 갖고 있다.

이상에서 보는 바와 같이 연쇄살인에 관한 정의를 단적으로 정의하기란 쉽지 않다. 그 이유는 연쇄살인은 개별범죄자마다 매우 다양한 방식으로 발생하고 범죄의 동기 또한 매우 다양하기 때문에 연쇄범죄의 동질성을 도출하기가 매우 어렵기 때문이다(Mott, 1999). 대부분의 연구에서 연쇄살인을 연속살인 및 다중살인과 구별하는 핵심은 첫째, 범죄발생장소 및 피해자의 수, 둘째, 살인의 단계에서 범행에 대한 환상과 심리적 냉각기의 존재여부, 셋째, 피해자선택에서의 독특성을 들 수 있을 것이다(이수정 등, 2004: 51-52).

본 교재에서는 연쇄살인범이란 '살인에 대한 환상과 특정의 동기를 가지고 특정한 피해자를 물색하여 적어도 3곳 이상의 장소에서 3명 이상을 연속적으로 살해한 자'로 정의한다.

5. 연쇄살인범의 일반적 특징

연쇄살인범은 평상시 대부분의 시간을 살인에 대한 공상, 계획, 준비, 실행, 회상 등에 사용하며, 살인 사건들 사이에는 일정한 기간동안 심리적 안정을 나타내어 살인 행위를 중단하는 잠재기를 갖는 것을 특징으로 하고 있다. 보통 잠재기 후에는 도저히 억제할 수 없는 살인 충동에 다시 사로잡히게 되고, 환상과 범행의 수법은 계속하여 진화, 발달되는 것이다(이웅혁, 2005).

이처럼 연쇄살인범은 희생자를 죽이는 기쁨을 가지고 살인을 한다고 한다. 또한 이들은 세상에서 어떤 부류의 사람을 제거하라는 사명을 가졌다고 생각하며 이러한 사명이 완성되어야 한다고 믿고 있다(Falk, 1990). 이들의 무의식에는 불특정 다수의 타인에 대한 증오심, 복수심, 사디즘 등을 가진다는 것이 범죄 유형 분석에 있어서 기본 가정이다(Douglas & Munn, 1992).

Ressler et. al(1988)의 연구에 의하면, 72%의 연쇄살인범이 아버지와의 좋지 못한 관계를 가지고 있으며, 47%의 사례는 12세 이전에 아버지와 헤어졌고(사망, 이혼, 양자, 보육시설에 보내어짐 등), 또 40%는 18세 이전에 가족과 떨어져 살았다고 한다. 그리고 Ressler 등은 연쇄살인범의 50% 이상은 낮은 자아상, 잔인한 행동, 불장난, 가위눌림, 행동상의 문제, 야뇨증, 만성적인 거짓말, 그리고 강박적인 자위라는 특성들을 가지고 있다고 보고하였다.

〈표 6-2〉 연쇄살인범의 일반적 특성

특 성	n	%
남 성	30	100
백 인	29	96.7
부모의 버림이나 이혼	14	46.7
아동기의 신체적 학대	7	23.3
아동기의 성적학대	6	20
기혼(범행당시를 기준으로)	13	43.3
아동기에 근친상간의 경험	9	30
동성애경험(아동기 성적놀이 포함)	13	43.3
이성의 옷 착용	6	20
엿보기, 음란전화, 노출 등의 경험	6	20
혼음	6	20
고퇴이하의 학력	13	43.3
군복무경험	10	33.3
약물남용	15	50
자살시도	12	40
과속운전	12	40
경찰사칭(경찰활동에 대한 지나친 흥미)	9	30

연쇄살인범과 피해자의 관계에 관한 Pakhomou(2004: 222-223)의 연구를 보면(연쇄살인 21사례와 그들의 피해자 97사례), 21명의 연쇄살인범의 평균연령은 32.6세, 피해자의 평균연령은 25.8세이고, 연쇄살인범의 61.9%가 결혼 또는 별거, 이혼의 경험이 있고, 38.1%는 미혼이었다. 교육정도는 고졸은 11.5%, 고졸은 50%, 전문대졸이상은 20%, 4년제 대학이상은 5%이었다.

즉 연쇄살인범의 약 61% 이상이 고졸이하의 학력을 가지고 있었다. 정신과적 진단의 결과를 보면 전체범죄자 중 11명(52.4%)에서 정신과적 진단에서 약간의 이상이 발견되었다고 한다. 이중에서 6명(28.6%)은 반사회적 성격장애(AFD), 2명은 기분장애, 나머지 3명은 편집증, 정신분열증, 불안장애의 진단을 받았다.[6] 연쇄살인범

6) 이러한 수치가 의미하는 바는 대다수의 연쇄살인범은 정신장애 또는 자신의 잘못된 행동을

의 범죄경력은 17명(81%)이 있었고, 4명(19%)은 없었다. 범죄경력이 있는 연쇄살인범중에 강간을 포함한 성적 범죄가 13명(61.9%), 8명(38.1%)은 절도전과가 있었고 이중에서 4명은 다종범죄경력을 가지고 있었다.[7)]

한편, 피해자와의 관계는 전혀 알지 못하는 사이(stranger)가 70.1%(68사례), 안면이 있는(acquaintance) 관계(피해자의 주거지를 얼핏 알고 있고 안 지가 얼마 안 되는)는 25.8%(25사례), 교분이 있는(correlative) 관계(피해자의 인적사항과 주거지를 알고 있는)는 1.0%에 불과하다고 하였다.

6. 연쇄살인의 제 접근

1) 특성론적 접근

(1) Claus & Lidberg(1999)의 특성론

Claus & L. Lidberg(1999)는 아르비안나이트(천일야화)로 우리에게 널리 알려져 있는 페르시아왕 Schahria의 심리적 · 행동적 특성[8)]을 연쇄살인범의 특성과 관련지어 schahria model을 통하여 연쇄살인범의 특성을 분류하였다. Claus 등(1999)은 연쇄살인범의 전형적인 특징을 힘, 환상, 의식(ritual), 비인격화로 요약하고 있다.

첫째, Omnipotence(전지전능)이다. 처음 살인 후에 검거되지 않으면, 연쇄살인범은 놀라고(surprised), 그 다음 살인 후에는 약간 놀라고(amazed), 그리고 그 이후의 살인에서는 자신이 전능(全能)하다고 생각한다고 한다(Gacono and Meloy, 1994). 살인행각을 벌이기 전에는 그는 혼돈의 세상에서 무의미한 존재라고 생각하면서 그는 오직 자위행위로 자신의 육체를 통제하게 된다. 범행을 하는 동안 그는 생과 사를 마음대로 통제할 수 있고, 이 시간만큼은 자신의 손으로 피해자의 목숨을 좌지우지할 수 있다고 여긴다. 범행이후에는 경찰의 공권력을 능가하였다는 승

통제하지 못할 정도의 능력을 가지고 있지 않다는 점을 시사한다. 그들은 자신이 어떤 행동을 하고 있고, 그 행동의 결과에 대하여서도 충분히 인식하고 있다고 할 수 있다.

7) 이 결과에서 알 수 있듯이 다수의 연쇄살인범은 성적범죄경력을 가지고 있다는 점과 폭력적인 연쇄범죄와 어울리지 않게 많은 범죄자들은 절도전과가 있다는 점이 흥미롭다.

8) 샤리야르왕은 왕비의 불륜을 목격하고 여성에 대한 강한 혐오감 때문에 밤마다 한 처녀와 동침을 하고 날이 새면 그 처녀를 처형하였다.

리자(triumphant)로서의 희열을 느끼게 된다고 한다.[9]

둘째, Sadistic fantasies(가학적 환상)이다. Myers 등(1998)은 청소년 성적 살인사건의 50%가 폭력적인 성적환상의 결과라고 보고하였다. Johnson & Becker(1997)는 살인행위를 한 소년들 중에는 성적으로 가학적인 환상이 많다고 보고하였다. Prentky 등(1989)은 자신이 연구한 사례들 중에 86%에서 강간 또는 살인의 환상을 보였다고 하였고, Warren 등(1996)은 자신의 연구에서 약 80%가 폭력환상의 증거가 보였다고 하였다.

셋째, Ritualized performance(의식행사)이다. Warren 등(1996)은 자신이 연구한 20건의 사례에서 성적의식행사가 발견되었다고 보고하고 있다. DeHart & Mahoney(1994)는 연쇄살인범들에서 의식행사는 사회적 상호작용을 대체하는 행위라고 하였다. 일부학자들은 연쇄살인범은 마치 영화에서처럼 범죄행각을 벌이는 장면에서 동질감(compartmentalization)을 느끼게 된다. 연쇄살인범들은 아마도 피해자와 어떤 절친한 관계를 가지는 것이 아닌 것으로 볼 때, 그들은 현상(현실)에 대한 인식이 부족한 것으로 보여진다. 즉 그들은 자신의 내적 각본(manuscript)에 따라서 개인적 접촉을 하고 행동하게 한다.

넷째, Dehumanization(비인격화)이다. Warren 등(1996)은 자신이 연구한 모든 사례에서 사체훼손(torture)의 흔적을 발견했다. Biven(1997)은 이것을 Dehumanization 라고 명명하였다. 일부사례의 경우에는 피해자가 인격적으로 다루어지게 될 때는 살인범들은 피해자를 살려주게 된다.[10] 피해자는 놀이의 대상에 불과하고 의식의 환상이 깨어지게 될 때 그 환상은 실제로 나타난다.

다섯째, symbiotic merger(공생적 통합)이다. Meloy(1992)는 연쇄살인범과 피해자의 관계를 공생적 애착이라는 개념을 사용하였다. Mahler(1958)는 이러한 관계는 일반적으로 엄마와 유아와의 관계에서 나타난다고 하였으며, 이것은 외부환경으로

9) 이러한 의미를 다르게 표현하는 학자들도 있는데, pathological omnipotence(Lowenstein, 1992), entitlement(Moes, 1991), domination(Geberth and Turco, 1997) 등으로 사용되기도 한다. Omnipotent 살인범은 자기가 연출한 세상의 드라마에서 전지전능한 왕으로 확신하고 있는 사람들이다. 그들은 psychopath가 아니며, 자기도취적인 방어능력이 과잉발달된 사람들이다라고 설명하고 있다.

10) 유영철의 경우에도 동거녀를 정 때문에 살려주었다고 하며, 피해여성중 유일하게 성관계를 가진 여자는 정말 죽이고 싶지 않았다고 진술하고 있다(이은영, 2005: 73).

부터의 안전을 지키는 관계로 작용한다.[11] 연쇄살인범이 피해자를 선택하고 살해하는 것은 자신의 어린시절에 엄마와의 관계가 원만하지 못하여 사랑과 애정을 받지 못한 것에 대한 일종의 심리적 보상을 받기 위한 일종의 퇴행적 행동으로 설명할 수 있다. 연쇄살인범은 살인의 의식이 부모와의 공생적 통합의 관계의 대치된 행동이므로 살인은 심리적 생존을 위한 활동으로 묘사할 수 있다.

(2) Holmes & Holmes의 연쇄살인의 단계론

폭력과 살인행위에 대해 다년간 연구한 여러 전문가들의 협력으로 이러한 연쇄살인의 "의식(ritual)"을 단계별로 구분하여 설명하고 있다. 살인의 의식절차를 통하여 연쇄살인범의 심리적 특성을 이해할 수 있다. 또 단계별 분류는 미국과 영국에서 연쇄살인사건의 수사와 연구에 폭넓게 활용되고 있다. Holmes & Holmes(1996)는 연쇄살인의 단계를 다음과 같이 6개의 단계로 구분하여 설명하였다.

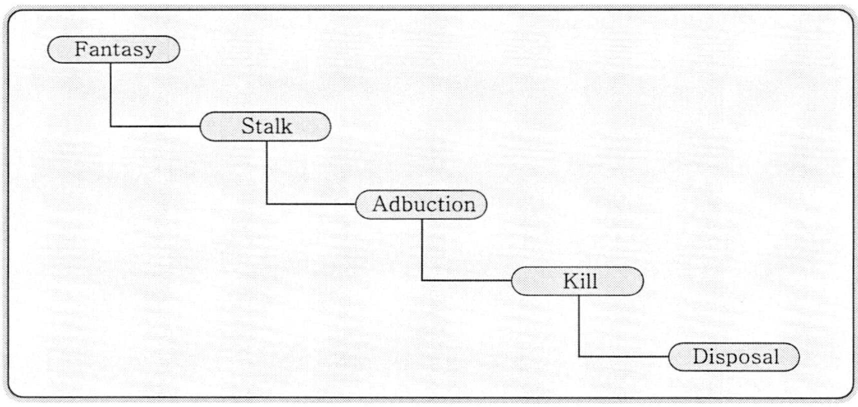

〈그림 6-3〉 연쇄살인의 단계

Holmes와 Holmes(1996)는 연쇄살인에는 몇 가지 단계를 거치게 된다고 설명하였다.[12]

---

11) 어린아이는 엄마가 있음으로 해서 안전함과 편안함을 느끼게 되고 엄마가 자신의 옆에 없을 때 심한 불안을 느끼게 된다.

12) 일부학자들은 연쇄살인의 단계를 7단계로 세분화해서 설명하기도 한다. 즉, 몽상기(The Aura Phase), 탐색기(The Trolling Phase), 구애기(The Wooing Phase), 납치기(The Capture), 살인기(The Murder),회상기(The Totem Phase), 우울기(The Depression Phase) 로 구분하여 설명하고 있다.

먼저 환상(fantasy)의 단계이다. 연쇄살인범들은 일반적으로 지속적인 상상을 통하여 폭력적인 충동을 키우고, 이를 계속 강화(reinforcement)시킨다. 이 단계는 연쇄살인범들은 상상을 통하여 자신의 피해자를 비인격화시키게 되고, 자신이 만들에 낸 왜곡된 도덕적 잣대를 적용하여 피해자에 대한 폭력을 합리화시키는 과정이다. 상상이 계속 정교해지게 되면 이것을 현실에서 행동으로 실천하고자 하는 욕구도 더욱 커지게 되고 상상만으로 얻게 되는 만족감이 점점 감소하여 상상속의 폭력을 현실에서 실행하기 위해서 준비를 하게 된다.

두 번째는 스토킹의 단계이다. 범행을 하기에 적합한 피해자를 학교, 이웃, 혹은 직장에서 물색하게 되고, 적절한 대상이 선택되면 실제로 폭력을 행사하기로 결심하는 단계이다.

세 번째는 유괴의 단계이다. 이 단계에서는 범죄자가 이전에 경험했던 환상이 점증되어져 간다. 따라서 그는 상상속의 피해자를 찾게 된다. 한편, 희생자를 낚아챌 수 있는 기회를 잡을 수 없게 되면, 범죄자는 종종 적극적으로 자신이 만들어놓은 덫에 걸려들게 하도록 노력을 하기도 한다.[13] 범행을 실행하면서 피해자를 비인격화하고 마치 벌레처럼 여기게 된다. 범죄자는 자신의 범행을 합리화하기 위해 필요한 모든 이유를 자기 자신에게 만들어낸다. 현실에서의 범행의 실행은 단지 범죄자가 상상을 통해서 했던 모든 것들을 재현하는 것에 불과하기 때문에 이에 대한 현실에서의 죄책감은 느끼지 못하는 단계이다.

네 번째는 살해의 단계이다. 범죄자는 자신이 상상한 것들 중에서 자신의 만족을 가장 크게 해주는 방법을 선택하여 범행을 저지르며, 범죄자에게 피해자의 심한 고통과 절망을 보는 것이 매우 중요한 자극이 된다. 피해자의 사체를 절단(살아 있는 상태/죽인 후)하는 행위는 흔히 볼 수 있는 증거들이고(특히 시체강간을 한 범죄현장에서), 일반적으로 유방, 성기, 장기, 복부 등을 절단하는 경우가 많다. 살인의 도구는 망치를 포함하여 뺀치, 밧줄 등 다양한 도구들이 이용된다. 때로는 치흔을 남기고, 흡혈(피를 마시는)을 하거나 인육의 일부를 먹는 경우도 가끔 보고된다. 피해

13) 범죄자는 누군가로 분장을 할 수 있고, 특히, 경찰로 분장하는 경우가 많다. 실제 많은 연쇄살인범들은 "police-groupies"로 묘사된다. 일부 연쇄살인범은 경찰을 사칭하거나 제복을 구입하거나 경찰이 많이 타는 차량을 타고 다니거나 경찰이 자주 가는 장소(카페, 술집, 음식점 등)에 자주 나타나기도 한다.

자의 사체에 대한 성적행동의 증거를 보이고, 성교를 하는 것보다는 자위를 하는 경우가 더 많다.

마지막 단계는 사체의 처리단계이다. 사체를 처리할 때 다른 사람들이 보도록 전시하는지 혹은 수사관들이 발견하기 어렵도록 은닉하는지의 여부도 범죄자의 심리를 파악할 수 있는 중요한 단서가 된다. 피해자의 사체를 전시하는 경우는 자신의 범죄경력을 알리고자 하는 의도가 깔려 있다고 할 수 있다. 사체를 유기하는 단계가 완료되면 일련의 살인의식이 끝나게 되며, 범죄자는 만족감에 빠져 심리적인 안정상태에 이르게 되고, 이러한 안정상태가 다시 심리적 저하상태로 돌아가서 연쇄살인범은 또 다른 환상을 꿈꾸며 범행대상을 물색하게 된다.

7. 연쇄살인의 유형론적 접근

1) Rossmo(1996)의 분류

연쇄살인범들의 살인 행위들을 고려해 볼 때, 살인의 희열은 희생자를 스토킹하고 모험을 통하여 느낀다. 범인들은 피해자를 찾아 공격하는데 독특한 사냥스타일을 가지고 있다. 연쇄살인범의 피해자에 대한 행동특성을 다음과 같이 두 가지로 구분하여 설명할 수 있다. 하나는 적절한 피해자 탐색이고 또 하나는 피해자 공격방법이다. 피해자 탐색은 피해자 목격장소의 선택과 연결되어 있고 공격방법은 시체암매장과 관계있다.

먼저 연쇄살인범이 피해자를 탐색하는 방법에서 첫 번째, 사냥꾼형(Hunter)은 특별히 그들의 주거지에서 나와 피해자를 찾는다. 사냥꾼형(Hunter)의 범행은 범인 자신의 거주도시로 범죄 행위가 제한된다. 밀렵형(Poacher)은 범죄대상을 찾아 거주도시 바깥으로 나가거나 어떤 행동 구역을 가지고 활동한다. 하지만 이 두 타입의 구별은 어렵고 주관적인 것이다. 이 사냥꾼형(Hunter)과 밀렵형(Poacher)은 주거지형(Marauder)및 통근형(Commuter)과 비슷하다.[14)]

---

14) 이 용어는 Canter & Larkin(1993)의 영국에서의 연쇄 강간에 관한 연구에서 사용되어졌는데, Marauder들은 주거 공간이 범죄의 초점인 사람들이고 Commuter들은 범죄를 위해 집에서 다른 장소로 옮겨가는 사람들이다.

〈표 6-3〉 연쇄살인의 제유형

피해자탐색방법에 의한 구분		피해자공격방법에 의한 구분	
유 형	내 용	유 형	내 용
사냥꾼형 (Hunter)	피해자를 그/그녀의 주거지역 근처에 기반을 두고 피해자를 찾는 범죄자	즉각공격형 (Rapter)	피해자를 만나자 마자 공격하는 형
밀렵형 (Poacher)	본인의 주거 지역보다는 행동할 수 있는 범주와 혹은 여기저기 다니며 피해자를 찾아 침입하는 범죄자	물색형 (Stalker)	피해자를 만나자 마자 따라가서 공격하는 형
끌낚시형 (Troller)	여기저기 다니다 피해자를 만나는 범죄자	매복형 (Ambusher)	범인이 통제할 수 있는 장소, 거주지나 작업장으로 유인해 공격하는 형
올가미형 (Trapper)	그의 통제 하에 피해자를 만날 수 있도록 상황을 연출하는 범죄자		

※ Rossmo(1996)의 Targeting victims:serial killers and the urban environment에 있는 내용을 재구성한 것임

끌낚시형(Troller)이란 특별히 희생양을 찾아다니는 것보다, 일반적인 활동경로 속에서의 그들의 활동 중에 우연히 희생양과 마주치는 범죄자들을 말한다. 그들의 범죄는 자연스럽게 일어나는 것이 대부분이지만, 성 범죄자의 경우는 미리 범죄 상황을 상상하고 계획해서 언제든지 기회가 왔을 때 대처할 수 있도록 준비해 놓는다.

올가미형(Trappers)은 다가오는 잠재적 희생양의 위치나 직업을 가장(신문배달원, 우편부, 가스검침원 등)하거나, 또는 여러 가지 핑계를 사용해서 그들의 집이나 통제 가능한 장소로 유인한다. 여자 연쇄살인범은 대부분 이 범주 안에 속한다(Hickey, 1986; Pearson, 1994; Scott, 1992; Segrave, 1992).

즉각공격형(Rapter)은 자신의 먹이를 발견하는 즉시 공격하는 유형이고, 물색형(Stalker)은 그들의 목표물을 따라다니며 주시하고, 그의 활동 영역으로 유인하고, 칠 수 있는 기회를 기다린다. 이러한 스토커의 공격, 살인, 그리고 사체매장의 장소는 피해자의 활동공간과 많은 연관을 가지고 있다. 매복형(Ambusher)은 자신이 통제 가능한 공간, 즉 그의 집이나 일하는 장소에 쳐 놓은 '그물망에 걸린 사람을 공격한다. 일반적으로 피해자의 신체는 그런 장소의 어디엔가 숨겨지기 마련이다. 대다수의 매복형(Ambusher)은 희생양을 고를 때 사회적으로 소외되고 거의 아무런

연고가 없는 사람을 선정하거나 또는 행방불명되었다고 경찰에 신고 된 사람을 선택한다.15)

2) R. Holmes(1996)의 분류

Holmes(1996)는 연쇄살인범의 유형을 망상형(Visionary), 사명감형(Missionary), 쾌락형(Hedonistic), 권력형(Power-Control)으로 분류하였다. 첫 번째인 망상형의 경우는 청각 또는 시각과 관련하여 환청, 환각, 망상이 주요 원인이 된다. 이를테면 살인을 하라는 소리를 하늘로부터 들었다든가 또는 살인을 안 하면 도시 전체에 지진이 일어날 수 있으므로 살인을 했다든가, 신의 계시가 있었다고 하면서 살인을 정당화하는 경우가 여기에 해당된다.

둘째의 사명감형은 자신의 기준이나 신념체계에 비추어 부도덕하거나 옳지 않은 일을 하는 집단을 선택하여 그 소속원을 범죄의 희생자로 하는 경우를 말한다. 현대 사회의 문제의 근본 원인은 현대문명 즉 테크놀리지라고 판단을 하여 과학자 또는 컴퓨터 전문가만을 대상으로 살해하거나, 매춘부는 이 사회에서 사라져야 한다는 사명감으로 그들만을 대상으로 하는 경우가 해당된다.

셋째, 쾌락형은 살인 자체를 즐기면서 희열을 추구하는 유형으로서 살인을 통하여 성적인 쾌락을 느끼거나 또는 스릴감을 맛보거나 위안을 가지려고 하는 것이 주요 동기가 된다. 보통 이 경우는 살해 후 시체를 토막내는 경우가 많다. 쾌락형에는 쾌락형(lust killer)과 스릴형(thrill killer), 이익형(benefit killer)으로 나눌 수 있다.16)

15) 유영철은 출장마사지 여성을 자기의 원룸으로 유인하여 살해한 점으로 볼 때 Ambusher의 전형적 형태라고 할 수 있다.

16) (가) 쾌락형(lust killers):정욕에서 비롯된 쾌락주의자들이다. 대인적 폭력과 성적 만족 간에 중요한 연관성을 갖고 있다. 폭력과 성과의 관계가 강하게 형성되어 있으며, 범죄자들은 살인행위를 통하여 성적 만족을 현실화시킨다. 피해자와 섹스를 하며 기쁨을 느끼고, 살해하는 동안 섹스를 하는 것에서 오는 것 같은 에로티즘을 경험한다. (나) 스릴형(thrill killers):스릴감에서 비롯된 쾌락주의자들인바, 종종 수족의 절단, 살인을 함으로써 짜릿함을 느끼고, 희생자의 최후의 고통에서 흥분을 느낀다. 고문을 하거나 누군가를 죽이는 행위를 일종의 새로운 욕구나 흥분 혹은 스릴의 일부로 여긴다. 누군가를 강간하거나 살해하는 것은 고도의 의식행위이다. 과잉살상, 시간(屍姦), 식인행위 등이 그 예이다. (다) 이익 혹은 만족형(gain or comfort killers) : 이 범죄유형은 성적인 만족을 1차적인 목적으로 삼지 않다는 점에서 약간의 차이점이 발견된다. 즉 개인적 이익을 목적으로 살해하는 유형이

넷째의 권력형은 대상자의 삶과 죽음 자체를 통제할 수 있다는 정복감과 힘의 우위를 성취하려고 하는 동기가 주가 되며 성적인 가학행위와 환상이 중요한 역할을 한다. 이때에도 시체의 토막이 종종 수반된다(Holmes & Holmes, 1998). 피해자들을 감금하고 지배하며 괴롭히고 그들의 명령에 복종하기를 강요한다, 어떤 범죄자는 다른 사람을 통제할 수 있는 힘을 가졌다는 신념을 통해 만족을 얻는다. 피해자를 완전히 지배함으로써, 성적 만족과 기쁨을 얻는다. 희생자의 공포를 통해서 전율과 짜릿함을 경험하는 타입이다.

3) Dietz(1986)의 분류

Dietz(1986)는 연쇄살인범의 유형을 여섯 가지로 세분화하여 분류하고 있다. 첫째, 정신병리적 성적 가학자(psychopathic sexual sadist)는 쾌락을 목적으로 고문과 살해를 하는 자, erotophonophiliac이라는 용어로도 사용되는데(Money, 1990), 살인의 동기 중에 성적인 만족이 일부분 포함되어 있는 살인을 일컫는다. 둘째, 탐닉형 범죄자(crime spree killers)는 범행의 동기는 보통 경제적인 이유나 모험추구(thrill-seeking)인 경우가 대부분이다. 셋째, 범죄조직구성형(organized crime members)은 마피아, 거리의 갱단 등이 도구적, 금전적, 영역다툼, 보복을 목적으로 하는 경우이다.

넷째, 독살 및 질식사형(custodial poisoners and asphyxitors)은 치료시설에서 발생하는 연쇄살인을 말한다. 예를 들어 의사나 간호사가 독극물 주사를 주입하여 서서히 죽게 만들어 살해하는 유형이 여기에 속한다. 다섯째, 정신병형은 정신이상적 환각에 사로잡힌 자에 의해 발생하는 연쇄살인을 말한다. 마지막으로 정치적 동기에 의한 살인은 테러조직 등에 의해 정치적인 목적으로 발생하는 연쇄살인이 여기에 속한다.

다. 전문암살범과 같은 경우, 그들의 행위를 통하여 현실화될 수 있는 이익이 있는 경우에 사람을 죽인다. 사람을 살해하고 강간을 하는 것을 이익이 될 만한 모험, 개인경력의 발전 혹은 서비스를 위한 계약의 일부로 여기기도 한다. 보통 여성살인자들이 이 범주에 속한다.

4) Ressler 등(1988)의 분류

Ressler 등(1988)은 체계적 또는 비체계적 범죄(organised offender vs disorganized offender)로 구분하는 핵심은 범죄현장의 증거를 기초로 한다. 체계적 범죄의 현장은 잘 계획되고, 반복적이며, 주도면밀한 행동의 "산물(production)"이다. 이에 비해 비체계적 범죄는 즉흥적이고 무질서한 행동을 한다. 체계적 범죄자는 피해자를 통제하고 억압하기 위한 도구를 사용하고, 살아 있는 피해자에게 성적 행위를 하며, 차량을 이용하는 경우가 많다.

비체계적 범죄자는 종종 현장에 증거와 흉기를 유류하고, 사체를 현장에 유기하고, 피해자를 죽인 후에 성적 행위를 하며(necrophilic behavior, 시체기호증 행동), 피해자를 비인격적으로 만들고 차량을 이용하지 않는다. 비록 Ressler 등의 구별은 유용하기는 하지만 범죄자들의 범죄경력이 진전되어 감에 따라 체계적(비체계적)인 범죄자가 비체계적(체계적)으로 되어 가는 경우도 많다.

제2절 강 간

1. 강간의 정의 및 현황

강간이란 성적인 방법으로 표현되는 폭력과 치욕의 행위이다. 강간이란 성 자체가 목적이라기보다는 성이란 방법을 통해 힘을 과시코자 또는 분노를 풀고자 하는 기도이니, 이것이 여자가 귀한 지역에서 많이 발생하지는 않는다는 것을 보아도 알 수 있다. 법적 견지에서는 음경이 질구에 이른 것에서부터 강간으로 간주되며, 이때 음경의 완전 발기여부나 사정여부는 관계가 없다. 그리고 행위 시에 있어서 일반적으로 피해자가 괴로움을 당하면 당할수록 공격자의 성적 흥분은 이에 비례하여 고조되기 때문에 강간범에게서는 성적 가학증이 그 주요동기가 된다. 하지만 늘 그런 것은 아니다. 더러는 행위의 결과로 강간범이 성욕을 상실하는 경우도 많기 때문이다.

형법 제297조 강간죄에 의하면 '강간죄는 폭행 또는 협박함으로써 부녀를 강간함으로써 성립하는 범죄'로 규정되어 있다. 즉, 강간이란 폭행이나 협박에 의하여 상대방의 반항을 곤란하게 하고 부녀를 간음하는 것을 말하며 간음이란 남자의 성기를 부녀의 성기 속에 삽입함을 의미한다.

〈표 6-4〉에서 강간범죄 발생을 살펴보면, 2001년 이후 2002년도에 감소하였다가 2002년 이후는 계속적으로 증가하여 2001년 대비 2005년도 강간발생은 8.4%가 증가하였다.

〈표 6-4〉 강간범죄 발생(2001-2005년)

(단위: 건)

구 분	2001	2002	2003	2004	2005
발생건수	6,751	6,119	6,531	6,950	7,316

자료: 경찰청 경찰통계연보 각 년도 재구성

〈그림 6-4〉에서 강간범죄의 범행동기는 우발적, 유혹, 호기심 순으로 나타났으며, 이들 동기가 전체 약 50%의 비중을 나타냈다. 특히, 우발적인 동기는 계속해서 증가하였다.

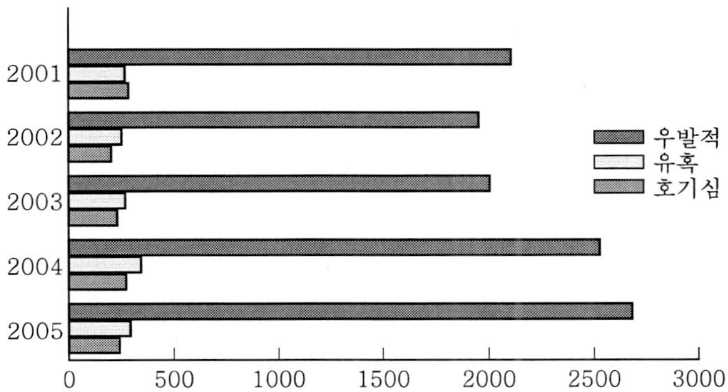

자료: 경찰청 경찰통계연보 각 년도 재구성

〈그림 6-4〉 강간범죄 범행동기(2001-2005년)

〈표 6-5〉의 강간범죄 발생시간에서는 심야가 가장 많은 비중으로 나타났다. 2001- 2003년은 심야, 밤, 오후 순으로 나타나고 있으나 2003년 이후부터는 심야, 밤, 새벽 순으로 나타나고 있어 강간범죄는 주로 밤과 새벽 사이에 집중적으로 발

생하는 것으로 나타났다.

〈표 6-5〉 강간범죄 발생시간(2001-2005년)

(단위: 건)

구 분	2001	2002	2003	2004	2005
오후(12:00-18:00)	811	689	673		
밤 (20:00-24:00)	1,105	903	988	1,476	1,549
심야(0:00-04:00)	1,710	1,543	1,616	2,639	2,672
새벽(04:00-07:00)				1,006	1,178
계	6,751	6,119	6,531	6,950	7,316

자료: 경찰청 경찰통계연보 각 년도 재구성.

〈표 6-6〉에서 강간범죄자 연령을 살펴보면 가장 많은 연령층은 30대, 20대, 40대 순으로 나타났으나 2001년에서 2005년으로 갈수록 40대 이후의 연령에서 범죄자 비중이 증가하는 것으로 나타나 강간범죄자의 연령대가 높아짐을 알 수 있다.

〈표 6-6〉 강간범죄자 연령(2001-2005년)

(단위: 명, %)

구 분	2001	2002	2003	2004	2005
19세 미만	391(7.0)	317(6.2)	299(5.5)	321(5.0)	323(4.8)
20대	1,668(29.9)	1,574(30.6)	1,519(28.0)	827(12.8)	1,643(24.6)
30대	1,841(33.0)	1,651(32.1)	1,753(32.3)	1,943(30.0)	2,045(30.7)
40대	1,154(20.7)	1,064(20.7)	1,221(22.5)	1,502(23.2)	658(24.9)
50대	362(6.5)	361(7.0)	436(8.0)	493(7.6)	571(8.6)
60대	111(2.0)	109(2.1)	145(2.7)	166(2.6)	182(2.7)
71세 이상	35(0.6)	23(0.4)	16(0.3)	47(0.7)	72(1.1)
미상	22(0.3)	37(0.9)	36(0.7)	308(19.1)	173(2.6)
계	5,584	5,136	5,425	6,481	6,667

자료: 경찰청 경찰통계연보 각년도 재구성.

대검찰청 범죄분석(2006: 214-215, 286-287)에 의하면 강간범죄의 발생장소는 단독주택(17.0%), 노상(16.9%), 목욕탕숙박업소(11.5%), 아파트연립다세대(10.0%),

지하철(4.5%)순으로 나타났다. 또한 범죄자와 피해자와 관계에 있어서는 지인 6.6%, 이웃 2.9%, 애인 2.6%, 동거친족 1.6%, 직장동료 1.6%순으로 나타나 주로 평소 아는 관계가 19.0%를 차지하는 것으로 나타났다. 지역별로는 도시(특별시, 광역시, 경기도포함)가 2001년 61.7%에서 2005년 65.5%로 나타나 강간범죄는 시골보다 도시에서 많이 발생하고 있음을 알 수 있다.

2. 강간범 심리와 강간유형

보통 남자들은 가끔 속에서 자기가 강간하는 장면을 상상은 하면서도 행동으로 옮기지 않는데 왜 범인들은 이를 행동화하는가에 의문을 품어 이들에게 어떤 독특한 심리적 원인이 있지 않겠느냐는 견지에서 서로 약간씩 중첩되는 원인론이 있는데 이를 소개한다.

1) 강간의 심리에 대한 학설

(1) 유혹설

'모든 강간이란 사실은 화간(和姦)이다'라고 주장하는 설이다. '가만히 있으면 누가 달려들겠느냐, 피해자가 요리조리로 부지불식간에 유혹을 했으니 그리 되었지'라는 입장이다. 우리나라 속설에도 과부 빗장 지르지 않고 잔다는 말도 있고, 또 1970년 중엽 경기도 안양천 뚝에서 수개월 지속적으로 일어났던 강간사건을 보아서도 이 설에 일리가 있다는 사람이 꽤 있다. 즉 매스컴을 통해 이 안양천변의 사건이 연일 보도되는 데도 불구하고 밤늦게 홀로 어두운 그곳 뚝길을 산보하는 젊은 여성들의 뇌리에는 무엇이 있겠는가라는 것이다. 그러나 이설은 대다수의 지지를 받지 못하며, 특히 여성운동가들로부터는 호된 지탄을 받고 있다.

(2) 정신질환설

성범죄자의 30~100%가 정신장애자라는 조사보고가 있다시피 강간범 역시 이 범주에 포함하여 이들에게는 심한 정신장애가 있을 것 같다는 설이다. 여기에 대한 최근의 연구보고는 69명의 강간범을 정신감정한 결과를 토대로 한 미국 Iowa대학

정신과 Henn 등에 의한 것이 있는데 강간범의 48%는 반사회적 성격, 21%는 기타 성격장애, 11.9%는 정신분열병, 4.3%는 약물, 알코올의존, 2.9%는 기질성 뇌증후군, 2.9%는 정신지체로 진단이 내려졌다는 것이다. 그리고 범인의 9%에서만 별다른 정신질환이 없다는 판정이 나왔다. 요컨대 정신증 환자가 강간범에 많을 것이라는 추측과는 전혀 틀린, 오히려 적은 숫자를 나타내더라는 것이 이들의 결론이다.

(3) 공격성의 전치설

범인은 실은 두려워하는 대상이 따로 있어서 늘 복수하고픈 심정을 지니고 있는데, 대개 그 대상이란 다른 남자이다. 그러나 이러한 복수심에 찬 공격성을 직접 그 대상에게 표출시킬 수가 없으므로 만만한 여자에게 이를 전치시켜 풀어버리는 것으로, 이 경우 피해자는 분풀이의 도구가 된다는 것이다(Lowenstein). 이 설은 전쟁시에 일어나는 강간사태를 놓고 보면 딱 들어맞는 점이 많다. 이는 이들 승전 병사들이 과거에 정신병을 앓았거나 범죄를 저지른 경력이 없었는데도 강간을 범하는 예가 너무나 많기 때문이다. 이들 승전군의 강간행위 결과로 드디어 적국의 사기가 떨어진다. 반면 승전군은 쌓였던 공격성을 마음껏 풀을 수 있어 따라서 적과 전쟁에 대한 공포심이 줄며, 승전군 남자간의 유대가 더욱 공고해지고, 우리는 힘을 가졌다는 생각에 더욱 자신 만만해진다는 것이다.

(4) 힘과 분노의 표시설

근년 대도시에서 급격히 증가한 강간범죄가 사회적으로 큰 문제가 된데다가 여권운동의 거센 물결을 타고 강간에 대한 사회적 정신의학적 연구는 1970년대 중엽에 활발해졌던 것이 미국의 배경이다. 이중 대표적인 것이 미국 Boston의 여류사법정신의학자 Groth 등(1977)이 한 것으로, 이들은 보스톤 지역의 강간범 133명과 피해여성 92명을 대상으로 강간범 심리를 조사하여 강간이란 성 자체가 목적이기보다는 성이란 방법을 통하여 힘을 과시하거나 분노를 풀려는 기도라는 발표를 하였는데 현재 이 설명이 크게 인정을 받고 있다. Groth 등은 강간을 권력형 강간과 분노형 강간의 둘로 나누었는데, 엄밀히는 모든 예에서 이 두 가지가 다 있기는 하나 그 중 어느 하나가 두드러진다는 것이다.

2) 강간의 유형

(1) 권력형 강간

이는 전체의 64.9%를 점하였는데, 여기서 범인이 노리는 것은 남성성, 정복, 우월, 지배이다. 범인들은 상대방이 처음에는 반항하다가 뒤에 가면 굴복하여 기쁘게 응할 줄로 기대한다. 이들은 상대방을 납치하고 또 묶기도 한다. 이들은 자기의 주체성 성적역가, 힘 지배성을 증명함으로써 자신 속에 있는 열등감, 왜소감을 부정하려고 안간힘을 쓰며 그래서 자주 같은 범행을 저지른다. 이들은 대상으로 동년배 또는 연하의 여성을 택하는 경향이 짙다. 실제의 범행시 이들은 impotence가 생기거나 조루증을 겪는 것이 대부분이고, 그런 것 없이 성교를 치루더라도 원하던 성적 만족은 얻지 못한다. 사후 피해자를 검사해 볼 때 대개의 경우 질내에서 살아있는 정자를 발견치 못하며, 신체에 상처도 별로 없다. 강간 시 이들 범인은 피해자에게 성감이 어떠냐? 평소 당신의 성생활은 어떠했느냐? 이름은? 이와 같은 질문을 자주 던진다. 그래서 피해자는 이런 경우 처음에는 대항 거부하는 자위책을 선불리 쓴다. 피해자들은 뒤에 이들 범인이 되돌아오지 않을까 몹시 겁을 내며, 행위시 강제였긴 하지만 그와의 대화에 응했던 자신을 몹시 분해하고 수치스럽게 여긴다.

(2) 분노형 강간

전체의 35.1%를 차지하였으며 범인은 여자들에게 가졌던 분노, 경멸, 증오를 피해자에게 푸는 것이다. 이들은 상대를 때리고 옷을 찢으며, 쌍년, 갈보 같은 비속한 욕을 하며 몸에 상처를 내는 등의 포악한 짓을 한다. 범인은 자기의 인생에서 여자와의 관계가 좌절 갈등, 질투 폭력으로 점철되어 있어서 이들이 범행을 저지르는 의도란 여자를 해치고 여자에게 복수하기 위함이기 때문에 심지어는 살인까지 할 수도 있다. 이들은 연상의 여자, 또는 늙은 여자를 대항으로 찾는 경향이 짙다. 사후 피해자의 신체검사를 해보면 여기 저기 상처가, 특히 성기에 상처가 많다. 범인의 성행위는 폭력과 도착으로 얼룩지나 실제로는 impotence가 많다. 피해자는 생명의 위협이 경각에 있음을 실감하며, 뒤에 정신적 신체적 사회적으로 극심한 후유증을 겪는다.

3. 강간외상증후군

강간은 뒤에 피해자에게 어떤 풍파를 남겨 주느냐에 관한 체계적 연구를 한 사람은 미국 보스톤 대학의 Burgess와 Holmstrom이다. 이들은 강간피해자 92명을 대상으로 이들에게서 공통적으로 보이는 증상을 수집하여 강간외상증후군(rape trauma syndrome)이라고 명명한 뒤 이를 초기 후기로 나누어 기술하였다.

1) 초기

일상생활의 와해, 신체증상의 증가, 두려움이 특징적으로 나타나는 시기이다. 피습 직후의 감정반응으로 피해자는 정신적인 쇼크와 그럴 리가 없다는 감에 사로잡힌다. 피해자들은 이 때 울고불고 웃으며 초조 긴장 두려움, 분노, 불안에 차있는 표현형과 침묵을 지키는 침착형의 두 형으로 나눌 수 있는데 대개 반반씩 된다. 신체반응을 보면 우선 상처가 많아서 멍이 목 목구멍, 유방, 허벅지, 장단지, 항문 등 도처에 들어 있고, 구강성교 뒤라면 목이 아프다. 긴장성두통, 피로감, 불면증, 악몽에 시달리며, 위통, 식욕감퇴, 오심 같은 위장증상, 질의 분비물의 증가와 소양감, 작열감 같은 비뇨기 증상, 그리고 직장출혈 등이 올 수 있다. 감정반응으로는 두려움, 수치심, 당황, 분노, 복수, 자책을 들 수 있다. 두려움은 주로 폭력과 죽음에 대한 것이고, 자책은 주로 내가 그것과 달리 행동을 했더라면 이라는 의미에서 더 심하다.

2) 후기

피격 2~3주 후부터를 말한다. 이때 나타나는 증상소견으로 피해자는 평소보다 부단히 움직인다는 것이다. 즉 즉시 이주를 하거나, 집을 비워둔 채 잠시 외국여행을 떠나거나, 다른 고장에서 지내다 오거나, 범인이 걸어올까 무서워 전화번호를 바꾸거나 비공개로 하거나 한다. 친정집을 찾아가거나 친구집을 찾아가 묵는 경우도 많다. 사건과 관련된 악몽을 잘 꾸며, 두려워서 혼자 외출도 못하고 집에 있지도 못하며 사람들을 피하고, 엘리베이터에 낯선 남자와 둘이 타게 되면 뛰어 나오고, 누가 뒤에서 따라오는 것 같다는 느낌 속에서 산다. 그리고 정상 성생활을 영위함에도 지장이 오는데, 이는 대개 한 6개월 간다.

4. 피해자측의 정신역동

미국 하버드 대학 정신과 사회사업가와 조교수인 Notman과 Nadelson(1976)은 피습이후 나타나는 4가지 정신역동의 특징을 이렇게 설명한다.

1) 당연히 피해자는 분노를 폭발시킬 법한데 오히려 분노를 나타낼 때가 적다. 왜냐하면 강간은 그녀에게 어린 시절 어른들에게서 벌받을 때의 위협을 생각나게 만들었기 때문이다. 즉 강간을 마치 자기 잘못한 것에 당연히 내려진 어른들의 벌로 여긴다는 것이다. 그리고 문화적인 이유로서 여자들은 남자보다 순종적이고 더 잘 참을 수 있기 때문이기도 하다. 그리고 범인보다 체구가 작고 약한 터라 몸을 보호하기 위해 실제 가해를 해오기 전 이미 체념하고 있었고, 또 그 체념에 대해 죄책감이 있기 때문에 분노가 두드러지지 않는다는 것이다.

2) 죄책감과 수치심이 높다. 상상으로는 멋질 것도 같지만 실제서는 자신이 인간 이하로 하의 물건처럼 취급당하는 처참한 경험이었다는 데서 수치심이 생긴다. 주위사람들은 겉으로는 피해자를 위로하지만 속으로는 은근히 결국 네 잘못이 아니냐라고 비난하는 눈치이기 때문에 그녀는 더욱 죄책감을 느낀다. 내가 좀 달리 행동했더라면 그런 일이 없었을 터인데. 나는 피습 시 왜 억세게 반항 못했을까 라는 생각은 그녀의 죄책감을 더욱 부채질 해 준다.

3) 무의식적 환상이라는 관점에서도 강간현상을 고려해야 한다. 왜냐하면 인간은 누구나 다 강간을 하고 싶고 당하고 싶어하는 경향이 다소간 있게 마련이고 또 이는 청소년기 여자나 젊은 미혼여자들에게 더욱 심할 수 있다는 점에서이다. 현실에서의 의식적인 면으로는 생명위협 때문에 범인에 굴복한다지만 한편 강한 남자에게 굴복하다는 것이 무의식적으로 볼 때는 숨은 에디푸스적 소망을 충족시킨다는 것과 연관이 된다. 또 여자들은 남자를 보호자로 보면서도 공격자, 착취자로서 보는 양가감정을 가지고 있는데 이것이 강간사건으로 큰 영향을 받아 이제부터 남편을 포함

한 모든 남자들을 기피하고 불신하는 방향으로 뻗어 나간다.

4) 피해자의 아버지, 남편 남자친구 오빠 같은 남자들이 강간에 대해 보이는 반응이다. 대체로 이들은 격분하지만 때때로 자기 자신을 피해자와 가해자 두 쪽 모두와 동일시하기도 한다. 내 여자가 당했다는 데에서 그리고 이를 예방치 못했거나 꼼짝없이 방관할 수밖에 없었다는 데에서 이들은 자기들 남자 위신이 여지없이 깎이는 경지를 체험한다. 만약 평소에 그가 자기 자신을 좀 여성적으로 느껴오던 터였다면 이 때의 문제는 더욱 심각해진다. 그는 자책과 불안에서 헤어나오기 위해 강간범을 받아들인 피해자를 거꾸로 공박할 수도 있다. 또는 피해자를 과잉보호하려 드는데, 이는 일부가 자책에서이다. 혹은 자기 여자를 중고품으로 보며, 자기 자신 강간환상에 사로잡히기도 한다. 그래서 그는 피해자를 피하는데, 이렇게 남편이 미숙한 자일 경우 아내는 강간의 피해도 서럽고 분한데다가 이제는 남편마저 등을 돌리는 이중타격을 받는다.

5. 예후

강간외상증후군의 예후는 어떻게 되는가에 관한 연구는 Burgess와 Holmstrom이 같은 피해자들을 4~6년간 추적하여 그 결과를 발표하였다. 결과를 보면 그 37%(30명)는 수개월 후 회복, 37%(30명)는 수년이 걸려 회복하여 모두 74%가 1~2년 사이에 회복하였고, 26%(21명)는 4~6년이 지나도록 회복을 못하더라는 것이다. 조사자들은 이들의 회복여부를 자긍심, 방어기제, 움직임, 적응불량의 네 가지 관점에서 조사하여 다음과 같이 보고한다.

1) 자긍심

자부심(self esteem)이 높을수록, 긍정적인 쪽으로 자기를 평가하는 여자들일수록 더 잘 회복되었다. 예컨대 이들이 지녔던 자세란 자기를 굳세다고 보는 것(정신적으로 나는 튼튼합니다.) 침착하다고 보는 것(나는 침착하게 그 고통의 시기를 겪어 나갔지요) 참을성이 많다고 보는 것(나는 웬만한 것도 다 잘 참는 성격이지요)이 두드러졌다. 반대로 자부심이 낮아서 자기를 부정적으로 보는 여성들은 회복을 못했거나 무척 더뎠다. 그 예로 자신에 대한 회의(그때 그 사건으로 나는 내 자신을 의심케 되었다), 자기 평가절하(나는 원래부터 나 자신을 잘 건사 못했었습니다.), 죄책감(범인이 하라는 대로 따라 한 내 자신을 두고두고 용서할 수가 없습니다.), 운명론(나는 언제나 운이 없어요)같은 것이 두드러졌다.

2) 방어기제

잘 회복한 사람들은 아래와 같은 방어기제를 쓴 사람들이었다. 즉 첫째가 설명으로서, 그때 당시의 광경과 상황을 조리있게 남에게 설명하는 것인데, 처음에는 면구스러웠으나 차차 지내고 보니 좋더라는 것이다. 둘째는 극소화로서 다치지 않은 것, 죽지 않은 것만도 다행이야라고 말하면서 그 사건의 의미를 극소화하려는 것을 말한다. 셋째는 억제로, 두번 다시 생각하기도 싫다고 말하는 사람들을 말한다. 넷째는 극화인데, 소수의 가까운 친구들에게 두고두고 여러 번 극적인 제스처를 쓰면서 떠벌려 대는 경우를 말한다. 즉 과도한 표현을 반복함으로써 불안을 줄이는 효과를 보았다고 할 수 있다.

3) 활동성

피습 뒤 활동량이 증가한 사람일수록 회복이 빨랐다. 예컨대 이사, 여행, 친정방문, 친구방문, 전화번호갱신, 독서몰입, 그리고 강간피해자 구조위원회의 자원봉사원 근무 같은 것들이 주효하였다는 것이다.

4) 적응불량반응

피해자의 22%는 사건 후 알코올과 약물 남용에 빠지거나 자살기도를 하였는데, 이들은 한결같이 회복을 못하더라는 것이다. 죽은 3명의 사인도 실은 1명은 자살, 2명은 알코올과용에서 온 합병증이었다.

6. 연쇄강간의 의의와 유형[17)]

1) 연쇄강간의 의의

(1) 개념정립의 어려움

우리나라에서는 '연쇄강간'이란 용어가 '연쇄살인'과 마찬가지로 실무상 통용되고 있다.

그러나 학문적으로는 연쇄강간이라는 말을 찾아보기는 쉽지 않다. 많은 문헌들에서 연쇄살인은 'serial murder', 혹은 'serial Killing'을 일컫는 전문용어이지만, 연쇄강간에 대해서는 'serial rape' 혹은 'serial sexual assault'라는 말은 거의 사용하지 않는다. 본서에서 사용하는 연쇄강간과 비슷한 말로 'highly dangerous sex crimes' 혹은 'recidivistic sexual offence' 등을 쓰고 있다(Holmes and Holmes, 2002: 171, 300).

그 이유는 두 가지 점에서 추론이 가능하다.

하나는, 연쇄강간이 서론에서 밝힌 것처럼 연쇄살인과 같은 맥락에서 연구되고 있다는 점이다. 이것은 연쇄강간이 연쇄살인처럼 대단히 위험하고 파괴적인 범죄라는 것이고 강간범이 연쇄적인 강간 후에 피해자를 살해하면 연쇄강간범이라기보다는 연쇄살인범으로 연구되기 때문이다.

다른 하나는, 강간이 본질적으로 폭력과 같은 범주의 범죄라는 점이다. 대부분의 강간범들은 다른 사람들과 비교하여 성욕에 별다른 차이가 없으며 단지 폭력으로 행동하려는 경향이 매우 강하다고 한다. 따라서 강간은 억제할 수 없는 성욕이 충동적으로 표출된 결과라는 점이 약화되고, 문제해결을 위해 폭력을 행사한다는 점에 초점을 두어 강간과 폭력을 같은 메커니즘으로 보고 있다. 최근에는 '강간'이라는 말보다 '성폭력'이라는 용어가 더 자주 사용되고 있는 것은 위와 같은 이유이다.

---

17) 전대양, (2006), "연쇄강간범의 범죄심리학적 특성", 한국범죄심리연구 제2권 제1호, pp. 20-49. 재인용.

(2) 개념의 정립

연쇄강간이 연쇄살인과 같은 맥락에서 연구되고 있다는 점에 착안하여 이를 정의하면, 연쇄강간은 연쇄적으로 세 건 이상의 사건에서 2명 혹은 그 이상을 강간한 범죄로 정의할 수 있다. 그러나 위에서 살펴본 바와 같이 연쇄강간이란 말은 학문적 용어가 아니므로 소위 '위험한 폭력' 혹은 '성범죄의 재범'이라는 용어에 충실하면, 연쇄강간은 연쇄적으로 2건 이상의 강간을 저지른 것으로 사이코패스(psychopath)에 의한 강간, 변태성욕자(paraphilias)에 의한 강간, 연쇄살인자에 의한 강간, 방화범이나 방화광(pyromania) 혹은 절도광(kleptomania)에 의한 강간, 음락살인(lust-motivated murder)에 의한 강간 및 심각한 아동성폭력범(serious child molester)에 의한 강간 등으로 정의할 수 있을 것이다(Holmes and Holmes, 2002: 171).

2) 연쇄강간의 유형

(1) 남성성 재확인형 의한 강간

남성성 재확인형(power-reassurance rapists)은 여성에게 자신이 남성임을 과시하기 위해 강간하는 자들이다. 실제 이들은 외모나 체격에서 남성다움을 찾아보기 어렵다. 그만큼 왜소한 경우가 많다. 여성을 지배하는 통제력을 느끼고 싶어 하지만 사회적 · 성적으로 여성들과 교제하는데 있어 자신감이 매우 결여된 사람들이다. 자신의 남성성을 확인하려는 욕구가 매우 강한 자들로 성행위에 대한 환상에 사로잡힌 사람들이다. Douglas와 Olshaker는 이들을 '비이기적 강간범(unselfish rapists)'이라 부르고 있다(Palermo and Farkas, 2001: 81). 즉, 자신이 여성을 욕보이고 있음에도 불구하고 마치 상대방을 배려하고 있는 듯한 모습을 보이기 때문이다.

이들은 매우 외로운 자들로 실제 여성과의 사귐이나 성행위에 자신이 없기 때문에 성에 대한 환상에 지배되어 있다. 이들은 강간 시에 여성들로 하여금 스스로 옷을 벗게 하고 이를 통하여 피해자도 섹스를 즐긴다는 혼자만의 환상을 부추긴다. 환상의 핵심은 사실을 왜곡하여 지각하는 것으로 피해자가 강간당하는 것을 즐길 것이며 아마도 자기와 성적 유희에 빠질 거라고 생각하는데 있다. 만약 피해자가 자신의 환상대로 움직이지 않거나 이를 거부하고 무시한다고 생각되면 피해자에게 큰 위협을 가해 살해하는 경우가 많다.

이들 중에는 심각한 자위행위, 노출증, 음란전화, 복장도착증, 페티시즘 등을 포함한 다양한 성적 일탈(sexual deviance)의 경험을 갖고 있다. 따라서 강간을 한 후에 환상을 재현하기 위한 방편으로 피해자의 속옷이나 사진 등 개인적인 의미가 있는 물품을 범죄의 기념품을 갖고 가는 경우가 많다. FBI 행동과학연구소는 이런 유형이 위험한 성범죄자 중에서 가장 많다고 하며, 우리나라의 경우도 국립과학연구소의 분석결과 위험한 강간범의 유형 중 가장 많은 비율을 차지하고 있다고 한다.

(2) 사이코패스에 의한 강간

비교적 많은 강간범들이 반사회적 성격장애(antisocial personality disorder)를 갖고 있다고 한다. DSM-Ⅳ(the Diagnostic and Statistical Manual-Ⅳ)에 의하면 반사회적 성격장애는 다른 사람의 권리를 무시하고 침해하는 광범위한 행동양상을 보이는 자료 법규를 자주 위반하며 자신의 이익이나 쾌락을 얻기 위해 거짓말을 반보하고 충동적이며 자주 폭력을 행사하는 자들이다(김청송, 2002: 491-492). 반사회적 성격장애는 불안장애, 우울장애, 물질관련장애, 신체화 장애, 그리고 병적 도박과 기타 충동조절 장애를 동반하는 경우가 많다. 이 장애의 진단을 받기 위해서는 적어도 연령이 18세 이상이어야 한다.

반사회적 성격장애자는 사이코패스와 같은 성격특성을 가지고 있음에는 틀림없지만 스트레스에 대한 반응을 반사회적으로 할 뿐으로 이를 사이코패스와 같은 위험한 성범죄자라고 부르지는 않는다. 따라서 반사회적 성격장애자와 사이코패스는 엄격한 면에서 구별된다. 사이코패스는 반사회적 성격을 실제로 표출하는 자('real' actor)로 Hervey Cleckley에 의하면, 매우 자기중심적(self-centered)이고, 냉담(callous)하며, 가차 없는 (remorseless) 사람으로 양심의 제지를 받지 않고 타인에 대한 배려나 동정심이 심각히 훼손된 자들이다(Palermo and Farkas, 2001: 82). 이들은 '도덕적 백치(moral imbecility)'라 불리거나 '타고난 강간범(born savages)'이라고 한다.

FBI 행동과학연구소에서는 연쇄 강간 후 살인하는 연쇄살인범에 이런 유형이 많다고 하면서 이들의 성적 공격행동은 매우 이기적이고 충동적으로 행동하며 피해자에게 과도한 폭력을 행사한다고 한다. 즉, 피해자의 입장을 전혀 고려하지 않고 피해자들과의 어떠한 의사소통 및 교류도 시도하지 않는 자들로 성범죄 프로파일링의 목적으로 접수된 사건들 중에서 두 번째로 많이 관찰되는 유형이라고 한다.

(3) 분노치환형에 의한 강간

분노치환형(displaced anger rapists)은 대체로 범죄자가 증오하는 사람과 비슷한 외모나 분위기가 있는 사람을 선택하여 강간을 하는 자들이다. 얼굴모습, 키, 체중, 옷차림새, 몸가짐 등의 여러 면에서 자신이 이전에 분노를 느꼈던 여성과 비슷한 사람을 피해자로 선택한다. 이들은 여성에게 분노감을 가지고 있으며, 여성들을 처벌하고 모욕감을 주기 위한 방편으로 섹스를 활용한다. 과거 자신에게 큰 모욕감을 준 여성들인 어머니, 아내, 애인 등과 비슷한 여성들을 공격하는데 물리적 폭력을 곧바로 사용함으로써, 피해자를 굴복시켜 피해자가 방어할 기회조차 없는 경우가 많다. 폭력을 가하는 동안 피해자가 모욕감을 견디면 그치는 경향이 있으나 반항하면 잔인한 살인에 이르기도 한다.

이들은 스스로가 참을성이 있다고 느낀다. 따라서 자신들은 분노에 대한 과잉통제형이라고 한다. 분노를 느끼면서도 그것을 겉으로 표현하지 않는 사람들은 적절한 상황적 요인에 의해 순간적으로 억압된 감정을 표출하기 쉽다(조은경, 1997: 135). 즉, 분노에 대한 과잉통제형이 오히려 도발적인 상황에서 분노를 공격행동으로 바로 연결되기 쉽다는 것이다. 즉, 분노를 유발하는 요인이 있을 때는 분노가 한층 강해지며(anger→rage), 이 때 이를 참지 못하고 범행을 저지른다. 분노를 조절하는 힘이 매우 약하다는 점이다.

공격행동에는 일정한 패턴이 있는 경우는 매우 드물고, 공격 후에 분노가 감소하면서 긴장감이 점차 사라진다. 그러나 결국 분노가 다시 생겨나고 문제의 원인인 여자들을 향해 분노를 표출하지 않으면 극도의 긴장감에 시달리므로 이를 해소하고자 연쇄적으로 범행을 한다.

(4) 강간충동형에 의한 강간

강간충동형은 많은 경우 충동조절장애(impulse-control disorder)를 갖고 있는 사람들이다. 충동조절장애는 본인에게는 물론 다른 사람에게 해가 될 수 있는 행동에 대한 충동이나 욕망 또는 유혹을 이겨내지 못하는 것이 특징이다. 이들은 어떤 행동을 수행하기 전에 긴장감이나 각성상태가 고조되는 것을 느끼고, 행동을 취할 때 기쁨이나 만족감 또는 안도감을 경험한다. 그러나 행동을 하고 난 다음에는 크게 후회를 하기도 하고, 자책을 하기도 하며 죄의식을 느낀다. 이런 충동조절장애에는 간헐적인 폭발성 장애, 병적도박, 병적 방화, 발모광 및 달리 분류되지 않는 충동조절장애가 있다(김청송, 2002: 455-466).

강간충동형은 충동조절장애자로 주로 달리 분류되지 않는 충동조절장애자이다. 여기에는 물질의존이나 이상성욕이 해당한다. 바로 이상성욕에 의한 강간범죄자가 바로 강간충동형이다. 따라서 이 유형은 다양한 성적일탈을 경험한 전력이 있고, 이들의 모든 생각과 관심의 초점은 변태성욕적인 환상 속에서 강제적인 성행위를 통한 자신의 성욕충족에 맞추어져 있다. 집요할 정도로 섹스에 몰입해(persistent sexual preoccupations) 있다는 점에서 Knight(1999: 310-311)는 성적인 강간범(sexual rapist)이라 부른다. 이들의 파트너나 피해자는 낯선 사람이 대부분이다. 이들이 강제로 성관계를 갖고 싶다는 충동에 사로잡히면(irresistible sexual impulse), 이런 충동을 억제하거나 다른 방법으로 해소하지 못하여 긴장하고 불안해하다가 강간을 함으로써 긴장과 불안을 해소하고 만족감과 안도감을 느낀다. 그러나 이내 강간충동이 일어나 연속적으로 강간에 몰입한다. 이들은 거의 매일 강간만을 생각하거나 강간대상을 물색하기에 강간범죄의 상습범이 되고 강간을 거듭할수록 수법이 대담해지며, 강간 후에 절도나 강도를 하기도 한다. 그러나 주목적은 강간이기 때문에 절도나 강도의 목적으로 침입 후 성충동을 느끼거나 신고를 저지할 목적으로 강간하는 유형과는 판이하게 다르다.

(5) 심각한 어린이 성폭행범

Cohen Seghorn 및 Calmas는 가해자의 심리적 프로파일을 설명하기 위해 아동성폭력범을 3가지로 분류하였다. 고착형 소아기호증(pedophile fixated type), 퇴행형 소아기호증(pedophile regressed type) 및 공격형 소아기호증(pedophile aggressed type)이 그것이다. 이 중에서 매우 위험한 유형이 공격형인데, 이들은 아이들을 공격함으로써 성적 흥분을 느끼게 되는 사람들로 아동과 폭력적이거나 가학적인 성행위를 즐긴다. 대부분의 소아기호증은 아이를 귀여워하는 것이 많고 유인이나 위협의 방법으로 아동을 성폭행하는 것이 일반적이기 때문에 공격형은 매우 드물다(전대양, 2005: 206-207; 강은영, 2003).

아동 성폭력으로 유명한 Groth는 그의 후기 연구에서 소아기호증을 고착형과 퇴행형으로 나누고 이들의 공통적인 특성을 밝혀내고 있다. 그에 따르면 아동 성폭력범들은 ① 수동적이고 복종적이다. ② 고립, 타인과의 분리, 자기소외와 같은 감정이 강하다. ③ 공허함, 불안정, 우울 같은 감정 상태에 자주 빠진다. ④ 이성과의 성관계에 좌절 경험이 많고, 자신감이 없으며 의기소침하다. ⑤ 내적인 불안감을 자기 자신의 미성숙을 상징하는 아동과의 성관계로 대치하는 경향이 강하다고 한다(강은영, 2003: 64).

심각한 어린이 성폭행 범은 고착형과 공격형이 혼합된 상태이다. 성적 취향이 완전히 아동에게 고착되어 있으며, 남아나 여아나 모두 피해 대상이 될 수 있다. 이들의 성적공격은 공격형과 마찬가지로 매우 위험하고 잔인하다. 아동에게 이상성욕을 경험하는 자들로 성적 환상이 있고, 이를 실제의 행위에서 표출하고자 하는 자들로 매우 드물게 보이는 유형이라고 한다.

(6) 음락살인자에 의한 강간

이 유형은 연쇄음락살인자(serial lust killer)에 의한 강간으로 FBI는 이들의 범행이 매우 특징적임을 설명하고 있다. 이들은 성적 만족을 위해 상당기간동안 세심한 주의를 기울여 피해자를 선택하고 강간현장도 매우 기괴하고 정상적인 성행위의 패턴과는 판이하게 다르다고 한다. 피해자에 대한 완벽한 통제를 바탕으로 가학적인 쾌락을 즐기는 자들이다. 이들은 강간, 계간을 하면서 성기에 대한 훼손이 극심할 정도로 지나치다. 피해자를 목 조르고 찌르면서 쾌감을 느낀다. 목을 잘라놓은 시체하고 성행위를 하기도 한다. 이렇게 파괴를 해놓고는 이를 원상태로 되돌기 위해 다시 꿰매어 놓기도 한다. 환상을 자극하거나 살해하기 위한 도구들인 포로노테입, 망치, 칼, 톱, 술 등이 현장에 즐비하다. 즉, 이들의 범행은 파괴와 원상복구이라는 상징적인 요소들이 혼합된 모습을 보인다. 이들은 범행 시에 스스로가 짐승이라는 생각에 사로잡히기도 하고 자신이 아닌 마치 다른 사람의 행동으로 생각하기도 한다(Palermo and Farkas, 2001: 97-110).

7. 연쇄강간범의 범행동기 추정

연쇄강간범에 대한 이해의 선결조건은 이들의 범행동기를 비교적 정확히 알아내는데 있다. 범행동기를 추정하기 위해서는 범죄자에 대한 행동의 분석과 범죄자의 생활사에 대한 분석이 매우 필요하다. 인간의 행동은 자극으로 동기가 형성되어 동기에 기해서 행동으로 표출되기 때문이다. 즉, 자극→동기→행동이라는 도식이 성립하기 때문이다(Charles G. Morris 저, 장동환 외 공역, 1994: 519).

따라서 동기를 알기 위해서는 역으로 표출된 행동을 분석할 필요가 있으며, 동기가 형성된 배경이나 요인(자극)을 알기 위해서는 개인의 발달사를 조사해야 하기 때문이다. 따라서 범죄자의 범행 분석, 피해자의 진술분석, 범죄자의 성격검사 및 범죄자의 생활사를 분석하고 연구할 필요가 있다.

1) 범죄자의 범행(진술과 행동)분석

(1) 피해자의 선택과 접근방식

사람들은 대개 어떤 일을 하기로 작정하면 가장 편리하고 효율적인 행동방식을 선택한다. 범죄자라고 해서 이점은 예외가 아닌 듯하다. 강간범들도 자신이 활용하기에 가장 적합한 방법으로 피해자를 선택하고 접근 유인하여 범행을 했다고 추정할 수 있다. 강간범들이 선택하는 피해자는 잘 아는 사람, 몇 번 만난 사람, 가족이나 상하관계, 전혀 모르는 사람 등으로 분류할 수 있다. 누구를 선택했는지가 매우 중요하다.

범죄가 발생하기 전에 전화나 메모를 받았는지, 집안이나 차에 침입흔적이 있었는지, 배회하거나 엿보는 사람이 있었는지, 감시당하거나 미행을 당한 느낌을 받은 적이 있는지 등으로 피해자의 선택 여부를 알 수 있다. 미리 범행대상을 선정한 강간범들은 주거침입, 배회하기, 엿보기, 여성물건 절도 등으로 피해자 주변을 기웃거린 흔적을 볼 수 있다.

접근방식은 속임수(con), 급습(blitz), 기습(surprise) 등으로 분류할 수 있다. 속임수는 피해자에게 도움을 청하거나 길을 묻는 등의 구실을 대며 접근하는 방법이다. 급습은 강간범들이 피해자를 유인할 때 직접적이고 즉각적으로 신체에 상해를 입히는 것으로 재갈을 물리거나, 눈을 가리거나. 손발을 묶는 등의 방법이다. 기습은 강간범이 차의 뒷좌석에 숨어 있거나 벽 뒤에 숨어서 피해자를 기다리다가 갑자기 피해자를 위협하는 방식이다.

(2) 피해자의 제압과 유지

범죄자가 피해자를 제압한 후 이를 어떻게 계속 유지했는가 하는 점도 범행동기를 추정하기 위해 매우 중요하다. Hazelwood와 Warren은 강간범의 제압과 유지 방법을 범죄자의 출현, 위협, 흉기, 폭력이라는 4가지를 들고 있다. 단지 범죄자가 출현하기만 해서 피해자가 제압되는 경우가 있는데 이는 평소 가해자의 잔인한 성격과 행동을 피해자가 미리 경험한 경우에 해당되는 경우가 많다. 위협은 언어적 위협을 말하는 것으로 위협적인 언어에서 범행동기의 단서를 찾을 수 있다. 흉기는 강간범들이 피해자를 제압하고 이를 유지하는데 자주 활용하는 것으로 흉기를 내보인 시점, 피해자가 흉기를 봤는지 여부, 범죄자가 준비한 것인지, 범죄현장에 있는 것을 사용한 것인지, 흉기로 피해자에게 신체적 상해를 입혔는지 등에 관한 것을 파악하는 것이 매우 중요하다. 강간사건에서 폭력을 사용하는 것과 사용된 폭력의 수준은 범행동기를 결정하는데 매우 중요한 요인이기 때문에 폭력의 양, 수준 및 폭력이 사용된 시점, 폭력이 사용되기 전 · 중 · 후의 범인의 태도가 결정되어야 한다.

(3) 폭력의 양에 대한 분석

가. 최소한의 폭력

폭력을 거의 사용하지 않거나 손으로 때리는 정도의 폭력을 말한다. 이때는 처벌하기 위한 의미보다는 위협하기 위한 수단이다. 모욕적인 발언이 거의 없는 경우가 대부분이다.

나. 중간정도의 폭력

가해자가 반복적으로 가격하는 것으로 피해자가 저항하지 않는 경우에도 발생하며 모독적인 발언을 하는 경향이 있다.

다. 과도한 폭력

온몸을 때리는 것으로 병원치료가 요구한다. 강간범은 매우 모독적인 발언을 하며 피해자에게 개인적이고도 비하하는 말을 사용할 것이다.

라. 잔인한 폭력

피해자에게 극도의 폭력적 의도 속에서 행해지기에 장기간의 병원치료가 불가피하다. 모독적인 발언도 매우 극심하며 폭력의 후유증으로 사망하는 경우도 있다.

(4) 피해자의 저항 정도와 이에 대한 가해자의 반응 분석

피해자가 수동적으로 저항했는지, 소리를 지르거나 빌거나 하면서 말로 저항했는지, 같이 대항하거나 발로 차거나 때리는 등 물리력을 사용하여 저항했는지도 중요하다.

강간범죄는 범죄 자체가 피해자에게 많은 스트레스를 줄 뿐만 아니라 강간범에게도 스트레스를 준다. 강간범은 강간 도중에 계속적으로 자신의 신원이 밝혀지는 것으로 꺼리고, 검거되는 것에 대한 두려움을 갖고 있다. 강간 도중에 피해자로부터 역으로 공격을 받지 않을까 하는 두려움과 조롱을 당하게 될 두려움 및 성행위의 실패에 대한 두려움 등 다양한 심리적 스트레스에 반응한다. 즉, 범죄실행 중지, 타협 혹은 협상, 도주, 위협, 폭력 등의 다양한 대응을 하게 된다.

(5) 성적인 문제

강간범이 발기불능이나 조루 등의 성적 기능부전이 있었는지에 대한 이해가 매우 중요하다. 강간범들에게 성적인 문제가 있는 경우가 종종 발견되고 이 때문에 자신의 남성성을 확인하고자 몇 차례나 성행위를 시도하는 경우도 있다.

(6) 성행위의 유형

강간 도중에 발생한 성행위의 유형은 강간의 동기를 파악하는데 매우 중요한 것이다. 예를 들어, 비동의 상태에서 항문성교를 했을 때 강간범이 그의 환상을 실현하기 위한 것인지, 동성애의 가능성이 추정되는지, 성적 실험차원에서 행한 것인지, 피해자를 비하하고 굴욕감을 주기 위한 방편인지 혹은 이전의 범죄전과와 관련된 것인지를 생각해 볼 수 있다.

환상으로 진단할 수 있는 것은 보통은 키스, 포옹, 커닐링구스(cunnilingus)를 하는데, 이때는 최소한의 폭력을 사용하고 비위협적인 언어 즉, 미안함을 표시하거나 칭찬을 하는 등의 말을 한다. 펠라치오가 발생한 경우는 항문성교를 진행되는 경우가 있다.

실험으로 진단할 수 있는 것은 범죄자는 피해자와 신체접촉을 다소 강하게 하며, 모욕적인 언사로 피해자를 비하한다. 전형적인 것은 도구를 사용하거나 다양한 체위를 시도 혹은 반복하거나 항문성교 이전 혹은 이후 펠라치오가 이어진다.

처벌로 진단할 수 있는 것은 처벌의도를 분명히 나타내는 말을 하거나 모욕적인 언사와 더불어 과도하고 잔인한 수준의 폭력을 행사한다. 전과가 있는 것으로 볼 수 있는 것은 항문성교를 시도하는 경우가 많다. 이 경우 가해자가 교도소에서 동성애를 한 적이 있는 것으로 볼 수 있다.

(7) 강간범의 언어표현

강간범들은 강간 도중에 피해자에게 여러 가지 말을 하는 것으로 알려져 있다. 피해자들에게 관심을 표하거나 사죄를 하는 경우도 있고, 자신과 피해자 간의 관계적 환상을 암시하는 표현도 있으며, 피해자를 비하, 모욕, 위협하는 등의 장황한 말로 자신의 분노를 표현하는 경우도 있다. 특히 범죄자가 사용하는 형용사에 유의할 필요가 있는데, 예를 들면 "너는 아름답다"-칭찬, "조용히 해, 나쁜 년"-적대감, "내가 너를 해치지는 않을 거야"-동조나 걱정 등이다.

(8) 피해자들에게 강요된 말들

강간범은 강간 상황에서 자신의 행위를 강화시키는 특정 단어나 말을 피해자에게 강요하는 경우가 종종 있다. 예를 들어, "사랑해요", "같이 자고 싶어요", "남편보다 낫군요"와 같은 말들을 요구하는 것은 강간범의 애정과 자아확립 욕구를 암시한다. 피해자에게 간청하거나 소리를 지르라고 요구하는 강간범은 사디즘적 경향이 강하고 피해자에게 대한 통제감과 우월감을 즐기고 있음을 의미한다. 피해자에게 자기 경멸적인 말을 하게 하는 것은 분노와 적대감을 표시하는 것이다.

(9) 강간범의 검거회피 전략

강간범이 범죄를 저지른 후 자신의 범행 및 신원을 은폐하기 위한 어떤 시도를 했는지가 강간범의 특성을 파악하는데 매우 중요하다. 특히 강간범의 검거회피전략을 기초로 그들이 초범인지 전과자인지, 강간 혹은 동조범죄로 검거된 적이 있는지를 알 수 있다.

대부분의 강간범들은 그들의 신원이 밝혀지는 것을 매우 겁내기 때문에 마스크를 쓰거나 피해자의 눈을 감게 하거나 옷이나 이불 등으로 피해자의 눈을 덮어 자신을 보지 못하게 하는 등의 행동을 한다. 또 일부는 검거되었을 경우를 대비하여 자신을 보호할 수 있는 상황을 만드는데 시간을 소비하기도 한다.

초범과 재범은 몇 가지 점에서 차이가 나는 것이 보통이다. 그러나 초범이라 하더라도 재범의 특징을 보일 수 있고, 그 반대의 경우도 있다. 대체로 초범은 자신의 신원을 은폐하기 위한 최소한의 행동 혹은 보편적으로 알려진 행동만을 할 가능성이 높다. 예를 들어, 마스크와 장갑 착용, 음성변조, 피해자에게 자신을 보지 말라는 명령, 피해자의 눈을 가리고 결박하는 행동 등이다. 이에 비해 전과자들은 위에서 언급한 초점의 행위들 외에 범죄 현장을 활보하기 전에 그리고 강간범죄를 저지르기 전에 이미 탈출로를 확보하고, 주거에 침입하거나 도주하기 전에 피해자의 전화기를 사용하지 못하게 한다든가, 피해자로 하여금 샤워를 하거나 물로 세척하게 하며, 결박도구나 재갈을 미리 준비하기보다는 현장에서 확보 사용하며 강간범의 지문이 남아 있을 만한 곳이나 사정한곳 주변을 세척하게 하는 행위를 한다.

(10) 절도당한 물건

수사관들은 대체로 절도당한 물건 중 물질적 가치가 있는 것에만 치중하는 경향이 있다. 그러나 강감범의 범행동기를 추정하기 위해서는 물질적인 가치가 없는 것처럼 보이는 물건이 매우 중요하다. 특히 강간사건에서 성적인 의미가 있는 물건, 피해자 개개인의 특성을 반영하는 물건 등이 매우 의미 있는 경우가 많다.

강간현장에서 증거적 · 물질적 · 범죄환상을 재현하기 위한 기념품적 측면을 살펴보자.

증거적 측면의 것으로는 범죄자가 범죄현장에서 만져서 지문이 남아 있을 가능성이 있거나 사정하여 정액이 검출될 가능성이 있는 것들을 챙겨가는 경우로 전과가 있거나 동종범죄로 인해 검거된 전력이 있음을 암시한다.

귀중품적 측면의 것은 강간범이 무직이거나 실직 혹은 직업이 있더라도 낮은 보수 등으로 재정적인 어려움을 겪고 있을 가능성을 암시한다.

기념품적 측면의 것은 매우 중요한데, 여기서 범죄자의 범죄동기를 추정하기 쉽기 때문이다. 피해자의 사진, 속옷, 신분증 등은 실질적으로 물질적인 가치는 없지만 범죄자에게는 자신의 범죄와 피해자에 대한 기억을 회상하는데 이용가치가 큰 것들이다. 그러한 물건들이 없어진 경우에서 단순절도 이상의 범행동기가 있는 것으로 이해해야 한다.

한편, 강간범들 중에는 범죄현장에서 가져갔던 물건들은 나중에 피해자에게 협박하거나 공갈하기 위한 방편일 수도 있고, 피해자에게 자신이 의도적으로 해를 입히지 않았거나 자신이 나쁜 사람이 아니라는 확신을 주기 위한 것일 수도 있다. 물건을 되돌려주겠다는 핑계로 재접촉을 시도하려는 행위로도 볼 수 있다.

2) 피해자의 진술 분석

강간범의 범행동기를 추정하는데 있어 가해자의 행동분석 못지않게 중요한 것이 피해자의 진술분석이다. 가해자의 행동과 진술을 피해자의 진술과 대조하여 일일이 확인하면 범행동기를 매우 구체적으로 파악할 수 있기 때문이다. 가해자와 피해자의 진술이 불일치하면 왜 가해자가 거짓말을 했을지 유추해 볼 수 있고, 피해자는 왜 가해자를 두둔하거나 함정에 빠뜨리는지를 알 수 있기 때문이다.

그러나 현실적으로는 피해자는 강간에 대한 후유증으로 언급을 회피하거나 거부하는 자세를 취하는 경우가 많다. 그만큼 강간피해에 대한 외상, 공포감, 수치심, 적대감 등으로 스트레스 상태에 있다는 것이다. 특히, 성기 · 구강 · 항문성교와 같은 것들에 대해 피해자는 자세한 진술을 꺼릴 뿐만 아니라 진술을 한다 해도 심리적 외상 속에서 회상하는 괴로움 때문에 매우 힘든 상황에 빠진다. 따라서 범행동기를 파악하기 위한 연구자들은 전문가적 입장에서 동정적이며 부조적인 입장에서 접근해야 하고 피해자가 심리적 안정 속에서 진술할 수 있도록 상당기간 래포(rapport)를 형성하는데 주력해야 할 것이다.

특히, 피해자가 아동인 경우에는 매우 주의해야 한다. 흔히 아동 성폭력 피해자의 진술은 신빙성이 없다고 하는데 그 이유는 아동의 기억은 선명하지 못하거나 아동의 진술이 일관이 없다는 사실에 기인한다. 그러나 이것은 아동의 문제일 수도 있지만 아동을 조사하는 사람의 조사기법의 문제에서 비롯된 경우가 많다는 것이다. 연구자가 필요하다고 생각하는 제한된 질문에 대해서 아동이 수동적으로 답하는 조사방식은 매우 바람직하지 못하다. 아동 스스로 풍부한 진술을 할 수 있도록 분위기를 조성하는 방식을 지향해야 한다. 아동이 피해상황에 대해서 충분히 자유로운 진술을 할 수 있도록 아동과 신뢰관계를 먼저 형성한 뒤 기억 회상을 촉진시키고 아동의 이야기를 경청하는 역할을 해야 한다(조은경, 2004: 89).

3) 범죄자의 성격검사

성범죄자에 대한 그들의 건강염려증, 우울증, 히스테리, 반사회성, 남성특징-여성특징, 편집증, 강박증, 정신분열증, 경조증, 내외향성 등과 관련된 성격특징을 면밀히 조사할 필요가 있다. 예를 들어, MMPI검사라면 위에서 제시한 하위척도에서 높은 점수를 받은 척도 순으로 1차 분석을 할 필요가 있다. 이 1차 분석을 통하여 대체적인 성격특징을 파악한 후 가장 높은 점수를 받은 척도 세 개 혹은 그 이상을 추출하여 정밀분석을 하는 것이 좋다. 성범죄자들이 가장 높은 점수를 받는 척도는 대체로 분열성과 편집증 및 히스테리성이라고 한다(Palermo and Farkas, 2001: 88-89). 적합한 성격검사방식을 선택하여 성격검사에 바람직한 환경을 설정한 후 검사를 시행함이 바람직하다. 성격검사의 결과는 현재의 성격 상태를 알아보기 위한 것이지만, 범행현장에 나타난 강간범의 성격과 비교대조하는 것도 매우 중요하다.

성범죄자의 일반적인 성격특성은 열등감과 불안정감이 심하고, 자신감과 자존심이 결여되어 있으며, 적절한 방어기제가 결여되어 스트레스 상황에서 공상과 백일몽으로 철수하는 경향이 있다는 것이다. 다른 사람과 정서적으로 관계를 맺지 못하여 타인과의 깊은 관계를 회피한다. 사회적 기술이 부족하고 혼자 있을 때 가장 안정감을 느낀다(전대양, 2002: 182-183). 대부분의 성범죄자들이 특정의 성격장애(예, 경계선적 성격장애, 반사회적 성격장애 등)를 갖고 있는 경우가 드문데 비해, 연쇄강간범의 경우 이러한 성격장애가 수반되는 경우가 많은 것으로 알려지고 있다.

4) 범죄자의 발달론

범행과 관련된 가해자의 발달론은 현재의 그가 어떤 사람이고 범행의 동기가 무엇인지를 보다 명확하게 해준다. 가해자의 발달론은 사례연구적 입장에서 그의 인격·성장과정·사회생활·범죄경력·범행방법 등과 같은 여러 가지 측면들을 종합적으로 분석하여 범죄와 범죄자에 대한 보다 깊이 있는 정보를 수집하여 이를 분석함으로써 범행동기를 더욱 분명히 밝히기 위함이다.

이를 위해 개인정보 · 가정환경 · 개인적 발달력 · 생활스타일 · 행동관찰 등이 필요하다.

개인정보에서는 이름 · 출생지 · 생년월일 · 주소 · 연령 · 직업 · 학력 · 혈액형 · 전과 · 병력관계 등에 대한 정보를 수집해야 한다. 가정환경은 성장환경의 특성 · 부모 및 형제관계 · 부모의 양육방식 · 결혼 여부 등이다. 개인적 발달력은 출생 및 어린 시절의 성장과정 발달과정 · 건강상태 · 아동기의 가족관계 · 학력 및 학교생활 적응도 · 결혼여부와 초기 성경험 · 성적문제와 적응력 · 생활적응력 등이다. 생활스타일은 주거환경 · 범행 전 직업 · 각종 스트레스 등이다. 행동관찰은 면담 시의 협조성 · 면담자와의 래포 형성 능력 · 개인정보 진술태도 · 긴장감이나 자신감의 표출정도 · 습관 등을 광범위하게 조사해야 한다.

위의 여러 정보 중 중요한 것은 ① 어린 시절의 부모의 양육방식과 성장과정, ② 학력 및 학교생활 적응 정도, ③ 직업 및 직업 적응 정도, ④ 최초의 성경험, 성경험 대상 및 성의식 등이다. 연쇄살인범이나 연쇄강간범과 같은 강력범들은 하루아침에 만들어지는 것이 아니라 어린 시절부터 독특한 특징을 갖는다고 한다(임준태, 2003: 224-225). 살인이나 강간의 전조가 되는 행동을 어린 시절부터 하며 이런 행동의 계속성이 발달사적 측면에서 오랜 시간동안 존재하고 발전되어 온 것이라고 한다. 이러한 견해로 미루어 본다면 연쇄강간범들은 어린 시절에 고통스러운 경험을 갖고 있으며, 열악한 성장환경 속에서 자라거나 장기간 아동학대 및 방임이나 심리적 학대상태에 놓여지는 경우가 많다는 것이다(존더글라스 외 저, 이조인 역, 1999: 이수정외, 2004: 58-59). 이들은 어린 시절부터 불공평한 처벌을 받은 경험이 많고 학대상태에서 자라 인성이 비뚤어져 있는 경우가 많은데 이것은 아버지나 어머니의 양육태도 및 어린 시절의 가정 분위기와 깊은 관련이 있다고 한다.

연쇄강간범에서 성적 환상은 중요한 요소이다. 이런 환상에서 하게 된 배경이 바로 어린 시절의 좋지 못한 성장환경이다. 아이들은 이 환경에서 벗어나고자 환상의 나래를 편다. 환상은 희망의 통로이고, 외상의 치유자이기 때문이다. 현실로부터의 보호막이자 진실의 은폐자이기 때문이다. 정체성의 조정자이고 평온함의 저장고요 두려움과 슬픔을 잊게 하는 영혼의 청량제이기 때문이다. 따라서 환상은 성도착의 창조자이다(클레어 파야츠코보스카 저, 김태복 역, 2003: 34-35).

아이들은 현실 속에서 이룰 수 없는 것들을 환상 속에서 이룬다. 무한한 힘과 권력을 갖게 되고 자신의 적에게 복수할 수 있고 분노를 표출할 수 있어 환상은 그들에게 상상의 나래를 펴게 한다. 아이들은 현실과 환상의 세계를 구분하지 못한 채 학대경험을 다른 아이들을 학대하는 도구로 활용하여 동료나 여자아이들을 못살게 굴기도 한다. 동물학대, 병적인 거짓말, 불장난, 여자아이 치마들치기, 관음증 혹은 가학적 행동 등에 노출된다.

이런 경험들이 학교적응도나 직업적응도 및 성생활 적응도에 많은 문제점을 노정하는 단초역할을 하는 것이다.

제3절 방 화

1. 방화범죄의 정의

방화(arson, incendiarism, malicious, ignition)는 고의로 화재를 일으켜 공중의 생명, 신체 또는 재산 등에 대하여 예측하지 못한 위험을 주는 범죄이다. 따라서 방화범에 대한 죄는 사회공공의 안전을 보호법익으로 한다. 방화범죄는 한국의 경우 살인, 강도, 강간, 폭행, 등과 함께 강력범죄의 범주에 속하는 것으로 분류될 정도로 위험성이 큰 범죄이다. 방화의 개념을 살펴보면 Dehaan(1991: 323)과 Beirne & Messerschmidt(1995: 163)는 방화를 고의적으로 악의적인 감정을 가지고 사람의 재물에 불을 놓는 행위라고 정의하였으며, FBI는 방화란 주택, 상가, 공공건물, 자동차, 항공기 등에 고의 또는 악의로 불을 내거나 불을 내려는 행위로 정의하였다.[18] 또한 김광일(1998: 6)은 불을 수단으로 사란들이 재산과 생명에 악의적 또는 고의적인 행위를 가하는 것으로 정의하고 있다. 한국브리태니커에서는 방화란 "고의로 불을 놓아 현주건조물, 공용건조물, 일반건조물 또는 일반물건을 소훼하는 행위를 말한다." 목적물을 소훼하는 일체의 행위를 말하며, 직접 목적물에 방화하거나

18) http://www.fbi.gov/ucr/cius_02/html/web/offreported/02-narson11.html.

매개물을 이용하여 방화하건 방화의 방법은 불분한다. 다만 부작위에 의한 방화가 되기 위해서는 행위정형의 동가치성이 인정되어야 한다. 한국의 형법에서는 방화와 실화의 죄 안에는 진화방해죄, 폭발물파열죄, 공작물손괴죄도 포함하고 있는데, 이러한 죄는 화력과 밀접한 관계를 갖고 있고 또한 그 영향력도 화력에 필적하므로 방화죄에 준하여 처벌하도록 규정하고 있다(이재상, 2001: 466-467).

2. 방화범죄의 현황

〈표 6-7〉에서 방화범죄 발생시간대를 살펴보면 밤, 낮, 오후, 새벽, 저녁, 아침 순으로 나타났다. 범죄의 특성상 밤에 가장 많은 범죄가 발생하고 있는 것으로 나타났다. 범죄발생요일에서는 평일에는 월요일에 가장 많은 범죄가 전체로는 일요일이 가장 많은 방화범죄가 발생하고 있는 것으로 나타나 일요일 월요일 정도에서 상대적으로 많이 발생하고 있다.

〈표 6-7〉 방화범죄 발생시간 및 요일

(단위: 건)

범죄 발생시간								
계	새벽	아침	낮	오전	오후	저녁	밤	미상
1,827	196	66	472	141	331	141	797	155
범죄발생 요일								
계	월	화	수	목	금	토	일	미상
1,827	269	257	235	254	262	251	294	5

자료: 대검찰청 범죄분석(2006: 148-149)

〈표 6-8〉에서 방화범죄 피해자 성별을 살펴보면, 피해자 성별 연령대에서 50세 이하, 40세 이하, 60세 초과, 60세 이하순으로 나타나 비교적 나이가 값은 60세 이상의 연령대에서 많은 피해자가 나타났다.

〈표 6-8〉 방화범죄 피해자 성별 현황

(단위: 명)

계	30대이하	40세 이하	50세 이하	60세 이하	60세 초과	불상
1,535	139	351	511	300	320	33

자료: 대검찰청 범죄분석(2006: 162-163)

〈표 6-9〉에서 방화범죄 발생 장소를 살펴보면 전체 방화범죄 1,827건 중 도시이외 지역에서는 153건만 발생하고 있어 시골지역보다 도시지역에서 더 많이 발생하고 있다. 또한 방화범죄 발생 장소를 살펴보면 단독주택과 아파트 연립주택 다세대주택 등의 사람이 살고 있는 거주지역에서 많이 발생하고 있다. 또한, 의료기관(11건), 종교기관(23건), 학교(8건), 지하철(8건) 등의 발생은 사람들이 많이 다니는 곳이며 대피하기 어려운 상황(공간적, 상황적)으로 대구지하철 참사에서도 보듯이 이러한 장소에서의 방화는 인명과 재산 등에 막대한 피해를 발생할 수도 있다.[19)]

〈표 6-9〉 방화범죄 발생 장소

(단위: 건)

계	단독주택	아파트연립 다세대주택	노상	유흥접객 업소	사무실	상점
1,827	520	277	263	112	83	81

자료: 대검찰청 범죄분석(2006: 214-215)

3. 연쇄방화의 개념

방화범이 세 번 이상 불을 지르고 각 방화시기 사이에 특이한 냉각기(cooling off period)를 가지면서 저지르는 방화를 연쇄방화라고 한다. 방화의 다양한 형태를 설명하기 위해 몇 가지 용어가 더 사용되는데 일반적으로 널리 사용되는 용어로는 불을 놓은 횟수와 정도에 따라 single(단일), double(이중), triple(3중), mass(다중),

19) 2003년 2월 18일에 발생한 대구지하철방화는 192명의 사망자와 부상자 134명으로 인적피해(보상금, 치료비)만 66,181백만, 직접피해(물품 시설 장비 파손 및 손실) 49,264백만원, 간접피해(휴업피해, 영업피해) 14,645백만, 기타피해(긴급구조경비, 이재민 구호 등) 32,182백만 총 162,272백만원의 피해를 나타냈다(권정훈 · 이승철 · 김태환, 2006: 372-373).

spree(연속), serial(연쇄)의 구별을 하고 이들 각각의 방화 사이에 존재할 수 있는 심리적 냉각기의 개념이 사용되었다.

〈표 6-10〉 방화의 회수와 성격에 따른 분류

형　태	single	double	triple	mass	spree	serial
불을 놓은 횟수	1	2	3	3회이상	3회이상	3회이상
범행의수	1	1	1	1	1	3번이상
범행 장소의 수	1	1	1	1	3곳이상	3곳이상
냉각기	없음	없음	없음	없음	없음	없음

4. 연쇄방화범 분석(The Serial Arsonist Analysis)

미국 FBI 소속의 ABIS(Arson and Bombing Investigative Service Subunit : 방화와 폭발물범죄 수사반)에서는 1990-92년 미국에서 발생한 1,474건의 방화사건기록 분석 및 10여 개 교도소에 수감중인 83명의 방화범들을 대상으로 한 면담조사를 통해 연쇄방화범과 사건들에 대한 특징들을 밝혀내었다.

1) 연쇄방화범의 특징(Attributes of the Serial Arsonists)

대부분의 연쇄방화범들은 백인이며(82%), 남성이고(94%), 27세 이하의 젊은 사람들이었다. 연쇄방화범들의 대략적인 개인 이력을 살펴보면 대개 가난하였고 개인적 인간관계가 상당히 불안한 상태였다. 연쇄방화범들의 평균적인 교육수준은 90%가 고졸 이하였다. 방화범들은 군 복무에 있어서도 문제를 드러내었는데 연쇄방화범 중 오직 1/7 정도만이 별탈없이 전역하였고 성적 선호에 있어서도 25% 정도가 동성애이거나 혹은 양성애적 경향을 가지고 있었다.

2) 연쇄방화범의 인생역정(Life History of Subjects)

연구로 밝혀진 것 중 중요한 것으로는 방화범들의 범죄경력이었다. 전체의 87%가 이전에 중죄로 인하여 구속된 적이 있었고 67%는 복합적인 중범죄 경력을 보여

주었다.

또 특이할 만한 이력이라면 상당수의 연쇄방화범들이 이전에 다양한 수용시설에서 지낸 사실이 있다는 것이다. 83명의 방화범이 전체 횟수 637회나 서로 다른 수용시설을 거쳤다. 그 수용시설들은 고아원에서 교도소까지를 망라한다. 보고된 모든 경우가 다 이런 수용시설을 거친 것은 아니지만 전체적인 비율이 매우 높다는데 의미가 있으며 정상적인 가정에서 성장하지 못했다는 것이 특징으로 파악된다.

또한 교도소나 감호소에서 보냈다는 사실은 그들의 범죄적인 이력을 보여준다. 전체의 83%가 257개소의 정신 감호소에 있었다는 사실은 그들의 정신적인 불안정성의 문제를 대변한다고 볼 수 있다. 약 50%의 연쇄방화범들이 이전에 정신건강상의 문제를 드러내었다고 보고되었다. 그들이 자살시도를 한 경력이 많다는 사실은 흥미 있는 부분인데 25%정도가 적어도 한번은 자살시도를 한 적이 있다고 보고되었다.

이들 연쇄방화범들 중 1/3 정도만이 비교적 안정된 직업을 가지고 있었으나 그들마저도 전문직에 종사하는 사람은 없었고 대부분의 경우 가정생활이 불안정하였고 약 58% 정도만이 친부모 밑에서 자랐으며 약 11%는 재혼한 부모 밑에서 자라거나 혹은 양부모 밑에서 자랐다.

4%가 홀아버지, 13%가 홀어머니 밑에서 성장하였고 9%정도가 대리가정에서 자랐고 나머지 6%는 다른 친척 밑에서 자랐다. 연쇄방화범들은 그들의 어머니 혹은 아버지와 냉랭하거나 적대적인, 혹은 공격적인 관계를 유지하였다.

3) 방화 경력(History of Arsons by Subjects)

연령과 방화와의 관계를 다룬 데이터는 여러 가지 면에서 흥미롭다. 조사대상인 1,474건의 방화 중 59%가 18세 이전에 행해지고 80%가 30세 전에 행해졌다. 43%가 14세에서 18세 사이에 행하여졌다는 것이 특히 흥미롭다.

35명의 방화범이 14세에서 16세 사이에 평균 9.1회의 방화를 하였고 17세와 18세 사이에는 34명의 방화범이 평균 9회의 방화를 하였다. 반면에 19세에서 21세 까지의 방화범은 4.2회의 불을 놓았다. 전체적으로 14세에서 16세, 17세에서 18세 사이에 300건이나 다른 시기를 앞질렀다. 19세에서 21세 사이에는 방화범의 수가 100명에도 이르지 못하였다.

그러나 이와 같은 연령별 방화행위의 감소는 그 이후의 나이에까지 연결되지는 않는다. 30세 또는 그 이상 나이의 방화자들은 그보다 젊은 방화자들에 비해 더 많은 불을 놓은 것으로 밝혀지고 있다. 13명이 30세에서 35세 사이에 있는 반면에 34명은 41세에서 50세 사이이다. 전체적으로 결론은 명백하다. 19세가 방화범들에 있어 하나의 전환점이 되고 있는 셈이다. 또한 그 나이 이후에도 방화를 저지르는 범죄적 방화범들은 오히려 더 많은 방화를 저지르고 있는 것이다.

범죄 현황분석에 따르면 방화범죄의 해결률은 전국적으로 1982년에서 1991년 사이에 단지 18%에 지나지 않았다. 이 수치는 여타 범죄에 비해 연쇄방화범에 의한 방화의 해결률이 낮음을 보여준다. 연구에 따르면 연쇄방화범의 기동성은 비교적 떨어지는 것으로 나타났다. 대개(약 61%)가 방화를 위해 도보로 이동하였고 70%가 자신의 거주지 주변 3킬로미터 범위 이내에서 범죄를 저질렀다. 거의 모든 방화가 연쇄방화범 주변에서 발생하였다고 보면 된다.

차를 소유한 경우는 거의 없으며 자신의 이웃에게 방화를 저지른다. 대부분의 연쇄방화범이 수사관의 끈질긴 노력에 의해 검거되지만 15%정도는 스스로 자백하기 위해 경찰서를 찾기도 한다. 자신의 정체를 숨기려 노력하는 경우는 드물다. 대부분이 스스로 방화행위에 대한 책임을 느끼고 유죄를 호소한다. 그들은 자신의 범행이 끝내 밝혀지지 않을 것이라 믿지 않는 경향이 뚜렷하다. 이와 같은 발견들은 연쇄방화행위가 강박관념 하에서 자연스럽게 행해졌다는 사실을 추측케 한다.

4) 방화의 양태(Characteristics of Offenses)

연쇄 방화범들이 방화대상에 접근하는 방법으로 가장 흔한 것은 정문으로 들어가는 것으로 38%를 차지하였다. 19%는 창문으로, 그리고 16%는 대상에 접근하기 위해 복잡한 도구를 사용하였다.

공범이 있는 연쇄 방화행위는 20%를 차지하였다. 공범이 있었다고 응답한 16명의 연쇄 방화범 중 14명이 남성공범, 1명이 여성공범, 그리고 한 명이 남녀 공범을 가지고 있었다. 거의 대부분이 불을 지르는데 단순한 도구를 이용했다.

불이 잘 붙는 가솔린을 가장 흔한 연소재로 썼으며 성냥이나 라이터로 불을 붙였다. 방화에 특별히 만든 도구를 쓰는 경우는 거의 없다. 약 반 정도가 현장에 물건을 두고 오며 이중에는 중요한 증거가 될 수 있는 것도 있다. 1/4이 불을 내기 전에 제거한다.

불을 지른 후에 1/3 정도의 연쇄 방화범은 그 자리에 남아 불타는 광경을 지켜본다. 1/4 정도는 대개 다른 지역으로 이동하였으며 이동 후에 불을 진화하는 작업을 지켜보았다. 약 반이 넘는 수가 그 장소로 되돌아왔으며 1분 정도 있다가 그 장소에 되돌아오는 행위는 1주일 후에 돌아오는 행위와 그 빈도가 비슷하였으나 97% 정도는 24시간 이내에 범행 장소를 돌아본다.

주거시설을 대상으로 하는 방화는 11%정도였고, 사업체는 18%, 기타의 대상이 차지하는 비율은 전체 1450건의 방화 가운데 15% 정도였다. 전체적으로 시설물 방화는 전체의 43%로 집계되었다. 자동차 대상 방화는 전체의 16%였다. 시설물이나 교통수단 외의 대상이 차지하는 비율은 41%에 이르렀다.

대다수의 연쇄 방화범은 한 지역에 1개의 불을 놓는다. 그러나 같은 장소에 불을 놓기 위해 되돌아오는 경우도 더러 있다. 방화범의 반 정도가 범행 전에 술을 마시고 26% 정도는 범행 당시에는 그와 다른 종류의 술을 마신다고 보고되고 있다. 연쇄 방화범의 1/3 정도는 방화행위가 계속되어감에 따라 약물의 사용량이 현격히 증가하였다.

5) 방화의 원인

방화범의 형태와 방화를 저지르는 동기는 실로 다양한데, 다툼이나 시비 끝에 발생하는 원한, 분노, 복수 등이 원인이 되는 경우를 우선 꼽을 수 있다.

실례) 지난 99년 1월, 방화피의자 조영남(가명, 36, 무직)은 동거녀가 자신에게서 도망친 것에 분노, 동거녀의 집 앞 쓰레기더미에 방화하기 시작해 총 16회에 걸쳐 연쇄방화를 저지르다 검거됐다.

음주와 약물중독으로 인한 방화사건도 있다. 술이나 약에 취해 이유 없이 방화를 저지르거나 사업실패 등으로 방화를 저지르기도 한다.

실례) 방화피의자 이영길(가명, 27, 무직, 방화전과 3범)은 평소 알코올 중독자로

술을 마시면 방화 충동심이 일어 98년 1월에서 99년 6월까지 강동구 길동, 천호동, 둔촌동, 성남시 일대의 주택가 노상 주차 차량 60대 이상에 방화를 저지르다 검거됐다. 당시 그는 운전석 밑 배선에 라이터를 들이대는 수법을 사용했다.

정신이상이 있는 방화피의자의 경우 우울증과 성격적 혼란, 정신질환을 가진 사람이 많다. 현재 2000년 보건복지부자료에 의하면 전체 인구 중 2.76%가 정신이상자임을 감안할 때 이들이 방화를 저지를 확률도 무시할 수 없다.

이들은 소방차가 출동하는 것을 보기 위해서 방화하거나 물건을 절취하려다 그 물건이 없다는 이유로 홧김에 방화를 하는 등 단순하고 어리석은 동기로 불을 지르기도 한다.

최근 경제가 어려워지면서 발생하는 방화케이스로 경제적 이득을 위한 계획적인 방화가 있다. 이는 보험과 관계된 경우가 많으며 계획적으로 방화를 저지르며 일반적으로 방화보조물을 사용한다.

5. 방화범죄의 유형

1) 경제적 이익을 동기로 한 방화

경제적 이익을 얻기 위해 보험이 가입된 주택이나 건물, 상품 또는 차량 등에 방화를 하는 경우로 주로 돈이 궁한 상태에 있는 자가 거액의 보험에 최근 또는 중복 가입되어 있는 경우 가장 많이 발생한다.

2) 범죄은폐를 위한 방화

다른 범죄를 저지른 자가 그 증거를 인멸하거나 범죄행위를 감추기 위해 범죄를 행한 장소, 차량, 사체, 증거물이 있는 사무실 또는 증거가 되는 서류, 장부 등에 방화를 하는 경우

3) 복수를 동기로 한 방화

사실에 의한 것이든 혹은 상상에 의한 것이든 간에 방화범이 불공정하다고 느끼는 것에 대한 복수에 의해 발생되는 방화로 복수의 주요동기는 4가지로 나뉜다.

- 개인적 복수, 사회에 대한 복수, 제도나 기관에 대한 복수, 집단에 대한 복수

(1) 개인적 복수(Personal Revenge)

불을 사용하여 개인적인 감정을 해소하려고 방화하는 것. 이 1 대 1의 복수를 1회적으로 유발시키는 요인으로는 언쟁, 싸움, 개인적 감정, 또는 복수심을 자극하는 극도의 감정적 상처 등을 들 수 있다. 이 경우에 선호되는 방화 대상으로는 피해자의 자동차나 집, 또는 개인적 소유물을 들 수 있다.

(2) 사회에 대한 복수(Social Retaliation)

복수에 의한 방화 가운데 가장 위험한 형태. 자신이 사회로부터 배반당했다고 느낌으로서 일으키는 방화. 일반적으로 인생 전반에 있어 부적응, 외로움, 고립감, 또는 학대받았다는 느낌으로 괴로워하며 자신을 나쁘게만 보는 사회에 대한 반항행위로 불을 지른다.

또한 외모나 건강 때문에 부당하게 대우 받았다고 괴로워할 수도 있다. 범행대상은 불특정하며 방화행위를 단계적으로 확대해 나가기도 한다. 이에 관련된 모든 방화범들은 심각한 상태라고 보여진다.

(3) 제도나 기관에 대한 복수(Institutional Retaliation)

정부나 교육기관, 군사기관, 의료기관이나 종교단체 기타의 전반적인 조직에 대한 불만으로 방화를 함. 대개 연쇄 방화범이 되며 복수의 대상인 특정조직에 대하여 연속적인 방화를 저지르게 된다. 단체의 건물은 가장 자주 그 대상이 되는 경향이 있다.

(4) 집단에 대한 복수(Group Retaliation)

집단적 복수의 대상은 사회단체, 인종단체, 종교단체, 우애를 기초로 하는 집단이나 노동조합 또는 다른 집단이 된다. 대상은 특정한 개인보다는 집단 자체나 교회, 모임장소, 또는 집단의 상징이 되는 조형물 등이 대표적이다. 연쇄방화범이 될 가능성이 있다.

(5) 스릴을 추구하거나 장난을 위한 방화

어린이나 실업자, 사회에 대한 불만을 가지고 있는 자가 홧김에 또는 장난으로

빈집이나 야산, 방치된 물건, 공사장 등에 불을 붙여 일어나는 화재. 손쉽게 방화할 수 있는 물건이나 장소가 그 주요 대상이고 방화사건이 일어날 경우 모방범죄 형태로 따라서 발생하기도 하며 붙잡히지 않을 경우 반복되는 경향이 있다.

(6) 방화병(Pyromania, 또는 방화광)에 의한 방화

불을 지르고 싶다는 충동을 견딜 수 없을 정도로 강하게 느끼는 증상을 나타내는 자가 저지르는 방화로 경찰 등 공식기관들은 실제 방화광의 존재에 대해서 매우 회의적인 입장을 가지고 있다. 방화증은 지난 40년간 미국의 정신분석 연구기관들이 기준으로 사용해 온 DSM-II(Diagnostic Statistical Manual-II : 미국 정신의학협회가 발간하는 정신이상자들의 분류에 관한 교범 2차 개정판)에도 포함되어 있지 않다.

심인적 정신장애로서의 방화광은 지난 150여 년 동안 연구가 거의 되지 못했던 실정이며 그로 인한 권위의 부족현상으로 인해서 다양한 의견들이 분분한 실정이다. 최근의 DSM-IV와 기타 연구의 정의에 의하면 방화광은 정신병이 아니라고 규정되고 있으며 따라서 불을 지른 자가 방화광이라는 이유를 들어 자신의 무죄를 주장(Insanity Defense : 피의자가 범행 당시에 정신장애가 있었음을 이유로 무죄를 주장)하는데 대한 논쟁이 있을 수 있다. 소위 불을 놓아야 한다는 견딜 수 없는 충동이란 단지 그 충동을 참지 않은 것 뿐일 수도 있는 것이다.

그것이 정신의학 전문가에 의해 규정되었다는 이유로 방화원인으로부터 방화광을 제외시키려는 방화범죄 연구가들의 자세는 바람직하지 않다. 방화광의 용어는 아직도 애매한 상태에 있으나 한가지 분명한 것은 만일 어떤 사람이 방화벽이 있다면 그는 매우 드문 인간형이라는 사실이다.

(7) 직업적 보상을 동기로 한 방화

한국에서 많이 발견되고 있지 않지만 소방직업 종사자나 그 주변인 또는 건물관리인 등 화재를 막고 화재에 대응하여야 할 사람이 관련직업의 처우 등 현실에 대한 불만이나 화재예방정책의 문제점 들을 널리 알리거나 관계자들에게 주의를 환기시키기 위해 행하는 방화. 언론 등의 관심을 끌기 위해 연쇄적 또는 반복적으로 방화하는 경향이 있다.

〈표 6-11〉 동기에 따른 방화범죄의 유형

동기, 목적	대 상	특 색
경제적 이익	보험가입 주택, 건물, 상품, 차량 등	거액, 최근 또는 중복 보험가입, 돈이 궁한 상태
범죄은폐	범죄장소: (건물, 차량 등), 사무실, 서류 장부 등	변사체, 중요금품, 중요서류, 장부
원한, 복수, 미움	특정인소유, 거주 또는 관계 장소, 물품	원한관계, 경쟁관계, 장애인, 동성연애자, 외국인등
스릴, 장난, 사회불만	불특정 대상 야산, 방치물품, 건물 등	어린이, 실업자, 사회불만, 포기자. 손쉽게 방화할 수 있는 장소, 모방범. 연쇄, 반복
방화병(pyromania)	불특정대상:야산, 방치물품, 건물 등	심리, 정신장애. 마약, 알코올 중독 등. 연쇄, 반복
직업적 보상	소방서 인근, 순찰선 내 건물, 소방상 문제 포지한 대상 등	소방직업 종사자 또는 주변인, 경비원 등. 언론관심대상. 연쇄, 반복

제4절 폭 력

1. 폭력의 정의와 분류

1) 폭력의 정의

공격과 폭력은 학자마다 조금씩 다르게 정의하고 있다. 주요 학자들의 개념정의를 보면 다음과 같다. Berkowitz(1979)는 공격(aggression)이란 "타인에게 의도적으로 상처를 입히는 것"이라고 정의하고, 여기에는 신체적·물리적 상해나 언어적 상해 등을 모두 포함한다고 하였다.[20] 또 Aronson은 공격을 "자신 또는 타인에게 상처나 고통을 주려는 의도를 갖고 이를 목표로 하는 행동이다"라고 하였다. 그는 공격을 도구적 공격과 증오적 공격으로 구분하였다.[21] 즉, 도구적(instrumental) 공격

20) L. Berkowitz, "Some determinants of impulsive aggression: Role of mediated associations with reinforcements for aggression." *Psychology Review*, Vol. 81, 1979, pp 165-176.

21) 윤진, "공격행동의 심리적 기제," 정신건강연구, 한양대학교 정신건강연구소, 제 6집, 1987,

은 다른 어떤 목표를 달성하기 위한 도구로서 공격적인 행동을 하는 것이며, 증오적(hostile) 공격은 공격 그 자체가 목적인 경우를 말한다. 그리고 Buss(1961)는 공격이란 "다른 유기체에 유해한 자극을 일으키는 반응"이라고 정의하였으며, Baron(1984)은 "공격을 피하려는 타인에게 상해를 가하려는 의도적인 행동"이라고 정의를 하였다. 이러한 여러 학자들의 주장을 종합해 보면 '공격이란 타인을 해치려고 하는 의도가 있는 행동'이라고 정의할 수 있다.[22]

폭력(violence)의 정의에도 학자들 간의 논쟁이 없는 것은 아니다. 극단적인 경우인 살인, 강도, 강간, 폭행 등 결과가 명백한 사건을 폭력이라고 정의하는데 이의가 없다. 그러나 심리학적 영역에서 학자들의 주장이 상이하다. 예를 들어, Berkowitz(1979)는 "폭력(violence)은 그 상처를 입히는 정도가 대단히 극심한 경우"라고 하였다. Rubin(1972)은 "폭력은 타인에게 상해의 결과를 가져오는 행위"라고 하였고, Monahan(1981)은 "폭력의 정의에는 재산의 파괴, 폭력의도, 그리고 어떤 특정의 행위를 포함한다."고 하여 광의의 개념으로 사용하였다. Weiner 등(1990)은 "폭력을 한 사람 또는 그 이상의 다수의 사람들에게 물리적 또는 정신적 상해의 결과를 주는 물리적 강제력 또는 물리적 강제력의 위협이며 상대방의 동의나 의지와 상관없이 행사되는 것이다"라고 하여 광의의 개념으로 정의하였다.

여러 학자들의 주장을 종합해 보면 '폭력이란 다양한 공격행위 중에서 타인에게 극심한 상해를 입히는 행위'로 정의할 수 있다. 공격과 폭력을 구분하는 핵심은 공격은 '의도적 행위'인 반면에 폭력은 '행위의 결과'에 중점을 둔 용어이다. 예컨대, 공격과 폭력은 행위의 결과라는 면에서 서로 차이가 난다. 폭력은 범죄기소를 정당하게 하는 실질적인 신체적 상해의 결과가 있어야 한다. 공격은 행위자의 의도가 포함된 물리적 공격뿐만 아니라 다양한 언어적, 정서적 공격도 포함하는 광의의 개념으로 사용되고 있다.

그러나 공격과 폭력을 형사사법적인 면에서는 구분의 필요성이 있다 하겠으나 학문적인 연구의 대상이라는 면에서 구별의 실익은 없다고 할 것이다. 또 대부분의 공격과 포격에 관한 이론들이 용어를 구분하지 않고 혼용하여 사용하고 있다는 점이다.

---

p. 2 재인용.

22) 홍대식(역), 『사회심리학』 (서울: 박영사, 1991), p. 314.

2) 폭력의 분류

(1) McClintock의 분류

McClintock은 특히 청소년 폭력에 중점을 두고 폭력을 1) 도구적인 폭력(instrumental violence), 2) 개인간의 폭력(interpersonal violence), 3) 이념적 정치폭력(ideological political violence), 4) 동기 없는 파괴적인 폭력(destructive violence without a personal motive) 등 네 가지로 분류하고 있다.[23] 도구적인 폭력은 강도나 강간과 같이 폭력적인 수단을 이용하여 타인의 재산을 탈취하거나 성적 욕구를 충족시키는 폭력적인 행위를 말한다. 개인간의 폭력은 두 사람간의 싸움에서부터 갈등관계에 있는 집단간의 싸움에 이르기까지 사회구성원들 상호간에 발생하는 각종 폭력행위를 말한다. 또한 이념적 정치폭력은 정치적인 이념을 달리하는 집단들 간에 주도권 다툼이나 적대관계에 있는 실력자를 제거하기 위한 수단으로 테러를 감행하는 행위를 의미한다. 마지막으로 동기 없는 파괴적인 폭력이란 현대문명에 염증을 느낀 나머지 뚜렷한 동기가 없이 일어나는 사건이 여기에 해당하며 예컨대 연쇄방화사건이 이 범주에 속한다. 이러한 분류는 분석의 초점이 청소년 범죄에 모아진 연구에서 얻어진 것이므로 범죄를 구성하는 행위에 국한해서 폭력의 형태를 구분하고 있는 점이 특징이다.

(2) Moyer의 분류

Moyer는 폭력을 1) 정서적 폭력과 도구적 폭력(emotional and instrumental violence), 2) 무차별 폭력(Random violence), 3) 집단 폭력(collective violence), 4) 테러리즘(terrorism)으로 분류하고 있다.[24] 정서적 폭력은 분노(anger), 성적 욕구(sexual needs) 또는 두려움(fear) 등의 감정으로 인해 폭력에 이르게 되는 경우를 말한다. 이러한 감정은 행위의 방향을 정해주고 적절한 목표와 연합시키는 역할을 한다. 반면 도구적 폭력은 정서적 요소가 거의 또는 전혀 없는 폭력을 말한다. 예컨대 금전적 이득을 얻기 위해 강도를 하는 것이 대표적인 예이다. 이러한 두 가지

23) McClintock(1981), 조병철의 '폭력범죄의 개인적 특성에 관한 연구', 국민대학교 대학원, 박사학위논문, 1995, p. 10 재인용.

24) Moyer(1983), 조병철의 상게논문에서 재인용.

형태의 폭력은 저변에 깔려 있는 동기가 전혀 다른 성질을 가지고 있다. 무분별한 폭력은 정서적인 이유로 촉발되지만 어떤 목적이나 목표없이 행하여지는 폭력이다. 이와 같이 목표 지향적이 아니라는 점에서 도구적인 폭력과 다르다. 이러한 범죄는 대단히 파괴적이기 때문에 언론과 국민의 관심을 크게 끄는 경우가 많다.

집단적 폭력은 어떤 목표를 지향하여 행동하는 집단에 의한 폭력이다. 집단폭력에는 세 가지 유형이 있는데, 원칙적인 집단폭력, 반동적 집단폭력, 현대적인 집단폭력이 바로 그것이다. 마지막으로 테러리즘은 최근 국제무대에서 급격히 증가하고 있기 때문에 정치폭력의 하나로서 별도의 유형으로 논의할 필요가 있다. 테러리즘은 테러리스트들의 필요에 따라 정치인들을 자극하여 어떠한 결정을 하도록 유도하는 범죄적 폭력인데 그들의 활동자금을 마련하기 위하여 은행강도나 납치, 마약밀매 등과 같은 통상적인 조직적 범행을 하기도 한다.

(3) Pospisill의 분류

Pospisill은 폭력을 네 개지 차원 즉, 1) 집단간의 관계(집단내부 또는 집단간 폭력), 2) 권위자와의 관계(권위자의 의사를 반영한 폭력인지의 여부), 3) 참여수준(참여하는 단위가 개인 또는 집단)에 따라서 다양한 형태의 폭력으로 구분하고 있다.[25)]

이 분류체계에 따르면 폭력은 집단내부에서 권위자의 재가를 받아 개인단위로 일어나는 '내부적인 자체시정'(예컨대, 학교에서 교권의 하나로 행사되는 체벌)에서부터 권위자의 동의를 받아 국가집단간에 일어나는 '전쟁', 그리고 심지어는 집단내에서 사회질서를 유지하기 위해 합법적으로 자행되는 처벌을 포함하는 법에 이르기까지 대단히 포괄적이고 그 강도(intense)와 지속기간(duration)에 있어서도 다양하다.

Pospisill의 분류체계는 우리가 흔히 폭력을 범죄행위와 동일시하고 형사적인 처벌의 대상으로만 고려하는 고정관념을 배격한다. 이러한 관점은 반목 또는 불화를 기준으로 하여 이것이 다양한 형태의 폭력행위들과 어떤 관계를 맺고 있는지를 밝히기 위해 시도한 것이어서 그 자체로는 폭력의 범주로 보기 어렵다고 할 수 있다.

---

25) Pospisill(1971), 이문웅의 '폭력의 사회문화적 배경에 관한 탐색적 고찰', 형사정책연구원, 제2권 3호, 1991, pp. 209-210 재인용.

(4) 국내학자의 분류

이상현은 동기에 의한 공격과 자율에 의한 공격으로 구분하였다.[26] 그는 동기에 의한 공격에는 분노적인 공격(즉, 좌절이 공격충동을 유발하고 이 충동은 다시 공격행위를 유발)과 모방적 공격(공격적 모델은 공격동기를 촉진하는 효과를 유발하여 공격행위의 가능성을 높임), 환상적 공격(공격은 비정상적인 믿음으로 인해 공격을 할 수 있다는 환상)과 보상적 공격 및 처벌적 공격으로 구분하였다. 또 자율에 의한 공격에는 자기보상과 자기완성을 위한 공격과 내적 통제의 일탈을 위한 공격으로 구분하여 설명하였다.

한편, 이문웅은 McClintock와 Pospisill의 분류를 참조하여 한국사회에서 일어나고 있는 다양한 형태의 공격 중 다음과 같은 여섯 가지의 형태에 초점을 맞추어 폭력의 형태를 분류하였다.[27] 즉 질서유지의 수단으로서의 폭력으로 이는 국가폭력, 가정폭력, 학교폭력 등과 같이 표면적으로 아무런 문제가 없는 듯이 보이는 이들 집단 내에서 발생하고 있는 비정상적인 강제력의 남용현상을 말한다. 또 분쟁해결수단으로서의 폭력은 사법적인 폭력과 정치적인 폭력으로 구분하였다. 이외에 도구적 폭력과 쾌락추구를 위한 폭력, 권위주의적인 폭력, 정신파탄에 의한 폭력으로 분류하고 있다.

2. 폭력현황 및 특징

〈그림 6-5〉에서 보듯이 최근 5년간의 폭력범계[28] 발생현황을 살펴보면 2001년부터 2005년까지 점차적으로 감소하고 있는 것으로 나타났다. 2002년은 2001년 대비 15.6% 감소하였다. 발생건수의 감소로 인하여 검거인원의 수도 함께 감소하고 있다.

경찰통계연보(2005: 139-157)에 의하면 폭력범죄 발생지역을 발생건수로 살펴보면, 서울 74,816건(26.2%), 부산 18,354건(6.4%), 대구 15,864건(5.6%), 인천 18,959

26) 이상현,(1996), 범죄심리학, pp. 128-139.
27) 이문웅, (1991), 전게논문, pp. 206-207.
28) 폭력범계에는 공갈, 손괴, 상해, 폭행, 체포·감금, 협박, 약취·유인, 폭력행위를 포함하며 폭력범계에서 폭행, 폭력행위, 상해가 대부분을 차지하고 있다.

건(6.6%), 울산 6,332건(2.2%)을 점유하고 있다. 즉 폭력범계전체범죄에서 47%가 대도시권에서 발생하고 있는 것으로 나타났다.

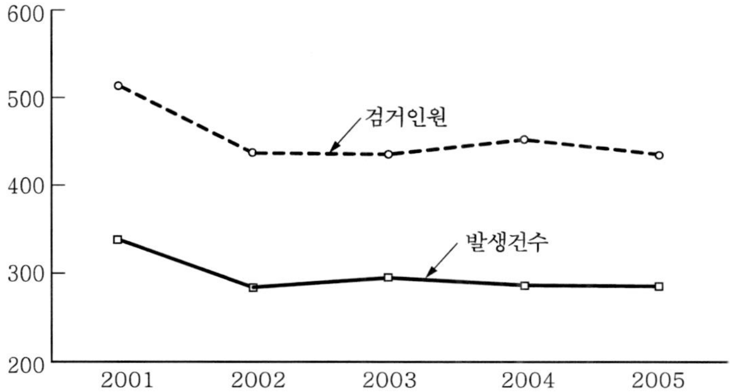

자료: 경찰청, 2005, 139

〈그림 6-5〉 폭력범계 발생현황(2001-2005)

또한 범행동기(폭력행위)를 살펴보면, 전체 356,843명 중 우발적 216,873명(60.8%), 가정불화 5,347명(1.5%), 현실불만 5,406(1.5%)명, 보복 1,982명(0.6%)로 나타나고 있어 대부폭력범죄는 우발적으로 범죄가 발생됨을 나타내고 있다.

시간별 현황을 살펴보면, 전체 219,424건 중 심야(00-04시) 86,931건(39.6%), 밤(20-24시) 80,659건(36.8%), 새벽(04-07) 19,914건(9.1%)로 나타나고 있어 전체범죄 중 밤과 새벽에 걸쳐 85.5%가 발생하고 있어 폭력범죄의 대부분은 밤과 새벽사이에 집중되고 있음을 나타내고 있다.

3. 폭력 원인론

1) 생물학적 관점

생물학적 연구는 "신체구조가 기능을 결정한다"라는 기본적 논리에 근거하고 있다. 초기의 생물학적 연구는 Lombroso의 '격세유전적 범죄', Rabarter의 '관상학',

Gall의 '골상학', Huton과 Sheldon의 '체형론' 등 외형적인 유전적 요인과 범죄의 관계를 주로 연구하였다. 20세기가 시작되면서 과학, 의료기술과 연구방법론의 발달로 생물학적 연구들이 심리학자와 의학자를 중심으로 활발히 진행되었다.[29)]

인간의 행동과 심리적 현상들이 '신경계, 호르몬, 유전자 등에 의해 이미 결정되어 있다는 것'이 생물학적 결정론자들이 주장하는 내용의 핵심이다. 이러한 생물학적 결정론을 따르는 학자들은 인간의 폭력에 관한 생물학적 결정요인들을 발견하고자 노력을 하고 있다. 인간의 폭력에 관한 유전적 효과의 발견은 연구방법이 발전하면서 비롯되었다. 그것은 바로 가족연구, 쌍생아 연구, 양자연구, 유전적 이상을 가진 사람들의 행동에 관한 연구들이 그것들이다.

초기의 연구는 주로 가족연구방법을 많이 이용하였다. 즉, 아동이 부모, 형제와 행동적인 면과 범죄성향 면에서 얼마나 유사한가를 연구하였다. 세대간의 유사성이 그 증거이지만 얼마나 부모로부터 전이를 받았는지는 설명하기가 쉽지 않다. 왜냐하면 가족 구성원들은 유전과 환경적 경험이라는 두 가지 요소를 공유하고 있기 때문이다. 쌍생아 연구는 가족연구보다는 유전적 효과에 대한 정보를 더 많이 받을 수 있으며, 양자 연구는 유전의 영향과 환경의 효과에 대한 해결에 많은 도움을 주는 방법이다. 양자의 행동을 그들의 친부모와 양부모의 행동과 비교하는 방법을 이용하기도 한다. 하지만 이 연구에도 약간의 문제가 없는 것은 아니다.[30)] 반사회적 또는 범죄행동의 경력이 있는 부모는 통상적으로 아동의 입양이 허용되지 않는다. 입양된 아동의 가정환경과 아동의 행동에 대한 영향은 한계가 있을 수밖에 없다.

폭력적 행동의 유전적 소인에 관한 몇몇 증거는 유전적 이상을 가진 사람들을 대상으로 연구를 함으로써 얻을 수 있다. 유전적 이상이 비정상적인 공격행동을 유발할 수 있기 때문이다.[31)] 예를 들어, XY염색체를 가진 남성이 여성보다 더 공격적일 것으로 가정하였다. extra Y염색체가 심한 공격적 행동을 일으킨다고 생각했

29) 이상현, 전게서, pp. 19-21.

30) B. Hutchings and S. A. Mednick, 'Registered criminality in the adoptive and biological parents of registered male criminal adoptees', in R. R. Fieve, D. Rosenthal and H. Brill(eds) Genetic Research in Psychiatry(Baltimore, MD: Johns Hopkins Universty Press, 1975), p. 118.

31) R. M., Palmour, 'Genetic models for the study of aggressive behavior', Progress in Neuro-Psycho pharmacology and Biological Psychiatry, No. 7, pp. 513-517.

던 것이다. 그러나 심리학적 연구의 결과들은 갈등상황에서 XY염색체를 가진 정상인보다 XYY형의 남성이 더 공격적이라고 하는 증거를 발견할 수 없었다.[32)]

사회성, 정서성, 활동성과 같은 다양한 성격특성들은 유전적인 요소를 많이 가지고 있는 것 같다. 쌍생아 연구는 많은 특성들 중에서 40~50%의 변인들이 유전적임을 지적하고 있다. 몇몇 성격의 유전적 특성(예, 저지능, 과활동성, 감각추구성향, 신경증 그리고 정서성)은 어떤 환경하에서 공격적, 반사회적 또는 범죄적 행동을 하는데 선유적 경향으로서 역할을 할 수 있다. 하지만 공격성 자체에 대한 연구를 종합해 보면 유전적 영향에 관한 증거는 부족하였고 또 연구의 결과도 서로 상이하였다. 연구의 결과들을 〈표 6-12〉에서 보는 바와 같이 정리해 보았다.[33)]

〈표 6-12〉 폭력의 쌍생아 연구결과

연구자	측정도구	연구대상	연구내용	결과
Canter(1973)	Fould Hostility Scale	쌍생아 23조 -일란성:9조 -이란성:14조	적대감의 두 집단간 상관연구	두 집단간 유의한 차이 없음
Vandenberg (1967)	Activity Index	쌍생아 88조 -일란성:50조 -이란성:38조	폭력과의 상관연구	두 집단간 유의한 차이 없음
Partamen(1966)	폭력행동 (자기보고질문지)	쌍생아346조 -일란성:157조 -이란성:189조	폭력과의 상관연구	두 집단간 유의한 차이 있음 (낮은 상관)
Loeblin과 Nichols(1976)	폭력행동 (자기보고질문지)	쌍생아 356조 -일란성:217조 -이란성:139조	폭력과의 두 집단간 상관연구	두 집단간 유의한 차이 있음 (낮은상관)
Rushton et al. (1986)	주장성, 공격성	쌍생아146조 -일란성:90조 -이란성:56조	주장성과 공격성과의 상관연구	두 집단간 유의한 상관 있음
Tellegen et al. (1988)	Multidimensional Personality Questionnaires	쌍생아 331조 -일란성:165조 -이란성:166조	다차원적성격의 두 집단간 유의한 상관	두 집단간 유의한 상관 있음

〈표 6-12〉를 보면, 먼저 유전적 영향이 폭력에 유의한 효과가 없다는 연구결과는

32) R. G. Schiavi et al., 'Sex chromosome anomalies, hormones and aggressivity', *Archives of General Psychiatry*, No. 41, 1984, pp. 93-99.

33) J. C. Loehlin, L. Willerman, J. M. Horn, 'Human behavior genetics', *Annual Review of Psychology*, No. 39, 1989, pp. 101-102.

Canter(1973)와 Vandenberg(1967)의 연구가 있다. 또 Partamen(1966) 등과 Loeblin, Nichols(1976)는 유전과 폭력과의 상관은 극히 낮다고 주장하였다. 그러나 최근의 Rushton 등(1986)과 Tellegen 등(1988)을 중심으로 한 연구자들은 성격특성과 유전적 효과와의 관계에서 실질적으로 유전성이 있다는 연구결과를 보고하였다.

남자 쌍생아의 범죄에 관한 6개의 다른 연구결과를 개관해 본 결과 일란성 쌍생아 216쌍에서 범죄행동이 34~76%의 일치율을 나타냈고, 이는 이란성 쌍생아 301쌍의 18~54%보다 훨씬 높은 일치율을 보였다.[34] 그러나 폭력범죄에서는 다른 요인의 영향이 더 중요한 부분을 차지하고 두 집단에서 유전적 선유(先有) 경향성은 중복되는 요인이 적다.

몇몇 연구에서 반사회적 행동(비행과 범죄를 포함한)을 극대화시키는데 유전적 요인과 환경적 요인의 상대적 기여정도를 조사하였다. 예컨대 Jary와 Stewart(1985)는 입양아동의 공격적 행동장애는 친부모의 반사회적 성격장애와 관련이 있지만 양부모와는 관련이 없다고 하였다.[35] 이에 비해 비행에서는 유전적 소인이 별로 영향을 미치지 못하는 것 같다. 예를 들어, Bohman(1972)는 입양된 아동의 행동에 친부모의 범죄성의 유전적 영향은 명백하지 않다고 보고하였다. 반면에 대부분의 비행은 소년들의 주변환경적 요인인 또래의 태도와 행동 등에 영향을 더 많이 받는다고 할 수 있다.

비록 아동의 비행과 청소년범죄는 그 원인이 아주 상이하지만, 비행에 비해서 남성들의 범죄는 실제적으로 유전적 성향을 많이 포함하고 있는 것 같다.[36] 기소된 양자와 친부모와의 관계는 습관성 범죄자 중에서 강한 관계가 있으며 특히 누범의 아버지와 누범의 아들과는 상관이 매우 높게 나타났다.

그러면 여기서 유전인자가 폭력에 어떻게 영향을 미치는 지를 알아보고자 한다. 폭력의 과정은 말초 및 중추신경계와 뇌화학적 요인이 유전인자에 영향을 미치기 때문에 나타난다. 신경계와 생리적 요인들 중에서 일부 유전적 요소를 가지고 있는

34) L. F. DiLalla and I. I. Gottesman, 'Heterogeneity of cause for delinquency and criminality: lifespan perspectives', *Development and Psychology*, No. 1, 1989, pp. 339-340.

35) M. L. Jary and M. A. Stewart, 'Psychiatric disorder in the parents of adopted children with aggressive conduct disorder', *Neuropsychology*, No. 13, 1985, pp. 7-8.

36) D. H. Fishbein, Biological perspectives in criminology,' *Criminology*, Vo. 28, 1990, pp. 38-40.

것들은 비행과 범죄행동과 관련이 있다. 예를 들어 정신이상과 중추신경계장애는 반사회적 행동의 억제학습을 어렵게 하며 전두엽에 손상을 입은 사람은 화를 잘 내게 되고 자신의 행동에 주의력이 결핍되어 있다. 또 뇌의 느린 α파가 비행의 예측인자라고 주장하는 학자도 있다.[37] 즉, 느린 α파를 가진 사람들은 각성수준이 낮으며 회피학습에도 장애를 보인다. 또 느린 α파뿐만 아니라 스트레스 하에서의 낮은 생리적 반응, 높은 심장박동 등도 범죄, 비행 또는 사회병리적 행동과 관계가 있다. 습관성 폭력범죄자들은 폭력과 혈중 콜레스테롤의 저 수준, 인슐린의 과다분비, 세로토닌의 저 수준 등과 약간의 상관이 있고, 노어아드레날린의 고수준은 습관성 폭력과 매우 관련이 깊다.

또 테스토스테론이 공격행동에 미치는 영향에 관한 연구를 보면, Archer(1991)는 테스토스테론이 공격행동에 약하지만 정적인 상관이 있고 이것의 수준은 또한 인내력 부족과 성급함과도 역시 정적인 상관이 있다고 하였다.[38] 또 Olwes(1987)는 테스토스테론의 수준이 높은 소년들은 좌절상황에서 참을성이 부족하고 반사회적인 행동을 할 가능성이 많다고 하였다. 하지만 여러 연구결과를 종합해 보면, 공격성과 테스토스테론수준과의 관계에 대한 회귀분석결과에서 분명한 관계를 발견하지 못하였다.[39] 그러나 폭력범죄자와 비폭력범죄자 또는 일반인과의 비교를 포함한 연구들은 테스토스테론의 수준과 폭력경험과는 보다 일관성이 있는 관계가 있음이 밝혀졌다.[40] 호르몬이 폭력에 미치는 효과에 관한 연구에서 가장 중요한 문제는 폭력적 또는 폭력행동을 경험한 결과가 호르몬의 수준에 영향을 미칠 수 있다는 것이다. 예를 들어, 테스토스테론과 적대감의 관계는 어느 것이 원인이고 결과인지 구분하기가 곤란하다. 높은 수준의 호르몬이 폭력의 원인이라기보다는 폭력경험의 결과로 인하여 호르몬의 생성에 변화가 생기는 것이다.

---

37) S. A. Mednick et al., 'EEG as a predictor of antisocial behavior', *Criminology*, Vo. 19, 1981, pp. 219-221.

38) J. Archer, 'The influence of testosterone on human aggression', *British Journal of Psychology*, No. 82, 1991, pp. 25-27.

39) J. Archer, Ibid., p. 28.

40) R. T. Rubin, 'The neuroendocrinology and neurochemistry of antisocial behavior', in S. A. Mednick, T. E. Moffit and S. A. Stack(eds) The Causes of Crime: *New Biological Approaches*, Cambridge: Cambridge Universty Press, 1987, p.256.

여러 연구결과를 기초로 요약하면, 비록 그 증거가 미약하고 해석이 분분하지만 정서성, 감각추구성 그리고 충동성 등 공격적 및 반사회적 행동을 하는 사람들의 성격특질에 실질적인 유전적 영향이 있음을 시사하고 있다. 반면에 공격적인 행동, 폭력, 비행 등에는 유전적 요소는 적다고 할 수 있다. 인간에 있어서 호르몬의 공격 행동에 미치는 효과에 대한 증거는 역시 희박하고 단정적으로 결론을 내리기가 곤란하다. 왜냐하면, 유전, 호르몬, 환경이 복잡한 상호작용관계를 가지고 있기 때문이다. 과거의 연구들이 개념적, 방법론적으로 문제를 가지고 있는 것은 분명하다. 그러나 명백한 한계를 그을 수 있는 결과는 없는 것 같다. 하지만, 연구방법이 미흡하다 할지라도, 유전인자가 폭력과 반사회적 행동의 예측인자로서 유용하다는 것은 부인할 수 없다. 그러나 폭력의 유전적 요인에 대한 생물학적 이론은 다음과 같은 비판을 받고 있다.

첫째, 생물학적인 전형적으로 폭력을 지나치게 광범위한 개념으로 사용하고 있다는 점이다. 이 관점은 인간과 동물행동의 관계를 지나치게 유추하고 있다는 의미이다. 예를 들어 도구적 공격은 인간에게 한정된 행동이며 이것은 특정한 생리적 구조가 필요하지 않고 단지 문화적 진화나 개인적 발달에 달려 있는 문제일 뿐이다.

둘째, 폭력에의 특정한 생리적 기제에 관한 증거 문제이다. 일부 연구에서는 동물에서 시상과 변연계를 자극하면 공격행동이 유발된다고 하지만 그런 결과에 대한 해석이 특정의 생리적 체계라고 하기는 어렵다. 예컨대, Averill(1982)은 정서표현의 생물학적 요소는 반드시 필요한 요인이 아니며 분노는 사회적 관계에서 형성된 정서라고 주장하였다.[41)]

세 번째의 비판은 인간폭력행동의 필수불가결성을 주장하는 결정론적인 관점이다. 유전적 요인이 어떤 조건하에서 공격준비상태를 만든다는 것은 사실이다. 그러나 이 준비성은 계통발생적(phylogeny)이라기보다는 개체발생적(ontogeny)이라고 할 수 있다.

41) J. Averill, *Anger and Aggression* (N.Y: Springer-Verlag, 1982), p. 385.

2) 진화심리학적 관점

진화심리학이란 인간마음의 진화를 더듬어 감으로써 인간의 행동과 정신과정을 새로운 관점에서 해석하려는 학문을 말한다. 진화심리학자들은 사람의 신체구조가 오랜 세월에 걸친 자연도태의 결과물인 것과 마찬가지로 인간의 마음도 진화의 산물이라고 주장한다. 이런 맥락에서 폭력도 외부위협에 대한 적응적 행동으로 진화되었다고 본다.

현재의 진화심리학적 관점은 가정폭력, 성차, 개인차, 생애의 변화에 관한 다수의 유망한 가설을 제시하고 있다. 적응적인 유기체가 어떻게 만들어지는가에 대한 해답은 다윈의 '자연도태' 학설이 등장하면서 시작되었다. 다윈에 의하면 모든 생물체는 자연도태의 역사를 통해서 형성된다고 한다. 자연도태는 유기체의 일부분이고 구성부분들은 이후에도 소위 '적응'이라는 용어로 사용되고 있다.

대부분의 심리학적 연구는 심리적 기제들에 대한 기능적 조직, 직관적 이해에 의존한다. 그러나 기능적 조직을 활성화시키는 역사적 과정에 관하여 연구자들은 잘 알지 못한다. 다윈의 이론을 무시하는 것은 심리학적 이론에 심각한 장애가 될 수 있다. 다윈의 관점 즉, '에너지의 균형' 또는 '생존'은 동물에 한정된 것만이 아니라 인간에게도 동일하게 적용된다. 더구나 사회생활에서의 적응문제는 특히 모호하다. 어떤 사회적 · 인구통계학적 · 생래적인 변인들이 사회적 발달에 영향을 미치게 되는가하는 문제는 사회적 진화를 연구하는 학자들이 해결해야 할 몫이다.[42)]

어떤 자극이 특정의 생리적 과정을 얼마나 발화시키며 그 결과로 인하여 폭력과 얼마나 인과적인 관계가 있는지를 탐색하는 것은 가치 있는 연구임에 틀림없다. 하지만 "왜 유기체가 생리적 과정을 통해서 공격이 유발되는가" 하는 의문에 대한 기능적인 문제를 설명하는 것은 쉽지 않다. 기능적 문제를 설명할 수 없다는 것은 인과적 관계를 측정할 만한 탄탄한 기초가 없는 것과 마찬가지다. 그러므로 '선천성' 대 '후천성', '사회적'대 '생물학적'이냐 하는 논쟁은 아주 불합리하고 비생산적인 이분법적 논쟁에 불과한 것이다.

---

42) 공격과 폭력에 대한 상황적응적 조절의 전략적 논리에 특별히 관심을 갖고 이론적 업적을 세운 연구자들은 Hamilton(1978), Maynard Smith(1974), Mock(1987), O'Connor(1978), Parker(1978), Popp and DeVore(1979) 등이 있다.

진화심리학자들은 생애발달을 복잡한 진화적인 적응의 결과라고 보는 반면에 환경론자 들은 학습과 같은 소수의 일반-목적적 적응의 결과로 보고 있다.[43] 폭력에 관한 공식통계를 보면, 가장 폭력적인 인구계층은 젊은 성인 남자가 많은 비율을 차지하고 있다. 그들이 신체적으로 가장 건강한 연령이라는 것은 중요한 의미를 가지고 있지 않다.[44] 병리적인 측면에서 또 다른 폭력계층은 질병이 있는 개인에 의해 유발될 수 있는 데, 즉 뇌 손상에 의해서도 폭력행동이 표출될 수 있다.

그러면 "폭력을 진화적 적응으로 해석하는 것이 타당한가" 하는 의문이 남는다. 그 해답은 폭력이 확실히 '기능적 고안'이라고 해야 할 것이다. 폭력이 '기능적 고안'이라고 하는 증거는 많이 있다. 초기의 연구자들은 적응에 대한 총체적 위협이 폭력의 유발인자이며, 그런 위협에 대응한 결과가 폭력이다. 예컨대, 사람을 포함한 모든 동물은 경쟁자의 자원약탈에 대해 폭력적으로 대응을 하는 경향을 가지고 있다. 그러나 폭력적인 갈등해결의 비용은 '승자'가 될 때조차도 높으며 그것이 폭력사용의 효과를 반감시키는 역할을 한다. 인간의 경우에 폭행 또는 기타 다른 의도적인 수단을 이용하여 타인을 해치는 비용은 자기가 상해를 당할 우려 또는 보복의 위험성을 항상 내포하고 있다.[45]

한편 인간의 경우에 폭력의 관계-특수성은 폭력의 기능을 나타내는 하나의 증거이다. 폭력의 대상은 단지 가용한 대상이 아니라 폭력자와 실질적인 갈등이 있을 때이다. 경쟁적 갈등은 동성간의 문제에 이미 결정적으로 관련되어 있는 같다. 그 이유는 동일성의 사람들은 반대성을 가진 사람들보다 그들이 원하는 자원 면에서 더욱 더 유사하기 때문이다. 또한 반대성의 사람들도 동일성간의 갈등에서처럼 자원 면에서 경쟁적인 관계일 때도 가끔 있다. 성적인 경쟁은 특이하고 인간갈등의 극단적인 원천일 수 있다. 예를 들어, 살인에 관한 통계를 보면 여성을 대상으로 남성간의 대립적인 경쟁의 산물로 생각되는 사례가 많이 있다.[46] 또 남편의 아내폭행은 라이벌간의 경쟁을 대표하는 예이다. 폭력의 위협은 경쟁자를 효과적으로 제압

---

43) J. Archer, Ibid. p. 262.

44) M. Daly and M. Wilson, 'Killing the competition: female/female and male/male homicide', *Human Nature*, No. 1, 1990, pp 81-82.

45) M. Daly and M. Wilson, *Homicide*, Hawthorne (N.Y: Aldine de Gruyter, 1988a), J., Archer, *Male Violence*, ed. (N.Y: Routledge, 1994), p. 263에서 인용.

27) J. Archer, op. cit., p. 264.

하는 수단으로 사용될 수 있다. 아내에 대한 남편의 폭력사용은 독특한 특징이 있는데 그것은 아내의 부정한 행동 또는 부부관계를 단절하기 위한 아내의 일방적인 결정에 대한 대응 또는 다른 요인에 대한 대응의 수단으로써 남성들의 성적 질투기제가 표면화된 것이다.[47] 강간도 남성폭력에서 또 다른 성적 갈등의 명백한 맥락 중에 하나이다.[48]

적응적인 측면에서 폭력이 과거의 효과적인 경험(학습)을 통해서 강화를 받으면 반복사용의 가능성이 증가하게 될 것이다. 물론 폭행의 사회적 유용성은 관계-특수적 갈등, 사회적 맥락 그리고 도구로써 폭력을 사용하는 당사자의 기술에 달려 있다. 인간이 물리적 폭력을 행사하는데 있어서 문화적으로 성차가 존재한다. 폭력기술의 유능한 사용은 남성들에게 직접적으로 영향을 미친다. 폭력은 위험한 행위이지만 여성들보다 남성들 사이에서 적응에 매우 중요한 수단이 된다. 대부분의 종족사회에서 폭력은 지위와 권력을 획득하고 유지하기 위한 필수적인 요소로 사용되었다.

진화심리학적 고찰은 일반적으로 폭력의 사회적·생물학적 설명에 대한 잘못된 이분법적 사고를 가진 사람들에 의해 무시되어 왔다. 전통적으로 생물학적 요인에 집착하는 연구자들은 호르몬의 효과, Y염색체, 신체기관의 성차에 대해서만 주로 논의한다.[49] 반대로 사회학적 관점을 가진 연구자들은 생물학적 요인이 폭력과 관련성이 있다는 설명에 대해 부정하고 대신 사회적 요인(빈곤, 실업, 문화)의 중요성만 강조한다.

한편, 청소년들은 원칙적으로 잠재적 폭력가능성을 가지고 있으며, 역시 그들은 주요 피해대상이다.[50] 특히 청소년은 살인의 가해 또는 피해자가 될 위험요소를 가지고 있다. 왜냐하면 그들은 선조들이 경쟁적 능력을 가지기 위해서 자연도태의 과정을 거치었기 때문이다. 그것은 청소년기에 자연도태의 역사를 통해서 특수한 인구사회학적 특징을 가지고 있다는 것을 의미한다. 청소년은 연령계층 중에서 가장

---

47) K. Polk and D. Ranson, 'The role of gender in intimate violence', *Australia and New Zealand Journal of Criminology*, No. 41, 1991, p. 223. 외에 Campbell(1992), Counts(1991) 등이 주장하였다.

48) B. Smuts, 'Male aggression against women: an evolutionary perspectivw', *Human Nature*, No. 3, 1992, pp. 1-44.

49) J. Archer, op. cit., p. 26.

50) J. Archer, op. cit., p. 277.

육체적으로 강할 뿐 아니라 위험과 경쟁을 내포한 심리적으로 특수화된 특징들을 가지고 있다. 청소년들은 특히 경쟁에 의해 동기화되고 자기를 억제할 자제력이 약한 특징을 가지고 있다.[51)]

결론적으로, 인간에 대한 진화심리학적 관점은 인간이 비이성적인 자동기계라고 보지 않고 다양한 수준의 나이, 성차, 환경-특정적 가치에 대한 비용-편익구조를 가지고 의사결정을 하는 정보처리자의 관점을 가지고 있다고 본다. 따라서 폭력도 인간이 환경에 적응하는 하나의 수단으로써 사회적 진화의 과정을 거친다는 것이다. 그러므로 폭력이 환경의 적응에 비용이 많이 드는 행동이라면 폭력은 자연도태할 것이며 이와 비교하여 친사회적 행동이 유익한 적응적 행동이 될 것이다. 이처럼 진화심리학이 시사하는 바는 폭력의 비용과 친사회적 행동이 비교우위를 점하는 사회적 환경이 상당히 중요하다는 것을 의미한다.

한편, 진화심리학적 관점에 대한 비판은 다음과 같다. 첫째, 진화심리학이 모든 사람은 화를 낼 가능성과 폭력을 사용할 경향성에 대한 명확한 답을 제시하지 못한다는 점이다. 둘째, 진화심리학이 비유전적 접근방법을 사용하고 있다는 점이다.[52)] 셋째, 진화심리학적 접근방법이 순환론적인 모순에 빠질 가능성이 많다는 점이다.[53)] 넷째, 진화심리학자들은 인간과 동물의 연속성에 지나치게 매달려 인간의 도덕성이 동물의 이기적 동기로 환원하려 한다는 점이다. 마지막으로 진화심리학은 인간의 작동하는 마음의 양식은 설명할 수 있지만 마음의 내용을 설명하기는 어렵다는 비판을 받고 있다.

3) 전통적 사회화이론적 관점

사회화(socialization)란 개인이 자기가 속한 집단의 가치와 규범을 내면화해 가는 과정을 말한다. 인간은 이러한 사회화과정을 통해서 타자와 그가 속한 집단에 동조·이해할 수 있는 공통문화를 학습하는 것과 동시에 자기를 둘러싸고 있는 환경과의 상호작용과정을 통해서 타자와 상이한 자기만의 독특한 자아를 형성하게 된

51) J. Archer, op. cit., p. 278.

52) J. S. Quadagno, "Paradimes in Evolutionary Theory: The Sciobiological Model of Natural Selection" *American Socialogical Review*, Vol. 44, 1979, p. 108.

53) J. S. Quadagno, op. cit., p. 108.

다. 여기서 사회화이론이란 폭력의 사회화과정을 중심으로 설명하는 이론을 말한다. 전통적 사회화이론을 대표하는 이론인 정신분석이론, 좌절-공격이론, 사회학습이론을 위주로 살펴볼 수 있다.

정신분석이론에 의하면 폭력은 폭력적 대응을 유도하는 자연스런 추동(drive)이라고 한다. 이 접근방법에서 가장 중요한 과제는 이러한 추동들(id로부터의 정신적 에너지의 분출로 정의되는)이 성격의 다른 측면, 특히 자아(ego)에 의해 얼마나 조절되는가를 설명하는 것이다.[54] 비록 지나친 공격적 행동에 대한 초기의 정신분석적 설명이 원초아(id)의 통제불가능(out-of-control)에 초점을 두고 있다.

Redle과 Winemand(1951)를 중심으로 한 다른 연구자들은 가장 적절한 초점은 ego라고 제안하였다.[55] ego는 공격성과 같은 자연스런 추동을 주로 통제하는 기제이다. ego가 부적절하게 발달되었을 때 성숙의 오류 또는 사회화의 실패, 충동, 불안 그리고 공격성의 통제미흡 등으로 연결되기 때문이다. 이 접근법에 따르면 자아발달의 장애는 부적절한 사회화를 가져온다는 것이다. 이것은 주로 범죄자들이 잔인하고, 거칠며, 갈등적인 가정출신이라고 하는 폭력범죄에 대한 연구에 의해서 증명되었다.[56]

자아의 발달은 부적절하게 발달된 자아와 잘 발달된 자아로 단순한 양면적 관계가 아니다. 예컨대, 면전폭력과 기타 범죄행동은 덜 통제된 개인으로부터 발생할 경우가 많다. 하지만, 덜 통제된(undercontroled) 또는 과 통제된(overcontroled) 자아가 폭력을 일으킬 수 있다. 즉 극단적인 폭력범죄자들은 다른 범죄자나 보통 사람들 보다 과통제된 경우가 있다. 그러므로 부적절한 자아의 발달에 대한 단순한 설명으로 폭력행동을 이해할 수 없을 것이다.[57]

한편, Berkowitz(1989)의 좌절-공격이론에서는 좌절경험이 공격행동의 촉진인자라고 하였으며, 그것이 추동수준과 공격적 행동의 촉발을 증가시킨다는 것이다.[58] 정신분석적 접근법에 비해서, 개인의 내재적인 공격적 강제력보다는 외재적인 좌절

54) J. Archer, op. cit., p. 290.에서 재인용
55) J. Archer, Ibid., p. 290.에서 재인용.
56) Farrington(1991), Arbuthnot et al.(1987), J. Archer, Ibid., pp. 289-291에서 재인용.
57) J. Archer, Ibid., p. 291.에서 재인용.
58) L. Berkowitz, 'The frustration-aggression hypothesis: examination and reformulation', *Psychological Bulletin*, No. 106, 1989, pp. 59-62.

로 유발된 추동에 의해 공격적으로 동기화된다는 것이다. 비록 좌절이 본질적으로 공격의 필요조건이지만 좌절 외에 여러 가지 다른 상황들이 수반되는 것은 분명하다. 공격은 단지 좌절의 여러 가지 반응들 중에 하나일 뿐이다

Berkowitz(1989)는 초기이론을 발전시켜, 공격단서(예, 총기, 칼, 돌), 부적 감정들이 또한 좌절이전에 흔히 선행요인으로 필요한 경우도 있음에 주의를 환기시켰다. 좌절-공격이론의 또 다른 면은 공격의 억제가 대치된 공격의 원인이 된다는 것이다. 그래서 다른 대상(예, 배우자, 자녀)에게 지향하여 처벌의 위협을 감소시킨다. 이 이론은 직접 또는 대리적 공격이 정화의 과정을 통해서 감소된다는 것을 주장하고 있다. 하지만 이 관점을 지지하는 증거는 아주 미미하다.[59)]

사회화이론 중에서 가장 중요한 이론 중에 하나는 Bandura의 사회학습이론이다. 내적 추동 또는 어떤 좌절상황에 대한 반응으로써의 공격과 비교해서 반두라는 행동의 원인을 개인의 학습환경으로 설명하였다. 학습은 직접적인 강화(정적 강화, 부적강화, 처벌) 또는 관찰을 통해서도 이루어진다. 즉, 학습은 직접적인 경험이나 다른 사람의 행동을 관찰함으로써 학습된다. 관찰한 것이 실제행동으로 전이되기 위해서 사람들은 기억에서 그 행동을 유지하고 있어야 한다. 기억 속에 남아 있는 행동의 상징들은 관찰된 행동과 비슷한 행동으로 전환되어야 한다. 이것은 흔히 개인의 숙달수준에 따라 달라진다. 마지막으로 행동으로 반복하는 것은 그것이 강화 또는 처벌의 원인인지, 또는 행동을 가져올 만큼 관찰자에게 충분한 동기가 있느냐에 따라서 달라진다.[60)]

인간생활에서 많은 모델들이 행동에 영향을 미치게 된다. Bandura(1973)는 범죄행동에 영향을 미치는 요인에는 가족, 또래집단, 문화(예, TV와 영화 등 상징물)등 세 가지를 지적하였다. 사회학습이론은 폭력을 개인 내적 요인(자기규제와 자기효능감)과 상황적 특성의 상호보완적 관계라고 강조한다. 연구자들은 사회학습이론의 이러한 일반원칙을 어느 정도 내에서 지지하고 있다. 예컨대, 남편이 부인을 폭행하는 가정에서 성장한 아동의 물리적 공격행동의 빈도가 증가한다는 연구결과가 나타났다.

---

59) J. Archer, *op. cit.*, p. 291.에서 재인용.

60) A. Bandura, *Social Learning Analysis* (Englewood Cliffs, NJ: Prentice-Hall, 1977), J. Archer, op. cit., p. 291.에서 재인용

예를 들어, Kalmuss(1984)는 남편이 아내를 구타하는 가정에서 자란 자식은 결혼 후에 아내를 폭행할 가능성이 증가함을 발견하였다. 특히, 그의 연구결과에 의하면 아이들은 같은 성의 부모로부터 영향을 더 많이 받는다고 한다. 남자아이는 아버지의 행동을 보고 배우며 여자아이는 어머니의 행동을 관찰함으로써 영향을 받게 된다.[61] 그러나 모델링 이론은 비록 여성들이 남성들보다 성적으로 학대를 당할 가능성이 많지만 그들이 성인이 되어 성 학대를 하는 경우는 드물다는 사실을 설명하기 어렵다는 비판을 받고 있다.

사회학습이론을 정교화시키는 데 공헌한 대표적인 학자는 Eron을 들 수 있다. 그는 폭력의 가장 주요한 결정인자 중에 하나는 부모로부터 지원의 결핍이라고 주장하였다. 즉, 부모가 공격을 가르치고 강화시킨다는 것이다. 이것이 강압적인 양육과 같은 부모의 양육기법의 미숙과 연합될 때 아이들은 폭력을 억제하는 기술을 습득하지 못하게 된다. 예를 들어, 지나치게 거칠거나 비일관적인 가정교육은 강화된 공격모델을 제공하는 결과를 초래한다. 이 요인들은 청소년기의 폭력범죄와 관련이 있다.[62]

비록 전통적 사회화이론이 폭력의 이해에 중요한 기초를 제공하는데 큰 공헌을 하였지만 비판을 받고 있는 점은 다음과 같다. 첫째, 대부분의 전통적 사회화이론은 반사회적 행동, 비행에 한정되어 있다는 점이다. 폭력과 반사회적 행동은 비교적 시간-안정적 특성이 있는 것으로 밝혀졌으며, 이것은 폭력과 반사회적 행동 그리고 비행 등이 공통적인 맥락을 가지고 있다는 것을 의미한다.[63] 즉, 폭력은 일반적인 반사회적, 범죄적 행동의 예측인자와 유사하다고 볼 수 있다. 그러나 폭력과 다른 반사회적 행동이 비슷한 공변량을 가지고 있지만 폭력과 반사회적 행동을 구분할 새로운 이론적 틀을 마련할 필요성은 충분히 있다.

둘째, 사회화이론들이 발달적인 관점을 고려하고 있지 않다는 점이다. 비록 최근의 이론들이 어느 정도는 내재적으로 발달지향적이라고 볼 수 있다. 그러나 정신분

---

61) D. Kalmuss, 'The intergenerational transmission of marital aggression', *Journal of marriage and the family*, No. 47, 1984, pp. 11-19.

62) D. P, Farrington, 'Early predictors of adolescent aggression and adult violence', *Violence and Victims*, No. 4, 1991, pp. 79-81.

63) J. Archer, Ibid., p. 295에서 재인용.

석이론은 시간의 경과에 따라 개인과 환경조건의 변화를 무시하고 있고 발달과정의 내재적 재인식에 대한 일부 이론적 업적이 나타나고 있지만 현재의 이론들이 외현적으로 발달적 관심을 설명하고 있다고는 볼 수 없다. 지금의 발달적인 연구들은 대부분 폭력행동을 설명하는데 적절하지 못하다. 셋째, 전통적 사회화이론은 가족과 또래집단의 역할을 경시하고 있다는 점이다. Widom(1989d)는 아동기의 신체적 학대가 이후에 폭력을 유발하는데 중요한 영향을 미치며, 또 아동기에 거부의 경험이 있을 때도 이후에 폭력을 할 가능성이 많다고 하였다. 그러나 폭력의 세대간 전이에 대한 연구는 아직 초보적인 단계에 불과한 실정이다.

넷째, 폭력의 환경적·사회적 맥락 변인의 역할에 관한 무관심이다. 미래의 연구는 사회적 맥락 또는 거시-수준 변인들 즉, 사회경제적 지위, 도시화의 정도, 밀집, 기타 전통적 사회화이론에서 배제된 요인들을 적극적으로 설명할 필요가 있다. 마지막으로, 성적 차이를 설명할 수 있는 폭력이론이 부족하다는 점이다. 대부분의 연구는 남성을 대상으로 한 연구가 주류를 이루고 있다. 물론 남자가 더 많은 폭력범죄를 유발하고 있다는 것은 사실이지만 여성에 의한 폭력범죄도 지속적으로 증가하고 있는 추세임을 볼 때 여성에 대한 폭력이론의 연구도 상당히 가치 있는 연구가 될 것이다.

4) 사회심리학적 관점

사회심리학이란 사회적 행동에 관한 여러 현상을 심리학적으로 연구하는 학문이다. Allport(1968)의 고전적 정의에 따르면 '실제의, 상상의, 혹은 묵시적인 타인의 존재에 의하여 개인의 사고, 감정 및 행동이 영향을 받는 양식을 이해하고 설명하려는 노력'이라고 표현될 수 있다.[64] 1980년대에 들어와 미국의 Gorgen을 중심으로 사회심리학의 전통적 패러다임에 대한 비판과 더불어 새 패러다임을 정립하려는 노력이 활발해지고 있다. 이에 따라 사회심리학자들의 관심영역이 범죄, 사회차별, 마약, 알코올, 환경 등에도 확장되어 가고 있는 경향을 보이고 있다.[65]

최근의 사회심리학적 연구들은 폭력의 사회적 영향을 강조하고 있다. 그러나 이

64) 민경환, "사회심리학의 방법론 논쟁," 사회과학과 정책연구, 서울대학교 사회과학연구소, 제8권 1호, 1986, p. 161.

65) 상게논문, p. 160.

러한 연구들은 주로 개인적 요인들에 초점을 두고 있는 것이 사실이다. 일부의 사회심리학자들은 폭력을 사회적 맥락과 동시에 고려해야 이해될 수 있다고 한다. 예를 들어, Felson(1978)은 폭력은 인상관리의 수단이며, 그것은 위협받고 있는 자신의 정체성을 회복하기 위한 것이라 한다.[66] 다른 연구자들은 사회적 구조와 문화규범의 광범위한 영향을 강조하기도 한다. 폭력을 설명하는 사회심리학적 이론은 다양하게 소개되고 있지만 본 논문에서는 강제력, 폭력하위문화, 권력, 귀인이론을 중심으로 알아보겠다.

먼저, Tedeschi(1983)는 강제력의 사용에 대한 사회적 원인을 강조한다.[67] 그는 강제력은 다른 사회적 영향력이 성공적이지 못할 때 마지막 수단이라고 하였다. 강제력은 위협의 의사소통을 반영한 것이거나 처벌의 전달을 나타내는 것이라고 하였다. 그것은 보상의 갈등, 힘과 지위에서 위협 등의 상황에서 현저히 나타나는 현상이다. 강제력의 공격적인 사용은 보통 법적인 보호를 받지 못하거나 비정상적인 것이다.

그러나 강제력은 통상적으로 방어 또는 보복, 그리고 사회적 규범에 의한 규정된 것들이다. 예를 들어, 상호성의 규범은 피해당한 것에 비례하여 가해자에게 상해를 요구하는 것이다. 이것은 일반사회에서 널리 받아들여지는 가치규범이다. 대인간 그리고 집단간 폭력에서도 상당한 설득력을 가지고 있다. 또, 형평성의 규범은 상대적 박탈과 부정의의 인식에서 창출되며 그것은 자원에 대한 비합법적인 접근을 동기화시킨다.

강제력의 사용결정은 성공과 실패에 따른 비용의 가치와 가능성에 좌우된다. 그리고, 이것은 자기이미지의 보존 또는 권위유지의 필요성과 두려움에 의해 고양된다. 역시 그것은 개인의 자존심이 결핍되어 있고 어떤 사건에 영향을 미칠 만 한 힘이 부족하다고 느낄 때나 또는 사람들이 왜곡된 시간조망, 자아중심성, 또는 알코올이나 마약 등의 중독을 통하여 비용을 잘 못 인식하였을 때 더욱 더 그런 현상이 나타난다. 강제력의 사용에 대한 몇 가지 원인은 사회인지이론과 양립하지만 Tedeschi의 접근방법은 대인간 상해의 목적 또는 강화자로써 주로 대인간 응종을 특정화시킨다는 점에서 차이가 난다.

---

66) R. B. Felson, 'Aggression as impression management,' *Social Psychology*, No. 41, 1978, pp. 205-208.

67) R. Blackburn, *The Psychology of Criminal Conduct: Theory, Research*, and Practice (N.Y: John Wiley & Son, 1993), pp. 223-224.

두 번째, 계층-근거이론의 전통에 입각한 Wolfgang과 Ferracuti(1967)는 폭력의 하위문화를 제안하였다.[68] 그것은 폭력에 규범이라는 것을 부가시킨 것이다. 이것은 흥분, 지위, 명예, 남성다움을 찬성하는 태도 등의 "강한 남성의식 유형(machismo)"의 일부이다.

예를 들어 살인율이 가장 높은 계층은 젊고 남자이며 낮은 계층집단에서 나타난다는 것을 볼 때, 이것은 이런 집단들이 폭력하위문화의 가치를 지지한다는 것을 시사하는 것이다. 하지만, 이것을 검증하기 위한 여러 가지 노력들은 만족할 만한 결과를 얻지 못하였다. 예를 들어, Ball and Rokeach(1973)는 교육수준과 수입정도 등과 관계없이 폭력남성들 사이에서 선호하는 "남성적 의식"이라는 가치유형을 특별히 보이지 않는다고 하였다. 또, Erlanger(1974)도 역시 남성의 폭력이 자신이 속한 집단에 의해 보다 많이 수용될 것이라고 느끼는 것이 남성일 것이라고 하는 예측을 지지하는 연구결과를 발견하지 못하였다. 그는 "남성다움의 하위문화"에서 폭력은 단순히 여러 가지 많은 문화 중에서 단지 하나에 불과하다고 주장하였다. 비록, 이것이 아직까지 널리 지지를 받고 있지만, 폭력의 하위문화가설을 지지할 만한 증거는 그렇게 많지 않다.

또 권력과 남성폭력의 관계라는 관점에서 폭력을 조망해 볼 수 있다. Clegg(1989)는 power를 개인의 권위에 의한 직접적인 통제라고 정의하였다. 여성에 대한 남성의 폭력을 권력의 관계로 설명하는 것은 명확한 설명이 되지 못하며 그것은 보다 더 특별히 폭력적인 남성들의 특성을 조사하는 방향으로 맞추어져야 할 것이다. Dobash & Dobash는 아내구타의 원인을 그의 행동이 다른 사람에게 받아들여지지 않을 때 그의 아내를 힘으로 억압하거나 가장의 권위를 유지하기 위해 시도되는 하나의 수단이라고 하였다. 이들의 주장이 가장 정평이 있는 주장이라고 할 수 있다. 그 이유는 그것이 가부장권력가설(patriarchal power hypothesis)에 가장 근접한 이론이며 설득력있는 설명이기 때문이다.[69] Yllo & Strauss(1984)는 사회적 권력가설(social power hypothesis)을 폭력과 여성의 전반적인 지위와의 관계조사를 통해 연

68) M. E. Wolfgang & F. Ferracuti, The subculture of violence (London: Tavistock, 1967), R. Blackburn, The Psychology of Criminal Conduct: Theory, Research, and Practice (N.Y: John Wiley & Son, 1993), pp. 223-224에서 재인용.

69) J. Archer, op. cit., p. 315에서 재인용.

구를 하였다. 여성의 지위를 법적, 경제적, 교육적 그리고 정치적 권력의 요소로 측정을 하였다. 그 결과 전반적으로 이것은 아내폭행과 선형적인 관계를 보였다.[70] 예를 들어, 여성의 지위가 낮을수록 폭력피해를 많이 입었으며, 반대로 여성의 지위가 높을수록 폭력피해는 감소하였다.

남자의 세계에서 폭력이 의미하는 바는 과연 무엇일까? 전체 폭력범죄 중에서 남자가 80~90%이상을 차지하고 있다. 아직도 여성은 분노와 폭력에 대해서 참아야 하는 것이 한국사회의 전통적 유교문화이다. 남성폭력은 놀라울 정도로 이질적이고 다양한 형태를 보이고 있다. 폭력의 형태에는 살인, 강도, 폭행, 학교폭력, 데이트 강간 등 실로 다양하다. 이렇게 다양한 행동으로 폭력이 행사되고 있지만 그것들에는 공통적인 특징을 가지고 있다. 폭력은 전반적으로 명백한 도구적 목적과 대인간 목적을 달성하는데 있다는 공통된 특징을 보인다는 것이다. 예를 들어, 강도는 금전적인 이익을 획득하고자 하는 목적을 가지고 있으며, 그러나 그것은 또한 대인 통제수단으로써 위협의 효과적인 사용을 위한 것일 수 있다. 또 폭행은 체면손상의 두려움을 제거하고자 하는 목적으로 이용되는 특징을 가지고 있다.[71] 한편 데이트 강간도 성적 만족의 목적 또는 힘의 과시를 통하여 복종을 강요하기 위한 하나의 수단이다. 이렇듯 폭력은 어떤 한 남자가 다른 사람을 자신의 통제하게 두고 힘을 통해서 타인을 지배하고 동시에 자기존중감을 고양시키기 위한 하나의 효과적인 수단으로 이용된다고 볼 수 있다.

마지막으로 폭력을 귀인이론적 입장에서 연구하는 방법이다. 귀인이론(attribution theory)이란 자신과 타인의 행동의 원인을 어떻게 지각하는가에 대한 설명을 하는 이론이다.[72] 귀인은 자기행동의 원인에 관한 개인의 신념이며 이것이 반드시 실질적인 원인을 대표하는 것은 아니다. 그러므로 귀인이론은 행위의 원인에 관한 이론이 아니라 원인에 대한 개인의 지각에 관한 이론이라 할 것이다.[73] 또한 귀인이론

---

70) J. Archer, Ibid., p. 315에서 재인용.

71) D. F. Luckenbill, 'Criminal homicide as a situated transaction', *Social Problems*, No. 25, 1977, pp. 176-178.

72) C. Antaki & C. Brewin, *Attribution and Psychological change* (New York : Academic Press, Inc., 1982), p. 198.

73) Crombag, H. F. H., When law and psychology meet. In Wegner, Losel, & Haisch (Eds.), Criminal behavior and the justice system: Psychological perspectives(New

은 자기자신의 행동에 대한 추측된 동기 또는 의도를 탐색하는 것을 말한다. 귀인 이론에는 5가지의 차원이 있다. 즉, 내부 대 외부귀인, 안정 대 불안정, 전체적 대 특정적, 통제가능성 대 불가능성, 의도적 대 비의도적이 그 차원이다. 행동에 대한 개인의 귀인은 각각의 차원으로부터 한가지 변인의 독특한 조합으로 이루어져 있다. 귀인과 폭력에 관한 연구결과를 살펴보면 다음과 같다.

먼저, Gudjonsson(1984)은 정신적으로 이상이 있는 범죄자들은 자신의 바람직하지 못한 행동을 내적 원인으로 흔히 귀인을 하지만, 자신의 질병을 이유로 책임을 부인한다고 한다.[74] Henderson과 Hewstone(1984)이 행한 연구에서 밝혀진 범죄자의 귀인특성은 다음과 같다. ① 범죄자는 자신의 범죄행동은 외부귀인을 더 많이 하였다. ② 폭력행동에 대해서 범죄자는 변명보다는 정당화를 더 많이 하였다. ③ 단독범이 공범보다 외부귀인을 적게 하였고 책임의 분산현상이 발견되었다. ④ 범죄의 심각성이 변명 또는 정당화 설명의 하나의 요인이다. 치명적인 결과에 대해서 정당화는 거의 하지 않았고 변명을 많이 하는 편이었다. ⑤ 범죄자가 상해를 당했을 때 내부귀인을 많이 하였고, 상황적 귀인은 적었다. ⑥ 범죄자가 피해자와 아는 사이일 때 상황귀인은 적게 하였으며, 피해자에게 귀인하는 경향이 높았다. 그리고 피해자가 권위있는 인물이라면 상황적 귀인을 더 많이 하는 경향을 보였다. Greenwood(1979b)도 624명의 수감자를 대상으로 연구에서 범죄자들에게 일정한 귀인패턴이 있음을 발견하였다.[75] 누범은 범죄의 원인이 향락인 반면에 다른 범죄자들은 경제적인 어려움이 그 원인으로 밝혀졌다. Nisbett(1971)의 연구에 의하면 재소자들은 그들의 범죄행동은 외부적이고 불안정한 원인들에 귀인하였다.[76] 이상에서 본 바와 같이 범죄자는 일정한 귀인 유형이 있음이 밝혀졌다. 그러나 폭력과 귀인과의 관계에 대한 증거는 부족한 실정이다.

사회심리학적 연구들이 인간의 사회적 관계에서 폭력행동을 연구하였다는 점에

York : Springer-Verlag, 1989), p. 290.

74) G. H. Gudjonsson., 'Attribution of blame for criminal acts and its relationship with personality.' *Personality and Individual Differences* 5(1), 1984, pp. 53-58.

75) P. W. Greenwood, *Career criminal prosecution: Potential objectives* (Santa Monica, California: The Rand Corporation 1979b), pp. 289-292.

76) E. Jones & R. Nisbett, *The actor and the observer: Divergent perceptions of the causes of behavior* (Morriston, N.J.: General Learning Press, 1971) pp. 124-126.

서 폭력이론의 발전에 상당한 기여를 하였다고 생각한다. 그러나 사회심리학적 이론은 다음과 같은 비판을 받고 있다. 첫째, 대부분의 이론들이 남성의 폭력에 관한 이론이라는 한계이다. 강제력, 권력, 폭력하위문화론은 여성의 폭력을 설명하지 못하는 이론이다.[77] 여성의 폭력을 설명하는 사회심리학적 이론의 개발이 필요하다. 둘째, 사회심리학적 이론이 폭력의 연령 효과를 설명하지 못한다. 셋째, 폭력의 하위문화이론은 폭력의 개인차를 설명하는 데 한계점을 가지고 있다. 즉, 동일한 하위문화지역에 거주하면서 왜 어떤 사람은 폭력을 하고 또 어떤 사람은 폭력을 하지 않는지에 대한 설명력이 부족하다. 네 번째, 강제력과 권력에 관한 이론은 그것을 증명하는 방법론상의 타당성과 신뢰성에 문제를 가지고 있다. 즉, 강제력과 권력이 폭력에 미치는 영향에 관한 증거를 찾기가 어렵다는 것이다.

제5절 강 도

1. 강도범죄의 정의

형법 제333조 강도죄에 의하면 강도죄란 "폭행 또는 협박으로 타인의 재물을 강취하거나 기타 재산상의 이익을 취득하거나 제3자로 하여금 이를 취득케 함으로써 성립하는 범죄로서, 객체는 타인의 재물 또는 재산상의 이익이다. 재산상의 이익이란 재물 이외의 일체의 재산적 가치가 있는 이익으로 소극적이든 일시적이든 불문한다. 즉, 강도죄는 재산범인 동시에 폭력범죄의 성격을 동시에 가지고 있다.

2. 강도범죄의 현황과 특징

〈표 6-13〉에서 강도범죄 발생현황을 살펴보면 2001년 5,692건에서 2003년까지 증가하였다가 2004년 이후 다시 감소하고 있다.

77) 검찰의 범죄통계를 보면 여성의 강력범죄율이 최근 5년간 평균이 14.4%를 차지하고 있다. (범죄백서, 대검찰청, 1998)

〈표 6-13〉 강도범죄 발생(2001-2005년)

(단위: 건수)

구 분	2001	2002	2003	2004	2005
발생건수	5,692	5,906	7,292	5,832	5,170

자료: 경찰청, 경찰통계연보 각 년도 재구성

〈그림 6-6〉에서 발생지역을 살펴보면 대도시 지역(특별시, 광역시, 경기도)이 전체 2001년 72.3%, 2005년 68.5%로 나타나고 있어 강도는 시골보다 도시에서 많이 발생하는 것으로 나타났다. 발생시간대를 살펴보면, 심야에(00:00-04:00) 가장 많은 발생이 나타냈다.

범행동기별 현황을 살펴보면 2004년 유흥비마련 728명(14.3%), 우발적 688명(13.5%), 생활비 646명(12.7%) 순으로 나타나 강도의 목적은 유흥비 마련이 가장 많은 비중을 차지하는 것으로 나타났다. 그러나 유흥비 마련에 대한 비중은 줄어들고 있는 대신 생활비 마련이 비중이 증가하는 것으로 나타나고 있다.

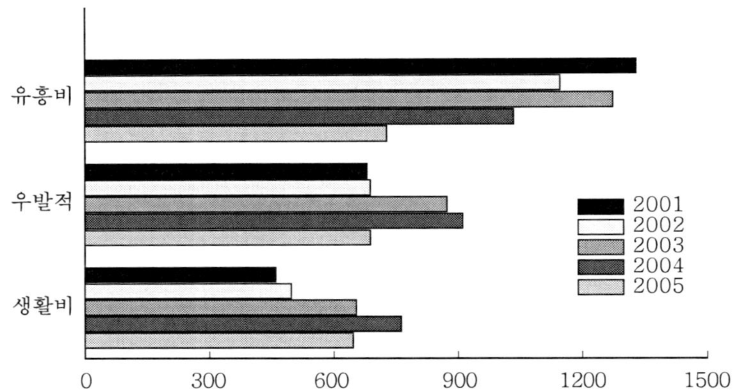

자료: 경찰청, 경찰통계연보 각 년도 재구성

〈그림 6-6〉 범행동기별 현황(2001-2005년)

〈표 6-14〉에서 범죄자 연령 현황을 살펴보면 강도는 비교적 젊은 연령층인 19세 미만과 20대 30대에서 대부분이 발생하였으나 점차 40대 이상의 연령층에서도 증가하고 있다. 2001년 2002년까지는 19세 미만과 20대의 비중이 높은 경우에는 범죄동

기에서도 유흥비 마련이 높은 비중을 차지하고 있으나 2003년 이후부터는 범죄자 연령층이 높아짐에 따라 범죄 동기도 생활비 목적이 증가하고 있다. 이는 생계형 강도가 증가하는 것으로 판단된다.

〈표 6-14〉 범죄자 연령 현황

(단위: 명)

구 분	2001	2002	2003	2004	2005
19세 미만	1,922(34.6)	1,618(29.7)	1,840(26.4)	1,409(21.8)	1,032(20.3)
20대	1,886(34.0)	2,082(38.2)	2,592(37.2)	2,111(32.6)	1,554(30.4)
30대	1,111(20.0)	1,136(20.8)	1,567(22.5)	1,396(21.6)	1,121(22.0)
40대	470(8.5)	495(9.1)	750(10.8)	684(10.6)	678(13.3)
50대	95(1.7)	78(1.4)	161(2.3)	194(3.0)	166(3.3)
60대	21(0.4)	22(0.4)	26(0.4)	30(0.5)	45(0.9)
71세 이상	2(0.0)	2(0.0)	1(0.0)	26(0.4)	30(0.6)
미 상	40(0.8)	20(0.4)	33(0.4)	616(9.5)	367(9.2)
계	5,547	5,453	6,970	6,466	5,084

자료: 경찰청, 경찰통계연보 각 년도 재구성

3. 강도의 유형

강도의 유형을 동기에 따라 분류하면 탈취적 강도, 만용적 강도, 통제결핍에 의한 강도, 도전적 강도의 네 유형으로 구분하였다.78)

탈취적 강도(생계형 강도)는 생활비나 유흥비 마련 등 주로 경제적인 동기에 의해 강도행위를 하는 유형으로 가장 많이 발생한다. 만용적 강도(호기심 강도)는 강도의 목적은 행위자체를 즐기려는 동기에서 행하는 경우로 탈취적 강도 다음으로 많이 발생한다. 통제력 결핍에 의한 강도는 심하게 화가 나서 이성적 자제를 잃거나 술이나 약물 등에 취해 있어 판단력을 잃은 상태에서 강도를 행하는 경우를 말한다. 도전적 강도는 부모나 사회에 대한 반발심이 행위의 주된 동기가 되는 형태라고 할 수 있다.

---

78) 심영희, "강도범죄의 실태에 관한 연구", 한국의 폭력문화와 폭력성범죄, 한국형사정책연구원, 제4회 형사정책세미나, 1991, pp. 179-180. 허경미, 현대사회와 범죄, 박영사, 2006, pp. 109-110 재인용.

7
chapter

새로운 영역의 사회범죄 및 특징

제 1 절 사이버범죄

1. 사이버범죄의 정의 및 특징

2007년 3월 현재 우리나라의 초고속인터넷가입자는 14,227,799명으로, 총 가입자 수에서 미국, 일본, 독일에 이어 4위이며, 2006년 12월을 기준으로 인터넷이용자수가 3,412만 명으로 인터넷이용률이 74.8%에 달하고 있다.[1] 이러한 폭발적인 인터넷 이용은 인터넷 사기, 명예훼손, 개인정보유출 등 사이버상의 범죄가 급증하고 있다. 사이버범죄는 비교적 최근에 사용되기 시작한 것으로 그 개념으로 사이버공간에서의 범죄현상을 의미한다.[2]

정보통신기술의 비약적 발전에 따라 인터넷에 의해 형성된 새로운 생활공간을 일반적으로 '사이버공간'이라고 부르는데, 이러한 사이버 공간은 인터넷을 연결하는 네트워크 안에서 주로 이루어진다. 따라서 사이버범죄는 '인터넷에 통해 형성된 사

1) http://isis.nic.or.kr 참조.
2) 김종섭, (2000), "사이버범죄현황과 대책" 형사정책 제12권 제11호 p. 234.

이버공간에서 발행하는 모든 범죄 현상'을 의미한다.

1) 비대면성과 익명성

사이버공간에서 발생하는 범죄의 가장 큰 특징은 비대면성과 익명성을 들 수 있다. 사이버범죄는 자신의 대리인적 성격을 가지고 있는 ID와 캐릭터와 같은 도구를 이용하기 때문에 실제인물은 사이버공간에 노출되지 않는다. 현실세계의 범죄가 주로 가해자와 피해자가 직·간접적인 대면을 통해서 이루어지는 반면에 사이버범죄는 당사자가 대면을 하지 않고 가상의 인물을 통해서 발생하기 때문에 죄책감이 없고 행동에 있어서 훨씬 대담해지고 반복적으로 범행을 할 가능성이 많다. 최근에는 사이버세계도 현실세계와 유사하게 신분을 식별하는 기술을 이용하여 익명성을 차단하는 시스템이 급속도로 개발되고 있으나 기술적 전문성을 가진 범죄자에 의해 자신의 신분을 교묘히 속이고 범죄를 하는 경우가 많이 있다.

'익명의 바다'라고 불리는 인터넷의 익명성은 사회적 이익을 발생시키는 순기능적인 면이 있으나 그와 반대로 많은 역기능을 표출하고 있다. 익명성은 미성년자가 음란물에 쉽게 접근할 수 있도록 하고, 사기나 명예훼손, 그리고 사이버 테러 등 공격적인 형태의 사이버범죄의 도구로 이용되고 있다. 익명성은 사이버범죄의 또 다른 특징인 기술성·전문성과 결합하여 더욱 지능화되고 있기 때문에 수사기관에서 적발하기가 여간 어려운 일이 아니다.

2) 전문성과 기술성

사이버공간에서 벌어지는 각종범죄는 간단한 기술로도 범할 수 있는 단순범죄(amatuer crime)도 있는가 하면 고도의 전문성과 기술로 무장한 전문범죄(professional crime)가 날로 증가하고 있는 추세를 보이고 있다. 최근의 사이범죄의 양상도 자신의 컴퓨터실력을 자랑하거나 호기심에 의한 범죄보다는 재물취득을 목적으로 하는 전문가 또는 내부자에 의한 범행이 많은 것이 특징이다. 그래서 수사기관의 입장에서 보면 컴퓨터에 관한 전문지식을 요하는 범죄가 날로 증가하고 있어 증거확보와 범인검거를 더욱 어렵게 하고 있다.[3)]

3) 양문승, (1999), 「전자상거래관련범죄와 대응방안」, 한국공안행정학회 '99년도 국제범죄학술

예를 들어, 바이러스프로그램을 제작・유포하는 기술, 해킹이나 영업비밀을 몰래 절취하는 인터넷스파이, 컴퓨터사기, 그리고 타인의 컴퓨터방호기술을 무력화시키는 행위들은 일정수준 이상의 전문가적 기술을 보유해야 할 가능한 범죄들이다. 사이버공간의 범죄가 날로 전문화・기술화되어 감에 따라 경찰의 수사력이 이에 미치지 못하므로 인하여 사이버범죄를 인지하고 증거를 확보하는데 많은 어려움을 가지고 있다. 사이버범죄의 전문성과 기술성은 시공간을 초월한 국제성범죄로 확산될 위험성을 내포하고 있다.

3) 국제성과 광역성

최근의 사이버범죄는 마약거래, 돈 세탁, 테러 등 현실공간의 국제범죄들이 사이버 공간에서도 공공연히 발생하고 있다. 인터넷시대의 국제범죄는 그 심각성에 비하여 대비책을 강구하기가 더욱 어렵게 되고 있고, 인터넷의 확산으로 범죄의 국제화가 급증하고 있다.[4] 특히, 인터넷상의 행위는 제한된 시간과 장소에만 영향을 미치는 것이 아니라 실시간으로 인터넷이 설치된 세계 어디에서도 '클릭' 한번으로 검색이 가능한 만큼 확산성이 가공할 정도이다.

인터넷의 시공간적 무제한성은 절도를 하기 위해 범행장소에 직접 가지 않더라도 쉽게 목표물에 접근이 가능하며 장물의 판매도 인터넷을 이용하여 가능하기 때문에 기존의 경찰수사활동과 방범체계로서는 대응하기 어렵게 되어 있다. 그리고 앞에서도 언급했듯이 사이버공간은 현실공간과 달리 빛의 속도로 불특정다수에게 전파되기 때문에 사이버사의 범죄는 피해의 확산정도가 상상을 초월한다는 특징을 가지고 있다. 1999년 멜리사 바이러스가 불과 4일 동안 활동하였는데도 불구하고 미국과 유럽 등 선진국의 기업에서 10만대 이상의 컴퓨터가 감염되어 많은 재산상의 피해를 초래한 사례에서 보듯이 인터넷을 이용한 사이버범죄는 전파성과 피해의 확산성으로 인하여 경찰의 대응을 어렵게 하고 있다. 수사기관의 활동을 어렵게 하는 것은 사이버공간에서 발생하는 범죄에 대한 인지와 신고율이 저조하다는 점이다.

세미나자료, 9월, pp. 103-104.

4) 조병인, (2001), 「인터넷시대의 국제범죄와 대응전략」, 한국공안행정학회 '01년도 전반기학술회의자료, 5월, p. 6.

4) 잠재성과 암수범죄성

사이버범죄는 현실공간에서 벌어지는 범죄와 달리 피해자나 수사기관이 인지하기가 상당히 곤란하고 그것의 원인을 규명하기가 쉽지 않아 증거가 인멸될 가능성이 많은 범죄이다.[5] 사이버공간에서 벌어지는 범죄는 현실공간에서 일어나는 범죄보다 평균적으로 높은 암수범죄(hidden crime)가 존재하고 있다. 이처럼 사이버범죄의 암수율이 높을 것으로 예측하는 이유는 사이버범죄의 전문성으로 피해사실을 확인하기가 어렵고 피해사실의 인지시점의 지연으로 인하여 증거확보가 곤란하다는 측면도 있으나, 개인컴퓨터사용자는 그 피해규모가 소규모로 범죄피해신고를 꺼리고, 기업에서는 피해사실을 공개함으로써 기업이미지에 타격을 줄 가능성과 모방 및 반복피해의 우려 때문에 신고를 기피하는 경향이 높은 것도 한 가지 이유이다. 이와 같이 사이버범죄의 잠재성과 암수범죄성으로 인하여 경찰은 사이버범죄의 증거확보의 곤란과 범죄대책을 강구하는데 많은 어려움을 가지고 있다.

앞으로 사이버공간은 미래사회의 효과적인 범죄수단으로 자리잡을 것으로 예상되고, 현실공간의 범죄양상이 사이버공간으로 급속히 전이될 것으로 보인다.[6] 그러므로 21세기는 사이버공간의 치안상황을 더욱 혼란스럽게 할 가능성이 많아질 것이고, 범죄자의 입장에서 보면 사이버공간이 현실공간보다 훨씬 용이하게 자신의 목적을 달성할 수 있다. 따라서 사이버공간에 대한 치안을 확보하는 것은 현실공간 못지않게 경찰의 중요한 활동영역으로 대두하였고 경찰의 수사력강화가 중요한 문제가 아닐 수 없다.

2. 사이버범죄의 실태 현황

〈그림 7-1〉에서 '사이버테러형범죄'란 "정보통신망 자체를 공격대상으로 하는 불

5) 허만영 외1인, (2000), 「사이버스페이스의 범죄현황과 경찰의 대응방안」, 치안연구소 연구보고서 '00-15, 12월, pp. 50-51.

6) 국민일보 2001년 5월 1일자참고: 각종대출사기사건, 판매사기, 사기경매 등 사기성범죄가 온라인화로 급속히 확산되고 있다. 특히 온라인과 오프라인이 연결된 범죄는 97년 5건에 불과하던 것이 98년 18건, 99년 23건으로 점차 증가하다가 지난해는 278건으로 10배 이상의 급증세를 나타내고 있다.

법행위로서 해킹, 바이러스유포, 메일폭탄, DOS공격 등 전자기적 침해장비를 이용한 컴퓨터시스템과 정보통신망 공격하는 행위"를 말하고, '일반사이버범죄'란 "사이버 공간을 이용한 일반적인 불법행위로서 사이버도박, 사이버 스토킹과 성폭력, 사이버명예훼손과 협박, 전자상거래 사기, 개인정보유출 등의 행위"를 말한다.[7] 2001년 대비 2006년 사이버범죄는 147%로 크게 급증하고 있다. 특히 계속해서 사이버범죄발생건수가 증가하고 있어 매년 인터넷 이용의 증가로 더욱 증가할 것으로 판단된다.

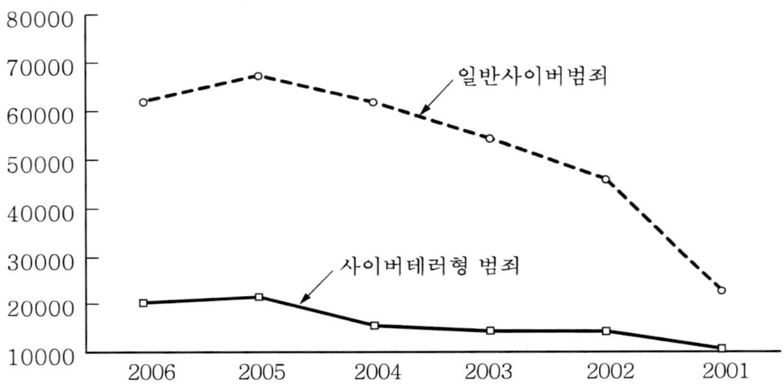

자료: 경찰청, 사이버통계자료센터(http://www.ctrc.go.kr)

〈그림 7-1〉 사이버범죄 발생건수(2001-2006년)

〈표 7-1〉 사이버범죄 검거인원(2001-2006년)

(단위 : 건,명)

구 분	계	사이버테러형 범죄	일반사이버범죄
2006	70,545(89,248)	15,979(17,498)	54,566(71,750)
2005	72,421(81,338)	15,874(17,371)	56,547(63,967)
2004	63,384(70,143)	10,993(11,892)	52,391(58,251)
2003	51,722(56,724)	8,891(10,047)	42,831(46,677)
2002	41,900(47,252)	9,707(10,762)	32,193(36,490)
2001	22,693(24,455)	7,595(8,099)	15,098(16,356)

자료: 경찰청, 사이버통계자료센터(http://www.ctrc.go.kr)

7) 사이버테러대응센터 홈페이지 http://www.ctrc.go.kr 참조.

직업별 검거인원을 살펴보면, 학생들은 점차 감소하고 있는 반면, 회사원, 자영업, 무직, 전문직의 직업은 증가하고 있다.

〈표 7-2〉 직업별 검거인원(2001-2006년)

(단위 : 명, %)

구분	계	무직	학생	회사원	IT전문직	자영업	전문직(의사등)	기타
2006	45,877	13,690	6,101	7,556	427	8,227	682	9,194
	100	29.84	13.29	16.47	0.93	17.93	1.48	20.04
2005	37,828	14,147	7,580	6,186	410	3,793	905	4,807
	100	37.4	20.04	16.35	1.08	10.03	2.39	12.71
2004	36,148	12,533	8,294	5,251	449	3,870	552	5,199
	100	34.67	22.94	14.53	1.24	10.71	1.53	14.38
2003	30,150	11,620	8,228	3,237	202	2,558	346	3,959
	100	38.54	27.29	10.74	0.67	8.48	1.15	13.13
2002	21,817	6,763	6,598	2,876	283	2,129	425	2,753
	100	31	30.24	13.18	1.3	9.76	1.9	12.62
2001	5,052	1,398	2,039	735	76	404	47	353
	100	27.67	40.36	14.55	1.5	8	0.93	6.99

자료: 경찰청, 사이버통계자료센터(http://www.ctrc.go.kr)

연령별 검거인원에 의하면 10대들의 비중을 감소하는 대신에 20대 이상의 연령대에서 점차 증가하고 있다. 특히, 30대 40대의 비중의 증가는 사이버 범죄가 과거 청소년 중심의 젊은 범죄에서 점차 일반화되고 있다고 판단된다.

〈표 7-3〉 연령별 검거인원(2001-2006년)

(단위 : 명)

구 분	계	10대	20대	30대	40대	50대	기 타
2006	45,877	6,158	15,400	13,543	7,967	2,149	660
	100.00	13.42	33.56	29.52	17.36	4.68	1.43
2005	37,828	8,630	13,982	9,026	4,135	1,461	594
	100.00	22.81	36.96	23.86	10.93	3.86	1.57
2004	36,148	9,391	13,296	8,176	3,337	1,289	659
	100.00	25.98	36.78	22.62	9.23	3.57	1.82
2003	30,150	10,187	11,185	5,437	2,277	725	339
	100.00	33.79	37.1	18.03	7.55	2.4	1.12
2002	21,817	8,205	6,876	3,743	1,881	563	549
	100.00	37.61	31.52	17.16	8.62	2.58	2.52
2001	5,052	2,198	1,661	777	242	87	92
	100.00	43.41	32.88	15.38	4.79	1.72	1.82

자료: 경찰청, 사이버통계자료센터(http://www.ctrc.go.kr)

3. 사이버범죄 처벌법규의 현황

1) 사이버공간에서의 전통적 범죄유형

사이버성폭력, 사이버스토킹, 사이버명예훼손, 사이버업무방해, 사이버비밀침해, 사이버사기, 사이버자료손괴(정보훼손), 사이버자료조작, 사이버음란물유포, 사이버도박, 사이버저작권침해와 같이 전통적인 범죄가 사이버공간에서 행하여지는 경우 그것의 불법성은 기존 형벌법규에 의해 처벌되는 행위와 동일하다. 그리고 이러한 사이버범죄는 전통적인 범죄행위가 사이버공간이라는 새로운 생활공간을 이용하여, 대면하지 않고 행하여질 뿐, 행위태양은 대부분 기존의 형벌법규에 의하여 포섭이 가능하므로 처벌의 공백은 나타나지 않는다. 다만 불법내용은 본질적으로 동일하지만 행위객체나 행위태양이 기존의 형벌법규에 포섭되기 어려운 경우에는 새로운 구성요건을 신설하거나 행위객체를 추가할 수밖에 없다.

① 사이버성폭력은 사이버공간에서의 성폭력이라는 의미이지만 사이버공간의 성

질상 유형력이 행사될 수는 없으므로 통상 사이버공간에서 성적 표현 또는 성적 표현이 담긴 정보를 상대방의 의사에 반하여 그에게 도달하게 하는 것[8]을 말한다. 이러한 사이버성폭력은 성폭력범죄의처벌및피해자보호등에관한법률(이하 "성폭력특별법"이라 한다)에 규정된 통신매체이용음란죄[9]로 처벌된다. 동죄는 고의 이외에 '자기 또는 사람의 성적 욕망을 유발하거나 만족시킬 목적'을 필요로 하는 목적범이다. 따라서 성적 욕망과 무관하게 복수심이나 호기심에서 한 경우에는 동죄로 처벌할 수 없다.

② 사이버스토킹은 사이버공간에서 공포심이나 불안감을 유발하는 표현 또는 그러한 표현이 담긴 정보를 반복적으로 상대방에게 도달하게 하는 것을 말하며, 이러한 행위는 정보통신망[10]이용촉진및정보보호등에관한법률(이하 "정보통신망법"이라 한다) 제65조 제1항 제3호[11]에 의해 처벌된다. 사이버스토킹은 성적 접근과 무관하다는 점과 1회의 행위만으로는 성립할 수 없다는 점에서 사이버성폭력과 구별된다.

③ 사이버명예훼손은 정보통신망법 제61조[12]의 정보통신망 명예훼손죄로 처벌된다. 사이버명예훼손의 높은 전파성과 지속성이 출판물에 의한 명예훼손죄(형법 제309조)와 유사함에도 불구하고 인터넷게시판 등은 형법 제309조의 '신문 · 잡지 · 라디오 · 기타 출판물'에 해당하지 않으므로[13] 제307조로 처벌할 수밖에 없다는 점을

8) 사이버성폭력을 1회적 사이버성폭력, 사이버스토킹, 사이버포르노그래피유포, 사이버청소년매매춘으로 구분하는 견해도 있으나 동의하기 어렵다.

9) 자기 또는 사람의 성적 욕망을 유발하거나 만족시킬 목적으로 전화 · 우편 · 컴퓨터 기타 통신매체를 통하여 성적 수치심이나 혐오감을 일으키는 말이나 음향, 글이나 도화, 영상 또는 물건을 상대방에게 도달하게 한 자는 1년 이하의 징역 또는 300만원 이하의 벌금에 처한다(제14조). 이 죄는 고소가 있어야 공소를 제기할 수 있다(제15조).

10) "정보통신망"이라 함은 전기통신기본법 제2조 제2호의 규정에 의한 전기통신설비를 활용하거나 전기통신설비와 컴퓨터 및 컴퓨터의 이용기술을 활용하여 정보를 수집 · 가공 · 저장 · 검색 · 송신 또는 수신하는 정보통신체제를 말한다(정보통신망법 제2조 제1호).

11) 공포심이나 불안감을 유발하는 부호 · 문언 · 음향 · 화상 또는 영상을 반복적으로 상대방에게 도달하게 한 자는 1년 이하의 징역 또는 1천만원 이하의 벌금에 처한다.

12) 제61조(벌칙) ① 사람을 비방할 목적으로 정보통신망을 통하여 공연히 사실을 적시하여 타인의 명예를 훼손한 자는 3년 이하의 징역이나 금고 또는 2천만원 이하의 벌금에 처한다. ② 사람을 비방할 목적으로 정보통신망을 통하여 공연히 허위의 사실을 적시하여 타인의 명예를 훼손한 자는 7년 이하의 징역, 10년 이하의 자격정지 또는 5천만원 이하의 벌금에 처한다. ③ 제1항 및 제2항의 죄는 피해자의 명시한 의사에 반하여 공소를 제기할 수 없다.

13) 이에 반하여 인터넷방송(라디오 · TV)은 형법 제309조의 라디오에 포섭된다고 생각한다.

고려하여 정보통신망 명예훼손죄가 신설된 것이다. 동죄는 출판물에 의한 명예훼손죄와 달리 "공연성"을 요하므로, 공연성이 없는 1:1 대화방이나 1:1 메일의 경우에는 설령 '비방의 목적으로 정보통신망을 통하여' 사실을 적시하였더라도 동죄가 성립하지 않는다.[14] 물론 '비방의 목적이 없는' 사이버 명예훼손은 공연성이 있는 경우에 형법상의 명예훼손죄로 처벌되며,[15] 사이버모욕은 공연성이 있을 때에 한하여 형법상의 모욕죄(제311조)가 성립할 것이다.[16]

④ 사이버업무방해는 형법상 업무방해죄(제314조 제2항)와 정보통신망법 제62조 제5호[17]에 의해 처벌된다. 업무방해죄는 '컴퓨터 등 정보처리장치 또는 전자기록 등 특수매체기록을 손괴하거나 정보처리장치에 허위의 정보 또는 부정한 명령을 입력하거나 기타 방법으로 정보처리에 장애를 발생하게 하여 사람의 업무를 방해'함으로써 성립하고, 정보통신망 장애죄는 '정보통신망의 안정적 운영을 방해할 목적으로 대량의 신호 또는 데이터를 보내거나 부정한 명령을 처리하도록 하는 등의 방법으로 정보통신망에 장애를 발생하게 함'으로써 성립한다. 전자는 목적범이 아니지만 후자는 목적범의 형태로 되어 있고, 전자는 업무방해의 위험이 발생하여야 성립하지만 후자는 정보통신망에 장애가 발생함으로써 성립한다.

⑤ 사이버비밀침해는 통상 해킹에 의해 이루어지는데, 형법상의 기술적 수단에 의한 비밀침해죄(제316조 제2항, 제140조 제3항)와 정보통신망법상의 비밀침해죄(제62조 제6호[18])에 의해 처벌된다. 다만 형법상의 비밀침해죄는 '봉함 기타 비밀장치한 … 전자기록 등 특수매체기록'을 대상으로 하므로, 비밀번호 등에 의해 보호

14) 공연성이 없으므로 명예훼손죄(형법 제307조)도 성립하지 않는다.

15) 판례(대판 2000.5.12. 99도5734)도 직장의 전산망에 설치된 전자게시판에 타인의 명예를 훼손하는 내용의 글을 게시한 행위가 명예훼손죄를 구성한다고 하였다.

16) 판례(대법원 2004.6.25. 2003도4934)도 인터넷 게시판에 타인을 비방하는 글을 게시한 행위를 모욕죄로 처벌하였다.

17) 제48조 제3항의 규정을 위반하여 정보통신망에 장애를 발생하게 한 자는 5년 이하의 징역 또는 5천만원 이하의 벌금에 처한다. 제48조 제3항: 누구든지 정보통신망의 안정적 운영을 방해할 목적으로 대량의 신호 또는 데이터를 보내거나 부정한 명령을 처리하도록 하는 등의 방법으로 정보통신망에 장애를 발생하게 하여서는 아니된다.

18) 제49조의 규정을 위반하여 타인의 정보를 훼손하거나 타인의 비밀을 침해·도용 또는 누설한 자는 5년 이하의 징역 또는 5천만원 이하의 벌금에 처한다. 제49조: 누구든지 정보통신망에 의하여 처리·보관 또는 전송되는 타인의 정보를 훼손하거나 타인의 비밀을 침해·도용 또는 누설하여서는 아니된다.

조치를 해 놓은 전자기록이어야 하며, 기록으로서의 성질상 저장매체에 저장된 것이어야 한다. 이에 반하여 정보통신망법의 비밀침해죄는 보호조치한 것에 한정되지 않으며, 저장(보관)된 것은 물론 '처리 중이거나 전송 중인 비밀'도 포함한다. 그러나 정보통신망에 의하여 처리·보관·전송되는 자료나 정보라도 비밀 아닌 것을 침해·도용·누설하는 행위는 정보통신망법이 아닌 통신비밀보호법에 의하여 처벌된다. 왜냐하면 컴퓨터통신은 통신비밀보호법상의 전기통신[19]에 해당하고, 컴퓨터통신을 이용하여 전송되는 타인의 자료나 정보(비밀 여부를 묻지 않음)를 탐지하여 그 내용을 알아내거나 기록하는 행위는 통신비밀보호법상의 감청[20]에 해당하기 때문이다. 결국 사이버비밀침해의 경우, 일반적인 자료나 정보를 알아내는 행위는 통신비밀보호법에 의하여, 비밀에 해당하는 자료나 정보를 알아내는 행위는 정보통신망법에 의하여, 그리고 비밀장치가 된 정보통신망의 비밀자료나 정보를 알아낸 행위는 형법상의 비밀침해죄에 의하여 처벌된다. 그밖에 사이버비밀침해를 처벌하는 특별법이 있는데, 화물유통촉진법 제54조의3,[21] 신용정보의이용및보호에관한법률 제32조 제2항 제11호,[22] 전자무역촉진에관한법률 제31조 제2호가 그것이다.

⑥ 사이버사기는 형법상의 사기죄(제347조)로 처벌된다. 그리고 "컴퓨터 등 정보처리장치에 허위의 정보 또는 부정한 명령을 입력하거나 권한 없이 정보를 입력·변경하여 정보처리를 하게 함으로써 재산상의 이익을 취득하거나 제3자로 하여금 취득하게 한 때"에는 컴퓨터사용사기죄(형법 제347조의2)가 성립한다.

⑦ 사이버자료손괴(정보훼손)는 형법상의 공용서류등 무효죄(제141조 제1항), 재물손괴죄(제366조) 그리고 정보통신망법상의 정보훼손죄(제62조 제6호)에 의해 처

---

19) "전기통신"이란 유선·무선·광선 및 기타의 電磁的 방식에 의하여 모든 종류의 음향·문언·부호 또는 영상을 송신하거나 수신하는 것을 말한다(통신비밀보호법 제2조 제3호).

20) "감청"이라 함은 전기통신에 대하여 당사자의 동의 없이 電子裝置·기계장치 등을 사용하여 통신의 음향·문언·부호·영상을 청취·共讀하여 그 내용을 지득 또는 採錄하거나 전기통신의 송·수신을 방해하는 것을 말한다(통신비밀보호법 제2조 제7호).

21) 물류전산망에 의하여 처리·보관 또는 전송되는 물류정보를 훼손하거나 그 비밀을 침해·도용 또는 누설한 자는 5년 이하의 징역 또는 5천만원 이하의 벌금에 처한다(화물유통촉진법 제54조의3).

22) 권한 없이 신용정보전산시스템의 정보를 변경·삭제 기타 이용불능하게 하거나 권한 없이 신용정보를 검색·복제 기타의 방법으로 이용한 자는 3년 이하의 징역 또는 3천만원 이하의 벌금에 처한다(신용정보의이용및보호에관한법률 제32조 제2항 제11호).

벌된다. 형법상 재물손괴죄는 '전자기록 등 특수매체기록'을 객체로 함에 반하여, 정보통신망법의 정보훼손죄는 기록(보관)된 정보는 물론 '처리 또는 전송'되는 타인의 정보도 객체로 한다. 또한 공공기관의 개인정보를 말소하는 행위는 공공기관의개인정보보호에관한법률 제23조 제1항에 의해, 물류전산망에 의하여 처리·보관 또는 전송되는 물류정보를 훼손하는 행위는 화물유통촉진법 제54조의3에 의해, 신용정보전산시스템의 정보를 삭제 기타 이용불능하게 하는 행위는 신용정보의이용및보호에관한법률 제32조 제2항 제11호에 의해, 무역업자 등의 컴퓨터화일에 기록된 전자무역문서 또는 데이터베이스에 입력된 무역정보를 훼손하거나 그 비밀을 침해하는 행위는 전자무역촉진에관한법률 제31조 제2호에 의해 처벌된다.

⑧ 사이버자료조작에 대해 정보통신망법상의 정보훼손죄(제62조 제6호)가 적용될 수 있는지가 문제되는바, 본인은 적용될 수 없다고 생각한다. 왜냐하면 자료조작은 자료(정보)의 경제적 가치를 감소 내지 상실시키는 것(이것은 사이버자료손괴가 될 것)이 아니라 증명가치를 해하는 것이기 때문이다. 따라서 사이버자료조작의 경우 형법상의 전자기록위작·변작죄(제227조의2, 제232조의2)가 적용될 수 있을 뿐이다. 그런데 전자기록위작·변작죄의 객체는 "공무소 또는 공무원의 전자기록 등 특수매체기록"과 "권리·의무 또는 사실증명에 관한 타인의 전자기록 등 특수매체기록"이므로 "증명적 기능을 갖지 않는 자료(프로그램)"나 "기록으로서의 성질을 갖지 않는 자료(처리 또는 전송 중인 자료)"를 변경하는 행위는 전자기록위작·변작죄로 처벌할 수 없다. 위작·변작의 개념에 대해서는 다툼이 있다. 그리고 특별법으로는 공공기관의 개인정보변경을 처벌하는 공공기관의개인정보보호에관한법률 제23조 제1항, 신용정보전산시스템의 정보변경·삭제 등을 처벌하는 신용정보의이용및보호에관한법률 제32조 제2항 제11호, 무역업자 등의 컴퓨터화일에 기록된 전자무역문서 또는 데이터베이스에 입력된 무역정보의 위조·변조를 처벌하는 전자무역촉진에관한법률 제30조 제1항 제1호, 물류전산망에 의한 전자문서의 위작·변작행위를 처벌하는 화물유통촉진법 제54조의2 제1항이 있다.

⑨ 사이버음란물유포는 정보통신망법 제65조 제1항 제2호[23]에 의해 처벌된다.

23) 음란한 부호·문언·음향·화상 또는 영상을 배포·판매·임대하거나 공연히 전시한 자는 1년 이하의 징역 또는 1천만원 이하의 벌금에 처한다(정보통신망법 제65조 제1항 제2호).

동죄는 '음란한 부호 · 문언 · 음향 · 화상 또는 영상'을 객체로 하므로 음란한 영상화면을 수록한 컴퓨터 프로그램파일을 컴퓨터 통신망을 통하여 전송하는 방법으로 판매한 행위에 대하여 적용되며,[24] 음란한 CD나 비디오테이프를 인터넷을 통하여 유포하거나 판매는 행위는 동죄가 아닌 형법상 음화반포죄(제243조)로 처벌된다. 다만 자신의 인터넷게시판이나 홈페이지에 음란사이트를 링크시켜 놓거나 음란사이트의 주소를 게시해 놓는 행위가 정보통신망법이나 형법의 "공연히 전시하는 것"에 해당하는가는 해석상 다툼이 있다.[25]

4. 사이버범죄의 발생유형

사이버범죄를 유형화하기는 쉬운 일이 아니며 구체적으로 소개한 교재도 많지 않은 편이다. 일본의 경우 법률상의 죄명을 기준으로 분류하고 있으나 현실과는 거리가 멀다고 하는 비판을 받고 있다.[26] 우리나라는 사이버범죄의 유형에 전자기록 등의 조작, 불법첩보행위, 정보불법복제, 사생활침해, 국가적 · 사회적 위기조장, 종래의 전통적 범죄에의 악용 등 6가지 유형과 컴퓨터해킹, 암호해독, 컴퓨터바이러스 등을 포함하여 유형화하고 있다.

한편 사이버범죄의 유형을 사이버공간을 이용한 전통적인 범죄와 사이버공간의 등장으로 새롭게 발생하는 범죄로 나누는 입장과, 사이버공간을 '합법적으로 이용한 범죄군'과 보호되는 사이버공간을 '불법적으로 침입하여 이루어진 범죄'로 구분하고, 전자를 다시 사이버공간을 이용한 '전통적 범죄'와 사이버공간에서만 존재하는 '새로운 사이버범죄'로 유형화해 볼 수 있다.

---

24) 대법원 1999.2.24. 98도3140.

25) 대법원 2003.7.8. 2001도1335 판결은, "음란한 부호 등이 불특정 · 다수인에 의하여 인식될 수 있는 상태에 놓여 있는 다른 웹사이트를 링크의 수법으로 사실상 지배 · 이용함으로써 그 실질에 있어서 음란한 부호 등을 직접 전시하는 것과 다를 바 없다고 평가되고, 이에 따라 불특정 · 다수인이 이러한 링크를 이용하여 별다른 제한 없이 음란한 부호 등에 바로 접할 수 있는 상태가 실제로 조성되었다면, 그러한 행위는 전체로 보아 음란한 부호 등을 공연히 전시한다는 구성요건을 충족한다고 봄이 상당하다"고 하였다.

26) 일본의 경찰백서는 하이테크범죄유형을 ① 전자계산기사용사기, ② 사전자적기록부정작출, ③ 공전자적기록부정작출, ④ 전자계산기손괴등업무방해, ⑤ 공전자적기록훼기, ⑥사전자적기록훼기, ⑦ 인터넷이용범죄, ⑧ 기타 등 8가지로 구분하여 사용하고 있다.

전자는 범죄의 불법내용이 사이버공간 자체에 등장에 의존하고 있느냐의 여부를 기준으로 한 것이라면, 후자는 범죄의 수법이 사이버공간을 합법적으로 이용한 것이냐의 여부를 기준으로 한 것이다. “사이버공간에서의 전통적인 범죄”는 전통적인 범죄행위가 사이버공간이라는 새로운 생활공간에서 행하여지는 경우를 말하며 사이버도박, 사이버명예훼손, 사이버성추행, 사이버테러, 또는 인터넷협박, 인터넷사기, 사이버포주, 인터넷 음란물 유포 등을 들을 수 있다. 이러한 사이버범죄는 전통적인 범죄가 사이버공간이라는 새로운 생활공간을 범죄의 무대로 삼고 있는 것이다. “사이버공간에서의 새로운 범죄유형”은 사이버공간이라는 새로운 생활공간이 등장하면서 비로소 나타나게 된 - 즉 전통적인 범죄와는 전혀 다른 - 새로운 불법유형으로서 바이러스의 제작과 유포, 해킹 등이 이에 해당한다.

그리고 형사정책연구원은 다음 〈표 7-4〉에서 보는 바와 같이 사이버범죄를 크게 두 가지로 대분류를 하고 세부유형을 4개로 유형화하고 있다.[27)]

〈표 7-4〉에서 보는 바와 같이 크게 11가지의 사이버범죄를 유형화하고 있는데, 먼저 유형Ⅰ은 사이버공간을 이용한 전통적 범죄유형들 중에서 해킹기술과 관련이 있는 것으로서 개인신용정보도용에 의한 범죄가 여기에 속한다. 유형Ⅱ는 사이버공간을 이용한 전통적 범죄유형들 중에서 해킹기수리과 무관한 전자상거래, 인터넷사기, 사이버성희롱 등이 여기에 속하는 범죄유형이다. 그리고 유형Ⅲ은 사이버공간의 등장과 더불어 새롭게 발생한 범죄유형들이 여기에 속한다. 예를 들어, 사이버절도, 전자문서의 도용등과 같은 범죄가 이 유형에 해당한다. 마지막으로 유형Ⅳ는 사이버공간에서의 새로운 범죄유형 중에서 해킹기술과 관련이 없는 컴퓨터바이러스 유포와 스팸메일이 여기에 해당하는 범죄이다.

---

27) 한국형사정책연구원, (2000), 「사이버공간에서의 범죄피해: 개인 인터넷사용자를 중심으로」, 한국형사정책연구원연구보고서 00-18, 12월. pp. 36-37.

〈표 7-4〉 사이버범죄의 유형

		분류기준 I	
분류기준 II	구 분	사이버공간을 이용한 전통적 범죄군	사이버공간에서 새로운 범죄유형
	해킹과 유관한 범죄유형	유형 I : 개인신용정보의 도용	유형 III : 사이버절도, 전자문서의 도용 · 변조 · 파괴
	해킹과 무관한 범죄유형	유형 II : 전자상거래범죄 · 인터넷사기, 사이버성희롱, 성폭행, 사이버스토킹, 허위사실유포, 명예훼손, 사생활유포, 인신공격, 언어폭력, 협박	유형 IV : 컴퓨터바이러스, 스팸메일

사이버범죄의 분류는 학자나 기관에 따라서 다양하게 유형화하고 있음을 알 수 있다. 이것은 사이버범죄를 유형화한다는 것은 쉬운 작업이 아님을 반증하는 것이기도 하다. 그 이유는 아직까지 사이버범죄에 대한 개념자체가 모호하고, 사이버범죄가 복합적 형태를 띠고 있는 경우가 많으며, 또 새로운 유형의 사이버범죄가 끊임없이 발생하고 있기 때문이다.[28]

5. 최근 사이버범죄동향

1) 신종 인터넷 사기

(1) 신종 피싱사기

피싱사기의 상당수는 위장사이트로 접속을 유도하는 URL이 담긴 이메일이나 게시판 메시지를 통해 위장사이트에서 개인정보를 입력하게 만든다. 이번에 새로 발견된 피싱 이메일에는 실제로도 합법적인 웹사이트 주소가 표시되지만 연결은 피싱사이트로 되는 새로운 형태다. 따라서 사용자들은 피싱으로 의심하기가 더욱 어려워졌다.[29]

---

28) 상게논문, pp. 33-34.

(2) 포털사이트 검색순위 조작

사이버범죄수사대는 특정업체의 홈페이지 조회수를 높이는 수법으로 포털사이트에서 검색순위를 상위에 등록시켜 주고 돈을 챙긴 혐의(업무방해 등)로 A인터넷광고대행사 대표 이모씨를 불구속입건했다.

이씨는 자체 개발한 '상위등록 프로그램'으로 광고의뢰를 받은 750여개 업체의 홈페이지 주소 접속횟수를 자동 증가시켜 이들 업체가 검색순위 상위에 오르도록 해 포털사이트 서버의 처리속도를 지연시키는 등 업무를 방해한 혐의를 받고 있다. 경찰 조사결과 이씨는 해당 업체들의 조회수를 1,700여 만회에 걸쳐 증가시켰으며, 검색순위 조작 대가로 업체당 80-440만원씩 모두 15억원을 받은 것으로 드러났다.[30)]

(3) 클릭사기 증가

온라인 광고시장에서 '클릭사기'(click fraud)가 극성을 부리면서 구글, 야후 등 포털업체의 광고수익모델이 심각한 위기를 맞고 있다.

클릭사기는 온라인 광고의 클릭수를 고의로 부풀려 경쟁회사의 광고비용을 올리거나 홍보 효과를 왜곡시키는 행위를 말한다. 구글처럼 클릭수로 광고료를 산정하는 PPC방식(Pay-Per-Click)의 수익모델을 갖춘 회사가 클릭사기를 당할 경우 광고주는 홍보효과는 못 본 채 광고비만 늘어나는 피해를 보게 된다. 온라인 광고시장에서 광고클릭수를 조작하는 클릭사기가 어제 오늘의 일은 아니다. 하지만 해커들이 최근 온라인 광고의 허점을 노리고 정교한 악성SW를 경쟁적으로 개발함에 따라 그 위험성이 증폭되고 있다.

클릭사기용 악성SW의 주력은 '봇넷'(botnet)으로 불리는 해킹프로그램인데, 이 봇넷에 감염된 PC는 주인도 모르게 다른 사람의 지시로 클릭사기를 비롯한 각종 사이버 범죄에 악용되곤 한다. 특히 봇넷이 불특정 다수의 PC속에 숨어서 광고클

---

29) 시만텍코리아는 이러한 경우 해당 링크 위로 마우스 커서를 올려놓고 브라우저 좌측 하단의 상태 표시 줄에 나타나는 URL을 다시 한번 확인하라고 권고했다. 전자신문 2007.4.6자 "시만텍코리아, 신종 피싱 메일 경고" 기사 참조.

30) 경찰은 하루 1,000여회에 이르는 특정업체들의 조회수가 매일 1단위까지 같은 점을 확인, 이씨의 검색순위 조작 사실을 밝혀냈다. 전자신문 2006.3.21자 "포털사이트 검색순위 조작해 돈챙겨" 기사 참조.

릭수를 조작할 경우에는 외형상 합법적인 광고클릭과 구별하기가 매우 어렵다.[31)]

2) UCC의 역기능

(1) UCC(사용자제작콘텐츠)의 유행과 그 피해의 증가

2006년 6월 호주의 한 여대생은 UCC사이트인 유튜브에 '에멀리나(Emmalina)'라는 필명으로 애완동물 · 운동 · 취미 등 자신의 일상을 공개하는 동영상을 연재했고, 이 동영상은 조회수 30만을 기록하는 폭발적인 인기를 끌며 인터넷 백과사전 위키피디아에 등재되기도 했다. 그러나 이 여대생은 이어지는 개인정보 해킹 및 악용, 음해성 동영상 · 악플 등에 시달리다 2개월 만에 자신의 프로필과 동영상 콘텐츠를 모두 삭제했고, 유명해지는 것이 꼭 좋은 것만은 아니라는 취지의 글을 남기고 떠났다.

타임지는 지난해 '올해의 발명품'으로 UCC사이트인 유튜브를 꼽았다. 현재 유튜브에 동영상을 올리는 회원은 7,200만명에 달하며, 미국 최고의 인터넷회사인 구글은 이런 폭발력을 감안해 최대의 UCC 유통회사인 유튜브닷컴을 한화 1조7,000억원에 사들였다.

UCC 열풍은 이용자들의 삶에 획기적인 변화를 가져다주고 있다. UCC를 통해 누구나 스타가 될 수 있고 가공할 미디어의 힘을 발휘할 수 있는 기자나 PD가 될 수 있다. 평범한 학생, 회사원, 주부 등이 자신의 취미생활이나 일상을 담은 동영상으로 UCC 스타가 되기도 한다. 캐논 변주곡을 기타로 환상적으로 연주한 동영상을 올려 전 세계 네티즌들 사이에 일약 스타로 떠오른 임정현씨가 대표적인 예다.

UCC는 선거결과에도 영향을 미쳤다. 2006년 미국 중간선거에서 공화당 조지 앨런 상원의원이 인도계 청년을 향해 '원숭이'라고 말하는 동영상이 퍼지자, 승리가 예상됐던 그는 낙선했다. 이처럼 UCC를 통하여 누구나 새로운 경제적 부를 창출하는 것은 물론 한순간에 스타가 되거나 몰락하기도 한다.

UCC가 가져다주는 역기능은 프라이버시 침해, 유해정보, 저작권-초상권침해, 명예훼손 등이다. 개인정보화 도구를 갖춘 영상세대는 소위 '뜨기 위해' 어지간한 개인정보노출은 가볍게 여긴다. 흥미를 위해 타인의 사생활 등을 쉽게 노출하고 드러

31) 전자신문 2006.6.16자 "온라인 광고도 해커와의 전쟁" 기사 참조.

내거나 무작위로 사이버 '펌질'도 마다하지 않는다.

UCC사이트를 이용하는 네티즌들은 내 개인정보와 마찬가지로 타인의 개인정보를 보호해야 한다. 그렇지 않을 경우 발생하는 인격모독이나 마녀사냥 등으로 인한 피해는 확산될 것이다. 개인들에게 팽배한 개인정보보호 무의식증과 노출증의 확산은 결국 UCC 세상을 위협하게 될 것이다. UCC사이트 운영 기업들의 보안에 대한 시급한 대책도 필요하다.

전문가들은 수십억 개의 사용자 검색, e메일 정보가 저장된 데이터베이스를 보유한 구글 같은 인터넷회사 등에서 UCC사이트를 오픈하고 있어 UCC를 통해 웜바이스가 전파될 위험성이 대폭 증가할 수 있다고 우려하고 있다. 또 거대한 양의 데이터베이스 유출이나 해킹도 우려하고 있다.

법적인 보완도 필요하다. UCC를 통해 누구나 스타나 논객이 될 수도 있지만 누구나 저작권 위반자가 될 수도 있다. 유해한 불법콘텐츠에 대한 단속과 통제도 필요하다. 현재 마련하고 있는 저작권자와 UCC 제작자간의 법적 문제 등 UCC저작권 가이드라인과 같은 제도방법도 중요하다. 하지만 법령을 제 · 개정하여 억울한 피해자가 발생하지 않도록 해야 한다.

에멀리나에게 가해진 사이버폭력에 대비하지 않으면 언제든 우리에게 다시 부메랑이 되어 돌아올 수 있다는 사실을 명심해야 한다. UCC를 안전하게 이용할 수 있는 내적 · 외적환경이 조성될 때 비로소 UCC는 진정한 인터넷의 블루오션으로 우리에게 다가올 것이다.[32)]

3) 사이버해킹 증가

'2005년 인터넷 공격' 분석 보고서에 따르면, 2005년 중국 · 미국 · 한국 3개국이 전 세계 사이버 공격과 탐지의 50%를 차지했다.

전세계 사이버 공격 중 27.38%가 중국에서 발생했으며 미국은 21.16%, 한국은 6.03%를 차지했다. 나머지 국가의 사이버 공격 비중은 1.5~2% 내외로 중국·미국·한국 상위 3개국에 사이버 공격이 집중됐다.

이 같은 중국의 사이버 침해 사고 증가는 초고속 인터넷 보급 확대 때문으로 분

32) 디지털타임스 2007년 2월 7일자 "제2의 에멀리나를 막기 위해서는" 기사 참조.

석되었으며, 특히 2005년 한 해 동안 중국은 57% 이상의 호스트가 슬래머웜에 감염돼 1위의 침해국이 됐다.

반면 최근 2년 동안 슬래머 웜 감염률이 높았던 우리나라는 감염된 호스트가 1% 미만으로 떨어지는 등 중국과 비교해 상대적으로 보안 수준이 높아졌다고 분석했다. 미국은 보안 솔루션의 대중화와 더욱 엄격해진 사이버 범죄 검거로 순위가 하락했다.33)

4) 인터넷도박

"전세금으로 부은 적금도 깨고 애들 양육비도인터넷 도박에 퍼부었어요" "남편이 출근하면 하루 종일 컴퓨터 앞에 매달려 정신없이 인터넷 도박을 하다 하루에 100만원 넘게 잃기도 했어요" 남편이 대기업에 다니는 주부 이모(28)씨는 현금을 주고받으며 상습적으로 인터넷 도박을 한 혐의로 경찰 조사를 받게 되자 후회의 눈물을 쏟았다. 가끔 무료 도박사이트에서 취미로 도박게임을 즐기던 이씨는 지난 7월 "돈벌며 즐기라"는 친구의 소개로 알게 된 인터넷 유료 도박사이트에 접속한 것이 화근이었다. 실제 현금으로 게임머니를 구입하고 다시 환전받는 방법으로 유료 인터넷 도박을 시작한 이씨는 처음에는 1-2만원씩 적은 돈으로 도박을 즐기다 언제부턴가 자연스럽게 남편만 출근하면 하루 종일 컴퓨터 앞에 앉아있게 되고 도박비용으로 100만원 이상을 퍼붓기도 하는 등 인터넷 도박에 빠져들었다. 3개월만에 전세금으로 넣어둔 적금도 깨고 양육비도 모두 도박에 부었던 이씨는 '밑빠진 독에 물붓기'식의 도박행위로 가정파탄까지 갈 수도 있었지만 그나마 경찰단속으로 멈출 수 있었던 게 다행이라고 한숨을 내쉬었다. 이씨는 "친구 말대로 생활비도, 용돈도 벌고 싶어 시작했던 게 실수였다"고 말했다. 서울의 명문대 4학년생인 김모(25)씨도 최근 2개월간 그런 이유로 시작한 인터넷 도박으로 300만원을 잃었다. 사행성 인터넷 도박을 벌인 혐의로 적발된 이들은 대부분 주부였지만 대학생, 대학원생, 교수, 의사, 세무사, 교사 등 누구나 인터넷을 쉽게 접속할 수 있는 만큼 직업군도 다양했다.

실제 오프라인에서 벌어지는 도박에 비해 인터넷 도박은 남의 시선도 받지 않고

33) 전자신문 2006.3.3자 "작년 사이버 공격 피해 한국이 세계서 세 번째로 많아" 기사 참조.

장소에 구애받지 않고 집에서 편하게 할 수 있고 소액으로 시작해 잘 만하면 뭉칫돈도 걸 수 있다는 유혹 때문에 이용하는 네티즌이 적지 않다는 것이 경찰의 지적이다. 인터넷 사이트 순위를 매기는 랭키닷컴에 따르면 이 같은 유료 게임사이트가 전국에 40여개나 되고 이용자도 수백만명에 달할 것으로 추정되고 있다.34)

이들 사이트 운영자들도 게임머니를 현금으로 환전해 주면 불법인 것을 알면서도'진짜 돈이 오가는' 돈 버는 장사를 포기하지 않고 편법으로 운영했던 것으로 드러났다. 이들은 도박을 위해 게임머니를 구입할 때는 부가세 명목, 게임머니를 현금으로 환전해줄 땐 수수료 명목으로 거래되는 현금의 20-30%까지 챙기는 등 수입이 적지 않아 앞으로도 경찰 단속망을 피하면서 계속 운영할 것으로 경찰은 보고 있다. 경찰은 "불법, 편법으로 운영되는 인터넷 도박 사이트가 공공연한 사이버 광고나 스팸메일로 광고하며 일반 가정 등으로 파고들면서 사행성 도박이 자연스럽게 이뤄지고 있다"며 "현재 적발한 9개 사이트뿐만 아니라 해외에 서버를 둔 비슷한 유형의 도박 사이트 등에 대해 지속적인 단속을 벌일 방침"이라고 말했다. 이러한 피해사례에서 확인할 수 있지만 게임을 즐기는 것 자체는 합법일 수 있어도, 게임에 중독되어 생활도 망가질 뿐만 아니라 게임머니를 구입하는데 많은 돈을 써서 더욱 피해가 커진다는 것이 문제가 되겠다.35)

6. 사이버범죄 대응의 문제점

1) 범죄단속의 한계

사이버공간에서 발생하고 있는 범죄를 단속하는데 많은 어려운 점들이 발견된다.

첫째, 범죄의 특수성측면에서 경찰의 범죄단속을 어렵게 하고 있다는 점이다.

앞에서 기술한 바와 같이 사이버범죄는 현실공간의 범죄와 구별되는 사이버범죄의 고유의 특성을 가지고 있다. 이러한 사이버범죄의 특성은 경찰의 수사활동상의 한계뿐만 아니라 피해사실의 적발을 어렵게 하여 암수율을 높이는 원인으로 작용한

34) 정 완, (2006), "인터넷도박의 실태와 대응" 경희법학 제41권 제2호 참조.

35) 연합뉴스 2004.10.29자 "전세금도, 양육비도 인터넷 도박에… 유료 게임사이트 40여개 이용자 수백만명" 기사 참조.

다. 타인의 ID나 비밀번호를 도용하여 완전범죄를 노리고 있으며 전 세계의 불특정 다수를 대상으로 사기행각이나 바이러스를 유포한 경우는 구체적 피해사실을 자세히 파악하기가 힘들게 한다. 피해자가 피해범위와 피해실태를 파악하기가 한층 더 어렵게 한다는 점이다.[36] 이와 같은 특성은 수사기관의 수사활동을 어렵게 할 뿐만 아니라 기소와 재판단계에서 유죄입증을 어렵게 만들어 사이버공간에서의 범죄활동을 조장하는 결과를 가져오고 있다.

둘째, 기술적 제약성으로 경찰의 범죄단속이 더욱 어렵다는 점이다.

컴퓨터환경의 특성상 사후적으로 범행을 입증하기가 매우 어렵고 피해신고율도 상당히 낮다. 컴퓨터는 단시간에 방대한 양의 정보를 처리하고 있으므로 간단히 컴퓨터조작에 의해 사후에 범죄혐의를 입증하기가 곤란하다. 컴퓨터는 고유한 프로그램언어와 운영자만이 이해할 수 있는 특별한 암호적 표현과 기술로 구성되어 있기 때문에 범행을 적발하고 입증을 어렵게 한다. 특히 금융기관이나 전산시스템운영자가 자신의 담당업무나 전문지식을 활용하여 고객이나 기업에 피해를 입히거나 중요정보를 유출시키는 사례가 증가하고 있는데도 불구하고 수사력이 이를 따라가지 못하고 있는 것도 바로 내부자에 의한 범죄와 전문기술을 가진 자의 범죄행동에는 고도의 기술력을 가지고 있다. 경찰 수사력의 기술적 제한성이 사이버범죄의 적발가능성과 유죄입증을 어렵게 하여 사이버공간의 치안상황이 날로 어려워지고 있는 실정이다.

2) 범죄양상의 질적 · 양적 다변화

사이버공간에서의 범죄양상의 특징은 정보기술의 발달과 더불어 다양화 · 복잡화되는 경향이 있다.[37] 그리고 오프라인에서 벌어지는 범죄가 온라인상의 범죄로 전이되고 있는 양상을 보이고 있고, 사이버범죄가 질적 및 양적인 측면에서 급속히 발전되고 있다. 사이버공간의 범죄양상을 대별해 보면 다음과 같다. 사이버공간상의

---

36) 한국형사정책연구원, (2000), 「사이버경찰에 관한 연구」, 한국형사정책연구원 연구보고서 00-1, pp. 22-27.

37) 사이버상에서 발생하고 있는 범죄의 유형은 사이버스토킹, 사이버절도, 사이버사기, 사이버명예훼손, 사이버성폭력, 사이버도박 등 인터넷고유의 범죄와 오프라인상에서 벌어지고 있는 범죄들이 사이버공간에서 발생하고 있는 범죄도 있다.

전통적인 범죄라고 할 수 있는 아마추어 수준의 해킹과 바이러스유포 등 자신의 실력을 과시하고 싶은 욕구와 호기심의 발동에 의한 범죄에서 최근에는 전문해커에 의한 사이버테러리즘과 사이버스파이의 조직적 활동이 특히 심각한 문제로 대두되고 있다.[38)]

전문사이버테러리즘은 고출력전자총이라는 첨단무기를 이용하여 국가의 기관전산망을 일시에 무력화시킬 수 있을 만큼 발달되어 있다. 또한 타인의 ID를 절취하여 사용하는 수준에서 암호화기술을 이용하여 경쟁기업의 신개발기술을 파괴하거나 절취하여 다른 기업에 판매를 하는 산업스파이, 그리고 전자화폐의 출현은 예전에 생각하지 못했던 신종범죄사건이 속속 등장하고 있다. 우리나라에서는 아직까지 시험단계에 있지만 전자화폐가 공식적으로 사용하게 된다면 사이버공간에서의 절도행위 뿐만 아니라 위·변조사건 등 오프라인상의 범죄가 가상공간에서 발생하게 되어 사이버공간의 치안상황은 더욱 혼란스럽게 할 것이 예상된다. 이것 뿐 아니라 전자화폐가 불법자금세탁이나 탈세의 도구로 악용될 소지도 충분히 예견되어 경찰의 강력한 단속활동이 요구되고 있다.

3) 단속법제의 미비

일반적으로 범죄는 법규를 위반하는 행위로 정의될 수 있다. 사이버 공간에서도 죄형법정주의 원칙이 적용되고, 범죄행위를 단속법규가 마련되어 있어야 한다. 그러나 사이버공간에서 벌어지는 범죄행위 중에서 단속법규가 미흡하여 적절한 형사제재를 가하지 못하는 경우가 있다. 사이버범죄에 대한 형법상의 조항들은 대부분 1980년대 컴퓨터의 하드웨어적 기능에 초점을 두고 규정된 것으로 현재의 사이버범죄를 단속하기에는 법적인 제도가 미흡할 수밖에 없다. 정보통신기술의 급속한 발달과 범죄수법의 전문화·다양화라는 역동적 특징을 감안한다면 정태적인 형법상의 구성요건으로 처벌규정을 법제화하는 데는 무리가 따를 것으로 예견된다.[39)]

사이버공간에서 발생하는 범죄를 단속하기 위한 개별법률 조항들도 불완전한 측

38) 양승택,(1999), 「지식정보화사회와 정보보호기반 구축」, 제4회 정보보호심포지움자료집, 한국정보보호센터, pp. 3-14.

39) 유인모,(2000), 「정보형법의 과제와 전망」, 한국형사정책학회 2000년 동계학술회의자료집, pp. 12-13.

면이 없지 않다. 예를 들어 해킹의 경우 정보통신망이용촉진에 관한 법률 제19조 제3항이 단속근거이다. 그러나 법규정이 정보통신서비스제공자가 강구한 보호조치를 침해하거나 훼손하는 경우에만 한정되어 있기 때문에 보호장치가 없는 시스템의 침해는 단속대상에서 제외되는 모순점을 가지고 있다. 이것뿐만 아니라 결과범에만 처벌을 할 수 있고 미수범에 대한 처벌규정이 없는 문제점도 가지고 있는 허점을 지적할 수 있다.[40] 법적 근거는 있지만 단속기준에 관한 해석이 시대적 상황이나 법관에 따라서 달라짐으로써 단속상의 혼동을 초래하는 경우도 많이 있다. 대표적인 사례가 사이버 상에 유포되고 있는 영화나 소설 등의 음란성 시비이다. 사법기관이 음란성의 판단기준이 극히 유동적인 면을 보이는 것은 수사기관의 법 집행에 혼선을 초래할 우려도 있고 이것은 결국 사이버공간의 치안상황을 더욱 어렵게 할 우려가 많이 있다.

4) 수사활동의 한계

사이버공간에서 벌어지는 범죄는 시공간을 초월한 국제적인 범죄양상을 띠고 있지만 국가 간의 수사공조가 미흡하고, 증거확보의 어려움, 수사에 필요한 자료의 이용에도 제한이 있기 때문에 현실세계의 법체계로서는 수사권의 발동에도 많은 제한이 있음을 지적하지 않을 수 없다.

첫째, 국가 간의 수사공조문제이다. 국가의 공권력은 배타적인 권리이다. 그러므로 범죄를 수사하고 범인을 검거와 재판 등 형사사법적 활동은 많은 제한이 있다. 그런데 앞에서 제시한 바와 같이 사이버범죄는 범죄가 발생하는 시공간이 광역화·국제화의 특성을 가지고 있기 때문에 범인을 추적하고 증거를 확보하기 위해서 국가 간의 형사공조가 대단히 중요하다. 그러나 사이버범죄에 대한 국가 간의 수사공조와 법률기준의 상이로 인하여 수사활동에 많은 지장을 초래하고 있다. 아울러 사이버공간에서 벌어지는 사건은 현실공간의 범죄와 비교하여 증거를 확보하기가 어렵다.

---

40) 정보통신망이용촉진에관한 법률 제19조의 제3항은 누구든지 불법 또는 부당한 방법으로 제1항의 규정에 의한 보호장치를 침해하거나 훼손하여서는 안된다. 그리고 29조의 벌칙조항을 보면 제19조 제3항의 규정에 위반하여 정보통신망의 보호조치를 침해하거나 훼손한 자는 3년 이하의 징역 또는 3천만원이사의 벌금에 처한다.

둘째, 수사신속성의 제한이다. 사이버공간에서의 범죄수사도 영장주의원칙에 의해서 이루어지기 때문에 범죄대응의 신속성과 융통성을 확보하지 못하는 경우가 많다. 수사상황을 범인이 인지하게 되면 범행흔적을 현실공간보다 쉽게 삭제할 수 있을 뿐만 아니라 도주할 수 있으며 범인추적이 어렵다는 점이다.

셋째, 수사에 필요한 자료이용의 한계성을 지적할 수 있다. 범죄를 인지하였다하더라고 인터넷정보를 제공하는 업체가 관련자료를 보관하고 있지 않은 경우가 많으며, 수사기관의 자료요청에 거부감을 나타내는 경향이 많이 있다. 또 범죄적 의도를 가진 이용자가 타인의 ID나 타인의 인적사항을 이용하여 회원가입을 하였다면 관련정보는 범인의 신원을 파악하는데 쓸모가 없을 수 있으며, 부정확한 정보로 인하여 수사기관이 시간과 경제적 낭비 뿐 아니라 수사의 혼선을 가져올 수도 있다는 사실이다.

제 2 절 정신장애범죄

최근 들어 이슈가 되고 있는 정신장애가 우리나라에서 자리를 잡기 시작한 것은 그리 오래되지 않는다. 그동안 우리나라는 장애인의 범주를 지나치게 신체구조 및 기능상의 기준으로 판정함으로써 정신장애를 「장애인복지법」이나 「장애인 고용촉진 및 직업재활법」에서 규정하는 사회보장이나 직업재활 서비스에서 배제시켜 왔다. 정신질환자의 의료 및 사회복귀에 관한 사항을 규정하는 「정신보건법」조차 지난 1968년 이후, 법 제정을 위해 대한 신경정신의학회, 사회복지협의회, 한국사회복지사협회, 대한의료사회사업가협회, 한국정신의료사회사업가협회, 한국정신보건가족협회와 가족들이 지속적으로 노력하여 1995년이 되어서야 법적으로 제정되게 되었다. 2000년도 장애인 실태조사 결과, 장애인 수는 6만 5천명 정도로 장애유형 중 지체, 시각, 뇌병변, 청각장애에 이어 다섯 번째로 많은 수를 차지하는 것으로 나타났다. 이러한 정신장애인의 사회적 복귀와 바른 재활 서비스 제공을 위하여서는 먼저 정신장애의 분류에 대해 알아볼 필요가 있다.

WHO에서 1938년 제정한 국제질병분류 5판(ICD-5)에서 처음으로 정신장애를 언급하였으며 6판(ICD-6)에서부터 정신장애를 별도의 항으로 다루기 시작했다. 미국에서는 1869년 미국정신과학회 연례회의에서 처음 분류를 소개한 후 1952년 정신장애진단 통계편람 제1판(DSM-I)에서 mental disorder categories에 대한 기술이 처음으로 체계적으로 시도되었다. 이후 WHO에서 제정하는 ICD의 개정판들과 서로 보완하면서 차례로 DSM-II(1968), DSM-III(1980), DSM-III-R(1987)로 개정되었다. 1992년 ICD-10이 발표되었고 1994년 DSM-IV가 발간되었다. ICD는 세계에서 널리 사용되고 있는 공식적 통계방법이며 우리나라에서도 공식적으로 이를 채택하고 있다.

정신장애의 분류는 큰 2가지 진단분류 체계인 ICD-10과 DSM-4가 있다. DSM-4란 미국 정신의학회의 진단기준 매뉴얼 제4판이다. ICD-10이란 세계보건기구(WHO)의 국제질병분류의 제 10판이다. 이 두 가지 진단기준 모두 서로 중복되는 내용이 많으며 약간의 차이점만 있다. 한국에서는 미국 정신의학회에서 만든 통계적 진단분류를 많이 따르고 있다.

다음에서는 정신장애의 간단한 개념과 정의, 그리고 학자들의 연구 방법, 정신장애와 범죄의 연관성, 판례 등을 알아보고자 한다.

1. 정신장애의 개념 및 정의

1) 정신장애의 개념

미국정신의학회의 DSM-IV에서는, "정신장애"라는 용어는 환원주의적이고 이원론적인 개념을 바탕으로 한 "정신장애"와 "신체장애"의 구별을 함축하고 있다. 일부 정확한 문헌들은 "정신장애"에는 "체적" 요소가 많이 있고, "신체장애"에는 "정신적" 요소가 많이 있다고 기록하고 있다. "정신장애"라는 용어의 사용은 문제를 해결하기보다 문제를 제기하고 있는데, 그럼에도 불구하고 DSM-IV에서는 적절하게 바꿀 만한 다른 용어를 찾지 못했기 때문에 이 용어를 사용하고 있다.

우리는 아직까지 어떠한 정의도 적절하게 "정신장애"의 개념에 대한 정확한 경계선을 제공할 수 없음을 인정해야 한다. 다른 의학이나 과학에서의 개념들처럼 정신장애의 개념 역시 모든 상황을 포괄하는 일관된 조작적 정의가 결여되어 있다.

모든 의학적 상태는 다양한 수준의 개념 추출에 따라 정의된다. 예컨대 구조적 병리학(예: 궤양성 대장염), 증상 출현(예: 편두통), 생리적 규준에서의 이탈(예: 고혈압), 그리고 원인론(예: 폐렴구균성 폐렴). 이와 마찬가지로 정신장애 역시 다양한 개념에 의해 정의되어 왔다(예: 고통, 통제 장해, 손상, 무능력, 비융통성, 비합리성, 증후군 양상, 원인론, 통계적 이탈). 이들은 각 정신장애에 대한 유용한 지침이지만, 어떤 것도 개념 수준에 도달하지 못함으로써 특정 상황에 대한 특정 정의가 요구되고 있다.

DSM-IV에서, 정신장애들은 개인에게 발생되고 있는 임상적으로 중요한 행동적, 심리적 증후군이나 양상으로서, 이러한 증후군이나 양상은 현재의 고통(예: 고통스런 증상)이나 무능력(예: 한 가지 이상의 중요한 기능 영역의 손상)을 동반하거나, 고통스런 죽음이나 통증, 무능력, 또는 자유의 상실의 위험을 증가시키게 된다. 그리고 이러한 증상이나 양상이 어떤 특정한 사건(예: 사랑하는 사람의 죽음)에 대해 기대할 만하고 문화적으로 허용되는 반응이어서는 안 된다. 이러한 증상이나 양상의 원이 무엇이든지 간에 현재 개인에게 행동적, 심리적, 또는 생물적 기능 장애가 나타나고 있어야 한다. 이탈된 행동(예: 정치적, 종교적, 또는 성적)이나 갈등(주로 개인과 사회 간에 일어나는)이 개인에게 기능 장애의 증상을 초래하고 있지 않다면, 앞서 지적된 바와 같이 그 어느 것도 정신장애라고 정의되지 않는다.

2) 정신장애의 정의

정신장애의 의미에 대해 가장 체계적으로 규정한 스피저(Spitzer)와 윌슨(Wilson)의 정의를 살펴보면 다음과 같다. 첫째, 근본적으로 정신적이며 행동을 변화시키는 상태이다. 그 변화된 행동은 만약 그런 변화가 성격, 동기 혹은 갈등 같은 개념에 의해 설명된다면, 생리학적 기능의 변화도 포함된다. 둘째, 증상의 절정의 상태에서 규칙적이고 실질적으로 스트레스를 유발하고 사회적 기능의 일반적인 손상을 초래하며 신체적 건강을 해치기 때문에 자발적으로 멈추고 싶은 행동들과 연결되어 있다. 여기서 사회적이라고 하는 것은, 정신장애는 신체질환과 달리 아무리 개인적인 질병이라고 하여도 개인 자체보다는 사회적 요소에 의해 그 장애의 여부가 결정되는 경우가 많기 때문에 병리, 즉 증상의 유무뿐 아니라 특정 사회의 상황에서 '정상'에 의미를 부여하는 규범, 역할 및 지위 같은 사회적 개념에서의 손상을 말한다. 마지막으로 정신장애의 상태는 다른 상태와는 뚜렷이 구별되며, 어떤 방법에 입각하든지 그 치료에 반응을 보이는 상태이다.

우리나라 장애인복지법의 정의에 따르면, 정신장애인이란 지속적인 정신분열증, 분열형 정동장애, 양극성 정동장애 및 반복성 우울 장애로 인한 기능 및 능력장애로 인하여 일상생활 혹은 사회생활을 영위하기 위한 기능수행에 현저한 제한을 받아 도움이 필요한 사람을 말한다. 여기서 말하는 만성정신장애인이란 어떤 정신적 또는 정서적 장애와 더불어 일상생활, 즉 위생 및 자기보호, 대인관계, 사회적 교류, 학습과 여가활동 등 중 세 가지 이상의 측면에서 기능적 능력의 발달과 경제적 자립을 저해하는 만성적인 장애를 지니고 있는 사람을 말한다.

즉 정신장애란 일반적으로 생각, 느낌, 행동이 병리학적으로 특징지어지는 상태를 의미하며, 어떤 조건에 의하여 영구적이거나 반영구적인 정신적 장애를 갖게 되거나 질병으로 인하여 이전의 정신적 기능으로 되돌아갈 수 없는 것을 말한다. 정신장애는 질병 자체의 활발한 진행 이외에 질병으로 인한 기타 사회적 기능까지 손상되어 증상이 사라진 후에도 질병 이전의 상태로 복귀하지 못하는 것을 말한다.

2. 정신장애범죄 현황 및 특징

대검찰청의 범죄분석 정신장애자현황을 살펴보면 1997년 이후 2004년까지 계속해서 증가하고 있다. 1997년 대비 2004년 2.4배 이상 증가하였다. 1997년 2,642건에서 매년 증가하다 2001년 이후 감소하고 있다가 2004년 급증하였다. 형법범계의 경우 1997년 폭력행위처벌법 400명(15.1%), 절도 286명(10.8%), 사기 90명(3.4%) 순으로 나타나고 있고 2004년의 경우도 폭력행위처벌법 1,665명(18.5%), 절도 611명(6.8%), 사기 552명(6.1%) 순으로 나타나 정신장애자 범죄에서 폭력행위처벌법이 가장 많은 비중을 차지하는 것으로 나타났다. 또한 1997년 대비 2004년의 경우 배임 900% 증가, 사기 513.3%, 횡령 500%의 증가로 나타나 전체적으로 재산범죄에 대한 증가가 높게 나타났다.

그러나 2004년 전체 형법자 수 826,886명이고 정신장애 형법범의 수가 3,990명,

전체 형법 중 비중은 0.48%로 매우 미미한 정도이다.

〈표 7-5〉 정신장애자에 의한 주요범죄동향(1997-2004년)

(단위: 명)

구 분	1997	1998	1999	2000	2001	2002	2003	2004
형법범계	749	713	796	895	844	1,313	1,341	3,990
살인	34	41	31	43	31	42	36	50
강도	36	21	27	25	29	26	31	43
방화	41	24	34	41	34	45	46	50
강간	39	33	32	34	29	57	67	105
폭행	28	22	34	52	44	54	55	113
상해	76	97	140	144	132	131	130	284
공갈	3	5	5	6	3	3	3	7
절도	286	277	277	344	324	336	380	611
장물	3	2	2	1	3	0	0	1
사기	90	81	81	65	79	89	94	552
횡령	12	19	11	9	6	7	7	72
배임	1	2	7	2	6	3	1	10
간통	5	2	7	2	1	4	5	16
폭력행위처벌법	400	398	437	520	545	353	340	1665
전 체	2,642	2,617	3,078	3,597	2,720	2,162	2,036	9,001

출처: 이수정, 2006: 148.

3. 정신장애와 범죄

정신장애자들이 일반 인구에 비하여 범죄와 더 연관이 많은가라는 질문에 대해서, 정신장애자들이 폭력과 범죄를 저지르는 집단 중에서 덜 위험하다는 의견, 비슷하다는 의견, 더 위험하다는 의견이 있어서 아직까지 일치된 의견은 없는 상태이다. 미국에서는 범법행위로 체포된 사람의 2%가 "심각한 정신장애", 10%가 "중등도의 정신장애", 그리고 18%가 "경한 정신장애"를 앓고 있었다는 보고가 있었다. 여기서 심각한 정신장애는 정신병이라고 해석하여, 2%라면 일반인구에서의 정신병 발병의 빈도와 대략 비슷하다고 볼 수 있으므로 범죄 집단이라고 특별히 정신병의 빈도가 높다고는 할 수 없을 것이다.

한국의 정신장애자의 범죄율에 대한 연구(1992)에서 일반인의 범죄율이 정신장애자보다 17배 많았다고 보고하고 있다. 정신장애자에 의한 살인은 일반인에 의한 것보다 두 배 많았으나 다른 범죄는 훨씬 적었다. 범죄유형별로 보면 일반 범죄자는 절도 등 재산범이 전체 약 80%를 차지하였으나, 정신장애자의 범죄는 살인 35%, 폭행 및 상해가 30%를 차지하여 강력범이 전체의 약 83%를 차지하였다.

살인을 많이 저지르는 정신과적 장애는 정신분열병, 정서장애, 정신지체, 뇌증후군, 간질 등이었다. 난폭한 환자는 와해형 정신분열병, 정신지체, 기질성 뇌증후군이 위험성이 높다는 다른 연구결과도 있다.

피치료감호자의 재범률은 대략 15%정도로 강력범죄자의 재범률 50%와 보호감호자의 재범률 30%보다 낮았다. 진단별로 본 재범률은 망상장애 40%, 인격장애 33%, 정신분열병 9.5%의 순이었다. 범죄 유형별 재범률은 절도 46%, 방화 36%, 살인 5.5%로 절도가 살인에 비해 월등히 많았으며 범행 동기는 살인의 경우 충동성(35%), 망상(34%), 환각(24%)의 순이었다고 보고되어 있다.

4. 정신적 결함과 범죄

1) 심리장애의 개념과 유형

통계적으로 보아 어떤 정상 범위를 넘어서는 극단적인 경우를 이상심리 또는 심리장애라고 볼 수 있다. 심리장애를 정의하는 데에는 그 사회에서 통용되는 행동의 규범이 중요한 기준이 된다.

정서적 불안감, 우울증 등 심리적인 고통을 느껴 학업이나 기타 일상생활을 하는데 어려움이 있으며, 행동의 부적응성, 즉 사회에 적응하는데 있어서 해로운 결과를 가져오는 행동이 지속적으로 나타난다.

미국의 정신의학회의 정신장애의 진단 및 통계편람(DSM-Ⅳ, 1994)을 살펴보면 증상과 증후를 위주로 장애의 특성을 정의하고, 심리장애를 크게 17가지로 구분하였다.

2) Gough : 반사회적 인성(anti-social personality)과 범죄

반사회적 인성은 일반적으로 정신병리(psychopathology), 사회병리(sociopathology)와 동의어로 사용된다. 지능의 부족, 뇌의 구조적인 질환, 신경증적 정신병을 앓고 있지는 않지만 사회적 적응능력이 부족한 퍼스낼러티를 지칭하고 일반적으로 사회의 중요한 가치나 규범을 내면화하는데 실패한 결점이 있는 퍼스낼러티를 말한다.

임상경험을 바탕으로 반사회적 인성의 특성을 정리하면 ① 미래에 대한 목표보다는 현실의 목표를 과대평가한다. ② 충동적 행동을 취한다. ③ 자극의 강도와 그것에 대한 행동적 반응이 일치하지 않는다. ④ 타인과 깊고 영속성 있는 애정관계를 형성할 수 없다. ⑤ 깊숙한 대인관계를 유지할 수 없다. ⑥ 자기가 정한 목표에 도달할 때까지의 사고와 계획성이 결여되어 있다. ⑦ 사회적 부적응에 대한 불안한 고민이 결여되어 있다. ⑧ 자기 잘못을 타인에게 돌리며 실패에 대한 책임을 지지 않는다. ⑨ 하찮은 일에도 변명한다. ⑩ 전혀 신뢰할 수 없으며 책임도 지지 않는다. ⑪ 감정이 결핍되어 있다.

이와 같은 반사회적 인성은 행위자가 반사회적이고, 비윤리적이고, 비도덕적 행위를 할 개연성이 크다. 이들은 외견상 일반인과 비슷하기 때문에 조기발견이 어렵다.

반사회적 인성의 원인으로는 부모의 애정결핍, 아버지가 정신병자이거나 알코올중독자일 가능성, 기타의 이유로 인한 불우한 아동기의 경험(가정폭력의 경험) 등이 있다.

하지만 Gough의 연구는 ① 구금된 사람들을 대상으로 반사회적 인성을 조사했기 때문에 대표성이 없고 ② 특성이 구금의 결과인지 아니면 본래 인성적 특성인지 구분해 내기가 어렵고 ③ 반사회적 인성이라는 개념이 애매모호하여 의사나 지역에 따라 상이하며 ④ 단지 심각한 범죄자나 상습적인 범죄자에게 붙여주는 표식에 불과할 뿐이지 그들이 왜 이와 같은 방식으로 행동하는지를 이해하고 장기적으로 그들에게 무엇이 발생할지를 이해하는 데 도움을 주지 못하는 등의 비판의 목소리가 있다.

3) Schneider : 정신병질(psychopathy)과 범죄

Schneider는 정신병질적 성격유형을 10가지로 분류하였다

① 발양성, ② 우울성, ③ 의지박약성, ④ 무정성(정성박약성), ⑤ 폭발성(병적 흥분자), ⑥ 기분이변성, ⑦ 자기현시욕성(허영성), ⑧ 자신결핍성(자기불확실성), ⑨ 열광성(광신성), ⑩ 무력성 정신병질자

① **발양성 정신병질자** : 자기 자신의 능력과 운명에 대해 과도하게 낙관적, 경솔하고 불안정정적인 면을 갖는 성격자이다. 다혈질적이고 활동적이어서 어디서나 떠들고 야단법석을 벌이며 실현가능성이 없는 약속도 깊은 고려 없이 남발함으로써 상습사기범이 되기 쉽다. 무전취식자로 돌아다니기도 하며 닥치는 대로 훔치기도 하며 순간적인 충동에 따라서 움직이고 쉽게 범죄유혹에 빠지기도 한다. 즉 상습누범자이다.

② **우울성 정신병질자** : 염세적, 비관적인 인생관에 빠져 항상 우울하게 지내고 자책적이다. 항상 최악의 상황을 생각하고 과거를 후회하고 미래를 걱정한다. 강박관념에 빠져 자살할 가능성이 높고 적극적으로 범죄에 가담하지 않는 편이지만 강박증상으로 드물기는 하지만 살인이나 성범죄를 저지르기도 한다.

③ **의지박약성 정신병질자** : 외향적 의지, 내면적 의지 양자 모두에서 박약성을 지녀 주위 상황과 주변 사람들의 태도에 따라 우왕좌왕한다. 대개 지능이 낮은 편이며 좋은 환경 아래에서는 온순하고 모범적으로 생활하나 나쁜 환경 아래에서는 범죄의 유혹에 직면하게 되면 쉽게 빠지고 그 후에는 헤어나지 못한다. 상습 누범자 중에 많고, 창녀, 알코올 중독자, 마약 중독자 중에 많다.

④ **무정성(정성박약성) 정신병질자** : 인간이 보편적으로 갖고 있는 타인에 대한 동정심이나 연민의 감정, 수치심, 명예심, 공동의식, 양심의 가책 등이 결핍되어 함부로 행동하는 특징이 있다. 자기 목적 달성을 위해서는 냉혹 잔인하게 행동하고 그에 대한 죄책감을 느끼지 못하고, 복수심도 강하고 완고하며 교활하다. 背德狂(moral insanity), 도덕적 백치 또는 도덕적 박약자(moral imbecile)라고 생각하면 된다. 영국과 미국에서는 정신병질자라는 경우에 주로 이러한 사람을 가리킨다. 정신분석학자들에 의하면 이들은 欲動支配(id-dominated)의 심리상태에서 생활하는 자들로서 타인의 고통을 전혀 고려하지 않고 행동한다. 범죄학에서 가장 주목을 받는 정신병질자이며 이들의 범죄행위는 잔인하고 대담하다 상습누범자들에게 많은 비율을 보이며, 범죄단체 조직범 흉악범에서 이러한 무정성 정신병질자가 많다. 롬

브로소의 생래적 범죄자, XYY형 범죄자 등이 여기에 해당한다.

⑤ 폭발성 정신병질자(병적 흥분자) : 사소한 자극에 대해 병적으로 과도하게 격렬한 반응을 일으키고, 전후를 고려함이 없이 닥치는 대로 던지고 때리고 폭언하기를 주저하지 않는다. 타인에 대한 공격 뿐 아니라 자해행위를 하기도 한다. 이런 경향은 알코올 음용 이후에 더욱 잘 나타나며 뇌파검사를 하면 간질성 기질이 나타나기도 한다. 평소에는 조용하고 친절하며 분별력 있게 지내기도 하지만 이들은 살상, 폭행, 모욕, 손괴 등의 범죄행위를 많이 저지른다.

⑥ 기분이변성 정신병질자 : 기분의 동요가 심하여 예측할 수 없는 것이 특징이어서 갑자기 어떤 감동이 발하여 이상한 행동과 기분을 내다가 곧 주저앉는 등 변화가 심하다. 욕구에 따라 잘 변하고 폭발성과 마찬가지로 간질성 기질이 나타나기도 한다. 방랑과 폭음, 낭비를 일삼는 경우가 많고, 방화범과 상해범 중에 이런 성향이 많다.

⑦ 자기현시욕성(허영성) 정신병질자 : 자기를 사물의 중심으로 생각하는 등 자기를 실제 이상으로 높이 인식하는 성격자이다. 따라서 다른 사람의 주목과 평판의 대상이 되고자 공상적인 거짓말을 일삼기 때문에 고급사기범이 되기 쉽다. 욕구가 좌절되면 신체적 질환으로 도피하여 히스테리성 반응을 보이기도 한다.

⑧ 자신결핍성(자기불확실성) 정신병질자 : 자신의 우월성을 나타내고자 하는 마음은 많으나 능력부족을 늘 의식하여 주변 사정에 민감하고 어떤 강박현상에 쫓기는 듯한 복잡한 심경의 소유자이다. 주변 사정에 민감하여 도덕성을 지키기 때문에 범죄와는 거리가 멀다. 그러나 강박증상 때문에 살상이나 성범죄를 저지르기도 한다.

⑨ 열광성(광신성) 정신병질자 : 어떤 가치나 신념에 열중하여 외부에 적극적으로 선전하고 주장을 펼치는 등 소신에 따라 행동하는 강한 성격의 소유자이여서 정의감에 따라 소송을 즐기기도 하고 비현실적 주장을 펼치기도 한다. 종교적 광신자나 정치적 확신범이 많다.

⑩ 무력성 정신병질자 : 심신의 부조화 상태를 호소, 관심을 자기에게 돌리기를 바라고 동정을 바라는 성격이어서 인격성의 상실에 빠져 번민하기도 하고 신경질적이지만 범죄와의 관계는 적은 것으로 보인다.

Schneider의 연구를 통하여 볼 때 범죄성과 적극적인 관련성을 가진 것은 발양성, 의지박약성, 폭발성, 기분이변성, 자기현시욕성, 열광성, 무정성의 일곱 가지이며 우울성, 자신결핍성, 무력성은 소극적인 관계이다.

Stumple과 Villinger의 연구 : 일반범죄자보다는 상습범, 누범자, 중범죄자에서 그 비율이 높게 나타난다. 범죄자 중에서는 기분이변성이 가장 많고, 다음으로 무정성, 발양성, 폭발성, 과장성의 순서이다.

4) 비판

Cleckley는 정신병리적 성격에 관한 연구에 매우 비판적이다. ① 개념의 엄밀성이 결여, 정신병리적 성격이라는 개념은 거의 모든 범죄자들에게 적용할 수 있을 정도로 포괄적이다. ② 정신병질과 범죄는 근본적으로 차이가 있다는 점을 정신의학자들이 간과하고 있다. 정신병질자의 대다수는 범죄자가 아니며, 오히려 기업가, 과학자, 의사 등 전문직 종사자들에게서도 많이 발견할 수 있으므로 정신질환과 범죄행위를 직접 연결할 수 없다. 전형적인 정신병질자는 행동이 의도적이지 않고, 행동의 목표도 상식적으로 이해하기 어려우며, 불필요한 정도로 슬퍼하거나 자신을 질책하는 등 전형적인 범죄자와 차이를 보인다.

Vold & Bernard는 정신병질적 성격이란 성격적 비정상 징후의 환자를 구분하고 치료방법을 개발하는 등 나름대로 유용하나, 범죄자들을 대상으로 왜 반사회적 행위를 하였는지 이해하고자 하는 범죄학적 노력에는 큰 유용성이 없다고 지적하고 있다.

5. 정신병(psychosis)과 범죄

정신병의 가장 두드러진 특징은 현실감각의 상실이다. 정신병자는 환상과 망상 속에 살며, 환상과 현실을 구분하지 못한다. 존재하지 않는 소리를 듣고 없는 것을 본다.

이러한 개념적 왜곡과 오해를 환각 또는 망상(hallucination)이라고 한다. 또한 정신병자는 타인의 행위와 의도를 잘못 해석할 수도 있는데, 이렇게 지지받지 못하는 신념, 요구, 불평을 망상(delusion)이라고 한다. 그런데 정신병은 행위의 특징이 주로 사고의 혼란을 보여주는 정신분열증(schizophrenia)과 망상체계(delusional system)로 특징지어지는 정신병적인 혼란인 망상증(paranoia)으로 대별되고 있다. 정신병과 범죄와의 관련이 분명하게 존재하는 것은 아니다. 그러나 환각이나 망상에 지배되어 범죄를 저지르는 경우가 있다. 예를 들면 환각상태의 살인, 환청에 의한 살인 등이 있다. 정신병자의 범죄행위는 형사책임능력이 없으므로 범죄를 구성하지 않는다.

1) 정신분열증

정신분열증(schizophrenia)이란 감정의 둔화, 외계와의 융화성 상실 등으로 특징지어지는 정신병으로 정신병인구 중에서 가장 많은 부분을 차지하고 있으며 정신병으로 인한 범죄자 중에서도 가장 많이 발견되고 있다. 일찍이 스위스의 임상병리학자인 Bleuler는 정신분열증에 대해서 사고과정의 심대한 분열을 보여주는 사람이라고 지칭하였다. 그런데 일반적으로는 극단적인 사회적 움츠림, 예측불가성, 심한 언어장애, 인식과 주의의 장애, 심한 감정불안 그리고 가장 중요한 것으로 심한 사고불안 등을 포함하는 다양한 행동의 무리를 뜻하는 것으로 이해되고 있으며, 현재는 현실과 사고의 분열을 지칭하는 것으로 이용되고 있기도 하다. 이러한 정신분열증의 주요한 임상적 증상 중의 하나는 비합리적이고 괴이한 사고과정이며, 이들의 사고는 통제불능이며 혼돈스러울 뿐만 아니라 위협적이다. 정신분열증의 또 다른 하나의 중요한 행동특성은 언어불안(speech disturbance)으로서, 그들의 대화는 비지성적이고 낯설고 비현실적이다. 정신분열증의 세 번째 특성은 극단적인 사회적 움츠림과 사회환경으로부터의 격리인데, 이들은 다른 사람을 적대적이고 위협적이며 믿을 수 없는 것으로 간주한다. 그리고 부적절한 감정적 반응을 정신분열증의 네 번째 특징으로 꼽을 수 있다.

이러한 정신분열증 환자들에게서 일관적인 행동유형이 발견되지는 않았는데, 그 이유는 각자가 현실의 고통스럽고 긴장스러운 영향으로부터 탈피하기 위한 노력으로 자신의 독특한 행동유형을 선택하기 때문이다. 그러나 정신분열증 중에서도 가장 많은 부분을 차지하고 있고 또한 범죄와의 관계에서도 가장 중시되고 있는 것은 망상적 정신분열증(paranoid schizophrenia)이다.

이러한 망상적 정신분열증은 피해망상이나 과대망상으로 특징지어지는 것으로서, 망상 속에서 특정인에 대한 공격행위를 하는 것으로 알려지고 있다.

(1) 망상증(paranoia)과 범죄

망상증은 그리스어로 'To think beside oneself'를 의미하는 것으로, 현재는 다른 사람들의 동기에 대한 부당한 의심과 의혹이 중요한 요소인 행동유형을 고수하는 것(To pertain to a pattern of behavior whose prominent ingredient is an unwarranted suspicion of motives of others)이라고 재 정의되고 있다. 이는 망상적 정신분열증과 마찬가지로 엄격한 의미에서 정신병상태라고는 할 수 없지만, 고정된 망상을 중심으로 한 의식을 가지고 있어서 사물에 대한 객관적인 관찰판단을 행하지 못하는 것으로 특징지을 수 있다. 이러한 망상증 환자는 피해망상이나 과대망상에 빠져서 가끔 공격적인 행위를 자행하게 될 수도 있고, 이것은 바로 범죄와 유관한 것으로 추정되고 있다.

그러나 임상학자들은 이러한 망상적 반응에 대해서 망상적 정신분열증, 망상상태, 망상증, 망상적 인성장애 등의 다양한 이름으로 진단하고 있다. 그런데 특정한 망상적 특성은 타인의 동기에 대해 얼마나 민감한지 그리고 의심스러운 신념이나 망상 개념의 조직화, 논리, 복잡성 등에 따라 결정된다. 그러나 진단의 중요한 결정인자는 망상적인 사고로서, 만약 망상의 특징이 일상적 활동을 지배할 정도로 심하다면 망상적 정신분열이나 망상증 또는 망상상태라고 할 수 있을 것이다. 한편, 그 특징이 깊이 상습화되고 습관적이며, 만족스러운 대인관계를 유지하는 능력을 방해하지만 그 기능능력을 완전히 손상시키지 않은 경우라면 망상적 인성장애로 진단될 수 있을 것이다.

그러나 이들 현상 중에서도 범죄와 관련하여 가장 중요시되는 정신분열증적 편집증(paranoid schizophrenia)은 망상적인 사고가 현실접촉을 강력하게 방해할 때를 가리키는 것으로, 이 경우 망상적인 사고가 그 사람의 다른 행위유형을 유도하게 되어 대인관계, 기분, 사고에 있어서 문제를 조장하게 된다. 이러한 사람의 태도는 자신의 망상과 맥을 같이하여 종종 공격적이고 적대적이게 된다. 즉, 다른 사람이 자신의 생존을 위협하려고 음모하고 있다고 의심하게 되어(피해망상증) 남이 나를 해치기 전에 남을 먼저 해치울 수밖에 없다고 판단하게 되는 매우 위험한 상태가 되는 것이다.

2) 강박신경증

강박신경증(obsessive-compulsive neuroses)이란 강박적 사고나 강박행동으로서 이들 증상은 개인으로 하여금 많은 시간을 소모하게 하거나 현저한 고통이나 지장을 초래할 만큼 심각한 것이 보통이다. 강박관념(obsession)이란 본인도 불합리하고 지속적으로 떠오르는 것을 말한다. 강박행동(compulsion)이란 어떤 의식적 행동(예: 손씻기, 정돈하기, 확인하기)이나 정신적 활동(예: 기도하기, 숫자세기)을 몇 번이고 되풀이하여 반복하려는 억제할 수 없는 충동에 따른 행동으로서, 보통 강박관념에 대한 반응으로서 나타난다. 강박행동은 고통을 예방하거나 감소하고 두려운 사건이나 상황을 방지하거나 완화하려는 시도로서 나타난다. 이 환자들은 그들의 강박관념이나 행동이 지나치거나 불합리하다는 것을 인식한다. 범죄학상에서 강박신경증이 문제가 되는 것은 특정상황이나 대상에 대해 강박관념을 가지고 여기에 집착한 강박행동을 계속한다는 데 있다. 방화광, 절도광, 음주광 등에 강박신경증 환자가 많다고 한다. 의식적 또는 무의식적으로 불을 지르는 행동은 방화벽이 있는 사람이나 방화행동을 반복한다고 한다. 방화의 원인적 뿌리는 성적장애에 기인하여 방화행동을 반복한다고 한다. 방화의 원인적 뿌리는 성적장애와 소변장애(urinary malfunction)라는 사람도 있고, 성적 흥분을 경험하기 위한 시도라는 주장도 있으며, 불의 파괴성이 가학성을 자극하므로 방화자의 성적 욕구의 반영이라는 학자들도 있다. 성적 흥분과 방화와의 관계는 매우 밀접한 것으로 알려져 있다. 왜냐하면 방화범들 중에는 과거 성범죄로 체포된 경력을 갖고 있는 사람이 다수를 차지하고, 방화광들을 조사한 바 처음 발화되어 불꽃이 점점 거세어질수록 스릴, 성적인 흥분과 자극 그리고 성적 충동에 휩싸인다고 하는 대답이 이를 뒷받침하고 있다. 절도광은 끊임없이 무엇인가를 훔쳐서 자신의 방이나 사무실에 진열하는 습성을 보인다고 한다. 아무 물건이나 훔치는 것이 아니라 자신의 성적 욕구를 충족시켜줄 수 있는 물건들만 골라서 훔쳐 가지고는 이를 보고 그동안 해소할 수 없었던 자신의 성적 물건들을 골라서 훔치거나, 여성이나 남성의 내의, 속옷가지를 등을 훔쳐 잘 보관한다고 한다. 절도광이나 방화광 모두 절도나 방화 그 자체만을 위해서가 아니라

우회적이고 간접적인 방법으로 자신의 내면의 불만이나 긴장 또는 성적 욕구를 해소하기 위해서 절도나 방화행동을 계속한다는 점에서는 같은 성격을 보여주고 있다. 대체로 이들은 내성적인 성격을 갖고 있는 경우가 많고, 성적으로나 사회적으로 고립된 사람이 많다고 한다. 강박신경증은 위와 같은 특수한 경우뿐만 아니라 살인 충동을 이기지 못하여 살상을 저지르거나, 강박적으로 물건을 훔치거나, 변태적 성접촉에 집착하는 등 여러 가지 형태의 다른 범죄들과 관련이 있을 수 있다.

3) 불안신경증

불안신경증(anxiety neuroses)은 여러 가지 공황장애나 일반화된 불안장애를 갖고 있는 불안장애의 일종이다. 공황장애(panic disorder)는 예기치 못한 갑작스러운 두려움이 몰려오고 그 두려움이 너무 극심해서 견디기 힘든 상황에까지 이르는 경험을 말하는 것으로 일과성이 아닌 반복경험이 특징이다. 일반화된 불안장애(generalized anxiety disorder)는 ① 실제로는 위협이 되지 않는 대상이나 상황에 대해서 심한 공포와 두려움을 보이는 것이고, ② 이런 공포자극을 비합리적인 줄 알면서도 회피하고자 하는 것이다. 따라서 불안신경증은 공황장애, 광장공포증, 대인 공포증, 특정공포증 그리고 일반화된 불안장애를 포함하는 것이다. 불안신경증이 범죄와 관련이 있는 점은 불안을 이기지 못해 또는 불안에서 벗어나고자 범죄를 범하고 이 때문에 체포되어 처벌받음으로써 해방감을 만끽하고자 한다. 그러나 그들이 느끼는 해방감은 일시적인 것이고, 계속해서 불안이 엄습함으로 또 범법행위에 빠지게 된다. 범죄학자들은 이를 죄책감 콤플렉스에 의한 범죄라고도 한다. 불안신경증에 의한 범죄로 판명될 경우는 처벌보다는 치료를 선행할 필요가 있다.

6. 형법상 책임 능력의 한계와 관련된 판례

1) McNaughton 판례

1843년 Daniel McNaughton이 고의적으로 살해했다는 이유로 재판에 회부된 판례로서 정신장애자의 형법상의 책임을 판결하는 근거가 되는 중요한 판례이다.

McNaughton은 수년 동안 피해망상으로 고통을 받고 있었다. 그는 공상 속의 박해자로부터 벗어나기 위해 영국이나 프랑스로 도피하려고도 하였다. 가해자라고 믿었던 Robert Peel경을 살해할 목적으로 Peel경의 집 문 앞에서 기다리던 그는 마침 문을 나서는 Peel경의 비서 Edward Drummon를 권총으로 쏘아 살해하였다.

이 사건을 맡은 변호사는 '불완전한 정신이상'에 대한 탄원서를 제출하였다. 재판부는 정신이상자의 책임성을 결정하는 두 가지 기준을 마련하고, 무죄를 선고하였다. 이후 이 판례는 정신이상자의 책임능력 판단의 기준이 되어 왔다. 당시 재판부가 결정하여 제시한 기준은 다음과 같다.

① 정신이상의 이유로 변호를 하기 위해서 행위를 저질렀을 때, 피고가 마음의 병으로부터 이성이 결여되어 있는 상황에서 괴로워하고 있었고 행위의 성질을 알지 못했거나 만일 알고 있었다고 하더라도 그가 나쁜 일을 하고 있었다는 것을 알지 못했다는 것이 명백하게 증명되어야 한다.

② 부분적인 망상 하에서만 괴로워하고 있고 다른 면에서는 정신이상이 아닌 경우에 그런 양상으로부터 범죄를 저지른 경우 그는 마치 망상이 존재하고 있다는 것에 관한 사실이 실제인 것처럼 똑같은 상황 하에서 그의 책임성이 고려되어야 한다는 것이다.

범행 당시 피고인이 마음의 병으로부터 이성의 결함 하에서 범행을 하였고, 그가 행한 행동의 특성과 성질을 몰랐거나 그가 알았다고 해도 나쁜 일을 행하고 있는 것을 몰랐다면 정신병의 이유로 무죄 판결을 받는다.

2) Durham 판례

1954년 Durham 판례에서 피고인 Durham이 주거침입과 강도죄로 유죄 판결을 받았는데 그는 전에 정신병으로 병원에 강제입원된 적이 있어 책임성에 관한 논쟁이 있었다. Durham 재판에서 정신과 의사는 Durham이 건강한 정신은 아니지만 옳고 그른 것에 대한 질문에는 정확하게 대답할 수도 있다고 증언하였다.

이를 근거로 대법원은 Durham이 건강하다고 판결한 것은 잘못이며, 만일 범인이 정신병 또는 정신손상의 결과로 범행을 저질렀다면 형사상 책임이 없다고 판결하였다.

제 3 절 스토킹범죄

1. 스토킹범죄의 정의

스토킹이란 상대가 싫다고 하는데도 불구하고 끈질지게 따라다니며 성가시게 하는 행위를 일컫는 말이다. 즉, 상대방의 의사와는 상관없이 점찍은 상대방에게 일방적이며 병적으로 따라다니면서 정신적·신체적 피해를 입히는 망상적 행위이다. 원래 영어의 스토크(stalk)는 '적이나 사냥감을 몰래 접근하다', '가만히 누구의 뒤를 밟다', '사냥감을 찾아다니다'라는 뜻을 가지고 있는 말이며 스토커는 명사형으로 밀렵꾼이라는 뜻을 가지고 있다.[41]

스토킹에 대한 개념을 살펴보면 학자 혹은 관련법에 따라 다양하게 정의하고 있다. 1990년 미국 캘리포니아주 형법에 의하면 "스토킹은 의도적이고 악의적으로 반복하여 타인을 쫓아다니고 괴롭히거나 생명 또는 신체에 대하여 상당한 위해를 가할 것을 위협함으로써 타인으로 하여금 공포심을 느끼게 할 정도로 상당한 협박을 가하는 것이다"고 정의하고 있으며(김용욱, 2004: 49), 이건호(2004: 121)에 의하면 "스토킹은 상대방이 싫어하는 행위를 반복적으로 함으로써 상대방으로 하여금 두려움이나 불안함을 느끼게 만드는 다양한 행위 등을 일컫는 것"을 의미한다고 하였다. 2005년 국회에 상정중인 '스토킹 등 대인공포유발행위의 등에 관한 특례 법안'에서는 "특정인에게 정당한 이유 없이 상대방이 원하지 않음에도 계속적으로 접근을 시도하여 면회나 교제를 요구하는 행위, 상대방의 의사에 반하여 일반적이고 반복적으로 글이나 사진 그림 또는 물건을 보내거나 전송하는 행위, 상대방이 감시받고 잇다는 인식을 할 수 있도록 묵시적인 위협이 될 수 있는 행동과 표시를 반복하는 행위, 상대방이 거부함에도 계속적 또는 전화하거나 따라다니기 잠복하여 기다리기, 진로막아서기, 지켜보기 등의 행위, 상대방의 사적정보를 불특정 다수에게 전

41) J. R. *The Psychology of Stalking: Clinical and Forensic Perspectives* (San Diego :Academic Press, 1998), p. 2.

파 또는 전송함으로써 상대방에게 성적 수치심 혹은 모욕감을 주는 행위를 시도하여 당사자의 신뢰관계가 있는 자에게 불안·공포 또는 재산상의 손해를 유발시킬 수 있는 행위"를 의미한다고 규정하고 있다.

스토킹은 '짝사랑'이나 '순애보'와는 차이가 있으며, 대부분의 스토킹행위는 상대방의 단순한 사생활을 침해하는 정도에서 그치는 것이 아니라 신체적·정신적 피해를 주고 심하면 폭행이나 강간, 그리고 살인에 이르는 위험한 범죄행위이다. 이렇게 위험한 범죄가 사회문제로 공론화된 계기가 된 것은 미국에서도 1990년 이후의 일이며, 우리나라의 경우도 90년대 후반부터 서서히 세인의 입에 오르내리기 시작한 최근의 신종범죄에 속한다. 미국에서 스토킹이 공론화된 결정적인 사건은 여배우 레베카 세퍼(Rebecca Schaeffer)의 피살을 포함한 레이건 대통령저격사건, 존레논의 피살사건, 그리고 O. J. 심슨의 사건에 이르기까지 저명한 인사에 대한 일련의 사건보도가 계기가 되었다. 이러한 일련의 사건이후 제일 먼저 캘리포니아에서 북미 최초의 '반스토킹법률'이 1990년에 입법화되었으며, 최근에는 미국의 전 주 뿐만 아니라 캐나다, 영국 등 세계 여러 국가에서 스토킹방지법을 제정하여 운용하고 있고 일본도 얼마전 입법화되었다는 신문보도가 있었다.

한국의 경우 90년대 후반부터 인기가수 김모씨의 스토킹 피해사례가 언론에 보도되면서 스토킹이 사회문제로 등장하였으며, 이후 연예인을 위주로 스토킹 피해사례가 발생하고 있으며, 최근에는 성폭력상담소 등 전문상담기관을 통해 일반인들의 상담건수가 점차 늘어나고 있는 실정으로 이제 스토킹이 연예인등 사회유명인사만의 문제가 아니라 보통의 일반시민들도 그 표적이 되고 있음을 짐작케 하는 일반화된 범죄유형이라고 할 수 있다.

그러나 한국의 경우 스토킹에 대한 체계적인 학문적 연구가 미흡하여 정확한 피해실태를 알 수 없는 실정이고 최근 삼성재단의 사회정신건강연구소, 한국성폭력상담소 등에서 관심을 보이고 있다. 언론에 보도되는 치정살인, 전 남편에 의한 가정폭력 등이 스토킹범죄에 해당하는 경우가 많을 것으로 추정된다.

특히 한국의 경우 스토킹에 관한 처벌법이 없고, 일반 형법범으로 처벌하는데 제한사항이 많기 때문에 피해자들은 신변안전에 심각한 위협을 받고 있음에도 불구하고 경찰을 비롯 한 형사사법기관으로부터 적절한 수준의 법적 보호를 받고 있지 못하고 있는 것이 법적 현실이다.

더구나 명확한 범죄행위로 입증되지 아니한 이상 수사기관의 개입과 처벌이 곤란하고 또 '개인의 애정문제' 또는 '가정문제'정도로 생각하여 별다른 관심을 보이지 않게 되는 경우가 허다하다. 또 이러한 스토킹 행위에 섣불리 경찰이 공식적으로 개입하게 되면 스토커의 보복을 받아 협박, 폭력, 강간, 살인 등 생명의 위협하는 수준까지 발전될 우려가 있는 것이 바로 스토킹범죄의 특징이다. 그러므로 스토킹이 심각한 범죄로 발전되기 이전단계에서 미연에 방지되어야 하는 것이 최선의 방법이겠으나 신중한 법적 대응이 요구된다.

최근에는 다양한 통신수단의 발달에 편승하여 사이버스토킹 등 신종의 스토킹이 널리 확산되어 가고 있는 실정이므로 형사사법적 대응이 절실히 요구되는 범죄로 부각되고 있음에도 불구하고 이에 대한 학문적 연구가 미흡한 실정에 있다.

2. 스토킹의 유형

정상적인 사람과 스토커를 구별할 수 있는 핵심은 행동이 증폭되어 가는 정도로 가늠해 볼 수 있다. 왜냐하면 본질적으로 스토커는 피해자의 거절을 수용하지 않으며, 오히려 그들은 거절의 이면에 내재되어 있는 의미를 잘못 해석하고 그것을 자신에 대한 개인적 공격으로 인식하는 등 비합리적 사고로 인하여 스토커의 행동은 더욱 악화되어 가기 때문이다. 스토커는 강박적 사고에 의해 행동하고 상대로부터 인정을 받기 위해 상당한 기간동안 끈질기게 행동을 지속하는 특징을 가지고 있다. 일반적으로 스토킹의 유형은 학자에 따라 여러 가지로 구분하고 있으나 여기서는 Zona(1993) 등의 연구를 토대로 4가지의 스토커유형을 제시하고자 한다.[42]

1) 연애망상형

연애망상형(Erotomania)은 일종의 정신장애로서 상대방은 자신의 존재를 전혀 의식하지 않고 있는데도 불구하고 자신은 그 사람으로부터 사랑을 받고 있다고 망

42) M. A., Zona, et al., (1993), A comparative study of erotomanic patients and obsessional subjects in a forensic sample, *Journal of Forensic Sciences*, 38(4), pp. 894-903.

상을 하고 있는 것을 말한다.[43] 연애망상형은 자신의 감정이 실재하지 않는 상황에서조차도 피해자와 서로 사랑을 주고받고 있다고 확고하게 믿고 있다. 이들은 스스로 상대방의 관심으로 인해 그가 사랑에 빠지게 되었다고 믿으며, 이제는 애정을 되돌릴 수 없다고 확신하고 있다.

연애망상장애[44]는 정신분열증, 정동장애와 같은 과거에 그러한 정신장애가 없을 때조차도 발생한다. 이런 유형을 가지고 있는 사람의 대다수는 정상적인 직업을 가지고 있으며 결혼 등 비교적 정상적인 사회적 관계를 형성하고 있는 것으로 보인다. 일례로 Taylor 등(1983)이 실시한 연구에 따르면 비록 연애망상자가 사회적으로 고립된 것처럼 보이지만 어떤 성격장애의 징후를 보이지 않음을 강조하였다.[45] 하지만, Meloy(1989)는 비록 연애망상형이 몇몇의 정신병리로 진단을 받지 않을지라도, 그들은 종종 정신병리적인 특징과 연관된 일부의 특징을 소유하고 있는 증거를 보인다고 주장한다.[46]

연애망상에는 다음과 같이 두 개의 장애유형으로 구분할 수 있는데, 하나는 크렘볼트 증후군(de Clerambault's symdrome)이고 또 하나는 비망상적 또는 경계선적 연애망상(non-delusional or borderline erotomania)이다.[47] 연애망상은 가끔 크램볼트 증후군으로 불리고 있는데, 그 이유는 이 유형이 역사적으로 볼 때 여성들에게 자주 보이는 장애로 알려져 있기 때문이다. 그러나 남성들, 특히 폭력행위를 하는 경향을 지닌 남성들이 겪는 장애로 보고되고 있다.

두 장애를 구별할 수 있는 뚜렷한 특징 중에 하나는 de Clerambault's symdrome은 연애망상을 상대방이 먼저 관계를 주도하였다는 생각을 가지고 있는 사람들이

43) Zona는 10만명 중에 2명이 erotomania의 망상장애를 겪고 있다고 주장하고 있다.

44) 연애망상은 DSM-Ⅲ-R에 명시되어 있는 몇몇 망상적 장애중에 하나이다. 망상적 장애의 다른 형태에는 grandiose, jealous, persecutory, somatic이 있다.

45) P. Talor, B. Mahendra, & J. Gunn, (1983) Erotomania in males, Psychological Medicine, 13, p. 648.

46) Samenow(1984)는 정신병리를 책임감의 결핍, 자신의 경험을 적용하는 능력의 결핍, 의식의 결핍, 충동적, 정서적 미숙, 과장성, 그리고 자기중심적이고, 죄책감을 느끼지 못하고 의미있는 인간관계를 형성하지 못하는 특징을 가지고 있다고 정의하였다.

47) Gatian de Clerambault는 19세기 프랑스의 정신의학자로서 자주 연애망상의 최초의 사례를 진단한 것으로 신망을 받고 있다. 하지만 망상장애는 1838년 Esquirol에 위해 최초로 설명되었다.

며, 이에 비해 경계선적 연애망상은 자신의 피해자와 정서적 유대감이나 관계로부터 발전된다는 점이다. 경계선적 연애망상은 자신의 환상을 추구하기 위해 장시간 동안 위협을 하고 가끔씩 피해자는 자기와 같은 마음을 가지고 있지 않다는 것을 완전하게 인식하고 있으므로 망상적 사고를 하지 않는 경우도 있다. 이와 같이 경계선적 연애망상과 망상적 연애망상을 구별하는 이유는 임상적 측면뿐만 아니라 법적인 면에서도 중요하기 때문이다.[48]

2) 애정강박형

애정강박형(love obsession)의 특징은 그들은 피해자에게 거의 알려져 있지 않으며 피해자와 로맨틱한 관계 또는 순수한 사랑(idyllic love)을 성취하는 관념으로 사로잡혀 있는 유형이다. 이러한 형태의 사랑에 빠져 있는 사람은 상대방(피해자)에게 자신을 알리기 위해 온갖 방법을 동원하게 된다. 예를 들어 소극적인 방법으로는 편지, 전화, 선물공세, 이메일 등의 방법이 있으며, 적극적인 방법에는 쫓아다님, 반복하여 찾아가기, 피해자나 주변의 사람에게 위협을 가하는 등의 방법을 사용한다.

Zona 등(1993)은 애정강박형은 만약 기회가 주어진다면 상대가 나를 결국 사랑하게 될 것이라고 하는 희망을 확신하고 있다고 한다.[49] 연애망상형과 비교하여 애정강박형은 자신의 피해자가 자신과 사랑에 빠지거나 친밀한 관계를 원하게 될 것이라고 믿는 것을 필요로 하지 않는다는 점이다. 애정강박형은 연애적 망상으로 고통을 겪고 있을 수 있지만 다른 정신장애병력을 가지고 있는 경우가 많이 있는데 예컨대, 다양한 성격과 정신분열증이나 양극성애정장애와 같은 정신장애를 겪고 있는 경우가 많다.

---

48) John Hinkley Junior의 사례에서, 그는 Jodie Foster가 그를 사랑하지 않는다는 것을 인식하고 있었으므로 망상이 존재하지 않았다. Hinkley는 "gross disturbance or bonding"을 겪고 있었지만 "loss of reality testing"은 필수적인 것이 아니다. 그러므로 정신감정의 청구는 전반적으로 실증하기가 불가능하다.(Meloy, p.25)

49) M. A. Zona, K. A. Shama, & J. Lane, (1993), "A comparative study of erotomania patienta and obsessional subjects in a forensic sample," *Journal of Forensic Sciences*, 38(4), p. 896.

3) 단순강박형

앞에서 논의한 장애와 달리 단순강박형(simple obsession)은 피해자와 전에 관계를 가지고 있었던 사람과의 관계에서 발생하는 특징을 가지고 있다. 단순강박형은 종종 일상의 안면정도 있는 사람(causal acquaintance), 친구, 사업상 만나는 사이, 연인 또는 배우자들인 경우가 많이 있다. 단순강박형은 강박증 중에서 가장 흔히 발생하는 유형에 속하며 실질적으로 위험한 유형에 속한다. 이 유형은 피해자를 습관적으로 괴롭히거나 스토킹을 하게 되는데, 그 이유는 피해자와의 관계발전이 좌절당했다고 하는 감정을 가지고 있기 때문이다. 대부분 이들의 강박적 활동이 시작되는 시기는 관계가 시들해지거나 스스로 대우를 잘 못 받고 있다고 인식할 때 시작되는 경우가 많다. 단순강박형은 순수한 로맨스를 위한 연애망상이나 순수한 강박과 같이 망상적 장애를 가지는 것은 아니다.

단순강박형은 두 사람간의 관계가 끝난 뒤에 버림을 받았다는 극단적인 감정으로 이어져 버림받음의 감정에서 오는 무력감, 배신감, 자존심의 손상으로 인하여 이러한 감정이 스토커의 행동에 강한 촉매제 역할을 하게 된다. 이와 같은 감정이 폭발하여 폭행, 성폭력, 살인 등의 심각한 범죄로 발전할 가능성이 많다. 이들은 피해자의 우정과 애정이 식어간다는 생각에 격분하게 되어 버림받은 사랑(spurned lover syndrome)에 대한 보상을 끊임없이 추진하는 특징을 가지고 있다.

4) 사회병리형

사회병리형(sociopathology)은 망상장애라기보다는 반사회적 성격장애를 말한다. 반사회적 성격장애란 책임감이 없으며, 아동기에 발생하여 성인기까지도 지속되는 유형이다. 이 유형에 해당하는 사람들은 사회적 규범을 준수하지 않고, 재물파손, 타인을 괴롭히거나 절도와 같은 체포의 이유가 되는 반사회적 행동을 반복적으로 행하는 사람을 일컫는 말이다. 일반적으로 사회병리형 스토커는 연애망상이나 애정강박형과 같이 망상적 신념을 가지고 있지 않는 특징을 가지고 있다. 단순강박형과 비교해서 사회병리형은 피해자와 이전에 어떠한 관계를 가지고 있지 않은 경우가 많이 있다. Reid, Dorr, Walker, & Bonner(1986)에 의하면 사회병리형의 스토킹은

그와 관련이 있는 어떤 사람을 지배하거나 굴복시키고자 하는 욕구에 의해 주로 동기화된다고 한다.50)

사회병리형 스토커는 전형적으로 범행의 용이성과 환경적 맥락을 고려하여 대상을 선택하는 특징을 지니고 있다. 그러므로 이들은 만약 자신의 스토킹이 방해를 받고 있다고 생각하면 즉시 다른 대상을 선택하는 기민성과 교활함을 가지고 있다. 이 유형은 자신의 범행동기에 대하여 전혀 죄책감을 느끼지 않는다. 오히려 그들은 피해자를 억압할 능력이 있다는 사실에 대하여 엄청난 희열과 만족감을 느끼고 있다. 이는 자신이 최고의 역할을 하기를 바라며, 가장 권위적이고, 피해자의 생사를 좌지우지할 수 있는 통제권을 가지고 있다는 소유욕이 왕성한 사람이라는 것을 의미한다. 사회병리적 스토커와 다른 세 가지 유형의 스토커와의 차이점이라면 사회병리형은 보통 피해자를 무차별적으로 선택하는데 비하여 연애망상, 사랑과 단순강박형은 피해자와 이전에 어떠한 관계를 가지고 있는 경우가 많다는 점이다.

3. 스토킹 피해현황

일본의 경우 2001년 11월에 시행된 '스토킹 행위 등의 규제 등에 관한 법률'에 근거하여 경고, 금지명령 등을 시행하고 그 외의 원조를 실시해 피해의 확대를 방지하고 있다. 또한 스토킹 규제법 및 그 외의 관련법령을 적극적으로 적용하고, 스토킹행위자의 검거에 노력하고 있다. 2003년 기준으로 스토킹규제법의 적용현황은 경고조치가 1,169건 원조가 856건, 스토킹행위자로 검거 185건, 금지명령, 24건 금지명령위반 7건으로 나타났다. 스토킹규제법이상으로 진전된 경우 상해 130건, 주거침입 110건, 협박, 70건, 기물손상 66건, 폭행 36건, 강간 11건, 살인 19건으로 나타났다.51)

한국성폭력위기센터의 2005년 1-6월까지 통계자료를 살펴보면 전체상담 529건 중 강간 224건(42.3%), 성추행 183건(34.6%), 성희롱 78건(14.8%), 스토킹 24건

50) W. H. Reid, (1981), *The treatment of antisocial syndromes* (New York: Van Nostrand Reinhold.), p. 256.

51) http://www.npa.go.jp/hakusyo/h16/hakusho/h16/index.html.

(4.5%), 순으로 나타나고 있다.[52]

한국에서의 스토킹피해사례에 대한 연구결과로서 이 연구는 1999년 1월부터 2000년 5월 31일까지 1년 5개월 동안 한국의 주요 일간지에 스토킹의 제목으로 보도된 사건을 분석한 자료이다. 사례연구방법은 인터넷에서 스토킹관련기사를 출력하여 6하 원칙에 의해 보도된 스토킹기사를 총 46건 발췌하였다. 발췌한 사건을 가해자와 피해자의 인구통계학적 특성, 가해자와 피해자의 관계, 피해유형과 피해기간을 비교분석하였으며, 기사내용으로 알 수 없는 내용은 분석에서 제외하였다. 다음은 신문기사에서 스토킹 사례를 분석한 결과이다.

1) 가해자와 피해자의 인구통계학적 특성

(1) 성별

〈표 7-6〉에서 보는 바와 같이 가해자는 남성이 36명으로 78.2%, 여성이 10명으로 21.8%이었다. 즉 스토킹의 가해자는 외국의 연구결과와 마찬가지로 남성인 경우가 많았다. 이와 반대로 스토킹 피해자의 경우는 여성이 37명으로 80.5%이고 남성은 9명으로 19.5%의 분포를 보였다. 즉 피해자는 남성보다 여성인 경우가 훨씬 많음을 알 수 있다. 한편 스토킹범죄의 본질상 애정이라는 것이 밑바탕에 깔고 있는 범죄이므로 이성간의 관계가 일반적이나 한국의 경우에도 적은 숫자이지만 동일성간의 스토킹사례도 있음을 알 수 있다. 이 사례는 남자가수인 김모씨의 경우 남성스토커로부터 피해를 받았으며, 여가수인 박모양은 여성스토커로부터 집요한 스토킹피해를 당하였다.

〈표 7-6〉 가해자와 피해자의 성별 N=92

구 분	가해자(N=46)		피해자(N=46)		비고
	남성	여성	남성	여성	
빈도(명)	36	10	9	37	가해자와 피해자가 동성인 경우도 있음
비율(%)	78.2	21.8	19.5	80.5	

52) http://www.rape119.or.kr

(2) 연령

〈표 7-7〉에서 보는 바와 같이 연령대별 스토킹 가해자와 피해자의 수는 20대가 스토킹가해자인 경우는 25명으로 54.3%이고 피해자도 31명으로 67.5%로 가장 많은 비율을 차지하고 있음을 알 수 있다. 다음은 30대와 40대가 가해자는 각각 4명으로 8%, 피해자는 5명과 6명으로 10.9%, 13%로 20대에 이어서 40대와 30대가 많았다. 즉 스토킹이 20대의 청년기에 가장 많이 발생하고 있다는 것을 알 수 있다. 그러나 30대 이상, 심지어 50대 이상에서도 스토킹이 발생하고 있는 사례가 보도되고 있는 것으로 보아 스토킹이 전체 연령대에 골고루 발생하고 있다고 할 수 있다. 신문보도에 의하면 50대의 남녀가 PC통신의 채팅을 통해 만나 스토킹을 하고, 끈질기게 전화공세를 하여 피해여성이 직장생활에 상당한 지장을 받아 전화정지 가처분신청을 냈다는 기사도 보도된 것이 그것을 반증하는 사례이다.

〈표 7-7〉 연령에 따른 가해자와 피해자의 비율 가해자/피해자

구 분	10대	20대	30대	40대	50대 이상	미상
빈도(명)	2/0	25/31	4/5	4/6	2/1	9/3
비율(%)	4/0	54.3/67.5	8/10.9	8/13	4/2	19.5/6.6

(3) 직업

〈표 7-8〉은 스토킹 가해자와 피해자의 직업유형을 제시한 자료이다. 표에서 보는 바와 같이 가해자의 직업은 무직이 10명으로 21.7%, 다음이 학생으로 15.2%, 회사원이 5명으로 10.9%, 자영업과 주부는 각각 4.3%의 분포를 보였다. 가해자의 직업 중 무직이 많은 비율을 차지하고 있다는 것은 일반적으로 스토커의 특성 중에 대인관계의 실패, 불안정한 직업, 정신적 장애의 경향을 보인다라는 사실을 뒷받침하는 결과라고 할 수 있다. 한편 학생, 회사원, 자영업과 주부 등 정상적인 직업과 사회생활을 하는 가해자도 상당수 있는 것으로 보아 스토킹은 정신적 장애를 겪고 있는 사람뿐만 아니라 정상적인 사회활동을 하는 사람도 스토커가 될 수 있다는 것을 시사한다.

〈표 7-8〉 가해자의 피해자의 직업유형 가해자/피해자

구 분	연예인	회사원	학 생	자영업	무 직	주 부	미 상
빈도(명)	1/13	5/7	7/10	2/4	10/1	2/3	19/8
비율(%)	2.1/28.2	10.9/15.2	15.2/21.8	4.3/8.6	21.7/2.1	4,.3/6.6	41.5/17.5

한편 스토킹 피해자의 직업별 분표를 보면 연예인이 13명으로 28.2%로 가장 많았으며, 다음이 학생으로 21.8%이었으며, 이어서 회사원 15.2%, 자영업 8.6%, 주부 6.6% 등 고른 분포를 보이고 있음을 알 수 있다. 이는 신문보도의 특성상 연예인의 피해사례가 많다는 것을 고려해 볼 때 스토킹의 피해가 연예인 등 유명인사에 대한 스토킹에 국한되어 있지 않고 모든 직업층에 확산되어 있다는 사실을 알 수 있다. 즉 스토킹은 이제 유명인사만의 문제만이 아니라 일반시민도 스토킹 피해당사자가 될 수 있다는 사실을 경고하는 자료라는 사실로 스토킹에 대한 각별한 대책이 요구된다고 할 것이다.

2) 스토킹가해자와 피해자의 관계

〈표 7-9〉에서 보는 바와 같이 가해자와 피해자의 관계에서 모르는 사람이 18명, 39.1%로 가장 많은 비율을 차지하였고, 다음이 옛 애인과 전남편 등 친밀한 관계를 유지했던 사이가 11명, 23.9%를 차지하였다. 그리고 직장동료 사이인 경우가 15.2%, 병원의 환자나 보험회사 고객인 경우가 8.6%이었으며 PC통신을 통해서 알게 된 사이도 6.5%를 차지하고 있으며, 한가지 흥미로운 점은 인터넷이 새로운 스토킹의 매개역할을 하고 있다는 사실이다. 이상의 통계에서 보듯이 모르는 사람이 39.1%이고 나머지는 아주 친밀한 사이나 직장 등 안면이 있는 자가 대부분이라는 사실을 알 수 있다. 즉 스토킹은 대부분 아는 사람에 의해서 벌어지는 범죄라는 특징을 가지고 있다는 것을 입증하는 결과이다.

〈표 7-9〉 가해자와 피해자의 관계 N=46

구 분	옛애인	직장동료	안면정도	전남편	모르는 사 람	고 객	PC통신
빈도(명)	9	7	3	2	18	4	3
비율(%)	19.6	15.2	6.5	4.3	39.1	8.6	6.5

(3) 스토킹의 방법과 피해유형

〈표 7-10〉은 스토킹의 방법과 피해유형을 제시한 자료이다. 표에서 보는 바와 같이 스토킹의 일반적인 방법은 전화, 편지, 선물공세가 16건 34.8%로 가장 많은 비율을 차지하고 있으며, 다음이 집이나 직장, 그리고 출퇴근길에 기다리며 만나줄 것을 요구하는 구애행동을 하며 괴롭히는 유형이 7건 15.3%를 차지하였고, 다음이 PC를 통한 구애를 하거나 심하면 상대방의 이름으로 매춘광고를 하여 명예를 훼손시키는 신종의 사이버매춘을 통한 스토킹을 하는 경우도 눈에 띄는 방법이다. 그러나 가장 중요한 것은 스토킹이 단순한 구애행동에 그치지 않고 상대방에 대한 복수심과 가해자의 정신적 장애에 기인하여 선물꾸러미에 면도칼을 우송하는 등의 방법이나 '만나주지 않으면 죽이겠다'는 등의 협박에서 심하면 폭행을 하거나 강간 등의 성폭행, 감금, 금품을 갈취하는 악랄한 범죄로 발전하는 경우가 34.8%를 차지하고 있는 것으로 보아 스토킹이 심각한 사회문제로 비화될 수 있는 범죄임을 암시하는 결과이다.

〈표 7-10〉 스토킹의 방법과 피해유형 N=46

구 분	전화,편지, 선물공세	PC 공세 (구애,매춘)	집, 직장, 출퇴근길대기	협박,폭행,강간, 감금, 금품갈취,	주변인 괴롭힘	소 문 내 기
빈도(건)	16	4	7	16	1	2
비율(%)	34.8	8.7	15.3	34.8	2.1	4.3

4) 스토킹의 피해기간

〈표 7-11〉은 스토킹의 피해지속기간을 분석한 자료이다. 표에서 보는 바와 같이 피해기간이 6개월 미만인 경우가 21건으로 45.7%이었으며, 다음이 6개월에서 1년 미만의 기간동안 스토킹을 한 경우는 12건 26.1%로 밝혀졌으며, 피해기간이 1년 이상 5년 미만의 경우도 13.1%, 심지어 5년 이상인 경우도 4.3%를 차지하고 있어 스토킹이 짧은 기간동안 이루어지는 경우도 있지만 심한 경우는 1년 이상 장기간 스토킹이 끈질기게 지속되고 있다는 것을 알 수 있다. 이것이 시사하는 바는 스토킹이 피해자에게 신체적 피해뿐만 아니라 정신적인 피해로 인하여 집밖으로 외출을 하지 않는다거나 직장을 그만두는 등 심각한 대인공포증으로 발전될 수 있는 무서

운 범죄라는 사실이다. 따라서 스토킹은 심각한 범죄로 발전되기 전에 차단되어야 하며 이를 위해서 형사사법기관의 개입이 필수적이라고 할 수 있다.

〈표 7-11〉 스토킹의 피해기간별 빈도 N=46

구분	6개월미만	6월~1년	1년~5년	5년이상	미상
빈도(건)	21	12	6	2	5
비율(%)	45.7	26.1	13.1	4.3	10.8

스토커는 피해자에 의해 구속되는 불이익을 당했다는데 격분하여 앙갚음을 하기 위해 석방이 된 후에 피해자를 찾아 보복을 하게 되는 경우가 많이 발생한다. 따라서 미국에서는 전통적인 법적 제지방법이 별로 효과적이지 못하다는 점을 인정하여 다각도로 대안을 모색하기에 이르렀다. 왜냐하면 위에서 언급한 법적 한계의 보완이 스토킹범죄를 예방하고 근절하는데 다음과 같은 이유로 많은 한계점을 가지고 있기 때문이다. 첫째, 스토커에게 정신감정을 의무화하는 것도 미국이 현재 정신장애스토커를 치료할 수 있을 만큼 형사사법체계가 치료인력이나 장비 및 시설을 충분히 가지고 있지 못하다는 점이다.

둘째, 접근금지명령의 실효성의 문제이다. 스토커가 피해자에게 접근을 하지 못하도록 하는 규정은 형식상으로 아주 합리적인 것처럼 보이지만 실질적으로 이러한 명령을 준수토록 할 수 있기에는 한계가 있다는 점이다. 왜냐하면 두 당사자간에는 접촉의 가능성을 항상 가지고 있으며, 더구나 스토커는 정신적인 장애를 가진 자가 많아 합리적인 수준에서 안전을 보장해 주지 못한다는 한계를 가지고 있다.

셋째, 전자감시제도의 실효성과 인권침해의 가능성문제이다. 스토커의 석방조건으로 전자감시제도를 활용하고 있는 주가 많이 있다. 스토커에게 전자감시를 하는 이유는 보호명령위반을 원격적으로 통제할 수 있다는 장점을 가지고 있으나 문제점이 없는 것은 아니다. 전자감시장치의 기계상의 결함으로 인하여 오작동이 많으며, 또 이로 인해 불필요한 출동으로 경찰력 낭비가 많다는 점이다. 그리고 전자감시가 석방된 일반시민의 자격을 가진 자에게 범죄자의 처우를 함으로 인한 정상적인 일상생활을 제한하는 등 인권침해의 우려가 있다는 점을 지적할 수 있을 것이다.

마지막으로 피해자 고지제도의 문제이다. 스토커의 석방, 재판의 결과 등을 피해자에게 고지하도록 하는 이 제도는 피해자가 스토커의 처리결과를 모름으로써 겪는 심리적 불안을 해소하는데 일견 도움이 되는 것으로 보이지만 실제로 피해자 고지 자체가 피해의 대안이 아니고 피해자가 피해를 예방하기 위한 별도의 조치를 강구하여야 하나 일반시민이 범죄자를 대상으로 대처한다는 것은 역부족인 경우가 많다는 점이다.

더구나 형사사법체계는 스토커의 교정이나 장래에 발생하게 될 행동을 예방하는 것을 허용하지 않고 있다는 사실이다. 그 대신에 형사사법체계에는 범죄자가 타인의 권리를 침해하였기 때문에 처벌을 받아야 하고, 처벌을 받는 것이 당연함을 강조하는 응보의 철학이 내면에 깔려있다. 스토커들은 흔히 구금이 되고, 통상 단기구금이 대부분이며, 피해자에게 다시는 범죄행동을 하지 말라는 금지명령의 약속을 하고 보석으로 석방되는 경우가 많다. 그러나 연구에서는 지적하고 있는 것은 판결전구류센터는 정신적인 장애를 가진 자에 대한 치료를 할 수 있을 만큼의 충분히 훈련이 되어 있지 않다는 점을 지적하고 있다. Clear & Cole(1990)에 의하면, 교도소에 재소자의 3/4은 교정직원이 아니며, 나머지 교정직원의 대다수도 심각한 정신적·정서적 스트레스를 겪고 있는 자를 치료할 수 있을 정도로 훈련이 되어 있지 않다. 결과적으로 정신적 장애를 가진 재소자는 교도소에서 방치가 되고 있으며, 다른 수감자로부터 학대를 받으며, 교정직원으로부터 오해를 사게 되고, 치료전문가로부터도 치료를 받지 못하고 있는 실정이다. 개인의 기존장애를 강화시키게 되는 구금은 결국 이전의 피해자나 다른 사람에게 위협을 더욱 강하게 하는 결과를 낳게 될 것이 분명하다. 따라서 기존의 형사사법기관의 역할과 보완관계에 있는 민간경비의 활용을 적극적으로 고려해 보아야 할 것이다.

4. 스토킹의 일반적 특징

1) 외국의 연구결과 검토

(1) 스토커의 특징

먼저 스토커의 인구통계학적 특징을 보면, 이들의 대다수는 남자들이라는 점이다.[53] 스토커의 나이는 모든 연령대에 골고루 분포하고 있지만, 다른 범죄자들보다 나이가 더 많다는 증거가 있다. 캐나다의 연구에 의하면 스토킹범죄자의 연령은 15세에서 76세까지이고, 평균연령은 37세라고 한다. UCR자료에서는 12살 이하에서부터 50세 이상인 사람까지 있으며, 평균연령은 34세로 밝혀져, 폭력혐의로 구속된 범죄자의 평균연령보다 4살 정도가 높게 나타났다.[54] 스토커는 대인관계의 미숙이나 결혼 등에 실패한 사람이 많다는 것은 매우 중요한 시사점을 가지고 있다. 즉, 스토커 중에서 단지 5내지 15%만이 자신의 의사대로 결혼을 하였고 나머지 대다수는 제때 결혼을 하지 못한 것으로 밝혀졌다.[55]

스토킹범죄에 있어서 스토커의 직업과 경력에 관한 정보는 부족한 실정이나, 캐나다법무부의 자료에 의하면 스토커의 60%가 직업이 없다고 나타나며, 스토커의 세부적인 직업유형은 비숙련노동이 30%, 판매 및 서비스 종사자가 22%, 숙련노동자가 16%, 학생 15%, 전문직업인 8%, 관리자 또는 행정가가 6%, 성직자 4% 등으로 비숙련직에 종사하는 자가 상대적으로 많음을 알 수 있다.

Meloy & Gothard(1995)는 스토커의 대다수가 직업이 없거나 직업이 불안정하며 또 죄를 범하는 시점에 불안정한 직업경력을 가지고 있다고 보고한 바 있다.[56] 그리고 스토커의 교육수준은 평균이상인 것으로 밝혀졌다. 즉 Harmon 등(1995)에 의한 연구에서 스토커 중에서 거의 80%가 고등학교 졸업이상으로 밝혀져 일반집단의 28.3%와 비교해서 높았다. Meloy and Gothard(1995)에 의한 연구에서도 역시 교육수준이 상대적으로 높았으며, 정신장애형 범죄자 집단보다 교육수준이 낮은 것으로 나타났다. 이처럼 스토커가 일반인보다 지능이 높기 때문에 피해자의 소재지를 파악하여 추적하거나 피해자를 마음대로 조종하는 등 지능적이고 교활하여 스토킹관련 범죄수사에 유죄를 입증하기가 상당히 어렵고 수사의 장기화를 초래할 가능성이

53) 캐나다의 30개 경찰서로부터 수집한 기록에 의하면 스토킹범죄자의 거의 90%가 남성이었으며, 워싱턴에서 발생한 100건의 스토킹사건 중에서 약88%가 남성이었고, 캐나다 법무국에 의해 조사된 601건 중에서 거의 91%가 남성이었다.

54) 이에 대한 대표적인 연구는 Harmon et al., 1995; Meloy & Gothard, 1995; Mullen & Pathe', 1994b; Zona et al., 1993 등이 있다.

55) 이에 대한 대표적인 학자는 Harmon et al., 1995; Meloy & Gothard, 1995 등이 있다.

56) J. R. Meloy & S. Gothard, (1994), A demographic and clinical comparison of obsesssional followers and mentally disordered offenders, p. 259.

많음을 시사하는 대목이다.

한편, 스토커의 심리적 특징을 살펴보면, 일반적으로 스토커는 심각한 정신질환을 가지고 있는 것으로 보인다. 그러나 아직 이러한 인식을 지지할 만한 연구는 거의 없는 실정이다. 그 이유는 지금까지의 연구들이 대부분 범죄자 개인보다는 주로 범죄행위에 초점이 맞추어졌으며, 범죄자의 심리학적 기능에 관심을 둔 자료는 미흡하기 때문이다. 캐나다 법무부의 보고에 따르면, 경찰조사기록의 14%가 범죄자의 정신적 또는 심리적인 문제가 있는 것으로 보고하고 있지만 세부적인 기록은 없는 실정이다.

Mullen and Pathe(1994b)는 DSM-Ⅲ-R을 이용하여 조사대상자의 정신의학적 특성을 조사한 바에 의하면, 적어도 하나이상의 Axis Ⅰ 진단이 전체표본에서 존재하는 것으로 밝혀졌다. 이 중에서 가장 큰 비율을 차지하는 것은 정신분열증(50%; n=7)이었으며 그 다음이 망상장애와 연애망상(36%; n=5)이었고, 약물남용은 20%(n=3)의 비율을 차지하고 있는 것으로 밝혀졌다. 그리고 Axis Ⅱ 장애를 가진 자는 전체 피험자의 79%(n=11)이었으며, 이중에서 반사회적 성격장애의 빈도가 가장 높은 29%(n=4)의 분포를 보였다.[57)]

다른 범죄에서도 폭력의 잠재성을 가지고 있겠지만 특히 스토커들은 잠재적인 폭력범이라고 해도 과언이 아니다. 특히 그들 중 일부는 심한 정신병, 편집증, 지나친 소유욕, 그리고 매우 불안정 성격을 가지고 있어 범죄의 우려성이 대단히 높다. 스토킹범죄는 단순한 스토킹으로 끝나는 것이 아니라 살인이나 상해를 초래하는 경우를 많이 볼 수 있다.[58)]

따라서 잠재적 또는 현실적으로 피해를 당하고 있는 사람들은 이러한 가능성을 결코 무시해서는 안될 것이며, 더구나 스토커가 되는 사람은 일부 사회계층, 즉 저학력이거나 비이성적인 사람들에게서만 나타난다고 믿는 경우가 허다하다. 그러나 사실은 그렇지 않으며, 스토커는 어떤 계층이나 사회적 배경 하에서도 발생할 수

57) 최상섭의 스토킹가해사례연구에서 1998년 한해 동안 법원에서 신청한 정신감정의뢰건수 총 308명 중에서 스토킹으로 분류할 수 있는 사례는 6건이 있었으며 이중 망상장애가 2건, 정동장애, 정신지체, 정신분열병, 양극성 장애 각 1건인 것으로 보고하고 있다. 스토킹방지법 제정을 위한 집담회, 1999년 2월, 삼성사회정신건강연구소 자료 참고.

58) 스토킹의 일반적인 발전단계는 구애→위협→폭력→포기의 4단계로 발전된다.

있는 소지는 항상 가지고 있다는 사실을 유념할 필요가 있다. 스토커들은 부자일 수도 있고, 가난한 자일 수도 있으며, 전문직 종사자일 수도 있고, 일반 노동자일 수도 있다. 그러나 그들의 직업과 삶이 어떻든 간에 스토커들의 한 가지 특성은 끈질기게 따라다니는 진드기와 같은 존재라는 사실이다.

이상에서 연구결과를 토대로 스토커의 일반적인 특성을 요약하면 다음과 같다. 즉 스토커는 ① 상대방의 거절을 "NO"라고 생각하지 않는다. ② 지나치게 집착적인 성격, ③ 평균 이상의 지능, ④ 대인관계의 부족, ⑤ 행동에 있어서 당황하거나 불안해하지 않음, ⑥ 낮은 자아존중감, ⑦ 반사회적인 사고, ⑧ 비열함과 고립, 그리고 외로움에 대한 부적응적 반응을 보인다는 사실이다.[59] 따라서 스토킹의 방지를 위해서는 스토킹행위에 대한 강력한 처벌과 병행하여 스토커의 심리적 특성파악을 통한 대처와 성격적 장애에 대한 치료가 우선되어야 한다는 사실을 알 수 있다.

(2) 스토킹 피해자의 특징

폭력과 같은 대인범죄는 가해자와 피해자의 상호작용과정에서 발생하는 경우가 허다하다. 즉 가해자의 일방적인 특성에 의해 발생하는 경우도 있지만 대부분의 범죄는 피해자가 범죄유발을 촉진한 결과로 일어나는 피해자 유발형 범죄도 있다.[60] 대부분의 스토킹이 사건 이전부터 가해자와 피해자가 서로 알고 있는 사이에서 발생하고 있음을 볼 때, 피해자의 특징이 어떠한 지를 알아보는 것은 스토킹피해방지를 위해 상당한 시사점을 제공할 것으로 생각한다.

스토킹이 인기있는 연예인들과 관련된 경우가 많지만 부자와 유명인에 한정된 것은 아니다. 스토킹의 가해자가 남성인 것과 반대로 스토킹의 피해자들은 대부분 여성인 경우가 많다. 여성의 비율은 표본의 약 80% 이상을 초과하는 것으로 관찰되었다.[61] 또 스토킹 가해자의 연령분포와 마찬가지로 피해자의 연령도 12세의 아동에서부터 중년이 넘은 50세 이상의 여성까지 그 범위까지 아주 다양하다. 성별에

59) R. L., Snow,(1998), Stopping a stalker(New York: Plenum Trade), p. 185.

60) 피해자학에서는 피해자의 범죄유발에 중점을 두고 연구를 하고 있는데, 대표적인 이론에는 가해자-피해자의 사회적 상호작용이론, 일상활동이론, 생활양식이론, 동일집단가설, 근접성 가설 등이 있다.

61) Canadian Centre for Justice Statistics, 1996; Department of Justice Canada, 1996; Ministry of the Attorney General of British Columbia, 1995 등이 있다.

따른 피해자의 연령에 대한 분석을 보면, 여성피해자는 남성피해자들보다 나이가 어린것으로 나타났다. 즉, 여성피해자의 44%가 30세 이하인 반면에 남성피해자의 33%만이 30세 이하로 약 10% 정도 여성이 많았다.

스토킹 사례에서 확인된 중요한 특징 중에 하나는 스토킹 가해자와 피해자의 관계이다. 사실, 상당히 많은 유형이 피해자와 자신의 관계에 기초하여 스토커를 구별하는 것이다.[62] 이들의 연구의 결과를 요약하면 다음과 같이 요약할 수 있다.

첫째, 피해자는 일반적으로 가해자와 괴롭힘이 발생하기 이전부터 알고 있는 사이라는 것이다. 가해자들은 피해자와 현재, 또는 이전부터 아는 사이이며, 가족, 친한 친구 또는 직업상 알고 지내는 사이가 많다. 이에 비해서 스토킹에서 상대적으로 적은 비율인 10%이하만이 낯선 사람인 것으로 밝혀졌다.[63]

두 번째, 각 집단에 포함된 사례의 비율에 따라 범주들의 관계를 구분할 때 유사한 유형들이 새 연구에서 도출이 되었다. 가장 큰 집단은 전 또는 현재의 친밀관계를 가지고 있는 사람들이고 다음이 보통의 친구, 낯선 사람, 직업상의 관계 순이었다.

세 번째, 피해자와 가해자가 동성의 관계인 경우도 간혹 있지만 대부분의 피해자-가해자의 관계는 이성간의 관계임이 밝혀졌다.[64] 즉 이것은 스토킹이 애정이라는 기본적인 인식을 가지고 출발하는 사건이라는 본질을 가지고 있기 때문이다.

남성피해자의 경우에, 거의 반수가 알고 지내는 사람들로부터 피해를 당했고, 대부분의 가해자들은 예전의 친한 관계나, 가족관계, 직업상의 관계, 그리고 낯선 사람의 관계로 골고루 분포하는 것으로 밝혀졌다. 이에 비해, 여성피해자의 경우에는 대다수의 가해자는 전에 남편이나 애인 등 친밀한 관계이거나 친한 동료인 경우가 많음에 비해서 상대적으로 적은 숫자만이 낯선 사람이거나 직업상의 알고 지내는 사이라는 특징을 가지고 있어 남녀피해자간에 가해상대방의 관계에서 차이가 있다는 특징을 가지고 있다.

이러한 연구결과를 기초로 하여 스토킹 피해자의 특징을 요약하면, 스토커는 피

62) 예를 들면, Holmes, 1994; Wright et al., 1996; Zona et al., 1993.

63) 이에 관한 연구에는 Canadian Centre for Justice Statistics, 1996; Department of Justice Report, 1996; Ministry of the Attorney General of British Columbia, 1995 등이 있다.

64) 이에 대한 대표적인 연구는 Harmon et al., 1995; Ministry of the Attorney General of British Columbia, 1995; Zona et al., 1993 등이 있다.

해자와 사건이 발생하기 전부터 잘 알고 지내던 관계이고, 피해자는 그들과 관계가 있던 여성일 가능성이 높다. 대부분의 경우에 스토킹은 여성에 대한 또 다른 유형의 남성폭력임을 알 수 있다.

제 4 절 도박범죄

1. 도박의 정의

도박의 정의를 살펴보면 외국의 경우 브리태니커 백과사전(2000)에 따르면 "도박은 돈내기나 가치가 있는 어떤 것을 걸고 다투는 행위. 내기를 하는 사람의 오산으로 예기치 못한 결과가 초래될 위험이 있어도 승산에 기대를 걸고 게임이나 시합 또는 그 결과가 우연으로 결정되는 불확실한 사건 등에 내기를 거는 것"으로 정의되고 있으며, Ladouceur & Walker(1996)는 도박이란 "건 돈을 잃어버릴 위험을 감수하고 돈을 더 많이 딸 수 있으리라는 희망 하에 불확실한 사건에 돈을 거는 행위"로 정의하고 있으며 Blume(1997) 도박자는 돈을 벌기 위해 게임을 하며 우연(운)의 영향을 많이 받는 불확실한 사건에 내기를 건다. 즉, 도박은 상대적으로 짧은 기간 안에 더 많은 돈을 획득하기 위해 우연의 영향을 받는 확률 혹은 가능성에 돈을 건다고 정의하고 있다.

엣센스 국어사전(1999)에 의하면 "도박은 돈이나 재물을 걸고 서로 따먹기를 다투는 것, 요행수를 바라고 위험한 일이나 가능성이 없는 일에 손을 대는 일"로 정의하고 있으며, 진계호(1998: 137-138)에 의하면 도박이란 "당사자가 재물을 걸고 우연한 승부에 의하여 재물의 득실을 결정하는 것"으로 정의하고 있다. 형법 제246조 도박금지법의 해석에 따르면 "도박이 성립하려면 당사자 사이에서 확실히 예견할 수 없고, 자유로이 지배할 수 없는 우연한 사정에 의해 승패를 결정하고 재물을 다투어야 한다. 형법상 도박은 당사자 상호간에 재물을 걸고 우연한 승패에 의하여 그 재물의 득실을 논하는 것을 말하는데 승패의 우연성은 단지 당사자의 주관에 있어서 불확실하면 족하고 객관적으로 불확실할 필요는 없다. 또 승패의 결정이 다소라도 우연성이 인정되고 있는 한 당사자의 기능이 승패의 결정에 상당한 영향력을 주는 요소가 되는 경우에도 도박이라고 해석하는 것이 통설로서 받아들여지고 있다(김상균, 2006: 276).

이태원(2003)와 칼릭-카우프만과 로이터(Kallick-Kaufam, Reuter, 1979)등을 참조하면 도박의 개념을 "도박은 우연에 의한 미래의 불확실한 사건의 결과에 기대어 금전과 가치 있는 어떤 것의 이전에 자발적으로 참여하는 활동으로서 놀이의 하나로 인식되는 재정적 위험부담의 행위"로 규정하였다. 이러한 정의들을 종합하면 도박을 '금전적 가치가 있는 어떤 것을 걸고 우연에 의한 불확실한 사건 및 결과에 기대를 걸고 경쟁을 다투는 모든 활동'이라고 할 수 있다. 이러한 정의에 의하면 합법적 도박이든 불법적 도박이든 도박의 오락적 한계를 넘어서는 모든 행위는 도박이라고 규정할 수 있다.

2. 도박산업 및 범죄 현황

1) 시장규모

합법적 도박산업의 시장규모는(복권 제외) 2005년 13조 8,898억원으로 전년도 보다 2.9% 감소했다.[65] 도박시장이 전체 레저시장에서 차지하는 비중도 2005년 47.1%였다. 일본의 도박산업 비중이 2004년 20.6% 불과한 점을 고려할 때 한국의 도박산업 비중은 상대적으로 높은 것으로 나타났다.

경마, 경륜, 경정, 강원랜드 카지노에 참여한 연간 이용객 수는 2005년 2,543만 명으로 전년보다 4.4% 증가 했다.사업별 시장규모를 살펴보면 경마의 매출액은 5조 1,548억원으로 2004년 보다 3.3%, 2002년보다 32.6%나 급감했다. 경마매출액이 국내 도박산업에서 차지하는 비중은 2005년에 36.3%로 2004년보다 0.5% 하락하였다.

경륜의 경우 매출액은 1조 8,705억원으로 2004년보다 5.9% 줄어들었고, 이용객 수도 전년보다 4.6% 줄어든 545만 5천명을 기록했다. 경정의 경우는 매출액은 4,127억원으로 전년보다 22.2%나 증가했고 이용객 수는 190만 8천명으로 전년보다 33.1%나

65) 1994년 국내 도박산업(경정, 카지노제외) 규모는 2조 460억에 비해 2005년 13조 8,898억 대비 약 6.8배의 성장률을 보였다.

증가했다. 강원도 카지노의 경우는 매출액(총수익 개념=총배팅액-고객환급금) 은 8,300억원으로 2004년보다 10.7% 증가했다.

복권의 경우 매출액은 전년보다 17.8% 감소한 총 2조 8,438억원이다. 이 중 로또 복권의 매출은 전년보다 17.4% 감소한 2조 7,105억원으로 나타났으나 전체 복권판매액에서 차지하는 비중은 전년보다 0.5%가 상승한 95.3%에 달했다(갬블백서, 2006: 8-9).

2) 국민지출액

2005년의 고객 총지출액(도박산업 시행체들의 순매출액)은 4조 4,236억으로 전년보다 6.1%가 감소했다. 이는 내수침체가 계속되면서 게임참여자들의 배팅액이 줄어들었기 때문이다.

사업별로는 경마가 고객 총 지출액이 1조 4,867억으로 가장 많았지만 2004년보다 3.1% 감소했고, 국민총지출액의 33.3%를 차지했다. 복권에서의 고객 총지출액은 1조 4,219억으로 2004년보다 17.8%나 급감했고 국민 총 지출에서 차지하는 비중도 2004년의 36.7%에서 2005년은 31.9%로 하락했다. 경륜에서 고객 총지출액도 5,612억원으로 2004년보다 5.9% 감소했고 국민 총지출액에서 차지하는 비중도 2002년 22.0%에서 2005년 12.6%로 하락하였다.

강원랜드 카지노 고객 총매출액은 8,300억원으로 전년보다 10.7%가 증가했고, 국민 총지출액에서 차지하는 비중은 2003년 12.4%에서 2005년 18.8%로 증가했다.

2005년 사업별 도박산업 1인당 하루 평균 지출액을 보면, 강원랜드 카지노가 44만 1,100원으로 가장 높게 나타났고 2004년보다 5.0%가 증가했다. 경마의 경우 1인당 하루 지출액은 2004년보다 7.7%가 감소한 9만 1,800원으로 강원랜드의 20.3%에 불과했으며, 경륜의 경우에는 10만 2,900원으로 2004년보다 1.2%감소했다. 경정의 경우 1인당 하루 지출액은 6만 4,900원으로 2004년보다 8.2%가 감소했다.

2005년도 사업별 1인당 하루 평균 배팅액(매출액/연간이용객 수)을 보면, 강원랜드 카지노가 199만원이며 2004년보다 5.8%가 증가했다. 경마의 경우 31만 8천원으로 2004년보다 7.9%감소했고, 경륜의 경우 2004년보다 1.3%가 감소한 34만 3천원으로 경미보다 7.7%높게 나타났다. 경정도 21만 6천원으로 전년보다 8.2% 감소했다(갬블백서, 2006: 10-11).

3) 도박산업 재정기여도

정부가 도박산업(경마, 경륜, 경정, 강원랜드, 복권)에서 세금, 기금으로 거둔 재정수입(국세, 지방세, 기금 등)은 2005년 2조 8,399억원으로 전년보다 8.9%감소했다. 그리고 매출액에서 차지하는 재정수입 기여비중은 2003년도 27.6%를 기점으로 2004년 26.2%, 2005년은 25.2%로 낮아지고 있는 추세이다.

재정수입기여도를 보면, 경마는 1조 1,013억원으로 가장 높았다. 2005년의 사업별 재정수입 기여액은 기금이 45.6%로 가장 많았고 지방세 42.1%, 국세 12.3%순으로 나타났다(갬블백서, 2006: 12-13).

4) 도박이용실태

한국마사회 2002년 연구용역보고서인 「병적도박 실태조사 및 치료프로그램」에서 전국의 18세 이상 성인 남녀의 9.28%(약 320만명)가 도박으로 인한 문제를 겪고 있으며, 3.8%(약 130만명)가 병적 도박자로 추정하였다. 동일한 통계기법을 이용하여 측정한 미국, 캐나다, 호주가 약 2%의 수준을 유지하고 있는데 비해 한국은 도박 중독률이 이들 국가의 약 2배 정도가 되는 것으로 나타났다.

〈표 7-12〉 내국인의 도박중독자 비율

(단위 : %)

구 분	전 체	화투 · 카드	인터넷도박	경마 · 경륜 · 카지노
중독자비율	9.3	19.9	30.9	36.1
고객유병률	3.8	8.2	14.5	22.2

※ 고객유병률 : 도박중독자수/고객수
자료: 인코그룹, 2002, 10

문화관광부의 「사행산업 이용실태 조사」, 2006. 1에 의하면 SOGS(South Oak Gambling Screen)에 의한 도박 중독자 비율을 살펴보면 전혀 도박을 하지 않았거나 '추첨식 복권 구매'경험이 전부인 '비도박자'의 비율은 32.2%이고 도박에 참여한 적은 있으나 비교적 위험이 적은 집단인 '비위험 도박자'의 비율은 51.7% 정도였다.

문제성 도박자와 잠재 병적도박자를 도박중독자라고 볼 수 있는데 이들 비율은 6.6%, 낮은 중독수준인 '문제성 도박자' 집단비율은 2.5%, 높은 중독자 수준인 '잠재 병적도박자' 집단비율 4.1%보다 낮게 나타났다. CPGI(Canadian Problem Gambling Index)에 의하면 '비도박자' 비율이 33.2%, '비문제 도박자' 51.3%, '저위험 도박자 비율은 9.0%이며 도박중독자(중위험도박자+문제성도박자) 비율은 6.5%로 나타났다. 한국 국민의 중독률은 전체 인구의 6.5%(CPGI), 6.6%(SOGS) 수준으로, 18세 이상 국민(3, 721만명) 중 242만-246만명 정도가 도박중독자라 할 수 있다. 도박중독자는 성별로는 남성이 79.2%, 여성이 20.8%이며 연령별로는 40대가 33%로 가장 높았으며, 직업은 노동직 종사자가 54.2%로 나타났다.

〈표 7-13〉 주요국의 도박중독자 비율 비교

(단위 : %)

구 분	한 국	캐 나 다	호 주	미 국
도박중독자	9.3	2.6	2.1	-
문제도박자	5.5	1.3	1.1	-
병적도박자	3.8	1.3	1.0	1.1

자료: 서천범, 「사행산업의 문제점 및 건전화 방안」, 2004, 12, 21, 손봉숙의원 정책토론 4 "사행산업 총체적 관리감독이 필요하다"

5) 도박범죄 현황

도박위반자 현황을 살펴보면, 2001년 10,624건에 대비 2005년은 7,008건으로 2001년 대비 25.8%가 감소하였다. 또한 2001년 이후에는 도박범죄는 지속적으로 감소하고 있는 것으로 나타났으나 도박범죄는 도박뿐만 아니라 다른 범죄와 연관되어 발생하기 때문에 파급효과는 다른 범죄보다 크다고 할 수 있다.[66]

도박위반 발생 시간대를 살펴보면 2005년의 경우 심야(20:00-24:00) 2,927건 41.7%, 오후(12:00-18:00) 1,707건 24.4%, 초저녁(18:00-20:00) 1,065건 15.2%로 대부분이 오후에 발생하였다.

66) 도박중독의 경우 가정폭력, 또한 도박자금을 마련하기 위하여 사기 및 절도, 성매매, 살인 등과 같은 범죄와 연관되는 경우가 많다.

〈표 7-14〉 도박위반자 현황(2001-2005년)

(단위: 건)

구 분	2001	2002	2003	2004	2005
도박개장	243	214	160		
상습도박	1,256	1,030	685		
도 박	10,624	9,439	7,138	8,730	7,008

자료: 경찰청, 경찰통계연보 각 년도 재구성.

3. 도박의 원인

1) 도박참여의 사회·환경적 요인[67)]

도박에 대한 참여를 유인하고 증가시키는 사회 문화적 요인들을 살펴보면 가족들이 담당하는 여러 가지 기능들이 제대로 수행되지 않을 때 도박참여의 요인으로 작용할 수 있다. Morrow(1980)의 연구에 의하면 병리적 도박꾼들 가운데는 돈과 물질적 소유를 강조하는 가정에서 엄하지만 일관되지 못한 훈육을 받으면서 자라는 경우가 많다고 하며, Richardson(1989)의 연구에서 도박중독에 바진 사람들은 그들의 가정에서 정서적, 언어적, 육체적, 성적인 학대의 희생자임을 지적하고 있다. 부모가 도박중독에 빠져 있는 경우 이는 가정이 모방학습의 기회를 제공하고 있는 것이다.

일과 직장에 대한 불만족이 도박참여의의 요인이 되기도 한다. 창의성과 독립의 기회를 전혀 제공해 주지 못하는 일상적 일에 불만을 느끼는 사람들은 그들의 일과 노동의 세계로부터 탈출구를 제공해 주는 구실을 한다. 직장과 일에 대한 스트레스 등을 회피하는 수단으로 우울과 권태로움을 벗어나는 수단으로 도박을 이용하기도 한다. 도박은 스트레스가 심할수록, 자신에 대한 불만이 많을수록 반면에 스트레스나 우울감을 해소할 기회나 방법은 부족할수록 도박에 의지할 가능성은 높아진다.

67) 김상균(2006: 288-295)교수는 도박의 원인을 사회·환경적 요인과 심리적 요인으로 구분하여 설명하고 있다.

도박은 일시적으로 현실에 대한 불만을 소망충족적인 환상과 기대로, 도피욕구의 해소로 작동할 수 있다.

사회적 분위기에 의에 도박에 참여하는 요인이 되기도 한다. 오늘날의 사회적 성공의 척도는 부이다. 부는 모든 것을 이룰 수 있는 수단이며 그 자체가 명예이고 사회적 성공이다. 사회적 환경요소들이 이러한 분위기를 유도한다. 매스미디어 등을 통해서 로또로 인한 인생역전으로 즉시적으로 사회의 부와 명예를 얻을 수 있으며, 성인 오락실, 경마, 경정, 경륜 등 작은 금액으로 많은 돈을 벌수 있다는 욕망을 자극한다. 따라서 정상적으로 직업을 가지며 돈을 벌고 저축하는 것은 평가절하 되고 즉시의 성공을 열망한다. 또한 도박판에서는 빠른 부의 성취가 가능하며 최소한의 노력으로 최대의 이익을 가지려는 경제성의 원리를 추구하려고 한다.

2) 도박참여의 심리적 요인

도박참여의 심리적 요인을 살펴보면 첫째, 도박은 불확실한 사건과 결과에 의존하여 내기를 거는 행위이고 일종의 위험부담 행위이다. 불확실한 상황에서 내기를 거는 것은 인간의 내면에 잠재하고 있는 자극과 위험부담을 즐기려는 심리를 충족시키는 기능을 하게 된다. 사람들은 위험을 감수하고 대박의 환상을 꿈꾸고 스릴을 즐긴다. 돈과 놀이 그리고 우연이 환상과 쾌감을 증폭시킨다. 위험의 대가는 상실이나 도박자에게 도박은 기꺼이 그 위험을 감수할 가치가 있는 것처럼 보이고 우연은 위험하지만 그만큼 개인이 꿈꾸는 스릴과 환상에 가까이 가 있다. 도박의 쾌락과 환상에 빠지면 안전한 세계에 만족하지 못한다. 불확실 할수록 패배의 좌절과 아쉬움, 승리의 쾌감과 자존감은 더욱 커진다.

둘째, 쾌락과 스릴을 추구하는 심리적 기능을 한다. 도박은 즐겁고 흥분되는 자아동질적인 활동이다. 돈을 잃은 후에는 자괴심과 후회에 빠지기도 하지만 후회는 일시적일 뿐이다. 도박은 극단적인 아쉬움, 모멸감, 극단적인 행복감과 만족감을 왕래한다. 돈을 잃고 따는 것은 즐거움과 흥분을 증폭시킨다. 돈을 많이 걸수록 쾌감과 스릴이 증폭되기 때문에 도박에 깊이 빠져들수록 거는 액수는 점점 커진다.

셋째, 게임의 승패가 전략과 기능에 크게 좌우되는 경우에 도박은 자신의 기능을 시험해 볼 수 있는 기회를 제공해 준다. 많은 사람들이 도박판에서 돈을 따면 다른 사람보다 도박능력이 우수하거나 신의 행운이 따르며 자신이 높아진다는 느낌을 받는다. 도박판에서 자신이 고양되고 능력이 증가하는 느낌을 받을수록 자기강화 수단으로 도박에 탐닉할 위험성은 높아진다. 도박이 자신의 능력과 가치를 강화하는 주 수단이 되어 버린다면 이전보다 더욱 자주, 오래기간 동안 도박의 유혹에 직면하게 된다.

넷째, 게임에 이겼을 경우 그에 대한 보상이 즉시 이루어지고 위험부담행위에 연속적으로 참여할 수 있다. 도박판에서 이길 확률은 적지만 성공했을 때 주어지는 보상은 잃어버린 돈뿐만 아니라 잃어버린 가족의 명예, 자존심을 되돌릴 수 있다고 생각한다. 손실이 누적 될수록 화려한 보상에 대한 소망은 더욱 강렬해지고 불확실한 대박의 매력을 더욱 커지게 된다.

4. 도박참여 원인론

1) 합리적 선택이론

규제수단으로 제재는 정부가 규제정책의 목표를 달성하기 위하여 사용할 수 있는 다양한 수단으로서 개인으로 하여금 정부가 원하지 않는 행위를 방지하고자 사용되고 있다. 이러한 규제정책의 하나인 제재는 처벌에 기초하여 특정한 형태를 감소시키고자 하는 것이다. 규제정책에 대한 제재는 합리적 선택이론에 기초한다.

합리적 선택·제지론적 관점(rational choice/ deterrence perspective)은 공리주의 사회철학에 그 뿌리를 두고 있으며, 그 사상의 본체는 종종 '고전'학파라 불리어진다(Beccaria, 1963). 고전학파는 인간은 합리적 존재이고, 자유의지를 가진다는 것을 전제하였다. 또한 범죄행위를 포함한 모든 행위는 개인의 판단과 선택에 따르며 인간의 범죄행위의 회피는 처벌에 대한 두려움으로 인한 것이며 따라서 보다 강력하고 효과적인 처벌수단과 방법이 나올 경우 그 만큼 범죄행위는 감소하게 된다고 주장한다.

합리적 선택이론에 따르면 개인적 이익을 극대화하려 하며 주로 물질적인 보상에 의해서 동기유발이 되며 단기적인 손익에 집중한다. 또한 어떤 행위의 결정은 주관적인 기대효용, 즉 행위의 결과에 가치부여와 확률판단의 결합에 의해 지배된다. 따라서 범죄자는 범죄에 착수하기 이전 우선적으로 범죄행위로 인한 사회적 파장이나 행위를 통해서 얻을 수 있는 이익, 사법기관에 적발된 가능성, 처벌의 종류와 내용, 정도 등을 판단한다(최영인·염건령, 2004: 28).

합리적 선택이론(rational choice theory)에서 행위는 손해(coast)와 이익(benefits)을 합리적으로 평가한 결과라는 가정을 따르며 일반적 사람들이 법위반과 법 준수의 양쪽 모두에 대해서 이익과 손해를 비교하는 경제학적 접근방법에 초점을 둔다(장상희 역, 2004: 121). 현대적 합리적 선택이론가들은 법적인 손해 외에도 법위반에 따르는 비공식적 재제와 고통스러운 감정들을 포함한 다른 손해들뿐만 아니라, 동시에 법 위반으로 인한 이익도 고려한다(Grasmick and Bursik, 1990; Grasmick et al., 1993; Nagin and Paternoster, 1994). Bill McCarthy(1995)에 의하면 전혀 검거되거나 처벌 받을 위험성이 적다고 판단될 경우 어떤 사람이건 간에 불법이나 범법행위를 저지른다는 연구 결과를 나타내었다.

합리적 선택이론은 범죄를 실행에 옮길 가능성이 있는 자도 범죄의 기회가 찾아오지 않는다면 범죄를 저지르지 않는다는 사실, 그리고 준법의식이 강한 자도 범죄의 기회가 있으면 범죄를 실행할 가능성이 있다는 사실을 지적하게 되었다(이만종, 2002: 117).

합리적 선택이론을 불법적 도박으로 설명하면 가해자와 피해자는 상호작용(Interactive Effects)을 통해 밀접한 관련을 맺고 있다. 가해자는 불법적 도박을 하려고 선택하는 것은 손해와 이익을 고려해서 이익이 손해보다 크다는 판단에 의한 선택이고 즉, 법규위반에 대한 적발 가능성이 낮고 적발 시에도 제재의 정도가 약해 개인의 손해보다 이익이 크기 때문에 계속해서 도박을 수행하게 된다. 이러한 형태는 도박이 전반적으로 확산되어 확대되고 피해자는 도박에 대한 참여의 기회가 증가로 인해 피해는 시간이 지나면 더욱 크게 나타날 수 있다. 즉, 불법적 도박에 대한 접근기회를 줄임으로써 도박에 대한 피해를 줄일 수 있다는 것이다.

2) 피해자학

피해자화의 원인론 측면에서 도박행위에 대한 범죄는 가해자-피해자 상호작용이론(victim-Offender Interaction Approach)과 관계가 있다. 도박행위 업자와 도박행위 이용자는 일방적인 관계가 아니라 상호작용의 관계 속에서 나타난다. 피해자 측면에서는 사행산업의 도박은 Edwin Schure와 미야자와 고이치의 견해인 피해자 없는 범죄(victimless crimes)로 불리울 수 있다. "피해자 없는 범죄는 어떤 재화나 행위를 강하게 원하는 사람들 사이에서 행해지는 교환행위를 형법으로 규제하려 할 때 발생한다. 이 경우 '범죄'는 동의에 의한 거래 즉, 어떤 자가 다른 자에게 그가 원하는 어떤 것을 주거나 팔 때로 구성된다. 공공질서에 관련된 행위를 한 자는 아무런 해악이나 피해를 입지 않았기 때문에 당연히 경찰에 신고되지 않는다.

Bedau는 피해자 없는 범죄를 다음의 네 가지 원칙으로 개념 정리하였다(이경재, 1997: 187). 첫째, 어떤 행위에 관여한 모든 사람들의 동의에 의한 참여가 있어야 한다. 따라서 피해자 없는 범죄는 때때로 '동의에 의한 범죄'(consensual crime)라고도 불린다. 둘째, 어떤 행위자(참여자)도 경찰에 신고해서는 안 된다. 참여하지 않은 자가 신고하는 것은 상관이 없다. 셋째, 참여자는 일반적으로 다른 사람의 행위가 발생되는 상황에 대하여 참여자들이 평가하는데 동의하지 않을지라도 그 행위에 의하여 아무른 해악을 입지 않는다고 믿는다. 넷째, 이와 관련된 대부분의 범죄인들은 성인들 사이의 바람직한 상품이나 서비스를 자의에 따라 교환하는 것과 관련된다. 피해자 없는 범죄가 규제되는 여부는 국가와 관습, 문화적 배경에 따라 차이가 있을 수 있다. 그러나 대체로 도덕적인 근거에 따라 차이가 생기고, 대부분의 이러한 행위들은 권위에 기초를 가지고 있다. 이러한 행위의 불법성이나 합법성은 도덕성과 국가의 정치권력집단의 경제적인 이해관계에 따라 달라진다.

그러나 현대사회에서는 비범죄화를 요구하는 경향이 있어 합법화되거나 처벌을 받지 않는 것도 있다. 도박산업에 있어 경마, 경륜, 로또복권, 카지노 등 국가에서 허가 받은 사업에 대해서는 합법화가 되었다.

도박산업의 범죄피해는 다음과 같은 결과를 초래한다. 첫째, 경제적 피해가 발생한다. 사행행위에 대한 병적인 참여는 금전적인 피해를 나타난다. 사행산업의 성격상 중독성이 강해 모든 가진 것을 잃고서도 중단되지 않는 경우가 많다. 둘째, 정신적, 사회적 피해이다. 업무수행 능력의 저하로 인한 갈등, 해고, 급료삭감 등의 변화이다. 또한 심각한 경우 결혼생활이나 인간관계에 있어 중대한 변화를 가져오게 된다(이혼, 별거 등). 병적 도박자의 경우 충동적 행위, 불안감, 우울감, 또한 알코올 및 물질관련 장애 등을 동반하고 다양한 범죄행위, 즉 폭력 및 살인 등으로도 발전할 수 있다. 또한 사회적으로 막대한 비용이 든다. 이러한 도박행위를 규제하기 위한 경찰, 검찰, 교정 등 사법당국의 인원 및 시설에 대한 투자, 수용자들의 관리 등의 비용 등 막대한 사회비용이 발생하게 된다.

도박범죄에 대한 범죄피해자의 유형을 분석하면(이성호 등, 2005: 50-56), 헨티히(Hentig)는 피해자가 범죄를 유발하는 성향 또는 특성에 따라 피해자를 13가지 범주로 분류하였다. 이 범주에 따르면 심리학적 피해자 유형은 무기력한 자, 궁박한 생활에 있는 자[68] 등이 심리학적 관점에서 볼 때 피해자가 되기 쉬운 유형이라고 지적하고 있다. 미야자와의 분류에 따르면 도박범죄의 피해자는 동정받지 못하는 피해자이다. 이는 범죄피해의 성격상 상호작용으로 인해 피해를 야기한 부분도 있기 때문에 동정 받지 못하는 피해자이다. 멘델존(Mendelsohn)은 피해자와 가해자간의 역학관계를 중심으로 피해발생에 대한 피해자의 책임정도에 따라 여섯 단계로 분류했다. 이에 따르면 가해자와 똑같은 정도의 책임 있는 피해자이다. 매춘과 마찬가지로 도박도 피해자 없는 범죄로 인한 피해자이기 때문이다. 샤퍼(Schafer)에 의하면 자의적피해자(self-victimizing victim)이다. 스스로 피해를 초래한 자로서 동의적 피해자, 자학적 피해자 또는 범죄자적 피해자(criminal-victim)라고도 한다. 즉, 도박꾼 등은 피해자와 범죄자가 제휴하여, 스스로 범죄의 피해자가 된 범죄피해자이다. 셜리(Sheley)의 범죄자와 피해자의 결합관계 유형으로 분류하면 능동적인 범죄자와 능동적인 피해자 혹은 수동적인 범죄자와 능동적인 피해자로 분류할 수 있다. 합법적 도박산업의 경우는 적극적인 유혹(광고 등)을 통하여 적극적인 행위를 자극하거나 피해자 본인의 의사에 따라 도박행위에 참여하는 관계가 형성되기 때문이다. 불법적 도박산업의 경우는 적극적인 자극(광고, 호객행위 등)을 주지 않지만 피해자 본인의 의사에 의해 도박행위에 참여하기 때문이다.

---

68) 도박산업의 경우 사회가 불안정하고 경제가 침체될 때 강한 특성을 가지고 있다. 1998년의 경우 외환위기로 국내 경제성장률은 -6.7%였지만 경륜은 30.4%, 매출액은 12.8%가 증가하였다. 도박을 즐기는 이유를 질문했을 때 선진국의 경우'좋은 시간을 보내기 위해(81%)', '스릴 때문에(47%)', '도전하기 위해(35%)', 돈을 벌기위해(35%)'순으로 나타나고 있으나, 우리국민의 경우 돈을 벌기 위해서가 가장 많은 빈도를 차지했다(갬블백서, 2006: 7).

제 5 절 불법다단계판매범죄

1. 다단계판매의 정의

다단계판매는 2002년 3월에 개정된 현행 '방문판매업등에관한법률'에 규정되어 있는 여러 방문판매업의 한 형태이다.

동법 제2조(정의) 5호에 의하면 "다단계판매"라 함은 판매업자가 특정인에게 다음 가. 나 각목의 활동을 하면 일정한 이익(다단계판매에 있어서 다단계판매원이 소비자에게 재화 등을 판매하여 얻는 소매이익과 다단계판매업자가 그 다단계판매원에게 지급하는 후원수당을 말한다. 이하 같다)을 얻을 수 있다고 권유하여 판매원의 가입이 단계적(판매조직에 가입한 판매원의 단계가 3단계 이상인 경우를 말한다)으로 이루어지는 다단계판매조직(판매조직에 가입한 판매원의 단계가 2단계 이하인 판매조직 중 사실상 3단계 이상인 판매조직으로 관리운영되는 경우로서 대통령령이 정하는 판매조직을 포함한다)을 통하여 재화 등을 판매하는 것을 말한다고 정의하고 있다.

또한 위 가. 나 목의 활동사항으로 "가. 당해 판매업자가 공급하는 재화 등을 소비자에게 판매할 것", "나. 가목의 규정에 의한 소비자의 전부 또는 일부를 당해 특정인의 하위판매원으로 가입하도록 하여 그 하위판매원이 당해 특정인의 활동과 같은 활동을 할 것"이라고 적시하고 있다.

즉, 다단계판매란 '제조업자→도매업자→소매업자→소비자'와 같은 일반적인 유통경로를 거치지 않고 다단계판매업자(회사)가 판매하는 상품을 사용해 본 소비자가 다단계판매원이 되어 다른 소비자에게 판매 또는 구매를 권유하고 다시 그 소비자가 판매원이 되어 다른 소비자에게 판매 또는 구매를 권유하는 과정이 순차적·단계적으로 이루어지는 판매형식이다.

2. 불법다단계판매의 성격

재산범죄인 사기는 기망을 통해 경제적인 이득을 취하려고 행해지는 비폭력적인 범죄이다. 그러나 사기는 피해자들의 정서적 자발성을 이용하고 피해자들이 자기확신, 자기평가를 파괴하는 가장 교활한 범죄 중의 하나이다. 형법 제347조에 의하면 사기죄는 "사람을 기망하여 재물의 교부를 받거나 재산상의 이익을 취득함으로써" 성립한다고 규정하고 있다. 따라서 사기의 속성은 타인을 기망하는 행위 즉 남을 속이는 것으로부터 시작한다.

이러한 사기는 개인과 개인, 이웃과 이웃간의 불신을 초래하는 악질적인 범죄행위이다. 이 범죄의 피해는 다른 사람에 대한 신뢰가 범죄의 도구로 이용될 수 있다는 점에 주목할 필요가 있다. 사기는 평소에 신뢰한 사람으로부터 당하는 경우가 많기 때문에 신의 성실을 파괴하고 지역사회의 공동체적 삶을 해체시키는 심각한 범죄이다(김상균, 2005: 282).

사기를 구체적으로 살펴보면 주로 거래관계에서 비롯된다. 거래관계는 지극히 공리적인 관계이다. 공리적인 유대는 상호보완적인 이해를 포함한다. 참여자들은 서로를 수단으로 취급하면 그들 간의 상호 헌신은 합리적이다. 그러나 사기에 의한 관계는 거래당사자들 간의 상호헌신을 더 이상 합리적일 수 없게 한다. 또한 그들 간의 결속을 가능하게 해 주었던 공리적 유대를 더 이상 기능할 수 없다. 결국 사람들 간의 공리적 유대관계를 파괴함으로써 궁극적으로 사회적 결속이나 통합을 저해한다는 것이다(김준호, 1994: 24).

사기범죄는 전체 재산범중에 가장 많은 비중을 차지하고 있다. 또한 피해액도 가장 많은 비중을 차지하여 중대한 범죄임에 틀림이 없다.[69]

사기범죄는 국가에 대한사기, 기업에 대한 사기, 개인에 대한 사기 등으로 나뉠 수 있다 이 중 최근에 많은 문제가 되고 있는 유사수신행위, 다단계판매행위, 사채

69) 대검찰청 범죄분석(2006: 213-216)에 의하면, 전체 재산범죄(442,015건) 발생건수 중 사기범죄는(203,697건)으로 재산범죄에서 46%를 점유하고 있다. 또한 범죄금액에서도 전체 재산범죄 피해액(4,288,581,300,000원) 중 사기범죄 피해액은(2,993,427,600,000원)으로 전체 70%를 차지하고 있다.

이용행위는 국민 경제에 밀접한 영향을 미치고 있다. 특히 최근에 사회적으로 문제가 된 불법다단계판매의 피해는 심각한 수준이었다.[70] 불법다단계판매에 관련된 피해자의 대부분은 일반서민으로서 소박하고 평범한 인생을 살아가고 있다가 불법다단계판매로 삶에 고통을 당하고 있다.[71]

3. 불법다단계판매의 현황 및 특징

이 자료에 의하면 방판법위반 사범은 2000년 274건이 발생하여 278건, 534명이 검거된 후 2001년과 2002년 불법유사수신행위 등이 사회문제화되면서 대대적인 단속이 이루어져 2002년에는 818건이 발생하여 824건의 1,455명이 검거되었으나 그 이후 점차 감소추세를 보여 2005년에는 발생 274건, 검거 256건으로 감소하였다. 그러나 2005년 검거인원은 592명으로 단속에 강화된 2002년의 1,455명보다는 감소하였으나 그 이후 단속이 진행되었음에도 오히려 증가한 것을 볼 수 있다 .

〈표 7-15〉 연도별 발생 및 검거현황(2000-2006년)

(단위: 건, 명)

구 분	연도	발생건수	검거건수	검거인원
1	2005	274	256	592
2	2004	224	223	385
3	2003	323	344	562
4	2002	818	824	1,455
5	2001	589	593	1572
6	2000	274	278	534

자료 : 대검찰청, 『범죄분석』(서울 : 대검찰청, 2006), pp. 52-53 등 6년간 통계

70) JU네트워크의 경우 회원수는 35만명 피해사업자는 11만명 피해액 4조원에 이르고 있다. http://cafe.daum.net/networkdamage.

71) '다단계 빚 때문에...일가족 태우고 바다돌진': 30대 가장이 자신의 승용차로 노모와 어린 두 딸을 태우고 인천시 영종도 선착장에서 바다로 돌진하여 노모와 두 딸이 사망하였다. 30대 가장은 JU네트워크에 3억원을 투자했다 피해를 본 것으로 가정불화와 경제적 문제가 발생하였다(2005년 7월 8일 SBS 8시 뉴스).

〈표 7-16〉 방판법 위반 범죄자 연령별 현황

(단위: 명, %)

연령	계	19세이하	20-30세	31-40세	41-50세	51-60세	61-70세	71세이상	미상
인원	941	0	66	217	314	173	38	3	130
비율	100(%)	0	7	23	33.3	19	4	0.3	13.8

자료 : 대검찰청, 『범죄분석』(서울 : 대검찰청, 2006), pp. 238-239

방판법 위반 범죄자 연령 현황을 살펴보면 40대 33.3%, 30대가 23%, 50대가 19%순으로 나타났다. 30-50대에서 75.3%가 발생하고 있는 것으로 나타났다. 형법범계 경우 19세 이하(5.9%), 20-30세(16.6%), 31-40세(25.2%), 41-50세(29%), 51-60세(11%), 61-70세(3.4%), 71세 이상(0.6%)로 나타나 30-50대에서 65.2%를 점유하고 있다. 그러나 형법범계보다 방판법 위반 범죄자들은 19세 이하가 없는 것과 50대의 점유율이 높은 것이 특징으로 나타났다. 결국 방판법위반 범죄자의 경우 전체적으로 다른 범죄자의 연령보다 높다는 것을 알 수 있다.

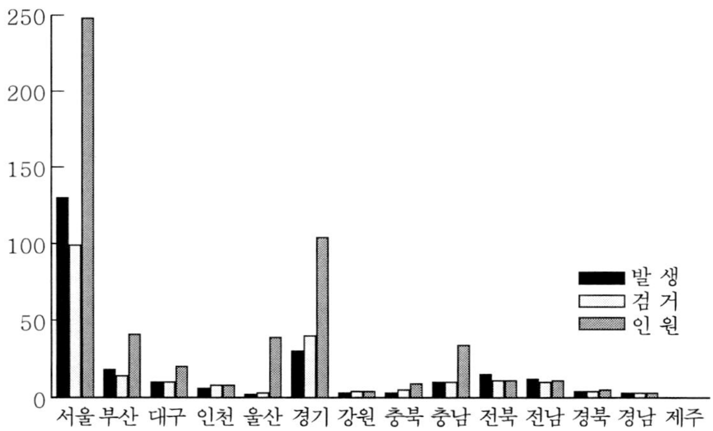

자료 : 대검찰청, 『범죄분석』(서울 : 대검찰청, 2006), pp. 98-147.

〈그림 7-2〉 방판법위반 지역별 발생 및 검거현황

〈그림 7-2〉에 나타난 결과를 보면 검거된 인원의 주거지역은 서울 등 도시지역이 압도적으로 많은 것을 알 수 있다. 서울에서는 전체발생건수인 246건의 52.3%에

해당하는 130건이 발생하였고 서울, 부산, 대구, 인천, 울산 등 5대도시에서 발생한 건수는 186건의로 전체의 75.6%를 점하고, 서울, 경기, 인천 등 경인권은 166건이 발생하여 전체의 67.5%를 차지하고 있다. 앞선 자료에 따른 JU의 2005년 9월 우수 사업자의 분포를 보아도 전체 100명중 서울에 45명이 거주하며 경기 13명, 인천 3명으로 경인 수도권지역에 6명이 집중되어 있다

〈표 7-17〉의 방판법 위반 범죄자 전과별 현황을 살펴보면 초범이 32.1%이고 전과자가 45.2%로 나타났다. 2006년 형법범의 경우 초범이 27.3%이고 전과자가 49.8%로 나타나 방판법위반 범죄자가 형법계보다 초범이 많은 것으로 나타났다.

〈표 7-17〉 방판법위반 범죄자 전과별 현황

(단위:명, %)

구분	계	초범	전과자	1범	2범	3범	4범	5범	6범	7범	8범	9범 이상	미상
인원	941	310	425	131	93	52	41	32	22	13	12	29	206
비율	100(%)	32.9	45.2	13.9	9.9	5.5	4.4	3.4	2.3	1.4	1.3	3	21.9

출처 : 대검찰청, 『범죄분석』(서울 : 대검찰청, 2006) pp. 266-267

JU네트워크 사례를 통한 불법다단계 판매행위의 범죄학적 특징을 살펴보면 첫째, 불법다단계와 피라미드사업은 정부의 규제가 효과가 약하다. 이는 정부의 규제가 심함에도 불구하고 다단계판매의 위반 사범은 별로 줄지 않는다는 것이다. 둘째, 불법다단계 사업자는 중년이상의 전과경력이 있는 남성이다. 다단계 판매는 다른 형법계와 비교하면 여성의 위반자가 많지만 60% 이상이 남성이며 40대 이상의 중년의 나이와 전과경력(45% 이상)을 가지고 있다. 셋째, 불법다단계는 대부분 도시지역에서 발생한다. 광역시 이상 도시에서 2006년 기준 전체에서 73.6%차지하고 있다.

제 6 절 보험범죄

보험범죄는 대부분은 보험사기와 밀접한 관련을 가지고 있다. 한국의 경우 보험가입률이 세계6위의 보험대국으로 인구 10중 9명이 1개 이상의 보험에 가입했으며

1인당 연평균 382만원을 보험에 지출하고 있다.[72] 그럼에도 불구하고 보험계약이 증가할수록 제도의 허점과 교묘한 수법으로 보험금을 노린 보험사기 또한 급증하고 있는 실정이다(금융감독원, 2004). 보험사기는 보험회사의 건전경영을 해치고 결국에는 선의의 다수 보험가입자의 보험료를 인상시키게 된다. 보험사기 행위는 보험산업 뿐만 아니라 사회전반적인 시스템에 악영향을 끼치는 범죄행위이다. 특히, 보험금을 사취하기 위하여 보험사기의 행위가 급속히 증가하는 추세에 있고, 그 수법도 갈수록 다양화, 지능화, 조직화되고 있다(신정훈, 2006: 116).

1. 보험범죄의 정의

보험범죄의 개념을 살펴보면, 조해균・양행승(2001: 169)은 보험범죄와 보험사기의 용어를 구별하지 않는 견해에 따르면 양자 모두 보험금을 사취하기 위해 보험제도를 악용하거나 남용하는 모든 부당한 행위라고 정의하고 있다. 그러나 양자를 구별하는 견해에 따르면 보험범죄란 보험업무와 관련하여 본인 또는 재3자의 재산상 이익을 얻기 위해 보험회사에 대해 행해지는 일체의 범법행위를 말하며, 보험사기는 재산적 이익을 목적으로 보험회사를 직접 기망하는 행위로 형법상의 사기죄의 한 유형으로 이해한다(이병희, 2002: 16-17). 그래서 보험범죄는 다른 범법행위인 살인, 방화, 상해, 보험관련문서위조 등도 포함된다(최인섭, 2002: 519). 이외에도 보험범죄에는 보험사업자가 저지르는 보험관련 범죄도 포함되어야 하며 그 결과 보험범죄는 보험계약자에 대한 일체의 불법행위 이외에 보험사업자가 보험관련 범죄를 행하는 행위라고 정의할 수 있다(조현빈, 2005: 454)

손해보험협회(2005: 3)에 의하면 보험범죄란 "보험가입자 또는 제3자가 받을 수 없는 보험급부를 대가 없이 받거나, 부당하게 낮은 보험료를 지불하거나 또는 부당하게 높은 보험금액의 지급을 요구할 목적으로 가지고 고의적으로 행동하는 일체의 불법행위"로 규정하고 있다.

72) 문화일보 2005.3.9 16면 "소리없는 대재앙 보험사기 급증세".

2. 보험사기 현황

〈표 7-18〉에서 연도별 보험사기 적발현황을 살펴보면 1998년, 1999년은 IMF 이후 경기의 악화로 인한 보험범죄의 성격은 생계형 범죄가 있었지만 최근은 전문가 집단과 공모 또는 방관 하에 이루어지는 조직적인 보험사기의 영향으로 사기건수와 규모가 증가하고 있는 것으로 판단된다.

〈표 7-18〉 연도별 보험사기 적발현황

(단위: 건, %, 백만원)

구 분	1997	1998	1999	2000	2001	2002	2003	2004	2005
적발건수	1,951	2,684 (37.6)	3,876 (44.4)	4,726 (21.9)	5,749 (21.6)	5,757 (0.1)	9,315 (61.8)	16,513 (77.3)	23,607 (43.0)
적발금액	25,336	29,587 (16.8)	44,273 (49.6)	31,421 (-29.0)	40,440 (28.7)	41,132 (1.7)	60,605 (47.3)	129,039 (112.9)	180,198 (39.6)
건당금액	12.9	11.0 (-15.2)	11.4 (2.6)	6.6 (-41.8)	7.0 (5.8)	7.1 (1.4)	6.5 (-8.5)	7.8 (20.0)	7.6 (-2.6)

※ ( ) 증감률

자료: 금융감독원(2001.2.8, 2006.3.13) 보도자료 재구성

또한 보험사기 건당 금액은 2000년 이후 감소추세를 보이면서 증감을 나타내고 있어 전체적으로는 소액다발화하는 경향으로 판단된다. 2003년 이후 적발건수의 증가는 감독당국의 강한 감독정책과 동시에 보험사의 적극적인 대응(보험사기전담 조직 및 전문인력 확충)으로 적발실적이 크게 증가하고 있다(신정훈, 2006: 120-121).

〈표 7-19〉에서 보험사기 유형별 현황을 살펴보면, 운전자 바꿔치기 6,240건(26.4%), 보험사고 피해과장 4,742건(20.1%), 보험사고 가공 3,686건(15.6%)순으로 나타났으며 금액측면에서 보험사고 피해과장 412억원(22.9%), 고의보험사고 298억원(16.6%), 보험사고가공 293억(16.3%)로 나타났다. 또한 사고건당 금액에 있어서도 고의보험사고 13.4백만, 사고후 보험가입 9.1백만, 보험사고 피해과장 8.7백만, 보험사고 가공 8.0백만으로 나타나 운전자 바꿔치기의 경우는 전문적인 보험범죄보다는 우발적이며 임기응변으로 보험의 혜택으로 사고를 해결하려는 기대심리가 작용한 것으로 판단되며 보험사고 피해과장 및 보험사고 가공은 금전의 이득을 목적으로 하는 전문적 보험범죄에 가깝다고 할 수 있다.

〈표 7-19〉 보험사기 유형별 현황

(단위: 건, 백만원)

구 분	운전자 바꿔치기	보험사고 피해과장	보험사고 가 공	기 타	고 의 보험사고	사고후 보험가입	사고차량 바꿔치기	계
적발 건수	6,240 (26.4)	4,742 (20.1)	3,686 (15.6)	3,434 (14.5)	2,231 (9.5)	2,018 (8.5)	1,256 (5.3)	23,607 (100)
관련 금액	28,224 (15.7)	41,186 (22.9)	29,337 (16.3)	26,937 (15.0)	29,849 (16.6)	18,285 (10.1)	6,344 (3.5)	180,198 (100)
건당 금액	4.5	8.7	8.0	7.9	13.4	9.1	5.1	7.6

※ ( ) 증감률

자료: 금융감독원(2006.3.13) 보도자료 재구성

〈표 7-20〉에서 보험사기 연령별 현황을 살펴보면, 20-29세 연령이 1,574명(41.6%), 30-39세 946명(25.0%), 40-49세 722명(19.1%) 19세 이하의 증가는 사회해체의 심화로 인한 규범의식의 약화와 모방범죄로 인한 증가로 20대의 증가는 경제적 상황의 악화로 인하여 실업률의 증가 및 사회해체로 인한 규범의식의 약화와 보험사기의 전문화로 인한 것으로 판단된다.

〈표 7-20〉 보험사기 연령별 현황

(단위: 명, %)

구 분	2001	2002	증감률	2003	증감률	2004	증감률	2005	증감률	평 균
19세 이하	163	9 (0.5)	-94.5	162 (4.9)	1,700	456 (8.3)	181.5	198 (3.2)	-56.6	197 (5.2)
20-29세	899	704 (36.9)	-21.7	1,372 (41.3)	94.9	2,272 (41.5)	65.6	2,623 (42.3)	15.4	1,574 (41.6)
30-39세	483	580 (30.4)	20.1	876 (26.4)	51.0	1,194 (21.8)	36.3	1,598 (25.8)	33.8	946 (25.0)
40-49세	314	421 (22.1)	34.1	661 (19.9)	57.0	1,037 (19.0)	56.9	1,177 (19.0)	13.5	722 (19.1)
50-59세	104	146 (7.7)	40.4	195 (5.9)	33.6	366 (6.7)	87.7	480 (7.7)	31.1	258 (6.8)
60세 이상	38	48 (2.5)	26.3	57 (1.7)	18.8	145 (2.7)	154.4	127 (2.0)	-12.4	84 (2.2)
합 계	2,001	1,908 (100)	-4.6	3,323 (100)	74.2	5,470 (100)	64.6	6,203 (100)	13.4	3,781 (100)

※ ( ) 증감률

자료: 금융감독원(2006.3.13) 보도자료 재구성

〈표 7-21〉에서 보험사기 관련자 직업별 현황을 살펴보면, 무직자가 27.7%, 정비업체 종사자, 의료업계종사자, 보험설계사의 증가는 보험업과 직·간접적인 관련이 있는 사람들로서 범죄기회이론에 마찬가지로 범죄가 발생할 수 있는 기회가 다른 사람보다 많은 것이기 때문인 것으로 판단된다. 또한 보험사기의 성격이 조직화되고 전문화되어 가는 경향을 반영하는 것이라고 할 수 있다.

〈표 7-21〉 보험사기 관련자 직업별 현황

(단위: 명, %)

구 분	2001	2002	증감률	2003	증감률	2004	증감률	2005	증감률	평 균
보 험 설계사	18	20 (1.0)	11.1	54 (1.6)	170.0	59 (1.1)	9.3	116 (1.9)	96.6	54 (1.4)
대리점	8	3 (0.2)	-62.5	3 (0.1)		10 (0.2)	233.3	35 (0.6)	250.0	11 (0.3)
보험사 직 원	3			8 (0.2)	800.0	8 (0.1)		8 (0.1)		6 (0.2)
유흥업소종사자	57	52 (2.7)	-8.8	48 (1.4)	-7.7	105 (1.9)	118.8	109 (1.8)	3.8	74 (2.0)
자영업	186	200 (10.5)	7.5	337 (10.1)	68.5	669 (12.2)	98.5	490 (7.9)	-26.8	376 (9.9)
운수업 종사자	139	243 (12.7)	74.8	177 (5.3)	-27.2	261 (4.8)	47.5	297 (4.8)	13.8	224 (5.9)
봉 급 생활자	181	221 (11.6)	22.1	585 (17.6)	164.7	1,018 (18.6)	74.0	698 (11.3)	-31.4	540 (14.3)
학 생	29	19 (1.0)	-34.5	75 (2.3)	294.7	223 (4.1)	197.3	165 (2.7)	-26.0	103 (2.7)
무 직	650	495 (25.9)	-23.8	837 (25.2)	69.1	1,368 (25.0)	63.4	1,897 (30.6)	38.7	1,049 (27.7)
의료업계종사자								340 (5.5)		68 (1.8)
차량정비업체종사자								485 (7.8)		97 (2.6)
파악불가	730	655 (30.3)		1,199 (25.6)		1,749 (19.8)		1,563 (25.1)		1,179 (31.2)
합 계	2,001	1,908 (100)	-4.6	3,323 (100)	74.2	5,470 (100)	64.6	6,203 (100)	13.4	3,781 (100)

자료: 금융감독원(2006.3.13) 보도자료 재구성

3. 보험사기의 특징 및 유형[73)]

1) 보험사기의 특징

(1) 저위험 고소득

보험사기는 대체로 발각되어도 경미하게 처벌되거나 보험사에서 자체적으로 면책처리하는 경우가 많은데, 강력한 처벌에 대해 부정적이고, 보험사는 영업중심의 정책을 지향하고 조용히 처리되기를 원하는 풍토가 있어 저위험 고소득의 특성이 있다.

(2) 혐의입증의 난해성

보험사기가 성립되기 위해서는 고의에 의한 재산적 이득을 얻었음을 입증하여야 하는데, 사고현장 및 목격자 등을 확보할 수 없는 과거 수년전의 사건, 사고에 대한 고의성을 입증하기가 쉽지 않다.

(3) 지능적 범죄와 생계형범죄가 공존

최근 수사기관의 추적을 피하기 위해 지능적인 보험사기 수법이 이용되고 있으며, 또한 악의적이고 교묘한 공동범행 등 조직적이고 치밀한 유형의 보험범죄와 함께 단순한 생계유지를 목적으로 하는 보험범죄가 공존한다.

(4) 보상성의 심리와 모방범죄의 증가

보험사는 위험보장이라는 무형의 서비스에 대한 불만과 소멸성 보험료에 대한 보상심리가 내재되어 있으며 대기업인 보험사를 대상으로 하기 때문에 죄의식이 약하고 최근 유흥비를 마련하기 위해 10대들의 무분별한 모방범죄가 급속히 증가하고 있다.

(5) 사기피해의 간접성과 광범위성

보험사기는 외견상 보험사에 직접적인 피해를 주는 것 같지만 "수지상등의 원칙"에 의거 보험료 인상요인이 되므로 결국 피해주체의 전이 즉 피해당사자가 현재의

73) 손해보험협회, 2005, pp. 7-11.

계약자가 아닌 미래의 계약자로 전이된다.

(6) 범죄의 복합성, 다양성

다른 범죄의 결과로서 보험사기가 이용되기도 하지만 보험사기를 위해 살인, 방화와 같은 타 범죄를 저지르기도 하는 등 복합적인 성격을 띠고 있으며 범죄의 형태도 다양성을 띠고 있다.

2) 보험사기 범죄자의 특징

① 일반적으로 지능이 높고 죄의식이 결여되어 있다.

② 단독범보다 공범관계가 많으며 특히 최근에는 100여명 이상 대규모 인원이 관련된 경우가 많다.

③ 공범은 부부, 연인, 친·인척 등의 특수관계가 많다.

④ 금전소유욕이 강하며 경제적 궁핍 등 자기합리화를 한다.

⑤ 동일한 유형의 고의사고를 반복하는 중독적 성향을 띈다.

⑥ 안정적인 직업이 없거나 소득에 비해 생활수준이 높다.

3) 보험범죄의 유형

교통사고관련, 차량도난관련, 병·의원 및 정비업체 관련, 살인, 방화 등 일반범죄 관련, 외제차량·오토바이 관련, 자해 등 신체상해 관련, 안전사고, 산업재해, 선박고의 침몰 등으로 구분할 수 있다.

제 7 절 노인범죄

1. 노인의 정의

노인(the aged, the Elderly, Older Person)이라는 용어도 한마디로 정의하기 어렵다. 노인의 개념에는 생물학적·심리학적·사회적 개념이 포함되어 있기 때문이다. 그러나 일반적 개념으로 널리 사용되는 노인의 개념을 살펴보면 일반적으로는 "나이가 많은 사람, 혹은 늙은 사람을 지칭하는 말이며, 실질적으로 경제적 활동과 노동현장에서 은퇴하여 역할 상실과 불건강 및 소득상실을 하고 있는 인구층을 지칭하고 있다". 장인협 · 최성재(2000)에 의하면 "노인은 생리적 및 생물학적 면에서 퇴화기에 있는 사람, 심리적인 면에서 정신기능과 성격이 노인특유의 보수, 온건, 의존, 경직성향으로 변화되고 있는 사람, 사회적인 면에서 지위와 역할이 상실된 사람"으로 정의한다.

1951년 제2회 국제노년학회에서는 "노인을 환경변화에 적절히 적응할 수 있는 조직기능이 감퇴하고 있는 사람, 생체의 자체통합능력이 감퇴되고 있는 사람, 인체의 기관, 조직, 기능에 쇠퇴현상이 일어나는 시기에 있는 사람, 조직의 예비능력이 감퇴하여 환경변화에 적응이 제대로 되지 않는 사람"으로 정의하고 있다. 이인수(2003)는 "노인을 생리적 및 신체적 기능의 퇴화와 더불어 심리적인 변화와 사회적 역할 변화가 일어나, 보수적이고 온건하며 의존성을 띠고 왕성한 사회적 역할이 축소된 사람"으로 정의하고 있다.

노인의 연령을 기준하면 UN의 기준으로는 '65세 이상의 자'를 노인으로 규정하고 있다. 이러한 연령에 대한 기준은 한국의 노인복지에도 적용되고 있는데 지하철과 버스의 경로우대증, 노인건강검진, 무료요양시설 입소자격이 만 65세부터 적용되는 것을 들 수 있다. 대개 65세의 연령이 중년기와 노령기를 구분하는 분수령으로 산업사회에서는 일반적으로 통용되고 인구통계학상으로 활용되고 있지만, 한국의 경우는 60세를 기준으로 노인으로 규정하는 것이 타당할 것이다. 첫째, 한국에서는 전통적으로 60세를 노령에 이른 것으로 축하하고 있고(회갑), 둘째, 대부분의 직장에서 퇴직정년이 55-60세로 되어 있으며, 셋째, 국민연금법상 노령연금 수혜연령을 60세로 규정하고 있으며 노인복지회관을 이용하고 노인으로 서비스를 받을 수 있는 나이가 60세이다. 넷째, 검찰청의 범죄분석에서 61세와 71세 이상의 범죄인, 법무부 법무연수원의 범죄백서에서는 60세 이상의 범죄인으로 규정하고 있다.

이러한 정의들을 살펴볼 때 노인은 "노인을 생리적 퇴화와 동시에 심리적 변화와 사회적 지위 역할이 축소된 60세 이상의 사람"으로 정의하고자 한다.

2. 노인범죄 현황

1) 외국의 노인범죄현황

미국 플로리다주 50세 이상의 수형자 죄명분포를 살펴보면 60-64세에 가장 높은 비율은 살인 34.% 성폭력 31.5%, 약물범죄 8.7%순으로 나타났으며, 65-69세에는 성폭력 38.5%, 살인 31.3%, 약물범죄 7.8%였으며, 70세 이상은 성폭력 42.3%, 살인 42.3%, 약물범죄 4.5%,로 나타났다. 60세 이상의 노인에서 살인이 27.7%와 성폭력 26.7%를 차지하고 있어 재산범죄보다는 폭력범죄가 훨씬 많다. 또한 약물범죄도 12.8%로 세 번째로 많은 범죄유형을 나타내고 있다(한국형사정책연구원, 2001: 88).

캐나다의 노인수형자의 죄명분포를 살펴보면 60-64세에는 살인 24.2%, 성폭력 20.9%, 강도 9.8%순으로 나타나고 있다. 65-69세에서는 성폭력 54.1%, 기타범죄 15.3%, 살인 13.5%순으로 나타나고 있으며, 70세 이상은 성폭력 64.2%, 살인 22.4%, 기타범죄 11.9%로 나타났다. 60세 이상의 노인에서 성폭력이 38.1%로 가장 높았으며, 살인이 24.3%, 기타가 14.8%로 나타나 캐나다의 경우 특히, 고령자가 될수록 성폭력에 대한 비중이 점차 높아지고 있다.

일본의 60세 이상 수형자의 죄명분포를 살펴보면 1995년 기준으로 절도가 45.07%로 가장 높고 사기 13.52%, 세 번째로 약물범죄로 1980년 4.63%에서 1995년 12.35%로 빠른 속도로 증가하고 있다. 일본은 강력범죄에 비해 재산범죄가 높은 것으로 나타나고 있다.

2) 한국의 노인범죄 현황

노인범죄를 설명하기 위해 한국의 각 계층의 인구변화 추이를 〈표 7-22〉에서 살펴보면 1996년 총 인구수는 45,524,681명이었다. 이중 본 연구에서 인식하는 노인층(60세 이상)은 4,382,491명으로 전체인구에서 차지하는 비중은 9.6%이며 장년층(20-59세)은 26,785,397명으로 58.3%를 청소년층(19세 미만)은 14,536,793명으로 32.1%이었다.[74] 2005년에는 노인층은 6,969,378명으로 전체의 14.5%를 차지하고 있다. 장년층은 28,791,045명으로 59.8%, 청소년층은 12,377,654명으로 25.7%를 차지하고 있다. 1996-2005년 노인층의 인구는 4.9% 증가하였으나 장년층은 1.5% 증가하였고 청소년층은 6.4%가 감소하였다. 이는 한국의 인구구조가 청소년층이 감소하고 노인층이 점차 증가하고 있다는 것을 나타내고 있다.

〈표 7-22〉 인구추이(1996-2005년)

(단위: 명%)

연도	전체	청소년(0-19세)	장년(20-59세)	노인(60세 이상)
1996	45,524,681	14,356,795(32.1)	26,785,397(58.3)	4,382,491(9.6)
1997	45,953,580	14,264,868(31.0)	27,100,300(59.0)	4,588,412(10.0)
1998	46,286,503	14,152,141(30.5)	27,341,021(59.1)	4,793,341(10.4)
1999	46,616,677	13,972,049(30.0)	27,641,351(59.3)	5,003,277(10.7)
2000	47,008,111	13,753,661(29.3)	27,588,391(58.6)	5,696,059(12.1)
2001	47,357,362	13,468,898(28.4)	27,937,725(59.0)	5,950,739(12.6)
2002	47,622,179	13,150,320(27.7)	28,241,027(59.3)	6,230,832(13.0)
2003	47,859,311	12,852,065(26.8)	28,512,818(59.6)	6,494,428(13.6)
2004	48,039,415	12,603,421(26.3)	28,699,865(59.7)	6,736,129(14.0)
2005	48,138,077	12,377,654(25.7)	28,791,045(59.8)	6,969,378(14.5)
합 계		6.4%↓	1.5%↑	4.9%↑

자료: 통계청, 연령별 추계인구

(1) 형법범계와 특별범계 범죄 추이

범죄유형을 크게 분류하면 형법범죄와 특별범죄로 구분할 수 있으며 형법범죄로는 강력범계(살인계, 강도범계, 강간범계, 방화범계), 절도범계, 폭력범계, 지능범계, 풍속범계, 기타형법계로 구분할 수 있다. 특별범은 교통사고특례법, 도로교통법 등이 있다.

형법범계중 강력범계를 살펴보면 〈표 7-23〉에서 1996년 693,747건 중 노인범죄는 13,924건으로 전체의 2.0%를 차지하고 있으나 2005년 980,539건중 노인범죄는 44,990건을 차지하고 있어 전체 4.8%로 나타나고 있어 1996년 대비 2005년은 노인범죄가 2.8%증가하였다. 그러나 전체범죄수의 증감에는 상관없이 노인범죄는 지속적인 증가

74) 본 연구에서 연구의 편의상 경찰통계연보의 기준을 적용하여 청소년, 장년, 노인으로 구분하였다.

추세를 나타내고 있다. 전체범죄는 1996년 대비 2005년은 0.7배 증가에 비해 노인범죄는 3.2배 증가하였으며 강력범은 4.2배, 살인은 5.3배, 강도는 12.5배, 강간은 3배, 방화는 7.4배가 증가한 것으로 나타났다. 이는 노인범죄 전체 평균증가율보다 강력범죄의 증가율이 높게 나타나 전반적으로 노인범죄가 강력범죄화되고 있다고 할 수 있다. 특히 강도, 방화, 살인의 급격한 증가는 주목할만하며 살인의 경우 전체범죄 중 차지하는 빈도는 1996년 2.3%에서 2005년 8.1%로 급격하게 증가하였다.

〈표 7-23〉 형법계 범죄변화 추이(1996-2005년)

(단위: 건,%)

연도 범죄계	형법계	강력범계	살인계	강도범계	강간범계	방화범계
1996	전체범죄: 693,747	11,932	776	5,098	5,373	685
	노인범죄: 14,038(2.0)	114(1.3)	18(2.3)	6(0.1)	82(1.5)	8(1.2)
1997	710,277	13,351	857	6,394	5,353	747
	연도대비증감 (2.4)	(11.9)	(10.4)	(25.4)	(0.3)	(0.9)
	15,128(2.3)	159(1.8)	23(2.7)	10(0.2)	110(2.1)	16(2.1)
	(7.8)	(39.5)	(27.8)	(66.7)	(34.1)	(100)
1998	821,207	16,302	1,095	8,333	5,732	1,142
	(15.6)	(22.1)	(27.8)	(21.9)	(7.1)	(52.9)
	18,586(2.2)	177(1.7)	33(3.0)	10(0.1)	113(2.0)	21(1.8)
	(22.9)	(11.3)	(43.5)	(0)	(2.7)	(31.3)
1999	946,842	15,302	1,125	6,193	6,966	1,018
	(15.3)	(-6.1)	(2.7)	(-25.7)	(21.5)	(-10.9)
	25,643(2.6)	222(1.8)	28(2.5)	20(0.3)	155(2.5)	19(1.9)
	(38.0)	(25.4)	(-15.2)	(100)	(37.2)	(-9.5)
2000	927,721	14,402	1,058	6,337	5,920	1,087
	(38.0)	(-5.9)	(-6.0)	(23.3)	(-15.0)	(6.8)
	26,122(2.8)	204(1.9)	35(3.3)	22(0.3)	126(2.1)	21(1.9)
	(1.9)	(-8.1)	(25.0)	(10.0)	(-18.7)	(10.5)
2001	921,110	13,522	1,171	5,547	5,584	1,220
	(-0.7)	(-6.1)	(25.5)	(-12.5)	(-5.7)	(12.2)
	27,434(3.2)	256(2.6)	59(5.0)	23(0.4)	146(2.6)	28(2.3)
	(5.0)	(25.5)	(69.0)	(4.5)	(15.9)	(33.3)

〈표 7-23〉 이어서

2002	850,310	12,775	1,051	5,453	5,136	1,135
	(-7.7)	(-5.5)	(-10.2)	(-1.7)	(-8.0)	(-7.0)
	26,590(3.2)	232(2.5)	42(4.0)	24(0.4)	132(2.6)	34(3.0)
	(-3.1)	(-9.4)	(-28.8)	(4.3)	(-9.6)	(21.4)
2003	866,873	14,897	1,085	6,970	5,425	1,417
	(19.5)	(16.6)	(3.2)	(27.8)	(56.3)	(24.8)
	28,666(3.4)	279(2.7)	50(4.6)	27(0.4)	161(3.0)	41(2.9)
	(11.6)	(20.3)	(19.0)	(12.5)	(22.0)	(20.6)
2004	1,043,110	15,693	1,200	6,466	6,481	1,546
	(20.3)	(5.3)	(10.6)	(-7.2)	(19.5)	(9.1)
	40,933(3.9)	384(3.2)	64(5.3)	56(0.9)	213(3.3)	51(3.3)
	(42.8)	(37.6)	(28.0)	(107.4)	(32.3)	(24.4)
2005	980,539	14,545	1,178	5,084	6,667	1,616
	(-6.0)	(-7.3)	(-1.8)	(-21.4)	(2.9)	(4.5)
	44,990(4.8)	484(4.3)	96(8.1)	75(1.5)	254(3.8)	59(3.7)
	(9.9)	(26.0)	(50.0)	(34.0)	(19.2)	(15.7)
합 계	41.3	21.9	51.8	-0.27	24.1	136
	3.2배 (2.8%↑)	4.2배 (3.0%↑)	5.3배 (5.8%↑)	12.5배 (1.4%↑)	3배 (2.3%↑)	7.4배 (2.5%↑)

자료: 경찰청, 경찰통계연보(1996-2005년) 재구성.

1996년 형법계 전체범죄 중 범죄건수로는 폭력계, 지능계, 절도계 순이었으며 노인범죄에서는 지능범계, 폭력범계, 기타 형법계 순으로 나타났다. 범죄비중에서는 기타형법계 6.3%, 지능범계 2.8%, 살인계 2.3%로 나타났다.

2005년 형법계 전체범죄건수는 1996년 대비 41.3%가 증가하였다. 2005년 형법범계 전체범죄 중 범죄건수로는 폭력범계, 지능범계, 절도계 순으로 나타났으며 노인범죄에서는 지능범계, 폭력범계, 기타형법계 등으로 나타났다. 범죄비중에서는 기타형법계 9.1%, 살인계 8.1%, 풍속범계 5.2%로 나타났다.

형법범계의 기타범죄 범죄변화 추이를 살펴본 것으로 절도범계 1996년 대비 2005년 증가에서 6.6배로 가장 높은 증가를 나타내고 있으며, 점유율은 풍속범계가 가장 많은 비중을 차지하고 있었다. 절도범계 다음으로 폭력범계 4배, 지능범계 3.5배, 기타형법계 2.5배의 증가순으로 나타났다. 여기에서도 범죄는 전반적으로 증가하는 것으로 나타나고 있다. 특히 재산범죄와 관련 있는 절도범계의 높은 증가는 선행연구의 결과와도 일치하는 결과이다. 또한 폭력범계의 증가도 높은 것으로 나타났다.

2001년 특별범계에서 전체범죄는 1,059,064건중 노인범죄는 26,799건으로 노인범죄비는 2.5%에서 2005년 전체범죄 989,287건중 노인범죄는 44,987건으로 4.5%로 2.0%가 증가하였다. 특별범계 전체범죄 건수는 줄어들고 있는데 반해 노인인구 범죄는 더욱 증가하고 있는 것으로 나타났다.

3. 노인범죄의 특징

1) 신체적 특징

신체구조의 쇠퇴를 들 수 있다. 피부와 지방조직의 감소, 세포의 감소, 골격과 수근의 약화, 치안의 감소, 심장비대와 심장박동의 약화 등의 현상이 나타난다. 또한 외면상의 변화로서 백발의 증가, 머리카락의 감소, 주름살의 증가, 신장의 감소 현상이 나타나며, 만성질환의 병에 대한 증가도 나타난다. 이밖에도 시각, 청각, 미각, 후각의 쇠퇴와 정신기능의 저하로 인해 감지능력이 떨어지고 환경에 즉각적으로 대처하지 못한다.

2) 성격적 특징

노인의 성격적 특징을 살펴보면

첫째, 남에게 의지하려는 성향이 강해진다. 경제적 의존성과 신체기능의 약화, 배우자의 사망 등으로 인한 사회적 불안감으로 심리적 정서적 의존성이 강해 주위 사람들에게 의지하는 경향이 나타난다.

둘째, 수동적이며, 내향적인 성향이 강해진다. 노화에 따라 모든 문제를 내면적으로 깊이 고려하여 생각하며, 외부지향적인 적극성이 줄어든다. 뿐만 아니라 환경을 조절하는 자아적용양식에 있어서도 자기자신이 주도적으로 움직이는 능동적인 조절능력보다도 타인의 도움을 받아 수동적으로 해결하거나 신비적 또는 우연히 잘 되도록 내맡겨버리는 경향이 강하다.

셋째, 우울증에 빠지는 성향이 강해진다. 나이가 들어감에 따라 여러 가지 스트레스, 신체건강수준의 하락, 배우자의 사망과 같은 가족관계의 변화, 직장에서의 은퇴로 인한 사회적 역할의 상실, 사회와 가족들로부터의 소외 및 고립, 일상생활에 대한 자기통제의 불가능, 지나온 세월에 대한 회한 등이 원인이 되어 우울증이 나타난다.

3) 노인범죄의 특징

사람은 연령적인 발달단계에 따라 각기 다른 특징적 범죄가 나타나고 있다. 범죄통계를 중심으로 살펴보면 소년은 절도, 또한 체력과 성욕은 왕성하지만 사려분별력이 없어 공갈, 폭행, 강간 등의 조폭범이나 성적비행을 저지는 경우가 많이 있다. 20세 이상 25세 미만은 체력이나 성적에너지의 구조로 보아 강도, 강간, 살인, 상해 등 강력범이나 소위 흉악범죄를 많이 저지르고 있다. 25세 이후가 되면, 사기, 횡령, 등의 지능범이 많아진다. 그리고 도박, 장물, 독직, 배임 등의 풍속범과 지능범은 중년층에서 많이 발생한다(지광준, 2002).

노년기 범죄의 특성을 살펴보면 사람은 갱년기가 지나면서 심리적으로 많은 변화를 일어난다. 노년기를 향해서 가는 자신을 보면서 사회적 역할과 지위의 하락을 심하게 느끼게 된다. 그리고 무엇인가의 수단에 의해 이것을 극복하고 타개하기 위해 고민하는 시기인 것이다. 이 결과 내심의 불안감이 범죄에 대한 저항력을 약화시키고, 사회적으로 확고한 기반이 있는 자신의 권력을 이용하여 무엇인가 하고 싶다는 유혹에 빠지게 되어 결국 범죄를 저지르는 경우가 적지 않다. 이와 같은 퇴행기 심성과 범죄와의 관계는 만발성 초심자에게서 많이 나타나는 현상이다. 이러한 원인으로 노년기에는 풍속범,[75] 장물죄, 방화, 모욕죄, 단순절도 등을 저지르기 쉽다.

4. 노인범죄 원인론

노인범죄의 원인을 분석한 연구들은 노인범죄가 실업(Kercher, 1987), 빈곤

75) 1996-2000 대검찰청 범죄분석을 분석할 결과 풍속범과 특별범의 경우 5년 사이 135.4%와 64.5%가 증가하였다(오홍수, 2002).

(Kercher, 1987; Flynn, 2000), 사회적 고립과 지위의 상실로 인한 아노미(Fishman, 1977; Wilbanks & Murphy, 1984)와 관련되는 것으로 논의하였다.

노인과 다른 연령집단을 비교한 Covey와 Menard(1987)는 노인범죄율은 절도, 주거침입절도, 단순절도의 재산범죄가 젊은층보다 상대적으로 빠르게 증가하는 것으로 나타났다. 그 밖에도 1960년대에서 1980년대의 공식 범죄통계를 분석한 연구들은 대체로 노인 폭력범죄에 비해 노인 재산범죄의 상대적 증가를 제시하였다(Doyle, 1990; Incrairdi, 1987; Long 1992; Steffensmeier, 1987).

또한 노인의 상대적 빈곤은 노인범죄의 대다수를 차지하는 생계형 범죄인 단순정도나 상점절도의 직접적인 원인이 되며(Brogden & Nijhar, 2000), 빈곤이나 직업적 지위상실로 인한 좌절과 무력감은 노인들의 잦은 폭력행사의 원인이 된다는 것을 알 수 있다(Shichor & Kobrin, 1978; Weigand & Burger, 1979).

한국의 연구에서 이현희 외 2인(2003)의 "노인범죄추이 및 관련요인에 관한 연구"에 의하면 재산범죄에서 노인범죄인의 수가 많이 나타나고 있다. 오흥수(2002)의 연구에서도 재산범죄 중 사기가 노인범죄 중 높은 비율을 나타내그 있다. 한국형사정책연구원(1995)의 연구에서는 노인범죄자의 생활정도를 수사기록 조사자료를 통하여 살펴보면 빈곤이 60.5% 보통이 27.5%, 부유가 11.5%로 인식하고 있었으며 범행동기에서는 "원한과 분노 때문"이 43.1%, "부에 대한 욕심" 20.3%, "부주의" 5.9%, "생계비 마련" 4.5%를 차지하고 있는 것으로 나타나고 있다.

제 8 절 환경범죄

인류는 수천 년에 걸쳐 농업발달과 지금으로부터 약 200여년 전에 비롯된 산업혁명을 통해 우리의 삶을 윤택하게 하는 원동력이 되었지만, 동시에 쾌적해야 할 우리의 생활환경을 파괴하거나 오염시키는 주범노릇을 하므로 우리들이 예기치 못하는 큰 피해를 야기하기도 한다. 또한 산업사회의 발달과 의학의 진보로 과히 폭발적인 인구 증가를 가져왔고, 이러한 인구증가와 더불어 문명의 발전은 우리가 살고 있는 지구의 엄청난 규모로 파괴하기에 이르렀다. 인구문제, 각종 폐기물, 각종 오염 등은 생태계의 순환을 원활하게 하지 못하게 하여 여러 환경문제를 야기하고 있다. 이러한 시점에서 이제 인류는 환경 혁명이라는 새로운 개혁을 이루어 나가야 할 전환점에 직면해 있다.[76]

과거 환경오염사례에는 1952년 영국런던의 살인적 스모그 사건, 일본의 사대 공해 사건(수은오염사건, 미나마따병사건, 이따이따이병사건, 사일시 대기오염사건), 1984년 인도 보팔의 유니온카바이트사의 살충제 공장폭발사고로 MIC가스가 유출되어 4천여 명이 숨지고 약 20만 명이 후유증으로 고생한 사건, 1986년의 소련 체르노빌 원전 핵발전소 누출로 수천명의 사상자를 낸 사건, 1986년 스위스농약공장의 폭발로 인한 프랑스, 독일, 네덜란드를 관류하는 라인강의 유입사건 등을 들 수 있으며, 이러한 사건을 통해 귀한 생명과 생태계를 파괴하는 사태를 불러오기도 했다. 우리나라의 경우도 1985년 3월 울산 온사공단의 괴질 사건, 1987년 군산임해공단의 TDI사건, 1991년 대구 두산전자 페놀유출사건, 주한미군 환경오염사건들로 인한 피해 사례가 발생하기도 했다.

이러한 환경문제를 해결하기 위해 1970년대 초기부터 전 세계적으로 환경관련 국제회의가 활발히 전개되었고, 우리나라에서도 낙동강 페놀오염사건을 계기로 환경에 대한 규제를 강화하기에 이르렀으며, 환경범죄를 일종의 범죄행위로 이해하기보다는 사회활동의 과정에서 부득이하게 발생하는 행위로 이해하는 과거의 인식에서 벗어나 이제는 전 세계적으로 환경범죄를 형사적으로 처벌해야하는 중대한 범죄로 인식하게 되었다.

1. 환경범죄의 정의

환경범죄라는 용어는 이미 공해 또는 공해범죄라는 개념을 들어온 우리에게는 생소하다고 할 수 있다. 그러나 선진국에서는 인간과 환경과의 상관관계에 대한 올바른 인식을 하게 되었고 공해문제에 대한 접근만으로는 오염 문제 자체를 근본적

76) J. Howard, 1981, Future studies and environmental education, J. of Environmental Education, 13, pp. 40~43. ; 허만규 · 이송진 · 허홍욱, (2003), "대학생들의 환경문제 의식에 관한 연구", 한국환경과학회지, 제12권 제3호, p. 237, 재인용.

으로 해결할 수 없을 뿐만 아니라 결코 인간의 환경을 보전할 수 없다는 인식 아래에서 공해문제를 환경문제로 논의의 초점을 전환하였다.

한국이나 일본에서는 공해범죄 또는 환경사범이라는 개념이 주로 사용되어져 왔고 환경범죄라는 용어는 비교적 새로운 용어라 할 수 있다.77) 현행법상으로는 종래의 공해범죄라는 용어보다 환경범죄 또는 환경오염범죄라는 용어가 보다 적절하다. 환경범죄라는 개념은 환경사범과는 달리 환경을 적절하게 관리·보전한다는 환경보전의 이념을 나타내면서 동시에 환경오염이 초래하는 현재와 장래의 모든 국민에 대한 사회적 해악성과 실질적 불법성을 나타내는 장점이 있기 때문이다. 또한 환경문제의 해결과 관련하여 범죄와 형벌이라는 기본적 문제의식을 가지게 하여 형법 고유의 분석을 촉구하는 계기를 마련해 주기도 하기 때문이다.78)

이러한 논의를 바탕으로 하여 국내 환경범죄 관련하여 대표적인 학자들의 정의를 살펴보면, 김종덕(1995)은 환경범죄를 "환경오염행위 가운데서도 안전한 환경에서 살 권리나 법익 또는 의무위반성이 크기 때문에 형벌을 과하는 행위, 즉 인간의 건강에 위해를 가하거나 환경을 심히 저해하는 환경오염행위로서 궁극적으로는 현재 또는 가시적 장래의 인가의 필수적 생존요건에 대한 침해 내지 현저한 침해가능성이 있는 행위"라고 구체적으로 제시하였다.79)

박기석(1996)은 환경범죄를 형식적 범죄개념과 실질적 범죄개념으로 분류하여 정의하였는데, 형식적 환경범죄의 개념은 '범죄는 구성요건에 해당하고 위법하고 유책한 행위를 말한다'라는 형법의 일반원칙에 따라 '환경재의 침해 내지는 위태화를 구성요건의 필수적 내용으로 포함하고 있는 현행 실정법상의 모든 범죄행위를 말한

---

77) 먼저 사용되었던 공해범죄라는 개념은 공해 그 자체에 주목한다. 구 공해방지법 제2조 1호에 따르면 공해란 대기오염, 수질오염, 진동으로 인한 국민건강의 위해와 생활환경을 저해함으로써 발생되는 피해로서 주로 산업공해를 예상하고 있다고 볼 수 있다. 그리고 일반적·객관적으로 발생하는 법익침해에 착안하여 공해범죄란 법이 범죄로서 규정한 내용 및 방법에 따라 공해를 발생시킴으로써 형벌을 과하게 되는 행위라고 하고 있다. 그러나 이러한 정의에는 환경범죄에 관련되는 사회의 다양한 이해관계가 폭넓게 반영되지 않는다는 단점을 가지고 있다. 이러한 관점에서 공해라는 개념보다는 전향적, 형성적 측면이 강조되는 환경보전 또는 환경오염의 개념이 세계적으로 전면에 부각되고 있다. : 신동운, (1990), "환경범죄의 효율적 규제방안", 형사정책연구 제2호, 한국형사정책연구원, p. 11.

78) 조종선, (2005), "환경범죄의 특성과 보호법익 및 불법유형", 대학원논문집, 제32호, 원광대학교대학원, p. 271.

79) 김종덕, (1995), "기업형 환경범죄에 관한 연구", 계명대학교 박사학위논문, p. 6.

다'고 하였고, 실질적 의미에서의 환경범죄는 '사람의 생명이나 건강에 침해를 가져오거나 가져올 위험이 있는 환경재의 침해행위 및 이를 통해 현실적으로 사람의 생명·건강에 침해를 가져오거나 위태화를 야기한 행위'라고 정의할 수 있다.[80]

2. 환경범죄 현황

그간 정부의 환경정책은 경제성장 최우선의 논리로 인하여 많은 시행착오를 겪어온 바 있으나 사회발전과 더불어 나날이 심각해져 가는 환경오염문제 및 환경보전의 필요성에 대한 국민 모두의 합의가 이루어진 것을 계기로 하여 각종 환경관련 법제와 제도의 정비, 개선작업을 꾸준히 실시하여 온 결과, 보다 효율적이고 일관성 있는 환경정책을 펼쳐나갈 수 있는 여건이 마련되어 오고 있다.

먼저 환경사법의 죄명별 점유분포를 보면 〈그림 7-3〉과 같다.

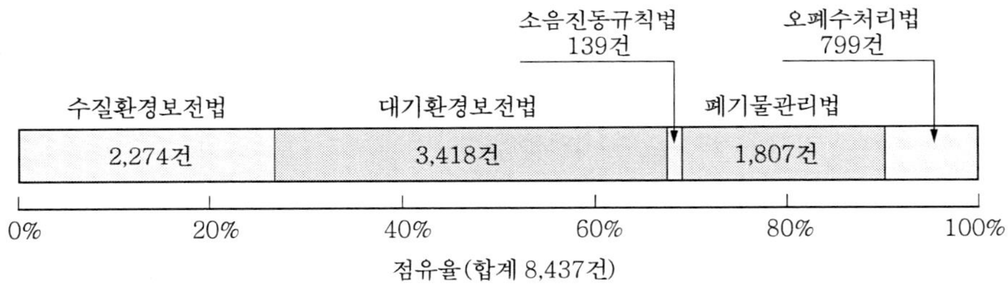

자료 : 법무연수원, 「범죄백서(통권 제23호)」(용인 : 법무연수원, 2006), p. 77.

〈그림 7-3〉 환경사범의 죄명별 점유분포

대기환경보전법이 3,418건으로 가장 많은 비중을 차지했고, 다음으로 수질환경보전법 2,274건, 폐기물관리법 1,807건, 오폐수처리법 799건 마지막으로 소음·진동규제법이 139건으로 분포하고 있는 것으로 나타났다.

환경사범의 발생 및 검거현황은 〈표 7-24〉 및 〈그림 7-4〉에서 보는 바와 같다.

80) 박기석, (1996), "환경범죄의 효율적 대처 방안에 관한 연구", 한양대학교 박사학위논문, p. 8.

〈표 7-24〉 환경범죄 발생 · 검거현황(2001~2005년)

구분 연도	발생건수	증감률(%)	검거건수	검거율(%)	검거인원
2001	16,221	-13.0	6,114	99.3	18,043
2002	13,446	-17.1	8,557	63.6	9,456
2003	11,316	-15.8	10,990	97.1	11,900
2004	8,228	-27.2	7,925	96.3	5,970
2005	8,437	2.51	8,348	98.9	8,842

자료 : 법무연수원, 「범죄백서(통권 제23호)」(용인 : 법무연수원, 2006), p. 81.

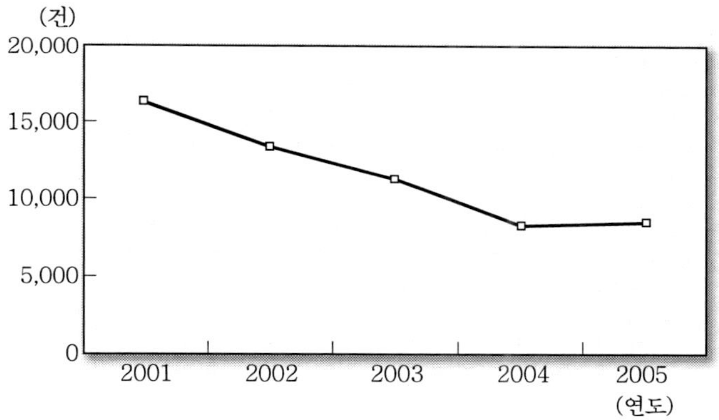

자료 : 법무연수원, 「범죄백서(통권 제23호)」(용인 : 법무연수원, 2006), p. 81.

〈그림 7-4〉 환경사범 발생건수(2001~2005년)

2001년에는 16,221건이 발생하여 전년 대비 13.0%가 감소한 것을 비롯하여 2004년까지 계속 감소하는 추세를 보여왔다. 2005년에는 8,437건이 발생하여 전년 대비 2.5% 증가하기는 하였으나, 2001년과 비교하여 보면 약 48%가 감소하였다.

오늘날 환경문제는 다른 어느 문제보다도 비중을 두고 심혈을 기울여 대처해 나가야 할 중요한 문제이므로 앞으로도 전 국민의 지속적인 관심과 보호노력은 정부에서 철저한 단속과 계도가 필요하다고 생각된다.

3. 환경범죄의 특징

전통적인 범죄는 가해자의 행위로 인하여 결과가 발생되고, 그 가해행위로부터 결과가 발생하기까지의 시간이 비교적 단기간에 이루어진다. 그리고 가해자가 명확히 특정될 수 있으며, 피해의 범위도 좁고 다른 피해로 전파되는 경우가 거의 없다는 특징을 가지고 있었다. 그러나 환경범죄의 경우에는 가해자의 행위 이외에 자연이라고 하는 원인이 결합되어 결과를 발생하게 하는 경우가 대다수이다. 그리고 가해행위와 결과 발생 시까지의 기간이 장기간에 걸치게 되며 그 피해의 범위도 일정지역이나 특정 개인에 한정되는 것이 아니라 확산되는 특징을 가지고 있다.[81)]

1) 침해의 인위성

침해의 인위성이란 환경범죄는 자연적 재해가 아닌 사람의 행위에 의하여 야기된다는 것이다. 따라서 자연재해에 의하여 환경이 침해되는 경우에는 환경범죄에서 제외되게 된다.[82)] 그러나 이러한 인위성은 다른 범죄의 경우에도 사람의 행위에 의하여 야기되는 것이 보통이므로 환경범죄만이 가지는 절대적인 특성이라고 할 수 없다.

2) 침해의 간접성

침해의 간접성이란 환경인자라는 간접적인 매개체를 통하여 인간의 생명이나 건강에 침해를 가하는 특성을 의미한다. 즉 환경오염 자체는 유해물질을 배출 또는 폐기함으로써 직접 발생하지만 이를 통하여 대기, 수질, 토양 등을 오염시킴으로써 공중의 생명이나 신체에 대한 위험이 간접적으로 나타난다. 예컨대 수은이나 카드늄 등의 유해물질을 사람에게 직접 흡입하게 하는 것이 아니라 공장에서 하천 등에 그 유해물질을 배출 또는 폐기함으로써 하천이 오염되고 그것이 먹이사슬로 연결되어 그 결과 오염물질이 인간에게 피해를 주게 되는 것이다. 이러한 간접성으로 인

81) 조종선, 전게논문, p. 273.
82) 오영근 · 이경재, (1993) 「현행 환경범죄 처벌법규의 문제점과 대책」, 한국형사정책연구원, p. 20.

하여 인과관계의 입증이 어렵게 되고 결과에 대한 고의를 인정하는 데에도 문제가 발생하게 된다.[83]

3) 침해의 상규성

침해의 상규성이란 환경침해행위는 일상적인 사회활동에 의하여 이루어지기 때문에 가해자 측면에서 볼 때는 범죄행위라는 의식이 희박하고, 자신의 기업활동이 국가나 사회에 있어서 유익한 정당한 활동이라고 생각하게 되어 위법성의 착오를 주장하는 경우가 많게 되는 것을 의미한다. 소유권절대의 원칙이 지배하던 19세기까지만 해도 환경문제는 별로 중요하게 여겨지지 않았으며 개인의 침해를 사법적인 구제방법으로 해결하려는 경향이 지배적이었다. 그러나 환경침해의 심각성이 부각된 오늘날에 있어서는 침해행위에 대하여 행정제재와 함께 단속처벌하게 된 것이다. 정부의 시책이 환경보전보다는 경제성장을 우선적으로 하는 경우에는 경제성장을 위하여 모든 국민이 인내하여야 할 묵시적인 수인의 강요처럼 인식되어 그 정당행위성이 반사적으로 강조되는 일면도 나타나게 된다.[84]

4) 침해의 전파성

침해의 전파성이란 환경재의 특수성으로 인하여 하나의 행위에 대하여 침해되는 범위가 시간적·공간적으로 확산 또는 전파되는 것을 의미한다. 환경범죄는 지역적으로 광범위하게 환경의 안전성이나 쾌적성을 위협 내지는 침해하고, 이와 관계되는 다수의 시민에게 위해를 준다. 즉 환경범죄로 인한 피해자는 불특정 다수인이기 때문에 피해자의 특정이 곤란하며 그 피해도 불명확한 것이 일반적이며 피해의 발생정도나 내용 등이 모호하게 된다.[85]

5) 침해의 잠복성

침해의 잠복성이란 오염행위의 피해가 즉시적으로 발생하는 것이 아니라 장기간에 걸쳐 축적되는 과정에서 결과가 발생하는 것을 의미한다. 환경범죄는 유해물질

83) 조종선, 전게논문, p. 273.
84) 이인규,(1993), "환경범죄에 있어서 형사책임의 주체", 부산대학교, 박사학위논문, p. 33.
85) 박광섭, (1987), "환경침해에 대한 형사적 규제", 경남법학, 제2집, 경남대법학연구소, p. 83.

이 서서히 축적되는 과정을 통하여 자연을 오염시키고 상당한 시간이 지나서야 위험이 나타나는 경향이 있다. 상당한 기간이 지난 후에야 공중의 생명 또는 건강에 위험을 초래하게 함으로써 피해의 발생과 인식시기가 애매하고 그 피해에 대한 원인추적이 어려운 경우가 많다.86)

6) 침해의 복합성

침해의 복합성이란 환경침해행위는 다른 간접요인과 복합적으로 작용하는 것을 의미한다. 이러한 복합성 때문에 인과관계의 입증이나 공소시효의 기산, 형사책임주체의 확정이 곤란한 경우가 많아지게 된다. 이러한 특성 때문에 형사적 제재시에 인과관계를 입증하기가 어렵고 결과에 대한 고의를 인정하는 데에도 어려움이 따르게 된다.87)

7) 환경범죄의 기술성 및 추상성

환경범죄는 과학적·기술적요소가 강하게 작용한다. 환경범죄는 대부분이 배출시설이나 방지시설의 비정상적인 운영이나 기타 기술적인 분야와 관련된 행위이기 때문이다. 그렇기 때문에 실제로 피해가 발생한 경우에 최신의 과학기술을 최대한으로 이용하여도 그러한 피해는 전혀 예상하지 못했던 불가항력적 사태로 강변될 수 있음이 일반적이다. 또한 환경범죄가 사람들이 피부로 느낄 수 없는 위해를 수반하지 않는 경우가 더 많다는 데 있다. 미국의 경우 사람들이 느낄 수 있는 위해(demonstrable harm)가 발생하는 경우는 전체 환경범죄의 10%에 훨씬 못 미친다고 한다. 따라서 환경범죄의 단속 및 처리에 있어서는 배출시설 또는 방지시설 등에 대하여 지식과 환경과학에 대한 이해를 갖춘 전문가가 필요하다. 이렇게 되면 환경문제에 대한 법적 대처로 환경범죄에 대한 대처방안의 하나가 되는 것이다.88)

8) 침해의 영구성

환경범죄로 인한 피해가 사람의 건강에 심각한 장해를 가져오거나 사망 또는 사

86) 김종덕, 전게논문, p. 15.
87) 상게 논문.
88) 조종선, 전게논문, p. 661.

람의 생활에 필요한 자연자원의 복구가 불가능할 정도의 파괴, 복원이 불가능할 정도의 문화재 손상 등은 거의 영구적이다. 핵발전소에서의 방사능유출이나 대형 유조선에서의 기름유출로 인한 주변의 환경오염은 완전히 복구가 불가능하거나 오염제거에 막대한 비용과 함께 수십 년이 소요되기도 한다. 복원불가능한 문화재의 파괴나 사망의 경우는 물론이고 중대한 공해병 역시 현대의학에서도 근본적인 치료대책이 없기 때문에 이들 피해는 영구적이라고 할 수 있다.

9) 피해의 심각성, 광범위성, 불가계산성

환경범죄는 수많은 사람을 그 사정거리에 두고 있을 뿐만 아니라 생태계자체가 피해의 대상이 되기 때문에 인류의 생존을 위협한다.[89] 사실상 환경범죄에 의한 피해를 계산해 내기 불가능하다는 것은, 개인의 법익을 침해하는 일반적인 형사범죄의 피해가 개인에게 집중되어 나타나는 것과 달리 환경범죄는 '환경공동체'의 공동의 이익을 대상으로 하고 있어서 피해가 분산되어 나타나고 그에 따라 공동체의 구성원들이 이를 느끼기 어렵고 오랜 시간이 걸리기 때문이다. 그리고 피해의 정도를 확인하거나 피해에 대한 금전적 가치의 환산도 곤란하게 되는 것이다.[90]

89) 인도 보팔에서의 가스누출 사고, 구 소련 체르노빌에서의 원전사고, 미국 알래스카에서의 유조선 엑산발데즈 좌초사고와 같은 국제적인 화경참사에서 이미 익히 알려져 있다.
90) 서원석, "환경범죄의 성립과 실태에 관한 연구", 검찰 통권 제114호, 대검찰청, p. 660.

8
chapter

가정과 학교범죄 현황 및 특징

제 1 절 가정폭력

1. 가정폭력의 정의

가정폭력에 대한 정의는 범위의 선정, 유형에 따라서 정의를 달리하고 있다. 법률적 의미를 살펴보면, 가정폭력범죄의 처벌 등에 관한 특례법[1] 제2조 제1호에서는 가정폭력을 "가정구성원 사이의 신체적, 정신적, 또는 재산상의 피해를 수반하는 행위"라고 정의하고 있다. "가족구성원"에 대한 정의는 동조 2호에서 "배우자(사실상 혼인관계에 있는 자를 포함) 또는 배우자 관계에 있었던 자, 자기 또는 배우자와 직계존속관계(사실상의 양친자관계 포함)에 있거나 있었던 자, 계부모와 자의 관계 또는 적모와 서자의 관계에 있거나 있었던 자 및 동거하고 있는 친족관계에 있는 자"로 정의하고 있다.

동법의 정의에 따르면, 가정폭력에서의 폭력의 의미는 신체적, 정신적, 또는 재산상 피해를 수반하는 행위로서 형법상의 폭행의 개념보다 더 포괄적이다(김수율,

1) 법률 제8434호 일부개정 2007.5.17.

2006: 8). 구체적으로는 상해, 유기, 학대, 체포, 감금, 협박, 명예훼손, 모욕, 강요, 공갈, 재물손괴 및 아동복지법 제29조 제8항에서 규정하고 있는 아동에게 구걸시키는 행위를 포함하고 있다.

또한 독일에서는 가정폭력을 "2인 이상의 사람들이 단일한 장소에서 공동주거를 형성하고 생활하며, 이러한 공동주거생활을 하는 과정에서 일방의 주거구성원이 다른 주거구성원에게 폭력을 행사하는 것"을 의미한다(이성용, 2007: 281).

2. 가정폭력 현황 및 특징

〈표 8-1〉에서 전국 가정폭력상담소의 상담건수를 살펴보면 지속적으로 증가하던 상담건수가 2004년은 일시적으로 감소하였으나 2005년 다시 111,191건으로 대폭 증가하여 가정폭력에 대한 상담은 지속적으로 증가하고 있는 경향이다.

〈표 8-1〉 전국가정폭력상담소 상담현황

(단위: 건,%)

연 도	전체상담	가정폭력	기타
2002	177,413	97,728(55.0)	79,685(45.0)
2003	195,286	99,376(50.9)	95,910(49.1)
2004	193,439	90,497(46.8)	102,942(53.2)
2005	226,601	111,191(49.1)	115,410(50.9)

자료: 여성가족부, 2005년도 여성정책연차보고서: 152

〈표 8-2〉에서 가정폭력 행위자 조치결과를 살펴보면 개인면담, 상담교육프로그램 운영, 타기관 의뢰 순으로 나타나고 있다. 개인면담이 전체의 약 과반수를 차지하고 있다 가정폭력의 문제는 개인면담 뿐만 아니라 전문상담교육프로그램을 통해 가족 전체가 해결해야 효과적일 것으로 판단된다.

〈표 8-2〉 가정폭력 행위자 조치결과

(단위: 건, %)

연 도	계	개인면담	상담교육 프로그램 운영	타 기관 의뢰	기 타
2004	22,148	9,135	6,478	659	5,876
	100	41.2	29.2	2.9	26.7
2005	39,507	19,010	15,653	1,645	3,199
	100	48.1	39.6	4.2	8.1

자료: 여성가족부, 2005년도 여성정책연차보고서: 154

〈표 8-3〉에서 가정폭력상담소의 상담결과에 의한 가정폭력행위자(가해자) 현황을 살펴보면 가정폭력의 행위자는 배우자가 대부분 차지하고 있어 가정폭력의 대부분이 부부폭력이라는 것을 알 수 있다. 그러나 직계존속에 의한 폭력도 지속적으로 증가하고 있다.

〈표 8-3〉 가정폭력행위자(가해자) 현황

(단위: 명, %)

연 도	계	배우자	과 거 배우자	직계존속	직계비속	계부모	동거하는 친 족	기타
2002	9,728 (100)	81,142 (83.0)	4,120 (4.2)	3,798 (3.9)	1,229 (1.3)	447 (0.4)	570 (0.6)	6,422 (6.6)
2003	99,376 (100)	82,795 (83.3)	4,017 (4.0)	5,113 (5.1)	1,536 (1.6)	395 (0.4)	670 (0.7)	4,850 (4.9)
2004	71,025 (100)	62,629 (88.1)	2,144 (3.1)	2,891 (4.1)	871 (1.2)	205 (0.3)	406 (0.6)	1,879 (2.6)
2005	79,290 (100)	67,475 (85.1)	2,720 (3.4)	4,706 (5.9)	1,401 (1.7)	558 (0.8)	685 (0.9)	1,745 (2.2)

※ 2002년-2003은 상담건수, 2004년은 피해자수 기준

자료: 여성가족부, 2005년도 여성정책연차보고서: 154

〈표 8-4〉에서 가정폭력 발생・검거조치 현황을 살펴보면 1998년 가정폭력범죄의 처벌등에관한특례법 시해 이후 신고된 가정폭력범죄 발생건수는 2003년까지 꾸준히 증가추세를 보이다가 2004년 이후 점차 감소하고 있는 것으로 나타나고 있다.

〈표 8-4〉 가정폭력범죄 발생·검거조치 현황

(단위: 건, 명)

구분	발생건수	검거건수	검거인원	조치			가정보호사건 의견송치	
				구속	불구속	기타(계도)	건수	인원
1999	11,850	11,850	12,719	868	11,804	47	90	1,031
2000	12,983	12,983	14,105	678	13,380	47	3,813	4,040
2001	14,583	14,583	15,557	691	14,760	106	4,559	4,813
2002	15,151	15,151	16,324	586	15,127	611	3,702	4,083
2003	16,408	16,408	17,770	496	16,787	487	4,186	4,459
2004	13,770	13,770	15,208	329	13,969	910	2,616	2,616
2005	11,595	11,595	12,775	181	11,800	794	1,881	2,022

출처: 여성가족부, 2005년도 여성정책연차보고서: 155

3. 가정폭력 원인론

1) 정신병리학 이론

정신병리학적 관점에서는 가정폭력은 선천적이고 태생적인 신체적, 정신적 결함 또는 후천적 영향으로 인해 발생된 정서적 질환을 갖는 자가 자기 자신이 속해 있는 가족구성원들을 대상으로 자행하는 모든 가학적인 폭력행위를 의미한다. 이것은 가정폭력의 원인을 개개인들의 내적 정신이상, 비정상적 혹은 자기 자신의 내적 결함 등의 정신병질로 인식하고 있는 관점으로서 부적절한 자기통제, 가학성, 정신병적 인성유형 그리고 세분화된 정신 등을 모두 포함하는 개념이라고 할 수 있다.

이러한 정신병리학적 접근은 크게 선천적인 병질과 후천적인 병질로 구분할 수 있고 선천적인 정신병질에는 자폐증, 각종 콤플렉스, 왜소증 등과 같이 비교적 교정이나 치유가 어려운 병질에 해당한다. 후천적 병질에는 알코올중독, 도박중독, 마약중독과 같은 말초적인 중독증이 대부분을 차지하며 부부폭력의 경우 의처증, 의부증, 편집증 등이 직접적인 가정폭력의 요인으로 작용한다.

2) 사회학습이론

사회학습이론은 폭력행위를 하나의 학습된 현상(learned phenomenon)으로 이해한다. 즉 개인은 타인의 폭력행위를 관찰 모방함으로써 공격행위의 기술을 습득하고 그러한 행위에 대해 양심의 가책이나 죄의식을 느끼지 않게 된다는 것이다.

어린시절 폭력적인 가정에서 성장하였을 때 폭력을 배우게 된다는 것이다. 따라서 학대와 폭력의 경험은 개인이 성장되어 가정을 이루었을 때에도 폭력성이 나타날 위험성이 높다는 것이다. 즉 폭력이 세대를 넘어 전이된다고 할 수 있다.

3) 갈등이론

어떤 가족이 많은 권력을 가진 집단으로부터 충분한 보상과 만족을 획득하지 못하고 있다고 느낄 때 갈등을 일으킬 수 있다는 것이다(김영모, 2001: 219).

이 이론은 개인, 집단 및 조직에 있어서 합의와 평행보다는 갈등관리에 초점을 두고 가족도 대결과 갈등적 이익영역으로 볼 수 있기 때문에 폭력은 모든 다른 방법이 실패했을 경우 개인의 이익을 발전시키기 위한 하나의 적합한 결과이며, 강력한 양식으로 나타난다는 것이다. Gelles와 Strauss(1979)는 가족이란 집단이 가지는 구조적 특성이 근본적으로 가족구성원들 사이에 갈등과 폭력을 일으킬 가능성을 내포하고 있다고 지적하였다.

갈등요인들을 살펴보면, 가족구성원들 간의 관계는 합리적이고 수단적이며 조건적인 측면들보다는 정서적인 공감과 전인격적인 만남 속에서 무조건적인 상호수용이 강조되기 때문에 갈등이 오히려 고조될 수 있다.

즉 가족은 일차집단으로서 구성원들 간의 상호작용이 빈번하고 긴밀하며, 수단적 관계를 이루는 이차집단과는 달리 서로 간의 상호작용이 복잡하기 때문에 가족구성원들은 서로에게 상당한 영향력을 미칠 뿐만 아니라 한 사람의 처지가 다른 구성원의 생활에 영향을 미칠 수 있다는 사실이 당연하게 받아들여지는 관계가 가족이라는 집단 안에 내재되어 있기 때문이다.

제 2 절 학교폭력

1. 학교폭력의 정의

일반적으로 폭력에 대한 개념은 학문영역에 따라 다양하게 정의되고 있으나 사회학적인 의미의 폭력은 '사람의 신체나 생명에 위해를 가하는 모든 행동뿐만 아니라 재산상의 피해를 끼치는 일부 행동'도 폭력의 개념으로 말한다. 이에 반하여 심리학적 측면에서는 폭력은 '의도적으로 타인에게 극심한 신체적 상해를 주려는 시도'로 규정한다. 사전적 의미에서 폭력은 '인간 사이에 나타나는 공격성으로 다른 개체에 대해 파괴적인 행동을 하거나 고통스러운 자극을 줄 목적으로 행해지는 전반적인 행동'이라고 정의한다. 이 때에는 신체적인 것과 함께 정신적인 것도 포함하고 있다.

학교폭력에 대한 용어정의는 폭력의 범위, 폭력의 장소, 폭력의 주체, 등에 따른 다양한 견해로써 정확한 개념정의는 내리기 어렵다. 유럽에서 하이네만(Heinemann, 1969)은 스칸디나비아 용어로 'mobbing'이라 칭했다. 'Mobbing'에는 학교폭력이 특별한 집단에서 발생한다는 의미가 내포되어 있다. 또한 올웨우스(Olweus, 1978)는 또래간의 폭력행위는 집단에 의해서만이 아니라 개인에 의해서도 나타난다는 의미를 포함시켜 'bullying'이라 하였다.

미국에서는 피해아동에 초점을 두고 'victimization'이라는 용어를 사용하기도 한다(Tattum, 1989). 한국에서는 '학교폭력'이라는 용어로 일반적으로 사용하고 있다.

외국학자들의 학교폭력에 대한 개념을 살펴보면 레인에 의하면 고통이나 공포를 야기시키려는 의도로서 행해지는 위협과 폭력을 강조하여 고의개념이 핵심이라고 설명하였다(Lane, 1989). 로랜드(Roland, 1989)는 학교폭력을 자신을 방어할 수 없는 개인에 대한 개인이나 집단에 의한 장기간에 걸친 신체적·심리적 폭력으로 정의하고 있다. 올웨우스는 한사람이 개인이나 집단에 의해 반복적으로 그리고 지속적으로 부정적인 행위에 노출되고 있는 경우라고 정의하였다(Olweus, 1993).

또한, 스테펜슨(Stephenson)과 스미스(Smith)는 학교폭력이란 보다 지배적인 학생이 상대적으로 피지배적인 학생에게 실제로 고통을 초래하거나 초래할 목적으로 공격적인 행동을 나타내는 사회적 상호작용의 한 형태로서 파악하고 있다.

국내에서는 학교폭력예방 및 대책에 관한법률 제2조 제1항에서는 "학교폭력이란 학교 내외에서 학생 간에 발생한 폭행, 협박, 금품갈취, 따돌림 등에 의하여 신체, 정신 또는 재산의 피해를 수반하는 행위를 말한다." 청소년폭력예방재단에서는 학교폭력을 "학교 내외에서 학생들이 당하는 폭행, 금품, 갈취, 등을 뜻하며 이외에도 협박, 따돌림과 같은 심리적 폭력, 심부름시키기와 성적인 폭행들까지도 포함하는 것"으로 정의하고 있다(청소년폭력예방재단 실무팀, 1996).

또한, 청소년보호위원회에서는 학교폭력을 "일반적으로 학교나 학교 주변에서 학생상호간에 발생하는 의도성을 가진 신체적 · 정서적 가해행동을 말한다."고 정의하였다. 권이종(2005)교수는 학교폭력을 자기보다 약한 처지에 있는 상대에게 불특정 다수의 학생이 남이 보이지 않는 곳에서 신체적 · 심리적 공격을 가하는 행동이라고 정의하였다.

이러한 논의들을 살펴보면 학교폭력을 정확하게 정의한다는 것은 어려운 문제이다. 먼저 폭력행동의 속성, 학교폭력 발생장소, 주체, 행위유형 등에 대한 정의가 필요하다. 폭력의 개념으로는 고의성, 지속성, 반복성, 고통(물리적 · 정신적)등이 포함되어야 할 것이다. 학교폭력의 장소는 학교 안에서만 발생한다고 한정하기에는 공간적 범위가 미흡하다.[2] 따라서, 학교폭력의 장소는 학교 내외를 말하는 것으로 학원, 통학로, 학교주변 등이 포함된다고 할 수 있다. 학교폭력의 주체는 일본의 경우는 학생과 교사간의 폭력도 포함하고 있으나[3] 이는 학교에서 선생님으로써의 기본

2) "학교폭력 피해 중학생이 가장 많아" 조선일보, 2005. 6. 5 : 인천지방경찰청은 지반 3월부터 5월말까지 '학교폭력 자진신고 및 피해신고 기간' 동안에 접수된 피해학생(181명)과 가해학생(368명)을 조사한 결과 교내에서 학교폭력을 당한 학생(46명)통학로 등 노상에서 학교폭력을 당한 학생이(122명)로 교내보다 통학로 주변에서 주로 발생하고 있었다.

3) 인터넷뉴스 바이러스, 2005년 3월 21일 참조: 2004년 12월부터 두 달 동안 대구지역의 18개 중고등학교 남여학생 663명을 대상으로 실시한 청소년문화공동체 반디불이의 '청소년 인권실태 및 의식조사'에서 학생들의 학생들은 39.7%만이 동료학생들로부터 원치 않은 심부름이나 폭력, 금품 갈취, 왕따 등의 인권침해를 받은 경험이 있다고 하였다. 반면에 교사로부터 인권침해를 받았다는 학생은 총 64.2%로 성적에 의한 차별, 언어폭력, 체벌, 원치 않는 심부름, 성희롱 등을 예로 꼽았다.

적인 훈육인 체벌까지도 포함되어 포괄적이어서 학교폭력을 지나치게 확대해석할 수도 있다. 물론 학교에서 선생님의 감정적인 체벌, 언어폭력, 성희롱 등은 금지되어야 한다. 따라서 주체는 학생간의 것으로 한정하여야 할 것이다. 따라서 학교폭력을 "학교내·외에서 학생상호간에 의도성을 가진 반복적 행동을 통해 상대방에게 지속적으로 물리적·정신적 고통을 수반하는 행위"로 정의한다(이승철, 2006: 56).

2. 학교폭력현황 및 특징

최근의 학교폭력은 경찰, 교육부 등 유관기관의 지속적인 선도와 활동으로 안전적인 추세를 보이고 있으나 불량서클이 인터넷을 통하여 확산되고 지역연합까지 구축하는 경향을 보이고 있으며 저연령화하는 추세이다.

〈표 8-5〉 학교폭력사범 단속현황(2001-2005년)

(단위: 명)

구분	계		폭력서클			폭력·갈취		성폭력	
	검거	구속	서클수	검거	구속	검거	구속	검거	구속
2001	28,653	2,722	34	357	90	26,259	1,422	2,037	1,210
2002	28,289	3,778	79	752	88	25,176	2,272	2,361	1,418
2003	11,440	1,106	21	263	44	10,479	679	698	383
2004	7,274	606	22	265	45	6,527	308	482	253
2005	7,899	286	36	411	28	7,319	184	169	74

자료: 경찰청, 2006 경찰백서; 226

이승철(2006: 74-75)의 대구·경북지역의 중학생을 대상으로 폭력의 유형을 폭행, 금품갈취, 따돌림, 협박·강요 등으로 한 실태조사에서는,

첫째, 학교폭력의 심각성 정도는 높은 것으로 나타났다. 응답자의 84.0%가 보통이상이 학교폭력의 심각성을 우려하고 있었다.[4] 특히 여학생이 남학생보다 심각성

4) 경찰청이 전국 중·고교생 8,353명을 대상으로 실시한 조사결과에 의하면, 우리나라 청소년의 35%가 학교폭력이 심각하다고 응답하고 있다(중앙일보 2001.3.29). 본 연구의 결과는 몇년 전보다 학교폭력의 심각성 정도가 높아졌음을 입증하는 것이다.

의 정도가 높은 것으로 나타났으며, 남녀공학 형태보다 남·여 단독형태의 학교의 학교폭력의 높은 심각성을 보였다. 이러한 학교폭력의 심각성을 고려하여 보다 종합적이고 정확한 실태파악에 근거한 대책마련이 필요하다. 실태파악을 위한 방안으로 학교폭력과 관계된 학생, 선생님, 지역사회, 학부모, 국가관련기관 등을 대상으로 정부주도의 전국적으로 정기적인 설문조사 및 면접조사가 병행과 함께 토론회와 간담회가 필요하다 하겠다.

둘째, 학교폭력은 학교안과 밖에서 일어나는데, ① 폭행의 경우는 학교 안에서는 화장실이 31.8%, 교실이 26.7%로 화장실과 교실에서 주로 일어나고 있으며, 학교 밖에서는 공터가 35.5%, 등·하교길이 25.3%로 나타났고, 유해업소(노래방, 비디오방, PC방 등)에서 상당수 일어나는 것으로 나타났다. ② 금품갈취는 학교 안에서는 교실 28.8%, 화장실이 18.4%로 많았고, 학교 밖에서는 유해업소가 31.5%로 가장 높았고, 등·하교길이 그 다음을 차지했다. ③ 따돌림은 학교 안은 81.3%가 교실에서 발생하는 것으로 나타났고, 학교 밖은 학원이 24.0%로 가장 높게 나타나고 있다. ④ 협박·강요는 학교 안에서는 화장실이 31.7%, 교실이 27.8%로 나타났고, 학교 밖에서는 등·하교길이 28.9%, 공터가 24.0%의 순으로 나타났다.

학교안에서는 교실, 화장실에서 많이 일어났고, 학교 밖에서는 등하교길, 공터, 학원, 유행업소 등 다양한 곳에서 발생하는 것으로 나타났다. 따라서 학교 안에서의 예방방안인 폭력전담 지도교사를 중심으로 학교폭력이 많이 발생하고 있는 지역을 상시적으로 순회 관찰하고 배움터지킴이(스쿨폴리스)제도 도입, CCTV설치, 학교밖에서는 부모 및 지역사회 주민에 대한 교육과 홍보를 지속적으로 하여야 한다(폭력에 노출된 아동의 사회적 심리적 문제의 심각성, 지역사회 개입의 필요성, 학교폭력 피해자와 부모를 돕기 위한 지역사회 지원서비스 안내). 또한, 경찰, 자율방범대원, 학부모단체를 중심으로 순찰활동, 선도활동, 예방활동 등을 강화(수호천사 프로그램(Guardian Angels)을 활성화)해야 한다.

셋째, 학교폭력 중 폭행이 가장 빈번이 일어나고 있음을 알 수 있고, 금품갈취를 당하거나 따돌림 하는 행위 등도 그 뒤를 잇고 있다. 학교폭력의 피해 및 가해경험자의 경우 어떤 폭력이 가장 많은지를 고찰하면 우선 피해경험자의 경우 32.1%가 폭행이라고 응답했고, 가해경험자도 41.4%가 그렇게 응답하고 있다. 따라서 학교폭력 중 폭행이 가장 빈번이 일어나고 있음을 알 수 있고, 금품갈취를 당하거나 따돌림하는 행위 등도 그 뒤를 잇고 있다.

이러한 결과는 김준호 외(1997), 최덕경·강기정(2001)의 연구결과와 유사한 경향임을 알 수 있다. 또한 피해를 입은 학생은 계속해서 피해를 당할 가능성이 있다는 점을 확인할 수 있는데, 이는 진혜경(1998)의 연구와 일치한다. 따라서 피해학생들이 폭력을 당한 경우, 그 유발요인을 살펴서 미연에 방지하기 위해, 학교폭력에 대한 예방 프로그램을 개발하고 수업을 의무화하여야 할 것이다. 가해자 학생의 엄격한 법적처벌과 동시에 가해자 및 피해자의 정상적인 학교생활 복귀를 위한 전문적인 정신상담소의 확대와 Mentoring제도를 적극적으로 활용할 필요가 있다.

넷째, 학교폭력에 미치는 영향요인으로 개인, 학교, 가정요인, 사회요인과 개인적 특성(자기권력성, 자기효능감)으로 나타났는데, 각 요인의 특성을 살펴 학교폭력을 줄이기 위한 대책이 시급하다. 구체적으로 살펴보면, 학교폭력에 미치는 영향요인은 개인요인, 가정요인, 학교요인, 사회요인 등 4개 요인으로 분류하고 여기에 자기권력성, 자기효능감 요인을 첨가하여 모두 6개 요인으로 형성하였고, 종속변수로는 학교폭력의 심각성인데, 이를 피해경험유무, 가해경험유무로 구분하여 회귀분석을 실시한 결과,[5] 우선 피해경험이 있는 경우, 학교폭력의 심각성에 가장 크게 영향을 미치는 요인은 자기권력성(β=.293)으로 나타났고, 그 다음은 개인요인(β=.205)이다. 피해경험이 없는 경우는 개인요인(β=.183)이 가장 크고, 그 다음이 자기권력성(β=.150)과 사회요인(β=.120)으로 나타났다. 결국 피해경험이 있든 없든지 간에 자기권력성과 개인요인이 중요한데, 학교폭력은 개인의 성격, 체격에 영향을 받으며 자기자신을 상대방에 과시하기 위한 수단으로 많이 활용되어짐을 알 수 있다.[6]

다섯째, 학교폭력 예방을 위한 효과적인 방안으로 다중응답분석을 통해 분석했는

5) 김명자(2001)는 학교폭력에 영향을 미치는 요인으로 가정환경(부모와의 의사소통, 부모감독, 부모와 친밀도, 가족협조), 학교환경(교사와의 관계, 학교애착, 공부에 대한 관여, 학교규칙), 지역사회환경(물리적 유해환경, 유해업소출입, 폭력매체 노출도), 분노(분노, 분노조절전략), 자기효능감(일반적 자기효능감, 폭력회피 자기 효능감, 폭력대체 자기효능감), 친구영향(친구애착, 친구동조성, 비행친구접촉) 등 다양하게 제시하고 있다.

6) 임영식(1998)의 연구에서는, 중학생의 경우 학교폭력에 영향을 미치는 요인을 회귀분석을 통해 알아본 결과, 친구비행정도, 가정요인, 피해경험, 충동적 특성, 주변기대, 매체폭력의 접촉도가 유의미한 영향을 미치는 것으로 밝혔다.

데, '엄격한 처벌'(1), '피해학생의 철저한 보호'(2), '가해 및 피해학생의 사후관리'(3), '학교의 인성교육'(4)의 순으로 나타났다. 따라서, 비행청소년에 대한 법적처분 강화와 지역사회에 건전한 청소년활동 장소의 제공과 방과 후 청소년 발전 프로그램 개발, 청소년 인성교육 의무화(학교 내의 폭력 상담 및 관리와 동시에 학교폭력 이해에 대한 인권 수업 등), 전문적인 상담활동, 가정, 학교, 경찰, 교육부 등 유관기관과의 긴밀한 연계를 통한 대책마련이 필요하다.

3. 학교폭력 원인론

1) 개인요인

개인적 요인으로는 성격, 기질, 체격조건 등 유전적인 요인들이 많은 영향을 주고 있는 것으로 나타나고 있다.

각성이론(arousal theory)에서는 다양한 유전적이고 환경적인 이유들 때문에 어떤 청소년의 뇌기능은 환경적인 자극에 대해 다른 청소년과 다르게 반응한다고 믿었다. 어떤 청소년들은 조그마한 자극에도 편안함을 느끼는 반면에, 어떤 청소년들은 만족을 느끼기 위해서는 보다 큰 자극을 요구한다. 후자에 속하는 청소년들은 공격적이고 폭력적인 행위형태를 포함하는 자극적인 행동들을 추구하는 극적인 감흥추구자(sensation seekers)가 되는 것이다(Ellis, 1996).

아들러(Adler, 1994)는 개성심리학에서 신체적 결함, 기능적 결함, 과도한 사회적 억압 등이 어떤 청소년에게 열등감을 일으키고 그것을 지나치게 보상하려는 시도에서 비행행위를 저지르게 된다고 보고 있다. 또한 비행청소년들의 심리적 특성에 대한 연구에서 특히 공격적인 성향은 비행과 높은 상관관계가 있다는 것이 여러 학자들의 주장이다.

2) 가정요인

가정요인 중 부모님의 사회·경제적 지위, 결손가정, 가정의 분위기, 부모와 자녀의 관계 등에서 많은 영향을 받고 있는 것으로 보고되고 있다.

부모의 사회경제적 지위와 비행의 상관관계에 대한 연구에서는 클락과 웨닝거(Clark & Wenninger, 1962)는 자기보고식 연구에서 심각한 중비행의 경우에는 사회계층과 비행간에 강한 상관성이 있다는 사실을 발견하였으며, 라이스와 로드(Ress & Rhodes, 1961)도 그와 같은 결과를 도출하였다.

결손가정의 경우에서는 어린 나이에 결손가정이 되었을 경우 그 영향은 더 심각하다고 한다(Bowlby, 1946; Toby, 1957; Wells & Rankin, 1986). 또한 결손상태에 따라서는 아버지가 없는 경우에 자연스럽게 남성성을 사회화하기보다는 강제적인 남성성 학습이 문제가 될 수 있다고 한다(Brownfield 1987). 적절하게 남성성을 표현하고 가르쳐줄 동일시 대상이 없기 때문에 공격적이고 범죄와 같은 행위를 통해서 자신의 남성성을 표현하려는 경향이 있다. 따라서, 어머니가 없는 경우보다는 아버지가 없는 경우에 더 많은 비행을 가져올 수 있다고 한다(Monahan, 1957; Santrock & Warshak, 1979; Rosen, 1985).

가정의 분위기는 가족구성원간의 화합정도 특히 부모들의 부부간 사이가 얼마나 좋은가에 달려 있다. 가정의 분위기는 사회화 기능의 수행한 중대한 영향을 미치며, 이는 청소년비행과도 밀접한 관계를 맺게 된다. 연진영(1992)의 연구결과에 의하면 부부의 불화가 아동의 공격적 행위 등을 포함한 아동의 반사회적 행동의 주요요인 중의 하나라고 한다. 특히 여자아이보다는 남자아이의 경우에 그러한 관계가 더 강하게 나타난다고 한다(Emery, 1982; O'Lery & Emery, 1984). 심각한 부모갈등상황에 노출된 아동의 경우 그들 자신이 목격한 구체적인 갈등과 학대경험이 "자주 싸운다" 또는 "학교생활의 어려움" 등의 문제로 발전되며, 또래친구들에 대한 폭력으로 구체화될 가능성이 높다(Wolfe & Jaffe, 1991 : 282-299, Markward, 1997, 66-70). 김준호와 김순형(1995)은 부부간의 불화가 자녀의 비행에 직접적으로 영향을 미칠 수 있다는 것을 경험적으로 보여주기도 하였다.

부모와 자녀간의 관계에서 허쉬(Hirschi, 1969)는 사회유대이론에서 자신이 제시한 청소년 비행의 통제요인 중 하나인 애착에서 부모와 자녀와의 관계를 중시하고 있다. 부모에 대한 애착이란 부모에 대한 감정적인 유대를 의미하는 것으로 감정적인 유대가 강할수록 자녀가 부모가 자신에게 내리는 평가에 관심을 쏟기 때문에 비행을 통제하게 된다는 것이다. 김준호와 김순형(1995)의 경험적인 연구결과 부모와 자녀간의 정서적 친밀성 및 의사소통은 실제로 청소년의 비행과 밀접한 관계가 있는 것으로 나타났다.

3) 학교요인

학교요인으로는 선생님과의 관계, 학교성적, 학교생활의 만족도 등의 요인들이 영향을 주고 있는 것으로 나타나고 있다.

긴장이론은 학교요인인 우리나라 청소년들의 비행을 설명하는데 상당한 설득력을 가지는 것으로 보인다. 사회의 엘리트주의적 가치관에 의해서 야기되는 공부에 대한 압력이 가장 중요한 긴장요인이다. 공부를 잘해서 좋은 대학에 진학할 것을 기대하는 부모님의 기대는 청소년들에게 강한 압박을 주게 되며 이들이 이러한 목표를 수행하지 못하는 경우 비행으로 빠져들 가능성을 증대시킨다는 것이다(김준호 외5인, 2003). 이것은 학교생활에 있어서도 공부나 성적을 중심으로 그들의 생활이 이루어지고, 그들이 평가됨으로 해서 열등한 학생들은 학교생활이나 학교안의 다른 관계에 있어서도 소외와 좌절을 경험하게 되고 이는 곧 청소년 비행에 영향을 미칠 수 있다.

엘리어트와 보스(1974)의 연구에서 학교맥락과 연관된 변인들이 가정이나 공동체 맥락의 변인들보다 비행과 중퇴의 변량에 더 많은 부분을 설명하고 있음을 발견하였다. 최근의 경험적인 연구결과들을 살펴보면 부모, 교사 그리고 학교에서의 불만족 등과 같은 부정적인 관계가 청소년의 분노감정과 유의한 관계가 있으며, 다시 그러한 분노의 감정은 세 가지 형태의 비행행위(중비행, 폭력, 학교비행)와 유미한 관계가 있다고 한다(Agnew, 1985). 한편 한데랑(Hindelang, 1973)은 학교에 대한 애정, 교사의 의견에 대한 존중은 비행과 부적인 관계가 있음을 밝혔다.

4) 사회요인

사회적 요인으로는 사회적 환경 주변의 생활환경(유해환경)과 매스미디어 등이 영향을 미치는 것으로 나타난다.

사회학습이론에서는 인간의 행동은 친밀한 타자와의 직접적인 접촉을 통해 관찰한 바를 모델로 삼아 따라 하는 것뿐만 아니라 언론매체를 통한 간접적인 접촉에 의해서도 영향을 받는다고 설명하고 있다.

언론매체 영화매체 등에 있어서 폭력적인 문화가 범람하고 폭력행위가 영웅시 된다면 모방을 하게 될 것이고 이는 비행행위로 발전할 수 있다는 것이다. 이에 대한 사례로서 영화 '친구'에 심취한 고교생이 2001년 부산에서 학교 수업도중 급우를 살해한 사건이 발생하였다.7)

레클리스(Reckless, 1961)의 봉쇄이론에 따르면 청소년들에게 비행을 유도하도록 하는 요인들 3가지를 제시했다. 첫째, 배출요인은 비행을 하려는 욕구와 충동, 불만과 적의감, 공격성 등이고, 둘째, 외적요인은 주위의 비행친구의 꼬임, 대중매체, 유흥업소, 유해환경 등이다. 셋째, 외적압력요인은 빈곤, 실업 등 열악한 환경요인이라고 했다. 이러한 요인들이 있게 되면 청소년은 비행가능성은 매우 높지만 내·외적인 통제가 있다면 비행을 극복할 수 있다고 보았다.

7) '고교생 수업 중 급우살해..폭행, 따돌림에 앙갚음', 동아일보, 2001. 10.14 : 10월 13일 오전 10시 10분경 부산 남구 용호동 D정보고 1학년 2반 화공과 교실에서 김모군(16)이 식칼로 급우 박모군(16)의 왼쪽 등을 찔러 숨지게 한 사건이었다. 김군은 경찰에서 "입학직후인 3월부터 박군이 너무 괴롭혀 왔고 일방적으로 폭행당한 게 억울해 이군은 범행을 저질렀다"고 말했다. 김군은 영화 친구를 40여 차례나 보고 보복심리를 느껴 범행을 저질렀다고 진술했다.

9
chapter

청소년과 여성 범죄현황 및 특징

제 1 절 청소년범죄

1. 청소년범죄의 정의

소년범죄는 성인범죄에 상대적인 개념으로 범죄인의 연령에 따라 범죄를 분류한 것을 말한다. 한국의 소년법 제2조에 의하면 소년범죄의 연령을 20세 미만 자로 규정하고 있지만 형법 제9조는 14세를 형사책임연령으로 규정하고 있다. 따라서 소년범죄자는 원칙적으로 일반형사 사건을 저지른 14세 이상 20세 미만의 소년을 가리킨다. 그러나 소년법 제4조 제21항은 "형벌법령에 위반되는 행위를 한 12세 이상 14세미만의 촉법소년" 제2호 "보호자의 정당한 감독에 복종하지 않는 성벽이 있거나, 정당한 이유없이 가정에서 이탈하거나, 해롭게 하는 성벽이 있으면서, 그의 성벽 또는 환경에 비추어 장래 형법법령에 저촉되는 행위를 할 우려가 있는 12세 이상의 우범소년" 제3호의 경우에도 특별히 소년법의 적용을 받도록 되어 있다.

청소년법 제3조 제1항에는 청소년을 9세 이상 24세 이하로 규정하고 있으며, 공직선거법 제15조 제1항에서는 19세 이상 국민은 대통령 및 국회의원의 선거권이 있다고 규정하고 있다. 공직선거법 제15조 제1항의 경우는 19세 이상 국민은 선거권이 있다고 규정하고 있으며 청소년보호법 제2조 제1항은 청소년은 연 19세 미만인 자로, 영화진흥법 제21조 3항은 18세 미만인 자(이하 연소자)로 규정하고 있다.

따라서, 청소년범죄는 12세 이상 19세 미만의 소년으로 일반 형사사건을 저지른 자와 12세 이상의 촉법소년 및 우범소년을 포괄하는 개념이라 할 수 있다.[8)]

청소년범죄를 설명하는 이론으로 학습이론은 범죄행위도 다른 행위와 마찬가지로 배워서 한다는 것이다. 청소년들이 어려서부터 준법행위의 당위성을 부모, 학교 기타의 사교육기관으로부터 배웠기 때문에 올바른 사회생활을 하는 것처럼 범죄자의 경우도 범법행위를 당연시하는 태도, 범행방법, 범행동기 등을 주위로부터 학습함으로써 범죄행위를 저지르게 된다는 것이다.

2. 청소년범죄 현황 및 특징

청소년은 신체발달에 비해 정신적으로 성숙하지 못해 주위의 유혹에 쉽게 빠져들어 유흥비를 등을 마련하기 위해 범죄를 저지르기도 한다. 사회·환경적 요인으로는 정보통신의 발달로 인해 인터넷을 통하여 폭력, 음란매체물, 도박 등을 접할 수 있게 되고 무분별한 유흥업소의 확산으로 청소년이 범죄환경에 노출되어 정서적으로 불안한 청소년을 비행을 부추기고 있다.

가정요인으로는 가정해체로 인한 비행청소년들의 유대감이 결여되어 범죄에 쉽게 노출되기도 한다. 더욱 큰 문제는 이러한 가정해체는 비행청소년이 가정으로 복귀할 수 있는 안전망이 미흡하여 다시 유해환경에 노출되고 다시 범죄에 빠져드는 것이다.

학교요인으로는 입시위주의 교육, 교사의 권위상실, 중퇴학생의 증가 등으로 인한 환경악화에 따른 스트레스 및 비행의 증가는 범죄를 증가시키는 요인이 되고 있다.

〈표 9-1〉에서 범죄 대비 청소년범죄 구성현황을 살펴보면 지난 6년간 총범죄는

8) 소년 청소년의 연령범위에 관하여 독일법률은 14세 미만 자를 아동 14세 이상 18세 미만인 자를 소년, 18세 이상 21세 미만인 자를 청소년으로 구분하고 영국 형법은 12세 이상 14세 미만자를 소년, 14세 이상 18세 미만인 자를 청소년으로 구분하며, 프랑스와 일본도 영국과 같다고 한다(배종대, 2001: 523).

2004년까지 증가추세에 있다가 2005년은 2004년 대비 11.9% 감소하여 2000년도와 비슷한 발생을 나타냈다. 반면 청소년범죄는 매년 감소 추세에 있어 총 범죄 대비 청소년범죄의 구성률은 8.2%에서 2004년 4.4%로 감소하다가 2005년 4.8%로 소폭 상승하였다. 전체적으로는 청소년인구의 감소 등으로 인해 청소년범죄의 발생비율은 감소하고 있는 것으로 판단된다.

〈표 9-1〉 청소년범죄 현황(2000-2005년)

(단위: 명)

구 분	2000	2001	2002	2003	2004	2005
총 범죄	1,739,558	1,860,687	1,833,271	1,894,762	1,968,183	1,733,122
소년범죄	143,024	131,059	115,210	96,697	86,861	83,477
형법범	96,150	84,518	75,511	67,408	61,577	62,008
특별법범	46,874	46,541	39,699	29,289	25,284	21,469
구성비율(%)	8.2	7.0	6.3	5.1	4.4	4.8

※ 소년범죄는 12세 이상 20세 미만 소년에 의한 범죄를 말함

자료: 경찰청 2006 경찰백서: 165 재구성

〈표 9-2〉에서 전체범죄자 중 소념범의 현황을 살펴보면 전반적으로 소년범이 전체범죄에서 점유하는 비율은 낮아지고 있다. 그러나 방화의 경우는 소념범의 비율이 점차 증가되고 있다. 소년범의 비율이 낮아지는 것은 전체인구에서 소년층의 인구가 줄어들고 있는 것이 원인으로 판단된다.

〈표 9-2〉 전체범죄자 중 소년범 현황(주요형법 2000-2005년)

(단위: 명, %)

구 분		2000	2001	2002	2003	2004	2005
살인	전체범죄자	1,058	1,171	1,090	1,089	1,083	1,178
	소년범	54 (5.1)	50 (4.3)	53 (5.0)	28 (2.5)	27 (2.5)	32 (2.7)
강도	전체범죄자	6,337	5,547	5,452	6,966	5,832	5,084
	소년범	2,619 (41.3)	1,922 (34.6)	1,618 (29.7)	1,836 (26.3)	1,409 (24.2)	1,032 (20.3)
강간	전체범죄자	5,920	5,584	5,136	5,425	6,950	6,667
	소년범	511 (8.6)	391 (7.0)	317 (6.2)	299 (5.5)	321 (4.6)	323 (4.8)
방화	전체범죄자	1,087	1,220	1,135	1,417	1,631	1,616
	소년범	84 (7.7)	91 (7.5)	53 (4.7)	58 (4.1)	82 (5.0)	146 (9.0)
절도	전체범죄자	66,082	59,472	63,644	61,651	155,311	72,149
	소년범	32,668 (49.4)	25,188 (42.4)	26,345 (41.4)	24,208 (39.2)	23,417 (15.1)	27,367 (38.0)
폭력	전체범죄자	517,621	513,935	436,915	435,664	286,464	435,765
	소년범	54,178 (10.5)	49,410 (9.6)	37,375 (8.6)	31,510 (7.2)	27,424 (9.6)	26,635 (6.1)

자료 : 경찰청 2006 경찰백서: 165 재구성.

〈표 9-3〉에서 소년범죄 재범률 상황을 살펴보면 2001년 이후 점차 감소하고 있는 것으로 나타나 2000년 35.4%에서 2005년 31.0%로 4.2% 감소하였다.

〈표 9-3〉 소년범죄 재범률 현황

(단위: 명, %)

구 분	2000	2001	2002	2003	2004	2005
소년범죄자	143,024	131,059	115,210	96,697	86,861	83,477
재범죄자	50,588 (35.4)	48,216 (36.8)	41,749 (36.2)	33,814 (35.0)	29,431 (33.9)	25,920 (31.0)

출처 : 경찰청 2006 경찰백서: 166 재구성

〈표 9-4〉에서 소년범죄 연령표 분포를 살펴보면 2000년 대비 2005년에는 14세 미만과 14-15세의 연령대는 계속해서 증가하고 있으며 16-17세와 18-19세의 연령대

의 비중은 점차 낮아지고 있어 청소년 범죄자의 연령이 저연령화되고 있음을 나타내고 있다.

〈표 9-4〉 소년범죄 연령표 분포

(단위: 명, %)

구 분	2000	2001	2002	2003	2004	2005
14세 미만	1,443 (1.0)	1,378 (1.1)	1,667 (1.4)	1,376 (1.4)	1,503 (1.7)	1,679 (2.0)
14-15 세	31,518 (22.0)	26,565 (20.3)	24,042 (20.9)	22,305 (23.1)	19,141 (22.0)	23,045 (27.6)
16-17 세	50,506 (35.3)	43,653 (33.3)	38,426 (33.4)	32,524 (33.6)	27,247 (31.4)	28,292 (33.9)
18-19 세	59,557 (41.7)	59,463 (45.3)	51,075 (44.3)	40,492 (41.9)	38,970 (44.9)	30,461 (36.5)
계	143,024 (100)	131,059 (100)	115,210 (100)	96,697 (100)	86,861 (100)	83,477 (100)

자료 : 경찰청 2006 경찰백서: 166 재구성

2005년 소년범죄자의 범행동기를 살펴보면, 우발적 27.9%, 호기심 12.9%, 부주의 8.4%, 이욕 7.2%(유흥비 마련 4.3%, 생활비 마련 2.3%, 허영·사치심 0.3%, 치부 0.2% 등)로 나타났다(대검찰청, 2006; 24). 2005년 경찰통계연보에 의한 일반범죄자의 범행동기를 살펴보면 우발적 13.8%, 부주의 14.6%, 생활비 2.5%, 사행심 1.1% 순으로 나타나 소년범죄자와 범행동기는 우발적이고 호기심과 오락성이 강해 청소년기의 특성을 잘 반영한다고 할 수 있다.

제 2 절 여성범죄

1. 여성범죄의 현황 및 특징

〈표 9-5〉에서 연도별 여성범죄자의 비중을 살펴보면 2000년 이후 점차 여성범죄자가 지속적으로 증가하다 2005년도에는 감소하였다. 여성범죄자는 계속 증가하고 있지만 대부분의 범죄는 남성이 저지르고 있음을 알 수 있다.

〈표 9-5〉 연도별 여성범죄자의 비중(2000-2005년)

(단위: 명, %)

구 분	2000	2001	2002	2003	2004	2005
총범죄자	1,918,952	2,005,476	1,975,930	1,953,119	2,302,813	2,003,351
여성범죄자	290,931 (15.2)	311,718 (15.5)	311,184 (15.7)	320,859 (16.4)	400,714 (17.4)	328,845 (16.4)

자료: 경찰청 경찰통계연보 각년도 재구성

〈표 9-6〉에서 죄종별·연도별 형법범죄 여성범죄자 검거인원비를 살펴보면 지능범(사기, 횡령, 배임, 직무유기, 직권남용, 증수뢰, 통화, 유가증권인지, 문서·인장 등이 포함된다) 풍속범(풍속과 도박), 기타형법범에 대한 비중이 상대적으로 높게 나타났다.

〈표 9-6〉 죄종별·연도별 형법범죄 여성범죄자 검거인원비(2001-2005년)

(단위: %)

구분	살인	강도	강간	방화	절도범	폭력범	지능범	풍속범	기타형법범
2001	12.0	4.5	0.3	12.5	13.4	14.9	24.9	23.4	20.3
2002	11.7	5.6	0.5	12.2	14.8	15.2	26.4	24.6	20.6
2003	12.3	6.0	0.4	11.6	15.9	16.0	29.7	25.6	20.5
2004	12.2	7.7	0.9	12.1	15.0	16.2	29.0	24.1	19.7
2005	12.6	7.3	1.2	12.2	14.2	16.2	25.5	25.3	19.8

자료: 경찰청 경찰통계연보 각년도 재구성

죄종별 특별법범죄 검거현황에서 여성은 청소년보호법, 풍속영업규제에관한법률, 식품위생법 등과 관련하여 남성보다 더 많은 범죄를 저지르고 있는 것으로 나타났다.

2. 여성범죄의 원인

1) 여성범죄의 제이론

(1) 생물학적 이론

가. 롬브로조(C. Lombroso)와 페레로(Ferrero)의 견해

롬브로조와 페레로는 여성범죄를 근본적으로 격세유전과 사회적 진화론의 관점에서 설명하고 있다. 격세유전의 개념은 개인의 범죄적 요소가 인간발달의 초기진화단계에서 생물학적 결함이 있다는 것을 의미한다. 범죄자는 정상적인 법의식을 가진 시민보다 진화수준이 매우 낮다고 주장한다. 사회적 진화론이란 개인 혹은 집단이 그들에게 주어진 역할을 더 효율적으로 기능할 수 있도록 신체적 혹은 심리적인 특성을 개발할 수 있다는 것을 의미한다. 여성은 진화단계에 있어서 남성보다 낮은 수준에 있으며 따라서 범죄를 저지를 잠재력이 남성보다 더 크다고 한다. 그러나 대부분의 건전한 여성들은 그런 진화단계의 낮은 수준을 상쇄할 수 있는 특성들, 모성애, 성적 냉담, 나약성 등의 속성에 의해 범죄를 자체할 수 있는데 반하여 여성범죄자들은 이러한 요인들을 결여하고 있어서 유아적이고 비이성적인 욕구를 제어할 수 없기 때문에 범죄를 저지르는 것이라고 보았다.[9] 그들에 의하면 범죄인과 비범죄인을 확연히 구별하여 범죄자는 신체적인 비정상성의 특징을 갖는다고 하여 생래성범죄자설을 주장하면서 여성범죄자들도 신체적인 특성 면에서 정상적인 여성들과 구별된다고 주장하였다. 예컨대 체모가 지나치게 많거나 눈꼬리에 주름이 있거나 두개골이 비정상적인 것들이 여성범죄자들의 신체적 특징이라는 것이다. 그리고 여성의 보수성은 남성보다 더 법준수적인 결과를 낳으며 생래성 여성범죄자가 범죄의 교활성, 사악성, 허위성 등의 죄질에 의해 상대적으로 여성범죄량의 결여를

9) C. Lombroso W. Ferrero, (1900), *The Female Offende* (New York : D. Appleton and Company), p. 109에 있는 내용을 장석헌의 "여성범죄에 관한 연구", 한국공안행정학회보 제2호에서 재인용.

만회한다고 주장하였다.

나. 토마스(W. L. Thomas)의 견해

롬브로조의 접근법에 영향을 받은 토마스는 성의 차이를 분석할 때 이화적 남성(katabolic male) 및 동화적 여성(anabolic female)의 개념을 사용하였다. 그에 의하면 남성은 에너지의 파괴, 공격성, 창조성이 있는데 반하여 여성은 에너지의 축적, 보수성, 무기력성이라는 속성을 갖게 된다. 그는 남성과 여성의 사회적 행동에서 다양성을 설명하기 위하여 양성간의 심리적 차이를 채택하였다. 여성난소의 비활동성과 비교한 남성정자의 활동성을 주장한 점에서 롬브로조와 페레로의 견해에 매우 근접한다. 그는 인간행동을 욕구충족의 기능으로 이해하고 비행소녀들이 자신의 욕구충족수단으로 성행위를 이용하기 때문에 비행소녀가 된다고 보았다. 따라서 그러한 일탈적인 부적응, 여성들의 욕구충족의 방법을 바꿈으로써 범죄의 교정이 가능하다는 것이다. 그러므로 토마스가 주장하는 여성범죄는 롬브로조의 경우와 마찬가지로 성특성 범죄에 국한되어 있음을 알 수 있다.

다. 폴락(O. Pollack)의 견해

폴락은 여성범죄의 특성과 범죄량을 연구할 목적으로 여성범죄에 대하여 다음의 내용에 관심을 두었다. 첫째, 은닉성으로 여성범죄는 일반적으로 사람들이 인식하고 있는 것보다 훨씬 많고 지능적이지만 그것이 남성범죄보다 감추어져 있고 보고되지 않기 때문에 여성범죄가 적은 것으로 이해되고 있다고 지적하였다.[10] 폴락에 의하면 여성범죄가 실제보다 낮게 보고되는 이유는 여성범죄자의 피해자가 영아, 남편, 혹은 가족이기 때문에 신고하지 않을 뿐 아니라 경찰이나 법원 등 형사사법기관이 여성범죄에 대해서 관용을 베풀고 있으며, 더욱이 여성들은 남성보다 지능적, 계획적으로 범죄를 저지르기 때문에 사기성이 있다고 주장한다. 둘째, 여성은 생물학적으로 사기성이 있다고 주장한다. 여성이 남성보다 사기성이 많은 이유는 여성의 행위를 묵인하는 성적인 관습과 남성과 여성의 신체적 차이에서 특성이 나타난다는 것이다. 셋째, 여성범죄의 피해자가 면식이 있거나 한정되어 있다고 본다. 그는 여성범죄의 피해자는 그들과 가까이 있는 사람들, 즉 남편, 자녀, 가족, 연인과 같은

10) Allison Morris, Women, (1987), *Crime and Criminal Justice* (Oxford : Blackwell Ltd.,), pp. 22-23.

대상에게 한정적으로 범행을 한다고 주장한다.[11]

넷째, 여성들의 범죄수법은 비폭력적인 방법에 의한 경우가 많다고 한다. 즉 여성에 의해 이루어지는 살인의 수단은 독살이며 그것에 사용된 독극물은 수은이나 비소라는 것이다. 그러나 여성범죄는 사소한 범죄수준을 일단 넘어서면 잔혹하고 폭력적으로 변한다. 다섯째, 여성은 범죄에 직접 가담하지 않고 그 배후에서 범죄와 관련되어 있다.[12] 여성이 일반적으로 소극성, 수동성에 특성에 기인하고 현대사회의 범죄가 조직화, 집단화되어 가고 있다는 것을 의미하기도 한다. 이외에도 기혼여성이 독신여성보다 범죄자가 될 확률이 높고 여성의 나약성이 범죄와 관련된다는 지적도 있다.

라. 코위 등의 견해

코위 등(J. Cowie and E. Slater)은 격세유전의 개념을 거부하고 롬브로조와 페레로의 접근방법에 매우 유사한 두 가지 특징이 있는 연구를 하였다. 첫째, 범죄가 생물학적 요인이 작용하고 있다면 제거될 수 없는 병리의 신호라는 입장을 취하였다. 따라서 그들의 연구는 비행소녀와 정상소녀를 구별하는 변수를 찾는데 중점을 두었다. 특히 그들은 이런 변수를 결함 있는 지능, 비정상적인 중추신경기능, 손상된 신체 등에서 찾았으며, 이런 소녀들은 우둔하고 난폭하며 사악하다고 주장하였다. 둘째, 여성들은 폭력, 강도 등에 참여하지 않는데 그 이유는 불법적인 기회부족 혹은 확고한 사회통제 때문이 아니라 여성의 염색체와 호르몬의 구성 때문이라고 하였다. 그들은 사회적·환경적 요인을 경시하고 있으며, 여성이 사회적·환경적 범죄유발요인에 더 면역성이 있다고 주장한다. 따라서 소녀는 생물학적인 변태성이 사회적·환경적 요인과 결합할 때 범죄자로 된다. 여성범죄는 여성의 생물학적 소질의 면에서 논의되어야 하고 도덕성의 이중기준이 존재하고 있으며 이러한 기준은 여성범죄의 분석에 아무 도움이 되지 않으며 여성범죄의 특성에 있어서도 성적(sexual)이라고 주장한다. 신체적 차이의 행위표현에 있어서 XX염색체를 가진 여성과 XY염색체를 가진 남성간의 염색체구조를 예로 든다. 범죄는 Y염색체와 관련되어 있고 여분의 Y염색체를 가진 XYY염색체의 남성은 정상인보다 범죄자에 흔히

11) Otto Pollak, (1950), *The Criminality of Women* (Philadelphia : University of Pennsylvania Press), pp. 8-14.

12) 신진규, (1990), 범죄학 겸 형사정책(서울:법문사), p. 184.

나타난다는 것이다.13)

(2) 사회화과정이론

가. 코놉카의 견해

코놉카(G. Konopka)는 일화적인 증거와 개인 신상조사에 매우 신뢰성을 가지고 분석적이기보다는 기술적으로 연구한 것에 주목할 할만하다. 그는 사회적인 요인을 무시하고 있으나 비행행위는 기존의 문화범위 내에서 합리적이고 의미 있는 행위라고 인식하고 있는 반면에 개인적인 부적응의 원인으로 사회적 요인을 다룰 성질이 아니라고 주장한다.14) 그러나 모든 여성비행자는 부모지도의 부족과 결손가정, 빈곤가정에서 나타날 가능성이 많다고 하며 비행자로 정의되는 법체계를 무시하고 비행자로 낙인찍히는 과정을 중시하고 있다.

나. 호프만과 부스타만테의 견해

호프만과 부스타만테(D. Hoffman & Bustamante)는 선진화된 서구산업사회에서 소녀와 소년의 사회화는 문화적으로 다른 방법으로 행해지고 있다고 한다. 소녀는 일반적으로 더 가까이 감독되고 다양한 사회적, 경제적 계급에 따라 다양하나 양심과 자아인식의 발전은 소녀와 소년사이에 상당히 다양하다는 사실을 인정하지 않는다. 소녀는 폭력을 회피하고 자기방어기술을 배우려고 하고 보호를 추구하며 폭력, 무장강도, 혹은 갱싸움에 종사할 수 있는 기술적인 능력이나 힘을 가지지 않고 있다고 주장한다.

여성이 그런 범죄에 참여하는 경우에도 그 방법은 성역할과 사회화를 반영하게 된다. 살인의 경우 여성은 최소한의 폭력으로 부엌칼 등을 이용하여 그들의 친척이나 애인을 살해하는데 이것은 여성이 지배하는 가정 내의 세계를 반영하고 있으며 보통 가재도구를 무기로 이용하여 범행을 한다.15) 침입강도와 노상강도의 경우 여성은 보조적인 역할을 수행하고 그들의 성역할에 더 적은 소득을 기대하며 범행에 가담한다. 따라서 소녀의 문화적 사회화는 여성에 의해 범해지는 범행형태 뿐 아니

---

13) J. Cowie, et. al., (1968) *Delinquency in Girls* (London : Heinemann,), p. 171.

14) G. Konopka, (1966), *The Adolescent Girl in Conflict* (Englewood Cliffs, N. J. : Preetice-Hall), p. 40.

15) D. Hoffman & Bustamante, (1973), "The Nature of Female Criminality," Issues in Criminology, Vol. 8, No. 2, p. 131.

라 사회참여의 특성을 반영하고 있다.

(3) 여성해방론

가. 아들러와 사이몬의 견해

아들러(Freda Adler)와 사이몬(Rita Simon)은 미국의 여성범죄가 증가하고 있는 점에 대하여 비교문화론의 입장에서 전 세계적으로 일어나고 있는 여성해방운동의 흐름이 여성의 행동형을 남성의 행동형에 접근시켰고 이로 인하여 여성범죄의 증가와 조폭화가 발생하고 있다[16]고 지적하고 그 원인을 여성의 사회적·경제적 지위 향상에서 찾았다. 즉, 여성범죄의 증가는 여성의사회적인 역할이 변화하고 경제적 독립을 추구함에 따라 연유된 것이라는 것이다. 사이몬은 여성해방운동의 영향을 받아 여성들이 전통적인 남성범죄(강도, 폭력, 살인 등)에 관여하게 되었다고 보았으며 특히 화이트칼라여성의 고용이 증대함으로써 사기, 횡령 등 화이트칼라 범죄가 의미 있게 증가하였다고 주장하였다.

나. 스미드의 견해

스미드(L. S. Smith)는 소녀들의 폭력행위가 증가하고 있는 것은 행위보다 정의의 변화가 이미 일어났다는 것을 암시하고 있다고 하였다. 즉 경찰, 사회사업가, 기타 사회통제기관이 여성의 사회적·경제적 해방 때문에 여성범죄를 폭력적 혹은 남성적으로 정의한 것이다.[17] 비행갱소녀들은 범죄를 전형적인 여성역할의 측면에서 행하고 성적으로 문란하여 그들의 남성친구로 인해 갱에 가입하고 남성에게 묵시적으로 영향력을 행사한다고 주장하고 있다.

---

16) Freda Adler, (1977), "The Interaction between Women's Emancipatioin and Female Criminality : A Cross-cultureal Perspectives," *International Journal of Criminology and Penology*, Vol. 5. 1977, p. 110.

17) L. S. Smith, (1975), "Female Delinquency and Social Reaction," Paper Presented at the University of Essex, Women and Delinquency Conference, p 11.

2) 여성범죄의 제원인

(1) 생물학적 · 생리학적 원인

여성은 월경기에 불쾌감을 느끼고 정도의 차이가 있을 뿐 대부분의 여성들이 심리적으로 동요하게 된다고 한다. 월경시에는 두통, 복통, 신경증상, 식욕부진 등의 고통과 같은 자각증상을 갖게 되고 그 과정에서 정신적 저항력이 약화되고 그것이 원인이 되어 범죄와 관련된다는 것이다.[18] 이런 현상은 남편이나 자녀를 비롯한 가족들에 대해 평소와 같이 자상하고 세심한 태도를 유지할 수 없게 되고 정서의 불안정으로 인한 감정의 폭발, 타인을 중상하는 언동, 권위에 대한 반항, 질투와 육체적 고통을 잊기 위한 알코올류의 복용을 경험하게 된다. 이러한 생물학적 · 생리학적 현상은 월경기간 중 뿐 아니라 월경직전, 직후에도 나타난다고 한다.[19] 월경이 여성의 폭력범죄와 특별한 관계가 있다고 보는 까닭은 월경시의 공격적인 감정, 호르몬의 불균형, 자제능력의 저하 등과 같은 생물학적 · 심리학적인 변화 때문이다. 실제로 자녀학대, 협박, 살인 등의 폭력범죄의 2/3는 월경 10일 전에 이루어지고 있다고 한다.[20] 월경이 여성범죄에 미치는 영향에 관한 외국의 연구는 살인과 방화 등의 격정범죄와 쇼핑절도, 공무집행방해, 무고 등의 범죄가 월경과 관계가 깊은 것으로 알려져 있다.

그리고 여성의 임신과 범죄와의 관계에 있어서는 임신 그 자체를 감추기 위한 범죄, 즉 영아살해나 낙태가 발생할 수 있다. 임신시의 여성은 질투, 신체변화에 따른 다양한 정신상의 이상, 격정성, 특이행동연출 등의 감정이상이 나타날 수 있다. 임신시의 감정이상은 히스테리 등의 선천적 소질을 가진 여성에 있어서 현저하다고 한다. 이러한 여성은 일종의 강박관념이나 망상 등이 나타나서 온순한 여성도 흉폭한 행위를 할 수 있게 되어 살인과 같은 범행을 할 수 있다는 것이다. 임신은 수개월에 걸쳐 여성의 심리상태에 영향을 미치므로 임신초기에 있는 여성들은 임신과 월경에 의한 심리적 동요라는 이중 장애를 느끼게 되어 정서적인 균형을 쉽게 잃게

18) 파이어슨(S. Firestone)은 여성의 생물학적 현실, 즉 출산 · 육아 등에 관련되는 여성의 생리적 특징이 여성억압을 발생시키는 근본적인 원인이라고 보고 있다.
19) 이러한 현상을 일컬어 월경전증후군(Premenstration, PMS)이라고 한다.
20) 宮澤浩一 · 藤本哲也,(1984) 講義 刑事政策(東京: 青林書院新社.), p. 333.

된다.

또 여성의 갱년기는 여성의 심리나 생리에 심대한 영향을 미치므로 여성이 경험하는 정서의 불안정, 활력의 감퇴, 초조와 불안, 난소의 위축, 지방질의 증가, 안면의 주름살, 사지 근육의 이완 등의 현상이 나타나고 성적 욕구가 감퇴하여 결혼의 행복감도 감소하게 된다. 이러한 갱년기 여성은 심리적으로 미혼여성보다 기혼여성에게 더욱 현저하게 나타나며 통계적으로 갱년기인 40~50대 기혼여성의 범죄율이 높게 나타나는 것도 여성의 성적 매력의 상실이나 인생의 위기라는 인식이 더욱 강하게 작용하는 것으로 보인다. 따라서 갱년기에는 감정이 기초로 되는 범죄, 즉 모욕, 명예훼손, 위증 등의 음해적인 범죄를 비롯하여 방화 및 쇼핑절도(shoplifting) 등의 범죄가 발생할 가능성이 높다고 한다.

(2) 심리학적 원인

여성의 폭력범죄는 심리학적인 요인과 밀접한 관계가 있다고 보는 것이 학자들의 일반적인 견해이다. 예컨대 질투와 원한 같은 심리적 상황은 여성으로 하여금 비계획적이고 맹목적인 충동행위를 야기시킬 가능성이 크고, 여성심리의 특이한 수동성이나 감수성이 범죄와 관련될 소지가 크다고 한다.[21] 그리고 질투와 원한에서 나오는 충동적 행위는 인간관계의 신뢰배반이라는 속성상 살인, 상해, 방화와 같은 폭력행위로 분출될 가능성이 높다. 부부간의 불화, 애인으로부터의 배신에서 생겨난 원한이나 성적 이유에 의한 질투는 여성의 감정에 있어서 가장 소중한 부분을 자극한 경우에 해당되므로 애정에 관계된 여성범죄는 자연스럽게 예상된다. 그리고 여성의 심리적 특성이 수동적이고 감정적이기 때문에 이런 경우의 여성심리상태 역시 감정적으로 자포자기나 체념적, 응보적일 것으로 생각된다.

질투는 애정이라는 감정작용 때문에 나타나는 심리적 현상이므로 애정의 변화는 곧 본능을 자극하는 결과가 되어 헌신적이고 순종적이던 심리상태에 대한 자기보상적 요구가 발동된다. 여성의 질투가 이성적이고 합리적으로 치유가 곤란한 경우 그것은 병적 질투로 전환될 가능성이 크게 되어 범죄발생의 주요한 요인으로 작용할 수 있다는 것이다. 여성의 병적 질투 중에서 여성폭력범죄와 가장 관련이 깊은 것은 히스테리와 망상증세이다. 이 히스테리는 두통, 시력상실, 마비, 구토 등으로 나

21) 정진연, (1996), "여성범죄에 관한 연구", 형사정책 제8호, 한국형사정책학회, p. 184 이하.

타나고 정신적으로는 심한 감정발작으로 정신병적 현상을 보이고 다변, 다동하며 때로는 심한 욕설, 기물파괴, 폭행을 하게 되고 의식의 혼돈상태에 빠져 각종 범죄를 자행하거나 몽유병적 상태에서 헤매기도 한다.

특히 감정자극이 큰 조건하에서는 이성적 조정이 불가능한 특이한 격정반응을 보이게 됨으로써 살인, 방화와 같은 폭력범죄를 자행하게 된다는 것이다. 여성폭력범죄와 관련되는 또다른 심리적 요인은 원한이다. 원한은 충동적이고 폭발적인 일시적 감정이 아니라 자기만족을 얻게 되기까지 계속되는 감정의 누적이다. 따라서 원한으로 발생하는 범죄는 집요한 대상추적과 계획적인 각본에 의해서 이루어지는 것이 대부분이다.

원한은 분노와 달리 일시적인 감정작용이 아닌 집념의 결과이기 때문에 여성의 파멸, 사회적 매장, 심지어 살인, 방화와 같은 범죄를 자행하게 된다. 특히 여성의 복수심 같은 원한감정은 복잡한 계산에 개입하는 것이고 비밀폭로 등 간접적인 방법에 의해 해소하려는 경향이 있으나 원한의 정도가 심하면 복수대상자의 집에 대한 방화나 살인이 범해질 가능성을 배제할 수 없는 경향이 있다.

(3) 사회학적 원인

최근에 여성범죄가 남성화하고 있다는 사실은 여성과 관련된 사회적 조건들이 어떤 변화가 있음을 시사하고 있다. 여성의 사회적 역할이 과거와는 달리 많은 변화가 있음은 주지의 사실이다. 그러나 아직까지 여성의 사회적 역할은 남성과 동질적인 차원에서 이루어지지 않고 가정유지의 부담을 안고 있다. 따라서 남성의존적이라는 여성특유의 기본적 틀 속에서 벗어나지 못하고 있다. 그러나 현대사회에서 여성은 육체적, 성적, 감정적으로 해방되거나 독립하려는 경향이 있어서 남성의존적인 기존의 태도에 변화를 초래하고 있기 때문에 여성의 고용과 교육기회의 확대, 사회적 역할의 증대 등으로 사회생활의 활동영역이 넓어져 양적으로 여성범죄가 증가하고 있다.

그리고 여성의 성에 대한 가치관의 변화가 여성범죄와 관계가 있는 것으로 보인다. 지금까지 성윤리에 있어서 여성은 남성보다 엄격하게 취급되어 왔다. 즉, 동양적 사고에서 보면 성도덕의 이중기준이 성윤리를 지배해 온 것이다. 여성은 정조유지에 대한 부담을 가지면서 성적 억압을 강요받아 온 반면에 남성은 이에 대하여 사회적으로 관대하게 처리되어 왔다. 따라서 이러한 성윤리의 불평등에서 오는 성의 억압은 여성의 잠재적 의식 속에 반역이나 복수심리를 형성케 하여 범죄를 저지를 수 있다.

또한 여성의 생활환경이 여성폭력범죄와 관련된다. 여성은 생활환경에 의해 폭력성이 형성되고 빈곤가정의 경제적 부담을 담당하는 경우에는 인내심을 갖지 못하고 폭력범죄로 연결될 가능성이 있다. 즉 가정파탄이나 가정불화의 환경에서 성장한 여성이나 폭력에 대한 방관적 환경에서 성장한 여성은 폭력성향이 내재할 가능성이 크다는 것이다. 여성폭력범죄 중 살인은 산업화 및 핵가족화 이전까지는 고부간의 갈등으로 인한 살인이 주로 자행되었으나 봉건적 사회구조가 붕괴된 이후에는 자녀살해, 남편살해, 애인살해 등의 방향으로 전환되고 있는 경향을 나타내고 있다.

10
chapter

형사사법시스템과 범죄정책

제 1 절 형사사법시스템

1. 경찰의 조직과 기능

1) 현행법상의 사법경찰관리

(1) 일반사법경찰관리

일반사법경찰관리는 소속에 따라 검찰청 및 해양경찰청 소속의 사법경찰관리와 검찰청 소속으로 사법경찰관리로 구분할 수 있고, 수사권의 유무에 따라 검사의 지휘를 받아 독자적으로 수사할 수 있는 사법경찰관과 단지 수사 보조자의 지위에 있는 사법경찰관리로 나눌 수 있다.

(2) 특별 사법경찰관리

형사소송법 제197조는 “삼림, 해사, 전매, 세무, 군수사기관, 기타 특별한 사항에 관하여 사법경찰관리의 직무를 행할 자와 그 직무의 범위는 법률로써 정한다”라고 특별사법경찰관리에 관하여 규정하고 있다. 일반사법경찰관리 외에 특별사법경찰관리를 둔 이유는 다음과 같다.

첫째, 범죄의 발생지역이 일반사법경찰관리의 수사권이 미치기 어려워서 당해 공무원에게 수사권을 부여하는 경우로서 교도소, 구치소나 소년원에 근무하는 국가공무원, 등대에 근무하며 등대사무에 종사하는 국가공무원, 철도공안사무에 종사하는 자, 선장 등이 좋은 예라고 할 수 있다.

둘째, 범죄의 성질이 다분히 전문적이어서 본래 그 직무를 다루는 전문적 지식을 가진 공무원에게 수사를 맡기는 수사의 성과를 올릴 수 있는 경우로서 산림공무원, 세관공무원, 소방공무원 등이 대표적 예이다. 따라서 특별사법경찰관리 제도는 일반사법경찰관리의 지역적인 제약과 전문성 부족으로 말미암아 수사가 미치지 못하는 부분을 보충하여 범죄수사 전반에 효과를 올리는 장점이 있다.

특별사법경찰관리의 종류와 직무범위 및 수사관할에 대하여는 사법경찰관리의직무를행할자와그직무범위에관한법률에서 이를 구체적으로 규정하고 있다. 특별사법경찰관리가 그 직무의 범위 내에서 행사하는 형사소송법상의 권한은 일반사법경찰관리와 원칙적으로 차이가 없다. 다만, 교도소장은 교도소 내에서 발생한 범죄에 한해서 사법경찰관의 직무를 행할 수 있으며, 선장은 선내에서 발생한 범죄에 한하여 사법경찰관의 직무를 행할 수 있는 것처럼 그 권한의 범위가 지역적으로 제한되어 있거나 전문적인 점만 다를 뿐이다. 또한, 특별사법경찰관리는 근로감독관, 세관공무원과 같이 전속적 수사권이 인정되는 경우 이외에는 일반사법경찰관리에 대하여 배타적 수사권을 행사하는 것은 아니다.

다만, 관세범은 관세청장 또는 세관장의 고발이 없으면 공소를 제기할 수 없고 이들 기관장에게 통고처분을 할 것인지 또는 고발 여부에 대한 재량이 국세청장, 지방국세청장 또는 세무서장에게 주어져 있으며, 출입국사범도 사무소장, 출장소장 또는 외국인보호소장의 고발이 없는 한 공소를 제기할 수 없고 이들 기관장에게 통고처분을 할 것인지 또는 고발을 할 것인지 여부에 대한 1차적 재량이 있다.

특별사법경찰관리는 일반행정관리로서 수사를 전담하는 일반사법경찰관리에 비해서 수사에 관한 경험이나 지식이 부족한 탓으로 수사의 미숙, 수사권의 남용 등의 우려가 있으므로, 지속적인 교육을 하여야 하고, 일반사법경찰관리와 특별사법경찰관리가 동일한 사안에 대하여 각자 수사하는 때에는 상호 협조하여 수사하도록 철저한 지휘가 필요하다.

2) 경찰의 조직과 인력

현재 경찰조직은 행정자치부 소속 경찰청과 해양수산부소속 해양경찰청으로 나누어져 있다. 경찰청은 15개 지방경찰청과 235개 경찰서, 826개 지구대를 두고 있으며, 소속기관으로 경찰대학, 경찰종합학교, 중앙경찰학교, 경찰병원, 운전면허시험관리단, 국립과학수사연구소를 두고 있다. 한국의 경찰인력은 2006년. 12월 현재 약 146,419명이며 이중 경찰관이 95,336명(65.0%), 전・의경이 47,116명(32.3%), 일반직 등이 3,967명(2.7%)으로 구성되어 있으며 1인당 담당인구는 513명이며 경위 이하 경찰관이 전체 95%의 첨탑형태의 구조이다.[1)]

3) 사법경찰관리의 권한

(1) 범죄수사의 권한

사법경찰관은 검사의 지휘를 받아 수사를 하고, 사법경찰관리는 검사 또는 사법경찰관의 지휘를 받아 수사의 보조를 한다. 즉 사법경찰관은 그 명의와 권한으로 수사를 할 수 있으나, 사법경찰관리는 검사나 사법경찰관의 수사를 보조할 뿐 독자적인 수사는 할 수 없게 되어 있다.

이에 대하여 사법경찰관도 검사의 보조기관에 불과하다는 견해도 있으나, 사법경찰관에게 검사와 마찬가지로 수사목적 달성을 위한 조사권, 피의자・참고인 출석요구권, 피의자신문권, 피의자와 참고인과의 대질조사권, 10일간의 구속수사권, 사후검사승인 조건부긴급체포권, 제한된 범위의 영장에 의하지 아니한 강제처분권, 고소, 고발의 접수, 조사, 송치권 등과 같은 수사권한이 폭넓게 부여되어 있고, 경찰법 제3조와 경찰관직무집행법 제2조 제1호에 경찰의 직무로 "범죄의 예방, 진압 및 수사"가 규정되어 있다.

사법경찰관리직무규칙 제2조 제2항에서도 "사법경찰관은 범인, 범죄사실과 증거를 수사함을 그 직무로 한다"고 명백히 규정되어 있는 점에 비추어 사법경찰관도 독자적인 수사권을 가지고 있으며, 다만 수사를 함에 있어 검사의 지휘, 감독을 받

---

1) 경찰청, 2006 경찰백서, p. 450.

아야 하는 반면, 사법경찰관리는 수사의 보조자로서 독자적인 수사권이 없다고 해석하는 것이 통설이다.

(2) 영장신청과 집행의 권한

법경찰관은 피의자가 죄를 범하였다고 의심할 만한 상당한 이유가 있고, 정당한 이유 없이 출석요구에 응하지 아니하거나 응하지 아니할 우려가 있을 때에는 검사에게 체포영장을 신청할 수 있고, 피의자를 긴급체포한 후 구속하고자 할 때 또는 피의자가 죄를 범하였다고 의심할 만한 상당한 이유가 있고 일정한 주거가 없거나 증거를 인멸할 염려가 있거나 도망 하거나 도망할 염려가 있는 때에는 검사에게 구속영장을 신청할 수 있으며, 범죄수사에 필요한 때에는 검사에게 압수, 수색, 검증영장을 신청할 수 있고 그 밖에도 통신제한허가신청 등을 할 수 있다

사법경찰관리는 검사의 지휘에 의하여 피의자에 대한 체포, 구속영장 또는 피의사건에 관한 압수·수색영장을 집행할 권한이 있다. 피고인에 대한 감정유치장, 증인에 대한 구인장에 관해서도 마찬가지이다. 영장의 집행은 사법경찰관리의 권한인 동시에 의무이다.

(3) 관할구역과 사법경찰관리의 권한

사법경찰관리는 각 소속 관서의 관할구역 안에서 직무를 행함을 원칙으로 하나, 관할구역 내의 사건과 관련성이 있는 사실을 발견하기 위하여 필요한 경우에는 관할구역 외에서도 그 직무를 수행할 수 있다. 사법경찰관리가 관할구역 밖에서 수사를 하거나 관할구역 밖의 사법경찰관리의 촉탁을 받아 수사할 때에는 관할 지방검찰청 검사장 또는 지청장에게 보고하여야 한다. 이러한 보고는 사전보고를 원칙으로 하나 긴급을 요하는 경우에는 사후보고가 허용된다. 다만 사법경찰관리가 위 규정을 위반하여 관할구역 밖에서 수사를 한 경우에도 그 수사의 효력에는 아무런 영향이 없다고 보는 것이 일반적이다.

2. 검찰의 조직과 기능

1) 검찰조직의 특성과 지위

(1) 검찰조직의 특성

검찰권은 국가형벌권의 실현을 목적으로 하고 있어 본질적으로 행정권에 속하는 것이지만 다른 한편으로 공소의 제기와 그 유지기능은 재판작용과 밀접하게 관련되어 있으므로 사법기관적 성질도 아울러 가지는 양면성을 가지고 있다.

이러한 검찰권의 양면성을 조화시켜 나가기 위하여 독특한 조직체계를 형성하게 되는 바, 범죄의 수사, 공소의 제기 및 유지, 재판의 집행 등 검찰권의 본질적 내용을 포함한 모든 권한행사를 개개의 검사가 독립된 관청으로서 간섭 없이 행하게 함으로써 사법기관적 성격을 확보하는 한편, 공공질서유지와 인권옹호의 국가목적을 효율적, 능률적으로 달성하기 위하여 검찰총장을 정점으로 하는 유기적인 조직체를 형성함으로써 행정기관적 성격도 반영하고 있는 것 이다.

(2) 검사의 지위[2)]

가. 준사법기관

검사가 행사하는 검찰권은 행정권에 속하고, 검사는 법무부에 소속된 행정기관이므로 국가의 행정목적을 위하여 활동하지 않을 수 없다 하더라도 검사의 직무는 사법권과 밀접한 관계를 맺고 있고, 특히 형사사건의 상당수가 검사의 불기소처분에 의하여 종결된다는 점에 비추어 볼 때 검찰권의 행사는 형사사법의 운용에 중대한 영향을 미치게 되므로 사법권 독립의 정신은 검사에 대하여도 요구되지 않을 수 없다. 따라서 검사는 행정기관이면서 동시에 사법기관의 이중적 성격을 가진 기관이며, 엄격히 볼 때에는 사법기관은 아니지만 오로지 진실과 정의에 따라야 할 의무를 가지고 있는 준사법기관 내지 법조기관이라고 할 것이다.

나. 검사의 독립성

검찰권은 개개의 검사에게 속하며 검사마다 독립된 관청으로서 검찰권을 행사한

---

2) 김종구, 전게서, pp. 55-62.

다. 검찰청은 검사의 사무를 통할하는 관서에 불과할 뿐 검찰청이 직접검찰권을 행사하는 주체인 것은 아니며, 검찰청의 장도 소속 검사에 대한 지휘, 감독권을 가지고 있으나 그 지휘, 감독권과 검찰권은 엄연히 구별되어 검찰권의 주체는 어디까지나 개개의 검사이다.

검사에게 전속되어 있는 공소의 제기와 유지권이 전국적으로 균형을 이루면서 통일적으로 행사되도록 담보하기 위하여 검사의 임명자격을 엄격히 하고 법관에 준하는 신분보장을 하는 한편, 법무부장관의 일반적 지휘, 감독권, 검사동일체의 원칙 등을 인정하고 있다.

다. 검사의 소송법상 지위

검사는 수사, 공소, 공판 및 재판의 집행으로 이루어지는 모든 단계의 형사절차에 관여하여 가장 전면적, 능동적으로 활동하는 국가기관이다. 즉 검사는 국가형벌권을 행사하는 공익의 대표자로서, ① 범죄수사, 공소제기와 그 유지에 필요한 사항, ② 범죄수사에 관한 사법경찰관리의 지휘, 감독, ③ 법원에 대한 법령의 정당한 적용의 청구, ④ 재판집행의 지휘, 감독, ⑤ 국가를 당사자 또는 참가인으로 하는 소송과 행정소송의 수행 및 그 수행에 관한 지휘, 감독, ⑥ 다른 명령에 의하여 그 권한에 속하는 사항에 관한 직무와 권한을 가진다.

① 범죄수사

검사는 모든 범죄에 대하여 이를 수사할 권한과 의무를 가지고 있다. 수사는 국가형벌권을 행사하기 위하여 형사사건에 관하여 공소를 제기하고 이를 유지, 수행하기 위한 준비로서 범죄사실을 조사하고 범인과 증거를 발견, 수집하는 일련의 활동이 주된 것이지만, 한편으로는 국가형벌권의 존부와 범위 및 정도를 확인하기 위하여 불기소자료와 양형자료를 수집하는 것도 수사의 중요한 범주에 속한다.

그러나 수사의 주된 목적은 역시 공소제기의 여부를 결정하는데 있고, 공소의 제기 여부를 결정하는 수사종결권은 검사만 가지고 있어, 사법경찰관은 조사한 사건의 관련서류와 증거물을 신속히 검사에게 송부하여야 한다. 수사종결권을 검사만 갖는 것은 법치국가원리의 본질적 요청이며 이에 의하여 사법경찰관이 수사한 사건에 대하여도 검사는 수사의 주체로서의 지위를 유지하게 된다.

이와 같이 수사권은 공소권의 필연적 전제인 동시에 국가형벌권 행사의 시발점이다. 형사소송법은 검사에게 무한정한 수사권을 인정함과 아울러 검사를 범죄수사의 주재자로 하고 사법경찰관리는 검사의 지휘를 받아 수사를 하도록 하고 있다.

검사가 수사의 주재자라고 하더라도 직접 모든 수사를 수행해야 하는 것은 아니며, 실제 검사의 수사는 중요사건에 국한되고 있고 대부분의 수사는 사실상 사법경찰관리에 의하여 이루어지고 있다. 검사의 수사지휘, 감독권에 의하여 검사는 사법경찰관리를 지휘, 감독하며 수사의 주체로서 수사에 대한 모든 책임을 지게 된다.

검사는 또한 수사를 함에 있어서 비밀을 엄수하며 피의자 또는 다른 사람의 인권을 존중하고 수사에 방해되는 일이 없도록 주의하여야 하고, 체포, 구속 장소의 감찰을 통하여 불법체포, 구속여부를 조사하여 국민의 인권을 보호하여야 한다. 검사에게 수사지휘, 감독권을 인정하는 것 자체가 검사가 수사에 있어서 인권을 보장하기 위한 기관이라는 점에 그 근거가 있으며, 따라서 수사의 주재자로서의 검사의 지위는 검사의 투철한 인권의식을 전제로 할 때에만 타당하다고 해야 할 것이다.

② 공소제기와 유지

검사는 국가의 형사소추기관으로서 공소를 제기하여 수행하며, 정상을 참작하여 공소를 제기하지 아니할 수도 있고, 필요한 경우에는 제2심 판결선고 전까지 공소내용을 변경하거나 제1심 판결선고 전까지 공소를 취소할 수도 있다. 소추관으로서의 검사의 지위는 규문주의가 폐지되고 탄핵주의적 소송구조가 확립된 다음부터 주어진 지위라 할 수 있다. 소추기관과 심판기관이 독립하여 존재하고, 소추기관으로서의 검사가 공소를 제기하지 않는 한 심판을 개시할 수 없고, 검사가 공소장에서 적시한 범죄사실에 한하여 심판할 수 있다.

우리 형사소송법은 국가소추주의와 기소독점주의, 기소편의주의를 채택하고 있는바, 기소독점주의와 기소편의주의에 의하여 검사의 공소권이 적정하게 행사되었는지를 통제하기 위한 제도적 장치로는 검찰청법에 의한 항고제도, 형사소송법에 의한 재정신청제도 및 헌법재판소법에 의한 헌법소원제도 등이 있다.

우리 형사소송체계에서 공소수행의 담당자인 검사가 피고인과 대등한 당사자의 지위를 가진다고 보아야 할 것인지에 관한 국내 학자들의 견해는 검사는 공판기일에 출석하여 피고인과의 공격, 방어를 통해 형사소송 절차를 형성하며, 기타 당사자주의를 강화한 형사소송법의 해석에 있어 검사는 공판절차에서 당사자적 지위를 가진다고 보는 견해가 절대 다수설로 되어 있다.

검사는 피고인에 대립되는 당사자이면서도 단순한 당사자가 아니라 국가형벌권 행사자로서 피고인의 정당한 이익을 옹호해야 할 의무가 있으며, 따라서 검사는 피고인에게 이익이 되는 사실도 조사하고 그 자료를 제출하며, 피고인의 이익을 위하여 상소를 해야 할 객관적인 의무를 진다고 할 것인 바, 이를 검사의 객관의무라고 한다. 이러한 의미에서 독일의 검사는 지구상에서 가장 객관적인 관청 또는 공격자 겸 방어자라고도 한다. 법치국가원리의 실현을 위해서는 검사가 객관성을 유지하지 않으면 안 된다는 점을 고려할 때 검사의 객관의무를 인정하는 것은 당연하며, 검찰제도의 존재가치도 여기에 있다고 할 수 있다.

③ 사법경찰관리에 대한 지휘 · 감독[3)]

검사는 수사의 주재자로서 사법경찰관리를 지휘, 감독할 권한을 가지며, 사법경찰관리는 검사의 지휘를 받아 수사를 하여야 하고, 범죄수사에 관하여 소관 검사가 직무상 발한 명령에 복종하여야 한다. 이는 대륙법계 검찰제도의 연원에서 비롯된 것임은 위에서 본 바와 같다.

④ 재판의 집행

형사재판의 집행은 원칙적으로 검사가 지휘하고 감독한다. 재판의 집행에 관하여는 법원이 집행지휘를 하는 영미의 법원주의와 검사가 하는 대륙법계의 검사주의로 나뉘는데 우리나라도 국가형벌권을 인정하는 대륙법계 형사사법제도를 택하는 나라와 마찬가지로 검사주의를 취하고 있다.

이는 일반적으로 재판의 집행사무는 자유형의 집행, 벌금, 과료, 추징금의 징수 등 그 사무처리에 있어 광범위한 행정력이 필요하며 신속성, 기동성이 요청되는 경우가 많으므로 기동성과 행정력을 배경으로 한 검사에게 재판의 집행을 지휘, 감독하게 한 것이라고 볼 수 있으나, 직권주의적인 대륙법계의 전통에 따른 것으로 보아야 할 것이다.

3) 법무연수원, (2003), 수사지휘론, pp. 263-270.

3) 검찰의 기구와 분장사무[4)]

검찰청은 전국5개의 고등검찰청으로 조직되어 있으며 그 하부에는 17개의 지방검찰청으로 구성되어 있다.

(1) 대검찰청

가. 설치

대검찰청은 대법원에 대응하여 수도인 서울에 위치하며, 대검찰청에는 검찰총장, 대검찰청 차장검사, 대검찰청 검사, 검찰연구관, 부사무국 및 과, 비서관, 비상계획담당관, 공보담당관, 전산관리담당관, 수사기획관, 공안기획담당관이 있다.

나. 검찰총장

검찰총장은 대검찰청의 사무를 맡아 처리하고 검찰사무를 통할하며, 검찰청의 공무원을 지휘·감독한다. 검찰총장은 15년 이상 ① 판사, 검사 또는 변호사, ② 변호사의 자격이 있는 자로서 국가기관, 지방자치단체, 국공영기업체, 정부투자기관관리기본법 제2조의 규정에 의한 정부투자기관 기타 법인에서 법률에 관한 사무에 종사한 자 그리고 ③ 변호사의 자격이 있는 자로서 대학의 법률학 조교수 이상의 직에 있던 자중에서 임용하는데, 임기는 2년이고 중임할 수 없다.

다. 대검찰청 차장검사

대검찰청 차장검사는 검찰총장을 보좌하고 검찰총장이 사고가 있을 때에는 그 직무를 대리하며, 대검찰청 검사는 검찰총장이 명하는 상고사건의 공소유지 및 재항고사건을 처리하고 대검찰청 각부의 부장직무를 수행한다. 대검찰청 차장검사는 고등검사장으로, 대검찰청 검사는 검사장으로 보한다.

라. 하부기관과 분장사무

대검찰청에는 사무국, 기획조정부, 중앙수사부, 형사부, 마약·조직범죄부, 공안부, 공판송무부, 감찰부, 범죄정보기획관, 과학수사기획관, 검찰연구관, 비서관이 있고, 부 및 사무국 밑에 과 또는 담당관이 있다. 부장, 사무국장 및 과장은 상사의 명을 받아 소관 부 국 또는 과의 사무를 처리하고 소속공무원을 지휘·감독한다. 부장은 검사장으로 사무국장은 관리관 또는 검찰이사관으로, 과장은 검찰부이사관, 검찰수

4) 한국형사정책연구원, 형사사법기관편람 참조

사 서기관, 정보통신서기관 등으로 보하되 부의 과장은 검사로 보할 수 있으며, 담당관은 3급상당 또는 4급상당 별정직 국가공무원으로 보하되 특히 필요하다고 인정될 때에는 검사로 보할 수 있다.

3. 법원의 조직과 기능[5)]

현재 전국법원의 조직은 대법원, 5개의 고등법원, 3개의 특허법원, 17개의 지방법원, 서울가정법원, 서울행정법원, 42개의 지방법원지원 등이 편성되어 있다. 대법원 산하기관으로 법원행정처, 사법연수원, 법원도서관, 법원공무원교육원이 구성되어 있다.

1) 대법원

(1) 설치

대법원에 대법원장을 포함한 대법관 14인을 두며, 대법원장과 대법관은 15년 이상 ① 판사 검사 변호사로 재직한 자, ② 판사 검사 또는 변호사의 자격이 있는 자로서 국가기관, 지방자치단체, 국공영기업체, 정부투자기관, 기타법인에서 법률에 관한 사무에 종사한 자, 그리고 ③ 판사 검사 또는 변호사의 자격이 있는 자로서 공인된 대학의 법률학 조교수 이상의 직에 있던 40세 이상의 자 중에서 임용한다.

대법원의 심판권은 대법관전원의 3분의 2이상으로 구성되고 대법원장이 재판장이 되는 합의체에서 이를 행하나, 일정한 경우에는 대법관 3인 이상으로 구성되는 부에서도 재판할 수 있다. 대법관 3인 이상으로 구성된 부에서 먼저 사건을 심리하여 의견이 일치한 때에 한하여 ① 명령 또는 규칙이 헌법에 위반함을 인정하는 경우, ② 명령 또는 규칙이 법률에 위반함을 인정하는 경우, ③ 종전에 대법원에서 판시한 헌법 법률 명령 또는 규칙이 해석적용에 관한 의견을 변경할 필요가 있음을 인정하는 경우 그리고 ④ 부에서 재판함이 적당하지 아니함을 인정하는 경우를 제외하고는 그 부에서 재판할 수 있다. 대법관 중 법원행정처장으로 임명된 1인은 재

5) 한국형사정책연구원, 형사사법기관편람참조, 대법원 홈피참조(http://www.scourt.go.kr/), 대검찰청(http://icic.sppo.go.kr/)

판에 관여하지 않으며, 대법원장은 필요하다고 인정하는 경우에 특정한 부로 하여금 행정, 조세, 노동, 군사, 특허 등 사건을 전담하여 심판하게 할 수 있다.

대법원에는 최고의결기관으로서 대법원장과 대법관으로 구성된 대법관회의가 있고, 대법원장은 필요하다고 인정할 경우에는 대법원장의 자문기관으로 사법정책자문위원회를 둘 수 있다. 또한 대법원의 위원회로서 법관징계위원회, 판례심사위원회, 공적심사위원회, 대법원공직자윤리위원회, 법원도서정책자문위원회, 법관인사위원회가 있다. 그리고 대법원에 대법원장비서실 및 대법관비서관을 두고 있으며, 대법원장이 명을 받아 대법원에서 사건이 심리 및 재판에 관한 조사·연구업무를 담당하는 재판연구관이 있다.

대법원의 기관으로는 사법행정사무를 관장하기 위하여 법원행정처를, 판사의 연수 및 사법연수생의 수습에 관한 사무를 관장하기 위하여 사법연수원을, 법원직원과 법무사 등의 연수 및 양성에 관한 사무를 관장하기 위하여 법원공무원교육원을, 재판사무를 지원하기 위한 도서 기타 도서관자료의 수집 정리 보존 및 도서관봉사를 행하기 위하여 법원도서관을 각 두고 있으며, 이들 기관의 조직 운영 또는 사무기구의 설치 및 관장사무 등은 대법원규칙으로 정한다.

(2) 대법원장

대법원에는 대법원장을 두고, 대법원장이 궐위되거나 사고로 인하여 직무를 수행할 수 없을 때에는 선임대법관이 그 권한을 대행한다. 대법원장은 사법행정사무를 총괄하며, 사법행정사무에 관하여 관계공무원을 지휘·감독한다. 한편 사법행정사무의 지휘 감독권의 일부를 법률 또는 대법원규칙이 정하는 바에 의하여, 또는 대법원장의 명으로 법원행정처장이나 각급법원의 장, 사법연수원장, 법원공무원교육원장 및 법원도서관장에게 위임할 수 있다. 그리고 대법원장의 사법행정상이 지휘 감독은 법관의 재판권에 영향을 미치거나 이를 제한하지 못한다.

(3) 대법관회의

가. 설치

대법관회의는 사법부의 행정에 관한 최고의결기관으로서 법원조직법 제16조, 제17조에 의하여 설치되고, 대법관회의운영규칙에 의하여 운영된다.

나. 조직

대법관회의는 대법관으로 구성되며, 대법원장이 그 의장이 된다.

다. 의결사항

다음 사항은 대법관회의의 의결을 거쳐야 한다.

① 판사의 임명에 대한 동의

② 대법원규칙이 제정과 개정 등에 관한 사항

③ 판례의 수집, 간행에 관한 사항

④ 예산요구 예비금지출과 결산에 관한 사항

⑤ 다른 법령에 의하여 대법관회의의 권한에 속하는 사항

⑥ 특히 중요하다고 인정되는 사항으로서 대법원장이 부의한 사항

라. 운영방법

① 소집

대법관회의는 정례 대법관회의와 임시 대법관회의로 구분하되, 정례회의는 매주 목요일에 정례적으로 개최하고, 임시회의는 필요에 따라 대법원장이 수시 소집한다.

② 의안배부

의안은 보고사항과 의결사항으로 구분하여 대법관회의의 개회 전일까지 의사일정표와 같이 각 대법관에게 배부하지만, 임시 대법관회의에 있어서는 그렇지 않다. 비표시의 안건에 대하여는 대법원장이 승인 없이 이를 발표하지 못한다.

3) 의결

대법관회의는 대법관전원의 3분의 2 이상이 출석과 출석인원 과반수의 찬성으로 의결한다. 의장은 의결에 있어서 표결권을 가지며, 가부동수인 때에는 결정권을 가진다. 의결사항으로서 경미한 사항은 서면으로 의결할 수 있다.

4) 회의록 · 의결록

대법관회의의 간사는 법원행정처 총무국장이 되고, 간사는 대법관회의록(서면의결을 한 때에는 대법관회의 결의록)을 작성하고 기명 · 날인하며, 대법원장은 이를 확인한 후 기명 · 날인한다.

(4) 재판연구관

재판연구관은 판사로 보하며, 대법원장이 명을 받아 대법원에서 사건이 심리 및 재판에 관한 조사 연구업무를 담당한다.

(5) 각종위원회

가. 법관징계위원회

대법원에 법관이 징계사건을 심의하기 위하여 법관징계위원회를 두며, 법관징계에 관한 사항은 법률로 정한다. 동위원회는 대법원장이 위원장이 되고, 6인의 위원과 4인의 예비위원은 대법원장이 법관 중에서 위촉한다.

나. 판례심사위원회

대법원의 판결 및 결정 중 대법원판례집에 게재할 판례를 선정 심사 결정하기 위하여 대법원에 판례심사위원회를 두며, 동위원회는 대법원장이 위원장이 되고, 위원은 대법관과 대법원장이 위촉하는 자 등 20인 이내로 구성한다.

다. 공적심사위원회

대법원장의 표창대상을 심사하기 위하여 대법원에 공적심사위원회를 두며, 동위원회 위원장은 선임대법관을, 위원은 그 밖의 대법관 3인과 법원행정처장 및 법원행정처에 재직하는 법관 또는 3급 이상 일반직공무원 2인을 대법원장이 위촉한다.

라. 대법원공직윤리위원회

공직자윤리법에서 대법원규칙에 위임된 사항과 기타 그 법의 시행에 필요한 사항을 대법원규칙으로 정하고 일정한 사항을 심의 결정하기 위하여 대법원공직자 윤리 위원회를 두며, 동위원회는 위원장과 부위원장 각 1인을 포함한 9인이 위원으로 구성한다. 위원회의 위원장을 포함한 5인의 위원은 교육자 및 학식과 덕망이 풍부한 자 중에서, 부위원장을 포함한 4인의 위원은 법관 및 법원공무원 중에서 대법원장이 위촉 또는 임명한다.

마. 법원도서정책자문위원회

법원도서관 운영의 중요사항에 관하여 대법원장의 자문에 응하기 위하여 대법원에 법원도서정책자문위원회를 두고 있다. 위원회는 위원장, 부위원장 및 주무위원 각 1인을 포함하여 12인 이내의 위원으로 구성하며, 위원장은 대법관 중에서, 부위원장은 판사 중에서 대법원장이 각 위촉하고, 주무위원은 도서관장이 된다. 위원은 판사 및 서기관(사서관 포함) 이상의 법원공무원 중에서 대법원장이 위촉한다.

바. 법관인사위원회

법관인사의 중요사항에 관한 대법원장의 자문에 응하기 위하여 대법원에 법관인사위원회를 두며, 동위원회는 위원장을 포함하여 7인 이상 9인 이내의 위원으로 구성한다. 위원장 및 위원은 대법원장이 법관 중에서 임명하며, 그 임기는 1년으로 한다.

2) 고등법원

(1) 고등법원장

고등법원에 고등법원장과 대법원규칙이 정한 수의 판사를 두며, 고등법원장은 판사로 보한다. 고등법원장과 고등법원 부장판사는 10년 이상 ① 판사 검사 변호사, ② 판사 검사 또는 변호사의 자격이 있는 자로서 국가기관, 지방자치단체, 국공영기업체, 정부투자기관, 기타법인에서 법률에 관한 사무에 종사한 자, ③ 판사 검사 또는 변호사의 자격이 있는 자로서 공인된 대학의 법률학 조교수 이상이 직에 있던 자 중에서 임용한다.

고등법원장은 그 법원의 사법행정 사무를 관장하며, 소속 공무원을 지휘 감독한다. 고등법원장이 궐위되거나 사고로 인하여 직무를 수행할 수 없을 때에는 수석부장판사, 선임부장판사의 순서로 그 권한을 대행한다.

(2) 심판권

고등법원이 심판관은 판사 3인으로 구성되는 합의부에서 행하며, 그와 같은 재판부로서 민사부 형사부 및 특별부를 두고, 부에 부장판사를 두고 있다. 대법원장은 재판업무 수행상의 필요에 따라 고등법원의 부로 하여금 그 관할구역안의 지방법원 소재지에서 사무를 처리하게 할 수 있는데, 이에 따라 광주고등법원 제주부가 설치되어 있다.

(3) 사무국과 분장사무

고등법원에는 사법행정사무를 관장하는 사무국을 두며, 국에는 과를 둔다. 과의 설치 및 분장사무는 대법원규칙으로 정한다. 국에는 국장을 두고, 과에는 과장을 두며, 국장은 법원이사관 또는 법원부이사관으로, 과장은 법원서기관 또는 법원사무관으로 각각 보한다. 국장과 과장은 각각 상사의 명을 받아 국 또는 과의 사무를 관장하고 소속 직원을 지휘 감독한다.

3) 지방법원

지방법원은 전국 17개 지역에 설치되어 있다. 법원조직법상 지방법원에서는 단독판사가 심판권을 행사하는 것이 원칙으로 되어 있다. 합의부의 심판을 위하여 지방법원에도 부를 두고, 부에는 통상 부장판사와 배석판사 2인을 두게 된다. 예심판사도 부에 소속되어 있는 것이 일반적인 현상이다.

지방법원에서 단독판사가 아닌 합의부가 심판권을 행하는 경우는, ① 합의부에서 심판할 것으로 합의부가 결정한 사건, ② 민사사건에 관하여는 대법원규칙으로 정하는 사건(현재 소송물 가액 5,000만원을 초과하는 사건을 어음금, 수표금 청구사건은 제외함), 등이다. 민사사건의 사물관할은 과거 계속 상향조정되어 왔고, 1994년의 법언조직법 개정시 형사사건이 많은 부분이 단독판사의 관할로 되었다.

한편 지방법원 본원의 합의부는 지방법원 단독판사의 판결에 대한 항소사건과 결정, 명령에 관한 항고사건을 다루게 되고, 특히 행정사건의 경우 지원 합의부는 관할권이 없고, 본원 합의부에만 관할권이 있다.

4) 지방법원지원과 시, 군 법원

지방법원 및 가정법원의 사무의 일부를 처리하게 하기 위하여 그 관할구역 안에 지원과 소년부지원, 시, 군 법원을 둘 수 있도록 되어 있다. 지원 소속판사의 심판권은 원칙적으로 지방법원 본원 판사와 동일하나, 시, 군 법원 판사의 심판권은 ① 소액사건(소송물가액 2,000만원 미만인 금전청구 등사건), ② 화해, 독촉 및 조정사건, ③ 20만원 이하의 벌금 또는 구류나 과료에 처할 범죄사건(즉결심판사건), ④ 협의이혼사건에 관한 이혼의사 확인 등에 국한된다.

각급법원의설치와관할구역에관한법률 제4조 단서에 의하면, 지방법원 또는 지원의 관할구역 안에 시, 군 법원을 둔 경우에는 법 제34조 제1항 제1호 및 제2호의

사건에 관하여는 지방법원 또는 그 지원의 관할구역에서 해당 시, 군 법원의 관할구역을 제외한다고 되어 있는 점에서 소액사건과 화해, 독촉 및 조정사건에 관하여는 시, 군 법원은 배타적 관할권을 가지며, 이 점에서 중첩적으로 관할이 인정되던 종전의 순회심판소와는 차이가 있다고 하겠다.

4. 교정기관의 조직과 기능[6)]

1) 중앙기구

(1) 조직[7)]

교정행정을 총괄하는 중앙기구로는 법무부장관과 차관 밑에 교정국장이 있고, 교정국장을 보좌하는 기구로서 교정심의관이 있으며, 그 밑에 교정기획과, 보안관리과, 보안경비과, 직업훈련과, 교육교화과, 복지지원과 6개과를 두고 있으며 4개의 지방교정청으로 구성되어 있다.

중앙기구의 국장은 교정이사관(2급)으로, 교정심의관은 부이사관(3급)으로, 교장기획과장, 보안관리과장은 부이사관(3급) 또는 서기관(4급)으로, 보안경비과장, 작업훈련과장, 교육교화과장 및 복지지원과장은 서기관(4급)으로 보할 수 있도록 하고 있다.

(2) 분장사무

중앙기구의 사무분장은 법무부의 교정국의 사무에 의거하여 업무를 수행한다.

(3) 각종위원회

중앙위원회로서 가석방심사위원회, 중앙급식관리위원회가, 지방교정청에는 행정심판위원회가 일선교정기관으로는 분류처우회의, 지방급식관리위원회, 귀휴심사위원회, 징벌위원회 등이 있다.

가. 중앙급식관리위원회

중앙급식관리위원회는 대통령령 제12326호 재소자 및 수용자관리원의회규칙에

6) 교정국 홈피(http://www.corrections.go.kr/) 참고.

7) www.moj.go.kr

의거 수용자에게 급여할 부식의 수량 및 급양기준열량을 결정하여 법무부장관에게 건의하기 위하여 법무부장관 소속하에 설치된 자문기관이다. 중앙급식관리위원회는 교정국장을 위원장으로 하고 교정심의관과 소년제1과장 등 당연직위원 외에. 영양 및 조리에 관한 학식과 경험이 풍부한 외부인사 7명을 위촉하여 운영하고 있다.

나. 가석방심사위원회

행형법 제49조의 규정에 의거 법무부장관에게 수형자의 가석방허가를 신청하기 위하여 법무부장관 소속하에 가석방심사위원회를 둔다. 위원회는 5인 이상 9인 이내의 위원으로 구성하며, 법무부차관이 위원장이 되고, 위원은 판사, 검사 및 행형에 관한 식견이 있는 자 중에서 법무부장관이 위촉 또는 임명한다. 가석방심사위원회는 수형자의 연령, 죄명, 범죄의 동기, 형명, 형기, 수용중의 행장, 석방후의 생활과 보호관계, 재범우려의 유무 등을 참작하여 가석방허가신청 여부를 결정한다.

2) 지방교정청

(1) 개 설

1991년 11월부터 일선 교정기관을 감독하는 중간감독기구로서 지방교정청을 개청하여 운영하고 있다. 지방교정청은 서울 · 대구 · 대전 · 광주 지방교정청의 4개 기관이 있다.

각 지방교정청은 수형자 · 미결수용자 및 보호감호자의 수용관리 · 교정 · 교화 기타 교정사무에 관하여 관할 내 교정기관을 직접 감독하는 중간감독기능을 수행하고 있다.

(2) 조직

각 지방교정청에는 청장을 정점으로 관리국 밑에 총무과, 보안과 및 의료분류과가 있으며, 교화국 밑에는 작업과와 교무과가 있어 5과의 조직으로 구성되어 있다.

지방교정청장은 이사관(2급)으로, 과장의 경우 초우, 보안관리 및 작업훈련과장은 서기관(4급) 또는 교정관(5급)으로 보하며 교육교화과장 교회관(5급)으로 분류과장은 교정관으로 보하도록 규정하고 있다.

3) 교정기관

교정행정의 일선기관으로서 전국에 47개의 교정시설이 있다.

(1) 교도소

형의 집행 등 행형에 관한 사무 및 미결수용장의 수용에 관한 업무를 관장하며 소장을 정점으로 총무과, 보안관리과, 분류심사과, 작업훈련과, 교육교화과, 복지지원과, 보건의료과를 두고 있다.

(2) 구치소

미결수용업무를 관장하고 있으며 교육교화과, 보안관리과, 분류심사과, 출정사무과, 수용기록과, 민원사무과, 교육교화과, 복지지원과 및 보건의료과를 두고 있다.

(3) 개방교도소

전국에서 선발된 모범수용자를 집결하여 수용자자치제를 허용하고 아울러 외부기업체에 취업 등 외부통근제도를 실시하여 출소전 사회적응 능력을 배양하고 있으며, 조직은 교도소와 같다.

5. 보호기관의 조직과 기능[8)]

1) 중앙기구

(1) 조 직

보호행정을 총괄하는 중앙기구로는 법무부장관과 차관 밑에 보호국장이 있고, 보호국에 보호과·관찰과, 소년제1과 및 소년제2과를 두고 있다. 국장은 검사장으로, 보호과장·조사과장 및 관찰과장은 검사로, 소년제1과장 및 소년제2과장은 보도부이사관 또는 보도서기관으로 보한다.

(2) 분장사무

중앙기관의 분장사무는 법무부 보호국의 사무에 의거하여 수행한다.

8) 법무부, (2002), 보호관찰제도개요, pp. 6-12.

① 보호과

보호행정, 예산시설관리, 범죄예방위원 위·해촉, 포상, 교육훈련, 재단법인의 설립허가, 관리감독, 치료감호심의위원회 결정집행, 치료감호소 수용관리감독, 법교육에 관한 종합계획의 수립 시행.

② 관찰과

보호관찰소, 보호관찰심사위원회 인사 교육, 보호관찰 정책수립 지도, 가석방 가퇴원 심사 취소, 갱생보호사업 감독.

③ 소년 제1과

소년보호행정기획, 법령입안 홍보, 소년보호직인사, 교육, 복모감독, 정보화, 기관평가, 제도개선, 소년보호예산편성 집행, 시설 급양관리.

④ 소년 제2과

소년원교육, 분류심사기획, 보호 위탁소년 수용관리, 교육 훈련 등 학사업무, 가퇴원생 취업알선, 결연, 사후지도 계획, 보호소년지도위원 위·해촉, 활동지원 포상.

2) 일선 보호기관[9]

일선 보호기관으로는 치료감호소, 소년원, 소년분류심사원 및 보호관찰소, 보호관찰심사위원회가 있다. 현재 치료감호소가 1개소, 보호관찰심사위원회 5개, 소년원이 14개원, 소년분류심사원이 3개원, 보호관찰소가 14개소, 보호관찰소 지소가 23개소로 일선보호기관은 총 60개소이다.

(1) 치료감호소

치료감호소는 사회보호법에 의하여 치료감호처분을 받은 자의 수용·감호와 치료 및 이에 관한 조사·연구사무를 관장한다.

치료감호소의 조직은 진료심의위원회, 서무과, 간호과, 의료부(일반정신과, 사회정신과, 특수치료과, 감정과, 신경과, 일반진료과, 간호과, 약제과), 약물중독센터(교육관리과, 중독치료과)로 구성되어 있다.

9) http://www.moj.go.kr/HP/SPB/

(2) 소년원 및 소년분류심사원

소년원은 보호처분에 의하여 송치된 소년(이하 "보호소년"이라 한다)을 수용·보호하고 이들의 교정교육에 관한 사무를 관장하며, 소년분류심사원은 법원소년부로부터 위탁된 소년(이하 "위탁소년"이라 한다)을 수용·보호하고 이들의 분류심사에 관한 사무를 관장한다.

(3) 보호관찰심사위원회 및 보호관찰소

보호관찰심사위원회는 보호관찰등에 관한 법률 제6조 각호에 규정된 사항, 즉 가석방과 그 취소에 관한 사항, 가퇴원과 그 취소에 관한 사항, 보호관찰의 가해제와 그 취소에 관한 사항, 보호관찰의 정지와 그 취소에 관한 사항, 가석방중인 자의 부정기형 종료에 관한 사항, 기타 보호관찰 등에 관한 법률 또는 다른 법령에 의하여 보호관찰심사위원회의 관장사무로 규정된 사항 및 이에 관련된 사항을 심사·결정한다.

보호관찰소는 보호관찰 등에 관한 법률 제15조 각호에 규정된 사무, 즉 보호관찰의 실시 및 사회봉사명령·수강명령의 집행, 갱생보호의 실시, 검사가 보호관찰소의 선도를 조건으로 공소제기를 유예하고 위탁한 선도의 실시, 보호선도위원에 대한 교육훈련 및 업무감독, 범죄예방활동, 기타 보호관찰 등에 관한 법률 또는 다른 법령에 의하여 보호관찰소의 관장사무로 규정된 사항을 수행한다.

보호관찰소의 조직은 행정지원팀, 관찰팀, 집행팀, 보호관찰심사위원회로 구성되어 있다.

제 2 절 범죄자인권 피해자 인권

1. 인권의 개념과 유형

1) 인권의 개념

오늘날 인권이란 말은 우리가 너무나 흔하게 접하는 용어가 되었다. 인권을 법적·정치적인 의미로 받아들이기 쉽지만 사실 인권은 '인간이라면 누구나 누릴 수 있는 당연한 권리', '사람이기 때문에 당연히 가지는 권리'를 말한다. 인권은 국가의 절대적인 권한행사에 제한을 가한다. 아무리 국가의 권력이 중요해도 인간의 존엄성과 가치를 훼손할 정도로 국가가 권한을 행사해서는 안 된다는 것이다. 인간의 기본적인 권리는 세계어디에서나 동일하게 보호되어야 한다. 보편적 권리와 처벌방지는 동전의 양면과 같다.[10]

2) 인권의 유형

인권을 영어로 사용할 때 복수형인 'human rights'로 쓴다. 인권의 종류가 다양하다는 것을 말한다. 학자들에 따라 인권을 분류하는 방식과 유형이 다르지만 인권사상과 국제인권법의 발전과정에서 형성된 인권의 유형을 개략적으로 분류해 보면 다음과 같다. 먼저, 인간의 존엄성과 자유, 국가의 강압으로부터의 자유를 지향하는 시민적·정치적 권리[11]가 있고, 시민적·정치적 권리의 내용을 보장하는 수단역할을 하는 법적권리가 그것이며, 마지막으로 인간의 생존에 기본적인 의식주, 삶의 질 보장과 관련이 있는 경제적·사회적·문화적 권리가 있다.

2. 경찰의 인권보호지침[12]

1) 적법절차의 준수

미란다원칙 등 피의자의 권리고지를 철저히 한다. 특히 진술거부와 변호인의 조력을 받을 권리 등 미란다원칙을 포함한 각종 권리고지를 철저히 하고, 체포·구속된 피의자의 가족 및 변호인에 체포·구속사실을 즉시 통지하며, 외근형사와 지구대 경찰관을 위한 휴대용 고지카드를 적극 활용토록 한다. 모든 경찰관에게 인권관

10) 국가인권위원회, 인권길라잡이(경찰편), 공무원인권교육교재시리즈2, 2003, pp. 8-10.

11) 시민적·정치적 권리에 포함되는 기본권은 사상과 양심의 자유, 참정권, 표현의 자유, 집회 및 결사의 자유에 여기에 속한다. 또 법적권리에는 법 앞의 평등, 무죄추정을 받을 권리, 공정한 재판, 인신보호, 구금자처우 등이 포함된다. 그리고 경제적·사회적·문화적 권리에 속하는 것은 교육을 받을 권리, 노동권 등이 그것이다.

12) 경찰청, 수사과정의 인권보호행동지침, 2003. 6.

련 주요법령인 국가인권위원회법, 통신비밀보호법을 준수하도록 한다.

2) 긴급체포남용개선

체포영장원칙을 확립하여 체포영장에 의한 인신강제수사원칙(형소법 제200조의2)을 준수한다. 현재 지명수배 후 긴급체포를 하는 관행을 개선한다.[13] 즉 원칙적으로 영장을 발부받아 지명수배토록 하고 체포영장을 신청할 수 없는 긴박한 경우에는 지명수배 후 신속히 영장을 신청하도록 한다.

3) 범죄피해자 및 사회적 약자에 대한 배려

성폭력피해아동의 경우 피해접수단계에서부터 피해자 및 그 가족을 세심하게 배려하고 심리적·신체적 상처를 최소화하는데 역점을 둔다. 장애인 및 여성 등 사회적 약자는 제반 사정을 고려하여 가급적 불구속 수사 및 조사시 보호자 등을 참여시키도록 한다. 유치장 내 장애인 편의시설을 확충하고 여성유치인에 대하여는 신체검사지정 여경이 순번으로 애로사항을 청취하고 해결한다.

4) 유치·호송과정에의 인권보호에 만전

유치장은 인권친화적으로 시설환경을 개선하고 위생 및 급식관리를 철저히 한다. 화장실은 차폐시설의 높이를 조절하고 냉난방시설, 수세식 변기로 개선하는 등 유치장 시설을 개선한다. 특히 유치인 신체검사 시에는 적법절차를 준수하도록 한다. 즉 유치인이 위험성이 없다고 판단되는 경우 가급적 외표검사 방법을 선택하고 정밀신체검사는 신체검사실내 탈의막에서 신체검사의로 갈아입도록 한 후 실시하여 '알몸수색'이라는 용어사용을 삼가도록 한다.

13) 지명수배자의 약 95%가 영장없이 지명수배된 후 긴급체포되고 있는 것이 경찰의 관행으로 자리잡고 있는 실정이다.

3. 국가인권위원회법

1) 법률소개

(1) 법의 목적

이 법은 국가인권위원회를 설립하여 모든 개인이 가지는 불가침의 기본적 인권을 보호하고 그 수준을 향상시킴으로써 인간으로서의 존엄과 가치를 구현하고 민주적 기본질서의 확립에 이바지함을 목적으로 한다.

(2) (정의) 이 법에서 사용하는 용어의 정의는 다음과 같다.

가. "인권"이라 함은 헌법 및 법률에서 보장하거나 대한민국이 가입·비준한 국제인권조약 및 국제관습법에서 인정하는 인간으로서의 존엄과 가치 및 자유와 권리를 말한다.

나. "구금·보호시설"이라 함은 다음 각목에 해당하는 시설을 말한다.

① 교도소·소년교도소·구치소 및 그 지소, 보호감호소, 치료감호소, 소년원 및 소년분류 심사원

② 경찰서 유치장 및 사법경찰관리가 그 직무수행을 위하여 사람을 조사·유치 또는 수용하는 데 사용하는 시설

③ 군교도소(지소·미결수용실 및 헌병대영창을 포함한다)

④ 외국인보호소

⑤ 다수인보호시설

다. "다수인보호시설"이라 함은 다수의 사람을 보호·수용하는 시설로서 대통령령이 정하는 시설을 말한다.

2) 국가인권위원회의 기능

(1) 인권에 관한 법령·제도·정책·관행의 조사와 연구, 권고 또는 의견의 표명

국가인권위원회는 인권에 관한 법령, 제도, 정책, 관행의 조사와 개선에 관한 권고나 의사표명을 할 수 있다. 그리고 위원회는 인권의 보호와 향상을 위하여 필요

하다고 인정하는 경우 관계기관 등에 대하여 정책과 관행의 개선 또는 시정을 권고하거나 의견을 표명할 수 있다. 권고를 받은 기관의 장은 그 권고사항을 존중하고 이행하기 위하여 노력하여야 한다. 그러므로, 프라이버시와 인격권, 행복추구권, 표현의 자유, 통신의 자유, 양심의 자유 등을 침해하는 정보의 수집이나 유통행위에 대해서 개선 권고나 의견표명을 할 수 있게 되어 있다. 다만 이러한 개선권고나 의견표명은 권고적인 효력만이 있을 뿐 강제력은 없다. 한편 국가인권위원회법에 의하면 관계국가행정기관 또는 지방자치단체의 장은 인권의 보호와 향상에 영향을 미치는 내용을 포함하고 있는 법령을 제정 또는 개정하고자 하는 경우에는 미리 위원회에 통보하여야 한다.

(2) 인권침해행위 및 차별행위에 대한 조사와 구제

조사대상인 인권침해 행위와 차별행위는 국가기관, 지방자치단체 또는 구금·보호시설의 업무수행(국회의 입법 및 법원·헌법재판소의 재판을 제외한다)과 관련하여 헌법 제10조 내지 제22조에 보장된 인권을 침해당한 경우에는 인권을 침해당한 사람(이하 "피해자"라 한다) 또는 그 사실을 알고 있는 사람이나 단체는 국가인권위원회에 그 내용을 진정할 수 있으므로(국가인권위원회법 제30조 제1항 제1호), 국가기관이나 지방자치단체나 구금, 보호시설의 경우에는 개인정보의 수집, 처리와 관련하여 프라이버시 침해 등이 야기될 때 이를 조사할 수 있다.

그러나 법인, 단체 또는 사인의 행위에 의한 프라이버시의 침해 등이 발생한 경우에는 그것이 성별, 종교, 장애, 나이, 사회적 신분, 출신지역, 출신국가, 출신민족, 용모 등 신체조건, 혼인여부, 임신 또는 출산, 가족상황, 인종, 피부색, 사상 또는 정치적 의견, 형의 효력이 실효된 전과, 성적(性的) 지향, 병력(病歷)을 이유로 한 차별행위와 연관되는 경우에만 조사를 할 수 있다.

(3) 인권에 관한 교육 및 홍보

위원회는 모든 사람의 인권의식을 깨우치고 향상시키기 위하여 필요한 인권교육과 홍보를 하여야 한다. 위원회는 초·중등교육법 제23조의 규정에 의한 학교 교육과정에 인권에 관한 내용을 포함시키기 위하여 교육인적자원부장관과 협의할 수 있다. 위원회는 인권교육과 연구의 발전을 위하여 필요한 사항을 고등교육법 제2조의 규정에 의하여 설립된 학교의 장과 협의할 수 있다. 위원회는 공무원의 채용시험, 승진시험, 연수 및 교육훈련과정에 인권에 관한 내용을 포함시키기 위하여 국가기관 및 지방자치단체의 장과 협의할 수 있다. 위원회는 정부출연 연구기관 등의 설립·운영 및 육성에 관한 법률에 따라 설립된 연구기관 또는 연구회의 장과 협의하여 인권에 관한 연구를 요청하거나 공동으로 연구할 수 있다. 위원회는 사회교육법에 의한 사회교육단체 또는 사회교육시설에 대하여 그 교육내용에 인권에 관하여 필요한 사항을 포함하도록 권고할 수 있다.

(4) 지침, 권고, 의견의 표명

인권침해의 유형·판단기준 및 그 예방조치 등에 관한 지침의 제시 및 권고, 국제인권조약에의 가입 및 그 조약의 이행에 관한 연구와 권고 또는 의견의 표명 등의 업무를 수행한다.

(5) 보고서의 작성

위원회는 해마다 전년도의 활동내용과 인권상황 및 개선대책에 관한 보고서를 작성하여 대통령과 국회에 보고하여야 한다. 위원회는 필요하다고 인정하는 경우 대통령과 국회에 특별보고를 할 수 있다. 관계기관 등은 보고에 관한 의견, 조치결과 또는 조치계획을 위원회에 제출할 수 있다. 위원회는 보고서를 공개하여야 한다. 다만, 국가의 안전보장, 개인의 명예 또는 사생활의 보호를 위하여 필요하거나 다른 법률에 의하여 공개가 제한된 사항은 공개하지 아니할 수 있다.

제 3 절 범죄대책의 종합

전통적으로 범죄대책이라고 할 때는 대부분이 범행이후 범죄자에 대한 사후처리절차와 과정을 중심으로 논의되어 왔다. 물론 지금까지의 형사정책은 가해자중심의 것이었기 때문에 범죄행위자의 처벌(punishment)이나 처우(treatment)가 범죄대책의 전부를 차지했다고 해도 과언이 아니었다. 범죄자를 처벌할 것인가 아니면 처우할 것인가는 범죄의 원인을 어떻게 규명하며, 또는 범죄자를 어떻게 인식하는가, 즉 보수적이냐 아니면 자유주의적인 나라는 정치적 성향에 따라 달라질 수 있다.

당연히 범죄와 범죄자에 대해서 자유주의적 관점을 견지할수록 범죄자에 대한 처우를 강조할 것이지만 반대로 보수적인 시각을 가진 사람은 범죄자에 대한 처벌에 무게를 실을 것이다. 또한 범죄의 원인을 사회적 또는 생물학적 환경에 의해 결정되는 결정론(determinism)적 입장에서 설명하는 사람들은 범죄자를 처벌의 대상이 아니라 치료와 처우의 대상으로 간주하며, 범죄행위가 범죄자의 이성적·합리적 계산의 결과라고 보는 자유의사론(free will)적 입장에서는 범죄자에 대한 처벌이 당연시되고 있다.

이를 종합하면, 대체로 자유주의자일수록 범죄의 원인을 결정론적 입장에서 설명하고 있으며 따라서 범죄자에 대해서도 처벌보다는 처우를 중시하는 반면, 보수주의자들은 범죄행위를 범죄자의 자유로운 의사결정의 결과로 보아 자신이 선택한 범죄행위의 책임을 물어 범죄자에 대한 처벌을 주장하고 있다. 더불어 자유주의론자와 결정론자는 범죄의 원인을 개인보다는 사회구조와 환경 등에서 찾고자 하기 때문에 범죄의 예방은 이러한 범죄유발 또는 조장적 환경의 개선을 중시하는 반면, 보수주의자와 자유의사론자들은 범죄행위의 원인과 책임을 자유의사를 소유한 범죄자 개인에게서 찾고 있어서 범죄의 예방도 범죄자에 대한 책임의 추궁, 즉 처벌을 통해서 이루고자 한다.

그러나 보수적이든 자유주의적이든 또는 결정론자든 자유의사론자든 이들의 대책은 모두가 범죄행위의 결과로서 범죄자를 검거하고 검거된 범죄자를 처벌하거나 처우하는 단순히 범죄행위에 대한 사후대응적(reactive) 형사정책임에는 이론의 여지가 없다. 이러한 가해자중심의 사후대응적 형사정책은 범죄현상의 악화와 특히 재범률의 증가로 대표되는 형사정책의 실패를 경험하게 하였다. 즉, 일단 범죄행위가 발생한 후에는 범죄행의자를 검거하여 처벌하거나 처우하는 것으로는 범죄를 감소시킨다는 것이 대단히 어려운 일이면 설사 가능하더라도 상당한 시간과 노력과 경비를 요한다는 사실을 깨닫기 시작하였다 .

그래서 많은 사람들이 이제는 범죄에 대한 사전대응(proactive), 범죄의 예방에 관심을 기울이게 되었다. 결국 오늘날의 범죄대책은 범죄에 대한 사후대응적 전략으로서 범죄자의 처벌과 처우, 그리고 범죄의 사전예방이라는 사전대응적 전략이

동시에 추구되고 있는 편이다.

그런데 범죄의 예방은 가해자중심의 전통적 형사정책에 영향 받은 결과 지금까지는 주로 잠재적인 가해자의 범행동기의 억제, 감시감독의 강화 등에 치중해 왔다. 그러나 범죄라는 것이 물론 가해자와 피해자거 동일인인 소위 피해자 없는 범죄(victimless crime)도 있지만 대부분의 범지는 가해자와 피해자가 있는 상대적 현상이기 때문에 가해자 한 쪽만의 문제라기보다는 가해자와 피해자의 공동의 상호작용의 산물일 수 있고, 범죄의 예방도 가해자와 피해자를 동시에 고려할 필요가 있는 것이다. 이와 같은 관점에서의 범죄의 예방을 우리는 범행기회를 축소와 범죄 피해의 축소라고 할 수 있다. 이러한 범행기회의 축소나 피해의 축소노력을 우리는 흔히 범죄에 대한 상황적 전략이라고 하며 범죄자의 처벌과 처우를 범죄자에 대한 개별적 전략이라고 하며 상황적 전략은 주로 예방적 차원의 것인 반면 범죄자에 대한 개인적 전략은 대부분 사후 대응적인 것으로 볼 수 있다.

1. 범죄의 상황적 억제-범죄의 예방

1) 개관

건강은 건강할 때 지켜야 한다거나 치료보다는 예방이 좋다는 등의 말을 우리는 흔히들 하는 것처럼, 외국에서도 1온스의 예방이 1파운드의 치료만큼이나 가치 있는 것이라는 말들을 한다. 치료보다는 예방을 중시하는 이와 같은 말들이 범죄학에서는 더욱더 가치 있는 명언이지 않을 수 없다. 만약 우리가 범죄가 파괴적인 영향을 미칠 기회조차 갖기 전에 효과적으로 제어할 수 있는 방법을 찾을 수 있다면 더 이상 바랄 수 있는 묘안은 있을 수 없는 것이다.

이것은 범죄가 일단 발생하게 되면 개인적으로 사회적으로 많은 비용을 유발시키기 때문이다. 피해자의 경제적 신체적 손상은 물론이고 가해자에게 주어지는 처벌이라는 비용, 형사절차를 진행시키는데 필요한 형사사법 경비, 그리고 가해자와 피해자간의 갈등과 사회적 불안과 공포 등의 비용을 수반한다. 이러한 면에서도 범죄예방은 가치 있는 형사정책적 대책이지 않을 수 없다.

그러나 질병예방이나 범죄 예방은 그 절차상의 타당성과 대응적 개입과는 달리 예방적 대응은 잠재적으로 폭발적인 현황이 실현되고 역으로 다른 사람에게 영향을 미치기 전에 중재할 수 있기 때문이다.

2) 범죄유발유인(incentives)의 개선

(1) 가 정

범죄의 원인과 관련변수를 설명하기 위해서 가장 빈번하게 그리고 가장 강력하게 제기되는 것이 범죄와 가정의 관련성일 것이다. 즉, 가정과 부모요인이 차후의 범죄행위에 의미 있는 관련성을 가진다는 이러한 사실을 고려할 때, 부모의 역할, 양육방법과 전략 등을 변화시키고 가족의 상호작용유형을 바꿈으로써 가족구성원의 미래 범죄행위를 예방할 수 있고 또 실제로 효과적이라는 것이 증명되고 있다.

그런데 대부분의 범죄예방을 위한 또는 범죄방지를 위한 가족개입(family intervention)은 범죄가 발생하기 전에 가족에 개입하여 범죄를 사전에 방지하는 일차적 예방보다는 범죄자의 가족에 개입하여 제2, 제3의 범죄를 방지하는 이차적 예방을 목표로 하고 있다. 그런데 가정적 요인은 주로 청소년비행의 원인으로 다루어지고 있으며 청소년비행의 예방을 위한 가정을 중심으로 한 노력들을 소개하고자 한다.

실제로 Salt Lake시와 Oregon Social Learning Center에서는 문제 및 비행청소년의 거정을 위한 행동관리프로그램을 개발하였는데, 이 프로그램의 주요 내용은 부모와 가족들에게 분명한 규칙을 정하고, 행동을 관찰하며, 용인된 행동에 대해서는 재강화하고, 허용되지 않는 행위에 대해서는 처벌을 가하는 방법을 가르치는 것이었다. 그 결과, Oregon의 경우 실험집단에서는 60%의 공격적 행위의 감소를 초래하였으나 통제집단에서는 15%만 감소하였고, 무작위로 실험집단과 통제집단에 배정하여 추적 조사한 결과도 통제집단에 비해 구금기간이 훨씬 짧은, 즉 범행의 심각성이 훨씬 약한 것으로 나타났다. Salt Lake시에서도 초범자는 물론이고 핵심적인 재비행자에게까지도 그들의 행동을 수정하는 데 효과가 있었다는 결과가 제시되고 있다. 이러한 결과는 보호관찰을 받고 있는 비행소년에게도 마찬가지로 통제집단의 비행소년에 비해 약 6배에 가까운 효과를 본 것으로 나타났다.

이처럼 비행소년과 비비행소년의 가정에 대한 개입은 이들 비행소년의 비행행위를 어느 정도 예방할 수 있는 것으로 확인되고 있다. 그러나 부모훈련프로그램이 비행아동은 물론이고 대상으로 삼지 않은 형제까지도 긍정적인 반응을 나타냈음에도 불구하고, 가족이나 부모들을 기본으로 한 개입이 과연 일차적 예방전략으로서도 확실한 효과가 있는지에 대해서는 그리 많이 알려지지 않고 있다. 물론 가정이 아동의 사회화를 위한 제일차적 사회화기관이라는 사실을 고려한다면, 적정한 가족개입전략이 있다면 비행이나 범죄의 일차적 예방으로서도 얼마든지 효과적일 수 있을 것이다.

(2) 학교

가정 다음으로 중요한 사회화기관이 학교란 사실이 의문의 여지가 없다. 그러나 학교는 대부분의 경우 청소년들을 위한 교육기관이고, 따라서 학교에서의 범죄예방능력은 어쩔 수 없이 청소년 범죄와 비행의 예방에 치중될 수밖에 없다. 특히 교육열의 증대로 청소년의 의무 교육기간이 길어지고 따라서 청소년들이 가정보다는 학교에서 보내는 시간이 더 많은 점을 고려한다면 학교가 청소년들에게 미치는 영향은 적지 않을 것이다. 더욱 안타까운 것은 가정이 전통적인 가정의 역할을 제대로 하지 못하는 현대 가정에 있어서는 가정교육마저도 학교에서 떠맡아야 하는 실정이고 보면 청소년에 있어서 학교의 중요성은 더할 나위 없는 것이다. 더구나 청소년비행에 관한 연구 중에서 가장 분명한 사실 중의 하나는 학교와의 관계일 것이다. 학업에 대한 열의가 적거나, 학교에 대한 애착이 적고, 또는 학업성적이 좋지 않은 청소년이 비행을 할 확률이 더 많다는 것이다. 따라서 학교를 기반으로 하는 적절한 개입을 통해서도 비행의 예방은 가능하다는 것을 알 수 있다. 즉, 대안적 교육을 통해서 가능한 많은 학생들에게 성공의 기회를 주고 그래서 학교에 대한 열의를 높이며, 교육에 대한 열성을 갖게 하고, 더불어 동료나 선생님과의 상호작용을 통해서 대인관계나 문제해결 및 사회적 협상 등의 기술과 능력을 가르침으로써 비행을 예방할 수 있을 것이다.

그런데 대부분의 학교 개입 프로그램은 아직 비행소년이 되지는 않았지만 위험성이 있거나 아니면 지금까지의 연구결과 비행위험성이 높은 것으로 알려지고 있는 학교실패자나 문제학생 등을 주 대상으로 하게 된다.

영국에서 사회사업가가 초등학교 수준의 학생들에게 개입한 결과 사회사업가의 개입을 받지 않은 학생에 비해 법률적 문제를 안게 되는 비율이 낮았다. 그리고 이보다 더 발전된 프로그램으로서 잘 알려진 Head Start 프로그램에 무작위로 배정된 3-4세의 어린이들이 19세가 되었을 때 그들의 통제집단에 비행 체포된 비율이 훨씬 낮았다. 결국 이들 연구결과는 입학 전 아동에 대한 상당히 엄격한 프로그램은 그 후의 사회적 적응에 상당한 영향을 미치는 것으로 확인시켜 주고 있다.

한편 청소년마약복용자들에 대한 처우프로그램에서 대인적 의사소통이론과 기초하여 동료와 더 좋은 관계를 유지하고 보다 긍정적인 자아상을 형성할 수 있으리라는 기대를 가지고 학생들에게 타인과의 의사소통방법 등을 가르친 결과, 알코올과 마약복용률이나 기물파손보상비 등이 훨씬 감소되었으며, 통제집단과의 비교에서도 5배 이상 범행률이 낮았다.

(3) 지역사회

범죄가 다양한 사회적 요인에 기인한다는 범죄사회학파들의 주장을 빌릴 필요도 없이 범죄는 사회적 현상이라는 사실 하나만 가지고도 범죄문제의 해결을 위해서는 어떠한 방법으로든 사회적 개입이 필요하다는 것을 알 수 있다. 일찍이 시카고학파의 사회해체이론을 필두로 한 사회구조이론들은 대부분이 범죄의 원인도 그 해결도 사회의 구조적 문제에서 찾아야 한다고 주장하고 있다. 그래서 시카고학파에서는 '시카고지역계획'이라는 범죄예방프로그램을 시도하게 되었다. 즉, 해체된 사회를 재조직화해야만이 그 지역의 범죄율을 낮출 수 있다는 것이다. 물론 이러한 사회해체가 범죄의 원인인지 아니면 범죄활동의 결과인지 분명치는 않지만, 그래도 시카고지역 프로젝트와 같은 지역사회에 기초한 개입이 일차적 예방과 이차적 예방활동에 기여할 수 있는 것으로 보이는 것은 틀림없다.

예를 들어, South BRONX의 Argus Community Program이나 Philadelphia의 House of Umoja에서는 위험성이 높거나 이미 유죄가 확정된 청소년들에 대한 개입을 통하여 상당한 재범률의 감소를 가져올 수 있었다. 영국에서도 슬럼가에 거주하는 비행 전 또는 비행소년들과의 지역사회모임과 개별적 케이스위크를 통하여 좋은 결과를 얻을 수 있었다.

(4) 대중매체

대중매체의 역할 중에서 중요한 하나가 바로 사회교육적 기능일 것이다. 물론 이러한 언론의 사회교육적 기능을 논하기 전에 언론과 범죄의 관련성이 논의되고 언론의 폭력성이 특히 청소년들의 폭력성에 영향을 미친다는 주장들이 설득력을 가지고 있음을 볼 때 언론을 통한 범죄의 예방은 상당한 가치가 있을 것이다.

대중매체를 통한 범죄의 예방은 따라서 언론의 폭력성을 개선하는 등 언론의 정화를 통하여 청소년들을 적게 노출시킴으로써 범죄를 학습하거나 폭력성을 견지하지 못하게 하는 수동적 소극적인 것에서부터, 범죄예방이나 방범 등에 관한 공익광고나 프로그램을 편성하여 보도함으로써 시민들로 하여금 범죄에 대한 경각심을 갖게 하고 잠재적인 범죄자에 대해서는 경고를 보내는 등의 적극적 능동적인 것에 이르기까지 다양한 형태로 이루어질 수 있다.

실제로 '마약 없는 미국을 위한 협력'이라는 언론캠페인의 결과 언론홍보캠페인이 가장 활발하였던 지역에서 마리화나나 코카인의 복용이 가장 낮게 나타났다. 그러나 이처럼 언론매체가 범죄유발요인의 개선을 통한 일차적 범죄예방에 기여할 수도 있으나 언론캠페인 자체로서만은 그 효과가 크지 않으며, 더군다나 반대로 범죄를 조장하거나 두려움을 조장하는 역기능을 할 수도 있다. 따라서 언론이 범죄유발요인의 개선을 통한 범죄예방전략으로서 잠재적 유용성이 확인되기 위해서는 보다 치밀한 계획과 연구가 필요한 것으로 보인다.

3) 범행기회의 축소

범죄를 사전에 계획하고 자신의 범행대상을 선택하는 경우, 대부분 가장 먼저 고려되는 것이 범죄의 용이성일 것이고, 범해의 용이성은 바로 접근의 편이성이나 용이성이며, 접근의 용이성은 곧 감시감독의 부재에 의해 크게 영향 받는다고 할 수 있을 것이다. 따라서 범죄는 공공의 감시감독이 적을수록 용이해지는 것이며, 반면에 청소년을 감독하고, 낯선 사람을 주시하며 증인으로서 증언하는 등의 의지가 강할수록 범죄는 어려워질 수밖에 없다. 실제로 우리 사회에도 범죄다발지역이 있으며, 범죄피해자가 되는 가능성이나 확률이 사람에 따라 다르다는 사실이 바로 범행의 기회를 줄인다면 범죄도 그만큼 예방될 수 있을 것이라는 가정을 가능케 하는 것이다.

이러한 범행기회의 축소는 잠재적인 범행의 대상자라고 할 수 있는 사람들이 스스로 자신의 행동을 조심하거나, 범행의 대상이 될 수 있는 물품 등에 대한 접근을 어렵게 하고, 또는 주거환경에 대한 개선을 통하여 잠재적인 범죄자에 대한 감시를 강화함으로써 범행의 기회를 줄이는, 소위 시민 각자가 범죄에의 노출(exposure to crime)을 최소화하거나 경찰 등 공식적인 범죄통제기관의 범죄예방활동을 통하여 범죄를 예방하는 방법이 있다. 즉 감시를 강화하고, 행동을 조심하며, 접근을 어렵게 하여 범죄의 위험성에 적게 노출됨으로써 범죄자에게 그만큼의 범죄가 예방될 수 있다는 것이다.

(1) 개인의 주의력제고(personal precaution)

사람들이 자신이 범죄의 피해자가 될 확률을 줄이고 범죄의 피해자가 되었을 때 피해의 정도를 최소화하기 위한 다양한 전략 가운데서도 가장 보편적으로 그리고 쉽게 활용되고 있는 것이 개인의 주의 또는 조심(personal precaution)이다. 그런데 범죄피해의 확률과 피해의 정도를 줄이기 위한 이러한 개인의 사전조치에는 두 가지 전략이 있다. 첫째는 범죄피해의 확률을 줄이기 위해서는 우선 범죄의 위험성에 적게 노출되어야 한다(less exposure to crime). 범죄의 위험성에 적게 노출되기 위해서 사람들이 보편적으로 취할 수 있는 전략을 우리는 행동유형의 변경(changes of behavioral pattern)이라고 한다. 두 번째는 위험성에 적게 노출되는 것이 바람직할지라도 위험성에 전혀 노출되지 않을 수는 없기 때문에 노출시 피해화율이나 정도를 줄이기 위해서 사람들은 자신을 방어할 자기방어(self defense)능력을 키우는 것이다.

먼저, 범죄위험성에의 노출을 줄이기 위한 행동유형의 변경은 주로 위험한 지역에 가지 않고, 야간과 같은 위험한 시간대의 외출을 안 하거나, 외출 시 다른 사람과 동행하거나, 걸어서 외출하지 않고 승용차를 운전하거나, 아니면 아예 전혀 외출하지 않고 집에만 있는 등의 경우가 해당된다고 할 수 있다. 즉, 범죄의 위험성에 자신을 적게 노출시키기 위해서 스스로 가급적 움직이지 않는 것이다. 그렇다고 사람들이 자신의 집을 안전히 요새화하고 스스로를 그 속에 가둔 채 완전히 고정시킬 수는 없다.

우선 자신을 속박함으로써 사회경제활동의 기회를 잃어버리거나 제한받게 되고 그로 인한 경제적 비용 또한 적지 않다. 더불어 사람에 따라서는 범죄의 위험성에 노출되고 싶지 않지만 직업상 또는 다른 이유로 어쩔 수 없이 야간에 외출을 해야 하는 등 위험성에 노출시킬 수밖에 없는 사람도 있다.

결국 정도의 차이는 있을 수 있지만 누구나 완전하게 범죄의 위험성에 노출되지 않을 수는 없으며, 이 경우 많은 사람들이 위험성에 노출되더라도 자신을 방어할 수 있는 능력을 극대화하고자 할 수밖에 없다. 여기서 자신의 방어능력을 극대화하는 것도 사실은 호신술을 배우는 등 자신의 취약성을 스스로 극복하여 자신을 방어하는 방법도 있는 반면, 한편으로는 인도견 또는 보호견을 데리고 다니거나 호루라기와 같은 경고음을 낼 수 있는 장비를 지니고 다니거나, 심지어 총기 등의 무기를 소지하는 등의 방법으로 자신이 위험에 처했을 때 다른 사람의 도움을 청하여 위험에서 벗어나는 방법이 있다.

(2) 표적물의 견고화(target hardening)

표적물의 견고화란 범죄의 대상이 될 수 있는 것에 대한 방비를 강화하는 것으로 이는 범죄자를 억제할 수 있으며, 범행했을 때에도 수사기관이 단서를 탐지할 수 있게 해주며, 범행 종료 전에 범인을 검거할 수 있도록 범행시간을 지연시킬 수 있고, 범죄표적물에 접근한지 못하도록 차단하는 효과를 거둘 수 있어서 피해가능성을 낮출 수 있다.

그런데 표적물에 대한 방비를 강화하는 방법으로는 주로 물리적 또는 심리적 장애물을 설치하거나 자동경보장치를 설치하고 또는 표적에 대하여 표식을 하는(marking possessions) 등이 있다. 우선 물리적 장애물을 설치함으로써 잠재적인 범죄자의 범행의지를 위축시키고 설사 범행 시에도 범행을 지연시키고 목표물에 대한 접근을 차단할 수 있다. 심리적 장애물을 통한 범행의 억제나 예방은 외출 시 집에 불을 켜두거나 휴가 시 우유나 산문 등의 배달을 중단시키거나 개조심, 이웃감시 등의 팻말을 붙이는 등의 방법을 통하여 빈집이 아니라 사람이 있다는 신호(signs of occupancy)를 보냄으로써 잠재적인 범죄자의 범행의지를 위축시키는 데 주목적이 있다.

따라서 물리적 장애물은 범행의지의 위축, 범행시간의 지연, 그리고 목표물에의 접근차단 등의 효과를 노릴 수 있으나, 심리적 장애물은 단순히 잠저적 범죄자의 범행의지를 위축시키는 데 그치고 범죄자가 범행을 결행하면 범행의 지연이나 목표물에의 접근차단 등의 효과는 얻을 수 없는 한계가 있다.

실제 경험적인 연구결과, 침입절도를 당한 집일수록 이러한 물리적, 심리적 장애물이 적었다는 사실이 밝혀지고 있다. 즉, 자물쇠를 새로 가설하거나, 침입경보장치를 가설하고, 거리의 조명을 밝게 함으로써 범죄피해의 정도를 줄일 수 있었다는 것이다. 더구나 이러한 물리적 장애물뿐만 아니라 심리적 장애물은 침입절도와 같은 재산범죄에 대해서는 물리적 장애물 이상의 범죄억제효과가 있는 것으로 알려지고 있다.

표적물의 방비를 강화하는 또 다른 방법으로 자신이 소유물에 대하여 자신의 이름이나 주민등록번호나 기타 비밀번호 등의 표식을 하는 것이다. 값나가는 물품에 이러한 표식을 새김으로써 잠재적인 범죄자로 하여금 장물처리를 어렵게 하고 따라서 그 물품을 범행의 대상으로 삼지 않게 하자는 것인데, 외국에서는 이 방법이 가장 보편적으로 이용되고 있는 범행기회의 최소화를 통한 범죄예방법이라고 한다.

한편, 전자경보장치를 이용하여 범행의 기회를 줄이는 것은 범행을 지연시키거나 표적물에의 접근을 차단하는 대신 범죄자의 침입을 탐지케 함으로써 잠재적인 범죄자로 하여금 범행의 결심을 위축시키거나 범행 시 침입사실이 탐지되어 경찰이나 본인 또는 경비 회사에 신고됨으로써 범행할 수 없게 하는 효과를 거둘 수 있는 방안이다.

끝으로, 표적물에 대한 방비를 강화하는 또 하나의 방법은 접근통제(access control)를 통한 방비로서 이를 흔히 절차적 보안(procedural security)이라고 한다. 즉, 특정한 시설이나 건물 또는 사무실이나 물품 등에 대해 접근할 수 있는 자격을 엄격히 제한하고, 표적물에 대한 접근시 통과절차를 다양화하는 등의 방법이 그것이다. 이러한 보안장치는 주로 현대적 건물이 건축시 이용되고 있는 개념인 정보건축, 즉 intelligent building에서 흔히 볼 수 있는 장치이다.

(3) 방어공간(defensible space)의 확보

방어공간이란 미국의 뉴욕대학교 교수였던 Newman이 [도시거주지역방범설계](security design of urban residential areas)에 대한 연구프로젝트를 수행하면서 공동주거환경과 범죄와의 관계를 구명하고 그 대안을 제시하는 과정에서 처음 사용된 용어로서, 거주주민을 범죄로부터 보호할 수 있도록 주거환경을 조성해 놓은 주거공간을 지칭하는 것이다.

그런데 방어공간이 앞에서 설명한 표적물에 대한 방비의 강화와 구별되어 기술되는 것은 표적물의 방비강화가 개인의 거주공간을 주 대상으로 하는 반면, 방어공간은 거주공간 외부의 공적 공간(public areas)을 대상으로 한다는 점이다. 즉, 방어공간의 개념은 공적 공간을 보다 생산적으로 이용함으로써 거주지역의 범죄의 기회를 줄일 수 있다는 것이다. 따라서 대부분의 경우 방어공간이란 물리적 환경의 설계를 통하여 이루어진다는 사실을 알 수 있다. 그래서 혹자는 이와 같은 범죄예방전략을 환경설계를 통한 범죄예방(crime prevention through environmental design)이라고도 한다.

그런데 물리적 환경의 설계에 의한 방어공간의 확보는 영역성(territoriality)과 감시성(surveillability)이라는 두 가지 원리에 기초하고 있다. 즉, 공간적 영역에 대한 영향력과 통제력을 행사하고(영역성), 다양한 건축적 설계변경을 통하여 감시기회를 극대화함으로써(감시성) 범죄를 상당히 줄일 수 있다는 것이다. 실제로 Newman은 New York시의 주택프로젝트에서 물리적 공간과 범죄와의 관계를 증명한 바 있다. 물론 이러한 그의 연구 결과가 연구대상지역에 거주하는 거주민의 특성이나 가옥밀고 등을 고려하지 않았다는 지적을 받고 있으나, 방어공간에 대한 비교적 최근의 연구결과로 방어공간의 가정을 뒷받침해 주고 있다. 이처럼 방어공간에 대한 물리적 환경설계를 개선함으로써 범죄를 줄일 수 있다는 주장이 어느 정도 증명되고 있는 것은 다음과 같은 근거에 연유하고 있다. 즉, 상식적으로 범죄자라면 당연히 개방되고(open), 공적인(public) 장소를 선호하는 반면, 사적(private)이고, 폐쇄된(closed) 지역은 피하기 때문이다. 이것은 바로 사적이고 폐쇄된 지역일수록 영역성, 즉 영역에 대한 통제와 영향력의 행사와 감시성이 강한 반면에, 공적이고 개방된 공간일수록 영역에 대한 영향력과 통제 및 감시성이 약하기 때문이다.]

그런데 우리가 통상적으로 환경이라고 함은 인간의 물리적 환경은 물론이고 사회적 환경까지도 고려하는 개념으로 받아들이고 있다. 따라서 여기서도 지역의 물리적 환경뿐만 아니라 사회적 환경도 중요한 변수로 작용하고 있다. 방어공간의 영역성 기능에 의하면 지역사회의 사회적 융화(cohesion)와 상호작용(interaction)이 줄어들수록 그 지역의 범죄가 증가하는 것으로 알려지고 있다. 이것은 지역사회의 융화와 상호작용이 원활할수록 그 지역의 사회적, 비공식적 통제기능 또한 원활해 질 수 있기 때문에 그만큼 영역성과 감시성도 강화되기 때문일 것이다.

그러나 상당수의 연구결과는 영역성을 강화하기 위한 건축적 개선보다 감시성을 확대하기 위한 노력이 범죄의 감소에 더 많은 영향을 미치는 것으로 지적하고 있다. 실제로 MacDonald와 Gilford가 일단의 침입절도범들에게 50장의 단독주택사진을 보여주고 실험한 결과 방어공간의 두 개념 중 영역성의 기능은 발견하지 못하였으나, 감시성의 기능에 대한 방어 공간의 주장은 증명할 수 있었다.

이처럼 방어공간 개념 중에서도 감시성의 극대화가 영역성의 강화보다 범죄감소에 효과적이라는 주장에도 불구하고 통제집단의 부재 등 이러한 연구의 방법론적 결함으로 인하여 아직도 의문의 여지를 많이 남기고 있다. 그래서 지금까지 밝혀진 연구결과들, 예를 들어 Seven-Eleven가게에서의 감시기능강화, 가로등의 조도향상, 폐쇄회로 카메라의 설치 등도 비판의 대상이 되고 있다.

이러한 방어공간의 개념은 물론 몇 가지 흥미로운 사실을 일깨워 주었지만 그에 못지않는 한계와 문제점도 동시에 지니고 있다는 사실도 부인할 수 없다. 우선, 방어공간의 조성은 범죄방지를 위한 영역성이나 감시성의 확대를 통하여 이루어져야 하는데 이것은 그러나 엄연히 건축에 있어서 즉, 쾌적한 주거기능을 우선할 수는 없는 것이어서 제한적일 수밖에 없다. 즉, 범죄방지를 위한 공간의 조성을 위하여 모든 건축적 설계를 무시할 수는 없기 때문이다 그리고 비록 방어공간이 조성되더라도 그것이 효과적이기 위해서는 주민의 자발적 참여와 경찰과의 연계가 뒷받침되어야 한다. 잠재적인 범죄자에 대한 감시와 경계는 주민의 신고와 경찰의 신속한 대응이 따라야만 효과가 있기 때문이다.

결론적으로 방어공간의 조성은 감시기능과 영역설정을 강화하여 범해의 기회를 감소시키고, 그 결과 범죄피해를 방지하여 범죄를 줄여보자는 전략으로서, 지금까지의 연구결과는 영역성 기능에 대해서는 미미한 정도이나 감시성에 대해서는 어느 정도의 범죄방지효과가 있음이 밝혀지고 있다. 그런데 이러한 건축적, 물리적 환경에 비해 그 지역에 거주하는 거주자의 특성 등 사회적 환경과 특성이 범죄의 예측과 예방에 더 많은 관련성을 가진다는 것은 의심의 여지가 없다. 따라서 물리적 설계가 시민이 사회적 통제를 행사할 수 있는 전제조건, 즉 방어할 수 있는 공간(defensible space)을 만들어줄 수는 있어도 그것이 곧 방어된 공간(defended space)을 반드시 제공한다고 확언할 수는 없는 것이다.

(4) 범죄통제활동

죄의 예방을 위한 범죄통제란 사실 범죄자에 대한 감시력(surveillance)을 확대함으로써 잠재적인 범죄자의 범행을 기회를 제거하거나 축소시키거나 억제시킴으로써 범죄를 예방하는 것이다. 이러한 범죄통제는 바로 경찰에 의한 공식적인 활동(public policing)과 주민 스스로의 자율방범과 민간경비(private security)에 의한 사적 통제(private policing)로 대별할 수 있다. 이 중에서도 특히 지역사회에서의 자율방범활동은 앞에서 언급한 환경설계에 의한 범죄의 예방에서 지적된 것처럼 방어될 수 있는 공간(defensible space)은 마련될 수 있을지언정 방어된 공간(defended space)은 아닐 수도 있었으나 자신의 지역사회에서 사회통제력의 행사를 행동으로 보여줄 수 있기 때문에 실제로 어느 정도의 방어된 공간의 확보에 기여할 수 있다고 한다.

① 경찰의 순찰활동

범죄의 예방과 관련한 전통적이고 전형적인 경찰활동은 순찰 차량에 의한 기동순찰과 시민의 신고에 의한 긴급출동 및 범죄사건의 사후수사활동으로 그려지고 있다. 이러한 전략은 그 효과와 효율성의 측면에서 적지 않은 비판을 받고 있다.

미국의 Kansas시 경찰국에 의해서 실험적으로 실시되었던 한 예방순찰(preventive patrol)프로그램에 대한 실증적 연구보고서에 의하면, 경찰의 차량순찰의 정도를 강화한다고 해도 강력범죄의 발생률에는 그다지 중요한 영향을 미치지 못하는 것으로 나타났다. 결국 단순한 순찰화동의 강화로는 범죄의 억제와 예방이 어렵다는 것을 암시하는 것임을 알 수 있다.

그런데 경찰의 통제활동에 의한 범죄예방이 기대 이하로 평가되고 있는 것은 대체로 경찰이 범죄예방활동에 있어서 지역사회의 자원을 활용하지 않거나 활용할 수 없거나 또는 활용하지 못하기 때문인 것으로 지적되고 있다. 다수의 연구결과도 지역사회의 지원이 없이는 경찰의 법집행활동은 범죄에 거의 아무런 영향도 미치지 못한다는 사실을 증명해 주고 있다.

따라서 순찰활동이 범죄를 억제하고 예방할 수 있기 위해서는 긍정적인 민경관계(police-community relations)하에서 지역사회의 지원을 받아 이루어져야 한다는 것이다.

이처럼 경찰이 지역사회와의 긍정적인 관계를 통한 지역사회의 참여와 협조 없이는 효과적인 범죄예방활동을 할 수 없는 이유를 Sherman은 다음과 같이 설명하고 있다. 차량을 이용한 순찰활동에 주력하는 경찰은 자신의 순찰구역에 대한 지리와 지형지물 등은 잘 알 수 없을지 모르나 주민과의 접촉이 없어서 주민과 친숙해질 수 없기 때문에 유대관계를 형성할 수 없다. 따라서 경찰관은 범죄를 예방하기 위해서 관찰하는 순찰활동(watching to prevent crime)이라기보다는 단순히 이미 발생한 사건에 대응하기 위하여 기다리는 순찰(waiting to respond to crime)을 하게 되는 것이다.

② 새로운 범죄통제방안의 모색

(a) 새로운 접근의 방향

예방적 전략순찰의 강조: Wilson과 Mclaren에 의하면, 경찰순찰활동의 주요 목적 중의 하나가 경찰의 가시성(visibility)에 의한 범죄의 제재이다. 이는 경찰이 순찰을 통하여 잠재적인 범행의 장소와 시간에 나타내 보임으로써 잠재적인 범법자의 성공적 범행의 기회를 제거한다는 것이다. 즉, 경찰이 순찰을 통하여 잠재적인 범행의 장소와 시간에 나타내 보임으로써 잠재적인 범법자의 성공적 범행의 기회를 제거한다는 것이다. 즉, 경찰이 범죄발생이 가장 우려되는 특정 지역 · 시간 그리고 위험인물에 대한 전략적인 예방순찰을 통하여 잠재적인 범죄자의 범행기회를 사전에 제거함으로써 범죄발생을 가장 효율적으로 제재하게 되어 범죄발생을 사전에 예방할 수 있다는 것이다.

그런데 이러한 경찰의 전략순찰(directed patrol)은 증가일로에 있는 강력사건에 대한 보다 효율적인 대응전략으로 인식되고 있다. 여기서 말하는 전력순찰이란 범죄발생이 빈번한 특정 장소와 시간을 중심으로 전략적으로 집중순찰활동을 전개하거나 때로는 범죄가능성이 높은 특정의 위험인물을 중심으로 전략적인 순찰활동을 벌이는 것을 말한다. 즉, 특별한 우범지역 · 시간 및 사람을 대상으로 특별한 전략적인 순찰을 시행한다는 것이다. 이러한 전략순찰의 목적은 기존의 순찰자원의 효율적인 활용이라는 측면에서 이루어지는 것으로서, 전력순찰에 임하는 경찰관으로 하여금 자신의 순찰지역과 그 사회를 보다 깊이 알 수 있게 해 주며, 그 결과 얻어지는 바람직한 지역사회관계와 그에 따른 지역사회의 참여와 협조를 토대로 얻어지는 지역사회 내의 중요범죄에 관한 정보와 자료를 심층분석하고, 그에 상응한 특정의 순찰활동을 전개한다는 내용이다. 즉, 특정 장소에서 특정 기간에 걸쳐서 특정인에 의한 특정의 범행에 가장 적합한 순찰활동을 시행할 필요가 있다는 주장이다.

경찰가시성(police visibilty)의 증대 : 처음부터 경찰의 순찰활동은 경찰의 존재 자체가 범죄발생을 제재하고 예방할 수 있다는 가정에서 출발한다. 순찰활동을 통하여 경찰이 잠재적인 범죄자는 물론이고 다수 시민의 눈에 띄게 자신을 가시화함으로써 이들의 잠재적인 범행을 제지할 수 있다는 가정이다. 그런데 전통적인 경찰의 순찰활동인 차량에 의한 순찰보다는 지역사회에 기초한 문제지향적순찰(community-based, problem-oriented policing)이라는 새로운 개념이 경찰의 가시성 제고에 긍정적인 역할을 하는 것으로 알려지고 있다. 지역사회와 주민과의 보다 친숙하고 빈번한 접촉을 통하여 보다 많은 사람이 보다 빈번하게 그리고 보다 가까운 거리에서 보다 개인적으로 경찰을 대할 수 있도록 하여 잠재적인 범행을 사전에 제재하고 현행범의 인지기회를 증대시키자는 주장이다.

범죄관련정보의 활보와 활용의 극대화 : 어떠한 유형의 지역사회 경찰활동이라도 경찰과 지역주민의 접촉과 관계의 유지발전을 통해서 경찰의 범죄통제에 유용하고 다양한 정보의 확보를 용이하게 해준다. 즉, 지역사회에 기초한 경찰활동을 통하여 경찰은 지역사회의 사회적·물리적 특성에 보다 익숙해지고 지역주민과도 보다 친근해지면 경찰활동에 필요한 다양한 정보의 수집과 그 활용이 보다 쉬워진다. 따라서 미국에서는 이러한 사실이 많은 경험적 연구 결과에 의해 긍정적으로 평가되고 있다. 특히 Pate 일행의 연구, Greenwood일행의 연구, 그리고 Skogan과 Antunes의 연구에 의하면 순찰활동중이 경찰관이 수집한 정보의 이용이 범인의 체포라는 경찰의 사건해결능력을 증대시켜 주는 가장 중요한 요소 중의 하나라는 것이다. 한 예로 미국의 Baltimore County에서는 1982년에 경찰관들로 하여금 관내 지역주민과 보다 밀접한 관계를 유지하도록 함으로써 지역주민의 범죄에 대한 공포를 해소시킬 목적으로 소위 시민지향적 경찰집행반(Citizen-Oriented Police Enforcement Unit)

을 설치·운영하였는데, 이에 대한 1985년의 한 연구에 의하면 실제로 시민의 범죄에 대한 공포가 현격히 적어졌을 뿐만 아니라 경찰에 인지된 범죄율 또한 12%나 감소한 것으로 밝혀졌다.

범죄문제에 대한 시민의 참여의식 고취와 안전교육의 실시(경찰백서 시민신고해결수): 경찰활동의 성패가 시민의 참여와 협조의 과정에 달렸다고 할 정도로 범죄통제에 있어서의 시민의 역할이 중시되고 있다. 이는 범죄문제에 대한 일차적인 책임이 경찰이 아니라 사회에 있으며 따라서 경찰의 존재와 마찬가지로 시민의 존재도 범죄억제력으로 작용할 수 있다는 가정에 기초한다. 이러한 주장의 근거는 대부분의 경우 경찰은 범죄문제의 해결에 있어서 시민의 신고에 의존하지 않을 수 없다는데 기인하는데, 이는 다수의 범죄사건의 경우 시민이 경찰보다는 더 빨리 그리고 더 정확하게 사건을 인지하기 때문이다. 따라서 시민의 관심과 참여도를 고취시키는 것이 경찰이 범죄문제를 해결하기 위한 최상의 노력일 수밖에 없다. 이를 위하여 범죄문제에 대한 시민의 의식과 책임을 인식시키고 경찰의 한정된 자원과 능력을 이해시켜서 시민의 적극적인 참여와 협조를 유도해야 한다. 이에 대한 한 가지 예로서, 시민에 대한 범죄예방 및 안전에 관한 교육을 실시하는 것이다. 시민각자로 하여금 자신의 생명과 재산을 스스로 지킬 수 있는 방어능력을 배양시키고, 이와 더불어 경찰이 지역사회의 안전을 점검평가하여 그 개선책을 제시하는 등의 방범홍보 및 교육활동을 펼치는 것이다. 실제로 1973년에 미국의 Seattle시에서 이와 유사한 지역사회 범죄예방활동(Community Crime Prevention Program)을 실시한 결과 강도사건이 현저히 감소한 것으로 밝혀지기도 했다.

범죄유형별 대응 : 상식적으로는 모든 범죄행위가 법률의 위반이라는 점에서 일률적으로 이해되고 처리될 수도 있다. 즉, 범죄행위가 법률에 위배되는 위법적인 행위라는 법률적인 해석을 따른다면 모든 유형의 범죄행위가 서로 다를 수 없다. 그러나 실제에 있어서는 범행의 형태·수법·피해·피해자·가해자, 기타 정황에 따라 범죄의 유형이 다양하며, 그래서 범죄학의 일부는 범죄유형론에 할애되고 또 한편에서는 과학수사의 일환으로 수법수사가 강조되며 최근에는 피해자학이 새로운 범죄학의 영역으로 자리잡아가고 있다. 일견 동일하게 보일지도 모르지만 각종 범죄는 이처럼 다양한 유형별로 그에 상응한 대응책을 강구함이 마땅하다고 여겨진

다. 다시 말해서 강도사건과 소매치기사건에 대한 경찰의 대응이 분명히 같을 수가 없다. 따라서 각종 범죄행위에 대해서 그 특성별·유형별로 그에 상응한 전략적 경찰활동이 이루어져야 한다는 주장이다.

(b) 새로운 범죄통제의 방안

범죄통제전략으로서의 경찰의 전통적인 순찰활동에 대한 많은 문제점과 비판이 제기되었는데, 이는 최근 양적으로 증가하고 질적으로 악화되고 있는 강력범죄의 추세를 보더라도 지금까지의 전통적인 경찰의 범죄통제활동에 대한 의문을 제기하지 않을 수 없게 한다. 이러한 측면에서 미국에서는 전통적인 경찰의 범죄통제활동에 대한 새로운 대안들이 다양하게 소개되었는데, 그 중에서도 차등적 경찰대응, 지역사회 및 문제지향적 경찰활동, 그리고 정보분석과 의사결정이 전산화를 대표적인 것으로 소개하고자 한다.

Ⓐ 차등적 경찰대응체제(differential police response system)

차등적 경찰대응이란 제한된 경찰자원의 보다 효율적으로 활용하고 나아가 범죄문제에 보다 효율적으로 대처하기 위한 방안의 하나이다. 즉, 시민의 신고에 응하는 경찰기능을 보다 효율적으로 관리하여, 경찰의 순찰활동의 효율성과 생산성을 향상시키려는 노력이다.

그런데 지금까지 시도된 차등적 대응제도는 시민의 신고를 보다 철저하고 세분되게 분류하고 이들 시민의 신고에 대한 경찰의 서비스를 다양화하며 이의 원활한 집행을 위하여 지역사회에 기초한 경찰활동(community-based policing)과 긴급출동반(Rapid Response Unit) 등의 특수부서를 설치·운영하는 형태를 취하고 있다.

시민의 신고에 경찰이 차등적으로 대응하는 근본적인 목적은 경찰관으로 하여금 순찰 이외의 경찰활동에 보다 많은 시간과 노력을 할애할 수 있도록 하기 위한 것이다. 다시 말해서 시민의 신고에 일률적으로 대응치 않고 선별적으로 대응하거나 상이한 방법으로 대응하는 등 시민의 신고에 대응하는 경찰력을 보다 효율적으로 관리·운영하여 제한된 경찰자원과 시간을 합리적으로 활용하자는 시도이다. 그러나 이러한 차등적 대응이란 주로 경찰활동의 효율성을 중시하는데 그치고 시민 신고의 근원적인 문제의 해결에는 미치지 못하고 있다. 이는 대부분의 시민 신고를 상호 아무런 관련이 없는 별개의 독립된 사안으로 처리하는 경찰의 전통적인 시각에 기인하는데, 사실은 경찰에 신고된 다수의 사안은 상호 관련성이 있는 만성적이고 반복적인 것이어서 문제의 근원을 해결함으로써 시민의 신고 건수를 줄이며 그 대응에 필요한 경찰력 또한 아낄 수 있게 된다. 그런데 이러한 측면에서 출발한 새로운 경찰활동이 바로 문제지향적(problem-oriented) 경찰 활동이라는 개념이다.

Ⓑ 문제 지향적 또는 지역사회지향적 경찰 활동

위에서 소개한 차등적 경찰대응전략은 경찰활동의 효율성만을 강조한 나머지 시민이 경찰에 신고를 하게 된 근원적인 문제의 해결에는 미흡한 점이 있었다.

예를 들어서, 학교주변의 상가에서의 절도나 좀도둑 등이 성행하고 있는데 대부분의 경우 이 지역에 위치한 학교의 문제학생들에 의한 소행이라면 이 지역의 절도나 좀도둑문제의 해결은 이들 문제 학생들의 선도 없이는 불가능한 것이다.

이처럼 범죄문제를 지엽적이고 개별적이며 일시적인 독립사건으로 다루지 않고 그 표면의 근원적인 문제를 해결함으로써 범죄를 통제하려는 시도를 우리는 문제지향적 또는 지역사회지향적 경찰활동이라고 일컫는다. 실제로 1985년 미국의 Newport News 경찰서에서 이와 같은 문제지향의 경찰활동을 실시한 결과, 다양한 종류의 범죄문제를 통제하는 데 매우 효과적이라는 것이 증명되었는데, 이는 단순히 범죄자의 체포에 의한 범죄사건의 해결보다는 그와 같은 범행을 유발시켰던 직접적인 원인을 문제지향적 경찰활동을 통해 해결함으로써 가능해졌다고 판단되고 있다.

<u>도보순찰</u>(foot patrol) : 미국의 Wilson과 Kelling은 '깨어진 창'(Broken Windows)이라는 그들의 논문에서 지역사회지향적인 형태의 도보순찰을 제안한 바 있다. 그들은 지역사회 도보순찰이 그 지역사회의 범죄에 대한 공포를 감소시켜 앞으로 보다 심각한 지역 사회문제로 비화될 수도 있는 지역사회의 무질서와 혼란을 해결하는데 유효한 순찰방법이라고 주장한다. 이들의 주장에 따르면 범죄에 대한 시민의 공포심을 줄이고 공공질서를 유지 확립함으로써 도보순찰이 그 지역사회의 신뢰를 회복하고 그에 따른 범죄유발원인의 근본적인 해결에 큰 도움이 된다는 것이다. 그런데 도보순찰은 차량통행이 어려운 지역이나 인구밀집주거지역 및 상가지역 등에서 특히 유용한 순찰방법이다. 도보순찰의 주요 활동으로서는 시민접촉순찰(citizen contact patrol), 지역사회의 조직화(organizing community), 민경센터(Police-Citizen Center)의 설치·운영, 지역사회정화운동의 실시, 그리고 경찰홍보지의 제작·배포

등을 들 수 있다.

지역사회집단순찰(neighborhood team policing) : 문제지향적·지역사회지향적 경찰활동의 또 다른 형태는 우리말로 '집단순찰'이라고 할 수 있는 neighborhood team policing의 개념이다. 집단순찰이란 충분한 자원을 가진 소규모집단의 경찰관에게 특정 지역 내의 모든 경찰기능에 관한 전반적인 책임과 권한을 위임하는 것이다. 집단순찰은 시민과의 밀접한 상호작용, 의사결정의 분권화, 다목적 경찰기능, 그리고 경찰관이 지역사회숙지 등을 그 특징과 장점으로 갖고 있다. 이러한 Team policing의 주된 목적은 따라서 경찰의 서비스를 향상시켜서 경찰에 대한 시민의 만족도를 증진시키며 나아가서는 민경관계를 개선·발전시키고 궁극적으로는 시민의 안전을 보다 효율적으로 보호하자는 데 있다. 그런데 Team policing이 실시되는 형태나 유형 및 조직상 어느 정도의 차이는 있으나 대체로 다음과 같은 주된 요소로 이루어지고 있다.

◇ 한 Team을 비교적 작은 지역에 비교적 장기간 배치한다.

◇ Team 내에서도 가급적 소속경찰관을 동일지역에 배치한다.

◇ Team 내의 소속경찰관 상호간 밀접한 대화를 강조한다.

◇ 혁신적인 민경상호작용을 극대화한다.

◇ Team장이 명령통제를 통일한다.

◇ Team과 그 장에 의한 정책결정군의 최대한의 융통성을 보장한다.

◇ 지역사회의 경찰관계문제에 대한 지역주민과의 공식적인 모임을 유치한다.

◇ Team 내 수사와 순찰의 책임과 권한을 통합한다.

◇ 관할지역 내의 모든 경찰문제에 대한 경찰권한을 명문화한다.

◇ 관련기관과의 업무 고객위탁체제를 확립한다.

물론 이와 같은 사항들은 Team policing의 주요한 요소가 되고 있는데, 미법무성의 법집행지원행정처(Law Enforcement Assistance Administration : LEAA)의 지역사회집단순찰에 대한 평가보고서는 기본적인 예방순찰 등을 위한 기본순찰(Basic Patol Team), 사후수사위주의 활동을 하는 수사순찰(Patrol-Investigation Team), 대지역 사회관계와 대민봉사활동을 위주로 하는 지역사회순찰봉사(Patrol-Community Service Team) 그리고 위의 세 기능을 통합한 통합봉사(Full Service Team)와 같은 네 가지 유형의 지역사회집단순찰을 소개한 바 있다.

ⓒ 전산화를 통한 정보분석과 의사결정의 지원

시민이 신고하는 경찰사건의 상당수가 지역사회내의 범죄문제에 직접적으로 관련되지 않는 것으로 알려지고 있다. 그런데 이들 사건을 유발시켰던 근원적인 문제를 해결함으로써 그에 기인한 문제의 재발을 방지하고 따라서 이에 관련된 시민의 반복적인 신고를 예방함으로써 경찰자원의 낭비를 절감하여 경찰을 보다 효율적으로 운영하려는 노력이 지금까지 소개한 지역사회 지향적이거나 문제지향적인 경찰활동의 주요 특징이었다.

그러나 이러한 새로운 접근이 성공하기 위해서는 시민신고를 유발했던 근본원인과 기타 사건관련 정보의 수집과 활용이 매우 중요한 것임에도 불구하고 지금까지는 C-3체제와 같은 각종 전산보조 지원체제 등을 통하여 필요한 정보를 수집·활용하였으나, 수집된 정보의 질량면에서 만족스럽지 못했을 뿐만 아니라 그 정보의 활용 또한 충분치 못했다. 따라서 지역사회와 그 문제에 관련된 정보를 보다 효율적이고 포괄적으로 수집·분석·활용할 수 있는 체제가 갖추어져야 한다.

다시 말해서 경찰의 정보수집과 분석능력을 향상시키고 이를 이용한 의사결정능력을 향상시켜서 지역사회의 문제와 요구에 보다 효율적으로 대응할 수 있도록 경찰의 정보관리기술을 개발할 필요성이 있다. 지역사회의 만성적이고 반복적인 문제의 파악과 그 특성의 분석에 기초하여 문제의 재발가능성과 장기적 지속가능성 등을 예측하여 그 문제의 재발가능성과 장기적 지속가능성 등을 예측하여 그 문제의 발생을 미연에 예방할 수 있는 경찰의 전략을 수립하고 이행하기 위한 전산화된 정보분석과 의사결정체제의 구축이 절실히 요망된다.

그런데 이러한 새로운 범죄통제의 방향은 사실 경찰자원의 효율적 운용과 지역사회자원의 활용이라는 것으로 함축된다. 먼저 경찰자원의 효율적 운용이라는 측면에서 경찰사건의 유형별 특성에 맞는 차등적 대응방안의 강구와 공안관계 정보의 수집·분석 및 의사결정지원체제의 구축을 들 수 있으며, 지역사회자원의 활용을 위해서 시도하는 도보순찰과 지역사회 또는 문제지향의 경찰활동은 사실 경찰자원의 효율적 운용에도 지대한 영향을 미치고 있다. 결론적으로, 경찰이 우리 사회의 범죄문제를 보다 효율적으로 통제하기 위해서는 사회자원을 최대한 활용하고 제한된 경찰자원을 최대한 효율적으로 운용하는 길밖에 가능한 한 대답이 없다.

5) 범행동기의 억제

(1) 친사회적(prosocial) · 비범죄적(noncriminal) 행위기회와 이익의 증대

① 사회문제접근법

통상적으로 우리는 범죄의 원인을 사회환경적 요인에서 찾고자 하는 경향이 많은데, 이는 특정한 사회환경이 범죄를 유발한다고 보는 것이다. 따라서 범죄를 예방하기 위해서는 바로 이러한 범죄를 유발하는 사회환경 또는 사회문제를 해소함으로써 가능해질 수 있다는 것이다. 이러한 범죄예방활동을 우리는 지역사회범죄예방(community crime-prevention)이라고 한다. 이와 같은 사회문제에 기초한 개입은 청소년여가활동, 범죄에 초점을 맞춘 지역사회모임, 물리적환경의 개선 등이 주로 활용되고 있다. 그런데 범죄예방을 위한 사회문제지향적 접근은 대체로 청소년들을 주요 대상으로 하고 있다는 사실이며, 따라서 그 프로그램도 대부분이 청소년들에 초점을 맞춘 체육활동, 사교모임, 문맹퇴치, 약물교육, 그리고 이러한 목표를 성취하기 위한 교육활동 등의 형태로 이루어지고 있다.

사회문제를 해결함으로써 범죄문제를 해결할 수 있다는 이러한 주장이 상당한 반향을 불러일으킨 것은 사실이지만 실제 경험적 연구결과는 그렇게 긍정적인 증거를 내놓지 못한 것으로 알려지고 있다. 예를 들어, Eisenhower 재단의 지역사회범죄예방프로그램의 경우도 범죄문제를 해결하는 데 있어서 사회복지나 범죄원인의 특성을 강조하는 사회문제해결지향적 프로그램보다는 범행기회를 축소하는 데 특성을 둔 프로그램이 더 효과적이라는 사실을 밝히고 있다.

그러나 모든 사회문제지향의 프로그램이 성공적이지 못한 것은 아니다. 예를 들어, 네덜란드의 헤이그에서 비행 전단계의 청소년(predelinquent youth)에게 부모와 자녀관계, 학교, 대인관계, 여가시간 그리고 형법문제 등에 관한 프로그램을 실시하여 추적조사한 결과 가족간 대화, 학교출석률 그리고 결과적인 비행률에 긍정적인 영향을 미친 것으로 조사되기도 하였다.

사실 사회문제지향의 범죄예방이 긍정적일 수도 있고, 기대에 부응하지 못할 수도 있으나, 비교집단과 통제집단의 비교가 불가능하다든가 추적조사의 기간도 충분치 못한 실정이어서 정확하고 결정적인 결론이나 평가를 할 수는 없다. 그러나 대체로 사회복지적 접근이 단기적인 이익은 보여줄 수 있을지 모르지만 장기적으로는 별로 효과적이지 못한 것으로 받아들여지고 있다.

② 취업과 재정지원

많은 학자들이 경제와 범죄를 논의할 때 빈곤과 범죄, 경기와 범죄, 직업과 범죄, 그리고 실업과 범죄 등의 관련성의 밝히려고 한다. 지금까지의 연구결과는 대부분 실업과 범죄 그리고 실업과 재범률 사이에는 가능한 연계성이 있는 것으로 보고 있다. 이러한 주장에 근거하여 우리도 갱생보호회의 직업보도협의회에서 출소자들에게 취업을 알선하려고 노력하고 있다. 더불어 교도소에서도 교도작업 등을 통하여 출소 후의 생활정착금을 마련할 수 있도록 배려하고 있으며, 갱생보호회에서도 출소자들에게 정착자금이나 취업훈련 및 알선에 심혈을 기울이고 있다.

한편 이와 같은 이차적 범죄, 재범의 방지를 위해서 출소자들에게 취업을 알선하거나 재정적 지원을 하는 것만이 아니다. 1960년대 미국에서 존슨 대통령이 범죄의 퇴치를 위해서 빈곤과의 전쟁(war on poverty)을 선포한 것도 바로 이 빈곤과 범죄의 상관성, 즉 실업 등으로 빈곤해지면 생존을 위해서 범죄를 할 수밖에 없기 때문에 실업문제를 해결하는 등 빈곤을 퇴치한다면 범죄도 예방될 수 있다고 본 것이 취업알선과 재정적 지원을 통해서 범죄를 예방할 수 있다는 것을 암시해 준다.

그러나 이러한 프로그램의 효과에 대해서는 논란의 여지가 상당히 남아 있다. Rossi등은 출소자들이 직장을 구할 때까지 금전적 지원을 제공했던 프로그램에 대한 평가연구(transitional aid research project)에서 직장을 구한 출소자일수록 장래 체포율이 훨씬 낮았다고 평가하였다. 유사한 프로그램으로서 출소자들의 지역사회 적응을 돕기 위해서 출소자에게 취업알선 서비스와 금전적 자원을 제공하였던 LIFE, 즉 '출소자를 위한 생활보험'(living insurance for exoffenders)의 경우 금전적 지원은 재범률을 낮추는 데 상당한 공헌을 한 것으로 나타났다. 또한 보호관찰 대상자에 대한 취업지도프로그램(probation employment guidance program)도 긍정적인 결과를 가져온 것으로 알려지고 있다. 이처럼 재정적 지원에 대한 평가는 상반된 결과를 보여주고 있지만, 취업알선이나 직업훈련은 크게 성공적이지 못한 것으로 알려지고 있다.

출소자에게 금전적 지원을 하는 것이 그가 직장을 구하고 비범죄적 생활형태를 가질 수 있을 정도로는 재범을 연기할 수는 있을지 모르지만 장기적으로는 크게 성공적이라고 말하기가 쉽지 않다. 이 점에 있어서는 출소자에 대한 직업훈련은 더욱 부정적이다. 즉, 출소자에게 금전적 지원을 하고 취업을 알선하거나 직업훈련을 시키는 등의 노력이 '재범율의 저하'라는 궁극적인 목표에는 크게 영향을 미치지 못한 것으로 평가할 수 있기 때문이다. 이처럼 부정적인 평가를 할 수밖에 없는 이유중의 하나는 이들 프로그램이 주로 직업훈련이나 직장생활 등에는 관심이 전혀 없고 범죄적 목표에 더 많은 관심을 쏟는 상습적 누범자들에게 적용되고 있기 때문이라고 할 수 있다.

아무튼 이러한 사회문제나 취업 등의 방법으로 범죄를 예방하고자 하는 모형은 아직은 크게 그 유용성을 보여주지 못하고 있는데, 그것은 빈곤, 교육 그리고 취업 등과 같은 사회적 요소들이 범죄와 비행의 원인으로 과대포장되고 있기 때문이다.

③ 범죄비용(cost of crime)의 증대

몇 해 전 노벨경제학상을 수상한 Garry Becker는 범죄를 경제학적 관점에서 설명하면서 범죄가 발생하는, 즉 공급되는 이유를 범죄의 비용과 편익이라는 측면에서 설명한 바 있다. 그는 범죄가 발생하는 것은 범죄비용이 범죄편익보다 적기 때문이며, 여기서 말하는 범죄비용이란 바로 체포의 가능성 또는 확률과 처벌의 강도 및 기타 사회경제적 비용으로 보아서, 범죄를 억제하거나 예방하기 위해서는 따라서 범죄자는 누구나 반드시 체포되며, 체포된 범죄자에 대해서는 엄중한 처벌이 가해지며, 더불어 형벌 이외의 기타 사회경제적인 비용이 부과되어야 한다고 주장하였다.

그러나 여기서 우리가 형사정책적인 차원에서 범죄에 대한 비용을 증대시킬 수 있는 것은 범죄자에 대한 체포의 가능성과 확률을 높이는 것과 체포된 범죄자에 대한 처벌을 강화하는 것이다. 여기에다 체포된 범죄자에 대한 처벌을 신속하게 할수록 처벌의 효과가 더 크다는 사실을 가미하여 이를 우리는 억제 또는 제지(deterrence)라고 한다. 바로 이러한 가정에 기초하여 대부분의 국가에서도 처벌을 통한 범죄비용의 증대와 이를 통한 범죄억제를 형사정책의 기초로 삼고 있다.

그러나 범죄억제나 제지이론에 대해서는 이미 앞부분에서 자세하게 기술하였기 때문에 여기서 다시 거론할 필요는 없다. 다만 범죄억제가 사실은 범죄비용의 증대에 기초하고 있다는 점만을 밝혀두고, 범죄비용의 증대는 대체로 체포의 가능성과 형벌강도의 증대를 중심으로 이루어지고 있기 때문에 이 두 가지 점에 대해서만 간략하게 짚고 넘어가고자 한다.

실제로 구금률과 유죄확정률이 높은 곳이 낮은 곳에 비해 범죄가 적었다는 공식범죄통계나 피해자조사보고도 있었으며, 범죄율과 형사제재가능성은 상호인과관계의 개연성이 있음이 밝혀지기도 하였다. 그런데 문제는 이처럼 체포의 확률을 증대시킴으로써 일반시민에게 그것이 상당한 부담으로 작용할 수도 있지만 안타깝게도 이들 일반시민에 의한 범죄는 극히 미미한 정도에 지나지 않으며 절대다수의 강력범죄를 범하는 것은 습관적·직업적 범죄자라는 사실이다. 즉 이들에게는 체포가능성의 증대라는 것이 아무런 영향을 미치지 못한다는 것이다. 그래서 실제로 체포확률이나 가능성을 2배로 증대시킨 결과 자동차절도는 적지 않은 정도로 줄어들었으나 강력범죄인 강도의 경우는 단지 1%도 안 되는 정도만이 줄었다는 연구결과가 보고되기도 하였다.

특정 범죄행위에 대한 처벌을 강화함으로써 범죄비용을 증대시키고 따라서 범죄를 억제하고 예방할 수 있다는 주장도 논란의 여지를 남기고 있다. 음주운전에 대한 처벌을 강화하였으나 음주와 관련된 교통사고는 크게 변하지 않았으나, 음주운전자에 대한 체포율을 높인 결과, 처벌의 강도가 범죄비용의 증대와 그로 인한 범죄의 억제에 어느 정도 영향을 미치는가를 분석하기 위해서는 체포의 위험성을 높이는 것이 범죄비용을 증대시키고 억제효과를 증대시키는 건가를 분석할 때와 마찬가지로 범죄자 개인의 특성을 고려하여야만 할 것이다. 여기서도 마찬가지로 아마추어범죄나 이를 범하는 일반시민에게는 처벌의 강화가 상당한 범죄비용이 되고 억제작용을 할 수 있으나 전문적 직업범죄자에게는 별다른 의미가 없다는 것이다.

결론적으로, 형벌의 가능성 또는 확실성과 형벌의 강도를 높임으로써 범죄의 비용을 증대시킬 수 있는가라는 물음에 대한 대답은 형벌의 확실성과 강도를 받아들이는 개인에 따라 달라진다는 것이다. 따라서 처벌의 확실성과 처벌의 강도를 증대시키는 것이 대부분의 평범한 사람들에게는 상당한 영향을 미칠 수 있으나, 우리 사회의 강력범죄의 대부분을 범하는 직업적·전문적 중누범자들에게는 거의 영향을 미치지 못하는 것으로 알려지고 있다.

제3편

범죄대책과 미래전망

11 chapter

범죄예방

제 1 절 범죄예방의 정의와 분류

1. 범죄예방의 정의

범죄예방은 학자에 따라 개념규정이 상이한 포괄적인 개념으로서 범죄가 발생하기 전의 시점에 관심을 기울이고, 잠재적 범죄자의 범행욕구에 초점을 맞추기보다는 범죄기회를 감소시키는 것에 중점을 두고 있다. 호우와 클라크(Hough, Clarke) 등은 범죄예방이 매우 신축적인 개념이어서 "형법에 의해 범죄로서 규정된 사건의 발생을 줄이려는 모든 활동을 포함하는 매우 포괄적인 개념"이라고 정의하였다. 또 에이커스와 사가린(Akers & Sagarin)은 범죄예방을 법적 처벌의 위협이나 적용 이전에 혹은 그 대신에 범죄를 예측하여 취하는 행동으로 정의하였다. 미국의 국립범죄예방연구소는 범죄예방의 개념을 "범죄의 위험을 예측, 인식, 평가하여 이를 근절시키거나 감소시키기 위한 사전활동"으로서 정의하고 있다. 또 더 나아가서 그린버거와 윌리엄스(Greenberg, Rohe & Williams)는 범죄예방을 범죄와 범죄에 대한 두려움을 감소시키기 위하여 고안된 행위를 수반하게 되는 것으로 보는 견해도 있다.

이렇듯 범죄예방은 오랫동안 범죄정책목표의 하나로 간주되어 왔음에도 불구하고 다소 모호한 개념을 가지고 있다. 그렇다고 해서 명확한 개념 설정이 반드시 필요한 것은 아니다. 그것은 범죄예방이 무엇이건 간에 대한 인식에는 별 문제가 없기 때문이며, 또한 범죄예방의 구체적 활동 및 내용이 시대에 따라 변화하는 데에도 기인한다. 그런데 형사사법기관의 전통적인 목표인 일반예방과 특별예방은 기본적으로 억압적인 것이며 범죄가 이미 발생한 이후의 범죄예방에 주된 관심을 기울이고 있다. 범죄예방개념은 범죄발생 이전에 행위를 예방하기 위한 노력에 관심을 갖고 있으나, 일반예방과 특별예방의 개념은 범죄가 이미 발생한 이후의 범죄예방을 중심으로 다루고 있다. 또 일부 학자들(Hastings & Melchers)은 범죄예방의 개념을 범죄예방이 지향하는 바에 따라 잠재적 범죄자에 대한 범죄예방과 잠재적 피해자에 대한 범죄예방으로 구분하기도 한다. 잠재적 범죄자에 대한 활동은 체포의 위험을 증가시키는 것이다. 최근에 제기된 상황적 범죄예방이론에서는 잠재적 피해자를 대상으로 한 범죄예방활동을 제시하고 있다. 이는 범죄예방교육과 환경설계 등을 통하여 범죄기회를 감소시킴으로써 이루어진다. 랩(Lab)은 범죄예방을 '실제의 범죄발생과 범죄에 대한 공중의 두려움을 줄이는 사전활동으로 규정하고 있다. 이는 실질적으로 범죄발생을 줄이려는 사전노력이기도 하고 심리적인 측면에서 안전성의 확보, 범죄에 대한 두려움으로부터의 해방이기도 하다.

범죄예방은 '범죄적 기회를 감소시키려는 사전활동이며, 범죄에 관련된 환경적 기회를 제거하는 직접적 통제활동'이라고 정의할 수 있을 것이다. 범죄가 저질러지는 요소를 범죄욕구, 범죄기술, 범죄기회로 구분할 경우, 범죄예방은 범죄욕구나 범죄기술에 대한 예방이 아니라 범죄기회를 감소시키려는 활동이라고 할 수 있다.

2. 범죄예방의 분류

범죄예방을 사회적 접근, 상황적 접근, 지역사회에 근거한 접근의 3가지의 접근방식으로 구분하여 설명할 수 있다.

첫째, 사회적 범죄예방은 범죄의 근본원인과 개인들이 범죄를 저지르는 성향 등을 직접 다루려는 대책들로서 일반대중이나 위험에 처한 특정집단 등을 대상으로 할 수 있다. 사회적 범죄예방정책은 주택, 고용, 교육, 청소년 보건 등의 광범위한 사회정책에 흡수되어 범죄에도 영향을 끼치게 된다. 이는 기본적으로 장기적인 프로그램적 접근이라는 특징을 갖는 반면, 범죄에 끼치는 직접적인 영향을 평가하는 데에는 어려움이 존재한다.

둘째, 상황적 범죄예방은 주로 범죄를 저지르게 되는 기회를 감소시키려는 데에 주된 관심을 갖는다. 이러한 접근방법은 특정유형의 범죄가 비교적 체계적이며 영구적으로 일어나게 되는 환경을 관리하고 디자인하거나 조정하는 것들을 포함하는 대책들로 구성되며, 범죄기회를 감소시키고 잠재적 범죄자들에 의해 인식되는 검거의 위험성을 증대시키기 위한 것이다.

셋째, 지역사회에 근거한 범죄예방은 위의 두 가지 접근방식들에 근거하고 또 그들을 결합하여 지역사회적인 맥락에 위치시킴으로써 그 이상의 것을 만들어내려는 접근이다. 지역사회에 기반을 둔 범죄예방에는 다양한 방법이 시도되어 왔는데 그 중에서도 두 가지의 광범위한 접근방법이 있다. 하나는 도시계획의 측면, 즉 주택정책을 통한 범죄예방이고 다른 하나는 지역개발을 통한 것이다. 이 두 방식 모두 지역사회의 쇠퇴를 역전시키고 지역사회의 환경 및 생활에 대한 지역사회의 통제력을 증대시키는 데에 관심을 지니고 있다. 단적으로, 지역사회에 바탕을 둔 범죄예방은 사회적 대책과 상황적 대책을 포용하여 결합함으로써 이 두 가지 대책의 합 이상의 것을 만들어 내려는 것이다.

블랜팅햄과 파우스트(Brantingham & Faust, 1976)는 범죄예방의 개념을 질병예방의 공중보건모델과 유사하게 1차, 2차, 3차예방의 세 가지로 구분하였다.

첫째, 1차 범죄예방의 궁극적인 목표는 범죄행위를 촉진시키거나 기회를 제공하는 사회·물리적 환경조건들을 변화시키는 것이다. 1차예방에 해당되는 방법으로는 시민들에 대한 범죄예방교육활동, 범행기회 감소를 위한 위험요소조사, 경계, 범죄와 사고예방을 위한 취약요소에 대한 환경설계, 이웃상호감시 등이 그 방법이다. 이웃상호감시는 해당 부대의 전구성원 모두가 스스로 조직에 대해 통제할 수 있는 능력을 향상시키고, 잠재적 범죄자에게 범죄실행의 의도를 억제하고 실행자에 대한 검거의 위험을 높이기 위한 방법이다.

둘째, 2차 범죄예방은 범죄유발환경에 있는 잠재적 범죄자를 조기에 발견하고 비합법적 행위가 발생하기 이전에 예방하려는 것이다. 2차범죄예방활동은 범죄유발의 가능성이 높은 환경과 범죄실행의 가능성이 높은 개인을 대상으로 하므로, 이들 환경 및 개인과 많이 접촉하는 잠재적 범죄자와 잠재적 피해자에게 주로 의존하는 방법이다. 2차예방은 범죄율이 높거나 높을 것으로 예상되는 사고취약지역과 대상에 초점을 맞춘다.

셋째, 3차 범죄예방은 "실제 범죄자를 대상으로 하는 것이며 범죄자들이 더 이상 범죄를 저지르지 않도록 하기 위한 활동을 의미한다."고 정의하였다. 즉 교정기관에서 실행하고 있는 처벌이나 치료를 통한 교정활동을 3차예방의 중요한 목표로 보았다. 따라서 3차예방활동의 대부분은 형사사법기관이 담당하는 것이라고 볼 수 있다.

제 2 절 범죄예방의 기초이론

범죄예방에 관한 이론은 아직 체계화되어 있다고 할 수는 없다. 그러나 범죄학의 궁극적인 관심이 범죄의 감소와 예방이라는 측면에서 볼 때 모든 범죄학이론은 그 자체에 범죄예방에 관한 이론을 내포하고 있다. 특히 범죄원인에 관한 이론에서는 더욱 그러한 특성이 부각된다. 즉, 범죄의 원인을 밝히려는 시도는 범죄원인을 제거함으로써 범죄를 감소시키고 예방하여 나아가 범죄가 없는 사회를 지향하려는 의도가 있는 것이다. 이러한 범죄예방에 대한 이론적 논의는 범죄학이나 형법학의 기초이론에 근거를 두고 있다. 이는 범죄의 원인을 무엇으로 보며, 범죄자를 어떻게 볼 것인가 하는 기본적 물음에 근거하고 있는 것이다. 즉 범죄자는 자유의지를 갖고 있는가? 그렇지 아니한가? 범죄를 인간에 내재한 성향에 의한 것으로 보는가? 또는 인간 외부의 환경에 의한 것으로 보는가? 범죄는 합리적으로 계산된 행위인가? 아니면 충동적 행동의 산물인가의 논쟁 역시 범죄예방에 관한 논의에서 기초적인 문제로 남아 있다. 이러한 맥락을 바탕으로 범죄예방에 관한 이론을 형사법적 이론인 억제이론, 심리학적 이론에 바탕을 둔 치료 및 갱생이론, 사회학적 범죄이론에 바탕을 둔 상황적 범죄예방이론, 피해자학적 범죄예방이론, 사회발전을 통한 범죄예방이론을 중심으로 살펴보고자 한다.

1. 제지이론

이 이론의 관점은 18세기에 전개된 고전학파의 범죄이론을 바탕으로 하며, 처벌의 억제효과를 강조하여 범죄예방을 시도하려는 논의이다. 즉 범죄행위에 대한 국가의 강력한 처벌을 통하여 범죄를 억제하려는 것이다. 제지이론에서는 인간의 자유의지와 도덕적 책임감을 강조하며, 범죄자는 자신의 행동을 실행에 옮기기 이전에 합리적으로 결정하고 행동하는 존재로 파악하고 있다. 즉 즐거움을 극대화하고, 고통을 극소화하려는 속성을 갖고 있는 인간을 전제한다. 개인은 자유의지에 의하여 범죄를 저지른다.

즉 범죄를 할 것인가 하지 말 것인가를 스스로 선택하고 행동한다. 따라서 범죄를 저지를 것인가의 여부는 전적으로 개인 스스로의 책임이지 결코 사회의 책임이 아니다. 그러므로 국가는 범죄를 저지른 사람을 처벌함으로써 그 대가를 받게 하고, 이러한 처벌을 통하여 미래의 범죄를 예방하려는 것이다. 범죄자와 일반인들로 하여금 국가의 처벌을 두려워하게 만들어 범죄를 저지르지 못하게 하려는 것이다.

제지이론에서는 범죄자보다는 범죄행위 그 자체에 관심을 갖고 있다. 즉 범죄자가 범죄를 저지르게 되는 동기나 원인, 사회적 환경 등에는 관심이 없고, 범죄에 대한 적절한 처벌에 초점을 두고 있다. 따라서 제지이론에서는 범죄행위에 대한 제재가 주요 관심이다. 이는 응보주의적 입장에서 범죄에 대한 사후의 처벌과 범죄억제를 위한 적절한 처벌이 문제시된다. 즉 처벌에는 범죄에 대한 사회의 응보 및 다시 범죄를 저지르지 못하게 하기 위한 범죄억제효과가 고려되어야 한다는 것이다.

〈그림 11-1〉에서 보는 바와 같이 처벌을 통한 범죄억제를 효과적으로 하기 위해서는 처벌의 엄격성, 확실성, 신속성이 요구된다.

첫째, 처벌의 엄격성은 수감기간이나 벌금액의 정도와 같은 처벌의 가혹성내지 강도에 관한 것이다. 제지이론은 처벌이 엄하면 엄할수록 법규위반율은 낮아질 것으로 가정한다. 일부연구에서 처벌의 수준이 높아질수록 범죄행동의 통제가능성은 높아진다고 하였다. 제지이론은 체포와 기소, 제재를 받을 가능성이 높을수록 법규위반율이 낮아질 것으로 가정한다.

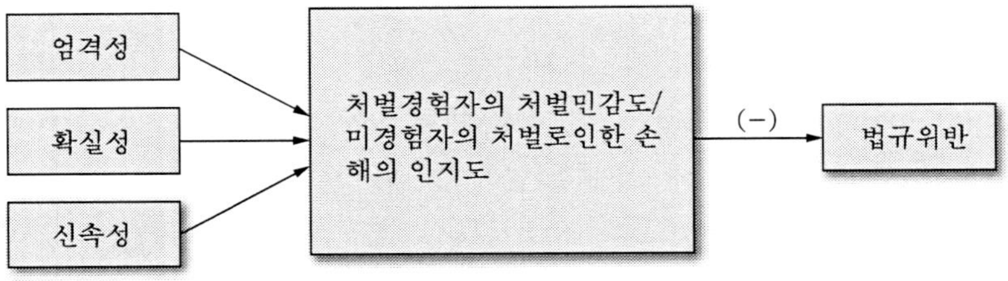

〈그림 11-1〉 제지이론의 인과구조

둘째, 처벌의 신속성은 즉각적인 처벌, 즉 법규를 위반하는 것과 처벌을 받는 시점 사이의 시간적 관계에 관한 것을 말한다. 제지이론은 처벌이 신속하면 할수록 법규위반율이 낮아질 것으로 가정한다. 이 가정에서 내포하고 있는 이론적 논리는 명확한 것은 아니나 즉각적인 처벌이 시민들로 하여금 처벌에 대한 주관적 인식을 높여줄 것이라고 보는 것이다. 그러나 신속성의 범죄억제효과를 지지하는 경험적 연구는 거의 없고, 단지 위에서 설명한 두 가지 요인(엄격성, 확실성)과 상호작용할 때 그 효과가 있는 것으로 보인다.

셋째, 처벌의 확실성이란 국가기관은 범죄에 대하여 범죄자를 확실하게 처벌하며, 죄질에 상당한 엄격한 처벌을 말한다. 처벌에 의한 범죄 억제는 두 유형으로 구분된다. 즉 일반예방효과와 특별예방효과이다. 범죄에 대한 처벌의 확실성에 의하여 일반예방효과(general deterrence effect)가 나타난다. 이는 범죄행위에 대한 국가의 확실한 처벌이 잠재적 범죄자로 하여금 범죄를 저지르지 못하게 하는 효과이다. 즉 법을 위반하면 어김없이 처벌된다는 것을 일반시민에게 보여줌으로써 그들의 범죄를 예방하려는 것이다.

처벌의 범죄억제효과에는 몇몇 연구에서 그 효과가 검증되기도 하였지만 제지이론은 다음과 같은 점에서 비판을 받고 있다. 경험적 연구를 통하여 처벌의 확실성은 범죄억제에 긍정적 영향을 주는 것으로 밝혀지고 있으나 처벌의 엄격성에 의한 범죄예방효과는 확실하지 않은 것으로 나타났다. 처벌의 엄격성의 범죄억제효과는 특히 사형제도에 대한 논의를 통하여 첨예하게 나타났다.

처벌의 엄벌성의 범죄억제효과를 인정하는 이들은 사형제도의 존속에 찬성하고 반대론자는 사형제도의 폐지를 주장하고 있다. 제지이론에 대한 많은 비판이 제기되고 있지만 강력범죄의 증가, 재범현상의 증가 등의 범죄현상에 대하여 처벌을 강화함으로써 범죄에 대응하려는 경향은 여전히 효과적인 예방전략이라고 할 수 있다. 특히 최근 미국을 비롯한 선진국에서 형사사법에 있어서 신보수주의화 경향으로 인하여 처벌의 강화를 통한 범죄예방이 새로운 주목을 받고 있다.

2. 치료 및 갱생이론

이 관점은 19세기에 전개된 것으로서 베이컨의 경험론, 다윈의 생물학적 진화론, 콩트의 실증주의, 롬브로조 등의 결정론적 인간관에 바탕을 두고 있다. 이 이론에서는 기본적으로 범죄자를 생물학적, 심리학적 결함이 있는 인간으로 보고 있다. 이러한 결함이 정상인과 다른 속성을 갖게 하고 결국 범죄자가 되게 한다는 것이다. 따라서 이 관점은 범죄자가 정상인과 다른 생물학적 내지 심리적 특성을 갖고 있는가가 관심이 대상이며 이러한 특성을 찾아내고 치료하고 교정하는 것이 주목적이다. 의사가 환자의 질병부위를 진단하고 치료하듯이 범죄자의 개인 내적 특성을 발견하고 치료하는 것이다.

심리치료(psychological therapy)란 단순히 증상을 제거하는 의료치료(medical treatment)와는 달리 개인의 성장이나 사회적 대처기술을 돕는 것을 말한다. 이러한 맥락에서 갱생(rehabilitation)의 의미는 장애를 가진 사람에게 사회적 재통합을 위해 장애기능의 회복과 보충을 돕는 것을 말하며 범죄적 측면에서 갱생은 재범을 하지 않도록 도와주는 것이 포함된 의미를 가진다. 그러므로 치료 및 갱생의 일차적 목적은 재범을 방지하는 데 있다. 치료 및 갱생이론은 실증주의적 관점의 전통을 이어받고 있는 범죄에 관한 생물학적 이론과 심리학적 이론에 바탕을 두고 있다.

이 관점을 따르는 학자들은 범죄행위보다는 범죄자에 초점을 두고 범죄자의 속성에 대한 연구를 통한 치료에 중점을 두고 있다. 이 이론은 범죄를 개인의 책임이 아니라 사회의 책임으로 인식하였으며, 사회가 범죄문제를 적극적으로 해결하여야 한다고 파악하였다. 즉 범죄현상을 사회의 책임으로 봄으로써, 범죄예방에서 사회의 역할을 강조하였다. 처벌에 의한 범죄억제효과를 아주 미약한 것으로 평가하고, 범죄자의 치료와 갱생활동을 통한 범죄예방을 강조하였다.

3. 사회발달이론

범죄예방에 관한 새로운 전략의 일환으로 호킨스와 웨이스(Hawkins and Weis)의 사회적 발전모델은 미국에서 청소년범죄에 대처하기 위한 장기적 전략으로서 통합적 접근방법으로 제시되었다. 이 이론은 통제이론과 문화학습이론의 통합에 기초하고 있다. 즉 통제이론이 사회적 통제가 약화되면 범죄율이 높아지고 사회적 유대감이나 통제가 강화될 때 범죄는 감소한다는 이론이다. 또 문화학습이론은 또래와 지역사회의 역할을 강조하는 이론이다. 사회의 해체가 범죄의 위험을 높이는 역할을 한다는 점을 강조한다. 사회적 발전이론은 부모에 대한 애착의 발달이 학교에 대한 애착을 증가시키고, 나아가서 학업에 몰두하게 되고, 이를 통해서 법규준수와 같은 관습적 행동에 몰입하게 된다는 점을 제안하였다. 즉, 사회적 발전모델은 범죄의 원인을 인간의 내재적 속성으로 파악하는 생물학적·심리학적 관점과는 달리 사회학적 범죄이론에서는 범죄의 원인을 개인과 환경과의 상호작용에서 찾고 있다. 인간은 자신의 주어진 환경에 의하여 개인의 태도 및 행동양식, 성격이 결정된다는 입장을 취하고 있다. 따라서 범죄원인으로서 범죄자의 내재적 성향보다는 범죄자의 사회적 환경을 강조한다. 〈그림 11-2〉에서 보는 바와 같이 적절한 개입과 사회적 유대강화가 건전한 또래와의 교제를 강화시키고 이것이 준법행동을 이끌게 된다.

이러한 견해에서 범죄를 유발하는 사회적 환경으로서 주로 빈곤과 불평등, 사회적 차별 등을 주목한다. 빈곤, 사회구조의 해체, 공동체의 약화, 사회통제의 약화, 사회적·경제적 상황의 약화, 심리적 박탈감 등의 환경은 그와 같은 환경 속에서 생활하는 개인으로 하여금 범죄를 유발케 할 가능성이 높다는 것이다. 따라서 범죄를 유발할 수 있는 사회적 환경을 개선해야 범죄예방이 근본적으로 가능하다고 보고 있다.

사회발전을 통한 범죄예방은 전반적인 사회발전, 즉 경제력, 사회적, 문화적 환경의 발전과 연결되어야 하고, 막대한 인적·물적 자원이 필요하다. 따라서 개인이나 소규모의 조직체에 의하여 수행될 수는 없으며 국가가 사회전체에 의하여 시도될 수 있을 것이다. 위와 같은 이유로 사회발전을 통한 범죄예방정책은 범죄문제를 근본적으로 해결할 것 같으면서도 현실적으로 실천에 옮기기에는 많은 어려움을 갖고 있다고 할 수 있다. 그러나 이웃 간의 유대감을 통한 범죄예방은 인위적인 사회환경의 변화 없이도 범죄예방을 할 수 있다는 점에서 지역사회의 유대강화를 위한 여러 가지 사회적 활동이 필요할 것이다.

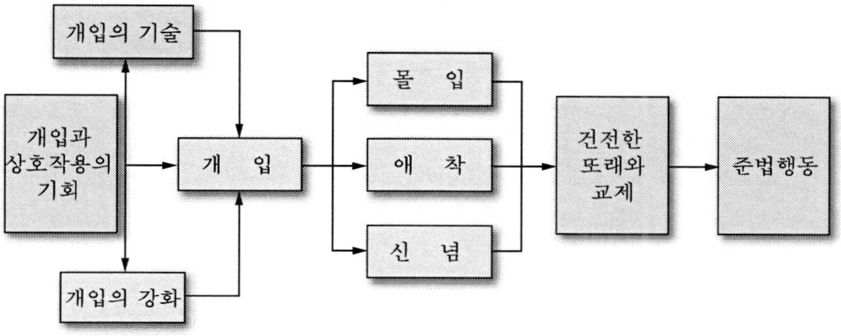

자료 : David Hawkin and Denise Lishner, (1987), "Etiology and Prevention of Antisocial Behavior in Children and Adolescents," p. 268.

〈그림 11-2〉 사회적 발달모델

제 3 절 새로운 범죄예방전략의 모색

1. 지역사회경찰활동

1) 개념과 출현배경

(1) 개념

지역사회 경찰활동에 대한 정의 혹은 설명은 다양하기는 하지만 일반적으로 그 개념은 다음과 같이 정의되고 있다.

"지역사회 경찰활동이란 전술이 아니라 철학이다. 이것은 지역사회의 뚜렷한 요구와 필요에도 대응하는 한편 범죄, 무질서, 그리고 범죄에 대한 공포를 줄이기 위해 고안된 경찰활동을 위한 적극적이고 분권적인 접근이다. 지역사회 경찰활동은 존재하고 있는 문제들을 살피고 그 문제들에 깔려 있는 원인을 측정하며 그러한 문제들에 대한 해결책들을 개발하면서 전체적으로 경찰의 책임을 검토하는 것이다."

따라서 지역사회 경찰활동은 지역사회 문제를 제기하고 삶의 질을 증진시키기 위하여 경찰과 시민간의 관계를 개선시키도록 제안되고 있는 철학이라고 할 수 있다.

이와 같은 지역사회 경찰활동은 문제지향적 경찰활동(problem-oriented policing), 지역사회 문제지향적 경찰활동(community problem-oriented policing), 이웃지향적 경찰활동(neighborhood-oriented policing), 목표지향적 경찰활동(target-oriented policing), 경찰 지역 대표자(police area representatives), 시민지향적 경찰 법집행(citizen-oriented police enforcement), 시험적 경찰활동 구역(experimental policing district), 이웃 도보순찰(neighborhood foot patrol), 지역사회 도보순찰(community foot patrol) 등 많은 유사개념이 있다. 비록 이러한 개념들을 어떤 특정의 환경에 적용시키는 데는 환경의 특징에 따라서 다양할 수 있지만 이러한 모든 개념들은 동일한 것으로 생각해도 무방하다.

지역사회 경찰활동의 개념은 적어도 다음의 네 가지 의미를 가지고 있다. 그것은 첫째, 이념적 체제(ideological system)이다. 둘째, 지역사회 경찰활동은 프로그램적(programmatic)이다. 셋째, 지역사회 경찰활동은 실용적(pragmatic)이다. 넷째, 지역사회 경찰활동은 일련의 프로그램적 요소 및 조직적 구조(organizational structures)이다.

(2) 출현배경

1960년대 후반 미국 경찰지도자, 정부관리, 그리고 학계와 사회에서는 경찰이 가장 효과적인 방법으로 임무를 수행을 하고 있는가에 대한 관심을 가지기 시작했다. 그래서 무작위 자동차순찰, 긴급대응전략, 일상적인 범죄수사, 그리고 전통적 범죄분석의 효과성에 대하여 논의했다. 일반 국민들은 경찰이 그들의 목적을 달성하고 있는가에 대해 알고 싶어했다. 1967년 법집행 및 사법행정에 관한 대통령위원회(President's Commission on Law Enforcement and Administration of Justice)에서는 경찰활동에 대해 여러 가지 측면을 조사하고 ① 경찰관의 자질, ② 경찰관의 대비와 훈련의 질, ③ 법집행기관들의 관리구조, ④ 경찰과 지역사회가 관련 맺고 있는 방식, ⑤ 경찰이 지역사회에 서비스를 공급해 주는 방식, ⑥ 경찰이 자신들의 책임을 규정하고 있는 방식에 있어서 중요한 변화가 있어야 한다고 했다.

1968년 시민 무질서에 관한 위원회(National Commission on Civil Disorders)와 폭력의 원인과 예방에 관한 위원회(National Commission on the Causes and Prevention of Violence)에서는 1960년대의 폭동과 시민 무질서를 몰고 온 환경들에 대한 조사를 실시했다. 그들의 조사에 따르면, 경찰들은 ① 효과적인 조직에 대해 관심을 거의 기울이지 않는다. ② 경찰 배치방법을 효과적으로 점검하지 않는다. ③ 지역사회의 문제와 관심에 적절한 주의를 표명하지 않는다. ④ 내부적 편견에 대한 적절한 조사가 없었다. ⑤ 시민 무질서에 대처할 예방적이거나 혹은 덜 강압적인 방법에 대한 심각한 고려를 하지 않았다. ⑥ 폭력에 대처할 대체방법을 연구하지 않았다고 지적한 바 있다.

여기서 시사하고 있는 것은 경찰이 지역사회와의 열린 대화의 장을 마련해야 하고, 포괄적이며 광범위한 서비스를 제공해야 하며, 기존의 경찰조직구조와 방법들을 재점검해야 한다는 것이다. 그 당시 시민들은 경찰이 사회변화에 적절히 대응하지 못하고 있어 불안을 느끼고 있었다. 따라서 1960년대 후반부터 1970년대 초반에 걸친 범죄와의 전쟁에 시민참여가 중요한 열쇠라는 것을 인식하게 되었다. 경찰활동은 지역사회와 공감하고, 최신기술을 이용하며, 그리고 중요한 것은 이 모든 것을 기존의 책임과 조화를 시키는 그러한 접근방법을 적용하지 않으면 안 되었다. 그러나 경찰의 오랜 전통 속에서 새롭고 여론에 민감한 그러한 철학을 통합시키는 것은 결코 쉬운 일이 아니었을 것이다. 그러나 범죄예방의 효과성이라는 대세를 위해서 새로운 철학에 경찰이 동참하는 것은 당연한 순리였을 것이다. 현재는 한국의 경찰조직에도 지역사회경찰활동의 개념을 도입하고 이것을 경찰활동에 적극 활용하기 위해 많은 노력을 하고 있는 실정에 있다.

2) 지역사회경찰활동의 특징

전통적 경찰활동의 특징은 엄격하고 공식적이며 그리고 내부문제에 초점을 두고 있다. 전통적인 경찰활동체제를 유지하고 있는 경찰기관들은 범죄의 원인을 규명하기보다는 범죄자를 체포하는데 더욱 관심을 가지고 있다. 경찰의 범죄대처능력에 대한 한계가 여러 측면에서 제기됨에 따라 1970년대에 들어와 지역사회에 기반을 둔 범죄예방활동의 필요성이 제기되게 되었다. 이는 경찰인력의 제한으로 인해 늘어만 가는 범죄문제에 효율적으로 대처하는 데에 많은 어려움이 제기되었고, 민간자원을 활용하여 공동으로 대처하는 경우에 범죄의 실질적 감소와 비용의 절감이라는 측면에서 큰 효과를 얻을 수 있다는 인식에서 비롯된다.

지역사회와 경찰이 협력하여 범죄예방활동에 주력하게 되면 지역사회의 범죄에 대한 비공식적 사회통제 능력을 향상시키고, 지역사회 위주의 경찰활동을 통해 지역주민의 자발적인 협조를 이끌어낼 수 있을 것이다. 이러한 측면에서 지역사회에 기반을 둔 범죄예방활동이 다양하게 시도되었다. 경찰의 측면에서 이러한 활동은 경찰-지역사회관계(PCR) 개선활동, 지역사회 경찰활동의 강화와 도보순찰의 도입 등의 형태로 나타나게 되었다.

먼저 지역사회 경찰활동(community policing)에서는 범죄대처보다는 지역사회의 치안유지에 집중하고, 경찰의 협력자로서의 시민과 긴밀한 유대를 맺고, 지역사회 문제에 책임을 갖는 자치단체의 관계부처와 긴밀한 협조관계를 갖는다.

이러한 지역사회 경찰활동은 여러 가지 측면에서 전통적인 경찰활동과 다른 특징을 갖는다. 우선 경찰을 보는 시각에 있어 전통적인 경찰활동에서는 경찰활동 법집행에 책임을 지는 정부기관으로 보는데 반해, 지역사회 경찰활동에서는 경찰과 마찬가지로 모든 시민이 범죄방지의 의무를 갖는 것으로 보고 경찰관은 범죄방지에 전적으로 노력을 기울이는 사람으로 본다. 경찰의 역할에 있어 전통적인 경찰활동에서는 범죄를 해결하는데 중점을 두었지만, 지역사회 경찰활동에서는 보다 포괄적인 문제해결의 접근방법을 취한다. 경찰의 업무평가방식에 있어서도 전통적인 경찰활동에서는 수사와 체포비율에 의하여 경찰을 평가하였지만, 지역사회 경찰활동에서는 범죄와 무질서가 얼마나 적은가에 의해 평가한다. 업무의 우선순위에 있어서도 전통적인 경찰활동에서는 범죄 폭력의 퇴치에 중점을 두었으나, 지역사회 경찰활동에서는 범죄와 폭력 이외에도 지역사회 질서를 문란케 하는 요인의 해결에 업무의 최우선순위를 두고 있다. 전통적인 경찰활동에서는 특히 주로 다루는 것이 사건이었던 반면에, 지역사회 경찰활동에서는 시민의 문제와 관심을 주로 다루게 한다. 또 전통적인 경찰활동에서는 반응시간(response time)이 얼마나 짧은가로 효율성을 보지만, 지역사회 경찰에서 대중과의 협조관계로 경찰업무의 효율성을 평가한다. 전통적인 경찰활동은 고도로 집중화된 조직구조를 갖고, 법과 규범에 의해 지배되며 법을 준수하는 책임을 갖지만, 지역사회 경찰활동에서는 지역사회의 요구에 부응하는 분권화된 경찰의 능력에 강조를 둔다. 경찰과 기타 공공부서와의 관계에 있어 전통적인 경찰활동에서는 우선순위로 인해 가끔 갈등을 빚기도 하였으나, 지역사회 경찰활동에서의 경찰은 삶의 질을 높이려는 책임을 갖는 여러 부서들 가운데 하나로서 다른 부서와 협조하게 되는 것이다.

지역사회 경찰활동은 범죄신고를 증대시켰으며, 범죄의 공포를 감소시켰고, 경찰권에 대한 시민의 신뢰와 감정을 증대시켰고, 경찰의 직무만족을 증대시켰으며, 목표로 정한 범죄들을 감소시키는데 효과를 나타냈다. 따라서 지역사회 경찰은 그들을 봉사하는 시민의 일부로 간주한다. 그들은 범죄와 무질서를 제거하기 위하여 적극적으로 활동한다. 지역사회 경찰활동은 시민의 문제와 관심사에 초점을 두고 있는 것이다.

3) 관련 기초연구

(1) 순찰활동에 관한 연구

경찰 업무가운데 순찰활동은 가장 중요한 부분을 차지하고 또 가장 가시적인 일이기 때문에 순찰기능의 문제와 그 효과에 대한 이해를 돕기 위해 행해진 연구가 많았다. 따라서 지역사회 경찰활동의 출현에 공헌한 중요한 연구 프로젝트를 살펴보도록 한다.

① 범죄예방순찰

본래 범죄예방순찰의 원리는 런던수도경찰국에서 유래되었다. 여기에서의 초기목표는 잠재적 법위반자들에 대한 억제에 있었으며 경찰업무는 봉사요청에 주로 반응하는 것이었다. 그러나 종래의 경찰전략에 문제를 제시한 가장 중요한 연구는 경찰재단의 후원 하에 캔자스시의 미주리경찰국(KCDP)에서 1972년에 행해진 방범순찰연구이다. 이 연구는 캔자스시 경찰국의 남부 순찰분대에서 실행한 것으로 정규적인 방범순찰의 세 유형의 통제집단을 비교하여 연구를 하였다.

1집단의 '반응적(reactive) 순찰구역'에서는 경찰들이 방범순찰을 전혀 하지 않고 단지 시민들의 도움 요청에 대응해서만 그 구역에 들어갔다. 이러한 전략의 의도는 그 순찰구역에서 경찰들의 가시성을 실질적으로 줄여보고자 하는 것이었다.

2집단의 '적극적(proactive) 순찰구역'에서는 보통 수준보다 2, 3배 많은 경찰관을 배치시켰다. 이것은 만일 방범순찰이 실제로 범죄를 막는다면 적극적인 순찰구역에서의 범죄는 실질적으로 줄어들 것이라는 것을 전제로 하였다.

3집단의 '통제(control) 순찰구역'에서는 한 순찰차에 한 명의 경찰관이 타고 순찰하는 정규적인 수준의 순찰이 행해졌다. 1년 동안의 자료분석에 따르면 세 가지 형태의 순찰구역에서 일어난 범죄사건의 정도와 경찰서비스에 대한 시민들이 태도, 범죄에 대한 시민들의 공포, 경찰의 출동시간, 혹은 경찰의 출동시간에 대한 시민들의 만족도 등에 있어 큰 차이가 없다는 것이다.

이 연구의 결과는 방범순찰을 하는 것이 그 목적을 제대로 이행하고 있지 못할 뿐더러 비생산적이라는 것을 시사하고 있다. 이것은 순찰경찰관이 불필요하다는 것을 말해주는 것이 아니라 그보다는 범죄에 대한 무작위 순찰의 효과와 시민들의 태도에 대한 기존의 생각이 잘못된 것일 수도 있다는 것이다. 이것은 경찰이 기존의 순찰과정을 유지하거나 이를 확장시킴으로써 돈과 시간을 낭비하고 있다는 것을 말해 준다.

② 출동시간

캔자스시 경찰국의 방범순찰연구에서는 경찰관들이 출동시간도 검토되었다. 전통적으로 출동시간은 경찰관이 시민들의 지원요청에 반응하는 시간으로 광범위하게 정의되고 있다. 기본적으로 출동시간이 짧으면 범인을 검거할 수 있는 기회가 더 많아진다고 생각되었다. 또한 더 빠르게 출동하는 것은 경찰이 더욱 능률적이라는 것을 말해 주며, 또한 경찰서비스에 대한 시민의 만족도를 높여줄 것이라 가정했다.

결론부터 말하자면 출동시간과 시민의 태도가 이 세 가지 실험구역에서 큰 차이가 없다는 것이 밝혀졌다. 이 연구가 시사하는 바는 단지 출동시간이 빠르다는 개념보다는 거리, 속도, 지역, 경찰관의 태도, 그리고 경찰을 부른 시민의 행동 등 복합적인 요소에 의해 결정되는 것으로 보인다. 이러한 출동시간에 관한 기본적 결과는 어떠한 새로운 대체적인 순찰계획도 경찰관이 신고에 즉각 출동할 수 있다는 것이 확실히 해야 할 필요가 있게 된 것이다.

중범죄의 경우 빠른 출동시간이 본질적으로 보다 나은 결과를 초래할 수 있으리라 생각했지만 이 연구결과로 이러한 생각은 분명치 않게 되었다. 시민들의 만족도 문제에 있어서 이 연구로 인해 시민을 만족시키는 주요 결정요소는 시민이 경찰에 대해 갖고 있는 인식과 출동시간에 대한 기대감이다. 출동하는데 소요된 시간보다는 시민들이 출동하리라 예상하고 있던 시간과 실제로 경찰이 나타난 시간이 맞아떨어지는 시점이 더 중요한 것으로 보인다. 빠른 출동시간이 중범죄를 효과적으로 처리하지도 못할뿐더러 시민의 만족감을 직접적으로 증대시키지도 못하였기 때문에 이 연구는 다른 경찰전략을 탐구하기 위한 기틀을 마련해 주었다고 할 수 있다.

③ 선별적 경찰대응

예전부터 경찰에의 신고전화는 생명을 위협하는 상황을 제외하고는 받은 순서대로 처리되어 왔다. 물론 그 신고에 따라 즉각적 조치가 취해지기는 했다. 차별적 경찰반응은 각 신고전화는 경찰반응을 "즉각적으로 필요로 하는가"에 따른 차등적 우선순위에 따라 결정되어야 한다는 것을 의미한다. 방범순찰과 출동시간 연구를 통해 신고를 더욱 유동적인 방법으로 처리할 수 있다는 것을 인식하고 신고를 처리하는 대안적 방법인 차별적 경찰반응을 마련했다. 차별적 경찰반응은 운용하는데 필요한 자원과 전문기술을 조화시키는 자원 및 시간의 적절한 운용을 위한 계획이다. 이렇게 함으로써 신고에 대처에 융통성을 보장할 수 있을 뿐 아니라 지역사회가 필요로 하는 것에 더욱 잘 반응하고 경찰조직 운영상의 능률을 향상시키는데 도움을 주며, 이는 지역사회에 대한 봉사와 행정업무 뿐 아니라 범죄예방과 수사와 같은 범죄에 초점을 둔 활동을 할 수 있는 시간을 더 많이 보장해 주는 장점을 가지고 있다.

차별적 경찰반응은 시간관리의 전략이므로 이를 실행하면 순찰경찰관들이 지역사회의 다른 업무를 수행하고 문제해결을 할 시간을 더욱 많이 가지게 된다. 그러므로 차별적 경찰반응은 시민들의 요구와 필요에 더욱 잘 반응하도록 하며 경찰인력을 더욱 효율적으로 사용할 수 있도록 할 뿐 아니라 시민의 만족도를 상승시켜주는데 이 모든 요소가 지역사회 경찰활동을 위한 노력에서 중요한 것이다.

④ 1인순찰 대 2인순찰

많은 순찰경찰관들의 민감한 문제는 순찰차에 한 명의 경찰관이 탑승해야 하는가 혹은 두 명의 경찰관이 탑승해야 하는가의 문제이다. 이 논쟁에서 가장 일반적인 문제는 경찰관의 안전이 핵심이다. 두 명의 경찰관이 타고 있는 순찰차가 위험한 상황에서 더 안전하다고 믿어졌다. 경찰관이 두 명 타고 있는 순찰차는 비용이 더욱 많이 소요되는데 그것은 많은 신고의 경우 한 명의 경찰관만으로도 충분히 문제를 해결할 수 있다는 것이다. 그러므로 나머지 경찰은 필요가 없으므로 자원의 낭비라는 것이다.

캘리포니아의 샌디에고에서 행해진 연구 결과에 의하면, 비용, 처리되는 신고의 수, 검거율, 출동시간, 행정업무 처리 등의 요소를 기준으로 볼 때 1인 일조의 순찰조가 2인 일조의 경우보다 훨씬 효율적이며 효과적이었다는 것이다. 1인 일조 그리고 2인 일조의 순찰조는 모두 거의 같은 정도로 공격을 당하지만 2인 일조의 순찰조가 1인 일조의 경우보다 체포시 범인들의 반항, 경찰관에 대한 공격, 위험한 사건에 연구되는 경우가 더 많았다. 이 연구결과 1인 일조 순찰조를 편성하는 것이 경찰관 안전에 있어서 더욱 효과적이라는 결론을 지지하게 되었다.

⑤ 전문화된 순찰

순찰요원들의 업무를 보다 효과적으로 수행하기 위해 다양한 순찰형태가 시도되었다. 이러한 다양한 모델들에 일관된 공통목적은 봉사요청에 효과적으로 대처하고, 범죄를 통제하며, 순찰시간이 아닌 시간을 생산적으로 활용한다는 점이다. 이러한 실험을 전문화된 순찰이라고 한다. 전문화된 순찰의 평가결과 업무수행의 효과는 향상되지 않았으나, 인력사용 면의 효율성은 일반적으로 향상된 것으로 나타났다 이러한 성공은 전문화된 순찰을 재정의하여 그 효과 또한 높이려는 시도가 적극적으로 진행되었다.

2. 문제지향적 예방활동

1) 개념

문제지향경찰활동(Problem-Oriented Policing)은 미국의 골드스테인(H. Goldstein)이 1979년에 경찰활동의 새로운 접근방법으로서 도입할 것을 주장하면서 많은 관심을 일으켰다. 그는 특정사건과 지역사회문제의 증상에 대응하기보다는 시민불편의 근본원인을 찾아내어 제거해야 한다고 주장했다. 이것은 브라운(W. Brown)이 제시한 "경찰기능의 평가"에서 영향을 받았다.

브라운은 경찰이 절도사건 자체에 반응하는 경향이 있다고 지적하면서 더 효과적인 전략은 절도를 문제로서 정의하고, 절도문제의 대응전략을 고안해야 한다고 주장했다. 여기서의 문제는 단 하나의 사건이라기보다는 비슷하고 관련되며 빈발하는 사건의 집합이며, 실질적인 지역사회관심거리가 되고, 경찰업무의 대상을 의미한다. 군범죄와 관련하여 생각해 보면, 탈영을 그 자체의 사건에 한정하여 생각할 것이 아니라 탈영을 하나의 문제로 인식하고 문제의 근본원인을 발견하여 제거하는 것이 경찰과 관련지휘관, 참모부서의 임무라는 것이다.

경찰분야의 선구자인 골드스타인(Goldstein)은 ① 지역사회문제의 인식, ② 문제의 본질에 대한 체계적인 조사, ③ 각 문제에서 지역사회의 이해관계분석, ④ 현경찰대응의 평가, ⑤ 정형화된 해결책의 제한 없는 탐색, ⑥ 해결책집행에서 창의력발휘, ⑦ 해결책의 효과성 평가 등의 활동을 하는 기관을 POP를 실행하는 기관으로 정의한다. 따라서 문제지향경찰활동은 범죄사건을 모아서 관련성을 검토하는 분석기능을 중요시하며 그 범죄사건의 근원적인 문제는 무엇인가를 생각해 보는 것이다.

즉 표면적인 증상보다는 문제에 초점을 둔다는 관념은 범죄예방과도 가까운 개념이며 경찰활동의 새로운 철학이라고 볼 수 있는 것이다. 아울러 이러한 기능을 활성화시키기 위해서 군 조직에서 획일적인 수직적 의사소통보다는 수평적 의사전달을 권장하고, 권한을 하위제대에 치대한 분산시킴으로써 창의력을 발휘하도록 유도하는 것이다. 부대의 문제에 대한 대응에 있어서도 다른 부서와의 공동대응과 협조관계를 강조하며 사법처리 이외의 다양한 대응을 고려한다.

2) 사건중심경찰활동과의 차이점

사건중심의 경찰활동(COP)과 문제중심경찰활동(POP)은 둘 다 현안문제의 근본원인에 대한 대응방안을 모색함으로써 범죄를 방지하려는 전략이다. COP 뿐 아니라 순찰과 형사업무로 특징 되는 전통적 수사활동은 수동적인 전략이며, 지역사회의 요구와 반응에 따라 대응한다. 그러나 합동활동(Team policing)과 POP는 주도권과 의사결정권한이 중간관리층 혹은 하위층이 행사하므로 이러한 두 가지 전략은 적극적인 측면이 있다.

아래의 표는 일반화되고 정확한 분류는 아니다. 어떤 학자들은 Team policing과 전통적인 순찰은 유형이 같고, COP는 전통적인 관례의 틀 내에 있는 것으로 보기도 한다. 또한 발전순서에 있어서 전통적인 경찰활동이 Team Policing과 POP를 통하여 COP로 순차적으로 발전한 것도 아니라고 한다. 오늘날 미국에서 이러한 4가지 접근의 요소들이 혼재되어 나타날 것이다.

POP는 COP와 다른 원칙에 바탕을 두고 있지만 서로 보완적이다. POP는 COP 철학을 실행하는 전략이다. POP는 범죄와 무질서의 빈발에 대한 근본원인을 조사하는 것을 지지한다. 문제해결모델 즉 SARA모델은 문제인식(Scanning), 문제분석(Analysis), 대응(Response), 평가(Assessment)를 적용하여 사건을 해결하려고 한다는 점에서 COP보다 분석적이고 연구적이다. COP와 POP의 통합은 미래의 경찰활동에 있어서 가장 좋은 철학이 될 것으로 생각된다.

3) 기본원칙

현 경찰활동의 한계에서 지적했듯이 기존의 경찰활동은 사건을 중점적으로 다루고 근원적인 문제에 대처하는 것은 아니었다. 따라서 문제지향예방활동의 첫 번째 단계는 문제가 표면적으로 명백하게 나타나는 징표가 바로 사건이라는 것을 인정하면서 단순히 사건을 다루는 것을 넘어서는 것이다. 문제지향예방활동은 문제를 일으키는 상황과 요소들을 인지하고 사건에 대한 더 깊은 관심을 가지는 것을 필요로 한다. 몇몇 뛰어난 지휘관이나 경찰수사관 혹은 특별한 부서나 기능을 담당하는 경찰이나 다른 부서의 모든 간부들은 이러한 임무에 기여해야 한다.

다음 〈그림 11-3〉은 사건위주의 수사활동(incident-driven policing) 사건을 어떻게 다루는 가를 나타내고 있다. 이러한 임시방편적인 해결은 중요하지만 한계점을 지니고 있다. 경찰과 지휘관은 사건을 일으키는 근본상태를 방치하기 때문에 그러한 사건들은 재발할 가능성이 높다.

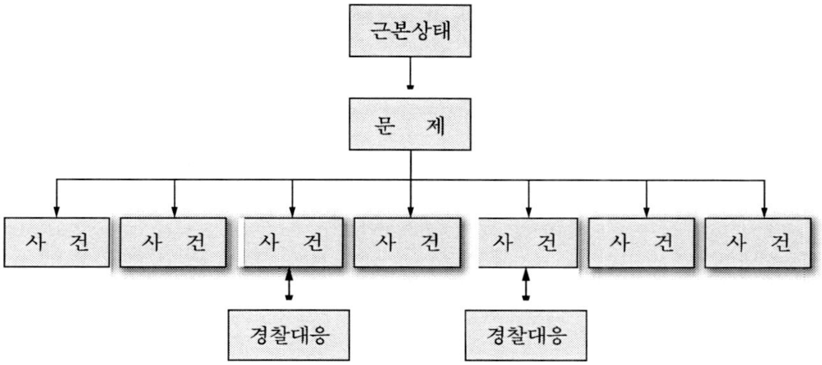

자료 : John E. Eck and William Spelman, (1987), Problem-Solving : Problem-Oriented Policing in Newport News, p. 4.

〈그림 11-3〉 사건중심활동모델

문제지향적 예방전략을 가진 경찰은 〈그림 11-4〉에서 기술된 대로 대응할 것이다. 경찰이나 지휘관은 문제의 명확히 파악하기 위해서 다른 소식통으로부터 얻은 정보를 사건해결을 위해서 사용한다. 이러한 정보를 이용한 사건해결이 성공적일수록 사건은 더욱 적어질 수 있다. 일어난 표면적인 사건들은 그다지 중요하지 않을 수도 있는 것이며, 근원적인 문제가 중요한 것이다. 이러한 근원적인 문제가 해결된다면 그러한 사건들은 미래에 중지될 수 있는 것이기 때문이다.

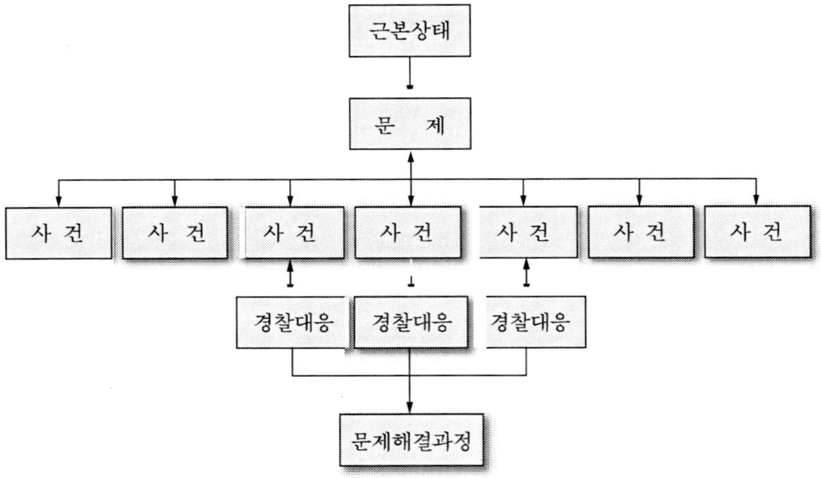

출처 : John E. Eck and William Spelman, (1987) Problem-Solving : Problem-Oriented Policing in Newport, p. 4.

〈그림 11-4〉 문제지향적 활동

이러한 모델 하에서 경찰과 지휘관이 부대의 문제를 다루는 5가지의 해결방안을 제시하면 다음과 같다. 그것은 ① 문제를 완전히 제거하는 것, ② 문제로부터 야기된 사건을 축소하는 것, ③ 사건의 심각성을 축소하는 것, ④ 사건을 더 잘 다루는 방법을 설계하는 것, ⑤ 문제를 전혀 고려하지 않는 것 등이다. 문제지향경찰활동은 지역사회경찰활동과 맥을 같이 한다고 할 수 있는데, 경찰활동에 치료적 지역사회 모델(medical community)과 비슷하다.

의사(경찰, 담당참모)는 문제를 인식하기 위해서 환자(관할부대)와 대화한다. 때때로 그 해결책은 전적으로 환자(관할부대)에 달려 있다. 또 어떤 경우에는 의사(경찰, 담당참모)와 환자(관할부대)의 공동노력이 요구되기도 하고, 어떤 경우에는 의사(경찰, 담당참모)만이 문제를 풀 수 있다. 어느 경우에 문제는 고질병(변화 불가능한 요소)이기 때문에 고칠 수 없다는 것을 받아들여야 한다.

4) 사라(SARA)모델

문제지향예방활동은 기존의 사고예방활동에 대안적 접근을 하려는 것이다. 이것은 범죄에 대한 현 대응의 한계점을 시인함으로부터 시작된다. 해당지휘관과 참모, 경찰은 사건을 야기하는 근본상태(underlying circumstances)에 대응하기 위해서 문제파악, 문제분석을 통하여 문제지향예방활동을 구체화할 수 있다. 문제에 대응하는 대안적 방법들이 예전부터 유용한 것으로 인정되어 왔지만 그것을 상대적으로 덜 이용해 왔다.

문제지향경찰활동은 3가지 주요주제에 중점을 두는 경찰운영으로 20년 연구의 성과물이다. 그러한 3가지 주체는 ① 순찰과 형사의 시간을 소비하도록 하고, 사건들을 일으키는 근본상태에 대처함으로써 효과성의 증진, ② 문제를 주의 깊게 연구하며 혁신적 해결책을 발전시키는 현장경찰관의 전문성과 창조성에 의존, ③ 경찰이 시민의 요구에 대응하고 있다는 것을 확인시키기 위해 시민들과의 긴밀한 관계 유지이다. 이러한 전략은 조사(scanning), 분석(analysis), 대응(response), 평가(assessment)로 다음과 같이 4가지로 구성된다.

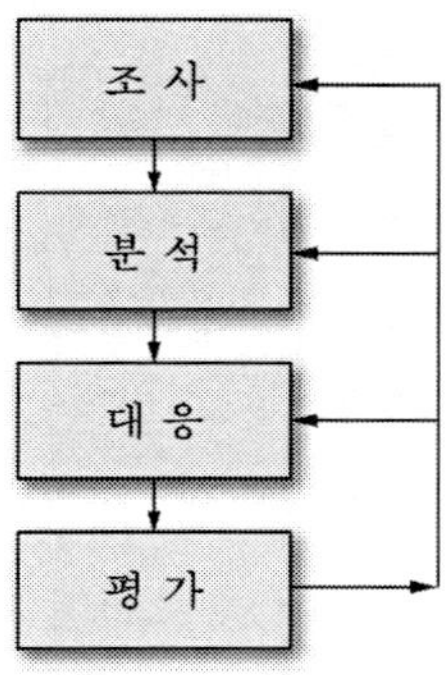

자료 : William Spelman and John E. Eck,(1987), Newport News tests problem-oriented policing, p. 4.

〈그림 11-5〉 문제해결과정(A Problem-Solving Process)

(1) 문제파악(Scanning) : 조사

첫째, 문제를 파악하기 위해서는 우선적으로 문제의 의미를 명확하게 정의하는 것이 필요하다. 문제(problem)는 단 한 건의 사건이라기보다는 유사한 관련성이 있고, 자주 일어나는 사건들의 집합(group), 지역사회의 실질적인 관심, 경찰이 관장하는 업무라고 정의된다.

둘째, 문제의 인식주체로는 관련부대, 관련참모(인사, 감찰, 군종 등) 담당수사관의 공동노력으로 성립된다. 부대의 문제를 파악하는 업무는 소속부대의 의견을 종합하고 수렴하는 경찰의 의지와 능력, 지식과 전문성에 달려 있어 상당히 까다롭고 어려운 문제이다.

경찰의 범죄관련 첩보는 방대한 양의 사건들을 다루기 때문에 부대에서 드러나기 전에 문제를 인식할 수 있도록 하며, 범죄의 발생가능성과 범죄유형을 어느 정도 가능하게 하는데 도움이 된다.

셋째, 여러 가지 문제들로부터 우선순위에 따라 선택하는 것이다.

조사과정에서 수많은 문제들이 많은 관계로 모든 문제를 조사한다는 것은 가용인력의 한계성 때문에 몇 가지 우선순위가 부여되어야 한다. 어떤 문제에 가장 높은 우선순위를 두어야 하는가에 대한 고려가 필요하다.

(2) 문제분석(Analysis) : 자료분석

효과적인 대응방안을 모색하기 위해서는 문제의 인식과 분석이 필요하다. 문제들은 여러 가지 차이점에도 불구하고 문제해결과정은 몇 가지 공통되는 단계가 있다.

첫째, 문제가 일단 정해지면 분석에서의 첫 번째 단계는 어떠한 정보가 필요한가를 결정하는 것이다. 이것은 과거의 관점에 구애받지 않고 폭넓게 조사되어야 한다.

둘째로, 정보의 원천에 관한 것이다. 정보원이 어디에 있느냐에 따라 문제해결에 필요한 정보를 얻을 수 있다.

셋째, 조사는 정확해야 한다. 정보는 타당성이 확보될 수 있도록 정확성을 기하고 객관적으로 수집되지 않는다면 가치를 상실한다.

넷째, 충분한 조사가 이루어졌는가 확인하는 것이다. 문제의 조사분석이 포괄적인가, 충분한 깊이로 실행되었는가를 알아보는 것은 필수적이다.

(3) 대응(Response) : 대안탐색

최근에 범죄를 예방한다는 목표 하에서 많은 노력들이 있어 왔다. 이중에서 상황적 접근(situational approach)방법은 사람을 변화시킨다는 환경을 변화시키는 것을 강조하고 특정범죄와 특정지역에 중점을 두어야 할 필요성을 중요시한다. 특정문제에 대응해야 할 경우 범죄의 대상물은 강화하거나 제거하고, 범죄의 이익을 축소하며, 감시를 강화하는 접근을 우선시 한다. 이러한 상황적 접근들은 문제지향경찰활동이 산출하려는 유형의 대응방안마련에 큰 도움이 될 것이다.

SARA모델의 세 번째 단계인 대응단계는 문제에 대한 창조적이고 정형화된 해결책을 찾는 것이다. 범죄자의 처벌이 문제에 대한 유일한 대응인 것으로 생각되는 경우도 있다. 이럴 경우 문제를 철저하게 분석하고 잠재적 대응을 고려한 후에 처벌이 효과적인 해결책이라면 그러한 접근방법을 견지해야 한다. 그러나 처벌이 가장 효과적인 해결책이 아니라면 다른 대응이 검토되어야 한다.

(4) 평가(Assessment) : 대안평가

범죄문제에 대한 대응의 효과성을 향상시키는 것은 문제인식과 분석, 대안탐색, 대안의 집행에 관한 전 과정과 관련된다는 것을 명심해야 하고 실행된 대안에 대한 평가절차가 마련되어야 한다. 대안의 실행이 투입되는 단계부터 효과성에 대한 명확한 의미를 부여해야 한다. 효과성평가는 상대적으로 쉬운 것도 있지만 또 어려운 것도 있다.

각 문제에 대한 대응평가는 다음과 같은 요소들 즉 ① 문제의 명확한 이해, ② 문제를 다루려는데 있어서 특정이해관계의 인정과 우선순위, ③ 목표의 도달범위를 결정하기 위해 사용하는 방법, ④ 기대성과에 관한 현실적 평가, ⑤ 단기적 효과와 장기적 효과의 상대적 중요도, ⑥ 대응의 합법성과 공정성의 명확한 이해 등을 필요로 한다. 범죄문제에 대한 대처의 효과성의 평가는 차후의 대안선택에 반드시 반영되어야 한다.

5) 깨어진 유리창 이론

(1) 기본개념

윌슨과 켈링(Wilson & Kelling)이 주창한 깨어진 유리창이론(Broken Windows Theory)의 주요 가정은 지역 사회내의 사회적, 물리적 무질서는 범죄와 직접적인 인과관계가 있다는 것에서 출발한다. 깨어진 창 이론에 의하면 지역사회내 쓰레기투기, 교통법규위반, 노상방뇨, 노숙자, 창녀들의 활동 등과 같은 기초 질서위반행위가 계속 그냥 방치되면 지역사회를 통제하는 비공식적 통제능력이 약화되고 이로 인해 시민들의 범죄에 대한 두려움은 더욱 증가되게 된다.

범죄에 대한 두려움이 증가됨으로써 외부와의 접촉 또는 야간에 외출을 기피거나, 무리지어 노는 청소년들을 의도적으로 피하거나, 또는 자신들이 위험하다고 생각하는 특정 지역에 전혀 접근하지 않는 등 자신들의 일상생활에 많은 변화를 주게 되며, 이러한 생활 변화는 자신이 거주하는 지역사회에 대한 무관심이 더욱 증가되는 결과로 이어지며, 이는 지역 사회 내에 더 심각한 기초 질서 위반행위들이나 경범죄가 빈번하게 발생하게 된다.

이러한 기초 질서 위반행위들이나 경범죄가 빈번하게 발생하고 통제되지 않는 지역사회는 궁극적으로 시민들의 생활의 바탕이 되는 지역 사회로서의 기능을 상실하게 되고 황폐화되게 된다. 결국 범죄행위에 대한 지역 사회의 통제 능력 상실로 인해 범죄를 저지르고도 잡히지 않는다는 인식이 지역 사회에 만연하게 됨으로 인해 잠재적 범죄자들이 더 많이 지역 사회에서 생기거나, 외부로부터 유입되며 이는 마약, 강도, 살인 등과 같은 더 심각한 범죄로 이어지게 된다.

따라서 경찰의 기초 질서 예방 활동을 외면하고 중한 범죄 중심의 경찰활동과 범죄가 발생한 후 경찰이 사후에 대처하는 전통적 경찰활동은 범죄를 예방하고 줄이는데 있어서는 비효율적이라 비판하고 새로운 대안으로 경찰은 범죄의 근본 원인이 되는 지역사회 내의 사회적, 물리적 무질서 예방과 기초 질서 위반 행위 단속에 더 많은 노력을 기울여야 한다고 주장했다.

윌슨과 켈링(Wilson & Kelling)의 깨어진 창 이론(Broken Window Theory)의 이론적 바탕이 된 실험은 1969년 스탠포드 대학의 심리학자인 짐바도(Philip Zimbardo)에 의해 행해졌다. 짐바도 교수는 지역 사회내의 통제와 법의식이 강하고 부유한 지역인 캘리포니아의 팔로 알토지역(Palo Alto area)과 이와는 반대로 지역 사회내의 통제와 법의식이 상대적으로 미흡하고 빈민가 지역인 블롱크스(Bronx street)의 거리에 번호판이 떨어지고 본네트가 열려진 차를 각각 주차시켜, 이것이 각 지역 주민들의 기물파손행동에 어떤 영향을 미치는지 조사하였다.

지역 사회내의 통제와 법의식이 상대적으로 미흡한 Bronx의 거리에 주차된 차는 10분도 지나지 않아 지역 주민들에 의해 차량이 손상되기 시작했고 차량 부품들은 뜯겨져 나가기 시작했다. 이와는 반대로 지역사회내의 통제와 법의식이 강한 캘리포니아의 Palo Alto의 거리에 주차된 차는 1주일 이상 아무런 손상을 입지 않았다.

짐바도(Zimbardo)는 통제되지 않는 파괴 행위가 Palo Alto의 주민들의 태도 변화에 어떤 영향을 주는지 조사하기 위해 일부러 큰 망치로 차량을 부수기 시작했다. 얼마 지나지 않아 Palo Alto의 지역 주민들도 함께 차량을 부수고 손상시키기 시작했다. 실험의 결과는 지역에 상관없이 인간의 공격적 행동 또는 범죄행위는 지역 사회내의 무질서와 관련이 있음을 입증시켰다.

(2) 이론의 시사점

윌슨과 켈링(Wilson & Kelling)의 "깨어진 창 이론"은 강력범 중심의 전통적인 경찰 역할에 대한 효율성에 많은 의문점을 제시하였으며, 기초질서유지와 범죄예방활동이 지역주민들의 삶의 질을 향상시킬 수 있는 경찰활동(Quality of life policing)과 같은 새로운 경찰역할상의 정립에 상당히 많은 기여를 하였다.

첫째, 지역사회내 범죄발생의 징후가 되는 기초 질서 위반 행위나 무질서를 경찰이 적극적으로(또는 공격적으로) 단속함으로써 범죄를 효과적으로 예방하고 줄일 수 있다고 주장하였다. 적극적이고 공격적인 경찰활동은 경찰관들이 지역 주민들에게 적대적이거나, 폭력적인 것을 의미하는 것이 아니라, 수상한 행동을 하는 사람을 수사하거나, 교통위반행위 등에 대한 단속을 지속적이고 적극적으로 활동함을 의미한다.

둘째, 범죄를 예방하는데 비공식적 지역사회 규범과 지역사회 주민들의 범죄 예방활동에 참여시키는 협력치안이다. 범죄 통제에 초점을 둔 전통적 경찰 활동에서는 시민들은 범죄 발생시 신고만 하는 수동적인 입장이었지만, 기초질서유지를 위한 경찰 활동에서는 시민들의 자발적인 참여와 협조가 교통사고예방, 절도 등 범죄예방과 사건 해결에 매우 중요한 역할을 한다.

윌슨과 켈링은 무규범 상태나 사회해체는 다양한 사회문제를 야기한다는 것이다. 사회관계의 해체는 가정, 학교, 교회 등과 같은 비공식적 사회집단의 통제력을 약화시키며, 이는 사회구성원의 일탈과 범죄 등을 증가시킨다. 이러한 일탈과 범죄의 증가는 구성원에게 불안과 공포를 증가시켜 비공식적 사회통제의 약화를 가중시킨다는 점을 강조하였다. 즉 두려움은 주민들을 고립시키고, 그러한 고립은 비공식적 사회통제를 더욱 약화시켜 지역사회의 문제에 더욱 무관심하게 하고 이웃 간의 관계를 더욱 소원케 하여 결국 통제할 수 없을 정도의 일탈 및 범죄를 발생시키게 된다는 것이다.

현대사회의 사회구조가 복잡해지면서 가족이나 이웃, 친구와 같은 일차집단이 약화되어 통제기능이 공식적인 기구에 집중되고 지역사회의 해체현상이 두드러지게 나타난 결과 비공식적 사회통제의 중요성이 강조되고 있다. 다시 말하면 사회가 커지고 복잡해질수록 경찰과 같은 공식적인 통제기구의 역할이 증대되고 비공식적인 사회통제는 약화되어 지역사회는 자신의 구성원에 대하여 통제를 행사할 능력을 상실하게 된다.

그러나 공식적인 사회통제수단 역시 인력 및 조직, 재원의 부족으로 인해 범죄를 통제할 수 있는 능력이 제한되어 있다. 그 결과 시민단체 등 지역사회의 비공식 사회통제의 부활 없이는 효과적인 교통단속활동을 수행하는 것이 불가능하다. 주민에 의한 비공식적 사회통제는 공식적인 사회통제의 한계를 보완하고 지역사회의 범죄와 교통사고를 감소시키는 수단을 제공한다.

따라서 경찰활동을 통한 공식적 통제와 지역사회에 의한 비공식적 통제는 상호보완적인 관계라고 보아야 할 것이다. 비공식적 사회통제의 형성과정은 지역주민간에 활발한 사회적 상호작용을 통해 친근감이 나타나고, 이러한 친근감을 통하여 행동규범을 공유하는 집단이 형성되게 되며 이러한 규범을 공유한 집단이 서로의 안전에 대하여 공동의 노력을 기울이겠다는 합의가 이루어지면 이에 대한 신뢰와 책임의식을 바탕으로 하여 비공식적 사회통제가 이루어진다고 볼 수 있다.

비공식적 사회통제전략의 주된 목표는 잠재적 교통법규위반자나 범죄자의 인식전환이다. 이웃주민간의 활발한 상호작용을 의미하는 비공식적 통제와 주민 상호간의 신뢰감이 강한 지역에서 잠재적 범죄자는 자신의 행동의 가시성이나 잠재적 목격자의 존재로 인해 범죄 실행을 주저하게 된다. 그러므로 가시성 범죄자는 다른 곳에서 범죄를 저지르거나 범죄를 포기하게 되는 것이다.[1] 비공식 사회통제전략의 전제조건은 사회적 상호작용과 규범을 공유하는 사회집단의 형성이 요구되며 서로

1) James Q. Wilson & Richard Heddnstein, (1985), “Crime & Human Nature : The Definitive Study of the Causes of Crime” (NY : Touchstone Book,), pp. 307-310.

의 안전에 대한 책임을 갖는 상호신뢰와 의지에 의존한다는 것이다. 그러드로 집단적이고 자발적인 주민의 참여가 매우 중요하다.

제 4 절 범죄예측을 통한 범죄통제

1. 범죄예측의 의의

1) 범죄예측의 개념

범죄예측과 범죄예방은 현대 형사정책에 있어서 매우 중요한 위치를 차지하고 있다. 이러한 범죄예측과 범죄예방의 분야에서 심리학적 이론들은 잠재적 범죄자를 사전에 식별하거나 범죄성의 발현을 사전에 탐지하고, 범죄의 사전예방을 위한 예측에 기여하고 있다(Frank Schmalleger, 2002: 135-137). 심리학적 관점에서의 접근은 형사법적 관점과는 달리 어떤 행동이 범죄인지 아닌지에 관심을 두지 않고 그러한 범죄행동이 왜 발생되었는지에 관심을 갖는다. 또한 범죄원인을 해석함에 있어서 환경적 조건보다는 오히려 성격, 태도, 지각 같은 심리적 변인에 더 많은 관심을 갖고 있다.

물론 환경적 조건에 관심도 갖지만, 환경자체가 아니라 환경에 의해서 형성된 성격 특성 같은 개인 변인이 관심의 대상이 된다. 즉, 사람들의 행동을 일관성 있게, 일정하게, 그리고 특이성 있게 나타나게 하는 것이 바로 성격이며, 성격은 그러한 행동을 일으키는 동기적 힘(Motivational Forces)을 갖는다. 범죄예측(Crime Prediction)은 장래에 어떤 사람이 범죄행위를 범할 가능성이 얼마나 되는가를 측정하여 그 위험성을 사전에 예방하기 위한 목적으로 행해지는 것이다. 즉, 미래에 일어날 범죄발생을 과학적으로 예측하는 것이다(이상현, 2004: 447-448). 이러한 범죄예측에는 과거의 범죄발생에 대하여 통계적으로 처리하고 범죄의 수량적인 예측활동 및 일반적인 범죄원인과 범죄인상을 밝혀서 범죄가 발생하는 시기, 장소를 추측하는 일반예측과 개인의 범죄예측이나 범죄자의 재범가능성을 예측하는 개별예측이 있는데, 전자는 경찰의 범죄예방활동, 지역사회조직화에 있어서 예방활동에 활용되는 반면 후자는 수집된 정보를 바탕으로 개인의 유형 또는 범인상을 규정하여 프로파일링 범죄예방활동으로 활용되고 있다.

실제로 일선현장에서의 범죄예측은 ① 개인의 처우결정을 위한 자료 수집, ② 처우방법의 효과측정을 위한 자료 수집, ③ 처우제도의 결정을 위한 자료 수집 등의 목적을 위해서 시행되는 것이 일반적이다. 그러나 오늘날의 범죄예측은 단순히 한 개인의 범죄가능성을 놓고 연구하는 것이 아니라 지역적 범죄발생요인과 범죄통계를 바탕으로 공간적 범죄예측이나 시간적 범죄예측 등 다양한 측면에서 연구되고 있다. 더 나아가서 피해자학의 발달은 범죄피해자의 방어능력 분석에까지 연구의 초점을 맞추고 있어서, 이러한 범죄예측기법은 범죄학 연구의 중요한 분야로 부상하고 있는 것이 사실이다.

2) 범죄예측의 역사

범죄의 예측연구는 가석방의 객관화를 목적으로 1920년대 미국에서 시작되었다. 당시에는 범죄원인에서 예측인자를 선정한 예측표를 가지고 예측인자의 유무정도에 의하여 대상자의 재범을 예측이었는데, 1923년 와그너(S. B. Wagner)가, 1928년에는 버제스(E. W. Burgess)가 가석방성적의 양부에 기초하여 재범예측표를 만들었고 사회학자 오올린(Ohlin)은 사회적 인자를 기본으로 하여 예측표를 발전시켰다. 이후에 Glueck부처는 예측연구를 소년비행의 측면에서 실시하고 개별예측으로서 조기비행예측표를 완성하여 1950년에 「소년비행의 해명」이라는 저서에서 발표를 통하여 범죄예측에 새로운 접근방법을 제시하였다(이상현, 1996: 170-173). 이러한 범죄예측은 물론 범죄학연구의 과학화에 기여한 실증주의학파에 영향받은 바 적지 않은데, 그것은 실증주의학파가 범죄의 원인을 과학적으로 규명할 수 있다고 주장한 데서 비롯되고 있다.

일본에서는 1936년 요시마스(吉益修夫)가 서양식 예측방법을 들여와 적용하였지만, 본격적인 연구는 1950년대 이후 통계학자와 형사정책 관련 연구자들에 의해 다양한 과학적 시도가 이루어졌다. 특히 교정처우효과에 대한 관심이 많았던 일본의 학자들은 범죄예측에 있어서 심리적 측면의 재범성 연구나 청소년들의 비행성 포착에 연구의 초점을 맞추었으나, 이러한 시도는 다양한 케이스를 확보하기 어렵다는 점과 획득된 연구자료를 바탕으로 표준화된 모델을 구하기 어렵다는 점에서 연구의 한계를 태생적으로 안고 있다 하겠다.

우리나라에서는 1960년 이후 서울소년원을 비롯한 사법부 일부 부처와 형사법연구가들이 범죄예측을 위한 심리검사·사회성예측표 등을 제작하였으나, 본격적인 연구는 1960년대 말에서야 이루어졌다.

오늘날 이러한 개인적 범죄예측은 조기예측과 재범예측으로 나눌 수 있다. 조기예측에는 비교적 유년기와 소년기의 시점에서 장래 대상자나 범죄나 비행에 빠져들 가능성을 예측하는 것이며 범죄자로 되기 이전의 어느 시기에 예측방식의 이용목적상의 차이나 작성자의 이론에 따라서 행해지는 것이다. 그리고 재범예측은 이미 범죄나 비행을 일으킨 자가 장래 다시 범죄를 일으킬 가능성을 예측하는 것이다.

실제 형사사법 현장에서는 보호관찰 또는 소년보호의 분야에서 일한 개인적 범죄예측 방법이 유용하게 활용되고 있다.

2. 범죄예측의 유형

1) 임상적 예측

범죄예측의 방법에는 임상적 예측법과 통계적 예측법이 있다. 임상적 예측이란 예측대상자의 현재 인격상태와 환경조건 또는 과거의 성장환경 등을 범죄학적 관점에서 전반적으로 분석·검토하여 그의 범죄성이나 위험성 또는 그 가능성을 판단·예측하는 것으로, 이 방법을 흔히 전체적 평가법 또는 직관법이라고도 한다(Dhiri, Sanjay, 1999: 112-113). 임상적 예측은 범죄학 연구의 초기단계에서부터 심층적으로 연구되어 온 것이 사실이다. 특히 20세기 초기 범죄학 연구에 있어서 범죄생태학적인 접근방법 중에서 상당수는 심리학자들과 생태학자들의 참여가 활발하였기 때문에 이러한 임상적 예측은 범죄학 연구의 그 연원을 같이한다고 볼 수 있다.

오늘날 이러한 임상적 예측은 우선, 대상이 되는 개인을 전체적으로 평가, 진단하고 의학, 심리학, 사회학 등 전문적 지식에 의하여 범죄를 예측하는 방법을 통하여 범죄예측을 시도한다. 따라서 임상적 예측의 대표적인 예로는 심층면접을 통한 개인의 인격 및 성향의 심리적 접근방법 등이 있으나, 전문적 지식과 많은 경험이 있는 전문가가 아니면 불가능하고 진단적 방법 자체가 확립되어 있지 않은 현 단계에서 진단자의 현저한 개인차로 인하여 객관적 기준을 얻기 어렵다는 한계를 가지고 있다. 따라서 오늘날에는 통계적 방법을 채택하는 것이 일반적이며, 이에 대한 추가자료의 검토 등을 위하여 임상적 예측을 병행하고 있는 실정이다.

2) 통계적 예측

통계적 예측법은 임상적 예측에 있어서 인간행위의 전문가라고 지칭되던 심리학자나 임상학자들이 폭력성의 예측자로서 지나치게 과대평가되고 있으며, 그것은 이들 전문가들이 정확한 예측을 한 것 이상으로 잘못된 예측도 많았다는 경험적 결과에서 시작되었다고 할 수 있다. 통계적 예측은 원칙적으로 예측상 유효한 범인이나 예측인자를 점수화하여 그 점수의 대소에 의하여 범죄를 예측하는 방법인데, 일반적으로 특정그룹을 대상으로 한 회귀분석을 한 예측표를 작성하고 그 예측의 숫자와 점수와 비교하여 장래의 범죄 또는 갱생의 가능성을 숫자로 아는 방법을 채용하고 있다.

이러한 통계적 예측은 예측시점에 따라 석방시 예측, 재판시 예측, 조기예측으로 나누어지는데, 석방시 예측은 가석방 허가시기를 판단하는 자료로 이용되며 가석방 활성화를 위하여 필요하다. 또한 재판시 예측은 재판단계에서 범죄자의 장래 행동을 예측하는 것이고 범죄자의 처우자료가 된다. 마지막으로 조기예측은 범죄경력이 없는 자에 대하여 그 장래의 범죄를 예측하는 것이고 예방대책의 대상자 발견에 이용되고 있다(이상현, 2004: 449-450). 그러나 이러한 범죄예측에도 한계가 있는데, 대표적인 것이 통계적 예측에서 제시되고 있는 예측표의 유용성과 사용상의 문제점이다. 예측표의 유용성에 대하여 보면 예측표 그 자체가 완전한 것이 아니라고 하는 비판이 있고 예측표는 특정한 지역과 시기에 있어서 범죄의 실태를 기초로 한 것이므로 예측표의 증명력, 신뢰도, 안정도가 높은 데도 그것을 일반화하는데 어려움이 있다는 한계를 가지고 있다. 또한 예측표 사용상의 형사정책적 문제가 있는데, 예측표에 의하여 강제조치를 취하는 것은 인권보장의 측면에서 허용되지 않는다.

이와 함께 범죄예측을 통한 일련의 형사정책의 집행은 특정인에게 잠재적 범죄자라는 낙인을 부여하는 것으로 오히려 그 자를 범행으로 유도하는 결과를 초래할 수 있다는 문제점도 간과할 수 없다.

3. 최근의 범죄예측 경향

1) GIS 분석법의 활용

통계적 예측의 한 방법으로 지리정보시스템(GIS : Geographic Information system)을 이용한 범죄예측은 범죄지도 기술에 의해서 분석되거나 예측될 수 있다. 범죄의 위치를 지도화하는 것은 범죄학이나 경찰학 연구에 있어서 새로운 것이 아님에도 불구하고 전통적인 방법으로 지도에 표시를 하는 것은 너무 많은 시간을 소모하게 하거나 유연성을 부족하게 하였다(김창윤, 2004: 113). GIS는 관련되는 지리적인 자료들을 시각화시키고 통계적 분석을 통해서 사용되는 데이터베이스관리 시스템으로 볼 수 있다.

GIS 기술은 하나의 가치있는 법집행도구로써 특히 미국, 영국, 오스트레일리아 등 전세계적으로 적극적으로 수용되고 있다. GIS 비용의 감소를 가져온 컴퓨터기술의 급속한 발전은 법집행기관에서의 적용을 더욱 촉진시키고 있다. 이러한 지리정보시스템의 구축은 범죄를 예측하는데 있어서 법집행기관에 직접적으로 활용되어 능률적으로 범죄유형가 범죄자의 거주지역 그리고 다른 관련 정보를 분석하고 지도화할 수 있다.

통계적 기법으로 확인할 수 있는 GIS기술로는 통계적 분석을 통한 범죄다발지역의 인지활동이 대표적이다. 일반적으로 높은 범죄관련성과 집중성을 가지는 장소를 의미하는 범죄다발지역은 새로운 공간통계소프트웨어의 사용을 통해서 쉽게 인지될 수 있다.

특히 지역사회의 범죄예방활동 프로그램을 구축하는데 있어서 범죄다발지역에 대한 확인은 법집행기관에 의해서 널리 사용되고 있으며, GIS도구에 의해서 일반적으로 표시되고 있다. 이러한 GIS 도구의 가치는 범죄다발지역의 존재를 부정하거나 긍정하는 경우에 있어서 보다 정확한 정보를 제공해 준다는 것이다. 즉, 범죄다발지역에 대한 어떤 정보는 지역의 경찰이 추정하는 것보다도 더 정확한 정보를 제공해 준다는 것이다.

범죄다발지역에 대한 분석프로그램은 일반적으로 보다 복잡한 알고리즘을 사용하고 있음에도 불구하고, 분석의 결과는 피상적인(표면적인) 수준에서 해석되어 비교적 간단하게 해석되게 된다. 하지만 이러한 범죄다발지역에 대한 보다 복잡한 분석은 초기에는 명백하게 나타나지 않을지도 모르는 풍부한 부가적인 정보를 밝힐 수 있다. 예를 들어 이러한 범죄다발분석을 통한 지식으로 무장한 법집행기관은 범죄문제를 대응함에 있어서 보다 효율적이고 적절하게 반응할 수 있을 것이다.

2) 범죄자프로파일링 기법

범죄자프로파일링은 미국에서 1950년대 이후 급증하는 연쇄살인 사건들을 해결하기 위하여 범행현장 등에서 확보된 각종 증거의 분석 및 유사한 기존 범죄자의 성격 및 인구사회학적 특성의 비교를 통해 확보한 용의자의 성격, 기타 인구사회학적 특성을 통해 용의자를 특정, 검거하였던 것에서 비롯되었다. 특히 범행동기나 피해대상과의 연관성 등을 확인하기 어려워 기존의 수사방법의 적용으로는 문제 해결이 어려웠던 사건들이 사후 검증을 통하여 범죄자에 대한 프로파일링 자료의 상당한 정확성을 확인, 유효한 수사기법으로 부각되었다. 그 뒤, 1970년대 들어서면서 프로파일링 기법의 도입과 활용은 미 연방수사국에 의하여 주도되었는데(Janet L. Jackson & Debra A. Bekerian, 1997: 3-5), 1972년 Virginia주 Quantico에 위치한 FBI academy내에 BSU(Behaviour Science Unit)라는 프로파일링 전담부서를 설치, 프로파일링 전문가의 양성, 교육, FBI 및 기타 연방 및 주 수사기관에의 도입을 주도하게 되었다. 1990년대에 들어서 폭력범죄분석센터(NCAVC, National Center for the Analysis of Violent Crime)내에서 범죄수사분석프로그램(CIAP), 방화·폭파사건수사서비스(ABIS), 폭력범죄자 체포프로그램(VIC AP)의 세부 부서를 갖는 프로파일링·행동평가과(PBAU)로 조직개편과정 등을 거쳐 현재까지 활동을 계속하고 있고(高村茂·桐生正幸, 2004: 74-76), 현재는 FBI 외에도 기타 연방 및 각 주의 수사기관에도 독자적인 프로파일링 전문가(profiler)를 양성, 보유하는 경우가 증가하고 있다.

우리나라에서도 1990년대 이후 세간을 떠들썩하게 하였던 연쇄살인사건이 발생하게 되자, 범죄자프로파일링 기법에 관한 연구에 관심이 집중되기 시작하였다(표창원, 2005: 5-9). 그러나 아직 우리 사회에서는 범죄자프로파일링 기법을 통한 범죄예측 분석보다는 기존에 발생한 사건에 대한 자료를 활용하여 현재 미해결 상태인 범죄사건에 적용하여 범죄를 해결하는데 활용하는데 연구의 초점이 맞추어져 있는 것이 사실이다. 또한 그 범죄의 유형 또한 살인사건이나 강간사건과 같은 강력사건에 제한되어 있다.

이러한 연구의 한계는 그동안 우리나라에서 발생한 대형 강력사건의 연구케이스가 많지 않다는 통계적인 한계와 범죄자 분석에 관한 심리학적 심층연구가 제한적이라는 사실에서 기인한다. 또한 다각적인 분석활동에 요구되는 연구기간 및 전문가의 부족이 그 원인이 될 수 있다. 따라서 앞으로의 연구과제는 단순히 과거 유형만을 분석하는 단계에서 더 발전하여 궁극적으로 사전에 범죄를 예측할 수 있는 수준으로 향상시킬 수 있는 대안 마련이 요구된다.

4. 범죄예측을 통한 범죄예방에의 적용

범죄예측을 통한 범죄예방활동은 그동안의 연구성과를 바탕으로 우리 일상생활 곳곳에서 활용되고 있다. 다만, 아직까지 범죄예측에 관한 대부분의 연구가 개인적 인성과 심리적 원인을 바탕으로 진행한 연구 대상 또한 청소년이나 재범자와 같은 우선 적용대상에 한정되어 있는 관계로 형사사법상 특정 계층에 집중되는 경향이 있다.

1) 범죄자처우를 통한 범죄예방

범죄예측을 통한 범죄예방의 대표적인 방법은 바로 범죄자처우활동이다. 범죄자처우를 통한 범죄예방은 누가 범죄자가 되고 누가 범죄행위를 계속할 것인가의 예측은 단지 예방과 교화개선에서 사회적 유용성을 갖는다. 이런 모든 계획들은 미래에 사람들이 범죄행위의 가능성을 감소시키는 일반목표를 갖지만, 높은 범죄영역조차 범죄예측의 기준인 50%의 기본비율을 갖지 못하는 한계를 가지고 있다. 따라서 이러한 제한으로 범죄자처우를 통한 범죄예방에서는 범죄예측에 대한 예측적 타당성과 동시적 타당성을 향상시키는 것이 대안으로 활용될 수 있다(Dhiri, Sanjay, 1999: 123).

예측적 타당성을 통해 연구자는 기준과 다른 면을 보여주는 개인들의 대표성 있는 표본을 요구하고 있는데, 대부분의 실용적 문제들과 같이 주제들은 그들이 기록한 기준측정에 관하여 대조적 집단으로 구성될 수밖에 없다. 따라서 초기의 측정으로부터 산출을 예측하기 위해서는 범죄자처우에 참여하는 전문가들에게 다양한 정보가 요구되고 있으며, 다른 반응 사이에서 범죄를 구성하는 것을 파악할 수 있어야 한다.

그러나 이러한 자료를 바탕으로 하는 범죄비율, 보호관찰의 성공, 가석방 산출, 암수범죄의 재범들에 영향을 주는 그런 구조의 적용방법 등의 간과는 흔히 일어날 수 있는 오류일 수밖에 없다. 결국 범죄 가능성을 측정하기 위한 주된 이유는 예방과 교화개선 과정의 향상이고 그것에 관하여 행해질 것의 지식을 제외하고, 만일 어떤 행동이 있다면 범죄가능성 개념의 유용성을 측정하는 방법이 없다.

궁극적으로 범죄 가능성의 측정이 사용되려면 신뢰성, 타당성, 기본비율과 채택영역의 문제가 극복되어야만 한다. 이상적 표본결과를 얻기 위해서 이 분야의 조사자들은 과거 수십년 동안을 연구를 해왔고, 논점의 두 국면인 범죄의 예측과 재범예측의 대표적 연구를 고려하고 있는 것이다.

2) 범죄가능성을 통한 범죄예방

범죄 가능성 연구의 대중적 논점은 청소년들의 반사회적 행동의 예측이라 할 수 있다. 범죄가능성을 측정하기 위한 주된 노력으로 타당성의 확보를 위해서 노력하였으나, 일반적인 예측인자로는 평가하기에 불가능하다. 물론 일반 조사자들은 예측적 타당성의 평가를 얻기에 충분한 주제를 추적해 왔음에도 불구하고, 대다수 계획은 범죄 가능성 측정을 위한 기본으로 인성검사, 질문지법을 사용하는 것이 일반적이다(Lewak, Richard W., Marks, Philip A. & Nelson, 1990: 135).

범죄예측에 있어서 타당도면에서 일반적 방법의 질문들은 개인적 차이를 측정하기에 추상적일 수밖에 없는데, 최근에는 미네소타 다항목 성격검사, 즉 MMPI가 이러한 조사에 가장 널리 사용되고 있었다.[2] MMPI는 과거, 현재 및 미래의 행동에 관한 정보를 얻기 위해 신념, 감정, 태도, 그리고 자기지각 등에 대한 직접적인 자기보고를 요구한다. 수검자는 550개의 문항으로 된 소책자를 완성하게 되는데, 이때 그는 각 문항들이 자기의 경우에 해당하는지 아니면 그렇지 않은지에 관한 판단자의 역할을 한다.

한 개인의 MMPI 반응패턴은 정신과 환자집단과 정상인 통제집단 양쪽 모두에 의해 수집된 반응 규범과 직접 비교된다. MMPI의 10개의 임상척도들은 흔히 그 척도들이 가능한 정신과적 증상들을 다루기 때문에 10개의 다른 영역에서 어떤 수검자의 행동이, 이 검사가 타당화된 바탕인 정상인 집단과 정신과 집단이 보여준 검사패턴에 어느 정도 따르는지 그 정도에 관한 정보를 제공한다.[3]

MMPI의 신뢰도, 타당도, 유용성에 관한 연구는 상당히 많이 진행되고 있다. 그럼에도 불구하고, 비록 검사의 신뢰도가 비교적 높아 보이긴 하지만 반응패턴과 정신과적 진단간의 관계에 대한 정확한 성질은 불확실한 것이 사실이다.

3) 재범예측을 통한 범죄예방

이미 앞서 살펴본 바와 같이 재범예측은 범죄학자들의 영원한 과제일 수밖에 없다. 그럼에도 불구하고 범죄재발을 예언하는 것은 청소년비행을 기준으로 보았을 때, 피상적으로나 예측할 수 있다는 사실 자체만으로도 큰 의미가 있다 하겠다.

그러나 이 과제들은 조사자들의 편리에 의해 평가될 수 있는데, 범죄의 재발은 특히 새로운 범죄에 유죄판결하는 것보다 가석방의 철회에서 더 많이 발생한다는 것으로 적용된다. 물론 가석방에서의 이러한 기준의 적용은 비교적 높은 범죄통제

2) 원래 이 검사는 미국의 미네소타 대학교의 하더웨이와 매킨리 교수가 심리검사를 목적으로 1940년에 개발한 것이다. 따라서 성격이론가들은 수검자들이 자신의 행동적 래퍼토리가 가진 다양한 측면들에 부여하는 상대적인 가중치에 관한 정보를 제공할 목적으로 이 검사를 사용하는데 비해, 임상심리학자들은 정신과 환자들에 관한 진단적 판단을 내리는 데 활용할 목적으로 이용하게 된 것이다.

3) MMPI와 비교할 수 있는 검사지로 Eysenck가 대표적인데, MMPI와 비교해서 Eysenck의 항목들은 간단하고, 적은 척도를 유지하고, 심리학적 이론에 관련이 있지만 대부분의 내용은 그들 항목이 MMPI의 구성요소를 되풀이하고 있다.

의 효과가 있다. 그러나 재범예측 자체가 가지고 있는 한계는 확실히 기준의 관련성과 유효성, 가석방의 성공과 실패에서 의심해 볼 필요가 있다(Frank Schmalleger, 2002: 121).

(1) 범죄경험표

재범예측을 통한 범죄예방은 범죄자의 과거경력에 기초하게 된다. 이러한 범죄자의 기록 파일은 어떤 사람이 생각하는 수형, 가석방, 장래의 범죄행동에 대한 것으로 쌓여지는데, 특히 연령, 성별, 배우자의 유무, 교육, 과거의 직업, 그 밖의 잡다한 것들로 인사기관이 수형자에 대해 조사한 정보들로 구성된다.[4] 이러한 무형의 타당성의 부분들은 집행유예나 가석방 또는 새로운 범죄에 대한 판결의 성공과 실패의 가능성을 측정하는데 필요한 정보로 변형된다. 이 경험표는 Hart(1923)에 의해 무질서하게 인식되는 가석방의 판단에 처음으로 도입되었다(James McGuire, 2004: 53-55).

경험표의 효율성은 일반적으로 가석방의 성공비율에 의해 측정되는 가석방 심사의 효율성과 비교되어 평가된다. 이러한 비교는 이 표에 대한 왜곡된 결과를 갖게 한다. 이상적인 환경에서 가석방 심사와 경험표의 평가들은 가석방자들만이 아니라, 모든 가석방 지원자들을 포함한다. 최상의 경험표의 구조에서 얻는 것들이 한정되어 있기 때문에, 경험적으로 발견하는 것은 세부적인 이론의 필요성을 인식하는 생각을 들지 않게 한다. 미래의 범죄에 대한 타당한 예측을 유발하는 이론은 왜 사람들이 범죄자가 되는지를 설명할 수 있고, 범죄를 줄이는 프로그램을 만들 수 있고, 유죄판정을 받은 사람을 어떻게 다뤄야 하는지에 대한 정보를 제공하며, 재범을 막을 수도 있다.

범죄자의 기록 파일은 어떤 사람이 생각하는 수형, 가석방, 장래의 범죄 행위에 대한 것으로 쌓여진다. 경험표는 기본 기대표로 불리기도 하며 무형의 타당성의 부분들은 집행유예나 가석방 또는 새로운 범죄에 대한 판결의 성공과 실패의 가능성을 측정하는데 필요한 정보로 변형된다.

---

4) 현재 우리 형사사법체계에서도 이와 유사한 범죄파일을 적용하고 있는데, 원칙적으로 범죄파일(Crime file)은 과거의 체포, 유죄판결, 판결, 죄수의 행동들을 기초로 하고 있다.

(2) 심리검사

범죄경험표와 함께 범죄예측에 중요한 분석자료로 활용되는 것이 바로 인성질문지이다. 우선, 확보된 죄수기록은 자주 죄수분류에 반응하는 교도소 수감자에 관한 MMPI 또는 다른 질문조사로부터 가능하게 되는 어떤 종류의 성격문제 측정을 포함한다. 성격 자료는 기준의 핵심분석이 될 수 있지만 척도는 핵심된 기준 예측인자들의 흔한 제한을 조건으로 나타내는데, MMPI 기록들은 수감자 기록들의 빈도의 유용성을 갖고 재범예측을 위한 일반적 척도의 개발을 촉진시킨다(Lewak, Richard W., Marks, Philip A. & Nelson, Gerald E, 1990: 35-36). 이러한 인성질문지들은 타당도 면에서 일반적 방법의 질문들은 개인적 차이를 측정하기에 추상적이다. 질문들은 극소의 노력과 행정적이고 점수를 위한 기술을 요구하고 구체화하기 쉬우며 결과의 분석은 비교적 간단하다. 재범을 예측하는 것은 다른 청소년 범죄를 예측할 수 없기 때문에 필요한데, 가석방의 채택은 가석방되기를 원하는 자들에게서 비교적 높은 통제효과가 있으나 확실한 기준의 관련성과 유효성, 가석방의 성공과 실패에서 의문점이 있는 것이 사실이다.

제 5 절 범죄통제전략의 새로운 방향모색

1. 범행동기의 억제

1) 친사회적(prosocial) · 비범죄적(noncriminal) 행위기회와 이익의 증대

(1) 사회문제접근법

통상적으로 우리는 범죄의 원인을 사회환경적 요인에서 찾고자 하는 경향이 많은데, 이는 특정한 사회환경이 범죄를 유발한다고 보는 것이다. 따라서 범죄를 예방하기 위해서는 바로 이러한 범죄를 유발하는 사회환경 또는 사회문제를 해소함으로써 가능해질 수 있다는 것이다. 이러한 범죄예방활동을 우리는 지역사회범죄예방(community crime-prevention)이라고 한다. 이와 같은 사회문제에 기초한 개입은 청소년여가활동, 범죄에 초점을 맞춘 지역사회모임, 물리적환경의 개선 등이 주로 활용되고 있다. 그런데 범죄예방을 위한 사회문제지향적 접근은 대체로 청소년들을 주요 대상으로 하고 있다는 사실이며, 따라서 그 프로그램도 대부분이 청소년들에 초점을 맞춘 체육활동, 사교모임, 문맹퇴치, 약물교육, 그리고 이러한 목표를 성취하기 위한 교육활동 등의 형태로 이루어지고 있다.

사회문제를 해결함으로써 범죄문제를 해결할 수 있다는 이러한 주장이 상당한 반향을 불러일으킨 것은 사실이지만 실제 경험적 연구결과는 그렇게 긍정적인 증거를 내놓지 못한 것으로 알려지고 있다. 예를 들어, Eisenhower 재단의 지역사회범죄예방프로그램의 경우도 범죄문제를 해결하는 데 있어서 사회복지나 범죄원인의 특성을 강조하는 사회문제해결중심의 프로그램보다는 범행기회를 축소하는 데 특성을 둔 프로그램이 더 효과적이라는 사실을 밝히고 있다.

그러나 모든 사회문제지향의 프로그램이 성공적이지 못한 것은 아니다. 예를 들어, 네덜란드의 헤이그에서 비행 전 단계의 청소년(predelinquent youth)에게 부모와 자녀관계, 학교, 대인관계, 여가시간 그리고 형법문제 등에 관한 프로그램을 실시하여 추적조사한 결과 가족 간 대화, 학교출석률 그리고 결과적인 비행률에 긍정적인 영향을 미친 것으로 조사되기도 하였다.

사실 사회문제지향의 범죄예방이 긍정적일 수도 있고, 기대에 부응하지 못할 수도 있으나, 비교집단과 통제집단의 비교가 불가능하다든가 추적조사의 기간도 충분치 못한 실정이어서 정확하고 결정적인 결론이나 평가를 할 수는 없다. 그러나 대체로 사회복지적 접근이 단기적인 이익은 보여줄 수 있을지 모르지만 장기적으로는 별로 효과적이지 못한 것으로 받아들여지고 있다.

(2) 취업과 재정지원

많은 학자들이 경제와 범죄를 논의할 때 빈곤과 범죄, 경기와 범죄, 직업과 범죄, 그리고 실업과 범죄 등의 관련성의 밝히려고 한다. 지금까지의 연구결과는 대부분 실업과 범죄 그리고 실업과 재범률 사이에는 가능한 연계성이 있는 것으로 보고 있다. 이러한 주장에 근거하여 우리도 갱생보호회의 직업보도협의회에서 출소자들에게 취업을 알선하려고 노력하고 있다. 더불어 교도소에서도 교도작업 등을 통하여 출소 후의 생활정착금을 마련할 수 있도록 배려하고 있으며, 갱생보호위원회에서도 출소자들에게 정착자금이나 취업훈련 및 알선에 심혈을 기울이고 있다.

한편 이와 같은 이차적 범죄, 재범의 방지를 위해서 출소자들에게 취업을 알선하거나 재정적 지원을 하는 것만이 아니다. 1960년대 미국에서 존슨 대통령이 범죄의 퇴치를 위해서 빈곤과의 전쟁(war on poverty)을 선포한 것도 바로 이 빈곤과 범죄의 상관성, 즉 실업 등으로 빈곤해지면 생존을 위해서 범죄를 할 수밖에 없기 때문에 실업문제를 해결하는 등 빈곤을 퇴치한다면 범죄도 예방될 수 있다고 본 것이 취업알선과 재정적 지원을 통해서 범죄를 예방할 수 있다는 것을 암시해 준다.

그러나 이러한 프로그램의 효과에 대해서는 논란의 여지가 상당히 남아 있다. Rossi등은 출소자들이 직장을 구할 때까지 금전적 지원을 제공했던 프로그램에 대한 평가연구(transitional aid research project)에서 직장을 구한 출소자일수록 장래 체포율이 훨씬 낮았다고 평가하였다. 유사한 프로그램으로서 출소자들의 지역사회 적응을 돕기 위해서 출소자에게 취업알선 서비스와 금전적 자원을 제공하였던 LIFE, 즉 '출소자를 위한 생활보험'(living insurance for exoffenders)의 경우 금전적 지원은 재범률을 낮추는 데 상당한 공헌을 한 것으로 나타났다. 또한 보호관찰 대상자에 대한 취업지도프로그램(probation employment guidance program)도 긍정적인 결과를 가져온 것으로 알려지고 있다. 이처럼 재정적 지원에 대한 평가는 상반된 결과를 보여주고 있지만, 취업알선이나 직업훈련은 크게 성공적이지 못한 것으로 알려지고 있다.

출소자에게 금전적 지원을 하는 것이 그가 직장을 구하고 비범죄적 생활형태를 가질 수 있을 정도로는 재범을 연기할 수는 있을지 모르지만 장기적으로는 크게 성공적이라고 말하기가 쉽지 않다. 이 점에 있어서는 출소자에 대한 직업훈련은 더욱 부정적이다. 즉, 출소자에게 금전적 지원을 하고 취업을 알선하거나 직업훈련을 시키는 등의 노력이 '재범률의 저하'라는 궁극적인 목표에는 크게 영향을 미치지 못한 것으로 평가할 수 있기 때문이다. 이처럼 부정적인 평가를 할 수밖에 없는 이유중의 하나는 이들 프로그램이 주로 직업훈련이나 직장생활 등에는 관심이 전혀 없고 범죄적 목표에 더 많은 관심을 쏟는 상습적 누범자들에게 적용되고 있기 때문이라고 할 수 있다.

아무튼 이러한 사회문제나 취업 등의 방법으로 범죄를 예방하고자 하는 모형은 아직은 크게 그 유용성을 보여주지 못하고 있는데, 그것은 빈곤, 교육 그리고 취업 등과 같은 사회적 요소들이 범죄와 비행의 원인으로 과대포장되고 있기 때문이다.

(3) 범죄비용(cost of crime)의 증대

몇 해 전 노벨경제학상을 수상한 백커(Garry Becker)는 범죄를 경제학적 관점에서 설명하면서 범죄가 발생하는, 즉 공급되는 이유를 범죄의 비용과 편익이라는 측면에서 설명한 바 있다. 그는 범죄가 발생하는 것은 범죄비용이 범죄편익보다 적기 때문이며, 여기서 말하는 범죄비용이란 바로 체포의 가능성 또는 확률과 처벌의 강도 및 기타 사회경제적 비용으로 보아서, 범죄를 억제하거나 예방하기 위해서는 따라서 범죄자는 누구나 반드시 체포되며, 체포된 범죄자에 대해서는 엄중한 처벌이 가해지며, 더불어 형벌 이외의 기타 사회경제적인 비용이 부과되어야 한다고 주장하였다.

그러나 여기서 우리가 형사정책적인 차원에서 범죄에 대한 비용을 증대시킬 수 있는 것은 범죄자에 대한 체포의 가능성과 확률을 높이는 것과 체포된 범죄자에 대한 처벌을 강화하는 것이다. 여기에다 체포된 범죄자에 대한 처벌을 신속하게 할수록 처벌의 효과가 더 크다는 사실을 가미하여 이를 우리는 억제 또는 제지(deterrence)라고 한다. 바로 이러한 가정에 기초하여 대부분의 국가에서도 처벌을 통한 범죄비용의 증대와 이를 통한 범죄억제를 형사정책의 기초로 삼고 있다.

그러나 범죄억제나 제지이론에 대해서는 이미 앞부분에서 자세하게 기술하였기 때문에 여기서 다시 거론할 필요는 없다. 다만 범죄억제가 사실은 범죄비용의 증대에 기초하고 있다는 점만을 밝혀두고, 범죄비용의 증대는 대체로 체포의 가능성과 형벌강도의 증대를 중심으로 이루어지고 있기 때문에 이 두 가지 점에 대해서만 간략하게 짚고 넘어가고자 한다.

실제로 구금률과 유죄확정률이 높은 곳이 낮은 곳에 비해 범죄가 적었다는 공식범죄통계나 피해자조사보고도 있었으며, 범죄율과 형사제재가능성은 상호인과관계의 개연성이 있음이 밝혀지기도 하였다. 그런데 문제는 이처럼 체포의 확률을 증대시킴으로써 일반시민에게 그것이 상당한 부담으로 작용할 수도 있지만 안타깝게도 이들 일반시민에 의한 범죄는 극히 미미한 정도에 지나지 않으며 절대다수의 강력범죄를 범하는 것은 습관적·직업적 범죄자라는 사실이다. 즉 이들에게는 체포가능성의 증대라는 것이 아무런 영향을 미치지 못한다는 것이다. 그래서 실제로 체포확률이나 가능성을 2배로 증대시킨 결과 자동차절도는 적지 않은 정도로 줄어들었으나 강력범죄인 강도의 경우는 단지 1%도 안 되는 정도만이 줄었다는 연구결과가 보고되기도 하였다.

특정 범죄행위에 대한 처벌을 강화함으로써 범죄비용을 증대시키고 따라서 범죄를 억제하고 예방할 수 있다는 주장도 논란의 여지를 남기고 있다. 음주운전에 대한 처벌을 강화하였으나 음주와 관련된 교통사고는 크게 변하지 않았으나, 음주운전자에 대한 체포율을 끌어올린 결과, 처벌의 강도가 범죄비용의 증대와 그로 인한 범죄의 억제에 어느 정도 영향을 미치는가를 분석하기 위해서는 체포의 위험성을 높이는 것이 범죄비용을 증대시키고 억제효과를 증대시키는 건가를 분석할 때와 마찬가지로 범죄자 개인의 특성을 고려하여야만 할 것이다. 여기서도 마찬가지로 아마추어범죄나 이를 범하는 일반시민에게는 처벌의 강화가 상당한 범죄비용이 되고 억제작용을 할 수 있으나 전문적 직업범죄자에게는 별다른 의미가 없다는 것이다.

결론적으로, 형벌의 가능성 또는 확실성과 형벌의 강도를 높임으로써 범죄의 비용을 증대시킬 수 있는가라는 물음에 대한 대답은 형벌의 확실성과 강도를 받아들이는 개인에 따라 달라진다는 것이다. 따라서 처벌의 확실성과 처벌의 강도를 증대시키는 것이 대부분의 평범한 사람들에게는 상당한 영향을 미칠 수 있으나, 우리 사회의 강력범죄의 대부분을 범하는 직업적 · 전문적 범죄자들에게는 거의 영향을 미치지 못한다는 사실을 염두에 둘 필요가 있을 것이다. 범죄예방의 문제는 발생범죄를 수사하는 것보다 훨씬 어렵고 난해한 문제임에는 틀림없다고 생각한다. 그러나 발생범죄를 해결하는데 소요되는 비용(피해자의 육체적 · 정신적 고통까지 포함)을 감안한다면 범죄예방이 가장 지혜로운 방법이다.

참고문헌

〈국내문헌〉

강은영, (2003), 「아동성폭력가해자에 대한 연구」, 연구총서 2003-24, 한국형사정책연구원.
경찰청, (2006), 「2006 경찰백서」.
______, (2001-2005), 「경찰통계연보 」.
권정훈 · 이승철 · 김태완, (2006), "지하철화재를 중심으로 본 테러예방대책에 관한 연구", 한국안전협회창립 20주년 기념 춘계학술발표회.
권이종, (2005), "학교폭력바로알고 지도하자", 한국교육생산성연구소 교육연구사 학교경영 5월, 14.
김광일, (1998), "방화사고에 대한 보험사업자의 대응방안", 방화와 보험 79: 6-11.
김명자, (2001), "중학생의 학교폭력에 영향을 미치는 요인", 정신간호학회지10(2): 241-253.
김상균, (2006), 「범죄심리학 」, 서울: 도서출판 탑.
______, (2005), "여성사기범의 사회심리학적 특성 연구", 법학연구 제18집.
______. (2004), 「범죄학원론」, 서울 : 양서원.
김수율, (2006), "가정폭력의 실태와 경찰의 대응방안에 관한 연구", 호남대학교 박사학위 논문.
김용욱, (2004), "스토킹에 대한 형법적 규제", 연세법학연구 101(2), pp. 48-84.
김진혁, (2002), "살인범죄의 특성 및 대응방안", 한국공안행정학회보 제13호.
김종섭, (2000), "사이버범죄 현황과 대책", 형사정책 제12권 제1호.
김준호 외 5인, (2003), 「청소년비행론」, 서울 : 청목출판사. p. 179.
김준호(1997), 「학교 주변폭력의 실태와 대책 」, 한국형사정책연구원, pp. 51-53.
김준호 · 김순영, (1995), 「가정환경과 청소년 비행 」, 한국형사정책연구원.
김준호 · 차종천, (1994), 「사기범죄의 실태에 관한 연구」, 한국형사정책연구원.
김종덕, (1995), "기업형 환경범죄에 관한 연구 ", 계명대학교 박사학위논문.
김종섭, (2000), "사이버범죄현황과 대책" 형사정책 제12권 제11호 p. 234.
김영모, (1992), 「빈곤이론 빈곤정책」, 한국복지정책연구소출판부.
______, (2001), 「사회정책」, 한국복지정책연구소출판부. p. 219.
김청송, (2002), 「전신장애 사례연구-DSM-Ⅳ를 중심으로 」, 서울: 학지사.
대검찰청, (2006), 「범죄분석」.
민경환, (1986), "사회심리학의 방법론적 논쟁", 사회과학정책연구, 서울대학교사회과학연구소, 제8권 제1호.
Morris, charles G. 저, 정동환 · 김영애 · 손정락 공저, (1994), 「심리학 입문」 서울 : 박영사.

박기석, (1996), "환경범죄의 효율적 대처방안에 관한 연구", 한양대학교 박사학위논문.

박광섭, (1987), "환경침해에 대한 형사적 규제", 경남법학 제2집 경남대법학연구소.

법무부, (2002), 「보호관찰제도개요」.

법무연수원, (2006), 「범죄백서」.

_________, (2003), 「수사지휘론」.

배종대, (2001), 「형사정책」, 서울: 홍문사.

신동운, (1990), "환경범죄의 효율적인 규제방안", 형사정책연구 제2호 한국형사정책연구원.

심영희, (1991), "강도범죄의 실태에 관한 연구", 한국의 폭력문화와 폭력성 범죄 한국형사정책연구원 제4회 형사정책세미나.

서원석, (1993), "환경범죄 성립과 실태에 관한 연구", 검찰 통권 제14호 대검찰청.

신진규, (1990), 「범죄학 겸 형사정책 」, 서울 : 법문사.

신정훈, (2006), "보험사기에 대한 현행 대처방안의 문제점과 개선방안", 한국공안행정학회보 제15권 3호.

서천범, (2004), "사행산업의 문제점 및 건전화 방안", 손봉숙의원 정책토론 4월.

손해보험협회, (2005), 「보험범죄 조사」.

이건호, (2004), "스토킹행위에 대한 형사법적 대응과 그 한계", 형사정책 16(2), pp. 121-162.

이경재, (1997), "영미법상 피해자 없는 범죄의 유형", 피해자학연구 5,

이만종, (2002), 「범죄학개론」, 서울: 학연사.

이문웅, (1991), "폭력의 사회문화적 배경에 관한 탐색적 고찰", 한국형사정책연구원 제2권 제3호.

이병희, (2002), 「보험사기의 실태와 방지방안」, 연구보고서 한국형사정책연구원.

이상현, (1996), 「범죄심리학」, 서울 : 박영사.

이성호・김상균・신석환, (2005), 「범죄피해자학」, 경기도 : 21세기사.

이수정외 공저, (2006), 「범죄심리학」, 서울 : 도서출판 북카페.

이수정외, (2004), "유영철에 대한 몇 가지 의문점", 한국법심리학회추계학술대회자료집, 한국법심리학회.

이성용, (2007), "가정폭력에 대한 경찰권발동에 관한 고찰-한국과 독일을 중심으로", 형사정책연구 한국형사정책연구원.

이승철, (2006), "청소년 학교폭력의 영향요인에 관한 연구", 한국치안행정논집 제2권, 제2호.

이재상, (2001), 「형법각론」, 서울 : 박영사.

이인규, (1993), "환경범죄에 있어서 형사책임의 주체", 부산대학교 박사학위논문.

이인수, (2003), 「노인복지론」, 서울 : 양서원.

이웅혁, (2005), "연쇄살인범에 대한 범죄심리학적 분석", 경찰학연구 제8호.

이은영, (2005), 「살인중독」, 서울 : 월간조선사.

이태원, (2003), "합법적 도박행위: 확산, 이론, 그리고 경험적 검증의 검토", 사회과학연구 제42집, 강원대학교 사회과학연구소.

이현희 · 원형희 · 구자숙, (2003), "노인범죄 추이 및 관련요인에 관한 연구", 한국노년학 제23권 제2호.

임영식, (1998), "학교폭력에 영향을 미치는 요인에 관한 연구", 청소년학연구 5(3) : 1~26.

임준태, (2003), "강력범죄에서의 범인상추정기법 도입에 관한 연구", 치안논총 제19집 치안연구소.

오영근 · 이경재, (1993), 「현행 환경범죄의 처벌법규의 문제점과 대책」, 한국형사정책연구원.

오흥수, (2002), "한국 노인 범죄의 실태에 관한 고찰", 노인복지연구 통권 제15호 봄호.

원석조, (2003), 「사회문제론」, 서울 : 양서원

윌킨스, 리차드 (1999), 「불평등은 왜 나쁜가」 에릭홉스봄외 지음, 노대명 옮김.

양문승, (1999), "전자상거래 관련범죄와 대응방안", 한국공안행정학회 99년도 국제범죄학술세미나자료.

양승택, (1999), "지식정보화 사회와 정보보호 기반구축", 제4회 정보보호심포지움자료집 한국정보보호센터.

여성가족부, (2005), 「2005년도 여성정책연차보고서」.

유인모, (2000), "정보형법의 과제와 전망", 한국형사정책학회 2000년 동계학술세미나자료집.

연진영, (1992), 「아동학대의 실태 및 영향」, 한국형사정책연구원.

윤 진, (1987), "공격행동의 심리적 기제", 정신건강연구, 한양대학교정신건강연구소 제6집.

지광준, (2002), "노인범죄의 특성과 그 대책", 한국노년학 통권 21권 제3호.

진계호.(1998), "도박죄에서 문제점", 형사법연구 제10호, 한국형사사법학회.

장인협 · 최성재, (2000), 「노인복지학」, 서울 : 서울대학교출판부.

장상희 역, (2004), 「 제3판 일탈과 범죄사회학 」, 서울 : 경문사.

장석헌, (1992), "여성범죄에 관한 연구", 한국공안행정학회보 제2호.

전대양, (2002), "성적일탈에 의한 범죄행동의 해명", 한국공안행정학회 2002년도 가을학술세미나자료집.

______, (2006), "연쇄강간범의 범죄심리학적 특성", 한국범죄심리연구 제2권 제1호. pp. 20-49.

정진연, (1996), "여성범죄에 관한 연구", 형사정책 제8호 한국형사정책학회.

정 완, (2006), "인터넷 도박의 실태와 대응", 경희법학 제41권 제2호.

조병인, (2001), "인터넷시대의 국제범죄와 대응전략", 한국공안행정학회 2001년도 전반기 학술회의자료. 5월.

조병철, (1995), "폭력범죄의 개인적 특성에 관한 연구", 국민대학교 박사학위논문.

조종선, (2005), "환경범죄의 특성과 보호법익 및 불법유형", 대학원논문집 제32호 원광대학교.

조은경, (1997), "충동성과 공격성향이 강력범죄에 미치는 영향", 형사정책연구 제8권 제2호 한국형사정책연구원.

______, (2004), 「성폭력 피해아동의 진술타당도 분석 및 활용방안에 관한 연구」, 연구총서

04-47 한국형사정책연구원.
조현빈, (2005), "보험사기의 가해적 특성과 재재효율성에 관한 연구", 한국공안행정학회보 제20호.
조해균 · 양해승, (2001), "범국가적 차원의 보험사기 대처방안에 관한 연구", 보험개발연구 제12권 제2호: pp. 167-193.
존 더글라스 외 저, 이종인 역, (1999), 「마음의 사냥꾼」, 경기 : 김영사.
최덕경 · 강기정, (2001), "청소년의 학교폭력 실태 및 관련변인에 대한 탐색적 연구-안성시 중 · 고등학생을 대상으로-", 청소년복지연구 3(2): 89-103.
최인섭 외, (2002), 「한국의 금융범죄의 실태와 사회적 대응방안」, 연구보고서, 한국형사정책연구원.
최영인 · 염건령, (2004), 「합리적 범죄선택이론」, 서울: 백산출판사.
청소년폭력예방재단 실무팀, (1996), "학교폭력 상담의 이해", 청소년폭력예방재단, 3.
클레어 파야츠코브스카 저, 김태복 역, (2003), 「성도착 」, 서울 : 이제북스.
한국레저산업연구소, (2006), 「겜블백서」.
한국산업사회연구회편, (1992), 「새로운 사회학 강의」, 서울 : 미래사.
한국형사정책연구원, (2001), 「노인 수형자의 특성 및 처우실태에 관한 연구」,한국형사정책연구원 보고서01-10.
________________, (2000), 「사이버공간에서의 범죄피해: 개인인터넷사용자를 중심으로」, 한국형사정책연구원 보고서 00-18.
________________, (2000), 「사이버 경찰에 관한 연구」, 한국형사정책연구원 정책보고서 00-1.
________________, (1995), 「노인의 범죄 및 범죄피해에 관한 연구」, 한국형사정책연구원.
허경미, (2006), 「현대사회와 범죄」, 서울 : 박영사.
허만규 · 이송진 · 허동욱, (2003), "대학생들의 환경문제 의식에 관한 연구", 한국환경과학회지 제1권 제3호.
허만영 외, (2000), 「사이버스페이스의 범죄현황과 경찰의 대응방안」, 치안연구소 연구보고서 00-15.
홍대식, (1984), 「사회심리학」, 서울 : 박영사.

〈외국문헌〉

Agnew, R. (1985). A Revised Strain Theory of Delinquency, Sociology and Social Research 68: 435-451.
Alder, C. and J., Wundersitz. (1994) Family Conference and Juvenile Justice, Canberra: Australian Institute of Criminology.
Allison Morris, Women, (1987), Crime and Criminal Justice, Oxford : Blackwell Ltd., pp. 22-23.
Antaki, C. & Brewin, C. (1982), Attribution and Psychological change, New York : Academic Press, Inc., p. 198.

Archer, J. (1991), "The influence of testosterone on human aggression', British Journal of Psychology, No. 82, pp. 25-27.

Averill, J. (1982), Anger and Aggression, N.Y: Springer-Verlag, p. 385.

Bandura, A. (1977), *Social Learning Analysis*, Englewood Cliffs, NJ: Prentice-Hall.

Berine, P. & Messerschmidt. J. (1995), Criminology. Port worth : Harcourt Brace Jovanovich.

Berkowitz, L. (1979), "Some determinants of impulsive aggression: Role of mediated associations with reinforcements for aggression." *Psychology Review*, Vol. 81, pp. 165-176.

__________, (1989), 'The frustration-aggression hypothesis: examination and reformulation', Psychological Bulletin, No. 106, pp. 59-62.

Bill McCarthy, (1995), "Not Just 'For the Thrill of It': An Instrumentalist Elaboration of Katz's Explanation of Sneaky Thrill Property Crime," Criminology 33, pp. 519-539.

Black H. C. (1990), Black's law dictionary. St. Paul, MN: West Publishing. p.1090.

Blackburn, R. (1993), The Psychology of Criminal Conduct: Theory, Research, and Practice, N.Y: John Wiley & Son, pp. 223-224.

Blume, S. B. (1997), Pathological Gambling. In N. S. Miller(ed), The Principles and Practice of Addiction in Psychiatry, W. B. Sauders Company. pp. 422-438.

Bowlby, J. (1946), Forty-Four Juvenile Thieves: Their Characters and Home-Life. London: Bailiere, Tindall and Cox.

Brogden M., & p. Nijhar. (2000), Crime, abuse and the elderly. Portland: Willan Publishing.

Brownfield, D. (1987), Father-Son Relationship and Violent Behavior. Deviant Behavior 8: 149-176.

Burgess, R., & Akers, R. L. (1966), A differential association-rein forcement theory of criminal behavior. social problems, 14, pp. 363-383.

Clark, J. P., and E. P. Wenninger. (1962), Socio-Economic Class and Area as Correlates of Illegal Behavior Among Juveniles. American Sociological Review 27: 826-834.

Claus, C. & Lidberg, L. (1999), "Serial murder as a 'Schahriar syndrome", The Journal of Forensic Psychiatry, Vol. 10, NO.2, pp. 427-435.

Covey, H. C., & S. Menard. (1987), Trends in arrests among the elderly. The Gerontologist, 27.

Cowie, J. et. al., (1968), Delinquency in Girls, London : Heinemann. p. 171.

Crombag, H. F. H., When law and psychology meet. In Wegner, Losel, & Haisch (Eds.), (1989), Criminal behavior and the justice system: Psychological perspectives, New York : Springer-Verlag, p. 290.

Daly M, Wilson M, (1998), Homicide. pp. 240-241 in T. J. Barfield, ed. Dictionary of Anthropology Malden Ma and Oxford : Blackwell Publishers.

Daly, M. and Wilson, M. (1990), 'Killing the competition: female/female and male/male homicide', *Human Nature*, No. 1, pp 81-82.

Daly, M. and Wilson, M. (1988), Homicide, Hawthorne, N.Y: Aldine de Gruyter.

Dehaan, J. D. (1991), KIRK'S Fire Investigation. Englewood cliffs, New Jersey: Prentice-Hall, Inc.

Dixon, J. & D. Macorv. ed. (1998), Poverty: A persistent Global Reality London: Routledge.

Doyle, D. P. (1990), Aging and crime. In Ferraro, K. R. (ed.). Gerontology: perspective and issues. New York : Springer.

Ellditt, D. S., H. L. Voss. (1974), Delinquency and Dropout Lexington : D.C. Heath and Co.

Ellis, Lee. (1996), Arousal Theory and the Religiosity-Criminality Relationship. p 65-84 in Contemporary Criminological Theory. edited by P. Cordella and L. Siegel. Boston, Mass: Northeastern University.

Emery, R. E., (1982), Interpersonal Conflict and Children of Discord and Divorce. Psychological Bulletin 92: 310-330.

Farrington, D. P, (1991), 'Early predictors of adolescent aggression and adult violence', Violence and Victims, No. 4, pp. 79-81.

Felson, R. B. (1978), 'Aggression as impression management,' Social Psychology, No. 41, pp. 205-208.

Fishbein, D. H. (1990), Biological perspectives in criminology,' Criminology, Vol. 28, pp. 38-40.

Fishman, M. (1977), Crime wave as ideology. Social Problem, 25.

Flynn, E. E. (2000), Elders as perpetrators. In Rothman, M. B., B. D. Dunlop, & P. Entzel(eds.), Elders, crime and the criminal justice system. New York : Springer.

Freda Adler. (1977), "The Interaction between Women's Emancipatioin and Female Criminality : A Cross-cultureal Perspectives," International Journal of Criminology and Penology, Vol. 5. p. 110.

Gelles, R. J. & Strauss. (1979), Determinants of violence in the Family: Toward a theoretical integration in W. R. Burr, R. Hill, F. I. Nye & I. Reiss(Eds.), Contemporary theories about the family, New York : The Free Press. pp. 549-551.

Grasmick, Harold G., and Robert J. Bursik Jr. (1990), "Conscience, Significant Others, and Rational Choice : Extending the Deterrence Model." Law and Society Review 24: 873-861.

Grasmick, Harold G., and Robert J. Bursik Jr., and Burce J. Arneklev. (1993).

"Reduction in Drunk Driving as a Response to Increased Threats of Shame, Embarrassment, and Legal Sanctions." Criminology 31; 41-67.

Greenwood, P. W. (1979), Career criminal prosecution: Potential objectives, Santa Monica, California: The Rand Corporation , pp. 289-292.

Gudjonsson. G. H. (1984) , 'Attribution of blame for criminal acts and its relationship with personality.' Personality and Individual Differences 5(1), pp. 53-58.

Heinemann, P. P. (1969), "Apartheid", Liberal Debatt, NO. 2. pp. 3-14.

Hindelang, M. J. (1973), Causes of Delinquency: A Partial Replication and Extension. Social Problems 20: 471-487.

Hirschi, T. (1969), Causes of Delinquency. Berkeley: Univ. of California Press.

Hoffman, D. & Bustamante. (1973), "The Nature of Female Criminality," Issues in Criminology, Vol.8, No.2, p. 131.

Howard, J., (1981), Future studies and environmental education, J. of Environmental Education, 13, pp. 40-43.

Holmes, Ronald M and Holmes, Stepphen T. (2002), Current Perspectivers on Sex Crimes London : Sage Publications.

Inciardi, J. A. (1987), Crime and the elderly : a consturction of official rates In Chambers, C. D., H. Lindquist., O. Z. White, & M. T. Harter (eds.). The elderly victims and deviants. Athens: Ohio University Press.

J. R. (1998), The Psychology of Stalking: Clinical and Forensic Perspectives, San Diego: Academic Press.

James Q. Wilson & Richard Heddnstein, (1985), "Crime & Human Nature : The Definitive Study of the Causes of Crime", NY : Touchstone Book, pp. 307-310.

Jones, E. & Nisbett, R. (1971), The actor and the observer: Divergent perceptions of the causes of behavior, Morriston, N.J.: General Learning Press, pp. 124-126.

Kallick-Kaufaman, M. Reuter, P. (1979), Gambling in the U.S : Public Finance or Public Problem? : Introduction. Journal of Social Issues. Vol. 35. NO.3.

Kalmuss, D. (1984), "The intergenerational transmission of marital aggression', Journal of marriage and the family, No. 47, pp. 11-19.

Karmen Andrew. (1990), crime victims, california: Cole Publishing Co.

Kercher, K. (1987), The cauase and correlates of crime committed by the elderly. Research on Aging, 9(2).

Konopka, G. (1966), The Adolescent Girl in Conflict, Englewood Cliffs, N. J. : Preetice-Hall. p. 40.

Ladouceur, R., & Walker, R. (1996), A cognitive perspective on gambling. In P. M. Salkovskis(ed), Trends in Cognitive and behavioral Therrapies. NY: John Wiley & Sons Ltd. pp. 89-120.

Lane D. A. (1989), "Violent Histories : Bulling and Criminality," in Tattum Delwyn P. and Lane D. A.(eds.), op. cit., p. 96.

Luckenbill, D. F. (1977), 'Criminal homicide as a situated transaction', Social Problems, No. 25, pp. 176-178.

Lombroso, C. Ferrero, W. (1900), The Female Offender, New York : D. Appleton and Company. p. 109.

Long, L., M. (1992), A study of arrests of older offenders: trends and patterns. Journal of Crime and Justice, 15.

Mednick, S. A. et al., (1981), 'EEG as a predictor of antisocial behavior', Criminology, Vo. 19, pp. 219-221.

Meloy, J. R. & Gothard, S. (1994), A demographic and clinical comparison of obsesssional followers and mentally disordered offenders.

Messener & Golden, (1992), Racial Inequality and Racially Disaggregated Homicide Rates : An Assessment of Alternative The oretical Explanations, Criminology 30(3): pp. 421-445.

Monahan, T. (1957), Broken Homes by Age of Delinquent Children: Journal of Social Psychology 51: 387-397.

Mooney, L. A., D. Knox & C. Schacht. (2002), Understanding Social Problems. 3rd ed. Belmont: Wadsworth.

Nagin, Daniel S., and Raymond Patermoster. (1994), "Personal Capital and Social Control: The Deterrence Implications of a Individual Differences in Criminal Offending." Criminology 32 : 581-606.

O'Leary, K. D. and R. E. Emery. (1984), Marital Discord and Child Behavior Problems in Nonclinical Sample. Journal of Abnormal Child Psychology 37: 1097-1126.

Olweus, D. (1993), Aggression in the schools: bullies and whipping boys, Washington, D. C. : Hemisphere, 1978; Michael Tonry (ed.) Crime and Justice : A Review of Research, Chicago: The University of Chicago Press. p. 399.

Osterberg, James W., Ward, Richard H. (2000), Criminal Investigation, criminate : Anderson Publishing Co.

Otto Pollak. (1950), The Criminality of Women, Philadelphia : University of Pennsylvania Press. pp. 8-14.

Palermo, George B. and Farkas, Mary Ann. (2001), The Dilemma of the Sexual offender. springfield IL : charles C. Thomas Publisher.

Pakhomou, S. (2004), "Serial killer: offender's relationship to the victim and Selected demograhics", Int., Jr. of police science & management, vol.6, NO.4.

Park Robert E. (1936), Human Ecology, American Journal of Sociology. p. 42.

Polk, K. and Ranson, D. (1991), 'The role of gender in intimate violence', Australia and New Zealand Journal of Criminology, No. 41, p. 223.

Quadagno, J. S. (1979), "Paradimes in Evolutionary Theory: The Sciobiological Model of Natural Selection" American Socialogical Review, Vol. 44, p. 108.

Raine. A, Buchsbaum M, Lacasse L. (1997), Brain abnormalities in muderers indicated by positron enission tomography. Biological psychiatry 42(6): 495-508.

Reckless, W. (1961), A New Theory of Delinquency and Crime. Federal Probation 25: 42-6.

Reid, W. H. (1981), The treatment of antisocial syndromes, New York : Van Nostrand Reinhold.

Roland Erling. (1989), "Bullying : The Scandinavian research Tradition," in Tattum Delwyn P. and Lane D. A.(eds.), op. cit., pp. 21-32.

Rosen. L. (1985), Family and Delinquency: Structure or Function. Criminology 23:553-573.

Rubin, R. T. (1987), 'The neuroendocrinology and neurochemistry of antisocial behavior', in S. A. Mednick, T. E. Moffit and S. A. Stack(eds) The Causes of Crime: New Biological Approaches, Cambridge: Cambridge Universty Press, p. 256.

Sampson, R. J. (1986), Crime in cities : The effects of formal and informal Social control. In A. J. Reiss, Jr., & Tonry(Eds.), Communities abd crime (pp. 271-311) Chicage : University of Chicago Press.

Santrock, J. W., and R. A. Warshak. (1979), Father Custody and Social Development in Boys and Girls. Journal of Social Issues 35: 112-125.

Shichor, D., & S. Kobrin, (1978), Note: criminal behavior among the elderly. Justice Quarterly, 2.

Smith, L. S. (1975), "Female Delinquency and Social Reaction," Paper Presented at the University of Essex, Women and Delinquency Conference, p.11.

Smuts, B. (1992), 'Male aggression against women: an evolutionary perspective', Human Nature, No. 3, pp. 1-44.

Snow, R. L. (1998), Stopping a stalker, New York: Plenum Trade.

Steffensmeier, D. (1987), The invention of the "new" senior citizen criminal. Research on Ageing, 9(2).

Talor, P., Mahendra, B. & Gunn, J. (1983), Erotomania in males, Psychological Medici.

Tattum Delwyn P. (1989), "Violence and aggression in schools,", in Tattum Delwyn P. and Lane D. A.(eds), 「Bullying in schools」, StokeI-on-Trent : Trentham Books, 7-8.

Toby, J. (1957), The Differential Impact of Family Disorganization. American Sociological Review 22: 505-512.

Weigand, D., & j. Burger. (1979). The elderly offender. The Prison Journal, 59.

Wells, L. E., and J. H. Rankin. (1986), The Broken Homes Model of Delinquency: Analytic Issues. Journal of Research in Crime and Delinquency 23: 203-235.

Wilbanks, W. (1984), The elderly offender: placing in problem in perspective. In Wilbanks, W., & K. P. Kim (eds.). Elderly criminals. Washington: University Press of America.

Williams, K. R., & Flewelling, R. L. (1988), The Social production of criminal homicide: A Comparative study of disaggregated rate in American Sociological Review, 53, pp. 421-431.

Wolf, D. A., & Jaffe, P., (1991), Child abuse and family violence as determinants of Child Psycho Pathology. Canadian Journal of Behavioral Science, 23, pp. 282-299.

Wolfgang, M. E & F. Ferracuti, (1967), The subculture of violence, London: Tavistock, 1967.

Zona, M. A., Shama, K. A., & Lane, J. (1993), "A comparative study of erotomania patienta and obsessional subjects in a forensic sample," Journal of Forensic Sciences.

Zona, M. A., et al., (1993), A comparative study of erotomanic patients and obsessional subjects in a forensic sample, Journal of Forensic Sciences.

〈기타〉

금융감독원, (2006), 보도자료 3월 13일.

__________, (2001), 보도자료 2월 8일.

국민일보, 2001. 5. 1.

디지털타임즈, 2007. 2. 7.

동아일보, 2001. 10. 14.

문화일보, 2005, 3. 9.

보건복지부, 2006, 보도자료 6월 8일.

인터넷뉴스 바이러스, 2005, 3. 21.

여성가족부, (2006), 보도자료 12월 13일.

연합뉴스, 2004, 10. 29.

전자신문, 2007. 4. 6.

__________, 2006, 6, 16.

__________, 2006, 3. 21.

__________, 2006, 3. 3.

중앙일보, 2001, 3. 29.

조선일보, 2005, 6. 5.

SBS 8시 뉴스, 2005. 7. 8.

http://www.seri.org/

http://bolog.daum.net/naru-kang/2419148
http://www.mohw.go.kr/
http://napaj.tistory.com/31
htt://www.kosis.kr
http://www.fbi.gov/ucr/cius_02/html/web/offreported/02-narson11.html
http://isis.nic.or.kr
http://www.ctrc.go.kr
http://www.npa.go.jp/hakusyo/h16/hakusho/h16/index.html.
http;//www.rape119.or.kr
http://cafe.daum.net/networkdamage.
http://www.nso.go.kr
http://www.moj.go.kr/HP/SPB/

〈과제자료 참고〉

1. 기관

사이버경찰청, 대법원, 대검찰청, 국회도서관, 법무부, 통계청, 국가인권위원회, 법제처, 보건복지부, 여성가족부, 국가청소년위원회

2. 참고통계자료

경찰백서(경찰청), 경찰통계연보(경찰청), 범죄분석(대검찰청), 범죄백서(법무연수원), 사법연감(법원행정처), 한국의사회지표(통계청)

3. 학회 및 정기간행물

한국공안행정학회, 한국범죄심리학회, 한국교정학회, 대한범죄학회, 한국민간경비학회, 한국경호경비학회, 한국형사정책학회, 한국경찰발전연구학회, 한국피해자학회, 형사정책연구원, 한국자치경찰경비학회, 경찰학연구, 한국노년학회

찾아보기

〈기타〉

[저자 약력]

• 김상균(金相均)

〈학력〉
창원대학교 법학과 및 동대학원 졸업(법학석사)
고려대학교 대학원 심리학과 졸업(심리학석사)
동국대학교 대학원 경찰행정학과 졸업(형사학박사)

〈경력〉
현재 백석대학교 경찰학과 교수
전 국가인권위원회 조사담당관
육군3사관학교 교수
현 천안보호관찰소특별범죄예방위원, 천안경찰서 집회 및 시위자문위원장, 국가인권위원회 자문위원, 국제민간조사획회 회장, 한국범죄심리학회 부회장, 한국민간경비학회 총무이사

〈저서〉
『범죄학원론』(2004, 양서원), 『범죄수사론』(2004, 양서원), 『신형사정책』(공저, 2004, 형설출판사), 『폭력의 심리학』(2005, 학술정보), 『범죄심리학』(2006, 청목출판사)

〈연구논문〉
범죄예측기법에 관한 연구(2006), 연쇄살인범의 심리적 특성에 관한 연구(2005), 경찰의 수사전문화방안(2004), 수사기법으로서의 뇌지문활용방안(2004), 생물무기테러의 위협과 대응전략에 관한 연구(2003), 개인적 특성 및 처벌인식과 음주운전의 관계(2002), 여성살인범의 심리적 특성에 관한 연구(2001), 노인의 범죄피해실태와 대책(2000), 범죄의 개인내적 원인과 대책(1999), 범죄보도의 선정성에 관한 실증적 연구(1998) 외 20여편

• 이승철(李承澈)

〈학력〉
대구대학교 행정학과(행정학사)
영남대학교 대학원 행정학과 졸업(행정학석사)
대구대학교 대학원 행정학과 졸업(행정학박사)

〈경력〉
현재 백석대학교 경찰학과(강의전담) 교수
전 영남외국어대학 교수
경동정보대학 교수
현 한국민간경비학회 이사
한국범죄심리학회 이사
한국자치경찰경비학회 이사
대학합기도연맹 감사

한국사회와 범죄

2021년 8월 25일 중판인쇄
2021년 8월 30일 중판발행

저 자 김상균 · 이승철
발행인 유 성 열
발행처 청목출판사
서울특별시 영등포구 신길로 40길 20
전화 (02) 849-6157(代) · 2820
FAX (02) 849-0817
등록 제318-1994-000090호

파본은 바꾸어 드립니다. 값 30,000원

http : //www.chongmok.co.kr

ISBN 978-89-5565-222-2